제8판

수리통계학 개론

Introduction to Mathematical Statistics

제8판

수리통계학 개론

Introduction to Mathematical Statistics

Robert V. Hogg • Joseph W. McKean • Allen T. Craig 지음 | 박태영 옮김

Pearson

KM 경문사

Pearson Education South Asia Pte Ltd
9 North Buona Vista Drive
#13-05/06 The Metropolis
Tower One
Singapore 138588

Pearson Education offices in Asia: *Bangkok, Beijing, Ho Chi Minh City, Hong Kong, Jakarta, Kuala Lumpur, Manila, Seoul, Singapore, Taipei, Tokyo*

3 2 1
23 22 21

Cover Art: © Anna Mente/Shutterstock

발행일: 2021년 3월 1일
공급처: ㈜경문사(02-332-2004/kms2004@kyungmoon.com)
ISBN: 978-981-3137-27-1(93310)
가 격: 42,000원

http://pearsonapac.com/

역자 서문

우리는 이제 인공지능, 빅데이터, 머신러닝, 데이터사이언스와 같은 용어가 어색하지 않은 시대에 살고 있다. 초등학생을 위한 교양 도서에서도 이러한 용어가 흔히 등장할 정도로 말이다. 인공지능은 인간의 지능을 인공적으로 구현하는 기술을 말하며, 이는 데이터사이언스를 통해 구현되는 여러 가지 목적 중 하나에 해당한다. 인공지능을 구체적으로 구현하려면 다양한 종류의 대규모 자료인 빅데이터를 분석해야 하는데, 이러한 빅데이터를 분석하는 방법론인 머신러닝을 제대로 이해하기 위해서는 바로 이 책의 수리통계학 지식이 반드시 필요하다는 점에는 이견이 없다.

이 책을 가지고 수리통계학을 공부하는 대다수의 독자는 대학교나 대학원에서 수리통계학 수업을 듣는 학생일 것이다. 하지만 수리통계학의 내용을 단순히 수업에서만 그치지 않고 향후 머신러닝 알고리즘을 이론적으로 이해하는 데 사용하기를 바란다. 그때 이 책을 도움을 주는 참고서로 활용하면 좋을 것 같다.

8판은 다소 지루한 이론 중심의 수리통계학을 공부할 때 흥미를 잃지 않도록 실용적인 내용을 포함하여 개정되었다. 많은 대학교와 대학원에서 가르치는 수리통계학 수업도 이론 교육에만 중점을 두기보다는 이 8판의 개정처럼 보다 실용적으로 바뀌기를 희망한다. 다시 말해 수리통계학 수업에서도 R과 같은 통계 소프트웨어를 통해 실용적인 문제의 자료 분석을 다루고, 대수의 법칙이나 중심극한정리와 같은 통계 이론을 가르치는 데 통계 소프트웨어를 활용하기를 바란다.

본 역자가 7판부터 번역서 출간에 참여했기 때문에 미처 살펴보지 못했던 그 전판의 오류나 어색한 표현 등을 이번 8판에서는 최대한 바로잡으려고 애썼다. 그동안 감사하게도 많은 독자가 이메일이나 SNS를 통해 7판 번역서의 오류와 어색한 표현을 지적해주셨고 8판에 이를 모두 반영했다. 그렇다 해도 완벽하지 못한 부분이 있을 수도 있으니 8판 번역서에서 오류나 어색한 표현을 발견하신다면 이메일 등을 통해 적극적으로 알려주시기를 부탁드린다.

이 책이 나오기까지 많은 분이 도움을 주셨다. 코로나19 등으로 인해 전보다 5배 이상 바빠진 스케줄을 감당하고 있던 와중에 경문사의 박종화 상무님께서 간곡히 부탁하시지 않았더라면 본 역자는 8판의 번역을 포기했을지도 모른다. 또한 본 역자에게 번역을 의뢰해주신 피어슨의 김선형 부장님, 7판과 대조하여 8판의 개정 부분을 확인하는 작업을 도와주신 경문사의 기획편집부와 연세대학교 통계데이터사이언스학과 대학원의 서승민 군, 조경민 양에게 감사드린다. 특히 대조 작업을 도와주었을 뿐만 아니라 본 역자보다도 더 꼼꼼하고 철저하게 교정을 보고 전체 편집 진행을 맡아주신 피어슨의 박민정 님에게 특별히 깊은 감사의 말씀을 전하고 싶다. 마지막으로 이 번역서가 나오기까지 바쁜 남편과 아빠를 응원해준 아내 제유진과 딸 박하연, 아들 박하준에게 큰 사랑과 감사를 보낸다.

2021년 2월

박태영

저자 서문

이번 개정판에는 상당한 변화가 있다. 어떤 변화는 독자가 통계 이론과 통계 실습 간의 연관성을 이해하는 데 도움을 주고, 어떤 변화는 이 책에 제시된 통계 이론의 전개와 논의를 향상한다.

8판의 변화 중 많은 부분에 독자의 의견을 반영했다. 그러한 의견 중 하나는 실제 자료의 수가 적다는 것이었다. 따라서 8판에서는 통계적 방법을 설명하거나 방법들을 비교할 때 다양한 실제 자료를 이용했다. 또한 이러한 자료를 무료 R 패키지인 `hmcpkg`에 담아 독자가 쉽게 자료에 접근할 수 있게 했다. 이 자료는 뒤 페이지에 제시된 사이트의 R 세션에서 다운로드할 수 있다. 자료 분석을 위한 R 코드는 본문에서 제공한다.

또한 8판에서는 윈도우, 맥, 리눅스에서 모두 실행이 가능한 무료 통계 소프트웨어 R의 사용을 확대했다. 그러나 강사에 따라 다른 통계 패키지를 선택할 수도 있다. R 함수의 사용을 확장하여 여러 게임을 포함한 분석 및 시뮬레이션 연구를 계산했다. 이러한 함수의 코딩 수준은 간단하게 유지하려 했다. 우리의 목표는 간단한 코드 몇 줄로 중요한 계산을 수행할 수 있음을 보여주는 것이다. 부록 B에는 간단한 R 입문서를 수록했는데, 이는 본문에서 사용되는 R을 이해하기에 충분하다. 자료와 마찬가지로 R 함수는 제시된 사이트에서 구할 수도 있고 `hmcpkg` 패키지에도 포함되어 있다.

부록 A의 수학적 검토 자료는 〈수리통계학 입문을 위한 수학적 입문서(Mathematical Primer for Introduction to Mathematical Statistics)〉라는 문서에 담았다. 이는 제시된 사이트에서 무료로 다운로드할 수 있다. 이 보충 자료는 수열을 비롯해 무한급수, 미적분(일변량, 이변량)과 관련된 주제를 검토한 것이다. 또한 본문에서 반복적분에 대한 논의를 확장하고, 명확히 설명하기 위해 그림을 추가했다.

기본 통계적 추론(4장)과 점근적 이론(5장)의 순서를 유지했다. 5장과 6장에서는 4장의 내용에 대한 간략한 검토를 추가했으며, 따라서 4장과 5장은 독립적이므로 순서를 바꿀 수도 있다. 3장은 이변량 정규분포에 관한 하위 절로 구성된 다변량 정규분포로 시작한다. 몇 가지 중요한 주제가 추가되었는데, 여기에는 9장에서 다룬 튜키의 다중비교 절차, 9장과 10장의 상관계수에 대한 신뢰구간이 포함된다. 7장에서는 표본을 부트스트래핑하여 얻은 추정값에 대한 표준오차를 살펴본다. 연습문제에서 다루었던 몇 가지 주제를 이제는 본문에서 설명한다. 또한 하위 절로 구분하여 설명하고, 추가적인 일부 절에는 선택 사항임을 나타내기 위해 *로 표시했다.

내용 및 과정 계획

1장과 2장에서는 일변량, 다변량 변수에 대한 확률모형을 전개하고, 3장에서는 가장 폭넓게 사용되는 확률모형을 설명한다. 4장에서는 일반적인 통계 방법론 과정에서 다루는 많은 추론에 대한 통계 이론을 설명하고, 5장에서는 중심극한정리로 마무리 짓는 점근적 이론을 제시한다. 6장에서는 최대우도 이론에 기초한 모든 추론(추정과 검정)을 제공하고 EM 알고리즘도 설명했으며, 7장과 8장에는 최적 추정 절차와 통계적 가설검정을 포함했다. 마지막 3개 장에서는 통계학에서 중요한 세 가지 주제에 관한 이론을 제공한다. 9장에서는 기초적인 분산분석, 단순회귀분석, 상관계수 모형의 정규 이론 방법에 대한 추론을 다루고, 10장에서는 위치모형과 단순회귀모형에 대한 비모수적 방법(추정과 검정)을 제시한다. 여기에는 효율성, 영향함수, 고장점의 로버스트 개념에 대한 설명도 포함된다. 베이지안 방법을 소개하는 11장에서는 전통적인 베이지안 절차와 마르코프 연쇄 몬테카를로 기술을 살펴본다.

이 책을 사용하여 여러 과정을 설계할 수 있다. 수리통계학의 기본적인 두 학기 과정에서는 1~8장의 거의 모든 자료와 나머지 장에서 선택한 주제를 다룬다. 이러한 과정의 경우 4장과 5장의 순서를 바꾸어 두 번째 학기는 통계 이론(4장)의 소개로 시작할 수 있다. 한 학기 과정은 1~4장과 5장에서 선택한 주제로 구성할 수 있다. 이렇게 구성하면 학생들은 이론적이지 않은 과정에서 다루는 방법에 대한 통계적 이론을 대부분 배우게 된다. 반면 두 학기 과정과 마찬가지로 1~3장을 다룬 다음 5장을 다루고 4장에서 선택한 주제로 과정을 마칠 수 있다.

이 책에서 사용된 자료와 R 함수, R 패키지 `hmcpkg`는 www.pearsonglobaleditions.com에서 다운로드할 수 있다.

감사의 말

2014년에 세상을 떠난 밥 호그(Bob Hogg)는 8판 출간에 참여하지 못했지만, 필자는 원고를 고쳐 쓰면서 그라면 어떻게 했을까 생각하곤 했다. 그를 기리기 위해 8판의 저자명 순서를 바꾸지 않았다.

전판과 마찬가지로 독자의 의견을 항상 환영하고 감사하게 생각한다. 전판 검토자인 버지니아대학교의 James Baldone, 일리노이대학교(어배너섐페인)의 Steven Culpepper, 캘리포니아주립대학교의 Yuichiro Kakihara, 보이스주립대학교의 이재철, 퍼듀대학교의 Michael Levine, 메릴랜드대학교 칼리지파크의 Tingni Sun, 보스턴대학교의 Daniel Weiner에게 감사를 표한다. 펜실베이니아주립대학교의 Thomas Hettmansperger, 오번대학교의 Ash Abebe, 루뱅대학교의 Ioannis Kalogridis 교수의 유용한 의견에도 감사한다. 8판을 출간하는 데 도움을 준 Patrick Barbera(포트폴리오 관리자, 통계학), Lauren Morse(콘텐츠 프로듀서, 수학/통계학), Yvonne Vannatta(제품 마케팅 관리자)와 그 외 피어슨 직원들에게도 감사 인사를 하고 싶다. 또한 정확히 교정을 봐준 노스쇼커뮤니티대학의 Richard Ponticelli에게도 감사한다. 마지막으로 변함없는 지원과 격려를 해준 아내 Marge에게 깊은 감사를 전한다.

조 매킨(Joe McKean)

차례

확률과 확률분포

Probability and Distributions

1

1.1 서론

이 절에서는 1.3절에서 공식화할 확률모형의 개념을 직관적으로 논의한다. 여러 가지 조사 연구는 본질적으로 동일한 조건에서의 반복 실험이 대체로 표준이 된다는 것이 특징이다. 예를 들어 의학 연구에서는 복용한 약의 효과에 관심이 있을 것이고, 경제학자는 여러 시간 구간(time interval)에서 세 가지 특정 필수품의 가격에 관심이 있을 것이고, 농경학자는 화학 비료가 양곡 생산에 미치는 효과를 연구하려 할 것이다. 연구자가 이와 같은 정보를 이끌어낼 수 있는 유일한 방법은 실험이다. 실험은 실현값(outcome)을 결과로 얻는데, 실현값을 실험 전에는 확실히 예측할 수 없다는 것이 실험의 특성이다.

실현값을 정확히 예측할 수 없는 한 가지 실험을 생각해보자. 그러나 이 실험은 가능한 모든 실현값의 집합을 실험의 시행에 앞서 기술할 수 있다고 하자. 만약 이와 같은 실험을 같은 조건에서 반복할 수 있다면 **확률실험**(random experiment)이라고 하며, 가능한 모든 실현값의 집합을 실험공간(experimental space) 또는 **표본공간**(sample space)이라고 한다. 표본공간은 $\mathcal{C}$로 표시한다.

예제 1.1.1 동전을 던져서 뒷면이 나오면 T로, 앞면이 나오면 H로 표시하기로 하자. 같은 조건에서 동전을 반복해서 던질 수 있다면 이러한 동전 던지기는 실현값이 T와 H 중 하나인 확률실험이 되고, 표본공간은 이 두 기호의 모음이다. 이 예제에서 $\mathcal{C} = \{H, T\}$이다.

예제 1.1.2 빨간 주사위 하나와 흰 주사위 하나를 동시에 던지는 경우 그 실현값을 순서쌍(ordered pair)(빨간 주사위의 점 개수, 흰 주사위의 점 개수)이라고 하자. 같은 조건에서 두 주사위를 반복해서 던질 수 있다고 가정하면 이 두 주사위를 던지는 것은 확률실험이고, 표본공간은 36개의 가능한 순서쌍, 즉 $\mathcal{C} = \{(1, 1), \cdots, (1, 6), (2, 1), \cdots, (2, 6), \cdots, (6, 6)\}$으로 이루어진다.

일반적으로 $\mathcal{C}$의 원소로 a, b, c와 같은 로마자 소문자를 사용한다. 실험에서는 표본공간 원소의 특정한 부분집합이 발생할 가능성에 종종 관심을 둔다. $\mathcal{C}$의 부분집합은 종종 **사건**(event)이라고 하며, 일반적으로 A, B, C와 같은 로마자 대문자로 표시한다. 실험에서 사건 A의 원소를 결과로 얻게 되면 사건 A가 발생했다고 말한다. 우리는 사건이 발생할 가능성에 관심이 있다. 예를 들어 예제 1.1.1에서는 동전의 앞면이 나올 가능성, 즉 사건 $A = \{H\}$가 발생할 가능성에 관심이 있을 수 있다. 예제 1.1.2에서는 주사위의 점 개수의 합이 '7' 또는 '11'인 경우, 즉 사건 $A = \{(1, 6), (2, 5), (3, 4), (4, 3), (5, 2), (6, 1), (5, 6), (6, 5)\}$의 발생에 관심이 있을 수 있다.

이제 확률실험을 N번 반복적으로 시행한다고 생각해보자. 그러면 N번의 시행 동안 사건 A가 실제로 발생한 횟수, 즉 **도수**(frequency) f를 계산할 수 있다. 비율 f/N는 이러한 N번의 시행에서 사건 A의 **상대도수**(relative frequency)라고 한다. 상대도수는 동전을 던지는 실험을 통해 알 수 있듯이 일반적으로 작은 N 값에 대해서는 상당히 불안정하다. 그러나 N이 증가함에 따라 사건 A와 어떤 수, 즉 p가 연결됨을 경험할 수 있고, p는 상대도수가 안정화되는 값과 같거나 점근적으로 같은 값을 나타낸다. 이러한 경우 p는 실험의 향후 시행에서 사건 A의 상대도수와 같은 값이나 그 근삿값으로 해석될 수 있다. 따라서 확률실험의 실현값을 예측할 수는 없으나 큰 N 값에 대해 실현값이 A에 속하게 될 상대도수를 점근적으로 예측할 수는 있다. 사건 A와 관련된 숫자 p는 여러 가지 명칭으로 불린다. 확률실험의 실현값이 A에 속하는 확률(probability)이라고도 하고, A의 확률측도(probability measure)라고도 한다. 일반적으로 문맥에 따라서 적절한 명칭이 사용된다.

예제 1.1.3 예제 1.1.2에 주어진 실험공간을 $\mathcal{C}$, 순서쌍의 합이 7인 $\mathcal{C}$의 모든 순서쌍의 집합을 B라고 하자. 따라서 $B = \{(1, 6), (2, 5), (3, 4), (4, 3), (5, 2), (6, 1)\}$이다. 주사위를 $N = 400$회 던졌고, f는 합이 7이 되는 도수를 나타낸다고 하자. 400회를 던진 결과로 $f = 60$을 얻었다고 가정하자. 이 경우 실현값이 B에 속하는 상대도수는 $f/N = 60/400 = 0.15$이다. 따라서 B와 0.15에 가까운 수 p를 연관지을 수 있으며, p를 사건 B의 확률이라고 한다.

참고 1.1.1

위에서 말한 확률의 해석은 **상대도수 접근**(relative frequency approach)이라고도 하는데, 이것은 물론 실험을 동등한 조건에서 반복할 수 있다는 사실에 근거한다. 그러나 이를 확신의 합리적

측도(rational measure)로 취급함으로써 확률을 다른 경우로 확장하는 사람이 많다. 예컨대 사건 A에 대한 명제 $p = 2/5$는 그들에게 사건 A의 개인적(personal) 또는 주관적(subjective) 확률이 $2/5$임을 뜻한다. 따라서 그들이 도박을 싫어하지 않는다면 이 값은 가능한 두 급부의 비율이 $p/(1-p) = (2/5)/(3/5) = 2/3$가 되도록 A의 실현값에 기꺼이 내기를 걸겠다는 것으로 해석할 수 있다. 더구나 진실로 $p = 2/5$가 옳다고 믿는다면 그들은 (a) A가 일어나면 3단위를 얻고 A가 일어나지 않으면 2단위를 잃거나, (b) A가 일어나지 않으면 2단위를 얻고 A가 일어나면 3단위를 잃는 내기의 어느 한쪽을 기꺼이 수락할 것이다. 그러나 1.3절에 주어진 확률의 수학적 성질은 이러한 해석의 어느 쪽에도 위배되지 않아 다음의 수학적 전개는 사용된 접근 방법에 의존하지 않는다.

통계학에서 수학적 이론을 도입하는 근본 목적은 확률실험에 대한 수학적 모형을 제시하는 데 있다. 이와 같은 실험에 대한 모형이 채택되어 이론적으로 전개되면 통계학자는 이 테두리 안에서 확률실험에 관한 추론, 즉 결론을 내린다. 이러한 모형의 설정을 위해 확률이 필요하다. 논리적으로 좀 더 만족스러운 이론 중 하나는 집합과 집합의 함수에 근거를 둔 것이다. 이에 관한 개념은 1.2절에서 소개한다.

1.2 집합

집합(set) 또는 모임(collection)의 개념은 일반적으로 정의하지 않는다. 그러나 특정한 집합은 고려하는 대상의 모임이 어떤 것인지에 관해 오해가 없도록 기술할 수 있다. 예컨대 1부터 양의 정수 10개의 집합에서 3/4과 14는 이 집합에 속하지 않으나 3은 이 집합에 속한다는 것을 분명하게 나타낸다. 어떤 집합에 속하는 대상을 그 집합의 원소(element)라고 한다. 예컨대 C가 $0 \le x \le 1$를 만족하는 실수 x의 집합을 나타내면 3/4은 집합 C의 원소이다. 3/4이 집합 C의 원소라는 것은 $3/4 \in C$로 나타낸다. 더 일반적으로 $c \in C$는 c가 집합 C의 원소임을 뜻한다.

앞으로 다루는 집합은 주로 수의 집합(set of numbers)이다. 그러나 점(point)의 집합이라는 말이 수의 집합이라는 말보다 어떤 면에서는 더 편리하다. 따라서 간단히 이 용어를 사용하는 방법을 알아본다. 해석기하학에서는 (원점과 단위 점이 선택된 경우) 직선상의 각 점이 오직 하나의 수, 즉 x와 대응하고 또한 각 수 x가 직선상의 오직 한 점과 대응하는 사상을 매우 강조한다. 수와 직선상 점 사이의 이와 같은 일대일 대응에서는 오해 없이 '점 x'를 '수 x' 대신 사용할 수 있다. 더욱이 x와 y로 이루어진 평면의 직교좌표에서 각 기호 (x, y)는 평면의 오직 한 점과 대응하고, 평면의 각 점에 이러한 기호가 오직 하나 대응한다. 이때 '점 (x, y)'는 '순서쌍 x와 y'를 뜻한다고 할 수 있다. 이와 같은 편리한 표현은 3차원 이상인 고차원 공간의 직교좌표계에서도 사용할 수 있다. 따라서 '점 $(x_1, x_2, \cdots, x_n)$'은 나타난 순서대로 수 $x_1, x_2, \cdots, x_n$을 뜻한다. 집합을 기술할 때 간혹 점 집합(원소가 점인 집합)을 말하는 경우 애매한 표현이 되지 않도록 조심해야 한다. 기호 $C = \{x : 0 \leq x \leq 1\}$는 '$C$는 $0 \leq x \leq 1$를 만족하는 점 x의 1차원 집합이다'라는 의미이다. 마찬가지로 $C = \{(x, y) : 0 \leq x \leq 1, 0 \leq y \leq 1\}$는 '$C$는 대각의 꼭짓점이 (0, 0)과 (1, 1)인 정사각형 내부와 그 경계에 있는 점 (x, y)의 2차원 집합이다'라는 의미이다.

만약 집합 C가 유한하거나 자연수의 개수만큼 많은 원소를 가지고 있을 때 셀 수 있는 **가산형**(countable)이라고 한다. 예를 들면 집합 $C_1 = \{1, 2, \cdots, 100\}$, 집합 $C_2 = \{1, 3, 5, 7, \cdots\}$은 가산형 집합이다. 하지만 (0, 1) 구간에 있는 실수의 집합은 셀 수 있는 가산형 집합이 아니다.

1.2.1 집합 이론의 검토

1.1절과 마찬가지로 $\mathcal{C}$는 실험의 표본공간을 나타낸다. 사건은 $\mathcal{C}$의 부분집합이라는 것을 상기하라. 이 절에서는 사건과 부분집합이라는 용어를 같은 의미로 사용한다. 집합의 기본 대수학은 여러 가지 목적에 매우 유용하게 사용되는데, 설명에 도움이 되는 예제와 함께 이러한 대수학을 검토한다. 설명을 위해 **벤다이어그램**(Venn diagram)도 사용한다. 그림 1.2.1의 벤다이어그램을 살펴보자. 각 그림에서 직사각형의 내부는 표본공간 $\mathcal{C}$를 나타내고, (a)의 음영 영역은 사건 A를 나타낸다.

먼저 사건 A의 여집합을 정의한다.

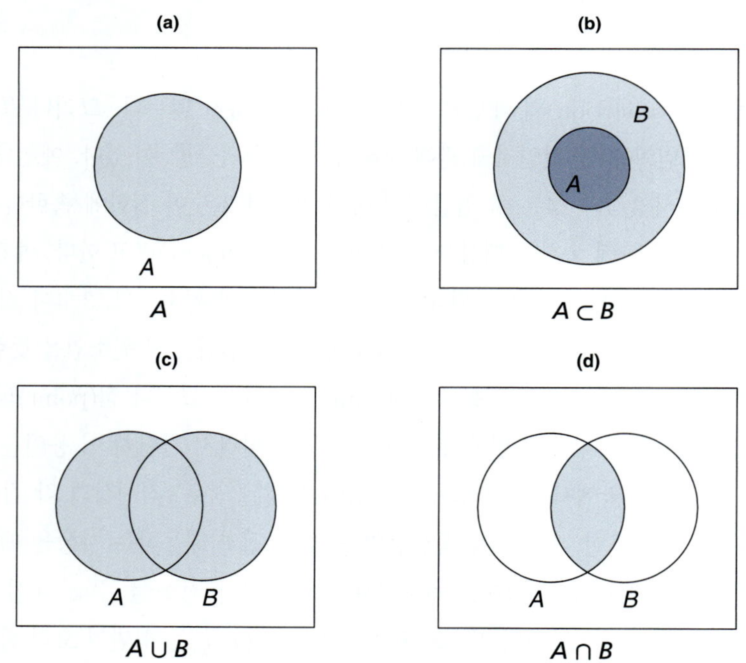

그림 1.2.1 일련의 벤다이어그램. 표본공간 $\mathcal{C}$는 각 그림에서 직사각형의 내부를 말한다. (a)는 사건 A, (b)는 $A \subset B$, (c)는 $A \cup B$, (d)는 $A \cap B$이다.

정의 1.2.1

사건 A의 **여집합**(complement)은 A의 원소가 아닌 C의 모든 원소의 집합이다. A의 여집합은 A^c로 나타낸다. 즉 $A^c = \{x \in \mathcal{C} : x \notin A\}$이다.

A의 여집합은 그림 1.2.1의 (a)에서 벤다이어그램의 공백을 말한다.

공집합은 원소가 없는 사건이고 ϕ으로 표시한다. $\mathcal{C}^c = \phi$이고, $\phi^c = \mathcal{C}$임을 유의하라. 다음은 한 사건이 다른 사건의 부분집합인 경우를 정의한다.

정의 1.2.2

집합 A의 각 원소가 또한 집합 B의 원소이면 A를 B의 **부분집합**(subset)이라고 한다. 이것은 $A \subset B$로 나타낸다. 만약 $A \subset B$이고 또한 $B \subset A$이면 두 집합은 원소가 모두 같으며 $A = B$로 나타낸다.

그림 1.2.1의 (b)는 $A \subset B$를 보여준다.

사건 A 또는 B는 다음과 같이 정의된다.

정의 1.2.3

A와 B가 사건이라고 하자. 그러면 A와 B의 **합집합**(union)은 A에 있거나, B에 있거나, A와 B에 모두 있는 원소의 집합이다. A와 B의 합집합은 $A \cup B$로 나타낸다.

그림 1.2.1의 (c)는 $A \cup B$를 보여준다.

A와 B가 모두 발생하는 사건은 다음과 같이 정의된다.

정의 1.2.4

A와 B가 사건이라고 하자. 그러면 A와 B의 **교집합**(intersection)은 A와 B에 모두 있는 원소의 집합이다. A와 B의 교집합은 $A \cap B$로 나타낸다.

그림 1.2.1의 (d)는 $A \cap B$를 보여준다.

공통된 원소가 없는 경우 두 사건은 **배반**(disjoint)이다. 형식적으로 이를 다음과 같이 정의한다.

정의 1.2.5

A와 B가 사건이라고 하자. 그러면 $A \cap B = \phi$일 때 A와 B는 **배반**이다.

A와 B가 배반이면 $A \cup B$는 **배반인 합집합**(disjoint union)을 형성한다. 다음의 두 예제는 이러한 개념을 보여준다.

예제 1.2.1 1부터 10까지의 숫자가 적혀 있는 돌림판이 있다고 가정하자. 실험은 돌림판을 돌려서 돌림판이 멈춘 위치의 수를 기록하는 것이다. 그러면 $\mathcal{C} = \{1, 2, \cdots, 10\}$이다. 사건 A, B, C를 각각 $A = \{1, 2\}$, $B = \{2, 3, 4\}$, $C = \{3, 4, 5, 6\}$으로 정의하자.

$$A^c = \{3, 4, \ldots, 10\}; \quad A \cup B = \{1, 2, 3, 4\}; \quad A \cap B = \{2\}$$
$$A \cap C = \phi; \quad B \cap C = \{3, 4\}; \quad B \cap C \subset B; \quad B \cap C \subset C$$
$$A \cup (B \cap C) = \{1, 2\} \cup \{3, 4\} = \{1, 2, 3, 4\} \tag{1.2.1}$$
$$(A \cup B) \cap (A \cup C) = \{1, 2, 3, 4\} \cap \{1, 2, 3, 4, 5, 6\} = \{1, 2, 3, 4\} \tag{1.2.2}$$

이러한 결과를 독자 스스로 확인하기 바란다.

예제 1.2.2 이 예제에서 실험은 개구간 (0, 5)에서 실수를 선택하는 것이라고 가정하자. 따라서 표본공간은 $\mathcal{C} = (0, 5)$이다. $A = (1, 3)$, $B = (2, 4)$, $C = [3, 4.5)$라고 하자.

$$A \cup B = (1, 4); \quad A \cap B = (2, 3); \quad B \cap C = [3, 4)$$
$$A \cap (B \cup C) = (1, 3) \cap (2, 4.5) = (2, 3) \tag{1.2.3}$$
$$(A \cap B) \cup (A \cap C) = (2, 3) \cup \phi = (2, 3) \tag{1.2.4}$$

0과 5 사이의 실수 선을 그려보는 것은 이러한 결과를 확인하는 데 도움이 된다.

식 (1.2.1), (1.2.2)와 식 (1.2.3), (1.2.4)는 일반적인 **배분법칙**(distributive law)의 예이다. 어떤 집합 A, B, C에 대해 다음과 같은 결과가 성립한다.

$$\begin{aligned} A \cap (B \cup C) &= (A \cap B) \cup (A \cap C) \\ A \cup (B \cap C) &= (A \cup B) \cap (A \cup C) \end{aligned} \tag{1.2.5}$$

이는 집합 이론을 직접 따른 것이다. 각 등식을 확인하기 위해 양변의 벤다이어그램을 그려보라.

다음 두 등식을 통틀어 **드모르간의 법칙**(DeMorgan's law)이라고 한다. 어떤 집합 A와 B에 대해 다음과 같은 결과가 성립한다.

$$(A \cap B)^c = A^c \cup B^c \tag{1.2.6}$$

$$(A \cup B)^c = A^c \cap B^c \tag{1.2.7}$$

예를 들어 예제 1.2.1에서 다음이 성립한다.

$$(A \cup B)^c = \{1, 2, 3, 4\}^c = \{5, 6, \ldots, 10\} = \{3, 4, \ldots, 10\} \cap \{\{1, 5, 6, \ldots, 10\} = A^c \cap B^c$$

또한 예제 1.2.2에서 다음이 성립한다.

$$(A \cap B)^c = (2, 3)^c = (0, 2] \cup [3, 5) = [(0, 1] \cup [3, 5)] \cup [(0, 2] \cup [4, 5)] = A^c \cup B^c$$

마지막 식에서 알 수 있듯이 합집합과 교집합은 2개 이상의 집합으로 쉽게 확장할 수 있다. 만약 A_1, A_2, ⋯, A_n이 어떤 집합이면 다음을 정의할 수 있다.

$$A_1 \cup A_2 \cup \cdots \cup A_n = \{x : \text{어떤 } i = 1, 2, \ldots, n\text{에 대해 } x \in A_i\} \tag{1.2.8}$$

$$A_1 \cap A_2 \cap \cdots \cap A_n = \{x : \text{모든 } i = 1, 2, \ldots, n\text{에 대해 } x \in A_i\} \tag{1.2.9}$$

흔히 축약해서 이를 각각 $\cup_{i=1}^n A_i$, $\cap_{i=1}^n A_i$로 나타낸다. 가산형 합집합과 교집합의 식은 다음의 결과로 직접 연결된다. 즉 A_1, A_2, ⋯, A_n ⋯이 집합열이라면 다음과 같이 표현된다.

$$A_1 \cup A_2 \cup \cdots = \{x : \text{어떤 } n = 1, 2, \ldots\text{에 대해 } x \in A_n\} = \cup_{n=1}^\infty A_n \tag{1.2.10}$$

$$A_1 \cap A_2 \cap \cdots = \{x : \text{모든 } n = 1, 2, \ldots\text{에 대해 } x \in A_n\} = \cap_{n=1}^\infty A_n \tag{1.2.11}$$

다음 두 예제는 이러한 개념을 보여준다.

예제 1.2.3 $\mathcal{C} = \{1, 2, 3, \cdots\}$이라고 가정하자. 만약 $n = 1, 2, 3, \cdots$에 대해 $A_n = \{1, 3, \cdots, 2n - 1\}$이고 $B_n = \{n, n + 1, \cdots\}$이라면 다음과 같이 된다.

$$\cup_{n=1}^\infty A_n = \{1, 3, 5, \ldots\}; \quad \cap_{n=1}^\infty A_n = \{1\} \tag{1.2.12}$$

$$\cup_{n=1}^\infty B_n = \mathcal{C}; \quad \cap_{n=1}^\infty B_n = \phi \tag{1.2.13}$$

예제 1.2.4 $\mathcal{C}$가 실수의 구간 (0, 5)라고 가정하자. $n = 1, 2, 3, \cdots$에 대해 $C_n = (1 - n^{-1}, 2 + n^{-1})$이고, $D_n = (n^{-1}, 3 - n^{-1})$이라면 다음과 같은 결과를 얻는다.

$$\cup_{n=1}^\infty C_n = (0, 3); \quad \cap_{n=1}^\infty C_n = [1, 2] \tag{1.2.14}$$

$$\cup_{n=1}^\infty D_n = (0, 3); \quad \cap_{n=1}^\infty D_n = (1, 2) \tag{1.2.15}$$

단조(monotone)인 집합열도 있는데 여기에는 두 가지 유형이 있다. $n = 1, 2, 3, \cdots$에 대해 $A_n \subset A_{n+1}$이면 집합열 $\{A_n\}$은 **비감소**(nondecreasing) 또는 **위로 중첩**(nested upward)된다고 한다. 이러한 열에 대해 다음과 같이 정의된다.

$$\lim_{n\to\infty} A_n = \cup_{n=1}^{\infty} A_n \tag{1.2.16}$$

예제 1.2.3의 집합열 $A_n = \{1, 3, \cdots, 2n - 1\}$은 이러한 열이다. 따라서 이 경우 $\lim_{n\to\infty} A_n = \{1, 3, 5, \cdots\}$가 된다. 예제 1.2.4의 집합열 $\{D_n\}$도 비감소 집합열이다.

단조열의 두 번째 유형은 **비증가**(nonincreasing) 또는 **아래로 중첩**(nested downward)인 열로 구성된다. 만약 $n = 1, 2, 3, \cdots$에 대해 $A_n \supset A_{n+1}$이면 집합열 $\{A_n\}$은 **비증가**이다. 이러한 경우 다음과 같이 정의된다.

$$\lim_{n\to\infty} A_n = \cap_{n=1}^{\infty} A_n \tag{1.2.17}$$

예제 1.2.3과 1.2.4의 집합열 $\{B_n\}$과 $\{C_n\}$은 비증가 집합열의 예이다.

1.2.2 집합함수

미적분학과 이 책에서 사용되는 대다수의 함수는 정의역이 실수이고 공역도 실수인 함수이다. 그러나 정의역이 집합이고 공역이 실수인 함수도 생각해볼 수 있다. 이와 같은 함수는 자연스럽게 집합의 함수 또는 간단히 **집합함수**(set function)라고 한다. 이제 집합함수의 몇 가지 예와 간단한 집합에 대해 집합함수를 계산하는 예를 살펴보자.

예제 1.2.5 $\mathcal{C} = R$, 즉 실수의 집합이라고 하자. $\mathcal{C}$의 부분집합 A에 대해 $Q(A)$는 양의 정수에 대응하는 A에 속하는 점의 개수와 같다고 하자. 그러면 $Q(A)$는 집합 A의 집합함수이다. 따라서 $A = \{x : 0 < x < 5\}$이면 $Q(A) = 4$이고, $A = \{-2, -1\}$이면 $Q(A) = 0$이며, $A = \{x : -\infty < x < 6\}$이면 $Q(A) = 5$이다.

예제 1.2.6 $\mathcal{C} = R^2$이라고 하자. $\mathcal{C}$의 부분집합 A에 대해 $Q(A)$는 A의 넓이가 유한일 때 A의 넓이를 나타내고, 그렇지 않으면 $Q(A)$가 정의되지 않는다고 하자. 따라서 $A = \{(x, y) : x^2 + y^2 \le 1\}$이면 $Q(A) = \pi$이고, $A = \{(0, 0), (1, 1), (0, 1)\}$이면 $Q(A) = 0$이며, $A = \{(x, y) : 0 \le x, 0 \le y, x + y \le 1\}$이면 $Q(A) = 1/2$이다.

종종 집합함수는 합이나 적분으로 정의된다.[1] 이를 염두에 두고 표기법을 소개한다. 다음 기호는 정해진 1차원의 집합 A상에서 $f(x)$의 일반적인 리만(Riemann) 적분을 의미한다.

$$\int_A f(x)\,dx$$

다음 기호는 정해진 2차원의 집합 A상에서 $g(x, y)$의 리만 적분을 의미한다.

1 합과 적분에 대한 검토는 저자 서문에 언급된 사이트에서 〈수학 주석〉의 2장과 3장을 참조하라.

$$\iint_A g(x, y)\, dxdy$$

이러한 표기법은 n차원에 대한 적분으로 확장할 수 있다. 정확히 말해 집합 A와 함수 $f(x)$, $g(x, y)$를 적절하게 선정하지 않으면 이 적분이 존재하지 않는 일이 흔히 발생한다. 마찬가지로 다음 기호는 모든 $x \in A$에 대한 $f(x)$의 총합을 의미한다.

$$\sum_A f(x)$$

다음 기호는 모든 $(x, y) \in A$에 대한 $g(x, y)$의 총합을 의미한다.

$$\sum_A \sum g(x, y)$$

적분과 마찬가지로 이 표기법은 n차원의 합으로 확장된다.

첫 번째 예제는 **기하급수**(geometric series)를 포함하는 합으로 정의된 집합함수에 대한 것이다. 〈수학 주석(Mathematical Comments)〉[2]의 예제 2.3.1에서 언급한 것처럼, 만약 $|a| < 1$이면 다음의 열은 $1/(1 - a)$로 수렴한다.

$$\text{만약 } |a| < 1\text{이면} \quad \sum_{n=0}^{\infty} a^n = \frac{1}{1-a} \tag{1.2.18}$$

예제 1.2.7 $\mathcal{C}$는 음이 아닌 모든 정수의 집합이고, A는 $\mathcal{C}$의 부분집합이라고 하자. 집합함수 Q를 다음과 같이 정의하자.

$$Q(A) = \sum_{n \in A} \left(\frac{2}{3}\right)^n \tag{1.2.19}$$

식 (1.2.18)로부터 $Q(\mathcal{C}) = 3$이다. $A = \{1, 2, 3\}$이면 $Q(A) = 38/27$이다. $B = \{1, 3, 5, \cdots\}$는 홀수인 모든 양의 정수의 집합이라고 가정하자. $Q(B)$의 계산은 다음과 같으며, 이 계산에서 식 (1.2.18)을 적용할 수 있도록 열을 다시 작성하는 방식으로 도출한다. 이 책에서는 이러한 도출을 종종 수행한다.

$$\begin{aligned} Q(B) &= \sum_{n \in B} \left(\frac{2}{3}\right)^n = \sum_{n=0}^{\infty} \left(\frac{2}{3}\right)^{2n+1} \\ &= \frac{2}{3} \sum_{n=0}^{\infty} \left[\left(\frac{2}{3}\right)^2\right]^n = \frac{2}{3} \frac{1}{1 - (4/9)} = \frac{6}{5} \end{aligned}$$

---

2 저자 서문에 제시된 사이트에서 다운로드할 수 있다.

다음 예제에서 집합함수는 지수함수 $f(x) = e^{-x}$를 포함하는 적분으로 정의된다.

예제 1.2.8 $\mathcal{C}$를 양의 실수의 구간, 즉 $\mathcal{C} = (0, \infty)$이고, A는 $\mathcal{C}$의 부분집합이라고 하자. 적분값이 존재한다는 가정하에 집합함수 Q를 다음과 같이 정의하자.

$$Q(A) = \int_A e^{-x}\, dx \tag{1.2.20}$$

독자 스스로 다음 적분을 계산하고 확인해보기 바란다.

$$\begin{aligned}
Q[(1,3)] &= \int_1^3 e^{-x}\, dx = -e^{-x}\Big|_1^3 = e^{-1} - e^{-3} \doteq 0.318 \\
Q[(5,\infty)] &= \int_1^3 e^{-x}\, dx = -e^{-x}\Big|_5^\infty = e^{-5} \doteq 0.007 \\
Q[(1,3) \cup [3,5)] &= \int_1^5 e^{-x}\, dx = \int_1^3 e^{-x}\, dx + \int_3^5 e^{-x}\, dx = Q[(1,3)] + Q([3,5)] \\
Q(\mathcal{C}) &= \int_0^\infty e^{-x}\, dx = 1
\end{aligned}$$

마지막 예제에서는 n차원의 적분을 다룬다.

예제 1.2.9 $\mathcal{C} = R^n$이라고 하자. 적분값이 존재한다는 가정하에 $\mathcal{C}$의 부분집합 A에 대해 집합함수를 다음과 같이 정의하자.

$$Q(A) = \int \underset{A}{\cdots} \int dx_1 dx_2 \cdots dx_n$$

만약 $A = \{(x_1, x_2, \cdots, x_n) : 0 \le x_1 \le x_2,\ i = 2, 3, \cdots, n$에 대해 $0 \le x_i \le 1\}$이면 다중적분을 반복적분[3]으로 표현하여 다음과 같은 결과를 얻는다.

$$\begin{aligned}
Q(A) &= \int_0^1 \left[\int_0^{x_2} dx_1\right] dx_2 \bullet \prod_{i=3}^{n} \left[\int_0^1 dx_i\right] \\
&= \frac{x_2^2}{2}\Big|_0^1 \bullet 1 = \frac{1}{2}
\end{aligned}$$

만약 $B = \{(x_1, x_2, \cdots, x_n) : 0 \le x_1 \le x_2 \le \cdots \le x_n \le 1\}$이면 다음과 같은 결과를 얻는다.

---

3 반복적분에 관한 다중적분의 논의는 〈수학 주석〉의 3장을 참조하라.

$$Q(B) = \int_0^1 \left[\int_0^{x_n} \cdots \left[\int_0^{x_3} \left[\int_0^{x_2} dx_1 \right] dx_2 \right] \cdots dx_{n-1} \right] dx_n$$
$$= \frac{1}{n!}$$

여기서 $n! = n(n-1)\cdots 3\cdot 2\cdot 1$이다.

연습문제

1.2.1 두 집합 C_1과 C_2가 다음과 같을 때 합집합 $C_1 \cup C_2$와 교집합 $C_1 \cap C_2$를 구하라.

(a) $C_1 = \{2, 3, 5, 7\}$, $C_2 = \{1, 3, 5\}$

(b) $C_1 = \{x : 0 \leq x \leq 3\}$, $C_2 = \{x : 2 < x < 4\}$

(c) $C_1 = \{(x, y) : 0 < x < 1, 0 < y < 3\}$, $C_2 = \{(x, y) : 0 < x < 2, 2 \leq y < 3\}$

1.2.2 공간 $\mathcal{C}$에 관한 집합 C의 보집합 C^c를 구하라.

(a) $\mathcal{C} = \{x : 0 < x < 2\}$, $C = \{x : 0 < x < \frac{2}{3}\}$

(b) $\mathcal{C} = \{(x, y, z) : x^2 + 2y^2 + 3z^2 \leq 4\}$, $C = \{(x, y, z) : x^2 + 2y^2 + 3z^2 < 4\}$

(c) $\mathcal{C} = \{(x, y) : x^2 + y^2 \leq 1\}$, $C = \{(x, y) : |x| + |y| < 1\}$

1.2.3 4개의 문자 l, a, m, b로 이루어지는 가능한 모든 배열을 써라. b가 첫 번째 위치에 있는 배열의 모임을 C_1, a가 세 번째 위치에 있는 배열의 모임을 C_2라고 하자. C_1과 C_2의 합집합과 교집합을 구하라.

1.2.4 식 (1.2.6)과 (1.2.7)의 드모르간의 법칙과 관련하여 다음 문제에 답하라.

(a) 벤다이어그램을 사용하여 드모르간의 법칙을 확인하라.

(b) 드모르간의 법칙이 사실임을 밝혀라.

(c) 드모르간의 법칙을 가산형 합집합과 교집합에 대해 일반화하라.

1.2.5 공간 $\mathcal{C}$가 원을 포함하는 직사각형으로 둘러싸인 점의 집합인 경우 벤다이어그램을 사용하여 다음 집합을 비교하라. 이 법칙은 **배분법칙**이라고 한다.

(a) $C_1 \cap (C_2 \cup C_3)$과 $(C_1 \cap C_2) \cup (C_1 \cap C_3)$

(b) $C_1 \cup (C_2 \cap C_3)$과 $(C_1 \cup C_2) \cap (C_1 \cup C_3)$

1.2.6 다음과 같은 집합열 $\{C_k\}$가 식 (1.2.16)의 비감소임을 밝히고, $\lim_{k\to\infty} C_k$를 구하라.

(a) $C_k = \{x : 1/k \leq x \leq 3 - 1/k\}$, $k = 1, 2, 3, \cdots$

(b) $C_k = \{(x, y) : 1/k \leq x^2 + y^2 \leq 4 - 1/k\}$, $k = 1, 2, 3, \cdots$

1.2.7 다음과 같은 집합열 $\{C_k\}$가 식 (1.2.17)의 비증가임을 밝히고, $\lim_{k\to\infty} C_k$를 구하라.

(a) $C_k = \{x : 2 - 1/k < x \leq 2\}$, $k = 1, 2, 3, \cdots$

(b) $C_k = \{x : 2 < x \leq 2 + 1/k\}$, $k = 1, 2, 3, \cdots$

(c) $C_k = \{(x, y) : 0 \leq x^2 + y^2 \leq 1/k\}$, $k = 1, 2, 3, \cdots$

1.2.8 모든 1차원 집합 C에 대해 $Q(C) = \sum_C f(x)$라고 하자. 단, $x = 0, 1, 2, \cdots$일 때 $f(x) = (3/4)(1/4)^x$이고 그 외에 $f(x) = 0$이다. $C_1 = \{x : x = 0, 2, 4\}$, $C_2 = \{x : x = 0, 1, 2, \cdots\}$일 때 $Q(C_1)$과 $Q(C_2)$를 구하라.

힌트: $S_n = a + ar + \cdots + ar^{n-1} = a(1 - r^n)/(1 - r)$이고 $|r| < 1$이면 $\lim_{n\to\infty} S_n = a/(1 - r)$임을 상기하라.

1.2.9 적분이 존재하는 모든 1차원 집합 C에 대해 $Q(C) = \int_C f(x)dx$라고 하자. 단, $-1 < x < 1$일 때 $f(x) = (3/4)(1 - x^2)$이고 그 외에 $f(x) = 0$이며, 다른 경우에는 $Q(C)$가 정의되지 않는다고 하자. $C_1 = \{x : -\frac{1}{3} < x < \frac{1}{3}\}$, $C_2 = \{0\}$, $C_3 = \{x : -1 < x < 5\}$일 때 $Q(C_1)$, $Q(C_2)$, $Q(C_3)$을 구하라.

1.2.10 적분이 존재하는 모든 2차원 집합 C에 대해 $Q(C) = \iint_C (x^2 + y^2)dxdy$라고 하자. $C_1 = \{(x, y) : -1 \leq x \leq 1, -1 \leq y \leq 1\}$, $C_2 = \{(x, y) : -1 \leq x = y \leq 1\}$, $C_3 = \{(x, y) : x^2 + y^2 \leq 1\}$일 때 $Q(C_1)$, $Q(C_2)$, $Q(C_3)$을 구하라.

1.2.11 대각 꼭짓점이 점 (0, 0)과 점 (1, 1)인 정사각형의 내부 또는 그 경계 위에 있는 점의 집합이 $\mathcal{C}$이고, $Q(C) = \iint_C dydx$라고 하자.

(a) $C \subset \mathcal{C}$가 집합 $\{(x, y) : 0 < y/2 < x < 1/2\}$일 때 $Q(C)$를 구하라.

(b) $C \subset \mathcal{C}$가 집합 $\{(x, y) : 0 < x < 1, x + y = 1\}$일 때 $Q(C)$를 구하라.

(c) $C \subset \mathcal{C}$가 집합 $\{(x, y) : 0 < x/2 < y \leq x + 1/4 < 1\}$일 때 $Q(C)$를 구하라.

1.2.12 한 변의 길이가 1인 정육면체의 내부 또는 그 경계 위에 있는 점의 집합을 $\mathcal{C}$라고 하자. 이 정육면체는 하나의 꼭짓점이 점 (0, 0, 0)이고 대각 꼭짓점이 점 (1, 1, 1)인 제1 8분원에 있다. $Q(C) = \iiint_C dxdydz$라고 하자.

(a) $C \subset \mathcal{C}$가 집합 $\{(x, y, z) : 0 < x < y < z < 1\}$일 때 $Q(C)$를 계산하라.

(b) C가 부분집합 $\{(x, y, z) : 0 < x = y = z < 1\}$일 때 $Q(C)$를 계산하라.

1.2.13 C가 집합 $\{(x, y, z) : x^2 + y^2 + z^2 \leq 1\}$이라고 하자. 구면좌표를 이용하여 다음을 계산하라.

$$Q(C) = \int\int\int_C \sqrt{x^2 + y^2 + z^2}\, dxdydz$$

1.2.14 어떤 클럽에 회원으로 가입하기 위해서는 통계학자이거나, 수학자이거나, 통계학자인 동시에 수학자여야 한다. 이 클럽의 회원 35명 중에서 통계학자는 25명이고 수학자는 17명이다. 통계학자인 동시에 수학자인 회원은 몇 명인가?

1.2.15 치열한 축구 경기가 끝난 후 출전 선수 11명 중 7명은 엉덩이를 다쳤고, 5명은 팔을 다쳤으며, 7명은 무릎을 다쳤다. 또 3명은 엉덩이와 팔을 동시에 다쳤고, 3명은 엉덩이와 무릎을 동시에 다쳤고, 2명은 팔과 무릎을 동시에 다쳤으며, 세 곳 모두 다친 선수는 1명이라고 보고되었다. 이 보고의 정확성에 관해 논하라.

1.3 확률집합함수

어떤 실험이 주어졌을 때 모든 가능한 결과의 표본공간을 $\mathcal{C}$라고 하자. 1.1절에서 설명했듯이 우리는 사건, 즉 표본공간의 부분집합에 확률을 부여하는 것에 관심이 있다. 그렇다면 무엇이 사건의 모임이 되어야 할까? 만약 $\mathcal{C}$가 유한한 집합이라면 우리는 모든 부분집합을 원소로 하는 집합을 이러한 사건의 모임으로 생각해볼 수 있다. 그러나 무한한 집합에 대해 확률을 부여하는 경우 수학적으로 세부적인 내용을 필요로 하는데 이는 확률론에 대한 수업에서 다루는 편이 낫다. 모든 경우에 사건의 모임이 관심 있는 모든 사건을 포함할 만큼 충분히 크고, 여집합의 연산과 가산형 합집합의 연산에 대해 닫혀 있다고 가정하자. 식 (1.2.6)과 (1.2.7)의 드모르간의 법칙을 이용하면 이러한 사건의 모임은 가산형 교집합의 연산에 대해 닫혀 있다. 이러한 사건의 모임을 $\mathcal{B}$로 표시하자. 전문적으로 이러한 사건의 모임은 $\mathcal{C}$의 부분집합의 **σ-집합체**(σ-field)라고 한다.

이제 표본공간 $\mathcal{C}$가 있고 사건의 모임인 $\mathcal{B}$가 있으므로 확률공간의 세 번째 요소, 즉 확률집합함수를 정의할 수 있다. 이 정의에 흥미를 느끼도록 확률에 대한 상대도수 접근법을 알아본다.

참고 1.3.1

확률의 정의는 3개의 공리로 구성되는데, 다음과 같은 상대도수의 직관적인 특성에 따라 이해할 수 있다. $\mathcal{C}$가 표본공간이고 $A \subset \mathcal{C}$일 때 실험을 N회 반복한다고 하자. 그러면 A의 상대도수는 $f_A = \#\{A\}/N$이다. 여기서 $\#\{A\}$는 N회 반복에서 A가 나타난 횟수이다. $f_A \geq 0$이고 $f_{\mathcal{C}} \leq 1$임을 유의하라. 이것이 두 가지 특성이다. 세 번째 특성에서는 A_1과 A_2를 배반인 사건이라고 하자. 그러면 $f_{A_1 \cup A_2} = f_{A_1} + f_{A_2}$이다. 이와 같은 상대도수의 세 가지 특성은 확률의 공리를 구성한다. 단, 세 번째 공리는 셀 수 있는 합의 관점이다. 독자는 확률의 공리에 의한 것과 마찬가지로 확률에 대해 다음에 증명하는 정리들이 상대도수의 직관과 일치하는지 확인해야 한다.

정의 1.3.1 [확률]

$\mathcal{C}$가 표본공간이고 $\mathcal{B}$가 사건의 집합이라고 하자. 또한 $\mathcal{B}$상에 정의된 실함수를 P라고 하자. P가 다음 세 가지 조건을 만족하면 P를 **확률집합함수**(probability set function)라고 한다.

1. 모든 $A \in \mathcal{B}$에 대해 $P(A) \geq 0$
2. $P(\mathcal{C}) = 1$
3. 만약 $\{A_n\}$이 $\mathcal{B}$ 안에서 사건열이고 모든 $m \neq n$에 대해 $A_m \cap A_n = \phi$이면

$$P\left(\bigcup_{n=1}^{\infty} A_n\right) = \sum_{n=1}^{\infty} P(A_n)$$

조건 (3)에서처럼 원소들이 쌍으로 배반인 사건의 모임을 **서로 배타적**(mutually exclusive)인 모임이라고 하며, 이 모임의 합집합은 **배반인 합집합**(disjoint union)이라고도 한다. 이러한 사건의 합집합이 표본공간이 되면 이 모임은 **전체를 이룬다**(exhaustive)고 한다. 이 경우 $\sum_{n=1}^{\infty} P(A_n) = 1$이다. 서로 배타적이고 전체를 이루는 사건의 모임은 $\mathcal{C}$의 **분할**(partition)을 형성한다고 한다.

확률집합함수는 사건의 집합 $\mathcal{B}$에 확률이 어떻게 분포되는지를 보여준다. 이러한 관점에서 확률의 분포를 이야기한다. 종종 P를 '집합'이란 단어를 생략하고 확률함수라고도 한다.

다음 정리는 확률집합함수에 관한 몇 가지 성질이다. 각 정리의 명제에서 $P(A)$는 묵시적으로 표본공간 $\mathcal{C}$의 사건의 집합인 $\mathcal{B}$에 대해 정의된 확률집합함수이다.

정리 1.3.1

각 $A \in \mathcal{B}$에 대해 $P(A) = 1 - P(A^c)$이다.

증명: $\mathcal{C} = A \cup A^c$이고 $A \cap A^c = \phi$이므로 정의 1.3.1의 (2)와 (3)으로부터 다음이 성립한다.

$$1 = P(A) + P(A^c)$$

정리 1.3.2

공집합의 확률은 0이다. 즉 $P(\phi) = 0$이다.

증명: 정리 1.3.1에서 $A = \phi$이라면 $A^c = \mathcal{C}$이다. 따라서

$$P(\phi) = 1 - P(\mathcal{C}) = 1 - 1 = 0$$

정리 1.3.3

A와 B가 $A \subset B$를 만족하는 사건이면 $P(A) \leq P(B)$이다.

증명: $B = A \cup (A^c \cap B)$이고 $A \cap (A^c \cap B) = \phi$이므로 정의 1.3.1의 (3)으로부터

$$P(B) = P(A) + P(A^c \cap B)$$

그런데 정의 1.3.1의 (1)로부터 $P(A^c \cap B) \geq 0$이므로 $P(B) \geq P(A)$이다.

정리 1.3.4

각 $A \in \mathcal{B}$에 대해 $0 \leq P(A) \leq 1$이다.

증명: $\phi \subset A \subset \mathcal{C}$이므로 정리 1.3.3에 의해

$$P(\phi) \leq P(A) \leq P(\mathcal{C}) \text{ 또는 } 0 \leq P(A) \leq 1$$

확률의 정의 (3)에서 A와 B가 배반이면, 즉 $A \cap B = \phi$이면 $P(A \cup B) = P(A) + P(B)$이다. 다음 정리는 임의의 두 사건에 대한 규칙을 제시한다.

정리 1.3.5

A와 B가 $\mathcal{C}$에 있는 사건이면

$$P(A \cup B) = P(A) + P(B) - P(A \cap B)$$

이다.

증명: 집합 $A \cup B$와 B는 각각 다음과 같이 교집합이 없는 집합의 합집합으로 나타낼 수 있다.

$$\begin{aligned} A \cup B &= A \cup (A^c \cap B) \\ B &= (A \cap B) \cup (A^c \cap B) \end{aligned} \tag{1.3.1}$$

집합 이론에 따라 이러한 등식은 모든 집합 A와 B에 대해 성립한다. 또한 그림 1.3.1의 벤다이어그램은 이를 검증한다.

따라서 정의 1.3.1의 (3)으로부터

$$P(A \cup B) = P(A) + P(A^c \cap B)$$
$$P(B) = P(A \cap B) + P(A^c \cap B)$$

위의 두 번째 방정식을 $P(A^c \cap B)$에 대해 정리하여 그 결과를 첫 번째 방정식에 대입하면 다음과 같다.

$$P(A \cup B) = P(A) + P(B) - P(A \cap B)$$

이것으로 증명이 완성된다.

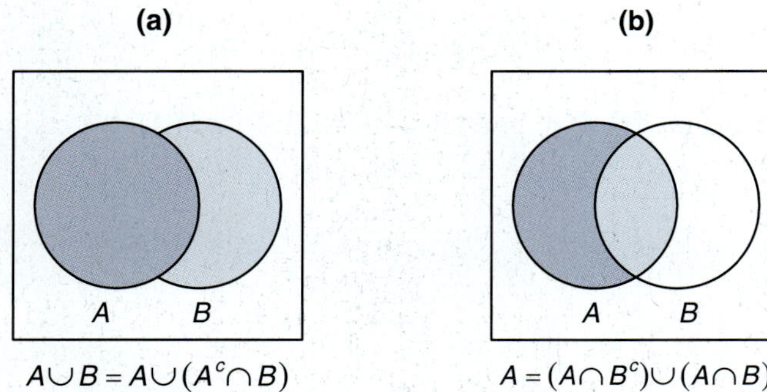

그림 1.3.1 식 (1.3.1)의 두 배반 합집합을 보여주는 벤다이어그램. (a)는 첫 번째 배반 합집합을 나타내고, (b)는 두 번째 배반 합집합을 나타낸다.

예제 1.3.1 $\mathcal{C}$가 예제 1.1.2의 표본공간이고 확률집합함수는 $\mathcal{C}$에 속하는 36개의 각 점에 확률 1/36을 대응시킨다고 하자. 만약 $C_1 = \{(1, 1), (2, 1), (3, 1), (4, 1), (5, 1)\}$, $C_2 = \{(1, 2), (2, 2), (3, 2)\}$이면 $P(C_1) = 5/36$, $P(C_2) = 3/36$, $P(C_1 \cup C_2) = 8/36$, $P(C_1 \cap C_2) = 0$이다.

예제 1.3.2 2개의 동전을 던졌을 때 실현값은 순서쌍(첫 번째 던진 동전의 면, 두 번째 던진 동전의 면)이다. 따라서 표본공간은 $\mathcal{C} = \{(H, H), (H, T), (T, H), (T, T)\}$로 나타낼 수 있다. 확률집합함수는 $\mathcal{C}$의 각 원소에 확률 1/4을 대응시킨다고 할 때, $C_1 = \{(H, H), (H, T)\}$, $C_2 = \{(H, H), (T, H)\}$이면 $P(C_1) = P(C_2) = 1/2$, $P(C_1 \cap C_2) = 1/4$이고, 정리 1.3.5에 의해 $P(C_1 \cup C_2) = (1/2) + (1/2) - (1/4) = 3/4$이다.

유한한 표본공간의 경우 다음과 같이 확률을 생성할 수 있다. m개 원소의 유한한 집합을 $\mathcal{C} = \{x_1, x_2, \cdots, x_m\}$이라고 하자. 그리고 $p_1, p_2, \cdots, p_m$을 다음과 같은 분수라고 하자.

$$0 \le p_i \le 1 \ (i = 1, 2, \ldots, m), \quad \textstyle\sum_{i=1}^{m} p_i = 1 \tag{1.3.2}$$

P를 다음과 같이 정의한다고 가정하자.

$$\mathcal{C}\text{의 모든 부분집합 } A\text{에 대해 } P(A) = \sum_{x_i \in A} p_i \tag{1.3.3}$$

그러면 $P(A) \ge 0$이고 $P(\mathcal{C}) = 1$이다. 또한 $A \cap B = \phi$일 때 $P(A \cup B) = P(A) + P(B)$가 된다. 따라서 P는 $\mathcal{C}$에 대한 확률이다. 예시를 위한 다음의 네 가지 할당은 $\mathcal{C} = \{1, 2, \cdots, 6\}$에 대한 확률을 형성한다. 각각에서 사건 $A = \{1, 6\}$에 대해 $P(A)$를 계산한다.

$$p_1 = p_2 = \cdots = p_6 = \frac{1}{6}; \quad P(A) = \frac{1}{3} \tag{1.3.4}$$
$$p_1 = p_2 = 0.1, p_3 = p_4 = p_5 = p_6 = 0.2; \quad P(A) = 0.3$$
$$p_i = \frac{i}{21}, \quad i = 1, 2, \ldots, 6; \quad P(A) = \frac{7}{21}$$
$$p_1 = \frac{3}{\pi}, p_2 = 1 - \frac{3}{\pi}, p_3 = p_4 = p_5 = p_6 = 0.0; \quad P(A) = \frac{3}{\pi}$$

식 (1.3.4)의 첫 번째 확률집합함수에 대한 개별적인 확률은 동일하다. 이것은 지금 공식적으로 정의하려는 등가능성 사례의 예이다.

정의 1.3.2 [등가능성 사례]

$\mathcal{C} = \{x_1, x_2, \cdots, x_m\}$이 유한한 표본공간이라고 하자. 모든 $i = 1, 2, \cdots, m$에 대해 $p_i = 1/m$이고 $\mathcal{C}$의 모든 부분집합 A에 대해 다음과 같이 정의하자.

$$P(A) = \sum_{x_i \in A} \frac{1}{m} = \frac{\#(A)}{m}$$

여기서 $\#(A)$는 A의 원소 개수를 나타낸다. 그러면 P는 $\mathcal{C}$에 대한 확률이고, 이를 **등가능성 사례**(equilikely case)라고 한다.

등가능성 사례는 흥미로운 확률모형이다. 공정한 동전 던지기, 잘 섞인 52장의 카드 더미에서 5장 뽑기, 1부터 36까지의 숫자가 적힌 공정한 돌림판 돌리기, 공정한 주사위 1쌍을 굴려서 나오는 점의 개수 등을 예로 들 수 있다. 정의에 명시된 것처럼 이러한 각 실험에 대해 사건의 확률을 계산하기 위해서는 사건의 원소 개수만 알면 된다. 예를 들어 카드놀이를 하는 사람은 잘 섞인 52장의 카드 더미에서 뽑은 5장의 카드 패에서 페어(pair, 숫자가 같은 카드 2장)를 얻을 확률에 관심이 있을 수 있다. 이 확률을 계산하려면 5장의 카드 패의 수와 페어가 포함된 카드 패의 수를 알아야 한다. 등가능성 사례에 관심이 있기 때문에 관심 있는 사건의 확률을 계산하는 데 사용할 수 있는 몇 가지 셈 규칙을 살펴보자.

1.3.1 셈 규칙

기초 대수학 과정에서 일반적으로 다루는 세 가지 셈 규칙은 다음과 같다.

첫 번째 규칙은 **곱셈법칙**(multiplication rule)이라고도 하는 ***mn*-규칙**(m 곱하기 n 규칙)이다. $A = \{x_1, x_2, \cdots, x_m\}$은 m개 원소의 집합이고, $B = \{y_1, y_2, \cdots, y_n\}$은 n개 원소의 집합이다. 그러면 $i = 1, 2, \cdots, m$과 $j = 1, 2, \cdots, n$에 대해 A로부터 첫 번째 요소와 B로부터 두 번째 요소로 구성된 mn개 요소의 순서쌍 (x_i, y_j)가 만들어진다. 여기서 비공식적으로는 방법에 대해 자주 이야기한다. 예를 들어 도시 I과 II 사이에는 5개의 도로(방법)가 있고, 도시 II와 III 사이에는 10개의 도로(방법)가 있다. 따라서 도시 I에서 도시 II로 이동한 다음 도시 II에서 도시 III로 이동하여 도시 I에서 도시 III까지 도착하는 데에는 $5 \times 10 = 50$가지 방법이 있다. 이 규칙은 두 집합 이상으로 즉시 확장된다. 예를 들어 특정 주는 자동차 번호판이 3개의 문자 다음에 3개의 숫자인 패턴이라고 가정해보자. 그러면 이 주에서는 $26^3 \times 10^3$개의 번호판이 가능하다.

다음으로 n개의 원소를 가진 집합을 A라고 하자. 구성 요소가 A의 원소인 k-짝(k-tuple)에 관심이 있다고 하자. 그러면 확장된 mn-규칙에 의해 구성 요소가 A의 원소인 $n \cdot n \cdots n = n^k$개의 k-짝이 있다. 다음으로 $k \leq n$이고 구성 요소가 A의 서로 다른(반복이 아닌) 원소인 k-짝에 관심이 있다고 하자. 첫 번째 구성 요소를 선택하는 데에는 n개의 원소가 있고, 두 번째에는 $n - 1$개가 있으며, ⋯ k번째에는 $n - (k - 1)$개가 있다. 따라서 곱셈법칙에 의해 서로 다른 원소로 이루어진 k-짝이 $n(n - 1) \cdots (n - (k - 1))$개 존재한다. 이와 같은 k-짝 하나하나를 **순열**(permutation)이라고 하며, 원소가 n개인 집합에서 취한 k 순열의 수를 기호 P_k^n로 나타낸다. 순열의 수인 P_k^n가 두 번째 셈 규칙이다. 이는 다음과 같이 다시 쓸 수 있다.

$$P_k^n = n(n-1)\cdots(n-(k-1)) = \frac{n!}{(n-k)!} \tag{1.3.5}$$

예제 1.3.3 **[생일 문제]** 한 방에 n명의 사람이 있다고 가정하자. $n < 365$이고 사람들은 어떤 방식으로든 관계가 없다. 이때 최소한 2명의 생일이 같은 사건 A의 확률을 구하라. 편의를 위해 방에 있는 사람들에게 1부터 n까지 숫자를 부여하고, n-짝을 사용하여 방에 있는 첫 번째 사람부터 n번째 사람의 생일을 나타내자. mn-규칙을 사용하면 n명에 대해 365^n개의 가능한 생일 n-짝이 있다. 이것은 표본공간에 있는 원소의 수이다. 이제 생일이 365일 중 어느 날이든 동등하게 발생할 가능성이 있다고 가정하자. 따라서 이러한 n-짝 각각의 확률은 365^{-n}이다. A의 여집합은 방에 있는 모든 사람의 생일이 구별되는 사건이다. 즉 A^c에 있는 n-짝의 수는 P_n^{365}이다. 따라서 A의 확률은 다음과 같이 계산된다.

$$P(A) = 1 - \frac{P_n^{365}}{365^n}$$

만약 $n = 2$이면 $P(A) = 1 - (365 \times 364)/(365^2) = 0.0027$이다. 이 공식은 손으로 계산하기가 쉽지 않다. 다음의 R 함수[4]는 입력값 n에 대해 $P(A)$를 계산하고, 저자 서문에 언급된 사이트에서 다운로드할 수 있다.

```
bday = function(n){ bday = 1; nm1 = n - 1
    for(j in 1:nm1){bday = bday*((365-j)/365)}
    bday <- 1 - bday; return(bday)}
```

`bday.R` 파일에 이 함수가 포함되어 있다고 가정하면 다음은 $n = 10$에 대해 $P(A)$를 계산하는

---

4 R 입문서는 부록 B에 있다.

R 코드의 일부분이다.

```
> source("bday.R")
> bday(10)
[1] 0.1169482
```

마지막 셈 규칙은 순열과 마찬가지로 n개의 원소를 가진 집합 A에서 원소를 선택한다. 이제 순서는 중요하지 않다고 하자. 따라서 순열의 수를 계산하는 대신 A에서 선택한 k 원소의 부분집합의 수를 구하고자 한다. 이러한 부분집합의 전체 수를 기호 $\binom{n}{k}$로 나타낸다. 순열 규칙에 의해 $P_k^k = k(k-1) \cdots 1 = k!$ 순열을 생성한다. 더욱이 이러한 모든 순열은 A로부터 k 원소를 가진 다른 부분집합에 의해 생성된 순열과는 별개이다. 끝으로 A로부터 유도된 서로 다른 원소 k개로 이루어진 각각의 순열은 이 부분집합 중 하나에 의해 생성되어야 한다. 따라서 $P_k^n = \binom{n}{k} k!$이다. 즉

$$\binom{n}{k} = \frac{n!}{k!(n-k)!} \tag{1.3.6}$$

부분집합 대신 조합이라는 용어를 사용하기도 한다. 따라서 n개의 개체에서 k개를 선택한 것을 $\binom{n}{k}$ **조합**(combination)이라고 한다. $\binom{n}{k}$는 C_k^n로 나타내기도 한다.

이항급수를 전개할 때

$$(a+b)^n = (a+b)(a+b)\cdots(a+b)$$

다음을 얻는 것은 흥미로운 사실이다.

$$(a+b)^n = \sum_{k=0}^{n} \binom{n}{k} a^k b^{n-k} \tag{1.3.7}$$

왜냐하면 $\binom{n}{k}$ 방법에서는 a를 k번 선택할 수 있기 때문이다. 따라서 $\binom{n}{k}$를 **이항계수**(binomial coefficient)라고도 한다.

예제 1.3.4 **[포커 패]** 잘 섞인 52장의 트럼프 카드에서 무작위로 1장을 뽑는다고 하자. 표본공간 $\mathcal{C}$는 52개의 원소로 구성되고, 각 원소는 52장의 카드 중 하나만을 나타낸다. 카드 더미가 잘 섞여 있기 때문에 각 실현값의 확률이 1/52로 동일하다고 가정하는 것은 합리적이다. 따라서 만약 E_1이 실현값이 스페이드인 집합이라면 카드 더미에는 13장의 스페이드가 있으므로 $P(E_1) = 13/52 = 1/4$이다. 만약 E_2가 실현값이 킹인 집합이라면 카드 더미에는 4개의 킹이 있으므로 $P(E_2) = 4/52 = 1/13$이다. 즉 1/13은 카드 1장을 뽑았을 때 그것이 킹일 확률이다. 각 사건에서 원소의 개수를 결정하는 것이 어렵지 않으므로 이와 같은 계산은 매우 쉽다.

그러나 단 1장을 뽑는 것이 아니라 비복원으로 5장을 무작위로 뽑는다고 하자. 즉 5장 포커 패

(pocker hand)이다. 이 경우 순서는 중요하지 않다. 그래서 패에는 52개의 원소로 이루어진 집합에서 뽑은 5개의 원소로 이루어진 부분집합이 주어져 있다. 따라서 식 (1.3.6)에 의해 $\binom{52}{5}$개의 포커 패가 있다. 만약 카드가 잘 섞여 있다면 각 패는 가능성이 동일해야 한다. 즉 각 패의 확률은 $1/\binom{52}{5}$이다. 이제 어떤 흥미로운 포커 패에 대한 확률을 계산할 수 있다. E_1을 플러시(flush)인 사건, 즉 5개의 카드가 모두 동일한 그림이라고 하자. 플러시에는 $\binom{4}{1} = 4$개의 그림을 선택할 수 있고 각 그림에는 $\binom{13}{5}$개의 가능한 패가 존재하므로, 곱셈법칙에 의해 플러시를 가질 확률은 다음과 같다.

$$P(E_1) = \frac{\binom{4}{1}\binom{13}{5}}{\binom{52}{5}} = \frac{4 \cdot 1287}{2598960} = 0.00198$$

실제 포커 게임자들은 이 값이 스트레이트 플러시를 가질 확률을 포함하고 있음을 안다.

다음으로 정확하게 3개의 숫자가 동일한(나머지 2개는 각각 번호가 다른) 사건 E_2의 확률을 생각해보자. 3개의 동일한 숫자에 해당하는 것을 $\binom{13}{1}$가지 방법으로 선택하고, 3개의 동일한 숫자를 $\binom{4}{3}$가지 방법으로 선택하고, 나머지 2개의 다른 숫자에 해당하는 것을 $\binom{12}{2}$가지 방법으로 선택하고, 나머지 2개의 숫자를 각각 $\binom{4}{1}\binom{4}{1}$가지 방법으로 선택한다. 정확하게 3개의 숫자가 동일할 확률은 다음과 같다.

$$P(E_2) = \frac{\binom{13}{1}\binom{4}{3}\binom{12}{2}\binom{4}{1}^2}{\binom{52}{5}} = 0.0211$$

이제 3개의 킹과 2개의 퀸으로 이루어진 집합을 E_3이라고 하자. 킹을 선택하는 방법은 $\binom{4}{3}$이고, 퀸을 선택하는 방법은 $\binom{4}{2}$이다. 따라서 E_3의 확률은 다음과 같다.

$$P(E_3) = \binom{4}{3}\binom{4}{2}\Big/\binom{52}{5} = 0.0000093$$

사건 E_3은 한 번호 3개와 다른 번호 2개인 풀 하우스의 예이다. 풀 하우스의 확률을 결정하는 것은 연습문제 1.3.19에서 살펴본다.

1.3.2 확률의 추가적 특성

앞으로 유용하게 이용할 확률의 추가적 특성으로 이 절을 마무리하겠다. 연습문제 1.2.6에서 모든 n에 대해 $C_n \subset C_{n+1}$이면 사건열 $\{C_n\}$은 증가열이라고 했다. 이때 $\lim_{n\to\infty} C_n = \cup_{n=1}^{\infty} C_n$으로 나타낸다. $\lim_{n\to\infty} P(C_n)$을 생각해보자. 문제는 P와 lim를 정당하게 바꿀 수 있는가이다. 다음 정리에서와 같이 답은 '가능하다'이다. 이 결과는 사건의 감소열에도 적용할 수 있다. 이러한 교환성 때문에 다음 정리를 확률의 연속 정리라고도 한다.

정리 1.3.6

$\{C_n\}$을 사건의 증가열이라고 하면

$$\lim_{n\to\infty} P(C_n) = P(\lim_{n\to\infty} C_n) = P\left(\bigcup_{n=1}^{\infty} C_n\right) \tag{1.3.8}$$

$\{C_n\}$을 사건의 감소열이라고 하면

$$\lim_{n\to\infty} P(C_n) = P(\lim_{n\to\infty} C_n) = P\left(\bigcap_{n=1}^{\infty} C_n\right) \tag{1.3.9}$$

증명: 여기서는 식 (1.3.8)만 증명하고 식 (1.3.9)는 연습문제 1.3.20에서 증명할 것이다. $n > 1$에 대해 집합을 $R_1 = C_1$, $R_n = C_n \cap C_{n-1}^c$로 정의한다. 따라서 $\bigcup_{n=1}^{\infty} C_n = \bigcup_{n=1}^{\infty} R_n$이며, $m \neq n$에 대해 $R_m \cap R_n = \phi$이다. 또한 $P(R_n) = P(C_n) - P(C_{n-1})$이다. 확률의 세 번째 공리에 의해 다음의 동일성 열이 성립한다.

$$\begin{aligned} P\left[\lim_{n\to\infty} C_n\right] &= P\left(\bigcup_{n=1}^{\infty} C_n\right) = P\left(\bigcup_{n=1}^{\infty} R_n\right) \\ &= \sum_{n=1}^{\infty} P(R_n) = \lim_{n\to\infty} \sum_{j=1}^{n} P(R_j) \\ &= \lim_{n\to\infty} \left\{ P(C_1) + \sum_{j=2}^{n} [P(C_j) - P(C_{j-1})] \right\} = \lim_{n\to\infty} P(C_n) \end{aligned} \tag{1.3.10}$$

임의의 합집합에 대해 또 다른 유용한 결과는 다음과 같다.

정리 1.3.7 [불의 부등식]

$\{C_n\}$을 임의의 사건열이라고 하면

$$P\left(\bigcup_{n=1}^{\infty} C_n\right) \leq \sum_{n=1}^{\infty} P(C_n) \tag{1.3.11}$$

증명: $D_n = \bigcup_{i=1}^{n} C_i$라고 하면 $\{D_n\}$은 $\bigcup_{n=1}^{\infty} C_n$까지 올라가는 사건의 증가열이다. 또한 모든 j에 대해 $D_j = D_{j-1} \cup C_j$이다. 따라서 정리 1.3.5에 의해

$$P(D_j) \leq P(D_{j-1}) + P(C_j)$$

즉

$$P(D_j) - P(D_{j-1}) \leq P(C_j)$$

이때 식 (1.3.10)에서 C_i는 D_i로 대체된다. 따라서 이 식에 위의 부등식을 이용하면 $P(C_1) = P(D_1)$에 의해 다음과 같이 증명된다.

$$P\left(\bigcup_{n=1}^{\infty} C_n\right) = P\left(\bigcup_{n=1}^{\infty} D_n\right) = \lim_{n\to\infty}\left\{P(D_1) + \sum_{j=2}^{n}[P(D_j) - P(D_{j-1})]\right\}$$
$$\leq \lim_{n\to\infty}\sum_{j=1}^{n} P(C_j) = \sum_{n=1}^{\infty} P(C_n)$$

정리 1.3.5는 두 사건의 합집합에 대한 일반적인 덧셈법칙을 제공했다. 다음 참고에서 보듯이 이는 임의의 합집합에 대한 추가적인 법칙으로 확장될 수 있다.

참고 1.3.2 [포함-배제 공식]

다음을 쉽게 밝힐 수 있다(연습문제 1.3.9).

$$P(C_1 \cup C_2 \cup C_3) = p_1 - p_2 + p_3$$

여기서

$$\begin{aligned} p_1 &= P(C_1) + P(C_2) + P(C_3) \\ p_2 &= P(C_1 \cap C_2) + P(C_1 \cap C_3) + P(C_2 \cap C_3) \\ p_3 &= P(C_1 \cap C_2 \cap C_3) \end{aligned} \tag{1.3.12}$$

이것은 **포함-배제 공식**(inclusion-exclusion formula)으로 일반화할 수 있다.

$$P(C_1 \cup C_2 \cup \cdots \cup C_k) = p_1 - p_2 + p_3 - \cdots + (-1)^{k+1}p_k \tag{1.3.13}$$

여기서 p_i는 i 집합을 포함하는 가능한 모든 교집합의 확률의 합과 같다.

$k = 3$일 때 $p_1 \geq p_2 \geq p_3$이며, 일반적으로는 $p_1 \geq p_2 \geq \cdots \geq p_k$이다. 정리 1.3.7에서 증명한 바와 같이

$$p_1 = P(C_1) + P(C_2) + \cdots + P(C_k) \geq P(C_1 \cup C_2 \cup \cdots \cup C_k)$$

$k = 2$이면

$$1 \geq P(C_1 \cup C_2) = P(C_1) + P(C_2) - P(C_1 \cap C_2)$$

다음의 **본페로니 부등식**(Bonferroni's inequality)을 도출한다.

$$P(C_1 \cap C_2) \geq P(C_1) + P(C_2) - 1 \tag{1.3.14}$$

이것은 $P(C_1)$과 $P(C_2)$가 큰 경우에만 유용하다. 포함-배제 공식은 다음과 같은 유용한 부등식을 제공한다.

$$p_1 \geq P(C_1 \cup C_2 \cup \cdots \cup C_k) \geq p_1 - p_2$$
$$p_1 - p_2 + p_3 \geq P(C_1 \cup C_2 \cup \cdots \cup C_k) \geq p_1 - p_2 + p_3 - p_4$$

연습문제

1.3.1 1에서 6까지의 양의 정수를 주사위를 던져 선정한다고 하자. 따라서 표본공간 $\mathcal{C}$의 원소 c는 1, 2, 3, 4, 5, 6이다. $C_1 = \{1, 3, 5\}$, $C_2 = \{2, 4, 6\}$이라고 하자. 확률집합함수 P가 $\mathcal{C}$의 각 원소에 확률 1/6을 대응시킬 때 $P(C_1)$, $P(C_2)$, $P(C_1 \cap C_2)$, $P(C_1 \cup C_2)$를 구하라.

1.3.2 확률실험이 52장으로 이루어진 트럼프 카드의 한 패에서 카드 1장을 뽑는 것이라고 하자. 확률집합함수 P는 가능한 52가지 실현값의 각각에 확률 1/52을 대응시키고, C_1은 13개의 하트족을, C_2는 4개의 킹족을 나타낼 때 $P(C_1)$, $P(C_2)$, $P(C_1 \cap C_2)$, $P(C_1 \cup C_2)$를 구하라.

1.3.3 동전을 앞면이 나올 때까지 던진다. 따라서 표본공간 $\mathcal{C}$의 원소 c는 H, TH, TTH, $TTTH$ 등이다. 확률집합함수 P가 이러한 원소에 각각 확률 1/2, 1/4, 1/8, 1/16 등을 대응시킬 때 $P(\mathcal{C}) = 1$임을 밝혀라. $C_1 = \{c : c$는 $H, TTH, TTTTH\}$일 때 $P(C_1)$을 구하라. $C_2 = \{c : c$는 $H, TH, TTH, TTTH\}$일 때 $P(C_2)$, $P(C_1 \cap C_2)$, $P(C_1 \cup C_2)$를 구하라.

1.3.4 표본공간이 $\mathcal{C} = C_1 \cup C_2$이고 $P(C_1) = 0.65$, $P(C_2) = 0.75$일 때 $P(C_1 \cap C_2)$를 구하라.

1.3.5 표본공간이 $\mathcal{C} = \{c : 0 < c < \infty\}$라고 하자. $C \subset \mathcal{C}$는 $C = \{c : 0 < c < 10\}$로 정의되고 $P(C) = \int_C \frac{1}{2} e^{-x/2}\, dx$일 때 $P(\mathcal{C}) = 1$임을 밝혀라. $P(C)$, $P(C^c)$, $P(C \cap C^c)$를 계산하라.

1.3.6 표본공간이 $\mathcal{C} = \{c : -\infty < c < \infty\}$이고 $C \subset \mathcal{C}$를 적분 $\int_C e^{-|3x|} dx$가 존재하는 집합일 때 이 집합함수는 확률집합함수가 아님을 밝혀라. 이 적분에 어떤 상수를 곱하면 확률집합함수가 되는가?

1.3.7 C_1과 C_2가 표본공간 $\mathcal{C}$의 부분집합일 때 다음을 밝혀라.

$$P(C_1 \cap C_2) \le P(C_1) \le P(C_1 \cup C_2) \le P(C_1) + P(C_2)$$

1.3.8 C_1, C_2, C_3이 표본공간 $\mathcal{C}$의 서로소인 부분집합일 때 $P[(C_1 \cup C_2) \cap C_3]$과 $P(C_1^c \cup C_2^c)$를 구하라.

1.3.9 참고 1.3.2에 대해 생각해보자.

(a) C_1, C_2, C_3이 $\mathcal{C}$의 부분집합일 때 다음을 밝혀라.

$$\begin{aligned} P(C_1 \cup C_2 \cup C_3) = {} & P(C_1) + P(C_2) + P(C_3) - P(C_1 \cap C_2) \\ & - P(C_1 \cap C_3) - P(C_2 \cap C_3) + P(C_1 \cap C_2 \cap C_3) \end{aligned}$$

(b) 식 (1.3.13)의 일반적인 포함-배제 공식을 증명하라.

참고 1.3.3

연습문제 (1.3.10)~(1.3.19)를 풀기 위해 어떤 합리적인 가설이 설정되어야 한다.

1.3.10 상자에 16개의 칩이 있는데 6개는 빨간색, 7개는 흰색, 3개는 파란색이다. 비복원으로 4개의 칩을 무작위로 꺼낼 때 다음 각각의 확률을 구하라.

(a) 4개의 칩 모두 빨간색인 경우

(b) 4개의 칩 모두 빨간색이 아닌 경우

(c) 각 색깔의 칩을 최소한 하나씩 포함하는 경우

1.3.11 한 사람이 어떤 추첨식 복권 판매에서 발행되는 1,000장의 복권 중에서 10장을 구매했다. 5명의 상품 수상자를 결정하기 위해 비복원으로 5장의 복권을 무작위로 뽑을 때 이 사람이 최소한 하나의 상품을 타게 될 확률을 구하라.

힌트: 상품을 타지 못할 확률을 먼저 구하라.

1.3.12 브리지 게임에서 비복원으로 13장의 카드를 무작위로 나누어줄 때 손에 가진 카드가 (a) 스페이드 6장, 하트 4장, 다이아몬드 2장, 클로버 1장일 확률, (b) 13장의 카드가 모두 동일한 그림일 확률을 구하라.

1.3.13 처음 20개의 양의 정수(1, 2, ⋯, 20)로부터 3개의 서로 다른 정수를 선택한다고 하자. 다음 각각의 확률을 구하라.

(a) 합이 짝수

(b) 곱이 짝수

1.3.14 상자에 빨간 칩 5개와 파란 칩 3개가 들어 있다. 빨간 칩에 각각 1, 2, 3, 4, 5라는 번호를 매기고, 파란 칩에 각각 1, 2, 3이라는 번호를 매긴다. 비복원으로 2개의 칩을 무작위로 추출할 때 동일한 숫자이거나 동일한 색깔일 확률을 구하라.

1.3.15 50개의 전구가 들어 있는 상자에 2개의 불량 전구가 포함되어 있다. 한 검사자가 비복원으로 5개의 전구를 무작위로 선택하여 검사를 실시한다.

(a) 5개 중 적어도 불량 전구가 1개 포함될 확률을 구하라.

(b) 최소한 1개의 불량 전구를 찾을 확률이 1/2 이상이 되려면 몇 개의 전구를 검사해야 하는가?

1.3.16 예제 1.3.3의 생일 문제에서 주어진 R 함수 `bday`를 사용하여 $p(n) \geq 0.5$이고 $p(n-1) < 0.5$가 되는 n의 값을 정하라. 여기서 $p(n)$은 n명이 있는 방에서 최소한 2명

의 생일이 같을 확률이다.

1.3.17 $C_1, C_2, \cdots, C_k$가 표본공간 $\mathcal{C}$에서의 k개 사건일 때 최소한 하나의 사건이 발생할 확률은 1 − (모든 사건이 일어나지 않을 확률), 즉 다음과 같음을 밝혀라.

$$P(C_1 \cup \cdots \cup C_k) = 1 - P(C_1^c \cap \cdots \cap C_k^c) \tag{1.3.15}$$

1.3.18 비서가 편지 3개와 봉투 3개를 작성하여 급히 각각의 봉투에 편지를 무작위로 집어넣는다. 최소한 편지 1개가 정확한 주소가 적힌 봉투에 들어갈 확률은 얼마인가?
힌트: i번째 편지가 정확한 주소가 적힌 봉투에 들어가는 사건을 C_i라고 하자. 확률을 구하기 위해 $P(C_1 \cup C_2 \cup C_3)$을 확장하라.

1.3.19 예제 1.3.4에서와 같이 잘 섞인 트럼프 카드에서 뽑은 포커 패를 생각해보자. 풀 하우스, 즉 3개의 동일한 번호와 또 다른 2개의 동일한 번호가 나올 확률을 구하라.

1.3.20 식 (1.3.9)를 증명하라.

1.3.21 구간 (0, 1)에서 무작위로 실수를 선택하는 실험을 생각해보자. 어떤 부분 구간 $(a, b) \subset (0, 1)$에 대해 확률 $P[(a, b)] = b - a$를 부여하는 것은 타당해 보인다. 즉 부분 공간에서 한 점을 선택하는 확률은 그 부분 공간의 길이에 직접적으로 비례한다. 만약 그렇다면 적절한 부분 구간 열을 선택하고 식 (1.3.9)를 이용하여 모든 $a \in (0, 1)$에 대해 $P[\{a\}] = 0$임을 밝혀라.

1.3.22 사건 C_1, C_2, C_3에 대해 생각해보자.

(a) C_1, C_2, C_3을 서로 배타적인 사건이라고 하자. $P(C_i) = p_i (i = 1, 2, 3)$라면 $p_1 + p_2 + p_3$의 제약 조건은 무엇인가?

(b) (a)에서 $p_1 = 4/10$, $p_2 = 3/10$, $p_3 = 5/10$라면 C_1, C_2, C_3은 서로 배타적인가?

다음 두 연습문제의 경우 독자가 σ-집합체에 대해 잘 알고 있다고 가정한다.

1.3.23 $\mathcal{C}$의 공집합이 아닌 부분집합의 모임을 $\mathcal{D}$라고 하자. 다음과 같은 사건의 모임을 생각해보자.

$$\mathcal{B} = \cap\{\mathcal{E} : \mathcal{D} \subset \mathcal{E}, \mathcal{E}\text{은 } \sigma\text{-집합체}\}$$

ϕ는 각각의 σ-집합체에 속하므로 $\phi \in \mathcal{B}$이고, 따라서 특히 ϕ는 각각의 σ-집합체 $\mathcal{E} \supset \mathcal{D}$이다. 이 방법을 계속하여 $\mathcal{B}$가 σ-집합체임을 밝혀라.

1.3.24 R이 모든 실수의 집합일 때 $\mathcal{C} = R$이라고 하자. $\mathcal{I}$는 R상에서 모든 개구간의 집합이라고 하자. 실선상에서 보렐 σ-집합체는 다음과 같음을 상기하라.

$$\mathcal{B}_0 = \cap\{\mathcal{E} : \mathcal{I} \subset \mathcal{E}, \mathcal{E}\text{은 } \sigma\text{-집합체}\}$$

정의에 의해 $\mathcal{B}_0$은 개구간을 포함한다. $[a, \infty) = (-\infty, a)^c$이며 $\mathcal{B}_0$은 여집합에 대해 닫혀 있기 때문이다. 이것은 $a \in R$에 대해 $[a, \infty)$ 형태의 모든 구간을 포함한다. 이 방법을 계속하여 $\mathcal{B}_0$이 실수의 모든 폐구간과 반개구간을 포함함을 밝혀라.

1.4 조건부 확률과 독립성

어떤 확률실험에서 표본공간 $\mathcal{C}$의 부분집합인 A에 속하는 실현값에만 관심을 두는 경우가 있다. 그때 표본공간은 사실상 부분공간 A를 의미한다. 이제 이렇게 '새로운' 표본공간 A를 가진 확률 집합함수를 정의하는 문제를 생각해보자.

확률집합함수 $P(A)$는 표본공간 $\mathcal{C}$상에서 정의되고, A는 $\mathcal{C}$의 부분집합이며, $P(A) > 0$이라고 하자. 확률실험의 실현값이 오직 A에 속하는 경우만 생각한다면 사실상 A가 표본공간인 셈이다. B를 $\mathcal{C}$의 다른 부분집합이라고 하자. 새로운 표본공간 A에 대해 사건 B의 확률을 어떻게 정의할 수 있을까? 일단 정의된다면 이 확률은 사건 A의 가설에 대한 사건 B의 조건부 확률(conditional probability) 또는 더욱 간단히 A가 주어졌을 때 B의 조건부 확률이라고 한다. 이와 같은 조건부 확률은 $P(B|A)$로 나타낸다. 이때 |는 보통 '주어진(given)'으로 읽는다. 이제 이 기호의 정의에서 제기되는 문제로 돌아간다. A가 표본공간이므로 B의 원소는 그것이 존재한다면 또한 A의 원소, 즉 $A \cap B$의 원소이다. 이때 다음과 같이 $P(B|A)$를 정의하는 것이 바람직하다.

$$P(A|A) = 1,\ P(B|A) = P(A \cap B|A)$$

상대빈도의 관점으로부터 만일 공간 A에 관한 사항 $A \cap B$와 A의 확률비가 공간 $\mathcal{C}$에 관한 이들 사건의 확률비와 같음을 요구하지 않으면 논리적으로 모순이라고 생각할 수 있다. 즉 다음과 같아야 한다.

$$\frac{P(A \cap B|A)}{P(A|A)} = \frac{P(A \cap B)}{P(A)}$$

다음의 세 가지 바람직한 조건은 조건부 확률이 합리적으로 정의되었음을 의미한다.

정의 1.4.1 [조건부 확률]

$P(A) > 0$인 A와 B가 사건일 때 A가 주어진 B의 **조건부 확률**은 다음과 같이 정의된다.

$$P(B|A) = \frac{P(A \cap B)}{P(A)} \tag{1.4.1}$$

또한 다음과 같은 결과를 얻는다.

1. $P(B|A) \geq 0$
2. $P(A|A) = 1$
3. $B_1, B_2, \cdots$가 서로 배타적인 사건인 경우 $P\left(\cup_{n=1}^{\infty} B_n|A\right) = \sum_{n=1}^{\infty} P(B_n|A)$

특성 (1)과 (2)는 명백하다. 특성 (3)의 경우 일련의 사건 $B_1, B_2, \cdots$가 서로 배타적이라고 가정하자. 그러면 $n \neq m$일 때 $(B_n \cap A) \cap (B_m \cap A) = \phi$도 된다. 이것과 식 (1.2.5)의 가산형 합집합에 대한 첫 번째 분배법칙을 사용하여 다음 결과를 얻을 수 있다.

$$
\begin{aligned}
P(\cup_{n=1}^{\infty} B_n|A) &= \frac{P[\cup_{n=1}^{\infty}(B_n \cap A)]}{P(A)} \\
&= \sum_{n=1}^{\infty} \frac{P[B_n \cap A]}{P(A)} \\
&= \sum_{n=1}^{\infty} P[B_n|A]
\end{aligned}
$$

특성 (1)~(3)은 바로 확률집합함수가 만족해야 할 조건이다. 따라서 $P(B|A)$는 A의 부분집합에 대해 정의된 확률집합함수이다. 이것은 가설 A에 대한 조건부 확률집합함수 또는 A가 주어졌을 때의 조건부 확률집합함수라고 한다. 가설 A에 대한 조건부 확률집합함수는 $P(A) > 0$일 때에 한하여 정의된다.

예제 1.4.1 52장으로 이루어진 한 벌의 카드에서 비복원으로 5장을 무작위로 뽑아 나누어준다고 하자. 가진 패가 적어도 4장의 스페이드(A)인 가설에 대해 가진 패가 모두 스페이드(B)일 조건부 확률은 $A \cap B = B$이므로

$$
\begin{aligned}
P(B|A) &= \frac{P(B)}{P(A)} \\
&= \frac{\binom{13}{5}/\binom{52}{5}}{\left[\binom{13}{4}\binom{39}{1} + \binom{13}{5}\right]/\binom{52}{5}} \\
&= \frac{\binom{13}{5}}{\binom{13}{4}\binom{39}{1} + \binom{13}{5}} \\
&= 0.0441
\end{aligned}
$$

이것은 포커 게임에서 플러시를 완성시키는 스페이드를 갖는 것과 같지 않음을 참고하라. 연습문제 1.4.3을 참조하라.

조건부 확률집합함수의 정의로부터 다음을 알 수 있다.

$$P(A \cap B) = P(A)P(B|A)$$

이 관계식을 확률의 **곱셈법칙**이라고 한다. 때로 확률실험의 성질을 생각한 다음에 $P(A)$와 동시에 $P(B|A)$가 지정될 수 있도록 타당한 가정을 설정할 수 있다. 이때 $P(A \cap B)$는 이러한 가정하에 계산될 수 있다. 이것은 예제 1.4.2와 1.4.3에서 설명한다.

예제 1.4.2 상자에 8개의 칩이 들어 있다. 3개는 빨간색이고 나머지 5개는 파란색이다. 비복원으로 2개의 칩을 무작위로 꺼낼 때 첫 번째 것이 빨간 칩(A)이고 두 번째 것이 파란 칩(B)일 확률을 계산하려 한다. 다음 확률은 타당하다.

$$P(A) = \tfrac{3}{8}, \quad P(B|A) = \tfrac{5}{7}$$

따라서 $P(A \cap B) = (3/8)(5/7) = 15/56 = 0.2679$이다.

예제 1.4.3 한 벌의 카드에서 카드를 비복원으로 계속해서 무작위로 뽑으려고 한다. 세 번째 스페이드가 여섯 번째 뽑을 때 나타날 확률은 다음과 같이 계산된다. 처음 다섯 번 뽑았을 때 2장의 스페이드가 포함되는 사건을 A, 여섯 번째에 뽑힌 것이 스페이드인 사건을 B라고 하자. 그러면 계산하고자 하는 확률은 $P(A \cap B)$이다.

$$P(A) = \frac{\binom{13}{2}\binom{39}{3}}{\binom{52}{5}} = 0.2743$$

$$P(B|A) = \frac{11}{47} = 0.2340$$

따라서 $P(A \cap B)$는 이 두 값의 곱으로 소수점 넷째 자릿수까지 취한 값의 0.0642이다.

곱셈법칙은 3개 이상의 사건으로 확정될 수 있다. 세 사건의 경우에는 두 사건에 관한 곱셈법칙을 사용하여

$$\begin{aligned} P(A \cap B \cap C) &= P[(A \cap B) \cap C] \\ &= P(A \cap B)P(C|A \cap B) \end{aligned}$$

그러나 $P(A \cap B) = P(A)P(B|A)$이다. 따라서 $P(A \cap B) = 0$이므로

$$P(A \cap B \cap C) = P(A)P(B|A)P(C|A \cap B)$$

이 방법은 4개 이상의 사건에 대한 곱셈법칙으로 확장하는 데 사용할 수 있다. k개의 사건에 대한 일반 공식은 수학적 귀납법으로 증명할 수 있다.

예제 1.4.4 한 벌의 카드에서 비복원으로 4장의 카드를 무작위로 뽑아 나누어준다. 스페이드, 하트, 다이아몬드, 클로버의 순으로 받을 확률은 $(\frac{13}{52})(\frac{13}{51})(\frac{13}{50})(\frac{13}{49}) = 0.0044$이다. 이것은 곱셈 법칙의 확장으로부터 성립한다.

$P(A_i) > 0(i = 1, 2, \cdots, k)$인 k개의 서로 배타적이고 전체를 이루는 사건 $A_1, A_2, \cdots, A_k$에 대해 생각해보자. 이러한 사건이 $\mathcal{C}$의 분할을 한다고 하자. 여기서 사건 $A_1, A_2, \cdots, A_k$의 가능성이 동일할 필요는 없다. $P(B) > 0$인 또 다른 사건을 B라고 하자. 따라서 B는 사건 $A_1, A_2, \cdots, A_k$ 중 단지 하나와 함께 발생한다. 즉

$$\begin{aligned} B &= B \cap (A_1 \cup A_2 \cup \cdots A_k) \\ &= (B \cap A_1) \cup (B \cap A_2) \cup \cdots \cup (B \cap A_k) \end{aligned}$$

$B \cap A_i(i = 1, 2, \cdots, k)$는 서로 배반이므로

$$P(B) = P(B \cap A_1) + P(B \cap A_2) + \cdots + P(B \cap A_k)$$

그러나 $P(B \cap A_i) = P(A_i)P(B|A_i)(i = 1, 2, \cdots, k)$이므로

$$\begin{aligned} P(B) &= P(A_1)P(B|A_1) + P(A_2)P(B|A_2) + \cdots + P(A_k)P(B|A_k) \\ &= \sum_{i=1}^{k} P(A_i)P(B|A_i) \end{aligned} \tag{1.4.2}$$

이 결과를 **총확률의 법칙**(law of total probability)이라고 하며 다음의 중요한 정리로 이어진다.

정리 1.4.1 [베이즈]

$i = 1, 2, \cdots, k$에 대해 $P(A_i) > 0$인 사건을 $A_1, A_2, \cdots, A_k$라고 하자. $A_1, A_2, \cdots, A_k$가 표본공간 $\mathcal{C}$의 분할을 형성한다고 가정하자. B가 어떤 사건이라면 다음 결과를 얻을 수 있다.

$$P(A_j|B) = \frac{P(A_j)P(B|A_j)}{\sum_{i=1}^{k} P(A_i)P(B|A_i)} \tag{1.4.3}$$

증명: 조건부 확률의 정의에 기반하여 다음과 같이 계산된다.

$$P(A_j|B) = \frac{P(B \cap A_j)}{P(B)} = \frac{P(A_j)P(B|A_j)}{P(B)}$$

이는 식 (1.4.2) 총확률의 법칙에 의해 원하는 결과로 연결된다.

이 정리는 잘 알려진 **베이즈 정리**(Bayes' theorem)이다. 이러한 방법으로 $A_1, A_2, \cdots, A_k$의 확률과 $A_i(i = 1, 2, \cdots, k)$가 주어진 B의 조건부 확률을 이용하여 B가 주어진 A_j의 조건부 확

률을 구할 수 있다. 다음 세 예제는 확률을 구하는 데 베이즈 정리의 유용성을 보여준다.

예제 1.4.5 상자 A_1에는 빨간 칩 3개와 파란 칩 7개가 들어 있고, 상자 A_2에는 빨간 칩 8개와 파란 칩 2개가 들어 있다고 하자. 모든 칩은 크기와 모양이 동일하다. 주사위 하나를 던져서 윗면이 5 또는 6이면 상자 A_1을 선택하고 그 외의 경우에는 상자 A_2를 선택한다. 이 상황에서는 $P(A_1) = 2/6$, $P(A_2) = 4/6$를 할당하는 것이 합리적이다. 선택된 상자를 다른 사람에게 전달하여 칩 하나를 무작위로 추출하게 한다. 이 칩이 빨간색인 사건을 B라고 하자. 상자에 포함된 칩을 고려할 때 조건부 확률은 $P(B|A_1) = 3/10$, $P(B|A_2) = 8/10$이다. 따라서 빨간 칩이 추출된 조건하에 상자 A_1이 선택되었을 확률은 다음과 같다.

$$\begin{aligned} P(A_1|B) &= \frac{P(A_1)P(B|A_1)}{P(A_1)P(B|A_1) + P(A_2)P(B|A_2)} \\ &= \frac{(\frac{2}{6})(\frac{3}{10})}{(\frac{2}{6})(\frac{3}{10}) + (\frac{4}{6})(\frac{8}{10})} = \frac{3}{19} \end{aligned}$$

마찬가지로 $P(A_2|B) = 16/19$이다.

예제 1.4.5에서 확률 $P(A_1) = 2/6$와 $P(A_2) = 4/6$는 각각 A_1과 A_2의 **사전 확률**(prior probability)이라고 한다. 상자를 선택하는 데 이용된 무작위 체계에 따라 값을 얻기 때문이다. 칩을 선택하고 빨간색이 관측된 뒤의 조건부 확률 $P(A_1|B) = 3/19$, $P(A_2|B) = 16/19$은 **사후 확률**(posterior probability)이라고 한다. A_2가 A_1보다 빨간 칩의 비율이 높으므로 직관적으로 $P(A_2|B)$가 $P(A_2)$보다 크고, $P(A_1|B)$가 $P(A_1)$보다 작아야 한다. 즉 직관적으로 일단 빨간 칩이 관측된 경우에는 칩을 선택하기 전보다 상자 A_2가 선택되었을 가능성이 더 크다. 베이즈 정리는 이 확률이 정확하게 얼마인지를 결정하는 방법을 제시한다.

예제 1.4.6 기계 A_1, A_2, A_3이 각각 한 공장 생산품의 10%, 50%, 40%를 생산한다. 기계 A_1은 작지만 고품질을 생산하여 불량품이 1%이고 기계 A_2, A_3은 성능이 좀 더 낮아 불량품의 비율이 각각 3%, 4%이다. 한 제품을 무작위로 선택했더니 불량품이었는데 이를 사건 B라고 하자. 이 불량품이 기계 A_1에서 생산되었을 조건부 확률은 다음과 같이 구한다. 제품이 각각의 기계에서 생산되었을 사전 확률은 각각 $P(A_1) = 0.1$, $P(A_2) = 0.5$, $P(A_3) = 0.4$와 같이 당연하게 정해진다. 반면에 불량품에 대한 조건부 확률은 $P(B|A_1) = 0.01$, $P(B|A_2) = 0.03$, $P(B|A_3) = 0.04$이다. 따라서 불량품이 주어졌을 때 A_1의 사후 확률은 다음과 같이 계산된다.

$$P(A_1|B) = \frac{P(A_1 \cap B)}{P(B)} = \frac{(0.10)(0.01)}{(0.1)(0.01) + (0.5)(0.03) + (0.4)(0.04)} = \frac{1}{32}$$

이 값은 사전 확률 $P(A_1) = 1/10$보다 훨씬 작다. 선택된 제품이 불량품이라는 사실이 고품질을 생산하는 기계인 A_1에서 생산되었을 가능성을 낮추기 때문이다.

예제 1.4.7 어떤 집단에서 학대받는 어린이의 비율을 조사하고자 한다. 관심 있는 사건은 '학대받는 어린이(A)'이며, 이 사건의 여집합은 '학대받지 않는 어린이$(N = A^c)$'이다. 이 예제를 해결하기 위해 $P(A) = 0.01$이라고 가정하면 $P(N) = 0.99$이다. 한 어린이가 학대받는지 그렇지 않은지는 의사의 진찰로 분류된다. 그런데 의사의 오류로 학대받는 어린이(A)가 학대받지 않는 것(N_D, 여기서 N_D는 의사에 의해 학대받지 않는 것으로 분류된 것을 의미한다)으로 분류되고, 학대받지 않는 어린이(N)가 학대받는 것(A_D)으로 분류되기도 한다. 이러한 오분류의 비율이 $P(N_D|A) = 0.04$, $P(A_D|N) = 0.05$라고 하자. 그러면 올바른 분류의 확률은 $P(A_D|A) = 0.96$, $P(N_D|N) = 0.95$이다. 한 어린이가 무작위로 선택되었을 때 이 어린이가 의사에 의해 학대받는 것으로 분류될 확률을 계산해보자. $A \cap A_D$ 또는 $N \cap A_D$라는 두 가지 경우가 발생할 수 있으므로

$$P(A_D) = P(A_D \mid A)P(A) + P(A_D \mid N)P(N) = (0.96)(0.01) + (0.05)(0.99) = 0.0591$$

이것은 어린이가 학대받는 확률이 0.01인 것에 비해 상당히 높다. 또한 의사가 학대받는다고 분류한 어린이가 실제로 학대받는 확률은 다음과 같으며, 이는 상당히 낮다.

$$P(A \mid A_D) = \frac{P(A \cap A_D)}{P(A_D)} = \frac{(0.96)(0.01)}{0.0591} = 0.1624$$

동일한 방법으로 의사가 학대받는 어린이로 분류했지만 학대받지 않는 어린이일 확률을 구하면 0.8376으로 상당히 높다. 이러한 확률이 실제 상황을 기록하는 데 너무 부족한 이유는 의사의 오류율이 대상 집단의 학대받는 비율인 0.01에 비해 상대적으로 너무 높기 때문이다. 따라서 이러한 조사로 의사를 더 잘 훈련하여 학대받는 어린이를 제대로 분류할 수 있게 해야 한다. 연습문제 1.4.17을 참조하라.

1.4.1 독립성

사건 A의 발생에 의해 사건 B의 확률이 영향을 받지 않는 경우가 있다. 즉 $P(A) > 0$일 때 다음과 같은 경우이다.

$$P(B|A) = P(B)$$

이때 사건 A와 B는 독립(independent)이라고 한다. 또한 곱셈법칙에 의해 다음 결과를 얻는다.

$$P(A \cap B) = P(A)P(B|A) = P(A)P(B) \tag{1.4.4}$$

반대로 $P(B) > 0$일 때는 다음을 의미한다.

$$P(A|B) = \frac{P(A \cap B)}{P(B)} = \frac{P(A)P(B)}{P(B)} = P(A)$$

$P(A) > 0$이고 $P(B) > 0$이면 위의 논의에 의해 독립성은 다음과 동등하다.

$$P(A \cap B) = P(A)P(B) \tag{1.4.5}$$

만약 $P(A) = 0$ 또는 $P(B) = 0$이면 어떻게 될까? 이때는 식 (1.4.5)의 오른쪽이 0이다. 그런데 $A \cap B \subset A$이고 $A \cap B \subset B$이므로 왼쪽 또한 0이다. 따라서 식 (1.4.5)는 독립성의 공식적인 정의가 된다.

정의 1.4.2

A와 B를 사건이라고 하자. 만약 $P(A \cap B) = P(A)P(B)$이면 **독립**이라고 한다.

A와 B를 독립사건이라고 하자. 그러면 세 쌍의 사건 A^c와 B, A와 B^c, A^c와 B^c도 독립이다. 첫 번째는 여기서 보여주고 나머지 2개는 연습문제 1.4.11에서 살펴보겠다. 배반인 합집합 $B = (A^c \cap B) \cup (A \cap B)$를 사용하면 다음 결과를 얻는다.

$$\begin{aligned} P(A^c \cap B) &= P(B) - P(A \cap B) = P(B) - P(A)P(B) \\ &= [1 - P(A)]P(B) = P(A^c)P(B) \end{aligned} \tag{1.4.6}$$

따라서 A^c와 B는 서로 독립이다.

참고 1.4.1

독립인 사건을 **통계적으로 독립**(statistically independent), **확률적으로 독립**(stochastically independent), **확률 개념에서의 독립**(independent in a probability sense)이라고도 한다. 잘못 이해할 가능성이 없을 때는 대부분 앞의 수식 어구를 생략하고 그냥 '독립'이라고 한다.

예제 1.4.8 빨간색 주사위 하나와 흰색 주사위 하나를 윗면의 수가 독립인 사건이 되도록 던진다. A는 빨간색 주사위에서 4를 얻는 사건, B는 흰색 주사위에서 3을 얻는 사건이라면 주사위 각 면의 가능성이 동일한 조건에 의해 $P(A) = 1/6$, $P(B) = 1/6$이다. 따라서 독립성에 의해 순서쌍(빨간색 주사위 $= 4$, 흰색 주사위 $= 3$)의 확률은 다음과 같다.

$$P[(4,3)] = \left(\tfrac{1}{6}\right)\left(\tfrac{1}{6}\right) = \tfrac{1}{36}$$

두 주사위 숫자의 합이 7인 확률은

$$P[(1,6),(2,5),(3,4),(4,3),(5,2),(6,1)]$$
$$= \left(\tfrac{1}{6}\right)\left(\tfrac{1}{6}\right)+\left(\tfrac{1}{6}\right)\left(\tfrac{1}{6}\right)+\left(\tfrac{1}{6}\right)\left(\tfrac{1}{6}\right)+\left(\tfrac{1}{6}\right)\left(\tfrac{1}{6}\right)+\left(\tfrac{1}{6}\right)\left(\tfrac{1}{6}\right)+\left(\tfrac{1}{6}\right)\left(\tfrac{1}{6}\right)=\tfrac{6}{36}$$

유사한 방법으로 두 주사위 숫자의 합이 2, 3, 4, 5, 6, 7, 8, 9, 10, 11, 12인 확률이 각각 다음과 같음을 쉽게 증명할 수 있다.

$$\tfrac{1}{36}, \tfrac{2}{36}, \tfrac{3}{36}, \tfrac{4}{36}, \tfrac{5}{36}, \tfrac{6}{36}, \tfrac{5}{36}, \tfrac{4}{36}, \tfrac{3}{36}, \tfrac{2}{36}, \tfrac{1}{36}$$

3개의 사건 A_1, A_2, A_3이 있다고 하자. 다음과 같이 쌍으로 독립(pairwise independent)인 경우에 한하여 **서로 독립**(mutually independent)이라고 한다.

$$\begin{aligned} P(A_1 \cap A_3) &= P(A_1)P(A_3) \\ P(A_1 \cap A_2) &= P(A_1)P(A_2) \\ P(A_2 \cap A_3) &= P(A_2)P(A_3) \\ P(A_1 \cap A_2 \cap A_3) &= P(A_1)P(A_2)P(A_3) \end{aligned}$$

좀 더 일반적으로 n개의 사건 A_1, A_2, ⋯, A_n은 이 중에서 k개($2 \le k \le n$)를 선택할 때 1, 2, ⋯, k의 모든 순열 d_1, d_2, ⋯, d_k에 대해 다음을 만족하는 경우에 한하여 서로 독립이다.

$$P(A_{d_1} \cap A_{d_2} \cap \cdots \cap A_{d_k}) = P(A_{d_1})P(A_{d_2})\cdots P(A_{d_k})$$

특히 A_1, A_2, ⋯, A_n이 서로 독립이면

$$P(A_1 \cap A_2 \cap \cdots \cap A_n) = P(A_1)P(A_2)\cdots P(A_n)$$

또한 두 집합인 경우와 같이 이러한 사건의 여러 집합과 그것들의 여집합은 독립이다. 즉

1. 사건 A_1^c와 $(A_2 \cup A_3^c \cup A_4)$는 독립
2. 사건 $A_1 \cup A_2^c$, A_3^c와 $A_4 \cap A_5^c$는 서로 독립

만약 잘못 이해할 가능성이 없으면 2개 이상의 사건을 고려할 때 '서로(mutually)'라는 수식 어구를 생략하고 그냥 독립이라고 하기도 한다.

예제 1.4.9 쌍으로 독립이라는 것이 서로 독립이라는 의미는 아니다. 1, 2, 3, 4가 쓰여 있는 공정한 돌림판을 두 번 돌린다고 가정하자. A_1은 두 번 돌려서 나온 숫자의 합이 5인 사건, A_2는 첫 번째 돌림판의 숫자가 1인 사건, A_3은 두 번째 돌림판의 숫자가 4인 사건이라고 하자. 이때 $P(A_i) = 1/4(i = 1, 2, 3)$이고, $i \neq j$인 경우 $P(A_i \cap A_j) = 1/16$이다. 그래서 앞의 세 사건은 쌍으로 독립이다. 그러나 $A_1 \cap A_2 \cap A_3$은 돌림판을 두 번 돌렸을 때 (1, 4)가 나오는 사건이고 이는 확률이 1/16이므로 $P(A_1)P(A_2)P(A_3) = 1/64$과 다르다. 따라서 사건 A_1, A_2, A_3은 서로 독립이 아니다.

한 실험 결과에 대한 사건과 다른 실험 결과에 대한 사건이 독립되도록 확률실험을 계속 시행하기도 한다. 편리함을 위해 이러한 사건을 독립실험(independent experiment)이라고 하며, 이는 각각의 사건이 독립임을 의미한다. 따라서 동전을 독립적으로 던지기, 주사위를 독립적으로 굴리기, 또는 좀 더 일반적으로 어떤 주어진 확률실험을 독립적으로 시행하기 등으로 표현한다.

예제 1.4.10 동전 하나를 독립적으로 여러 번 던진다. i번째 던질 때 앞면(H)이 나오는 사건을 사건 A_i라고 하면 A_i^c는 뒷면(T)이 나오는 사건이다. A_i와 A_i^c의 가능성이 동일하다고, 즉 $P(A_i) = P(A_i^c) = 1/2$이라고 하자. 그러면 HHTH와 같은 순서열의 확률은 독립성에 의해 다음과 같다.

$$P(A_1 \cap A_2 \cap A_3^c \cap A_4) = P(A_1)P(A_2)P(A_3^c)P(A_4) = (\tfrac{1}{2})^4 = \tfrac{1}{16}$$

이와 마찬가지로 세 번째 던질 때 처음 앞면이 나올 확률은

$$P(A_1^c \cap A_2^c \cap A_3) = P(A_1^c)P(A_2^c)P(A_3) = (\tfrac{1}{2})^3 = \tfrac{1}{8}$$

또한 네 번째 던졌을 때 적어도 앞면이 한 번 나올 확률은

$$\begin{aligned} P(A_1 \cup A_2 \cup A_3 \cup A_4) &= 1 - P[(A_1 \cup A_2 \cup A_3 \cup A_4)^c] \\ &= 1 - P(A_1^c \cap A_2^c \cap A_3^c \cap A_4^c) \\ &= 1 - \left(\tfrac{1}{2}\right)^4 = \tfrac{15}{16} \end{aligned}$$

마지막 확률의 증명은 연습문제 1.4.13을 참조하라.

예제 1.4.11 K_1이 고장 나면 K_2가 작동하도록 컴퓨터 시스템이 만들어졌다고 하자. 만약 K_2가 고장 나면 K_3이 작동한다. K_1이 고장 날 확률은 0.01, K_2가 고장 날 확률은 0.03, K_3이 고장 날 확률은 0.08이라고 하자. 고장 나는 것은 서로 독립인 사건이라고 할 수 있다. 그러면 이 시스템이 고장 날 확률은 모든 요소가 고장 나는 경우이므로 다음과 같다.

$$(0.01)(0.03)(0.08) = 0.000024$$

따라서 시스템이 고장 나지 않을 확률은 $1 - 0.000024 = 0.999976$이다.

1.4.2 시뮬레이션

이 절의 연습문제는 조건부 확률과 독립성의 개념을 이해하는 데 도움이 되도록 고안되었다. 인내심을 가지고 노력하면 정확한 답을 도출할 수 있을 것이다. 그러나 많은 실제 문제는 정확한 답을 도출하기에 너무 복잡하다. 이러한 경우 과학자들은 종종 컴퓨터 시뮬레이션으로 답을 추정한다. 예를 들어 실험에서 어떤 사건 A에 대해 $P(A)$를 얻고 싶다고 가정하자. 실험

의 시도(시뮬레이션)를 한 번 수행하는 프로그램을 작성하고, A가 발생하는지 여부를 기록한다. 그런 다음 프로그램을 독립적으로 n번 시뮬레이션(실행)한 결과를 얻는다. n번의 시뮬레이션에서 A가 발생한 비율을 $\widehat{p}_n$으로 표기하면 $\widehat{p}_n$은 $P(A)$의 추정값이다. $P(A)$의 추정 외에도 $1.96 * \sqrt{\widehat{p}_n(1-\widehat{p}_n)/n}$에 의해 주어진 추정 오차도 얻는다. 4장에서 이론적으로 논의하듯이 $P(A)$가 다음과 같은 구간에 있다고 95% 확신한다.

$$\widehat{p}_n \pm 1.96\sqrt{\frac{\widehat{p}_n(1-\widehat{p}_n)}{n}} \tag{1.4.7}$$

4장에서 이 구간을 $P(A)$에 대한 95% **신뢰구간**(confidence interval)이라고 한다. 지금은 시뮬레이션을 위해 이 신뢰구간을 사용한다.

예제 1.4.12 다음 게임을 생각해보자.

> 사람 A는 동전을 던지고 사람 B는 주사위를 굴린다. 게임은 앞면 또는 숫자 1, 2, 3, 4 중 하나가 나타날 때까지 독립적으로 반복되다가 멈춘다. A는 앞면이 나오면 이기고, B는 숫자 1, 2, 3, 4 중 하나가 나오면 이긴다. A가 게임에서 이길 확률인 $P(A)$를 계산하라.

정확한 도출을 위해 A가 게임에서 승리한다는 말에 게임이 종료된다는 의미가 내포되어 있음을 유의하라. 축약된 표기법을 사용하여 H 또는 $T\{1, \cdots, 4\}$가 발생하면 게임이 종료된다. 독립성을 사용하면 A가 이길 확률은 조건부 확률인 $(1/2)/[(1/2)+(1/2)(4/6)] = 3/5$이다.

다음의 R 함수 abgame은 이 문제를 시뮬레이션한다. 이 함수는 저자 서문에 언급된 사이트에서 다운로드하여 소스코드를 볼 수 있다. 프로그램의 첫 번째 줄은 각각 A와 B의 추첨에 대해 설정하는 것이다. 두 번째 줄은 while문에 대한 신호(flag) 변수를 설정하고, 반환값인 `Awin`과 `Bwin`을 0으로 초기화한다. 명령어 `sample(rngA,1,pr=pA)`는 pmf `pA`를 사용하여 `rngA`에서 크기가 1인 표본을 뽑는다. while문을 실행할 때마다 하나의 완전한 게임 결과가 반환된다. 또한 실행은 서로 독립이다.

```
abgame <- function(){
   rngA <- c(0,1);  pA <- rep(1/2,2); rngB <- 1:6; pB <- rep(1/6,6)
   ic <- 0; Awin <- 0; Bwin <- 0
   while(ic == 0){
       x <- sample(rngA,1,pr=pA)
       if(x==1){
           ic <- 1; Awin <- 1
       } else {
           y <- sample(rngB,1,pr=pB)
           if(y <= 4){ic <- 1; Bwin <- 1}
       }
   }
   return(c(Awin,Bwin))
   }
```

Awin 또는 Bwin 중에서 하나만 A 또는 B의 승리 여부에 따라 1의 값을 받는다. 다음의 R 코드 일부분은 게임을 10,000번 시뮬레이션하고 추정 오류와 함께 A가 이기는 추정값을 계산한다.

```
ind <- 0; nsims <- 10000
for(i in 1:nsims){
     seeA <- abgame  ()
     if(seeA[1] == 1){ind <- ind + 1}
}
estpA <- ind/nsims
err <- 1.96*sqrt(estpA*(1-estpA)/nsims)
estpA; err
```

이 코드를 실행하면 estpA=0.6001, err=0.0096을 결과로 얻는다. 앞에서 언급했듯이 A가 이길 확률은 0.6이고, 이는 0.6001 ± 0.0096 구간 안에 있다. 4장에서 설명하듯이 이러한 신뢰구간을 사용하는 경우의 95%에서 이러한 현상이 발생할 것으로 기대된다.

연습문제

1.4.1 $P(A_1) > 0$이고 $A_2, A_3, A_4, \cdots$가 서로소인 집합일 때 다음을 증명하라.

$$P(A_2 \cup A_3 \cup \cdots | A_1) = P(A_2|A_1) + P(A_3|A_1) + \cdots$$

1.4.2 $P(A_1 \cap A_2 \cap A_3) > 0$일 때 다음을 증명하라.

$$P(A_1 \cap A_2 \cap A_3 \cap A_4) = P(A_1)P(A_2|A_1)P(A_3|A_1 \cap A_2)P(A_4|A_1 \cap A_2 \cap A_3)$$

1.4.3 포커 게임을 한다고 하자. 잘 섞인 카드에서 5장을 받았는데, 4개의 스페이드와 다른 무늬 1개를 받았다. 스페이드 플러시(5장이 모두 스페이드)를 만들기 위해 다른 무늬의 카드를 버리고 나머지 카드에서 1장을 다시 받기로 했다. 플러시를 만들 확률을 구하라.

1.4.4 잘 섞인 카드 한 벌에서 4장의 카드를 비복원으로 한 번에 1장씩 뒤집는다. 스페이드와 빨간색 카드가 번갈아 나올 확률을 구하라.

1.4.5 모양과 크기가 같은 빨간색 구슬 4개, 파란색 구슬 4개, 노란색 구슬 4개, 초록색 구슬 24개가 들어 있는 항아리에서 비복원으로 12개를 무작위로 선택했다. 적어도 2개의 빨간색 구슬이 선택되었다는 조건이 주어졌을 때, 적어도 3개의 빨간색 구슬이 선택되는 조건부 확률을 구하라.

1.4.6 서랍에 양말 10켤레가 있다. 비복원으로 양말 5짝을 무작위로 선택했을 때 그중 적어도 맞는 1켤레가 있을 확률을 구하라.
힌트: 짝이 맞는 켤레가 없을 확률을 먼저 구하라.

1.4.7 주사위 2개의 숫자 합이 7 또는 8이 나올 때까지 던진다.

(a) 8이 나오기 전에 7이 나올 확률이 6/11임을 밝혀라.

(b) 7이 두 번 나오거나 6과 8이 각각 최소한 한 번 나올 때까지 계속 주사위를 던진다. 7이 두 번 나오기 전에 6과 8이 나올 확률이 0.546임을 밝혀라.

1.4.8 어떤 공장에서 기계 I, II, III이 모두 동일한 길이의 스프링을 생산하는데 각각 3%, 2%, 5%의 불량 스프링이 발생한다. 이 공장에서 생산되는 스프링의 총생산량 중에서 기계 I은 55%, 기계 II는 30%, 기계 III은 15%를 생산한다.

(a) 특정일에 생산된 전체 스프링 중에서 하나를 무작위로 선택했을 때 그 스프링이 불량일 확률을 구하라.

(b) 선택된 스프링이 불량일 때 그것이 기계 II에서 생산되었을 조건부 확률을 구하라.

1.4.9 상자 I에 빨간 칩 4개와 파란 칩 6개가 들어 있다. 이 10개의 칩 중에서 비복원으로 6개를 무작위로 선택하여 비어 있는 상자 II에 넣는다. 그리고 상자 II에서 1개의 칩을 무작위로 꺼낸다. 이것이 파란 칩이라는 가설에 대해 빨간 칩 2개와 파란 칩 4개가 상자 I에서 상자 II로 옮겨졌을 조건부 확률을 구하라.

1.4.10 한 오피스에 섬드라이브(thumb drive) 상자가 2개 있다. 상자 A_1에는 100 GB 드라이브 5개와 500 GB 드라이브 5개가 있고, 상자 A_2에는 100 GB 드라이브 6개와 500 GB 드라이브 4개가 있다. 한 사람이 상자의 상대적인 위치에 따라 두 상자 중에서 한 상자를 사전 확률 $P(A_1) = 1/4$, $P(A_2) = 3/4$에 의해 무작위로 건네받았다. 그렇게 건네받은 상자에서 한 드라이브를 무작위로 선택하고, 이 드라이브가 500 GB 드라이브인 사건을 B라고 하자. 선택된 상자에 있는 각 드라이브가 선택될 확률이 동일하다는 가정하에서 $P(A_1|B)$와 $P(A_2|B)$를 계산하라.

1.4.11 A와 B가 독립인 사건이라고 가정하자. 식 (1.4.6)에서 A^c와 B가 독립인 사건임을 밝혔다. 이와 마찬가지로 다음의 사건 쌍도 독립임을 밝혀라.

(a) A와 B^c

(b) A^c와 B^c

1.4.12 C_1과 C_2는 독립사건이고 $P(C_1) = 0.2$, $P(C_2) = 0.5$일 때 다음을 계산하라.

(a) $P(C_1 \cap C_2)$

(b) $P(C_1 \cup C_2)$

(c) $P(C_1 \cup C_2^c)$

1.4.13 $(C_1 \cup C_2 \cup \cdots \cup C_k)^c = C_1^c \cap C_2^c \cap \cdots \cap C_k^c$를 일반화하기 위해 연습문제 1.2.5를 일반화하라. $C_1, C_2, \cdots, C_k$를 각각 확률이 $p_1, p_2, \cdots, p_k$인 독립사건이라고 하자.

$C_1, C_2, \cdots, C_k$ 중에서 최소한 하나의 확률이 $1 - (1 - p_1)(1 - p_2) \cdots (1 - p_k)$인지에 대해 논하라.

1.4.14 4명이 각각 목표물에 한 번씩 총을 쏜다. 사람 $k(k = 1, 2, 3, 4)$가 목표물을 맞힌 사건을 C_k라고 하자. C_1, C_2, C_3, C_4가 독립이고 $P(C_1) = 0.6$, $P(C_2) = 0.9$, $P(C_3) = 0.9$, $P(C_4) = 0.3$일 때 다음 확률을 구하라.

(a) 모두 목표물을 맞힌 경우

(b) 정확하게 한 사람만 목표물을 맞힌 경우

(c) 모두 목표물을 맞히지 못한 경우

(d) 최소한 한 사람이 목표물을 맞힌 경우

1.4.15 한 상자에 동일한 크기의 빨간색 공(R) 3개와 흰색 공(W) 7개가 있다. 공을 복원으로 계속해서 무작위로 꺼낸다. 처음에 흰색 공, 두 번째에 흰색 공이 나오는 것과 같은 사건은 독립이라고 할 수 있다. 네 번의 시도에서 어떤 가정을 설정하고 다음 순서열에 대한 확률을 구하라.

(a) WWRW

(b) RWWW

(c) WWWR

(d) WRWW

네 번의 시도에서 정확히 빨간색 공 1개를 꺼낼 확률을 구하라.

1.4.16 동전 하나를 독립적으로 두 번 던지는데 각각의 결과는 뒷면(T) 또는 앞면(H)이다. 표본공간은 4개의 순서쌍 TT, TH, HT, HH로 이루어진다. 어떤 가정을 설정하고 이와 같은 각각의 순서쌍에 대한 확률을 구하라. 최소한 앞면이 한 번 나올 확률은 얼마인가?

1.4.17 예제 1.4.7에 대해 다음 확률을 구하라. 이 문제에서 각각이 무엇을 의미하는지 설명하라.

(a) $P(N_D)$

(b) $P(N|A_D)$

(c) $P(A|N_D)$

(d) $P(N|N_D)$

1.4.18 주사위를 6이 나올 때까지 던진다. 만약 던지기가 홀수 번에서 끝나면 케빈이 이기고 그 외의 경우에는 마이클이 이긴다.

(a) 주사위가 공정하다고 할 때 케빈이 이길 확률은 얼마인가?

(b) 하나의 6이 나올 확률이 p라고 하자. 모든 $p(0 < p < 1)$에 대해 이 게임이 케빈에게 유리함을 밝혀라.

1.4.19 빨간색 공 20개와 초록색 공 30개가 들어 있는 상자에서 빨간색 공이 나올 때까지 복원으로 공을 무작위 추출한다.

(a) 최소한 네 번 이상의 추출이 필요한 경우의 확률은 얼마인가?

(b) (a)와 동일하나 공을 비복원으로 추출하는 경우의 확률은 얼마인가?

1.4.20 한 사람이 2개의 선택형 문제에 임의로 답한다. 각 문제에 4개의 선택 항목이 있을 때 최소한 하나의 답이 맞는다는 조건하에 2개의 답이 모두 맞을 조건부 확률은 얼마인가?

1.4.21 공정한 육면체 주사위를 독립적으로 여섯 번 던진다고 하자. i번째 시도에서 i면이 나오면($i = 1, \cdots, 6$) 대응이 발생했다고 한다.

(a) 여섯 번의 시도에서 최소한 하나의 대응이 발생할 확률은 얼마인가?

힌트: 원하는 확률을 구하기 위해 C_i를 i번째 시도에서 대응이 발생하는 사건이라 하고, 연습문제 1.4.13을 이용하라.

(b) n면 주사위를 n번 독립적으로 던지는 문제로 (a)를 확장하라. 그리고 $n \to \infty$일 때 확률의 극한을 구하라.

1.4.22 경기자 A와 B가 독립 게임을 연속적으로 시행한다. A가 먼저 주사위를 던져서 6이 나오면 이긴다. 만약 A가 실패하면 B가 던져서 5 또는 6이 나오면 이기고, 만약 B가 실패하면 다시 A가 던져서 4나 5, 6이 나오면 이기는 방식을 계속한다. 이 게임에서 A, B가 이길 확률을 구하라.

1.4.23 각각의 확률이 1/3, 2/5, 3/7인 독립사건을 C_1, C_2, C_3이라고 하자. $P(C_1 \cup C_2 \cup C_3)$을 계산하라.

1.4.24 빨간색 칩 2개, 흰색 칩 4개, 파란색 칩 6개가 들어 있는 상자에서 비복원으로 3개를 무작위로 선택한다고 하자. 3개의 칩이 추출된 표본에서 파란색 칩이 최소한 2개일 때 붉은색 칩이 0개, 흰색 칩이 1개, 파란색 칩이 2개일 조건부 확률을 구하라.

1.4.25 서로 독립인 사건 C_1, C_2, C_3의 $P(C_1) = P(C_2) = 1/3$이고 $P(C_3) = 1/4$일 때 $P[(C_1^c \cap C_2^c) \cup C_3]$을 구하라.

1.4.26 큰 상자 안에 있는 각각의 봉지에 튤립 구근 20개가 들어 있다. 70%의 봉지에는 붉은색 튤립 구근 8개와 노란색 튤립 구근 12개가 들어 있고, 나머지 30%의 봉지에는 붉은색 튤립 구근 10개와 노란색 튤립 구근 10개가 들어 있다. 하나의 봉지를 무작위로 선택하고 이 봉지에서 무작위로 구근을 하나 선택하여 심었다.

(a) 이것이 노란색 튤립 구근일 확률은 얼마인가?

(b) 이것이 노란색 튤립 구근일 때, 붉은색 튤립 구근 8개와 노란색 튤립 구근 12개

가 들어 있는 봉지에서 나왔을 조건부 확률은 얼마인가?

1.4.27 다음과 같은 게임을 진행한다. 참가자가 $\{1, 2, \cdots, 20\}$의 정수 집합에서 무작위로 추출하고, x는 추출된 숫자를 나타낸다. 이어서 참가자는 $\{x, \cdots, 25\}$의 집합에서 무작위로 추출한다. 이 두 번째 추출에서 21보다 큰 숫자를 뽑으면 이기고, 그렇지 않으면 진다.

(a) 참가자가 이길 확률을 합계로 나타내라.

(b) 참가자가 이길 확률을 계산하는 R 코드를 작성하고 실행하라.

(c) 이 게임을 시뮬레이션하고 참가자가 이겼는지 여부를 반환하는 R 함수를 작성하라.

(d) (c)에서 작성한 프로그램을 10,000번 시뮬레이션하라. 참가자가 이길 확률에 대한 추정값과 식 (1.4.7)의 신뢰구간을 구하라. 이 구간 내에 실제 확률이 포함되는가?

1.4.28 숫자 1, 2, ⋯, 9가 각각 적힌 9개의 칩이 상자에 들어 있다. 한 번에 하나씩 비복원으로 5개의 칩을 무작위로 꺼낸다. 홀수 번호 칩이 2개 나오고, 또한 그것들이 짝수 번 순서에 나올 확률은 얼마인가?

1.4.29 한 사람이 보통의 트럼프 카드에서 비복원으로 2장을 무작위로 선택하는 게임에 1달러를 거는데, 두 카드가 같은 무늬이면 b달러를 받는다. 이 내기가 공평하기 위한 b를 구하라.

1.4.30 [**몬테 홀**(Monte Hall) **문제**] 3개의 커튼이 있다고 하자. 한 커튼 뒤에는 좋은 상품이 있고 나머지 두 커튼 뒤에는 쓸모없는 상품이 있다. 한 참가자가 무작위로 한 커튼을 선택하고, 몬테 홀이 나머지 두 커튼 중 하나를 열었는데 쓸모없는 상품이 있었다. 홀이 참가자에게 열지 않은 커튼과 바꿀 것인지를 물었다. 참가자는 커튼을 바꾸어야 할까, 아니면 자신이 선택한 커튼을 고수해야 할까? 만약 참가자가 자신이 선택한 커튼을 고수하면 좋은 상품을 받을 확률은 1/3이다. 따라서 이 문제의 답을 얻으려면 참가자가 커튼을 바꾸었을 때 좋은 상품을 받을 확률을 구해야 한다.

1.4.31 프랑스 소설가 슈발리에 드메레가 유명한 수학자 파스칼에게 다음의 두 확률이 왜 다른지 설명해달라고 했다(이 차이는 게임에서 여러 번 언급되었다).

(1) 육면체 주사위를 독립적으로 네 번 던졌을 때 6이 최소한 한 번 나오는 것

(2) 주사위 2개를 독립적으로 스물네 번 던졌을 때 최소한 6이 한 쌍 나오는 것

드메레는 비율에 따를 때 두 확률이 동일해야 할 것 같았다. (1)과 (2)의 확률을 구하라.

1.4.32 사냥꾼 A와 B가 목표물에 총을 쏘는데 목표물을 맞힐 확률은 각각 p_1, p_2이다. 독립성을 가정할 때, P(못 맞힘) $=$ P(한 번 맞힘) $=$ P(두 번 맞힘)이 되도록 p_1과 p_2를

선택할 수 있는가?

1.4.33 개인에 대한 한 연구의 시작 시점에 10%의 참가자는 다량 흡연자로, 25%의 참가자는 소량 흡연자로, 65%의 참가자는 비흡연자로 분류되었다. 5년간의 연구 기간 동안 다량 흡연자 사망률은 비흡연자 사망률의 6배였으며 소량 흡연자 사망률은 비흡연자 사망률의 3배였다. 만약 임의로 선택된 참가자가 5년간의 연구 기간 동안 사망했을 때 그 참가자가 비흡연자일 확률을 구하라.

1.4.34 한 약사가 자신이 만든 어떤 화합물의 불순물을 찾고 싶어 한다. 한 검사 방법은 불순물이 있을 때 80%의 확률로 이를 발견하지만, 불순물이 없을 때에도 2%의 확률로 불순물이 있다고 잘못 알려준다. 이 약사는 평소 25%의 확률로 불순물이 있는 화합물을 만든다. 약사가 만든 화합물 중에서 하나를 무작위로 선택하여 검사한 결과, 선택된 화합물이 불순물을 포함하고 있는 것으로 나타났다. 그렇다면 그 화합물이 실제로 불순물을 포함할 조건부 확률은 얼마인가?

1.5 확률변수

독자는 표본공간 $\mathcal{C}$의 원소가 수가 아닐 때는 $\mathcal{C}$를 기술하기가 쉽지 않음을 알 것이다. 이제 $\mathcal{C}$의 원소 c를 수로 표현할 수 있는 규칙 또는 규칙의 집합을 구성하는 방법을 알아보자. 매우 간단한 예로 시작한다. 확률실험이 동전 던지기이고, 이 실험과 관련된 표본공간이 $\mathcal{C} = \{H, T\}$이며, H와 T는 각각 앞면과 뒷면을 나타낸다고 하자. X를 $X(T) = 0$, $X(H) = 1$인 함수라고 하자. 따라서 X는 표본공간 $\mathcal{C}$에서 실수의 공간 $\mathcal{D} = \{0, 1\}$로 옮기는 표본공간 $\mathcal{C}$상에서 정의된 실수함수이다. 이제 확률변수와 그 공간의 정의를 공식화하자.

정의 1.5.1

표본공간 $\mathcal{C}$에서의 확률실험이 주어졌다면 각 원소 $c \in \mathcal{C}$에 오직 하나의 실수 $X(c) = x$를 대응시키는 함수 X를 **확률변수**(random variable)라고 한다. X의 **공간**(space) 또는 **범위**(range)는 실수의 집합 $\mathcal{D} = \{x : x = X(c), c \in \mathcal{C}\}$이다.

이 책에서 $\mathcal{D}$는 일반적으로 가산형 집합 또는 실수의 구간이다. 첫 번째 형태의 확률변수를 **이산형**(discrete) 확률변수, 두 번째 형태의 확률변수를 **연속형**(continuous) 확률변수라고 한다. 이 절에서는 이산형과 연속형 확률변수의 예를 보여주고, 다음 두 절에서 이에 대해 각각 살펴볼 것이다.

확률변수 X가 주어졌을 때 X의 범위 $\mathcal{D}$는 관심의 대상이 되는 표본공간이 된다. X는 이러한 표본공간을 유도할 뿐만 아니라, 소위 X의 **분포**(distribution)라고 하는 확률을 유도하기도 한다.

먼저 X가 유한공간 $\mathcal{D} = \{d_1, \cdots, d_m\}$에서 이산형 확률변수인 경우를 생각해보자. 새로운 표본공간 $\mathcal{D}$에서 관심의 대상이 되는 사건은 $\mathcal{D}$의 부분집합이다. 이 경우 유도되는 X의 확률분포를 명확히 알 수 있다. 표본공간 $\mathcal{D}$에서 다음과 같은 함수 $p_X(d_i)$를 정의해보자.

$$p_X(d_i) = P[\{c : X(c) = d_i\}], \quad i = 1, \ldots, m \tag{1.5.1}$$

다음 절에서 정식으로 X의 **확률질량함수**(probability mass function, pmf)인 $p_X(d_i)$를 정의하겠다. 이때 확률변수 X의 유도된 확률분포, 즉 $P_X(\cdot)$은 다음과 같다.

$$P_X(D) = \sum_{d_i \in D} p_X(d_i), \quad D \subset \mathcal{D}$$

연습문제 1.5.11에서 보듯이 $P_X(D)$는 표본공간 $\mathcal{D}$에서의 확률이다. 다음 예제는 이를 이해하는 데 도움이 될 것이다.

예제 1.5.1 **[크랩 노름에서 첫 번째 굴리기]** 각각의 면에 1부터 6까지 적혀 있는 공정한 정육면체 주사위 한 쌍을 던졌을 때 윗면에 나타난 숫자의 합을 X라고 하자. 표본공간은 $\mathcal{C} = \{(i, j) : 1 \le i, j \le 6\}$이다. 주사위가 공정하므로 $P[\{i, j\}] = 1/36$이다. 확률변수 X는 $X(i, j) = i + j$이고 X의 공간은 $\mathcal{D} = \{2, \cdots, 12\}$이다. 계산에 의해 X의 pmf는 다음과 같다.

범위값 x	2	3	4	5	6	7	8	9	10	11	12
확률 $p_X(x)$	$\frac{1}{36}$	$\frac{2}{36}$	$\frac{3}{36}$	$\frac{4}{36}$	$\frac{5}{36}$	$\frac{6}{36}$	$\frac{5}{36}$	$\frac{4}{36}$	$\frac{3}{36}$	$\frac{2}{36}$	$\frac{1}{36}$

X와 관련한 확률의 계산을 설명하기 위해 $B_1 = \{x : x = 7, 11\}$, $B_2 = \{x : x = 2, 3, 12\}$라고 하자. 그러면 표에서 주어진 $p_X(x)$의 값을 이용하여

$$P_X(B_1) = \sum_{x \in B_1} p_X(x) = \frac{6}{36} + \frac{2}{36} = \frac{8}{36}$$
$$P_X(B_2) = \sum_{x \in B_2} p_X(x) = \frac{1}{36} + \frac{2}{36} + \frac{1}{36} = \frac{4}{36}$$

다음으로 확률변수 X가 연속형인 경우를 살펴보자. 이 경우 표본공간 $\mathcal{D}$는 실수의 구간이다. 실생활에서 연속형 확률변수는 종종 측정값에 해당한다. 예를 들면 성인의 몸무게는 연속형 확률변수로 모형화되는데, 여기서 한 개인의 몸무게가 정확히 200파운드일 확률에는 관심이 없으나 한 개인의 몸무게가 200파운드 이상이 될 구간 확률에는 관심이 있을 수 있다. 따라서 일반적으로 연속형 확률변수의 경우 관심 있는 사건을 구간으로 나타낸다. 표본공간 내 어떤 실수의 구

간 $(a, b) \in \mathcal{D}$에 대해 X의 유도된 확률분포 $P_X(\cdot)$이 다음과 같이 정의되도록 음이 아닌 어떤 함수 $f_X(x)$를 정할 수 있다.

$$\begin{aligned} P_X[(a,b)] &= P[\{c \in \mathcal{C} : a < X(c) < b\}] \\ &= \int_a^b f_X(x)\,dx \end{aligned} \tag{1.5.2}$$

즉 X가 a와 b 구간 내에 있을 확률은 a와 b 사이에서 $y = f_X(x)$의 곡선 아래에 있는 면적이다. 함수 $f_X(x)$는 음이 아니라는 조건뿐만 아니라 $P_X(\mathcal{D}) = \int_{\mathcal{D}} f_X(x)\,dx = 1$이라는 조건도 필요로 한다. 즉 X의 표본공간에 대해 곡선 아래에 있는 전체 면적이 1이 되어야 한다. 표본공간 $\mathcal{D}$에 대해 일반적으로 사건을 정의하는 데에는 전문적인 문제가 있으나 $P_X(\mathcal{D})$가 표본공간 $\mathcal{D}$에서의 확률이라는 것은 밝힐 수 있다. 이는 연습문제 1.5.11에서 다룰 것이다. 함수 f_X는 1.7절에서 **확률밀도함수**(probability density function, pdf)로 정의되어 있다. 다음 예제를 살펴보자.

예제 1.5.2 연속형 확률변수의 예에서 다음과 같은 단순한 실험을 생각해보자. 구간 (0, 1)에서 무작위로 실수를 선택한다. 선택된 수를 X라고 하면 X의 공간은 $\mathcal{D} = (0, 1)$이다. 바로 앞의 예제에서와 같이 유도된 확률이 분명하지 않다. 그러나 직관적인 몇몇 확률이 있다. 예를 들면 숫자를 무작위로 선택했으므로 다음과 같이 정하는 것은 합리적이다.

$$P_X[(a,b)] = b - a, \quad 0 < a < b < 1 \tag{1.5.3}$$

따라서 X의 확률밀도함수는 다음과 같다.

$$f_X(x) = \begin{cases} 1 & 0 < x < 1 \\ 0 & \text{그 외에} \end{cases} \tag{1.5.4}$$

예를 들어 X가 1/8보다 작거나 7/8보다 큰 확률은 다음과 같이 계산된다.

$$P_X[(a,b)] = P[\{c \in \mathcal{C} : a < X(c) < b\}] = \int_a^b f_X(x)\,dx$$

이산형 확률모형은 이 실험에 대해 가능하지 않다. $0 < a < 1$인 어떤 a에 대해 $0 < a - n_0^{-1} < a < a + n_0^{-1} < 1$, 즉 $\{a\} \subset (a - n_0^{-1}, a + n_0^{-1})$이 되도록 충분히 큰 n_0을 선택할 수 있다. 따라서 다음을 계산할 수 있다.

$$\text{모든 } n \geq n_0\text{에 대해} \quad P(X = a) \leq P\left(a - \frac{1}{n} < X < a + \frac{1}{n}\right) = \frac{2}{n} \tag{1.5.5}$$

$n \to \infty$일 때 $2/n \to 0$이고, a는 임의의 값이므로 $a \in (0, 1)$인 모든 a에 대해 $P(X = a) = 0$으로 결론이 난다. 따라서 식 (1.5.4)에 있는 이 모형에 대한 합리적인 pdf는 이산형 확률모형을 제외한다.

참고 1.5.1

식 (1.5.1)과 (1.5.2)에서 p_X와 f_X의 하첨자 X는 각각 확률변수 X에 대한 pmf, pdf라는 것을 나타낸다. 이 표기법은 자주 사용되는데, 특히 확률변수가 여러 개 있을 때 사용된다. 반면 어떤 확률변수에 대한 것인지 분명한 경우 흔히 하첨자를 생략한다.

이산형 확률변수의 pmf와 연속형 확률변수의 pdf는 서로 상당히 다른 독립체이다. 그러나 다음에서 정의되는 누적분포함수는 확률변수의 확률분포를 고유하게 결정한다.

정의 1.5.2 [누적분포함수]

X가 확률변수일 때 **누적분포함수**(cumulative distribution function, cdf)는 다음과 같이 정의된다.

$$F_X(x) = P_X((-\infty, x]) = P(\{c \in \mathcal{C} : X(c) \le x\}) \tag{1.5.6}$$

여기서 $P(\{c \in \mathcal{C} : X(c) \le x\})$는 $P(X \le x)$로 간략히 표현한다. 또한 $F_X(x)$는 간단하게 분포함수(distribution function, df)라고도 한다. 그러나 이 책에서는 $F_X(x)$가 x보다 작거나 같은 경우의 확률이 축적된 것이므로 누적(cumulative)이라는 용어를 사용할 것이다.

다음 예제에서 이산형 확률변수의 cdf를 살펴보자.

예제 1.5.3 각각의 면에 1부터 6까지 적혀 있는 공정한 주사위를 던지는 실험을 생각해보자. 이 주사위를 한 번 던졌을 때 나온 숫자를 X라고 하자. 이때 X의 공간은 $\{1, 2, \cdots, 6\}$이고 X의 pmf는 $p_X(i) = 1/6(i = 1, 2, \cdots, 6)$과 같다. 만약 $x < 1$이면 $F_X(x) = 0$이다. 만약 $1 \le x < 2$이면 $F_X(x) = 1/6$이다. 이 방법을 계속하면 X의 cdf는 X의 공간에 있는 각각의 i에서 $p_X(i)$만큼 증가하는 계단함수임을 알 수 있다. 그림 1.5.1은 F_X의 그래프이다. cdf가 주어졌을 때 X의 pmf를 결정할 수 있다는 것에 주목하라.

예제 1.5.2에서 다루었던 연속형 확률변수의 cdf를 다음 예제에서 살펴보자.

예제 1.5.4 **[예제 1.5.2의 연속]** 0과 1 사이에서 무작위로 선택한 실수를 X라고 하자. 우선 $x < 0$이면 $P(X \le x) = 0$이다. 다음으로 $x \ge 1$이면 $P(X \le x) = 1$이다. 끝으로 $0 < x < 1$이면 식 (1.5.3)에 의해 $P(X \le x) = P(0 < X \le x) = x - 0 = x$이다. 따라서 X의 cdf는 다음과 같다.

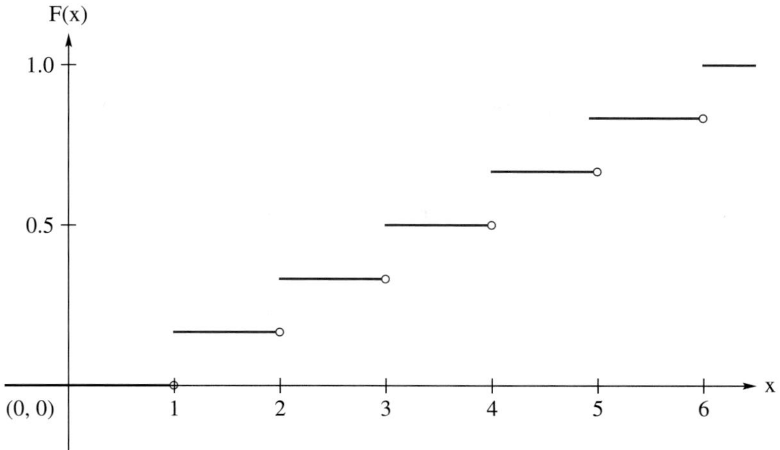

그림 1.5.1 예제 1.5.3의 분포함수

$$F_X(x) = \begin{cases} 0 & x < 0 \\ x & 0 \le x < 1 \\ 1 & x \ge 1 \end{cases} \tag{1.5.7}$$

그림 1.5.2는 X의 cdf에 대한 그래프이다. 여기서 $F_X(x)$와 예제 1.5.2에서 주어진 pdf의 관계가 다음과 같음에 주목하라.

$$\text{모든 } x \in R\text{에 대해 } F_X(x) = \int_{-\infty}^{x} f_X(t)\,dt$$

$x = 0$과 $x = 1$을 제외한 $x \in R$에 대해 $\frac{d}{dx}F_X(x) = f_X(x)$이다.

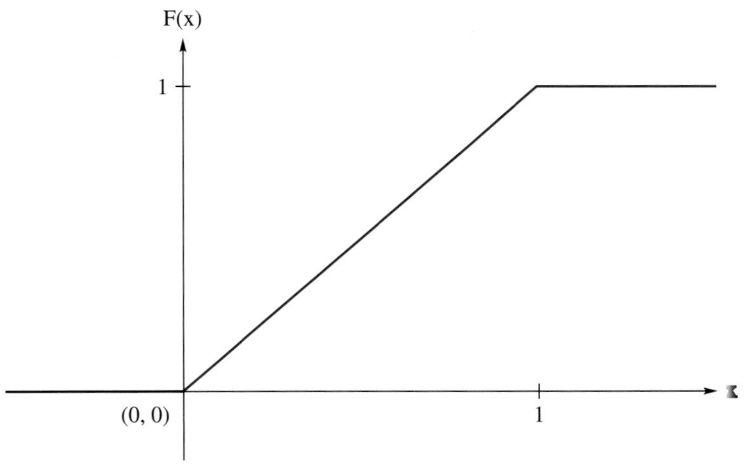

그림 1.5.2 예제 1.5.4의 분포함수

X와 Y를 확률변수라고 하자. X와 Y는 모든 $x \in R$에 대해 $F_X(x) = F_Y(x)$인 경우에 한하여 **분포가 동일하다**(equal in distribution)고 하며 $X \overset{D}{=} Y$로 나타낸다. X와 Y가 분포는 동일할지

라도 매우 다를 수 있음을 인지하는 것이 중요하다. 예를 들어 예제 1.5.4에서 확률변수 Y를 $Y = 1 - X$라고 정의하면 $Y \neq X$이다. 그러나 Y의 공간은 구간 $(0, 1)$로 X와 동일하다. 또한 Y의 cdf는 $y < 0$에서 0이고, $y \geq 1$에서 1이며, $0 \leq y < 1$에서 다음과 같다.

$$\begin{aligned} F_Y(y) &= P(Y \leq y) \\ &= P(1 - X \leq y) = P(X \geq 1 - y) \\ &= 1 - (1 - y) = y \end{aligned}$$

따라서 Y는 X와 동일한 cdf를 가져 $Y \stackrel{D}{=} X$이지만 $Y \neq X$이다.

그림 1.5.1과 1.5.2에 제시된 cdf는 하한이 0이고 상한이 1인 증가함수임을 보여준다. 두 그림에서 cdf는 모두 오른쪽 연속이다. 다음 정리가 증명하는 바와 같이 이러한 성질은 cdf에서 일반적으로 참이다.

정리 1.5.1

누적분포함수 $F(x)$를 가진 확률변수를 X라고 하면 다음이 성립한다.

(a) 모든 a와 b에 대해 $a < b$이면 $F(a) \leq F(b)$이다(F는 비감소함수).
(b) $\lim_{x \to -\infty} F(x) = 0$($F$의 하한은 0)
(c) $\lim_{x \to \infty} F(x) = 1$($F$의 상한은 1)
(d) $\lim_{x \downarrow x_0} F(x) = F(x_0)$($F$는 오른쪽 연속)

증명: 여기서 (a)와 (d)를 증명하고 (b)와 (c)는 연습문제 1.5.10에서 다룰 것이다.

(a) $a < b$이므로 $\{X \leq a\} \subset \{X \leq b\}$이다. 결과는 P의 단조성에 의해 주어진다. 정리 1.3.3을 참조하라.

(d) $\{x_n\}$을 $x_n \downarrow x_0$인 임의의 실수열이라고 하자. $C_n = \{X \leq x_n\}$이라면 집합열 $\{C_n\}$이 감소하고 $\cap_{n=1}^{\infty} C_n = \{X \leq x_0\}$이다. 따라서 정리 1.3.6에 의해 다음과 같이 되며, 이는 원하는 결과이다.

$$\lim_{n \to \infty} F(x_n) = P\left(\bigcap_{n=1}^{\infty} C_n\right) = F(x_0)$$

다음 정리는 cdf를 이용하여 확률을 구하는 데 유용하다.

정리 1.5.2

cdf F_X를 가진 확률변수를 X라고 하면 $a < b$에 대해 $P[a < X \leq b] = F_X(b) - F_X(a)$이다.

증명: $\{-\infty < X \leq b\} = \{-\infty < X \leq a\} \cup \{a < X \leq b\}$이다. 이 식의 오른쪽에 주어진 합집합이 배반 합집합이므로 결과를 바로 얻을 수 있다.

예제 1.5.5 연수로 측정한 기계 부품의 수명을 X라고 하자. X의 cdf가 다음과 같다면

$$F_X(x) = \begin{cases} 0 & x < 0 \\ 1 - e^{-x} & 0 \leq x \end{cases}$$

X의 pdf $\frac{d}{dx}F_X(x)$는

$$f_X(x) = \begin{cases} e^{-x} & 0 < x < \infty \\ 0 & \text{그 외에} \end{cases}$$

실제로 $x = 0$에서 미분이 존재하지 않는다. 그러나 연속형인 경우 정리 1.5.3은 $P(X = 0) = 0$임을 보여준다. 따라서 X에 대한 확률을 변화시키지 않고 $f_X(0) = 0$을 지정할 수 있다. 한 부품의 수명이 1~3년일 확률은 다음으로 주어진다.

$$P(1 < X \leq 3) = F_X(3) - F_X(1) = \int_1^3 e^{-x}\, dx$$

즉 확률은 $F_X(3) - F_X(1)$을 이용하거나 또는 적분으로 구할 수 있다. 두 경우 모두 확률이 $e^{-1} - e^{-3} = 0.318$이다.

정리 1.5.1은 cdf가 오른쪽 연속이며 단조임을 보여준다. 그러한 함수는 단지 셀 수 있는 불연속성이 있음을 밝힐 수 있다. 다음 정리에서와 같이 cdf의 불연속성은 질량을 가지고 있다. 즉 x가 F_X의 불연속점이라면 $P(X = x) > 0$이다.

정리 1.5.3

모든 확률변수에서 모든 $x \in R$에 대해

$$P[X = x] = F_X(x) - F_X(x-) \tag{1.5.8}$$

여기서 $F_X(x-) = \lim_{z\uparrow x} F_X(z)$이다.

증명: 어떤 $x \in R$에 대해

$$\{x\} = \bigcap_{n=1}^{\infty} \left(x - \frac{1}{n}, x\right]$$

즉 $\{x\}$는 집합의 감소열의 극한이다. 따라서 정리 1.3.6에 의해 다음과 같으며 이는 원하는 결과이다.

$$\begin{aligned} P[X = x] &= P\left[\bigcap_{n=1}^{\infty} \left\{x - \frac{1}{n} < X \leq x\right\}\right] = \lim_{n\to\infty} P\left[x - \frac{1}{n} < X \leq x\right] \\ &= \lim_{n\to\infty} [F_X(x) - F_X(x - (1/n))] = F_X(x) - F_X(x-) \end{aligned}$$

예제 1.5.6 X가 다음과 같은 불연속 cdf를 갖는다고 하자.

$$F_X(x) = \begin{cases} 0 & x < 0 \\ x/2 & 0 \le x < 1 \\ 1 & 1 \le x \end{cases}$$

그러면

$$P(-1 < X \le 1/2) = F_X(1/2) - F_X(-1) = \frac{1}{4} - 0 = \frac{1}{4}$$
$$P(X = 1) = F_X(1) - F_X(1-) = 1 - \frac{1}{2} = \frac{1}{2}$$

$1/2$은 $x = 1$에서 F_X의 계단값과 동일하다.

pmf가 $p_X(x)$인 이산형 확률변수 또는 pdf가 $f_X(x)$인 연속형 확률변수 X의 전체 확률은 1이므로 다음이 참이어야 한다.

$$\textstyle\sum_{x \in \mathcal{D}} p_X(x) = 1, \qquad \int_{\mathcal{D}} f_X(x)\, dx = 1$$

여기서 $\mathcal{D}$는 X의 공간이다. 다음 두 예제에서 볼 수 있듯이 pmf나 pdf가 상수에 비례한다면 pmf나 pdf를 결정하는 데 이 성질을 이용할 수 있다.

예제 1.5.7 X의 pmf가 다음과 같다고 하자.

$$p_X(x) = \begin{cases} cx & x = 1, 2, \ldots, 10 \\ 0 & \text{그 외에} \end{cases}$$

그러면

$$1 = \sum_{x=1}^{10} p_X(x) = \sum_{x=1}^{10} cx = c(1 + 2 + \cdots + 10) = 55c$$

따라서 $c = 1/55$이다.

예제 1.5.8 X의 pdf가 다음과 같다고 하자.

$$f_X(x) = \begin{cases} cx^3 & 0 < x < 2 \\ 0 & \text{그 외에} \end{cases}$$

그러면

$$1 = \int_0^2 cx^3\, dx = c\left[\frac{x^4}{4}\right]_0^2 = 4c$$

따라서 $c = 1/4$이다. X와 관련된 확률 계산의 실례로 다음을 얻는다.

$$P\left(\frac{1}{4} < X < 1\right) = \int_{1/4}^1 \frac{x^3}{4}\, dx = \frac{255}{4096} = 0.06226$$

연습문제

1.5.1 1부터 30까지 숫자가 적힌 30장의 카드에서 1장을 선택한다고 하자. 실현값 c는 카드 30장 중 하나이다. 만약 c가 소수이면 $X(c) = 3$, c가 4의 배수이면 $X(c) = 2$, c가 9의 배수이면 $X(c) = 1$, 그 외에 $X(c) = 0$이라고 하자. P가 각각의 실현값 c에 확률 1/30을 부여한다고 하자. 확률변수 X의 공간 $\mathcal{D} = \{0, 1, 2, 3\}$에서 유도된 확률 $P_X(D)$를 설명하라.

1.5.2 다음 각각에 대해 $p(x)$가 하나의 확률변수 X의 pmf가 되기 위한 조건을 만족하도록 상수 c를 구하라.

(a) $x = 1, 2, 3, \cdots$일 때 $p(x) = c\,(1/4)^x$, 그 외에 $p(x) = 0$

(b) $x = 0, 1, 3, 5, 7$일 때 $p(x) = cx^2$, 그 외에 $p(x) = 0$

1.5.3 $x = 0, 1, 2, 3, 4$일 때 $p_X(x) = x/10$, 그 외에 $p_X(x) = 0$을 X의 pmf라고 하자. $P(X = 2$ 또는 $3)$, $P(3/2 < X < 7/2)$, $P(2 \le X \le 3)$을 구하라.

1.5.4 $p_X(x)$를 확률변수 X의 pmf라고 하자. X의 cdf $F(x)$를 구하고, $p_X(x)$의 그래프와 함께 $F(x)$의 그래프를 그려라.

(a) $x = 0$일 때 $p_X(x) = 1$, 그 외에 $p_X(x) = 0$

(b) $x = -1, 0, 1$일 때 $p_X(x) = 1/3$, 그 외에 $p_X(x) = 0$

(c) $x = 1, 2, 3, 4, 5$일 때 $p_X(x) = x/15$, 그 외에 $p_X(x) = 0$

1.5.5 일반적인 게임 카드에서 비복원으로 5장의 카드를 무작위로 뽑는다고 하자.

(a) 5장 중에 포함된 하트의 수 X의 pmf를 구하라.

(b) $P(X \le 1)$을 구하라.

1.5.6 확률변수 X의 확률집합함수가 $P_X(D) = \int_D f(x)dx$라고 하자. 여기서 $f(x) = x/8$, $x \in \mathcal{D} = \{x : 0 < x < 4\}$이다. $D_1 = \{x : 0 < x < 2\}$, $D_2 = \{x : 3 \le x < 4\}$라고 하자. $P_X(D_1)$, $P_X(D_2)$, $P_X(D_1 \cup D_2)$를 계산하라.

1.5.7 확률변수 X의 공간이 $\mathcal{D} = \{x : 1 < x < 2\}$라고 하자. $D_1 = \{x : 1 < x \le 4/3\}$,

$D_2 = \{x : 4/3 < x < 2\}$일 때 $P_X(D_1) = 1/3$이라면 $P_X(D_2)$는 얼마인가?

1.5.8 확률변수 X의 cdf가 다음과 같다고 가정하자.

$$F(x) = \begin{cases} 0 & x < -1 \\ \frac{x+2}{4} & -1 \leq x < 1 \\ 1 & 1 \leq x \end{cases}$$

$F(x)$의 그림을 그리는 R 함수를 작성하라. 이 그림을 이용하여 다음 확률을 구하라.

(a) $P(-\frac{1}{2} < X \leq \frac{1}{2})$

(b) $P(X = 0)$

(c) $P(X = 1)$

(d) $P(2 < X \leq 3)$

1.5.9 한 상자에 숫자 1, 2, ⋯, 50 중 하나가 적힌 쪽지가 들어 있다. 숫자 $i(i = 1, 2, \cdots, 50)$가 적힌 쪽지가 i개만큼 들어 있다고 하자. 예를 들면 숫자 25가 적힌 쪽지는 25개이다. 각각의 쪽지는 적힌 숫자를 제외하고는 모두 동일하다고 가정한다. 한 쪽지를 무작위로 선택할 때 그 쪽지에 적힌 숫자를 X라고 하자.

(a) $x = 1, 2, \cdots, 50$일 때 X의 pmf는 $p(x) = x/1275$이고 그 외에 $p(x) = 0$임을 밝혀라.

(b) $P(X \leq 30)$을 계산하라.

(c) $1 \leq x \leq 50$에 대해 X의 cdf가 $F(x) = [x]([x] + 1)/2550$임을 밝혀라. 여기서 $[x]$는 x 중에서 가장 큰 정수이다.

1.5.10 정리 1.5.1의 (b)와 (c)를 증명하라.

1.5.11 X가 공간 $\mathcal{D}$에서의 확률변수라고 하자. 이때 $D \subset \mathcal{D}$에 대해 X에 의해 유도된 확률이 $P_X(D) = P[\{c : X(c) \in D\}]$임을 상기하자. 다음이 사실임을 밝힘으로써 $P_X(D)$가 확률임을 증명하라.

(a) $P_X(\mathcal{D}) = 1$

(b) $P_X(D) \geq 0$

(c) $\mathcal{D}$에 있는 연속된 사건의 집합인 $\{D_n\}$에 대해 다음을 밝혀라.

$$\{c : X(c) \in \cup_n D_n\} = \cup_n \{c : X(c) \in D_n\}$$

(d) 만약 $\{D_n\}$이 서로 배타적인 연속된 사건의 집합이라면 다음이 성립한다는 것을 (c)를 이용하여 밝혀라.

$$P_X\left(\cup_{n=1}^{\infty} D_n\right) = \sum_{n=1}^{\infty} P_X(D_n)$$

참고 1.5.2

확률론 과정에서는 $\mathcal{D}$에 대한 σ-집합체(사건의 모음)가 실수의 모든 개구간을 포함하는 가장 작은 σ-집합체임을 밝힐 것이다. 연습문제 1.3.24를 참조하라. 이러한 사건의 모음은 이산형 또는 연속형 확률변수에 대해 충분히 측정이 가능하다.

1.6 이산형 확률변수

앞 절에서 다룬 확률변수의 첫 번째 예제는 이산형 확률변수이며 다음과 같이 정의된다.

정의 1.6.1 [이산형 확률변수]

확률변수의 공간이 유한이거나 셀 수 있는 경우이면 이 확률변수를 **이산형 확률변수**(discrete random variable)라고 한다.

예제 1.6.1 동전을 독립적으로 계속 던지는 실험을 생각해보자. 결과는 앞면(H) 또는 뒷면(T)이다. 각각의 시행에서 H와 T가 나타날 가능성은 동일하다. 즉 $P(\text{H}) = P(\text{T}) = 1/2$이다. 표본공간 $\mathcal{C}$는 TTHTHHT⋯와 같은 열로 이루어진다. 확률변수 X를 처음 앞면이 나타날 때까지의 시행 횟수라고 하자. 위에 주어진 열에서 $X(\text{TTHTHHT}\cdots) = 3$이다. X의 공간은 $\mathcal{D} = \{1, 2, 3, 4, \cdots\}$이다. 이와 동일하게 열이 H로 시작하면 $X = 1$이고, 따라서 $P(X = 1) = 1/2$이다. 이와 동일하게 열이 TH로 시작하면 $X = 2$이고, 독립성에 의해 확률 $P(X = 2) = (1/2)(1/2) = 1/4$이다. 좀 더 일반적으로 $x = 1, 2, 3, 4, \cdots$에 대해 $X = x$이면 앞면이 나타나기 전에 $x - 1$개의 뒷면 열이 나타나야 한다. 즉 TT⋯TH이다. 여기서 TT⋯T에는 $x - 1$개의 뒷면이 있다. 따라서 독립성에 의해 다음과 같으며, 공간을 셀 수 있다.

$$P(X = x) = \left(\frac{1}{2}\right)^{x-1}\left(\frac{1}{2}\right) = \left(\frac{1}{2}\right)^{x}, \quad x = 1, 2, 3, \ldots \tag{1.6.1}$$

관심 있는 사건은 홀수 번 던지기에서 처음 앞면이 나타나는 사건, 즉 $X \in \{1, 3, 5, \cdots\}$이다. 이 사건의 확률은 다음과 같다.

$$\begin{aligned} P[X \in \{1,3,5,\ldots\}] &= \sum_{x=1}^{\infty}\left(\frac{1}{2}\right)^{2x-1} = \frac{1}{2}\sum_{x=1}^{\infty}\left(\frac{1}{4}\right)^{x-1} \\ &= \frac{1/2}{1-(1/4)} = \frac{2}{3} \end{aligned}$$

앞의 예제에서 암시하는 바와 같이 이산형 확률변수와 관련된 확률은 $x \in \mathcal{D}$에 대해 확률 $P(X = x)$로 구할 수 있다. 이 확률은 다음에 정의하는 중요한 함수를 결정한다.

정의 1.6.2 [확률질량함수]

공간 $\mathcal{D}$를 가진 이산형 확률변수를 X라고 하자. X의 **확률질량함수**(probability mass function, pmf)는 다음과 같다.

$$x \in \mathcal{D}\text{에 대해} \quad p_X(x) = P[X = x] \tag{1.6.2}$$

pmf는 다음의 두 성질을 만족한다.

$$\begin{aligned} &\text{(i) } 0 \leq p_X(x) \leq 1\,, x \in \mathcal{D} \\ &\text{(ii) } \textstyle\sum_{x \in \mathcal{D}} p_X(x) = 1 \end{aligned} \tag{1.6.3}$$

좀 더 고급 과정에서 만약 이산형 집합 $\mathcal{D}$에 대해 한 함수가 성질 (i)과 (ii)를 만족한다면 이 함수는 한 확률변수의 분포함수를 유일하게 결정한다는 것을 증명할 수 있다.

공간 $\mathcal{D}$를 가진 이산형 확률변수를 X라고 하자. 정리 1.5.3에서와 같이 $F_X(x)$의 불연속성은 질량을 정의한다. 즉 x가 F_X의 불연속점이라면 $P(X = x) > 0$이다. 이제 이산형 확률변수의 공간과 양의 확률인 이러한 점들 사이의 특성을 만들고자 한다. 이산형 확률변수 X의 **받침**(support)을 양의 확률인 X 공간의 점이라고 하자. X의 받침을 나타내기 위해 흔히 $\mathcal{S}$를 사용한다. $\mathcal{S} \subset \mathcal{D}$이다. 그러나 $\mathcal{S} = \mathcal{D}$인 경우도 있다.

또한 이산형 확률변수의 pmf와 cdf의 관계를 구하기 위해 정리 1.5.3을 이용할 수 있다. $x \in \mathcal{S}$이면 $p_X(x)$는 x에서 F_X의 불연속성 크기와 일치한다. $x \notin \mathcal{S}$이면 $P[X = x] = 0$이며, 따라서 F_X는 x에서 연속이다.

예제 1.6.2 100개의 퓨즈가 들어 있는 상자를 다음과 같이 검사한다. 5개의 퓨즈를 무작위로 선택하여 검사하는데, 적절한 암페어에서 5개 모두 '끊어지면' 그 상자는 합격이다. 만약 상자에 20개의 불량품이 있다면 그 상자가 합격될 확률은 적절한 가정하에서 근사적으로 다음과 같다.

$$\frac{\binom{80}{5}}{\binom{100}{5}} = 0.31931$$

좀 더 일반적으로, 검사하는 5개의 퓨즈에 포함된 불량품의 개수를 X라고 하자. X의 pmf는 다음과 같다.

$$p_X(x) = \begin{cases} \frac{\binom{20}{x}\binom{80}{5-x}}{\binom{100}{5}} & x = 0, 1, 2, 3, 4, 5 \\ 0 & \text{그 외에} \end{cases} \tag{1.6.4}$$

X의 공간은 $\mathcal{D} = \{0,\ 1,\ 2,\ 3,\ 4,\ 5\}$이며 또한 받침이다. 이것은 이산형 확률변수의 예로, 이 분포는 3장에서 공식적으로 정의할 **초기하분포**(hypergeometric distribution)의 예시이다. 위 논의에 근거하여 X의 cdf 그래프를 그리기는 쉽다. 연습문제 1.6.5를 참조하라.

1.6.1 변환

통계학에서 자주 부딪히는 문제는 다음과 같다. 확률변수 X가 있으며 그것의 분포를 알고 있다. 그런데 X의 어떤 **변환**(transformation)인 확률변수 $Y = g(X)$에 관심이 있다. 특히 Y의 분포를 결정하고자 한다. X가 공간 $\mathcal{D}_X$를 가진 이산형이라고 하자. Y의 공간은 $\mathcal{D}_Y = \{g(x) : x \in \mathcal{D}_X\}$이다. 여기서 두 가지 경우를 생각해볼 것이다.

첫 번째 경우에 g는 일대일이다. 따라서 Y의 pmf는 다음과 같이 얻는다.

$$\begin{aligned} p_Y(y) &= P[Y = y] = P[g(X) = y] \\ &= P[X = g^{-1}(y)] = p_X(g^{-1}(y)) \end{aligned} \tag{1.6.5}$$

예제 1.6.3 예제 1.6.1에 주어진 확률변수 X를 생각하자. 처음 앞면이 나올 때까지 동전을 던진 횟수가 X이고, 처음 앞면이 나오기 전까지 동전을 던진 횟수를 Y라고 하자. 그러면 $Y = X - 1$이다. 이 경우 함수 g는 $g(x) = x - 1$이며, 이것의 역함수는 $g^{-1}(y) = y + 1$이다. Y의 공간은 $D_Y = \{0,\ 1,\ 2,\ \cdots\}$이다. X의 pmf는 식 (1.6.1)에 주어져 있다. 따라서 식 (1.6.5)에 의해 Y의 pmf는 다음과 같다.

$$y = 0, 1, 2, \ldots \text{에 대해} \quad p_Y(y) = p_X(y+1) = \left(\frac{1}{2}\right)^{y+1}$$

예제 1.6.4 X의 pmf가 다음과 같다고 하자.

$$p_X(x) = \begin{cases} \frac{3!}{x!(3-x)!}\left(\frac{2}{3}\right)^x\left(\frac{1}{3}\right)^{3-x} & x = 0, 1, 2, 3 \\ 0 & \text{그 외에} \end{cases}$$

확률변수 $Y = X^2$의 pmf $p_Y(y)$를 구한다. 변환 $y = g(x) = x^2$은 $\mathcal{D}_X = \{x : x = 0,\ 1,\ 2,\ 3\}$을 $\mathcal{D}_Y = \{y : y = 0,\ 1,\ 4,\ 9\}$로 사상시킨다. 일반적으로 $y = x^2$은 일대일 변환을 정의하지 않는다. 그러나 여기서는 $\mathcal{D}_X = \{x : x = 0,\ 1,\ 2,\ 3\}$에서 x의 값에 음수가 없으므로 일대일 대응을 한다. 즉 유일한 값인 역함수 $x = g^{-1}(y) = \sqrt{y}$($-\sqrt{y}$가 아님)를 갖는다. 따라서

$$p_Y(y) = p_X(\sqrt{y}) = \frac{3!}{(\sqrt{y})!(3-\sqrt{y})!}\left(\frac{2}{3}\right)^{\sqrt{y}}\left(\frac{1}{3}\right)^{3-\sqrt{y}}, \quad y = 0, 1, 4, 9$$

두 번째 경우는 변환 $g(x)$가 일대일이 아닌 경우이다. 전체적인 규칙을 만드는 대신, 대부분의 응용 예가 이산형 확률변수이므로 Y의 pmf를 직접적인 방법으로 구할 수 있다. 두 가지 예를 제시한다.

예제 1.6.3에 주어진 기하확률변수를 생각해보자. 도박장에서 '하우스(house)'를 상대로 게임을 한다고 하자. 만약 홀수 번 던지기에서 첫 앞면이 나오면 하우스에게 1달러를 지불하고, 짝수 번 던지기에서 첫 앞면이 나오면 하우스로부터 1달러를 받는다고 하자. 순이익을 Y라고 하면 Y의 공간은 $\{-1, 1\}$이다. 예제 1.6.1에서 X가 홀수일 확률이 2/3임을 밝혔다. 따라서 Y의 분포는 $p_Y(-1) = 2/3$, $p_Y(1) = 1/3$이다.

두 번째 예로 $Z = (X - 2)^2$이라고 하자. 여기서 X는 예제 1.6.1에 주어진 기하확률변수이다. 그러면 Z의 공간은 $\mathcal{D}_Z = \{0, 1, 4, 9, 16, \cdots\}$이다. $X = 2$일 때에 한하여 $Z = 0$이고, $X = 1$ 또는 $X = 3$일 때에 한하여 $Z = 1$이며, 공간의 다른 값인 $z \in \{4, 9, 16, \cdots\}$에 대해서는 $x = \sqrt{z} + 2$인 일대일 대응을 갖는다. 따라서 Z의 pmf는 다음과 같다.

$$p_Z(z) = \begin{cases} p_X(2) = \frac{1}{4} & z = 0 \\ p_X(1) + p_X(3) = \frac{5}{8} & z = 1 \\ p_X(\sqrt{z} + 2) = \frac{1}{4}\left(\frac{1}{2}\right)^{\sqrt{z}} & z = 4, 9, 16, \ldots \end{cases} \tag{1.6.6}$$

증명을 위해 연습문제 1.6.11에서 Z의 pmf가 그 공간에서 합이 1임을 밝힐 것이다.

연습문제

1.6.1 동전을 독립적으로 네 번 던질 때 나타난 앞면의 횟수를 X라고 하자. 어떤 가정을 이용하여 X의 pmf를 구하고, X가 홀수일 확률을 계산하라.

1.6.2 상자에 크기와 형태가 동일한 칩 8개가 들어 있다. 이 칩 중에서 하나만 빨간색이다. 빨간색 칩이 나올 때까지 상자에서 비복원으로 한 번에 하나씩 무작위로 칩을 계속 꺼낸다.

(a) 빨간색 칩이 나올 때까지의 시행 횟수인 X의 pmf를 구하라.

(b) $P(X > 3)$를 계산하라.

1.6.3 주사위의 숫자가 6이 나올 때까지 주사위를 독립적으로 계속해서 던진다.

(a) 6이 나올 때까지 던진 횟수인 X의 pmf $p(x)$를 구하라.

(b) $\sum_{x=1}^{\infty} p(x) = 1$임을 밝혀라.

(c) $P(X = 1, 3, 5, 7, \cdots)$을 구하라.

(d) cdf $F(x) = P(X \leq x)$를 구하라.

1.6.4 주사위를 독립적으로 두 번 던질 때 두 결과의 차이의 절댓값을 X라고 하자. X의 pmf를 구하라.

힌트: pmf에 대한 공식을 구할 필요는 없다.

1.6.5 예제 1.6.2에서 정의된 확률변수 X를 고려하자.

(a) pmf를 반환하는 R 함수를 작성하라. R에서 `choose(m,k)`는 $\binom{m}{k}$를 계산한다.

(b) cdf의 그림을 반환하는 R 함수를 작성하라.

1.6.6 예제 1.6.1에서 정의된 확률변수 X에 대해 X의 cdf를 그려라.

1.6.7 $x = 1, 2, 3, 4$일 때 pmf $p(x) = 1/4$, 그 외에 $p(x) = 0$인 확률변수를 X라고 하자. $Y = 3X + 2$의 pmf를 구하라.

1.6.8 $x = 0, 1, 2, \cdots$일 때 pmf $p(x) = (2/3)(1/3)^x$, 그 외에 $p(x) = 0$인 확률변수를 X라고 하자. $Y = X^3 + 1$의 pmf를 구하라.

1.6.9 $x = -2, -1, 0, 1, 2$일 때 pmf $p(x) = 1/5$인 확률변수를 X라고 하자. $Y = X^2$의 pmf를 구하라.

1.6.10 X의 pmf가 다음과 같다고 하자.

$$p(x) = \left(\frac{2}{3}\right)\left(\frac{1}{3}\right)^{|x|}, \quad x = 0, -1, -2, -3, \ldots$$

$Y = X^4$의 pmf를 구하라.

1.6.11 식 (1.6.6)에 주어진 함수가 pmf임을 밝혀라.

1.7 연속형 확률변수

앞 절에서 이산형 확률변수에 대해 살펴보았다. 총체적인 응용에서 중요한 또 하나의 확률변수인 연속형 확률변수를 다음과 같이 정의한다.

정의 1.7.1 [연속형 확률변수]

확률변수 X의 누적분포함수 $F_X(x)$가 모든 $x \in R$에 대해 연속함수이면 확률변수 X를 **연속형 확률변수**(continuous random variable)라고 한다.

정리 1.5.3에서 임의의 확률변수 X에 대해 $P(X = x) = F_X(x) - F_X(x-)$임을 상기하라. 따라서 연속형 확률변수 X에 대해서는 이산점의 질량점이 없다. 즉 X가 연속형이면 모든 $x \in R$에 대해 $P(X = x) = 0$이다. 대부분의 연속형 확률변수는 **절대 연속**(absolutely continuous)이

다. 즉 어떤 함수 $f_X(t)$에 대해

$$F_X(x) = \int_{-\infty}^{x} f_X(t)\,dt \tag{1.7.1}$$

함수 $f_X(t)$는 X의 **확률밀도함수**(pdf)이다. 만약 $f_X(x)$도 연속형이면 미적분학의 기본 정리에 의해

$$\frac{d}{dx}F_X(x) = f_X(x) \tag{1.7.2}$$

연속형 확률변수 X의 **받침**은 $f_X(x) > 0$인 x의 모든 점으로 이루어진다. 이산형인 경우와 마찬가지로 X의 받침은 종종 $\mathcal{S}$로 나타낸다.

만약 X가 연속형 확률변수이면 확률은 적분으로 구할 수 있다. 즉

$$\begin{aligned} P(a < X \le b) &= F_X(b) - F_X(a) \\ &= \int_a^b f_X(t)\,dt \end{aligned}$$

또한 연속형 확률변수에 대해

$$\begin{aligned} P(a < X \le b) &= P(a \le X \le b) \\ &= P(a \le X < b) = P(a < X < b) \end{aligned}$$

정의 1.7.2로부터 pdf는 다음의 두 성질을 만족한다.

$$\begin{aligned} &\text{(i) } f_X(x) \ge 0 \\ &\text{(ii) } \textstyle\int_{-\infty}^{\infty} f_X(t)\,dt = 1 \end{aligned} \tag{1.7.3}$$

두 번째 성질은 물론 $F_X(\infty) = 1$의 결과로 성립한다. 확률의 고급 과정에서는 한 함수가 위의 두 성질을 만족한다면 그것은 한 연속형 확률변수의 pdf임을 밝힌다. 예를 들어 Tucker(1967)를 참조하라.

예제 1.5.2의 구간 (0, 1)에서 하나의 수를 무작위로 선택하는 단순 실험을 상기하라. 선택한 수 X는 연속형 확률변수의 한 예이다. X의 cdf는 $F_X(x) = x$, $0 < x < 1$임을 상기하라. 따라서 X의 pdf는 다음과 같다.

$$f_X(x) = \begin{cases} 1 & 0 < x < 1 \\ 0 & \text{그 외에} \end{cases} \tag{1.7.4}$$

어떤 연속형 또는 이산형 확률변수 X는 그것의 pdf 또는 pmf가 X의 받침에서 상수이면 **균등**(uniform)**분포**라고 한다. 보다 공식적인 정의는 3장을 참조하라.

예제 1.7.1 **[반지름이 1인 원에서 무작위로 선택한 점]** 반지름이 1인 원 안에서 무작위로 한 점을 선택한다고 하자. 중심으로부터 선택된 점까지의 거리를 X라고 하자. 실험의 표본공간은 $\mathcal{C} = \{(w, y) : w^2 + y^2 < 1\}$이다. 점을 무작위로 선택했으므로 동일한 면적인 $\mathcal{C}$의 부분집합들은 동등할 것이다. 따라서 $\mathcal{C}$ 내부의 집합 A 안에 위치한 선택된 점들의 확률은 A의 면적에 비례한다. 즉

$$P(A) = \frac{A\text{의 면적}}{\pi}$$

$0 < x < 1$에 대해 사건 $\{X \leq x\}$는 반지름이 x인 원 안에 위치한 점들과 동일하다. 확률 규칙에 의해 $P(X \leq x) = \pi x^2/\pi = x^2$이다. 따라서 X의 cdf는 다음과 같다.

$$F_X(x) = \begin{cases} 0 & x < 0 \\ x^2 & 0 \leq x < 1 \\ 1 & 1 \leq x \end{cases} \tag{1.7.5}$$

$F_X(x)$에 미분을 취하여 X의 pdf를 구한다.

$$f_X(x) = \begin{cases} 2x & 0 \leq x < 1 \\ 0 & \text{그 외에} \end{cases} \tag{1.7.6}$$

실례로 선택된 점이 반지름 1/4과 1/2로 만들어진 고리 안에 위치할 확률은 다음과 같다.

$$P\left(\frac{1}{4} < X \leq \frac{1}{2}\right) = \int_{\frac{1}{4}}^{\frac{1}{2}} 2w\,dw = w^2 \Big|_{\frac{1}{4}}^{\frac{1}{2}} = \frac{3}{16}$$

예제 1.7.2 바쁜 교환실에 걸려 오는 전화 간의 간격을 초로 나타낸 것을 확률변수 X라고 하자. X에 대한 합리적인 확률모형이 다음 pdf로 주어졌다고 하자.

$$f_X(x) = \begin{cases} \frac{1}{4}e^{-x/4} & 0 < x < \infty \\ 0 & \text{그 외에} \end{cases}$$

f_X가 pdf의 두 성질, 즉 (i) $f(x) \geq 0$, 그리고 다음과 같은 (ii)를 만족함을 유의하라.

$$\int_0^\infty \frac{1}{4}e^{-x/4}\,dx = -e^{-x/4}\Big|_0^\infty = 1$$

계속 걸려 오는 전화의 간격이 4초 이상일 확률은 다음과 같다.

$$P(X > 4) = \int_4^\infty \frac{1}{4}e^{-x/4}\,dx = e^{-1} = 0.3679$$

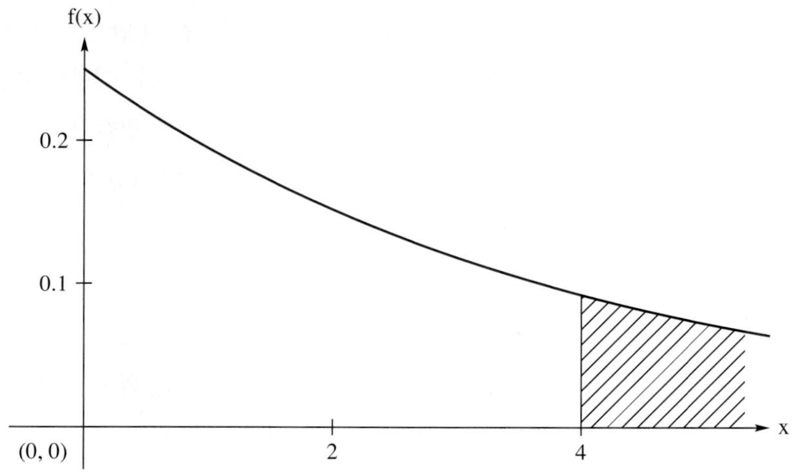

그림 1.7.1 예제 1.7.2에서 4의 오른쪽에 대한 pdf에서의 영역은 $P(X > 4)$이다.

pdf와 관심이 있는 확률을 그림 1.7.1에 나타냈다. 그림의 pdf는 오른쪽에 긴 꼬리가 있고 왼쪽에는 꼬리가 없다. 이를 **오른쪽으로 치우친**(skewed right) 또는 양으로 치우친(positively skewed) 분포라고 말한다. 이것은 3장에서 자세히 설명할 감마분포의 예이다.

1.7.1 분위수

분위수(백분위수)는 쉽게 해석할 수 있는 분포의 특성이다.

정의 1.7.2 [분위수]

$0 < p < 1$이라고 하자. 확률변수 X의 분포에서 p차 **분위수**(quantile)는 $P(X < \xi_p) \leq p$, $P(X \leq \xi_p) \geq p$가 되는 ξ_p 값이다. 이를 X의 $100p$번째 **백분위수**(percentile)라고도 한다.

분위수의 예로 $\xi_{1/2}$인 **중앙값**(median)이 있다. 중앙값은 두 번째 사분위수라고도 한다. 이는 pdf의 질량을 아래쪽과 위쪽 절반으로 나누는 X 영역의 한 지점이다. 첫 번째와 세 번째 사분위수는 이등분한 것을 사등분으로 나누고 각각 $\xi_{1/4}$, $\xi_{3/4}$이 된다. 이 사분위수를 각각 q_1, q_2, q_3으로 표시한다. 차이 $iq = q_3 - q_1$은 X의 **사분위수 범위**(interquartile range)라고 부른다. 중앙값은 종종 X 분포의 중심 측도로 사용되는 반면 사분위수 범위는 X 분포의 **퍼짐**(spread) 또는 **산포**(dispersion)의 측도로 사용된다.

분위수는 pdf가 있는 연속형 확률변수의 경우에도 고유할 필요가 없다. 예를 들어 구간 (2, 3)의 모든 점은 다음 pdf의 중앙값으로 사용된다.

$$f(x) = \begin{cases} 3(1-x)(x-2) & 1 < x < 2 \\ 3(3-x)(x-4) & 3 < x < 4 \\ 0 & \text{그 외에} \end{cases} \tag{1.7.7}$$

그러나 ξ_p와 같은 분위수가 $F_X(x)$의 cdf를 가진 절대 연속형 확률변수 X의 받침에 있으면 ξ_p는 다음 방정식의 고유한 해이다.

$$\xi_p = F_X^{-1}(p) \tag{1.7.8}$$

여기서 $F_X^{-1}(u)$는 $F_X(x)$의 역함수이다. 다음 예제는 그 예를 보여준다.

예제 1.7.3 pdf가 다음과 같은 연속형 확률변수를 X라고 하자.

$$f(x) = \frac{e^x}{(1+5e^x)^{1.2}}, \quad -\infty < x < \infty \tag{1.7.9}$$

이 pdf는 로그 수명 자료의 모형에서 자주 사용되는 log F-분포족 중 하나이다. X의 받침 공간은 $(-\infty, \infty)$이고, X의 cdf는 다음과 같다.

$$F(x) = 1 - (1+5e^x)^{-.2} \quad -\infty < x < \infty$$

이는 $F'(x) = f(x)$를 밝힘으로써 즉시 확인된다. cdf의 역함수를 구하기 위해 $u = F(x)$로 설정하고 x에 대해 구한다. 몇 단계의 계산을 거쳐 다음을 얻을 수 있다.

$$F^{-1}(u) = \log\left\{.2\left[(1-u)^{-5} - 1\right]\right\}, \quad 0 < u < 1$$

따라서 $\xi_p = F_X^{-1}(p) = \log\{.2[(1-p)^{-5} - 1]\}$이다. 다음 3개의 R 함수는 pdf, cdf, F의 역 cdf를 계산하는 데 사용할 수 있다. 이는 저자 서문에 언급한 사이트에서 다운로드할 수 있다.

```
dlogF <- function(x){exp(x)/(1+5*exp(x))^(1.2)}
plogF <- function(x){1- (1+5*exp(x))^(-.2)}
qlogF <- function(x){log(.2*((1-x)^(-5) - 1))}
```

R 함수 `qlogF`가 실행되면 분위수를 계산하는 데 사용할 수 있다. 다음은 X의 사분위수 3개를 계산하는 R 코드이다.

```
qlogF(.25) ; qlogF(.50); qlogF(.75)
-0.4419242; 1.824549; 5.321057
```

그림 1.7.2는 이 pdf와 사분위수를 나타낸 것이다. 이는 오른쪽으로 치우친 분포의 또 다른 예이다. 즉 오른쪽 꼬리가 왼쪽 꼬리보다 훨씬 길다. 이러한 분포인 기계 부품의 로그 수명 측면에서 보면 부품의 50%가 1.83의 로그-단위를 초과하여 생존하고 부품의 25%가 5.32의 로그-단위보다 오래 지속된다. 오른쪽으로 긴 꼬리인 일부 부품은 수명이 길다.

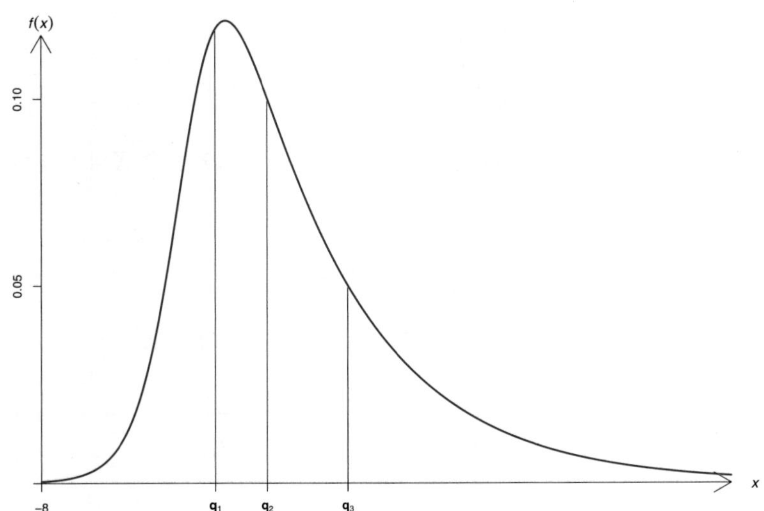

그림 1.7.2 식 (1.7.9)의 pdf에서 3개의 사분위수 q_1, q_2, q_3을 나타냈다. 4개의 각 구획에서 확률질량은 1/4이다.

1.7.2 변환

알려진 pdf f_X를 가진 연속형 확률변수를 X라고 하자. 이산형과 마찬가지로 X의 어떤 **변환** (transformation)인 확률변수 $Y = g(X)$의 분포에 관심을 갖곤 한다. 종종 Y의 pdf는 우선 그것의 cdf를 구함으로써 얻을 수 있다. 다음 두 예제에서 이를 살펴보자.

예제 1.7.4 예제 1.7.1의 확률변수를 X라고 하자. X는 반지름이 1인 원 안에서 무작위로 선택된 점과 원의 중심 간의 거리이다. 이것 대신에 거리의 제곱, 즉 $Y = X^2$에 관심이 있다고 하자. Y의 받침은 X의 받침과 동일하다. 즉 $\mathcal{S}_Y = (0, 1)$이다. Y의 cdf는 무엇인가? 식 (1.7.5)에 의해 X의 cdf는 다음과 같다.

$$F_X(x) = \begin{cases} 0 & x < 0 \\ x^2 & 0 \le x < 1 \\ 1 & 1 \le x \end{cases} \tag{1.7.10}$$

y가 Y의 받침 안에 있다고 하자. 즉 $0 < y < 1$이다. 식 (1.7.10)을 이용하고 X의 받침은 양수만 존재한다는 사실에 의해 Y의 cdf는

$$F_Y(y) = P(Y \le y) = P(X^2 \le y) = P(X \le \sqrt{y}) = F_X(\sqrt{y}) = \sqrt{y}^2 = y$$

따라서 Y의 pdf는 다음과 같다.

$$f_Y(y) = \begin{cases} 1 & 0 < y < 1 \\ 0 & \text{그 외에} \end{cases}$$

예제 1.7.5 확률변수 X의 pdf가 $-1 < x < 1$일 때 $f_X(x) = 1/2$, 그 외에 $f_X(x) = 0$이라고 하자. X는 $(-1, 1)$의 받침 구간에서 균등분포이다. 그리고 확률변수 Y를 $Y = X^2$으로 정의하자. Y의 pdf를 구하고자 한다. 만약 $y \geq 0$이면 확률 $P(Y \leq y)$는 다음과 동일하다.

$$P(X^2 \leq y) = P(-\sqrt{y} \leq X \leq \sqrt{y})$$

그래서 Y의 cdf인 $F_Y(y) = P(Y \leq y)$는 다음으로 주어진다.

$$F_Y(y) = \begin{cases} 0 & y < 0 \\ \int_{-\sqrt{y}}^{\sqrt{y}} \frac{1}{2}\, dx = \sqrt{y} & 0 \leq y < 1 \\ 1 & 1 \leq y \end{cases}$$

따라서 Y의 pdf는 다음과 같다.

$$f_Y(y) = \begin{cases} \frac{1}{2\sqrt{y}} & 0 < y < 1 \\ 0 & \text{그 외에} \end{cases}$$

이 예제들은 **누적분포함수 기법**(cumulative distribution function technique)을 보여준다. 예제 1.7.4에서는 변환이 일대일 대응이었으며, 그런 경우에는 단순한 공식으로 X의 pdf로부터 Y의 pdf를 구할 수 있다. 다음 정리는 이를 보여준다.

정리 1.7.1

X는 pdf $f_X(x)$와 받침 $\mathcal{S}_X$를 가진 연속형 확률변수이고 $Y = g(X)$라고 하자. 여기서 $g(x)$는 X의 받침 $\mathcal{S}_X$에서 일대일 대응인 미분 가능한 함수이다. g의 역함수를 $x = g^{-1}(y)$로 표현하며, $dx/dy = d[g^{-1}(y)]/dy$라면 Y의 pdf는 다음과 같다.

$$y \in \mathcal{S}_Y\text{에 대해}\quad f_Y(y) = f_X(g^{-1}(y))\left|\frac{dx}{dy}\right| \tag{1.7.11}$$

여기서 Y의 받침은 $\mathcal{S}_Y = \{y = g(x) : x \in \mathcal{S}_X$이다.

증명: $g(x)$가 일대일 대응이고 연속이므로 순단조증가함수 또는 감소함수이다. 여기서는 $g(x)$가 순단조증가함수라고 하자. Y의 cdf는 다음으로 주어진다.

$$\begin{aligned} F_Y(y) &= P[Y \leq y] = P[g(X) \leq y] \\ &= P[X \leq g^{-1}(y)] = F_X(g^{-1}(y)) \end{aligned} \tag{1.7.12}$$

따라서 Y의 pdf는

$$f_Y(y) = \frac{d}{dy}F_Y(y) = f_X(g^{-1}(y))\frac{dx}{dy} \tag{1.7.13}$$

여기서 dx/dy는 함수 $x = g^{-1}(y)$의 미분이다. 이때 g가 증가함수이므로 $dx/dy > 0$이다. 따라서 $dx/dy = |dx/dy|$로 쓸 수 있다.

$g(x)$가 순단조감소함수라면 식 (1.7.12)는 $F_Y(y) = 1 - F_X(g^{-1}(y))$이다. 따라서 Y의 pdf는 $f_Y(y) = f_X(g^{-1}(y))(-dx/dy)$이다. 그러나 g가 감소함수이므로 $dx/dy < 0$이며, 따라서 $-dx/dy = |dx/dy|$이다. 이와 같이 식 (1.7.11)은 두 경우 모두 참이다.[5]

이제부터 $dx/dy = (d/dy)g^{-1}(y)$를 변환의 **야코비안**(Jacobian, J로 표기)이라고 한다. 대부분의 수학 영역에서 $J = dx/dy$는 역함수 $x = g^{-1}(y)$의 야코비안으로 인용된다. 그러나 이 책에서는 편리함을 위해 변환의 야코비안이라고 하겠다.

정리 1.7.1을 다음 예제에서 설명하는 간단한 알고리즘으로 요약한다. 변환 $Y = g(X)$가 일대일이라고 가정하면 다음 단계를 통해 Y의 pdf를 구할 수 있다.

1. Y의 받침을 구한다.
2. 변환의 역함수를 구한다. 즉 $y = g(x)$를 x에 대해 y의 식으로 정리하여 $x = g^{-1}(y)$를 얻는다.
3. $\frac{dx}{dy}$를 얻는다.
4. Y의 pdf는 $f_Y(y) = f_X(g^{-1}(y))\left|\frac{dx}{dy}\right|$이다.

예제 1.7.6 X의 pdf가 다음과 같다고 하자.

$$f(x) = \begin{cases} 4x^3 & 0 < x < 1 \\ 0 & \text{그 외에} \end{cases}$$

확률변수 $Y = -\log X$를 고려하자. 위 알고리즘의 단계는 다음과 같다.

1. $Y = -\log X$의 받침은 $(0, \infty)$이다.
2. $y = -\log x$이면 $x = e^{-y}$이다.
3. $\frac{dx}{dy} = -e^{-y}$이다.
4. 따라서 Y의 pdf는 다음과 같다.

$$\begin{aligned} f_Y(y) &= f_X\left(e^{-y}\right)\left|-e^{-y}\right| \\ &= 4(e^{-y})^3 e^{-y} = 4e^{-4y} \end{aligned}$$

5 정리 1.7.1의 증명은 〈수학 주석〉의 4장에서 다룬 변수변환 기법으로도 얻을 수 있다.

1.7.3 이산형과 연속형 분포의 혼합

이산형도 아니고 연속형도 아닌 분포에 대한 두 가지 예제로 이 절을 마친다.

예제 1.7.7 분포함수가 다음과 같다고 하자.

$$F(x) = \begin{cases} 0 & x < 0 \\ \frac{x+1}{2} & 0 \le x < 1 \\ 1 & 1 \le x \end{cases}$$

예를 들면

$$P\left(-3 < X \le \frac{1}{2}\right) = F\left(\frac{1}{2}\right) - F(-3) = \frac{3}{4} - 0 = \frac{3}{4}$$
$$P(X = 0) = F(0) - F(0-) = \frac{1}{2} - 0 = \frac{1}{2}$$

그림 1.7.3은 $F(x)$의 그래프이다. $F(x)$는 항상 연속인 것도 아니고, 동시에 계단함수도 아님을 알 수 있다. 따라서 대응 분포는 연속형도 아니고 이산형도 아니며 두 형태의 **혼합**(mixture)형이라고 할 수 있다.

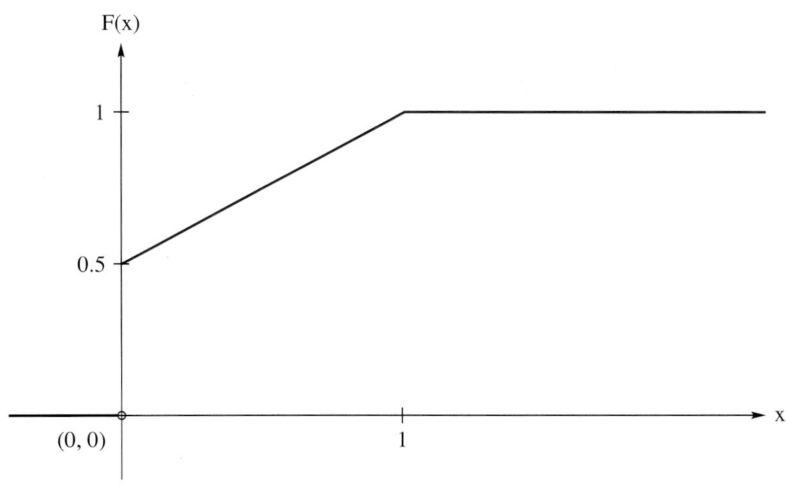

그림 1.7.3 예제 1.7.7의 cdf 그래프

연속형과 이산형이 결합된 분포는 실제로 흔하다. 예를 들어 수명 검사에서 수명의 길이 X가 숫자 b를 초과하지만 X의 정확한 값은 모른다고 하자. 이것을 절단(censoring)이라고 한다. 이는 암 연구에서 대상이 갑자기 사라지는 경우에 발생할 수 있다. 즉 연구자가 대상이 일정 기간 동안 생존했다는 것을 알고 있으나 정확한 생존 기간은 모르는 경우이다. 또는 연구자가 어떤 연구에서 모든 동물, 예컨대 쥐의 사망 시점을 관측할 시간이 충분하지 않은 경우에도 발생할 수

있다. 절단은 보험 산업에서도 발생한다. 특히 제한 지급 보험 정책에서의 손실은 최고 금액을 초과하는 경우 얼마나 초과되었는지 알 수 없음을 고려하자.

예제 1.7.8 재보험 회사들이 2,000,000~10,000,000달러의 태풍 피해를 배상해야 될지도 모르기 때문에 큰 손실을 우려한다. X는 태풍으로 인한 손실을 1,000,000달러 단위로 측정한 것이고, X의 cdf는 다음과 같다고 하자.

$$F_X(x) = \begin{cases} 0 & -\infty < x < 0 \\ 1 - \left(\frac{10}{10+x}\right)^3 & 0 \le x < \infty \end{cases}$$

만약 손실이 10,000,000달러를 넘으면 10으로 기록한다. 그러면 이 절단된 분포의 cdf는 다음과 같으며,

$$F_Y(y) = \begin{cases} 0 & -\infty < y < 0 \\ 1 - \left(\frac{10}{10+y}\right)^3 & 0 \le y < 10 \\ 1 & 10 \le y < \infty \end{cases}$$

$y = 10$일 때 $[10/(10+10)]^3 = 1/8$의 도약이 있다.

연습문제

1.7.1 하나의 점을 표본공간 $\mathcal{C} = \{c : 0 < c < 5\}$에서 선택한다고 하자. $C \subset \mathcal{C}$이고 확률집합함수를 $P(C) = \int_C \frac{1}{5} dz$라고 하자. 그리고 확률변수 X를 $X(c) = c^2$으로 정의한다. X의 cdf와 pdf를 구하라.

1.7.2 확률변수 X의 공간이 $\mathcal{C} = \{x : 0 < x < 8\}$이고 $P_X(C_1) = 7/10$, 단 $C_1 = \{x : 0 < x < 4\}$라고 하자. $C_2 = \{x : 5 \le x < 8\}$일 때 $P_X(C_2) \le 3/10$임을 밝혀라.

1.7.3 확률변수 X의 공간 $\mathcal{C} = \{x : 0 < x < 2\}$의 부분집합 $C_1 = \{0 < x \le 1\}$, $C_2 = \{1 < x < 3/2\}$에 대해 $P_X(C_1) = 1/2$, $P_X(C_2) = 1/4$이라고 하자. $P_X(C_1 \cup C_2)$, $P_X(C_1^c)$, $P_X(C_1^c \cap C_2^c)$를 구하라.

1.7.4 $\int_C [1/\pi(1 + x^2)]\, dx$가 주어졌으며, 여기서 $C \subset \mathcal{C} = \{x : -\infty < x < \infty\}$이다. 이 적분은 확률변수의 공간이 $\mathcal{C}$인 X의 확률집합함수가 될 수 있음을 밝혀라.

1.7.5 확률변수 X의 확률집합함수가 다음과 같으며,

$$P_X(C) = \int_C e^{-x} dx, \quad \text{단 } \mathcal{C} = \{x : 0 < x < \infty\}$$

$C_k = \{x : 1 \leq x < 4 - 1/k\}(k = 1, 2, 3, \cdots)$이라고 하자. $\lim_{k\to\infty} C_k$와 $P_X(\lim_{k\to\infty} C_k)$를 구하라. $P_X(C_k)$와 $\lim_{k\to\infty} P_X(C_k) = P_X(\lim_{k\to\infty} C_k)$를 구하라.

1.7.6 다음 각 X의 pdf에 대해 $P(|X| < 1)$과 $P(X^2 < 4)$를 구하라.

(a) $-2 < x < 2$일 때 $f(x) = 3x^2/16$, 그 외에 $f(x) = 0$

(b) $-1 < x < 3$일 때 $f(x) = (x + 3)/16$, 그 외에 $f(x) = 0$

1.7.7 $1 < x < \infty$일 때 $f(x) = 2/x^3$, 그 외에 $f(x) = 0$을 X의 pdf라고 하자. $C_1 = \{x : 2 < x < 4\}$, $C_2 = \{x : 3 < x < 5\}$일 때 $P_X(C_1 \cup C_2)$와 $P_X(C_1 \cap C_2)$를 구하라.

1.7.8 확률변수 X의 분포의 **최빈값**(mode)은 pdf 또는 pmf를 최대화하는 x 값이다. 이와 같은 x가 오직 하나 존재하면 분포의 최빈값(mode of the distribution)이라고 한다. 다음 각 분포의 최빈값을 구하라.

(a) $x = 1, 2, 3, 4$일 때 $p(x) = x/10$, 그 외에 $p(x) = 0$

(b) $0 \leq x \leq 2$일 때 $f(x) = x^2(3 - x)/4$, 그 외에 $f(x) = 0$

(c) $0 < x < \infty$일 때 $f(x) = (1/9)\, xe^{-x/3}$, 그 외에 $f(x) = 0$

1.7.9 중앙값과 분위수는 1.7.1절에서 다루었다. 다음 각 분포의 중앙값을 구하라.

(a) $x = 0, 1, 2, 3, 4$일 때 $p(x) = \frac{4!}{x!(4-x)!}(\frac{1}{4})^x(\frac{3}{4})^{4-x}$, 그 외에 $p(x) = 0$

(b) $0 < x < 1$일 때 $f(x) = 3x^2$, 그 외에 $f(x) = 0$

(c) $-\infty < x < \infty$일 때 $f(x) = \frac{1}{\pi(1+x^2)}$

1.7.10 pdf가 $0 < x < 1$일 때 $f(x) = 3x^2$이고 그 외에 $f(x) = 0$인 분포의 0.30 분위수(30번째 백분위수)를 구하라.

1.7.11 다음 각각의 cdf $F(x)$에 대해 pdf $f(x)$[(d)에서는 pmf], 첫 번째 사분위수, 0.60 분위수를 구하라. 또한 $f(x)$와 $F(x)$의 그래프를 그려라. R을 이용하여 그림을 얻을 수 있다. (a)에는 코드가 제공된다.

(a) $F(x) = \frac{1}{2} + \frac{1}{\pi}\tan^{-1}(x)\,, -\infty < x < \infty$

```
x<-seq(-5,5,.01); y<-.5+atan(x)/pi; y2<-1/(pi*(1+x^2))
par(mfrow=c(1,2));plot(y~x);plot(y2~x)
```

(b) $F(x) = \exp\{-e^{-x}\}$, $-\infty < x < \infty$

(c) $F(x) = (1 + e^{-x})^{-1}$, $-\infty < x < \infty$

(d) $F(x) = \sum_{j=1}^{x} \left(\frac{1}{2}\right)^j$

1.7.12 다음 각각의 확률밀도함수에 대해 cdf $F(x)$를 구하라. $f(x)$와 $F(x)$의 그래프를 그려라.

(a) $0 < x < 1$일 때 $f(x) = 3(1 - x)^2$, 그 외에 $f(x) = 0$

(b) $1 < x < \infty$일 때 $f(x) = 1/x^2$, 그 외에 $f(x) = 0$

(c) $0 < x < 1$ 또는 $2 < x < 4$일 때 $f(x) = 1/3$, 그 외에 $f(x) = 0$

또한 각 분포의 중앙값과 25번째 백분위수를 구하라.

1.7.13 $0 \le x < \infty$일 때 $F(x) = 1 - e^{-2x} - 2xe^{-2x}$, 그 외에 $F(x) = 0$인 분포의 pdf와 최빈값, (수치적 방법에 의한) 중앙값을 구하라.

1.7.14 X의 pdf가 $0 < x < \infty$일 때 $f(x) = e^{-x}$, 그 외에 $f(x) = 0$이라고 하자. X가 최소한 2라는 조건에서 X가 최소한 4 이상일 확률을 구하라.

1.7.15 확률변수 X는 다음 식이 모든 z에 대해 성립하고, 또한 최소한 하나의 z 값에 대해 완전한 부등식이 성립하면 확률변수 Y에 대해 **확률적으로 더 크다**(stochastically larger)고 한다.

$$P(X > z) \ge P(Y > z) \tag{1.7.14}$$

이것은 cdf가 모든 z에 대해 $F_X(z) \le F_Y(z)$를 만족하며, 특히 최소한 하나의 z 값에 대해 완전한 부등식이 성립한다는 성질을 만족할 것을 요구한다는 것을 밝혀라.

1.7.16 X가 받침 $(-\infty, \infty)$를 가진 연속형 확률변수라고 하자. $Y = X + \Delta$이고 $\Delta > 0$일 때, 연습문제 1.7.15의 정의를 이용하여 Y가 X에 대해 확률적으로 더 크다는 것을 밝혀라.

1.7.17 한 점을 무작위로 선택하여 선분을 둘로 나눈다. 더 큰 부분의 길이가 더 짧은 부분의 길이보다 적어도 2배 이상일 확률을 구하라. 균등분포라고 가정하라.

1.7.18 더운 여름날 어떤 가게에서 필요한 아이스크림양의 갤런 값을 X라고 하자. $0 < x < 600$일 때 $f(x) = (600 - x)/(1.8 \times 10^5)$, 그 외에 $f(x) = 0$이 X의 pdf라고 가정하자. 특정한 날에 이 공급량이 다 떨어질 확률이 0.05가 되려면 이 가게는 몇 갤런의 아이스크림을 가지고 있어야 하는가?

1.7.19 $-3 < x < 3$일 때 $f(x) = |x|/9$, 그 외에 $f(x) = 0$인 pdf를 가진 분포에서 75번째 백분위수를 구하라.

1.7.20 예제 1.7.3에서 확률변수 X의 분포는 종종 기계 또는 전기 부품의 로그 수명을 모델링하는 데 사용된다. 수명 그 자체는 어떠한가? $Y = \exp\{X\}$라고 하자.

(a) Y의 범위를 구하라.

(b) 변환 기법을 사용하여 Y의 pdf를 구하라.

(c) 이 pdf를 계산하는 R 함수를 작성하고, 이를 사용하여 pdf의 그래프를 그려라. 이 그림에 대해 논하라.

(d) Y의 90번째 백분위수를 구하라.

1.7.21 예제 1.7.3에서 확률변수 X의 분포는 log F-분포족의 일원이다. 또 다른 일원은 cdf가 다음과 같다.

$$F(x) = \left[1 + \frac{2}{3}e^{-x}\right]^{-5/2}, \quad -\infty < x < \infty$$

(a) 이에 대응하는 pdf를 구하라.

(b) 이 cdf를 계산하는 R 함수를 작성하라. 이 함수의 그래프를 그리고 그림에서 대략적인 사분위수와 중앙값을 구하라.

(c) cdf의 역함수를 구하고, (b)에서 구한 분위수를 확인하라.

1.7.22 X의 pdf가 $0 < x < 2$일 때 $f(x) = 3x^2/8$, 그 외에 $f(x) = 0$이라고 하자. $Y = X^3$의 pdf를 구하라.

1.7.23 X의 pdf가 $0 < x < \infty$일 때 $f(x) = xe^{-x^2/2}$, 그 외에 $f(x) = 0$이라고 하자. $Y = X^2$의 pdf를 구하라.

1.7.24 X가 균등 pdf $f_X(x) = \frac{1}{\pi}$, $-\frac{\pi}{2} < x < \frac{\pi}{2}$를 갖는다고 하자. $Y = \tan X$의 pdf를 구하라. 이것은 **코시 분포**(Cauchy distribution)의 pdf이다.

1.7.25 X의 pdf가 $0 < x < 1$일 때 $f(x) = \frac{4}{3}x^{1/3}$, 그 외에 $f(x) = 0$이라고 하자. $Y = -\ln X^4$의 cdf와 pdf를 구하라.

1.7.26 X의 pdf가 $-3 < x < 1$일 때 $f(x) = 1/4$, 그 외에 $f(x) = 0$이라고 하자. $Y = X^2$의 cdf와 pdf를 구하라.

힌트: $0 \le y < 1$, $1 \le y < 9$에 대해 $P(X^2 \le y)$를 고려하라.

1.8 확률변수의 기댓값

이 절에서는 책의 나머지 부분에서 이용할 기댓값 연산자를 소개한다. 기댓값을 정의하기 위해 미적분학으로부터 합과 적분의 절대 수렴은 합과 적분의 수렴을 의미한다는 사실을 상기하자.

정의 1.8.1 [기댓값]

만약 X가 pdf $f(x)$와 다음을 가진 연속형 확률변수이면

$$\int_{-\infty}^{\infty} |x| f(x)\, dx < \infty$$

X의 **기댓값**(expectation)은 다음과 같다.

$$E(X) = \int_{-\infty}^{\infty} x f(x)\, dx$$

만약 X가 pmf $p(x)$와 다음을 가진 이산형 확률변수이면

$$\sum_x |x|\, p(x) < \infty$$

X의 기댓값은 다음과 같다.

$$E(X) = \sum_x x\, p(x)$$

기댓값 $E(X)$는 X의 **수학적 기댓값**(mathematical expectation), X의 **기댓값**(expected value) 또는 X의 **평균**(mean)이라고도 한다. 평균이라는 용어를 사용할 때는 $E(X)$를 μ로 나타낸다. 즉 $\mu = E(X)$이다.

예제 1.8.1 **[상수의 기댓값]** 상수 확률변수, 즉 모든 확률질량이 상수 k로 주어진 확률변수를 생각해보자. 이것은 pmf $p(k) = 1$인 이산형 확률변수이다. 정의에 의해 다음 결과를 얻는다.

$$E(k) = kp(k) = k \tag{1.8.1}$$

예제 1.8.2 이산형 확률변수 X의 pmf가 다음 표와 같다고 하자.

x	1	2	3	4
$p(x)$	$\frac{4}{10}$	$\frac{1}{10}$	$\frac{3}{10}$	$\frac{2}{10}$

여기서 x가 1부터 4까지의 양의 정수가 아니면 $p(x) = 0$이다. 이는 pmf를 설명하기 위해 식이 필요하지 않다는 것을 의미한다. 따라서 다음과 같이 계산된다.

$$E(X) = (1)\left(\frac{4}{10}\right) + (2)\left(\frac{1}{10}\right) + (3)\left(\frac{3}{10}\right) + (4)\left(\frac{2}{10}\right) = \frac{23}{10} = 2.3$$

예제 1.8.3 연속형 확률변수 X의 pdf가 다음과 같다고 하자.

$$f(x) = \begin{cases} 4x^3 & 0 < x < 1 \\ 0 & \text{그 외에} \end{cases}$$

그러면 기대값은 다음과 같이 계산된다.

$$E(X) = \int_0^1 x(4x^3)\,dx$$
$$= \int_0^1 4x^4\,dx = \frac{4x^5}{5}\Big|_0^1 = \frac{4}{5}$$

참고 1.8.1

기댓값 또는 기대하는 값의 용어는 승산이 있는 게임에서 유래되었다. 예를 들어 숫자 1, 2, 3, 4가 적힌 돌림판과 관련된 게임을 생각해보자. 돌림판이 각각의 숫자에서 멈추는 확률이 0.20, 0.30, 0.35, 0.15라고 가정하자. 게임을 시작하기 위해 참가자는 5달러를 하우스에게 지불한다. 그런 다음 돌림판을 돌리고 참가자는 다음 표의 두 번째 행에 있는 '상금'을 얻는다.

돌림판에 적힌 숫자 x	1	2	3	4
'상금'	\$2	\$3	\$4	\$12
$G =$ 이득	−\$3	−\$2	−\$1	\$7
$p_G(x)$	0.20	0.30	0.35	0.15

참가자가 게임을 하려면 5달러를 지불해야 하므로 '상금'에는 따옴표를 붙였다. 물론 관심 있는 확률변수는 참가자가 얻게 되는 이득(gain)이다. 표의 세 번째 행에 G가 있다. 참가자가 −3달러를 얻는 것은 전체의 20%, −2달러를 얻는 것은 전체의 30%, −1달러를 얻는 것은 전체의 35%, 7달러를 얻는 것은 전체의 15%이다. 수학에서 이 문장은 다음과 같이 표현된다.

$$(-3) \times 0.20 + (-2) \times 0.30 + (-1) \times 0.35 + 7 \times 0.15 = -0.50$$

이것은 물론 $E(G)$이다. 즉 이 게임의 참가자에게 기대되는 이득은 −0.50달러이다. 그래서 참가자는 게임을 할 때마다 50센트를 잃을 것으로 예상한다. 게임에서 기대되는 이득이 0이면 **공정한 게임**(fair game)이라고 한다. 그러므로 이 돌림판 게임은 공정한 게임이 아니다.

확률변수 X의 함수 $Y = g(X)$를 생각해보자. Y가 확률변수이기 때문에 우선 Y의 분포를 구하여 그 기댓값을 구할 수 있다. 그러나 다음 정리에서와 같이 Y의 기댓값을 구하기 위해 X의 분포를 이용할 수 있다.

정리 1.8.1

X가 확률변수이고 어떤 함수 g에 대해 $Y = g(X)$라고 하자.

(a) X가 pdf $f_X(x)$를 가진 연속형이라고 하자. 만약 $\int_{-\infty}^{\infty} |g(x)| f_X(x)\,dx < \infty$이면 Y의 기댓값이 존재하며, 이 값은 다음과 같다.

$$E(Y) = \int_{-\infty}^{\infty} g(x) f_X(x)\, dx \tag{1.8.2}$$

(b) X를 pmf $p_X(x)$를 가진 이산형이고 X의 받침이 $\mathcal{S}_X$라고 하자. 만약 $\sum_{x\in\mathcal{S}_X}|g(x)|p_X(x) < \infty$이면 Y의 기댓값이 존재하며, 이 값은 다음과 같다.

$$E(Y) = \sum_{x\in\mathcal{S}_X} g(x)p_X(x) \tag{1.8.3}$$

증명: 이산형인 경우의 증명을 제시한다. 연속형인 경우의 증명은 해석학에서 좀 더 고급 수준의 결과를 필요로 한다. 또한 연습문제 1.8.1을 참조하라.

$\sum_{x\in\mathcal{S}_X}|g(x)|p_X(x)$가 수렴하기 때문에 미적분학[6]의 정리에 따라 열의 항목의 어떤 재배열도 동일한 극한으로 수렴한다. 그러므로 다음과 같은 결과를 얻는다.

$$\sum_{x\in\mathcal{S}_X}|g(x)|p_X(x) = \sum_{y\in\mathcal{S}_Y}\sum_{\{x\in\mathcal{S}_X:g(x)=y\}}|g(x)|p_X(x) \tag{1.8.4}$$

$$= \sum_{y\in\mathcal{S}_Y}|y|\sum_{\{x\in\mathcal{S}_X:g(x)=y\}}p_X(x) \tag{1.8.5}$$

$$= \sum_{y\in\mathcal{S}_Y}|y|p_Y(y) \tag{1.8.6}$$

여기서 $\mathcal{S}_Y$는 Y의 받침을 나타낸다. 그래서 $E(Y)$가 존재하고 $\sum_{x\in\mathcal{S}_X}g(x)p_X(x)$가 수렴한다. $\sum_{x\in\mathcal{S}_X}g(x)p_X(x)$가 수렴하고 또한 절대 수렴하기 때문에 미적분학에 나온 동일한 정리를 사용하여 위의 식 (1.8.4)~(1.8.6)이 절댓값 없이도 성립한다는 것을 밝힐 수 있다. 따라서 $E(Y) = \sum_{x\in\mathcal{S}_X}g(x)p_X(x)$이며, 이는 원하는 결과이다.

다음 두 예제에서 이 정리를 설명한다.

예제 1.8.4 Y는 예제 1.6.3에서 논의한 이산형 확률변수이고, $Z = e^{-Y}$라고 하자. $(2e)^{-1} < 1$이므로 정리 1.8.1에 따라 다음 결과를 얻을 수 있다.

$$\begin{aligned} E[Z] &= E\left[e^{-Y}\right] \\ &= \sum_{y=0}^{\infty} e^{-y}\left(\frac{1}{2}\right)^{y+1} = e\sum_{y=0}^{\infty}\left(\frac{1}{2}e^{-1}\right)^{y+1} \\ &= \frac{1}{2}\frac{1}{1-(1/2)e^{-1}} = \frac{e}{2e-1} \end{aligned}$$

6 예를 들면 〈수학 주석〉의 2장(무한급수)을 참조하라.

예제 1.8.5 X가 (0, 1) 구간의 받침에 대해 pdf $f(x) = 2x$인 연속형 확률변수이고, $Y = 1/(1 + X)$이라고 가정하자. 그러면 정리 1.8.1에 따라 다음 결과를 얻을 수 있다.

$$E(Y) = \int_0^1 \frac{2x}{1+x}\,dx = \int_1^2 \frac{2u-2}{u}\,du = 2(1 - \log 2)$$

여기서 두 번째 적분은 $u = 1 + x$의 변수변환을 사용한다.

다음 정리는 기댓값 연산자 E가 선형연산자임을 보여준다.

정리 1.8.2

$g_1(X)$와 $g_2(X)$가 확률변수 X의 함수이고 $g_1(X)$와 $g_2(X)$의 기댓값이 존재한다고 하자. 임의의 상수 k_1, k_2에 대해 $k_1g_1(X) + k_2g_2(X)$의 기댓값이 존재하며, 이 값은 다음과 같다.

$$E[k_1g_1(X) + k_2g_2(X)] = k_1E[g_1(X)] + k_2E[g_2(X)] \tag{1.8.7}$$

증명: 연속형인 경우에 존재성은 가설, 삼각부등식, 적분의 선형성 등에 의해 성립한다. 즉

$$\int_{-\infty}^{\infty} |k_1g_1(x) + k_2g_2(x)|f_X(x)\,dx \le |k_1|\int_{-\infty}^{\infty} |g_1(x)|f_X(x)\,dx + |k_2|\int_{-\infty}^{\infty} |g_2(x)|f_X(x)\,dx < \infty$$

결과 식 (1.8.7)은 마찬가지로 적분의 선형성에 의해 성립한다. 이산형인 경우의 증명 역시 합의 선형성에 의해 성립한다.

이어지는 예제에서 이 정리를 설명한다.

예제 1.8.6 X의 pdf가 다음과 같다고 하자.

$$f(x) = \begin{cases} 2(1-x) & 0 < x < 1 \\ 0 & \text{그 외에} \end{cases}$$

그러면 다음 결과를 얻는다.

$$E(X) = \int_{-\infty}^{\infty} xf(x)\,dx = \int_0^1 (x)2(1-x)\,dx = \frac{1}{3}$$
$$E(X^2) = \int_{-\infty}^{\infty} x^2f(x)\,dx = \int_0^1 (x^2)2(1-x)\,dx = \frac{1}{6}$$

그리고 당연히

$$E(6X+3X^2)=6\left(\frac{1}{3}\right)+3\left(\frac{1}{6}\right)=\frac{5}{2}$$

예제 1.8.7 X의 pmf가 다음과 같다고 하자.

$$p(x)=\begin{cases} \frac{x}{6} & x=1,2,3 \\ 0 & \text{그 외에} \end{cases}$$

그러면 다음 결과를 얻는다.

$$\begin{aligned} E(6X^3+X) &= 6E(X^3)+E(X) \\ &= 6\sum_{x=1}^{3} x^3 p(x)+\sum_{x=1}^{3} xp(x)=\frac{301}{3} \end{aligned}$$

예제 1.8.8 길이가 5인 수평 직선을 무작위로 두 부분으로 나눈다고 하자. 왼쪽 부분의 길이를 X라고 하면 X의 pdf는 다음과 같다고 가정할 수 있다.

$$f(x)=\begin{cases} \frac{1}{5} & 0<x<5 \\ 0 & \text{그 외에} \end{cases}$$

X의 기댓값은 $E(X)=5/2$이고, 길이 $5-x$의 기댓값은 $E(5-x)=5/2$이다. 그러나 두 길이의 곱의 기댓값은 다음과 같다.

$$E[X(5-X)]=\int_0^5 x(5-x)(\tfrac{1}{5})\,dx=\tfrac{25}{6}\neq(\tfrac{5}{2})^2$$

일반적으로 곱의 기댓값은 기댓값의 곱과 같지 않다.

1.8.1 기대이득 추정을 위한 R 계산

다음 예제에서는 R 함수를 이용하여 간단한 게임의 기대이득을 추정한다.

예제 1.8.9 다음과 같은 게임을 생각해보자. 게임에 참가하기 위해 p_0을 지불한 다음 1부터 6까지의 숫자가 적힌 공정한 주사위를 굴려서 1 또는 2가 나오면 게임을 종료한다. 그렇지 않으면 공정한 동전을 던진다. 동전을 던져서 뒷면이 나오면 1달러를 받고 게임을 종료한다. 반대로 앞면이 나오면 52장의 카드 더미에서 비복원으로 2장의 카드를 뽑는다. 에이스가 나오지 않으면 2달러를 받고, 에이스가 1장 또는 2장이 나오면 각각 10달러, 50달러를 받는다. 두 경우 모두 게임이 종료된다. G는 참가자의 이득을 나타내고, 기대이득을 결정하려면 G의 분포가 필요하다. G의 받침은 집합 $\{-p_0, 1-p_0, 2-p_0, 10-p_0, 50-p_0\}$이다. 관련된 확률을 계산하기 위해서는 52장의 표준 카드 더미에서 비복원으로 2장을 뽑았을 때 나오는 에이스의 수인 X의 분포가 필요하다. 이것은 예제 1.6.2에서 다룬 초기하분포의 또 다른 예이다. 이러한 상황에서 X의 분포는 다음과 같이 구할 수 있다.

$$P(X = x) = \frac{\binom{4}{x}\binom{48}{2-x}}{\binom{52}{2}}, \quad x = 0, 1, 2$$

이 공식을 사용하여 X의 확률을 소수점 넷째 자리까지 계산하면, x가 0, 1, 2일 때 각각 0.8507, 0.1448, 0.0045이다. 이러한 확률과 독립성을 사용하여 G의 분포와 기댓값을 구할 수 있다. 연습문제 1.8.13을 참조하라. 한편 어떤 사람이 이러한 전문 지식을 가지고 있지 않다고 가정하자. 이 사람은 게임을 여러 번 관찰한 다음 관찰된 이득의 평균을 $E(G)$의 추정값으로 사용한다. 2장에서 게임이 반복되는 횟수가 증가함에 따라 이 추정값이 확률적으로 $E(G)$에 가깝다는 것을 보여줄 것이다. 이 추정값을 계산하기 위해 게임을 실행하고 이득을 반환하는 R 함수 `simplegame`을 사용한다. 이 함수는 저자 서문에 제시된 사이트에서 다운로드할 수 있다. 이 함수의 인수는 참가자가 게임을 하기 위해 지불하는 금액이다. 또한 이 함수의 세 번째 줄은 확률변수 X의 분포를 계산한다. 이산형 분포에서 추출하기 위해 예제 1.4.12에서 다루었던 R 함수 `sample`을 사용한다.

```
simplegame <- function(amtpaid){
       gain <- -amtpaid
       x <- 0:2; pace  <- (choose(4,x)*choose(48,2-x))/choose(52,2)
       x <- sample(1:6,1,prob=rep(1/6,6))
       if(x > 2){
            y <- sample(0:1,1,prob=rep(1/2,2))
            if(y==0){
                gain <- gain + 1
            } else {
                z <- sample(0:2,1,prob=pace)
                if(z==0){gain <- gain + 2}
                if(z==1){gain <- gain + 10}
                if(z==2){gain <- gain + 50}
             }
         }
         return(gain)
}
```

다음 R 코드는 10,000개의 게임 표본에 대한 평균이득을 구한다. 예를 들어 참가자가 지불하는 금액을 5달러로 설정한다.

```
amtpaid <- 5; numtimes <- 10000; gains <- c()
for(i in 1:numtimes){gains <- c(gains,simplegame(amtpaid))}
mean(gains)
```

이 코드를 실행했을 때 $E(G)$의 추정값으로 -3.5446을 얻었다. 연습문제 1.8.13은 $E(G) = -3.54$임을 보여준다.

연습문제

1.8.1 정리 1.8.1의 증명은 이산형인 경우에 대한 것이었다. 연속형인 경우의 증명은 해석학에서 좀 더 고급 수준의 결과가 필요하다. 그렇지만 함수 $g(x)$가 일대일 대응이라면 연속형인 경우에도 결과가 참임을 밝혀라.

힌트: 우선 $y = g(x)$가 순증가라고 가정하라. 그런 다음 적분 $\int_{x \in \mathcal{S}_X} g(x) f_X(x)\, dx$에 야코비안 dx/dy인 변수변환 기법을 이용하라.

1.8.2 예제 1.8.5의 확률변수 X를 고려하자. 예제에서처럼 $Y = 1/(1 + X)$이라고 하자. 예제에서는 정리 1.8.1을 사용하여 $E(Y)$를 구했다. Y의 pdf를 찾고 그것으로 $E(Y)$를 구하여 예제의 결과를 확인하라.

1.8.3 X의 pdf가 $-1 < x < 3$일 때 $f(x) = (x + 1)/8$, 그 외에 $f(x) = 0$이라고 하자. $E(X)$, $E(X^3 + 2)$, $E[X\,(X^2 + 3) + 2]$를 구하라.

1.8.4 이산형 확률변수 X의 pmf가 $x = 1, 2, 3, 4$일 때 $p(x) = 1/4$, 그 외에 $p(x) = 0$이라고 하자. $E(X)$, $E(X^2)$을 계산하라. 이 두 결과를 이용하고 $(X - 1)^2 = X^2 - 2X + 1$을 사용하여 $E[(X - 1)^2]$을 구하라.

1.8.5 집합 $\{11, 12, \cdots, 50\}$에서 무작위로 선택한 수를 X라고 하자. $E(1/X)$의 근삿값을 구하라.

힌트: $E(1/X)$을 제한하는 적분값을 구하여 타당한 상한과 하한을 구하라.

1.8.6 X의 pmf는 $x = -2, 0, 2$일 때 $p(x)$가 양이고 그 외에 $p(x) = 0$이라고 하자.

(a) $p(0) = 1/3$일 때 $E(X^2)$을 구하라.

(b) $p(0) = 1/3$이고 $E(X) = 2/3$일 때 $p(-2)$와 $p(2)$를 결정하라.

1.8.7 X의 pdf가 $0 < x < 1$일 때 $f(x) = 2x$, 그 외에 $f(x) = 0$이라고 하자. 두 변의 길이가 X와 $(1 - X)$인 직사각형의 넓이의 기댓값을 결정하라.

1.8.8 상자에 8개의 칩이 들어 있는데, 그중 6개에는 각각 '2달러'가 표시되어 있고 나머지 2개에는 각각 '5달러'가 표시되어 있다. 어떤 사람이 비복원으로 상자에서 무작위로 4개의 칩을 선택한다고 하자. 이 사람이 선택한 칩에 표시된 금액의 합을 받는다고 할 때 기댓값을 구하라.

1.8.9 X의 pdf가 $0 < x < 1$일 때 $f(x) = 3x^2$, 그 외에 $f(x) = 0$이라고 하자.

(a) $E(1/X)$을 계산하라.

(b) 누적분포함수와 $Y = 1/X$의 pdf를 구하라.

(c) $E(Y)$를 계산하고 이 결과를 (a)의 답과 비교하라.

1.8.10 1부터 6까지의 정수에서 비복원으로 2개를 무작위로 선택한다고 하자. 두 정수 차의 절댓값의 기댓값을 계산하라.

1.8.11 X가 다음과 같은 pdf를 가진 코시 분포를 따른다고 하자.

$$f(x) = \frac{1}{\pi}\frac{1}{x^2+1}, \quad -\infty < x < \infty \tag{1.8.8}$$

이때 X의 분포는 0에서 대칭이다(왜 그런가?). 왜 $E(X) = 0$이 아닌가?

1.8.12 X의 pdf가 $0 < x < 2$일 때 $f(x) = x/2$, 그 외에 $f(x) = 0$이라고 하자.

(a) $E(X^2)$을 계산하라.

(b) $Y = X^2$이 균등분포 (0, 4)를 갖는다는 것을 밝혀라.

(c) $E(Y)$를 계산하고 이 결과를 (a)의 답과 비교하라.

1.8.13 예제 1.8.9에서 다룬 확률과 독립성을 사용하여, 참가자가 게임을 하기 위해 p_0 달러를 지불할 때 얻는 이득인 확률변수 G의 분포를 구하라. 만약 참가자가 5달러를 지불하면 $E(G) = -3.54$달러임을 밝혀라.

1.8.14 그릇에 5개의 칩이 들어 있고 촉각만으로는 구별할 수 없다고 하자. 그중 3개에는 각각 1달러가 표시되어 있고 나머지 2개에는 각각 4달러가 표시되어 있다. 참가자는 눈가리개를 하고 비복원으로 그릇에서 2개의 칩을 무작위로 선택한다. 참가자는 선택한 칩에 표시된 값을 합한 금액을 지급받고 게임이 종료된다. 게임을 하기 위해 p_0 달러를 지불한다고 가정하자. 확률변수 G가 게임 참가자의 이득일 때 G의 분포와 $E(G)$를 구하라. 게임이 공정하도록 p_0을 정하라. R 코드 `sample(c(1,1,1,4,4),2)`는 이 게임의 표본을 구한다. 이 코드를 게임을 시뮬레이션하는 R 함수로 확장하라.

1.9 특수한 기댓값

어떤 수학적 기댓값이 존재하면 그것을 나타내는 특수한 용어와 기호가 있다. 첫 번째로, pmf $p(x)$를 가진 이산형 확률변수를 X라고 하자. 이때

$$E(X) = \sum_x xp(x)$$

X의 받침이 $\{a_1, a_2, a_3, \cdots\}$이라면

$$E(X) = a_1p(a_1) + a_2p(a_2) + a_3p(a_3) + \cdots$$

이 곱의 합은 각 a_i와 관련된 '가중치(weight)'가 $p(a_i)$인 값 $a_1, a_2, a_3, \cdots$의 '가중평균(weighted average)'임을 알 수 있다. 이것은 $E(X)$가 X 값의 산술평균값 또는 간단히 X의 **평균**(mean value)(또는 분포의 평균)임을 의미한다.

정의 1.9.1 [평균]

기댓값이 존재하는 확률변수를 X라고 하자. X의 **평균** μ는 $\mu = E(X)$로 정의된다.

평균은 확률변수의 (0에 대한) 1차 적률이다. 또 다른 특수한 기댓값은 2차 적률을 포함한다. X가 받침 $\{a_1, a_2, \cdots\}$와 pmf $p(x)$를 가진 이산형 확률변수라면

$$\begin{aligned} E[(X-\mu)^2] &= \sum_x (x-\mu)^2 p(x) \\ &= (a_1-\mu)^2 p(a_1) + (a_2-\mu)^2 p(a_2) + \cdots \end{aligned}$$

곱의 합은 숫자 $a_1, a_2, \cdots$와 이 숫자들의 평균 μ와의 편차제곱의 '가중평균'으로 설명할 수 있다. 여기서 각각의 $(a_i-\mu)^2$에 대한 '가중치'는 $p(a_i)$이다. 이것은 또한 X의 μ에 대한 2차 적률이라고 생각할 수 있다. 이는 모든 형태의 확률변수에 대해 중요한 기댓값이며, 일반적으로 X의 **분산**(variance)이라고 한다.

정의 1.9.2 [분산]

X가 유한 평균 μ를 가지며 $E[(X-\mu)^2]$이 유한인 확률변수라고 하자. X의 **분산**은 $E[(X-\mu)^2]$으로 정의된다. 이것은 일반적으로 σ^2 또는 $Var(X)$로 나타낸다.

$Var(X)$가 다음과 같음을 관측하는 것은 유용하다.

$$\sigma^2 = E[(X-\mu)^2] = E(X^2 - 2\mu X + \mu^2)$$

그리고 E는 선형연산자이므로 다음 결과가 뒤따른다.

$$\begin{aligned} \sigma^2 &= E(X^2) - 2\mu E(X) + \mu^2 \\ &= E(X^2) - 2\mu^2 + \mu^2 \\ &= E(X^2) - \mu^2 \end{aligned}$$

이것은 X의 분산을 쉽게 계산하는 방법을 제공하기도 한다.

관용적으로 σ(분산의 양의 제곱근)를 X의 **표준편차**(standard deviation)(또는 분포의 표준편차)라고 한다. 종종 숫자 σ를 공간상의 점들이 평균 μ 주변에 흩어진 정도를 측정한 것으로 해석한다. 만약 공간이 $p(k) > 0$인 k에서 점 하나만 포함한다면 $p(k) = 1$, $\mu = k$, $\sigma = 0$이다.

분산이 선형연산자는 아니지만 다음 결과를 만족한다.

정리 1.9.1

X가 유한한 평균 μ와 분산 σ^2을 가진 확률변수라면 모든 상수 a와 b에 대해 다음이 성립한다.

$$Var(aX+b) = a^2\, Var(X) \tag{1.9.1}$$

증명: E는 선형연산자이므로 $E(aX+b) = a\mu + b$이다. 따라서 정의에 의해 다음 결과를 얻을 수 있다.

$$\begin{aligned} Var(aX+b) &= E\left\{[(aX+b)-(a\mu+b)]^2\right\} \\ &= E\left\{a^2[X-\mu]^2\right\} = a^2 Var(X) \end{aligned}$$

이 정리를 기반으로 표준편차의 경우 $\sigma_{aX+b} = |a|\sigma_X$이다. 다음 예제는 이를 보여준다.

예제 1.9.1 확률변수 X는 $-a < x < a$이면 pdf $f_X(x) = 1/2a$이고 그 외에 $f_X(x) = 0$인 식 (1.7.4)의 균등분포를 가진다고 가정하자. 그러면 X의 평균과 분산은 다음과 같다.

$$\begin{aligned} \mu &= \int_{-a}^{a} x\frac{1}{2a}\,dx = \frac{1}{2a}\left.\frac{x^2}{2}\right|_{-a}^{a} = 0 \\ \sigma^2 &= \int_{-a}^{a} x^2 = \frac{1}{2a}\left.\frac{x^3}{3}\right|_{-a}^{a} = \frac{a^2}{3} \end{aligned}$$

또한 $\sigma_X = a/\sqrt{3}$는 X의 표준편차이다. $Y = 2X$의 변환을 고려하라. 역변환은 $x = y/2$이고 $dx/dy = 1/2$이기 때문에, 정리 1.7.1로부터 Y의 pdf는 $-2a < y < 2a$이면 $f_Y(y) = 1/4a$이고 그 외에 $f_Y(y) = 0$이다. 그러면 위의 논의로부터 $\sigma_Y = 2a/\sqrt{3}$이다. 따라서 Y의 표준편차는 X의 표준편차의 2배이고, 이는 Y에 대한 확률이 X에 대한 확률보다 (평균 0과 관련하여) 2배만큼 분산되어 있다는 사실을 반영한다.

예제 1.9.2 X의 pdf가 다음과 같다면

$$f(x) = \begin{cases} \frac{1}{2}(x+1) & -1 < x < 1 \\ 0 & \text{그 외에} \end{cases}$$

X의 평균은

$$\mu = \int_{-\infty}^{\infty} xf(x)\,dx = \int_{-1}^{1} x\frac{x+1}{2}\,dx = \frac{1}{3}$$

그리고 X의 분산은

$$\sigma^2 = \int_{-\infty}^{\infty} x^2 f(x)\,dx - \mu^2 = \int_{-1}^{1} x^2 \frac{x+1}{2}\,dx - \left(\frac{1}{3}\right)^2 = \frac{2}{9}$$

예제 1.9.3 X의 pdf가 다음과 같다면 X의 평균값이 존재하지 않는다.

$$f(x) = \begin{cases} \frac{1}{x^2} & 1 < x < \infty \\ 0 & \text{그 외에} \end{cases}$$

평균값이 존재하지 않는 이유는 다음과 같이 적분값이 존재하지 않기 때문이다.

$$\int_1^{\infty} |x| \frac{1}{x^2}\,dx = \lim_{b\to\infty} \int_1^b \frac{1}{x}\,dx = \lim_{b\to\infty} (\log b - \log 1) = \infty$$

다음으로 세 번째 특수한 기댓값을 정의한다.

정의 1.9.3 [적률생성함수]

어떤 $h > 0$에 대해 $-h < t < h$일 때 e^{tX}의 기댓값이 존재하는 확률변수를 X라고 하자. X의 **적률생성함수**(moment generating function)는 $-h < t < h$에 대해 함수 $M(t) = E(e^{tX})$로 정의된다. 확률변수의 적률생성함수를 약어 **mgf**로도 나타낸다.

실제로 필요한 모든 것은 mgf가 열린 0 근방에서 존재한다는 것이다. 그러한 구간은 물론 어떤 $h > 0$에 대해 $(-h, h)$ 형태의 구간을 포함한다. 또한 $t = 0$이면 $M(0) = 1$인 것은 분명하다. 그러나 mgf가 존재하기 위해서는 그것이 0을 포함하는 개구간에서 존재해야 한다. 예제에서와 같이 모든 분포가 mgf를 갖는 것은 아니다.

예제 1.9.4 숫자 1, 2, 3이 적힌 공정한 돌림판이 있으며 3이 나올 때까지 돌림판을 돌린 횟수를 X라고 하자. 돌림판의 회전이 독립이라고 가정할 때 X의 pmf는 다음과 같이 주어진다.

$$p(x) = \frac{1}{3}\left(\frac{2}{3}\right)^{x-1}, \quad x = 1, 2, 3, \ldots$$

이때 기하급수를 이용하여 X의 mgf는 다음과 같이 $e^t(2/3) < 1$, 즉 $t < \log(3/2)$의 조건하에서 주어진다.

$$M(t) = E(e^{tX}) = \sum_{x=1}^{\infty} e^{tx} \frac{1}{3}\left(\frac{2}{3}\right)^{x-1} = \frac{1}{3}e^t \sum_{x=1}^{\infty}\left(e^t \frac{2}{3}\right)^{x-1} = \frac{1}{3}e^t\left(1 - e^t\frac{2}{3}\right)^{-1}$$

이 t에 대한 조건은 0을 포함하는 개구간이므로 X의 mgf가 존재하고 이는 위의 유도식 마지막 줄에 주어졌다.

만약 여러 개의 확률변수를 다룬다면 X의 mgf를 나타내기 위해 M에 첨자를 붙여 M_X로 표현하는 것이 유용하다.

X와 Y가 mgf를 가진 확률변수라고 하자. 만약 X와 Y가 동일한 분포를 갖는다면, 즉 모든 z에 대해 $F_X(z) = F_Y(z)$이면 당연히 0 근방에서 $M_X(t) = M_Y(t)$이다. 그런데 mgf의 가장 중요한 성질 중 하나는 이것의 역도 참이라는 것이다. 즉 mgf가 분포를 유일하게 정의한다. 이것을 다음 정리로 제시한다. 이 역에 대한 증명은 이 책의 범위를 벗어나므로 좀 더 많은 정보를 얻으려면 Chung(1974)을 참조하라. 여기서는 이산형인 경우에 대해 증명하겠다.

정리 1.9.2

0을 포함하는 개구간에 존재하는 적률생성함수 M_X와 M_Y를 가진 확률변수를 X, Y라고 하자. 임의의 $h > 0$에 대해 $t \in (-h, h)$일 때 $M_X(t) = M_Y(t)$인 경우에 한하여 모든 $z \in R$에 대해 $F_X(z) = F_Y(z)$이다.

이 정리가 중요하므로 이러한 주장을 그럴듯하도록 만드는 것이 바람직해 보인다. 확률변수가 이산형인 경우에는 이렇게 할 수 있다. 예를 들어 이산형인 확률변수 X의 mgf가 모든 실숫값 t에 대해 다음과 같이 주어졌다고 하자.

$$M(t) = \frac{1}{10}e^t + \frac{2}{10}e^{2t} + \frac{3}{10}e^{3t} + \frac{4}{10}e^{4t}$$

만약 $p(x)$가 받침 $\{a_1, a_2, a_3, \cdots\}$을 가진 X의 pmf라면

$$M(t) = \sum_x e^{tx}p(x)$$

그러므로

$$\frac{1}{10}e^t + \frac{2}{10}e^{2t} + \frac{3}{10}e^{3t} + \frac{4}{10}e^{4t} = p(a_1)e^{a_1 t} + p(a_2)e^{a_2 t} + \cdots$$

이것은 t의 모든 실숫값에 대해 항등식이므로 우변은 4개의 항으로 이루어져야 하고, 4개의 각 항은 좌변에 있는 각각의 항 하나와 같아야 한다. 따라서 $a_1 = 1$, $p(a_1) = 1/10$; $a_2 = 2$, $p(a_2) = 2/10$; $a_3 = 3$, $p(a_3) = 3/10$; $a_4 = 4$, $p(a_4) = 4/10$라고 할 수 있다. 또는 더 간단하게 X의 pmf를 다음과 같이 나타낼 수 있다.

$$p(x) = \begin{cases} \frac{x}{10} & x = 1, 2, 3, 4 \\ 0 & \text{그 외에} \end{cases}$$

한편 X를 연속형 확률변수라고 하자. X의 mgf가 다음과 같다고 하자.

$$M(t) = \frac{1}{1-t}, \quad t < 1$$

즉

$$\frac{1}{1-t} = \int_{-\infty}^{\infty} e^{tx} f(x)\, dx, \quad t < 1$$

$f(x)$가 어떻게 구해지는지는 분명하지 않다. 그러나 다음 pdf를 가진 분포가 mgf $M(t) = (1 - t)^{-1}(t < 1)$임을 쉽게 알 수 있다.

$$f(x) = \begin{cases} e^{-x} & 0 < x < \infty \\ 0 & \text{그 외에} \end{cases}$$

따라서 확률변수 X는 mgf의 유일성에 근거하여 이 pdf를 가진 분포를 따른다.

mgf $M(t)$를 가진 분포는 $M(t)$에 의해 완전히 결정되므로 $M(t)$로부터 직접 분포의 몇 가지 성질을 구할 수 있는 것은 놀랄 만한 일이 아니다. 예를 들어 $-h < t < h$일 때 $M(t)$가 존재함은 모든 차수의 도함수가 $t = 0$에서 존재함을 의미한다. 또한 해석학의 한 정리에 의해 미분과 적분(또는 이산형인 경우 합)의 상호 교환이 가능하다. 즉 X가 연속형이면

$$\begin{aligned} M'(t) = \frac{dM(t)}{dt} &= \frac{d}{dt}\int_{-\infty}^{\infty} e^{tx} f(x)\, dx \\ &= \int_{-\infty}^{\infty} \frac{d}{dt} e^{tx} f(x)\, dx = \int_{-\infty}^{\infty} x e^{tx} f(x)\, dx \end{aligned}$$

마찬가지로 X가 이산형 확률변수이면

$$M'(t) = \frac{dM(t)}{dt} = \sum_x x e^{tx} p(x)$$

$t = 0$이라면 두 경우 모두 다음과 같다.

$$M'(0) = E(X) = \mu$$

$M(t)$의 2차 도함수는

$$M''(t) = \int_{-\infty}^{\infty} x^2 e^{tx} f(x)\, dx \quad \text{또는} \quad \sum_x x^2 e^{tx} p(x)$$

그러므로 $M''(0) = E(X^2)$이다. 따라서 $Var(X)$는

$$\sigma^2 = E(X^2) - \mu^2 = M''(0) - [M'(0)]^2$$

예를 들어 $M(t) = (1 - t)^{-1}(t < 1)$이면 위에서 설명한 것처럼

$$M'(t) = (1-t)^{-2}, \quad M''(t) = 2(1-t)^{-3}$$

따라서

$$\mu = M'(0) = 1$$
$$\sigma^2 = M''(0) - \mu^2 = 2 - 1 = 1$$

물론 pdf로부터 μ와 σ^2을 각각 다음에 의해 계산할 수도 있다.

$$\mu = \int_{-\infty}^{\infty} xf(x)\,dx$$
$$\sigma^2 = \int_{-\infty}^{\infty} x^2 f(x)\,dx - \mu^2$$

간혹 이 방법이 위의 방법보다 쉬운 경우도 있다.

일반적으로 m이 양수이고 $M^{(m)}(t)$가 $M(t)$의 m차 도함수이면 t에 대해 반복하여 미분함으로써 다음과 같이 된다.

$$M^{(m)}(0) = E(X^m)$$

이제

$$E(X^m) = \int_{-\infty}^{\infty} x^m f(x)\,dx \quad \text{또는} \quad \sum_x x^m p(x)$$

이와 같은 종류의 적분(또는 총합)은 역학에서 적률(moment)이라고 한다. $M(t)$는 $E(X^m)(m = 1, 2, 3, \cdots)$의 값을 생성하기 때문에 적률생성함수라고 한다. 간혹 $E(X^m)$을 분포의 **m차 적률**(mth moment) 또는 X의 m차 적률이라고 한다.

다음 두 예제에서는 mgf를 갖지 않는 확률변수의 분포를 다룬다.

예제 1.9.5 다음 급수가

$$\frac{1}{1^2} + \frac{1}{2^2} + \frac{1}{3^2} + \cdots$$

$\pi^2/6$으로 수렴한다면 다음은 이산형 확률변수 X의 pmf이다.

$$p(x) = \begin{cases} \frac{6}{\pi^2 x^2} & x = 1, 2, 3, \ldots \\ 0 & \text{그 외에} \end{cases}$$

이 분포의 mgf가 존재한다면 다음과 같이 주어진다.

$$M(t) = E(e^{tX}) = \sum_x e^{tx} p(x) = \sum_{x=1}^{\infty} \frac{6e^{tx}}{\pi^2 x^2}$$

미적분학[7]의 비율 검정(ratio test)을 사용하면 $t > 0$일 때 이 급수가 발산함을 증명할 수 있다. 따라서 $-h < t < h$일 때 $M(t)$가 존재하는 양수 h는 없다. 그러므로 이 예제의 pmf $p(x)$를 가진 분포는 mgf를 갖지 않는다.

예제 1.9.6 다음과 같은 pdf를 가진 연속형 확률변수를 X라고 하자.

$$f(x) = \frac{1}{\pi}\frac{1}{x^2+1}, \quad -\infty < x < \infty \tag{1.9.2}$$

이는 물론 연습문제 1.7.24에서 소개한 코시 분포의 pdf이다. $t > 0$이 주어졌다고 하자. 만약 $x > 0$이면 평균값 정리에 의해 그리고 $0 < \xi_0 < tx$에 대해 다음과 같이 된다.

$$\frac{e^{tx}-1}{tx} = e^{\xi_0} \geq 1$$

따라서 $e^{tx} \geq 1 + tx \geq tx$가 되고 이는 다음 유도식의 두 번째 부등호를 성립시킨다.

$$\begin{aligned}\int_{-\infty}^{\infty} e^{tx}\frac{1}{\pi}\frac{1}{x^2+1}\,dx &\geq \int_0^{\infty} e^{tx}\frac{1}{\pi}\frac{1}{x^2+1}\,dx \\ &\geq \int_0^{\infty}\frac{1}{\pi}\frac{tx}{x^2+1}\,dx = \infty\end{aligned}$$

t의 값은 임의적이므로 이 적분식은 0을 포함하는 개구간에서 존재하지 않는다. 그러므로 코시 분포의 mgf는 존재하지 않는다.

예제 1.9.7 X가 $-\infty < t < \infty$일 때 mgf $M(t) = e^{t^2/2}$을 갖는다고 하자. 3장에서 설명하듯이 이는 표준정규분포의 mgf이다. $M(t)$를 여러 번 미분하여 X의 적률을 구할 수 있다. 그러나 다른 방법을 생각하는 것이 유익하다. 함수 $M(t)$를 다음의 매클로린 급수(Maclaurin's series)[8]로 나타낸다.

$$\begin{aligned}e^{t^2/2} &= 1 + \frac{1}{1!}\left(\frac{t^2}{2}\right) + \frac{1}{2!}\left(\frac{t^2}{2}\right)^2 + \cdots + \frac{1}{k!}\left(\frac{t^2}{2}\right)^k + \cdots \\ &= 1 + \frac{1}{2!}t^2 + \frac{(3)(1)}{4!}t^4 + \cdots + \frac{(2k-1)\cdots(3)(1)}{(2k)!}t^{2k} + \cdots\end{aligned}$$

그런데 일반적으로 미적분학에서 $M(t)$에 관한 매클로린 급수는 다음과 같다.

$$M(t) = M(0) + \frac{M'(0)}{1!}t + \frac{M''(0)}{2!}t^2 + \cdots + \frac{M^{(m)}(0)}{m!}t^m + \cdots$$

---

7 예를 들어 〈수학 주석〉의 2장을 참조하라.

8 〈수학 주석〉의 2장을 참조하라.

$$= 1 + \frac{E(X)}{1!}t + \frac{E(X^2)}{2!}t^2 + \cdots + \frac{E(X^m)}{m!}t^m + \cdots$$

따라서 $M(t)$의 매클로린 급수에서 $(t^m/m!)$의 계수는 $E(X^m)$이다. 그러므로 위의 특수한 $M(t)$에 대해

$$E(X^{2k}) = (2k-1)(2k-3)\cdots(3)(1) = \frac{(2k)!}{2^k k!}, \quad k = 1, 2, 3, \ldots \tag{1.9.3}$$

$$E(X^{2k-1}) = 0, \quad k = 1, 2, 3, \ldots. \tag{1.9.4}$$

이 결과를 3.4절에서 이용할 것이다.

참고 1.9.1

예제 1.9.5와 1.9.6에서 보았듯이 분포가 mgf를 갖지 않을 수도 있다. 고급 과정에서는 i를 허수단위(imaginary unit)로 표시하고 t를 임의의 실수로 표시하는 $\varphi(t) = E(e^{itX})$를 정의할 것이다. 이 기댓값은 모든 분포에 대해 존재하는데 이것을 분포의 **특성함수**(characteristic function)라고 한다. $\varphi(t)$가 모든 실수 t에 대해 존재하는 이유를 알아보기 위해 연속형인 경우 그 절댓값이 다음과 같음에 유의하자.

$$|\varphi(t)| = \left| \int_{-\infty}^{\infty} e^{itx} f(x)\, dx \right| \le \int_{-\infty}^{\infty} |e^{itx} f(x)|\, dx$$

그러나 $f(x)$가 음이 아니므로 $|f(x)| = f(x)$이고

$$|e^{itx}| = |\cos tx + i \sin tx| = \sqrt{\cos^2 tx + \sin^2 tx} = 1$$

따라서

$$|\varphi(t)| \le \int_{-\infty}^{\infty} f(x)\, dx = 1$$

그러므로 $\varphi(t)$에 대한 적분은 t의 모든 실숫값에 대해 존재한다. 이산형일 때는 총합이 적분을 대신한다. 예제 1.9.6의 경우 코시 분포의 특성함수는 $\varphi(t) = \exp\{-|t|\}(-\infty < t < \infty)$로 주어진다.

모든 분포는 유일한 특성함수를 가지며 각 특성함수에는 유일한 확률분포가 대응된다. X가 특성함수 $\varphi(t)$를 가진 분포라면, 예를 들어 $E(X)$와 $E(X^2)$이 존재하면 이는 각각 $iE(X) = \varphi'(0)$, $i^2E(X^2) = \varphi''(0)$으로 주어진다. 복소수 함수에 익숙한 독자는 $\varphi(t) = M(it)$라고 쓸 것이며, 이 책 전반에 걸쳐 완전한 일반성으로 어떤 정리를 증명할 수 있다.

라플라스(Laplace) 변환과 푸리에(Fourier) 변환을 공부한 사람은 이러한 변환과 $M(t)$, $\varphi(t)$ 사이의 유사성을 알 수 있을 것이다. 이러한 변환의 유일성에 의해 각 적률생성함수와 특성함수의 유일성을 주장할 수 있다.

연습문제

1.9.1 다음 각 분포의 평균과 분산이 존재한다면 구하라.

(a) $x = 0, 1, 2, 3$일 때 $p(x) = \frac{3!}{x!(3-x)!}(\frac{1}{2})^3$, 그 외에 $p(x) = 0$

(b) $0 < x < 1$일 때 $f(x) = 6x(1-x)$, 그 외에 $f(x) = 0$

(c) $1 < x < \infty$일 때 $f(x) = 2/x^3$, 그 외에 $f(x) = 0$

1.9.2 확률변수 X의 pmf가 $x = 0, 1, 2, \cdots$일 때 $p(x) = \left(\frac{2}{3}\right)\left(\frac{1}{3}\right)^x$, 그 외에 $p(x) = 0$이라고 하자. X의 mgf, 평균, 분산을 구하라.

1.9.3 다음 각 분포에 대해 $P(\mu - \frac{3}{2}\sigma < X < \mu + \frac{3}{2}\sigma)$를 구하라.

(a) $-1 < x < 1$일 때 $f(x) = \frac{3}{4}(1-x^2)$, 그 외에 $f(x) = 0$

(b) $x = 0, 1, 2, \cdots$일 때 $p(x) = \left(\frac{2}{3}\right)\left(\frac{1}{3}\right)^x$, 그 외에 $p(x) = 0$

1.9.4 확률변수 X의 분산이 존재할 때 다음을 밝혀라.

$$E(X^2) \geq [E(X)]^2$$

1.9.5 연속형 확률변수 X가 pdf $f(x)$를 가지며, pdf의 그래프는 $x = c$에 대해 대칭이라고 하자. X의 평균이 존재한다면 $E(X) = c$임을 밝혀라.

힌트: $E(X - c)$를 2개의 적분, 즉 하나는 $-\infty$에서 c까지, 또 하나는 c에서 ∞까지인 적분의 합으로 나타내면 $E(X - c)$는 0과 같음을 밝혀라. 먼저 $y = c - x$로 놓고, 다음에 $z = x - c$로 놓아라. 마지막으로 첫 번째 식에 대칭 조건 $f(c - y) = f(c + y)$를 사용하라.

1.9.6 확률변수 X가 평균 μ, 표준편차 σ, $-h < t < h$일 때 mgf $M(t)$를 갖는 경우 다음을 밝혀라.

$$E\left(\frac{X-\mu}{\sigma}\right) = 0, \quad E\left[\left(\frac{X-\mu}{\sigma}\right)^2\right] = 1$$

$$E\left\{\exp\left[t\left(\frac{X-\mu}{\sigma}\right)\right]\right\} = e^{-\mu t/\sigma}M\left(\frac{t}{\sigma}\right), \quad -h\sigma < t < h\sigma$$

1.9.7 $-1 < x < 3$일 때 pdf $f(x) = 1/4$, 그 외에 $f(x) = 0$을 가진 확률변수 X의 mgf가 다음과 같음을 밝혀라.

$$M(t) = \begin{cases} \frac{e^{3t}-e^{-t}}{4t}, & t \neq 0 \\ 1, & t = 0 \end{cases}$$

1.9.8 X는 확률변수이고 $E[(X - b)^2]$이 모든 실수 b에 대해 존재한다고 하자. $E[(X - b)^2]$은 $b = E(X)$일 때 최소임을 밝혀라.

1.9.9 pdf가 $f(x)$인 연속형 확률변수를 X라고 하자. 만약 m이 X의 분포에 대한 유일한 중앙값이고, b가 실수형 상수이며, 모든 기댓값이 존재할 때 다음을 밝혀라.

$$E(|X-b|) = E(|X-m|) + 2\int_m^b (b-x)f(x)\,dx$$

어떤 b 값에 대해 $E(|X-b|)$가 최솟값이 되는가?

1.9.10 $E[(X-a)^2]$이 존재하는 확률변수를 X라고 하자. 이 기댓값이 0이 되는 이산형 확률분포의 예를 들라. 이와 같은 분포를 **퇴화분포**(degenerate distribution)라고 한다.

1.9.11 점 $t=1$을 포함하는 어떤 개구간에 있는 모든 실숫값 t에 대해 $K(t)=E(t^X)$가 존재하는 확률변수를 X라고 하자. $K^{(m)}(1)$이 m차 **계승 적률**(factorial moment) $E[X(X-1)\cdots(X-m+1)]$과 같음을 밝혀라.

1.9.12 X를 확률변수라고 하자. m이 양의 정수이면 기댓값 $E[(X-b)^m]$이 존재하는 경우 이것을 점 b에 대한 분포의 m차 적률이라고 한다. 점 7에 관한 분포의 1차, 2차, 3차 적률이 각각 3, 11, 15일 때 X의 평균 μ를 결정한 다음 점 μ에 관한 분포의 1차, 2차, 3차 적률을 구하라.

1.9.13 X가 확률변수이고, $-h<t<h$에 대해 $R(t)=E(e^{t(X-b)})$가 존재한다고 하자. m이 양의 정수이면 $R^{(m)}(0)$은 점 b에 관한 분포의 m차 적률과 같음을 밝혀라.

1.9.14 X가 평균 μ, 분산 σ^2인 확률변수이고, μ를 지나는 수직선에 관한 3차 적률 $E[(X-\mu)^3]$이 존재한다고 하자. 비 $E[(X-\mu)^3]/\sigma^3$의 값을 간혹 **비대칭도**(skewness)의 측도로 사용한다. 다음 각 pdf의 그래프를 그리고, 이 측도가 각 분포에 대해 음, 0, 양(각각 왼쪽으로 비대칭, 비대칭이 아님, 오른쪽으로 비대칭이라고 한다)임을 밝혀라.

(a) $-1<x<1$일 때 $f(x)=(x+1)/2$, 그 외에 $f(x)=0$

(b) $-1<x<1$일 때 $f(x)=1/2$, 그 외에 $f(x)=0$

(c) $-1<x<1$일 때 $f(x)=(1-x)/2$, 그 외에 $f(x)=0$

1.9.15 X가 평균 μ, 분산 σ^2인 확률변수이고, μ를 지나는 수직선에 관한 4차 적률 $E[(X-\mu)^4]$이 존재한다고 하자. 비 $E[(X-\mu)^4]/\sigma^4$의 값을 간혹 **첨도**(kurtosis)의 측도로 사용한다. 다음 각 pdf의 그래프를 그리고, 이 측도가 첫 번째 분포에서 더욱 작다는 것을 밝혀라.

(a) $-1<x<1$일 때 $f(x)=1/2$, 그 외에 $f(x)=0$

(b) $-1<x<1$일 때 $f(x)=3(1-x^2)/4$, 그 외에 $f(x)=0$

1.9.16 확률변수 X의 pmf가 다음과 같다고 하자.

$$p(x) = \begin{cases} p/2, & x = -1, 1 \\ 1-p, & x = 0 \\ 0, & \text{그 외에} \end{cases}$$

여기서 $0 < p < 1$이다. p의 함수로 첨도의 측도를 구하라. $p = 3/4$, $p = 1/2$, $p = 1/8$, $p = 1/40$일 때 이 값을 결정하라. 첨도는 p가 감소할 때 증가함에 유의하라.

1.9.17 $\psi(t) = \log M(t)$라고 하자. 단, $M(t)$는 분포의 mgf이다. $\psi'(0) = \mu$이고 $\psi''(0) = \sigma^2$임을 증명하라. 함수 $\psi(t)$를 **누율생성함수**(cumulant generating function)라고 한다.

1.9.18 cdf $F(x)$가 다음과 같은 분포의 평균과 분산을 구하라.

$$F(x) = \begin{cases} 0, & x < 0 \\ \frac{x}{4}, & 0 \le x < 2 \\ \frac{8+x^2}{24}, & 2 \le x < 4 \\ 1, & 4 \le x \end{cases}$$

1.9.19 mgf $M(t) = (1-t)^{-4}(t < 1)$을 가진 분포의 적률을 구하라.

힌트: $M(t)$에 대한 매클로린 급수를 구하라.

1.9.20 pdf가 다음과 같으면 X가 **라플라스**(Laplace) 분포를 갖는다고 일컫는다.

$$f(t) = \frac{1}{2}e^{-|t|}, \quad -\infty < t < \infty \tag{1.9.5}$$

(a) $|t| < 1$에 대해 X의 mgf가 $M(t) = (1-t^2)^{-1}$임을 밝혀라.

(b) $M(t)$를 매클로린 급수로 확장하고, 이를 사용하여 X의 모든 적률을 구하라.

1.9.21 연속형 확률변수 X의 pdf가 $0 < x < b < \infty$일 때 양의 값이고 그 외에 $f(x) = 0$이라고 하자. $F(x)$가 X의 cdf일 때 다음을 밝혀라.

$$E(X) = \int_0^b [1 - F(x)]\,dx$$

1.9.22 X가 이산형 확률변수이며, pmf $p(x)$는 음이 아닌 정수일 때 양의 값이고 그 외에 $p(x) = 0$이라고 하자. $F(x)$가 X의 cdf일 때 다음을 밝혀라.

$$E(X) = \sum_{x=0}^{\infty}[1 - F(x)]$$

1.9.23 X의 pmf가 $x = 1, 2, \cdots, k$일 때 $p(x) = 1/k$, 그 외에 $p(x) = 0$이라고 하자. mgf가 다음과 같음을 밝혀라.

$$M(t) = \begin{cases} \frac{e^t(1-e^{kt})}{k(1-e^t)} & t \neq 0 \\ 1 & t = 0 \end{cases}$$

1.9.24 X가 연속형과 이산형의 혼합인 분포함수 $F(x)$를 갖는다고 하자. 즉

$$F(x) = \begin{cases} 0, & x < 0 \\ \frac{2x+1}{7}, & 0 \le x < 2 \\ 1, & 2 \le x \end{cases}$$

$\mu = E(X)$와 $\sigma^2 = Var(X)$의 정의를 내리고 각각의 값을 구하라.

힌트: 이산형과 연속형 각각으로 구성되어 있는 pmf와 pdf의 부분을 결정한 후 이산형에 대해서는 합을 구하고 연속형에 대해서는 적분하라.

1.9.25 pdf $f_i(x)$, 평균 μ_i, 분산 $\sigma_i^2(i = 1, 2, \cdots, k)$의 특성을 가진 k개의 연속형 분포를 생각해보자. 만약 $c_i \ge 0(i = 1, 2, \cdots, k)$이고 $c_1 + c_2 + \cdots + c_k = 1$이면 pdf $c_1 f_1(x) + \cdots + c_k f_k(x)$인 분포의 평균과 분산이 각각 $\mu = \sum_{i=1}^{k} c_i\mu_i$, $\sigma^2 = \sum_{i=1}^{k} c_i[\sigma_i{}^2 + (\mu_i - \mu)^2]$임을 밝혀라.

1.9.26 X가 pdf $f(x)$와 mgf $M(t)$를 가진 확률변수이고 f가 0에 대해 대칭[즉 $f(x) = f(-x)$]라고 하자. $M(-t) = M(t)$임을 밝혀라.

1.9.27 X가 $0 < x < \infty$일 때 $f(x) = \beta^{-1} \exp\{-x/\beta\}$, 그 외에 $f(x) = 0$인 지수 pdf를 갖는다고 하자. X의 mgf, 평균, 분산을 구하라.

1.10 중요한 부등식

이 절에서는 기댓값과 관련된 유명한 부등식 3개를 제시한다. 이러한 부등식은 이 책의 뒷부분에서 이용할 것이다. 유용한 결과부터 살펴보자.

정리 1.10.1

X는 확률변수이고 m은 양의 정수이며, $E[X^m]$이 존재한다고 하자. 만약 k가 양의 정수이고 $k \le m$이면 $E[X^k]$가 존재한다.

증명: 연속형인 경우에 대해 증명하겠다. 그러나 적분을 합으로 바꾸면 이산형인 경우도 비슷하게 증명할 수 있다. $f(x)$를 X의 pdf라고 하면 다음과 같으며 이는 원하는 결과이다.

$$\begin{aligned} \int_{-\infty}^{\infty} |x|^k f(x)\,dx &= \int_{|x|\le 1} |x|^k f(x)\,dx + \int_{|x|>1} |x|^k f(x)\,dx \\ &\le \int_{|x|\le 1} f(x)\,dx + \int_{|x|>1} |x|^m f(x)\,dx \end{aligned}$$

$$\leq \int_{-\infty}^{\infty} f(x)\,dx + \int_{-\infty}^{\infty} |x|^m f(x)\,dx$$
$$\leq 1 + E[|X|^m] < \infty \tag{1.10.1}$$

정리 1.10.2 [마르코프 부등식]

확률변수 X의 음이 아닌 함수를 $u(X)$라고 하자. $E[u(X)]$가 존재하면 모든 양수 c에 대해 다음과 같다.

$$P[u(X) \geq c] \leq \frac{E[u(X)]}{c}$$

증명: 확률변수 X가 연속형인 경우만 증명하겠다. 그러나 이산형인 경우 적분을 합으로 바꾸면 이 증명을 적용할 수 있다. $A = \{x : u(x) \geq c\}$이고 $f(x)$가 X의 pdf라면

$$E[u(X)] = \int_{-\infty}^{\infty} u(x)f(x)\,dx = \int_A u(x)f(x)\,dx + \int_{A^c} u(x)f(x)\,dx$$

이 방정식의 우변에 있는 각 적분은 음이 아니고, 좌변은 그중 어느 것보다 크거나 같다. 특히

$$E[u(X)] \geq \int_A u(x)f(x)\,dx$$

그러나 $x \in A$이면 $u(x) \geq c$이므로 위 부등식의 우변은 $u(x)$를 c로 바꾸어도 증가하지 않는다. 따라서

$$E[u(X)] \geq c\int_A f(x)\,dx$$

다음과 같기 때문에

$$\int_A f(x)\,dx = P(X \in A) = P[u(X) \geq c]$$

그러므로 다음이 성립하고 이는 원하는 결과이다.

$$E[u(X)] \geq cP[u(X) \geq c]$$

위의 정리는 **체비셰프 부등식**(Chebyshev's inequality)이라고 하는 부등식의 일반화이다.

정리 1.10.3 [체비셰프 부등식]

X가 유한 분산 σ^2을 가진 확률변수라고 하자. 정리 1.10.1에 의해 이는 평균 $\mu = E(X)$가 존재함을 의미한다. 이 경우 모든 $k > 0$에 대해

$$P(|X-\mu| \geq k\sigma) \leq \frac{1}{k^2} \tag{1.10.2}$$

또는 동일하게

$$P(|X-\mu| < k\sigma) \geq 1 - \frac{1}{k^2}$$

증명: 정리 1.10.2에서 $u(X) = (X-\mu)^2$, $c = k^2\sigma^2$이라면

$$P[(X-\mu)^2 \geq k^2\sigma^2] \leq \frac{E[(X-\mu)^2]}{k^2\sigma^2}$$

위 부등식에서 우변의 분자는 σ^2이므로 다음과 같으며 이는 원하는 결과이다.

$$P(|X-\mu| \geq k\sigma) \leq \frac{1}{k^2}$$

당연히 관심 있는 부등식을 얻기 위해 양수 k를 1보다 큰 값으로 취할 것이다.

따라서 수 $1/k^2$은 확률 $P(|X-\mu| \geq k\sigma)$의 상한이다. 다음 예제에서 특별한 경우에 이 상한과 확률의 정확한 값을 비교한다.

예제 1.10.1 X의 pdf가 다음과 같다고 하자.

$$f(x) = \begin{cases} \frac{1}{2\sqrt{3}} & -\sqrt{3} < x < \sqrt{3} \\ 0 & \text{그 외에} \end{cases}$$

예제 1.9.1에 따라 이러한 균등분포에서는 $\mu = 0$이고 $\sigma^2 = 1$이다. $k = 3/2$일 때 정확한 확률은 다음과 같다.

$$\begin{aligned} P(|X-\mu| \geq k\sigma) &= P\left(|X| \geq \frac{3}{2}\right) \\ &= 1 - \int_{-3/2}^{3/2} \frac{1}{2\sqrt{3}}\,dx = 1 - \frac{\sqrt{3}}{2} \end{aligned}$$

체비셰프 부등식에 의하면 위 확률의 상한은 $1/k^2 = 4/9$이다. $1 - \sqrt{3}/2 = 0.134$(근사적으로)이므로 이때 정확한 확률은 상한보다 매우 작다. $k = 2$라면 정확한 확률은 $P(|X-\mu| \geq 2\sigma) = P(|X| \geq 2) = 0$이고, 이것 역시 체비셰프 부등식에 의한 상한 $1/k^2 = 1/4$보다 매우 작다.

예제 1.10.1의 각 경우에 확률 $P(|X-\mu| \geq k\sigma)$와 상한 $1/k^2$은 매우 다르다. 이는 이 부등식이 더 적절하게 만들어져야 한다는 것을 의미한다. 그러나 모든 $k > 0$에 대해 성립하고 유한 분

산을 가진 모든 확률변수에 대해 성립하는 부등식을 원한다면 다음 예제에서와 같이 개선이 불가능하다.

예제 1.10.2 이산형 확률변수 X는 점 $x = -1, 0, 1$에서 각각 확률이 $1/8, 6/8, 1/8$이라고 하자. 이때 $\mu = 0$이고 $\sigma^2 = 1/4$이다. $k = 2$이면 $1/k^2 = 1/4$이고 $P(|X - \mu| \geq k\sigma) = P(|X| \geq 1) = 1/4$이다. 즉 확률 $P(|X - \mu| \geq k\sigma)$는 상한이 $1/k^2 = 1/4$이다. 따라서 부등식은 X의 분포에 관한 추가적인 가정 없이는 개선될 수 없다.

$\epsilon > 0$에 대해 $k\sigma = \epsilon$을 취함으로써 체비셰프 부등식의 편리한 형태를 얻을 수 있다. 그러면 식 (1.10.2)는 다음과 같이 된다.

$$\text{모든 } \epsilon > 0\text{에 대해} \quad P(|X - \mu| \geq \epsilon) \leq \frac{\sigma^2}{\epsilon^2} \tag{1.10.3}$$

이 절의 두 번째 부등식은 볼록함수와 관련되어 있다.

정의 1.10.1

$-\infty \leq a < b \leq \infty$일 때 구간 (a, b)에서 정의된 함수 ϕ는 (a, b) 안에 있는 모든 x, y와 모든 $0 < \gamma < 1$에 대해 다음과 같으면 **볼록**(convex)함수라고 한다.

$$\phi[\gamma x + (1 - \gamma)y] \leq \gamma\phi(x) + (1 - \gamma)\phi(y) \tag{1.10.4}$$

만약 위 부등식이 엄격하면 ϕ를 **순볼록**(strictly convex)이라고 한다.

ϕ의 1차 또는 2차 미분 존재 여부에 따라 다음 정리가 증명될 수 있다.

정리 1.10.4

만약 ϕ가 (a, b)에서 미분 가능하면

(a) ϕ는 모든 $a < x < y < b$에 대해 $\phi'(x) \leq \phi'(y)$일 때에 한하여 볼록이다.
(b) ϕ는 모든 $a < x < y < b$에 대해 $\phi'(x) < \phi'(y)$일 때에 한하여 순볼록이다.

만약 ϕ가 (a, b)에서 두 번 미분 가능하면

(a) ϕ는 모든 $a < x < b$에 대해 $\phi''(x) \geq 0$일 때에 한하여 볼록이다.
(b) ϕ는 모든 $a < x < b$에 대해 $\phi''(x) > 0$이면 순볼록이다.

이 정리의 두 번째 부분은 첫 번째 부분에서 바로 유도된다. 반면에 첫 번째 부분은 직관을 필

요로 하며, 이에 대한 증명은 대부분의 해석학 책에 나와 있다. 예를 들어 Hewitt과 Stromberg (1965)를 참조하라. 매우 유용한 확률 부등식이 볼록성으로부터 유도된다.

정리 1.10.5 [옌센의 부등식]

만약 ϕ가 개구간 I에서 볼록이며, X가 받침이 I 안에 있고 유한 기댓값을 가진 확률변수라면

$$\phi[E(X)] \le E[\phi(X)] \tag{1.10.5}$$

만약 ϕ가 순볼록이면 부등식은 X가 상수 확률변수가 아닌 한 엄격하다.

증명: ϕ가 2차 미분된다고 가정한다. 그러나 일반적으로는 볼록성만 요구된다. $\phi(x)$를 $\mu = E[X]$에 대해 2차까지 테일러 급수로 확장하면

$$\phi(x) = \phi(\mu) + \phi'(\mu)(x-\mu) + \frac{\phi''(\zeta)(x-\mu)^2}{2}$$

여기서 ζ는 x와 μ[9] 사이의 값이다. 위 식에서 오른쪽 끝은 음이 아니므로 다음을 얻는다.

$$\phi(x) \ge \phi(\mu) + \phi'(\mu)(x-\mu)$$

양쪽에 기댓값을 취하면 결과가 도출된다. 이 부등식은 X가 상수가 아니라고 할 때 모든 $x \in (a, b)$에 대해 $\phi''(x) > 0$이면 엄격하다.

예제 1.10.3 평균 μ와 유한 2차 적률을 가진 비퇴화 확률변수를 X라고 하면 $\mu^2 < E(X^2)$이다. 이는 순볼록함수 $\phi(t) = t^2$을 이용한 옌센의 부등식(Jensen's inequality)으로부터 구할 수 있다.

마지막 부등식은 양수의 유한집합에 대한 여러 가지 다른 평균에 관련된 것이다.

예제 1.10.4 **[조화평균과 기하평균]** $\{a_1, a_2, \cdots, a_n\}$을 양수의 집합이라고 하자. 각각의 수 $a_1, a_2, \cdots, a_n$에 가중치 $1/n$을 부여하는 확률변수 X의 분포를 만들라. 이때 X의 평균은 **산술평균**(arithmetic mean, AM)이며, $E(X) = n^{-1}\sum_{i=1}^n a_i$이다. 그러면 $-\log x$가 볼록함수이므로 옌센의 부등식에 의해

$$-\log\left(\frac{1}{n}\sum_{i=1}^n a_i\right) \le E(-\log X) = -\frac{1}{n}\sum_{i=1}^n \log a_i = -\log(a_1 a_2 \cdots a_n)^{1/n}$$

또는 동일하게

9 예를 들어 저자 서문에 언급된 〈수학 주석〉의 테일러 급수에 대한 논의를 참조하라.

$$\log\left(\frac{1}{n}\sum_{i=1}^{n} a_i\right) \geq \log(a_1 a_2 \cdots a_n)^{1/n}$$

따라서

$$(a_1 a_2 \cdots a_n)^{1/n} \leq \frac{1}{n}\sum_{i=1}^{n} a_i \tag{1.10.6}$$

이 부등식의 왼쪽 값을 **기하평균**(geometric mean, GM)이라고 한다. 따라서 (1.10.6)은 양수인 임의의 유한집합에 대해 GM $\leq$ AM과 동등하다.

이제 식 (1.10.6)에서 a_i를 $1/a_i$로 교체하면(이것도 양수이다)

$$\frac{1}{n}\sum_{i=1}^{n}\frac{1}{a_i} \geq \left(\frac{1}{a_1}\frac{1}{a_2}\cdots\frac{1}{a_n}\right)^{1/n}$$

또는 동일하게

$$\frac{1}{\frac{1}{n}\sum_{i=1}^{n}\frac{1}{a_i}} \leq (a_1 a_2 \cdots a_n)^{1/n} \tag{1.10.7}$$

이 부등식의 왼쪽 값을 **조화평균**(harmonic mean, HM)이라고 한다. 식 (1.10.6)과 (1.10.7)을 결합하면 양수인 임의의 유한집합에 대해 다음을 밝힐 수 있다.

$$\text{HM} \leq \text{GM} \leq \text{AM} \tag{1.10.8}$$

연습문제

1.10.1 X는 평균 μ인 확률변수이고 $E[(X-\mu)^{2k}]$가 존재한다고 하자. $d > 0$일 때 $P(|X-\mu| \geq d) \leq E[(X-\mu)^{2k}]/d^{2k}$임을 밝혀라. 이는 본질적으로 $k=1$일 때 체비셰프 부등식과 같다. 이것이 모든 $k = 1, 2, 3, \cdots$에 대해 $2k$번째 적률이 존재할 때 성립한다는 사실은 체비셰프의 결과보다 $P(|X-\mu| \geq d)$에 대해 더 작은 상한을 일반적으로 제공한다.

1.10.2 X는 $P(X \leq 0) = 0$인 확률변수이고 $\mu = E(X)$가 존재한다고 하자. $P(X \geq 3\mu) \leq 1/3$임을 밝혀라.

1.10.3 X가 $E(X) = 4$, $E(X^2) = 25$인 확률변수일 때 체비셰프 부등식을 이용하여 확률 $P(-2 < X < 10)$에 대한 하한을 구하라.

1.10.4 X가 식 (1.9.20)의 pdf인 라플라스 분포를 가지고 있다고 가정하자. X의 평균과 분산이 각각 0, 2임을 밝혀라. 체비셰프 부등식을 이용하여 $P(|X| \geq 4)$의 상한을 결정

한 다음 정확한 확률과 비교하라.

1.10.5 X가 $-h < t < h$일 때 mgf $M(t)$를 가진 확률변수라고 하자. 다음을 증명하라.

$$P(X \geq a) \leq e^{-at}M(t), \quad 0 < t < h$$
$$P(X \leq a) \leq e^{-at}M(t), \quad -h < t < 0$$

힌트: 정리 1.10.2에서 $u(x) = e^{tx}$, $c = e^{ta}$라고 하자. 이 경우 $P(X \geq a)$와 $P(X \leq a)$는 각각 $0 < t < h$, $-h < t < 0$일 때 $e^{-at}M(t)$의 최대 하한보다 작다는 것을 의미한다.

1.10.6 X의 mgf는 t의 모든 실숫값에 대해 존재하고 다음으로 주어진다.

$$M(t) = \frac{e^t - e^{-t}}{2t}, \quad t \neq 0, \quad M(0) = 1$$

연습문제 1.10.5의 결과를 이용하여 $P(X \geq 1) = 0$, $P(X \leq -1) = 0$임을 밝혀라. 여기서 h는 무한이다.

1.10.7 양수인 확률변수를 X라고 하자. 즉 $P(X \leq 0) = 0$이다. 다음을 증명하라.

(a) $E(1/X) \geq 1/E(X)$

(b) $E[-\log X] \geq -\log[E(X)]$

(c) $E[\log(1/X)] \geq \log[1/E(X)]$

(d) $E[X^3] \geq [E(X)]^3$

다변량 분포 2

Multivariate Distributions

2.1 두 확률변수의 분포

예를 통해 두 확률변수를 살펴보자. 동전 하나를 세 번 던져서 나온 앞면(H)과 뒷면(T) 수의 순서쌍(처음 두 번 던져서 나온 H의 수, 세 번 모두 던져서 나온 H의 수)에 관심을 집중할 것이다. 표본공간을 $\mathcal{C} = \{TTT, TTH, THT, HTT, THH, HTH, HHT, HHH\}$라고 하자. X_1은 처음 두 번 던져서 나온 H의 수, X_2는 세 번 모두 던져서 나온 H의 수라고 하자. 그러면 관심이 있는 사건은 확률변수의 쌍 (X_1, X_2)로 나타낼 수 있다. 예를 들면 $(X_1(HTH), X_2(HTH))$는 실현값 $(1, 2)$를 나타낸다. 이러한 방식으로 X_1과 X_2는 표본공간 $\mathcal{C}$에서 정의된 실함수이고, 표본공간으로부터 다음과 같은 수의 순서쌍이 된다.

$$\mathcal{D} = \{(0,0), (0,1), (1,1), (1,2), (2,2), (2,3)\}$$

따라서 X_1과 X_2는 공간 $\mathcal{C}$에서 정의된 확률변수이고, 이 예에서 이러한 확률변수의 공간은 2차원 유클리드 공간 R^2의 부분집합인 2차원 집합 $\mathcal{D}$이다. 따라서 (X_1, X_2)는 $\mathcal{C}$로부터 $\mathcal{D}$에 대한 벡터함수이다. 이제 확률벡터의 정의를 내려보자.

정의 2.1.1 [확률벡터]

표본공간이 $\mathcal{C}$인 확률실험이 주어졌을 때 $\mathcal{C}$의 각 원소 c에 단 하나의 수의 순서쌍 $X_1(c) = x_1$, $X_2(c) = x_2$를 대응시키는 두 확률변수 X_1과 X_2를 생각해보자. (X_1, X_2)를 **확률벡터**(random vector)라고 한다. (X_1, X_2)의 **공간**(space)은 순서쌍 $\mathcal{D} = \{(x_1, x_2) : x_1 = X_1(c), x_2 = X_2(c), c \in \mathcal{C}\}$이다.

종종 확률벡터를 벡터 표기 $\mathbf{X} = (X_1, X_2)'$으로 나타내기도 한다. 여기서 $'$은 행벡터 (X_1, X_2)의 전치를 나타낸다. 또한 종종 (X, Y)를 사용하여 확률벡터를 나타낸다.

$\mathcal{D}$를 확률벡터 (X_1, X_2)에 대한 공간이라고 하자. A가 $\mathcal{D}$의 부분집합이면 하나의 확률변수인 경우와 마찬가지로 사건 A라고 한다. $P_{X_1,X_2}[A]$로 나타내는 사건 A의 확률을 정의하고자 한다. 1.5절의 확률변수와 마찬가지로 **누적분포함수**(cumulative distribution function, cdf)의 개념으로 P_{X_1,X_2}를 유일하게 결정할 수 있으며, 모든 $(x_1, x_2) \in R^2$에 대해 다음과 같이 주어진다.

$$F_{X_1,X_2}(x_1,x_2) = P[\{X_1 \le x_1\} \cap \{X_2 \le x_2\}] \tag{2.1.1}$$

X_1과 X_2가 확률변수이므로 위 교집합에 있는 각 사건과 사건들의 교집합은 원래의 표본공간 $\mathcal{C}$에서의 사건이다. 따라서 식이 잘 정의된다. 확률변수와 마찬가지로 $P[\{X_1 \le x_1\} \cap \{X_2 \le x_2\}]$는 $P[X_1 \le x_1, X_2 \le x_2]$로 나타낸다. 연습문제 2.1.3에서 다음을 밝힌다.

$$\begin{aligned} P[a_1 < X_1 \le b_1, a_2 < X_2 \le b_2] = & F_{X_1,X_2}(b_1,b_2) - F_{X_1,X_2}(a_1,b_2) \\ & -F_{X_1,X_2}(b_1,a_2) + F_{X_1,X_2}(a_1,a_2) \end{aligned} \tag{2.1.2}$$

따라서 $(a_1, b_1] \times (a_2, b_2]$ 형태의 집합에 대한 모든 유도된 확률은 cdf의 개념으로 공식화할 수 있다. 이 cdf를 (X_1, X_2)의 **결합누적분포함수**(joint cumulative distribution function)라고 한다.

확률변수에서와 같이 두 가지 형태의 확률벡터, 즉 이산형과 연속형에 대해 주로 관심을 갖는다. 우선 이산형에 대해 알아보자.

확률벡터 (X_1, X_2)는 만약 그 공간 $\mathcal{D}$가 유한하거나 셀 수 있으면 **이산형 확률벡터**(discrete random vector)이다. 따라서 X_1과 X_2 모두 이산형이다. (X_1, X_2)의 **결합확률질량함수**(joint probability mass function)는 모든 $(x_1, x_2) \in \mathcal{D}$에 대해 다음과 같이 정의된다.

$$p_{X_1,X_2}(x_1,x_2) = P[X_1 = x_1, X_2 = x_2] \tag{2.1.3}$$

확률변수에서와 마찬가지로 pmf는 cdf를 유일하게 결정한다. 다음의 두 성질 또한 특징이다.

$$\begin{aligned} &\text{(i) } 0 \le p_{X_1,X_2}(x_1,x_2) \le 1 \\ &\text{(ii) } \sum\sum_{\mathcal{D}} p_{X_1,X_2}(x_1,x_2) = 1 \end{aligned} \tag{2.1.4}$$

사건 $B \in \mathcal{D}$의 경우 다음을 얻는다.

$$P[(X_1,X_2) \in B] = \sum\sum_{B} p_{X_1,X_2}(x_1,x_2)$$

예제 2.1.1 이 절의 처음에 제시한 예를 고려하자. 공정한 동전을 세 번 던지고, X_1과 X_2는 각각 처음 두 번과 세 번 모두에서 나온 앞면의 수를 나타낸다. (X_1, X_2)의 pmf를 다음과 같이 편리하게 표로 만들 수 있다.

		X_2의 받침			
		0	1	2	3
	0	$\frac{1}{8}$	$\frac{1}{8}$	0	0
X_1의 받침	1	0	$\frac{2}{8}$	$\frac{2}{8}$	0
	2	0	0	$\frac{1}{8}$	$\frac{1}{8}$

예를 들어 $P(X_1 \geq 2, X_2 \geq 2) = p(2,2) + p(2,3) = 2/8$이다.

이산형 확률벡터 (X_1, X_2)의 **받침**(support)에 대해 이야기하는 것이 편리할 때가 있다. 받침은 (X_1, X_2)의 공간에서 $p(x_1, x_2) > 0$인 모든 점 (x_1, x_2)이다. 마지막 예에서 받침은 6개의 점 $\{(0, 0), (0, 1), (1, 1), (1, 2), (2, 2), (2, 3)\}$으로 구성되어 있다.

만약 공간 $\mathcal{D}$를 가진 확률벡터 (X_1, X_2)의 cdf $F_{X_1,X_2}(x_1, x_2)$가 연속형이면 (X_1, X_2)를 **연속형**(continuous)이라고 한다. 이 책에서 대부분의 경우 연속형 확률벡터는 음이 아닌 함수의 적분으로 나타낼 수 있는 cdf를 갖는다. 즉 $F_{X_1,X_2}(x_1, x_2)$는 모든 $(x_1, x_2) \in R^2$에 대해 다음과 같이 나타낼 수 있다.

$$F_{X_1,X_2}(x_1,x_2) = \int_{-\infty}^{x_1}\int_{-\infty}^{x_2} f_{X_1,X_2}(w_1,w_2)\,dw_1dw_2 \tag{2.1.5}$$

피적분함수를 (X_1, X_2)의 **결합확률밀도함수**(joint probability density function)라고 한다. 그러면 확률이 0인 사건을 제외하고 다음과 같다.

$$\frac{\partial^2 F_{X_1,X_2}(x_1,x_2)}{\partial x_1\,\partial x_2} = f_{X_1,X_2}(x_1,x_2)$$

pdf는 본질적으로 다음 두 성질이 특징이다.

$$\begin{aligned}&\text{(i) } f_{X_1,X_2}(x_1,x_2) \geq 0\\ &\text{(ii) } \int\!\!\int_{\mathcal{D}} f_{X_1,X_2}(x_1,x_2)\,dx_1dx_2 = 1\end{aligned} \tag{2.1.6}$$

독자에게 도움을 주기 위해 제공하는 〈수학 주석〉[1]의 4.2절에서는 이중적분에 대해 간단히 다룬다. 사건 $A \in \mathcal{D}$에 대해

$$P[(X_1,X_2)\in A] = \int\!\!\int_A f_{X_1,X_2}(x_1,x_2)\,dx_1dx_2$$

$P[(X_1, X_2) \in A]$는 집합 A에서 표면 $z = f_{X_1,X_2}(x_1, x_2)$ 아래의 부피이다.

---

1 저자 서문에 제시된 사이트에서 다운로드할 수 있다.

참고 2.1.1

일변량 확률변수에서와 같이 결합 cdf, pdf, pmf의 내용이 분명하면 하첨자 (X_1, X_2)를 생략할 것이다. 또한 f_{X_1,X_2} 대신 f_{12}와 같은 표기를 사용할 것이다. 확률벡터를 표현하는 데 (X_1, X_2) 이외에 (X, Y)를 이용하기도 할 것이다.

다음으로 결합 연속형 확률변수의 두 가지 예를 제시한다.

예제 2.1.2 R^2에서 단위 원에 균등하게 분포된 연속형 확률벡터 (X, Y)를 고려하자. 단위 원의 면적이 π이므로 결합 pdf는 다음과 같다.

$$f(x,y) = \begin{cases} \frac{1}{\pi} & -1 < y < 1, -\sqrt{1-y^2} < x < \sqrt{1-y^2} \\ 0 & \text{그 외에} \end{cases}$$

특정한 사건의 확률은 기하학을 이용하여 구할 수 있다. 예를 들어 반지름이 1/2인 원의 내부를 A라고 하자. 그러면 $P[(X, Y) \in A] = \pi(1/2)^2/\pi = 1/4$이다. 다음으로 각각의 반지름이 $1/2$, $\sqrt{2}/2$이고 중심이 동일한 원으로 형성된 고리를 B라고 하자. 그러면 $P[(X, Y) \in B] = \pi[(\sqrt{2}/2)^2 - (1/2)^2]/\pi = 1/4$이다. 영역 A와 B는 면적이 동일하므로 이 균등 pdf하에서 동등하게 발생할 가능성이 있다.

다음 예제에서는 이중적분을 반복된 일변량 적분으로 표현할 수 있다는 일반적인 사실을 사용한다. 따라서 반복된 일변량 적분을 사용하여 이중적분을 수행할 수 있다. 이는 〈수학 주석〉[2]의 4.2절에 있는 예제와 함께 어느 정도 자세히 다룰 것이다. 적분 영역을 간단히 그려보는 것은 각 반복된 적분에서 적분의 상한과 하한을 설정하는 데 유용하다.

예제 2.1.3 전기 부품에 2개의 배터리가 있는데, 표준단위로 표현된 각 배터리의 수명을 X, Y라고 하자. (X, Y)의 pdf가 다음과 같다고 가정하자.

$$f(x,y) = \begin{cases} 4xye^{-(x^2+y^2)} & x > 0, y > 0 \\ 0 & \text{그 외에} \end{cases}$$

격자 사각형의 크기가 0.1×0.1인 그림 2.1.1에 표면 $z = f(x, y)$를 나타냈다. 이 그림에서 pdf의 정점은 약 $(x, y) = (0.7, 0.7)$ 지점에 위치한다. 방정식 $\partial f/\partial x = 0$과 $\partial f/\partial y = 0$을 동시에 풀면 실제로 $f(x, y)$의 최댓값이 $(x, y) = (\sqrt{2}/2, \sqrt{2}/2)$에서 발생한다. 배터리는 정점 부근의 지역에서 수명을 다할 가능성이 더 높다. x와 y가 어떤 방향으로든 커지면 표면이 0에 가까워진

---

2 저자 서문에 제시된 사이트에서 다운로드할 수 있다.

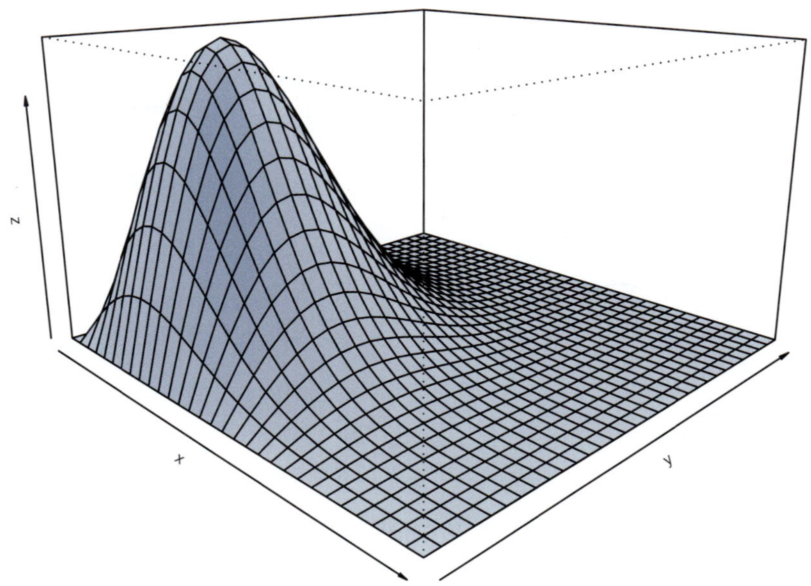

그림 2.1.1 예제 2.1.3에서 다루는 결합 pdf의 표면을 그린 것으로, 원점이 x축과 z축의 교차점에 있고 격자 사각형의 크기가 0.1×0.1이므로 점의 위치를 쉽게 나타낼 수 있다. 본문에서 언급했듯이 pdf의 정점은 $(\sqrt{2}/2, \sqrt{2}/2)$ 지점에 위치한다.

다. 예를 들어 두 배터리가 모두 $\sqrt{2}/2$ 단위를 초과하여 생존할 확률은 다음과 같다.

$$\begin{aligned} P\left(X > \frac{\sqrt{2}}{2}, Y > \frac{\sqrt{2}}{2}\right) &= \int_{\sqrt{2}/2}^{\infty}\int_{\sqrt{2}/2}^{\infty} 4xye^{-(x^2+y^2)}\,dxdy \\ &= \int_{\sqrt{2}/2}^{\infty} 2xe^{-x^2}\left[\int_{\sqrt{2}/2}^{\infty} 2ye^{-y^2}dy\right]dx \\ &= \int_{1/2}^{\infty} e^{-z}\left[\int_{1/2}^{\infty} e^{-w}dw\right]dz = \left(e^{-1/2}\right)^2 \approx 0.3679 \end{aligned}$$

여기서 $z = x^2$과 $w = y^2$의 변수변환을 사용했다. 예제 2.1.2와 달리 $A = \{(x, y) : |x - (1/2)| < 0.3, |y - (1/2)| < 0.3\}$, $B = \{(x, y) : |x - 2| < 0.3, |y - 2| < 0.3\}$의 영역을 고려하자. 그림 2.1.1에서 이 영역을 찾아보자. A와 B의 면적은 동일하지만, 그림에서 $P[(X, Y) \in A]$가 $P[(X, Y) \in B]$보다 훨씬 크다는 것을 쉽게 알 수 있다. 연습문제 2.1.6에서는 $P[(X, Y) \in A] = 0.1879$, $P[(X, Y) \in B] = 0.0026$임을 밝혀 이를 확인할 것이다.

연속형 확률벡터 (X_1, X_2)에서 (X_1, X_2)의 **받침**은 $f(x_1, x_2) > 0$인 모든 점 (x_1, x_2)를 포함한다. 확률벡터의 받침을 $\mathcal{S}$로 표기한다. 일변량인 경우와 동일하게 $\mathcal{S} \subset \mathcal{D}$이다.

앞의 두 예제처럼 pdf $f_{X_1,X_2}(x_1, x_2)$의 정의를 그 외에 $f_{X_1,X_2} = 0$임을 이용하여 R^2으로 확장한다. 이것을 일관되게 함으로써 공간 $\mathcal{D}$에 대한 반복적이고 지루한 언급을 피할 수 있다. 그렇게 하면 다음과 같이 대체할 수 있다.

$$\int\int_{\mathcal{D}} f_{X_1,X_2}(x_1,x_2)\,dx_1dx_2\text{를 } \int_{-\infty}^{\infty}\int_{-\infty}^{\infty} f(x_1,x_2)\,dx_1\,dx_2$$

마찬가지로 pmf $p_{X_1,X_2}(x_1,\ x_2)$에서도 그 외에 $p_{X_1,X_2} = 0$임을 이용하여 편리한 집합으로 확장할 수 있다. 따라서 다음과 같이 대체된다.

$$\sum\sum_{\mathcal{D}} p_{X_1,X_2}(x_1,x_2)\text{를 } \sum_{x_2}\sum_{x_1} p(x_1,x_2)$$

2.1.1 주변분포

$(X_1,\ X_2)$를 확률벡터라고 하자. X_1과 X_2 각각은 확률변수이다. 이에 대한 분포는 다음에 제시한 것처럼 $(X_1,\ X_2)$의 결합분포로부터 구할 수 있다. x_1에서 X_1의 cdf를 정의하는 사건은 $\{X_1 \le x_1\}$임을 상기하라. 그러나

$$\{X_1 \le x_1\} = \{X_1 \le x_1\} \cap \{-\infty < X_2 < \infty\} = \{X_1 \le x_1, -\infty < X_2 < \infty\}$$

확률을 구하면 모든 $x_1 \in R$에 대해 다음과 같다.

$$F_{X_1}(x_1) = P[X_1 \le x_1, -\infty < X_2 < \infty] \tag{2.1.7}$$

정리 1.3.6에 의해 이 식은 $F_{X_1}(x_1) = \lim_{x_2\uparrow\infty} F(x_1,\ x_2)$로 쓸 수 있다. 이와 같이 cdf들 사이에 관계를 갖게 되는데, 이것은 $(X_1,\ X_2)$가 연속형인지 이산형인지에 따라서 pdf 또는 pmf로 확장할 수 있다.

우선 이산형인 경우를 생각해보자. $\mathcal{D}_{X_1}$이 X_1의 받침이라고 하자. $x_1 \in \mathcal{D}_{X_1}$에 대해 식 (2.1.7)은 다음과 일치한다.

$$F_{X_1}(x_1) = \sum_{w_1\le x_1,-\infty<x_2<\infty}\sum p_{X_1,X_2}(w_1,x_2) = \sum_{w_1\le x_1}\left\{\sum_{x_2<\infty} p_{X_1,X_2}(w_1,x_2)\right\}$$

cdf의 유일성에 의해 중괄호 안에 있는 값은 w_1에서의 X_1의 pmf여야 한다. 즉 모든 $x_1 \in \mathcal{D}_{X_1}$에 대해

$$p_{X_1}(x_1) = \sum_{x_2<\infty} p_{X_1,X_2}(x_1,x_2) \tag{2.1.8}$$

따라서 X_1이 x_1일 확률을 구하기 위해 x_1을 고정하고 모든 x_2에 대해 p_{X_1,X_2}를 합한다. 행에는 X_1의 받침값을 쓰고 열에는 X_2의 받침값을 써서 만든 표 2.1.1의 결합 pmf에서 X_1의 분포는 행에 대한 주변합으로 구할 수 있다. 마찬가지로 X_2의 pmf는 열에 대한 주변합으로 구할 수 있다.

예제 2.1.1에서 제시했듯이 확률벡터 $(X_1,\ X_2)$의 결합 이산형 분포를 고려하자. 표 2.1.1에 이

표 2.1.1 예제 2.1.1의 이산형 확률벡터 (X_1, X_2)에 대한 결합분포와 주변분포

		X_2의 받침				
		0	1	2	3	$p_{X_1}(x_1)$
X_1의 받침	0	$\frac{1}{8}$	$\frac{1}{8}$	0	0	$\frac{2}{8}$
	1	0	$\frac{2}{8}$	$\frac{2}{8}$	0	$\frac{4}{8}$
	2	0	0	$\frac{1}{8}$	$\frac{1}{8}$	$\frac{2}{8}$
	$p_{X_2}(x_2)$	$\frac{1}{8}$	$\frac{3}{8}$	$\frac{3}{8}$	$\frac{1}{8}$	

러한 주변합을 추가했다. 이 표의 마지막 행은 X_2의 pmf이고, 마지막 열은 X_1의 pmf이다. 일반적으로 이러한 분포는 표의 주변에 기록되므로 **주변**(marginal) pmf라고 한다.

예제 2.1.4 모양과 크기가 같은 칩이 10개 들어 있는 상자에서 하나를 선택하는 확률실험을 생각해보자. 각각의 칩은 다음과 같은 순서쌍을 이룬다고 하자. (1, 1) 1회, (2, 1) 1회, (3, 1) 2회, (1, 2) 1회, (2, 2) 2회, (3, 2) 3회. 여기서 확률변수 X_1과 X_2를 각각 순서쌍의 첫 번째, 두 번째 값으로 정의한다. 그러면 X_1, X_2의 결합 pmf $p(x_1, x_2)$는 다음 표와 같고 그 외에 $p(x_1, x_2) = 0$이다.

	x_2		
x_1	1	2	$p_1(x_1)$
1	$\frac{1}{10}$	$\frac{1}{10}$	$\frac{2}{10}$
2	$\frac{1}{10}$	$\frac{2}{10}$	$\frac{3}{10}$
3	$\frac{2}{10}$	$\frac{3}{10}$	$\frac{5}{10}$
$p_2(x_2)$	$\frac{4}{10}$	$\frac{6}{10}$	

결합확률은 각각의 행과 열을 합한 것이고, 이러한 합은 X_1과 X_2의 주변 pmf로 나타낼 수 있다. 그러나 $p(x_1, x_2)$의 형태가 항상 이와 같을 필요는 없다.

다음으로 연속형인 경우를 생각해보자. $\mathcal{D}_{X_1}$이 X_1의 받침이라면 $x_1 \in \mathcal{D}_{X_1}$에 대해 식 (2.1.7)은 다음과 동일하다.

$$F_{X_1}(x_1) = \int_{-\infty}^{x_1} \int_{-\infty}^{\infty} f_{X_1,X_2}(w_1, x_2)\, dx_2 dw_1 = \int_{-\infty}^{x_1} \left\{ \int_{-\infty}^{\infty} f_{X_1,X_2}(w_1, x_2)\, dx_2 \right\} dw_1$$

cdf의 유일성에 의해 중괄호 안에 있는 값은 w_1에서의 X_1의 pdf여야 한다. 즉 모든 $x_1 \in \mathcal{D}_{X_1}$에 대해

$$f_{X_1}(x_1) = \int_{-\infty}^{\infty} f_{X_1,X_2}(x_1, x_2)\, dx_2 \tag{2.1.9}$$

따라서 연속형인 경우 X_1의 주변 pdf는 x_2에 대해 적분함으로써 구할 수 있다. 마찬가지로 X_2의 주변 pdf는 x_1에 대해 적분함으로써 구한다.

예제 2.1.5 **[예제 2.1.2의 연속]** 예제 2.1.2에서 설명한 연속형 확률변수의 벡터 (X, Y)를 고려하자. 확률벡터의 공간은 그림 2.1.2에서 보듯이 중심이 (0, 0)인 단위 원이다. X의 주변 분포를 찾으려면 그림 2.1.2에 표시된 화살표와 같이 x를 -1과 1 사이에서 고정한 다음 y를 $-\sqrt{1-x^2}$에서 $\sqrt{1-x^2}$까지 적분하자. 그러면 X의 주변 pdf를 다음과 같이 구할 수 있다.

$$f_X(x) = \int_{-\sqrt{1-x^2}}^{\sqrt{1-x^2}} \frac{1}{\pi}\, dy = \frac{2}{\pi}\sqrt{1-x^2}, \quad -1 < x < 1$$

(X, Y)는 결합균등분포를 갖지만 X의 분포는 0에서 정점인 단봉(unimodal)이다. 이는 놀랍지 않다. 결합분포가 균등이므로 그림 2.1.2에서 X는 극단인 -1이나 1보다 0에 가까울 가능성이 높다. 결합 pdf가 x와 y에서 대칭이기 때문에 Y의 주변 pdf는 X의 주변 pdf와 같다.

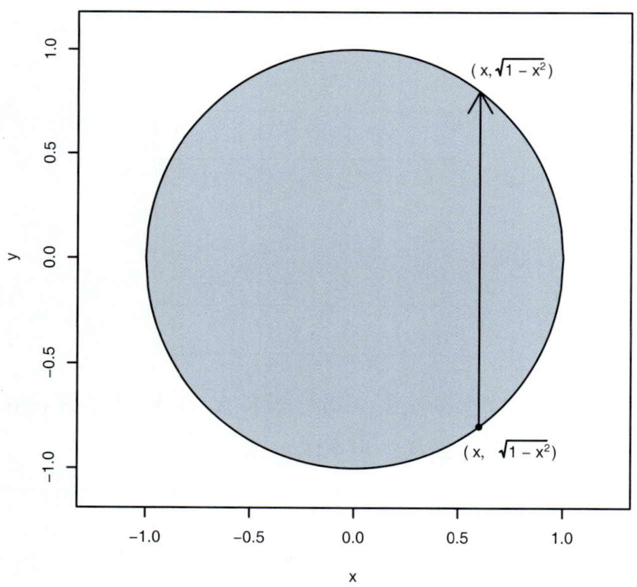

그림 2.1.2 예제 2.1.5의 적분 영역. 임의의 고정된 x에서 y에 대한 적분을 나타냈다.

예제 2.1.6 X_1과 X_2의 결합 pdf가 다음과 같다고 하자.

$$f(x_1, x_2) = \begin{cases} x_1 + x_2 & 0 < x_1 < 1,\ 0 < x_2 < 1 \\ 0 & \text{그 외에} \end{cases}$$

확률벡터의 공간은 꼭짓점이 (0, 0), (1, 0), (0, 1), (1, 1)인 직사각형의 내부이다. X_1의 주변 pdf는

$$f_1(x_1) = \int_0^1 (x_1 + x_2)\, dx_2 = x_1 + \tfrac{1}{2}, \quad 0 < x_1 < 1$$

그 외에 $f_1(x_1) = 0$이며, X_2의 주변 pdf는

$$f_2(x_2) = \int_0^1 (x_1 + x_2)\, dx_1 = \tfrac{1}{2} + x_2, \quad 0 < x_2 < 1$$

그 외에 $f_2(x_2) = 0$이다. 다음의 이유로 $P(X_1 \leq 1/2)$과 같은 확률은 $f_1(x_1)$ 또는 $f(x_1, x_2)$로부터 계산할 수 있다.

$$\int_0^{1/2} \int_0^1 f(x_1, x_2)\, dx_2 dx_1 = \int_0^{1/2} f_1(x_1)\, dx_1 = \tfrac{3}{8}$$

그러나 $P(X_1 + X_2 \leq 1)$의 확률을 구하고 싶다고 가정하자. 적분 영역은 꼭짓점이 (0, 0), (1, 0), (0, 1)인 삼각형의 내부이다. (X_1, X_2)의 공간에 이 영역을 그려보아야 한다. x_1을 고정하고 x_2에 대해 적분하면 다음 결과를 얻을 수 있다.

$$\begin{aligned} P(X_1 + X_2 \leq 1) &= \int_0^1 \left[\int_0^{1-x_1} (x_1 + x_2)\, dx_2 \right] dx_1 \\ &= \int_0^1 \left[x_1(1 - x_1) + \frac{(1 - x_1)^2}{2} \right] dx_1 \\ &= \int_0^1 \left(\frac{1}{2} - \frac{1}{2} x_1^2 \right) dx_1 = \frac{1}{3} \end{aligned}$$

뒷부분의 확률은 집합 $\{(x_1, x_2) : 0 < x_1, x_1 + x_2 \leq 1\}$에서 표면 $f(x_1, x_2) = x_1 + x_2$ 아래의 부피이다.

예제 2.1.7 **[예제 2.1.3의 연속]** 예제 2.1.3의 확률변수 X와 Y는 전기 부품에 설치된 두 배터리의 수명이었다. (X, Y)의 결합 pdf는 그림 2.1.1에서 볼 수 있다. 공간이 R^2에서 양의 사분면이므로 x와 y가 모두 관련된 제약 조건은 없다. $w = y^2$의 변수변환을 사용하면 $x > 0$에 대해 X의 주변 pdf는 다음과 같다.

$$f_X(x) = \int_0^\infty 4xye^{-(x^2+y^2)}\, dy = 2xe^{-x^2} \int_0^\infty e^{-w}\, dw = 2xe^{-x^2}$$

모형에서 x와 y의 대칭에 의해 Y의 pdf는 X의 pdf와 같다. 배터리 수명의 중앙값 θ를 구하려면 다음 식을 풀어야 한다.

$$\frac{1}{2} = \int_0^\theta 2xe^{-x^2}\,dx = 1 - e^{-\theta^2}$$

여기서 다시 $z = x^2$의 변수변환을 사용한다. 이 식을 풀면 $\theta = \sqrt{\log 2} \approx 0.8326$이 된다. 따라서 배터리의 50%는 0.83단위를 초과한다.

2.1.2 기댓값

기댓값의 개념을 직접적으로 확장해보자. (X_1, X_2)가 확률벡터이며 어떤 실함수, 즉 $g : R^2 \to R$에 대해 $Y = g(X_1, X_2)$라고 하자. 그러면 Y도 확률변수이며 Y의 분포를 구함으로써 기댓값을 결정할 수 있다. 그런데 정리 1.8.1은 확률벡터에서도 참이다. 이 정리의 증명은 이산형인 경우에 대한 것이므로 연습문제 2.1.12에서 이것을 확률벡터인 경우로 확장한다.

(X_1, X_2)가 연속형이라면 $E(Y)$는 다음과 같을 때 존재한다.

$$\int_{-\infty}^{\infty}\int_{-\infty}^{\infty} |g(x_1, x_2)| f_{X_1,X_2}(x_1, x_2)\,dx_1 dx_2 < \infty$$

그러면

$$E(Y) = \int_{-\infty}^{\infty}\int_{-\infty}^{\infty} g(x_1, x_2) f_{X_1,X_2}(x_1, x_2)\,dx_1 dx_2 \tag{2.1.10}$$

마찬가지로 (X_1, X_2)가 이산형이면 $E(Y)$는 다음과 같을 때 존재한다.

$$\sum_{x_1}\sum_{x_2} |g(x_1, x_2)| p_{X_1,X_2}(x_1, x_2) < \infty$$

그러면

$$E(Y) = \sum_{x_1}\sum_{x_2} g(x_1, x_2) p_{X_1,X_2}(x_1, x_2) \tag{2.1.11}$$

이제 E가 선형연산자임을 밝힐 수 있다.

정리 2.1.1

(X_1, X_2)를 확률벡터라고 하자. $Y_1 = g_1(X_1, X_2)$와 $Y_2 = g_2(X_1, X_2)$가 확률변수이며 기댓값이 존재한다고 하자. 그러면 임의의 실수 k_1과 k_2에 대해

$$E(k_1Y_1 + k_2Y_2) = k_1E(Y_1) + k_2E(Y_2) \tag{2.1.12}$$

증명: 연속형인 경우에 대해 증명하겠다. $k_1Y_1 + k_2Y_2$의 기댓값은 삼각부등식과 적분의 선형성에 의해 직접적으로 도출된다. 즉

$$\int_{-\infty}^{\infty}\int_{-\infty}^{\infty}|k_1g_1(x_1,x_2)+k_2g_1(x_1,x_2)|f_{X_1,X_2}(x_1,x_2)\,dx_1dx_2$$
$$\le |k_1|\int_{-\infty}^{\infty}\int_{-\infty}^{\infty}|g_1(x_1,x_2)|f_{X_1,X_2}(x_1,x_2)\,dx_1dx_2$$
$$+|k_2|\int_{-\infty}^{\infty}\int_{-\infty}^{\infty}|g_2(x_1,x_2)|f_{X_1,X_2}(x_1,x_2)\,dx_1dx_2<\infty$$

다시 적분의 선형성을 이용하면 다음과 같으며 이는 원하는 결과이다.

$$\begin{aligned}E(k_1Y_1+k_2Y_2) &= \int_{-\infty}^{\infty}\int_{-\infty}^{\infty}[k_1g_1(x_1,x_2)+k_2g_2(x_1,x_2)]f_{X_1,X_2}(x_1,x_2)\,dx_1dx_2\\ &= k_1\int_{-\infty}^{\infty}\int_{-\infty}^{\infty}g_1(x_1,x_2)f_{X_1,X_2}(x_1,x_2)\,dx_1dx_2\\ &\quad+k_2\int_{-\infty}^{\infty}\int_{-\infty}^{\infty}g_2(x_1,x_2)f_{X_1,X_2}(x_1,x_2)\,dx_1dx_2\\ &= k_1E(Y_1)+k_2E(Y_2)\end{aligned}$$

X_2의 임의의 함수 $g(X_2)$의 기댓값은 다음과 같은 두 가지 방법으로 구할 수 있다.

$$\begin{aligned}E(g(X_2)) &= \int_{-\infty}^{\infty}\int_{-\infty}^{\infty}g(x_2)f(x_1,x_2)\,dx_1dx_2\\ &= \int_{-\infty}^{\infty}g(x_2)f_{X_2}(x_2)\,dx_2\end{aligned}$$

뒤에 있는 단일적분은 이중적분에서 x_1에 대해 먼저 적분하여 구할 수 있다. 다음 예제에서 이 개념을 설명한다.

예제 2.1.8 X_1과 X_2의 pdf가 다음과 같다고 하자.

$$f(x_1,x_2)=\begin{cases}8x_1x_2 & 0<x_1<x_2<1\\ 0 & \text{그 외에}\end{cases}$$

그림 2.1.3은 $(X_1,\ X_2)$의 공간을 보여준다. 이제 다음과 같이 쓸 수 있다.

$$E(X_1X_2^2)=\int_{-\infty}^{\infty}\int_{-\infty}^{\infty}x_1x_2^2f(x_1,x_2)\,dx_1dx_2$$

적분을 계산하기 위해 그림 2.1.3에 화살표로 표시한 것처럼 x_2를 고정한 다음 x_1을 0부터 x_2까지 적분한다. 따라서 다음 결과를 얻을 수 있다.

$$\begin{aligned}\int_{-\infty}^{\infty}\int_{-\infty}^{\infty}x_1x_2^2f(x_1,x_2) &= \int_0^1\left[\int_0^{x_2}8x_1^2x_2^3\,dx_1\right]dx_2\\ &= \int_0^1\tfrac{8}{3}x_2^6\,dx_2=\tfrac{8}{21}\end{aligned}$$

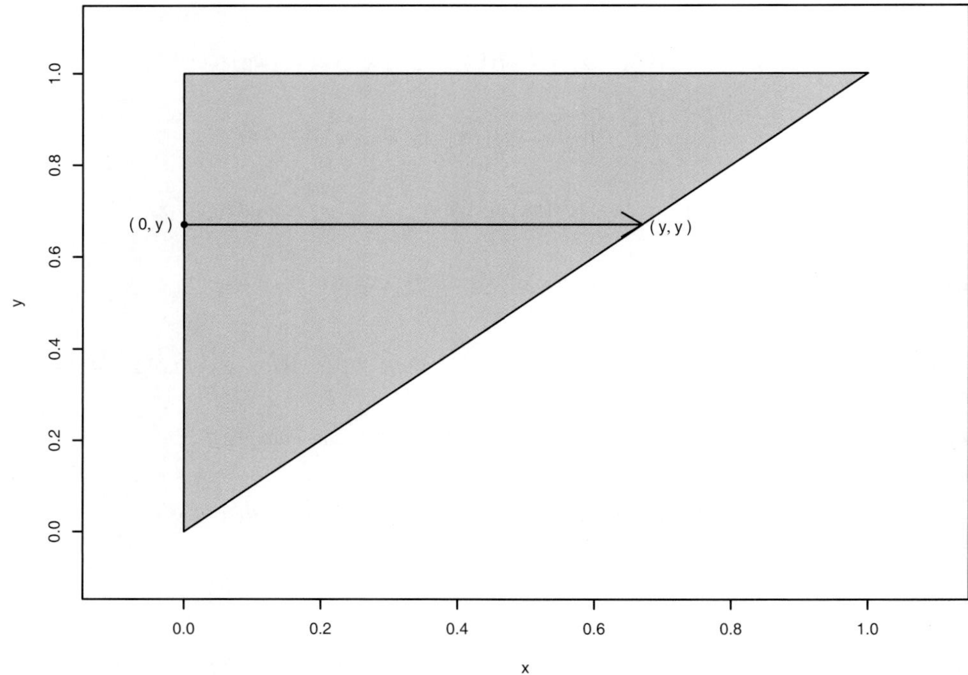

그림 2.1.3 예제 2.1.8의 적분 영역. 화살표는 임의의 고정된 x_2에서 x_1에 대한 적분을 나타낸다.

또한

$$E(X_2) = \int_0^1 \left[\int_0^{x_2} x_2(8x_1x_2)\,dx_1 \right] dx_2 = \tfrac{4}{5}$$

X_2가 $0 < x_2 < 1$일 때 pdf $f_2(x_2) = 4x_2^3$, 그 외에 $f_2(x_2) = 0$이므로 뒤의 기댓값은 다음에 의해서도 구할 수 있다.

$$E(X_2) = \int_0^1 x_2(4x_2^3)\,dx_2 = \tfrac{4}{5}$$

정리 2.1.1을 사용하면 다음을 얻을 수 있다.

$$\begin{aligned} E(7X_1X_2^2 + 5X_2) &= 7E(X_1X_2^2) + 5E(X_2) \\ &= (7)(\tfrac{8}{21}) + (5)(\tfrac{4}{5}) = \tfrac{20}{3} \end{aligned}$$

예제 2.1.9 예제 2.1.8에 이어서 확률변수 Y가 $Y = X_1/X_2$로 정의되었다고 하자. $E(Y)$를 두 가지 방법으로 구한다. 첫 번째 방법은 정의에 의한 것으로, Y의 분포를 구하고 그 기댓값을 구한다. Y의 cdf는 $0 < y \leq 1$일 때

$$\begin{aligned} F_Y(y) &= P(Y \le y) = P(X_1 \le yX_2) \\ &= \int_0^1 \left[\int_0^{yx_2} 8x_1x_2\,dx_1 \right] dx_2 = \int_0^1 4y^2x_2^3\,dx_2 = y^2 \end{aligned}$$

따라서 Y의 pdf는

$$f_Y(y) = F_Y'(y) = \begin{cases} 2y & 0 < y < 1 \\ 0 & \text{그 외에} \end{cases}$$

그러므로 다음이 도출된다.

$$E(Y) = \int_0^1 y(2y)\,dy = \frac{2}{3}$$

두 번째 방법은 식 (2.1.10)을 이용하여 다음과 같이 직접적으로 $E(Y)$를 구하는 것이다.

$$\begin{aligned} E(Y) &= E\left(\frac{X_1}{X_2}\right) \\ &= \int_0^1 \left\{ \int_0^{x_2} \left(\frac{x_1}{x_2}\right) 8x_1x_2\,dx_1 \right\} dx_2 \\ &= \int_0^1 \frac{8}{3}x_2^3\,dx_2 = \frac{2}{3} \end{aligned}$$

다음으로 확률벡터의 적률생성함수를 정의한다.

정의 2.1.2 [확률벡터의 적률생성함수]

$\mathbf{X} = (X_1,\ X_2)'$을 확률벡터라고 하자. h_1과 h_2가 양수일 때 $|t_1| < h_1$과 $|t_2| < h_2$에 대해 $E(e^{t_1X_1+t_2X_2})$가 존재하면 이것을 $M_{X_1,X_2}(t_1,\ t_2)$로 표기하고 $\mathbf{X}$의 **적률생성함수**(moment generating function, mgf)라고 한다.

일변량의 경우와 마찬가지로, 만약 확률벡터의 mgf가 존재하면 그것은 확률벡터의 분포를 유일하게 결정한다.

$\mathbf{t} = (t_1,\ t_2)'$이라면 $\mathbf{X}$의 mgf는 다음과 같이 나타낼 수 있다.

$$M_{X_1,X_2}(\mathbf{t}) = E\left[e^{\mathbf{t}'\mathbf{X}}\right] \tag{2.1.13}$$

따라서 이것은 확률변수의 mgf와 매우 유사하다. 또한 X_1과 X_2의 mgf는 각각 $M_{X_1,X_2}(t_1,\ 0)$과 $M_{X_1,X_2}(0,\ t_2)$임을 바로 알 수 있다. 혼동되지 않으면 M의 하첨자를 없애기도 한다.

예제 2.1.10 연속형 확률변수인 X와 Y의 결합 pdf가 다음과 같다고 하자.

$$f(x, y) = \begin{cases} e^{-y} & 0 < x < y < \infty \\ 0 & \text{그 외에} \end{cases}$$

결합분포의 mgf는 $t_1 + t_2 < 1$이고 $t_2 < 1$일 때 다음과 같다.

$$\begin{aligned} M(t_1, t_2) &= \int_0^\infty \left[\int_x^\infty \exp(t_1 x + t_2 y - y)\, dy\right] dx \\ &= \frac{1}{(1 - t_1 - t_2)(1 - t_2)} \end{aligned}$$

또한 X와 Y의 주변분포에 대한 적률생성함수는 각각 다음과 같다.

$$\begin{aligned} M(t_1, 0) &= \frac{1}{1 - t_1}, \quad t_1 < 1 \\ M(0, t_2) &= \frac{1}{(1 - t_2)^2}, \quad t_2 < 1 \end{aligned}$$

물론 이러한 적률생성함수는 각각 다음 주변확률밀도함수

$$f_1(x) = \int_x^\infty e^{-y}\, dy = e^{-x}, \quad 0 < x < \infty$$

그 외에 $f_1(x) = 0$과

$$f_2(y) = e^{-y} \int_0^y dx = ye^{-y}, \quad 0 < y < \infty$$

그 외에 $f_2(y) = 0$에 대한 적률생성함수이다.

또한 확률벡터 자체에 대한 기댓값을 정의할 필요가 있다. 그러나 이것은 구성 요소별 기댓값 형식으로 정의되므로 새로운 개념이 아니다.

정의 2.1.3 [확률벡터의 기댓값]

$\mathbf{X} = (X_1, X_2)'$을 확률벡터라고 하자. 만약 X_1과 X_2의 기댓값이 존재하면 $\mathbf{X}$의 **기댓값**(expected value)도 존재한다. 이런 경우 **기댓값**은 다음과 같이 주어진다.

$$E[\mathbf{X}] = \begin{bmatrix} E(X_1) \\ E(X_2) \end{bmatrix} \tag{2.1.14}$$

연습문제

2.1.1 $0 < x_1 < 1,\ 0 < x_2 < 1$일 때 $f(x_1, x_2) = 4x_1x_2$, 그 외에 $f(x_1, x_2) = 0$을 X_1과 X_2의 pdf라고 하자. $P(1/4 < X_1 < 1,\ 0 < X_2 < 3/4)$, $P(X_1 = X_2)$, $P(X_1 < X_2)$, $P(X_1 \geq X_2)$를 구하라.

힌트: $P(X_1 = X_2)$는 곡면 $f(x_1, x_2) = 4x_1x_2$와 x_1x_2-평면의 선분 $0 < x_1 = x_2 < 1$ 위의 부피이다.

2.1.2 $A_1 = \{(x, y) : x \leq 3, y \leq 5\}$, $A_2 = \{(x, y) : x \leq 3, y \leq 1\}$, $A_3 = \{(x, y) : x \leq 0, y \leq 5\}$, $A_4 = \{(x, y) : x \leq 0, y \leq 1\}$을 확률변수 X와 Y의 공간 A의 부분집합이라고 하자. A는 전체 2차원 평면이다. $P(A_1) = 5/6$, $P(A_2) = 2/6$, $P(A_3) = 3/6$, $P(A_4) = 2/6$일 때 $P(A_5)$를 구하라. 단, $A_5 = \{(x, y) : 0 < x \leq 3, 1 < y \leq 5\}$이다.

2.1.3 $F(x, y)$를 X와 Y의 분포함수라고 하자. 모든 실수인 상수 $a < b$, $c < d$에 대해 $P(a < X \leq b, c < Y \leq d) = F(b, d) - F(b, c) - F(a, d) + F(a, c)$임을 밝혀라.

2.1.4 $x + 3y \geq 1$이면 1과 같고 $x + 3y < 1$이면 0과 같은 함수 $F(x, y)$는 두 확률변수의 분포가 될 수 없음을 밝혀라.

힌트: $F(b, d) - F(a, d) - F(b, c) + F(a, c)$가 0보다 작도록 4개의 수 $a < b$, $c < d$를 구하라.

2.1.5 음이 아닌 함수 $g(z)$는 다음과 같은 성질을 가지고 있다고 하자.

$$\int_{-\infty}^{\infty} g(z)\, dz = 1$$

연속형 확률변수 X와 Y의 pdf에 대한 조건을 다음 함수가 만족함을 밝혀라.

$$f(x, y) = \frac{g\left(\sqrt{x^2 + y^2}\right)}{\pi\sqrt{x^2 + y^2}}, \quad -\infty < x < \infty, -\infty < y < \infty$$

힌트: 극좌표를 사용하라.

2.1.6 예제 2.1.3을 고려하자.

(a) $P(a < X < b, c < Y < d) = (\exp\{-a^2\} - \exp\{-b^2\})(\exp\{-c^2\} - \exp\{-d^2\})$임을 밝혀라.

(b) (a)와 예제 2.1.3의 표기법을 사용하여 $P[(X, Y) \in A] = 0.1879$이고 $P[(X, Y) \in B] = 0.0026$임을 밝혀라.

(c) 다음의 R 코드가 $P(a < X < b,\ c < Y < d)$를 계산함을 밝혀라. 그리고 이를 사용하여 (b)의 확률을 구하라.

```
plifetime <- function(a,b,c,d)
     {(exp(-a^2) - exp(-b^2))*(exp(-c^2) - exp(-d^2))}
```

2.1.7 $0 < x < \infty$, $0 < y < \infty$일 때 $f(x,\ y) = e^{-x-y}$, 그 외에 $f(x,\ y) = 0$을 X와 Y의 pdf라고 하자. $Z = X + Y$일 때 $P(Z \leq 1)$, $P(Z \leq 5)$와 $0 < z < \infty$에 대해 $P(Z \leq z)$를 계산하라. Z의 pdf는 무엇인가?

2.1.8 $0 < x < 2$, $0 < y < 2$일 때 $f(x,\ y) = 1/4$, 그 외에 $f(x,\ y) = 0$을 X와 Y의 pdf라고 하자. 곱 $Z = 1/2(XY)$의 cdf와 pdf를 구하라.

2.1.9 숫자 1부터 100까지 적힌 카드에서 비복원으로 15장을 무작위로 추출한다고 하자. 이 15장의 카드 중에서 짝수의 개수를 X라고 할 때 X의 pmf를 구하라. 또한 이 15장의 카드 중에서 홀수의 개수를 Y라고 할 때 확률 $P(X = 7,\ Y = 8)$을 구하라. X와 Y의 결합확률은 얼마인가?

2.1.10 X_1과 X_2가 다음과 같은 결합 pmf $p(x_1,\ x_2)$를 갖는다고 하자. 즉

(x_1, x_2)	$(0,0)$	$(0,1)$	$(0,2)$	$(1,0)$	$(1,1)$	$(1,2)$
$p(x_1, x_2)$	$\frac{2}{12}$	$\frac{3}{12}$	$\frac{2}{12}$	$\frac{2}{12}$	$\frac{2}{12}$	$\frac{1}{12}$

그리고 그 외에 $p(x_1,\ x_2) = 0$이다.

(a) 예제 2.1.4와 같이 확률을 표로 만들고, '주변'에 주변 pdf를 기록하라.

(b) $P(X_1 + X_2 = 1)$을 구하라.

2.1.11 $0 < x < y < 1$일 때 $f(x,\ y) = 24x^3y$, 그 외에 $f(x,\ y) = 0$을 X와 Y의 결합 pdf라고 하자. 각각의 주변 pdf와 $P(X + Y < 0.5)$를 구하라.

2.1.12 확률변수 X_1과 X_2는 $\mathcal{S}$가 $X_1,\ X_2$의 받침일 때 $(x_1,\ x_2) \in \mathcal{S}$에 대해 결합 pmf $p(x_1,\ x_2)$를 갖는다고 하자. 또한 $Y = g(X_1,\ X_2)$를 다음과 같은 함수라고 하자.

$$\sum_{(x_1,x_2)\in\mathcal{S}}\sum |g(x_1,x_2)|p(x_1,x_2) < \infty$$

정리 1.8.1의 증명을 이용하여 다음을 밝혀라.

$$E(Y) = \sum_{(x_1,x_2)\in\mathcal{S}}\sum g(x_1,x_2)p(x_1,x_2)$$

2.1.13 확률변수 X_1과 X_2가 $x_1 = 1,\ 3$, $x_2 = 1,\ 3$에 대해 $p(x_1,\ x_2) = (x_1 + x_2)/16$, 그 외에 $p(x_1,\ x_2) = 0$인 결합 pmf를 갖는다고 하자. $E(X_1)$, $E(X_1^2)$, $E(X_2)$, $E(X_2^2)$,

$E(X_1X_2)$를 계산하라. $E(X_1X_2) = E(X_1)E(X_2)$인가? $E(X_1 - 5X_1^2 + 6X_1X_2)$를 구하라.

2.1.14 $0 < x < 2$, $0 < y < 2$일 때 $p(x, y) = xy/4$, 그 외에 $p(x, y) = 0$을 X와 Y의 pdf라고 하자. $E(X)$, $E(X^2)$, $E(Y)$, $E(Y^2)$, $E(XY)$를 계산하라. $E(XY) = E(X)E(Y)$인가? $E(2Y - X^2 + 5XY)$를 구하라.

2.1.15 x_1과 x_2가 정수이고 $i = 1, 2$에 대해 $1 \le x_i < \infty$일 때 $p(x_1, x_2) = (1/2)^{x_1+x_2}$, 그 외에 $p(x_1, x_2) = 0$인 결합 pdf를 가진 확률변수 X_1과 X_2를 고려하자. X_1, X_2의 결합 mgf를 구하고 $M(t_1, t_2) = M(t_1, 0)M(0, t_2)$임을 밝혀라.

2.1.16 $0 < x < y < \infty$일 때 $f(x, y) = 2e^{-x-y}$, 그 외에 $f(x, y) = 0$을 X와 Y의 pdf라고 하자. X, Y의 결합 mgf를 구하라. $M(t_x, t_y) = M(t_x, 0)M(0, t_y)$인가?

2.1.17 $x + y < 2$, $0 < x$, $0 < y$일 때 $f(x, y) = (3/4)(2 - x - y)$, 그 외에 $f(x, y) = 0$을 X와 Y의 결합 pdf라고 하자. $P(X + Y < 1)$과 $E(2XY + Y^2)$을 계산하라.

2.2 변환: 이항 확률변수

(X_1, X_2)가 확률벡터이고, (X_1, X_2)의 결합분포를 알고 있으며, (X_1, X_2)의 변환, 즉 $Y = g(X_1, X_2)$의 분포를 찾는다고 가정하자. 그러면 Y의 cdf를 구할 수 있을지도 모른다. 또 다른 방법은 1.6절과 1.7절에서 일변량 확률변수에 대해 했던 것처럼 변환을 사용하는 것이다. 이 절에서는 그 이론을 확률벡터로 확장한다. 이산형과 연속형을 분리하여 논의하는 것이 최선이며, 이산형인 경우부터 살펴보자.

다음과 같은 문제에는 본질적인 어려움이 전혀 없다. $p_{X_1,X_2}(x_1, x_2)$가 $p_{X_1,X_2}(x_1, x_2) > 0$인 점의 (2차원) 집합 $\mathcal{S}$, 즉 $\mathcal{S}$는 (X_1, X_2)의 받침을 가진 이산형 확률변수 X_1과 X_2의 결합 pmf라고 하자. $y_1 = u_1(x_1, x_2)$와 $y_2 = u_2(x_1, x_2)$가 $\mathcal{S}$를 $\mathcal{T}$에 사상하는 일대일 대응 변환이라고 하자. 새로운 확률변수 $Y_1 = u_1(X_1, X_2)$와 $Y_2 = u_2(X_1, X_2)$의 결합 pmf는 다음과 같이 주어진다.

$$p_{Y_1,Y_2}(y_1, y_2) = \begin{cases} p_{X_1,X_2}[w_1(y_1, y_2), w_2(y_1, y_2)] & (y_1, y_2) \in \mathcal{T} \\ 0 & \text{그 외에} \end{cases}$$

여기서 $x_1 = w_1(y_1, y_2)$, $x_2 = w_2(y_1, y_2)$는 $y_1 = u_1(x_1, x_2)$, $y_2 = u_2(x_1, x_2)$의 단일 값을 지닌 역이다. 이러한 결합 pmf $p_{Y_1,Y_2}(y_1, y_2)$로부터 y_2에 대한 합을 이용하여 Y_1의 주변 pmf를 구하고, y_1에 대한 합을 이용하여 Y_2의 주변 pmf를 구한다.

이러한 변수변환 기법을 이용하는 데에서 2개의 '새로운' 변수가 2개의 '예전' 변수를 대체해야 한다는 것을 강조해야 한다. 다음 예제는 이 기법을 이해하는 데 도움이 된다.

예제 2.2.1 독감 시즌 동안 대도시 지역에서 A와 B, 두 가지 독감 균주가 발생한다고 가정하자. X_1과 X_2는 주어진 일주일 동안 각각 독감 균주 A와 B의 사례로 보고된 횟수이고, 결합 pmf가 다음과 같다고 하자.

$$p_{X_1,X_2}(x_1,x_2) = \frac{\mu_1^{x_1}\mu_2^{x_2}e^{-\mu_1}e^{-\mu_2}}{x_1!x_2!}, \quad x_1 = 0,1,2,3,\ldots, \quad x_2 = 0,1,2,3,\ldots$$

그 외에 $p_{X_1,X_2}(x_1,\ x_2) = 0$이다. 여기서 μ_1과 μ_2는 양의 실수이다. 따라서 공간 $\mathcal{S}$는 점 $(x_1,\ x_2)$의 집합이며, 여기서 x_1과 x_2는 음이 아닌 정수이다. 또한 지수함수[3]에 대한 매클로린 급수를 반복적으로 사용하여 다음 결과를 얻는다.

$$\begin{aligned} E(X_1) &= e^{-\mu_1}\sum_{x_1=0}^{\infty} x_1\frac{\mu_1^{x_1}}{x_1!}e^{-\mu_2}\sum_{x_2=0}^{\infty}\frac{\mu_2^{x_2}}{x_2!} \\ &= e^{-\mu_1}\sum_{x_1=1}^{\infty}\mu_1\frac{\mu_1^{x_1-1}}{(x_1-1)!}\cdot 1 = \mu_1 \end{aligned}$$

따라서 μ_1은 일주일 동안 보고된 독감 균주 A의 평균 사례 수이다. 또한 μ_2는 일주일 동안 보고된 독감 균주 B의 평균 사례 수이다. 관심 있는 확률변수는 $Y_1 = X_1 + X_2$, 즉 일주일 동안 보고된 A와 B 독감 사례의 총수이다. 정리 2.1.1에 의해 $E(Y_1) = \mu_1 + \mu_2$를 알고 있지만, Y_1의 분포를 구하고자 한다. 변수변환 기법을 이용하려면 두 번째 확률변수 Y_2를 정의할 필요가 있다. Y_2에는 관심이 없으므로 단순한 일대일 대응이 되도록 선택한다. 예를 들면 $Y_2 = X_2$를 택한다. 그러면 $y_1 = x_1 + x_2$와 $y_2 = x_2$는 $\mathcal{S}$를 다음과 같은 $\mathcal{T}$에 사상하는 일대일 대응을 나타낸다.

$$\mathcal{T} = \{(y_1,y_2) : y_2 = 0,1,\ldots,y_1, y_1 = 0,1,2,\ldots\}$$

만약 $(y_1,\ y_2) \in \mathcal{T}$이면 $0 \le y_2 \le y_1$임을 유의하라. 역함수는 $x_1 = y_1 - y_2$와 $x_2 = y_2$이다. 따라서 Y_1과 Y_2의 결합 pmf는

$$p_{Y_1,Y_2}(y_1,y_2) = \frac{\mu_1^{y_1-y_2}\mu_2^{y_2}e^{-\mu_1-\mu_2}}{(y_1-y_2)!y_2!}, \quad (y_1,y_2) \in \mathcal{T}$$

그 외에 $p_{Y_1,Y_2}(y_1,\ y_2) = 0$이다. 결과적으로 Y_1의 주변 pmf는

$$\begin{aligned} p_{Y_1}(y_1) &= \sum_{y_2=0}^{y_1} p_{Y_1,Y_2}(y_1,y_2) \\ &= \frac{e^{-\mu_1-\mu_2}}{y_1!}\sum_{y_2=0}^{y_1}\frac{y_1!}{(y_1-y_2)!y_2!}\mu_1^{y_1-y_2}\mu_2^{y_2} \\ &= \frac{(\mu_1+\mu_2)^{y_1}e^{-\mu_1-\mu_2}}{y_1!}, \quad y_1 = 0,1,2,\ldots \end{aligned}$$

---

3 예를 들어 저자 서문에 언급된 〈수학 주석〉에서 테일러 급수에 대한 논의를 참조하라.

그 외에 $p_{Y_1}(y_1) = 0$이다. 여기서 세 번째 등식은 이항전개(binomial expansion)에 의해 성립한다.

연속형인 경우는 cdf 기법을 활용하는 예제부터 살펴보자.

예제 2.2.2 단위 정사각형 $\mathcal{S} = \{(x_1, x_2) : 0 < x_1 < 1, 0 < x_2 < 1\}$로부터 한 점 (X_1, X_2)를 무작위로 선택하는 실험을 생각해보자. 관심의 대상이 X_1이나 X_2가 아니라 $Z = X_1 + X_2$라고 하자. 일단 적절한 확률 모형이 채택되면 Z의 pdf를 구하는 방법을 알 수 있다. 구체적으로 확률실험의 본질상 단위 정사각형에서의 확률분포가 균등하다고 가정하는 것이 합리적이다. 그러면 X_1과 X_2의 pdf는 다음과 같이 나타낼 수 있으며,

$$f_{X_1,X_2}(x_1,x_2) = \begin{cases} 1 & 0 < x_1 < 1,\ 0 < x_2 < 1 \\ 0 & \text{그 외에} \end{cases} \tag{2.2.1}$$

이것은 확률모형을 설명한다. 이제 Z의 cdf를 $F_Z(z) = P(X_1 + Y_2 \le z)$로 나타내면

$$F_Z(z) = \begin{cases} 0 & z < 0 \\ \int_0^z \int_0^{z-x_1} dx_2 dx_1 = \frac{z^2}{2} & 0 \le z < 1 \\ 1 - \int_{z-1}^1 \int_{z-x_1}^1 dx_2 dx_1 = 1 - \frac{(2-z)^2}{2} & 1 \le z < 2 \\ 1 & 2 \le z \end{cases}$$

z의 모든 값에서 $F'_Z(z)$가 존재하므로 Z의 pmf는 다음과 같다.

$$f_Z(z) = \begin{cases} z & 0 < z < 1 \\ 2 - z & 1 \le z < 2 \\ 0 & \text{그 외에} \end{cases} \tag{2.2.2}$$

앞의 예제에서는 cdf 기법을 사용하여 변환된 확률벡터의 분포를 구했다. 1장의 정리 1.7.1에서는 일대일 변환의 경우 변환된 확률변수의 pdf를 직접 구하는 변환 기법을 제공했다. 참고 자료인 〈수학 주석〉[4]의 4.1절에서 설명하듯이 이는 일변량 적분을 위한 변수변환 기법을 기반으로 한다. 〈수학 주석〉의 4.2절은 다중적분에 대해서도 비슷한 변수변환 기법이 존재한다는 것을 보여준다. 이제 이 정리에 기반하여 연속형 확률변수에 대한 변환 기법을 일반적으로 논의한다.

(X_1, X_2)가 $f_{X_1,X_2}(x_1, x_2)$의 pdf와 받침 집합 $\mathcal{S}$를 가진 결합 연속형 분포일 때 변환된 확률벡터 $(Y_1, Y_2) = T(X_1, X_2)$를 고려하자. 여기서 T는 일대일 연속형 변환이고, $\mathcal{T} = T(\mathcal{S})$는 (Y_1, Y_2)의 받침을 나타낸다고 하자. 변환을 그림 2.2.1에 나타냈다. 구성 요소별로 변환을 $(Y_1, Y_2) = T(X_1, X_2) = (u_1(X_1, X_2), u_2(X_1, X_2))$로 다시 나타내자. 여기서 함수 $y_1 = u_1(x_1, x_2)$와 $y_2 = u_2(x_1, x_2)$는 T를 정의한다. 변환이 일대일이므로 역변환 T^{-1}이 존재하고, 이를 $x_1 = w_1(y_1,$

4 저자 서문에 제시된 사이트에서 다운로드할 수 있다.

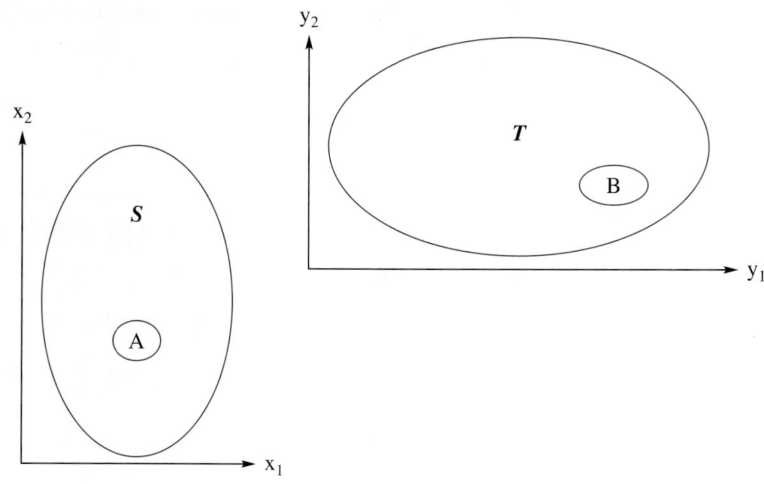

그림 2.2.1 $(X_1,\ X_2)$의 받침 $\mathcal{S}$와 $(Y_1,\ Y_2)$의 받침 $\mathcal{T}$의 일반적인 그림

$y_2)$, $x_2 = w_2(y_1,\ y_2)$로 나타낸다. 마지막으로 다음과 같이 2차원 판별식(determinant)으로 주어진 변환의 **야코비안**(Jacobian)이 필요하다.

$$J = \begin{vmatrix} \frac{\partial x_1}{\partial y_1} & \frac{\partial x_1}{\partial y_2} \\ \frac{\partial x_2}{\partial y_1} & \frac{\partial x_2}{\partial y_2} \end{vmatrix}$$

J는 일변량의 경우 dx/dy의 역할을 한다. 이러한 1차 편미분은 연속적이고 야코비안 J는 $\mathcal{T}$에서 0과 동일하지 않다고 가정한다.

그림 2.2.1에서 보듯이 B가 $\mathcal{T}$의 어떤 영역[5]이고, $A = T^{-1}(B)$라고 하자. 변환 T는 일대일이기 때문에 $P[(X_1,\ X_2) \in A] = P[T(X_1,\ X_2) \in T(A)] = P[(Y_1,\ Y_2) \in B]$이다. 그러면 앞에서 언급한 변수변환 기법을 기반으로 다음과 같이 계산할 수 있다.

$$\begin{aligned} P[(X_1, X_2) \in A] &= \iint_A f_{X_1,X_2}(x_1, x_2)\, dx_1 dy_2 \\ &= \iint_{T(A)} f_{X_1,X_2}[T^{-1}(y_1, y_2)]|J|\, dy_1 dy_2 \\ &= \iint_B f_{X_1,X_2}[w_1(y_1, y_2), w_2(y_1, y_2)]|J|\, dy_1 dy_2 \end{aligned}$$

B는 임의적이므로 마지막 피적분함수는 $(Y_1,\ Y_2)$의 결합 pdf여야 한다. 즉 $(Y_1,\ Y_2)$의 결합 pdf $f_{Y_1,Y_2}(y_1,\ y_2)$는 다음과 같이 구할 수 있다.

5 기술적으로는 $(Y_1,\ Y_2)$의 받침에 있는 사건이다.

$$f_{Y_1,Y_2}(y_1,y_2) = \begin{cases} f_{X_1,X_2}[w_1(y_1,y_2), w_2(y_1,y_2)]|J| & (y_1,y_2) \in \mathcal{T} \\ 0 & \text{그 외에} \end{cases} \tag{2.2.3}$$

이러한 결과에 대한 몇 가지 예를 제시한다.

예제 2.2.3 예제 2.2.2를 다시 고려하자. 여기서 (X_1, X_2)는 단위 정사각형에 대해 식 (2.2.1)에 주어진 균등분포 pdf를 가진다. (X_1, X_2)의 받침은 그림 2.2.2에 묘사한 것처럼 $\mathcal{S} = \{(x_1, x_2) : 0 < x_1 < 1, 0 < x_2 < 1\}$의 집합이다.

$Y_1 = X_1 + X_2$, $Y_2 = X_1 - X_2$라고 하자. 변환은 다음과 같이 주어지며 일대일 대응이다.

$$\begin{aligned} y_1 &= u_1(x_1,x_2) = x_1 + x_2 \\ y_2 &= u_2(x_1,x_2) = x_1 - x_2 \end{aligned}$$

우선 이 변환에서 $\mathcal{S}$의 사상이 되는 y_1y_2-평면의 집합 $\mathcal{T}$를 결정한다. 이제

$$\begin{aligned} x_1 &= w_1(y_1,y_2) = \tfrac{1}{2}(y_1 + y_2) \\ x_2 &= w_2(y_1,y_2) = \tfrac{1}{2}(y_1 - y_2) \end{aligned}$$

이 변환에서 y_1y_2-평면의 $\mathcal{T}$로 사상이 되는 집합 $\mathcal{S}$를 결정하기 위해 $\mathcal{S}$의 경계는 $\mathcal{T}$의 경계로 다음과 같이 변환된다.

$$\begin{aligned} 0 = \tfrac{1}{2}(y_1 + y_2)\text{로} \quad & x_1 = 0\text{을} \\ 1 = \tfrac{1}{2}(y_1 + y_2)\text{로} \quad & x_1 = 1\text{을} \\ 0 = \tfrac{1}{2}(y_1 - y_2)\text{로} \quad & x_2 = 0\text{을} \\ 1 = \tfrac{1}{2}(y_1 - y_2)\text{로} \quad & x_2 = 1\text{을} \end{aligned}$$

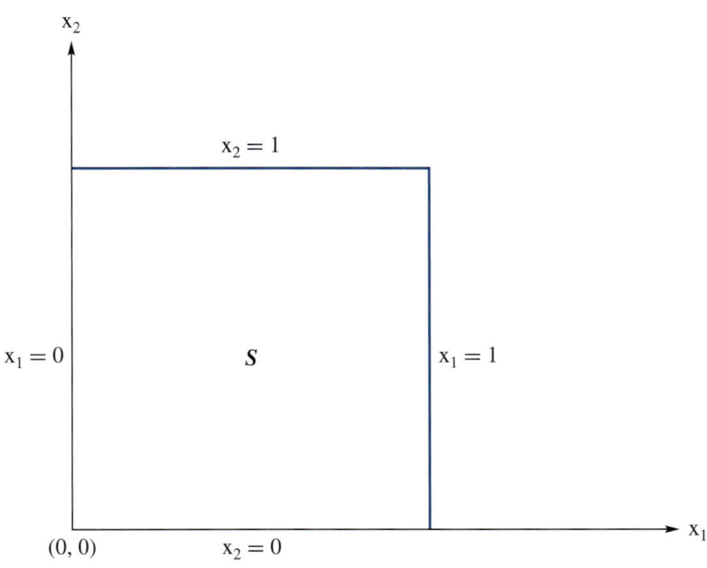

그림 2.2.2 예제 2.2.3 (X_1, X_2)의 받침

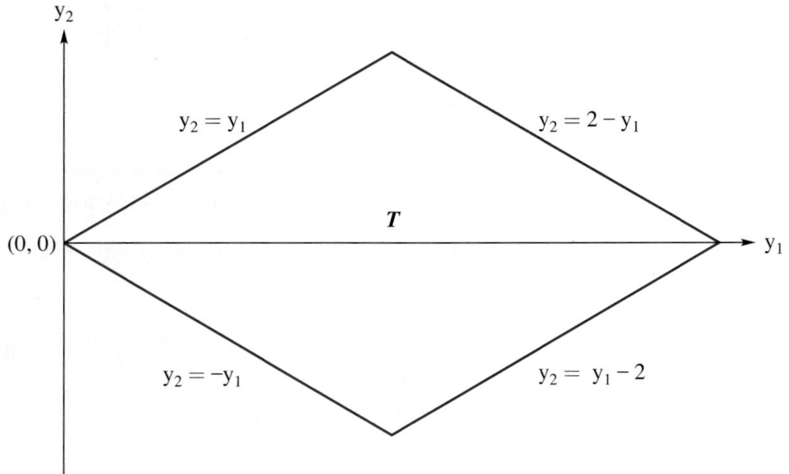

그림 2.2.3 예제 2.2.3 (Y_1, Y_2)의 받침

$\mathcal{T}$는 그림 2.2.3에 제시했다. 다음으로 야코비안은

$$J = \begin{vmatrix} \dfrac{\partial x_1}{\partial y_1} & \dfrac{\partial x_1}{\partial y_2} \\ \dfrac{\partial x_2}{\partial y_1} & \dfrac{\partial x_2}{\partial y_2} \end{vmatrix} = \begin{vmatrix} \frac{1}{2} & \frac{1}{2} \\ \frac{1}{2} & -\frac{1}{2} \end{vmatrix} = -\frac{1}{2}$$

$\mathcal{S}$의 경계에 대한 변환을 암시했지만 다음 부등식을 직접적으로 이용할 수 있다.

$$0 < x_1 < 1, \quad 0 < x_2 < 1$$

이러한 4개의 부등식은

$$0 < \tfrac{1}{2}(y_1 + y_2) < 1, \quad 0 < \tfrac{1}{2}(y_1 - y_2) < 1$$

이것이 다음과 같음을 밝히기는 쉽다.

$$-y_1 < y_2, \quad y_2 < 2 - y_1, \quad y_2 < y_1, \quad y_1 - 2 < y_2$$

그리고 이는 집합 $\mathcal{T}$를 결정한다.

따라서 (Y_1, Y_2)의 결합 pdf는 다음과 같다.

$$f_{Y_1,Y_2}(y_1, y_2) = \begin{cases} f_{X_1,X_2}[\frac{1}{2}(y_1 + y_2), \frac{1}{2}(y_1 - y_2)]|J| = \frac{1}{2} & (y_1, y_2) \in \mathcal{T} \\ 0 & \text{그 외에} \end{cases}$$

Y_1의 주변 pdf는

$$f_{Y_1}(y_1) = \int_{-\infty}^{\infty} f_{Y_1,Y_2}(y_1, y_2)\, dy_2$$

그림 2.2.3을 참고할 때 다음을 알 수 있다.

$$f_{Y_1}(y_1) = \begin{cases} \int_{-y_1}^{y_1} \frac{1}{2}\, dy_2 = y_1 & 0 < y_1 \le 1 \\ \int_{y_1-2}^{2-y_1} \frac{1}{2}\, dy_2 = 2 - y_1 & 1 < y_1 < 2 \\ 0 & \text{그 외에} \end{cases}$$

이는 예제 2.2.2의 식 (2.2.2)와 일치한다. 마찬가지 방법으로 $f_{Y_2}(y_2)$의 주변 pdf는

$$f_{Y_2}(y_2) = \begin{cases} \int_{-y_2}^{y_2+2} \frac{1}{2}\, dy_1 = y_2 + 1 & -1 < y_2 \le 0 \\ \int_{y_2}^{2-y_2} \frac{1}{2}\, dy_1 = 1 - y_2 & 0 < y_2 < 1 \\ 0 & \text{그 외에} \end{cases}$$

예제 2.2.4 X_1과 X_2의 결합 pdf가 다음과 같을 때 $Y_1 = \frac{1}{2}(X_1 - X_2)$라고 하자.

$$f_{X_1,X_2}(x_1, x_2) = \begin{cases} \frac{1}{4}\exp\left(-\frac{x_1+x_2}{2}\right) & 0 < x_1 < \infty,\ \ 0 < x_2 < \infty \\ 0 & \text{그 외에} \end{cases}$$

$Y_2 = X_2$라고 하면 $y_1 = \frac{1}{2}(x_1 - x_2)$, $y_2 = x_2$ 또는 동등하게 $x_1 = 2y_1 + y_2$, $x_2 = y_2$는 $\mathcal{S} = \{(x_1, x_2) : 0 < x_1 < \infty, 0 < x_2 < \infty\}$로부터 $\mathcal{T} = \{(y_1, y_2) : -2y_1 < y_2$와 $0 < y_2 < \infty, -\infty < y_1 < \infty\}$로의 일대일 대응을 정의한다. 변환의 야코비안은 다음과 같으며,

$$J = \begin{vmatrix} 2 & 1 \\ 0 & 1 \end{vmatrix} = 2$$

따라서 Y_1과 Y_2의 결합 pdf는

$$f_{Y_1,Y_2}(y_1, y_2) = \begin{cases} \frac{|2|}{4} e^{-y_1-y_2} & (y_1, y_2) \in \mathcal{T} \\ 0 & \text{그 외에} \end{cases}$$

그러므로 Y_1의 pdf는

$$f_{Y_1}(y_1) = \begin{cases} \int_{-2y_1}^{\infty} \frac{1}{2} e^{-y_1-y_2}\, dy_2 = \frac{1}{2} e^{y_1} & -\infty < y_1 < 0 \\ \int_0^{\infty} \frac{1}{2} e^{-y_1-y_2}\, dy_2 = \frac{1}{2} e^{-y_1} & 0 \le y_1 < \infty \end{cases}$$

또는

$$f_{Y_1}(y_1) = \frac{1}{2} e^{-|y_1|}, \quad -\infty < y_1 < \infty \tag{2.2.4}$$

1장의 식 (1.9.20)으로부터 Y_1이 라플라스 분포를 가지고 있음을 상기하라. 이 pdf는 **이중지수**(double exponential) pdf라고도 한다.

예제 2.2.5 X_1과 X_2의 결합 pdf가 다음과 같으며 $Y_1 = X_1/X_2$, $Y_2 = X_2$라고 하자.

$$f_{X_1,X_2}(x_1,x_2) = \begin{cases} 10x_1x_2^2 & 0 < x_1 < x_2 < 1 \\ 0 & \text{그 외에} \end{cases}$$

따라서 역변환은 $x_1 = y_1y_2$, $x_2 = y_2$이며, 야코비안은 다음과 같다.

$$J = \begin{vmatrix} y_2 & y_1 \\ 0 & 1 \end{vmatrix} = y_2$$

(X_1, X_2)의 받침 $\mathcal{S}$를 결정하는 부등식에 의해

$$0 < y_1y_2, \quad y_1y_2 < y_2, \quad y_2 < 1$$

이 부등식은 다음과 같으며, (Y_1, Y_2)의 받침 집합 $\mathcal{T}$를 정의한다.

$$0 < y_1 < 1, \quad 0 < y_2 < 1$$

따라서 (Y_1, Y_2)의 결합 pdf는

$$f_{Y_1,Y_2}(y_1,y_2) = 10y_1y_2y_2^2|y_2| = 10y_1y_2^4\ , \quad (y_1,y_2) \in \mathcal{T}$$

주변 pdf는

$$f_{Y_1}(y_1) = \int_0^1 10y_1y_2^4\,dy_2 = 2y_1, \quad 0 < y_1 < 1$$

그 외에 $f_{Y_1}(y_1) = 0$이며,

$$f_{Y_2}(y_2) = \int_0^1 10y_1y_2^4\,dy_1 = 5y_2^4, \quad 0 < y_1 < 1$$

그 외에 $f_{Y_2}(y_2) = 0$이다.

확률변수 함수의 분포를 구하는 방법에는 변수변환과 cdf 기법 말고도 **적률생성함수 기법** [moment generating function(mgf) technique]이라고 부르는 또 다른 방법이 있다. 이것은 확률변수의 선형함수에 잘 적용된다. 2.1.2절에서 $Y = g(X_1, X_2)$일 때 $E(Y)$가 존재하면 연속형인 경우 다음과 같다고 했다.

$$E(Y) = \int_{-\infty}^{\infty}\int_{-\infty}^{\infty} g(x_1,x_2)f_{X_1,X_2}(x_1,x_2)\,dx_1dx_2$$

이산형인 경우에는 적분을 합으로 대체하면 된다. 분명하게 함수 $g(X_1, X_2)$는 $\exp\{tu(X_1, X_2)\}$가 될 수 있으며, 따라서 함수 $Z = u(X_1, X_2)$의 mgf를 구할 수 있다. 만약 이 mgf가 특정 분포에 속한다는 것을 알 수 있으면 Z는 그 분포를 따를 것이다. 이 기법의 우수함을 보여주기 위해

다음 두 예제에서 예제 2.2.1과 2.2.4를 다시 생각해본다.

예제 2.2.6 **[예제 2.2.1의 연속]** μ_1과 μ_2가 고정된 양의 실수일 때 X_1과 X_2의 결합 pmf는 다음과 같다.

$$p_{X_1,X_2}(x_1,x_2) = \begin{cases} \frac{\mu_1^{x_1}\mu_2^{x_2}e^{-\mu_1}e^{-\mu_2}}{x_1!x_2!} & x_1 = 0,1,2,3,\ldots, \quad x_2 = 0,1,2,3,\ldots \\ 0 & \text{그 외에} \end{cases}$$

$Y = X_1 + X_2$라고 할 때

$$\begin{aligned} E(e^{tY}) &= \sum_{x_1=0}^{\infty}\sum_{x_2=0}^{\infty} e^{t(x_1+x_2)}p_{X_1,X_2}(x_1,x_2) \\ &= \sum_{x_1=0}^{\infty} e^{tx_1}\frac{\mu^{x_1}e^{-\mu_1}}{x_1!}\sum_{x_2=0}^{\infty} e^{tx_2}\frac{\mu^{x_2}e^{-\mu_2}}{x_2!} \\ &= \left[e^{-\mu_1}\sum_{x_1=0}^{\infty}\frac{(e^t\mu_1)^{x_1}}{x_1!}\right]\left[e^{-\mu_2}\sum_{x_2=0}^{\infty}\frac{(e^t\mu_2)^{x_2}}{x_2!}\right] \\ &= \left[e^{\mu_1(e^t-1)}\right]\left[e^{\mu_2(e^t-1)}\right] \\ &= e^{(\mu_1+\mu_2)(e^t-1)} \end{aligned}$$

끝에서 두 번째 식의 대괄호 안에 있는 값은 각각 X_1과 X_2의 mgf이다. 그러므로 Y의 mgf는 μ_1이 $\mu_1 + \mu_2$로 대체된 것을 제외하고는 X_1의 mgf와 동일하다. 따라서 mgf의 유일성에 의해 Y의 pmf는 다음과 같아야 하며, 이는 예제 2.2.1에서 구한 pmf와 같다.

$$p_Y(y) = e^{-(\mu_1+\mu_2)}\frac{(\mu_1+\mu_2)^y}{y!}, \quad y = 0,1,2,\ldots$$

예제 2.2.7 **[예제 2.2.4의 연속]** X_1과 X_2의 결합 pdf가 다음과 같다.

$$f_{X_1,X_2}(x_1,x_2) = \begin{cases} \frac{1}{4}\exp\left(-\frac{x_1+x_2}{2}\right) & 0 < x_1 < \infty, \quad 0 < x_2 < \infty \\ 0 & \text{그 외에} \end{cases}$$

따라서 $Y = (1/2)(X_1 - X_2)$의 mgf는 $1 - t > 0$이고 $1 + t > 0$, 즉 $-1 < t < 1$이면 다음과 같다.

$$\begin{aligned} E(e^{tY}) &= \int_0^{\infty}\int_0^{\infty} e^{t(x_1-x_2)/2}\frac{1}{4}e^{-(x_1+x_2)/2}\,dx_1dx_2 \\ &= \left[\int_0^{\infty}\frac{1}{2}e^{-x_1(1-t)/2}\,dx_1\right]\left[\int_0^{\infty}\frac{1}{2}e^{-x_2(1+t)/2}\,dx_2\right] \\ &= \left[\frac{1}{1-t}\right]\left[\frac{1}{1+t}\right] = \frac{1}{1-t^2} \end{aligned}$$

그러나 식 (1.9.20)의 pdf를 가진 라플라스 분포의 mgf는 $-1 < t < 1$일 때 다음과 같이 계산된다.

$$\int_{-\infty}^{\infty} e^{tx}\frac{e^{-|x|}}{2}\,dx = \int_{-\infty}^{0}\frac{e^{(1+t)x}}{2}\,dx + \int_{0}^{\infty}\frac{e^{(t-1)x}}{2}\,dx$$
$$= \frac{1}{2(1+t)} + \frac{1}{2(1-t)} = \frac{1}{1-t^2}$$

따라서 mgf의 유일성에 의해 Y는 식 (1.9.20)의 pdf를 가진 라플라스 분포를 따른다.

연습문제

2.2.1 X와 Y의 결합 pmf가 $(x, y) = (0, 0), (0, 1), (1, 0), (1, 1)$일 때 $p(x, y) = \left(\frac{3}{5}\right)^{x+y}, \left(\frac{2}{5}\right)^{2-x-y}$, 그 외에 $p(x, y) = 0$이라고 하자. $U = X - Y$와 $V = X + Y$의 결합 pmf를 구하라.

2.2.2 X와 Y의 결합 pmf가 $x = 1, 3, 5,\ y = 1, 3, 5$일 때 $p(x, y) = xy/81$, 그 외에 $p(x, y) = 0$이라고 하자. $U = XY$와 $V = Y$의 결합 pmf를 구한 후 U의 주변 pmf를 구하라.

2.2.3 X와 Y의 결합 pdf가 $0 < x < y < \infty$일 때 $h(x, y) = 3e^{-2x-y}$, 그 외에 $h(x, y) = 0$이라고 하자. $U = X$와 $V = Y - X$의 결합 pdf를 구하라.

2.2.4 X와 Y의 결합 pdf가 $0 < x < y < 2$일 때 $h(x, y) = 1/2(xy)$, 그 외에 $h(x, y) = 0$이라고 하자. $U = X/Y$와 $V = Y$의 결합 pdf를 구하라.

힌트: S로부터 T로의 사상을 고려할 때 부등식 $0 < uv < v < 2$를 이용하라.

2.2.5 X_1과 X_2는 $-\infty < x_i < \infty (i = 1, 2)$일 때 결합확률밀도함수 $f_{X_1,X_2}(x_1, x_2)$를 가진 연속형 확률변수이고 $Y_1 = X_1 + X_2$, $Y_2 = X_2$라고 하자.

(a) 결합 pdf f_{Y_1,Y_2}를 구하라.

(b) 다음을 밝혀라.

$$f_{Y_1}(y_1) = \int_{-\infty}^{\infty} f_{X_1,X_2}(y_1 - y_2, y_2)\,dy_2 \qquad (2.2.5)$$

이것을 **합성곱 공식**(convolution formula)이라고 한다.

2.2.6 X_1과 X_2의 결합 pdf가 $0 < x_i < \infty (i = 1, 2)$일 때 $f_{X_1,X_2}(x_1, x_2) = e^{-(x_1+x_2)}$, 그 외에 $f_{X_1,X_2}(x_1, x_2) = 0$이라고 하자.

(a) 공식 (2.2.5)를 이용하여 $Y_1 = X_1 + X_2$의 pdf를 구하라.

(b) Y_1의 mgf를 구하라.

2.2.7 X_1과 X_2의 결합 pdf가 $0 < x_1 < x_2 < \infty$일 때 $f_{X_1,X_2}(x_1, x_2) = 2e^{-(x_1+x_2)}$, 그 외에

$f_{X_1,X_2}(x_1, x_2) = 0$이라고 하자. 공식 (2.2.5)를 이용하여 $Y_1 = X_1 + X_2$의 pdf를 구하라.

2.2.8 X_1과 X_2의 결합 pdf가 다음과 같다고 하자.

$$f(x_1,x_2) = \begin{cases} e^{-x_1}e^{-x_2} & x_1 > 0, x_2 > 0 \\ 0 & \text{그 외에} \end{cases}$$

그리고 상수 $w_1 > 0$, $w_2 > 0$에 대해 $W = w_1X_1 + w_2X_2$라고 하자.

(a) W의 pdf가 다음과 같음을 밝혀라.

$$f_W(w) = \begin{cases} \frac{1}{w_1-w_2}(e^{-w/w_1} - e^{-w/w_2}) & w > 0 \\ 0 & \text{그 외에} \end{cases}$$

(b) $w > 0$에 대해 $f_W(w) > 0$임을 확인하라.

(c) pdf $f_W(w)$는 $w_1 = w_2$일 때 부정형(indeterminate form)이다. $w_1 - w_2 = h$로 정의된 h를 이용하여 $f_W(w)$를 고쳐 써라. 그리고 로피탈(L'Hôpital) 정리를 이용하여 $w_1 = w_2$인 경우 pdf가 $w > 0$일 때 $f_W(w) = (w/w_1^2)\exp\{-w/w_1\}$, 그 외에 0임을 밝혀라.

2.3 조건부 분포와 기댓값

2.1절에서 한 쌍의 확률변수에 대한 결합확률분포를 소개했다. 또한 결합분포로부터 확률변수에 대한 각각의 (주변)분포를 구하는 방법도 알아보았다. 이 절에서는 조건부 분포, 즉 다른 변수가 특정 값일 때 한 확률변수의 분포에 대해 설명할 것이다. 우선 이산형인 경우를 알아보는데, 이는 1.4절에 주어진 조건부 확률의 개념으로부터 쉽게 유도할 수 있다.

X_1과 X_2를 받침 집합 $\mathcal{S}$에서는 양수이고 그 외에는 0인 결합 pmf $p_{X_1,X_2}(x_1, x_2)$를 가진 이산형 확률변수라고 하자. $p_{X_1}(x_1)$과 $p_{X_2}(x_2)$가 각각 X_1과 X_2의 주변확률질량함수이고, x_1을 X_1의 받침에 있는 점이라고 하자. 따라서 $p_{X_1}(x_1) > 0$이다. 조건부 확률의 정의에 의해 X_2의 받침 $\mathcal{S}_{X_2}$에 있는 모든 x_2에 대해

$$P(X_2 = x_2|X_1 = x_1) = \frac{P(X_1 = x_1, X_2 = x_2)}{P(X_1 = x_1)} = \frac{p_{X_1,X_2}(x_1,x_2)}{p_{X_1}(x_1)}$$

이 함수를 다음과 같이 정의한다.

$$p_{X_2|X_1}(x_2|x_1) = \frac{p_{X_1,X_2}(x_1,x_2)}{p_{X_1}(x_1)}, \quad x_2 \in S_{X_2} \tag{2.3.1}$$

$p_{X_1}(x_1) > 0$인 고정된 x_1에 대해 함수 $p_{X_2|X_1}(x_2|x_1)$은 음이 아니고 다음과 같으므로 이산형 pmf

의 조건을 만족한다.

$$\begin{aligned}\sum_{x_2} p_{X_2|X_1}(x_2|x_1) &= \sum_{x_2} \frac{p_{X_1,X_2}(x_1,x_2)}{p_{X_1}(x_1)} \\ &= \frac{1}{p_{X_1}(x_1)} \sum_{x_2} p_{X_1,X_2}(x_1,x_2) = \frac{p_{X_1}(x_1)}{p_{X_1}(x_1)} = 1\end{aligned}$$

$p_{X_2|X_1}(x_2|x_1)$을 이산형 확률변수 $X_1 = x_1$이 주어졌을 때 이산형 확률변수 X_2의 **조건부 pmf** (conditional pmf)라고 한다. 같은 방법으로 $x_2 \in \mathcal{S}_{X_2}$가 주어졌을 때 기호 $p_{X_1|X_2}(x_1|x_2)$를 다음 관계로 정의하며,

$$p_{X_1|X_2}(x_1|x_2) = \frac{p_{X_1,X_2}(x_1,x_2)}{p_{X_2}(x_2)}, \quad x_1 \in S_{X_1}$$

$p_{X_1|X_2}(x_1|x_2)$를 이산형 확률변수 $X_2 = x_2$가 주어졌을 때 이산형 확률변수 X_1의 조건부 pmf라고 한다. $p_{X_1|X_2}(x_1|x_2)$를 $p_{1|2}(x_1|x_2)$로, $p_{X_2|X_1}(x_2|x_1)$을 $p_{2|1}(x_2|x_1)$로 간략하게 나타낸다. 마찬가지로 $p_1(x_1)$과 $p_2(x_2)$를 각각의 주변 pmf를 나타내는 데 이용한다.

이제 X_1과 X_2가 연속형 확률변수이며, 결합 pdf $f_{X_1,X_2}(x_1,\ x_2)$와 각각의 주변확률밀도함수 $f_{X_1}(x_1)$, $f_{X_2}(x_2)$를 갖는다고 하자. 앞 단락의 결과를 이용하여 연속형 확률변수의 조건부 pdf의 정의에 대한 동기 부여를 하고자 한다. $f_{X_1}(x_1) > 0$일 때 기호 $f_{X_2|X_1}(x_2|x_1)$을 다음 관계로 정의한다.

$$f_{X_2|X_1}(x_2|x_1) = \frac{f_{X_1,X_2}(x_1,x_2)}{f_{X_1}(x_1)} \tag{2.3.2}$$

여기서 x_1은 $f_{X_1}(x_1) > 0$인 고정된(그러나 임의의 고정된) 값이라고 생각할 수 있다. $f_{X_2|X_1}(x_2|x_1)$은 음이 아니고, 또한 다음과 같음이 분명하다.

$$\begin{aligned}\int_{-\infty}^{\infty} f_{X_2|X_1}(x_2|x_1)\,dx_2 &= \int_{-\infty}^{\infty} \frac{f_{X_1,X_2}(x_1,x_2)}{f_{X_1}(x_1)}\,dx_2 \\ &= \frac{1}{f_{X_1}(x_1)} \int_{-\infty}^{\infty} f_{X_1,X_2}(x_1,x_2)\,dx_2 \\ &= \frac{1}{f_{X_1}(x_1)} f_{X_1}(x_1) = 1\end{aligned}$$

즉 $f_{X_2|X_1}(x_2|x_1)$은 연속형 확률변수의 pdf의 성질을 갖는다. 이것을 연속형 확률변수 X_1이 값 x_1을 가질 때 연속형 확률변수 X_2의 **조건부 pdf**(conditional pdf)라고 한다. $f_{X_2}(x_2) > 0$인 경우 연속형 확률변수 X_2가 값 x_2를 가질 때 연속형 확률변수 X_1의 조건부 pdf는 다음과 같이 정의한다.

$$f_{X_1|X_2}(x_1|x_2) = \frac{f_{X_1,X_2}(x_1,x_2)}{f_{X_2}(x_2)}, \quad f_{X_2}(x_2) > 0$$

이러한 조건부 pdf는 각각 $f_{1|2}(x_1|x_2)$와 $f_{2|1}(x_2|x_1)$로 간략하게 나타내기도 한다. 마찬가지로 각각의 주변분포를 나타내는 데 $f_1(x_1)$과 $f_2(x_2)$를 사용하기도 한다.

$f_{2|1}(x_2|x_1)$과 $f_{1|2}(x_1|x_2)$가 각각 한 확률변수의 pdf이므로 각각은 그러한 pdf의 모든 성질을 갖는다. 따라서 확률과 수학적 기댓값을 구할 수 있다. 확률변수가 연속형이면 다음 확률은 '$X_1 = x_1$이 주어졌을 때 $a < X_2 < b$의 조건부 확률'이라고 한다.

$$P(a < X_2 < b|X_1 = x_1) = \int_a^b f_{2|1}(x_2|x_1)\, dx_2$$

혼동되지 않는다면 이것은 $P(a < X_2 < b|x_1)$ 형식으로 나타낼 수 있다. 마찬가지로 $X_2 = x_2$가 주어졌을 때 조건부 확률 $c < X_1 < d$는

$$P(c < X_1 < d|X_2 = x_2) = \int_c^d f_{1|2}(x_1|x_2)\, dx_1$$

$u(X_2)$가 X_2의 함수일 경우, $X_1 = x_1$이 주어졌을 때 $u(X_2)$의 **조건부 기댓값**(conditional expectation)이 존재한다면 다음과 같이 계산된다.

$$E[u(X_2)|x_1] = \int_{-\infty}^{\infty} u(x_2) f_{2|1}(x_2|x_1)\, dx_2$$

여기서 $E[u(X_2)|x_1]$은 x_1의 함수임을 주목하라. 만약 $E(X_2|x_1)$과 $E\{[X_2 - E(X_2|x_1)]^2|x_1\}$이 존재한다면 $X_1 = x_1$이 주어졌을 때 $E(X_2|x_1)$은 조건부 분포의 평균이고, $E\{[X_2 - E(X_2|x_1)]^2|x_1\}$은 X_2의 조건부 분포의 **조건부 분산**(conditional variance)이며 $Var(X_2|x_1)$로 간단하게 쓸 수 있다. 이를 $X_1 = x_1$이 주어졌을 때 각각 X_2의 '조건부 평균'과 '조건부 분산'이라고 하면 편리하다. 물론 초기의 결과로부터

$$Var(X_2|x_1) = E(X_2^2|x_1) - [E(X_2|x_1)]^2$$

같은 방법으로 $X_2 = x_2$가 주어졌을 때 $u(X_1)$의 조건부 기댓값은

$$E[u(X_1)|x_2] = \int_{-\infty}^{\infty} u(x_1) f_{1|2}(x_1|x_2)\, dx_1$$

이산형 확률변수일 때 그것의 조건부 확률과 기댓값은 적분 대신 총합을 사용하여 계산한다. 다음 예제에서 이를 살펴보자.

예제 2.3.1 X_1과 X_2의 결합 pdf가 다음과 같다고 하자.

$$f(x_1, x_2) = \begin{cases} 2 & 0 < x_1 < x_2 < 1 \\ 0 & \text{그 외에} \end{cases}$$

이 경우 주변확률밀도함수는 각각 다음과 같다.

$$f_1(x_1) = \begin{cases} \int_{x_1}^1 2\,dx_2 = 2(1-x_1) & 0 < x_1 < 1 \\ 0 & \text{그 외에} \end{cases}$$

$$f_2(x_2) = \begin{cases} \int_0^{x_2} 2\,dx_1 = 2x_2 & 0 < x_2 < 1 \\ 0 & \text{그 외에} \end{cases}$$

$X_2 = x_2(0 < x_2 < 1)$가 주어졌을 때 X_1의 조건부 pdf는

$$f_{1|2}(x_1|x_2) = \begin{cases} \frac{2}{2x_2} = \frac{1}{x_2} & 0 < x_1 < x_2 < 1 \\ 0 & \text{그 외에} \end{cases}$$

여기서 $X_2 = x_2$가 주어졌을 때 X_1의 조건부 평균과 조건부 분산은 각각

$$\begin{aligned} E(X_1|x_2) &= \int_{-\infty}^{\infty} x_1 f_{1|2}(x_1|x_2)\,dx_1 \\ &= \int_0^{x_2} x_1 \left(\frac{1}{x_2}\right) dx_1 \\ &= \frac{x_2}{2}, \quad 0 < x_2 < 1 \\ Var(X_1|x_2) &= \int_0^{x_2} \left(x_1 - \frac{x_2}{2}\right)^2 \left(\frac{1}{x_2}\right) dx_1 \\ &= \frac{x_2^2}{12}, \quad 0 < x_2 < 1 \end{aligned}$$

마지막으로 다음 값을 비교하면

$$P(0 < X_1 < \tfrac{1}{2}|X_2 = \tfrac{3}{4}), \quad P(0 < X_1 < \tfrac{1}{2})$$

다음과 같은 결과를 얻는다.

$$P(0 < X_1 < \tfrac{1}{2}|X_2 = \tfrac{3}{4}) = \int_0^{1/2} f_{1|2}(x_1|\tfrac{3}{4})\,dx_1 = \int_0^{1/2} (\tfrac{4}{3})\,dx_1 = \tfrac{2}{3}$$

$$P(0 < X_1 < \tfrac{1}{2}) = \int_0^{1/2} f_1(x_1)\,dx_1 = \int_0^{1/2} 2(1-x_1)\,dx_1 = \tfrac{3}{4}$$

$E(X_2|x_1)$은 x_1의 함수이므로 $E(X_2|X_1)$은 분포, 평균, 분산을 갖는 확률변수이다. 이에 대한 예제를 살펴보자.

예제 2.3.2 X_1과 X_2의 결합 pdf가 다음과 같다고 하자.

$$f(x_1, x_2) = \begin{cases} 6x_2 & 0 < x_2 < x_1 < 1 \\ 0 & \text{그 외에} \end{cases}$$

이때 X_1의 주변 pdf는

$$f_1(x_1) = \int_0^{x_1} 6x_2\,dx_2 = 3x_1^2, \quad 0 < x_1 < 1$$

그 외에 0이다. 그리고 $X_1 = x_1$이 주어졌을 때 X_2의 조건부 pdf는

$$f_{2|1}(x_2|x_1) = \frac{6x_2}{3x_1^2} = \frac{2x_2}{x_1^2}, \quad 0 < x_2 < x_1$$

그 외에 0이다. 여기서 $0 < x_1 < 1$이다. $X_1 = x_1$이 주어졌을 때 X_2의 조건부 평균은

$$E(X_2|x_1) = \int_0^{x_1} x_2\left(\frac{2x_2}{x_1^2}\right)dx_2 = \frac{2}{3}x_1, \quad 0 < x_1 < 1$$

이제 $E(X_2|X_1) = 2X_1/3$을 확률변수 Y라고 하자. $Y = 2X_1/3$의 cdf는

$$G(y) = P(Y \le y) = P\left(X_1 \le \frac{3y}{2}\right), \quad 0 \le y < \frac{2}{3}$$

pdf $f_1(x_1)$로부터

$$G(y) = \int_0^{3y/2} 3x_1^2\,dx_1 = \frac{27y^3}{8}, \quad 0 \le y < \frac{2}{3}$$

물론 $y < 0$이면 $G(y) = 0$이고, $y > 2/3$이면 $G(y) = 1$이다. $Y = 2X_1/3$의 pdf, 평균, 분산은 각각

$$g(y) = \frac{81y^2}{8}, \quad 0 \le y < \frac{2}{3}$$

그 외에 $g(y) = 0$이고

$$E(Y) = \int_0^{2/3} y\left(\frac{81y^2}{8}\right)dy = \frac{1}{2}$$

$$Var(Y) = \int_0^{2/3} y^2\left(\frac{81y^2}{8}\right)dy - \frac{1}{4} = \frac{1}{60}$$

그리고 X_2의 주변 pdf가

$$f_2(x_2) = \int_{x_2}^{1} 6x_2\,dx_1 = 6x_2(1 - x_2), \quad 0 < x_2 < 1$$

그 외에 0임을 이용하여 $E(X_2) = 1/2$, $Var(X_2) = 1/20$을 밝힐 수 있다. 즉

$$E(Y) = E[E(X_2|X_1)] = E(X_2)$$

$$Var(Y) = Var[E(X_2|X_1)] \le Var(X_2)$$

예제 2.3.2는 $Y = 2X_1/3$과 같은 확률변수의 함수에 대한 새로운 분포를 찾는 분포함수의 기법을 적용해보는 데 매우 적합하다. 예제 2.3.2의 마지막 두 줄은 일반적으로 성립하므로 우연이 아니다.

정리 2.3.1

(X_1, X_2)가 확률벡터이고 X_2의 분산이 유한이라고 하면

(a) $E[E(X_2|X_1)] = E(X_2)$
(b) $Var[E(X_2|X_1)] \le Var(X_2)$

증명: 연속형인 경우에 대해 증명하겠다. 이산형인 경우는 적분을 합으로 교체한다. 우선 (a)를 증명한다.

$$\begin{aligned} E(X_2) &= \int_{-\infty}^{\infty}\int_{-\infty}^{\infty} x_2 f(x_1, x_2)\, dx_2 dx_1 \\ &= \int_{-\infty}^{\infty}\left[\int_{-\infty}^{\infty} x_2 \frac{f(x_1, x_2)}{f_1(x_1)}\, dx_2\right] f_1(x_1)\, dx_1 \\ &= \int_{-\infty}^{\infty} E(X_2|x_1) f_1(x_1)\, dx_1 \\ &= E[E(X_2|X_1)] \end{aligned}$$

이것이 첫 번째 결과이다.

다음으로 (b)를 증명한다. $\mu_2 = E(X_2)$라면

$$\begin{aligned} Var(X_2) &= E[(X_2 - \mu_2)^2] \\ &= E\{[X_2 - E(X_2|X_1) + E(X_2|X_1) - \mu_2]^2\} \\ &= E\{[X_2 - E(X_2|X_1)]^2\} + E\{[E(X_2|X_1) - \mu_2]^2\} \\ &\quad + 2E\{[X_2 - E(X_2|X_1)][E(X_2|X_1) - \mu_2]\} \end{aligned}$$

여기서 우변의 마지막 항이 0임을 밝힐 수 있다. 마지막 항은 다음과 같다.

$$\begin{aligned} & 2\int_{-\infty}^{\infty}\int_{-\infty}^{\infty} [x_2 - E(X_2|x_1)][E(X_2|x_1) - \mu_2] f(x_1, x_2)\, dx_2 dx_1 \\ &= 2\int_{-\infty}^{\infty} [E(X_2|x_1) - \mu_2]\left\{\int_{-\infty}^{\infty} [x_2 - E(X_2|x_1)]\frac{f(x_1, x_2)}{f_1(x_1)}\, dx_2\right\} f_1(x_1)\, dx_1 \end{aligned}$$

$E(X_2|x_1)$은 $X_1 = x_1$이 주어졌을 때 X_2의 조건부 평균이다. 우변의 중괄호 안의 식은 다음과 같이 나타낼 수 있으므로 이중적분값이 0이다.

$$E(X_2|x_1) - E(X_2|x_1) = 0$$

그러므로

$$Var(X_2) = E\{[X_2 - E(X_2|X_1)]^2\} + E\{[E(X_2|X_1) - \mu_2]^2\}$$

우변의 첫 번째 항은 $[X_2 - E(X_2|X_1)]^2$, 즉 음이 아닌 함수의 기댓값이므로 음이 아니다. 그리고

$E[E(X_2|X_1)] = \mu_2$이므로 두 번째 항은 $Var[E(X_2|X_1)]$이 된다. 따라서

$$Var(X_2) \geq Var[E(X_2|X_1)]$$

이로써 증명이 완료되었다.

직관적으로 이 결과는 유용한 설명을 이끌어낸다. 확률변수 X_2와 $E(X_2|X_1)$은 평균 μ_2로 같다. μ_2를 모르는 경우 이를 추측하기 위해 두 확률변수 중 하나를 사용할 수 있다. 그러나 $Var(X_2) \geq Var[E(X_2|X_1)]$이므로 $E(X_2|X_1)$을 더 신뢰할 수 있다. 즉 짝지어진 (X_1, X_2)가 (x_1, x_2)로 관측되었다면 알려지지 않은 μ_2를 추측하기 위해 $E(X_2|x_1)$을 x_2보다 더 선호하게 된다. C. R. 라오(C. R. Rao)와 데이비드 블랙웰(David Blackwell) 덕분에 유명해진 이 결과를 7장에서 충분통계량을 공부할 때 이용한다.

정리 2.3.1이 어떻게 사용되는지를 보여주는 예제로 이 절을 마친다.

예제 2.3.3 X_1과 X_2가 이산형 확률변수이고, X_2가 주어진 X_1의 조건부 pmf와 X_2의 주변 pmf가 다음과 같다고 가정하자.

$$\begin{aligned} p(x_1|x_2) &= \binom{x_2}{x_1}\left(\frac{1}{2}\right)^{x_2}, \quad x_1 = 0, 1, \ldots, x_2 \\ p(x_2) &= \frac{2}{3}\left(\frac{1}{3}\right)^{x_2-1}, \quad x_2 = 1, 2, 3 \ldots \end{aligned}$$

이제 X_1의 mgf를 구해보자. 고정된 x_2에 대해 이항정리를 사용하면

$$\begin{aligned} E\left(e^{tX_1}|x_2\right) &= \sum_{x_1=0}^{x_2}\binom{x_2}{x_1}e^{tx_1}\left(\frac{1}{2}\right)^{x_2-x_1}\left(\frac{1}{2}\right)^{x_1} \\ &= \left(\frac{1}{2}+\frac{1}{2}e^t\right)^{x_2} \end{aligned}$$

따라서 기하급수와 정리 2.3.1을 사용하면, $(1/6) + (1/6)e^t < 1$ 또는 $t < \log 5$($t = 0$을 포함)일 때 다음을 얻을 수 있다.

$$\begin{aligned} E\left(e^{tX_1}\right) &= E\left[E\left(e^{tX_1}|X_2\right)\right] \\ &= \sum_{x_2=1}^{\infty}\left(\frac{1}{2}+\frac{1}{2}e^t\right)^{x_2}\frac{2}{3}\left(\frac{1}{3}\right)^{x_2-1} \\ &= \frac{2}{3}\left(\frac{1}{2}+\frac{1}{2}e^t\right)\sum_{x_2=1}^{\infty}\left(\frac{1}{6}+\frac{1}{6}e^t\right)^{x_2-1} \\ &= \frac{2}{3}\left(\frac{1}{2}+\frac{1}{2}e^t\right)\frac{1}{1-[(1/6)+(1/6)e^t]} \end{aligned}$$

연습문제

2.3.1 X와 Y의 결합 pdf가 $0 < x < 2$, $0 < y < 2$일 때 $f(x, y) = (1/8)[x + y]$, 그 외에 $f(x, y) = 0$이라고 하자. $0 < x < 2$에 대해 $X = x$가 주어졌을 때 Y의 조건부 평균과 분산을 구하라.

2.3.2 $0 < x < y$, $0 < y < 1$일 때 $f_{X|Y}(x|y) = \frac{c_1 x^2}{y^3}$, 그 외에 $f_{X|Y}(x|y) = 0$, $0 < y < 1$일 때 $f_Y(y) = c_2 y^2$, 그 외에 $f_Y(y) = 0$ 등은 각각 $Y = y$가 주어졌을 때 X의 조건부 pdf와 Y의 주변 pdf를 나타낸다고 하자. 다음을 구하라.

(a) 상수 c_1과 c_2

(b) X와 Y의 결합 pdf

(c) $P(\frac{1}{4} < X < \frac{1}{3} | Y = \frac{3}{8})$

(d) $P(\frac{1}{4} < X < \frac{1}{3})$

2.3.3 X와 Y의 결합 pdf가 $0 < x < y < 1$일 때 $f(x, y) = 16x^3y^4$, 그 외에 $f(x, y) = 0$이라고 하자.

(a) $Y = y$, $0 < y < 1$가 주어졌을 때 X의 조건부 평균과 분산을 구하라.

(b) $Z = E(X|Y)$의 분포를 구하라.

(c) $E(Z)$, $Var(Z)$를 구하고 이것을 $E(X)$, $Var(X)$와 비교하라.

2.3.4 $(x, y) = (1, 1), (1, 3), (3, 1), (3, 3)$일 때 결합 pmf $p(x, y) = (x + 2y)/24$, 그 외에 $p(x, y) = 0$을 가진 이산형 확률변수를 X, Y라고 하자. $x = 1$ 또는 3에 대해 $X = x$가 주어졌을 때 Y의 조건부 평균과 분산을 구하라. 또한 $E(2X - Y)$를 구하라.

2.3.5 X_1과 X_2가 조건부 분포와 평균이 존재하는 확률변수일 때 다음을 증명하라.

(a) $E(X_1 + X_2|X_2) = E(X_1|X_2) + X_2$

(b) $E(u(X_2)|X_2) = u(X_2)$

2.3.6 X와 Y의 결합 pdf가 다음과 같다고 하자.

$$f(x,y) = \begin{cases} \frac{2}{(1+x+y)^3} & 0 < x < \infty,\ 0 < y < \infty \\ 0 & \text{그 외에} \end{cases}$$

(a) X의 주변 pdf와 $X = x$가 주어졌을 때 Y의 조건부 pdf를 구하라.

(b) 고정된 $X = x$에 대해 $E(1 + x + Y|x)$를 계산하고 그 결과를 이용하여 $E(Y|x)$를 구하라.

2.3.7 $(x_1, x_2) = (1, 1), (1, 2), (2, 1), (2, 2)$일 때 $p(x_1, x_2) = (x_1 + 2x_2)/18$, 그 외에

$p(x_1, x_2) = 0$인 결합 pmf를 가진 이산형 확률변수를 X_1, Y_2라고 하자. $x_2 = 2$일 때 조건부 평균 $E(X_1|x_2)$를 구하라.

2.3.8 X와 Y의 결합 pdf가 $0 < y < x < \infty$일 때 $f(x, y) = 3\exp\{-(x + 2y)\}$, 그 외에 $f(x, y) = 0$이라고 하자. $X = x$가 주어졌을 때 Y의 조건부 평균 $E(Y|x)$를 구하라.

2.3.9 보통의 카드 한 벌에서 비복원으로 5장의 카드를 무작위로 뽑았을 때 나온 스페이드의 수와 하트의 수가 각각 X_1, X_2라고 하자.

(a) X_1과 X_2의 결합 pmf를 구하라.

(b) 2개의 주변 pmf를 구하라.

(c) $X_1 = x_1$이 주어졌을 때 X_2의 조건부 pmf는 무엇인가?

2.3.10 X_1과 X_2의 결합 pmf $p(x_1, x_2)$가 다음과 같다고 하자. 즉

(x_1, x_2)	(1, 1)	(1, 2)	(1, 3)	(2, 1)	(2, 2)	(2, 3)
$p(x_1, x_2)$	$\frac{1}{20}$	$\frac{7}{20}$	$\frac{3}{20}$	$\frac{5}{20}$	$\frac{2}{20}$	$\frac{2}{20}$

그리고 그 외에 $p(x_1, x_2) = 0$이다. 두 주변확률밀도함수와 두 조건부 평균을 구하라.
<u>힌트</u>: 확률을 직사각형 형태로 정리하라.

2.3.11 구간 (0, 1)에서 무작위로 하나의 점을 선택하고 확률변수 X_1을 이 점에 대응하는 수와 같다고 하자. 이 경우 x_1이 X_1의 실험값일 때, 구간 $(0, x_1)$에서 무작위로 하나의 점을 선택하고 확률변수 X_2를 이 점에 대응하는 수와 같다고 하자.

(a) 주변 pdf $f_1(x_1)$과 조건부 pdf $f_{2|1}(x_2|x_1)$에 대한 가정을 설정하라.

(b) $P(X_1 + X_2 \geq 1)$을 계산하라.

(c) 조건부 평균 $E(X_1|x_2)$를 구하라.

2.3.12 $f(x)$와 $F(x)$가 각각 확률변수 X의 pdf와 cdf를 나타낸다고 하자. 고정된 수 x_0에 대해 $X > x_0$가 주어진 X의 조건부 pdf는 $x_0 < x$일 때 $f(x|X > x_0) = f(x)/[1 - F(x_0)]$, 그 외에 $f(x|X > x_0) = 0$으로 정의된다. 이와 같은 종류의 조건부 pdf는 시점 x_0까지 생존한다는 조건에서 사망할 때까지의 시간에 관한 문제의 응용에서 볼 수 있다.

(a) $f(x|X > x_0)$가 pdf임을 밝혀라.

(b) $0 < x < \infty$일 때 $f(x) = e^{-x}$, 그 외에 $f(x) = 0$인 경우 $P(X > 2|X > 1)$를 계산하라.

2.4 독립인 확률변수

pdf $f(x_1, x_2)$와 각각의 주변확률밀도함수 $f_1(x_1)$, $f_2(x_2)$를 가진 연속형 확률변수를 X_1, X_2라고 하자. pdf $f_{2|1}(x_2|x_1)$의 정의에 의해 결합 pdf $f(x_1, x_2)$를 다음과 같이 나타낼 수 있다.

$$f(x_1, x_2) = f_{2|1}(x_2|x_1)f_1(x_1)$$

$f_{2|1}(x_2|x_1)$이 x_1에 의존하지 않는 경우를 생각해보자. 이 경우 X_2의 주변 pdf는 연속형 확률변수에 대해

$$\begin{aligned} f_2(x_2) &= \int_{-\infty}^{\infty} f_{2|1}(x_2|x_1)f_1(x_1)\,dx_1 \\ &= f_{2|1}(x_2|x_1)\int_{-\infty}^{\infty} f_1(x_1)\,dx_1 \\ &= f_{2|1}(x_2|x_1) \end{aligned}$$

따라서 $f_{2|1}(x_2|x_1)$이 x_1에 의존하지 않는 경우 다음과 같다.

$$f_2(x_2) = f_{2|1}(x_2|x_1), \quad f(x_1, x_2) = f_1(x_1)f_2(x_2)$$

즉 $X_1 = x_1$이 주어졌을 때 X_2의 조건부 분포가 x_1에 관한 임의의 가정에 대해 독립이라면 $f(x_1, x_2) = f_1(x_1)f_2(x_2)$이다.

동일한 설명이 이산형인 경우에도 적용된다. 다음 정의에서 이를 대괄호 안에 정리했다.

정의 2.4.1 [독립성]

확률변수 X_1과 X_2는 결합 pdf $f(x_1, x_2)$[결합 pmf $p(x_1, x_2)$]와 각각의 주변 pdf $f_1(x_1)$, $f_2(x_2)$ [pmf $p_1(x_1)$, $p_2(x_2)$]를 갖는다고 하자. 확률변수 X_1과 X_2가 **독립**(independent)인 경우는 $f(x_1, x_2) \equiv f_1(x_1)f_2(x_2)$[$p(x_1, x_2) \equiv p_1(x_1)p_2(x_2)$]가 성립한다는 것과 같다. 독립이 아닌 확률변수는 **의존**(dependent)한다고 한다.

참고 2.4.1

정의 2.4.1에 대해 두 가지 해설이 따라야 한다. 첫째, 2개 양의 함수의 곱 $f_1(x_1)f_2(x_2)$는 곱공간(product space)에서 양의 함수이다. 즉 $f_1(x_1)$과 $f_2(x_2)$가 각각의 공간 $\mathcal{S}_1$과 $\mathcal{S}_2$에서만 양이면 $f_1(x_1)$과 $f_2(x_2)$의 곱은 곱공간 $\mathcal{S} = \{(x_1, x_2) : x_1 \in \mathcal{S}_1, x_2 \in \mathcal{S}_2\}$에서만 양이다. 예컨대 $\mathcal{S}_1 = \{x_1 : 0 < x_1 < 1\}$이고 $\mathcal{S}_2 = \{x_2 : 0 < x_2 < 3\}$이면 $\mathcal{S} = \{(x_1, x_2) : 0 < x_1 < 1, 0 < x_2 < 3\}$이다. 둘째는 항등식에 관한 것이다. 정의 2.4.1에서 항등식은 다음과 같이 해석되어야 한다. $f(x_1, x_2) \neq f_1(x_1)f_2(x_2)$인 어떤 점 $(x_1, x_2) \in \mathcal{S}$가 존재할 수 있다. 그런데 A가 등식을 만족하

지 않는 점 (x_1, x_2)의 집합이면 $P(A) = 0$이다. 다음에 나오는 정리와 일반화에서 음이 아닌 함수의 곱과 항등식은 같은 방법으로 해석되어야 한다.

예제 2.4.1 항아리에 모양과 크기가 동일한 파란색 공 10개, 빨간색 공 8개, 노란색 공 7개가 들어 있다고 가정하자. 비복원으로 4개의 공을 꺼냈을 때 나온 빨간색 공과 파란색 공의 수를 각각 X, Y라고 하자. (X, Y)의 결합 pmf는 다음과 같이 계산된다.

$$p(x,y) = \frac{\binom{10}{x}\binom{8}{y}\binom{7}{4-x-y}}{\binom{25}{4}}, \quad 0 \le x, y \le 4; x + y \le 4$$

여기서 $X + Y \le 4$이므로 X와 Y는 의존하는 것으로 보인다. 정의에 따라 이것이 사실인지 확인하기 위해 먼저 다음과 같은 주변 pmf를 구한다.

$$\begin{aligned} p_X(x) &= \frac{\binom{10}{x}\binom{15}{4-x}}{\binom{25}{4}}, \quad 0 \le x \le 4 \\ p_Y(y) &= \frac{\binom{8}{y}\binom{17}{4-y}}{\binom{25}{4}}, \quad 0 \le y \le 4 \end{aligned}$$

의존함을 밝히기 위해서는 (X_1, X_2)의 받침에서 결합 pmf가 주변 pmf의 곱으로 표현되지 않은 단 하나의 점만 찾으면 된다. 점 $x = 1$과 $y = 1$을 선택한다고 가정하자. 그리고 R을 사용하여 (소수점 넷째 자리까지) 계산한 결과는 다음과 같다.

$$\begin{aligned} p(1,1) &= 10 \cdot 8 \cdot \binom{7}{2} \Big/ \binom{25}{4} = 0.1328 \\ p_X(1) &= 10\binom{15}{3} \Big/ \binom{25}{4} = 0.3597 \\ p_Y(1) &= 8\binom{17}{3} \Big/ \binom{25}{4} = 0.4300 \end{aligned}$$

$0.1328 \ne 0.1547 = 0.3597 \cdot 0.4300$이므로 X와 Y는 의존하는 확률변수이다.

예제 2.4.2 X_1과 X_2의 결합 pdf가 다음과 같다고 하자.

$$f(x_1, x_2) = \begin{cases} x_1 + x_2 & 0 < x_1 < 1, \ 0 < x_2 < 1 \\ 0 & \text{그 외에} \end{cases}$$

X_1과 X_2가 의존함을 밝힐 것이다. 여기서 주변확률밀도함수는

$$f_1(x_1) = \begin{cases} \int_{-\infty}^{\infty} f(x_1, x_2)\, dx_2 = \int_0^1 (x_1 + x_2)\, dx_2 = x_1 + \frac{1}{2} & 0 < x_1 < 1 \\ 0 & \text{그 외에} \end{cases}$$

$$f_2(x_2) = \begin{cases} \int_{-\infty}^{\infty} f(x_1, x_2)\, dx_1 = \int_0^1 (x_1 + x_2)\, dx_1 = \frac{1}{2} + x_2 & 0 < x_2 < 1 \\ 0 & \text{그 외에} \end{cases}$$

$f(x_1,\, x_2) \not\equiv f_1(x_1)f_2(x_2)$이므로 확률변수 X_1과 X_2는 의존한다.

다음 정리를 통해 주변확률밀도함수를 계산하지 않고 예제 2.4.2의 확률변수 X_1과 X_2가 의존함을 확신할 수 있다.

정리 2.4.1

확률변수 X_1과 X_2는 각각 받침 $\mathcal{S}_1$, $\mathcal{S}_2$와 결합 pdf $f(x_1,\, x_2)$를 갖는다고 하자. 이 경우 X_1과 X_2는 $f(x_1,\, x_2)$를 x_1만의 음이 아닌 함수와 x_2만의 음이 아닌 함수의 곱으로 나타낼 수 있을 때에 한하여 독립이다. 즉

$$f(x_1, x_2) \equiv g(x_1)h(x_2)$$

여기서 $x_1 \in \mathcal{S}_1$일 때 $g(x_1) > 0$, 그 외에 $g(x_1) = 0$이고, $x_2 \in \mathcal{S}_2$일 때 $h(x_2) > 0$, 그 외에 $h(x_2) = 0$이다.

증명: X_1과 X_2가 독립이면 $f(x_1,\, x_2) \equiv f_1(x_1)f_2(x_2)$이다. 여기서 $f_1(x_1)$과 $f_2(x_2)$는 각각 X_1과 X_2의 주변확률밀도함수이다. 따라서 조건 $f(x_1,\, x_2) \equiv g(x_1)h(x_2)$가 성립한다.

역으로 $f(x_1,\, x_2) \equiv g(x_1)h(x_2)$이면 연속형 확률변수에 대해

$$f_1(x_1) = \int_{-\infty}^{\infty} g(x_1)h(x_2)\, dx_2 = g(x_1)\int_{-\infty}^{\infty} h(x_2)\, dx_2 = c_1 g(x_1)$$

$$f_2(x_2) = \int_{-\infty}^{\infty} g(x_1)h(x_2)\, dx_1 = h(x_2)\int_{-\infty}^{\infty} g(x_1)\, dx_1 = c_2 h(x_2)$$

여기서 c_1과 c_2는 x_1 또는 x_2의 함수가 아닌 상수이다. 또한 다음과 같은 이유로 $c_1c_2 = 1$이다.

$$1 = \int_{-\infty}^{\infty}\int_{-\infty}^{\infty} g(x_1)h(x_2)\, dx_1 dx_2 = \left[\int_{-\infty}^{\infty} g(x_1)\, dx_1\right]\left[\int_{-\infty}^{\infty} h(x_2)\, dx_2\right] = c_2c_1$$

이 결과는 다음을 뜻한다.

$$f(x_1, x_2) \equiv g(x_1)h(x_2) \equiv c_1 g(x_1)c_2 h(x_2) \equiv f_1(x_1)f_2(x_2)$$

따라서 X_1과 X_2는 독립이다.

이 정리는 이산형인 경우에도 성립한다. 단순하게 결합 pdf가 결합 pmf로 대체된다. 예를 들어 예제 2.4.1의 이산형 확률변수 X와 Y는 $(X,\, Y)$의 받침이 곱공간이 아니기 때문에 의존하는 것을 바로 알 수 있다.

다음으로 예제 2.1.3에 주어진 연속형 확률변수 (X, Y)의 결합분포를 고려하자. 결합 pdf는 다음과 같다.

$$f(x,y) = 4xe^{-x^2}ye^{-y^2}, \quad x > 0, y > 0$$

이는 x의 음이 아닌 함수와 y의 음이 아닌 함수의 곱이다. 또한 결합 받침은 곱공간이다. 따라서 X와 Y는 독립인 확률변수이다.

예제 2.4.3 확률변수 X_1과 X_2의 pdf가 $0 < x_1 < x_2 < 1$일 때 $f(x_1, x_2) = 8x_1x_2$, 그 외에 $f(x_1, x_2) = 0$이라고 하자. $8x_1x_2$는 X_1과 X_2가 독립임을 어느 정도 암시한다. 그러나 공간 $\mathcal{S} = \{(x_1, x_2) : 0 < x_1 < x_2 < 1\}$을 고려하면 이것은 곱공간이 아님을 알 수 있다. 일반적으로 X_1과 X_2의 양의 확률밀도 공간이 수평선도 아니고 수직선도 아닌 어떤 곡선에 의해 유계하면 X_1과 X_2가 의존한다는 것은 분명하다.

---

pdf(또는 pmf)를 이용하는 대신 누적분포함수를 이용하여 독립성을 표현할 수 있다. 다음 정리에서 동등성을 보여준다.

정리 2.4.2

(X_1, X_2)가 결합 cdf $F(x_1, x_2)$를 가지고 X_1과 X_2가 각각 주변 cdf $F_1(x_1)$, $F_2(x_2)$를 가진다고 하자. 그러면 X_1과 X_2는 다음과 같을 때에 한하여 독립이다.

$$\text{모든 } (x_1, x_2) \in R^2\text{에 대해} \quad F(x_1, x_2) = F_1(x_1)F_2(x_2) \tag{2.4.1}$$

증명: 연속형인 경우에 대해 증명하겠다. 식 (2.4.1)이 성립한다고 하면 혼합된 2차 미분은 다음과 같다.

$$\frac{\partial^2}{\partial x_1 \partial x_2} F(x_1, x_2) = f_1(x_1)f_2(x_2)$$

따라서 X_1과 X_2는 독립이다. 반대로 X_1과 X_2가 독립이라고 하면 결합 cdf의 정의에 의해

$$\begin{aligned} F(x_1, x_2) &= \int_{-\infty}^{x_1}\int_{-\infty}^{x_2} f_1(w_1)f_2(w_2)\,dw_2dw_1 \\ &= \int_{-\infty}^{x_1} f_1(w_1)\,dw_1 \cdot \int_{-\infty}^{x_2} f_2(w_2)\,dw_2 = F_1(x_1)F_2(x_2) \end{aligned}$$

따라서 조건 (2.4.1)이 성립한다.

이제 독립인 변수에 대한 사건의 확률을 단순하게 계산하는 정리를 제시한다.

정리 2.4.3

X_1과 X_2는 a, b, c, d가 상수일 때 $a < b$, $c < d$에 대해 다음 조건을 만족하는 경우에 한하여 독립인 확률변수이다.

$$P(a < X_1 \leq b, c < X_2 \leq d) = P(a < X_1 \leq b)P(c < X_2 \leq d) \tag{2.4.2}$$

증명: X_1과 X_2가 독립이면 마지막 정리와 식 (2.1.2)의 응용에 의해

$$\begin{aligned} P(a < X_1 \leq b, c < X_2 \leq d) &= F(b,d) - F(a,d) - F(b,c) + F(a,c) \\ &= F_1(b)F_2(d) - F_1(a)F_2(d) - F_1(b)F_2(c) \\ &\quad + F_1(a)F_2(c) \\ &= [F_1(b) - F_1(a)][F_2(d) - F_2(c)] \end{aligned}$$

이것은 식 (2.4.2)의 우변이다. 반대로 조건 (2.4.2)는 (X_1, X_2)의 결합 cdf가 주변 cdf의 곱으로 인수분해될 수 있는데, 이는 정리 2.4.2에 의해 X_1과 X_2가 독립임을 의미한다.

예제 2.4.4 **[예제 2.4.2의 연속]** 조건 (2.4.2)에 독립성이 필요하다. 예를 들어 예제 2.4.2에서 의존하는 변수 X_1과 X_2를 생각해보자. 이러한 확률변수에서

$$P(0 < X_1 < \tfrac{1}{2}, 0 < X_2 < \tfrac{1}{2}) = \int_0^{1/2} \int_0^{1/2} (x_1 + x_2)\, dx_1 dx_2 = \tfrac{1}{8}$$

이에 반해

$$P(0 < X_1 < \tfrac{1}{2}) = \int_0^{1/2} (x_1 + \tfrac{1}{2})\, dx_1 = \tfrac{3}{8}$$

$$P(0 < X_2 < \tfrac{1}{2}) = \int_0^{1/2} (\tfrac{1}{2} + x_1)\, dx_2 = \tfrac{3}{8}$$

따라서 조건 (2.4.2)가 성립하지 않는다.

독립인 확률변수의 경우 일반적으로 어떤 확률 계산이 단순할 뿐만 아니라 특정 적률생성함수를 포함하는 기댓값도 상대적으로 쉽게 계산할 수 있다. 다음 결과는 매우 유용하기 때문에 정리로 제시한다.

정리 2.4.4

X_1과 X_2가 독립이며 $E(u(X_1))$과 $E(v(X_2))$가 존재한다면

$$E[u(X_1)v(X_2)] = E[u(X_1)]E[v(X_2)]$$

증명: 연속형인 경우에 대해 증명하겠다. X_1과 X_2의 독립성은 X_1과 X_2의 결합 pdf가 $f_1(x_1)$

$f_2(x_2)$임을 의미한다. 기댓값의 정의에 의해

$$\begin{aligned} E[u(X_1)v(X_2)] &= \int_{-\infty}^{\infty}\int_{-\infty}^{\infty} u(x_1)v(x_2)f_1(x_1)f_2(x_2)\,dx_1dx_2 \\ &= \left[\int_{-\infty}^{\infty} u(x_1)f_1(x_1)\,dx_1\right]\left[\int_{-\infty}^{\infty} v(x_2)f_2(x_2)\,dx_2\right] \\ &= E[u(X_1)]E[v(X_2)] \end{aligned}$$

따라서 결과가 참이다.

정리 2.4.4에서 함수 $u(\cdot)$과 $v(\cdot)$을 항등함수(identity function)라고 하면 독립인 확률변수 X_1과 X_2에 대해 다음 결과를 얻는다.

$$E(X_1X_2) = E(X_1)E(X_2) \tag{2.4.3}$$

이제 독립인 확률변수에 관한 매우 유용한 정리를 증명할 것이다. 이 정리의 증명은 적률생성함수가 존재할 때 적률생성함수는 유일하며 또한 확률분포를 유일하게 결정한다는 주장에 의존한다.

정리 2.4.5

확률변수 X_1과 X_2에 대해 결합 mgf $M(t_1, t_2)$가 존재한다면 X_1과 X_2는 다음과 같은 경우에 한하여 독립이다.

$$M(t_1, t_2) = M(t_1, 0)M(0, t_2)$$

즉 결합 mgf는 주변 mgf의 곱으로 인수분해된다.

증명: X_1과 X_2가 독립이면

$$\begin{aligned} M(t_1, t_2) &= E(e^{t_1X_1+t_2X_2}) \\ &= E(e^{t_1X_1}e^{t_2X_2}) \\ &= E(e^{t_1X_1})E(e^{t_2X_2}) \\ &= M(t_1, 0)M(0, t_2) \end{aligned}$$

따라서 X_1과 X_2의 독립성은 결합분포의 적률생성함수가 두 주변분포의 적률생성함수의 곱으로 인수분해됨을 뜻한다.

다음으로 X_1과 X_2 결합분포의 적률생성함수가 $M(t_1, t_2) = M(t_1, 0)M(0, t_2)$라고 가정하자. 그런데 X_1은 연속인 경우 다음과 같은 유일한 적률생성함수를 가지며,

$$M(t_1, 0) = \int_{-\infty}^{\infty} e^{t_1x_1} f_1(x_1)\,dx_1$$

마찬가지로 X_2는 연속인 경우 다음과 같은 유일한 적률생성함수를 갖는다.

$$M(0,t_2) = \int_{-\infty}^{\infty} e^{t_2 x_2} f_2(x_2)\, dx_2$$

그러므로

$$\begin{aligned} M(t_1,0)M(0,t_2) &= \left[\int_{-\infty}^{\infty} e^{t_1 x_1} f_1(x_1)\, dx_1\right]\left[\int_{-\infty}^{\infty} e^{t_2 x_2} f_2(x_2)\, dx_2\right] \\ &= \int_{-\infty}^{\infty}\int_{-\infty}^{\infty} e^{t_1 x_1 + t_2 x_2} f_1(x_1) f_2(x_2)\, dx_1 dx_2 \end{aligned}$$

$M(t_1, t_2) = M(t_1, 0)M(0, t_2)$이므로

$$M(t_1,t_2) = \int_{-\infty}^{\infty}\int_{-\infty}^{\infty} e^{t_1 x_1 + t_2 x_2} f_1(x_1) f_2(x_2)\, dx_1 dx_2$$

그런데 $M(t_1, t_2)$는 X_1과 X_2의 적률생성함수이다. 따라서

$$M(t_1,t_2) = \int_{-\infty}^{\infty}\int_{-\infty}^{\infty} e^{t_1 x_1 + t_2 x_2} f(x_1, x_2)\, dx_1 dx_2$$

적률생성함수의 유일성은 $f_1(x_1)f_2(x_2)$로 나타내는 두 확률분포와 $f(x_1, x_2)$가 같음을 뜻한다. 따라서

$$f(x_1, x_2) \equiv f_1(x_1) f_2(x_2)$$

즉 $M(t_1, t_2) = M(t_1, 0)M(0, t_2)$이면 X_1과 X_2는 독립이다. 이것으로 확률변수가 연속형인 경우의 증명을 마쳤다. 이산형 확률변수인 경우는 적분 대신 총합을 사용하여 증명한다.

예제 2.4.5 **[예제 2.1.10의 연속]** (X, Y)가 다음 결합 pdf를 가진 확률변수의 쌍이라고 하자.

$$f(x,y) = \begin{cases} e^{-y} & 0 < x < y < \infty \\ 0 & \text{그 외에} \end{cases}$$

예제 2.1.10에서 (X, Y)의 mgf는 $t_1 + t_2 < 1$이고 $t_2 < 1$일 때 다음과 같음을 증명했다.

$$\begin{aligned} M(t_1,t_2) &= \int_0^{\infty}\int_x^{\infty} \exp(t_1 x + t_2 y - y)\, dy dx \\ &= \frac{1}{(1-t_1-t_2)(1-t_2)} \end{aligned}$$

$M(t_1, t_2) \neq M(t_1, 0)M(t_1, 0)$이므로 이 확률변수들은 의존한다.

예제 2.4.6 **[연습문제 2.1.15의 연속]** 연습문제 2.1.15에서 정의한 확률변수 X_1과 X_2에 대해 결합 mgf가 다음과 같음을 밝혔다.

$$M(t_1, t_2) = \left[\frac{\exp\{t_1\}}{2-\exp\{t_1\}}\right]\left[\frac{\exp\{t_2\}}{2-\exp\{t_2\}}\right], \quad t_i < \log 2\ , i = 1, 2$$

또한 $M(t_1, t_2) = M(t_1, 0)M(0, t_2)$임을 밝혔다. 따라서 X_1과 X_2는 독립인 확률변수이다.

연습문제

2.4.1 확률변수 X_1과 X_2의 결합 pdf가 다음과 같을 때 독립임을 밝혀라.

$$f(x_1, x_2) = \begin{cases} \frac{1}{9}x_1x_2(3-x_2) & 0 < x_1 < 2, 0 < x_2 < 3 \\ 0 & \text{그 외에} \end{cases}$$

2.4.2 확률변수 X_1과 X_2의 결합 pdf가 $0 < x_1 < x_2$, $0 < x_2 < \infty$일 때 $f(x_1, x_2) = 2e^{-x_1-x_2}$, 그 외에 $f(x_1, x_2) = 0$이면 X_1과 X_2는 의존함을 밝혀라.

2.4.3 X_1과 X_2의 결합 pmf가 $x_1 = 1, 2, 3, 4$, $x_2 = 1, 2, 3, 4$일 때 $p(x_1, x_2) = 1/16$, 그 외에 $p(x_1, x_2) = 0$이면 X_1과 X_2가 독립임을 밝혀라.

2.4.4 확률변수 X_1과 X_2의 결합 pdf가 $0 < x_1 < 1$, $0 < x_2 < 2$일 때 $f(x_1, x_2) = x_1(2 - x_2)$, 그 외에 $f(x_1, x_2) = 0$이라고 하자. $P(0 < X_1 < \frac{2}{3}, \frac{3}{4} < X_2 < \frac{3}{2})$를 구하라.

2.4.5 독립인 확률변수 X_1과 X_2가 $P(a < X_1 < b) = 2/3$, $P(c < X_2 < d) = 5/8$일 때 두 사건 $a < X_1 < b$, $-\infty < X_2 < \infty$와 $-\infty < X_1 < \infty$, $c < X_2 < d$의 합의 확률을 구하라.

2.4.6 확률변수 X_1과 X_2의 결합 pdf가 $0 < x_1 < \infty$, $0 < x_2 < \infty$일 때 $f(x_1, x_2) = e^{-x_1-x_2}$, 그 외에 $f(x_1, x_2) = 0$이라고 하자. X_1과 X_2는 독립이고, $t_2 < 1$, $t_1 < 1$일 때 $M(t_1, t_2) = (1-t_1)^{-1}(1-t_2)^{-1}$임을 밝혀라. 또한 다음을 밝히고,

$$E(e^{t(X_1+X_2)}) = (1-t)^{-2}, \quad t < 1$$

$Y = X_1 + X_2$의 평균과 분산을 구하라.

2.4.7 확률변수 X_1과 X_2의 결합 pdf가 $(x_1-1)^2 + (x_2+2)^2 < 1$일 때 $f(x_1, x_2) = 1/\pi$, 그 외에 $f(x_1, x_2) = 0$이라고 하자. $f_1(x_1)$과 $f_2(x_2)$를 구하라. X_1과 X_2는 독립인가?

2.4.8 X와 Y의 결합 pdf가 $0 < y < x < 1$일 때 $f(x, y) = 4x^2$, 그 외에 $f(x, y) = 0$이라면 X와 Y는 독립인가? 독립이 아니라면 $E(X|y)$를 구하라.

2.4.9 한 사람이 오전 8시에서 8시 30분 사이에 집을 출발하여 사무실에 도착하는 데 40~50분이 걸린다고 하자. 출발 시각을 X, 가는 데 걸리는 시간을 Y라고 하자. 두 확률변수가 독립이고 균등분포를 따른다고 가정할 때 오전 9시 전에 사무실에 도착할 확

률을 구하라.

2.4.10 X와 Y를 네 점 (0, 0), (1, 1), (1, 0), (1, −1)로 이루어진 공간에서의 확률변수라고 하자. 상관계수가 0이 되도록 네 점에 확률을 부여하라. X와 Y는 독립인가?

2.4.11 각각의 길이가 2단위인 선분 2개가 x축 위에 놓여 있다. 첫 번째 선분의 중간점은 $x = 0$과 $x = 14$ 사이에 있고, 두 번째 선분의 중간점은 $x = 6$과 $x = 20$ 사이에 있다. 이 중간점들에 대해 독립성과 균등분포를 가정할 때 두 선분이 겹칠 확률을 구하라.

2.4.12 공정한 주사위를 던져서 1 또는 2, 3이 나오면 $X = 0$, 4 또는 5가 나오면 $X = 1$, 6이 나오면 $X = 2$라고 하자. 이것을 독립적으로 두 번 시행하여 X_1과 X_2를 구한다. $P(|X_1 - X_2| = 1)$을 계산하라.

2.4.13 예제 2.4.6의 X_1과 X_2에 대해 $Y = X_1 + X_2$의 mgf가 $t < \log 2$일 때 $e^{2t}/(2 - e^t)^2$임을 밝혀라. 그리고 Y의 평균과 분산을 구하라.

2.5 상관계수

(X, Y)가 확률벡터를 나타낸다고 하자. 앞 절에서는 X와 Y 간 독립성의 개념을 살펴보았다. 하지만 X와 Y가 의존한다면 어떻게 되는가? 그리고 의존한다면 어떻게 관련되어 있는가? 의존성에는 여러 가지 척도가 있다. 여기서는 X와 Y 사이의 선형성(linearity)을 측정하는 (X, Y)의 결합분포의 모수 ρ를 소개한다. 이 절에서 다루는 모든 기댓값은 존재한다고 가정한다.

정의 2.5.1

(X, Y)가 결합분포를 갖는다고 하자. X와 Y의 평균을 각각 μ_1, μ_2로 표기하고, 각각의 분산을 σ_1^2, σ_2^2로 표기하자. (X, Y)의 **공분산**(covariance)은 $Cov(X, Y)$로 나타내며 다음 기댓값으로 정의된다.

$$Cov(X,Y) = E[(X - \mu_1)(Y - \mu_2)] \tag{2.5.1}$$

정리 2.1.1에 제시된 기댓값의 선형성에 의해 X와 Y의 공분산을 다음과 같이 나타낼 수 있다.

$$\begin{aligned} Cov(X,Y) &= E(XY - \mu_2 X - \mu_1 Y + \mu_1\mu_2) \\ &= E(XY) - \mu_2 E(X) - \mu_1 E(Y) + \mu_1\mu_2 \\ &= E(XY) - \mu_1\mu_2 \end{aligned} \tag{2.5.2}$$

이러한 표현은 종종 식 (2.5.1)의 정의를 사용하는 것보다 계산하기가 더 쉽다.

다음의 척도는 공분산의 표준화된 (단위가 없는) 형태이다.

정의 2.5.2

σ_1과 σ_2가 각각 양수이면 X와 Y 사이의 **상관계수**(correlation coefficient)는 다음과 같이 정의된다.

$$\rho = \frac{E[(X-\mu_1)(Y-\mu_2)]}{\sigma_1\sigma_2} = \frac{Cov(X,Y)}{\sigma_1\sigma_2} \tag{2.5.3}$$

두 확률변수의 곱에 대한 기댓값은 각 기댓값의 곱에 두 확률변수 간 공분산을 더한 것과 같음을 유의해야 한다. 즉 $E(XY) = \mu_1\mu_2 + Cov(X, Y) = \mu_1\mu_2 + \rho\sigma_1\sigma_2$이다.

예로 두 가지 예제를 제시하는데, 첫 번째는 이산형 모형에 관한 것이고 두 번째는 연속형 모형에 관한 것이다.

예제 2.5.1 공정한 동전을 세 번 던졌을 때 처음 두 번에서 나온 앞면의 수가 X_1, 세 번 모두에서 앞면의 수가 X_2인 예제 2.1.1의 확률벡터 $(X_1,\ X_2)$를 다시 생각해보자. 표 2.1.1은 X_1과 X_2의 주변분포를 보여준다. 여기서 pmf의 대칭으로 $E(X_1) = 1$이고 $E(X_2) = 3/2$이다. $(X_1,\ X_2)$의 상관계수를 구하기 위해 필요한 적률의 계산은 다음과 같다.

$$\begin{aligned}
E(X_1^2) &= \frac{1}{2} + 2^2\cdot\frac{1}{4} = \frac{3}{2} \Rightarrow \sigma_1^2 = \frac{3}{2} - 1^2 = \frac{1}{2} \\
E(X_2^2) &= \frac{3}{8} + 4\cdot\frac{3}{8} + 9\cdot\frac{1}{8} = 3 \Rightarrow \sigma_2^2 = 3 - \left(\frac{3}{2}\right)^2 1^2 = \frac{1}{2} \\
E(X_1X_2) &= \frac{2}{8} + 1\cdot 2\cdot\frac{2}{8} + 2\cdot 2\cdot\frac{1}{8} + 2\cdot 3\cdot\frac{1}{8} = 2 \Rightarrow \mathrm{cov}(X_1,X_2) = 2 - 1\cdot\frac{3}{2} = \frac{1}{2}
\end{aligned}$$

이러한 결과로부터 $\rho = (1/2)/(\sqrt{(1/2)}\sqrt{(3/4)} = 0.816$을 얻는다.

예제 2.5.2 확률변수 X와 Y의 결합 pdf가 다음과 같다.

$$f(x,y) = \begin{cases} x+y & 0<x<1,\ 0<y<1 \\ 0 & \text{그 외에} \end{cases}$$

X와 Y의 상관계수 ρ를 계산하려 한다. 그런데

$$\mu_1 = E(X) = \int_0^1\int_0^1 x(x+y)\,dxdy = \frac{7}{12}$$

그리고

$$\sigma_1^2 = E(X^2) - \mu_1^2 = \int_0^1 \int_0^1 x^2(x+y)\,dxdy - \left(\frac{7}{12}\right)^2 = \frac{11}{144}$$

마찬가지로

$$\mu_2 = E(Y) = \frac{7}{12}$$

$$\sigma_2^2 = E(Y^2) - \mu_2^2 = \frac{11}{144}$$

X와 Y의 공분산은

$$E(XY) - \mu_1\mu_2 = \int_0^1 \int_0^1 xy(x+y)\,dxdy - \left(\frac{7}{12}\right)^2 = -\frac{1}{144}$$

따라서 X와 Y의 상관계수는

$$\rho = \frac{-\frac{1}{144}}{\sqrt{(\frac{11}{144})(\frac{11}{144})}} = -\frac{1}{11}$$

일반적으로 $|\rho| \le 1$임을 살펴보자.

정리 2.5.1

상관계수 ρ가 존재하는 결합분포를 가진 모든 확률변수 (X, Y)에 대해 $-1 \le \rho \le 1$이다.

증명: 다음과 같은 v의 2차 다항식을 고려하자.

$$h(v) = E\left\{[(X - \mu_1) + v(Y - \mu_2)]^2\right\}$$

그러면 모든 v에 대해 $h(v) \ge 0$이므로 $h(v)$의 판별식은 0보다 작거나 같아야 한다. 판별식을 구하기 위해 $h(v)$를 다음과 같이 확장해서 표현한다.

$$h(v) = \sigma_1^2 + 2v\rho\sigma_1\sigma_2 + v^2\sigma_2^2$$

따라서 $h(v)$의 판별식은 $4\rho^2\sigma_1^2\sigma_2^2 - 4\sigma_2^2\sigma_1^2$이 된다. 이는 0보다 작거나 같기 때문에 다음과 같이 계산된다.

$$4\rho^2\sigma_1^2\sigma_2^2 \le 4\sigma_2^2\sigma_1^2 \quad \text{또는} \quad \rho^2 \le 1$$

이것은 우리가 찾던 결과이다.

정리 2.5.2

X와 Y가 독립인 확률변수이면 $Cov(X, Y) = 0$이고, 따라서 $\rho = 0$이다.

증명: X와 Y는 독립이므로 식 (2.4.3)으로부터 $E(XY) = E(X)E(Y)$이다. 따라서 식 (2.5.2)에 의해 X와 Y의 공분산은 0이고, $\rho = 0$이다.

다음 예제에서 볼 수 있듯이 이 정리의 반대는 사실이 아니다.

예제 2.5.3 X와 Y가 4개의 점 $(-1, 0)$, $(0, -1)$, $(1, 0)$, $(0, 1)$에서 각각 질량이 $1/4$인 결합분포를 가진 이산형 확률변수라고 하자. 그러면 X와 Y는 모두 받침이 $\{-1, 0, 1\}$이고 각각의 확률이 $1/4$, $1/2$, $1/4$인 동일한 주변분포를 갖는다. 즉 $\mu_1 = \mu_2 = 0$이고, $E(XY) = 0$임을 쉽게 밝힐 수 있다. 따라서 $\rho = 0$이지만 $P(X = 0, Y = 0) = 0$이고 $P(X = 0)P(Y = 0) = (1/2)(1/2) = 1/4$이다. 즉 X와 Y는 의존하지만 X와 Y의 상관계수는 0이다.

정리 2.5.2의 역은 성립하지 않지만 대우(contrapositive)는 성립한다. 즉 $\rho \neq 0$이면 X와 Y는 의존한다. 예를 들어 예제 2.5.1에서 $\rho = 0.816$이므로 이 예제에서 다룬 확률변수 X_1과 X_2는 의존한다는 것을 알 수 있다. 10.8절에서 언급하듯이 이러한 대우는 통계학에서 자주 사용된다.

연습문제 2.5.7은 정리 2.5.1의 증명에서 다항식 $h(v)$의 판별식이 $\rho = \pm 1$인 경우에 한하여 0임을 보여준다. 이러한 경우 X와 Y는 1의 확률로 서로의 선형함수가 되고, 이 관계가 퇴화되는 것을 보여준다. 이는 다음과 같이 흥미로운 질문으로 연결된다. ρ가 극단값 중 하나를 갖지 않는 경우, 선에 대한 범위로 X와 Y에 관한 확률이 집중되는 경향이 생기는 xy-평면상의 선이 존재하는가? 특정한 제한 조건하에서 이것은 사실이고, 그러한 조건하에서 ρ는 해당 선에 대해 X와 Y에 관한 확률이 집중되는 정도를 측정하는 것으로 볼 수 있다.

$f(x, y)$는 확률변수 X와 Y의 결합 pdf이고 $f_1(x)$는 X의 주변 pdf라고 하자. 2.3절에 의해 $X = x$가 주어진 경우 Y의 조건부 pdf는 $f_1(x) > 0$일 때 다음과 같다.

$$f_{2|1}(y|x) = \frac{f(x, y)}{f_1(x)}$$

이 경우 $X = x$가 주어졌을 때 Y의 조건부 평균은 연속형 확률변수를 생각하면

$$\begin{aligned} E(Y|x) &= \int_{-\infty}^{\infty} y f_{2|1}(y|x)\, dy \\ &= \frac{\int_{-\infty}^{\infty} y f(x, y)\, dy}{f_1(x)} \end{aligned}$$

$X = x$가 주어졌을 때 이와 같은 Y의 조건부 평균은 x만의 함수 $u(x)$이다. 같은 식으로 $Y = y$가 주어졌을 때 X의 조건부 평균은 y만의 함수 $v(y)$이다.

$u(x)$가 x의 선형함수인 경우, 즉 $u(x) = a + bx$인 경우 Y의 조건부 평균은 x의 선형이라고 하거나 또는 Y는 선형 조건부 평균을 갖는다고 한다. $u(x) = a + bx$일 때 상수 a와 b는 다음 정리에서 볼 수 있듯이 단순한 값이다.

정리 2.5.3

(X, Y)가 X와 Y의 분산이 유한이고 양수인 결합분포를 따른다고 하자. X와 Y의 평균과 분산을 각각 μ_1, μ_2와 σ_1^2, σ_2^2로 표기하자. 그리고 ρ를 X와 Y 사이의 상관계수라고 하자. 만약 $E(Y|X)$가 X에 대해 선형이면

$$E(Y|X) = \mu_2 + \rho\frac{\sigma_2}{\sigma_1}(X - \mu_1) \tag{2.5.4}$$

$$E(Var(Y|X)) = \sigma_2^2(1 - \rho^2) \tag{2.5.5}$$

증명: 연속형인 경우에 대해 증명하겠다. 이산형은 적분을 합으로 대체함으로써 구할 수 있다. $E(Y|x) = a + bx$라고 하자. 다음으로부터

$$E(Y|x) = \frac{\int_{-\infty}^{\infty} yf(x,y)\,dy}{f_1(x)} = a + bx$$

다음을 얻는다.

$$\int_{-\infty}^{\infty} yf(x,y)\,dy = (a + bx)f_1(x) \tag{2.5.6}$$

식 (2.5.6)의 양변을 x에 대해 적분하면

$$E(Y) = a + bE(X)$$

또는

$$\mu_2 = a + b\mu_1 \tag{2.5.7}$$

여기서 $\mu_1 = E(X)$이고 $\mu_2 = E(Y)$이다. 식 (2.5.6)의 양변에 x를 곱한 다음 x에 대해 적분하면

$$E(XY) = aE(X) + bE(X^2)$$

또는

$$\rho\sigma_1\sigma_2 + \mu_1\mu_2 = a\mu_1 + b(\sigma_1^2 + \mu_1^2) \tag{2.5.8}$$

여기서 $\rho\sigma_1\sigma_2$는 X와 Y의 공분산이다. 식 (2.5.7)과 (2.5.8)의 동시 해에 의해

$$a = \mu_2 - \rho\frac{\sigma_2}{\sigma_1}\mu_1, \quad b = \rho\frac{\sigma_2}{\sigma_1}$$

이 값이 첫 번째 결과 (2.5.4)이다.

다음으로 Y의 조건부 분산은

$$
\begin{aligned}
Var(Y|x) &= \int_{-\infty}^{\infty} \left[y - \mu_2 - \rho\frac{\sigma_2}{\sigma_1}(x - \mu_1) \right]^2 f_{2|1}(y|x)\, dy \\
&= \frac{\displaystyle\int_{-\infty}^{\infty} \left[(y - \mu_2) - \rho\frac{\sigma_2}{\sigma_1}(x - \mu_1) \right]^2 f(x, y)\, dy}{f_1(x)} \qquad (2.5.9)
\end{aligned}
$$

이 분산은 음수가 아니며 기껏해야 x만의 함수이다. 이 식에 $f_1(x)$를 곱한 다음 x에 대해 적분하면 음수가 아니다. 그 결과는 다음과 같으며,

$$
\begin{aligned}
&\int_{-\infty}^{\infty}\int_{-\infty}^{\infty} \left[(y - \mu_2) - \rho\frac{\sigma_2}{\sigma_1}(x - \mu_1) \right]^2 f(x, y)\, dydx \\
&\quad = \int_{-\infty}^{\infty}\int_{-\infty}^{\infty} \left[(y - \mu_2)^2 - 2\rho\frac{\sigma_2}{\sigma_1}(y - \mu_2)(x - \mu_1) + \rho^2\frac{\sigma_2^2}{\sigma_1^2}(x - \mu_1)^2 \right] f(x, y)\, dydx \\
&\quad = E[(Y - \mu_2)^2] - 2\rho\frac{\sigma_2}{\sigma_1}E[(X - \mu_1)(Y - \mu_2)] + \rho^2\frac{\sigma_2^2}{\sigma_1^2}E[(X - \mu_1)^2] \\
&\quad = \sigma_2^2 - 2\rho\frac{\sigma_2}{\sigma_1}\rho\sigma_1\sigma_2 + \rho^2\frac{\sigma_2^2}{\sigma_1^2}\sigma_1^2 \\
&\quad = \sigma_2^2 - 2\rho^2\sigma_2^2 + \rho^2\sigma_2^2 = \sigma_2^2(1 - \rho^2)
\end{aligned}
$$

이것이 원하는 결과이다.

식 (2.5.9)의 분산을 $k(x)$로 나타내면 $E[k(X)] = \sigma_2^2(1 - \rho^2) \geq 0$이다. 따라서 $\rho^2 \leq 1$, 즉 $-1 \leq \rho \leq 1$이다. 이것은 선형 조건부 평균의 특별한 경우에 대해 정리 2.5.1을 검증한다.

정리 2.5.3의 따름정리(corollary)로 식 (2.5.9)의 분산이 양이지만 x의 함수가 아니라고 가정하자. 즉 분산이 상수 $k > 0$라고 하자. 이제 k에 $f_1(x)$를 곱한 다음 x에 대해 적분하면 그 결과는 k이므로 $k = \sigma_2^2(1 - \rho^2)$이다. 따라서 $X = x$가 주어졌을 때 Y의 각 조건부 분포의 분산은 $\sigma_2^2(1 - \rho^2)$이다. 만약 $\rho = 0$이면 $X = x$가 주어졌을 때 Y의 각 조건부 분산은 Y의 주변분포의 분산인 σ_2^2이다. 한편 ρ^2이 1에 가까우면 $X = x$가 주어졌을 때 Y의 각 조건부 분포의 분산은 매우 작고, 평균 $E(Y|x) = \mu_2 + \rho(\sigma_2/\sigma_1)(x - \mu_1)$에 이 조건부 분포의 확률이 집중되어 있다. 만약 선형이라면 $E(X|y)$에 대해서도 동일하게 적용된다. 특히 $E(X|y) = \mu_1 + \rho(\sigma_1/\sigma_2)(y - \mu_2)$이고 $E[Var(X|y)] = \sigma_1^2(1 - \rho^2)$이다.

예제 2.5.4 확률변수 X와 Y의 선형 조건부 평균이 $E(Y|x) = 4x + 3$, $E(X|y) = \frac{1}{16}y - 3$이라고 하자. 선형 조건부 평균에 대한 일반 공식에 의해 $x = \mu_1$이면 $E(Y|x) = \mu_2$이고, $y = \mu_2$이면 $E(X|y) = \mu_1$이다. 따라서 이와 같은 특수한 경우에 $\mu_2 = 4\mu_1 + 3$이고 $\mu_1 = \frac{1}{16}\mu_2 - 3$이므로

$\mu_1 = -\frac{15}{4}$, $\mu_2 = -12$이다. 또한 선형 조건부 평균에 대한 일반 공식은 x와 y의 계수의 곱은 각각 ρ^2과 같고, 그 계수의 몫은 σ_2^2/σ_1^2과 같음을 보여준다. 여기서 $\rho = \frac{1}{2}$이고($-\frac{1}{2}$이 아니라) $\sigma_2^2/\sigma_1^2 = 64$이며 $\rho^2 = 4(\frac{1}{16}) = \frac{1}{4}$이다. 따라서 두 선형 조건부 평균으로부터 μ_1, μ_2, ρ, σ_2/σ_1의 값을 구할 수 있으나 σ_1과 σ_2의 값은 구할 수 없다.

예제 2.5.5 상관계수가 직선에 대해 X와 Y의 확률의 집중 강도를 어떻게 측정하는지를 도식화하기 위해 확률변수가 그림 2.5.1의 영역에서 균등한 분포를 나타낸다고 하자. 즉 X와 Y의 결합 pdf는 다음과 같다.

$$f(x,y) = \begin{cases} \frac{1}{4ah} & -a+bx < y < a+bx, \quad -h < x < h \\ 0 & \text{그 외에} \end{cases}$$

여기서 $b \geq 0$라고 가정하자. 그러나 $b \leq 0$인 경우에도 적용할 수 있다. X의 pdf가 균등함을 밝히기는 쉽다. 즉

$$f_1(x) = \begin{cases} \int_{-a+bx}^{a+bx} \frac{1}{4ah}\,dy = \frac{1}{2h} & -h < x < h \\ 0 & \text{그 외에} \end{cases}$$

조건부 평균과 분산은

$$E(Y|x) = bx, \quad Var(Y|x) = \frac{a^2}{3}$$

이러한 특정한 값은 일반적 표현으로 다음과 같다.

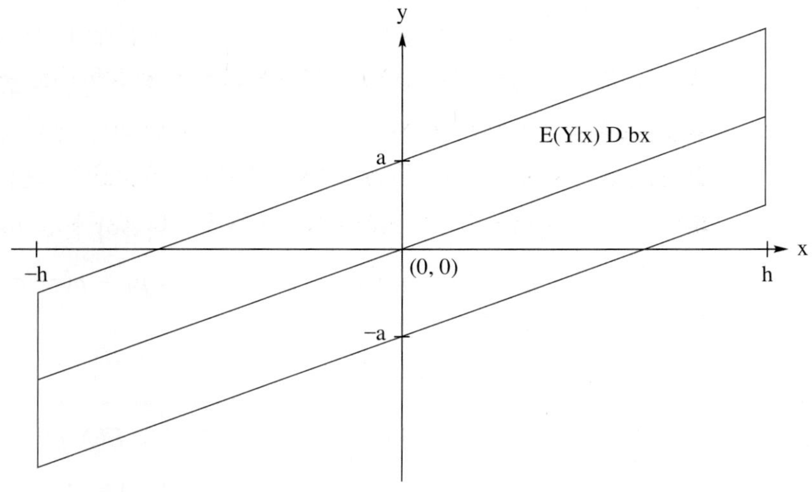

그림 2.5.1 예제 2.5.5의 그림

$$b = \rho\frac{\sigma_2}{\sigma_1}, \quad \frac{a^2}{3} = \sigma_2^2(1-\rho^2)$$

그리고 $\sigma_1^2 = h^2/3$임을 알고 있다. 이 세 식을 연립하여 풀면 상관계수에 관한 식을 구할 수 있다.

$$\rho = \frac{bh}{\sqrt{a^2 + b^2h^2}}$$

그림 2.5.1에서 다음을 알 수 있다.

1. a가 작아짐(커짐)에 따라 직선 효과는 더(덜) 강해지고 ρ는 1(0)에 가까워진다.
2. h가 커짐(작아짐)에 따라 직선 효과는 더(덜) 강해지고 ρ는 1(0)에 가까워진다.
3. b가 커짐(작아짐)에 따라 직선 효과는 더(덜) 강해지고 ρ는 1(0)에 가까워진다.

2.1절에서 확률벡터 (X, Y)에 대한 mgf를 소개했다. 확률변수와 마찬가지로 결합 mgf도 특정 적률에 대한 구체적인 공식을 제시한다. 연속형 확률변수인 경우에는

$$\frac{\partial^{k+m}M(t_1,t_2)}{\partial t_1^k \partial t_2^m} = \int_{-\infty}^{\infty}\int_{-\infty}^{\infty} x^k y^m e^{t_1x+t_2y} f(x,y)\,dxdy$$

그러므로

$$\begin{aligned}\left.\frac{\partial^{k+m}M(t_1,t_2)}{\partial t_1^k \partial t_2^m}\right|_{t_1=t_2=0} &= \int_{-\infty}^{\infty}\int_{-\infty}^{\infty} x^k y^m f(x,y)\,dxdy \\ &= E(X^kY^m)\end{aligned}$$

예컨대 간단명료한 기호로 다음과 같이 나타낼 수 있으며,

$$\begin{aligned}\mu_1 &= E(X) = \frac{\partial M(0,0)}{\partial t_1} \\ \mu_2 &= E(Y) = \frac{\partial M(0,0)}{\partial t_2} \\ \sigma_1^2 &= E(X^2) - \mu_1^2 = \frac{\partial^2 M(0,0)}{\partial t_1^2} - \mu_1^2 \\ \sigma_2^2 &= E(Y^2) - \mu_2^2 = \frac{\partial^2 M(0,0)}{\partial t_2^2} - \mu_2^2 \\ E[(X-\mu_1)(Y-\mu_2)] &= \frac{\partial^2 M(0,0)}{\partial t_1 \partial t_2} - \mu_1\mu_2 \qquad (2.5.10)\end{aligned}$$

이것을 이용하여 상관계수 ρ를 계산할 수 있다.

X와 Y가 이산형 확률변수일 때 방정식 (2.5.10)의 결과가 성립함은 분명하다. 따라서 상관계수는 적률생성함수가 쉽게 적용된다면 결합분포의 적률생성함수를 사용하여 계산할 수 있다. 다음 예제에서 이에 대해 설명한다.

예제 2.5.6 **[예제 2.1.10의 연속]** 예제 2.1.10에서 다음 결합밀도함수를 다루었다.

$$f(x,y) = \begin{cases} e^{-y} & 0 < x < y < \infty \\ 0 & \text{그 외에} \end{cases}$$

그것의 mgf는 $t_1 + t_2 < 1$이고 $t_2 < 1$일 때 다음과 같음을 밝혔다.

$$M(t_1, t_2) = \frac{1}{(1 - t_1 - t_2)(1 - t_2)}$$

이 분포에 대해 방정식 (2.5.10)은 다음과 같이 된다.

$$\begin{aligned} \mu_1 = 1, \quad \mu_2 = 2 \\ \sigma_1^2 = 1, \quad \sigma_2^2 = 2 \\ E[(X - \mu_1)(Y - \mu_2)] = 1 \end{aligned} \tag{2.5.11}$$

식 (2.5.11)의 결과에 대한 증명은 연습문제 2.5.5를 참조하라. 이 결과를 인정하면 X와 Y의 상관계수는 $\rho = 1\sqrt{2}$이다.

연습문제

2.5.1 확률변수 X와 Y의 결합 pmf가 다음과 같다고 하자. 각 경우에 X와 Y의 상관계수를 구하라.

(a) $(x, y) = (0, 0), (1, 1), (2, 2)$일 때 $p(x, y) = \frac{1}{3}$, 그 외에 $p(x, y) = 0$

(b) $(x, y) = (0, 2), (1, 1), (2, 0)$일 때 $p(x, y) = \frac{1}{3}$, 그 외에 $p(x, y) = 0$

(c) $(x, y) = (0, 0), (1, 1), (2, 0)$일 때 $p(x, y) = \frac{1}{3}$, 그 외에 $p(x, y) = 0$

2.5.2 X와 Y의 결합 pmf가 다음과 같다고 하자.

(x,y)	$(1,1)$	$(1,2)$	$(1,3)$	$(2,1)$	$(2,2)$	$(2,3)$
$p(x,y)$	$\frac{2}{15}$	$\frac{4}{15}$	$\frac{3}{15}$	$\frac{1}{15}$	$\frac{1}{15}$	$\frac{4}{15}$

그 외에 $p(x, y) = 0$이다.

(a) 평균 μ_1, μ_2, 분산 σ_1^2, σ_2^2과 상관계수 ρ를 구하라.

(b) $E(Y|X = 1)$, $E(Y|X = 2)$와 직선 $\mu_2 + \rho(\sigma_2/\sigma_1)(x - \mu_1)$을 구하라. $k = 1, 2$일 때 점 $[k, E(Y|X = k)]$는 이 직선 위에 있는가?

2.5.3 $0 < x < y$, $0 < y < 1$일 때 $f(x, y) = 2$, 그 외에 $f(x, y) = 0$을 X와 Y의 결합 pdf라고 하자. 조건부 평균은 각각 $(1 + x)/2(0 < x < 1)$와 $y/2(0 < y < 1)$이고, X와 Y의 상관계수는 $\rho = 1/2$임을 밝혀라.

2.5.4 연습문제 2.5.3에서 $X = x$가 주어졌을 때 Y의 조건부 분포의 분산은 $(1 - x)^2/12(0 < x < 1)$이고, $Y = y$가 주어졌을 때 X의 조건부 분포의 분산은 $y^2/12(0 < y < 1)$임을 밝혀라.

2.5.5 방정식 (2.5.11)의 결과를 증명하라.

2.5.6 X와 Y의 결합 pdf가 $-x < y < x$, $0 < x < 1$일 때 $f(x, y) = 1$, 그 외에 $f(x, y) = 0$이라고 하자. 양의 확률밀도함수의 집합에 대해 $E(Y|x)$의 그래프는 직선이지만 $E(X|y)$의 그래프는 직선이 아님을 밝혀라.

2.5.7 정리 2.5.1의 증명에서 다항식 $h(v)$의 판별식이 0인 경우를 생각해보자. 이것이 $\rho = \pm 1$과 동일함을 밝혀라. $h(v)$의 고유근을 찾고, 이 근에서 $h(v)$가 0이라는 사실을 이용하여 Y가 1의 확률로 X의 선형함수임을 밝혀라.

2.5.8 $\psi(t_1, t_2) = \log M(t_1, t_2)$라고 하자. $M(t_1, t_2)$는 X와 Y의 mgf이다. 두 확률변수의 평균, 분산과 공분산이 다음과 같음을 밝혀라.

$$\frac{\partial \psi(0,0)}{\partial t_i}, \quad \frac{\partial^2 \psi(0,0)}{\partial t_i^2}, \quad i = 1, 2$$

$$\frac{\partial^2 \psi(0,0)}{\partial t_1 \partial t_2}$$

이 결과를 예제 2.5.6에서 X와 Y의 평균, 분산과 공분산을 구하는 데 사용하라.

2.5.9 X와 Y의 결합 pmf가 (0, 1), (1, 1), (1, 2), (2, 2), (2, 3)일 때 $p(x, y) = 1/5$, 그 외에 $p(x, y) = 0$이라고 하자. 상관계수 ρ를 구하라.

2.5.10 X_1과 X_2의 결합 pmf가 다음과 같다고 하자.

(x_1, x_2)	(0, 0)	(0, 1)	(1, 1)	(2, 0)	(2, 2)	(3, 2)
$p(x_1, x_2)$	$\frac{1}{15}$	$\frac{3}{15}$	$\frac{2}{15}$	$\frac{4}{15}$	$\frac{3}{15}$	$\frac{2}{15}$

$p_1(x_1)$, $p_2(x_2)$, μ_1, μ_2, σ_1^2, σ_2^2, ρ를 구하라.

2.5.11 $\sigma_1^2 = \sigma_2^2 = \sigma^2$이 X_1과 X_2의 공통 분산이고 ρ가 X_1과 X_2의 상관계수라고 하자. $k > 0$일 때 다음을 증명하라.

$$P[|(X_1 - \mu_1) + (X_2 - \mu_2)| \geq k\sigma] \leq \frac{2(1+\rho)}{k^2}$$

2.6 여러 확률변수로의 확장

두 확률변수에 대한 기법은 n개의 확률변수로 바로 확장될 수 있다. 다음은 확률변수 n개의 공간에 대한 정의이다.

정의 2.6.1

표본공간 $\mathcal{C}$에서의 확률실험을 생각해보자. 확률변수 X_i는 각 요소 $c \in \mathcal{C}$에 단 하나의 실수 $X_i(c) = x_i (i = 1, 2, \cdots, n)$를 부여한다고 하자. $(X_1, \cdots, X_n)$을 n차원 **확률벡터**라고 한다. 확률벡터의 **공간**은 순서 있는 n-짝(n-tuple) $\mathcal{D} = \{(x_1, x_2, \cdots, x_n) : x_1 = X_1(c), \cdots, x_n = X_n(c), c \in \mathcal{C}\}$의 집합이다. 또한 A가 공간 $\mathcal{D}$의 부분집합이면 $P[(X_1, \cdots, X_n) \in A] = P(C)$이고, 여기서 $C = \{c : c \in \mathcal{C}$이고 $(X_1(c), X_2(c), \cdots, X_n(c)) \in A\}$이다.

이 절에서는 벡터 개념을 사용한다. 예를 들면 $(X_1, \cdots, X_n)'$을 n차원 열벡터 $\mathbf{X}$로, 그리고 확률변수의 관측값 $(x_1, \cdots, x_n)'$을 $\mathbf{x}$로 표기한다. 결합 cdf는 다음과 같이 정의한다.

$$F_{\mathbf{X}}(\mathbf{x}) = P[X_1 \le x_1, \dots, X_n \le x_n] \tag{2.6.1}$$

n개의 확률변수 $X_1, X_2, \cdots, X_n$은 이산형 또는 연속형이며, 그 형태에 따른 분포를 갖는다. 즉 결합 cdf는 다음과 같이 나타낸다.

$$F_{\mathbf{X}}(\mathbf{x}) = \sum \underset{w_1 \le x_1, \dots, w_n \le x_n}{\cdots} \sum p(w_1, \dots, w_n)$$

또는

$$F_{\mathbf{X}}(\mathbf{x}) = \int_{-\infty}^{x_1} \int_{-\infty}^{x_2} \cdots \int_{-\infty}^{x_n} f(w_1, \dots, w_n)\, dw_n \cdots dw_1$$

연속형인 경우 pdf가 0인 경우를 제외하고 다음과 같다.

$$\frac{\partial^n}{\partial x_1 \cdots \partial x_n} F_{\mathbf{X}}(\mathbf{x}) = f(\mathbf{x}) \tag{2.6.2}$$

결합 pdf를 확장하는 관례에 따라 점함수 f는 (a) f가 정의되고 그 변수의 모든 실숫값에 대해 음이 아니며, (b) 그 변수의 모든 실숫값에 대한 적분이 1이면 pdf로서의 조건을 본질적으로 만족한다. 마찬가지로 점함수 p는 (a) p가 정의되고 그 변수의 모든 실숫값에 대해 음이 아니며, (b) 그 변수의 모든 실숫값에 대한 합이 1이면 pmf로서의 조건을 본질적으로 만족한다. 앞 절에서와 마찬가지로 때로는 확률변수의 받침 집합을 이용하는 것이 편리하다. 이산형인 경우 이것은 양의 질량을 가진 $\mathcal{D}$ 안의 모든 점일 것이며, 연속형인 경우 이것은 양의 확률을 가진 개구간에 끼워넣을 수 있는 $\mathcal{D}$ 안의 모든 점이라고 할 수 있다. 받침 집합은 $\mathcal{S}$로 표기한다.

예제 2.6.1 확률변수 X, Y, Z의 pdf가 다음과 같다고 하자.

$$f(x,y,z) = \begin{cases} e^{-(x+y+z)} & 0 < x, y, z < \infty \\ 0 & \text{그 외에} \end{cases}$$

그러면 X, Y, Z의 분포함수는

$$\begin{aligned} F(x,y,z) &= P(X \le x, Y \le y, Z \le z) \\ &= \int_0^z \int_0^y \int_0^x e^{-u-v-w}\, dudvdw \\ &= (1-e^{-x})(1-e^{-y})(1-e^{-z}), \quad 0 \le x, y, z < \infty \end{aligned}$$

그 외에 $F(x, y, z) = 0$이다. 관계식 (2.6.2)는 쉽게 입증된다.

$(X_1, X_2, \cdots, X_n)$이 확률벡터이고 어떤 함수 u에 대해 $Y = u(X_1, X_2, \cdots, X_n)$이라고 하자. 이 변량인 경우와 마찬가지로 확률변수가 연속형일 때 다음과 같은 n차 적분이 존재하면 이 확률변수의 기댓값이 존재한다.

$$\int_{-\infty}^{\infty} \cdots \int_{-\infty}^{\infty} |u(x_1, x_2, \ldots, x_n)| f(x_1, x_2, \ldots, x_n)\, dx_1 dx_2 \cdots dx_n$$

또한 확률변수가 이산형인 경우 다음과 같은 n차 합이 존재하면 이 확률변수의 기댓값이 존재한다.

$$\sum_{x_n} \cdots \sum_{x_1} |u(x_1, x_2, \ldots, x_n)| p(x_1, x_2, \ldots, x_n)$$

만약 Y의 기댓값이 존재하면 이 기댓값은 연속형인 경우

$$E(Y) = \int_{-\infty}^{\infty} \cdots \int_{-\infty}^{\infty} u(x_1, x_2, \ldots, x_n) f(x_1, x_2, \ldots, x_n)\, dx_1 dx_2 \cdots dx_n \tag{2.6.3}$$

이산형인 경우

$$E(Y) = \sum_{x_n} \cdots \sum_{x_1} u(x_1, x_2, \ldots, x_n) p(x_1, x_2, \ldots, x_n) \tag{2.6.4}$$

2.1절에서 다룬 기댓값의 성질은 n차원인 경우에도 성립한다. 특히 E는 선형연산자이다. 즉 $j = 1, \cdots, m$에 대해 $Y_j = u_j(X_1, \cdots, X_n)$이고 각각의 $E(Y_i)$가 존재하면

$$E\left[\sum_{j=1}^{m} k_j Y_j\right] = \sum_{j=1}^{m} k_j E\left[Y_j\right] \tag{2.6.5}$$

여기서 $k_1, \cdots, k_m$은 상수이다.

이제 n개 확률변수의 주변확률밀도함수와 조건부 확률밀도함수의 규칙에 대해 알아보자. 앞에 나온 모든 정의는 n개 확률변수의 경우에도 직접적으로 일반화할 수 있다. 확률변수 X_1, X_2,

$\cdots$, X_n이 결합 pdf $f(x_1, x_2, \cdots, x_n)$을 가진 연속형 확률변수라고 하자. 두 변수의 경우와 마찬가지로 확률변수가 연속형일 때 모든 b에 대해

$$F_{X_1}(b) = P(X_1 \leq b) = \int_{-\infty}^{b} f_1(x_1)\, dx_1$$

여기서 $f_1(x_1)$은 $(n - 1)$차 적분으로 정의된다.

$$f_1(x_1) = \int_{-\infty}^{\infty} \cdots \int_{-\infty}^{\infty} f(x_1, x_2, \ldots, x_n)\, dx_2 \cdots dx_n$$

따라서 $f_1(x_1)$은 하나의 확률변수 X_1의 pdf이고 $f_1(x_1)$을 X_1의 주변 pdf라고 한다. X_2, $\cdots$, X_n의 각 주변 pdf $f_2(x_2)$, $\cdots$, $f_n(x_n)$은 이와 유사한 $(n - 1)$차 적분이다.

지금까지 살펴본 각 주변 pdf는 한 확률변수의 pdf이다. 이제 설명할 결합확률밀도함수에 이 용어를 확장하면 편리하다. 이전과 마찬가지로 $f(x_1, x_2, \cdots, x_n)$을 n개의 확률변수 X_1, X_2, $\cdots$, X_n의 결합 pdf라고 하자. 하지만 이제는 이 변수 중 $k < n$개 변수의 어떤 집합을 택하고, 그것들의 결합 pdf를 구하려 한다. 이 결합 pdf를 k개의 변수로 이루어진 특정 집합의 주변 pdf라고 하며, 이 개념을 확실히 하기 위해 $n = 6$, $k = 3$이라고 하자. 그리고 X_2, X_4, X_5의 집합을 택하면 X_2, X_4, X_5의 주변 pdf는 3개의 변수로 이루어진 특정 집합의 결합 pdf이다. 즉 확률변수가 연속형인 경우

$$\int_{-\infty}^{\infty} \int_{-\infty}^{\infty} \int_{-\infty}^{\infty} f(x_1, x_2, x_3, x_4, x_5, x_6)\, dx_1 dx_3 dx_6$$

다음으로 조건부 pdf의 정의를 확장해보자. $f_1(x_1) > 0$이면 $f_{2, \cdots, n|1}(x_2, \cdots, x_n|x_1)$은 다음 관계로 정의되며,

$$f_{2,\ldots,n|1}(x_2, \ldots, x_n|x_1) = \frac{f(x_1, x_2, \ldots, x_n)}{f_1(x_1)}$$

$f_{2, \cdots, n|1}(x_2, \cdots, x_n|x_1)$을 $X_1 = x_1$이 주어졌을 때 X_2, $\cdots$, X_n의 **결합 조건부 pdf**(joint conditional pdf)라고 한다. $X_i = x_i$가 주어졌을 때 X_1, $\cdots$, X_{i-1}, X_{i+1}, $\cdots$, X_n인 어떤 $n - 1$개 확률변수의 결합 조건부 pdf는 X_1, $\cdots$, X_n의 결합 pdf를 주변 pdf $f_i(x_i)(> 0)$로 나눔으로써 정의된다. 보다 일반적으로 나머지 k개 변수의 값이 주어졌을 때 $n - k$개 확률변수의 결합 조건부 pdf는 n개 변수의 결합 pdf를 k개 변수로 이루어진 특정한 집합의 주변 pdf(이것이 양의 값이면)로 나눔으로써 정의된다. 다른 많은 조건부 pdf가 있음을 주목하자. 예를 들어 연습문제 2.3.12를 보라.

조건부 pdf는 몇 개 확률변수의 pdf이므로 이러한 확률변수로 이루어진 함수의 기댓값을 정의할 수 있다. 조건부 pdf를 고려한 기댓값을 조건부 기댓값이라고 한다. 예컨대 $X_1 = x_1$이 주어졌을 때 $u(X_2, \cdots, X_n)$의 조건부 기댓값은 연속형 확률변수의 경우에 대해 다음과 같이 주어진다.

$$E[u(X_2,\ldots,X_n)|x_1] = \int_{-\infty}^{\infty}\cdots\int_{-\infty}^{\infty} u(x_2,\ldots,x_n) f_{2,\ldots,n|1}(x_2,\ldots,x_n|x_1)\,dx_2\cdots dx_n$$

여기서 $f_1(x_1) > 0$이고 적분값은 절대 수렴한다. 유용한 확률변수는 $h(X_1) = E[u(X_2, \cdots, X_n)|X_1]$로 주어진다.

주변분포와 조건부 분포에 대한 앞의 논의는 pmf와 적분 대신 합을 이용함으로써 이산형 확률변수로 일반화할 수 있다.

확률변수 $X_1, X_2, \cdots, X_n$은 결합 pdf $f(x_1, x_2, \cdots, x_n)$과 각각의 주변확률밀도함수 $f_1(x_1)$, $f_2(x_2), \cdots, f_n(x_n)$을 갖는다고 하자. X_1과 X_2의 독립성에 대한 정의는 다음과 같이 $X_1, X_2, \cdots, X_n$의 서로 독립성으로 일반화된다. 확률변수 $X_1, X_2, \cdots, X_n$은 연속형인 경우는 다음과 같을 때에 한하여 **서로 독립**(mutually independent)이라고 한다.

$$f(x_1, x_2, \ldots, x_n) \equiv f_1(x_1)f_2(x_2)\cdots f_n(x_n)$$

확률변수 $X_1, X_2, \cdots, X_n$이 이산형인 경우는 다음과 같을 때에 한하여 **서로 독립**이라고 한다.

$$p(x_1, x_2, \ldots, x_n) \equiv p_1(x_1)p_2(x_2)\cdots p_n(x_n)$$

$X_1, X_2, \cdots, X_n$이 서로 독립이면 다음이 성립한다.

$$\begin{aligned} &P(a_1 < X_1 < b_1,\ a_2 < X_2 < b_2, \ldots, a_n < X_n < b_n) \\ &\quad = P(a_1 < X_1 < b_1)P(a_2 < X_2 < b_2)\cdots P(a_n < X_n < b_n) \\ &\quad = \prod_{i=1}^{n} P(a_i < X_i < b_i) \end{aligned}$$

여기서 기호 $\prod_{i=1}^{n}\varphi(i)$는 다음과 같이 정의된다.

$$\prod_{i=1}^{n}\varphi(i) = \varphi(1)\varphi(2)\cdots\varphi(n)$$

독립인 확률변수 X_1과 X_2에 대한 다음 정리는

$$E[u(X_1)v(X_2)] = E[u(X_1)]E[v(X_2)]$$

서로 독립인 확률변수 $X_1, X_2, \cdots, X_n$에 대해 다음과 같이 된다.

$$E[u_1(X_1)u_2(X_2)\cdots u_n(X_n)] = E[u_1(X_1)]E[u_2(X_2)]\cdots E[u_n(X_n)]$$

또는

$$E\left[\prod_{i=1}^{n} u_i(X_i)\right] = \prod_{i=1}^{n} E[u_i(X_i)]$$

n개의 확률변수 $X_1, X_2, \cdots, X_n$에 대한 결합분포의 적률생성함수(mgf)는 다음과 같이 정의

된다. $-h_i < t_i < h_i(h_i > 0,\ i = 1,\ 2,\ \cdots,\ n)$에 대해 다음이 존재한다고 하자.

$$E[\exp(t_1X_1 + t_2X_2 + \cdots + t_nX_n)]$$

이 기댓값은 $M(t_1,\ t_2,\ \cdots,\ t_n)$으로 표시하고, 이것을 $X_1,\ X_2,\ \cdots,\ X_n$의 결합분포의 mgf(또는 간단히 $X_1,\ X_2,\ \cdots,\ X_n$의 mgf)라고 한다. 변수가 1~2개인 경우에서와 같이 mgf는 유일하고 n개 변수의 결합분포를 유일하게 결정한다(따라서 모든 주변분포를 유일하게 결정한다). 예를 들어 X_i의 주변분포의 mgf는 $M(0,\ \cdots,\ 0,\ t_i,\ 0,\ \cdots,\ 0)(i = 1,\ 2,\ \cdots,\ n)$이고, X_i와 X_j의 주변분포의 mgf는 $M(0,\ \cdots,\ 0,\ t_i,\ 0,\ \cdots,\ 0,\ t_j,\ 0,\ \cdots,\ 0)$ 등등이다. 이 장의 정리 2.4.5는 일반화될 수 있고, 다음 인수분해는 $X_1,\ X_2,\ \cdots,\ X_n$의 서로 독립성에 대한 필요충분조건이다.

$$M(t_1, t_2, \ldots, t_n) = \prod_{i=1}^{n} M(0, \ldots, 0, t_i, 0, \ldots, 0) \tag{2.6.6}$$

결합 mgf는 다음과 같이 벡터 표기로 나타낼 수 있다.

$$\mathbf{t} \in B \subset R^n\text{에 대해} \quad M(\mathbf{t}) = E[\exp(\mathbf{t}'\mathbf{X})]$$

여기서 $B = \{\mathbf{t} : -h_i < t_i < h_i,\ i = 1,\ \cdots,\ n\}$이다.

다음은 앞으로 유용할 정리이다. 이 정리는 독립인 확률변수의 선형결합에 대한 mgf를 계산한다.

정리 2.6.1

$X_1,\ X_2,\ \cdots,\ X_n$을 n개의 상호 독립적인 확률변수라고 하자. 그리고 모든 $i = 1,\ 2,\ \cdots,\ n$에 대해 $-h_i < t < h_i,\ h_i > 0$일 때 X_i는 mgf $M_i(t)$를 갖는다고 가정하자. $k_1,\ k_2,\ \cdots,\ k_n$이 상수일 때 $T = \sum_{i=1}^{n} k_iX_i$라고 하면 T는 다음과 같은 mgf를 갖는다.

$$M_T(t) = \prod_{i=1}^{n} M_i(k_it), \quad -\min_i\{h_i\} < t < \min_i\{h_i\} \tag{2.6.7}$$

증명: t가 $(-\min_i\{h_i\},\ \min_i\{h_i\})$ 구간에 속한다고 가정하면 독립성에 의해 다음과 같이 된다.

$$\begin{aligned} M_T(t) &= E\left[e^{\sum_{i=1}^{n} tk_iX_i}\right] \\ &= E\left[\prod_{i=1}^{n} e^{(tk_i)X_i}\right] \\ &= \prod_{i=1}^{n} E\left[e^{tk_iX_i}\right] = \prod_{i=1}^{n} M_i(k_it) \end{aligned}$$

이로써 증명이 완성되었다.

예제 2.6.2 X_1, X_2, X_3이 서로 독립인 확률변수이고 각각의 pdf가 다음과 같다고 하자.

$$f(x) = \begin{cases} 2x & 0 < x < 1 \\ 0 & \text{그 외에} \end{cases} \tag{2.6.8}$$

X_1, X_2, X_3의 결합 pdf는 $0 < x_i < 1(i = 1,\ 2,\ 3)$일 때 $f(x_1)f(x_2)f(x_3) = 8x_1x_2x_3$, 그 외에 $f(x_1)f(x_2)f(x_3) = 0$이다. 그러면 $5X_1X_2^3 + 3X_2X_3^4$의 기댓값은

$$\int_0^1\int_0^1\int_0^1 (5x_1x_2^3 + 3x_2x_3^4)8x_1x_2x_3\,dx_1dx_2dx_3 = 2$$

X_1, X_2, X_3의 최댓값을 Y라고 하면 다음을 얻는다.

$$\begin{aligned} P(Y \le \tfrac{1}{2}) &= P(X_1 \le \tfrac{1}{2}, X_2 \le \tfrac{1}{2}, X_3 \le \tfrac{1}{2}) \\ &= \int_0^{1/2}\int_0^{1/2}\int_0^{1/2} 8x_1x_2x_3\,dx_1dx_2dx_3 \\ &= (\tfrac{1}{2})^6 = \tfrac{1}{64} \end{aligned}$$

같은 방법으로 Y의 cdf는

$$G(y) = P(Y \le y) = \begin{cases} 0 & y < 0 \\ y^6 & 0 \le y < 1 \\ 1 & 1 \le y \end{cases}$$

따라서 Y의 pdf는

$$g(y) = \begin{cases} 6y^5 & 0 < y < 1 \\ 0 & \text{그 외에} \end{cases}$$

참고 2.6.1

X_1, X_2, X_3이 서로 독립이면 **쌍으로 독립**(pairwise independent)이다(즉 i, $j = 1,\ 2,\ 3$이고 $i \neq j$일 때 X_i와 X_j는 독립이다). 그러나 베른슈타인(S. Bernstein)에 따르면 다음 예제는 쌍으로 독립이 항상 서로 독립을 의미하는 것은 아님을 보여준다. X_1, X_2, X_3의 결합 pmf가 다음과 같다고 하자.

$$p(x_1, x_2, x_3) = \begin{cases} \frac{1}{4} & (x_1, x_2, x_3) \in \{(1,0,0), (0,1,0), (0,0,1), (1,1,1)\} \\ 0 & \text{그 외에} \end{cases}$$

$i \neq j$일 때 X_i와 X_j의 결합 pmf는

$$p_{ij}(x_i, x_j) = \begin{cases} \frac{1}{4} & (x_i, x_j) \in \{(0,0), (1,0), (0,1), (1,1)\} \\ 0 & \text{그 외에} \end{cases}$$

반면에 X_i의 주변 pmf는

$$p_i(x_i) = \begin{cases} \frac{1}{2} & x_i = 0, 1 \\ 0 & \text{그 외에} \end{cases}$$

$i \neq j$이면

$$p_{ij}(x_i, x_j) \equiv p_i(x_i)p_j(x_j)$$

따라서 X_i와 X_j는 독립이다. 그러나

$$p(x_1, x_2, x_3) \not\equiv p_1(x_1)p_2(x_2)p_3(x_3)$$

따라서 X_1, X_2, X_3은 서로 독립이 아니다.

서로 독립과 쌍으로 독립 사이에 오해의 가능성이 없는 한 일반적으로 수식 어구 서로를 생략한다. 따라서 예제 2.6.2를 이용하여 X_1, X_2, X_3이 독립이라는 것은 서로 독립임을 뜻한다고 한다. 때때로 강조하기 위해 서로 독립이라고 하면 그 경우에는 쌍으로 독립과 다르다는 것을 기억해야 한다.

또한 여러 확률변수가 서로 독립이고 동일한 분포를 가지면 **독립이고 동일하게 분포되어 있다**(independent and identically distributed)고 하며, 간략하게 **iid**로 표기한다. 따라서 예제 2.6.2의 확률변수는 식 (2.6.8)에 주어진 공통 pdf를 가진 iid이다.

다음은 iid 확률변수에 대한 정리 2.6.1의 따름정리이다. 이에 대한 증명은 연습문제 2.6.7을 참조하라.

따름정리 2.6.1

X_1, X_2, ⋯, X_n이 iid 확률변수이고 $-h < t < h(h > 0)$일 때 공통 mgf $M(t)$를 갖는다고 가정하자. $T = \sum_{i=1}^n X_i$라면 T의 mgf는 다음과 같이 주어진다.

$$M_T(t) = [M(t)]^n, \quad -h < t < h \tag{2.6.9}$$

2.6.1 다변량 분산-공분산 행렬*

이 절에서는 행렬 대수를 명시적으로 사용하고, 선택적인 내용이 포함되어 있다.

2.5절에서 두 확률변수 사이의 공분산에 대해 논했다. 이 절에서는 n개 변수인 경우로 확장하고자 한다. $\mathbf{X} = (X_1, \cdots, X_n)'$을 n차원 확률벡터라고 하자. $E(\mathbf{X}) = (E(X_1), \cdots, E(X_n))'$, 즉 확률벡터의 기댓값의 정의를 생각해보자. 이제 $\mathbf{W}$를 확률변수의 $m \times n$ 행렬이라고 하자. 이를테면 확률변수 $W_{ij}(1 \leq i \leq m, 1 \leq j \leq n)$에 대해 $\mathbf{W} = [W_{ij}]$이다. 이 행렬은 언제든지 $mn \times 1$ 확률벡터로 일렬로 배열할 수 있다. 따라서 확률행렬의 기댓값을 다음과 같이 정의한다.

$$E[\mathbf{W}] = [E(W_{ij})] \tag{2.6.10}$$

다음 정리에서 알 수 있듯이 기댓값 연산자의 선형성은 이 정리에 의해 쉽게 도출된다.

정리 2.6.2

$\mathbf{W}_1$과 $\mathbf{W}_2$를 확률변수의 $m \times n$ 행렬이라고 하자. 또한 $\mathbf{A}_1$과 $\mathbf{A}_2$를 상수의 $k \times m$ 행렬, $\mathbf{B}$를 상수의 $n \times l$ 행렬이라고 하자. 그러면

$$E[\mathbf{A}_1\mathbf{W}_1 + \mathbf{A}_2\mathbf{W}_2] = \mathbf{A}_1 E[\mathbf{W}_1] + \mathbf{A}_2 E[\mathbf{W}_2] \tag{2.6.11}$$

$$E[\mathbf{A}_1\mathbf{W}_1\mathbf{B}] = \mathbf{A}_1 E[\mathbf{W}_1]\mathbf{B} \tag{2.6.12}$$

증명: 확률변수에 대한 연산자 E의 선형성에 의해 식 (2.6.11)의 (i, j)번째 성분은 다음과 같다.

$$E\left[\sum_{s=1}^{m} a_{1is}W_{1sj} + \sum_{s=1}^{m} a_{2is}W_{2sj}\right] = \sum_{s=1}^{m} a_{1is}E[W_{1sj}] + \sum_{s=1}^{m} a_{2is}E[W_{2sj}]$$

따라서 식 (2.6.10)에 의해 식 (2.6.11)이 성립한다. 식 (2.6.12)도 동일한 방법으로 도출할 수 있다.

$\mathbf{X} = (X_1, \cdots, X_n)'$을 $\sigma_i^2 = Var(X_i) < \infty$인 n차원 확률벡터라고 하자. $\mathbf{X}$의 **평균**은 $\boldsymbol{\mu} = E[\mathbf{X}]$이며, 이에 대한 **분산-공분산 행렬**(variance-covariance matrix)은 다음과 같이 정의한다.

$$Cov(\mathbf{X}) = E[(\mathbf{X} - \boldsymbol{\mu})(\mathbf{X} - \boldsymbol{\mu})'] = [\sigma_{ij}] \tag{2.6.13}$$

여기서 σ_{ii}는 σ_i^2을 의미한다. 연습문제 2.6.8에서 보듯이 $Cov(\mathbf{X})$의 i번째 대각 성분은 $\sigma_i^2 = Var(X_i)$이고 (i, j)번째 비대각 성분은 $Cov(X_i, X_j)$이다.

예제 2.6.3 **[예제 2.5.6의 연속]** 예제 2.5.6에서 다음 결합 pdf를 고려하고,

$$f(x, y) = \begin{cases} e^{-y} & 0 < x < y < \infty \\ 0 & \text{그 외에} \end{cases}$$

처음 두 적률이 다음과 같음을 밝혔다.

$$\begin{aligned} \mu_1 = 1, \quad \mu_2 = 2 \\ \sigma_1^2 = 1, \quad \sigma_2^2 = 2 \\ E[(X - \mu_1)(Y - \mu_2)] = 1 \end{aligned} \tag{2.6.14}$$

$\mathbf{Z} = (X, Y)'$이라고 하면 다음과 같이 나타낼 수 있다.

$$E[\mathbf{Z}] = \begin{bmatrix} 1 \\ 2 \end{bmatrix}$$

$$Cov(\mathbf{Z}) = \begin{bmatrix} 1 & 1 \\ 1 & 2 \end{bmatrix}$$

뒷부분에서 필요한 $Cov(X_i, X_j)$의 두 가지 성질을 다음 정리에 요약했다.

정리 2.6.3

$\mathbf{X} = (X_1, \cdots, X_n)'$을 $\sigma_i^2 = \sigma_{ii} = Var(X_i) < \infty$인 n차원 확률벡터라고 하자. $\mathbf{A}$가 상수의 $m \times n$ 행렬이면

$$Cov(\mathbf{X}) = E[\mathbf{X}\mathbf{X}'] - \boldsymbol{\mu}\boldsymbol{\mu}' \quad (2.6.15)$$

$$Cov(\mathbf{A}\mathbf{X}) = \mathbf{A}\,Cov(\mathbf{X})\mathbf{A}' \quad (2.6.16)$$

증명: 식 (2.6.15)를 유도하는 데 정리 2.6.2를 이용하라. 즉

$$\begin{aligned} Cov(\mathbf{X}) &= E[(\mathbf{X} - \boldsymbol{\mu})(\mathbf{X} - \boldsymbol{\mu})'] \\ &= E[\mathbf{X}\mathbf{X}' - \boldsymbol{\mu}\mathbf{X}' - \mathbf{X}\boldsymbol{\mu}' + \boldsymbol{\mu}\boldsymbol{\mu}'] \\ &= E[\mathbf{X}\mathbf{X}'] - \boldsymbol{\mu}E[\mathbf{X}'] - E[\mathbf{X}]\boldsymbol{\mu}' + \boldsymbol{\mu}\boldsymbol{\mu}' \end{aligned}$$

이것은 원하는 결과이다. 식 (2.6.16)의 증명은 연습문제로 남겨둔다.

모든 분산-공분산 행렬은 **양반정치**(positive semi-definite, psd) 행렬이다. 즉 모든 벡터 $\mathbf{a} \in R^n$에 대해 $\mathbf{a}'Cov(\mathbf{X})\mathbf{a} \geq 0$이다. 이를 알아보기 위해 $\mathbf{X}$가 확률벡터이고 $\mathbf{a}$가 상수인 $n \times 1$ 벡터라고 하자. 그러면 $Y = \mathbf{a}'\mathbf{X}$는 확률변수이고 음이 아닌 분산을 갖는다. 즉

$$0 \leq Var(Y) = Var(\mathbf{a}'\mathbf{X}) = \mathbf{a}'Cov(\mathbf{X})\mathbf{a} \quad (2.6.17)$$

따라서 $Cov(\mathbf{X})$는 psd이다.

연습문제

2.6.1 X, Y, Z의 결합 pdf가 $0 < x < 1$, $0 < y < 1$, $0 < z < 1$일 때 $f(x, y, z) = 2(x + y + z)/3$, 그 외에 $f(x, y, z) = 0$이라고 하자.

(a) X, Y, Z의 주변확률밀도함수를 구하라.

(b) $P(0 < X < \frac{1}{2}, 0 < Y < \frac{1}{2}, 0 < Z < \frac{1}{2})$와 $P(0 < X < \frac{1}{2}) = P(0 < Y < \frac{1}{2}) = P(0 < Z < \frac{1}{2})$를 계산하라.

(c) X, Y, Z는 독립인가?

(d) $E(X^2YZ + 3XY^4Z^2)$을 계산하라.

(e) X, Y, Z의 누적분포함수를 결정하라.

(f) $Z = z$가 주어졌을 때 X와 Y의 조건부 분포를 구하고 $E(X + Y|z)$를 계산하라.

(g) $Y = y$, $Z = z$가 주어졌을 때 X의 조건부 분포를 구하고 $E(X|y, z)$를 계산하라.

2.6.2 X_1, X_2, X_3의 결합 pdf가 $0 < x_1 < \infty$, $0 < x_2 < \infty$, $0 < x_3 < \infty$일 때 $f(x_1, x_2, x_3) = \exp[-(x_1 + x_2 + x_3)]$, 그 외에 $f(x_1, x_2, x_3) = 0$이라고 하자.

(a) $P(X_1 < X_2 < X_3)$과 $P(X_1 = X_2 < X_3)$을 계산하라.

(b) X_1, X_2, X_3의 결합 mgf를 결정하라. 세 확률변수는 서로 독립인가?

2.6.3 X_1, X_2, X_3, X_4가 서로 독립인 확률변수이고, 각각 $0 < x < 2$일 때 $f(x) = (3/8)(2 - x)^2$, 그 외에 $f(x) = 0$인 pdf를 갖는다고 하자. 이 4개 변수의 최솟값을 Y라고 할 때 Y의 cdf와 pdf를 구하라.

힌트: $P(Y > y) = P(X_i > y,\ i = 1, \cdots, 4)$

2.6.4 공정한 주사위를 독립적으로 세 번 무작위로 던진다고 하자. 확률변수 X_i는 i번째 시행($i = 1, 2, 3$)에서 나타난 점의 수와 같다고 하자. 확률변수 Y는 $\max(X_i)$와 같다고 할 때 Y의 cdf와 pmf를 구하라.

힌트: $P(Y \le y) = P(X_i \le y,\ i = 1, 2, 3)$

2.6.5 $M(t_1, t_2, t_3)$을 참고 2.6.1에서 언급한 베른슈타인의 예의 확률변수 X_1, X_2, X_3의 mgf라고 하자. 다음을 밝혀라.

$$M(t_1, t_2, 0) = M(t_1, 0, 0)M(0, t_2, 0),\ \ M(t_1, 0, t_3) = M(t_1, 0, 0)M(0, 0, t_3)$$

$$M(0, t_2, t_3) = M(0, t_2, 0)M(0, 0, t_3)$$

$$M(t_1, t_2, t_3) \neq M(t_1, 0, 0)M(0, t_2, 0)M(0, 0, t_3)$$

따라서 X_1, X_2, X_3은 쌍으로 독립이나 서로 독립은 아니다.

2.6.6 X_1, X_2, X_3이 각각 평균 μ_1, μ_2, μ_3, 분산 σ_1^2, σ_2^2, σ_3^2, 상관계수 ρ_{12}, ρ_{13}, ρ_{23}을 가진 확률변수라고 하자. b_2와 b_3이 상수이고 $E(X_1 - \mu_1 | x_2, x_3) = b_2(x_2 - \mu_2) + b_3(x_3 - \mu_3)$일 때 b_2와 b_3을 분산과 상관계수로 나타내라.

2.6.7 따름정리 2.6.1을 증명하라.

2.6.8 $\mathbf{X} = (X_1, \cdots, X_n)'$을 식 (2.6.13)의 분산-공분산 행렬을 가진 n차원 확률벡터라고 하자. $Cov(\mathbf{X})$의 i번째 대각 성분은 $\sigma_i^2 = Var(X_i)$이고 (i, j)번째 비대각 성분은 $Cov(X_i, X_j)$임을 밝혀라.

2.6.9 X_1, X_2, X_3이 $0 < x < \infty$일 때 $f(x) = 3\exp(-3x)$, 그 외에 $f(x) = 0$인 공통 pdf를 가진 iid라고 하자. 다음을 계산하라.

(a) $P(X_1 < X_2 | X_1 < 3X_2)$

(b) $P(X_1 < X_2 < X_3 | X_3 < 1/2)$

2.7 여러 확률변수의 변환

2.2절에서 두 연속형 확률변수의 함수의 결합 pdf를 결정하는 것은 이중적분에서 변수변환을 실시해야 하는, 해석학에서의 정리에 대한 따름정리였음을 알 수 있다. 이 정리는 n 다중적분에 대해 자연적으로 다음과 같이 확장할 수 있다. n차원 공간 $\mathcal{S}$의 부분집합 A에 대해 취한 형식이 다음과 같은 적분을 고려하자.

$$\int \cdots \int_A f(x_1, x_2, \ldots, x_n)\, dx_1\, dx_2 \cdots dx_n$$

다음의 확률변수와 역함수는 $\mathcal{S}$를 y_1, y_2, ⋯, y_n 공간에 있는 $\mathcal{T}$로 사상하여 $\mathcal{S}$의 부분집합 A를 $\mathcal{T}$의 부분집합 B로 사상하는 일대일 변환을 정의한다고 하자.

$$y_1 = u_1(x_1, x_2, \ldots, x_n), \quad y_2 = u_2(x_1, x_2, \ldots, x_n), \ldots, y_n = u_n(x_1, x_2, \ldots, x_n)$$
$$x_1 = w_1(y_1, y_2, \ldots, y_n), \quad x_2 = w_2(y_1, y_2, \ldots, y_n), \ldots, x_n = w_n(y_1, y_2, \ldots, y_n)$$

역함수의 첫 번째 편도함수는 연속이고 다음 $n \times n$ 행렬식(야코비안이라고 한다)이 $\mathcal{T}$에서 0이 아니라고 하면

$$J = \begin{vmatrix} \frac{\partial x_1}{\partial y_1} & \frac{\partial x_1}{\partial y_2} & \cdots & \frac{\partial x_1}{\partial y_n} \\ \frac{\partial x_2}{\partial y_1} & \frac{\partial x_2}{\partial y_2} & \cdots & \frac{\partial x_2}{\partial y_n} \\ \vdots & \vdots & & \vdots \\ \frac{\partial x_n}{\partial y_1} & \frac{\partial x_n}{\partial y_2} & \cdots & \frac{\partial x_n}{\partial y_n} \end{vmatrix}$$

다음을 얻는다.

$$\begin{aligned} &\int \cdots \int_A f(x_1, x_2, \ldots, x_n)\, dx_1 dx_2 \cdots dx_n \\ =&\int \cdots \int_B f[w_1(y_1, \ldots, y_n), w_2(y_1, \ldots, y_n), \ldots, w_n(y_1, \ldots, y_n)]|J|\, dy_1 dy_2 \cdots dy_n \end{aligned}$$

이 정리의 조건이 만족될 때마다 n개 확률변수의 n개 함수의 결합 pdf를 결정할 수 있다. 2.2절에서 기호를 적당히 변경(2차원 대신 n차원을 나타내도록)하는 것이 X_1, X_2, ⋯, X_n의 결합 pdf가 $f(x_1, x_2, \cdots, x_n)$일 때 확률변수 $Y_1 = u_1(X_1, X_2, \cdots, X_n)$, $Y_2 = u_2(X_1, X_2, \cdots, X_n)$, ⋯, $Y_n = u_n(X_1, X_2, \cdots, X_n)$의 결합 pdf가 $(y_1, y_2, \cdots, y_n) \in \mathcal{T}$일 때 다음과 같고 그 외에 $g(y_1, y_2, \cdots, y_n) = 0$임을 밝히기 위해 필요한 모든 것이다.

$$g(y_1, y_2, \ldots, y_n) = f[w_1(y_1, \ldots, y_n), \ldots, w_n(y_1, \ldots, y_n)]|J|$$

예제 2.7.1 X_1, X_2, X_3의 결합 pdf가 다음과 같다고 하자.

$$f(x_1, x_2, x_3) = \begin{cases} 48x_1x_2x_3 & 0 < x_1 < x_2 < x_3 < 1 \\ 0 & \text{그 외에} \end{cases} \tag{2.7.1}$$

$Y_1 = X_1/X_2$, $Y_2 = X_2/X_3$, $Y_3 = X_3$이면 역변환은

$$x_1 = y_1y_2y_3,\ x_2 = y_2y_3,\ x_3 = y_3$$

야코비안은

$$J = \begin{vmatrix} y_2y_3 & y_1y_3 & y_1y_2 \\ 0 & y_3 & y_2 \\ 0 & 0 & 1 \end{vmatrix} = y_2y_3^2$$

또한 받침을 결정하는 부등식은 다음과 동등하며,

$$0 < y_1y_2y_3,\ y_1y_2y_3 < y_2y_3,\ y_2y_3 < y_3,\ y_3 < 1$$

이에 의해 Y_1, Y_2, Y_3의 받침 $\mathcal{T}$는 다음으로 유도된다.

$$\mathcal{T} = \{(y_1, y_2, y_3) : 0 < y_i < 1, i = 1, 2, 3\}$$

따라서 Y_1, Y_2, Y_3의 결합 pdf는

$$\begin{aligned} g(y_1, y_2, y_3) &= 48(y_1y_2y_3)(y_2y_3)y_3|y_2y_3^2| \\ &= \begin{cases} 48y_1y_2^3y_3^5 & 0 < y_i < 1, i = 1, 2, 3 \\ 0 & \text{그 외에} \end{cases} \end{aligned} \tag{2.7.2}$$

주변 pdf는

$$\begin{aligned} &0 < y_1 < 1\text{일 때 } g_1(y_1) = 2y_1,\ \text{그 외에 } g_1(y_1) = 0 \\ &0 < y_2 < 1\text{일 때 } g_2(y_2) = 4y_2^3,\ \text{그 외에 } g_2(y_2) = 0 \\ &0 < y_3 < 1\text{일 때 } g_3(y_3) = 6y_3^5,\ \text{그 외에 } g_3(y_3) = 0 \end{aligned}$$

$g(y_1, y_2, y_3) = g_1(y_1)g_2(y_2)g_3(y_3)$이므로 확률변수 Y_1, Y_2, Y_3은 서로 독립이다.

예제 2.7.2 X_1, X_2, X_3이 공통 pdf를 가진 iid라고 하자.

$$f(x) = \begin{cases} e^{-x} & 0 < x < \infty \\ 0 & \text{그 외에} \end{cases}$$

결과적으로 X_1, X_2, X_3의 결합 pdf는 다음과 같다.

$$f_{X_1,X_2,X_3}(x_1, x_2, x_3) = \begin{cases} e^{-\sum_{i=1}^{3} x_i} & 0 < x_i < \infty, i = 1, 2, 3 \\ 0 & \text{그 외에} \end{cases}$$

다음과 같이 정의된 확률변수 Y_1, Y_2, Y_3이 있다.

$$Y_1 = \frac{X_1}{X_1+X_2+X_3},\ Y_2 = \frac{X_2}{X_1+X_2+X_3},\ Y_3 = X_1 + X_2 + X_3$$

이것의 역변환은

$$x_1 = y_1y_3,\ x_2 = y_2y_3,\ x_3 = y_3 - y_1y_3 - y_2y_3$$

야코비안은

$$J = \begin{vmatrix} y_3 & 0 & y_1 \\ 0 & y_3 & y_2 \\ -y_3 & -y_3 & 1-y_1-y_2 \end{vmatrix} = y_3^2$$

X_1, X_2, X_3의 받침은 다음으로 사상하는데,

$$0 < y_1y_3 < \infty,\ 0 < y_2y_3 < \infty,\ 0 < y_3(1-y_1-y_2) < \infty$$

이것은 다음 받침 $\mathcal{T}$와 동일하다.

$$\mathcal{T} = \{(y_1, y_2, y_3):\ 0 < y_1, 0 < y_2, 0 < 1-y_1-y_2, 0 < y_3 < \infty\}$$

따라서 Y_1, Y_2, Y_3의 결합 pdf는

$$g(y_1, y_2, y_3) = y_3^2 e^{-y_3}, \quad (y_1, y_2, y_3) \in \mathcal{T}$$

Y_1의 주변 pdf는

$$g_1(y_1) = \int_0^{1-y_1} \int_0^{\infty} y_3^2 e^{-y_3}\, dy_3\, dy_2 = 2(1-y_1), \quad 0 < y_1 < 1$$

그 외에 $g_1(y_1) = 0$이며, Y_2의 주변 pdf는

$$g_2(y_2) = 2(1-y_2), \quad 0 < y_2 < 1$$

그 외에 $g_2(y_2) = 0$이다. 반면에 Y_3의 pdf는

$$g_3(y_3) = \int_0^1 \int_0^{1-y_1} y_3^2 e^{-y_3}\, dy_2\, dy_1 = \frac{1}{2} y_3^2 e^{-y_3}, \quad 0 < y_3 < \infty$$

그 외에 $g_3(y_3) = 0$이다. $g(y_1, y_2, y_3) \neq g_1(y_1)g_2(y_2)g_3(y_3)$이므로 Y_1, Y_2, Y_3은 의존하는 확률변수이다.

그러나 Y_1과 Y_3의 결합 pdf는

$$g_{13}(y_1, y_3) = \int_0^{1-y_1} y_3^2 e^{-y_3}\, dy_2 = (1-y_1) y_3^2 e^{-y_3}, \quad 0 < y_1 < 1, 0 < y_3 < \infty$$

그 외에 $g_{13}(y_1, y_3) = 0$이다. 따라서 Y_1과 Y_3은 독립이다. 동일한 방법에 의해 Y_2와 Y_3도 독립이

다. Y_1과 Y_2의 결합 pdf가

$$g_{12}(y_1, y_2) = \int_0^\infty y_3^2 e^{-y_3}\, dy_3 = 2, \quad 0 < y_1, 0 < y_2, y_1 + y_2 < 1$$

그 외에 $g_{12}(y_1, y_2) = 0$이므로 Y_1과 Y_2는 의존함을 알 수 있다.

이제 변수변환을 할 때 발생하는 몇 가지 문제를 생각해보자. X가 다음과 같은 코시 pdf를 갖는다고 하자.

$$f(x) = \frac{1}{\pi(1+x^2)}, \quad -\infty < x < \infty$$

$Y = X^2$일 때 Y의 pdf $g(y)$를 구하자. 변환 $y = x^2$을 살펴보자. 이 변환은 X의 공간 $\mathcal{S} = \{x : -\infty < x < \infty\}$를 $\mathcal{T} = \{y : 0 \le y < \infty\}$로 사상한다. 그러나 변환은 일대일이 아니다. $y = 0$을 제외한 각 $y \in \mathcal{T}$에 대해 2개의 점 $x \in \mathcal{S}$가 대응한다. 예를 들어 $y = 4$라면 $x = 2$ 또는 $x = -2$가 대응한다. 같은 예에서 $\mathcal{S}$를 서로소인 집합 A_1과 A_2의 합집합으로 나타내면 $y = x^2$은 각각 A_1과 A_2를 $\mathcal{T}$로 일대일 대응변환시킨다. A_1이 $\{x : -\infty < x < 0\}$이고 A_2가 $\{x : 0 \le x < \infty\}$라면 A_1은 $\{y : 0 < y < \infty\}$로 대응변환되고 A_2도 $\{y : 0 \le y < \infty\}$로 대응변환됨을 알 수 있다. 그리고 이 두 집합은 서로 같지 않다. 문제는 $x = 0$이 $\mathcal{S}$의 원소라는 사실이다. 그러면 왜 이 경우에 코시 pdf로 돌아가서 $f(0) = 0$을 취하지 않는가? 새로운 공간 $\mathcal{S}$가 $\mathcal{S} = \{-\infty < x < \infty$, 그러나 $x \ne 0\}$라면 $A_1 = \{x : -\infty < x < 0\}$, $A_2 = \{x : 0 < x < \infty\}$가 된다. 따라서 역함수가 $x = -\sqrt{y}$인 $y = x^2$은 A_1을 $\mathcal{T} = \{y : 0 < y < \infty\}$로, 역함수가 $x = \sqrt{y}$인 $y = x^2$은 A_2를 $\mathcal{T} = \{y : 0 < y < \infty\}$로 일대일 대응변환시킨다. $B \subset \mathcal{T}$일 때 확률 $P(Y \in B)$를 고려하자. $A_3 = \{x : x = -\sqrt{y}, y \in B\} \subset A_1$이고 $A_4 = \{x : x = \sqrt{y}, y \in B\} \subset A_2$이면 $X \in A_3$ 또는 $X \in A_4$일 때에 한하여 $Y \in B$이다. 따라서

$$\begin{aligned} P(Y \in B) &= P(X \in A_3) + P(X \in A_4) \\ &= \int_{A_3} f(x)\, dx + \int_{A_4} f(x)\, dx \end{aligned}$$

첫 번째 적분에서 $x = -\sqrt{y}$라고 하면 야코비안 J_1은 $-1/2\sqrt{y}$이다. 또한 집합 A_3은 B로 대응변환된다. 두 번째 적분에서는 $x = \sqrt{y}$라고 하자. 따라서 야코비안 J_2는 $1/2\sqrt{y}$이고 집합 A_4 역시 B로 대응변환된다. 결국

$$\begin{aligned} P(Y \in B) &= \int_B f(-\sqrt{y}) \left| -\frac{1}{2\sqrt{y}} \right| dy + \int_B f(\sqrt{y}) \frac{1}{2\sqrt{y}}\, dy \\ &= \int_B [f(-\sqrt{y}) + f(\sqrt{y})] \frac{1}{2\sqrt{y}}\, dy \end{aligned}$$

따라서 Y의 pdf는 다음과 같이 주어진다.

$$g(y) = \frac{1}{2\sqrt{y}}[f(-\sqrt{y}) + f(\sqrt{y})], \quad y \in \mathcal{T}$$

코시 pdf인 $f(x)$로부터

$$g(y) = \begin{cases} \frac{1}{\pi(1+y)\sqrt{y}} & 0 < y < \infty \\ 0 & \text{그 외에} \end{cases}$$

앞에서 연속형 확률변수에 대해 설명한 바와 같이 $x = -\sqrt{y}$와 $x = \sqrt{y}$라는 2개의 역함수를 갖는다. 이것이 변환 $y = x^2$이 같은 $\mathcal{T}$로 각각 대응변환되게 하는 서로소인 2개의 부분집합으로 $\mathcal{S}$(또는 $\mathcal{S}$의 변형)를 분할하는 이유이다. 만약 3개의 역함수가 존재하면 서로소인 3개의 부분집합으로 $\mathcal{S}$(또는 $\mathcal{S}$의 변형)를 분할하는 것을 생각해야 한다. 이러한 상세한 설명을 통해 다음 단락을 더 쉽게 이해할 수 있을 것이다.

연속형 확률변수 X_1, X_2, ⋯, X_n의 결합 pdf를 $f(x_1, x_2, \cdots, x_n)$이라고 하자. $\mathcal{S}$가 $f(x_1, x_2, \cdots, x_n) > 0$인 n차원 공간이고, 변환 $y_1 = u_1(x_1, x_2, \cdots, x_n)$, ⋯, $y_n = u_n(x_1, x_2, \cdots, x_n)$은 $\mathcal{S}$를 y_1, y_2, ⋯, y_n에 의한 공간 $\mathcal{T}$로 대응변환시킨다고 하자. 물론 $\mathcal{S}$의 각 점에 대해 $\mathcal{T}$의 오직 한 점이 대응될 것이다. 그러나 $\mathcal{T}$의 한 점에 대해서는 $\mathcal{S}$의 점 하나 이상이 대응할 수 있다. 즉 이 변환은 일대일이 아니다. 그러나 $\mathcal{S}$를 유한개, 즉 k개의 서로소인 집합 A_1, A_2, ⋯, A_k의 합집합으로 나타낼 수 있다면 다음은 각 A_i에서 $\mathcal{T}$상의 일대일 변환을 정의한다.

$$y_1 = u_1(x_1, x_2, \ldots, x_n), \ldots, y_n = u_n(x_1, x_2, \ldots, x_n)$$

따라서 $\mathcal{T}$에서의 각 점은 각 A_1, A_2, ⋯, A_k의 한 점에 대응될 것이다. $i = 1, 2, \cdots, k$일 때 다음은 k개의 변환 각각에 대해 하나의 그룹인 n개 역함수의 k개 그룹을 나타낸다고 하자.

$$x_1 = w_{1i}(y_1, y_2, \ldots, y_n), x_2 = w_{2i}(y_1, y_2, \ldots, y_n), \ldots, x_n = w_{ni}(y_1, y_2, \ldots, y_n)$$

첫 번째 편도함수는 연속이고 다음과 같은 각 야코비안은 $\mathcal{T}$에서 0이 아니라고 하자.

$$J_i = \begin{vmatrix} \frac{\partial w_{1i}}{\partial y_1} & \frac{\partial w_{1i}}{\partial y_2} & \cdots & \frac{\partial w_{1i}}{\partial y_n} \\ \frac{\partial w_{2i}}{\partial y_1} & \frac{\partial w_{2i}}{\partial y_2} & \cdots & \frac{\partial w_{2i}}{\partial y_n} \\ \vdots & \vdots & & \vdots \\ \frac{\partial w_{ni}}{\partial y_1} & \frac{\partial w_{ni}}{\partial y_2} & \cdots & \frac{\partial w_{ni}}{\partial y_n} \end{vmatrix}, \quad i = 1, 2, \ldots, k$$

k개의 서로 배반인 사건의 합집합의 확률을 생각하고 각 사건의 확률에 변수변환 기법을 적용함으로써 $Y_1 = u_1(X_1, X_2, \cdots, X_n)$, $Y_2 = u_2(X_1, X_2, \cdots, X_n)$, ⋯, $Y_n = u_n(X_1, X_2, \cdots, X_n)$의 결합 pdf는 $(y_1, y_2, \cdots, y_n) \in \mathcal{T}$일 때

$$g(y_1, y_2, \ldots, y_n) = \sum_{i=1}^{k} f[w_{1i}(y_1, \ldots, y_n), \ldots, w_{ni}(y_1, \ldots, y_n)]|J_i|$$

그 외에 $g(y_1, y_2, \cdots, y_n) = 0$이다. 임의의 Y_i, 예를 들어 Y_1의 pdf는 다음과 같다.

$$g_1(y_1) = \int_{-\infty}^{\infty} \cdots \int_{-\infty}^{\infty} g(y_1, y_2, \ldots, y_n)\, dy_2 \cdots dy_n$$

예제 2.7.3 X_1과 X_2가 단위 원에 정의된 결합 pdf를 갖는다고 하자.

$$f(x_1, x_2) = \begin{cases} \frac{1}{\pi} & 0 < x_1^2 + x_2^2 < 1 \\ 0 & \text{그 외에} \end{cases}$$

$Y_1 = X_1^2 + X_2^2$, $Y_2 = X_1^2/(X_1^2 + X_2^2)$이라고 하면 $y_1 y_2 = x_1^2$이고 $x_2^2 = y_1(1 - y_2)$이다. 받침 $\mathcal{S}$는 $\mathcal{T} = \{(y_1, y_2) : 0 < y_i < 1,\ i = 1, 2\}$로 사상한다. 각각의 순서쌍 $(y_1, y_2) \in \mathcal{T}$에 대해 $\mathcal{S}$에는 다음과 같은 4개의 점이 있다.

$$x_1 = \sqrt{y_1 y_2}\text{이고 } x_2 = \sqrt{y_1(1-y_2)}\text{인 } (x_1, x_2)$$
$$x_1 = \sqrt{y_1 y_2}\text{이고 } x_2 = -\sqrt{y_1(1-y_2)}\text{인 } (x_1, x_2)$$
$$x_1 = -\sqrt{y_1 y_2}\text{이고 } x_2 = \sqrt{y_1(1-y_2)}\text{인 } (x_1, x_2)$$
$$x_1 = -\sqrt{y_1 y_2}\text{이고 } x_2 = -\sqrt{y_1(1-y_2)}\text{인 } (x_1, x_2)$$

첫째 야코비안의 값은 다음과 같으며,

$$\begin{aligned} J_1 &= \begin{vmatrix} \frac{1}{2}\sqrt{y_2/y_1} & \frac{1}{2}\sqrt{y_1/y_2} \\ \frac{1}{2}\sqrt{(1-y_2)/y_1} & -\frac{1}{2}\sqrt{y_1/(1-y_2)} \end{vmatrix} \\ &= \frac{1}{4}\left\{-\sqrt{\frac{1-y_2}{y_2}} - \sqrt{\frac{y_2}{1-y_2}}\right\} \\ &= -\frac{1}{4}\frac{1}{\sqrt{y_2(1-y_2)}} \end{aligned}$$

4개 야코비안의 각 절댓값이 $1/4\sqrt{y_2(1-y_2)}$임을 쉽게 밝힐 수 있다. 따라서 Y_1과 Y_2의 결합 pdf는 4개 항의 합이고 다음으로 나타낼 수 있다.

$$g(y_1, y_2) = 4\frac{1}{\pi}\frac{1}{4\sqrt{y_2(1-y_2)}} = \frac{1}{\pi\sqrt{y_2(1-y_2)}}, \quad (y_1, y_2) \in \mathcal{T}$$

따라서 정리 2.4.1에 의해 Y_1과 Y_2는 독립인 확률변수이다.

물론 이변량인 경우와 마찬가지로 mgf 기법을 이용할 수 있다. 즉 연속형인 경우 $f(x_1, x_2, \cdots, x_n)$이 결합 pdf이면 $Y = g(X_1, X_2, \cdots, X_n)$이 확률변수의 함수일 때 Y의 mgf는 다음과 같다.

$$E\left(e^{tY}\right) = \int_{-\infty}^{\infty}\int_{-\infty}^{\infty} \cdots \int_{-\infty}^{\infty} e^{tg(x_1, x_2, \ldots, x_n)} f(x_1, x_2, \ldots, x_n)\, dx_1 dx_2 \cdots dx_n$$

이산형인 경우에는 적분을 합으로 대체한다. 이 과정은 독립인 확률변수의 함수를 다룰 때 특히 유용하다.

예제 2.7.4 **[예제 2.2.6의 확장]** X_1, X_2, X_3이 다음과 같은 결합 pmf를 가진 독립인 확률변수라고 하자.

$$p(x_1, x_2, x_3) = \begin{cases} \frac{\mu_1^{x_1}\mu_2^{x_2}\mu_3^{x_3}e^{-\mu_1-\mu_2-\mu_3}}{x_1!x_2!x_3!} & x_i = 0, 1, 2, \ldots, i = 1, 2, 3 \\ 0 & \text{그 외에} \end{cases}$$

$Y = X_1 + X_2 + X_3$이면 X_1, X_2, X_3의 독립성에 의해 Y의 mgf는

$$\begin{aligned} E\left(e^{tY}\right) &= E\left(e^{t(X_1+X_2+X_3)}\right) \\ &= E\left(e^{tX_1}e^{tX_2}e^{tX_3}\right) \\ &= E\left(e^{tX_1}\right)E\left(e^{tX_2}\right)E\left(e^{tX_3}\right) \end{aligned}$$

예제 2.2.6에서 다음을 알았다.

$$E\left(e^{tX_i}\right) = \exp\{\mu_i(e^t - 1)\}, \quad i = 1, 2, 3$$

따라서

$$E\left(e^{tY}\right) = \exp\{(\mu_1 + \mu_2 + \mu_3)(e^t - 1)\}$$

그런데 이것은 다음 pmf의 mgf이므로

$$p_Y(y) = \begin{cases} \frac{(\mu_1+\mu_2+\mu_3)^y e^{-(\mu_1+\mu_2+\mu_3)}}{y!} & y = 0, 1, 2 \ldots \\ 0 & \text{그 외에} \end{cases}$$

$Y = X_1 + X_2 + X_3$은 이 분포를 가진다.

예제 2.7.5 X_1, X_2, X_3, X_4가 다음과 같은 공통 pdf를 가진 독립인 확률변수라고 하자.

$$f(x) = \begin{cases} e^{-x} & x > 0 \\ 0 & \text{그 외에} \end{cases}$$

$Y = X_1 + X_2 + X_3 + X_4$이면 앞의 예제에서와 마찬가지로 X_1, X_2, X_3, X_4의 독립성은 다음을 의미한다.

$$E\left(e^{tY}\right) = E\left(e^{tX_1}\right)E\left(e^{tX_2}\right)E\left(e^{tX_3}\right)E\left(e^{tX_4}\right)$$

1.9절로부터 다음을 알 수 있다.

$$E\left(e^{tX_i}\right) = (1-t)^{-1}, \quad t < 1,\ i = 1, 2, 3, 4$$

따라서

$$E\left(e^{tY}\right) = (1-t)^{-4}$$

3.3절에서 이것이 다음 pdf를 가진 분포의 mgf임을 알 수 있다.

$$f_Y(y) = \begin{cases} \frac{1}{3!}y^3e^{-y} & 0 < y < \infty \\ 0 & \text{그 외에} \end{cases}$$

따라서 Y는 이와 같은 확률분포를 따른다.

연습문제

2.7.1 X_1, X_2, X_3이 각각 $0 < x < \infty$일 때 $f(x) = e^{-x}$, 그 외에 $f(x) = 0$인 pdf를 가진 iid라고 하자. 다음 Y_1, Y_2, Y_3이 서로 독립임을 밝혀라.

$$Y_1 = \frac{X_1}{X_1 + X_2}, \quad Y_2 = \frac{X_1 + X_2}{X_1 + X_2 + X_3}, \quad Y_3 = X_1 + X_2 + X_3$$

2.7.2 확률변수 X의 pdf가 $-2 < x < 2$일 때 $f(x) = 1/4$, 그 외에 $f(x) = 0$이라고 하자. $Y = X^2$의 pdf를 구하라.

2.7.3 X의 pdf가 $-1 < x < 3$일 때 $f(x) = 1/4$, 그 외에 $f(x) = 0$이라고 하자. $Y = X^2$의 pdf를 구하라.

힌트: 여기서 $\mathcal{T} = \{y : 0 \le y < 9\}$이며, $B = \{y : 0 < y < 1\}$이면 사건 $Y \in B$는 서로 배타적인 두 사건의 합집합이다.

2.7.4 X_1, X_2, X_3이 $x > 0$일 때 $f(x) = 2e^{-2x}$, 그 외에 $f(x) = 0$인 공통 pdf를 가진 iid라고 하자. $Y_1 = X_1$, $Y_2 = X_1 + 2X_2$, $Y_3 = X_1 + 2X_2 + 3X_3$의 결합 pdf를 구하라.

2.7.5 X_1, X_2, X_3이 $x > 0$일 때 $f(x) = e^{-x}$, 그 외에 $f(x) = 0$인 공통 pdf를 가진 iid라고 하자. $Y_1 = X_1/X_2$, $Y_2 = X_3/(X_1 + X_2)$, $Y_3 = X_1 + X_2$의 결합 pdf를 구하라. Y_1, Y_2, Y_3은 서로 독립인가?

2.7.6 X_1, X_2의 결합 pdf가 $0 < x_1^2 + x_2^2 < 1$일 때 $f(x_1, x_2) = 1/\pi$이라고 하자. $Y_1 = X_1^2 + X_2^2$이고 $Y_2 = X_2$일 때 Y_1과 Y_2의 결합 pdf를 구하라.

2.7.7 X_1, X_2, X_3, X_4의 결합 pdf가 $0 < x_1 < x_2 < x_3 < x_4 < 1$일 때 $f(x_1, x_2, x_3, x_4) = 24$, 그 외에 $f(x_1, x_2, x_3, x_4) = 0$이라고 하자. $Y_1 = X_1/X_2$, $Y_2 = X_2/X_3$, $Y_3 =$

X_3/X_4, $Y_4 = X_4$의 결합 pdf를 구하고, 그것이 서로 독립임을 밝혀라.

2.7.8 X_1, X_2, X_3이 모든 $t \in R$에 대해 공통 mgf $M(t) = ((1/3) + (2/3)e^t)^2$을 가진 iid 라고 하자.

(a) $k = 0, 1, 2$일 때 확률 $P(X_1 = k)$를 구하라.

(b) $Y = X_1 + X_2 + X_3$의 mgf를 구하고 $k = 0, 1, 2, \cdots, 6$일 때 확률 $P(Y = k)$를 구하라.

2.8 확률변수의 선형결합

이 절에서는 2.6절을 따르는 확률변수의 선형결합에 대한 몇 가지 결과를 요약한다. 이 결과는 3장과 이후의 장에서 매우 유용하게 사용된다.

$(X_1, \cdots, X_n)'$이 확률벡터를 나타낸다고 하자. 이 절에서는 이러한 변수들의 선형결합을 다루고, 특정한 상수 $a_1, a_2, \cdots, a_n$에 대해 이를 일반적으로 다음과 같이 나타낸다.

$$T = \sum_{i=1}^{n} a_i X_i \tag{2.8.1}$$

여기서는 T의 평균과 분산에 대한 표현을 구한다.

T의 평균은 기댓값의 선형성에 따른 즉각적인 결과이다. 참조를 위해 이를 공식적으로 정리로 나타낸다.

정리 2.8.1

T가 식 (2.8.1)이라고 가정하자. 모든 $i = 1, 2, \cdots, n$에 대해 $E(X_i) - \mu_i$이면 다음 결과를 얻을 수 있다.

$$E(T) = \sum_{i=1}^{n} a_i \mu_i \tag{2.8.2}$$

T의 분산을 구하기 위해 먼저 공분산에 대한 일반적인 결과를 제시한다.

정리 2.8.2

T는 식 (2.8.1)의 선형결합이고, W는 확률변수 $Y_1, Y_2, \cdots, Y_m$과 특정 상수 $b_1, b_2, \cdots, b_m$에 대해 $W = \sum_{i=1}^{m} b_i Y_i$로 주어진 또 다른 선형결합이라고 가정하자. $T = \sum_{i=1}^{n} a_i X_i$이고 $W = \sum_{i=1}^{m} b_i Y_i$라고 하자. $i = 1, 2, \cdots, n$과 $j = 1, 2, \cdots, m$에 대해 $E[X_i^2] < \infty$이고 $E[Y_j^2] < \infty$이면

$$Cov(T, W) = \sum_{i=1}^{n}\sum_{j=1}^{m} a_i b_j\, Cov(X_i, Y_j) \tag{2.8.3}$$

증명: 공분산의 정의와 정리 2.8.1에 의해 다음의 첫 번째 등식이 성립하고, 두 번째 등식은 E의 선형성을 이용한다.

$$\begin{aligned} Cov(T, W) &= E\left[\sum_{i=1}^{n}\sum_{j=1}^{m}(a_iX_i - a_iE(X_i))(b_jY_j - b_jE(Y_j))\right] \\ &= \sum_{i=1}^{n}\sum_{j=1}^{m} a_ib_jE[(X_i - E(X_i))(Y_j - E(Y_j))] \end{aligned}$$

이것은 원하는 결과이다.

T의 분산을 구하기 위해 식 (2.8.3)에서 단순히 W를 T로 대체하라. 다음 따름정리는 그 결과를 보여준다.

따름정리 2.8.1

$T = \sum_{i=1}^{n} a_iX_i$라고 하자. $i = 1, 2, \cdots, n$에 대해 $E[X_i^2] < \infty$이면

$$Var(T) = Cov(T, T) = \sum_{i=1}^{n} a_i^2\, Var(X_i) + 2\sum_{i<j} a_ia_j\, Cov(X_i, X_j) \tag{2.8.4}$$

$X_1, \cdots, X_n$이 독립인 확률변수이면 정리 2.5.2에 의해 모든 쌍별 공분산은 0이다. 즉 모든 $i \neq j$에 대해 $Cov(X_i, X_j) = 0$이다. 이것은 식 (2.8.4)의 단순화로 이어지며, 다음 따름정리는 이를 보여준다.

따름정리 2.8.2

$X_1, \cdots, X_n$이 독립인 확률변수이고 모든 $i = 1, 2, \cdots, n$에 대해 $Var(X_i) = \sigma_i^2$이면 다음 결과를 얻는다.

$$Var(T) = \sum_{i=1}^{n} a_i^2\sigma_i^2 \tag{2.8.5}$$

이 결과를 얻기 위해서는 단지 모든 $i \neq j$에 대해 X_i와 X_j가 무상관(uncorrelated)이면 된다.

다음으로 독립성 외에도 확률변수가 동일한 분포를 갖는다고 가정한다. 이러한 확률변수의 모음을 확률표본이라고 하며, 이제는 공식적인 정의로 명시한다.

정의 2.8.1

확률변수 $X_1, X_2, \cdots, X_n$이 독립이고 동일하게 분포되어 있어 각 X_i가 같은 분포를 가지면, 이러한 확률변수가 공통된 분포에서 크기가 n인 **확률표본**(random sample)을 구성한다고 말한다. 독립이고 동일하게 분포되어 있는 것을 축약하여 **iid**라고 한다.

다음 두 예제에서 이러한 확률표본의 2개 함수에 대한 몇 가지 특성을 살펴볼 것이다.

예제 2.8.1 **[표본평균]** $X_1, X_2, \cdots, X_n$이 동일한 평균 μ와 분산 σ^2을 가진, 독립이고 동일하게 분포하는 iid 확률변수라고 하자. **표본평균**은 $\overline{X} = n^{-1}\sum_{i=1}^{n} X_i$로 정의된다. 이것은 $a_i \equiv n^{-1}$인 표본 관측값의 선형결합이므로 정리 2.8.1과 따름정리 2.8.2에 의해

$$\begin{aligned} E(\overline{X}) &= \mu \\ Var(\overline{X}) &= \frac{\sigma^2}{n} \end{aligned} \tag{2.8.6}$$

$E(\overline{X}) = \mu$이므로 종종 $\overline{X}$는 μ에 대해 **불편하다**(unbiased)고 한다.

예제 2.8.2 **[표본분산]** **표본분산**(sample variance)을 다음과 같이 정의한다.

$$\begin{aligned} S^2 &= (n-1)^{-1}\sum_{i=1}^{n}(X_i - \overline{X})^2 \\ &= (n-1)^{-1}\left(\sum_{i=1}^{n} X_i^2 - n\overline{X}^2\right) \end{aligned} \tag{2.8.7}$$

여기서 두 번째 등식은 어떤 대수를 이용하여 구한다. 연습문제 2.8.1을 참조하라.

표본분산 S^2을 정의하는 평균에서 나눗셈은 n 대신 $n-1$로 하고 있다. 이에 대한 한 가지 이유는 다음에서 보듯이 S^2을 σ^2에 대해 편향되지 않도록 하기 때문이다. 앞의 정리들과 앞의 예제, 그리고 $E(X^2) = \sigma^2 + \mu^2$과 $E(\overline{X}^2) = (\sigma^2/n) + \mu^2$을 이용하면

$$\begin{aligned} E(S^2) &= (n-1)^{-1}\left(\sum_{i=1}^{n} E(X_i^2) - nE(\overline{X}^2)\right) \\ &= (n-1)^{-1}\left\{n\sigma^2 + n\mu^2 - n[(\sigma^2/n) + \mu^2]\right\} \\ &= \sigma^2 \end{aligned} \tag{2.8.8}$$

따라서 표본분산은 σ^2의 불편추정량이다.

연습문제

2.8.1 식 (2.8.7)의 두 번째 등식을 도출하라.

2.8.2 X_1, X_2, X_3, X_4가 $0 < x < 1$일 때 $f(x) = 2x$, 그 외에 $f(x) = 0$인 동일한 pdf를 가진 iid 확률변수라고 하자. 이 네 확률변수의 합인 Y의 평균과 분산을 구하라.

2.8.3 독립인 확률변수 X_1과 X_2가 각각 분산이 $\sigma_1^2 = k$, $\sigma_2^2 = 9$라고 하자. $Y = X_2 - 2X_1$의 분산이 17일 때 k를 구하라.

2.8.4 독립인 확률변수 X_1과 X_2가 각각 평균 μ_1, μ_2, 분산 σ_1^2, σ_2^2일 때 곱 $Y = X_1X_2$의 평균과 분산이 각각 $\mu_1\mu_2$, $\sigma_1^2\sigma_2^2 + \mu_1^2\sigma_2^2 + \mu_2^2\sigma_1^2$임을 밝혀라.

2.8.5 $X_1, \cdots, X_5$가 iid이고, $0 < x < 2$일 때 pdf $f(x) = 3x(2 - x)/4$, 그 외에 $f(x) = 0$이라고 하자. $Y = \sum_{i=1}^{5} X_i$의 평균과 분산을 구하라.

2.8.6 $X_1, \cdots, X_6$이 $0 < x < 1$일 때 $f(x) = 3x^2$, 그 외에 $f(x) = 0$인 pdf를 가진 분포로부터 관측한 확률표본이라고 하자. 표본평균 $\overline{X} = 6^{-1}\sum_{i=1}^{6} X_i$의 평균과 분산을 구하라.

2.8.7 X와 Y가 $\mu_1 = 2/3$, $\mu_2 = 2$, $\sigma_1^2 = 5$, $\sigma_2^2 = 3$, $\rho = 2/3$인 확률변수라고 하자. $Z = 2X - 3Y$의 평균과 분산을 구하라.

2.8.8 독립인 확률변수 X와 Y가 평균 μ_1, μ_2, 분산 σ_1^2, σ_2^2일 때 X와 $Z = X - Y$의 상관계수를 μ_1, μ_2, σ_1^2, σ_2^2으로 나타내라.

2.8.9 확률변수 X의 평균과 분산을 각각 μ, σ^2이라고 하자. b와 c가 실수인 상수일 때 $Y = c + bX$라고 하자. Y의 평균과 분산이 각각 $c + b\mu$, $b^2\sigma^2$임을 밝혀라.

2.8.10 $Var(X) = 3$, $Var(Y) = 1$, $Var(2X + Y) = 18$일 때 확률변수 X와 Y의 상관계수를 구하라.

2.8.11 X와 Y가 평균 μ_1, μ_2, 분산 σ_1^2, σ_2^2, 상관계수 ρ인 확률변수라고 하자. $W = aX + b(a > 0)$와 $Z = cY + d(c > 0)$의 상관계수가 ρ임을 밝혀라.

2.8.12 한 사람이 주사위를 굴리고, 동전을 던지고, 보통의 카드에서 카드를 1장 뽑는다. 그는 주사위의 각 눈금에 대해 3달러를 받고, 동전의 경우 앞면이 나오면 10달러, 뒷면이 나오면 0달러를 받으며, 카드의 각 번호(잭 = 11, 퀸 = 12, 킹 = 13)에 대해 1달러씩 받는다. 관계된 3개의 확률변수가 독립이고 균등분포를 따를 때 받는 금액의 평균과 분산을 구하라.

2.8.13 독립인 확률변수 X_1과 X_2의 분산이 0이 아니라고 하자. X_1과 X_2의 평균과 분산을

이용하여 $Y = X_1X_2$와 X_1의 상관계수를 구하라.

2.8.14 X_1과 X_2가 모수 μ_1, μ_2, σ_1^2, σ_2^2, ρ인 결합분포를 따른다. 선형함수 $Y = a_1X_1 + a_2X_2$와 $Z = b_1X_1 + b_2X_2$ 사이의 상관계수를 실수인 상수 a_1, a_2, b_1, b_2와 분포의 모수를 이용하여 구하라.

2.8.15 확률변수 X_1, X_2, X_3은 분산은 같지만 상관계수가 각각 $\rho_{12} = 0.4$, $\rho_{13} = 0.2$, $\rho_{23} = 0.6$이라고 하자. 선형함수 $Y = X_1 + X_2$와 $Z = X_2 + X_3$ 사이의 상관계수를 구하라.

2.8.16 각각의 분산이 3이고 각 쌍의 상관계수가 0.4인 8개 확률변수의 합의 분산을 구하라.

2.8.17 X와 Y의 모수가 μ_1, μ_2, σ_1^2, σ_2^2, ρ라고 하자. X와 $[Y - \rho(\sigma_2/\sigma_1)X]$의 상관계수가 0임을 증명하라.

2.8.18 분산 $\sigma^2 > 0$인 분포에서 추출한 확률표본의 표본분산을 S^2이라고 하자. $E(S^2) = \sigma^2$이지만 왜 $E(S) = \sigma$가 아닌가?

힌트: 옌센의 부등식(Jensen's inequality)을 이용하여 $E(S) < \sigma$임을 밝혀라.

몇 가지 특수한 분포 3

Some Special Distributions

3.1 이항분포와 관련 분포

1장에서 균등분포(uniform distribution)와 초기하분포(hypergeometric distribution)를 소개했다. 이 장에서는 통계학에서 자주 사용하는 확률변수의 몇 가지 중요한 분포를 살펴보려 한다. 이항분포 및 그와 관련한 분포로 시작해보자.

베르누이 실험(Bernoulli experiment)은 확률실험으로, 그 결과는 성공 또는 실패(예: 여자 또는 남자, 생존 또는 죽음, 무결함 또는 결함)와 같이 서로 배타적으로 전체를 이루는 두 가지 방법 중 하나로 분류될 수 있다. 일련의 **베르누이 시행**(Bernoulli trial)은 베르누이 실험을 독립적으로 여러 번 시행했을 때 발생하고, 이때 성공 확률 p는 시행마다 동일하게 유지된다. 즉 이러한 일련의 과정에서 p는 각 시행에서 발생하는 성공의 확률을 나타낸다.

다음과 같이 정의된 베르누이 시행에서 얻은 확률변수를 X라고 하자.

$$X(\text{성공}) = 1, \quad X(\text{실패}) = 0$$

즉 '성공'과 '실패'라는 결과가 각각 1과 0으로 나타난다. X의 pmf는 다음과 같이 쓸 수 있으며,

$$p(x) = p^x(1-p)^{1-x}, \quad x = 0, 1 \tag{3.1.1}$$

X가 **베르누이 분포**(Bernoulli distribution)를 따른다고 일컫는다. X의 기댓값과 분산은 다음과 같다.

$$\mu = E(X) = (0)(1-p) + (1)(p) = p$$

$$\sigma^2 = Var(X) = p^2(1-p) + (1-p)^2 p = p(1-p)$$

따라서 X의 표준편차는 $\sigma = \sqrt{p(1-p)}$이다.

성공 확률이 동일하게 유지되는 일련의 독립적인 베르누이 시행을 n번 반복했을 때 X_i는 i번

째 시행과 관련된 베르누이 확률변수를 나타낸다고 하자. n번의 베르누이 시행에서 얻은 관측값은 0과 1로 이루어진 n-짝(n-tuple)이다. 종종 이 베르누이 시행에서 성공의 총횟수에 관심을 갖는다. 확률변수 X가 n번의 베르누이 시행에서 얻은 성공 횟수라면 X 값은 0, 1, 2, ⋯, n이 될 수 있다. $x = 0, 1, 2, \cdots, n$일 때 성공이 x번 발생하면 실패는 $n - x$번 발생한다. n번의 시행에서 성공이 x번 일어날 때 x번을 선택하는 총가짓수는 다음과 같다.

$$\binom{n}{x} = \frac{n!}{x!(n-x)!}$$

베르누이 시행이 독립적으로 이루어지고, 각 시행에서 성공과 실패의 확률이 각각 p, $1 - p$이기 때문에 이 방법의 각 확률은 $p^x(1-p)^{n-x}$이다. 그러므로 X의 pmf $p(x)$는 $\binom{n}{x}$가지 서로 배반 사건의 확률의 합이다. 즉

$$p(x) = \begin{cases} \binom{n}{x}p^x(1-p)^{n-x} & x = 0, 1, 2, \ldots, n \\ 0 & \text{그 외에} \end{cases} \tag{3.1.2}$$

$p(x) \geq 0$이라는 것은 분명하다. 전체 범위에 대해 $p(x)$의 합이 1인지 확인하기 위해 1장에 있는 식 (1.3.7)의 이항급수를 상기하라. 이는 n이 양의 정수일 때

$$(a+b)^n = \sum_{x=0}^{n} \binom{n}{x} b^x a^{n-x}$$

따라서 다음 결과를 얻을 수 있다.

$$\begin{aligned} \sum_x p(x) &= \sum_{x=0}^{n} \binom{n}{x} p^x (1-p)^{n-x} \\ &= [(1-p)+p]^n = 1 \end{aligned}$$

즉 $p(x)$는 이산형 확률변수 X의 pmf가 되는 조건을 만족한다. 형태가 $p(x)$인 pmf를 가진 확률변수 X는 **이항분포**(binomial distribution)를 따른다고 하며, 이와 같은 $p(x)$를 **이항 pmf**라고 한다. 이항분포는 기호 $b(n, p)$로 나타낼 것이다. 상수 n과 p를 이항분포의 **모수**(parameter)라고 한다.

예제 3.1.1 **[이항 확률 계산]** 공정한 육면체 주사위를 3번 던진다고 가정하자. 정확히 6을 2번 얻을 확률은 얼마인가? 표기를 위해 주사위를 3번 던졌을 때 6이 나온 횟수를 X라고 하자. 그러면 X는 $n = 3$이고 $p = 1/6$인 이항분포를 갖는다. 따라서 다음과 같이 확률을 계산할 수 있다.

$$P(X=2) = p(2) = \binom{3}{2}\left(\frac{1}{6}\right)^2\left(\frac{5}{6}\right)^1 = 0.06944$$

이러한 계산은 간단한 계산기로도 할 수 있다. 하지만 주사위를 60번 던지고 적어도 6이 16번 나

올 확률을 구한다고 해보자. 주사위를 60번 던졌을 때 6이 나온 횟수를 Y라고 하면 구하고자 하는 확률은 다음과 같이 급수로 계산된다.

$$P(Y \geq 16) = \sum_{j=16}^{60} \binom{60}{j} \left(\frac{1}{6}\right)^j \left(\frac{5}{6}\right)^{60-j}$$

이것은 단순한 계산이 아니다. 대부분의 통계 패키지는 이항 확률을 계산하는 방법을 제공하는데, R에서는 Y가 $b(n, p)$이면 Y의 cdf는 $P(Y \leq y) =$ `pbinom(y,n,p)`로 계산된다. 예를 들면 R을 사용하여 $P(Y \geq 16)$를 다음과 같이 계산한다.

$$P(Y \geq 16) = 1 - P(Y \leq 15) = 1 - \texttt{pbinom(15,60,1/6)} = 0.0338$$

R 함수 `dbinom`은 이항분포의 pmf를 계산한다. 예를 들어 $Y = 11$일 확률을 계산하기 위해 R 코드 `dbinom(11,60,1/6)`을 사용하여 0.1246을 계산한다.

이항분포의 mgf는 쉽게 구할 수 있다. 즉 이항분포는 t의 모든 실수에 대해

$$\begin{aligned} M(t) &= \sum_x e^{tx} p(x) = \sum_{x=0}^{n} e^{tx} \binom{n}{x} p^x (1-p)^{n-x} \\ &= \sum_{x=0}^{n} \binom{n}{x} (pe^t)^x (1-p)^{n-x} \\ &= [(1-p) + pe^t]^n \end{aligned}$$

X의 평균 μ와 분산 σ^2은 $M(t)$로부터 계산할 수 있다.

$$M'(t) = n[(1-p) + pe^t]^{n-1}(pe^t)$$

$$M''(t) = n[(1-p) + pe^t]^{n-1}(pe^t) + n(n-1)[(1-p) + pe^t]^{n-2}(pe^t)^2$$

그러므로 다음이 성립한다.

$$\mu = M'(0) = np$$

$$\sigma^2 = M''(0) - \mu^2 = np + n(n-1)p^2 - (np)^2 = np(1-p)$$

Y가 예제 3.1.1에서 다룬 $b(60, 1/6)$ 분포를 갖는다고 가정하자. 그러면 $E(Y) = 60(1/6) = 10$이고, $Var(Y) = 60(1/6)(5/6) = 8.33$이다.

예제 3.1.2 확률변수 X의 mgf가 다음과 같으면 X는 $n = 5$이고 $p = 1/3$인 이항분포를 따른다.

$$M(t) = (\tfrac{2}{3} + \tfrac{1}{3}e^t)^5$$

즉 X의 pmf는

$$p(x) = \begin{cases} \binom{5}{x}\left(\frac{1}{3}\right)^x\left(\frac{2}{3}\right)^{5-x} & x = 0, 1, 2, \ldots, 5 \\ 0 & \text{그 외에} \end{cases}$$

여기서 $\mu = np = 5/3$이고 $\sigma^2 = np(1-p) = 10/9$이다.

예제 3.1.3 Y가 $b(n, 1/3)$이면 $P(Y \geq 1) = 1 - P(Y = 0) = 1 - (2/3)^n$이다. $P(Y \geq 1) > 0.80$이 되는 최소의 n 값을 구하고자 한다. $1 - (2/3)^n > 0.80$이고 $0.20 > (2/3)^n$이다. 관찰 또는 대수를 사용하여 $n = 4$가 해임을 알 수 있다. 즉 성공 확률이 $p = 1/3$인 확률실험을 독립적으로 $n = 4$번 반복하면 적어도 한 번 성공 확률이 0.80보다 크다.

예제 3.1.4 확률변수 Y가 성공 확률 p인 확률실험을 독립적으로 n번 반복하여 나타나는 성공의 횟수라고 하자. 즉 Y는 $b(n, p)$이다. 비 Y/n를 성공의 상대도수라고 한다. 식 (1.10.3) 체비셰프 부등식(정리 1.10.3)의 두 번째 설명을 상기하라. 이 결과를 적용하면 모든 $\epsilon > 0$에 대해

$$P\left(\left|\frac{Y}{n} - p\right| \geq \epsilon\right) \leq \frac{Var(Y/n)}{\epsilon^2} = \frac{p(1-p)}{n\epsilon^2}$$

[연습문제 3.1.3은 $Var(Y/n)$를 구하는 문제이다.] 그런데 모든 고정된 $\epsilon > 0$에 대해 위 부등식의 우변은 충분히 큰 n에 대해 0에 가깝다. 즉

$$\lim_{n\to\infty} P\left(\left|\frac{Y}{n} - p\right| \geq \epsilon\right) = 0$$

$$\lim_{n\to\infty} P\left(\left|\frac{Y}{n} - p\right| < \epsilon\right) = 1$$

이는 모든 고정된 $\epsilon > 0$에 대해 성립하기 때문에 어떤 의미에서 성공의 상대도수는 큰 값 n에 대해 성공 확률 p에 접근한다고 볼 수 있다. 이 결과는 **대수의 약법칙**(weak law of large numbers)의 한 형식이다. 이것은 1장의 확률에 관한 도입부에서 언급했고, 관련 개념과 더불어 5장에서 다시 살펴볼 것이다.

예제 3.1.5 독립인 확률변수 X_1, X_2, X_3이 동일한 cdf $F(x)$를 가지며 X_1, X_2, X_3의 중앙값이 Y라고 하자. Y의 cdf, 즉 $F_Y(y) = P(Y \leq y)$를 결정하기 위해 X_1, X_2, X_3 중 적어도 2개는 y보다 작거나 같을 때에 한하여 $Y \leq y$임을 유의하자. i번째 '시행'은 $X_i \leq y (i = 1, 2, 3)$일 때 성공이라고 하자. 여기서 각 '시행'은 성공할 확률 $F(y)$를 갖는다. 이 개념에서 $F_Y(y) = P(Y \leq y)$는 세 독립시행에서 적어도 두 번이 성공할 확률이다. 따라서

$$F_Y(y) = \binom{3}{2}[F(y)]^2[1 - F(y)] + [F(y)]^3$$

$F(x)$가 연속형 cdf로 X의 pdf가 $F'(x) = f(x)$이면 Y의 pdf는 다음과 같다.

$$f_Y(y) = F'_Y(y) = 6[F(y)][1 - F(y)]f(y)$$

동일한 성공 확률을 가진 독립인 이항분포가 여러 개 있다고 가정하자. 그러면 다음 정리에서 알 수 있듯이 이 확률변수의 합이 이항분포를 따른다는 것은 쉽게 이해된다.

정리 3.1.1

$i = 1, 2, \cdots, m$일 때 X_i가 이항분포 $b(n_i, p)$를 따르는 독립인 확률변수를 $X_1, X_2, \cdots, X_m$이라고 하자. $Y = \sum_{i=1}^m X_i$라면 Y는 이항분포 $b(\sum_{i=1}^m n_i, p)$를 따른다.

증명: X_i의 mgf는 $M_{X_i}(t) = (1 - p + pe^t)^{n_i}$이다. 독립성에 의해 정리 2.6.1을 따르면

$$M_Y(t) = \prod_{i=1}^m (1 - p + pe^t)^{n_i} = (1 - p + pe^t)^{\sum_{i=1}^m n_i}$$

따라서 Y는 이항분포 $b(\sum_{i=1}^m n_i, p)$를 따른다.

이 절의 나머지 부분에서는 이항분포와 관련된 몇 가지 중요한 분포에 대해 설명한다.

3.1.1 음이항과 기하분포

성공 확률 p가 동일한 일련의 독립적인 베르누이 시행을 고려하자. r번째 성공이 발생하기 전 이 시행에서 얻은 실패의 총횟수를 확률변수 Y라고 하자. 즉 $Y + r$은 마지막 시행이 성공일 때 정확히 r번 성공하는 데 필요한 시행 횟수와 같다. 여기서 r은 고정된 양의 정수이다. Y의 pmf를 결정하기 위해 y를 $\{y : y = 0, 1, 2, \cdots\}$의 원소라고 하자. 그러면 시행이 독립적이므로 $P(Y = y)$는 처음 $y + r - 1$의 시행에서 정확히 $r - 1$번의 성공을 얻을 확률과 $(y + r)$번째 시행에서 성공을 얻을 확률인 p를 곱한 것과 같다. 따라서 Y의 pmf는 다음과 같이 계산된다.

$$p_Y(y) = \begin{cases} \binom{y+r-1}{r-1} p^r (1-p)^y & y = 0, 1, 2, \ldots \\ 0 & \text{그 외에} \end{cases} \tag{3.1.3}$$

이러한 $p_Y(y)$ 형태의 pmf를 가진 분포를 **음이항분포**(negative binomial distribution)라고 하며, 이와 같은 $p_Y(y)$를 음이항 pmf라고 한다. 이는 $p_Y(y)$가 $p^r[1 - (1 - p)]^{-r}$을 전개한 일반적인 형태라 붙은 명칭이다. 이 분포의 mgf가 $t < -\log(1 - p)$일 때 $M(t) = p^r[1 - (1 - p)e^t]^{-r}$임을 밝히는 것은 연습문제로 남겨둔다. $P(Y \leq y)$를 계산하기 위한 R 호출은 `pnbinom(y,r,p)`이다.

예제 3.1.6 어떤 사람의 혈액형이 B형일 확률이 0.12라고 가정하자. 혈액형이 B형인 사람에 대한 연구를 수행하기 위해 B형 10명이 확보될 때까지 환자를 독립적으로 표집한다. 최대 30명의 혈액형을 확인해야 하는 확률을 구하라. Y가 $p = 0.12$이고 $r = 10$인 음이항분포를 따른다면 원하는 확률은 다음과 같다.

$$P(Y \le 20) = \sum_{j=0}^{20} \binom{j+9}{9} 0.12^{10} 0.88^{j}$$

R에서 계산하면 `pnbinom(20,10,0.12) = 0.0019`이다.

만약 $r = 1$이면 Y의 pmf는 다음과 같다.

$$\begin{aligned} p_Y(y) &= p(1-p)^y, \quad y = 0, 1, 2, \cdots \\ p_Y(y) &= 0, \qquad\qquad\quad \text{그 외에} \end{aligned} \tag{3.1.4}$$

또한 Y의 mgf는 $M(t) = p[1-(1-p)e^t]^{-1}$이다. 이렇게 $r = 1$인 특별한 경우에 Y는 **기하분포**(geometric distribution)를 갖는다고 한다. 베르누이 시행의 관점에서 Y는 첫 번째 성공을 얻기까지 실패한 횟수이다. 기하분포는 1장의 예제 1.6.3에서 처음 다루었다. 예제 3.1.6에서 혈액형이 B형인 환자를 찾기 위해 정확히 11명의 혈액형을 확인해야 하는 확률은 $(0.88)^{11}(0.12)$이다. 이는 R에서 `dgeom(11,0.12) = 0.0294`로 계산된다.

3.1.2 다항분포

이항분포는 다음과 같이 다항분포로 일반화된다. 어떤 확률실험을 독립적으로 n번 반복한다고 하자. 실험의 각 반복에서는 k개의 범주 중 하나에 해당하는 단 1개의 실현값만 있다. $C_1, C_2, \cdots, C_k$를 범주라고 부르자. 육면체 주사위를 던져서 나온 윗면을 예로 들면 $i = 1, 2, \cdots, 6$에 대해 $C_i = \{i\}$이다. $i = 1, 2, \cdots, k$에 대해 p_i는 실현값이 C_i의 요소가 될 확률이고, p_i는 n번의 독립적인 반복에서 일정하게 유지된다고 가정하자. $i = 1, 2, \cdots, k-1$에 대해 확률변수 X_i를 C_i의 요소가 되는 실현값의 개수라고 정의하자. $X_k = n - X_1 - \cdots - X_{k-1}$이므로 X_k는 다른 X_i에 따라 정해진다. 따라서 결합분포를 위해서는 $X_1, X_2, \cdots, X_{k-1}$만 고려할 필요가 있다.

$x_k = n - x_1 - \cdots - x_{k-1}$이고 $p_k = 1 - \sum_{j=1}^{k-1} p_j$일 때, 음이 아닌 정수이고 $x_1 + x_2 + \cdots + x_{k-1} \le n$을 만족하는 모든 $x_1, x_2, \cdots, x_{k-1}$에 대해 $(X_1, X_2, \cdots, X_{k-1})$의 결합 pmf는 다음과 같다.

$$P(X_1 = x, X_2 = x_2, \ldots, X_{k-1} = x_{k-1}) = \frac{n!}{x_1! \cdots x_{k-1}! x_k!} p_1^{x_1} \cdots p_{k-1}^{x_{k-1}} p_k^{x_k} \tag{3.1.5}$$

이제 식 (3.1.5)가 성립하는 것을 밝힌다. x_1개의 C_1, x_2개의 C_2, $\cdots$, x_k개의 C_k에 대한 구별 가

능한 배열의 가짓수는 다음과 같이 계산된다.

$$\binom{n}{x_1}\binom{n-x_1}{x_2}\cdots\binom{n-x_1-\cdots-x_{k-2}}{x_{k-1}}=\frac{n!}{x_1!x_2!\cdots x_k!}$$

그리고 각 구별 가능한 배열의 확률은 다음과 같다.

$$p_1^{x_1}p_2^{x_2}\cdots p_k^{x_k}$$

따라서 이 두 식의 곱이 식 (3.1.5)와 일치하는 올바른 확률을 제시한다.

$(X_1, \cdots, X_{k-1})$은 모수 n과 $p_1, \cdots, p_{k-1}$을 가진 **다항분포**(multinomial distribution)를 따른다고 일컫는다. $(X_1, \cdots, X_{k-1})$의 결합 mgf는 $M(t_1, \cdots, t_{k-1}) = E(\exp\{\sum_{i=1}^{k-1} t_iX_i\})$이고, 다음과 같이 계산된다.

$$M(t_1,\ldots,t_{k-1})=\sum\cdots\sum\frac{n!}{x_1!\cdots x_{k-1}!x_k!}(p_1e^{t_1})^{x_1}\cdots(p_{k-1}e^{t_{k-1}})^{x_{k-1}}p_k^{x_k}$$

여기서 다중합은 음이 아니고 $x_1 + x_2 + \cdots + x_{k-1} \leq n$을 만족하는 모든 정수에 대해 구한다. $m = \sum_{i=1}^{k-1} p_ie^{t_i} + p_k$라 하고, $x_k = n - \sum_{i=1}^{k-1} x_i$임을 상기하라. 그러면 $m > 0$이므로 다음과 같이 계산된다.

$$\begin{aligned}M(t_1,\ldots,t_{k-1}) &= m^n\sum\cdots\sum\frac{n!}{x_1!\cdots x_{k-1}!x_k!}\\&\quad\times\left(\frac{p_1e^{t_1}}{m}\right)^{x_1}\cdots\left(\frac{p_{k-1}e^{t_{k-1}}}{m}\right)^{x_{k-1}}\left(\frac{p_k}{m}\right)^{x_k}\\&= m^n\times 1=\left(\sum_{i=1}^{k-1}p_ie^{t_i}+p_k\right)^n \qquad (3.1.6)\end{aligned}$$

여기서 받침에 대한 pmf의 합은 1이 된다는 성질을 사용했다.

결합 mgf를 사용하여 주변분포를 구할 수 있다. X_i의 mgf는 다음과 같다.

$$M(0,\ldots,0,t_i,0,\ldots,0)=(p_ie^{t_i}+(1-p_i))^n$$

따라서 X_i는 모수가 n과 p_i인 이항분포를 갖는다. $i < j$일 때 (X_i, X_j)의 mgf는 다음과 같다.

$$M(0,\ldots,0,t_i,0,\ldots,0,t_j,0,\ldots,0)=(p_ie^{t_i}+p_je^{t_j}+(1-p_i-p_j))^n$$

그래서 (X_i, X_j)는 모수가 n, p_i, p_j인 다항분포를 갖는다. 때로는 (X_1, X_2)가 **삼항분포**(trinomial distribution)를 갖는다고도 한다.

관심이 있는 또 다른 분포는 X_j가 주어진 X_i의 조건부 분포이다. 편의상 $i = 2$와 $j = 1$을 선택한다. (X_1, X_2)는 모수가 n, p_1, p_2인 다항분포이고, X_1는 모수가 n, p_1인 이항분포이다. 따라서 $0 \leq x_2 \leq n - x_1$에 대해 조건부 pmf는 다음과 같이 계산된다.

$$\begin{aligned}
p_{X_2|X_1}(x_2\,|\,x_1) &= \frac{p_{X_1,X_2}(x_1,x_2)}{p_{X_1}(x_1)} \\
&= \frac{x_1!(n-x_1)!}{n!p_1^{x_1}[1-p_1]^{n-x_1}}\,\frac{n!p_1^{x_1}p_2^{x_2}[1-(p_1+p_2)]^{n-(x_1+x_2)}}{x_1!x_2![n-(x_1+x_2)]!} \\
&= \binom{n-x_1}{x_2}\frac{p_2^{x_2}}{(1-p_1)^{x_2}}\,\frac{[(1-p_1)-p_2]^{n-x_1-x_2}}{(1-p_1)^{n-x_1-x_2}} \\
&= \binom{n-x_1}{x_2}\left(\frac{p_2}{1-p_1}\right)^{x_2}\left(1-\frac{p_2}{1-p_1}\right)^{n-x_1-x_2}
\end{aligned}$$

$p_2 < 1 - p_1$임을 주목하라. 그러므로 $X_1 = x_1$이 주어지면 X_2의 조건부 분포는 모수가 $n - x_1$, $p_2/(1 - p_1)$인 이항분포이다.

X_1이 주어진 X_2의 조건부 분포를 기반으로 $E(X_2|X_1) = (n - X_1)p_2/(1 - p_1)$가 된다. X_1과 X_2 사이의 상관계수를 ρ_{12}라고 하자. 조건부 평균은 기울기가 $-p_2/(1 - p_1)$인 선형함수이고, $\sigma_2 = \sqrt{np_2(1-p_2)}$, $\sigma_1 = \sqrt{np_1(1-p_1)}$이므로 식 (2.5.4)로부터 다음을 구할 수 있다.

$$\rho_{12} = -\frac{p_2}{1-p_1}\frac{\sigma_1}{\sigma_2} = -\sqrt{\frac{p_1p_2}{(1-p_1)(1-p_2)}}$$

X_1과 X_2의 받침이 $x_1 + x_2 \le n$이라는 제약 조건을 가지고 있기 때문에 음의 상관관계는 놀라운 일이 아니다.

3.1.3 초기하분포

1장에서 특별한 문제에 대해 식 (1.6.4)의 초기하분포를 소개했다. 이제 이를 공식적으로 정의할 것이다. N개 물품의 묶음이 있고 이 중 D개가 불량이라고 가정하자. 크기가 n인 표본에서 불량인 물품의 개수를 X로 나타내자. 만약 표본추출이 복원(with replacement)이고 물품을 임의로 선택한다면 X는 n과 D/N가 모수인 이항분포를 따르게 된다. 이 경우 X의 평균과 분산은 각각 $n(D/N)$, $n(D/N)[(N - D)/N]$이다. 그러나 표본추출이 실제로 흔히 일어나는 비복원(without replacement)이라고 가정해보자. 이 경우 $\binom{N}{n}$ 표본은 각각의 발생 확률이 동일하고 그중 정확히 x개의 불량품이 있는 표본의 수는 $\binom{N-D}{n-x}\binom{D}{x}$라는 것으로부터 X의 pmf가 결정된다. 따라서 X의 pmf는 다음과 같다.

$$p(x) = \frac{\binom{N-D}{n-x}\binom{D}{x}}{\binom{N}{n}}, \quad x = 0, 1, \ldots, n \tag{3.1.7}$$

여기서 평소와 마찬가지로 이항계수(binomial coefficient)는 위 값이 아래 값보다 작으면 0이 된다. 이러한 X는 (N, D, n)을 모수로 하는 **초기하분포**(hypergeometric distribution)를 따른다고 한다.

X의 평균은

$$E(X) = \sum_{x=0}^{n} xp(x) = \sum_{x=1}^{n} x \frac{\binom{N-D}{n-x}[D(D-1)!]/[x(x-1)!(D-x)!]}{[N(N-1)!]/[(N-n)!n(n-1)!]}$$
$$= n\frac{D}{N}\sum_{x=1}^{n}\binom{(N-1)-(D-1)}{(n-1)-(x-1)}\binom{D-1}{x-1}\binom{N-1}{n-1}^{-1} = n\frac{D}{N}$$

끝에서 두 번째 단계에서는 $(N-1, D-1, n-1)$을 모수로 하는 초기하분포의 확률이 전체 범위에 대해 더해졌을 때 1이 된다는 사실을 이용한다. 이렇게 X의 평균은 같으나 분산은 달라진다. 연습문제 3.1.31에서 보듯이 (N, D, n)을 모수로 하는 초기하분포의 분산은 다음과 같다.

$$Var(X) = n\frac{D}{N}\frac{N-D}{N}\frac{N-n}{N-1} \tag{3.1.8}$$

마지막 항인 $(N-n)/(N-1)$은 비복원추출 시 수정항으로 자주 간주된다. N이 n보다 훨씬 크면 수정항이 1에 가까워진다는 사실에 주목하라.

식 (3.1.7)의 pmf는 코드 `dhyper(x, D, N-D, n)`을 이용하여 R에서 계산할 수 있다. 잘 섞인 52장의 카드 더미에서 2장을 뽑고 에이스의 개수를 기록한다. 다음 R 코드는 각각 복원과 비복원인 경우 $\{0, 1, 2\}$의 범위에 대한 확률을 보여준다.

```
rng <- 0:2;   dbinom(rng,2,1/13);   dhyper(rng,4,48,2)
[1] 0.85207101 0.14201183 0.00591716
[1] 0.850678733 0.144796380 0.004524887
```

확률이 얼마나 비슷한지 주목하라.

연습문제

3.1.1 확률변수 X의 mgf가 $(\frac{1}{3}+\frac{2}{3}e^t)^4$일 때 $P(X=2$ 또는 $3)$을 구하라. R 함수 `dbinom`을 사용하여 확인하라.

3.1.2 확률변수 X의 mgf가 $(\frac{2}{3}+\frac{1}{3}e^t)^8$이라고 하자.

(a) 다음 식을 밝혀라.

$$P(\mu-2\sigma < X < \mu+2\sigma) = \sum_{x=1}^{5}\binom{8}{x}\left(\frac{1}{3}\right)^x\left(\frac{2}{3}\right)^{8-x}$$

(b) R을 사용하여 (a)의 확률을 계산하라.

3.1.3 X가 $b(n, p)$일 때 다음을 밝혀라.

$$E\left(\frac{X}{n}\right) = p, \quad E\left[\left(\frac{X}{n}-p\right)^2\right] = \frac{p(1-p)}{n}$$

3.1.4 iid인 확률변수 $X_1, X_2, \cdots, X_{40}$의 pdf가 $0 < x < 1$일 때 $f(x) = 2x$, 그 외에 $f(x)$

$= 0$으로 동일하다고 하자. X_i 중에서 적어도 35개가 $1/2$을 초과할 확률을 구하라.

3.1.5 수년간 명문 로스쿨의 입학시험에 합격한 응시자의 비율은 25%이다. 시험장 중 한 곳에서 50명이 시험을 치르고 20명이 합격한다. 이것이 이상한가? 합격 확률이 0.25일 때 50명 중 합격한 수를 X라 하고, $X \geq 20$를 기준으로 답하라.

3.1.6 성공 확률 $p = 1/2$인 어떤 확률실험의 독립적인 n번 반복 시행에서 성공한 횟수를 Y라고 하자. $P(1 \leq Y) \geq 0.70$이 되는 n의 최솟값을 구하라.

3.1.7 독립인 확률변수 X_1과 X_2는 모수가 각각 $n_1 = 3$, $p = 1/3$이고 $n_2 = 2$, $p = 1/2$인 이항분포를 따른다고 하자. $P(X_1 = X_2)$를 계산하라.

힌트: $X_1 = X_2$인 서로 배타적인 4개 방법을 기록하고 각각의 확률을 계산하라.

3.1.8 이 문제를 풀려면 반드시 이항분포를 구할 수 있는 통계 패키지가 있어야 한다. R 코드에 대한 힌트가 주어졌으나 다른 패키지도 이용할 수 있다.

(a) $b(15, 0.2)$ 분포의 pmf를 그려라. 다음 R 명령어는 그림을 출력한다.

```
x<-0:15; plot(dbinom(x,15,.2)~x)
```

(b) $n = 15$, $p = 0.10, 0.20, \cdots, 0.90$인 이항분포에 대해 (a)를 다시 풀라. p가 증가함에 따라 pmf의 모양에 대해 설명하라. 다음 R 코드를 사용하라.

```
x<-0:15;  par(mfrow=c(3,3)); p <- 1:9/10
for(j in p){plot(dbinom(x,15,j)~x); title(paste("p=",j))}
```

(c) X가 $b(n, 0.05)$ 분포를 따를 때 $Y = X/n$라고 하자. $n = 10, 20, 50, 200$일 때 Y의 pmf를 그려라(n이 커짐에 따라 이 그림은 무엇에 수렴하는 것으로 보이는가?).

3.1.9 $x = r$이 $b(n, p)$ 분포의 유일한 최빈값(mode)일 때 다음 식을 밝혀라.

$$(n+1)p - 1 < r < (n+1)p$$

이것은 연습문제 3.1.8의 (b)에서 답한 설명을 입증한다.

힌트: $p(x+1)/p(x) > 1$인 x 값을 결정하라.

3.1.10 X가 $b(n, p)$라고 가정하면 pmf는 정의에 의해 $x = 0, \cdots, n$일 때 $p(x) = p(n - x)$인 경우에 한하여 대칭이다. 따라서 pmf가 $p = 1/2$인 경우에 한하여 대칭임을 밝혀라.

3.1.11 5센트짜리 동전 3개와 10센트짜리 동전 2개를 무작위로 던진다고 하자. 적절한 가정을 세우고 10센트짜리 동전보다 5센트짜리 동전의 앞면이 더 많이 나올 확률을 계산하라.

3.1.12 $X_1, X_2, \cdots, X_{k-1}$이 다항분포를 따른다고 하자.

(a) $X_2, X_3, \cdots, X_{k-1}$의 mgf를 구하라.

(b) $X_2, X_3, \cdots, X_{k-1}$의 pmf를 구하라.

(c) $X_2 = x_2, \cdots, X_{k-1} = x_{k-1}$이 주어졌을 때 X_1의 조건부 pmf를 결정하라.

(d) 조건부 기댓값 $E(X_1|x_2, \cdots, x_{k-1})$은 무엇인가?

3.1.13 X를 $b(2, p)$, Y를 $b(4, p)$라고 하자. $P(X \geq 1) = 8/9$일 때 $P(Y \geq 1)$을 구하라.

3.1.14 X가 모수 n, $p = 1/2$인 이항분포를 따른다고 하자. $P(X \geq 1) \geq 0.85$를 만족하는 최소 정수 n을 결정하라.

3.1.15 X의 pmf가 $x = 0, 1, 2, 3, \cdots$일 때 $p(x) = (1/3)(2/3)^x$, 그 외에 $p(x) = 0$이라고 하자. $X \geq 4$일 때 X의 조건부 pmf를 구하라.

3.1.16 공정한 주사위를 던져서 숫자 1, 2, $\cdots$, 6 중 하나가 나온다고 하자. 이 확률실험을 독립적으로 5회 반복할 때 확률변수 X_1이 집합 $\{x : x = 1, 2, 3\}$, 확률변수 X_2가 집합 $\{x : x = 4, 5\}$라고 하자. $P(X_1 = 1, X_2 = 2)$를 계산하라.

3.1.17 음이항분포의 mgf가 $M(t) = p^r[1 - (1 - p)e^t]^{-r}$임을 밝혀라. 이 분포의 평균과 분산을 구하라.

힌트: $M(t)$를 총합으로 나타내는 경우 음이항급수[1]를 이용하라.

3.1.18 호수에 있는 물고기의 수를 추정하는 한 가지 방법은 다음과 같은 **포획-재포획**(capture-recapture) 표집 방식이다. 호수에 N마리의 물고기가 있는데 N은 알지 못한다고 하자. 이때 T로 지정된 수만큼 물고기를 포획하여 꼬리표를 붙이고 호수에 다시 풀어준다. 그런 다음 지정된 시간에 지정된 양의 정수 r에 대해 꼬리표가 붙어 있는 r번째 물고기가 잡힐 때까지 물고기를 포획한다. 여기서 관심 있는 확률변수는 꼬리표가 붙어 있지 않은 채 잡힌 물고기의 수인 Y이다.

(a) Y의 분포는 무엇인가? 모든 모수를 찾아라.

(b) $E(Y)$와 $Var(Y)$를 구하라.

(c) N의 적률추정값(method of moment estimate)은 Y를 $E(Y)$의 식과 같게 설정하고 N에 대해 이 방정식을 푸는 것이다. 이 방정식의 해 $\widehat{N}$을 구하라.

(d) $\widehat{N}$의 평균과 분산을 구하라.

3.1.19 실현값이 1, 2, $\cdots$, k이고 각각의 확률이 $p_1, p_2, \cdots, p_k$인 다항 시행을 생각해보자. `ps`는 $(p_1, p_2, \cdots, p_k)$에 대한 R 벡터를 나타낸다고 하자. 그러면 이러한 다항분포를 무작위로 한 번 시행한 결과는 R 명령어 `multitrial(ps)`로 계산된다. 여기에 필요

1 예를 들어 저자 서문에 언급된 〈수학 주석〉을 참조하라.

한 R 함수는 다음과 같다.[2]

```
psum <- function(v){
   p<-0; psum <- c()
   for(j in 1:length(v)){p<-p+v[j]; psum <- c(psum,p)}
   return(psum)}
multitrial <- function(p){
   pr <- c(0,psum(p))
   r <- runif(1); ic <- 0; j <- 1
   while(ic==0){if((r > pr[j]) && (r <= pr[j+1]))
   {multitrial <-j; ic<-1}; j<- j+1}
   return(multitrial)}
```

(a) `ps=c(.3,.2,.2,.2,.1)`일 때 10회의 무작위 시행을 계산하라.

(b) (a)의 `ps`에 대해 10,000회의 무작위 시행을 계산하라. p_i의 추정값이 p_i와 얼마나 비슷한지 확인하라.

3.1.20 연습문제 3.1.19 (a)의 실험을 사용하되 참가하기 위해 5달러를 지불하는 게임을 생각해보자. 시행의 결과로 1 또는 2가 나오면 아무것도 받지 못한다. 시행의 결과로 3이 나오면 1달러를, 4가 나오면 2달러를, 5가 나오면 20달러를 받는다. 게임에서 얻을 수 있는 이득을 G라고 하자.

(a) $E(G)$를 구하라.

(b) 이득을 시뮬레이션하는 R 코드를 작성하라. 이를 10,000번 시뮬레이션하여 이득을 계산하라. 그런 다음 10,000번의 이득에 대한 평균을 구하고, 이를 $E(G)$와 비교하라.

3.1.21 X_1과 X_2가 삼항분포를 따른다고 하자. mgf를 미분하여 그 공분산이 $-np_1p_2$임을 밝혀라.

3.1.22 공정한 동전을 무작위로 4번 독립적으로 던질 때 앞면이 적어도 3번 나온다는 조건이 주어졌을 때에 대해 앞면이 4번 나올 조건부 확률을 구하라.

3.1.23 공정한 주사위를 무작위로 8번 독립적으로 던진다고 하자. 1 또는 3이 정확히 2번 나온다는 조건이 주어졌을 때 각 면이 적어도 1번씩 나올 조건부 확률을 구하라.

3.1.24 이항분포 $b(n, p)$의 비대칭도(skewness)와 첨도(kurtosis)를 계산하라.

3.1.25 X_1과 X_2의 결합 pmf가

$$p(x_1, x_2) = \binom{x_1}{x_2}\left(\frac{1}{2}\right)^{x_1}\left(\frac{x_1}{15}\right), \qquad \begin{array}{l} x_2 = 0, 1, \ldots, x_1 \\ x_1 = 1, 2, 3, 4, 5 \end{array}$$

2 저자 서문에 제시된 사이트에서 다운로드할 수 있다.

그 외에 $p(x_1, x_2) = 0$이라고 하자. 다음을 결정하라.

(a) $E(X_2)$

(b) $u(x_1) = E(X_2|x_1)$

(c) $E[u(X_1)]$

(a)와 (c)의 답을 비교하라.

힌트: $E(X_2) = \sum_{x_1=1}^{5} \sum_{x_2=0}^{x_1} x_2 p(x_1, x_2)$이다.

3.1.26 공정한 주사위 3개를 던진다. 독립적으로 10번 던졌을 때 세 주사위의 숫자가 같은 횟수를 X, 두 주사위의 숫자가 같은 횟수를 Y라고 하자. X와 Y의 결합 pmf를 구하고 $E(6XY)$를 계산하라.

3.1.27 X가 기하분포를 따른다고 하자. k와 j가 음이 아닌 정수일 때 다음을 밝혀라.

$$P(X \geq k + j \,|\, X \geq k) = P(X \geq j) \tag{3.1.9}$$

이러한 상황에서 X는 **무기억성**(memoryless)을 갖는다고 일컫는다.

3.1.28 공정한 동전 던지기에서 앞면을 연속하여 관측하는 데 필요한 횟수를 X라고 하자. $u_1 = u_2 = 1$, $u_n = u_{n-1} + u_{n-2}(n = 3, 4, 5, \cdots)$일 때 n번째 피보나치(Fibonacci) 숫자를 u_n이라고 하자.

(a) X의 pmf가 다음과 같음을 증명하라.

$$p(x) = \frac{u_{x-1}}{2^x}, \quad x = 2, 3, 4, \ldots$$

(b) 다음을 이용하여 $\sum_{x=2}^{\infty} p(x) = 1$임을 밝혀라.

$$u_n = \frac{1}{\sqrt{5}} \left[\left(\frac{1+\sqrt{5}}{2} \right)^n - \left(\frac{1-\sqrt{5}}{2} \right)^n \right]$$

3.1.29 독립인 확률변수 X_1과 X_2가 각각 모수 n_1, $p_1 = 1/2$이고 n_2, $p_2 = 1/2$인 이항분포를 따른다고 하자. $Y = X_1 - X_2 + n_2$가 모수 $n = n_1 + n_2$, $p = 1/2$인 이항분포를 따른다는 것을 밝혀라.

3.1.30 1,000개의 물품이 공장으로 배달되고 공장에서는 약 5%의 불량품을 용인할 수 있다고 가정하자. 크기가 $n = 10$인 비복원표본에서 불량품의 개수를 X라고 하자. 공장에서는 $X \geq 2$이면 배달품을 돌려보낸다고 가정하자.

(a) 공장에서 5%의 불량품이 포함된 물품의 배달을 돌려보내는 확률을 구하라.

(b) 배달품의 10%가 불량품이라고 가정하자. 공장에서 이러한 배달품을 돌려보내는 확률을 구하라.

(c) 적절한 이항분포를 사용하여 (a)와 (b)에서 얻은 확률의 근삿값을 구하라.

참고: 만약 초기하분포에 대한 명령어를 가진 컴퓨터 패키지를 이용할 수 없다면 (c)의 답만 구하라. 실제로 20년 전에는 이렇게 했을 것이다. 만약 R을 이용할 수 있다면 명령어 `dhyper(x,D,N-D,n)`이 식 (3.1.7)의 확률을 반환한다.

3.1.31 (N, D, n)을 모수로 하는 초기하분포의 분산이 식 (3.1.8)임을 밝혀라.
힌트: 3.1.3절에 주어진 평균의 유도 과정과 같은 방식으로 $E[X(X-1)]$을 먼저 구하라.

3.2 푸아송 분포

다음 급수 전개[3]가 모든 실수 z에 대해 성립한다는 것을 상기하라.

$$1 + z + \frac{z^2}{2!} + \frac{z^3}{3!} + \cdots = \sum_{x=0}^{\infty} \frac{z^x}{x!} = e^z$$

$\lambda > 0$일 때 다음과 같이 정의된 함수 $p(x)$를 고려하자.

$$p(x) = \begin{cases} \frac{\lambda^x e^{-\lambda}}{x!} & x = 0, 1, 2, \ldots \\ 0 & \text{그 외에} \end{cases} \tag{3.2.1}$$

$\lambda > 0$이므로 $p(x) \geq 0$이고 다음 결과가 성립한다.

$$\sum_{x=0}^{\infty} p(x) = \sum_{x=0}^{\infty} \frac{\lambda^x e^{-\lambda}}{x!} = e^{-\lambda} \sum_{x=0}^{\infty} \frac{\lambda^x}{x!} = e^{-\lambda} e^{\lambda} = 1$$

즉 $p(x)$는 이산형 확률변수의 pmf라는 조건을 만족한다. pmf의 형태가 $p(x)$인 확률변수는 모수가 λ인 **푸아송 분포**(Poisson distribution)를 가지고 있다고 하며, 이러한 $p(x)$를 모수가 λ인 **푸아송 pmf**라고 한다.

다음 참고에서 보듯이 푸아송 분포는 여러 응용 분야에서 발생한다.

참고 3.2.1

시간 구간에서 발생하는 특정한 사건의 수를 세는 과정을 고려하자. 예를 들면 미시간에서 1년에 발생하는 토네이도의 수, 평일 8시에서 12시 사이에 주차장으로 진입하는 차량의 수, 혼잡한 교차로에서 일주일에 발생하는 교통사고의 수, 원고 페이지당 오타의 수, 제작된 자동차 문에 있는 흠집의 수 등이다. 세 번째와 네 번째 예처럼 사건이 시간에 걸쳐서 발생할 필요는 없다. 그러나 다음 유도에서는 시간의 표현을 사용하는 것이 편리하다. 구간 $(0, t]$에서 이러한 과정이 발생하

3 예를 들어 저자 서문에 언급된 〈수학 주석〉에서 테일러 급수에 관한 설명을 참조하라.

는 수를 X_t라고 하자. X_t의 범위는 음이 아닌 정수의 집합인 $\{0, 1, 2, \cdots\}$이다. 음이 아닌 정수인 k와 실수인 $t > 0$에 대해 X_t의 pmf를 $P(X_t = k) = g(k, t)$로 나타내자. 다음 세 가지 공리 하에서 X_t가 푸아송 분포를 갖는다는 것을 밝힌다.

1. $g(1, h) = \lambda h + o(h)$, 여기서 $\lambda > 0$는 상수이다.
2. $\sum_{t=2}^{\infty} g(t, h) = o(h)$
3. 겹치지 않는 구간에서 발생하는 사건의 수는 서로 독립이다.

여기서 기호 $o(h)$는 $h \to 0$에 따라 $o(h)/h \to 0$임을 의미한다. 예를 들어 $h^2 = o(h)$이고 $o(h) + o(h) = o(h)$이다. 공리 (1)과 (2)는 짧은 시간 구간 h에서 사건이 하나 또는 전혀 발생하지 않고 하나의 사건이 발생할 확률이 h에 비례함을 의미한다.

이제 귀납법을 사용하여 X_t의 분포가 모수 λt를 가진 푸아송 분포임을 밝힌다. 먼저 $k = 0$에 대해 $g(k, t)$를 구한다. 여기서 경계 조건(boundary condition)인 $g(0, 0) = 1$은 타당하다. 구간 $(0, t]$에서 사건이 발생하지 않고 구간 $(t, t + h]$에서 사건이 발생하지 않는 경우에 한하여 시간 구간 $(0, t + h]$에서 사건이 발생하지 않는다. 공리 (1)과 (2)에 의해 구간 $(0, h]$에서 사건이 발생하지 않을 확률은 $1 - \lambda h + o(h)$이다. 또한 구간 $(0, t]$와 $(t, t + h]$는 겹치지 않는다. 따라서 공리 (3)에 의해 다음과 같은 결과를 얻을 수 있다.

$$g(0, t + h) = g(0, t)[1 - \lambda h + o(h)] \tag{3.2.2}$$

즉 $h \to 0$이면 다음과 같은 결과를 얻을 수 있다.

$$\frac{g(0, t + h) - g(0, t)}{h} = -\lambda g(0, t) + \frac{g(0, t)o(h)}{h} \to -\lambda g(0, t)$$

따라서 $g(0, t)$는 다음 미분방정식을 만족한다.

$$\frac{d_t\, g(0, t)}{g(0, t)} = -\lambda$$

양변을 t에 대해 적분하면 어떤 상수 c에 대해 다음과 같은 결과를 얻을 수 있다.

$$\log g(0, t) = -\lambda t + c \quad \text{또는} \quad g(0, t) = e^{-\lambda t} e^c$$

마지막으로 $g(0, 0) = 1$이라는 경계 조건을 이용하면 $e^c = 1$을 구할 수 있고, 다음 결과를 얻는다.

$$g(0, t) = e^{-\lambda t} \tag{3.2.3}$$

이 결과는 $k = 0$에 대해 성립한다.

나머지 증명을 위해 음이 아닌 정수 k에 대해 $g(k, t) = e^{-\lambda t}(\lambda t)^k/k!$이라고 가정하자. 결과가 $g(k + 1, t)$에 대해 성립한다는 것을 보여줄 수 있으면 귀납법에 의해 증명된다. 또 다른 타당한 경계 조건은 $g(k + 1, 0) = 0$이다. $g(k + 1, t + h)$를 고려하자. $(0, t + h]$에서 $k + 1$개의 사건이 발생하기 위해 $(0, t]$에서 $k + 1$개의 사건이 발생하고 $(t, t + h]$에서 사건이 전혀 발생하지 않거나 $(0, t]$에서 k개의 사건이 발생하고 $(t, t + h]$에서 사건이 한 번 발생한다. 이러한 사건은 배반인 구간에서 발생하므로 공리 (3)의 독립성에 의해 다음 결과를 얻을 수 있다.

$$g(k + 1, t + h) = g(k + 1, t)[1 - \lambda h + o(h)] + g(k, t)[\lambda h + o(h)]$$

즉

$$\frac{g(k+1,t+h)-g(k+1,t)}{h} = -\lambda g(k+1,t) + g(k,t)\lambda + [g(k+1,t)+g(k,t)]\frac{o(h)}{h}$$

여기서 $h \to 0$이고 $g(k,\, t)$의 값을 사용하면 다음과 같은 미분방정식을 얻을 수 있다.

$$\frac{d}{dt}g(k+1,t) = -\lambda g(k+1,t) + \lambda e^{-\lambda t}[(\lambda t)^k/k!]$$

이는 1차 선형 미분방정식이다. 미분방정식의 정리를 사용하여 해를 구하면 다음과 같다.

$$e^{\int \lambda\, dt} g(k+1,t) = \int e^{\int \lambda\, dt} \lambda e^{-\lambda t}[(\lambda t)^k/k!]\, dt + c$$

경계 조건인 $g(k+1,\, 0) = 0$을 이용하고 적분을 실행하면 다음 결과를 얻을 수 있다.

$$g(k+1,t) = e^{-\lambda t}[(\lambda t)^{k+1}/(k+1)!]$$

그러므로 X_t는 모수가 λt인 푸아송 분포를 갖는다.

X가 모수가 λ인 푸아송 분포를 따른다면 모든 실수 t에 대해 X의 mgf는 다음과 같이 계산된다.

$$\begin{aligned} M(t) &= \sum_{x=0}^{\infty} e^{tx} p(x) = \sum_{x=0}^{\infty} e^{tx} \frac{\lambda^x e^{-\lambda}}{x!} \\ &= e^{-\lambda} \sum_{x=0}^{\infty} \frac{(\lambda e^t)^x}{x!} \\ &= e^{-\lambda} e^{\lambda e^t} = e^{\lambda(e^t-1)} \end{aligned}$$

$M(t)$의 1차 및 2차 도함수는 다음과 같다.

$$M'(t) = e^{\lambda(e^t-1)}(\lambda e^t)$$

$$M''(t) = e^{\lambda(e^t-1)}\lambda e^t \lambda e^t + e^{\lambda(e^t-1)}\lambda e^t$$

따라서 푸아송 분포의 평균과 분산은 다음과 같다.

$$\mu = M'(0) = \lambda$$

$$\sigma^2 = M''(0) - \mu^2 = \lambda^2 + \lambda - \lambda^2 = \lambda$$

즉 푸아송 분포는 $\mu = \sigma^2 = \lambda > 0$을 갖는다.

X가 모수가 λ인 푸아송 분포를 가지면 $P(X = k)$는 R 명령어 `dpois(k,lambda)`로 계산되고, 누적확률 $P(X \le k)$는 `ppois(k,lambda)`로 계산된다.

예제 3.2.1 혼잡한 교차로에서 일주일에 발생하는 자동차 사고의 수를 X라고 하자. X는 $\lambda = 2$인 푸아송 분포를 따른다고 가정하자. 주당 예상 사고 건수는 2이고, 사고 건수의 표준편차는

$\sqrt{2}$이다. 주당 적어도 사고가 1건 발생할 확률은 다음과 같다.

$$P(X \geq 1) = 1 - P(X = 0) = 1 - e^{-2} = 1 - \text{dpois}(0,2) = 0.8647$$

주당 사고가 3~8건 발생할 확률은 다음과 같다.

$$P(3 \leq X \leq 8) = P(X \leq 8) - P(X \leq 2) = \text{ppois}(8,2) - \text{ppois}(2,2) = 0.3231$$

4주 동안 정확히 사고가 16건 발생할 확률을 구하고자 한다. 참고 3.2.1에 따라 4주 동안 사고 건수는 모수가 $2 \times 4 = 8$인 푸아송 분포를 따른다. 그래서 원하는 확률은 `dpois(16,8) = 0.0045`이다. 다음 R 코드는 X의 범위의 부분집합인 $\{0, 1, \cdots, 7\}$에 대해 pmf의 히스토그램을 그린다.

```
rng=0:7; y=dpois(rng,2); plot(y~rng,type="h",ylab="pmf",xlab="Rng");
points(y~rng,pch=16,cex=2)
```

예제 3.2.2 1피트의 전선에 정확히 하나의 흠집이 있을 확률이 약 1/1000이고, 같은 길이의 전선에서 2개 이상의 흠집이 있을 확률이 실제로 0이라고 하자. 확률변수 X가 3000피트의 전선에 있는 흠집의 수라고 하자. 겹치지 않는 구간에서는 흠집의 수가 독립이라고 가정하면 참고 3.2.1에 의해 $\lambda = 1/1000$과 $t = 3000$을 가진 푸아송 과정의 가정이 근사된다. 따라서 X는 평균이 $3000(1/1000) = 3$인 근사 푸아송 분포를 따른다. 예를 들면 3000피트의 전선에서 5개 이상의 흠집이 나올 확률은 다음과 같다.

$$P(X \geq 5) = \sum_{k=5}^{\infty} \frac{3^k e^{-3}}{k!} = 1 - \texttt{ppois(4,3)} = 0.1847$$

푸아송 분포는 다음과 같은 중요한 가법성을 만족한다.

정리 3.2.1

$X_1, X_2, \cdots, X_n$이 독립인 확률변수이고 X_i가 모수가 λ_i인 푸아송 분포를 따른다고 가정하면 $Y = \sum_{i=1}^{n} X_i$는 모수가 $\sum_{i=1}^{n} \lambda_i$인 푸아송 분포를 따른다.

증명: 정리 2.6.1에 의해 Y의 mgf를 다음과 같이 구할 수 있다.

$$M_Y(t) = E\left(e^{tY}\right) = \prod_{i=1}^{n} e^{\lambda_i(e^t - 1)} = e^{\sum_{i=1}^{n} \lambda_i(e^t - 1)}$$

mgf의 유일성에 의해 Y는 모수 $\sum_{i=1}^{n} \lambda_i$인 푸아송 분포를 따른다.

예제 3.2.3 **[예제 3.2.2의 연속]** 예제 3.2.2와 마찬가지로 전선 1통의 길이가 3000피트라고 가정하자. 예제 3.2.2의 정보에 따르면 전선 1통에는 3개의 흠집이 있을 것으로 예상되고, 5개 이상의 흠집이 있을 확률은 0.1847이다. 표본 설계에 의해 전선통 3개를 무작위로 선택하고 전선에 있는 흠집의 평균 수를 계산한다고 가정하자. 이제 관측값 3개의 평균이 5개 이상의 흠집이 되는 확률을 구하고자 한다. $i = 1, 2, 3$에 대해 X_i가 i번째 전선통에 있는 흠집의 수라면 X_i는 모수가 3인 푸아송 분포를 따른다. X_1, X_2, X_3의 평균은 $\overline{X} = 3^{-1}\sum_{i=1}^{3} X_i$이고, 이것은 $Y = \sum_{i=1}^{3} X_i$일 때 $Y/3$로 나타낼 수 있다. 각 전선통은 서로 독립이므로 마지막 정리에 의해 Y는 모수가 $\sum_{i=1}^{3} 3 = 9$인 푸아송 분포를 따른다. 그러므로 구하고자 하는 확률은 다음과 같다.

$$P(\overline{X} \geq 5) = P(Y \geq 15) = 1 - \texttt{ppois(14,9)} = 0.0415$$

따라서 1개의 전선통에서 5개 이상의 흠집이 있는 것은 (확률이 0.1847로) 이상하지 않으나, 독립인 3개의 전선통에서 평균적으로 5개 이상의 흠집이 있는 것은 (확률이 0.0415로) 보기 드문 현상이다.

연습문제

3.2.1 확률변수 X가 $P(X = 1) = P(X = 2)$인 푸아송 분포를 따를 때 $P(X = 0)$을 구하라.

3.2.2 확률변수 X의 mgf는 $e^{(e^t-1)}$이다. $P(\mu - 2\sigma < X < \mu + 2\sigma) = 0.92$임을 밝혀라.

3.2.3 긴 원고에서 13.5%의 페이지에만 타이핑 오류가 없음을 알게 되었다. 페이지당 오류의 개수가 푸아송 분포를 따르는 확률변수라고 가정할 때 정확하게 2개의 오류가 있을 페이지의 %를 구하라.

3.2.4 pmf $p(x)$는 음이 아닌 정수에서만 양의 값이다. $x = 1, 2, 3, \cdots$일 때 $p(x) = (2/x)p(x-1)$이다. $p(x)$를 구하라.

힌트: $p(1) = 2p(0)$, $p(2) = (2^2/2!)p(0)$ 등이다. 즉 $p(0)$을 이용하여 각 $p(x)$를 구하고 $1 = p(0) + p(1) + p(2) + \cdots$에서 $p(0)$을 결정하라.

3.2.5 X가 $\mu = 81$인 푸아송 분포를 따른다고 하자. 체비셰프 부등식을 사용하여 $P(63 < X < 99)$에 대한 하한을 결정하라. 그런 다음 R을 이용하여 확률을 구하라. 체비셰프 부등식에 의한 근사가 정확한가?

3.2.6 다음 R 코드는 평균이 2, 4, 6, $\cdots$, 18인 푸아송 pmf에 대한 그림을 한 페이지에 그린다. 이 코드를 실행하고 분포의 모양과 최빈값에 대해 논하라.

```
par(mfrow=c(3,3)); x= 0:35; lam=seq(2,18,2);
for(y in lam){plot(dpois(x,y)~x); title(paste("Mean is ",y))}
```

3.2.7 연습문제 3.2.6에 따르면 푸아송 pmf는 평균 λ에서 최고점에 도달하는 것으로 보인다. $p(x)$가 모수가 λ인 푸아송 분포의 pmf일 때, 부등식 $[p(x+1)/p(x)] > 1$과 $[p(x+1)/p(x)] < 1$을 이용하여 이것이 사실임을 밝혀라.

3.2.8 컴퓨터를 이용하여 다음 두 분포를 한 그래프에 겹쳐서 그려라.

(a) $\lambda = 2$인 푸아송 분포

(b) $n = 100$이고 $p = 0.02$인 이항분포

왜 두 분포가 근사적으로 동일한지 논하라.

3.2.9 연습문제 3.2.8에 이어서 다음의 푸아송 및 이항 조합 4개를 한 그래프에 겹쳐서 그려라.

$$\lambda = 2,\ p = 0.02;\ \lambda = 10,\ p = 0.10;\ \lambda = 30,\ p = 0.30;\ \lambda = 50,\ p = 0.50$$

각 경우에 $n = 100$을 사용하라. 이항분포의 X축 범위를 $np \pm \sqrt{np(1-p)}$의 범위로 한정하여 그려라. 각 경우의 이항분포에 대한 푸아송 근사의 적합성을 논하라.

3.2.10 연습문제 3.2.8에서 다룬 근사는 다음과 같은 방법으로 정확히 얘기할 수 있다. 주어진 $\lambda > 0$에 대해 X_n이 모수가 n과 $p = \lambda/n$인 이항분포를 따르고, Y는 평균이 λ인 푸아송 분포를 따른다고 하자. 임의의 고정된 k 값에 대해 $n \to \infty$일 때 $P(X_n = k) \to P(Y = k)$임을 밝혀라.

힌트: 먼저 다음을 밝혀라.

$$P(X_n = k) = \frac{\lambda^k}{k!}\left[\frac{n(n-1)\cdots(n-k+1)}{n^k}\left(1-\frac{\lambda}{n}\right)^{-k}\right]\left(1-\frac{\lambda}{n}\right)^n$$

3.2.11 어떤 과자에 들어 있는 초콜릿칩의 개수가 푸아송 분포를 따른다고 하자. 이 과자에 1개 이상의 초콜릿칩이 들어 있을 확률이 0.99보다 크기를 바란다. 이 분포의 평균이 취할 수 있는 최솟값을 구하라.

3.2.12 평균 μ인 푸아송 분포의 비대칭도와 첨도를 계산하라.

3.2.13 한 가게에서 특정 상품을 평균적으로 매주 4개씩 판매한다. 일주일 내에 모두 판매될 확률이 0.01 이하가 되기 위해서는 몇 개를 준비해야 하는가? 푸아송 분포를 가정하라.

3.2.14 X가 푸아송 분포를 따른다고 하자. $P(X = 2) = P(X = 4)$일 때, 분포의 최빈값을 구하라.

3.2.15 X가 평균 1/2인 푸아송 분포를 따른다고 하자. 기댓값 $E(X!)$이 존재한다면 이를 구하라.

3.2.16 X와 Y의 결합 pmf가 $y = 0, 1, 2, \cdots$이고 $x = 0, 1, \cdots, y$일 때 $p(x, y) = e^{-2}/[x!(y - x)!]$, 그 외에 $p(x, y) = 0$이라고 하자.

(a) 이 결합분포의 mgf $M(t_1, t_2)$를 구하라.

(b) X와 Y의 평균, 분산, 상관계수를 구하라.

(c) 조건부 평균 $E(X|y)$를 결정하라.

힌트: $\sum_{x=0}^{y}[\exp(t_1 x)]y!/[x!(y-x)!] = [1+\exp(t_1)]^y$이다. 왜 그런가?

3.2.17 X_1과 X_2가 독립인 확률변수이고, X_1과 $Y = X_1 + X_2$가 각각 평균 μ_1, $\mu > \mu_1$인 푸아송 분포를 따른다고 하자. X_2의 분포를 구하라.

3.3 Γ, χ^2, β 분포

이 절에서는 연속형 감마(Γ)분포 및 이와 관련된 분포를 소개한다. Γ-분포의 받침은 양의 실수 집합이다. 이 분포 및 관련된 분포는 과학과 비즈니스의 모든 영역에서 널리 응용된다. 이러한 응용은 수명, 고장 시간, 서비스 시간, 대기 시간을 모형화하는 것을 포함한다.

Γ-분포의 정의는 미적분학의 Γ함수를 필요로 한다. 미적분학에서 $\alpha > 0$에 대해 다음의 적분이 존재하고, 이 적분값이 양수임이 증명된다.

$$\int_0^\infty y^{\alpha-1}e^{-y}\,dy$$

이 적분을 α의 **감마함수**(gamma function)라고 하며 다음과 같이 나타낸다.

$$\Gamma(\alpha) = \int_0^\infty y^{\alpha-1}e^{-y}\,dy$$

$\alpha = 1$일 때

$$\Gamma(1) = \int_0^\infty e^{-y}\,dy = 1$$

$\alpha > 1$일 때 부분적분법에 의해

$$\Gamma(\alpha) = (\alpha-1)\int_0^\infty y^{\alpha-2}e^{-y}\,dy = (\alpha-1)\Gamma(\alpha-1) \tag{3.3.1}$$

따라서 α가 1보다 큰 양의 정수이면

$$\Gamma(\alpha) = (\alpha-1)(\alpha-2)\cdots(3)(2)(1)\Gamma(1) = (\alpha-1)!$$

$\Gamma(1) = 1$이므로 $0! = 1$로 나타낼 수 있다. Γ함수는 때로 계승함수(factorial function)라고도 한다.

연속형 확률변수 X의 pdf가 다음과 같으면 모수 $\alpha > 0$와 $\beta > 0$를 가진 Γ-분포를 따른다고 한다.

$$f(x) = \begin{cases} \frac{1}{\Gamma(\alpha)\beta^\alpha} x^{\alpha-1}e^{-x/\beta} & 0 < x < \infty \\ 0 & \text{그 외에} \end{cases} \tag{3.3.2}$$

이러한 경우 X는 $\Gamma(\alpha, \beta)$ 분포를 따른다고 나타낸다.

$f(x)$가 pdf임을 확인하기 위해 먼저 모든 $x > 0$에 대해 $f(x) > 0$을 확인하자. $f(x)$를 받침에서 적분하면 1이 되는지를 밝히기 위해 $z = x/\beta$와 $dz = (1/\beta)dx$의 변수변환을 다음 유도에서 사용한다.

$$\begin{aligned} \int_0^\infty \frac{1}{\Gamma(\alpha)\beta^\alpha} x^{\alpha-1}e^{-x/\beta}\,dx &= \frac{1}{\Gamma(\alpha)\beta^\alpha}\int_0^\infty (\beta z)^{\alpha-1}e^{-z}\beta\,dz \\ &= \frac{1}{\Gamma(\alpha)\beta^\alpha}\beta^\alpha\Gamma(\alpha) = 1 \end{aligned}$$

따라서 $f(x)$는 pdf이다. 이 변수변환은 기억해두는 것이 좋다. X의 mgf에 대한 다음 유도에서 비슷한 변수변환을 사용한다.

$$\begin{aligned} M(t) &= \int_0^\infty e^{tx}\frac{1}{\Gamma(\alpha)\beta^\alpha} x^{\alpha-1}e^{-x/\beta}\,dx \\ &= \int_0^\infty \frac{1}{\Gamma(\alpha)\beta^\alpha} x^{\alpha-1}e^{-x(1-\beta t)/\beta}\,dx \end{aligned}$$

이제 $y = x(1-\beta t)/\beta$, $t < 1/\beta$ 또는 $x = \beta y/(1-\beta t)$의 변수변환을 사용하여 다음 식을 구한다.

$$M(t) = \int_0^\infty \frac{\beta/(1-\beta t)}{\Gamma(\alpha)\beta^\alpha}\left(\frac{\beta y}{1-\beta t}\right)^{\alpha-1} e^{-y}\,dy$$

즉

$$\begin{aligned} M(t) &= \left(\frac{1}{1-\beta t}\right)^\alpha \int_0^\infty \frac{1}{\Gamma(\alpha)} y^{\alpha-1}e^{-y}\,dy \\ &= \frac{1}{(1-\beta t)^\alpha}, \quad t < \frac{1}{\beta} \end{aligned}$$

이제

$$M'(t) = (-\alpha)(1-\beta t)^{-\alpha-1}(-\beta)$$

$$M''(t) = (-\alpha)(-\alpha-1)(1-\beta t)^{-\alpha-2}(-\beta)^2$$

따라서 감마분포에서 다음을 얻는다.

$$\mu = M'(0) = \alpha\beta$$

$$\sigma^2 = M''(0) - \mu^2 = \alpha(\alpha+1)\beta^2 - \alpha^2\beta^2 = \alpha\beta^2$$

X가 $\Gamma(\alpha, \beta)$ 분포를 따른다고 가정하자. R에서 이 분포에 대한 확률을 계산하기 위해 $a = \alpha$, $b = \beta$라고 하자. 그러면 명령 `pgamma(x,shape=a,scale=b)`는 $P(X \le x)$를 반환하고, x에서의 X의 pdf 값은 명령어 `dgamma(x,shape=a,scale=b)`에 의해 반환된다.

예제 3.3.1 X가 극도로 추운 조건에서 사용하는 특정한 배터리의 수명(시간)이고, $\Gamma(5, 4)$ 분포를 갖는다고 가정하자. 그러면 배터리의 평균 수명은 20시간이고 표준편차는 $\sqrt{5 \times 16} = 8.94$시간이다. 배터리가 적어도 50시간 이상 지속될 확률은 `1-pgamma(50,shape=5,scale=4)` $=$ 0.0053이다. 배터리의 중간 수명은 `qgamma(.5,shape=5,scale=4)` $=$ 18.68시간이다. 배터리 수명이 평균 수명의 ± 1 표준편차 사이에 있을 확률은 다음과 같다.

```
pgamma(20+8.94,shape=5,scale=4)-pgamma(20-8.94,shape=5,scale=4)=.700
```

다음 R 코드는 이 pdf의 그림을 제시한다.

```
x=seq(.1,50,.1); plot(dgamma(x,shape=5,scale=4)~x)
```

이 그림에서 위의 확률과 배터리의 평균 수명, 중간 수명의 위치를 확인해보아야 한다.

응용 문제에서 Γ-분포가 인기 있는 주된 이유는 α와 β의 다른 값에 대해 다양한 분포 모양이기 때문이다. 이것은 6개의 Γ-pdf를 나타낸 그림 3.3.1에서 분명히 볼 수 있다.[4]

pdf $f(x)$와 cdf $F(x)$를 가진 어떤 장치의 고장 시간을 X라고 하자. 실제로 X의 pdf는 흔히 알려져 있지 않다. 하지만 이러한 장치의 고장 시간에 관한 많은 표본이 수집되면 4장에서 설명했듯이 pdf의 추정값을 구할 수 있다. X의 pdf를 찾는 데 도움이 되는 또 다른 함수는 X의 위험함수이다. x가 X의 받침 내에 있다고 하자. 장치가 시간 x에서 아직 고장이 나지 않았다고 가정하면 $X > x$이다. 이 장치가 바로 고장이 날 확률은 무엇일까? 다음과 같은 x에서의 고장률 관점에서 이 질문에 답할 수 있다.

$$\begin{aligned} r(x) &= \lim_{\Delta \to 0} \frac{P(x \le X < x + \Delta \,|\, X \ge x)}{\Delta} = \frac{1}{1 - F(x)} \lim_{\Delta \to 0} \frac{P(x \le X < x + \Delta)}{\Delta} \\ &= \frac{f(x)}{1 - F(x)} \end{aligned} \tag{3.3.3}$$

시간 x에서의 고장률 $r(x)$는 x에서 X의 **위험함수**(hazard function)로 정의된다.

---

4 이 그림에 대한 R 함수는 `newfigc3s3.1.R`로, 저자 서문에 제시된 사이트에 있다.

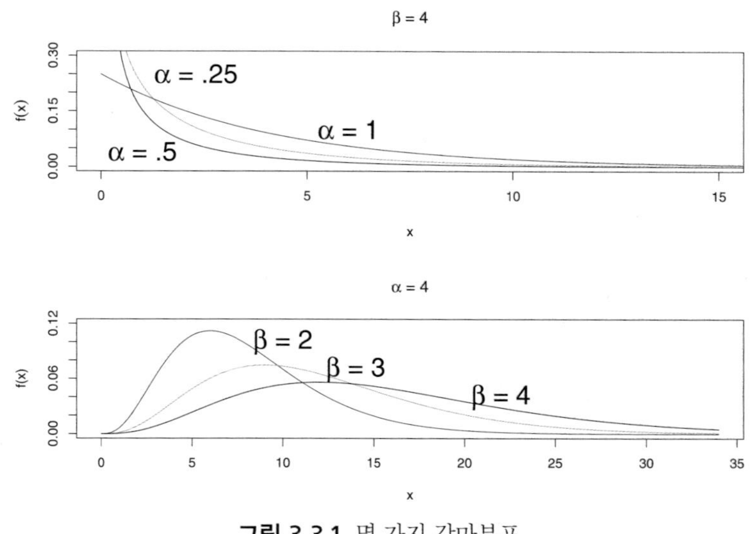

그림 3.3.1 몇 가지 감마분포

위험함수 $r(x)$는 $-(d/dx)\log[1 - F(x)]$를 만족한다. 즉 어떤 상수 c에 대해 다음과 같이 표현된다.

$$1 - F(x) = e^{-\int r(x)\,dx + c} \tag{3.3.4}$$

X의 받침이 $(0, \infty)$이면 $F(0) = 0$이 c의 값을 구하기 위한 경계 조건으로 사용된다. 실제로 과학자는 종종 위험률을 설명할 수 있으므로 $F(x)$는 식 (3.3.4)로부터 구할 수 있다. 예를 들어 X의 위험률이 일정하다고 가정하자. 즉 어떤 $\beta > 0$에 대해 $r(x) = 1/\beta$이라면 다음과 같이 쓸 수 있다.

$$1 - F(x) = e^{-\int (1/\beta)\,dx + c} = e^{-x/\beta}e^{c}$$

$F(0) = 0$이므로 $e^c = 1$이다. 그래서 X의 pdf는 다음과 같이 구할 수 있다.

$$f(x) = \begin{cases} \frac{1}{\beta}e^{-x/\beta} & x > 0 \\ 0 & \text{그 외에} \end{cases} \tag{3.3.5}$$

물론 이것은 $\Gamma(1, \beta)$ 분포이지만 모수가 $1/\beta$인 **지수분포**(exponential distribution)라고도 한다. 이 분포의 중요한 성질은 연습문제 3.3.25를 참조하라.

R을 이용하면 위험함수를 빠르게 그릴 수 있다. 다음은 $\beta = 8$을 가진 지수분포와 $\Gamma(4, 2)$ 분포의 위험함수를 겹쳐서 그리는 코드이다.

```
x=seq(.1,15,.1); t=dgamma(x,shape=4,scale=2)
b=(1-pgamma(x,shape=4,scale=2));y1=t/b;plot(y1~x);abline(h=1/8)
```

이러한 Γ-분포의 위험함수는 x의 증가함수이다. 즉 시간이 지남에 따라 고장의 위험률이 증가한다. 위험함수의 또 다른 예는 연습문제 3.3.26에 제시했다.

감마분포의 가장 중요한 성질 중 하나는 가법 성질이다.

정리 3.3.1

X_1, X_2, $\cdots$, X_n이 독립인 확률변수라고 하자. $i = 1, 2, \cdots, n$에 대해 X_i가 $\Gamma(\alpha_i, \beta)$ 분포를 따르면 $Y = \sum_{i=1}^n X_i$는 $\Gamma(\sum_{i=1}^n \alpha_i, \beta)$ 분포를 따른다.

증명: 전제로 주어진 독립성과 감마분포의 mgf를 이용할 때 정리 2.6.1에 따르면 $t < 1/\beta$에 대해 다음과 같으며,

$$M_Y(t) = \prod_{i=1}^n (1-\beta t)^{-\alpha_i} = (1-\beta t)^{-\sum_{i=1}^n \alpha_i}$$

이것은 $\Gamma(\sum_{i=1}^n \alpha_i, \beta)$ 분포의 mgf이다.

Γ-분포는 푸아송 분포에서도 자연적으로 발생한다.

참고 3.3.1 [푸아송 과정]

$t > 0$일 때 구간 $(0, t]$에서 발생하는 관심 있는 사건의 수를 X_t라고 하자. X_t가 푸아송 과정의 세 가지 가정을 충족한다고 하자. k는 고정된 양의 정수이고, 연속형 확률변수 W_k는 k번째 사건이 발생하는 데까지 걸리는 대기 시간(waiting time)이라고 정의하자. 그러면 W_k의 범위는 $(0, \infty)$이다. $w > 0$일 때 $X_w \le k-1$인 경우에 한하여 $W_k > w$라는 점을 주목하라. 따라서 다음 결과를 얻을 수 있다.

$$\begin{aligned} P(W_k > w) &= P(X_w \le k-1) \\ &= \sum_{x=0}^{k-1} P(X_w = x) = \sum_{x=0}^{k-1} \frac{(\lambda w)^x e^{-\lambda w}}{x!} \end{aligned}$$

연습문제 3.3.5에서는 다음을 증명한다.

$$\int_{\lambda w}^{\infty} \frac{z^{k-1}e^{-z}}{(k-1)!}\,dz = \sum_{x=0}^{k-1} \frac{(\lambda w)^x e^{-\lambda w}}{x!}$$

이 결과를 받아들이면 W_k의 cdf는 $w > 0$일 때 다음 식을 만족하고, $w \le 0$일 때 $F_{W_k}(w) = 0$이다.

$$F_{W_k}(w) = 1 - \int_{\lambda w}^{\infty} \frac{z^{k-1}e^{-z}}{\Gamma(k)}\,dz = \int_0^{\lambda w} \frac{z^{k-1}e^{-z}}{\Gamma(k)}\,dz$$

$F_{W_k}(w)$를 정의하는 적분식에서 $z = \lambda y$에 의해 적분변수를 변경하면 W_k의 cdf는 $w > 0$일 때 다음 식을 만족하고, $w \le 0$일 때 $F_{W_k}(w) = 0$이다.

$$F_{W_k}(w) = \int_0^w \frac{\lambda^k y^{k-1} e^{-\lambda y}}{\Gamma(k)}\,dy, \quad w > 0$$

따라서 W_k의 pdf는 다음과 같이 구할 수 있다.

$$f_{W_k}(w) = F'_W(w) = \begin{cases} \frac{\lambda^k w^{k-1} e^{-\lambda w}}{\Gamma(k)} & 0 < w < \infty \\ 0 & \text{그 외에} \end{cases}$$

즉 k번째 사건이 발생하는 데까지 걸리는 시간인 W_k는 $\alpha = k$이고 $\beta = 1/\lambda$인 감마분포를 갖는다. 첫 번째 사건이 발생할 때까지의 시간, 즉 $k = 1$일 때까지 걸리는 대기 시간을 T_1이라고 하자.

$$f_{T_1}(w) = \begin{cases} \lambda e^{-\lambda w} & 0 < w < \infty \\ 0 & \text{그 외에} \end{cases} \tag{3.3.6}$$

따라서 T_1은 $\Gamma(1,\ 1/\lambda)$ 분포를 갖는다. T_1의 평균은 $1/\lambda$이고, X_1의 평균은 λ이다. 따라서 λ개의 사건이 단위 시간 안에 발생할 것으로 기대되고, 첫 번째 사건은 시간 $1/\lambda$에서 발생할 것으로 기대된다.

이어서 $i \geq 1$인 경우 i번째 사건의 발생 간 시간(interarrival time)을 T_i라고 하자. 즉 T_i는 $(i - 1)$번째 사건과 i번째 사건 발생 사이의 시간이다. 앞서 확인했듯이 T_1은 $\Gamma(1,\ 1/\lambda)$ 분포를 갖는다. 푸아송 과정의 공리 (1)과 (2)는 λ와 구간의 길이에만 의존한다는 점을 주목하라. 특히 구간의 끝 지점에는 의존하지 않는다. 또한 겹치지 않는 구간에서 발생하는 사건들은 서로 독립이다. 따라서 위와 동일한 추론을 사용하면 $j \geq 2$에 대해 T_j도 $\Gamma(1,\ 1/\lambda)$ 분포를 갖는다. 또한 T_1, T_2, T_3, $\cdots$은 독립이고, k번째 사건이 발생하는 데까지 걸리는 대기 시간은 $W_k = T_1 + T_2 + \cdots + T_k$를 만족한다. 그러므로 정리 3.3.1에 의해 W_k는 $\Gamma(k,\ 1/\lambda)$ 분포를 가지고 위의 유도 과정을 확인해준다. 이러한 논의는 직관적이지만 좀 더 수학적으로 엄밀하게 증명할 수 있다. 예를 들어 Parzen(1962)을 참조하라.

3.3.1 χ^2-분포

이제 r이 양의 정수일 때 $\alpha = r/2$이고 $\beta = 2$인 감마분포의 특별한 경우를 생각해보자. 연속형 확률변수 X의 pdf가 다음과 같고,

$$f(x) = \begin{cases} \frac{1}{\Gamma(r/2)2^{r/2}} x^{r/2-1} e^{-x/2} & 0 < x < \infty \\ 0 & \text{그 외에} \end{cases} \tag{3.3.7}$$

mgf는 다음과 같다고 하자.

$$M(t) = (1 - 2t)^{-r/2}, \quad t < \tfrac{1}{2}$$

이러한 연속형 확률변수 X는 **카이제곱분포**(chi-square distribution, χ^2-distribution)를 따른다고 하며, 이와 같은 형식의 pdf를 **카이제곱 pdf**라고 한다. 카이제곱분포의 평균과 분산은 각각 $\mu = \alpha\beta = (r/2)2 = r$, $\sigma^2 = \alpha\beta^2 = (r/2)2^2 = 2r$이다. 모수 r은 카이제곱분포(또는 카이제곱 pdf)의 자유도라고 부른다. 카이제곱분포는 통계학에서 중요한 역할을 하고 자주 사용되기 때문에, 간단히 X가 $\chi^2(r)$을 따른다고 표현하면 확률변수 X는 자유도가 r인 카이제곱분포를 갖는다는 것을 의미한다. X가 자유도가 r인 카이제곱분포를 따르다고 하면 R 함수 `pchisq(x,r)`은

$P(X \leq x)$를 반환하고 명령어 `dchisq(x,r)`은 X의 pdf 값을 반환한다.

예제 3.3.2 X가 자유도가 10인 카이제곱분포를 갖는다고 하면 X의 평균은 10이고 표준편차는 $\sqrt{20} = 4.47$이다. R을 사용하면 중앙값과 분위수는 `qchisq(c(.25,.5,.75),10)` $=$ $(6.74, 9.34, 12.55)$이다. 다음 명령어는 구간 $(0, 24)$에서 밀도함수의 그림을 그린다.

```
x=seq(0,24,.1);plot(dchisq(x,10)~x)
```

이 코드를 실행하고 그림에서 X의 평균, 분위수, 중앙값을 찾아라.

예제 3.3.3 χ^2-분포의 분위수는 통계학에서 자주 사용된다. 현대 컴퓨팅의 출현 이전에는 이러한 분위수의 표가 통합되었다. 부록 D의 표 I은 확률 0.01, 0.025, 0.05, 0.1, 0.9, 0.95, 0.975, 0.99와 자유도 1, 2, ⋯, 30에 대한 분위수의 χ^2 표를 제공한다. 언급했듯이 R 함수 `qchisq`는 이러한 분위수를 쉽게 계산한다. 실제로 다음 두 줄의 R 코드는 표 I의 계산을 수행한다.

```
rs=1:30; ps=c(.01,.025,.05,.1,.9,.95,.975,.99);
for(r in rs){print(c(r,round(qchisq(ps,r),digits=3)))}
```

이 코드는 반올림하여 소수점 셋째 자리까지 나타낸다.

다음 결과는 뒤에서 여러 번 사용되므로 정리로 제시한다.

정리 3.3.2

X가 $\chi^2(r)$ 분포를 갖는다고 하자. 만약 $k > -r/2$이면 $E(X^k)$가 존재하고 다음과 같이 계산된다.

$$k > -r/2 \text{ 이면} \quad E(X^k) = \frac{2^k \Gamma\left(\frac{r}{2} + k\right)}{\Gamma\left(\frac{r}{2}\right)} \tag{3.3.8}$$

증명: 다음 적분에서 $u = x/2$로 변수변환을 하면

$$E(X^k) = \int_0^\infty \frac{1}{\Gamma\left(\frac{r}{2}\right) 2^{r/2}} x^{(r/2)+k-1} e^{-x/2}\, dx$$

다음과 같은 결과를 얻을 수 있다.

$$E(X^k) = \int_0^\infty \frac{1}{\Gamma\left(\frac{r}{2}\right) 2^{(r/2)-1}} 2^{(r/2)+k-1} u^{(r/2)+k-1} e^{-u}\, du$$

이는 $k > -(r/2)$인 경우 원하는 결과로 단순화된다.

k가 음이 아닌 정수일 때 $k > -(r/2)$가 항상 성립한다. 따라서 χ^2-분포의 모든 적률이 존재하고 k번째 적률은 식 (3.3.8)로 구할 수 있다.

예제 3.3.4 X가 r이 양의 정수일 때 $\alpha = r/2$이고 $\beta > 0$인 감마분포를 따른다고 하자. 확률변수 $Y = 2X/\beta$를 정의하고 Y의 pdf를 구해보자. Y의 mgf는 다음과 같이 계산된다.

$$\begin{aligned} M_Y(t) &= E\left(e^{tY}\right) = E\left[e^{(2t/\beta)X}\right] \\ &= \left[1 - \frac{2t}{\beta}\beta\right]^{-r/2} = [1-2t]^{-r/2} \end{aligned}$$

이는 자유도가 r인 χ^2-분포의 mgf이다. 즉 Y는 $\chi^2(r)$을 따른다.

χ^2-분포는 Γ-분포의 하위 분포족이므로 정리 3.3.1의 Γ-분포에 대한 가법 성질이 χ^2-분포에도 성립한다. 이 성질은 자주 사용되므로 쉽게 참조할 수 있도록 따름정리로 제시한다.

따름정리 3.3.1

$X_1, X_2, \cdots, X_n$이 독립인 확률변수라고 하자. $i = 1, 2, \cdots, n$에 대해 X_i가 $\chi^2(r_i)$ 분포를 따르면 $Y = \sum_{i=1}^n X_i$는 $\chi^2(\sum_{i=1}^n r_i)$ 분포를 따른다.

3.3.2 β-분포

앞서 설명했듯이 모델링 측면에서 Γ-분포는 받침이 $(0, \infty)$인 치우친 분포에 대해 다양한 모양을 제공한다. 연습문제와 이후의 장에서는 이러한 다른 분포족을 제공한다. 유계구간(bounded interval)을 받침으로 가진 연속형 분포는 어떠한가? 예를 들어 X의 받침이 (a, b)이고, 여기서 $-\infty < a < b < \infty$이며 a와 b는 알고 있다고 가정하자. 설명을 위해 일반성을 잃지 않고 $a = 0$, $b = 1$이라고 가정할 수 있다. 그렇지 않은 경우에도 확률변수 $Y = (X - a)/(b - a)$를 고려할 수 있기 때문이다. 이 절에서는 유계구간을 받침으로 가진 분포에 대해 다양한 모양을 제공하는 분포족인 **베타분포**(beta distribution, β-distribution)를 설명한다.

β-분포족을 정의하는 방법 중 하나는 한 쌍의 독립인 Γ 확률변수에서 유도하는 것이다. X_1과 X_2가 Γ-분포를 따르는 독립인 확률변수일 때 결합 pdf는 $\alpha > 0$, $\beta > 0$에 대해

$$h(x_1, x_2) = \frac{1}{\Gamma(\alpha)\Gamma(\beta)} x_1^{\alpha-1} x_2^{\beta-1} e^{-x_1-x_2}, \quad 0 < x_1 < \infty, \quad 0 < x_2 < \infty$$

그 외에 $h(x_1, x_2) = 0$이다. $Y_1 = X_1 + X_2$, $Y_2 = X_1/(X_1 + X_2)$이라고 하자. Y_1과 Y_2가 독립임을 밝힐 것이다.

공간 $\mathcal{S}$가 좌표축에 있는 점을 포함하지 않는 x_1x_2-평면의 제1사분면이다. 이제 다음은 $x_1 = y_1y_2$, $x_2 = y_1(1 - y_2)$로 나타낼 수 있다.

$$\begin{aligned} y_1 &= u_1(x_1, x_2) = x_1 + x_2 \\ y_2 &= u_2(x_1, x_2) = \frac{x_1}{x_1 + x_2} \end{aligned}$$

따라서

$$J = \begin{vmatrix} y_2 & y_1 \\ 1 - y_2 & -y_1 \end{vmatrix} = -y_1 \not\equiv 0$$

변환은 일대일이며 이는 $\mathcal{S}$를 y_1y_2-평면의 $\mathcal{T} = \{(y_1, y_2) : 0 < y_1 < \infty, 0 < y_2 < 1\}$로 사상한다. 따라서 Y_1과 Y_2의 결합 pdf는 다음과 같다.

$$\begin{aligned} g(y_1, y_2) &= (y_1)\frac{1}{\Gamma(\alpha)\Gamma(\beta)}(y_1y_2)^{\alpha-1}[y_1(1 - y_2)]^{\beta-1}e^{-y_1} \\ &= \begin{cases} \frac{y_2^{\alpha-1}(1-y_2)^{\beta-1}}{\Gamma(\alpha)\Gamma(\beta)}y_1^{\alpha+\beta-1}e^{-y_1} & 0 < y_1 < \infty, \quad 0 < y_2 < 1 \\ 0 & \text{그 외에} \end{cases} \end{aligned}$$

정리 2.4.1에 의해 확률변수는 독립이다. Y_2의 주변 pdf는 다음과 같으며,

$$\begin{aligned} g_2(y_2) &= \frac{y_2^{\alpha-1}(1 - y_2)^{\beta-1}}{\Gamma(\alpha)\Gamma(\beta)}\int_0^\infty y_1^{\alpha+\beta-1}e^{-y_1}\,dy_1 \\ &= \begin{cases} \frac{\Gamma(\alpha+\beta)}{\Gamma(\alpha)\Gamma(\beta)}y_2^{\alpha-1}(1 - y_2)^{\beta-1} & 0 < y_2 < 1 \\ 0 & \text{그 외에} \end{cases} \end{aligned} \tag{3.3.9}$$

이것은 모수가 α와 β인 **베타분포**의 pdf이다. $g(y_1, y_2) \equiv g_1(y_1)g_2(y_2)$이므로 Y_1의 pdf는 다음과 같으며,

$$g_1(y_1) = \begin{cases} \frac{1}{\Gamma(\alpha+\beta)}y_1^{\alpha+\beta-1}e^{-y_1} & 0 < y_1 < \infty \\ 0 & \text{그 외에} \end{cases}$$

이것은 모숫값이 $\alpha + \beta$와 1인 감마분포의 pdf이다.

모수가 α와 β인 베타분포를 따르는 Y_2의 평균과 분산이 각각 다음과 같다는 것은 쉽게 밝힐 수 있다.

$$\mu = \frac{\alpha}{\alpha + \beta}, \quad \sigma^2 = \frac{\alpha\beta}{(\alpha + \beta + 1)(\alpha + \beta)^2}$$

R 패키지는 베타분포에 대한 확률을 계산한다. X가 모수 $\alpha = a$, $\beta = b$인 베타분포를 따른다면 명령어 `pbeta(x,a,b)`는 $P(X \le x)$를 출력하고, 명령어 `dbeta(x,a,b)`는 x에서의 X의 pdf 값을 출력한다.

예제 3.3.5 **[β-분포의 모양]** R 코드[5]의 다음 세 줄은 2와 5 사이 α와 β 정숫값의 모든 조합에 대해 β pdf의 4×4 분할 그림을 구한다. 이 분할 그림의 주 대각선에 있는 분포는 대칭이며, 주 대각선 아래에 있는 분포는 왼쪽 꼬리가 길고 주 대각선 위에 있는 분포는 오른쪽 꼬리가 길다.

```
par(mfrow=c(4,4));r1=2:5; r2=2:5;x=seq(.01,.99,.01)
   for(a in r1){for(b in r2){plot(dbeta(x,a,b)~x);
   title(paste("alpha = ",a,"beta = ",b))}}
```

$\alpha = \beta = 1$이면 β-분포는 받침이 (0, 1)인 균등분포이다.

감마분포의 변환을 통해 유도되는 분포를 따르는 또 다른 확률변수의 예로 이 절을 끝맺는다.

예제 3.3.6 **[디리클레 분포]** $X_1, X_2, \cdots, X_{k+1}$은 독립인 확률변수이고 각각 $\beta = 1$인 감마분포를 따른다고 하자. 이 확률변수의 결합 pdf는 다음과 같이 나타낼 수 있다.

$$h(x_1, x_2, \ldots, x_{k+1}) = \begin{cases} \prod_{i=1}^{k+1} \frac{1}{\Gamma(\alpha_i)} x_i^{\alpha_i - 1} e^{-x_i} & 0 < x_i < \infty \\ 0 & \text{그 외에} \end{cases}$$

다음 Y_i와 $Y_{k+1} = X_1 + X_2 + \cdots + X_{k+1}$이 $k + 1$개의 새로운 변수를 나타낸다고 하자.

$$Y_i = \frac{X_i}{X_1 + X_2 + \cdots + X_{k+1}}, \quad i = 1, 2, \ldots, k$$

수반된 변환은 $\mathcal{A} = \{(x_1, \cdots, x_{k+1}) : 0 < x_i < \infty, i = 1, \cdots, k + 1\}$을 다음과 같은 $\mathcal{B}$로 사상시킨다.

$$\mathcal{B} = \{(y_1, \ldots, y_k, y_{k+1}) : 0 < y_i,\ i = 1, \ldots, k,\ y_1 + \cdots + y_k < 1,\ 0 < y_{k+1} < \infty\}$$

역함수의 각 값은 $x_1 = y_1 y_{k+1}, \cdots, x_k = y_k y_{k+1}, x_{k+1} = y_{k+1}(1 - y_1 - \cdots - y_k)$이므로 야코비안은

$$J = \begin{vmatrix} y_{k+1} & 0 & \cdots & 0 & y_1 \\ 0 & y_{k+1} & \cdots & 0 & y_2 \\ \vdots & \vdots & & \vdots & \vdots \\ 0 & 0 & \cdots & y_{k+1} & y_k \\ -y_{k+1} & -y_{k+1} & \cdots & -y_{k+1} & (1 - y_1 - \cdots - y_k) \end{vmatrix} = y_{k+1}^k$$

따라서 $Y_1, \cdots, Y_k, Y_{k+1}$의 결합 pdf는 $(y_1, \cdots, y_k, y_{k+1}) \in \mathcal{B}$일 때

$$\frac{y_{k+1}^{\alpha_1 + \cdots + \alpha_{k+1} - 1} y_1^{\alpha_1 - 1} \cdots y_k^{\alpha_k - 1} (1 - y_1 - \cdots - y_k)^{\alpha_{k+1} - 1} e^{-y_{k+1}}}{\Gamma(\alpha_1) \cdots \Gamma(\alpha_k) \Gamma(\alpha_{k+1})}$$

5 저자 서문에 제시된 사이트에서 R 함수 `betaplts`를 다운로드하라.

그 외에 0이다. y_{k+1}을 적분하면 $Y_1, Y_2, \cdots, Y_k$의 결합 pdf는 $0 < y_i (i = 1, 2, \cdots, k)$이고 $y_1 + y_2 + \cdots + y_k < 1$일 때

$$g(y_1, \ldots, y_k) = \frac{\Gamma(\alpha_1 + \cdots + \alpha_{k+1})}{\Gamma(\alpha_1) \cdots \Gamma(\alpha_{k+1})} y_1^{\alpha_1 - 1} \cdots y_k^{\alpha_k - 1} (1 - y_1 - \cdots - y_k)^{\alpha_{k+1} - 1} \quad (3.3.10)$$

그 외에 $g(y_1, \cdots, y_k) = 0$이다. 이와 같은 형식의 결합 pdf를 가진 확률변수 $Y_1, Y_2, \cdots, Y_k$는 **디리클레 pdf**(Dirichlet pdf)를 가진다고 일컫는다. 특히 $k = 1$인 경우 디리클레 pdf는 베타 pdf임을 알 수 있다. 또한 $Y_1, \cdots, Y_k, Y_{k+1}$의 결합 pdf로부터 Y_{k+1}이 모수 $\alpha_1 + \cdots + \alpha_k + \alpha_{k+1}$, $\beta = 1$인 감마분포를 따르고 $Y_1, Y_2, \cdots, Y_k$와 독립이라는 것은 명료하다.

연습문제

3.3.1 $t < 1/2$일 때 $(1 - 2t)^{-9}$이 확률변수 X의 mgf라고 가정하자.

(a) R을 사용하여 $P(X < 9)$를 계산하라.

(b) X의 평균 μ와 분산 σ^2을 구하라. R을 사용하여 $P(|X - \mu| < 2\sigma)$를 계산하라.

3.3.2 X가 $\chi^2(6)$일 때 $P(c < X < d) = 0.95$이고 $P(X < c) = 0.025$인 상수 c와 d를 결정하라.

3.3.3 위험한 조건에서 작동하는 엔진의 수명이 평균이 10개월, 분산이 20개월의 제곱인 Γ-분포를 따른다고 가정하자.

(a) 엔진의 중간 수명(median lifetime)을 구하라.

(b) 이러한 엔진의 수명이 15개월을 초과하면 성공으로 간주할 때, 10개의 엔진 표본에서 적어도 3개 이상의 엔진이 성공일 확률을 구하라.

3.3.4 확률변수 X는 $m = 1, 2, 3, \cdots$일 때 $E(X^m) = m!2^m$을 만족한다. X의 mgf와 분포를 구하라.

힌트: mgf의 테일러 급수[6]를 풀어서 써라.

3.3.5 다음을 밝혀라.

$$\int_\mu^\infty \frac{1}{\Gamma(k)} z^{k-1} e^{-z}\, dz = \sum_{x=0}^{k-1} \frac{\mu^x e^{-\mu}}{x!}, \quad k = 1, 2, 3, \ldots$$

이것은 감마의 cdf와 푸아송 분포의 관계를 설명한다.

힌트: 부분적분을 $k - 1$번 하거나 또는 다음을 밝힘으로써 ‘역도함수(antideriva-

6 예를 들어 저자 서문에 언급된 〈수학 주석〉에서 테일러 급수에 관한 설명을 참조하라.

tive)'를 구하라.

$$\frac{d}{dz}\left[-e^{-z}\sum_{j=0}^{k-1}\frac{\Gamma(k)}{(k-j-1)!}z^{k-j-1}\right] = z^{k-1}e^{-z}$$

3.3.6 각각 $0 < x < \infty$일 때 $f(x) = 2e^{-2x}$, 그 외에 $f(x) = 0$인 pdf를 가진 iid 확률변수를 X_1, X_2, X_3이라고 하자.

(a) $Y = \min(X_1, X_2, X_3)$의 분포를 구하라.

힌트: $P(Y \leq y) = 1 - P(Y > y) = 1 - P(X_i > y, i = 1, 2, 3)$

(b) $Y = \max(X_1, X_2, X_3)$의 분포를 구하라.

3.3.7 X는 pdf가 다음과 같은 감마분포를 따른다.

$$f(x) = \begin{cases} \frac{1}{2\beta^3}x^2e^{-x/\beta}, & 0 < x < \infty \\ 0 & \text{그 외에} \end{cases}$$

$x = 4$가 분포의 유일한 최빈값일 때 모수 β와 $P(X < 10)$를 구하라.

3.3.8 모수가 α와 β인 감마분포의 비대칭도와 첨도의 측도를 계산하라.

3.3.9 X가 모수 α와 β인 감마분포를 따른다고 하자. $P(X \geq 2\alpha\beta) \leq (2/e)^\alpha$임을 밝혀라.

힌트: 연습문제 1.10.5의 결과를 이용하라.

3.3.10 자유도가 0인 카이제곱분포에 대해 타당한 정의를 내려라.

힌트: $\chi^2(r)$ 분포의 mgf를 계산하고 $r = 0$으로 놓아라.

3.3.11 컴퓨터를 이용하여 자유도가 $r = 1, 2, 5, 10, 15$인 카이제곱분포의 pdf를 그리고 설명하라.

3.3.12 컴퓨터를 이용하여 $\Gamma(4, 4)$의 cdf를 그리고, 이를 이용하여 중앙값을 추정하라. 중앙값을 반환하는 명령어[R에서 명령어 `qgamma(.5,shape=4,scale=4)`]를 이용하여 이것을 확인하라.

3.3.13 컴퓨터를 이용하여 $\alpha = 1, 5, 10$이고 $\beta = 1, 2, 5, 10, 15$인 베타분포의 pdf 그래프를 그려라.

3.3.14 대형 공장의 부품 창고에서 부품 요청 사이의 평균 시간은 약 6분이다.

(a) 1시간 내에 부품 요청이 10개 이상 있을 확률을 구하라.

(b) 10번째 부품 요청이 최소 2시간 이상의 대기 시간이 걸릴 확률을 구하라.

3.3.15 X는 모수 m인 푸아송 분포를 따른다. $\alpha = 1$, $\beta = 1$인 감마분포를 따르는 확률변수의 실험값이 m일 때 $P(X = 0, 1, 2)$를 계산하라.

힌트: X와 m의 결합분포를 구하라. 그런 다음 m에 대해 적분을 실시하여 X의 주변분포를 구하라.

3.3.16 X가 $0 < x < 1$일 때 $f(x) = 1$, 그 외에 $f(x) = 0$인 pdf를 가진 균등분포를 따른다고 하자. $Y = -\log X$의 cdf를 구하라. Y의 pdf는 무엇인가?

3.3.17 자유도가 6인 카이제곱분포와 동일한 평균과 분산을 가진 구간 (b, c)에서의 연속형 균등분포를 구하라. 즉 b와 c를 구하라.

3.3.18 베타분포의 평균과 분산을 구하라.

힌트: pdf로부터 모든 $\alpha > 0$, $\beta > 0$에 대해 다음과 같음을 알고 있다.

$$\int_0^1 y^{\alpha-1}(1-y)^{\beta-1}\, dy = \frac{\Gamma(\alpha)\Gamma(\beta)}{\Gamma(\alpha+\beta)}$$

3.3.19 다음 각각의 경우에 $f(x)$가 β pdf가 되기 위한 상수 c를 결정하라.

(a) $0 < x < 1$일 때 $f(x) = cx^2(1-x)^3$, 그 외에 $f(x) = 0$

(b) $0 < x < 1$일 때 $f(x) = cx^2(1-x)^5$, 그 외에 $f(x) = 0$

(c) $0 < x < 1$일 때 $f(x) = cx(1-x)^8$, 그 외에 $f(x) = 0$

3.3.20 $0 < x < 3$일 때 $f(x) = cx(3-x)^3$, 그 외에 $f(x) = 0$이 pdf가 되기 위한 상수 c를 결정하라.

3.3.21 β pdf의 그래프가 $\alpha = \beta$이면 $x = 1/2$을 지나는 수직선에 대해 대칭임을 밝혀라.

3.3.22 $k = 1, 2, \cdots, n$에 대해 다음을 밝혀라.

$$\int_p^1 \frac{n!}{(k-1)!(n-k)!} z^{k-1}(1-z)^{n-k}\, dz = \sum_{x=0}^{k-1} \binom{n}{x} p^x (1-p)^{n-x}$$

이는 β의 cdf와 이항분포의 관계를 보여준다.

3.3.23 X_1과 X_2가 독립인 확률변수이고, X_1과 $Y = X_1 + X_2$는 자유도가 각각 r_1, r인 카이제곱분포를 따른다고 하자. 여기서 $r_1 < r$이다. X_2가 자유도 $r - r_1$인 카이제곱분포를 따름을 밝혀라.

힌트: $M(t) = E(e^{t(X_1+X_2)})$라 하고 X_1과 X_2의 독립성을 이용하라.

3.3.24 각각 모수 $\alpha_1 = 2$, $\beta_1 = 3$과 $\alpha_2 = 4$, $\beta_2 = 1$인 감마분포를 따르는 독립인 확률변수를 X_1, X_2라고 하자.

(a) $Y = 2X_1 + 6X_2$의 mgf를 구하라.

(b) Y의 분포는 무엇인가?

3.3.25 X가 지수분포를 가진다고 하자.

(a) $x > 0$, $y > 0$에 대해 다음을 밝혀라.

$$P(X > x + y | X > x) = P(X > y) \tag{3.3.11}$$

따라서 지수분포는 **무기억성** 성질이 있다. 예제 3.1.9로부터 이산형 기하분포도 유사한 성질이 있음을 상기하라.

(b) $F(y)$를 연속형 확률변수 Y의 cdf라고 하자. $F(0) = 0$과 $y > 0$에 대해 $0 < F(y) < 1$를 가정하자. Y에 대해 성질 식 (3.3.11)이 성립한다고 하자. $y > 0$에 대해 $F_Y(y) = 1 - e^{-\lambda y}$임을 증명하라.

힌트: $g(y) = 1 - F_Y(y)$가 다음을 만족함을 밝혀라.

$$g(y + z) = g(y)g(z)$$

3.3.26 X는 한 장치가 고장 나기까지 걸리는 시간이고, $r(x)$는 X의 위험함수라고 하자.

(a) c와 b가 양의 상수일 때 $r(x) = cx^b$이면 X가 **와이블**(Weibull) 분포, 즉 다음과 같음을 밝혀라.

$$f(x) = \begin{cases} cx^b \exp\left\{-\frac{cx^{b+1}}{b+1}\right\} & 0 < x < \infty \\ 0 & \text{그 외에} \end{cases} \tag{3.3.12}$$

(b) c와 b가 양의 상수일 때 $r(x) = ce^{bx}$이면 X가 다음과 같은 **곰페르츠**(Gompertz) cdf를 갖는다는 것을 밝혀라.

$$F(x) = \begin{cases} 1 - \exp\left\{\frac{c}{b}(1 - e^{bx})\right\} & 0 < x < \infty \\ 0 & \text{그 외에} \end{cases} \tag{3.3.13}$$

이것은 보험업에서 '인간 수명'의 분포로 흔히 이용된다.

(c) $r(x) = bx$와 같은 선형 위험률의 경우 X의 pdf가 다음과 같음을 밝혀라.

$$f(x) = \begin{cases} bxe^{-bx^2/2} & 0 < x < \infty \\ 0 & \text{그 외에} \end{cases} \tag{3.3.14}$$

이 pdf를 **레일리**(Rayleigh) pdf라고 한다.

3.3.27 $f(x)$가 식 (3.3.12)의 와이블 pdf일 때 지정된 x에 대해 $f(x)$의 값을 반환하는 R 함수를 작성하라. 그런 다음 연관된 위험함수 $r(x)$를 반환하는 R 함수를 작성하라. $c = 5$와 $b = 0.5$, $c = 5$와 $b = 1.0$, $c = 5$와 $b = 1.5$인 세 가지 경우에 대한 pdf와 위험함수를 함께 그려라.

3.3.28 예제 3.3.5에서는 β pdf의 그림을 다루었다. 이 모든 pdf는 언덕 모양이다. 집합 $\{.25, .75, 1, 1.25\}$에서 뽑은 α와 β 값의 모든 조합을 한 그래프에 그려라. pdf의 모양에 대해 논하라.

3.3.29 $Y_1, \cdots, Y_k$가 모수 $\alpha_1, \cdots, \alpha_k, \alpha_{k+1}$인 디리클레 분포를 따른다고 하자.

(a) Y_1이 모수 $\alpha = \alpha_1, \beta = \alpha_2 + \cdots + \alpha_{k+1}$인 베타분포를 따름을 밝혀라.

(b) $Y_1 + \cdots + Y_r (r \leq k)$이 모수 $\alpha = \alpha_1 + \cdots + \alpha_r, \beta = \alpha_{r+1} + \cdots + \alpha_{k+1}$인 베타분포를 따름을 밝혀라.

(c) $Y_1 + Y_2, Y_3 + Y_4, Y_5, \cdots, Y_k (k \geq 5)$가 모수 $\alpha_1 + \alpha_2, \alpha_3 + \alpha_4, \alpha_5, \cdots, \alpha_k, \alpha_{k+1}$인 디리클레 분포를 따름을 밝혀라.

힌트: 예제 3.3.6에 있는 Y_i의 정의를 생각하고 $\beta = 1$을 가진 여러 개의 독립인 감마 변수의 합은 감마 변수라는 사실을 이용하라.

3.4 정규분포

정규분포에 대한 동기 부여는 5.3절의 중심극한정리에서 찾을 수 있다. 이 정리는 정규분포가 일반적으로 응용과 통계적 추론에서 중요한 분포족을 제공함을 보여준다. 먼저 표준정규분포를 소개하고 이를 이용하여 일반 정규분포를 설명한다.

다음 적분을 생각해보자.

$$I = \int_{-\infty}^{\infty} \frac{1}{\sqrt{2\pi}} \exp\left(\frac{-z^2}{2}\right) dz \tag{3.4.1}$$

이 적분은 피적분함수(integrand)가 가적분함수에 의해 유계된 양의 연속함수이기 때문에 존재한다. 즉

$$0 < \exp\left(\frac{-z^2}{2}\right) < \exp(-|z| + 1), \quad -\infty < z < \infty$$

그리고

$$\int_{-\infty}^{\infty} \exp(-|z| + 1)\, dz = 2e$$

적분 I를 계산하기 위해 $I > 0$이고 I^2은 다음과 같이 나타낼 수 있다.

$$I^2 = \frac{1}{2\pi} \int_{-\infty}^{\infty} \int_{-\infty}^{\infty} \exp\left(-\frac{z^2 + w^2}{2}\right) dz dw$$

이중적분은 극좌표로 변환하여 계산할 수 있다. $z = r\cos\theta$, $w = r\sin\theta$로 놓으면

$$\begin{aligned} I^2 &= \frac{1}{2\pi} \int_0^{2\pi} \int_0^{\infty} e^{-r^2/2} r\, dr\, d\theta \\ &= \frac{1}{2\pi} \int_0^{2\pi} d\theta = 1 \end{aligned}$$

식 (3.4.1)에서 피적분함수는 R에서 양수이고 R에서 적분이 1이므로 받침 R을 가진 연속형 확률변수의 pdf이다. 이것을 확률변수 Z로 나타낸다. 정리하면 Z는 다음 pdf를 갖는다.

$$f(z) = \frac{1}{\sqrt{2\pi}} \exp\left(\frac{-z^2}{2}\right), \quad -\infty < z < \infty \tag{3.4.2}$$

$t \in R$에 대해 Z의 mgf는 다음과 같이 제곱의 완성 형태로 나타낼 수 있다.

$$\begin{aligned} E[\exp\{tZ\}] &= \int_{-\infty}^{\infty} \exp\{tz\} \frac{1}{\sqrt{2\pi}} \exp\left\{-\frac{1}{2}z^2\right\} dz \\ &= \exp\left\{\frac{1}{2}t^2\right\} \int_{-\infty}^{\infty} \frac{1}{\sqrt{2\pi}} \exp\left\{-\frac{1}{2}(z-t)^2\right\} dz \\ &= \exp\left\{\frac{1}{2}t^2\right\} \int_{-\infty}^{\infty} \frac{1}{\sqrt{2\pi}} \exp\left\{-\frac{1}{2}w^2\right\} dw \end{aligned} \tag{3.4.3}$$

위의 마지막 적분에서는 $w = z - t$로 일대일 변수변환을 했다. 식 (3.4.2)와의 동일성에 의해 식 (3.4.3)의 적분값은 1이다. 따라서 Z의 mgf는

$$-\infty < t < \infty \text{에 대해} \quad M_Z(t) = \exp\left\{\frac{1}{2}t^2\right\} \tag{3.4.4}$$

$M_Z(t)$의 처음 두 미분은 다음과 같음을 쉽게 밝힐 수 있다.

$$\begin{aligned} M_Z'(t) &= t\exp\left\{\frac{1}{2}t^2\right\} \\ M_Z''(t) &= \exp\left\{\frac{1}{2}t^2\right\} + t^2\exp\left\{\frac{1}{2}t^2\right\} \end{aligned}$$

$t = 0$에서의 이 미분값에 의해 Z의 평균과 분산은 다음과 같다.

$$E(Z) = 0, \quad Var(Z) = 1 \tag{3.4.5}$$

다음으로 연속형 확률변수 X를 $b > 0$에 대해 다음과 같이 정의하자.

$$X = bZ + a$$

이것은 일대일 변환이다. X의 pdf를 유도하기 위해 변환의 역이 $z = b^{-1}(x - a)$이고 야코비안이 $J = b^{-1}$임을 참고하라. $b > 0$이므로 식 (3.4.2)에 의해 X의 pdf는

$$f_X(x) = \frac{1}{\sqrt{2\pi}b} \exp\left\{-\frac{1}{2}\left(\frac{x-a}{b}\right)^2\right\}, \quad -\infty < x < \infty$$

식 (3.4.5)에 의해 $E(X) = a$이고 $Var(X) = b^2$이다. 그러므로 X의 pdf에서 a를 $\mu = E(X)$로, b^2을 $\sigma^2 = Var(X)$로 교체할 수 있다. 다음 정의에서 이 형식을 만든다.

정의 3.4.1 [정규분포]

확률변수 X는 그것의 pdf가 다음과 같으면 **정규분포**(normal distribution)를 따른다고 한다.

$$-\infty < x < \infty\text{에 대해} \quad f(x) = \frac{1}{\sqrt{2\pi}\sigma} \exp\left\{-\frac{1}{2}\left(\frac{x-\mu}{\sigma}\right)^2\right\} \tag{3.4.6}$$

모수 μ와 σ^2은 각각 X의 평균과 분산이다. X는 $N(\mu, \sigma^2)$ 분포를 따른다고 흔히 표현한다.

이러한 표현으로, 식 (3.4.2)의 pdf를 가진 확률변수 Z는 $N(0, 1)$ 분포를 따른다. Z를 **표준정규**(standard normal)확률변수라고 한다.

X의 mgf의 경우 관계식 $X = \sigma Z + \mu$와 Z의 mgf인 식 (3.4.4)를 이용하면 $-\infty < t < \infty$에 대해 다음을 얻는다.

$$\begin{aligned} E[\exp\{tX\}] &= E[\exp\{t(\sigma Z + \mu)\}] \\ &= \exp\{\mu t\} E[\exp\{t\sigma Z\}] \\ &= \exp\{\mu t\} \exp\left\{\frac{1}{2}\sigma^2 t^2\right\} \\ &= \exp\left\{\mu t + \frac{1}{2}\sigma^2 t^2\right\} \end{aligned} \tag{3.4.7}$$

위의 설명을 Z와 X 사이의 관계를 언급함으로써 정리한다.

$$Z = \tfrac{X-\mu}{\sigma}\text{가 } N(0, 1) \text{ 분포를 따르는 경우에 한하여 } X\text{는 } N(\mu, \sigma^2) \text{ 분포를 따른다.} \tag{3.4.8}$$

X가 $N(\mu, \sigma^2)$ 분포를 따른다고 하자. 그림 3.4.1에서 볼 수 있는 X의 pdf 그래프는 다음과 같은 성질이 있다. (1) $x = \mu$를 지나는 수직선에 대해 대칭이다. (2) $x = \mu$에서 최댓값이

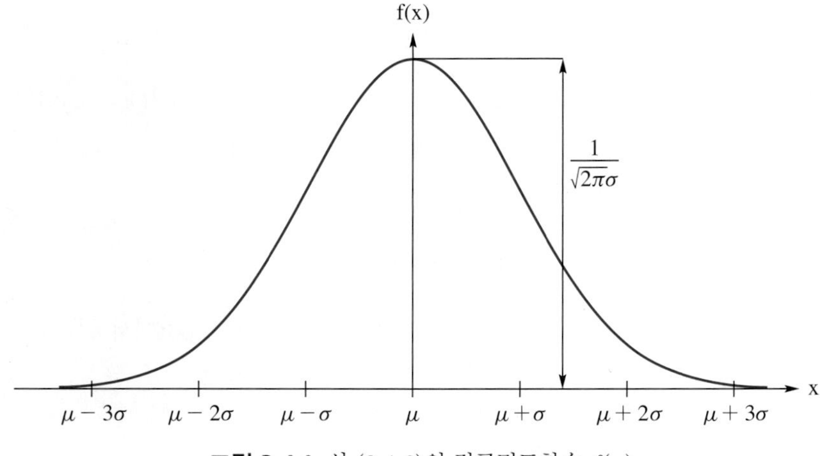

그림 3.4.1 식 (3.4.6)의 정규밀도함수 $f(x)$

$1/(\sigma\sqrt{2\pi})$이다. (3) x축을 수평 점근선으로 한다. (4) $x = \mu \pm \sigma$에 변곡점이 있다. 연습문제 3.4.7을 참조하라. μ에 대해 대칭이므로 정규분포의 중앙값은 평균과 같다.

$P(X \le x)$를 구하려면 다음 적분이 필요하다.

$$P(X \le x) = \int_{-\infty}^{x} \frac{1}{\sqrt{2\pi}\sigma} e^{-(t-\mu)^2/(2\sigma^2)}\, dt$$

미적분학에서 이 적분의 피적분함수가 역도함수를 가지고 있지 않다는 것은 알려져 있기 때문에 이 적분은 수치적분(numerical integration) 절차로 수행되어야 한다. R 소프트웨어는 R 함수 `pnorm`에서 이러한 절차를 사용한다. X가 $N(\mu, \sigma^2)$ 분포를 따르는 경우 R 호출 `pnorm`(x, μ, σ)는 $P(X \le x)$를 계산하고, `q = qnorm`(p, μ, σ)는 X의 p번째 분위수를 제공한다. 즉 q는 방정식 $P(X \le q) = p$를 푼다. 다음 예제에서는 이 계산을 설명한다.

예제 3.4.1 성인 남성의 키(인치)가 평균이 $\mu = 70$인치이고 표준편차가 $\sigma = 4$인치인 정규분포를 따른다고 가정하자. X의 pdf 그림으로 그림 3.4.1을 사용하여 μ를 70으로 바꾸고, σ를 4로 바꿔라. 성인 남성의 키가 6피트(72인치)를 초과할 확률을 계산한다고 가정하자. 그림에서 72의 위치를 찾아라. 구하고자 하는 확률은 구간 $(72, \infty)$에서 pdf 아래의 영역이고, R에서 `1-pnorm(72,70,4) = 0.3085`로 계산된다. 따라서 성인 남성의 31%는 키가 6피트를 초과한다. 키의 95번째 백분위수는 `qnorm(0.95,70,4) = 76.6`인치이다. 성인 남성의 몇 퍼센트가 평균의 ± 1 표준편차 사이 키인가?

답: `pnorm(74,70,4) - pnorm(66,70,4)` $= 0.6827$

현대 컴퓨팅 시대 이전에는 정규분포에 대한 확률표를 만들었다. 식 (3.4.8)의 결과로 인해 표준정규분포에 대한 표만 필요로 한다. Z가 표준정규분포를 따른다고 하자. Z의 pdf 그림을 그림 3.4.2에 제시했다. Z의 cdf에 대한 일반적인 표기는 다음과 같다.

$$P(Z \le z) = \Phi(z) = \text{dfn} \int_{0}^{z} \frac{1}{\sqrt{2\pi}} e^{-t^2/2}\, dt, \quad -\infty < z < \infty \tag{3.4.9}$$

부록 D의 표 II에는 $z > 0$의 지정된 값에 대해 $\Phi(z)$의 표를 수록했다. $z > 0$인 경우 $\Phi(-z)$를 계산하기 위해 다음 항등식을 사용하라.

$$\Phi(-z) = 1 - \Phi(z) \tag{3.4.10}$$

Z의 pdf가 0에 대해 대칭이기 때문에 이 항등식이 성립한다. 이는 그림 3.4.2에서 명백하고, 연습문제 3.4.1에서는 이를 밝힌다.

표 II의 사용을 설명하기 위해 예제 3.4.1에서 성인 남성의 키가 67~71인치 사이일 확률을 구한다고 가정하자. 이는 다음과 같이 계산된다.

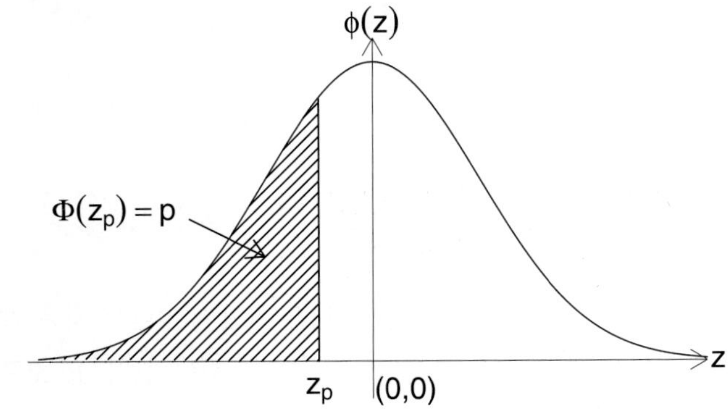

그림 3.4.2 표준정규 pdf: $p = \Phi(z_p)$는 z_p의 왼쪽 곡선 아래 영역이다.

$$\begin{aligned}
P(67 < X < 71) &= P(X < 71) - P(X < 67) \\
&= P\left(\frac{X-70}{4} < \frac{71-70}{4}\right) - P\left(\frac{X-70}{4} < \frac{67-70}{4}\right) \\
&= P(Z < 0.25) - P(Z < -0.75) = \Phi(0.25) - 1 + \Phi(0.75) \\
&= 0.5987 - 1 + 0.7734 = 0.3721 \qquad (3.4.11) \\
&= \texttt{pnorm(71,70,4)} - \texttt{pnorm(67,70,4)} = 0.372079 \qquad (3.4.12)
\end{aligned}$$

식 (3.4.11)은 표 II를 사용한 계산이고, 마지막 줄은 R 함수 pnorm을 사용한 계산이다. 연습문제에서 더 많은 예시를 살펴보자. 표 II는 다음 R 함수로 생성된다.

```
normtab <- function(){ za <- seq(0.00,3.59,.01);
    pz <- t(matrix(round(pnorm(za),digits=4),nrow=10))
    colnames(pz) <- seq(0,.09,.01)
    rownames(pz) <- seq(0.0,3.5,.1); return(pz)}
```

함수 normtab은 저자 서문에서 언급된 사이트에서 다운로드할 수 있다.

예제 3.4.2 **[경험적 규칙]** X를 $N(\mu, \sigma^2)$이라고 하면 표 II 또는 R에 의해 다음과 같이 계산할 수 있다.

$$\begin{aligned}
P(\mu - 2\sigma < X < \mu + 2\sigma) &= \Phi\left(\frac{\mu + 2\sigma - \mu}{\sigma}\right) - \Phi\left(\frac{\mu - 2\sigma - \mu}{\sigma}\right) \\
&= \Phi(2) - \Phi(-2) \\
&= 0.977 - (1 - 0.977) = 0.954
\end{aligned}$$

마찬가지로 $P(\mu - \sigma < X < \mu + \sigma) = 0.6827$과 $P(\mu - 3\sigma < X < \mu + 3\sigma) = 0.9973$이다. 이 세 구간과 해당 확률을 **경험적 규칙**(empirical rule)이라고도 한다. 체비셰프의 정리(정리 1.10.3)를 사용하여 이러한 확률의 하한을 얻을 수 있다. 경험적 규칙은 훨씬 더 정확하지만 정규분포의 가정을 필요로 한다. 반면에 체비셰프의 정리에는 유한한 분산의 가정만 필요하다.

예제 3.4.3 $N(\mu, \sigma^2)$인 어떤 분포에서 확률의 10%는 60 이하이고 5%는 90 이상이다. μ와 σ의 값은 얼마인가? 확률변수 X는 $N(\mu, \sigma^2)$이고 $P(X \leq 60) = 0.10$, $P(X \leq 90) = 0.95$로 주어졌다. 따라서 $\Phi[(60 - \mu)/\sigma] = 0.10$이고 $\Phi[(90 - \mu)/\sigma] = 0.95$이다. 표 II에서 다음을 얻는다.

$$\frac{60 - \mu}{\sigma} = -1.28, \quad \frac{90 - \mu}{\sigma} = 1.64$$

이 조건은 근사적으로 $\mu = 73.1$, $\sigma = 10.2$를 필요로 한다.

참고 3.4.1

이 장에서는 분포와 관련하여 세 종류의 **모수**를 제시했다. $N(\mu, \sigma^2)$에서 평균 μ는 그 값이 변함에 따라 정규 pdf의 중심 위치가 쉽게 변하기 때문에 **위치 모수**(location parameter)라고 한다. 또한 $N(\mu, \sigma^2)$에서 표준편차 σ는 그 값이 변함에 따라 분포의 흩어진 정도가 변하기 때문에 **척도 모수**(scale parameter)라고 한다. 즉 σ 값이 작으면 정규 pdf의 그래프가 길고 좁은 모양이며, σ 값이 크면 정규 pdf의 그래프가 넓게 퍼지고 높지 않다. 그러나 μ와 σ가 어떤 값이든 정규 pdf의 그래프는 '종 모양(bell shape)'과 비슷하다. 또한 감마분포의 β 역시 척도 모수이다. 한편 감마분포의 σ는 그림 3.3.1과 같이 그 값이 변함에 따라 pdf 그래프의 형상이 변하기 때문에 **형상 모수**(shape parameter)라고 한다. 이항분포와 푸아송 분포의 모수 p와 μ도 각 분포에서 형상 모수이다.

참고 3.4.1의 첫 번째 부분에 이어서 X가 $N(\mu, \sigma^2)$이면 X는 다음과 같이 나타내는 **위치모형**(location model)을 따른다고 한다.

$$X = \mu + e \tag{3.4.13}$$

여기서 e는 $N(0, \sigma^2)$ 분포를 가진 확률변수(확률오차라고도 함)이다. 반대로 e가 $N(0, \sigma^2)$ 분포를 따르고 X가 식 (3.4.13)을 만족하면 X는 $N(\mu, \sigma^2)$ 분포를 갖는다.

다음의 세 가지 중요한 결과로 이 절을 마무리한다.

예제 3.4.4 **[정규분포의 모든 적률]** 예제 1.9.7에서 표준정규분포의 모든 적률을 mgf를 이용하여 도출했다. X가 $N(\mu, \sigma^2)$ 분포를 따를 때 X의 모든 적률을 구하는 데에도 이를 이용할 수 있다. 식 (3.4.13)으로부터 Z가 $N(0, 1)$ 분포를 따를 때 $X = \sigma Z + \mu$로 나타낼 수 있다. 따라서 모든 음이 아닌 정수 k에 대해 이항정리의 단순한 응용에 의해 다음과 같이 된다.

$$E(X^k) = E[(\sigma Z + \mu)^k] = \sum_{j=0}^{k} \binom{k}{j} \sigma^j E(Z^j) \mu^{k-j} \tag{3.4.14}$$

예제 1.9.7에서 Z의 모든 홀수 번째 적률은 0이고, 모든 짝수 번째 적률은 식 (1.9.3)과 같다. 이를 식 (3.4.14)에 적용하여 X의 적률을 도출할 수 있다.

정리 3.4.1

확률변수 X가 $N(\mu, \sigma^2)$이고, $\sigma^2 > 0$이면 확률변수 $V = (X - \mu)^2/\sigma^2$은 $\chi^2(1)$이다.

증명: $W = (X - \mu)/\sigma$가 $N(0, 1)$일 때 $V = W^2$이므로 V의 cdf $G(v)$는 $v \geq 0$에 대해 다음과 같다.

$$G(v) = P(W^2 \leq v) = P(-\sqrt{v} \leq W \leq \sqrt{v})$$

즉

$$G(v) = 2\int_0^{\sqrt{v}} \frac{1}{\sqrt{2\pi}} e^{-w^2/2}\, dw, \quad 0 \leq v$$

$$G(v) = 0, \quad v < 0$$

만약 적분변수를 $w = \sqrt{y}$로 변환하면

$$G(v) = \int_0^{v} \frac{1}{\sqrt{2\pi}\sqrt{y}} e^{-y/2}\, dy, \quad 0 \leq v$$

따라서 연속형 확률변수 V의 pdf $g(v) = G'(v)$는

$$g(v) = \begin{cases} \frac{1}{\sqrt{\pi}\sqrt{2}} v^{1/2-1} e^{-v/2} & 0 < v < \infty \\ 0 & \text{그 외에} \end{cases}$$

$g(v)$는 pdf이기 때문에

$$\int_0^{\infty} g(v)\, dv = 1$$

그리고 $\Gamma(1/2) = \sqrt{\pi}$이므로 V는 $\chi^2(1)$이다.

정규분포의 가장 중요한 성질 중 하나는 독립성하에서의 가법성이다.

정리 3.4.2

$i = 1, 2, \cdots, n$에 대해 X_i가 $N(\mu_i, \sigma_i^2)$ 분포를 따르는 독립인 확률변수를 $X_1, X_2, \cdots, X_n$이라고 하자. $a_1, a_2, \cdots, a_n$이 상수일 때 $Y = \sum_{i=1}^n a_i X_i$라고 하면 Y의 분포는 $N(\sum_{i=1}^n a_i \mu_i, \sum_{i=1}^n a_i^2 \sigma_i^2)$이다.

증명: 정리 2.6.1을 이용하면 $t \in R$에 대해 Y의 mgf는 다음과 같다.

$$M_Y(t) = \prod_{i=1}^{n} \exp\{ta_i\mu_i + (1/2)t^2a_i^2\sigma_i^2\}$$
$$= \exp\left\{t\sum_{i=1}^{n} a_i\mu_i + (1/2)t^2\sum_{i=1}^{n} a_i^2\sigma_i^2\right\}$$

이것은 $N(\sum_{i=1}^n a_i\mu_i, \sum_{i=1}^n a_i^2\sigma_i^2)$ 분포의 mgf이다.

이 결과에 대한 단순한 따름정리에 의해 $X_1, X_2, \cdots, X_n$이 $N(\mu, \sigma^2)$ 분포로부터의 확률표본이라고 할 때 표본평균 $\overline{X} = n^{-1}\sum_{i=1}^n X_i$의 분포를 구할 수 있다.

따름정리 3.4.1

$X_1, X_2, \cdots, X_n$이 iid 정규확률변수일 때 평균 $\overline{X} = n^{-1}\sum_{i=1}^n X_i$이면 $\overline{X}$는 $N(\mu, \sigma^2/n)$ 분포를 따른다.

이 따름정리를 증명하려면 정리 3.4.2에서 $i = 1, 2, \cdots, n$에 대해 단순히 $a_i = (1/n)$, $\mu_i = \mu$, $\sigma_i^2 = \sigma^2$이라고 하면 된다.

3.4.1 오염된 정규분포*

다음으로 분포가 정규분포의 혼합인 확률변수를 살펴보자. 정규분포에서와 같이 표준화된 확률분포로 시작한다.

대부분의 경우에는 표준정규분포를 따르지만 때때로 분산이 좀 더 큰 정규분포를 따르는 확률변수를 관측한다고 하자. 응용의 예로 대부분의 자료는 정상이나 간혹 이상값(outlier)이 존재하는 경우가 있다. 명확하게 하기 위해 Z가 $N(0, 1)$ 분포를 따른다고 하자. $I_{1-\epsilon}$이 다음과 같이 이산형 확률변수이며 Z와 $I_{1-\epsilon}$이 독립이라고 가정하자.

$$I_{1-\epsilon} = \begin{cases} 1 & \text{확률이 } 1-\epsilon \\ 0 & \text{확률이 } \epsilon \end{cases}$$

$W = ZI_{1-\epsilon} + \sigma_c Z(1 - I_{1-\epsilon})$이라면 W는 관심의 대상인 확률변수이다.

Z와 $I_{1-\epsilon}$의 독립성에 의해 W의 cdf는

$$\begin{aligned} F_W(w) = P[W \le w] &= P[W \le w, I_{1-\epsilon} = 1] + P[W \le w, I_{1-\epsilon} = 0] \\ &= P[W \le w | I_{1-\epsilon} = 1]P[I_{1-\epsilon} = 1] \\ &\quad + P[W \le w | I_{1-\epsilon} = 0]P[I_{1-\epsilon} = 0] \\ &= P[Z \le w](1-\epsilon) + P[Z \le w/\sigma_c]\epsilon \\ &= \Phi(w)(1-\epsilon) + \Phi(w/\sigma_c)\epsilon \end{aligned} \tag{3.4.15}$$

따라서 W의 분포는 정규분포의 혼합임을 알 수 있다. 또한 $W = ZI_{1-\epsilon} + \sigma_c Z(1 - I_{1-\epsilon})$이므로 다음을 얻는다.

$$E(W) = 0, \qquad Var(W) = 1 + \epsilon(\sigma_c^2 - 1) \tag{3.4.16}$$

연습문제 3.4.24를 참조하라. ϕ가 표준정규분포의 pdf일 때 식 (3.4.15)를 미분하여 W의 pdf를 다음과 같이 구할 수 있다.

$$f_W(w) = \phi(w)(1 - \epsilon) + \phi(w/\sigma_c)\frac{\epsilon}{\sigma_c} \tag{3.4.17}$$

일반적으로 관심의 대상인 확률변수가 $b > 0$에 대해 $X = a + bW$라고 하자. 식 (3.4.16)에 의해 X의 평균과 분산은 다음과 같다.

$$E(X) = a, \qquad Var(X) = b^2(1 + \epsilon(\sigma_c^2 - 1)) \tag{3.4.18}$$

식 (3.4.15)에 의해 X의 cdf는

$$F_X(x) = \Phi\left(\frac{x-a}{b}\right)(1 - \epsilon) + \Phi\left(\frac{x-a}{b\sigma_c}\right)\epsilon \tag{3.4.19}$$

이것은 정규 cdf의 혼합이다.

식 (3.4.19)에 근거하여 오염된(contaminated) 정규분포에 대한 확률을 R을 이용하여 쉽게 구할 수 있다. 예를 들어 위에서와 같이 W가 식 (3.4.15)에 주어진 cdf를 갖는다고 하자. 그러면 $P(W \leq w)$는 R 명령어 `(1-eps)*pnorm(w)+eps*pnorm(w/sigc)`로 구할 수 있다. 여기서 `eps`와 `sigc`는 각각 ϵ과 σ_c를 의미한다. 마찬가지로 w에서 W의 pdf는 `(1-eps)*dnorm(w)+eps*dnorm(w/sigc)/sigc`로 구한다. 함수 `pcn`과 `dcn`[7]은 각각 오염된 정규분포의 cdf와 pdf를 계산한다. 3.7절에서 일반적인 혼합분포에 대해 알아볼 것이다.

연습문제

3.4.1 만약 다음과 같다면 $\Phi(-z) = 1 - \Phi(z)$임을 밝혀라.

$$\Phi(z) = \int_{-\infty}^{z} \frac{1}{\sqrt{2\pi}} e^{-w^2/2}\, dw$$

3.4.2 X가 $N(75, 100)$일 때 부록 D의 표 II 또는 R 명령어 `pnorm`을 이용하여 $P(X < 60)$와 $P(70 < X < 100)$를 구하라.

3.4.3 X가 $N(\mu, \sigma^2)$일 때 $P[-b < (X - \mu)/\sigma < b] = 0.90$을 만족하는 b를 부록 D의 표 II 또는 R 명령어 `qnorm`을 이용하여 구하라.

---

7 저자 서문에 제시된 사이트에서 다운로드할 수 있다.

3.4.4 X는 $N(\mu, \sigma^2)$으로 $P(X < 62.8) = 0.90$과 $P(X < 66.5) = 0.95$를 만족한다고 하자. μ와 σ^2을 구하라.

3.4.5 $-\infty < x < \infty$일 때 $f(x) = c3^{-x^2}$이 정규 pdf의 조건을 만족하도록 상수 c를 선택할 수 있음을 밝혀라.

힌트: $3 = e^{\log 3}$으로 표기하라.

3.4.6 X가 $N(\mu, \sigma^2)$일 때 $E(|X - \mu|) = \sigma\sqrt{2/\pi}$임을 밝혀라.

3.4.7 pdf $N(\mu, \sigma^2)$의 그래프가 $x = \mu - \sigma$와 $x = \mu + \sigma$에서 변곡점을 갖는다는 것을 밝혀라.

3.4.8 $\int_2^3 \exp[-3(x - 3)^2]dx$를 계산하라.

3.4.9 $N(60, 25)$인 분포의 90번째 백분위수를 결정하라.

3.4.10 e^{4t+8t^2}이 확률변수 X의 mgf일 때 $P(4 < X < 8)$를 구하라.

3.4.11 확률변수 X의 pdf가 다음과 같다고 하자.

$$f(x) = \begin{cases} \frac{2}{\sqrt{2\pi}}e^{-x^2/2} & 0 < x < \infty \\ 0 & \text{그 외에} \end{cases}$$

(a) X의 평균과 분산을 구하라.

힌트: $E(X)$를 직접 구하고, 이 적분과 $N(0, 1)$인 확률변수의 분산을 나타내는 적분을 비교하여 $E(X^2)$을 계산하라.

(b) X의 cdf와 위험함수를 구하라.

3.4.12 X가 $N(5, 4)$일 때 $P[0.04 < (X - 5)^2 < 38.4]$을 구하라.

3.4.13 X가 $N(1, 4)$일 때 확률 $P(1 < X^2 < 16)$을 구하라.

3.4.14 X가 $N(75, 25)$일 때 X가 77보다 크다는 조건에 대해 X가 80보다 큰 조건부 확률을 구하라. 연습문제 2.3.12를 참조하라.

3.4.15 확률변수 X가 $m = 1, 2, 3, \cdots$일 때 $E(X^{2m}) = (2m)!2^m/m!$과 $E(X^{2m-1}) = 0$을 만족한다고 하자. X의 mgf와 pdf를 구하라.

3.4.16 독립인 확률변수 X_1, X_2, X_3을 각각 $N(0, 1)$, $N(1, 1)$, $N(-1, 1)$이라고 하자. 이 세 변수 중 정확하게 2개가 0보다 작을 확률을 계산하라.

3.4.17 $N(\mu, \sigma^2)$인 분포의 비대칭도와 첨도의 측도를 구하라. 비대칭도와 첨도의 정의는 연습문제 1.9.14와 1.9.15를 참조하라.

3.4.18 확률변수 X가 $N(0, 4)$인 분포를 따른다고 하자.

(a) 확률변수 $Y = X^2$ 또한 정규분포를 따르는가?

(b) 확률변수 $Y = aX + b$(단, a와 b는 0이 아닌 상수)는 정규분포를 따르는가?

힌트: 각 경우에 먼저 $P(Y \leq y)$를 결정하라.

3.4.19 확률변수 X가 $N(\mu, \sigma^2)$이라고 하자. $\sigma^2 = 0$일 때 이 분포는 무엇인가?

힌트: $\sigma^2 > 0$에 대한 X의 mgf를 구하고 $\sigma^2 \to 0$일 때 그 극한을 조사하라.

3.4.20 Y가 $y > a$일 때 $g(y) = \phi(y)/[1 - \Phi(a)]$, 그 외에 $g(y) = 0$인 pdf를 가진 **절단분포**(truncated distribution)를 따른다고 하자. 여기서 $\phi(x)$와 $\Phi(x)$는 각각 표준정규분포의 pdf와 cdf이다. 그러면 $E(Y)$가 $\phi(a)/[1 - \Phi(a)]$와 같음을 밝혀라.

3.4.21 $f(x)$와 $F(x)$는 각각 연속형 분포의 pdf와 cdf로 모든 x에 대해 $f'(x)$가 존재한다고 하자. $-\infty < y < b$일 때 $g(y) = f(y)/F(b)$, 그 외에 $g(y) = 0$인 pdf를 가진 절단분포의 평균이 모든 실수 b에 대해 $-f(b)/F(b)$라고 하자. $f(x)$가 표준정규분포의 pdf임을 증명하라.

3.4.22 X와 Y는 독립인 확률변수로 각각 $N(0, 1)$인 분포를 따르며 $Z = X + Y$라고 하자. Z의 분포함수 $G(z) = P(X + Y \leq z)$를 나타내는 적분을 구하라. Z의 pdf를 결정하라.

힌트: $G(z) = \int_{-\infty}^{\infty} H(x, z)\, dx$이며, 단

$$H(x, z) = \int_{-\infty}^{z-x} \frac{1}{2\pi} \exp[-(x^2 + y^2)/2]\, dy$$

$\int_{-\infty}^{\infty} [\partial H(x, z)/\partial z]\, dx$를 계산하여 $G'(z)$를 구하라.

3.4.23 0에 대해 대칭인, 즉 $f(-x) = f(x)$인 pdf $f(x)$를 가진 확률변수를 X라고 하자. X의 받침에 있는 모든 x에 대해 $F(-x) = 1 - F(x)$임을 밝혀라.

3.4.24 식 (3.4.16)에 주어진 오염된 정규확률변수의 평균과 분산을 구하라.

3.4.25 오염된 정규확률변수와 정규확률변수에 대해 '이상값'의 확률을 조사하려 한다. 구체적으로 다음 각각의 확률변수에서 사건 $\{|X| \geq 2\}$를 관측할 확률을 구하라(오염된 정규분포에 대해서는 R 함수 `pcn`을 사용하라).

(a) X가 표준정규분포를 따른다.

(b) X가 식 (3.4.15)의 cdf를 가진 오염된 정규분포를 따르며 $\epsilon = 0.15$, $\sigma_c = 10$이다.

(c) X가 식 (3.4.15)의 cdf를 가진 오염된 정규분포를 따르며 $\epsilon = 0.15$, $\sigma_c = 20$이다.

(d) X가 식 (3.4.15)의 cdf를 가진 오염된 정규분포를 따르며 $\epsilon = 0.25$, $\sigma_c = 20$이다.

3.4.26 위 연습문제 (a)~(d)에 정의된 각 확률변수의 그래프를 그려라. 또한 4개 pdf의 그래프를 겹쳐서 그려라. R에서는 `seq` 명령어를 이용하여 pdf의 정의역 값을 쉽게 구

할 수 있다. 예를 들면 명령어 `x<-seq(-6,6,.1)`은 -6에서 6 사이의 값을 0.1 구간 단위로 제시한다. 오염된 정규분포의 pdf에는 R 함수 `dcn`을 사용하라.

3.4.27 $-\infty < \alpha < \infty$일 때 다음과 같이 모수 α로 색인된 pdf족을 고려하자.

$$f(x;\alpha) = 2\phi(x)\Phi(\alpha x), \quad -\infty < x < \infty \tag{3.4.20}$$

여기서 $\phi(x)$와 $\Phi(x)$는 각각 표준정규분포의 pdf와 cdf를 나타낸다.

(a) 모든 x에 대해 $f(x;\alpha) > 0$임은 분명하다. 이 pdf를 $(-\infty, \infty)$에서 적분하면 1이 됨을 밝혀라.

힌트: 다음 식을 먼저 밝혀라.

$$\int_{-\infty}^{\infty} f(x;\alpha)\,dx = 2\int_{-\infty}^{\infty} \phi(x) \int_{-\infty}^{\alpha x} \phi(t)\,dt$$

그리고 적분 영역을 스케치한 다음 피적분함수를 결합하고 식 (3.4.1) 이후에 사용했던 극좌표 변환을 사용하라.

(b) $\alpha = 0$이면 $f(x;\alpha)$는 $N(0, 1)$임을 주목하자. pdf는 $\alpha < 0$인 경우 왼쪽으로 치우치고, $\alpha > 0$인 경우 오른쪽으로 치우친다. R을 이용하여 $\alpha = -3, -2, -1, 1, 2, 3$에 대해 pdf를 그려서 이를 확인하라. $\alpha = -3$인 코드는 다음과 같다.

```
x=seq(-5,5,.01); alp =-3; y=2*dnorm(x)*pnorm(alp*x);plot(y~x)
```

이 pdf족을 **왜정규족**(skewed normal family)이라고 한다. Azzalini(1985)를 참조하라.

3.4.28 $N(0, 1)$을 따르는 Z에 대해 다음을 밝힐 수 있다.

$$E[\Phi(hZ+k)] = \Phi[k/\sqrt{1+h^2}]$$

Azzalini(1985)를 참조하라. 이를 사용하여 식 (3.4.20)의 pdf에 대한 mgf를 구하라. 그런 다음 이 pdf의 평균을 구하라.

3.4.29 X_1과 X_2가 각각 정규분포 $N(8, 1)$, $N(7, 1)$을 따르는 독립인 확률변수라고 하자. $P(X_1 > X_2)$를 구하라.

힌트: $P(X_1 > X_2) = P(X_1 - X_2 > 0)$이라 하고 $X_1 - X_2$의 분포를 구하라.

3.4.30 X_1, X_2, X_3이 공통 분포 $N(1, 4)$를 따르는 iid인 경우 $P(2X_1 + X_2 - 2X_3 > 13)$을 계산하라.

3.4.31 어떤 작업이 연속된 세 단계를 거쳐서 완성된다. 각 단계의 작업에 소요되는 시간의 평균과 표준편차는 (분 단위로) 다음과 같다.

단계	평균	표준편차
1	17	2
2	13	1
3	13	2

단계별로 독립이고 정규분포를 따른다고 할 때 이 작업을 완성하는 데 소요되는 시간이 46분 이하일 확률을 계산하라.

3.4.32 X가 $N(0, 1)$이라고 하자. mgf 기법을 이용하여 $Y = X^2$이 $\chi^2(1)$ 분포임을 밝혀라.
힌트: $E(e^{tX^2})$을 계산하는 적분에서 $w = x\sqrt{1-2t}(t < 1/2)$라 하여 계산하라.

3.4.33 X_1과 X_2가 공통인 표준정규분포를 따르는 iid라고 하자. $Y_1 = X_1^2 + X_2^2$과 $Y_2 = X_2$의 결합 pdf와 Y_1의 주변 pdf를 구하라.
힌트: Y_1과 Y_2의 공간은 $-\sqrt{y_1} < y_2 < \sqrt{y_1}$, $0 < y_1 < \infty$로 주어진다.

3.5 다변량 정규분포

이 절에서는 다변량 정규분포를 알아본다. 먼저 이변량 정규분포를 소개한 다음 3.5.2절에서 대부분의 증명을 다룰 것이다.

3.5.1 이변량 정규분포

pdf가 다음과 같이 주어지면 (X, Y)가 **이변량 정규분포**(bivariate normal distribution)를 따른다고 말한다.

$$f(x,y) = \frac{1}{2\pi\sigma_1\sigma_2\sqrt{1-\rho^2}}e^{-q/2}, \quad -\infty < x < \infty, \quad -\infty < y < \infty \tag{3.5.1}$$

여기서

$$q = \frac{1}{1-\rho^2}\left[\left(\frac{x-\mu_1}{\sigma_1}\right)^2 - 2\rho\left(\frac{x-\mu_1}{\sigma_1}\right)\left(\frac{y-\mu_2}{\sigma_2}\right) + \left(\frac{y-\mu_2}{\sigma_2}\right)^2\right] \tag{3.5.2}$$

그리고 $i = 1, 2$에 대해 $-\infty < \mu_i < \infty$이고 $\sigma_i > 0$이며, ρ는 $\rho^2 < 1$을 만족한다. 명백히 이 함수는 R^2 공간 내의 모든 점에서 양수이다. 3.5.2절에서 보듯이 이 함수는 pdf이고 mgf는 다음과 같다.

$$M_{(X,Y)}(t_1, t_2) = \exp\left\{t_1\mu_1 + t_2\mu_2 + \frac{1}{2}(t_1^2\sigma_1^2 + 2t_1t_2\rho\sigma_1\sigma_2 + t_2^2\sigma_2^2)\right\} \tag{3.5.3}$$

그러므로 X의 mgf는 다음과 같다.

$$M_X(t_1) = M_{(X,Y)}(t_1, 0) = \exp\left\{t_1\mu_1 + \frac{1}{2}t_1^2\sigma_1^2\right\}$$

따라서 X는 $N(\mu_1, \sigma_1^2)$ 분포를 갖는다. 마찬가지로 Y는 $N(\mu_2, \sigma_2^2)$ 분포를 갖는다. 그래서 μ_1과 μ_2는 각각 X와 Y의 평균이고 σ_1^2과 σ_2^2은 각각 X와 Y의 분산이다. 연습문제 3.5.3에서는 모수 ρ에 대해 다음이 성립함을 밝힌다.

$$E(XY) = \frac{\partial^2 M_{(X,Y)}}{\partial t_1 \partial t_2}(0, 0) = \rho\sigma_1\sigma_2 + \mu_1\mu_2 \tag{3.5.4}$$

따라서 $Cov(X, Y) = \rho\sigma_1\sigma_2$이므로 표기에서 알 수 있듯이 ρ는 X와 Y 사이의 상관계수이다. 정리 2.5.2에 의해 X와 Y가 독립적이면 $\rho = 0$임을 알고 있다. 또한 식 (3.5.3)에서 $\rho = 0$이면 (X, Y)의 결합 mgf는 주변 mgf의 곱으로 인수분해가 되고, 따라서 X와 Y는 독립인 확률변수이다. (X, Y)가 이변량 정규분포를 가지면 X와 Y는 상관관계가 없는 경우에 한하여 독립이다.

식 (3.5.1)의 이변량 정규 pdf는 R^2 공간 위에서 언덕 모양이고 (μ_1, μ_2)에서 최고점을 갖는다. 연습문제 3.5.4를 참조하라. 주어진 $c > 0$에 대해 동일한 확률(또는 밀도)의 점은 $\{(x, y) : f(x, y) = c\}$로 주어진다. 대수학에서 이러한 집합은 타원형이 된다. 일반적으로 다변량 분포의 경우 이러한 집합을 pdf의 **등고선**(contour)이라고 한다. 따라서 이변량 정규분포의 등고선은 타원형이다. X와 Y가 독립인 경우 이러한 등고선은 원형이다. 관심 있는 독자는 타원의 기하학을 이해

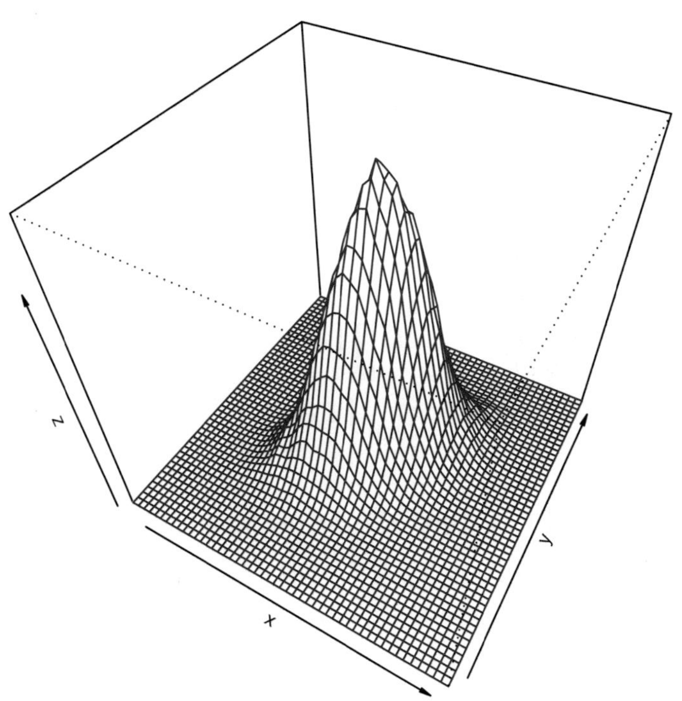

그림 3.5.1 평균이 (0, 0)이고 $\sigma_1 = \sigma_2 = 1$, $\rho = 0.5$인 이변량 정규분포 표면의 대략적인 모양

할 수 있도록 다변량 통계에 관한 책을 참고하기 바란다. 예를 들어 $\sigma_1 = \sigma_2$이고 $\rho > 0$이면 타원의 주축은 45° 각도에서 평균을 통과한다. 이해를 위해 Johnson과 Wichern(2008)을 참조하라.

그림 3.5.1은 $(\mu_1, \mu_2) = (0, 0)$, $\sigma_1 = \sigma_2 = 1$, $\rho = 0.5$인 이변량 정규 pdf의 3차원 그림을 보여준다. 최고점의 위치는 $(\mu_1, \mu_2) = (0, 0)$이므로 타원형의 등고선을 확인하고 주축의 위치를 찾을 수 있다. 평면에 있는 영역 A에 대해 $P[(X, Y) \in A]$는 A상에서 표면의 아래 부피이다. 일반적으로 이러한 확률은 수치적분 방법으로 계산된다.

다음 절에서는 일반적인 다변량 사례로 논의를 확장한다. 그러나 참고 3.5.1에서는 이변량 사례로 되돌아오는데, 이는 벡터와 행렬에 관한 지식이 조금만 있어도 이해할 수 있다.

3.5.2 일반적인 경우의 다변량 정규분포*

이 절에서는 이변량 정규분포를 n차원 다변량 정규분포로 일반화한다. 3.4절에서와 같이 정규분포에서 분포의 유도는 처음에 표준정규분포에 대한 논의로 단순화한 다음 일반적인 경우로 확장한다. 또한 벡터와 행렬 기호를 이용한다.

$Z_1, Z_2, \cdots, Z_n$이 iid $N(0, 1)$인 확률변수일 때 확률벡터 $\mathbf{Z} = (Z_1, Z_2, \cdots, Z_n)'$에 대해 생각해 보자. $\mathbf{Z}$의 밀도함수는 $\mathbf{z} \in R^n$에 대해

$$\begin{aligned} f_{\mathbf{Z}}(\mathbf{z}) &= \prod_{i=1}^{n} \frac{1}{\sqrt{2\pi}} \exp\left\{-\frac{1}{2}z_i^2\right\} = \left(\frac{1}{2\pi}\right)^{n/2} \exp\left\{-\frac{1}{2}\sum_{i=1}^{n} z_i^2\right\} \\ &= \left(\frac{1}{2\pi}\right)^{n/2} \exp\left\{-\frac{1}{2}\mathbf{z}'\mathbf{z}\right\} \end{aligned} \tag{3.5.5}$$

Z_i가 평균 0, 분산 1이고 무상관(uncorrelated)이므로 $\mathbf{Z}$의 평균과 공분산 행렬은 다음과 같다.

$$E[\mathbf{Z}] = \mathbf{0}, \qquad Cov[\mathbf{Z}] = \mathbf{I}_n \tag{3.5.6}$$

여기서 $\mathbf{I}_n$은 n차원의 단위행렬을 의미한다. Z_i의 mgf는 $\exp\{t_i^2/2\}$이다. 따라서 Z_i가 독립이므로 $\mathbf{Z}$의 mgf는 모든 $\mathbf{t} \in R^n$에 대해

$$\begin{aligned} M_{\mathbf{Z}}(\mathbf{t}) = E[\exp\{\mathbf{t}'\mathbf{Z}\}] &= E\left[\prod_{i=1}^{n} \exp\{t_i Z_i\}\right] = \prod_{i=1}^{n} E[\exp\{t_i Z_i\}] \\ &= \exp\left\{\frac{1}{2}\sum_{i=1}^{n} t_i^2\right\} = \exp\left\{\frac{1}{2}\mathbf{t}'\mathbf{t}\right\} \end{aligned} \tag{3.5.7}$$

$\mathbf{Z}$는 평균벡터 $\mathbf{0}$, 공분산 행렬 $\mathbf{I}_n$인 **다변량 정규분포**(multivariate normal distribution)를 따른다고 말한다. 이를 간략하게 $\mathbf{Z}$는 $N_n(\mathbf{0}, \mathbf{I}_n)$ 분포를 따른다고 한다.

일반적인 경우에 $\mathbf{\Sigma}$가 대칭이며 양반정치(positive semi-definite, psd)인 $n \times n$ 행렬이라고 하자. 선형대수에 의해 $\mathbf{\Sigma}$는 항상 다음과 같이 분해할 수 있다.

$$\mathbf{\Sigma} = \mathbf{\Gamma}'\mathbf{\Lambda}\mathbf{\Gamma} \tag{3.5.8}$$

여기서 $\mathbf{\Lambda}$는 $\lambda_1 \geq \lambda_2 \geq \cdots \geq \lambda_n \geq 0$이 $\mathbf{\Sigma}$의 고윳값일 때 $\mathbf{\Lambda} = \text{diag}(\lambda_1, \lambda_2, \cdots, \lambda_n)$인 대각행렬이고, $\mathbf{\Gamma}'$의 열 $\mathbf{v}_1, \mathbf{v}_2, \cdots, \mathbf{v}_n$은 이에 대응하는 고유벡터이다. 이러한 분해를 $\mathbf{\Sigma}$의 **스펙트럼 분해**(spectral decomposition)라고 한다. 행렬 $\mathbf{\Gamma}$는 직교, 즉 $\mathbf{\Gamma}^{-1} = \mathbf{\Gamma}'$이며, 따라서 $\mathbf{\Gamma}\mathbf{\Gamma}' = \mathbf{I}$이다. 연습문제 3.5.19에서처럼 스펙트럼 분해는 다음과 같은 또 다른 형식으로 표현할 수 있다.

$$\mathbf{\Sigma} = \mathbf{\Gamma}'\mathbf{\Lambda}\mathbf{\Gamma} = \sum_{i=1}^{n} \lambda_i \mathbf{v}_i \mathbf{v}_i' \tag{3.5.9}$$

λ_i가 음이 아니므로 대각행렬 $\mathbf{\Lambda}^{1/2} = \text{diag}\{\sqrt{\lambda_1}, \cdots, \sqrt{\lambda_n}\}$으로 정의할 수 있다. $\mathbf{\Gamma}$의 직교성에 의해

$$\mathbf{\Sigma} = [\mathbf{\Gamma}'\mathbf{\Lambda}^{1/2}\mathbf{\Gamma}][\mathbf{\Gamma}'\mathbf{\Lambda}^{1/2}\mathbf{\Gamma}]$$

괄호 안의 행렬곱을 psd 행렬 $\mathbf{\Sigma}$의 **제곱근**(square root)으로 정의하고 다음과 같이 나타낸다.

$$\mathbf{\Sigma}^{1/2} = \mathbf{\Gamma}'\mathbf{\Lambda}^{1/2}\mathbf{\Gamma} \tag{3.5.10}$$

$\mathbf{\Sigma}^{1/2}$이 대칭이고 psd임을 참고하라. $\mathbf{\Sigma}$가 양정치(pd), 즉 그것의 모든 고윳값이 양수라면 다음을 쉽게 밝힐 수 있다.

$$\left(\mathbf{\Sigma}^{1/2}\right)^{-1} = \mathbf{\Gamma}'\mathbf{\Lambda}^{-1/2}\mathbf{\Gamma} \tag{3.5.11}$$

연습문제 3.5.13을 참조하라. 위 식의 왼쪽을 $\mathbf{\Sigma}^{-1/2}$로 쓴다. 이 행렬은 숫자에 대한 지수법칙(law of exponent)의 여러 추가적인 성질을 갖는다. 예를 들면 Arnold(1981)를 보라. 그러나 여기서는 위에 주어진 성질만 필요로 한다.

$\mathbf{Z}$가 $N_n(\mathbf{0}, \mathbf{I}_n)$ 분포를 따른다고 가정하자. $\mathbf{\Sigma}$가 psd이고 대칭인 행렬이며, $\boldsymbol{\mu}$가 상수의 $n \times 1$ 벡터라고 하자. 확률벡터 $\mathbf{X}$를 다음과 같이 정의한다.

$$\mathbf{X} = \mathbf{\Sigma}^{1/2}\mathbf{Z} + \boldsymbol{\mu} \tag{3.5.12}$$

식 (3.5.6)과 정리 2.6.3에 의해 다음을 바로 구할 수 있다.

$$E[\mathbf{X}] = \boldsymbol{\mu}, \qquad \text{Cov}[\mathbf{X}] = \mathbf{\Sigma}^{1/2}\mathbf{\Sigma}^{1/2} = \mathbf{\Sigma} \tag{3.5.13}$$

또한 $\mathbf{X}$의 mgf는

$$\begin{aligned} M_{\mathbf{X}}(\mathbf{t}) = E\left[\exp\{\mathbf{t}'\mathbf{X}\}\right] &= E\left[\exp\{\mathbf{t}'\mathbf{\Sigma}^{1/2}\mathbf{Z} + \mathbf{t}'\boldsymbol{\mu}\}\right] \\ &= \exp\{\mathbf{t}'\boldsymbol{\mu}\} E\left[\exp\left\{\left(\mathbf{\Sigma}^{1/2}\mathbf{t}\right)'\mathbf{Z}\right\}\right] \\ &= \exp\{\mathbf{t}'\boldsymbol{\mu}\} \exp\left\{(1/2)\left(\mathbf{\Sigma}^{1/2}\mathbf{t}\right)'\mathbf{\Sigma}^{1/2}\mathbf{t}\right\} \\ &= \exp\{\mathbf{t}'\boldsymbol{\mu}\} \exp\{(1/2)\mathbf{t}'\mathbf{\Sigma}\mathbf{t}\} \end{aligned} \tag{3.5.14}$$

이것에 의해 다음 정의가 도출된다.

정의 3.5.1 [다변량 정규]

n차원 확률벡터 $\mathbf{X}$는 모든 $\mathbf{t} \in R^n$에 대해 mgf가 다음과 같이 계산되면 **다변량 정규분포**를 따른다고 한다.

$$M_{\mathbf{X}}(\mathbf{t}) = \exp\{\mathbf{t}'\boldsymbol{\mu} + (1/2)\mathbf{t}'\boldsymbol{\Sigma}\mathbf{t}\} \tag{3.5.15}$$

여기서 $\boldsymbol{\Sigma}$는 대칭인 psd 행렬이고 $\boldsymbol{\mu} \in R^n$이다. 위의 다변량 정규분포를 간략하게 $\mathbf{X}$는 $N_n(\boldsymbol{\mu}, \boldsymbol{\Sigma})$ 분포를 따른다고 한다.

정의는 psd 행렬 $\boldsymbol{\Sigma}$에 대한 것임을 참고하라. 그러나 일반적으로 $\boldsymbol{\Sigma}$는 pd이며, 이 경우에는 $\mathbf{X}$의 밀도함수를 구할 수 있다. 만약 $\boldsymbol{\Sigma}$가 pd이면 $\boldsymbol{\Sigma}^{1/2}$도 pd이며, 위에서 설명했듯이 이것의 역행렬은 식 (3.5.11)에 주어져 있다. 따라서 식 (3.5.12)의 $\mathbf{X}$와 $\mathbf{Z}$ 사이 변환은 일대일이고, 역변환은 다음과 같으며,

$$\mathbf{Z} = \boldsymbol{\Sigma}^{-1/2}(\mathbf{X} - \boldsymbol{\mu})$$

야코비안은 $|\boldsymbol{\Sigma}^{-1/2}| = |\boldsymbol{\Sigma}|^{-1/2}$이다. 따라서 X의 pdf는

$$f_{\mathbf{X}}(\mathbf{x}) = \frac{1}{(2\pi)^{n/2}|\boldsymbol{\Sigma}|^{1/2}} \exp\left\{-\frac{1}{2}(\mathbf{x} - \boldsymbol{\mu})'\boldsymbol{\Sigma}^{-1}(\mathbf{x} - \boldsymbol{\mu})\right\}, \quad \mathbf{x} \in R^n \tag{3.5.16}$$

3.5.1절에서 이변량 정규분포의 등고선에 대해 설명했다. 이제 그것을 일반적인 경우로 확장하여 등고선에 확률을 추가한다. $\mathbf{X}$가 $N_n(\boldsymbol{\mu}, \boldsymbol{\Sigma})$ 분포를 따른다고 하자. n차원의 경우 $c > 0$에 대해 식 (3.5.16)에 있는 $\mathbf{X}$의 pdf에 대한 일정한 확률의 등고선은 다음의 타원체이다.

$$(\mathbf{x} - \boldsymbol{\mu})'\boldsymbol{\Sigma}^{-1}(\mathbf{x} - \boldsymbol{\mu}) = c^2$$

확률변수 $Y = (\mathbf{X} - \boldsymbol{\mu})'\boldsymbol{\Sigma}^{-1}(\mathbf{X} - \boldsymbol{\mu})$를 정의하면 식 (3.5.12)를 사용하여 다음과 같이 계산할 수 있다.

$$Y = \mathbf{Z}'\boldsymbol{\Sigma}^{1/2}\boldsymbol{\Sigma}^{-1}\boldsymbol{\Sigma}^{1/2}\mathbf{Z} = \mathbf{Z}'\mathbf{Z} = \sum_{i=1}^{n} Z_i^2$$

$Z_1, Z_2, \cdots, Z_n$은 iid $N(0, 1)$이므로 Y는 자유도가 n인 χ^2-분포를 갖는다. $F_{\chi^2_n}$에 의해 Y의 cdf를 나타내면 다음을 얻는다.

$$P[(\mathbf{X} - \boldsymbol{\mu})'\boldsymbol{\Sigma}^{-1}(\mathbf{X} - \boldsymbol{\mu}) \le c^2] = P(Y \le c^2) = F_{\chi^2_n}(c^2) \tag{3.5.17}$$

이러한 확률은 종종 등고선 그림에서 꼬리표를 지정하는 데 사용된다. 연습문제 3.5.5를 참조하라. 참고로 위의 증명을 다음 정리로 요약했다. 이 정리는 정리 3.4.1에 주어진 일변량 결과의 일반화라는 점을 주목하라.

정리 3.5.1

$\mathbf{\Sigma}$가 pd일 때 $\mathbf{X}$가 $N_n(\boldsymbol{\mu}, \mathbf{\Sigma})$ 분포를 따른다고 하자. 그러면 확률변수 $Y = (\mathbf{X} - \boldsymbol{\mu})'\mathbf{\Sigma}^{-1}(\mathbf{X} - \boldsymbol{\mu})$는 $\chi^2(n)$ 분포를 따른다.

다음 두 정리는 매우 유용하다. 정리 3.5.2는 다변량 정규확률벡터의 선형변환이 다변량 정규분포를 따른다는 것을 뜻한다.

정리 3.5.2

$\mathbf{X}$가 $N_n(\boldsymbol{\mu}, \mathbf{\Sigma})$ 분포를 따른다고 하자. $\mathbf{A}$가 $m \times n$ 행렬이고 $\mathbf{b} \in R^m$일 때 $\mathbf{Y} = \mathbf{AX} + \mathbf{b}$라고 하면 $\mathbf{Y}$는 $N_m(\mathbf{A}\boldsymbol{\mu} + \mathbf{b}, \mathbf{A\Sigma A}')$ 분포를 따른다.

증명: 식 (3.5.15)로부터 $\mathbf{t} \in R^m$에 대해 $\mathbf{Y}$의 mgf는 다음과 같으며,

$$\begin{aligned} M_{\mathbf{Y}}(\mathbf{t}) &= E\left[\exp\left\{\mathbf{t}'\mathbf{Y}\right\}\right] \\ &= E\left[\exp\left\{\mathbf{t}'(\mathbf{AX} + \mathbf{b})\right\}\right] \\ &= \exp\left\{\mathbf{t}'\mathbf{b}\right\} E\left[\exp\left\{(\mathbf{A}'\mathbf{t})'\mathbf{X}\right\}\right] \\ &= \exp\left\{\mathbf{t}'\mathbf{b}\right\} \exp\left\{(\mathbf{A}'\mathbf{t})'\boldsymbol{\mu} + (1/2)(\mathbf{A}'\mathbf{t})'\mathbf{\Sigma}(\mathbf{A}'\mathbf{t})\right\} \\ &= \exp\left\{\mathbf{t}'(\mathbf{A}\boldsymbol{\mu} + \mathbf{b}) + (1/2)\mathbf{t}'\mathbf{A\Sigma A}'\mathbf{t}\right\} \end{aligned}$$

이것은 $N_m(\mathbf{A}\boldsymbol{\mu} + \mathbf{b}, \mathbf{A\Sigma A}')$ 분포의 mgf이다.

이 정리에 대한 간단한 따름정리로 다변량 확률변수에서의 주변분포를 구할 수 있다. $\mathbf{X}_1$이 차원 $m < n$인 $\mathbf{X}$의 부분벡터라고 하자. 평균과 상관계수는 언제든지 재정리할 수 있으므로 일반성을 잃지 않으면서 $\mathbf{X}$를 다음과 같이 나타낼 수 있다.

$$\mathbf{X} = \begin{bmatrix} \mathbf{X}_1 \\ \mathbf{X}_2 \end{bmatrix} \tag{3.5.18}$$

여기서 $\mathbf{X}_2$는 차원 $p = n - m$이다. 동일한 방법으로 $\mathbf{X}$의 평균과 공분산 행렬을 분할한다. 즉 식 (3.5.18)에서와 동일한 차원으로 다음과 같이 분할한다.

$$\boldsymbol{\mu} = \begin{bmatrix} \boldsymbol{\mu}_1 \\ \boldsymbol{\mu}_2 \end{bmatrix}, \qquad \mathbf{\Sigma} = \begin{bmatrix} \mathbf{\Sigma}_{11} & \mathbf{\Sigma}_{12} \\ \mathbf{\Sigma}_{21} & \mathbf{\Sigma}_{22} \end{bmatrix} \tag{3.5.19}$$

예를 들면 $\mathbf{\Sigma}_{11}$은 $\mathbf{X}_1$의 공분산 행렬이고, $\mathbf{\Sigma}_{12}$는 $\mathbf{X}_1$과 $\mathbf{X}_2$의 성분들 사이 모든 공분산을 포함한다. $\mathbf{O}_{mp}$가 0으로 이루어진 $m \times p$ 행렬일 때 $\mathbf{A}$를 다음 행렬로 정의하자.

$$\mathbf{A} = [\mathbf{I}_m \vdots \mathbf{O}_{mp}]$$

그러면 $\mathbf{X}_1 = \mathbf{AX}$이다. 이 변환에 정리 3.5.2를 적용하고 어떤 행렬 대수에 의해 다음 따름정리를 얻게 된다.

따름정리 3.5.1

$\mathbf{X}$가 $N_n(\boldsymbol{\mu}, \boldsymbol{\Sigma})$ 분포를 따르며 식 (3.5.18)과 (3.5.19)에서와 같이 분할된다고 하자. 그러면 $\mathbf{X}_1$은 $N_m(\boldsymbol{\mu}_1, \boldsymbol{\Sigma}_{11})$ 분포를 따른다.

이 따름정리는 $\mathbf{X}$의 모든 주변분포도 정규분포이며, 또한 그 평균과 공분산 행렬이 이 부분벡터와 결합되어 있음을 보여주는 것으로 유용한 결과이다.

2.5절의 정리 2.5.2에서 두 확률변수가 독립이면 공분산이 0임을 상기하라. 일반적으로 그 역은 성립하지 않는다. 그러나 다음 정리에서 보듯이 다변량 정규분포에서는 성립한다.

정리 3.5.3

$\mathbf{X}$가 $N_n(\boldsymbol{\mu}, \boldsymbol{\Sigma})$ 분포를 따르며 식 (3.5.18)과 (3.5.19)에서와 같이 분할된다고 하자. $\mathbf{X}_1$과 $\mathbf{X}_2$는 $\boldsymbol{\Sigma}_{12} = \mathbf{O}$인 경우에 한하여 독립이다.

증명: 우선 $\boldsymbol{\Sigma}_{21} = \boldsymbol{\Sigma}'_{12}$임을 주목하라. $\mathbf{X}_1$과 $\mathbf{X}_2$의 결합 mgf는 $\mathbf{t}' = (\mathbf{t}'_1, \mathbf{t}'_2)$이 $\boldsymbol{\mu}$와 동일하게 분할되었다고 할 때 다음과 같다.

$$\begin{aligned} &M_{\mathbf{X}_1,\mathbf{X}_2}(\mathbf{t}_1, \mathbf{t}_2) \\ &= \exp\left\{\mathbf{t}'_1\boldsymbol{\mu}_1 + \mathbf{t}'_2\boldsymbol{\mu}_2 + \frac{1}{2}(\mathbf{t}'_1\boldsymbol{\Sigma}_{11}\mathbf{t}_1 + \mathbf{t}'_2\boldsymbol{\Sigma}_{22}\mathbf{t}_2 + \mathbf{t}'_2\boldsymbol{\Sigma}_{21}\mathbf{t}_1 + \mathbf{t}'_1\boldsymbol{\Sigma}_{12}\mathbf{t}_2)\right\} \end{aligned} \quad (3.5.20)$$

따름정리 3.5.1에 의해 $\mathbf{X}_1$은 $N_m(\boldsymbol{\mu}_1, \boldsymbol{\Sigma}_{11})$ 분포를 따르고 $\mathbf{X}_2$는 $N_p(\boldsymbol{\mu}_2, \boldsymbol{\Sigma}_{22})$ 분포를 따른다. 따라서 그 주변 mgf의 곱은

$$M_{\mathbf{X}_1}(\mathbf{t}_1)M_{\mathbf{X}_2}(\mathbf{t}_2) = \exp\left\{\mathbf{t}'_1\boldsymbol{\mu}_1 + \mathbf{t}'_2\boldsymbol{\mu}_2 + \frac{1}{2}(\mathbf{t}'_1\boldsymbol{\Sigma}_{11}\mathbf{t}_1 + \mathbf{t}'_2\boldsymbol{\Sigma}_{22}\mathbf{t}_2)\right\} \quad (3.5.21)$$

2.6절의 식 (2.6.6)에 의해 $\mathbf{X}_1$과 $\mathbf{X}_2$는 식 (3.5.20)과 (3.5.21)이 동일한 경우에 한하여 독립이다. 만약 $\boldsymbol{\Sigma}_{12} = \mathbf{O}'$이고 따라서 $\boldsymbol{\Sigma}_{21} = \mathbf{O}$이면 두 식은 동일하며 $\mathbf{X}_1$과 $\mathbf{X}_2$는 독립이다. $\mathbf{X}_1$과 $\mathbf{X}_2$가 독립이면 그 성분들 사이의 공분산은 모두 0이다. 즉 $\boldsymbol{\Sigma}_{12} = \mathbf{O}'$이고 $\boldsymbol{\Sigma}_{21} = \mathbf{O}$이다.

따름정리 3.5.1에서 다변량 정규분포의 주변분포 자체가 정규분포임을 밝혔는데 이것은 조건부 분포의 경우에도 성립한다. 다음 증명이 보여주듯이 정리 3.5.2와 3.5.3을 결합하여 정리 3.5.4를 이끌어낼 수 있다.

정리 3.5.4

$\mathbf{X}$가 $N_n(\boldsymbol{\mu}, \boldsymbol{\Sigma})$ 분포를 따르며 식 (3.5.18)과 (3.5.19)에서와 같이 분할된다고 하자. $\boldsymbol{\Sigma}$가 pd라고 가정하면 $\mathbf{X}_1|\mathbf{X}_2$의 조건부 분포는 다음과 같다.

$$N_m(\boldsymbol{\mu}_1 + \boldsymbol{\Sigma}_{12}\boldsymbol{\Sigma}_{22}^{-1}(\mathbf{X}_2 - \boldsymbol{\mu}_2), \boldsymbol{\Sigma}_{11} - \boldsymbol{\Sigma}_{12}\boldsymbol{\Sigma}_{22}^{-1}\boldsymbol{\Sigma}_{21}) \tag{3.5.22}$$

증명: 우선 확률벡터 $\mathbf{W} = \mathbf{X}_1 - \boldsymbol{\Sigma}_{12}\boldsymbol{\Sigma}_{22}^{-1}\mathbf{X}_2$와 $\mathbf{X}_2$의 결합분포를 생각하자. 이 분포는 다음 변환을 이용하여 구한다.

$$\begin{bmatrix} \mathbf{W} \\ \mathbf{X}_2 \end{bmatrix} = \begin{bmatrix} \mathbf{I}_m & -\boldsymbol{\Sigma}_{12}\boldsymbol{\Sigma}_{22}^{-1} \\ \mathbf{O} & \mathbf{I}_p \end{bmatrix} \begin{bmatrix} \mathbf{X}_1 \\ \mathbf{X}_2 \end{bmatrix}$$

이것은 선형변환이므로 정리 3.5.2에 의해 결합분포 $E[\mathbf{W}] = \boldsymbol{\mu}_1 - \boldsymbol{\Sigma}_{12}\boldsymbol{\Sigma}_{22}^{-1}\boldsymbol{\mu}_2$, $E[\mathbf{X}_2] = \boldsymbol{\mu}_2$와 다음 공분산 행렬을 가진 다변량 정규분포이다.

$$\begin{bmatrix} \mathbf{I}_m & -\boldsymbol{\Sigma}_{12}\boldsymbol{\Sigma}_{22}^{-1} \\ \mathbf{O} & \mathbf{I}_p \end{bmatrix} \begin{bmatrix} \boldsymbol{\Sigma}_{11} & \boldsymbol{\Sigma}_{12} \\ \boldsymbol{\Sigma}_{21} & \boldsymbol{\Sigma}_{22} \end{bmatrix} \begin{bmatrix} \mathbf{I}_m & \mathbf{O}' \\ -\boldsymbol{\Sigma}_{22}^{-1}\boldsymbol{\Sigma}_{21} & \mathbf{I}_p \end{bmatrix}$$
$$= \begin{bmatrix} \boldsymbol{\Sigma}_{11} - \boldsymbol{\Sigma}_{12}\boldsymbol{\Sigma}_{22}^{-1}\boldsymbol{\Sigma}_{21} & \mathbf{O}' \\ \mathbf{O} & \boldsymbol{\Sigma}_{22} \end{bmatrix}$$

따라서 정리 3.5.3에 의해 확률벡터 $\mathbf{W}$와 $\mathbf{X}_2$는 독립이다. 그러므로 $\mathbf{W}|\mathbf{X}_2$의 조건부 분포는 $\mathbf{W}$의 주변분포와 동일하다. 즉

$$\mathbf{W}|\mathbf{X}_2\text{는 } N_m(\boldsymbol{\mu}_1 - \boldsymbol{\Sigma}_{12}\boldsymbol{\Sigma}_{22}^{-1}\boldsymbol{\mu}_2, \boldsymbol{\Sigma}_{11} - \boldsymbol{\Sigma}_{12}\boldsymbol{\Sigma}_{22}^{-1}\boldsymbol{\Sigma}_{21})\text{이다.}$$

또한 독립성에 의해 $\mathbf{X}_2$가 주어졌을 때 $\mathbf{W} + \boldsymbol{\Sigma}_{12}\boldsymbol{\Sigma}_{22}^{-1}\mathbf{X}_2$는 다음 분포를 따르며, 이는 원하는 결과이다.

$$N_m(\boldsymbol{\mu}_1 - \boldsymbol{\Sigma}_{12}\boldsymbol{\Sigma}_{22}^{-1}\boldsymbol{\mu}_2 + \boldsymbol{\Sigma}_{12}\boldsymbol{\Sigma}_{22}^{-1}\mathbf{X}_2, \boldsymbol{\Sigma}_{11} - \boldsymbol{\Sigma}_{12}\boldsymbol{\Sigma}_{22}^{-1}\boldsymbol{\Sigma}_{21}) \tag{3.5.23}$$

다음 참고에서는 위의 일반적인 표기법을 사용하여 이변량 정규분포의 경우를 다룬다.

참고 3.5.1 [이변량 정규분포의 연속]

(X, Y)가 $N_2(\boldsymbol{\mu}, \boldsymbol{\Sigma})$ 분포를 따르며 $\boldsymbol{\mu}$와 $\boldsymbol{\Sigma}$는 다음과 같다고 하자.

$$\boldsymbol{\mu} = \begin{bmatrix} \mu_1 \\ \mu_2 \end{bmatrix}, \quad \boldsymbol{\Sigma} = \begin{bmatrix} \sigma_1^2 & \sigma_{12} \\ \sigma_{12} & \sigma_2^2 \end{bmatrix} \tag{3.5.24}$$

$\boldsymbol{\Sigma}$에서 σ_{12}를 $\rho\sigma_1\sigma_2$로 대체하면 $\boldsymbol{\Sigma}$의 판별식이 $\sigma_1^2\sigma_2^2(1 - \rho^2)$임을 쉽게 알 수 있다. $\rho^2 \le 1$을 상기하라. 이 참고의 나머지 부분에서는 $\rho^2 < 1$이라고 가정한다. 이 경우 $\boldsymbol{\Sigma}$는 가역(invertible)이고 양정치이기도 하다. 또한 $\boldsymbol{\Sigma}$는 2×2 행렬이므로 다음과 같이 역행렬을 쉽게 구할 수 있다.

$$\boldsymbol{\Sigma}^{-1} = \frac{1}{\sigma_1^2\sigma_2^2(1 - \rho^2)} \begin{bmatrix} \sigma_2^2 & -\rho\sigma_1\sigma_2 \\ -\rho\sigma_1\sigma_2 & \sigma_1^2 \end{bmatrix} \tag{3.5.25}$$

이것은 식 (3.5.1)의 이변량 정규 pdf 표기와 동일하고, 식 (3.5.16)에서 $n = 2$인 일반적인 다변량 정규분포의 pdf 표기와 동일하다는 것을 보여준다.

이변량 사례에 대해 식 (3.5.22)의 조건부 정규분포를 단순화하기 위해 3.5.1절의 이변량 정규분포를 다시 생각해보자. 이번에는 반대로 $Y = X_1$, $X = X_2$라고 하면 식 (3.5.22)는 $X = x$가 주어졌을 때 Y의 조건부 분포가 다음과 같음을 보여준다.

$$N\left[\mu_2 + \rho\frac{\sigma_2}{\sigma_1}(x - \mu_1), \sigma_2^2(1 - \rho^2)\right] \tag{3.5.26}$$

그러므로 이변량 정규분포에서 $X = x$가 주어졌을 때 Y의 조건부 평균은 x의 1차 함수이고

$$E(Y|x) = \mu_2 + \rho\frac{\sigma_2}{\sigma_1}(x - \mu_1)$$

$X = x$가 주어졌을 때 Y의 조건부 분포의 평균이 ($\rho = 0$이 아니면) x에 의존하지만 분산 $\sigma_2^2(1 - \rho^2)$은 x의 모든 실수에 대해 동일하다. 그러므로 예제의 방법에 의해 $X = x$가 주어졌을 때 Y의 조건부 확률이 조건부 평균으로부터 $(2.576)\sigma_2\sqrt{1 - \rho^2}$ 이내에 있을 조건부 확률은 x가 어떤 값이라도 0.99이다. 따라서 X와 Y의 분포에 대한 대부분의 확률은 1차 조건부 평균의 그래프에 대해 다음 띠(band) 내에 있다.

$$\mu_2 + \rho\frac{\sigma_2}{\sigma_1}(x - \mu_1) \pm 2.576\sigma_2\sqrt{1 - \rho^2}$$

모든 고정된 양의 σ_2에 대해 이 띠의 폭은 ρ에 의존한다. 이 띠는 ρ^2이 거의 1에 가까울 때 좁기 때문에 ρ는 1차 조건부 평균에 대한 X와 Y 확률의 집중도이다. 이것은 2.5절의 참고에서 언급한 내용이다.

같은 방법으로 $Y = y$가 주어졌을 때 X의 조건부 분포는 정규분포임을 밝힐 수 있다.

$$N\left[\mu_1 + \rho\frac{\sigma_1}{\sigma_2}(y - \mu_2),\ \sigma_1^2(1 - \rho^2)\right]$$

예제 3.5.1 어떤 부부의 모집단에서 남편의 키 X_1과 아내의 키 X_2가 모수 $\mu_1 = 5.8$피트, $\mu_2 = 5.3$피트, $\sigma_1 = \sigma_2 = 0.2$피트이고 $\rho = 0.6$인 이변량 정규분포를 따른다고 가정하자. $X_1 = 6.3$일 때 X_2의 조건부 pdf는 평균 $5.3 + (0.6)(6.3 - 5.8) = 5.6$, 표준편차 $(0.2)\sqrt{(1 - 0.36)} = 0.16$인 정규 pdf이다. 따라서 남편의 키가 6.3피트로 주어졌을 때 아내의 키가 5.28~5.92피트 사이일 확률은 다음과 같다.

$$P(5.28 < X_2 < 5.92|X_1 = 6.3) = \Phi(2) - \Phi(-2) = 0.954$$

구간 (5.28, 5.92)는 $X_1 = 6.3$으로 주어졌을 때 아내의 키에 대해 95.4% 예측구간(prediction interval)으로 생각할 수 있다.

3.5.3 응용*

이 절에서는 다변량 정규분포의 몇 가지 응용을 제시한다. 통계학의 응용 과목에서 이와 같은 것을 볼 수 있다. 첫째는 주성분(principal component)인데, 이것은 다변량 정규벡터의 선형함수로 나타내는 것으로 성분이 독립이며 문제에 주어진 '총변동'을 유지한다.

$\mathbf{\Sigma}$가 pd일 때 확률변수 $\mathbf{X}$가 다변량 정규분포 $N_n(\boldsymbol{\mu}, \mathbf{\Sigma})$를 따른다고 하자. 식 (3.5.8)에서처럼 $\mathbf{\Sigma}$의 스펙트럼 분해를 $\mathbf{\Sigma} = \mathbf{\Gamma}'\mathbf{\Lambda}\mathbf{\Gamma}$와 같이 나타내자. $\mathbf{\Gamma}'$의 열인 $\mathbf{v}_1, \mathbf{v}_2, \cdots, \mathbf{v}_n$은 행렬 $\mathbf{\Lambda}$의 대각 성분인 고윳값 $\lambda_1, \lambda_2, \cdots, \lambda_n$에 대응하는 고유벡터이다. 일반성을 유지하면서 고윳값이 감소한다고 가정하자. 즉 $\lambda_1 \geq \lambda_2 \geq \cdots \geq \lambda_n > 0$이다. 확률벡터 $\mathbf{Y} = \mathbf{\Gamma}(\mathbf{X} - \boldsymbol{\mu})$를 정의하자. 정리 3.5.2에 의해 $\mathbf{\Gamma}\mathbf{\Sigma}\mathbf{\Gamma}' = \mathbf{\Lambda}$이므로 $\mathbf{Y}$는 $N_n(\mathbf{0}, \mathbf{\Lambda})$ 분포를 따른다. 따라서 성분 $Y_1, Y_2, \cdots, Y_n$은 독립인 확률변수이며, $i = 1, 2, \cdots, n$에 대해 Y_i는 $N(0, \lambda_i)$ 분포를 따른다. 확률벡터 $\mathbf{Y}$를 **주성분**의 벡터라고 한다.

확률벡터의 **총변동**(total variation, TV)은 그 확률벡터 성분의 분산의 합이라고 한다. 확률벡터 $\mathbf{X}$에서 $\mathbf{\Gamma}$가 직교행렬이므로

$$\mathrm{TV}(\mathbf{X}) = \sum_{i=1}^{n} \sigma_i^2 = \mathrm{tr}\,\mathbf{\Sigma} = \mathrm{tr}\,\mathbf{\Gamma}'\mathbf{\Lambda}\mathbf{\Gamma} = \mathrm{tr}\,\mathbf{\Lambda}\mathbf{\Gamma}\mathbf{\Gamma}' = \sum_{i=1}^{n} \lambda_i = \mathrm{TV}(\mathbf{Y})$$

따라서 $\mathbf{X}$와 $\mathbf{Y}$는 총변동이 동일하다.

다음으로 $Y_1 = \mathbf{v}_1'(\mathbf{X} - \boldsymbol{\mu})$로 주어지는 $\mathbf{Y}$의 첫 번째 성분을 고려하자. 이것은 $\mathbf{X} - \boldsymbol{\mu}$의 성분의 선형결합으로, $\mathbf{\Gamma}'$이 직교이므로 $\|\mathbf{v}_1\|^2 = \sum_{j=1}^{n} v_{1j}^2 = 1$인 성질을 갖는다. $\|\mathbf{a}\|^2 = 1$인 $\mathbf{a}'(\mathbf{X} - \boldsymbol{\mu})$라는 $(\mathrm{X} - \boldsymbol{\mu})$의 어떤 다른 선형결합을 생각해보자. $\mathbf{a} \in R^n$이고 $\{\mathbf{v}_1, \mathbf{v}_2, \cdots, \mathbf{v}_n\}$이 R^n의 기저(basis)를 형성하므로 어떤 스칼라 집단 $a_1, a_2, \cdots, a_n$에 대해 $\mathbf{a} = \sum_{j=1}^{n} a_j\mathbf{v}_j$여야 한다. 또한 기저 $\{\mathbf{v}_1, \mathbf{v}_2, \cdots, \mathbf{v}_n\}$이 직교이므로

$$\mathbf{a}'\mathbf{v}_i = \left(\sum_{j=1}^{n} a_j\mathbf{v}_j\right)' \mathbf{v}_i = \sum_{j=1}^{n} a_j\mathbf{v}_j'\mathbf{v}_i = a_i$$

식 (3.5.9)와 $\lambda_i > 0$에 의해 다음 부등식을 얻는다.

$$\begin{aligned} Var(\mathbf{a}'\mathbf{X}) &= \mathbf{a}'\mathbf{\Sigma}\mathbf{a} \\ &= \sum_{i=1}^{n} \lambda_i(\mathbf{a}'\mathbf{v}_i)^2 \\ &= \sum_{i=1}^{n} \lambda_i a_i^2 \leq \lambda_1 \sum_{i=1}^{n} a_i^2 = \lambda_1 = Var(Y_1) \end{aligned} \tag{3.5.27}$$

따라서 Y_1은 $\|\mathbf{a}\| = 1$인 모든 선형결합 $\mathbf{a}'(\mathbf{X} - \boldsymbol{\mu})$에서 최대 분산을 갖는다. 이러한 이유로 Y_1을 $\mathbf{X}$의 **제1주성분**(first principal component)이라고 한다.

다른 성분인 $Y_2, \cdots, Y_n$은 어떠한가? 다음 정리에서 보듯이 $Y_2, \cdots, Y_n$도 그 각각과 관련된 고윳값의 순서에 따라 유사한 특성을 갖는다. 따라서 각각 **두 번째**, **세 번째**, $\cdots$, $\boldsymbol{n}$**번째 주성분**이라고 한다.

정리 3.5.5

앞에서 설명한 상황을 생각해보자. $\mathbf{a} \perp \mathbf{v}_i$이고 $\|\mathbf{a}\| = 1$인 모든 벡터 $\mathbf{a}$에 대해 $j = 2, \cdots, n$이고 $i = 1, 2, \cdots, j-1$일 때 $Var[\mathbf{a}'\mathbf{X}] \le \lambda_j = Var(Y_j)$이다.

이 정리의 증명은 제1주성분에 대한 것과 유사한데 연습문제 3.5.20을 참조하라. 선형회귀와 관련된 두 번째 응용은 연습문제 3.5.22에 제시했다.

연습문제

3.5.1 X와 Y가 모수 $\mu_x = 3$, $\mu_y = 110$, $\sigma_x^2 = 0.16$, $\sigma_y^2 = 100$이고 $\rho = 0.6$인 이변량 정규분포를 따른다고 하자. R을 이용하여 다음을 계산하라.

(a) $P(106 < Y < 124)$

(b) $P(106 < Y < 124 | X = 3.2)$

3.5.2 X와 Y가 모수 $\mu_1 = 4$, $\mu_2 = 1$, $\sigma_1^2 = 16$, $\sigma_2^2 = 25$이고 $\rho = 3/5$인 이변량 정규분포를 따른다고 하자. R을 이용하여 다음 확률을 결정하라.

(a) $P(3 < Y < 8)$

(b) $P(3 < Y < 8 | X = 8)$

(c) $P(-3 < X < 3)$

(d) $P(-3 < X < 3 | Y = 6)$

3.5.3 식 (3.5.4)가 참이라는 것을 밝혀라.

3.5.4 $f(x, y)$를 식 (3.5.1)의 이변량 정규 pdf라고 하자.

(a) $f(x, y)$가 (μ_1, μ_2)에서 고유한 최댓값을 갖는다는 것을 밝혀라.

(b) 주어진 $c > 0$에 대해 동일한 확률의 점인 $\{(x, y) : f(x, y) = c\}$가 타원을 형성함을 밝혀라.

3.5.5 $\mathbf{X}$가 $N_2(\boldsymbol{\mu}, \boldsymbol{\Sigma})$를 따른다고 하자. $\mathbf{X}$에 대한 타원형 등고선 영역의 확률을 제공하는 식 (3.5.17)을 상기하라. R 함수[8] `ellipmake`는 타원형 등고선 영역을 그린다. $\boldsymbol{\mu} = (5, 2)'$이고 분산이 1, 공분산이 0.75인 $\boldsymbol{\Sigma}$를 가진 다변량 정규분포에 대한 타원형

8 이 코드의 일부는 http://stats.stackexchange.com/questions/9898/에 있는 익명의 저자에게 얻었다.

95% 등고선을 그래프로 나타내기 위해 다음 코드를 사용하라.

```
ellipmake(p=.95,b=matrix(c(1,.75,.75,1),nrow=2),mu=c(5,2))
```

이 R 함수는 저자 서문에 언급된 사이트에서 찾을 수 있다.

(a) 위의 코드를 실행하라.

(b) 확률이 0.50이 되도록 코드를 변경하라.

(c) 코드를 변경하여 0.50과 0.95의 영역을 겹쳐서 그린 그림을 구하라.

(d) 반복문을 이용하여 확률벡터에 대한 영역을 겹쳐서 그린 그림을 구하라.

3.5.6 U와 V가 각각 표준정규분포를 따르는 독립인 확률분포라고 하자. 확률변수 UV의 mgf $E(e^{t(UV)})$가 $-1 < t < 1$일 때 $(1-t^2)^{-1/2}$임을 밝혀라.
힌트: $E(e^{tUV})$와 평균이 0인 이변량 정규 pdf의 적분을 비교하라.

3.5.7 X와 Y가 모수 $\mu_1 = 6$, $\mu_2 = 10$, $\sigma_1^2 = 1$, $\sigma_2^2 = 25$이고 $\rho > 0$인 이변량 정규분포를 따른다고 하자. $P(2 < Y < 18|X = 6) = 0.954$일 때 ρ를 결정하라.

3.5.8 X와 Y가 모수 $\mu_1 = 20$, $\mu_2 = 40$, $\sigma_1^2 = 9$, $\sigma_2^2 = 4$이고 $\rho = 0.8$인 이변량 정규분포를 따른다고 하자. $X = 23$으로 주어졌을 때 Y가 이 구간에 있을 조건부 확률이 0.90이 되는 최소 구간을 구하라.

3.5.9 남편의 키와 아내의 키 사이 상관계수가 0.70이고, 남편의 평균 키는 표준편차가 2인치인 5피트 10인치이며, 아내의 평균 키는 표준편차가 1.5인치인 5피트 4인치라고 한다. 이변량 정규분포라고 가정했을 때 남편의 키가 6피트라면 아내의 키는 얼마가 가장 적절한가? 그리고 아내의 키에 대한 95% 예측구간을 구하라.

3.5.10 $-\infty < x < \infty$, $-\infty < y < \infty$일 때 다음과 같다고 하자.

$$f(x, y) = (1/2\pi)\exp\left[-\frac{1}{2}(x^2+y^2)\right]\left\{1 + xy\exp\left[-\frac{1}{2}(x^2+y^2-2)\right]\right\}$$

만약 $f(x, y)$가 결합 pdf이면 이것은 이변량 정규의 pdf가 아니다. $f(x, y)$는 실제적으로 결합 pdf이고, 또한 각 주변 pdf는 정규 pdf임을 밝혀라. 따라서 각 주변 pdf가 정규라는 사실은 결합 pdf가 이변량 정규임을 뜻하지 않는다.

3.5.11 $-\infty < x < \infty$, $-\infty < y < \infty$, $-\infty < z < \infty$일 때 X, Y, Z의 결합 pdf가 다음과 같다고 하자.

$$\left(\frac{1}{2\pi}\right)^{3/2}\exp\left(-\frac{x^2+y^2+z^2}{2}\right)\left[1 + xyz\exp\left(-\frac{x^2+y^2+z^2}{2}\right)\right]$$

한편 X, Y, Z는 서로 의존적이지만 X, Y, Z가 쌍으로 독립이고 각 쌍이 이변량 정규분포임을 밝혀라.

3.5.12 X와 Y가 모수 $\mu_1 = \mu_2 = 1$, $\sigma_1^2 = \sigma_2^2 = 1$이고 상관계수가 ρ인 이변량 정규분포를 따른다고 하자. a와 b가 0이 아닌 상수일 때 확률변수 $Z = aX + bY$의 분포를 구하라.

3.5.13 직접곱(direct multiplication)을 이용하여 공식 (3.5.11)을 수립하라.

3.5.14 $\mathbf{X} = (X_1, X_2, X_3)$이 평균 벡터 $\mathbf{0}$, 분산-공분산 행렬이 다음과 같은 다변량 정규분포를 따른다고 하자.

$$\mathbf{\Sigma} = \begin{bmatrix} 1 & 0 & 0 \\ 0 & 2 & 1 \\ 0 & 1 & 2 \end{bmatrix}$$

$P(X_1 > X_2 + X_3 + 2)$를 구하라.

힌트: $\mathbf{aX} = X_1 - X_2 - X_3$인 벡터 $\mathbf{a}$를 구하고 정리 3.5.2를 이용하라.

3.5.15 $\mathbf{X}$가 $N_n(\boldsymbol{\mu}, \mathbf{\Sigma})$ 분포를 따르며 $\overline{X} = n^{-1}\sum_{i=1}^{n} X_i$라고 하자.

(a) 적절한 벡터 $\mathbf{a}$에 대해 $\overline{X}$를 $\mathbf{aX}$로 나타내고 정리 3.5.2를 이용하여 $\overline{X}$의 분포를 구하라.

(b) 모든 성분 확률변수 X_i의 평균 μ가 동일할 때 $\overline{X}$의 분포를 구하라.

3.5.16 $\mathbf{X}$가 $N_2(\boldsymbol{\mu}, \mathbf{\Sigma})$ 분포를 따를 때 확률벡터 $(X_1 + X_2, X_2 - X_1)$의 분포를 구하라. $Var(X_1) = Var(X_2)$이면 $X_1 + X_2$와 $X_2 - X_1$이 독립인가?

3.5.17 $\mathbf{X}$가 $N_3(0, \mathbf{\Sigma})$ 분포를 따르며, 여기서

$$\mathbf{\Sigma} = \begin{bmatrix} 3 & 2 & 1 \\ 2 & 2 & 1 \\ 1 & 1 & 8 \end{bmatrix}$$

$P((X_1 - 2X_2 + X_3)^2 > 27)$을 구하라.

3.5.18 X_1, X_2, X_3이 표준정규분포를 따르는 iid 확률변수이고, 확률변수 Y_1, Y_2, Y_3이 $0 \le Y_1 < \infty$, $0 \le Y_2 < 2\pi$, $0 \le Y_3 \le \pi$에 대해 다음과 같이 정의된다고 하자.

$$X_1 = Y_1 \cos Y_2 \sin Y_3, \quad X_2 = Y_1 \sin Y_2 \sin Y_3, \quad X_3 = Y_1 \cos Y_3$$

Y_1, Y_2, Y_3이 서로 독립임을 밝혀라.

3.5.19 식 (3.5.9)가 성립함을 증명하라.

3.5.20 정리 3.5.5를 증명하라.

3.5.21 $\mathbf{X}$가 평균 $\mathbf{0}$, 공분산 행렬이 다음과 같은 다변량 정규분포를 따른다고 하자.

$$\boldsymbol{\Sigma} = \begin{bmatrix} 283 & 215 & 277 & 208 \\ 215 & 213 & 217 & 153 \\ 277 & 217 & 336 & 236 \\ 208 & 153 & 236 & 194 \end{bmatrix}$$

(a) X의 총변동을 구하라.

(b) 주성분 벡터 $\mathbf{Y}$를 구하라.

(c) 제1주성분이 총변동의 90%를 설명함을 밝혀라.

(d) 제1주성분 Y_1은 본질적으로 척도(scale)가 재조정된 $\overline{X}$임을 밝혀라. $2\overline{X}$의 분산을 구하고 Y_1의 분산과 비교하라.

R 명령어 `eigen(amat)`는 행렬 `amat`의 스펙트럼 분해를 구할 수 있다.

3.5.22 독자는 통계학 과목에서 다중회귀모형을 접한 적이 있을 것이다. 이것을 다음과 같이 간략하게 표현할 수 있다. $N_n(\mathbf{X}\boldsymbol{\beta}, \sigma^2\mathbf{I})$ 분포를 따르는 n개의 관측값 벡터 $\mathbf{Y}$가 있다고 하자. 여기서 $\mathbf{X}$는 완전한 열 계수 p를 가진, 값이 알려진 $n \times p$ 행렬이고, $\boldsymbol{\beta}$는 알려지지 않은 모수인 $p \times 1$ 벡터이다. $\boldsymbol{\beta}$의 최소제곱측정량은 다음과 같다.

$$\widehat{\boldsymbol{\beta}} = (\mathbf{X}'\mathbf{X})^{-1}\mathbf{X}'\mathbf{Y}$$

(a) $\widehat{\boldsymbol{\beta}}$의 분포를 구하라.

(b) $\widehat{\mathbf{Y}} = \mathbf{X}\widehat{\boldsymbol{\beta}}$일 때 $\widehat{\mathbf{Y}}$의 분포를 구하라.

(c) $\widehat{\mathbf{e}} = \mathbf{Y} - \widehat{\mathbf{Y}}$일 때 $\widehat{\mathbf{e}}$의 분포를 구하라.

(d) 확률벡터 $(\widehat{\mathbf{Y}}', \widehat{\mathbf{e}}')'$을 $\mathbf{Y}$의 선형함수로 나타내어 확률벡터 $\widehat{\mathbf{Y}}$과 $\widehat{\mathbf{e}}$이 독립임을 밝혀라.

(e) $\widehat{\boldsymbol{\beta}}$이 최소제곱 문제, 즉 다음의 해임을 밝혀라.

$$\|\mathbf{Y} - \mathbf{X}\widehat{\boldsymbol{\beta}}\|^2 = \min_{\mathbf{b} \in R^p} \|\mathbf{Y} - \mathbf{X}\mathbf{b}\|^2$$

3.6 *t*-분포와 *F*-분포

이 절의 목적은 통계적인 추론의 어떤 문제에서 매우 유효한 두 가지 추가적인 확률분포를 정의하는 것이다. 이것을 각각 스튜던트 t-분포, F-분포라고 한다.

3.6.1 *t*-분포

W는 $N(0, 1)$을 따르는 확률변수이고, V는 $\chi^2(r)$을 따르는 확률변수이며, W와 V는 서로 독립이라고 하자. W와 V의 결합 pdf를 $h(w, v)$라고 하면 이것은 W의 pdf와 V의 pdf의 곱이다. 즉

$$h(w,v) = \begin{cases} \frac{1}{\sqrt{2\pi}}e^{-w^2/2}\frac{1}{\Gamma(r/2)2^{r/2}}v^{r/2-1}e^{-v/2} & -\infty < w < \infty, \quad 0 < v < \infty \\ 0 & \text{그 외에} \end{cases}$$

새로운 확률변수 T를 다음과 같이 정의한다.

$$T = \frac{W}{\sqrt{V/r}} \tag{3.6.1}$$

T의 pdf $g_1(t)$를 구하기 위해 변수변환 기법을 이용할 것이다. 다음 방정식은 $\mathcal{S} = \{(w, v) : -\infty < w < \infty, 0 < v < \infty\}$에서 $\mathcal{T} = \{(t, u) : -\infty < t < \infty, 0 < u < \infty\}$로의 일대일 대응변환을 정의한다.

$$t = \frac{w}{\sqrt{v/r}}, \quad u = v$$

$w = t\sqrt{u}/\sqrt{r}$, $v = u$이므로 야코비안 변환의 절댓값은 $|J| = \sqrt{u}/\sqrt{r}$이다. 따라서 T와 $U = V$의 결합 pdf는

$$\begin{aligned} g(t,u) &= h\left(\frac{t\sqrt{u}}{\sqrt{r}}, u\right)|J| \\ &= \begin{cases} \frac{1}{\sqrt{2\pi}\Gamma(r/2)2^{r/2}}u^{r/2-1}\exp\left[-\frac{u}{2}\left(1+\frac{t^2}{r}\right)\right]\frac{\sqrt{u}}{\sqrt{r}} & |t| < \infty\,, \quad 0 < u < \infty \\ 0 & \text{그 외에} \end{cases} \end{aligned}$$

그러면 T의 주변 pdf는

$$\begin{aligned} g_1(t) &= \int_{-\infty}^{\infty} g(t,u)\,du \\ &= \int_0^{\infty} \frac{1}{\sqrt{2\pi r}\Gamma(r/2)2^{r/2}}u^{(r+1)/2-1}\exp\left[-\frac{u}{2}\left(1+\frac{t^2}{r}\right)\right]du \end{aligned}$$

이 적분에서 $z = u[1 + (t^2/r)]/2$이라고 하면

$$\begin{aligned} g_1(t) &= \int_0^{\infty} \frac{1}{\sqrt{2\pi r}\Gamma(r/2)2^{r/2}}\left(\frac{2z}{1+t^2/r}\right)^{(r+1)/2-1} e^{-z}\left(\frac{2}{1+t^2/r}\right)dz \\ &= \frac{\Gamma[(r+1)/2]}{\sqrt{\pi r}\Gamma(r/2)}\frac{1}{(1+t^2/r)^{(r+1)/2}}, \quad -\infty < t < \infty \end{aligned} \tag{3.6.2}$$

따라서 W가 $N(0, 1)$을 가지고, V가 $\chi^2(r)$을 가지며, W와 V가 독립이면 $T = W/\sqrt{V/r}$는 식 (3.6.2)의 pdf $g_1(t)$를 갖는다. 확률변수 T의 분포는 ***t*-분포**라고 한다. t-분포는 χ^2 분포를 따르는 확률변수의 자유도인 모수 r에 의해 완전히 결정된다는 것에 유의해야 한다.

pdf $g_1(t)$가 $g_1(-t) = g_1(t)$를 만족하므로 T의 pdf는 0에 대해 대칭이고, T의 중앙값은 0이다. $g_1(t)$를 미분하면 pdf의 고유한 최댓값은 0에서 발생하고 도함수는 연속이다. 그래서 pdf는 언덕 모양이다. 자유도가 ∞에 가까워지면 t-분포가 $N(0, 1)$ 분포로 수렴한다. 5장의 예제 5.2.3을 참

조하라.

R 명령어 `pt(t,r)`은 T가 자유도 r인 t-분포를 가질 때 확률 $P(T \leq t)$를 계산한다. 예를 들어 자유도가 15인 t-분포 확률변수가 2.0보다 작을 확률은 `pt(2.0,15)`로 계산되는 반면 명령어 `qt(.975,15)`는 이 분포의 97.5번째 백분위수를 반환한다. `t=seq(-4,4,.01)` 다음에 `plot(dt(t,3)~t)`를 실행하는 R 코드는 자유도가 3인 t-pdf의 그림을 생성한다.

현대 컴퓨팅 시대 이전에는 T의 분포표를 사용했다. T의 pdf는 자유도 r에 의존하기 때문에 일반적인 t-분포표는 선택된 분위수 대 자유도의 표를 제공한다. 부록 D의 표 III이 바로 그러한 표이다. 다음 세 줄의 R 코드로 이 표를 생성할 수도 있다.

```
ps = c(.9,.925,.950,.975,.99,.995,.999); df = 1:30; tab=c()
for(r in df){tab=rbind(tab,qt(ps,r))}; df=c(df,Inf);nq=qnorm(ps)
tab=rbind(tab,nq);tab=cbind(df,tab)
```

이 코드는 저자 서문에 언급된 사이트에 있는 R 함수 `ttable`의 내용이다. t-분포가 $N(0, 1)$ 분포에 수렴한다는 사실로 인해 이러한 표에서는 1부터 30까지의 자유도만 사용된다. 이것은 또한 표의 마지막 줄이 표준정규 분위수인 이유이기도 하다.

참고 3.6.1

t-분포는 고셋(W.S. Gosset)이 아일랜드의 한 양조장에서 일할 때 처음 발견한 것이다. 고셋은 스튜던트(Student)라는 가명을 사용하여 t-분포에 대한 논문을 발표했다. 따라서 이 분포를 **스튜던트** t**-분포**라고도 한다.

예제 3.6.1 **[t-분포의 평균과 분산]** T가 자유도 r인 t-분포를 따른다고 하자. 식 (3.6.1)에서와 같이 $T = W(V/r)^{-1/2}$로 쓸 수 있다. 여기서 W는 $N(0, 1)$ 분포를 따르고 V는 $\chi^2(r)$ 분포를 따르며, W와 V는 독립인 확률변수이다. W와 V의 독립성과 식 (3.3.8)에 의해 $(r/2) - (k/2) > 0$(즉 $k < r$)일 때 다음과 같다.

$$E(T^k) = E\left[W^k\left(\frac{V}{r}\right)^{-k/2}\right] = E(W^k)E\left[\left(\frac{V}{r}\right)^{-k/2}\right] \tag{3.6.3}$$

$$= E(W^k)\frac{2^{-k/2}\Gamma\left(\frac{r}{2}-\frac{k}{2}\right)}{\Gamma\left(\frac{r}{2}\right)r^{-k/2}}, \quad k < r \tag{3.6.4}$$

T의 자유도가 1보다 클 때 $E(W) = 0$이므로 T의 평균은 0이다. 분산의 경우 식 (3.6.4)에서 $k = 2$를 이용하라. 이 경우 조건 $r > k$는 $r > 2$가 된다. 식 (3.6.4)에 의해 $E(W^2) = 1$이므로 T의 분산은 다음과 같다.

$$Var(T) = E(T^2) = \frac{r}{r-2} \tag{3.6.5}$$

따라서 자유도가 $r > 2$인 t-분포는 평균이 0, 분산이 $r/(r-2)$이다.

3.6.2 *F*-분포

자유도가 각각 r_1, r_2이고 독립인 χ^2 분포를 따르는 확률변수 U와 V를 생각해보자. U와 V의 결합 pdf $h(u, v)$는

$$h(u,v) = \begin{cases} \frac{1}{\Gamma(r_1/2)\Gamma(r_2/2)2^{(r_1+r_2)/2}} u^{r_1/2-1} v^{r_2/2-1} e^{-(u+v)/2} & 0 < u, v < \infty \\ 0 & \text{그 외에} \end{cases}$$

새로운 확률변수를 다음과 같이 정의하고 W의 pdf $g_1(w)$를 구해보자.

$$W = \frac{U/r_1}{V/r_2}$$

다음 식은 $\mathcal{S} = \{(u, v) : 0 < u < \infty, 0 < v < \infty\}$를 $\mathcal{T} = \{(w, z) : 0 < w < \infty, 0 < z < \infty\}$로 일대일 대응변환시킨다.

$$w = \frac{u/r_1}{v/r_2}, \quad z = v$$

$u = (r_1/r_2)zw$, $v = z$이므로 야코비안 변환의 절댓값 $|J| = (r_1/r_2)z$이다. 그러면 W와 $Z = V$의 결합 pdf $g(w, z)$는 $(w, z) \in \mathcal{T}$일 때

$$g(w,z) = \frac{1}{\Gamma(r_1/2)\Gamma(r_2/2)2^{(r_1+r_2)/2}} \left(\frac{r_1 zw}{r_2}\right)^{\frac{r_1-2}{2}} z^{\frac{r_2-2}{2}} \exp\left[-\frac{z}{2}\left(\frac{r_1 w}{r_2}+1\right)\right] \frac{r_1 z}{r_2}$$

그 외에 $g(w, z) = 0$이다. W의 주변 pdf $g_1(w)$는 다음과 같다.

$$\begin{aligned} g_1(w) &= \int_{-\infty}^{\infty} g(w,z)\,dz \\ &= \int_0^{\infty} \frac{(r_1/r_2)^{r_1/2}(w)^{r_1/2-1}}{\Gamma(r_1/2)\Gamma(r_2/2)2^{(r_1+r_2)/2}} z^{(r_1+r_2)/2-1} \exp\left[-\frac{z}{2}\left(\frac{r_1 w}{r_2}+1\right)\right] dz \end{aligned}$$

적분변수를 다음과 같이 변환하면

$$y = \frac{z}{2}\left(\frac{r_1 w}{r_2}+1\right)$$

다음을 얻을 수 있다.

$$g_1(w) = \int_0^\infty \frac{(r_1/r_2)^{r_1/2}(w)^{r_1/2-1}}{\Gamma(r_1/2)\Gamma(r_2/2)2^{(r_1+r_2)/2}} \left(\frac{2y}{r_1w/r_2+1}\right)^{(r_1+r_2)/2-1} e^{-y}$$
$$\times \left(\frac{2}{r_1w/r_2+1}\right) dy$$
$$= \begin{cases} \frac{\Gamma[(r_1+r_2)/2](r_1/r_2)^{r_1/2}}{\Gamma(r_1/2)\Gamma(r_2/2)} \frac{w^{r_1/2-1}}{(1+r_1w/r_2)^{(r_1+r_2)/2}} & 0 < w < \infty \\ 0 & \text{그 외에} \end{cases} \tag{3.6.6}$$

따라서 U와 V가 자유도가 각각 r_1, r_2이고 독립인 χ^2-분포를 가진 확률변수라면 $W = (U/r_1)/(V/r_2)$는 식 (3.6.6)의 pdf $g_1(w)$를 갖는다. 이 확률변수의 분포를 일반적으로 ***F*-분포**라고 한다. 그리고 W로 나타낸 비(ratio)를 F라고 한다. 즉

$$F = \frac{U/r_1}{V/r_2} \tag{3.6.7}$$

F-분포는 모수 r_1과 r_2에 의해 결정된다는 것에 유의해야 한다.

R 계산의 측면에서 명령어 `pf(2.50,3,8)`은 F가 자유도 3과 8인 F-분포를 가질 때 확률 $P(F \leq 2.50)$인 0.8665의 값을 계산한다. F의 95번째 백분위수는 `qf(.95,3,8)=4.066`이고 코드 `x=seq(.01,5,.01);plot(df(x,3,8)~x)`는 이 F 확률변수의 pdf를 그린다. pdf는 오른쪽으로 꼬리가 길다. 현대 컴퓨팅 시대 이전에는 선택된 확률과 자유도에 대해 F-분포의 분위수표를 사용했다. 부록 D의 표 IV는 선택된 자유도에 대해 95번째 및 99번째 분위수를 보여준다. F-분포는 통계학뿐만 아니라 수명 자료를 모형화하는 데에도 사용된다. 연습문제 3.6.13을 참조하라.

예제 3.6.2 **[*F*-분포의 적률]** F가 자유도 r_1, r_2인 F-분포를 따른다고 하자. 그러면 식 (3.6.7)에서와 같이 $F = (r_2/r_1)(U/V)$로 나타낼 수 있다. 여기서 U와 V는 자유도가 각각 r_1, r_2인 독립 χ^2 확률변수이다. 따라서 F의 k번째 적률은 독립성에 의해 다음과 같다.

$$E\left(F^k\right) = \left(\frac{r_2}{r_1}\right)^k E\left(U^k\right) E\left(V^{-k}\right)$$

물론 오른쪽의 두 기댓값이 모두 존재한다는 전제하에서이다. 정리 3.3.2에 의해 $k > -(r_1/2)$이 항상 성립하므로 첫 번째 기댓값은 항상 존재한다. 그러나 두 번째 기댓값은 $r_2 > 2k$, 즉 분모의 자유도가 k의 2배보다 큰 경우에만 존재한다. 이것이 성립한다고 할 때 식 (3.3.8)로부터 F의 평균은 다음과 같다.

$$E(F) = \frac{r_2}{r_1} r_1 \frac{2^{-1}\Gamma\left(\frac{r_2}{2}-1\right)}{\Gamma\left(\frac{r_2}{2}\right)} = \frac{r_2}{r_2-2} \tag{3.6.8}$$

만약 r_2가 크면 $E(F)$는 근사적으로 1이다. 연습문제 3.6.7에서 $E(F^k)$에 대한 일반화된 식을 도출할 것이다.

3.6.3 스튜던트의 정리

이 절의 마지막 내용은 뒤의 장에서 다룰 정규확률변수의 추론과 관련된 중요한 결과에 관한 것이다. 이는 앞에서 도출한 t-분포에 대한 따름정리이며 스튜던트의 정리라고도 한다.

정리 3.6.1

$X_1, X_2, \cdots, X_n$을 각각 평균 μ, 분산 σ^2인 iid 확률변수라고 하자. 다음 확률변수를 정의하자.

$$\overline{X} = \frac{1}{n}\sum_{i=1}^{n} X_i, \qquad S^2 = \frac{1}{n-1}\sum_{i=1}^{n}(X_i - \overline{X})^2$$

그러면 다음이 성립한다.

(a) $\overline{X}$는 $N\left(\mu, \frac{\sigma^2}{n}\right)$ 분포를 따른다.

(b) $\overline{X}$와 S^2은 서로 독립이다.

(c) $(n-1)S^2/\sigma^2$은 $\chi^2(n-1)$ 분포를 따른다.

(d) 다음 확률변수는 자유도 $n-1$인 스튜던트 t-분포를 따른다.

$$T = \frac{\overline{X} - \mu}{S/\sqrt{n}} \tag{3.6.9}$$

증명: 따름정리 3.4.1에서 (a)를 증명했다. $\mathbf{X} = (X_1, X_2, \cdots, X_n)'$이라고 하자. $X_1, X_2, \cdots, X_n$이 iid $N(\mu, \sigma^2)$ 확률변수이므로 $\mathbf{X}$는 다변량 정규분포 $N(\mu\mathbf{1}, \sigma^2\mathbf{I})$를 따른다. 여기서 $\mathbf{1}$은 성분이 모두 1인 벡터를 의미한다. $\mathbf{v}' = (1/n, \cdots, 1/n) = (1/n)\mathbf{1}'$이라고 하자. $\overline{X} = \mathbf{v}'\mathbf{X}$이다. 확률벡터 $\mathbf{Y}$를 $\mathbf{Y} = (X_1 - \overline{X}, \cdots, X_n - \overline{X})'$으로 정의하고 다음 변환을 생각해보자.

$$\mathbf{W} = \begin{bmatrix} \overline{X} \\ \mathbf{Y} \end{bmatrix} = \begin{bmatrix} \mathbf{v}' \\ \mathbf{I} - \mathbf{1}\mathbf{v}' \end{bmatrix} \mathbf{X} \tag{3.6.10}$$

$\mathbf{W}$는 다변량 정규확률벡터의 선형변환이므로 정리 3.5.2에 의해 평균과 공분산 행렬이 다음과 같은 다변량 정규확률벡터이다.

$$E[\mathbf{W}] = \begin{bmatrix} \mathbf{v}' \\ \mathbf{I} - \mathbf{1}\mathbf{v}' \end{bmatrix} \mu\mathbf{1} = \begin{bmatrix} \mu \\ \mathbf{0}_n \end{bmatrix} \tag{3.6.11}$$

$$\begin{aligned} \mathbf{\Sigma} &= \begin{bmatrix} \mathbf{v}' \\ \mathbf{I} - \mathbf{1}\mathbf{v}' \end{bmatrix} \sigma^2\mathbf{I} \begin{bmatrix} \mathbf{v}' \\ \mathbf{I} - \mathbf{1}\mathbf{v}' \end{bmatrix}' \\ &= \sigma^2 \begin{bmatrix} \frac{1}{n} & \mathbf{0}_n' \\ \mathbf{0}_n & \mathbf{I} - \mathbf{1}\mathbf{v}' \end{bmatrix} \end{aligned} \tag{3.6.12}$$

여기서 $\mathbf{0}_n$은 모든 성분이 0인 벡터를 의미한다. $\overline{X}$가 $\mathbf{W}$의 첫 번째 성분이므로 정리 3.5.1에 의해 (a)도 구할 수 있다. 다음으로 공분산이 0이므로 $\overline{X}$는 $\mathbf{Y}$와 독립이다. 그런데 $S^2 = (n-1)^{-1}\mathbf{Y}'\mathbf{Y}$이므로 $\overline{X}$는 S^2과도 독립이다. 따라서 (b)도 성립한다.

다음 확률변수를 생각해보자.

$$V = \sum_{i=1}^{n} \left(\frac{X_i - \mu}{\sigma} \right)^2$$

이 합에 있는 각각의 항은 $N(0,\ 1)$인 확률변수의 제곱이다. 따라서 $\chi^2(1)$ 분포를 따른다(정리 3.4.1). 성분들이 독립이므로 따름정리 3.3.1에 의해 V는 $\chi^2(n)$ 분포를 따르는 확률변수이다. 다음 항등식을 참고하라.

$$\begin{aligned} V &= \sum_{i=1}^{n} \left(\frac{(X_i - \overline{X}) + (\overline{X} - \mu)}{\sigma} \right)^2 \\ &= \sum_{i=1}^{n} \left(\frac{X_i - \overline{X}}{\sigma} \right)^2 + \left(\frac{\overline{X} - \mu}{\sigma/\sqrt{n}} \right)^2 \\ &= \frac{(n-1)S^2}{\sigma^2} + \left(\frac{\overline{X} - \mu}{\sigma/\sqrt{n}} \right)^2 \end{aligned} \tag{3.6.13}$$

(b)에 의해 마지막 식의 오른쪽에 있는 두 항은 서로 독립이다. 또한 두 번째 항은 표준정규확률변수의 제곱이므로 $\chi^2(1)$ 분포를 따른다. 양쪽에 mgf를 취하면

$$(1 - 2t)^{-n/2} = E\left[\exp\{t(n-1)S^2/\sigma^2\}\right](1 - 2t)^{-1/2} \tag{3.6.14}$$

오른쪽에 있는 $(n-1)S^2/\sigma^2$의 mgf에 대한 해를 구하면 (c)를 얻는다. 끝으로 (d)는 식 (3.6.9)에 있는 T를 다음과 같이 나타내면 (a), (b), (c)로부터 바로 구할 수 있다.

$$T = \frac{(\overline{X} - \mu)/(\sigma/\sqrt{n})}{\sqrt{(n-1)S^2/(\sigma^2(n-1))}}$$

연습문제

3.6.1 T는 자유도 10인 t-분포를 따른다. 표 III 또는 R을 이용하여 $P(|T| > 2.228)$를 구하라.

3.6.2 T는 자유도 14인 t-분포를 따른다. 표 III 또는 R을 이용하여 $P(-b < T < b) = 0.90$인 b를 구하라.

3.6.3 T가 자유도 $r > 4$인 t-분포를 따른다고 하자. 식 (3.6.4)를 이용하여 T의 첨도를 구하라. 첨도의 정의는 연습문제 1.9.15를 참조하라.

3.6.4 다음과 같이 정의된 확률변수의 pdf를 R을 이용하여 그려라. 5개 pdf를 모두 겹쳐서 그린 그림도 구하라.

(a) X가 표준정규분포를 따른다. 다음 코드를 사용하라.

```
x=seq(-6,6,.001); plot(dnorm(x)~x)
```

(b) X가 자유도 1인 t-분포를 따른다. 다음 코드를 사용하라.

```
lines(dt(x,1)~x,lty=2)
```

(c) X가 자유도 5인 t-분포를 따른다. 다음 코드를 사용하라.

```
lines(dt(x,5)~x,lty=2)
```

(d) X가 자유도 15인 t-분포를 따른다. 다음 코드를 사용하라.

```
lines(dt(x,15)~x,lty=2)
```

(e) X가 자유도 25인 t-분포를 따른다. 다음 코드를 사용하라.

```
lines(dt(x,25)~x,lty=2)
```

3.6.5 R을 이용하여 t 확률변수와 정규확률변수에 대한 '이상값'의 확률을 조사하라. 다음과 같은 확률변수에서 사건 $\{|X| \geq 2\}$를 관측할 확률을 구하라.

(a) X가 표준정규분포를 따른다.

(b) X가 자유도 1인 t-분포를 따른다.

(c) X가 자유도 3인 t-분포를 따른다.

(d) X가 자유도 10인 t-분포를 따른다.

(e) X가 자유도 30인 t-분포를 따른다.

3.6.6 식 (3.4.13)에서는 정규 위치모형을 제시했다. 실제 자료에는 정규분포가 허용하는 것보다 더 많은 이상값이 있다. 연습문제 3.6.5에 따르면 자유도가 작은 t-분포에 대해 이상값이 발생할 가능성이 높아진다. 다음과 같은 형식의 위치모형을 고려하자.

$$X = \mu + e$$

여기서 e는 자유도 3인 t-분포를 갖는다. X의 표준편차 σ를 정한 다음 $P(|X - \mu| \geq \sigma)$를 구하라.

3.6.7 F가 모수 r_1, r_2인 F-분포를 따른다고 하자. $r_2 > 2k$일 때 예제 3.6.2에 이어서 $E(F^k)$를 유도하라.

3.6.8 F가 모수 r_1, r_2인 F-분포를 따른다고 하자. 연습문제 3.6.7의 결과를 이용하여 $r_2 > 8$일 때 F의 첨도를 구하라.

3.6.9 F가 모수 r_1, r_2인 F-분포를 따른다고 하자. $1/F$이 모수 r_2, r_1인 F-분포를 따른다는 것을 밝혀라.

3.6.10 F가 모수 $r_1 = 5$, $r_2 = 10$인 F-분포를 따른다고 하자. F-분포의 95번째 백분위수를

이용하여 $P(F \le a) = 0.05$, $P(F \le b) = 0.95$가 되고, 그에 따라 $P(a < F < b) = 0.90$이 되는 a, b의 값을 구하라.

힌트: $P(F \le a) = P(1/F \ge 1/a) = 1 - P(1/F \le 1/a)$이라 하고, 연습문제 3.6.9의 결과와 R을 이용하라.

3.6.11 독립인 확률변수 W와 V가 각각 $N(0, 1)$, $\chi^2(r)$을 따를 때 $U = |W|/\sqrt{V/r}$라고 하자. U^2이 모수 $r_1 = 1$, $r_2 = r$인 F-분포를 갖는다는 것을 밝혀라.

3.6.12 자유도 $r = 1$을 가진 t-분포와 코시(Cauchy) 분포가 동일함을 밝혀라.

3.6.13 F가 자유도 $2r$과 $2s$인 F-분포를 따른다고 하자. F의 받침이 $(0, \infty)$이므로 F-분포는 종종 고장까지의 시간(수명)을 모형화하는 데 사용된다. 이러한 경우 $Y = \log F$가 로그 수명을 모형화하는 데 사용된다. $\log F$ 분포족은 대칭분포뿐만 아니라 왼쪽 및 오른쪽으로 치우친 분포로 구성된 풍부한 분포족이다. 예를 들어 Hettmansperger와 McKean(2011) 4장을 참조하라. 이 연습문제에서는 $Y = \log F$이고 F가 자유도 2와 $2s$인 하위 분포족을 고려하자.

(a) Y의 pdf와 cdf를 구하라.

(b) R을 이용하여 $s = .4, .6, 1.0, 2.0, 4.0, 8$에 대해 이 분포를 한 그래프에 그려라. 각 pdf의 모양에 대해 논하라.

(c) $s = 1$일 때 이 분포를 **로지스틱**(logistic) 분포라고 한다. 이 pdf가 0에 대해 대칭임을 밝혀라.

3.6.14 다음은 베타분포를 따름을 밝혀라.

$$Y = \frac{1}{1 + (r_1/r_2)W}$$

여기서 W는 모수 r_1, r_2인 F-분포를 따른다.

3.6.15 $0 < x < \infty$일 때 $f(x) = e^{-x}$, 그 외에 $f(x) = 0$인 pdf를 가진 분포에서 추출한 확률표본을 X_1, X_2라고 하자. $Z = X_1/X_2$이 F-분포를 따른다는 것을 밝혀라.

3.6.16 X_1, X_2, X_3이 각각 자유도 r_1, r_2, r_3이고 독립인 χ^2 확률변수라고 하자.

(a) $Y_1 = X_1/X_2$과 $Y_2 = X_1 + X_2$가 독립이고 Y_2가 $\chi^2(r_1 + r_2)$임을 밝혀라.

(b) 다음이 독립인 F-변수임을 추론하라.

$$\frac{X_1/r_1}{X_2/r_2}, \quad \frac{X_3/r_3}{(X_1 + X_2)/(r_1 + r_2)}$$

3.7 혼합분포*

3.4.1절에서 논의한 오염된 정규분포를 생각해보자. 그것은 정규분포의 혼합의 한 예이며, 이 절에서는 일반적인 분포에서의 혼합으로 확장한다. 대부분 연속형에 대해 설명하지만 이산형 pmf에서도 동일한 방법으로 다룰 수 있다.

각각의 pdf가 $f_1(x)$, $f_2(x)$, ⋯, $f_k(x)$인 k개의 확률분포가 있다고 하자. 여기서 각각의 받침은 $\mathcal{S}_1$, $\mathcal{S}_2$, ⋯, $\mathcal{S}_k$이고 평균은 μ_1, μ_2, ⋯, μ_k, 분산은 σ_1^2, σ_2^2, ⋯, σ_k^2이며, $p_1 + p_2 + \cdots + p_k = 1$인 혼합확률 p_1, p_2, ⋯, p_k가 있다고 하자. $\mathcal{S} = \cup_{i=1}^k \mathcal{S}_i$일 때 다음 함수를 살펴보자.

$$\begin{aligned} f(x) &= p_1 f_1(x) + p_2 f_2(x) + \cdots + p_k f_k(x) \\ &= \sum_{i=1}^{k} p_i f_i(x), \quad x \in \mathcal{S} \end{aligned} \tag{3.7.1}$$

$f(x)$는 음이 아니며, $(-\infty, \infty)$에 대한 적분이 1이 되는 것을 쉽게 밝힐 수 있다. 따라서 $f(x)$는 어떤 연속형 확률변수 X의 pdf이다. 각각의 항을 적분하면 다음과 같이 X의 cdf를 구할 수 있다.

$$F(x) = \sum_{i=1}^{k} p_i F_i(x), \quad x \in \mathcal{S} \tag{3.7.2}$$

여기서 $F_i(x)$는 pdf $f_i(x)$에 상응하는 cdf이다. X의 평균은 μ_1, μ_2, ⋯, μ_k의 가중평균이고,

$$\begin{aligned} E(X) &= \sum_{i=1}^{k} p_i \int_{-\infty}^{\infty} x f_i(x)\, dx \\ &= \sum_{i=1}^{k} p_i \mu_i = \overline{\mu} \end{aligned} \tag{3.7.3}$$

분산은 교차항의 적분이 0이므로

$$\begin{aligned} Var(X) &= \sum_{i=1}^{k} p_i \int_{-\infty}^{\infty} (x - \overline{\mu})^2 f_i(x)\, dx \\ &= \sum_{i=1}^{k} p_i \int_{-\infty}^{\infty} [(x - \mu_i) + (\mu_i - \overline{\mu})]^2 f_i(x)\, dx \\ &= \sum_{i=1}^{k} p_i \int_{-\infty}^{\infty} (x - \mu_i)^2 f_i(x)\, dx + \sum_{i=1}^{k} p_i (\mu_i - \overline{\mu})^2 \int_{-\infty}^{\infty} f_i(x)\, dx \end{aligned}$$

즉

$$Var(X) = \sum_{i=1}^{k} p_i \sigma_i^2 + \sum_{i=1}^{k} p_i (\mu_i - \overline{\mu})^2 \tag{3.7.4}$$

분산은 단순히 k개 분산의 가중평균뿐만 아니라 평균들의 가중분산을 수반하는 양수항을 포함한다.

참고 3.7.1

이러한 특성이 k개 분포의 혼합과 결합되어 있으나 k개 확률변수의 선형결합인 $\Sigma a_i X_i$와는 아무 관계가 없다는 것은 매우 중요하다.

예제 3.7.1에서는 다음 분포를 필요로 한다. pdf가 다음과 같으면 확률변수 X는 모수 $\alpha > 0$, $\beta > 0$인 **로그감마**(loggamma) pdf를 갖는다고 한다.

$$f_1(x) = \begin{cases} \frac{1}{\Gamma(\alpha)\beta^\alpha} x^{-(1+\beta)/\beta} (\log x)^{\alpha-1} & x > 1 \\ 0 & \text{그 외에} \end{cases} \tag{3.7.5}$$

연습문제 3.7.1에서 이 pdf를 도출하고 평균과 분산도 유도할 것이다. X의 이러한 분포를 log $\Gamma(\alpha, \beta)$로 표기한다.

예제 3.7.1 보험업계에서는 로그감마와 감마분포의 혼합이 청구 분포의 중요한 모형으로 알려져 있다. X_1이 log $\Gamma(\alpha_1, \beta_1)$, X_2가 $\Gamma(\alpha_2, \beta_2)$이고 혼합확률이 p와 $(1-p)$라면 혼합분포의 pdf는 다음과 같다.

$$f(x) = \begin{cases} \frac{1-p}{\beta_2^{\alpha_2}\Gamma(\alpha_2)} x^{\alpha_2-1} e^{-x/\beta_2} & 0 < x \le 1 \\ \frac{p}{\beta_1^{\alpha_1}\Gamma(\alpha_1)} (\log x)^{\alpha_1-1} x^{-(\beta_1+1)/\beta_1} + \frac{1-p}{\beta_2^{\alpha_2}\Gamma(\alpha_2)} x^{\alpha_2-1} e^{-x/\beta_2} & 1 < x \\ 0 & \text{그 외에} \end{cases} \tag{3.7.6}$$

$\beta_1 < 2^{-1}$이면 이 혼합분포의 평균과 분산은

$$\mu = p(1-\beta_1)^{-\alpha_1} + (1-p)\alpha_2\beta_2 \tag{3.7.7}$$

$$\begin{aligned} \sigma^2 = {} & p[(1-2\beta_1)^{-\alpha_1} - (1-\beta_1)^{-2\alpha_1}] \\ & + (1-p)\alpha_2\beta_2^2 + p(1-p)[(1-\beta_1)^{-\alpha_1} - \alpha_2\beta_2]^2 \end{aligned} \tag{3.7.8}$$

연습문제 3.7.3을 참조하라.

분포의 혼합은 **복합**(compounding)이라고 하는데, 이는 유한개의 분포로 제한할 필요가 없다. 다음 예제에서와 같이 물론 pdf인 연속형 가중함수가 $p_1, p_2, \cdots, p_k$를 대체할 수 있다. 즉 적분이 합을 대체한다.

예제 3.7.2 X_θ를 모수 θ인 푸아송 확률변수라고 하자. 각각의 θ 값이 다른 무한개의 푸아송 분포를 혼합하고자 한다. 가중함수가 θ의 pdf, 즉 모수 α, β인 감마분포라고 하자. $x = 0, 1, 2, \ldots$에 대해 복합분포의 pmf는 다음과 같다.

$$\begin{aligned} p(x) &= \int_0^\infty \left[\frac{1}{\beta^\alpha \Gamma(\alpha)} \theta^{\alpha-1} e^{-\theta/\beta}\right] \left[\frac{\theta^x e^{-\theta}}{x!}\right] d\theta \\ &= \frac{1}{\Gamma(\alpha)\beta^\alpha x!} \int_0^\infty \theta^{\alpha+x-1} e^{-\theta(1+\beta)/\beta}\, d\theta \\ &= \frac{\Gamma(\alpha+x)\beta^x}{\Gamma(\alpha)x!(1+\beta)^{\alpha+x}} \end{aligned}$$

여기서 세 번째 행은 두 번째 행에서 적분을 풀기 위해 $t = \theta(1+\beta)/\beta$로 변수변환하여 구한다.

$\alpha = r$(r은 양의 정수)이고 $0 < p < 1$에 대해 $\beta = (1-p)/p$일 때 이 복합에 대한 흥미로운 경우가 발생한다. 이때 pmf는

$$p(x) = \frac{(r+x-1)!}{(r-1)!} \frac{p^r(1-p)^x}{x!}, \quad x = 0, 1, 2, \ldots$$

즉 복합분포는 각 성공 확률이 p이고 독립인 시행의 열에서 r번의 성공을 얻기까지 필요한 추가적인 시행 횟수의 분포와 동일하다. 즉 **음이항분포**(negative binomial distribution)의 한 형태이다. 음이항분포는 사고 횟수의 모형으로 잘 이용되고 있다[Weber(1971) 참조].

복합에서 X의 원래 분포는 pdf가 $f(x|\theta)$로 표현되는, θ가 주어졌을 때의 조건부 분포라고 할 수 있다. 그러면 가중함수는 θ의 pdf인 $g(\theta)$이다. 따라서 결합 pdf는 $f(x|\theta)g(\theta)$이고, 복합 pdf는 X의 주변 (무조건부) pdf라고 할 수 있다.

$$h(x) = \int_\theta g(\theta) f(x|\theta)\, d\theta$$

여기서 θ가 이산형 분포를 따르는 경우에는 적분을 합으로 대체한다. 예를 들어 정규분포의 평균은 0이지만 분산 σ^2은 $1/\theta > 0$임을 알고 있다고 하자. θ는 어떤 확률모형으로부터 선택되었다. 편리함을 위해 후자를 모수 α와 β인 감마분포라고 하자. 따라서 θ가 주어졌을 때 X는 조건부 $N(0, 1/\theta)$이며, X와 θ의 결합분포는 $-\infty < x < \infty$, $0 < \theta < \infty$에 대해 다음과 같다.

$$f(x|\theta)g(\theta) = \left[\frac{\sqrt{\theta}}{\sqrt{2\pi}} \exp\left(\frac{-\theta x^2}{2}\right)\right] \left[\frac{1}{\beta^\alpha \Gamma(\alpha)} \theta^{\alpha-1} \exp(-\theta/\beta)\right]$$

따라서 X의 주변 (무조건부) pdf $h(x)$는 θ에 대한 적분으로 구한다. 즉

$$h(x) = \int_0^\infty \frac{\theta^{\alpha+1/2-1}}{\beta^\alpha \sqrt{2\pi}\Gamma(\alpha)} \exp\left[-\theta\left(\frac{x^2}{2} + \frac{1}{\beta}\right)\right] d\theta$$

여기서 피적분함수와 모수 $\alpha + (1/2)$, $[(1/\beta) + (x^2/2)]^{-1}$인 감마 pdf를 비교함으로써 적분이 다음과 같음을 알 수 있다.

$$h(x) = \frac{\Gamma(\alpha + \frac{1}{2})}{\beta^\alpha \sqrt{2\pi}\Gamma(\alpha)} \left(\frac{2\beta}{2 + \beta x^2}\right)^{\alpha+1/2}, \quad -\infty < x < \infty$$

r이 양의 정수일 때 $\alpha = r/2$이고 $\beta = 2/r$이면 X가 자유도 r인 스튜던트 t-분포인 무조건부 분포를 따른다는 것은 흥미로운 사실이다. 즉 이러한 복합 또는 혼합을 통해 스튜던트 분포를 일반화했다. 결과로 만들어진 분포(스튜던트 t의 일반화)는 조건부 정규분포보다 꼬리가 훨씬 더 두껍다.

다음 두 예제에서 복합의 이러한 실례를 살펴본다.

예제 3.7.3 이항분포가 있는데 주어진 시행에서 성공 확률 p에 대한 확신이 없다고 하자. 우선 모수 α와 β인 베타 pdf를 가진 확률 과정에서 p를 추출했다고 하자. 따라서 n번의 독립시행에서 성공 횟수인 X는 조건부 이항분포를 따르며, X와 p의 결합 pdf는 $x = 0, 1, \cdots, n$과 $0 < p < 1$에 대해 다음과 같다.

$$p(x|p)g(p) = \frac{n!}{x!(n-x)!}p^x(1-p)^{n-x}\frac{\Gamma(\alpha+\beta)}{\Gamma(\alpha)\Gamma(\beta)}p^{\alpha-1}(1-p)^{\beta-1}$$

따라서 X의 무조건부 pdf는 다음 적분으로 주어진다.

$$\begin{aligned} h(x) &= \int_0^1 \frac{n!\Gamma(\alpha+\beta)}{x!(n-x)!\Gamma(\alpha)\Gamma(\beta)}p^{x+\alpha-1}(1-p)^{n-x+\beta-1}\,dp \\ &= \frac{n!\Gamma(\alpha+\beta)\Gamma(x+\alpha)\Gamma(n-x+\beta)}{x!(n-x)!\Gamma(\alpha)\Gamma(\beta)\Gamma(n+\alpha+\beta)}, \quad x = 0, 1, 2, \ldots, n \end{aligned}$$

이제 α와 β를 양의 정수라고 하자. $\Gamma(k) = (k-1)!$이므로 이 무조건부(주변 또는 복합) pdf는 다음과 같이 나타낼 수 있다.

$$h(x) = \frac{n!(\alpha+\beta-1)!(x+\alpha-1)!(n-x+\beta-1)!}{x!(n-x)!(\alpha-1)!(\beta-1)!(n+\alpha+\beta-1)!}, \quad x = 0, 1, 2, \ldots, n$$

조건부 평균이 $E(X|p) = np$이므로 무조건부 평균은 $n\alpha/(\alpha+\beta)$이다. $E(p)$는 베타분포의 평균 $\alpha/(\alpha+\beta)$와 동일하기 때문이다.

예제 3.7.4 이 예제에서는 복합에 의해 꼬리가 두꺼운 기운 분포(skewed distribution)를 개발한다. X가 모수 k와 θ^{-1}인 조건부 감마 pdf를 갖는다고 하자. θ에 대한 가중함수는 모수 α와 β인 감마 pdf이다. 따라서 X의 무조건부 (주변 또는 복합) pdf는 다음과 같다.

$$h(x) = \int_0^\infty \left[\frac{\theta^{\alpha-1}e^{-\theta/\beta}}{\beta^\alpha\Gamma(\alpha)}\right]\left[\frac{\theta^k x^{k-1}e^{-\theta x}}{\Gamma(k)}\right] d\theta$$
$$= \int_0^\infty \frac{x^{k-1}\theta^{\alpha+k-1}}{\beta^\alpha\Gamma(\alpha)\Gamma(k)} e^{-\theta(1+\beta x)/\beta}\, d\theta$$

여기서 피적분함수와 모수 $\alpha + k$, $\beta/(1 + \beta x)$인 감마 pdf를 비교하면

$$h(x) = \frac{\Gamma(\alpha+k)\beta^k x^{k-1}}{\Gamma(\alpha)\Gamma(k)(1+\beta x)^{\alpha+k}}, \quad 0 < x < \infty$$

이것은 **일반화된 파레토 분포**(generalized Pareto distribution)(그리고 F-분포의 일반화)의 pdf이다. 물론 $k = 1$(따라서 X가 조건부 지수분포)일 때 pdf는 다음과 같으며,

$$h(x) = \alpha\beta(1+\beta x)^{-(\alpha+1)}, \quad 0 < x < \infty$$

이것은 **파레토 pdf**이다. 이러한 복합 pdf 2개 모두는 원래의 (조건부) 감마분포보다 꼬리가 두껍다.

일반화된 파레토 분포의 cdf는 단순한 폐쇄형으로 나타낼 수 없지만 파레토 분포의 pdf는 다음과 같이 나타낼 수 있다.

$$H(x) = \int_0^x \alpha\beta(1+\beta t)^{-(\alpha+1)}\, dt$$
$$= 1 - (1+\beta x)^{-\alpha}, \quad 0 \le x < \infty$$

이것으로부터 $X = Y^\tau(0 < \tau)$라고 하여 또 다른 유용한 긴 꼬리 분포를 만들 수 있다. 따라서 Y의 cdf는 다음과 같다.

$$G(y) = P(Y \le y) = P[X^{1/\tau} \le y] = P[X \le y^\tau]$$

그러므로 이 확률은

$$G(y) = H(y^\tau) = 1 - (1+\beta y^\tau)^{-\alpha}, \quad 0 < y < \infty$$

이에 대응하는 pdf는

$$G'(y) = g(y) = \frac{\alpha\beta\tau y^{\tau-1}}{(1+\beta y^\tau)^{\alpha+1}}, \quad 0 < y < \infty$$

결합된 이 분포를 **변환된 파레토 분포**(transformed Pareto distribution) 또는 **버르 분포**(Burr distribution)(Burr, 1942)라고 하는데, 이는 더욱 두꺼운 꼬리 분포의 모형화에서 유용한 것으로 증명되었다.

연습문제

3.7.1 Y가 $\Gamma(\alpha, \beta)$ 분포를 따르며, $X = e^Y$이라고 하자. X의 pdf가 식 (3.7.5)와 같음을 밝혀라. Γ-분포의 cdf로 X의 cdf를 표현하고, X의 평균과 분산을 도출하라.

3.7.2 연습문제 3.7.1에 제시한 확률변수의 pdf와 cdf에 대한 R 함수를 작성하라.

3.7.3 예제 3.7.1에서 식 (3.7.6)에 주어진 혼합분포의 pdf를 유도하고, 식 (3.7.7)과 (3.7.8)에 주어진 평균과 분산을 구하라.

3.7.4 연습문제 3.7.2의 pdf에 대한 R 함수와 `dgamma`를 사용하여 식 (3.7.6)의 혼합 pdf에 대한 R 함수를 작성하라. $\alpha_1 = \beta_1 = \alpha_2 = \beta_2 = 2$인 경우, $p = 0.05, 0.10, 0.15, 0.20$에 대한 이 pdf를 한 그래프에 그려라.

3.7.5 혼합분포 $(9/10)N(0, 1) + (1/10)N(0, 9)$에서 첨도가 8.34임을 밝혀라.

3.7.6 X가 $x = 1, 2, \cdots$일 때 $\theta(1 - \theta)^{x-1}$인 조건부 기하 pmf를 갖는다고 하자. 여기서 θ는 모수 α와 β인 베타 pdf를 가진 확률변수의 한 값이다. X의 주변 (무조건부) 분포가 다음과 같음을 밝혀라.

$$\frac{\Gamma(\alpha+\beta)\Gamma(\alpha+1)\Gamma(\beta+x-1)}{\Gamma(\alpha)\Gamma(\beta)\Gamma(\alpha+\beta+x)}, \quad x = 1, 2, \ldots$$

이때 $\alpha = 1$이면

$$\frac{\beta}{(\beta+x)(\beta+x-1)}, \quad x = 1, 2, \ldots$$

이것은 **지프 법칙**(Zipf's law)의 한 형식이다.

3.7.7 연습문제 3.7.6에서 X가 기하분포가 아니라 음이항분포를 따른다고 가정하고 문제를 다시 풀라.

3.7.8 X가 모수 k, α, β인 일반화된 파레토 분포를 따른다고 하자. 변수변환을 이용하여 $Y = \beta X/(1 + \beta X)$가 베타분포를 따른다는 것을 밝혀라.

3.7.9 파레토 분포의 고장률(위험률)이 다음과 같음을 밝혀라.

$$\frac{h(x)}{1 - H(x)} = \frac{\alpha}{\beta^{-1} + x}$$

다음 cdf를 가진 버르 분포의 고장률(위험률)을 구하라.

$$G(y) = 1 - \left(\frac{1}{1+\beta y^{\tau}}\right)^{\alpha}, \quad 0 \le y < \infty$$

이러한 두 고장률에서 각각 변숫값이 증가함에 따라 발생하는 현상을 기록하라.

3.7.10 버르 분포에서 $-\tau < k < \alpha\tau$일 때 다음을 밝혀라.

$$E(X^k) = \frac{1}{\beta^{k/\tau}}\,\Gamma\left(\alpha - \frac{k}{\tau}\right)\Gamma\left(\frac{k}{\tau}+1\right)\Big/\,\Gamma(\alpha)$$

3.7.11 사고 발생 횟수 X가 평균 $\lambda\theta$인 푸아송 분포를 따른다고 하자. 사고 발생 책임인 λ는 주어진 θ에 대해 모수 $\alpha = h$, $\beta = 1/h$인 감마 pdf를 가지며, 사고 경향 요인인 θ는 모수 α, $\lambda = h$, k인 일반화된 파레토 pdf를 갖는다고 하자. X의 무조건부 pdf가 다음과 같음을 밝혀라.

$$\frac{\Gamma(\alpha+k)\Gamma(x+h)\Gamma(\alpha+h)\Gamma(x+k)}{\Gamma(\alpha)\Gamma(k)\Gamma(h)\Gamma(\alpha+h+x+k)x!}, \quad x = 0, 1, 2, \ldots$$

이를 **일반화된 워링**(generalized Waring) pmf라고 한다.

3.7.12 X가 주어진 모수 α와 고정된 모수 β, τ를 가진 조건부 버르 분포를 따른다고 하자.

(a) $\alpha = 1, 2, 3, \cdots$인 경우 α가 기하 pmf $p(1-p)^{\alpha-1}$을 가질 때 X의 무조건부 분포가 버르 분포임을 밝혀라.

(b) α가 지수 pdf $\beta^{-1}e^{-\alpha/\beta}(\alpha > 0)$일 때 X의 무조건부 pdf를 구하라.

3.7.13 X가 다음과 같은 조건부 와이블 pdf를 가지며, pdf(가중함수) $g(\theta)$가 모수 α와 β인 감마분포라고 하자.

$$f(x|\theta) = \theta\tau x^{\tau-1}e^{-\theta x^{\tau}}, \quad 0 < x < \infty$$

X의 복합 (주변) pdf가 버르 분포임을 밝혀라.

3.7.14 X가 모수 α와 β인 파레토 분포를 따른다고 하자. c가 양의 상수일 때 $Y = cX$가 모수 α와 β/c인 파레토 분포를 따름을 밝혀라.

기초 통계적 추론 4

Elementary Statistical Inferences

4.1 표본과 통계량

2장에서 표본과 통계량의 개념을 설명했다. 이 절에서는 그 논의를 이어서 추론의 주요 방법, 즉 신뢰구간과 가설검정을 소개한다.

전형적인 통계 문제에서는 확률변수 X에 관심이 있으나 그것의 pdf $f(x)$ 또는 pmf $p(x)$는 알려져 있지 않다. $f(x)$나 $p(x)$를 모르는 것은 대략 다음 두 가지 중 하나로 분류할 수 있다.

(1) $f(x)$나 $p(x)$가 전혀 알려지지 않았다.

(2) $f(x)$나 $p(x)$의 형태는 알려졌으나 모수 θ를 모르고, 여기서 θ는 벡터일 수도 있다.

지금은 두 번째 분류를 고려하지만 일부 내용은 첫 번째 분류에도 적용된다. 다음은 몇 가지 예이다.

(a) X는 식 (3.3.6)의 지수분포 $\text{Exp}(\theta)$를 따르며, 여기서 θ는 모른다.

(b) X는 식 (3.1.2)의 이항분포 $b(n, p)$를 따르며, 여기서 n은 알지만 p는 모른다.

(c) X는 식 (3.3.2)의 감마분포 $\Gamma(\alpha, \beta)$를 따르며, α와 β 모두 모른다.

(d) X는 식 (3.4.6)의 정규분포 $N(\mu, \sigma^2)$을 따르며, 여기서 X의 평균 μ와 분산 σ^2을 모두 모른다.

이러한 문제는 확률변수 X가 특정 집합 Ω에 대해 $\theta \in \Omega$일 때 $f(x; \theta)$ 또는 $p(x; \theta)$의 형태인 pdf 또는 pmf를 갖는다고 일컫는다. 예를 들어 (a)에서 $\Omega = \{\theta | \theta > 0\}$이다. θ를 분포의 모수라고 하는데, θ가 알려져 있지 않으므로 이를 추정하고자 한다.

이러한 과정에서 X의 알려지지 않은 분포 또는 X의 분포의 알려지지 않은 모수에 대한 정보는 X의 표본으로부터 얻는다. 표본의 관찰 개체는 X와 동일한 분포를 가지고, 이는 **표본 크기**(sample size)를 n으로 표기할 때 확률변수 $X_1, X_2, \cdots, X_n$으로 나타낸다. 표본이 실제로 추출되었을 때 표본의 값 또는 **실현**(realization)은 소문자 x_1, x_2, ⋯, x_n으로 표기한다. 흔히 표본의 관찰 개체 X_1, X_2, ⋯, X_n은 서로 독립이라고 가정하며, 이러한 경우 표본을 확률표본이라고 부른다. 이는 다음과 같이 공식적으로 정의된다.

정의 4.1.1

확률변수 X_1, X_2, ⋯, X_n이 서로 독립이고 동일한 분포를 따르면(independent and identically distributed, iid) 이러한 확률변수는 동일한 분포로부터의 크기가 n인 **확률표본**(random sample)을 구성한다.

표본의 함수는 표본 내의 정보를 요약하는 데 자주 사용된다.

정의 4.1.2

확률변수 X에 대한 표본을 X_1, X_2, ⋯, X_n이라고 하자. $T = T(X_1, X_2, \cdots, X_n)$이 표본의 함수라면 T를 **통계량**(statistic)이라고 한다.

일단 표본을 추출하면 $t = T(x_1, x_2, \cdots, x_n)$이고 x_1, x_2, ⋯, x_n이 표본의 실현일 때 t를 T의 실현이라고 한다.

4.1.1 점추정량

이 장에서 다루는 문제는 이러한 용어를 이용하여 다음과 같이 표현된다. 특정 집합 Ω에 대해 $\theta \in \Omega$인 $f(x; \theta)$ 또는 $p(x; \theta)$ 형태의 pdf 또는 pmf를 가진 확률변수 X에 대한 확률표본을 X_1, X_2, ⋯, X_n이라고 하자. 이러한 경우 θ의 추정량인 통계량 T에 대해 생각해보는 것이 타당하다. 좀 더 형식적으로 T는 θ의 **점추정량**(point estimator)이라고 하며, T를 θ의 **추정량**(estimator), T의 실현인 t를 θ의 **추정값**(estimate)이라고 한다.

이 책에서 논의할 점추정량의 몇 가지 특징이 있다. 먼저 간단한 특징인 불편성(unbiasedness)에 대해 알아보자.

정의 4.1.3 [불편성]

$\theta \in \Omega$인 pdf $f(x; \theta)$를 가진 확률변수 X에 대한 표본이 X_1, X_2, ⋯, X_n이고 $T = T(X_1, X_2, \cdots, X_n)$은 통계량이라고 하자. 만약 $E(T) = \theta$이면 T를 θ의 **불편추정량**(unbiased estimator)이라고 한다.

6장과 7장에서 추정의 몇 가지 이론을 살펴볼 것이다. 이 장의 목적은 추론의 소개로, **최대우도추정량**(maximum likelihood estimator, mle)을 간략히 설명하고 이를 사용하여 앞의 몇 가지 예제에 대한 점추정량을 구하고자 한다. 6장에서 이러한 이론을 확장할 것이다. 여기서는 연속형 변수를 다루며, 이산형 변수의 경우에는 단순히 pdf를 pmf로 바꾸기만 하면 된다.

여기서 다루는 문제에서 표본 내의 정보와 모수 θ는 확률표본의 결합분포, 즉 $\prod_{i=1}^n f(x_i;\theta)$와 관련이 있다. 이러한 결합분포를 θ의 함수로 보면 다음과 같이 쓸 수 있다.

$$L(\theta) = L(\theta; x_1, x_2, \ldots, x_n) = \prod_{i=1}^n f(x_i;\theta) \tag{4.1.1}$$

이는 확률표본의 **우도함수**(likelihood function)라고 한다. θ의 추정값으로 $L(\theta)$의 중심을 측정하는 것이 적절해 보인다. 자주 사용되는 추정값은 $L(\theta)$의 최댓값을 제공하는 θ의 값이다. 만약 이 추정값이 유일하다면 이를 **최대우도추정량**(mle)이라고 하며 $\widehat{\theta}$으로 표기한다. 즉

$$\widehat{\theta} = \text{Argmax}\ L(\theta) \tag{4.1.2}$$

실전에서는 흔히 우도함수에 로그를 취한 함수, 즉 $l(\theta) = \log L(\theta)$를 다루는 것이 훨씬 쉽다. 로그는 순증가하는 함수이기 때문에 $l(\theta)$를 최대화하는 값은 $L(\theta)$를 최대화하는 값과 같다. 게다가 이 책에서 논의하는 대부분의 모형에서 pdf(또는 pmf)는 θ에 대해 미분이 가능한 함수이고 $\widehat{\theta}$은 자주 다음 방정식을 푼다.

$$\frac{\partial l(\theta)}{\partial \theta} = 0 \tag{4.1.3}$$

만약 θ가 모수의 벡터라면 이는 동시에 풀어야 하는 연립방정식(system of equations)이 된다. 예제 4.1.3을 참조하라. 이러한 방정식을 mle **추정방정식**(estimating equations, EE)이라고 한다.

6장에서 보듯이 일반적인 조건하에 mle는 몇 가지 좋은 특징이 있다. 그중 여기서 필요로 하는 한 가지 특징은 모수 θ 외에 특정한 함수 g에 대한 모수 $\eta = g(\theta)$에도 관심이 있는 상황과 관련된다. 이때 6장의 정리 6.1.2와 같이 $\widehat{\theta}$이 θ의 mle일 때 η의 mle는 $\widehat{\eta} = g(\widehat{\theta})$이 된다. 이제 자료 실현을 포함한 몇 개의 예제를 살펴보자.

예제 4.1.1 [지수분포] 확률표본 $X_1, X_2, \cdots, X_n$의 공통 pdf가 $\Gamma(1, \theta)$의 pdf, 즉 $0 < x < \infty$의 받침에 대해 $f(x) = \theta^{-1}\exp\{-x/\theta\}$라고 하자. 식 (3.3.2)를 참조하라. 이 감마분포는 지수분포라고도 부른다. 우도함수의 로그는 다음과 같이 주어진다.

$$l(\theta) = \log \prod_{i=1}^n \frac{1}{\theta} e^{-x_i/\theta} = -n\log\theta - \theta^{-1}\sum_{i=1}^n x_i$$

θ에 대한 로그 우도함수의 첫 번째 편미분은

$$\frac{\partial l(\theta)}{\partial \theta} = -n\theta^{-1} + \theta^{-2}\sum_{i=1}^{n} x_i$$

이 편미분을 0으로 놓고 θ에 대해 풀면 해 $\overline{x}$를 구할 수 있다. 여기에는 하나의 임곗값만 존재하며, $\overline{x}$에서 로그 우도함수의 두 번째 편미분은 완전히 음수이므로 이 값에서 최대가 됨을 입증한다. 따라서 이 예제에서 통계량 $\widehat{\theta} = \overline{X}$는 θ의 mle이다. 그리고 $E(X) = \theta$이므로 $E(\overline{X}) = \theta$가 되고, 따라서 $\widehat{\theta}$은 θ의 불편추정량이다.

Rasmussen(1992)의 92쪽에서는 보잉720 항공기의 에어컨 장치가 처음으로 고장 나는 데까지 걸리는 운영 시간의 수가 관심 있는 변수 X인 자료를 제시했다. 크기 $n = 13$의 확률표본을 얻었고 실현값은 다음과 같다.

```
359 413  25 130  90  50  50 487 102 194  55  74  97
```

예를 들면 359시간은 확률변수 X_1의 실현값이다. 자료의 범위는 25~487시간이다. 지수모형이라고 가정하면 θ의 점추정값은 이 자료의 산술평균이다. 자료가 R 벡터 `ophrs`에 저장되어 있다고 가정하면 R에서 이 평균은 다음과 같이 계산된다.

```
mean(ophrs);  163.5385
```

따라서 X의 평균인 θ의 점추정값은 163.54시간이다. 163.54시간이 실제 θ에 얼마나 가까운가? 다음 절에서 이 질문에 대한 답을 알아본다.

예제 4.1.2 [이항분포] 베르누이 실험의 결과가 성공인지 실패인지에 따라 X가 각각 1 또는 0의 값을 갖는다고 하자. $0 < \theta < 1$일 때 θ가 성공 확률이라면 식 (3.1.1)에 의해 X의 pmf는 다음과 같다.

$$p(x;\theta) = \theta^x(1-\theta)^{1-x}, \quad x = 0 \text{ 또는 } 1$$

만약 $X_1, X_2, \cdots, X_n$이 X의 확률표본이라면 우도함수는

$$L(\theta) = \prod_{i=1}^{n} p(x_i;\theta) = \theta^{\sum_{i=1}^{n} x_i}(1-\theta)^{n-\sum_{i=1}^{n} x_i}, \quad x_i = 0 \text{ 또는 } 1$$

로그를 취하면

$$l(\theta) = \sum_{i=1}^{n} x_i \log\theta + \left(n - \sum_{i=1}^{n} x_i\right)\log(1-\theta), \quad x_i = 0 \text{ 또는 } 1$$

$l(\theta)$의 편미분은

$$\frac{\partial l(\theta)}{\partial \theta} = \frac{\sum_{i=1}^{n} x_i}{\theta} - \frac{n - \sum_{i=1}^{n} x_i}{1-\theta}$$

이 편미분을 0으로 놓고 θ에 대해 풀면 $\widehat{\theta} = n^{-1}\sum_{i=1}^{n} X_i = \overline{X}$를 얻게 된다. 즉 mle는 n개 시행에서의 성공 비율이다. 그리고 $E(X) = \theta$이므로 $\widehat{\theta}$은 θ의 불편추정량이다.

Devore(2012)는 일부 환자에게서 삐걱거리는 소리가 날 수 있는 세라믹 고관절 교체와 관련된 연구를 다루었다. 또한 Kloke와 McKean(2014)의 30쪽을 참조하라. 이 연구에서는 143개 중 28개의 고관절 교체에서 삐걱거리는 소리가 났다. 앞선 논의의 관점에서, 성공은 삐걱거리는 소리가 나는 고관절 교체이고 실패는 삐걱거리는 소리가 나지 않는 고관절 교체인 이항분포에서 크기가 $n = 143$인 표본의 실현값을 구한다. θ를 성공 확률이라고 하면 이 표본에 기반한 θ의 추정값은 $\widehat{\theta} = 28/143 = 0.1958$이다. 이것은 간단한 계산이지만 나중을 위해 R 코드 `prop.test(28,143)`으로 이 비율을 계산한다.

예제 4.1.3 **[정규분포]** X가 식 (3.4.6)에 주어진 pdf의 $N(\mu, \sigma^2)$ 분포를 갖는다고 하자. 이 경우 $\boldsymbol{\theta} = (\mu, \sigma)$는 벡터이다. 만약 $X_1, X_2, \cdots, X_n$이 X의 확률표본이라면 우도함수의 로그는 다음과 같이 단순화된다.

$$l(\mu, \sigma) = -\frac{n}{2}\log 2\pi - n\log\sigma - \frac{1}{2}\sum_{i=1}^{n}\left(\frac{x_i - \mu}{\sigma}\right)^2 \tag{4.1.4}$$

그리고 2개의 편미분은 다음과 같이 단순화된다.

$$\frac{\partial l(\mu, \sigma)}{\partial \mu} = -\sum_{i=1}^{n}\left(\frac{x_i - \mu}{\sigma}\right)\left(-\frac{1}{\sigma}\right) \tag{4.1.5}$$

$$\frac{\partial l(\mu, \sigma)}{\partial \sigma} = -\frac{n}{\sigma} + \frac{1}{\sigma^3}\sum_{i=1}^{n}(x_i - \mu)^2 \tag{4.1.6}$$

이 편미분을 0으로 놓고 동시에 풀면 mle를 구할 수 있다.

$$\widehat{\mu} = \overline{X} \tag{4.1.7}$$

$$\widehat{\sigma}^2 = n^{-1}\sum_{i=1}^{n}(X_i - \overline{X})^2 \tag{4.1.8}$$

여기서 $\widehat{\sigma}^2$의 mle는 σ의 mle를 제곱한 것이라는 성질을 이용했다. 2장의 식 (2.8.6)에서 살펴보았듯이 추정량 $\overline{X}$는 μ에 대한 불편추정량이다. 또한 2.8절의 예제 2.8.7을 통해 다음 통계량이 σ^2의 불편추정량이라는 것을 안다.

$$S^2 = \frac{1}{n-1}\sum_{i=1}^{n}(X_i - \overline{X})^2 \tag{4.1.9}$$

따라서 σ^2의 mle는 $E(\widehat{\sigma}^2) = [(n-1)/n]\sigma^2$이 되고, 이는 σ^2에 대해 편향된 추정량이다. 그러나 $\widehat{\sigma}^2$의 편향은 $E(\widehat{\sigma}^2 - \sigma^2) = -\sigma^2/n$이 되고, $n \to \infty$일 때 0으로 수렴한다는 것을 주목하라. 실제로 S^2은 σ^2의 선호되는 추정량이다.

Rasmussen(1991)의 65쪽에서는 손상된 바이에른 숲에서 이산화황의 농도를 측정하는 연구에 대해 설명한다. 다음 자료는 이산화황 농도의 측정(세제곱미터당 마이크로그램)에 대해 크기가 $n = 24$인 확률표본의 실현값이다.

```
33.4 38.6 41.7 43.9 44.4 45.3 46.1 47.6 50.0 52.4 52.7 53.9
54.3 55.1 56.4 56.5 60.7 61.8 62.2 63.4 65.5 66.6 70.0 71.5
```

이러한 자료는 저자 서문에 언급된 사이트의 R 자료 파일인 `sulfurdio.rda`에도 있다. 이러한 자료가 R 벡터 `sulfurdioxide`에 있다고 가정하면 다음 R 코드는 실제 평균과 분산의 추정값을 구한다(s^2과 $\widehat{\sigma}^2$이 모두 계산된다).

```
mean(sulfurdioxide);var(sulfurdioxide);(23/24)*var(sulfurdioxide)
53.91667        101.4797        97.25139
```

그러므로 손상된 바이에른 숲에서 이산화황의 실제 평균 농도는 세제곱미터당 53.92마이크로그램으로 추정된다. 통계량 S^2의 실현값은 $s^2 = 101.48$이고, σ^2의 편향된 추정량은 97.25이다. Rasmussen은 바이에른 숲의 손상되지 않은 지역에서 평균 이산화황 농도가 세제곱미터당 20마이크로그램이라는 점을 주목한다. 이 값은 표본값에서 상당히 멀리 떨어진 것으로 보인다. 이는 이후 절에서 통계적으로 살펴볼 것이다.

앞의 세 예제에서는 일반적인 미분 방법을 이용하여 해를 도출했다. 다음 예제에서는 확률변수의 받침에 θ가 포함되므로 당연히 미분 계산이 유용하지 않다.

예제 4.1.4 [균등분포] $X_1, X_2, \cdots, X_n$이 균등 $(0, \theta)$ 밀도를 가진 iid라고 하자. 즉 $0 < x < \theta$일 때 $f(x) = 1/\theta$이고 그 외에 $f(x) = 0$이다. θ가 받침에 있기 때문에 미분은 여기서 유용하지 않다. 우도함수는 다음과 같이 쓸 수 있다.

$$L(\theta) = \theta^{-n} I(\max\{x_i\}, \theta)$$

여기서 $I(a, b)$는 $a \le b$이면 1이고 $a > b$이면 0이다. 함수 $L(\theta)$는 $\theta \ge \max\{x_i\}$일 때 θ의 감소함수이고 그 외에 0이다[$L(\theta)$의 그래프를 그려보라]. 따라서 최댓값은 가장 작은 θ 값에서 발생한다. 즉 mle는 $\widehat{\theta} = \max\{X_i\}$이다.

4.1.2 pmf와 pdf의 히스토그램 추정값

cdf $F(x)$를 가진 확률변수 X에 대한 확률표본을 $X_1, X_2, \cdots, X_n$이라고 하자. 이 절에서는 X

가 이산형인지 연속형인지에 따라 X의 pmf $p(x)$ 또는 pdf $f(x)$의 추정값인 표본의 히스토그램(histogram)을 간략히 살펴본다. X가 이산형 또는 연속형 확률변수라는 것 말고는 X의 분포 형태에 대한 어떠한 가정도 하지 않는다. 특히 최대우도추정량에 대한 앞의 논의에서 그랬듯이 분포의 모수적 형태에 대해 가정하지 않는다. 그러므로 여기서 소개하는 히스토그램은 흔히 **비모수적**(nonparametric) 추정량이라고 불린다. 비모수적 추정에 대한 일반적인 내용은 10장을 보라. 먼저 이산형인 경우를 알아보자.

X의 분포가 이산형인 경우

X가 pmf $p(x)$를 가진 이산형 확률변수이며 X의 확률표본을 X_1, X_2, ⋯, X_n이라고 하자. 먼저 X의 공간이 $\mathcal{D} = \{a_1, a_2, \cdots, a_m\}$과 같이 유한하다고 하자. $p(a_j)$의 직관적인 추정량은 표본에서 a_j의 상대도수이다. 이를 다음과 같이 더 공식적으로 표현한다. $j = 1, 2, \cdots, m$에 대해 다음 통계량을 정의하자.

$$I_j(X_i) = \begin{cases} 1 & X_i = a_j \\ 0 & X_i \neq a_j \end{cases}$$

이때 $p(a_j)$의 직관적인 추정값은 다음과 같은 평균으로 표현되므로

$$\widehat{p}(a_j) = \frac{1}{n}\sum_{i=1}^{n} I_j(X_i) \tag{4.1.10}$$

추정값 $\{\widehat{p}(a_1), \cdots, \widehat{p}(a_m)\}$은 pmf $p(x)$의 비모수 추정값이 된다. $I_j(X_i)$는 성공 확률이 $p(a_j)$인 베르누이 분포를 따른다는 것을 유의하라. $\widehat{p}(a_j)$는 다음 식을 만족하기 때문에 $p(a_j)$의 불편추정량이다.

$$E[\widehat{p}(a_j)] = \frac{1}{n}\sum_{i=1}^{n} E[I_j(X_i)] = \frac{1}{n}\sum_{i=1}^{n} p(a_j) = p(a_j) \tag{4.1.11}$$

이제 X의 공간이 $\mathcal{D} = \{a_1, a_2, \cdots\}$와 같이 무한하다고 가정하자. 실제로 하나의 값을 선택하고 다음과 같은 그룹을 만들 수 있다.

$$\{a_1\}, \{a_2\}, \ldots, \{a_m\}, \tilde{a}_{m+1} = \{a_{m+1}, a_{m+2}, \ldots\} \tag{4.1.12}$$

a_m+1과 같거나 큰 표본 개체의 비율을 $\widehat{p}(\tilde{a}_m+1)$이라고 하면 추정값 $\{\widehat{p}(a_1), \cdots, \widehat{p}(a_m), \widehat{p}(\tilde{a}_m+1)\}$은 $p(x)$의 비모수 추정값이 된다. 그룹을 합치는 것에 대한 경험적 방법은 범주 a_m의 도수가 범주 a_{m+1}, a_{m+2}, ⋯의 도수를 합친 것보다 2배가 넘도록 m을 선택하는 것이다.

히스토그램은 $\widehat{p}(a_j)$와 a_j의 **막대그래프**(barplot)이다. 여기서 두 가지 고려할 사항이 있다. 첫 번째로 a_j 값이 사람 모집단의 머리 색깔과 같이 정성적(qualitative) 범주를 나타낸다고 하자. 이 경우 a_j에 순서형 정보가 없다. 이러한 자료에 대한 보통의 히스토그램은 높이가 $\widehat{p}(a_j)$이고 인접하지 않은 막대로 구성되며, $\widehat{p}(a_j)$의 내림차순으로 막대가 그려진다. 이 히스토그램은 보통

막대표(bar chart)라고 불린다.

예제 4.1.5 **[스코틀랜드 취학 아동의 머리 색깔]** Kendall과 Sturat(1979)는 20세기 초에 스코틀랜드 취학 아동의 눈과 머리 색깔에 관한 자료를 제시했다. 이 자료는 저자 서문에 언급된 사이트의 `scotteyehair.rda` 파일에도 있다. 이 예제에서는 머리 색깔을 고려한다. 이산형 확률변수는 스코틀랜드 아동의 머리 색깔로 금색(Fair), 빨간색(Red), 중간색(Medium), 어두운색(Dark), 검은색(Black) 범주이다. Kendall과 Sturat가 제시한 결과는 크기가 $n = 22{,}361$인 스코틀랜드 취학 아동의 표본을 기반으로 한다. 이 표본에 대한 도수 분포와 pmf의 추정값은 다음과 같다.

	금색	빨간색	중간색	어두운색	검은색
도수	5789	1319	9418	5678	157
$\widehat{p}(a_j)$	0.259	0.059	0.421	0.254	0.007

그림 4.1.1은 이 표본에 대한 막대표이다. 도수(표의 두 번째 행)가 R 벡터 `vec`라고 가정하면 다음 R 코드는 이 막대표를 계산한다.

```
n=sum(vec); vecs = sort(vec,decreasing=T)/n
nms = c("Medium","Fair","Dark","Red","Black")
barplot(vecs,beside=TRUE,names.arg=nms,ylab="",xlab="Haircolor")
```

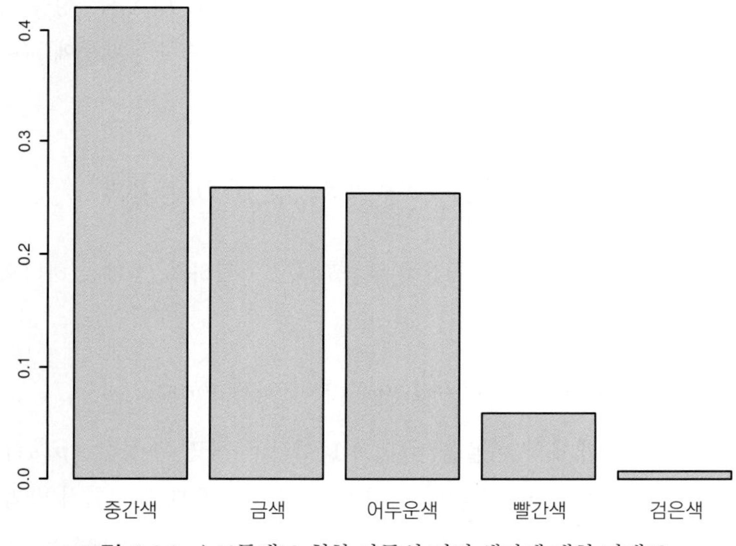

그림 4.1.1 스코틀랜드 취학 아동의 머리 색깔에 대한 막대표

두 번째로 공간 $\mathcal{D}$에 있는 값이 사실상 **순서형**(ordinal)으로 a_j의 자연적인 순서가 수치적으로 의미가 있다고 가정하자. 이러한 경우 다음 예제와 같이 보통의 히스토그램은 높이가 $\widehat{p}(a_j)$이고

a_j의 자연적인 순서대로 그려지는 서로 인접한 막대표이다.

예제 4.1.6 **[모의실험된 푸아송 변량]** 다음 30개 자룟값은 평균이 $\lambda = 2$인 푸아송 분포로부터 모의실험된 값이다. 푸아송 변량을 생성하는 방법은 예제 4.8.2를 참조하라.

$$\begin{array}{ccccccccccccccc} 2 & 1 & 1 & 1 & 1 & 5 & 1 & 1 & 3 & 0 & 2 & 1 & 1 & 3 & 4 \\ 2 & 1 & 2 & 2 & 6 & 5 & 2 & 3 & 2 & 4 & 1 & 3 & 1 & 3 & 0 \end{array}$$

pmf의 비모수적 추정값은

j	0	1	2	3	4	5	≥ 6
$\widehat{p}(j)$	0.067	0.367	0.233	0.167	0.067	0.067	0.033

그림 4.1.2는 이 자료에 대한 히스토그램으로 세로축에 빈도를 사용했다. 만약 R 벡터 x에 자룟값 30개가 포함되어 있다면 다음 R 코드는 이 히스토그램을 계산한다.

```
brs=seq(-.5,6.5,1);hist(x,breaks=brs,xlab="Number of events",ylab="")
```

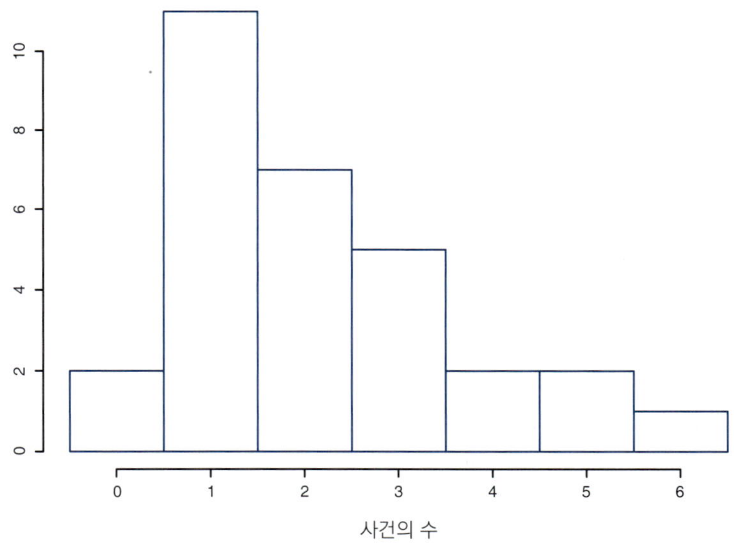

그림 4.1.2 예제 4.1.6의 푸아송 변량에 대한 히스토그램

X의 분포가 연속형인 경우

이 절에서는 연속하는 pdf $f(t)$를 가진 확률변수 X에 대한 확률표본을 $X_1, X_2, \cdots, X_n$이라고 하자. 먼저 특정한 x 값에서 이 pdf에 대한 추정값의 개요를 간략히 설명한다. 그리고 이 추정값을 사용하여 pdf의 히스토그램 추정값을 개발한다. 임의의 고정된 값 x와 $h > 0$가 주어졌을 때 구간 $(x - h, x + h)$를 생각해보자. 적분에 관한 평균값 정리에 의하면 $|x - \xi| < h$인 어떤 ξ에 대해 다음 결과를 얻는다.

$$P(x-h<X<x+h) = \int_{x-h}^{x+h} f(t)\,dt$$
$$= f(\xi)2h \approx f(x)2h$$

왼쪽 항의 비모수적 추정값은 구간 $(x-h, x+h)$에 속하는 표본 개체의 비율이다. 이는 주어진 x 값에서 $f(x)$에 대한 다음 비모수적 추정값을 제안한다.

$$\widehat{f}(x) = \frac{\#\{x-h<X_i<x+h\}}{2hn} \tag{4.1.13}$$

이를 좀 더 형식적으로 쓰기 위해 다음과 같은 표시 통계량(indicator statistic)을 생각해보자.

$$I_i(x) = \begin{cases} 1 & x-h<X_i<x+h \\ 0 & \text{그 외에} \end{cases} \qquad i=1,\ldots,n$$

그러면 $f(x)$의 비모수적 추정량은 다음과 같다.

$$\widehat{f}(x) = \frac{1}{2hn}\sum_{i=1}^{n} I_i(x) \tag{4.1.14}$$

표본 개체는 동일하게 분포하기 때문에 $h \to 0$에 따라 다음이 성립한다.

$$E[\widehat{f}(x)] = \frac{1}{2hn}nf(\xi)2h = f(\xi) \to f(x)$$

따라서 $\widehat{f}(x)$는 근사적으로 밀도 $f(x)$의 불편추정량이다. 밀도 추정(density estimation) 용어에 따르면 표시함수 I_i는 **대역**(bandwidth)이 $2h$인 **직사각 커널**(rectangular kernel)이라고 불린다. 밀도 추정에 대한 논의를 위해 Sheather와 Jones(1991), Lehmann(1999)의 6장을 참조하라. R 함수 `density`는 여러 옵션과 함께 밀도추정량을 제공한다. 이 책의 예제에서는 예제 4.1.7에서와 같이 기본 옵션을 사용한다.

히스토그램은 다소 대략적이기는 하지만 자주 사용되는 pdf의 추정량을 제공하므로 이에 대해 몇 가지 참고 사항을 언급하려고 한다. pdf $f(x)$를 가진 연속형 확률변수 X에 대한 확률표본의 실현값을 $x_1, x_2, \cdots, x_n$이라고 하자. $f(x)$의 히스토그램 추정값은 다음과 같이 구한다. 이산형인 경우에는 히스토그램에 대한 계급(class)이 자연스럽게 존재하지만, 연속형인 경우에는 이러한 계급을 선택해야 한다. 이를 수행하는 한 가지 방법은 양의 정수인 m, $h>0$인 h, $a<\min x_i$인 a를 선택하여 다음과 같은 m개의 구간이 표본의 범위인 $[\min x_i, \max x_i]$를 포함하도록 하는 것이다.

$$(a-h,a+h], (a+h,a+3h], (a+3h,a+5h], \ldots, (a+(2m-3)h, a+(2m-1)h] \tag{4.1.15}$$

이러한 구간이 계급을 형성한다. $j=1, 2, \cdots, m$에 대해 $A_j = (a+(2j-3)h, a+(2j-1)h]$라고 하자.

$\widehat{f}_h(x)$가 히스토그램 추정값을 나타낸다고 하자. $x \le a - h$ 또는 $x > a + (2m - 1)h$이면 $\widehat{f}_h(x) = 0$이라고 정의하면 $a - h < x \le a + (2m - 1)h$에 대해 x는 하나의 A_j 안에 속하게 된다. $x \in A_j$에 대해 $\widehat{f}_h(x)$를 다음과 같이 정의하자.

$$\widehat{f}_h(x) = \frac{\#\{x_i \in A_j\}}{2hn} \tag{4.1.16}$$

$\widehat{f}_h(x) \ge 0$이고 다음과 같음을 주목하라.

$$\begin{aligned}
\int_{-\infty}^{\infty} \widehat{f}_h(x)\,dx = \int_{a-h}^{a+(2m-1)h} \widehat{f}_h(x)\,dx &= \sum_{j=1}^{m} \int_{A_j} \frac{\#\{x_i \in A_j\}}{2hn}\,dx \\
&= \frac{1}{2hn} \sum_{j=1}^{m} \#\{x_i \in A_j\}[h(2j - 1 - 2j + 3)] \\
&= \frac{2h}{2hn} n = 1
\end{aligned}$$

그래서 $\widehat{f}_h(x)$는 pdf의 성질을 만족한다.

계급이 병합되는 경우를 제외한 이산형의 경우에는 히스토그램이 고유하다(unique). 그러나 연속형의 경우에는 히스토그램이 선택한 계급에 의존한다. 계급 변경의 결과로 생성되는 그림이 상당히 다를 수 있다. 계급 선택에 대한 설득력 있는 이유가 없는 한 컴퓨터 알고리즘으로 선택된 기본 계급을 사용할 것을 추천한다. R과 같은 대부분의 통계 소프트웨어 패키지에 있는 히스토그램 알고리즘에는 계급 선택에 대한 최신 연구가 반영되었다. 다음 예제의 히스토그램은 기본 계급을 기반으로 한다.

예제 4.1.7 예제 4.1.3에서는 손상된 바이에른 숲의 이산화황 농도와 관련된 자료를 제시했다. 그림 4.1.3은 이 자료의 히스토그램을 보여준다. 표본에는 24개의 자룟값이 있는데 이는 밀도를 추정하기에는 지나치게 적다. 이를 염두에 두면 자료의 분포가 언덕 모양이기는 하지만 가운데 부분이 정규성에 비해서는 너무 평평해 보인다. 히스토그램을 R의 기본 밀도 추정값(실선)과 겹쳐서 그린 그림에서 정규성에 대한 이러한 경고를 확인할 수 있다. 이 자료에 대한 표본평균과 표본표준편차가 각각 53.91667, 10.07371임을 상기하라. 그래서 이 평균과 표준편차를 가진 정규 pdf(점선)도 겹쳐서 그렸다. 다음 R 코드에서는 R 벡터 `sulfurdioxide`에 자료가 있다고 가정한다.

```
hist(sulfurdioxide,xlab="Sulfurdioxide",ylab=" ",pr=T,ylim=c(0,.04))
lines(density(sulfurdioxide))
y=dnorm(sulfurdioxide,53.91667,10.07371);lines(y~sulfurdioxide,lty=2)
```

정규 밀도 그림은 적합하지 않은 것으로 보인다.

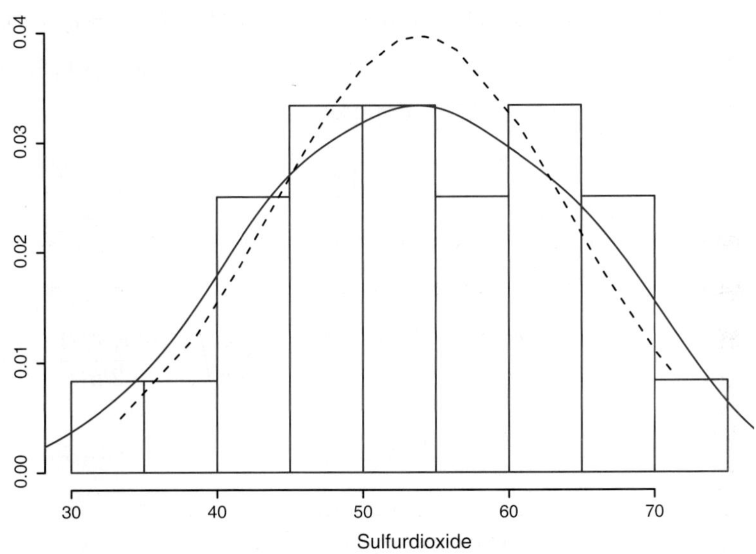

그림 4.1.3 밀도의 추정값(실선)과 평균 및 표준편차가 각각 표본평균 및 표본표준편차로 대체된 정규 pdf(점선)를 겹쳐서 그린 바이에른 숲의 이산화황 농도에 대한 히스토그램. 자료는 예제 4.1.3에 있다.

연습문제

4.1.1 20개의 모터를 고온 환경에서 검사했다. 이러한 상황하에서 모터의 수명을 1시간 단위로 측정한 결과는 다음과 같다. 또한 자료는 저자 서문에 언급된 사이트에서 구할 수 있는 `lifetimemotor.rda` 파일에도 있다. 이러한 상황하에서 모터의 수명인 X가 $\Gamma(1, \theta)$ 분포를 따른다고 가정하자.

1	4	5	21	22	28	40	42	51	53
58	67	95	124	124	160	202	260	303	363

(a) R 벡터 `x`에 자료가 포함되어 있을 때 코드 `hist(x,pr=T); lines(density(x))`를 이용하여 자료의 히스토그램을 그린 다음 밀도의 추정치를 겹쳐서 그려라. 이 그림을 바탕으로 $\Gamma(1, \theta)$ 모형이 신뢰할 만하다고 생각하는가?

(b) $\Gamma(1, \theta)$ 모형으로 가정하고 θ의 mle인 $\widehat{\theta}$을 구하여 그 위치를 히스토그램에 표시하라. 그런 다음 히스토그램에 $\Gamma(1, \widehat{\theta})$ 분포의 pdf를 겹쳐서 그려라. pdf를 구하기 위해 R 함수 `dgamma(x,shape=1,scale=`$\widehat{\theta}$`)`을 사용하라.

(c) 모터 수명의 중앙값의 추정값인 표본중앙값을 구하라. 이것은 어떤 모수를 추정하는가? (즉 X의 중앙값을 정하라.)

(d) mle에 기초한 X의 중앙값의 또 다른 추정값은 무엇인가?

4.1.2 프로야구 투수 26명의 몸무게가 다음과 같이 주어졌다. [완전한 자료는 Hettmansperger와 McKean(2011) 76쪽을 참조하라.] 이 자료는 R 파일 `bb.rda`에 있다. 프

로야구 투수들의 몸무게가 평균이 μ, 분산이 σ^2인 정규분포를 갖는다고 가정하자.

160	175	180	185	185	185	190	190	195	195	195	200	200
200	200	205	205	210	210	218	219	220	222	225	225	232

(a) 이 자료의 히스토그램을 그려라. 이 그림에 기초하여 정규확률모형이 믿을 만한가?

(b) μ, σ^2, σ, μ/σ의 최대우도추정값(mle)을 구하라. (a)에서 그린 히스토그램에 μ의 추정값이 어디에 위치하는지 나타내라. (a)의 히스토그램에 이 추정값을 가진 정규 pdf를 겹쳐서 그려라.

(c) 이항 모형을 사용하여 몸무게가 215파운드를 초과하는 프로야구 투수의 비율인 p의 최대우도추정값(mle)을 구하라.

(d) 프로야구 투수들의 몸무게가 알려지지 않은 평균 μ와 분산 σ^2을 가진 정규확률모형 $N(\mu, \sigma^2)$을 따른다고 가정하고 p의 mle를 구하라.

4.1.3 오전 9시에서 10시 사이에 한 가게에 들어오는 고객의 수 X가 모수 θ인 푸아송 분포를 따른다고 하자. 10일 동안 오전 9시에서 10시 사이에 가게에 들어온 고객 수에 대한 확률표본이 다음과 같다.

9 8 9 15 12 13 12 7 3 12

(a) θ의 최대우도추정량(mle)을 구하라. 이것이 불편추정량임을 밝혀라.

(b) 이 자료에 기초하여 (a)에서 얻은 추정량의 실현값을 구하라. 이 추정값의 의미를 고객 수에 관해 설명하라.

4.1.4 예제 4.1.3에 대해 식 (4.1.4)~(4.1.8)을 확인하라.

4.1.5 연속형 분포에서 추출한 확률표본을 $X_1, X_2, \cdots, X_n$이라고 하자.

(a) $P(X_2 \leq X_1)$, $P(X_2 \leq X_1, X_3 \leq X_1)$, $\cdots$, $P(X_i \leq X_1, i = 1, 2, \cdots, n)$을 구하라.

(b) X_1이 더 이상 가장 큰 관측값이 되지 않을 때까지 표본추출을 계속한다고 가정하자. 즉 $i = 2, 3, \cdots, j-1$에 대해 $X_i \leq X_1 < X_j$이다. X_1이 더 이상 가장 큰 관측값이 되지 않을 때까지 X_1을 포함하지 않는 시행의 횟수를 Y라고 하자. 즉 j가 시행의 총횟수이면 $Y = j - 1$이다. Y의 분포가 다음과 같이 계산된다는 것을 밝혀라.

$$P(Y = j) = \frac{1}{j(j+1)}, \quad j = 1, 2, \ldots$$

(c) Y의 평균과 분산이 존재한다면 그 값을 구하라.

4.1.6 식 (4.1.10)에 있는 pmf의 추정값을 고려하자. 식 (4.1.11)에서 이 추정량이 불편추정값임을 밝혔다. 이 추정량의 분산과 mgf를 구하라.

4.1.7 예제 4.1.5에서 논의된 스코틀랜드 취학 아동의 자료에는 눈 색깔에 관한 정보도 포함되어 있다. 아동의 눈 색깔 빈도는 다음과 같다.

파란색	밝은색	중간색	어두운색
2978	6697	7511	5175

이 빈도를 이용하여 막대그래프를 그리고 이와 관련된 pmf의 추정값을 구하라.

4.1.8 $\widehat{\theta}$이 θ의 mle일 때 모수 $\eta = g(\theta)$에 대한 mle는 $g(\widehat{\theta})$임을 상기하라. 예제 4.1.6의 자료가 평균이 λ인 푸아송 분포에서 추출되었다고 가정하고 λ의 mle를 구한 다음 이를 이용하여 pmf의 mle를 구하라. pmf의 mle와 비모수적 추정값을 비교하라. 정의역값 6에 대해 $P(X \geq 6)$의 mle를 구하라.

4.1.9 pdf의 비모수적 추정량[식 (4.1.14)]을 고려하자.

(a) 추정량의 평균과 편향(bias)을 구하라.

(b) 추정량의 분산을 구하라.

4.1.10 이 자료는 카네기멜론대학의 http://lib.stat.cmu.edu/DASL/에서 다운로드했다. 원래 출처는 Willerman 등(1991)이다. 자료는 대학생 40명에 대해 기록한 두뇌 정보의 표본으로 구성되었다. 변수에는 성별, 키, 몸무게, IQ 측정값 3개, 두뇌 크기를 나타내는 자기공명영상(MRI)에서 계산된 픽셀 수가 포함된다. 자료는 저자 서문에 언급된 사이트의 rda 파일인 `braindata.rda`에 있다. 이 연습문제에서는 MRI의 픽셀 수를 고려하자.

(a) `braindata.rda` 파일을 불러와 다음 코드를 사용하여 MRI 자료를 출력하라.

```
mri <- braindata[,7]; print(mri)
```

(b) 자료의 히스토그램을 `hist(mri,pr=T)`로 구하라. 모양에 대해 논하라.

(c) 기본 밀도 추정량을 `lines(density(mri))`로 겹쳐서 그려라. 모양에 대해 논하라.

(d) 표본평균과 표본표준편차를 구하고, 모수로 이 추정값을 사용한 정규 pdf를 `mris=sort(mri)`와 `lines(dnorm(mris,mean(mris),sd(mris))~mris, lty=2)`를 사용하여 히스토그램에 겹쳐서 그려라. 적합에 대해 논하라.

(e) 표본평균의 ± 1과 ± 2 표본표준편차 사이에 있는 자료의 비율을 계산하고, 이를 경험적 규칙과 비교하라.

4.1.11 이것은 과학자 사이먼 뉴컴(Simon Newcomb)이 기록한 빛의 속도에 대한 유명

한 자료이다. 자료는 연습문제 4.1.10에 제시된 카네기멜론대학교의 사이트에서 얻었고, 저자 서문에 언급된 사이트의 `speedlight.rda` 파일에서도 찾을 수 있다. Stigler(1977)는 이 자료의 정보를 제공한다.

(a) rda 파일을 불러와 명령어 `print(speed)`를 입력하라. Stigler가 지적했듯이 자룟값 $\times 10^{-3} + 24.8$은 뉴컴의 자룟값이므로 음수인 값이 있을 수 있다. 또한 자료의 단위로 '참값'은 33.02이다. 자료에 대해 논하라.

(b) 자료의 히스토그램을 구하라. 모양에 대해 논하라.

(c) 히스토그램에 기본 밀도 추정량을 겹쳐서 그려라. 모양에 대해 논하라.

(d) 표본평균과 표본표준편차를 구하고, 모수로 이러한 추정값을 사용한 정규 pdf를 히스토그램에 겹쳐서 그려라. 적합에 대해 논하라.

(e) 표본평균의 ± 1과 ± 2 표본표준편차 사이에 있는 자료의 비율을 계산하고, 이를 경험적 규칙과 비교하라.

4.2 신뢰구간

4.1절에서 다룬 통계적 문제를 계속해서 살펴보자. 관심의 대상인 확률변수 X는 θ가 알려져 있지 않을 때 $\theta \in \Omega$에 대해 pdf $f(x; \theta)$를 갖는다는 것을 상기하라. 4.1절에서는 X의 분포에서 추출한 확률표본을 $X_1, X_2, \cdots, X_n$이라고 할 때 통계량 $\widehat{\theta} = \widehat{\theta}(X_1, X_2, \cdots, X_n)$에 의한 θ의 추정에 대해 논했다. 표본이 추출되었을 때 $\widehat{\theta}$ 값이 모수의 참값일 가능성은 매우 낮다. 사실 $\widehat{\theta}$이 연속형 분포를 따르면 $P_\theta(\widehat{\theta} = \theta) = 0$이다. 여기서 P_θ는 θ가 참값일 때 계산된 확률을 나타낸다. 이때 필요한 것은 $\widehat{\theta}$이 θ로부터 얼마나 벗어나는지에 대한 추정 오차의 추정값이다. 이 절에서는 다음에서 공식적으로 정의되는 신뢰구간의 관점으로 이러한 오차의 추정값을 정리한다.

정의 4.2.1 [신뢰구간]

$\theta \in \Omega$에서 pdf $f(x; \theta)$를 가진 확률변수 X에 대한 표본을 $X_1, X_2, \cdots, X_n$이라고 하자. $0 < \alpha < 1$가 지정되었고, $L = L(X_1, X_2, \cdots, X_n)$과 $U = U(X_1, X_2, \cdots, X_n)$이 통계량이라고 하자. 만약 다음과 같다면 구간 (L, U)를 θ에 대한 $(1 - \alpha)100\%$ **신뢰구간**(confidence interval)이라고 한다.

$$1 - \alpha = P_\theta[\theta \in (L, U)] \tag{4.2.1}$$

즉 이 구간은 θ를 포함할 확률이 $1 - \alpha$인데, 이를 신뢰구간의 **신뢰계수**(confidence coefficient) 또는 **신뢰수준**(confidence level)이라고 부른다.

일단 표본이 추출되면 신뢰구간의 실현값은 실수의 구간인 (l, u)이다. 이러한 신뢰구간 (l, u)는 θ를 포함하거나 포함하지 않는다. 신뢰구간은 성공 확률이 $1 - \alpha$인 베르누이 시행의 관점에서 생각해볼 수 있다. 예를 들어 주어진 기간 동안 독립적인 $(1 - \alpha)100\%$ 신뢰구간 M개를 구했다면 이 기간 동안 θ를 포함하는 $(1 - \alpha)M$개의 성공적인 신뢰구간을 가질 것으로 기대된다. 따라서 θ의 참값이 구간 (l, u)에 포함되는 것에 대해 $(1 - \alpha)100\%$의 신뢰도를 갖는다.

신뢰구간에 기반한 효율성의 측정은 신뢰구간의 기대되는 길이(expected length)이다. (L_1, U_1)와 (L_2, U_2)가 동일한 신뢰계수를 가진 θ에 대한 신뢰구간이라고 하자. 만약 모든 $\theta \in \Omega$에 대해 $E_\theta(U_1 - L_1) \leq E_\theta(U_2 - L_2)$이면 (L_1, U_1)이 (L_2, U_2)보다 더 효율적이라고 말한다.

신뢰구간을 구하는 방법은 몇 가지가 있다. 이 절에서는 그중 하나를 살펴보는데, 이는 피벗(pivot) 확률변수에 바탕을 둔 것이다. 피벗은 보통 θ의 추정량과 모수의 함수이고, 피벗의 분포는 알려져 있다. 이러한 정보를 사용하여 흔히 대수적 유도 과정을 통해 신뢰구간을 구할 수 있다. 다음의 몇몇 예제는 이러한 피벗 방법을 보여준다. 두 번째 방법은 4.4.2절에서 분위수에 대한 신뢰구간을 구하는 것처럼 분포 가정을 사용하지 않고 신뢰구간을 구하는 것이다.

예제 4.2.1 **[정규성하에서 μ의 신뢰구간]** $N(\mu, \sigma^2)$ 분포를 따르는 확률표본을 $X_1, X_2, \cdots, X_n$이라고 하자. $\overline{X}$와 S^2이 각각 표본평균과 표본분산을 나타낸다고 하자. 앞 절에서 $\overline{X}$가 μ의 mle이고 $[(n-1)/n]S^2$이 σ^2의 mle였음을 상기하라. 정리 3.6.1의 (d)에 의해 확률변수 $T = (\overline{X} - \mu)/(S/\sqrt{n})$는 자유도가 $n - 1$인 t-분포를 갖는다. 이 확률변수 T는 피벗 변수이다.

$0 < \alpha < 1$일 때 자유도가 $n - 1$인 t-분포에서 상위 $\alpha/2$ 임계점, 즉 $\alpha/2 = P(T > t_{\alpha/2,n-1})$를 만족하는 점을 $t_{\alpha/2,n-1}$이라고 하자. 간단한 대수적 유도로 다음을 얻을 수 있다.

$$\begin{aligned} 1-\alpha &= P(-t_{\alpha/2,n-1} < T < t_{\alpha/2,n-1}) \\ &= P_\mu\left(-t_{\alpha/2,n-1} < \frac{\overline{X}-\mu}{S/\sqrt{n}} < t_{\alpha/2,n-1}\right) \\ &= P_\mu\left(-t_{\alpha/2,n-1}\frac{S}{\sqrt{n}} < \overline{X}-\mu < t_{\alpha/2,n-1}\frac{S}{\sqrt{n}}\right) \\ &= P_\mu\left(\overline{X}-t_{\alpha/2,n-1}\frac{S}{\sqrt{n}} < \mu < \overline{X}+t_{\alpha/2,n-1}\frac{S}{\sqrt{n}}\right) \end{aligned} \tag{4.2.2}$$

일단 표본이 추출되면 $\overline{x}$와 s는 각각 통계량 $\overline{X}$와 S의 실현값이라고 하자. 그러면 μ에 대한 $(1 - \alpha)100\%$ 신뢰구간은 다음과 같다.

$$(\overline{x} - t_{\alpha/2,n-1}s/\sqrt{n}, \overline{x} + t_{\alpha/2,n-1}s/\sqrt{n}) \tag{4.2.3}$$

이 구간은 종종 μ에 대한 $(1 - \alpha)100\%$ **t-구간**(t-interval)이라고 한다. $\overline{X}$의 표준편차에 대한 추정값 $s/\sqrt{n}$는 $\overline{X}$의 **표준오차**(standard error)라고 한다.

예제 4.1.3에서는 손상된 바이에른 숲의 이산화황 농도에 대한 자료를 제시했다. μ가 이산화황 농도의 실제 평균이라고 하자. 자료에 기반하여 μ의 추정값은 $\overline{x} = 53.92$이고 표본표준편차는 $s = \sqrt{101.48} = 10.07$임을 상기하라. 표본 크기가 $n = 24$이므로 99% 신뢰구간에 대한 t-임곗값은 $t_{0.005,23} =$ `qt(.995,23) = 2.807`이다. 이러한 값을 바탕으로 식 (4.2.3)의 신뢰구간을 계산할 수 있다. R 벡터 `sulfurdioxide`에 표본이 포함되어 있다고 가정하면 신뢰구간을 계산하는 R 코드는 `t.test(sulfurdioxide,conf.level=0.99)`이고 99% 신뢰구간은 (48.14,59.69)로 계산된다. 많은 과학자는 이 신뢰구간을 53.92 ± 5.78로 쓴다. 이러한 방식으로 쓰면 μ의 추정값과 오차한계(margin of error)를 알 수 있다.

앞의 예제에서 피벗 확률변수 $T = (\overline{X} - \mu)/(s/\sqrt{n})$의 분포는 표본 개체의 정규성에 의존한다. 그러나 이는 표본 개체가 정규분포에서 추출되지 않았다고 하더라도 거의 사실이다. **중심극한정리**(central limit theorem, CLT)는 T의 분포가 근사적으로 $N(0, 1)$을 따른다는 것을 보여준다. 이 결과를 이용하기 위해 CLT를 여기서 소개하고 이에 대한 증명은 5장에서 할 것이다. 정리 5.3.1을 참조하라.

정리 4.2.1 [중심극한정리]

평균이 μ이고 유한한 분산이 σ^2인 분포를 따르는 확률표본의 관측값을 $X_1, X_2, \cdots, X_n$이라고 하자. 그러면 확률변수 $W_n = (\overline{X} - \mu)/(\sigma/\sqrt{n})$의 분포함수는 $n \to \infty$에 따라 $N(0, 1)$ 분포의 분포함수인 Φ에 수렴한다.

5장에서 더 증명하겠지만 이 결과는 σ를 표본표준편차인 S로 대체해도 동일하다. 즉 정리 4.2.1의 가정하에 다음 분포는 근사적으로 $N(0, 1)$이다.

$$Z_n = \frac{\overline{X} - \mu}{S/\sqrt{n}} \tag{4.2.4}$$

다음 예제에서 보듯이 비정규분포의 경우에 대해 이 결과를 가지고 μ에 대한 근사적인 신뢰구간을 얻을 수 있다.

예제 4.2.2 **[평균 μ에 대한 대표본 신뢰구간]** $X_1, X_2, \cdots, X_n$이 평균 μ, 분산 σ^2인 확률변수 X에 대한 확률표본이지만, 앞의 예제와 달리 X의 분포는 정규분포가 아니라고 가정하자. 그러나 위의 설명에 따라 식 (4.2.4)의 Z_n의 분포는 근사적으로 $N(0, 1)$이라는 것을 알고 있다. 따라서

$$1 - \alpha \approx P_\mu\left(-z_{\alpha/2} < \frac{\overline{X} - \mu}{S/\sqrt{n}} < z_{\alpha/2}\right)$$

앞의 예제와 동일한 대수적 유도를 사용하여 다음을 얻는다.

$$1 - \alpha \approx P_\mu\left(\overline{X} - z_{\alpha/2}\frac{S}{\sqrt{n}} < \mu < \overline{X} + z_{\alpha/2}\frac{S}{\sqrt{n}}\right) \tag{4.2.5}$$

표본을 추출한 후 통계량 $\overline{X}$와 S의 실현값을 각각 $\overline{x}$와 s라고 하면 μ에 대한 근사적인 $(1-\alpha)100\%$ 신뢰구간은 다음과 같이 주어지며, 이를 **대표본**(large sample) 신뢰구간이라고 부른다.

$$(\overline{x} - z_{\alpha/2}s/\sqrt{n}, \overline{x} + z_{\alpha/2}s/\sqrt{n}) \tag{4.2.6}$$

실제로는 모집단이 정규분포인지 모르는 경우가 흔하다. 어떤 신뢰구간을 이용해야 할까? 일반적으로 동일한 α에 대해 $t_{\alpha/2,n-1}$에 근거한 구간이 $z_{\alpha/2}$에 근거한 구간보다 크다. 따라서 구간 식 (4.2.3)이 일반적으로 구간 식 (4.2.6)보다 더 보수적이며, 통계학자들은 일반적으로 구간 식 (4.2.3)을 선호한다.

가끔 표준편차 σ를 알고 있다고 가정하자. 이러한 경우 μ에 대해 일반적으로 사용되는 신뢰구간은 s를 σ로 대체한 식 (4.2.6)이다.

예제 4.2.3 **[p에 대한 대표본 신뢰구간]** X가 성공 확률 p인 베르누이 확률변수이고, 결과가 성공인지 실패인지에 따라 X가 각각 1 또는 0이라고 하자. X의 분포에서 추출한 확률표본이 X_1, X_2, ⋯, X_n이고 $\widehat{p} = \overline{X}$가 성공의 표본 비율이라고 하자. $\widehat{p} = n^{-1}\sum_{i=1}^{n} X_i$는 표본평균이고 $Var(\widehat{p}) = p(1-p)/n$라는 것에 주목하라. 그러면 CLT에 따라 $Z = (\widehat{p} - p)/\sqrt{p(1-p)/n}$의 분포는 근사적으로 $N(0, 1)$을 따른다. 5장의 예제 5.1.1을 참고하여 $p(1-p)$를 추정값인 $\widehat{p}(1-\widehat{p})$으로 대체한다. 그러면 앞의 예제에서처럼 진행하여 p에 대한 근사적인 $(1-\alpha)100\%$ 신뢰구간을 얻을 수 있다.

$$(\widehat{p} - z_{\alpha/2}\sqrt{\widehat{p}(1-\widehat{p})/n}, \widehat{p} + z_{\alpha/2}\sqrt{\widehat{p}(1-\widehat{p})/n}) \tag{4.2.7}$$

여기서 $\sqrt{\widehat{p}(1-\widehat{p})/n}$은 $\widehat{p}$의 표준오차라고 한다.

예제 4.1.2에서는 삐걱거리는 소리가 날 수 있는 고관절 교체와 관련된 자료를 다루었다. 고관절 교체의 결과는 삐걱거리는 소리가 나는 것과 삐걱거리는 소리가 나지 않는 것으로 성공과 실패가 분류되었다. 이 표본에서 143개의 고관절 교체 중 28개가 성공이었다. 삐걱거리는 소리가 나는 고관절 교체의 확률인 p에 대한 99% 신뢰구간은 R을 사용하여 `prop.test(28,143, conf.level=.99)`로 계산되고 구간 (0.122, 0.298)이 된다. 따라서 99%의 신뢰도로 삐걱거리는 소리가 나는 고관절 교체 확률은 0.122와 0.298 사이로 추정된다.

4.2.1 평균의 차에 대한 신뢰구간

관심 있는 실제적인 문제는 두 분포의 비교, 즉 X와 Y라는 확률변수의 분포 비교이다. 이 절에서는 X와 Y의 평균을 비교할 것이다. X와 Y의 평균을 각각 μ_1, μ_2로 표기하자. 특히 차 $\Delta = \mu_1 - \mu_2$의 신뢰구간을 구한다. X와 Y의 분산을 유한으로 가정하고 $\sigma_1^2 = Var(X)$, $\sigma_2^2 = Var(Y)$로 표기한다. X_1, ⋯, X_{n_1}이 X의 분포에서 추출한 확률표본이고 Y_1, ⋯, Y_{n_2}가 Y의 분포에서 추출한 확률표본이라고 하자. 표본이 독립적으로 추출되었다고 가정하고, $\overline{X} = n_1^{-1}\sum_{i=1}^{n_1} X_i$와 $\overline{Y} = n_2^{-1}\sum_{i=1}^{n_2} Y_i$를 표본평균이라고 하자. $\widehat{\Delta} = \overline{X} - \overline{Y}$라면 통계량 $\widehat{\Delta}$은 Δ의 불편추정량이다. $\widehat{\Delta} - \Delta$는 피벗 확률변수의 분자에 해당한다. 표본의 독립성에 의해

$$Var(\widehat{\Delta}) = \frac{\sigma_1^2}{n_1} + \frac{\sigma_2^2}{n_2}$$

$S_1^2 = (n_1 - 1)^{-1}\sum_{i=1}^{n_1}(X_i - \overline{X})^2$, $S_2^2 = (n_2 - 1)^{-1}\sum_{i=1}^{n_2}(Y_i - \overline{Y})^2$은 표본분산이라고 하자. 이 표본분산으로 분산을 추정하여 다음 피벗 확률변수를 생각해보자.

$$Z = \frac{\widehat{\Delta} - \Delta}{\sqrt{\frac{S_1^2}{n_1} + \frac{S_2^2}{n_2}}} \tag{4.2.8}$$

표본의 독립성과 정리 4.2.1에 의해 이 피벗 확률변수는 근사적으로 $N(0, 1)$ 분포를 갖는다. 따라서 차 $\Delta = \mu_1 - \mu_2$에 대한 근사 $(1 - \alpha)100\%$ 신뢰구간은 다음과 같다.

$$\left((\overline{x} - \overline{y}) - z_{\alpha/2}\sqrt{\frac{s_1^2}{n_1} + \frac{s_2^2}{n_2}}, (\overline{x} - \overline{y}) + z_{\alpha/2}\sqrt{\frac{s_1^2}{n_1} + \frac{s_2^2}{n_2}}\right) \tag{4.2.9}$$

여기서 $\sqrt{(s_1^2/n_1) + (s_2^2/n_2)}$은 $\overline{X} - \overline{Y}$의 표준오차이다. 이는 $\mu_1 - \mu_2$에 대한 대표본 $(1 - \alpha)100\%$ 신뢰구간이다.

위의 신뢰구간은 근삿값이다. 이 상황에서 X와 Y의 분포가 동일한 분산, 즉 $\sigma_1^2 = \sigma_2^2$을 가진 정규분포라고 가정한다면 정확신뢰구간(exact confidence intervals)을 구할 수 있다. 따라서 이 분포는 위치에서만 다른 **위치모형**(location model)이다. σ^2이 X와 Y의 공통 분산일 때 X는 $N(\mu_1, \sigma^2)$ 분포이고 Y는 $N(\mu_2, \sigma^2)$ 분포라고 가정하자. 위에서와 같이 $X_1, \cdots, X_{n_1}$이 X의 분포에서 추출한 확률표본이고 $Y_1, \cdots, Y_{n_2}$가 Y의 분포에서 추출한 확률표본이며 표본이 서로 독립이라고 하자. $n = n_1 + n_2$를 전체 표본 수라고 하자. Δ의 추정량은 $\overline{X} - \overline{Y}$이다. 목표는 다음에 정의하는 피벗 확률변수가 3.6절에서 정의한 t-분포를 따름을 밝히는 것이다.

$\overline{X}$가 $N(\mu_1, \sigma^2/n_1)$ 분포이고 $\overline{Y}$가 $N(\mu_2, \sigma^2/n_2)$ 분포이며 $\overline{X}$와 $\overline{Y}$가 독립이므로 다음과 같은 결과를 얻는다.

$$\frac{(\overline{X}-\overline{Y})-(\mu_1-\mu_2)}{\sigma\sqrt{\frac{1}{n_1}+\frac{1}{n_2}}}\text{는 } N(0, 1) \text{ 분포를 따른다.} \tag{4.2.10}$$

이것은 T-통계량의 분자를 제공한다.

다음과 같다고 하자.

$$S_p^2 = \frac{(n_1 - 1)S_1^2 + (n_2 - 1)S_2^2}{n_1 + n_2 - 2} \tag{4.2.11}$$

S_p^2은 S_1^2과 S_2^2의 가중평균이며, S_p^2이 σ^2의 불편추정량임을 쉽게 밝힐 수 있다. 이것을 σ^2의 **합동**

추정량(pooled estimator)이라고 한다. 또한 $(n_1 - 1)S_1^2/\sigma^2$은 $\chi^2(n_1 - 1)$ 분포를 따르고, $(n_2 - 1)S_2^2/\sigma^2$은 $\chi^2(n_2 - 1)$ 분포를 따르며 S_1^2과 S_2^2은 독립이므로 $(n - 2)S_p^2/\sigma^2$은 $\chi^2(n - 2)$ 분포를 따른다. 따름정리 3.3.1을 참조하라. 끝으로 S_1^2은 $\overline{X}$와 독립이고 S_2^2은 $\overline{Y}$와 독립이며 확률표본은 서로 독립이므로 S_p^2은 식 (4.2.10)과 독립이다. 따라서 스튜던트의 t-분포와 관련된 3.6.1절의 결과로 다음은 자유도가 $n - 2$인 t-분포를 따른다.

$$\begin{aligned} T &= \frac{[(\overline{X} - \overline{Y}) - (\mu_1 - \mu_2)]/\sigma\sqrt{n_1^{-1} + n_2^{-1}}}{\sqrt{(n-2)S_p^2/(n-2)\sigma^2}} \\ &= \frac{(\overline{X} - \overline{Y}) - (\mu_1 - \mu_2)}{S_p\sqrt{\frac{1}{n_1} + \frac{1}{n_2}}} \end{aligned} \tag{4.2.12}$$

마지막 결과에 의해 다음 구간이 $\Delta = \mu_1 - \mu_2$에 대한 $(1 - \alpha)100\%$ 정확신뢰구간임을 밝히기는 쉽다.

$$\left((\overline{x} - \overline{y}) - t_{(\alpha/2, n-2)} s_p\sqrt{\frac{1}{n_1} + \frac{1}{n_2}}, (\overline{x} - \overline{y}) + t_{(\alpha/2, n-2)} s_p\sqrt{\frac{1}{n_1} + \frac{1}{n_2}}\right) \tag{4.2.13}$$

두 정규분포의 알려지지 않은 분산이 동일하지 않은 경우에 발생하는 어려운 문제는 연습문제에서 다룰 것이다.

예제 4.2.4 합동 t-신뢰구간을 설명하기 위해 Hettmansperger와 McKean(2011)이 제시한 야구 자료를 고려하자. 이 자료는 타자 33명, 투수 26명으로 구성된 프로야구 선수 59명에 대해 6개의 변수를 기록했다. 이는 1장에 언급된 사이트에 있는 `bb.rda` 파일에서 찾을 수 있다. 선수의 키(인치)는 이러한 측정값 중 하나이고, 이 예제에서는 투수와 타자의 키 차이를 고려한다. 투수와 타자의 실제 평균 키를 각각 μ_p, μ_h로 나타내고 $\Delta = \mu_p - \mu_h$라고 하자. 투수와 타자의 키에 대한 표본평균은 각각 75.19인치, 72.67인치이다. 따라서 Δ의 점추정값은 2.53인치이다. `bb.rda` 파일을 R에 불러오면 다음 R 코드는 Δ에 대한 95% 신뢰구간을 계산한다.

```
hitht=height[hitpitind==1]; pitht=height[hitpitind==0]
t.test(pitht,hitht,var.equal=T)
```

신뢰구간은 (1.42, 3.63)으로 계산된다. 신뢰구간의 모든 값은 양수이므로 평균적으로 투수가 타자보다 키가 크다는 것을 알 수 있다.

참고 4.2.1

X와 Y는 정규분포가 아니지만 그 분포가 위치에서만 다르다고 하면 5장에서 보듯이 식 (4.2.13)의 구간은 정확한 것이 아니라 근삿값이다.

4.2.2 비율의 차에 대한 신뢰구간

베르누이 분포 $b(1, p_1)$과 $b(1, p_2)$를 따르는 독립인 확률변수를 각각 X, Y라고 하자. 이제 차 $p_1 - p_2$에 대한 신뢰구간을 찾는 문제로 돌아가자. $X_1, \cdots, X_{n_1}$이 X의 분포에서 추출한 확률표본이고 $Y_1, \cdots, Y_{n_2}$가 Y의 분포에서 추출한 확률표본이라고 하자. 표본은 서로 독립이며 $n = n_1 + n_2$가 전체 표본의 크기라고 하자. $p_1 - p_2$의 추정량은 표본 비율의 차이며 물론 $\overline{X} - \overline{Y}$로 주어진다. 전통적인 표기를 사용하여 $\overline{X}$와 $\overline{Y}$ 대신 각각 $\widehat{p}_1$, $\widehat{p}_2$을 사용한다. 따라서 앞의 논의에 의해 식 (4.2.9)와 같은 구간이 $p_1 - p_2$에 대한 근사 신뢰구간을 제공한다. 여기서 $\sigma_1^2 = p_1(1 - p_1)$, $\sigma_2^2 = p_2(1 - p_2)$인데, 신뢰구간을 구할 때 이를 각각 $\widehat{p}_1(1 - \widehat{p}_1)$, $\widehat{p}_2(1 - \widehat{p}_2)$으로 추정한다. 따라서 $p_1 - p_2$에 대한 근사 $(1 - \alpha)100\%$ 신뢰구간은 다음과 같다.

$$\widehat{p}_1 - \widehat{p}_2 \pm z_{\alpha/2}\sqrt{\frac{\widehat{p}_1(1-\widehat{p}_1)}{n_1} + \frac{\widehat{p}_2(1-\widehat{p}_2)}{n_2}} \tag{4.2.14}$$

예제 4.2.5 Kloke와 McKean(2014) 33쪽에서는 1954년 Salk의 소아마비 백신에 대한 최초 임상연구 자료를 다루었다. 무작위로 한 그룹(실험군)의 아동은 백신을 맞고 다른 그룹(대조군)은 위약(placebo)을 맞았다. 대조군과 실험군의 소아마비 사례 실제 비율을 각각 p_C, p_T라고 하자. 표로 나타낸 결과는 다음과 같다.

그룹	아동 수	소아마비 사례 수	표본 비율
실험군	200,745	57	0.000284
대조군	201,229	199	0.000706

$\widehat{p}_C > \widehat{p}_T$임을 주목하라. 다음 R 코드는 $p_C - p_T$에 대한 95% 신뢰구간을 계산한다.

```
prop.test(c(199,57),c(201229,200745))
```

신뢰구간은 (0.00054, 0.00087)이다. 이 구간의 모든 값은 양수이므로 백신 접종이 소아마비 발병률을 줄이는 데 효과적임을 나타낸다.

연습문제

4.2.1 $N(\mu, \sigma^2)$에서 추출한 크기 20인 확률표본의 평균 $\overline{X}$와 표본분산의 관측값을 각각 81.2, 26.5라고 하자. μ에 대한 90%, 95%, 99% 신뢰구간을 구하라. 신뢰도가 증가함에 따라 신뢰구간의 길이가 어떻게 증가하는지를 주목하라.

4.2.2 예제 4.1.1에 제시한 모터의 수명 자료를 고려하자. 모터의 평균 수명에 대한 대표본 95% 신뢰구간을 구하라.

4.2.3 $X_1, X_2, \cdots, X_n$이 $\Gamma(1, \theta)$ 분포를 따르는 확률표본이라고 가정하자.

(a) $(2/\theta)\sum_{i=1}^{n} X_i$가 자유도가 $2n$인 χ^2-분포를 갖는다는 것을 밝혀라.

(b) (a)의 확률변수를 피벗 확률변수로 이용하여 θ에 대한 $(1-\alpha)100\%$ 신뢰구간을 구하라.

(c) 예제 4.1.1의 자료에 대해 (b)의 신뢰구간을 구하고, 예제 4.2.2에서 구한 구간과 이를 비교하라.

4.2.4 예제 4.2.4에서 야구 자료에 대해 투수와 타자의 평균 키 차이에 대한 신뢰구간을 구했다. 투수와 타자의 평균 몸무게 차이에 대한 95% 합동 t-신뢰구간을 구하라.

4.2.5 연습문제 4.2.4의 야구 자료에서 59명의 야구 선수 중 15명이 왼손잡이라고 알려졌다. 미국에서 왼손잡이의 비율이 약 11%임을 고려할 때 이것은 특이한가? 식 (4.2.7)을 이용하여 왼손잡이 야구 선수의 비율 p에 대한 95% 근사 신뢰구간을 구하여 이 질문에 답하라.

4.2.6 $N(\mu, 16)$에서 추출한 크기 n인 확률표본의 평균을 $\overline{X}$라고 하자. 근사적으로 $P(\overline{X}-1<\mu<\overline{X}+1)=0.90$이 되는 n을 구하라.

4.2.7 $N(\mu, \sigma^2)$에서 추출한 크기 17인 확률표본에서 $\overline{x}=4.7$, $s^2=5.76$이라고 하자. μ에 대한 95% 신뢰구간을 구하라.

4.2.8 평균 μ, 분산 $\sigma^2=9$인 분포에서 추출한 크기 n인 확률표본의 평균을 $\overline{X}$라고 하자. μ를 포함하는 확률구간 $(\overline{X}-(1/2), \overline{X}+(1/2))$의 확률이 근사적으로 0.954가 되는 n을 구하라.

4.2.9 $N(\mu, \sigma^2)$에서 추출한 크기 9인 확률표본을 $X_1, X_2, \cdots, X_9$라고 하자.

(a) σ가 알려진 경우 신뢰구간이 확률변수 $\sqrt{9}(\overline{X}-\mu)/\sigma$에 근거를 두고 있다면 μ에 대한 95% 신뢰구간을 구하라.

(b) σ가 알려지지 않은 경우 신뢰구간이 확률변수 $\sqrt{9}(\overline{X}-\mu)/S$에 근거를 두고 있다면 μ에 대한 95% 신뢰구간 길이의 기댓값을 구하라.

힌트: $E(S)=(\sigma/\sqrt{n-1})E[((n-1)S^2/\sigma^2)^{1/2}]$으로 나타내라.

(c) 두 결과를 비교하라.

4.2.10 $N(\mu, \sigma^2)$에서 추출한 크기 $n+1(n>1)$인 확률표본을 $X_1, X_2, \cdots, X_n, X_{n+1}$이라고 하자. $\overline{X}=\sum_{i=1}^{n} X_i/n$, $S^2=\sum_{i=1}^{n}(X_i-\overline{X})^2/(n-1)$이다. 통계량 $c(\overline{X}-X_{n+1})/S$이 t-분포가 되는 상수 c를 구하라. $n=10$일 때 $P(\overline{X}-kS<X_{11}<\overline{X}+kS)=0.80$이 되는 k를 결정하라. 관찰된 구간 $(\overline{x}-ks, \overline{x}+ks)$는 X_{11}에 대한 80% **예측구간**(prediction interval)이라고 한다.

4.2.11 $N(0, 1)$ 분포의 확률표본을 $X_1, X_2, \cdots, X_n$이라고 하자. 그러면 확률구간 $\overline{X} \pm t_{\alpha/2,n-1}(s/\sqrt{n})$가 $\mu = 0$을 포함할 확률은 $1 - \alpha$이다. 이를 경험적으로 검증하기 위해 이 연습문제에서는 이러한 구간을 m번 시뮬레이션하고 0을 포함하는 비율을 계산한다. 이 비율은 $1 - \alpha$에 '가까워야' 한다.

(a) $n = 10$, $m = 50$을 설정하라. R 코드 `mat=matrix(rnorm(m*n),ncol=n)`을 실행하여 $N(0, 1)$ 분포에서 크기가 n인 표본 m개를 생성한다. 행렬 `mat`의 각 행은 표본을 포함한다. 이 표본의 행렬에 대해 다음 함수는 $(1 - \alpha)100\%$ 신뢰구간을 계산하고, 이를 $m \times 2$ 행렬로 반환한다. 이 함수를 앞서 생성한 행렬 `mat`에 실행하라. 0을 포함하는 데 성공한 신뢰구간의 비율은 무엇인가?

```
getcis <- function(mat,cc=.90){
numb <- length(mat[,1]); ci <- c()
for(j in 1:numb)
{ci<-rbind(ci,t.test(mat[j,],conf.level=cc)$conf.int)}
return(ci)}
```

이 함수는 1.1절에 언급된 사이트에도 있다.

(b) 다음 코드를 실행하여 신뢰구간의 그림을 그려라. 성공적인 신뢰구간을 표시하고 신뢰구간의 길이에 대한 변동성을 논하라.

```
cis<-getcis(mat); x<-1:m
plot(c(cis[,1],cis[,2])~c(x,x),pch="",xlab="Sample",ylab="CI")
points(cis[,1]~x,pch="L");points(cis[,2]~x,pch="U"); abline(h=0)
```

4.2.12 연습문제 4.2.11에서는 $N(0, 1)$ 분포에서 표본을 추출했다. 그러나 $\mu = 0$, $\sigma = 1$로 설정하는 것이 일반성을 잃지 않는다는 것을 증명하라.

힌트: 먼저 $Z_1, Z_2, \cdots, Z_n$이 $N(0, 1)$의 확률표본이고 $Z_i = (Z_i - \mu)/\sigma$인 경우에 한하여 $X_1, X_2, \cdots, X_n$이 $N(\mu, \sigma^2)$의 확률표본임을 밝혀라. 그런 다음 X_i에 기반한 신뢰구간이 μ를 포함하는 경우에 한하여 Z_i에 기반한 신뢰구간이 0을 포함한다는 것을 밝혀라.

4.2.13 R 함수 `getcis`의 코드를 변경하여 벡터 `ind`도 반환하게 하라. 여기서 i번째 신뢰구간이 성공적이면 `ind[i] = 1`이고 그렇지 않으면 0이다. 경험적 신뢰수준이 `mean(ind)`임을 밝혀라.

(a) 연습문제 4.2.11의 정규분포 설정에 대해 시뮬레이션을 10,000번 실행하고 경험적 신뢰수준을 계산하라.

(b) 식 (1.8.8)의 코시 분포에서 표본을 추출하는 경우에 대해 시뮬레이션을 10,000번 실행하고 경험적 신뢰수준을 계산하라. 결과가 (a)와 다른가? R 코드 `rcauchy(k)`는 이 코시 분포에서 크기가 k인 표본을 반환한다.

(c) 이러한 경험적 신뢰수준은 독립인 표본으로부터 계산된 비율이다. 따라서 식

(4.2.14)에 제공된 95% 신뢰구간을 사용하여 실제 신뢰수준이 다른지 여부를 통계적으로 조사하라. 이에 대해 논하라.

4.2.14 $\alpha = 4$, $\beta > 0$인 감마분포에서 추출한 크기 25인 확률표본의 평균을 $\overline{X}$라고 하자. 중심극한정리를 이용하여 감마분포의 평균 μ에 대한 0.954 근사 신뢰구간을 구하라.
힌트: 확률변수 $(\overline{X} - 4\beta)/(4\beta^2/25)^{1/2} = 5\overline{X}/2\beta - 10$를 이용하라.

4.2.15 평균이 μ이고 알려진 분산이 σ^2인 분포에서 추출한 크기 n인 확률표본의 평균을 $\overline{x}$라고 하자. μ에 대한 90% 근사 신뢰구간이 $x - \sigma/4$에서 $x + \sigma/4$가 되는 n을 구하라.

4.2.16 어떤 확률변수에 대해 이항 모형을 가정하자. p에 대한 90% 신뢰구간의 길이가 길어야 0.04가 되는 n을 구하라.
힌트: $\sqrt{(y/n)(1 - y/n)} \le \sqrt{(1/2)(1 - 1/2)}$이다.

4.2.17 X가 모수 μ인 푸아송 분포를 따른다고 알려졌다. 이 모집단에서 추출한 100개 관찰개체의 표본평균이 4이다. μ에 대한 90% 근사 신뢰구간을 구하라.

4.2.18 모수 μ와 σ^2이 알려지지 않았을 때 $N(\mu, \sigma^2)$에서 추출한 확률표본을 $X_1, X_2, \cdots, X_n$이라고 하자. σ^2에 대한 **신뢰구간**은 다음과 같이 구할 수 있다. $(n - 1)S^2/\sigma^2$은 $\chi^2(n - 1)$을 따른다. 따라서 $P((n - 1)S^2/\sigma^2 < b) = 0.975$이고 $P(a < (n - 1)S^2/\sigma^2 < b) = 0.95$가 되는 상수 a와 b를 구할 수 있다. R에서 `a = qchisq(0.025,n-1)`이고 `b = qchisq(0.975,n-1)`이다.

(a) 두 번째 확률식은 $P((n - 1)S^2/b < \sigma^2 < (n - 1)S^2/a) = 0.95$로 나타낼 수 있음을 밝혀라.

(b) $n = 9$이고 $s^2 = 7.93$일 때 σ^2에 대한 95% 신뢰구간을 구하라.

(c) μ를 알고 있다면 σ^2에 대한 신뢰구간을 구하기 위한 앞의 과정을 어떻게 변경해야 하는가?

4.2.19 알려진 모수 $\alpha = 3$과 알려지지 않은 모수 $\beta > 0$를 가진 감마분포에서 추출한 확률표본을 $X_1, X_2, \cdots, X_n$이라고 하자. 연습문제 4.2.14에서 중심극한정리를 기반으로 β에 대한 근사 신뢰구간을 구했다. 먼저 $2\sum_{i=1}^{n} X_i/\beta$의 분포를 구하고, 이를 통해 정확한 신뢰구간을 구하라.
힌트: 연습문제 4.2.18의 대략적인 설명 과정을 참고하라.

4.2.20 압정 100개를 탁자에 던졌더니 60개는 침이 위를 향하여 떨어졌다. 이러한 형태의 압정침이 위를 향하는 확률에 대한 95% 신뢰구간을 구하라. 독립성을 가정하라.

4.2.21 정규분포 $N(\mu_1, \sigma^2)$, $N(\mu_2, \sigma^2)$에서 추출한, 크기가 각각 10이고 독립인 2개의 확률표본에서 $\overline{x} = 4.8$, $s_1^2 = 8.64$, $\overline{y} = 5.6$, $s_2^2 = 7.88$을 구했다. $\mu_1 - \mu_2$에 대한 90% 신뢰구간을 구하라.

4.2.22 모수가 $n_1 = n_2 = 100$, p_1, p_2인 이항분포를 따르는 독립인 확률변수 Y_1과 Y_2의 관측값이 $y_1 = 50$, $y_2 = 40$이라고 하자. $p_1 - p_2$에 대한 95% 근사 신뢰구간을 구하라.

4.2.23 분산 σ_1^2과 σ_2^2이 알려졌으나 같을 필요는 없을 때 두 정규분포의 평균 차 $\mu_1 - \mu_2$에 대한 신뢰구간을 구하는 문제를 논하라.

4.2.24 분산이 알려지지 않고 같지 않다고 가정할 때 연습문제 4.2.23을 논하라. 이것은 매우 어려운 문제인데 어느 부분이 어려운지 정확히 지적해야 한다. 그러나 분산이 알려지지 않았지만 그 비 σ_1^2/σ_2^2이 알려진 상수 k라면 T 확률변수인 통계량을 사용할 수 있다. 그 이유는 무엇인가?

4.2.25 연습문제 4.2.24의 설명에서처럼 각각 정규분포 $N(\mu_1, \sigma_1^2)$과 $N(\mu_2, \sigma_2^2)$에서 추출한 독립인 확률표본을 각각 $X_1, X_2, \cdots, X_9$와 $Y_1, Y_2, \cdots, Y_{12}$라고 하자. $\sigma_1^2 = 3\sigma_2^2$이라고 하자. 단, σ_2^2은 알려지지 않았다. $\mu_1 - \mu_2$에 대한 95% 신뢰구간을 구하는 데 이용되는 t-분포를 따르는 확률변수를 구하라.

4.2.26 공통 분산이 알려진 분포 $N(\mu_1, \sigma^2)$과 $N(\mu_2, \sigma^2)$에서 추출한, 크기가 각각 n인 두 확률표본의 평균을 $\overline{X}$, $\overline{Y}$라고 하자. 다음을 만족하는 n을 구하라.

$$P(\overline{X} - \overline{Y} - \sigma/4 < \mu_1 - \mu_2 < \overline{X} - \overline{Y} - \sigma/4) = 0.90$$

4.2.27 4개의 모수가 알려지지 않았을 때 각각의 정규분포 $N(\mu_1, \sigma_1^2)$과 $N(\mu_2, \sigma_2^2)$에서 추출한 독립인 확률표본을 각각 $X_1, X_2, \cdots, X_n$과 $Y_1, Y_2, \cdots, Y_m$이라고 하자. 분산의 비 σ_1^2/σ_2^2에 대한 신뢰구간을 구하기 위해 각각의 자유도로 나누어진 독립인 두 χ^2-변수의 비율로 구성했다. 즉

$$F = \frac{\frac{(m-1)S_2^2}{\sigma_2^2}/(m-1)}{\frac{(n-1)S_1^2}{\sigma_1^2}/(n-1)} = \frac{S_2^2/\sigma_2^2}{S_1^2/\sigma_1^2}$$

여기서 S_1^2과 S_2^2은 각각 표본분산이다.

(a) F는 어떤 분포를 따르는가?

(b) $P(F < b) = 0.975$와 $P(a < F < b) = 0.95$를 만족하도록 a와 b를 구할 수 있다. R에서 `a = qf(0.025,m-1,n-1)`이고, `b = qf(0.975,m-1,n-1)`이다.

(c) 두 번째 확률식을 다음과 같이 다시 써라.

$$P\left[a\frac{S_1^2}{S_2^2} < \frac{\sigma_1^2}{\sigma_2^2} < b\frac{S_1^2}{S_2^2}\right] = 0.95$$

σ_1^2/σ_2^2에 대한 95% 신뢰구간을 구하기 위해 관측값 s_1^2과 s_2^2을 이 방정식에 삽입할 수 있다.

독자는 신뢰구간 사용에 주의를 기울여야 한다. 이 구간은 분포의 정규성에 의존한다. X와 Y의 분포가 정규분포가 아닐 때 실제 신뢰계수는 명목 신뢰계수와 큰 차이가 날 수 있다. 예를 들어 Hettmansperger와 McKean(2011) 142쪽을 참조하라.

4.3 이산형 분포의 모수에 대한 신뢰구간*

이 절에서는 이산형 확률변수의 모수에 대한 정확신뢰구간을 구하는 데 사용되는 절차를 간략하게 설명한다. Ω가 실수의 구간이고 $\theta \in \Omega$일 때 pmf $p(x; \theta)$를 가진 이산형 확률변수 X에 대한 확률표본을 $X_1, X_2, \cdots, X_n$이라고 하자. $T = T(X_1, X_2, \cdots, X_n)$은 cdf $F_T(t; \theta)$를 가진 θ의 추정량이고, $F_T(t; \theta)$는 T의 받침에서 모든 t에 대해 θ의 연속인 비감소함수라고 가정하자. $\alpha_1 > 0$과 $\alpha_2 > 0$는 $\alpha = \alpha_1 + \alpha_2 < 0.50$이 되도록 주어진다고 하자. T의 받침에서 하나의 값만큼 시차(lag)가 있는 것을 받침으로 가진 통계량을 $T-$라고 할 때 $\underline{\theta}$와 $\overline{\theta}$가 다음 방정식의 근이라고 하자.

$$F_T(t-; \underline{\theta}) = 1 - \alpha_2, \quad F_T(t; \overline{\theta}) = \alpha_1 \tag{4.3.1}$$

예를 들어 $t_i < t_{i+1}$이 T의 연속된 받침값이라면 $T- = t_i$일 때에 한하여 $T = t_{i+1}$이다. 이 조건하에 구간 $(\underline{\theta}, \overline{\theta})$는 신뢰계수가 적어도 $1 - \alpha$인 θ에 대한 신뢰구간이다. 이에 대한 증명은 이 절의 마지막에서 간략히 설명한다.

이산형 예제를 계속 다루기 전에 식 (4.3.1)의 해가 익숙한 신뢰구간이 되는 연속형 예제를 살펴보자.

예제 4.3.1 σ^2이 알려진 $N(\theta, \sigma^2)$ 분포의 확률표본을 $X_1, X_2, \cdots, X_n$이라고 가정하자. $\overline{X}$가 표본평균이고 $\overline{x}$는 표본의 주어진 실현에 대한 $\overline{X}$의 값이라고 하자. 식 (4.2.6)에서 $\overline{x} \pm z_{\alpha/2}(\sigma/\sqrt{n})$는 θ에 대한 $(1 - \alpha)100\%$ 신뢰구간이라는 것을 상기하라. θ가 실제 평균이라고 가정하면 $\overline{X}$의 cdf는 $F_{\overline{X};\theta}(t) = \Phi[(t - \theta)/(\sigma/\sqrt{n})]$이고, 여기서 $\Phi(z)$는 표준정규분포의 cdf이다. 연속형의 경우 $\overline{X}-$가 $\overline{X}$와 동일한 분포를 갖는다는 것에 주목하라. 그러면 식 (4.3.1)의 첫 번째 식은

$$\Phi[(\overline{x} - \theta)/(\sigma/\sqrt{n})] = 1 - (\alpha/2)$$

즉 다음과 같이 쓸 수 있다.

$$(\overline{x} - \theta)/(\sigma/\sqrt{n}) = \Phi^{-1}[1 - (\alpha/2)] = z_{\alpha/2}$$

θ에 대해 풀면 신뢰구간의 하한인 $\overline{x} - z_{\alpha/2}(\sigma/\sqrt{n})$를 얻는다. 마찬가지로 두 번째 식의 해는 신뢰구간의 상한이다.

이산형의 경우에 일반적으로 방정식 (4.3.1)의 근을 구하는 데 반복법(iterative algorithm)이 사용된다. 실제로 함수 $F_T(T;\,\overline{\theta})$는 흔히 θ의 순감소함수이고 연속이므로 간단한 방법으로도 충분히 근을 구할 수 있다. 지금 간략히 논의하는 간단한 **이분법**(bisection algorithm)을 사용하여 다음 예제를 설명하겠다.

참고 4.3.1 [이분법 알고리즘]

$g(x)$가 순감소함수일 때 부등식 $g(x) = d$의 근을 구하려 한다고 하자. 이 알고리즘의 주어진 단계에서 $a < b$의 구간이 근을 포함한다고 가정하자. 즉 $g(a) > d$이고 $g(b) < d$이다. $c = (a + b)/2$라면 이 알고리즘의 다음 단계에서 근을 포함하는 a와 b의 구간에 대한 새로운 값은 다음과 같이 결정된다.

$$\text{만약 } (g(c) > d)\text{이면 } \{a \leftarrow c\text{이고 } b \leftarrow b\{\text{이다.}$$
$$\text{만약 } (g(c) < d)\text{이면 } \{a \leftarrow a\text{이고 } b \leftarrow c\{\text{이다.}$$

$\epsilon > 0$이 정해진 허용한계일 때 이 알고리즘은 $|a - b| < \epsilon$을 만족할 때까지 반복된다.

예제 4.3.2 **[베르누이 비율에 대한 신뢰구간]** X가 성공 확률이 θ인 베르누이 분포를 따른다고 하자. $\Omega = (0,\,1)$이고 $X_1,\,X_2,\,\cdots,\,X_n$이 X에 대한 확률표본이라고 가정하자. θ의 점추정량으로 표본의 성공 비율인 $\overline{X}$를 고려한다. $n\overline{X}$의 cdf는 $b(n,\,\theta)$이므로

$$\begin{aligned} F_{\overline{X}}(\overline{x};\theta) &= P(n\overline{X} \le n\overline{x}) \\ &= \sum_{j=0}^{n\overline{x}} \binom{n}{j} \theta^j (1-\theta)^{n-j} \\ &= 1 - \sum_{j=n\overline{x}+1}^{n} \binom{n}{j} \theta^j (1-\theta)^{n-j} \\ &= 1 - \int_0^{\theta} \frac{n!}{(n\overline{x})![n-(n\overline{x}+1)]!} z^{n\overline{x}} (1-z)^{n-(n\overline{x}+1)}\,dz \end{aligned} \tag{4.3.2}$$

여기서 연습문제 4.3.6으로부터 불완전 β-함수를 포함하는 마지막 식이 성립한다. 미적분학의 기본 정리와 식 (4.3.2)에 의해

$$\frac{d}{d\theta} F_{\overline{X}}(\overline{x};\theta) = -\frac{n!}{(n\overline{x})![n-(n\overline{x}+1)]!} \theta^{n\overline{x}} (1-\theta)^{n-(n\overline{x}+1)} < 0$$

그러므로 $F_{\overline{X}}(\overline{x};\,\theta)$는 각 $\overline{x}$에 대해 θ의 순감소함수이다. 그리고 $\alpha_1 + \alpha_2 < 1/2$을 만족하는 α_1, $\alpha_2 > 0$은 지정된 상수이고, $\underline{\theta}$와 $\overline{\theta}$는 다음 방정식의 근이라고 하자.

$$F_{\overline{X}}(\overline{x}-;\underline{\theta}) = 1 - \alpha_2, \quad F_{\overline{x}}(\overline{X};\overline{\theta}) = \alpha_1 \tag{4.3.3}$$

$\alpha = \alpha_1 + \alpha_2$일 때 $(\underline{\theta}, \overline{\theta})$는 신뢰계수가 적어도 $1 - \alpha$인 θ에 대한 신뢰구간이다. 이 방정식은 다음 수치적 예시에서 보듯이 반복적인 계산을 통해 풀 수 있다.

[수치적 예시] $n = 30$이고 표본평균의 실현은 $\overline{x} = 0.60$이라고 가정하자. 즉 표본은 $n\overline{x} = 18$의 성공을 생성한다. 그리고 $\alpha_1 = \alpha_2 = 0.05$라고 가정하자. 이항분포의 받침은 정수로 구성되어 있고 $n\overline{x} = 18$이므로 식 (4.3.3)은 다음과 같이 쓸 수 있다.

$$\sum_{j=0}^{17} \binom{n}{j} \underline{\theta}^j (1 - \underline{\theta})^{n-j} = 0.95, \quad \sum_{j=0}^{18} \binom{n}{j} \overline{\theta}^j (1 - \overline{\theta})^{n-j} = 0.05 \tag{4.3.4}$$

n과 p가 모수인 이항분포를 가진 확률변수를 $bin(n,\ p)$로 나타내자. $P(bin(30,\ 0.4) \leq 17)$ $=$ `pbinom(17,30,.4)` $= 0.9787$이고 $P(bin(30,\ 0.45) \leq 17) =$ `pbinom(17,30,.45)` $=$ 0.9286이므로 0.4와 0.45의 구간은 첫 번째 방정식의 해를 포함한다. 이 구간값을 R 함수[1] `binomci.r`에 대한 입력값으로 사용하여 이 방정식을 반복적으로 풀라. 호출과 출력은 다음과 같다.

```
> binomci(17,30,.4,.45,.95);     $solution  0.4339417
```

그래서 첫 번째 방정식의 해는 $\underline{\theta} = 0.434$이다. 같은 방식으로 $P(bin(30,\ 0.7) \leq 18) = 0.1593$이고 $P(bin(30,\ 0.8) \leq 18) = 0.0094$이므로 0.7과 0.8의 구간은 두 번째 방정식의 해를 포함한다. 이를 구하는 R 코드는 다음과 같다.

```
> binomci(18,30,.7,.8,.05);     $solution  0.75047
```

따라서 적어도 90%의 신뢰도를 가진 신뢰구간은 (0.434, 0.750)이다. 참고로 식 (4.2.7)의 90% 근사 신뢰구간은 (0.453, 0.747)이다. 연습문제 4.3.2를 참조하라.

예제 4.3.3 **[푸아송 분포의 평균에 대한 신뢰구간]** 평균이 θ인 푸아송 분포를 가진 확률변수 X에 대한 확률표본을 $X_1,\ X_2,\ \cdots,\ X_n$이라고 하자. $\overline{X} = n^{-1}\sum_{i=1}^{n} X_i$는 θ의 점추정량이다. 예제 4.3.2의 베르누이 신뢰구간처럼 $n\overline{X}$를 선택하면 이 경우 $n\overline{X}$는 평균이 $n\theta$인 푸아송 분포를 갖는다. $\overline{X}$의 cdf는 다음과 같다.

$$\begin{aligned} F_{\overline{X}}(\overline{x};\theta) &= \sum_{j=0}^{n\overline{x}} e^{-n\theta} \frac{(n\theta)^j}{j!} \\ &= \frac{1}{\Gamma(n\overline{x}+1)} \int_{n\theta}^{\infty} x^{n\overline{x}} e^{-x}\, dx \end{aligned} \tag{4.3.5}$$

적분 방정식은 연습문제 4.3.7에서 구한다. 식 (4.3.5)로부터 바로 다음을 구한다.

$$\frac{d}{d\theta} F_{\overline{X}}(\overline{x};\theta) = \frac{-n}{\Gamma(n\overline{x}+1)} (n\theta)^{n\overline{x}} e^{-n\theta} < 0$$

1 저자 서문에 제시된 사이트에서 다운로드할 수 있다.

그러므로 $F_{\overline{X}}(\overline{x};\theta)$는 고정된 모든 $\overline{x}$에 대해 θ의 순감소함수이다. 주어진 표본에 대해 $\overline{x}$는 통계량 $\overline{X}$의 실현값이라고 하자. 따라서 앞의 설명처럼 $\alpha_1+\alpha_2<1/2$을 만족하는 $\alpha_1, \alpha_2>0$에 대해 신뢰구간은 $(\underline{\theta}, \overline{\theta})$로 주어진다. 여기서

$$\sum_{j=0}^{n\overline{x}-1} e^{-n\underline{\theta}}\frac{(n\underline{\theta})^j}{j!}=1-\alpha_2, \quad \sum_{j=0}^{n\overline{x}} e^{-n\overline{\theta}}\frac{(n\overline{\theta})^j}{j!}=\alpha_1 \tag{4.3.6}$$

구간 $(\underline{\theta}, \overline{\theta})$의 신뢰계수는 적어도 $1-\alpha=1-(\alpha_1+\alpha_2)$이다. 베르누이 비율에서처럼 이 방정식은 반복적인 계산을 통해 풀 수 있다.

[수치적 예시] $n=25$이고 $\overline{X}$의 실현값이 $\overline{x}=5$라고 하자. 따라서 $n\overline{x}=125$개의 사건이 발생했다. $\alpha_1=\alpha_2=0.05$를 선택하면 신뢰구간은 식 (4.3.6)에 의한 다음 방정식의 근으로부터 구할 수 있다.

$$\sum_{j=0}^{124} e^{-n\underline{\theta}}\frac{(n\underline{\theta})^j}{j!}=0.95, \quad \sum_{j=0}^{125} e^{-n\overline{\theta}}\frac{(n\overline{\theta})^j}{j!}=0.05 \tag{4.3.7}$$

R 함수[2] `poissonci.r`은 이분법 알고리즘을 이용하여 이 방정식을 푼다. `ppois(124,25 * 4) = 0.9932`이고 `ppois(124,25 * 4.4) = 0.9145`이므로 첫 번째 방정식의 해는 4.0과 4.4 사이에 있다. 다음은 방정식의 해(신뢰구간의 하한)와 함께 `poissonci.r`에 대한 호출이다.

```
> poissonci(124,25,4,4.4,.95);     $solution  4.287836
```

`ppois(125,25 * 5.5) = 0.1528`이고 `ppois(125,25 * 6.0) = 0.0204`이므로 두 번째 방정식의 해는 5.5와 6.0 사이에 있다. 따라서 신뢰구간의 상한에 대한 계산은 다음과 같다.

```
> poissonci(125,25,5.5,6,.05);    $solution  5.800575
```

그래서 적어도 90%의 신뢰도를 가진 신뢰구간은 (4.287, 5.8)이다. 신뢰구간이 푸아송 분포와 비슷하게 오른쪽으로 치우침을 주목하라.

이어서 신뢰구간에 숨어 있는 이론을 간략히 설명한다. T가 알려지지 않은 모수 θ의 추정량이고 $F_T(t;\theta)$가 T의 cdf일 때, 이 절의 첫 번째 문단에 있는 일반적인 구성에 대해 생각해보자. 다음과 같이 정의하면

$$\overline{\theta}=\sup\{\theta : F_T(T;\theta)\ge\alpha_1\} \tag{4.3.8}$$
$$\underline{\theta}=\inf\{\theta : F_T(T-;\theta)\le 1-\alpha_2\} \tag{4.3.9}$$

다음을 얻는다.

$$\theta>\overline{\theta} \quad\Rightarrow\quad F_T(T;\theta)\le\alpha_1$$
$$\theta<\underline{\theta} \quad\Rightarrow\quad F_T(T-;\theta)\ge 1-\alpha_2$$

2 저자 서문에 제시된 사이트에서 다운로드할 수 있다.

이 관계로부터 다음과 같이 도출된다.

$$\begin{aligned} P[\underline{\theta} < \theta < \overline{\theta}] &= 1 - P[\{\theta < \underline{\theta}\} \cup \{\theta > \overline{\theta}\}] \\ &= 1 - P[\theta < \underline{\theta}] - P[\theta > \overline{\theta}] \\ &\geq 1 - P[F_T(T-;\theta) \geq 1 - \alpha_2] - P[F_T(T;\theta) \leq \alpha_1] \\ &\geq 1 - \alpha_1 - \alpha_2 \end{aligned}$$

여기서 마지막 부등식은 식 (4.3.8)과 (4.3.9)에 의해 성립한다. 보다 엄격한 증명은 연습문제 4.8.13에 기초한다. 자세한 내용은 Shao(1998) 425쪽을 참조하라.

연습문제

4.3.1 야구 자료(`bb.rda`)에서 59명의 야구 선수 중 15명이 왼손잡이이다. 프로야구 선수가 왼손잡이일 확률을 p라고 하자. p에 대한 90% 정확신뢰구간을 구하라. 먼저 풀어야 할 방정식이 다음과 같음을 밝혀라.

$$\sum_{j=0}^{14} \binom{n}{j} \underline{\theta}^j (1-\underline{\theta})^{n-j} = 0.95, \quad \sum_{j=0}^{15} \binom{n}{j} \overline{\theta}^j (1-\overline{\theta})^{n-j} = 0.05$$

그리고 다음 단계를 수행하여 신뢰구간을 구하라.

(a) 0.10과 0.17의 구간이 첫 번째 방정식의 해를 포함한다는 것을 밝혀라.

(b) 0.34와 0.38의 구간이 두 번째 방정식의 해를 포함한다는 것을 밝혀라.

(c) 그런 다음 R 함수 `binomci.r`을 사용하여 방정식을 풀라.

4.3.2 예제 4.3.2의 θ에 대한 근사 신뢰구간의 결과를 확인하라.

4.3.3 연습문제 4.2.20에서는 탁자에 던진 압정의 침이 위로 향할 확률에 대해 대표본 신뢰구간을 구했다. 이 비율에 대한 이산형 정확신뢰구간을 구하라.

4.3.4 평균이 θ인 푸아송 분포를 가진 확률변수 X의 확률표본을 $X_1, X_2, \cdots, X_{10}$이라고 하자. 표본평균의 실현값이 0.5라고 가정하자. 즉 $n\overline{x} = 5$개의 사건이 발생했다. 식 (4.3.7)에 의해 정해진 대로 θ에 대한 90% 정확신뢰구간을 계산한다고 가정하자.

(a) 0.19와 0.20의 구간이 첫 번째 방정식의 해를 포함한다는 것을 밝혀라.

(b) 1.0과 1.1의 구간이 두 번째 방정식의 해를 포함한다는 것을 밝혀라.

(c) 그런 다음 R 함수 `poissonci.r`을 사용하여 방정식을 풀라.

4.3.5 예제 4.3.1과 동일한 설정이지만 σ^2이 알려져 있지 않다고 가정하자. S가 표본표준편차일 때 $(\overline{X} - \theta)/(S/\sqrt{n})$의 분포를 사용하여 식을 설정하고 식 (4.2.3)의 θ에 대한 t-구간을 도출하라.

4.3.6 연습문제 3.3.22를 이용하여 다음을 증명하라.

$$\int_0^p \frac{n!}{(k-1)!(n-k)!} z^{k-1}(1-z)^{n-k}\,dz = \sum_{w=k}^{n} \binom{n}{w} p^w (1-p)^{n-w}$$

여기서 $0 < p < 1$이고 k와 n은 $k \le n$을 만족하는 양의 정수이다.

힌트: p에 관해 양변을 미분하라. 오른쪽 변의 미분은 차이의 합이다. 이것이 왼쪽 변의 미분으로 단순화됨을 밝혀라. 따라서 양변은 상수에 대해서만 다르다. 또한 그 상수가 0임을 밝혀라.

4.3.7 푸아송 cdf의 cdf에 대한 유용한 등식을 구한다.

(a) 연습문제 3.3.5를 이용하여 다음 등식이 사실임을 밝혀라.

$$\frac{\lambda^n}{\Gamma(n)} \int_1^\infty x^{n-1} e^{-x\lambda}\,dx = \sum_{j=0}^{n-1} e^{-\lambda} \frac{\lambda^j}{j!}$$

여기서 $\lambda > 0$이고 n은 양의 정수이다.

힌트: 평균이 λ인 단위구간에 대한 푸아송 과정을 고려하라. W_n이 n번째 사건까지의 대기 시간이라면 왼쪽 식은 $P(W_n > 1)$이다. 왜 그런가?

(b) 위의 적분에서 변환 $z = \lambda x$를 이용하여 예제 4.3.3에서 사용된 등식을 구하라.

4.4 순서통계량

이 절에서는 **순서통계량**(order statistic)의 개념을 정의하고 간단한 성질을 알아본다. 순서통계량은 몇 가지 성질이 확률표본을 얻은 분포에 의존하지 않기 때문에 오늘날 통계적 추론에서 중요한 역할을 한다.

$-\infty \le a < b \le \infty$에 대해 받침 $\mathcal{S} = (a, b)$를 가진 pdf $f(x)$인 연속형 확률분포에서 추출한 확률표본을 $X_1, X_2, \cdots, X_n$이라고 하자. Y_1을 X_i 중 가장 작은 것, Y_2를 두 번째로 작은 것, 그리고 Y_n을 X_i 중 가장 큰 것이라고 하자. 즉 $Y_1 < Y_2 < \cdots < Y_n$은 오름차순으로 배열된 $X_1, X_2, \cdots, X_n$을 나타낸다. $Y_i (i = 1, 2, \cdots, n)$를 확률표본 $X_1, X_2, \cdots, X_n$의 i번째 **순서통계량**이라고 한다. $Y_1, Y_2, \cdots, Y_n$의 결합 pdf는 다음 정리에 제시했다.

정리 4.4.1

위의 개념을 이용하여 pdf $f(x)$와 받침 (a, b)를 가진 연속형 확률분포에서 추출한 확률표본 $X_1, X_2, \cdots, X_n$에 근거한 n개의 순서통계량을 $Y_1 < Y_2 < \cdots < Y_n$이라고 하자. 그러면 $Y_1, Y_2, \cdots, Y_n$의 결합 pdf는 다음과 같다.

$$g(y_1, y_2, \ldots, y_n) = \begin{cases} n!f(y_1)f(y_2)\cdots f(y_n) & a < y_1 < y_2 < \cdots < y_n < b \\ 0 & \text{그 외에} \end{cases} \quad (4.4.1)$$

증명: $X_1, X_2, \cdots, X_n$의 받침이 $Y_1, Y_2, \cdots, Y_n$의 받침, 즉 $\{(y_1, y_2, \cdots, y_n) : a < y_1 < y_2 < \cdots < y_n < b\}$로 사상하는 $n!$개의 서로 배반인 집합으로 분할될 수 있음을 참고하라. 이러한 $n!$ 집합 중 하나가 $a < x_1 < x_2 < \cdots < x_n < b$이며, 다른 것들은 n개의 x 값을 가능한 모든 방법으로 순열 배치하여 구할 수 있다. 앞에서 언급한 것과 관련된 변환은 $x_1 = y_1, x_2 = y_2, \cdots, x_n = y_n$이며, 이것은 1인 야코비안을 갖는다. 그런데 다른 변환의 야코비안도 ±1 중 하나이다. 따라서

$$\begin{aligned} g(y_1, y_2, \ldots, y_n) &= \sum_{i=1}^{n!} |J_i| f(y_1)f(y_2)\cdots f(y_n) \\ &= \begin{cases} n!f(y_1)f(y_2)\cdots f(y_n) & a < y_1 < y_2 < \cdots < y_n < b \\ 0 & \text{그 외에} \end{cases} \end{aligned}$$

예제 4.4.1 $-\infty \le a < b \le \infty$일 때 받침 $\mathcal{S} = (a, b)$인, 양이고 연속인 pdf $f(x)$를 가진 연속형 확률변수를 X라고 하자. X의 분포함수 $F(x)$는 다음과 같이 나타낼 수 있다.

$$F(x) = \int_a^x f(w)\,dw, \quad a < x < b$$

만약 $x \le a$이면 $F(x) = 0$이고 $b \le x$이면 $F(x) = 1$이다. 따라서 $F(m) = 1/2$인 분포의 유일한 중앙값 m이 있다. X_1, X_2, X_3은 이 표본에서 추출한 확률표본이고, 이 표본의 순서통계량은 $Y_1 < Y_2 < Y_3$이라고 하자. Y_2가 표본중앙값임을 유의하라. $Y_2 \le m$인 확률을 계산하고자 한다. 이 3개 순서통계량의 결합 pdf는

$$g(y_1, y_2, y_3) = \begin{cases} 6f(y_1)f(y_2)f(y_3) & a < y_1 < y_2 < y_3 < b \\ 0 & \text{그 외에} \end{cases}$$

Y_2의 pdf는

$$\begin{aligned} h(y_2) &= 6f(y_2) \int_{y_2}^{b} \int_{a}^{y_2} f(y_1)f(y_3)\,dy_1 dy_3 \\ &= \begin{cases} 6f(y_2)F(y_2)[1 - F(y_2)] & a < y_2 < b \\ 0 & \text{그 외에} \end{cases} \end{aligned}$$

따라서

$$\begin{aligned} P(Y_2 \le m) &= 6 \int_a^m \{F(y_2)f(y_2) - [F(y_2)]^2 f(y_2)\}\,dy_2 \\ &= 6 \left\{ \frac{[F(y_2)]^2}{2} - \frac{[F(y_2)]^3}{3} \right\}_a^m = \frac{1}{2} \end{aligned}$$

그러므로 이 경우 표본중앙값 Y_2의 중앙값은 모집단 중앙값 m이다.

일단 다음이 계산되면 어떤 순서통계량 Y_k의 주변 pdf도 $F(x)$와 $f(x)$의 개념으로 쉽게 나타낼 수 있다.

$$\int_a^x [F(w)]^{\alpha-1} f(w)\, dw = \frac{[F(x)]^\alpha}{\alpha}, \quad \alpha > 0$$

$$\int_y^b [1 - F(w)]^{\beta-1} f(w)\, dw = \frac{[1 - F(y)]^\beta}{\beta}, \quad \beta > 0$$

이것은 다음 적분을 계산하면 된다.

$$g_k(y_k) = \int_a^{y_k} \cdots \int_a^{y_2} \int_{y_k}^b \cdots \int_{y_{n-1}}^b n! f(y_1) f(y_2) \cdots f(y_n)\, dy_n \cdots dy_{k+1}\, dy_1 \cdots dy_{k-1}$$

그 결과는 다음과 같다.

$$g_k(y_k) = \begin{cases} \frac{n!}{(k-1)!(n-k)!} [F(y_k)]^{k-1} [1 - F(y_k)]^{n-k} f(y_k) & a < y_k < b \\ 0 & \text{그 외에} \end{cases} \tag{4.4.2}$$

예제 4.4.2 다음과 같은 pdf를 가진 분포에서 추출한 크기 4인 확률표본의 순서통계량을 $Y_1 < Y_2 < Y_3 < Y_4$라고 하자.

$$f(x) = \begin{cases} 2x & 0 < x < 1 \\ 0 & \text{그 외에} \end{cases}$$

Y_3의 pdf를 $f(x)$와 $F(x)$의 항으로 나타내고 $P((1/2) < Y_3)$을 계산하고자 한다. 이때 $0 < x < 1$에서 $F(x) = x^2$이므로

$$g_3(y_3) = \begin{cases} \frac{4!}{2!\,1!} (y_3^2)^2 (1 - y_3^2)(2y_3) & 0 < y_3 < 1 \\ 0 & \text{그 외에} \end{cases}$$

따라서

$$\begin{aligned} P(\tfrac{1}{2} < Y_3) &= \int_{1/2}^\infty g_3(y_3)\, dy_3 \\ &= \int_{1/2}^1 24(y_3^5 - y_3^7)\, dy_3 = \frac{243}{256} \end{aligned}$$

마지막으로 2개의 순서통계량, 즉 $Y_i < Y_j$의 결합 pdf는 $F(x)$와 $f(x)$의 항으로 쉽게 나타낼 수 있다. 즉

$$g_{ij}(y_i, y_j) = \int_a^{y_i} \cdots \int_a^{y_2} \int_{y_i}^{y_j} \cdots \int_{y_{j-2}}^{y_j} \int_{y_j}^{b} \cdots \int_{y_{n-1}}^{b} n! f(y_1) \times \cdots \\ \times f(y_n)\, dy_n \cdots dy_{j+1} dy_{j-1} \cdots dy_{i+1} dy_1 \cdots dy_{i-1}$$

$\gamma > 0$에 대해

$$\int_x^y [F(y) - F(w)]^{\gamma-1} f(w)\, dw = -\left.\frac{[F(y) - F(w)]^{\gamma}}{\gamma}\right|_x^y \\ = \frac{[F(y) - F(x)]^{\gamma}}{\gamma}$$

그러므로

$$g_{ij}(y_i, y_j) = \begin{cases} \frac{n!}{(i-1)!(j-i-1)!(n-j)!}[F(y_i)]^{i-1}[F(y_j)-F(y_i)]^{j-i-1} & \\ \quad \times [1 - F(y_j)]^{n-j} f(y_i) f(y_j) & a < y_i < y_j < b \\ 0 & \text{그 외에} \end{cases} \quad (4.4.3)$$

참고 4.4.1 [발견적 유도]

식 (4.4.3)에서와 같이 pdf를 쉽게 기억하는 방법이 있다. Δ_i와 Δ_j가 작을 때 확률 $P(y_i < Y_i < y_i + \Delta_i, y_j < Y_j < y_j + \Delta_j)$는 다항 확률로 근사될 수 있다. n번의 독립시행에서 $i - 1$개의 결과는 y_i(각 시행에서 확률이 $p_1 = F(y_i)$인 사건)보다 작아야 하고, $j - i - 1$개의 결과는 $y_i + \Delta_i$와 y_j(각 시행에서 근사 확률이 $p_2 = F(y_j) - F(y_i)$인 사건) 사이에 있어야 하고, $n - j$개의 결과는 $y_j + \Delta_j$(각 시행에서 근사 확률이 $p_3 = 1 - F(y_j)$인 사건)보다 커야 하며, 1개의 결과는 y_i와 $y_i + \Delta_i$(각 시행에서 근사 확률이 $p_4 = f(y_i)\Delta_i$인 사건) 사이에 있어야 한다. 마지막으로 1개의 결과는 y_j와 $y_j + \Delta_j$(각 시행에서 근사 확률이 $p_5 = f(y_j)\Delta_j$인 사건) 사이에 있어야 한다. 이 다항 확률은 다음과 같으며,

$$\frac{n!}{(i-1)!(j-i-1)!(n-j)!\, 1!\, 1!} p_1^{i-1} p_2^{j-i-1} p_3^{n-j} p_4 p_5$$

이것은 $g_{i,j}(y_i, y_j)\Delta_i\Delta_j$이다. 여기서 $g_{i,j}(y_i, y_j)$는 식 (4.4.3)에 주어졌다.

순서통계량 $Y_1, Y_2, \cdots, Y_n$의 어떤 함수는 그 자체가 중요한 통계량이다. 확률분포의 **표본범위**(sample range)는 $Y_n - Y_1$이고, 확률표본의 **중앙범위**(midrange)라고 부르는 **표본중앙범위**(sample midrange)는 $(Y_1 + Y_n)/2$이다. 확률표본의 **표본중앙값**(sample median)은 다음과 같이 정의된다.

$$Q_2 = \begin{cases} Y_{(n+1)/2} & n\text{이 홀수} \\ (Y_{n/2} + Y_{(n/2)+1})/2 & n\text{이 짝수} \end{cases} \quad (4.4.4)$$

예제 4.4.3 다음과 같은 pdf를 가진 분포에서 추출한 크기 3인 확률표본의 순서통계량을 Y_1, Y_2, Y_3이라고 하자.

$$f(x) = \begin{cases} 1 & 0 < x < 1 \\ 0 & \text{그 외에} \end{cases}$$

표본범위 $Z_1 = Y_3 - Y_1$의 pdf를 구하고자 한다. $0 < x < 1$일 때 $F(x) = x$이므로 Y_1과 Y_3의 결합 pdf는 다음과 같다.

$$g_{13}(y_1, y_3) = \begin{cases} 6(y_3 - y_1) & 0 < y_1 < y_3 < 1 \\ 0 & \text{그 외에} \end{cases}$$

$Z_1 = Y_3 - Y_1$에 대해 $Z_2 = Y_3$이라 하고, 함수 $z_1 = y_3 - y_1$, $z_2 = y_3$과 그 역함수 $y_1 = z_2 - z_1$, $y_3 = z_2$를 생각해보자. 일대일 변환에 대응하는 야코비안은

$$J = \begin{vmatrix} \frac{\partial y_1}{\partial z_1} & \frac{\partial y_1}{\partial z_2} \\ \frac{\partial y_3}{\partial z_1} & \frac{\partial y_3}{\partial z_2} \end{vmatrix} = \begin{vmatrix} -1 & 1 \\ 0 & 1 \end{vmatrix} = -1$$

따라서 Z_1과 Z_2의 결합 pdf는

$$h(z_1, z_2) = \begin{cases} |-1|6z_1 = 6z_1 & 0 < z_1 < z_2 < 1 \\ 0 & \text{그 외에} \end{cases}$$

그러므로 크기 3인 확률변수의 범위 $Z_1 = Y_3 - Y_1$의 pdf는 다음과 같다.

$$h_1(z_1) = \begin{cases} \int_{z_1}^{1} 6z_1 \, dz_2 = 6z_1(1 - z_1) & 0 < z_1 < 1 \\ 0 & \text{그 외에} \end{cases}$$

4.4.1 분위수

연속형 cdf $F(x)$를 가진 확률변수를 X라고 하자. $0 < p < 1$에 대해 X의 **p순위 분위수**(pth quantile)를 $\xi_p = F^{-1}(p)$로 정의한다. 예를 들어 X의 중앙값 $\xi_{0.5}$는 0.5분위수이다. X_1, X_2, $\cdots$, X_n은 X의 분포에서 추출한 확률표본이고 $Y_1 < Y_2 < \cdots < Y_n$은 그에 대응하는 순서통계량이라고 하자. $[p(n+1)]$보다 작거나 같은 수 중에서 가장 큰 정수가 k일 때 다음을 관찰한 후에 ξ_p의 추정량을 추정한다. Y_k의 왼쪽에 대한 pdf $f(x)$의 영역은 $F(Y_k)$이다. 이 영역의 기댓값은

$$E(F(Y_k)) = \int_a^b F(y_k) g_k(y_k) \, dy_k$$

여기서 $g_k(y_k)$는 식 (4.4.2)에 주어진 Y_k의 pdf이다. 만약 이 적분에서 변환 $z = F(y_k)$를 통한 변수변환을 실시하면 다음을 얻게 된다.

$$E(F(Y_k)) = \int_0^1 \frac{n!}{(k-1)!(n-k)!} z^k (1-z)^{n-k}\,dz$$

이것과 베타 pdf의 적분을 비교하면 이것이 다음과 같음을 알 수 있다.

$$E(F(Y_k)) = \frac{n!k!(n-k)!}{(k-1)!(n-k)!(n+1)!} = \frac{k}{n+1}$$

평균적으로 총넓이의 $k/(n+1)$만큼이 Y_k의 왼쪽에 존재한다. $p \doteq k/(n+1)$이므로 Y_k를 분위수 ξ_p의 추정량으로 여기는 것이 타당해 보인다. 따라서 Y_k를 ***p*순위 표본분위수**(pth sample quantile)라고 하며 **표본의 100*p*순위 백분위수**(100pth percentile of the sample)라고도 한다.

참고 4.4.2

어떤 통계학자들은 표본분위수를 조금 다르게 정의한다. $1/(n+1) < p < n/(n+1)$에서의 한 변형으로 만약 $(n+1)/p$이 정수가 아니면 표본의 p순위 분위수는 다음과 같이 정의할 수 있다. $k = [(n+1)p]$이고 r이 적절한 분수일 때 $(n+1)p = k + r$로 나타내고 가중평균을 이용하면 다음 가중평균이 표본의 p순위 분위수이고 이는 p순위 분위수의 추정량이다.

$$(1-r)Y_k + rY_{k+1} \tag{4.4.5}$$

그런데 n이 커짐에 따라 이러한 모든 변형된 정의는 본질적으로 동일하다. R 코드를 위해 R 벡터 `x`에 표본의 실현값이 포함되도록 하자. `quantile(x,p)` 호출은 식 (4.4.5)의 p번째 분위수를 계산한다.

표본분위수는 유용한 기술적 통계량이다. 예를 들어 y_k가 실현된 표본의 p순위 분위수이면 근사적으로 p100%의 자료가 y_k보다 작거나 같으며, 근사적으로 $(1-p)$100%의 자료가 y_k보다 같거나 크다는 것을 안다. 다음으로 분위수에 대한 두 가지 통계적인 응용을 살펴보자.

자료의 **다섯 숫자**(five-number) 요약은 5개 표본분위수, 즉 최솟값(Y_1), 제1사분위수($Y_{0.25(n+1)}$), 식 (4.4.4)에서 정의된 중앙값, 제3사분위수($Y_{0.75(n+1)}$), 최댓값(Y_n)으로 구성되어 있다. 이 절에서는 표본의 제1사분위수, 중앙값, 제3사분위수를 각각 Q_1, Q_2, Q_3으로 나타낸다.

다섯 숫자 요약은 자료를 사분위수로 분할하는데, 이는 자료를 단순화하고 쉽게 해석할 수 있게 한다. 다섯 숫자 요약은 존 튜키(John Tukey) 교수가 일반화했다[Tukey(1977), Mosteller와 Tukey(1977)를 참조하라]. 튜키는 제1사분위수와 제3사분위수 대신 자료 하반부(최솟값부터 중앙값까지)의 중앙값과 자료 상반부의 중앙값을 사용했다. 그리고 이러한 분위수를 자료의 **경첩**(hinge)이라고 했다. R 함수 `fivenum(x)`는 자료의 최솟값, 중앙값, 최댓값과 함께 경첩을 반환한다.

예제 4.4.4 다음 자료는 확률변수 X에서 추출한 크기 15인 확률표본을 순서대로 정리한 것이다.

56	70	89	94	96	101	102	102
102	105	106	108	110	113	116	

이 자료에서 $n + 1 = 16$이므로 다섯 숫자 요약의 실현값은 $y_1 = 56$, $Q_1 = y_4 = 94$, $Q_2 = y_8 = 102$, $Q_3 = y_{12} = 108$, $y_{15} = 116$이다. 따라서 다섯 숫자 요약에 따르면 자료의 범위는 56~116이고, 자료의 가운데 50% 범위는 94~108이며, 자료의 가운데는 102이다. 자료는 `eg4.4.4data.rda` 파일에 있다.

다섯 숫자 요약은 자료에 대한 유용하고 빠른 그림의 기초가 된다. 이것을 자료의 **상자그림**(boxplot)이라고 한다. 상자는 자료의 가운데 50%를 포함하고, 중앙값을 나타내는 데 일반적으로 선분을 이용한다. 그런데 극단적인 순서통계량은 특이한 점에 매우 민감하므로 이것을 그릴 때 조심해야 한다. 튜키가 정의한 **상자와 수염**(box and whisker) 그림을 이용한다. 이 그림을 정의하기 위해 잠재적인 이상값을 정의할 필요가 있다. $h = 1.5(Q_3 - Q_1)$이고 **아래 울타리**(lower fence, LF)와 **위 울타리**(upper fence, UF)를 다음과 같이 정의한다.

$$LF = Q_1 - h, \quad UF = Q_3 + h \tag{4.4.6}$$

울타리 밖에 있는 점, 즉 구간(LF, UF) 밖에 있는 점을 **잠재적인 이상값**(potential outlier)이라고 하며 상자그림에서 'ㅇ'로 표기한다. 수염은 상자의 측면에서 **인접한 점**(adjacent point)이라는 지점까지 튀어나온다. 이 지점은 울타리 내에 있으면서 울타리에 가장 가까운 지점이다. 연습문제 4.4.2에서 정규분포로부터의 관측값이 잠재적인 이상값이 될 확률이 0.006977이라는 것을 알 수 있다.

예제 4.4.5 **[예제 4.4.4의 연속]** 예제 4.4.4의 자료에서 $h = 1.5(108 - 94) = 21$, $LF = 73$, $UF = 129$이다. 따라서 56과 70이 잠재적인 이상값이다. 자료의 위쪽에는 이상값이 존재하지 않는다. 아래의 인접한 점은 89이다. 자료의 상자그림은 그림 4.4.1의 A이며, R 벡터 `x`에 자료가 포함된 경우 R 코드 `boxplot(x)`로 계산된다.

점 56은 Q_1로부터 $2h$ 이상 떨어져 있다. 어떤 통계학자들은 그러한 점을 '이상값'이라고 하며 'ㅇ'와 다른 기호를 사용하는데 여기서는 구분하지 않는다.

실제로 종종 자료가 특정 분포를 따른다고 가정한다. 예를 들어 알려지지 않은 평균과 분산을 가진 정규분포에서 추출한 확률표본을 $X_1, X_2, \cdots, X_n$이라고 가정할 수 있다. 따라서 X의 분포 형태는 알고 있으나 특정 모수는 모른다. 이러한 가정은 확인할 필요가 있으며 이것을 시행하는

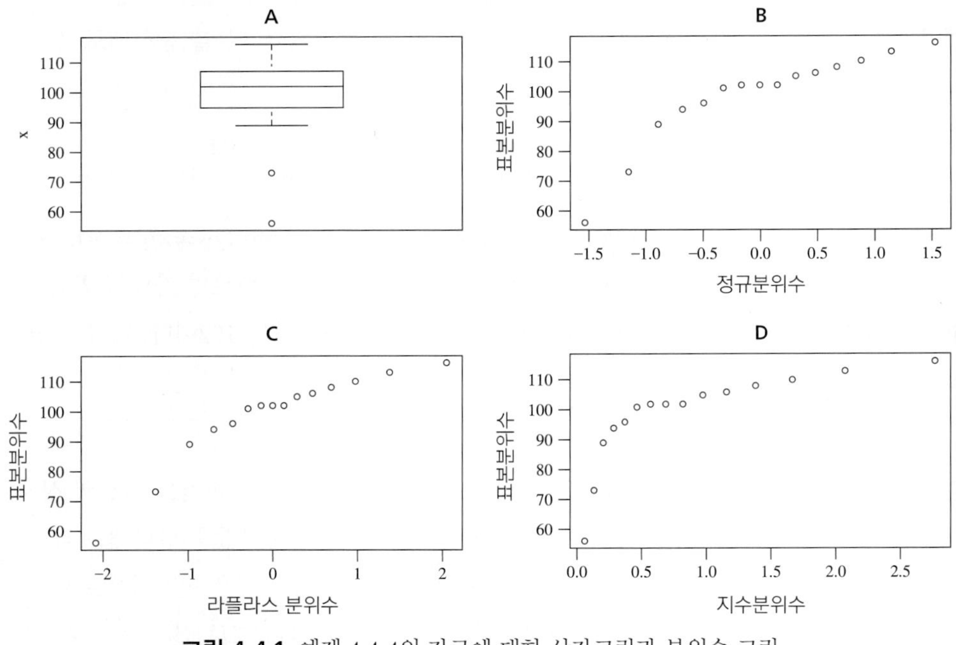

그림 4.4.1 예제 4.4.4의 자료에 대한 상자그림과 분위수 그림

여러 가지 통계적인 검정이 있는데, 이에 대한 자세한 설명은 D'Agostino와 Stephens(1986)를 참조하라. 분위수의 두 번째 통계적인 응용으로 이와 관련된 진단 그림(diagnostic plot)을 살펴보자.

위치와 척도족에 대해 생각해보자. $F(x)$는 알려졌으나 a와 $b > 0$는 알려지지 않을 수도 있는 cdf $F((x - a)/b)$를 가진 확률변수를 X라고 하자. $Z = (X - a)/b$라면 Z는 cdf $F(z)$를 갖는다. $0 < p < 1$이고 X의 p순위 분위수를 $\xi_{X,p}$라고 하자. 또한 $\xi_{Z,p}$가 $Z = (X - a)/b$의 p순위 분위수라고 하자. $F(z)$가 알려져 있으므로 $\xi_{Z,p}$도 알려져 있다. 그런데

$$p = P[X \leq \xi_{X,p}] = P\left[Z \leq \frac{\xi_{X,p} - a}{b}\right]$$

이것으로부터 다음 선형 관계를 얻는다.

$$\xi_{X,p} = b\xi_{Z,p} + a \tag{4.4.7}$$

따라서 X가 $F((x - a)/b)$ 형식의 cdf를 갖는다면 X의 분위수는 Z의 분위수와 선형으로 관련되어 있다. 실제적으로는 물론 X의 분위수를 모르지만 이를 추정할 수는 있다. $X_1, X_2, \cdots, X_n$이 X의 분포에서 추출한 확률표본이고 $Y_1 < Y_2 < \cdots < Y_n$이 순서통계량이라고 하자. $k = 1, 2, \cdots, n$에 대해 $p_k = k/(n + 1)$라고 하면 Y_k는 ξ_{X,p_k}의 추정량이다. cdf $F(z)$에 대응하는 분위수를 $\xi_{Z,p_k} = F^{-1}(p_k)$로 표기하자. y_k는 Y_k의 실현값을 나타낸다고 하자. y_k 대 ξ_{Z,p_k}의 그림을 ***q*-*q* 그림**(q-q plot)이라고 한다. 한 집단의 표본분위수와 이론적 cdf $F(z)$로부터의 분위수 집단

사이의 그림이기 때문이다. 앞의 논의에 근거할 때 이러한 그림의 선형성은 X의 cdf가 $F((x-a)/b)$ 형식임을 의미한다.

예제 4.4.6 **[예제 4.4.5의 연속]** 그림 4.4.1의 B, C, D는 세 가지 다른 분포에 대한 예제 4.4.4 자료의 q-q 그림이다. 표준정규확률변수의 분위수가 B의 그림에 이용되었다. 따라서 앞에서 설명한 바와 같이 이는 $k = 1, 2, \cdots, n$에 대해 y_k 대 $\Phi^{-1}(k/(n+1))$의 그림이다. C에는 표준 **라플라스**(Laplace) 분포의 모집단 분위수가 이용되었다. 즉 Z의 pdf는 $-\infty < z < \infty$에 대해 $f(z) = (1/2)e^{-|z|}$이다. D에서 분위수는 $0 < z < \infty$일 때 pdf $f(z) = e^{-z}$, 그 외에 $f(z) = 0$인 지수분포로부터 생성되었다. 이러한 분위수의 생성은 연습문제 4.4.1에서 다룰 것이다.

선형에서 가장 먼 그림은 D이다. 이 그림은 좀 더 정확한 분포의 지표를 가져다준다. 선에 위치한 점에 대해 Z의 아랫부분 분위수는 윗부분 분위수와 마찬가지로 넓게 흩어져 있어야 한다. 즉 대칭분포가 더 적절할 수도 있다. B와 C는 D보다 선형이지만 약간 곡선이다. 둘 중에서는 C가 더 선형이다. 실제로 이 자료는 라플라스 분포로부터 생성되었다. 그래서 C가 세 그림 중 가장 선형이 될 것으로 기대된다.

많은 통계 패키지에는 이 예제에서 사용된 모집단 분위수를 계산하는 명령어가 있다. 1장에 언급된 사이트에 있는 R 함수 `qqplotc4s2.r`은 그림 4.4.1과 같은 정규분포, 라플라스 분포, 지수분포의 분위수를 계산하고 그림을 그린다. R 벡터 `x`에 자료가 포함된 경우 `qqplotc4s2(x)`로 호출한다.

정규분위수를 이용하는 q-q 그림을 **정규** q-q 그림이라고 한다. 자료가 R 벡터 `x`에 있으면 `qqnorm(x)`를 호출하여 그림을 얻는다.

4.4.2 분위수와 신뢰구간

cdf $F(x)$를 가진 연속형 확률변수를 X라고 하자. $0 < p < 1$에 대해 $F(\xi_p) = p$인 ξ_p를 $100p$순위 분포 백분위수라고 정의한다. X로부터 추출한 크기 n인 표본에서 $Y_1 < Y_2 < \cdots < Y_n$을 순서통계량이라고 하자. k가 $[(n+1)p]$일 때 $100p$순위 표본 백분위수 Y_k는 ξ_p의 점추정이다.

이제 ξ_p에 대한 **분포 무관**(distribution free) 신뢰구간을 유도한다. 그런데 이것은 $F(x)$가 연속형이라는 것 말고는 어떠한 가정을 하지 않고 구하는 ξ_p에 대한 신뢰구간을 의미한다. $i < [(n+1)p] < j$라 하고 순서통계량 $Y_i < Y_j$와 사건 $Y_i < \xi_p < Y_j$를 고려한다. i번째 순서통계량 Y_i가 ξ_p보다 작으므로 X 값 중에서 최소한 i개가 ξ_p보다 작아야 한다. 또한 j번째 순서통계량이 ξ_p보다 크므로 j보다 적은 수의 X 값이 ξ_p보다 작아야 한다. 이를 이항분포의 조건에 대입하면 성공확률은 $P(X < \xi_p) = F(\xi_p) = p$이다. 또한 사건 $Y_i < \xi_p < Y_j$는 n번 시행에서 i(포함)와 j(불포

함) 사이의 성공을 얻는 것과 동일하다. 그러므로

$$P(Y_i < \xi_p < Y_j) = \sum_{w=i}^{j-1} \binom{n}{w} p^w (1-p)^{n-w} \tag{4.4.8}$$

n, i, j의 특정 값이 지정되면 이 확률을 구할 수 있다. 이 과정에 의해 $\gamma = P(Y_i < \xi_p < Y_j)$를 구했다면 확률구간 (Y_i, Y_j)가 p순위 분위수를 포함할 확률은 γ이다. Y_i와 Y_j의 관측값을 각각 y_i, y_j라고 하면 구간 (y_i, y_j)가 p순위 분위수인 ξ_p에 대한 $100\gamma\%$ 신뢰구간이 된다. 이것을 이용하여 다음 예제에서 중앙값에 대한 신뢰구간을 구한다.

예제 4.4.7 **[중앙값에 대한 신뢰구간]** cdf $F(x)$를 가진 연속형 확률변수를 X라고 하자. $\xi_{1/2}$이 $F(x)$의 중앙값, 즉 $\xi_{1/2}$이 $F(\xi_{1/2}) = 1/2$의 해를 나타낸다고 하자. X_1, X_2, $\cdots$, X_n이 X의 분포에서 추출한 확률표본이고 이에 대응하는 순서통계량이 $Y_1 < Y_2 < \cdots < Y_n$이라고 하자. 앞에서와 같이 Q_2가 $\xi_{1/2}$의 점추정량인 표본중앙값을 나타낸다고 하자. $0 < \alpha < 1$인 α를 택하고, $c_{\alpha/2}$가 이항분포 $b(n, 1/2)$의 $\alpha/2$순위 분위수라고 하자. 그러면 S가 $b(n, 1/2)$ 분포를 따를 때 $P[S \le c_{\alpha/2}] = \alpha/2$이며, 동시에 $P[S \ge n - c_{\alpha/2}] = \alpha/2$이다. (이항분포의 이산성 때문에 이 확률을 정확히 만족하는 α의 값을 쓰거나 등호를 근사치로 바꾸어라.) 그러므로 식 (4.4.8)에 의해

$$P[Y_{c_{\alpha/2}+1} < \xi_{1/2} < Y_{n-c_{\alpha/2}}] = 1 - \alpha \tag{4.4.9}$$

따라서 표본을 추출했을 때 $y_{c_{\alpha/2}+1}$과 $y_{n-c_{\alpha/2}}$가 순서통계량 $Y_{c_{\alpha/2}+1}$과 $Y_{n-c_{\alpha/2}}$의 실현값이라면 다음 구간은 $\xi_{1/2}$에 대한 $(1-\alpha)100\%$ 신뢰구간이다.

$$(y_{c_{\alpha/2}+1}, y_{n-c_{\alpha/2}}) \tag{4.4.10}$$

이 신뢰구간의 예로 예제 4.4.4에 주어진 자료를 고려한다. 만약 $\xi_{1/2}$에 대한 88% 신뢰구간을 원한다면 $\alpha/2 = 0.060$이다. 그러면 S의 분포는 $n = 15$이고 $p = 0.5$인 이항분포이므로 $P[S \le 4]$ = `pbinom(4,15,.5)` $= 0.059$이고, 따라서 $c_{\alpha/2} = 4$이다. 그러므로 $\xi_{1/2}$에 대한 88% 신뢰구간은 $(y_5, y_{11}) = (96, 106)$이 된다.

R 함수 `onesampsgn(x)`는 중앙값에 대한 신뢰구간을 계산한다. 예제 4.4.4의 자료에 대해 R 코드 `onesampsgn(x,alpha=.12)`는 중앙값에 대한 신뢰구간으로 (96, 106)을 계산한다.

이항분포의 이산성 때문에 중앙값에 대한 신뢰구간에서 단지 특정 신뢰수준만 가능하다. 또한 $f(x)$가 ξ에 대해 대칭이라고 가정하는 경우, 10장에서 이러한 이산성으로 인한 문제가 훨씬 적은 다른 형태의 분포 무관 신뢰구간을 제시한다.

연습문제

4.4.1 예제 4.4.6에서 다룬 지수분포와 라플라스 분포에 근거한 분포의 분위수를 닫힌 형식으로 표현하라.

4.4.2 pdf $f(x)$가 0에 대해 대칭이고 cdf $F(x)$를 갖는다고 가정하자. $F^{-1}(0.25) = q_1$일 때 이 분포에서 잠재적 이상값이 될 확률이 $2F(4q_1)$임을 밝혀라. 이를 이용하여 다음 분포에서 한 관측값이 잠재적 이상값이 될 확률을 구하라.

(a) 기저분포는 정규분포이다. $N(0, 1)$ 분포를 사용하라.

(b) 기저분포는 **로지스틱** 분포이고 pdf는 다음과 같다.

$$f(x) = \frac{e^{-x}}{(1+e^{-x})^2}, \quad -\infty < x < \infty \tag{4.4.11}$$

(c) 기저분포는 라플라스 분포이고 pdf는 다음과 같다.

$$f(x) = \frac{1}{2}e^{-|x|}, \quad -\infty < x < \infty \tag{4.4.12}$$

4.4.3 자료의 표본이 다음과 같다(자료는 `ex4.4.3data.rda` 파일에 있다).

13	5	202	15	99	4	67	83	36	11	301
23	213	40	66	106	78	69	166	84	64	

(a) 이 자료의 다섯 숫자 요약을 구하라.

(b) 이상값이 있는지 결정하라.

(c) 자료의 상자그림을 그리고 이에 대해 논하라.

4.4.4 연습문제 4.4.3의 자료에 대한 정규 q-q 그림을 그려라. 이 그림은 기저분포가 정규임을 암시하는가? 그렇지 않다면 그림을 이용하여 더 적절한 분포를 정하라. 선택한 분포의 분위수를 기반으로 q-q 그림을 그려 자신의 선택을 확인하라.

4.4.5 $0 < x < \infty$일 때 pdf $f(x) = e^{-x}$, 그 외에 $f(x) = 0$인 분포에서 추출한 크기 5인 확률표본의 순서통계량을 $Y_1 < Y_2 < Y_3 < Y_4 < Y_5$라고 하자. $P(Y_5 \geq 2)$를 구하라.

4.4.6 $0 < x < 1$일 때 pdf $f(x) = 2x$, 그 외에 $f(x) = 0$인 연속형 분포에서 추출한 확률표본을 X_1, X_2, X_3이라고 하자. X_1, X_2, X_3 중의 최댓값이 분포의 중앙값보다 작을 확률을 구하라.

4.4.7 $x = 1, 2, 3, 4, 5, 6$일 때 $f(x) = 1/6$, 그 외에 $f(x) = 0$을 이산형 분포의 pmf라고 하자. 이 분포에서 추출한 크기 4인 확률표본의 최솟값의 pmf가 다음과 같음을 밝혀라.

$$g_1(y_1) = \left(\frac{7-y_1}{6}\right)^4 - \left(\frac{6-y_1}{6}\right)^4, \quad y_1 = 1, 2, 3, 4, 5, 6$$

확률표본이 이산형 분포에서 추출되었음을 유의하라. 이 책의 모든 공식은 확률표본이 연속형인 분포에서 추출되었다는 가정하에 도출된 것이지만 이 연습문제에는 적용되지 않는다. 왜 그런가?

4.4.8 $0 < x < \infty$일 때 pdf $f(x) = e^{-x}$, 그 외에 $f(x) = 0$인 분포에서 추출한 크기 5인 확률표본의 순서통계량을 $Y_1 < Y_2 < Y_3 < Y_4 < Y_5$라고 하자. $Z_1 = Y_2$와 $Z_2 = Y_4 - Y_2$가 독립임을 밝혀라.
힌트: 먼저 Y_2와 Y_4의 결합 pdf를 구하라.

4.4.9 $0 < x < 1$일 때 pdf $f(x) = 1$, 그 외에 $f(x) = 0$인 분포에서 추출한 n개 확률표본의 순서통계량을 $Y_1 < Y_2 < \cdots < Y_n$이라고 하자. Y_2가 모수 $\alpha = 2$, $\beta = n - 1$인 베타 pdf를 갖는다는 것을 밝혀라.

4.4.10 연습문제 3.3.26에서 다룬 와이블 분포로부터의 순서통계량을 $Y_1 < Y_2 < \cdots < Y_n$이라고 하자. Y_1의 분포함수와 pdf를 구하라.

4.4.11 $0 < x < 1$일 때 pdf $f(x) = 1$, 그 외에 $f(x) = 0$인 균등분포에서 추출한 크기 4인 확률표본의 범위가 1/2보다 작을 확률을 구하라.

4.4.12 $0 < x < 1$일 때 pdf $f(x) = 2x$, 그 외에 $f(x) = 0$인 분포에서 추출한 크기 2인 확률표본의 순서통계량을 $Y_1 < Y_2$라고 하자. $Z_1 = Y_1/Y_2$과 $Z_2 = Y_2$가 독립임을 밝혀라.

4.4.13 크기가 2인 확률표본을 $0 < x < 1$일 때 pdf $f(x) = 2x$, 그 외에 $f(x) = 0$인 분포에서 추출했을 때, 한 표본 관측 개체의 크기가 적어도 다른 것의 3배가 되는 확률을 구하라.

4.4.14 $0 < x < 1$일 때 pdf $f(x) = 1$, 그 외에 $f(x) = 0$인 분포에서 추출한 크기 3인 확률표본의 순서통계량을 $Y_1 < Y_2 < Y_3$이라고 하자. $Z = (Y_1 + Y_3)/2$이 표본의 중앙범위일 때 Z의 pdf를 구하라.

4.4.15 $N(0, \sigma^2)$에서 추출한 크기 2인 확률표본의 순서통계량을 $Y_1 < Y_2$라고 하자.
(a) $E(Y_1) = -\sigma/\sqrt{\pi}$임을 밝혀라.
힌트: Y_1과 Y_2의 결합 pdf를 구하고 y_1에 대해 적분한 뒤 $E(Y_1)$을 계산하라.
(b) Y_1과 Y_2의 공분산을 구하라.

4.4.16 $x \geq 0$일 때 pdf $f(x) > 0$이고 그 외에 $f(x) = 0$인 연속형 분포에서 추출한 크기 2인 확률표본의 순서통계량을 $Y_1 < Y_2$라고 하자. $Z_1 = Y_1$과 $Z_2 = Y_2 - Y_1$의 독립성

이 모수 $\alpha = 1$, $\beta > 0$인 감마 pdf $f(x)$를 특성화함을 밝혀라. 즉 $f(x)$가 $\Gamma(1, \beta)$ 분포의 pdf인 경우에 한하여 Y_1과 Y_2가 독립임을 밝혀라.

힌트: Y_1과 Y_2의 pdf로부터 Z_1와 Z_2의 결합 pdf를 구하기 위해 변수변환 기법을 사용하라. 함수방정식 $h(0)h(x+y) \equiv h(x)h(y)$의 해는 $h(x) = c_1 e^{c_2 x}$이다. c_1과 c_2는 상수이다.

4.4.17 $0 < x < 1$일 때 pdf $f(x) = 2x$, 그 외에 $f(x) = 0$인 분포에서 추출한 크기 4인 확률표본의 순서통계량을 $Y_1 < Y_2 < Y_3 < Y_4$라고 하자.

(a) Y_2와 Y_4의 결합 pdf를 구하라.

(b) $Y_4 = y_4$가 주어졌을 때 Y_2의 조건부 pdf를 구하라.

(c) $E(Y_2|y_4)$를 계산하라.

4.4.18 구간 (0, 1)에서 무작위로 2개의 숫자를 뽑았다. 그 값들이 균등하게 독립적으로 분포한다면 두 숫자로 나누어진 세 구간이 이루는 직선으로 삼각형을 만들 수 있는 확률을 구하라.

4.4.19 $0 < x < 1$일 때 pdf $f(x) = 1$, 그 외에 $f(x) = 0$인 확률변수가 X이고, $0 < y < 1$일 때 pdf $g(y) = 3y^2$, 그 외에 $g(y) = 0$인 확률변수가 Y이며, X와 Y는 독립이다. $U = \min(X, Y)$, $V = \max(X, Y)$일 때 U와 V의 결합 pdf를 구하라.

힌트: 역변환은 $x = u$, $y = v$와 $x = v$, $y = u$이다.

4.4.20 X와 Y의 결합 pdf는 $0 < x < 1$, $0 < y < 1$일 때 $f(x, y) = \frac{12}{7}x(x+y)$, 그 외에 $f(x, y) = 0$이라고 하자. $U = \min(X, Y)$, $V = \max(X, Y)$일 때 U와 V의 결합 pdf를 구하라.

4.4.21 어떤 형태의 분포에서 추출한 확률표본을 $X_1, X_2, \cdots, X_n$이라고 하자. 확산 측도(measure of spread)는 지니의 평균차(Gini's mean difference)이다.

$$G = \sum_{j=2}^{n} \sum_{i=1}^{j-1} |X_i - X_j| / \binom{n}{2} \tag{4.4.13}$$

(a) $n = 10$일 때 $G = \sum_{i=1}^{10} a_i Y_i$가 성립하도록 $a_1, a_2, \cdots, a_{10}$을 구하라. 여기서 $Y_1, Y_2, \cdots, Y_{10}$은 표본의 순서통계량이다.

(b) 표본을 $N(\mu, \sigma^2)$에서 추출했을 때 $E(G) = 2\sigma/\sqrt{\pi}$임을 밝혀라.

4.4.22 $0 < x < \infty$일 때 pdf $f(x) = e^{-x}$, 그 외에 $f(x) = 0$인 지수분포에서 추출한 크기 n인 확률표본의 순서통계량을 $Y_1 < Y_2 < \cdots < Y_n$이라고 하자.

(a) $Z_1 = nY_1$, $Z_2 = (n-1)(Y_2 - Y_1)$, $Z_3 = (n-2)(Y_3 - Y_2)$, $\cdots$, $Z_n = Y_n - Y_{n-1}$이 독립이라는 것과 Z_i가 지수분포를 따름을 밝혀라.

(b) $\sum_{i=1}^{n} a_i Y_i$와 같은 $Y_1, Y_2, \cdots, Y_n$의 모든 선형함수는 독립인 확률변수의 선형함수로 나타낼 수 있음을 밝혀라.

4.4.23 PERT(Program Evaluation & Review Technique)에서는 많은 부분 계획을 포함하는 어떤 계획을 완료하는 데 필요한 전체 시간에 관심이 있다. 세 부분 계획에 대한 독립인 세 확률 시간을 X_1, X_2, X_3이라고 하자. 이 부분 계획이 연속 순열로 되어 있다면(첫째 부분 계획은 둘째 부분 계획이 시작되기 전에 완료되어야 하는 등) 합 $Y = X_1 + X_2 + X_3$에 관심을 갖게 된다. 이것들을 병행한다면(동시에 작업할 수 있다면) $Z = \max(X_1, X_2, X_3)$에 관심을 갖게 된다. 각각의 경우에 확률변수는 $0 < x < 1$일 때 pdf $f(x) = 1$, 그 외에 $f(x) = 0$인 균등분포를 따른다. (a) Y의 pdf, (b) Z의 pdf를 구하라.

4.4.24 연속형 분포에서 추출한 크기 n인 확률표본의 n번째 순서통계량을 Y_n이라고 하자. $P(\xi_{0.95} < Y_n) \geq 0.75$가 성립하는 n의 최솟값을 구하라.

4.4.25 연속형 분포에서 추출한 크기 4인 확률표본의 순서통계량을 $Y_1 < Y_2 < Y_3 < Y_4$라고 하자. 다음을 계산하라.

(a) $P(Y_1 < \xi_{0.5} < Y_4)$

(b) $P(Y_1 < \xi_{0.25} < Y_3)$

(c) $P(Y_3 < \xi_{0.80} < Y_4)$

4.4.26 연속형 분포에서 추출한 크기 9인 확률표본의 순서통계량이 $Y_1 < \cdots < Y_9$일 때 $P(Y_2 < \xi_{0.5} < Y_8)$을 계산하라.

4.4.27 연속형 분포에서 추출한 크기 n인 확률표본의 순서통계량을 $Y_1 < Y_2 < \cdots < Y_n$이라고 하자. $P(Y_2 < \xi_{0.5} < Y_n) \geq 0.95$가 성립하는 n의 최솟값을 구하라.

4.4.28 σ^2이 알려졌을 때 $N(\mu, \sigma^2)$인 분포에서 추출한 크기 2인 확률표본의 순서통계량을 $Y_1 < Y_2$라고 하자.

(a) $P(Y_1 < \mu < Y_2) = 1/2$임을 밝히고 확률 길이 $Y_2 - Y_1$의 기댓값을 계산하라.

(b) $\overline{X}$가 이 표본의 평균일 때 $P(\overline{X} - c\sigma < \mu < \overline{X} + c\sigma) = 1/2$을 만족하는 상수 c를 구하고, (a)에서 구한 확률 길이의 기댓값과 이 확률구간의 길이를 비교하라.

4.4.29 연속형 분포에서 추출한 크기 $n = 3$인 확률표본의 순서통계량의 관측값을 $y_1 < y_2 < y_3$이라고 하자. 이 값을 알지 못하는 상황에서 한 통계학자에게 이 값을 순서 없이 주었을 때 통계학자가 가장 큰 값을 선택하려 한다. 통계학자는 한 번 거절한 관측값을 다시 선택할 수 없다. 만약 통계학자가 처음 것을 선택한다면 가장 큰 값을 가질 확률은 1/3이다. 통계학자는 다음 알고리즘을 이용하기로 결정한다. 처음 것을 보고 그것을 포기한다. 그런 다음 두 번째 것을 보고, 만약 그것이 처음 것보다 크면 그것

을 선택하고 그렇지 않으면 세 번째 것을 선택한다. 이 알고리즘은 가장 큰 값을 선택할 확률이 1/2임을 밝혀라.

4.4.30 연습문제 4.1.1을 참조하라. 식 (4.4.10)을 이용하여 모터의 중앙값 수명에 대한 (90%에 가까운 신뢰도인) 신뢰구간을 구하라. 이 구간은 무엇을 의미하는가?

4.4.31 $0 < x < \theta$일 때 pdf $f(x) = 2x/\theta^2$, 그 외에 $f(x) = 0$인 분포를 따르고 크기가 n인 확률표본의 순서통계량을 $Y_1 < Y_2 < \cdots < Y_n$이라고 하자.

(a) $0 < c < 1$일 때 $P(c < Y_n/\theta < 1) = 1 - c^{2n}$임을 밝혀라.

(b) n이 4이고 Y_4의 관측값이 2.3일 때 θ에 대한 95% 신뢰구간은 무엇인가?

4.4.32 자료 파일 `bb.rda`에 있는 프로야구 선수의 몸무게를 다시 고려하자. 투수와 타자의 몸무게에 대한 비교 상자그림을 구하라(`x`와 `y`에 각각 타자와 투수의 몸무게가 포함되어 있을 때 R 코드 `boxplot(x,y)`를 사용하라). 그리고 타자와 투수 몸무게의 중앙값에 대한 95% 신뢰구간을 구하라(R 함수 `onesampsgn`을 사용하라). 이에 대해 논하라.

4.5 가설검정의 개요

점추정과 신뢰구간은 유용한 통계적 추론 과정이다. 자주 이용되는 또 다른 형태의 추론은 가설검정과 관련된 것이다. 4.1~4.3절에서처럼 $\theta \in \Omega$일 때 pdf $f(x;\theta)$인 확률변수 X에 관심이 있다고 하자. 이론적으로 또는 사전 실험에 의해 ω_0과 ω_1이 Ω의 배반인 부분집합이고, $\omega_0 \cup \omega_1 = \Omega$일 때 $\theta \in \omega_0$ 또는 $\theta \in \omega_1$이라고 가정하자. 이러한 가설을 다음과 같이 분류한다.

$$H_0 : \theta \in \omega_0, \quad H_1 : \theta \in \omega_1 \tag{4.5.1}$$

가설 H_0을 **귀무가설**(null hypothesis), H_1을 **대립가설**(alternative hypothesis)이라고 한다. 때로 귀무가설은 과거와 비교하여 변화나 차이가 없는 것을 나타내고, 대립가설은 변화 또는 차이를 나타낸다. 대립가설은 연구자 가설이라고도 한다. H_0이나 H_1을 선택하는 의사결정 규칙은 X의 분포에서 추출한 표본 $X_1, X_2, \cdots, X_n$에 기반하고, 따라서 결정이 잘못될 수도 있다. 예를 들어 실제로는 $\theta \in \omega_0$일 때 $\theta \in \omega_1$인 것으로 결정할 수도 있고, 실제로는 $\theta \in \omega_1$일 때 $\theta \in \omega_0$인 것으로 결정할 수도 있다. 이 절에서는 이러한 오류를 각각 1종 오류 또는 2종 오류라고 정의할 것이다. 8장에서 보듯이 이러한 오류를 주의 깊게 분석하면 특정 상황에서 최적의 의사결정을 할 수 있다. 그러나 이 절에서는 단순히 가설검정의 요소를 소개할 것이다. 개념을 구성하기 위해 다음 예제를 살펴보자.

예제 4.5.1 **[옥수수 자료]** 1878년 찰스 다윈(Charles Darwin)은 교차교배 또는 순수교배가 옥수수(*Zea mays*)의 크기에 어떤 영향을 미치는지를 결정하기 위해 옥수수의 크기에 대한 일부 자료를 기록했다. 이 실험은 하나의 교차교배 식물과 하나의 순수교배 식물을 선택하여 같은 화분에 심고 나중에 크기를 측정하는 것이었다. 이 예제에 대한 흥미로운 가설은 교차교배 식물이 순수교배 식물보다 일반적으로 더 크다는 것이다. 이것이 대립가설, 즉 연구자 가설이다. 귀무가설은 식물이 순수교배되든 교차교배되든 관계없이 일반적으로 같은 크기로 자란다는 것이다. 화분 15개에 관한 자료가 기록되었다.

i번째 화분에서 교차교배된 것의 크기와 순수교배된 것의 크기를 각각 Y_i, Z_i라고 할 때 자료를 (Y_1, Z_1), ⋯, (Y_{15}, Z_{15})로 나타낸다. $X_i = Y_i - Z_i$라고 하자. 같은 화분에서 재배되었기 때문에 Y_i와 Z_i는 서로 의존인 변수일 수 있다. 그러나 화분들은 독립이라고 가정하는 것이 적절하다. 즉 쌍의 확률벡터가 서로 독립이다. 따라서 X_1, ⋯, X_{15}가 확률표본을 이룬다고 가정한다. 임시 모형으로, 확률변수 e_i가 연속형 pdf $f(x)$를 가진 iid일 때 다음을 고려한다.

$$X_i = \mu + e_i, \quad i = 1, \ldots, 15$$

이 모형에서 e_i의 평균이 0이라고 가정해도 일반성을 전혀 잃지 않는다. 그렇지 않은 경우 단순히 μ를 다시 정의하면 되기 때문이다. 따라서 $E(X_i) = \mu$이다. 또한 X_i의 pdf는 $f_X(x; \mu) = f(x - \mu)$이다. 실제로 모형의 적합성은 항상 관심 사항이며, 모형의 품질을 확인하기 위해 자료에 근거한 진단을 수행한다.

$\mu = E(X_i) = 0$이면 $E(Y_i) = E(Z_i)$이다. 즉 평균적으로 교차교배 식물은 순수교배 식물과 크기가 동일하다. 반면에 $\mu > 0$이면 $E(Y_i) > E(Z_i)$이다. 즉 평균적으로 교차교배 식물이 순수교배 식물보다 더 크다. 이 모형에서 가설은 다음과 같다.

$$H_0 : \mu = 0, \quad H_1 : \mu > 0 \tag{4.5.2}$$

따라서 $\omega_0 = \{0\}$은 처리에 차이가 없음을 의미하고, $\omega_1 = (0, \infty)$는 교차교배된 옥수수의 평균 크기가 순수교배된 옥수수의 평균 크기를 초과한다는 것을 나타낸다.

이 절의 도입부에서 설명한 일반적인 문제에 대한 검정 구조를 완성하기 위해 결정 규칙을 논할 필요가 있다. $\theta \in \Omega$일 때 pdf $f(x; \theta)$인 확률변수 X에서 추출한 확률표본이 X_1, X_2, ⋯, X_n임을 상기하라. $\omega_0 \cup \omega_1 = \Omega$일 때 가설검정 $H_0 : \theta \in \omega_0$ 대 $H_1 : \theta \in \omega_1$을 고려한다. 표본의 공간은 $\mathcal{D}$로 표기한다. 즉 $\mathcal{D} =$ 공간$\{(X_1, X_2, \cdots, X_n)\}$이다. H_0 대 H_1의 **검정**(test)은 $\mathcal{D}$의 부분집합 C에 근거한다. 이 집합 C를 **기각역**(critical region)이라고 하며 이와 대응하는 결정 규칙(검정)은 다음과 같다.

$$(X_1, \cdots, X_n) \in C\text{이면 } H_0 \text{ 기각}(H_1 \text{ 채택}) \tag{4.5.3}$$
$$(X_1, \cdots, X_n) \in C^c\text{이면 } H_0 \text{ 유지}(H_1 \text{ 기각})$$

표 4.5.1 가설검정에 대한 2×2 결정표

	본질의 참상태	
결정	H_0이 참	H_1이 참
H_0 기각	1종 오류	올바른 결정
H_0 채택	올바른 결정	2종 오류

주어진 기각역에 대해 표 4.5.1의 2×2 결정표는 본질의 참상태 관점에서 가설검정의 결과를 요약한 것이다. 올바른 결정 이외에 2개의 오류가 발생할 수 있다. **1종**(type I) 오류는 H_0이 참일 때 기각하면 발생하고, **2종**(type II) 오류는 H_1이 참일 때 H_0을 채택하면 발생한다.

물론 목표는 모든 가능한 기각역 중에서 이러한 오류의 확률을 최소화하는 기각역을 선택하는 것이다. 일반적으로 이것은 가능하지 않다. 이러한 오류의 확률은 때로 시소(seesaw) 효과를 보이는데 이는 극단적인 경우에 바로 알 수 있다. 단순하게 $C = \phi$라고 하자. 이 기각역에서는 절대로 H_0을 기각하지 않을 것이며, 따라서 1종 오류의 확률이 0이다. 그러나 2종 오류의 확률은 1이다. 흔히 둘 중에서 1종 오류를 더 나쁜 것으로 생각한다. 그래서 1종 오류의 확률에 한계를 정하고, 이것을 만족하는 기각역 중에서 2종 오류의 확률을 최소화하는 기각역을 선택한다.

정의 4.5.1

기각역 C가 다음과 같으면 **크기** α라고 한다.

$$\alpha = \max_{\theta \in \omega_0} P_\theta[(X_1, \ldots, X_n) \in C] \tag{4.5.4}$$

크기 α인 모든 기각역 중에서 2종 오류의 확률이 보다 작은 기각역을 생각해보려 한다. 또한 2종 오류의 여집합, 즉 표 4.5.1에 나타낸 것처럼 H_1이 사실일 때 H_0을 기각하는 올바른 결정을 고려할 수 있다. 이러한 올바른 결정의 확률을 최대화하는 것이 바람직하므로 이 확률이 가능한 한 크기를 바란다. 즉 $\theta \in \omega_1$에 대해 다음을 최대화하기를 원한다.

$$1 - P_\theta[\text{2종 오류}] = P_\theta[(X_1, \cdots, X_n) \in C]$$

이 식의 오른쪽에 있는 확률을 θ에서의 **검정력**(power of test)이라고 한다. 이것은 $\theta \in \omega_1$가 참 모수일 때 검정이 대립인 θ를 탐지하는 확률이다. 따라서 2종 오류의 확률을 최소화하는 것은 검정력을 최대화하는 것과 동등하다.

기각역의 **검정력 함수**(power function)를 다음과 같이 정의한다.

$$\gamma_C(\theta) = P_\theta[(X_1, \ldots, X_n) \in C]; \quad \theta \in \omega_1 \tag{4.5.5}$$

따라서 크기 α인 기각역 C_1과 C_2가 주어졌을 때 모든 $\theta \in \omega_1$에 대해 $\gamma_{C_1}(\theta) \geq \gamma_{C_2}(\theta)$이면 C_1이 C_2보다 더 좋은 기각역이다. 8장에서는 특정한 상황에서 최적의 기각역을 구할 것이다. 이 절에

서는 몇 가지 예제를 통해 이러한 가설검정의 개념을 살펴보자.

예제 4.5.2 **[성공의 이항 비율에 대한 검정]** 성공 확률이 p인 베르누이 확률변수를 X라고 하자. p_0이 지정되었을 때 크기 α에서 다음을 검정하고자 한다.

$$H_0 : p = p_0, \quad H_1 : p < p_0 \tag{4.5.6}$$

예를 들어 '성공'은 어떤 질병에 의한 사망이고 p_0은 어떤 표준 치료에 의한 사망 확률이라고 하자. 새로운 치료를 (무작위로 선택된) 몇 명의 환자에게 적용했으며, 이 새로운 치료에 의한 사망 확률이 p_0보다 작기를 희망한다. X의 분포에서 추출한 확률표본이 $X_1, X_2, \cdots, X_n$이고 $S = \sum_{i=1}^{n} X_i$가 표본에서 성공의 총수라고 하자. 직관적인 결정 규칙(기각역)은 k가 $\alpha = P_{H_0}[S \leq k]$일 때 다음과 같다.

$$S \leq k\text{이면 } H_0 \text{ 기각, } H_1 \text{ 채택} \tag{4.5.7}$$

H_0하에 S가 $b(n, p_0)$ 분포를 따르므로 k는 $\alpha = P_{p_0}[S \leq k]$에 의해 결정된다. 그런데 이항분포가 이산형이므로 이 식의 해가 되는 정수 k가 존재하지 않을 수 있다. 예를 들어 $n = 20$, $p_0 = 0.7$, $\alpha = 0.15$이면 H_0하에 S는 이항분포 $b(20, 0.7)$을 따른다. 따라서 $P_{H_0}[S \leq 11] =$ `pbinom(11,20,0.7)` $= 0.1133$이고 $P_{H_0}[S \leq 12] =$ `pbinom(12,20,0.7)` $= 0.2277$이다. 그러므로 보수적인 쪽에 맞추어 k로 11을, $\alpha = 0.1133$을 선택할 수 있다. n이 증가할수록 이것은 문제가 덜 된다. p 값에 대한 차후의 논의를 참조하라. 일반적으로 가설 식 (4.5.6)에 대한 검정력은 다음과 같다.

$$\gamma(p) = P_p[S \leq k], \quad p < p_0 \tag{4.5.8}$$

그림 4.5.1에서 검정 1 곡선은 $n = 20$, $p_0 = 0.7$, $\alpha = 0.1133$인 경우에 대한 검정력 함수이다. 이 검정력 함수가 감소함수임에 주의하라. 즉 대립가설 $p = 0.2$를 탐지하는 것이 $p = 0.6$을 탐지하는 것보다 검정력이 더 크다. 8.2절에서는 이러한 가설의 이항검정에 대한 검정력 함수의 단조성을 일반적인 경우에 대해 증명한다. 이러한 단조성을 이용하여 단순한 $H_0 : p = p_0$보다 좀 더 일반적인 귀무가설인 $H_0 : p \geq p_0$으로 검정을 확장한다. 가설 식 (4.5.6)에서 이용한 결정 규칙과 검정 식 (4.5.4)의 크기에 대한 정의, 그리고 검정력 곡선의 단조성에 의해

$$\max_{p \geq p_0} P_p[S \leq k] = P_{p_0}[S \leq k] = \alpha$$

즉 원래의 귀무가설에 대한 것과 크기가 동일하다.

$n = 20$, $p_0 = 0.70$, 크기 $\alpha = 0.1133$인 상황에 대한 검정을 검정 1이라 하고, 크기가 좀 더 큰 두 번째 검정(검정 2)이 있다고 하자. 검정 2의 검정력 함수는 검정 1에 비해 어떠한가? 예를 들어 검정 2에서 $\alpha = 0.2277$을 선택하면 검정 2에서는 $S \leq 12$일 때 H_0을 기각한다. 그림 4.5.1

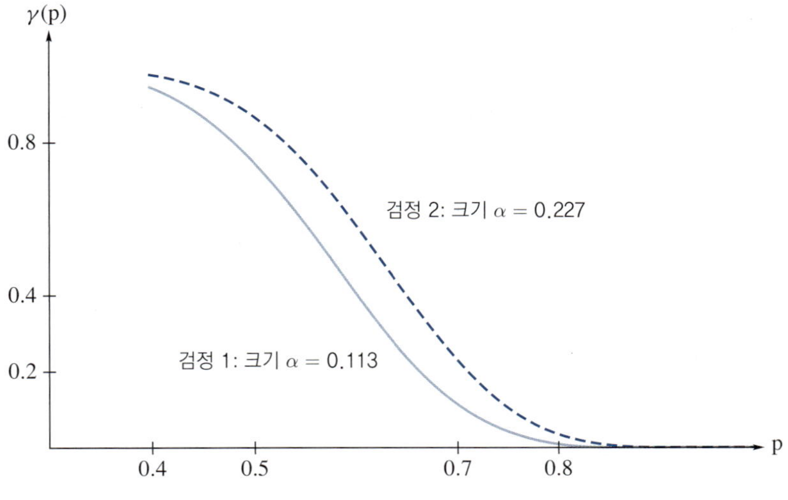

그림 4.5.1 예제 4.5.2의 검정 1과 검정 2에 대한 검정력 곡선

에 결과적인 검정력 함수를 나타냈다. 검정 2는 1종 오류를 범하는 데에서 확률이 더 큰데, 각각의 대립가설 $p < 0.7$에서도 검정력이 더 크다. 이러한 이항검정에서 이것이 성립함을 연습문제 4.5.7에서 밝힐 것이다. 이것은 일반적으로 성립한다. 즉 검정의 크기가 커지면 검정력도 커진다. 저자 서문에 언급된 사이트에 있는 R 함수 `binpower.r`을 이용하여 그림 4.5.1을 그릴 수 있다.

참고 4.5.1 [명칭]

예제 4.5.2에서 첫 번째 귀무가설 $H_0 : p = p_0$은 기저분포를 완전하게 지정하므로 이를 **단순가설**(simple hypothesis)이라고 한다. $H_1 : p < p_0$과 같은 대부분의 가설은 **복합가설**(composite hypothesis)이라고 하는데, 이는 여러 개의 단순가설로 구성되어 있기 때문에 분포를 완전하게 지정하지 않는다.

통계학을 연구하다 보면 기각역의 크기 α에 대해 종종 다른 명칭을 사용한다는 것을 알 수 있다. 흔히 α를 기각역이 결합된 검정의 **유의수준**(significance level)이라고 한다. 때로는 α를 '1종 오류를 범할 확률의 최댓값' 또는 'H_0이 참일 때 검정의 검정력의 최댓값'이라고 하기도 한다. 동일한 것에 여러 가지 명칭을 사용하니 학생들은 혼란스러울 것이다. 그러나 통계학 문헌에서 그렇게 사용되고 있는 것이 현실이라 짚고 넘어간다.

앞의 예제에서 검정은 검정 통계량의 정확한 분포, 즉 이항분포에 근거한다. 검정 통계량의 분포를 닫힌 형식(closed form)으로 구할 수 없는 경우가 종종 있다. 그러나 근사 신뢰구간에서와 마찬가지로 적절한 검정을 하기 위해 중심극한정리에 의존할 수도 있다. 정리 4.2.1을 보라. 다음 예제가 그러한 경우이다.

예제 4.5.3 **[평균에 대한 대표본 검정]** 평균 μ와 유한인 분산 σ^2을 가진 확률변수를 X라고 하자. 다음 가설을 검정하고자 한다.

$$H_0 : \mu = \mu_0, \quad H_1 : \mu > \mu_0 \tag{4.5.9}$$

여기서 μ_0은 지정된 값이다. 설명을 위해 μ_0을 표준 강의 방법으로 가르친 과목을 수강한 학생들에 대한 표준화된 시험의 평균 수준이라고 하자. 컴퓨터를 이용하는 새로운 강의 방법에 의한 평균 수준 μ가 $\mu > \mu_0$이기를 바란다고 하자. 여기서 $\mu = E(X)$이고 X는 새로운 강의 방법을 수강하는 학생의 성적이다. 이러한 추측은 새로운 방법의 강의를 수강한 (무작위로 선택된) n명의 학생에 의해 검증될 수 있다.

X의 분포에서 추출한 확률표본이 $X_1, X_2, \cdots, X_n$이고 표본평균과 분산이 각각 $\overline{X}$, S^2이라고 하자. $\overline{X}$는 μ의 불편추정량이므로 직관적인 결정 규칙은 다음과 같다.

$$\overline{X}\text{가 } \mu_0\text{보다 매우 크면 } H_0 \text{ 기각, } H_1 \text{ 채택} \tag{4.5.10}$$

일반적으로 표본평균의 분포는 닫힌 형식으로 구할 수 없다. 예제 4.5.4에서 X의 분포에 대해 강한 정규성의 가정하에 정확검정을 할 수 있다. 지금은 중심극한정리(정리 4.2.1)에 따라 $(\overline{X} - \mu)/(S/\sqrt{n})$의 분포가 근사적으로 $N(0, 1)$이라는 것을 이용하여 근사적 크기 α를 가진 검정을 구한다. 이 검정의 결정 규칙은 다음과 같다.

$$\frac{\overline{X}-\mu_0}{S/\sqrt{n}} \geq z_\alpha\text{이면 } H_0 \text{ 기각, } H_1 \text{ 채택} \tag{4.5.11}$$

이 검정은 직관적이다. H_0을 기각하기 위해 $\overline{X}$는 μ_0보다 최소한 $z_\alpha S/\sqrt{n}$만큼 더 커야 한다. 검정의 검정력 함수의 근삿값을 구하기 위해 중심극한정리를 이용한다. σ를 S로 대체하면 근사적인 검정력 함수는 다음과 같이 된다.

$$\begin{aligned}
\gamma(\mu) &= P_\mu(\overline{X} \geq \mu_0 + z_\alpha \sigma/\sqrt{n}) \\
&= P_\mu\left(\frac{\overline{X} - \mu}{\sigma/\sqrt{n}} \geq \frac{\mu_0 - \mu}{\sigma/\sqrt{n}} + z_\alpha\right) \\
&\approx 1 - \Phi\left(z_\alpha + \frac{\sqrt{n}(\mu_0 - \mu)}{\sigma}\right) \\
&= \Phi\left(-z_\alpha - \frac{\sqrt{n}(\mu_0 - \mu)}{\sigma}\right)
\end{aligned} \tag{4.5.12}$$

따라서 σ와 동등한 것에 대한 합리적인 아이디어가 있으면 근사적인 검정력 함수를 계산할 수 있다. 연습문제 4.5.1에서와 같이 이러한 근사적인 검정력 함수는 μ에 대한 단조증가함수이다. 그러므로 바로 앞의 예제에서처럼 귀무가설을 다음과 같이 바꿀 수 있다.

$$H_0 : \mu \leq \mu_0, \quad H_1 : \mu > \mu_0 \tag{4.5.13}$$

앞에서 설명한 근사적인 검정은 이러한 가설에 대해 근사적인 크기 α를 갖는다.

예제 4.5.4 **[정규성하에 μ에 대한 검정]** X가 $N(\mu, \sigma^2)$ 분포를 따른다고 하자. 예제 4.5.3에서와 같이 μ_0이 지정되었을 때 다음 가설을 생각해보자.

$$H_0 : \mu = \mu_0, \quad H_1 : \mu > \mu_0 \tag{4.5.14}$$

$0 < \alpha < 1$에 대해 검정의 원하는 크기가 α라고 가정한다. $N(\mu, \sigma^2)$ 분포에서 추출한 확률표본이 $X_1, X_2, \cdots, X_n$이고 표본평균과 분산이 각각 $\overline{X}$, S^2이라고 하자. 직관적인 기각 규칙은, 만약 $\overline{X}$가 μ_0보다 매우 크면 H_0을 기각하고 H_1을 채택하는 것이다. 예제 4.5.3과 달리 여기서는 통계량 $\overline{X}$의 분포를 안다. 특히 정리 3.6.1의 (d)에 의해 H_0하에 통계량 $T = (\overline{X} - \mu_0)/(S/\sqrt{n})$은 자유도 $n - 1$인 t-분포를 따른다. T-분포를 이용함으로써 다음 기각 규칙은 정확한 수준 α를 갖는다.

$$T = \frac{\overline{X} - \mu_0}{S/\sqrt{n}} \geq t_{\alpha, n-1} \text{이면 } H_0 \text{ 기각, } H_1 \text{ 채택} \tag{4.5.15}$$

여기서 $t_{\alpha,n-1}$은 자유도 $n - 1$인 t-분포의 상위 α 기각점이다. 즉 $\alpha = P(T > t_{\alpha,n-1})$이다. 이것은 흔히 $H_0 : \mu = \mu_0$의 ***t*-검정**이라고 한다.

이 기각 규칙과 식 (4.5.11)의 대표본 규칙의 차이를 주목하라. 대표본 규칙은 근사적인 수준 α를 갖는 데 비해 여기서는 정확한 수준 α를 갖는다. 물론 여기서는 X가 정규분포를 따른다고 가정해야 한다. 실제에서는 모집단이 정규분포라고 가정하지 않을 수도 있다. 보통 t-기각값이 z-기각값보다 더 크다. 따라서 t-검정이 대표본 검정보다 보수적이므로 실제로 많은 통계학자는 t-검정을 자주 이용한다.

R 벡터 `x`에 표본이 포함된 경우 R 코드 `t.test(x,mu=mu0,alt="greater")`는 식 (4.5.14)의 가설에 대한 t-검정을 계산한다.

예제 4.5.5 **[예제 4.5.1의 연속]** 표 4.5.2에 제시한 다윈의 옥수수 실험 자료는 `darwin.rda` 파일에도 있다. 그림 4.5.2는 15개 값의 차이 $x_i = y_i - z_i$에 대한 상자그림과 정규 q-q 그림이다. 이 그림에서 2개의 이상값이 화분 2와 15인 것으로 보인다. 이 두 화분에서는 순수교배된 옥수수가 교차교배된 것보다 훨씬 더 크다. 이 두 이상값을 제외하고 차 $y_i - z_i$는 모두 양수이며,

표 4.5.2 식물 성장

화분	1	2	3	4	5	6	7	8
교차	23.500	12.000	21.000	22.000	19.125	21.500	22.125	20.375
순수	17.375	20.375	20.000	20.000	18.375	18.625	18.625	15.250
화분	9	10	11	12	13	14	15	
교차	18.250	21.625	23.250	21.000	22.125	23.000	12.000	
순수	16.500	18.000	16.250	18.000	12.750	15.500	18.000	

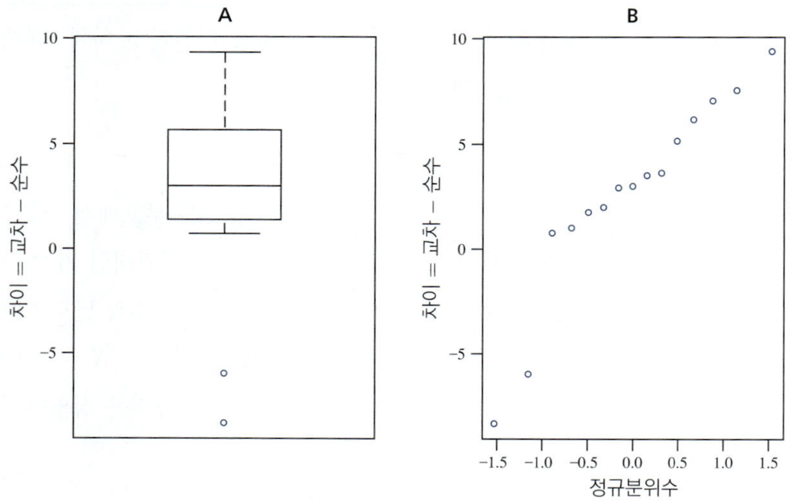

그림 4.5.2 예제 4.5.5의 자료에 대한 상자그림과 정규 q-q 그림

이것은 교차교배된 식물이 더 크게 자란 것을 의미한다. 예제 4.5.4에서 설명한 것과 같이 가설식 (4.5.2)에 대한 검정을 수행한다. 식 (4.5.15)에 주어진 결정 규칙을 $\alpha = 0.05$하에 이용할 것이다. 연습문제 4.5.2에서 보듯이 차 x_i에 대한 표본평균과 표본표준편차는 각각 $\bar{x} = 2.62$, $s_x = 4.72$이다. 따라서 t-검정 통계량은 2.15이고, 이는 t-기각값 $t_{0.05,14} =$ `qt(0.95,14)` $= 1.76$보다 크다. 그러므로 H_0을 기각하고, 옥수수의 교차교배가 순수교배보다 평균적으로 더 크다고 결론을 내린다. 이상값 때문에 오차항 분포의 정규성이 다소 의심스러워 예제 4.5.4의 끝에서 논의한 바와 같이 보수적인 방법의 검정을 이용한다.

rda 파일 `darwin.rda`를 R에 불러왔다고 가정하면 앞의 t-검정에 대한 코드는 `t.test(cross-self,mu=0,alt="greater")`이고, 이는 t-검정 통계량을 2.1506으로 계산한다.

연습문제

검정력 함수의 계산과 그림을 위해 R 또는 다른 통계 패키지를 사용하라.

4.5.1 예제 4.5.3의 식 (4.5.12)에 주어진 근사 검정력 함수가 μ의 단조증가함수임을 밝혀라. 그리고 예제에서 논의된 검정이 다음 검정에 대해 근사적으로 크기 α를 갖는다는 것을 밝혀라.

$$H_0 : \mu \leq \mu_0, \quad H_1 : \mu > \mu_0$$

4.5.2 표 4.5.2에 제시된 다윈의 실험 자료에 대해 스튜던트 t-검정 통계량이 2.15임을 증명하라.

4.5.3 X가 $\theta \in \{1, 2\}$에 대해 $0 < x < 1$일 때 $f(x;\ \theta) = \theta x^{\theta-1}$, 그 외에 $f(x;\ \theta) = 0$인 pdf를 갖는다고 하자. 단순대립가설 $H_1 : \theta = 2$에 대한 단순가설 $H_0 : \theta = 1$을 검정하기 위해 크기 2인 확률표본 X_1, X_2를 사용하고 기각역을 $C = \{(x_1,\ x_2) : 5/6 \le x_1x_2\}$로 정의한다. 검정의 검정력 함수를 구하라.

4.5.4 X가 모수 $n = 10$, p는 1/4 또는 1/2인 이항분포를 따른다고 하자. 크기 1인 확률표본의 관측값 X_1이 4보다 작거나 같으면 단순가설 $H_0 : p = 1/2$이 기각되고 단순대립가설 $H_1 : p = 1/4$이 채택된다. 유의수준과 검정의 검정력을 구하라.

4.5.5 $0 < x < \infty$일 때 pdf $f(x;\ \theta) = (1/\theta)e^{-x/\theta}$, 그 외에 $f(x;\ \theta) = 0$인 분포를 따르는 크기 2인 확률표본을 X_1, X_2라고 하자. X_1, X_2의 관측값 x_1, x_2가 다음을 만족한다면 $H_0 : \theta = 2$를 기각하고 $H_1 : \theta = 1$을 채택한다.

$$\frac{f(x_1;2)f(x_2;2)}{f(x_1;1)f(x_2;1)} \le \frac{3}{4}$$

여기서 $\Omega = \{1,\ 2\}$이다. 이 검정의 유의수준과 H_0이 거짓일 때의 검정력을 구하라.

4.5.6 예제 4.5.2와 같은 상황에서의 검정 1과 검정 2를 고려하자. $S \le 10$일 때 H_0을 기각하는 검정에 대해 유의수준을 구하고, 그림 4.5.1과 같이 그 검정력 함수를 그려라.

4.5.7 예제 4.5.2의 상황에서 다음과 같이 정의된 두 가지 검정 A와 B가 있다고 하자. 검정 A에서는 $S \le k_A$이면 H_0을 기각하고, 검정 B에서는 $S \le k_B$이면 H_0을 기각한다. 만약 검정 A가 검정 B보다 유의수준이 크면 각각의 대립가설에서 검정 A가 검정 B보다 검정력이 크다는 것을 밝혀라.

4.5.8 마일 단위의 타이어 수명 X가 평균 θ와 표준편차 5000인 정규분포를 따른다고 하자. 과거 경험에 따르면 $\theta = 30000$이다. 제조업자는 새로운 공정으로 만드는 타이어가 평균 $\theta > 30000$이고 $\theta = 35000$이 가능하다고 주장한다. $H_1 : \theta > 30000$에 대한 $H_0 : \theta = 30000$을 검정함으로써 이 주장을 확인하라. X의 독립인 n개 관측값 x_1, x_2, $\cdots$, x_n을 관찰하고 $\overline{x} \ge c$에 한하여 H_0을 기각(따라서 H_1 채택)할 것이다. 이 검정의 검정력 함수 $\gamma(\theta)$가 값 $\gamma(30000) = 0.01$, $\gamma(35000) = 0.98$이 되도록 n과 c를 결정하라.

4.5.9 X는 평균 θ인 푸아송 분포를 따른다. 단순가설 $H_0 : \theta = 1/2$과 복합대립가설 $H_1 : \theta < 1/2$을 생각하면 $\Omega = \{\theta : 0 < \theta \le 1/2\}$이다. 이 분포에서 추출한 크기 12인 확률표본을 X_1, $\cdots$, X_{12}라고 하자. 관측값 $Y = X_1 + \cdots + X_{12} \le 2$인 경우에 한하여 H_0을 기각하자. 다음 R 코드가 이 검정의 검정력 함수를 그린다는 것을 밝혀라.

```
theta=seq(.1,.5,.05); gam=ppois(2,theta*12)
plot(gam~theta,pch=" ",xlab=expression(theta),ylab=expression(gamma))
lines(gam~theta)
```

코드를 실행하라. 그림에서 유의수준을 정하라.

4.5.10 Y는 모수 n, p인 이항분포를 따른다. $Y \geq c$이면 $H_0 : p = 1/2$을 기각하고 $H_1 : p > 1/2$을 채택한다. 검정력 함수 $\gamma(p)$가 근사적으로 $\gamma(1/2) = 0.10$, $\gamma(3/4) = 0.95$로 주어졌을 때 n과 c를 구하라.

4.5.11 $0 < \theta$에 대해 $0 < x < \theta$일 때 pdf $f(x; \theta) = 1/\theta$, 그 외에 $f(x; \theta) = 0$인 분포에서 추출한 크기 3인 확률표본의 순서통계량을 $Y_1 < Y_2 < Y_3$이라고 하자. $Y_3 \geq c$이면 가설 $H_0 : \theta = 1$을 기각하고 가설 $H_1 : \theta > 1$을 채택한다.

(a) 유의수준이 $\alpha = 0.05$가 되는 상수 c를 구하라.

(b) 검정의 검정력 함수를 결정하라.

4.5.12 평균 μ인 푸아송 분포에서 추출한 크기 $n = 8$인 확률표본을 $X_1, X_2, \cdots, X_8$이라고 하자. 관측값의 합이 $\sum_{i=1}^{8} x_i \geq 8$이면 단순귀무가설 $H_0 : \mu = 0.5$를 기각하고 $H_1 : \mu > 0.5$를 채택한다.

(a) 유의수준이 `1-ppois(7,8*.5)`임을 밝혀라.

(b) R을 이용하여 $\gamma(0.75)$, $\gamma(1)$, $\gamma(1.25)$를 구하라.

(c) 연습문제 4.5.9의 코드를 수정하여 검정력 함수의 그림을 구하라.

4.5.13 특정 테니스 선수의 첫 번째 서브가 좋을 확률을 p라고 하자. $p = 0.40$이기 때문에 이 테니스 선수는 p를 증가시키기 위해 레슨을 받기로 결정했다. 레슨이 끝난 후 $n = 25$번의 시도에 의해 가설 $H_1 : p > 0.40$에 대해 가설 $H_0 : p = 0.40$을 검정한다. 첫 번째 서브가 좋은 경우의 수를 Y라 하고 기각역이 $C = \{y : y \geq 14\}$로 정의되었다고 하자.

(a) α는 `1-pbinom(13,25,.4)`로 계산된다는 것을 밝혀라.

(b) $p = 0.60$일 때 $\beta = P(Y < 14)$를 구하라. 즉 $\beta = P(Y \leq 13; p = 0.60)$이므로 $1 - \beta$는 $p = 0.60$에서의 검정력이다.

4.5.14 성공 확률이 p인 $n = 40$번의 베르누이 시행에서 성공 횟수를 S라고 하자. 가설 $H_0 : p \leq 0.3$ 대 $H_1 : p > 0.3$을 설정하고 다음과 같은 검정을 고려하자. (1) $S \geq 16$이면 H_0을 기각한다. (2) $S \geq 17$이면 H_0을 기각한다. 이 두 검정의 수준을 결정하라. R 함수 `binpower.r`은 그림 4.5.1과 같은 그림을 생성한다. 이 연습문제에서는 앞선 두 검정의 검정력 함수를 그리는 유사한 R 함수를 작성하라.

4.6 통계적 검정의 보충 설명

4.5절에서 언급한 모든 대립가설은 **단측가설**(one-sided hypotheses)이었다. 예를 들어 연습문제 4.5.8에서 단측대립가설 $H_1 : \mu > 30000$에 대해 $H_0 : \mu = 30000$을 검정했다. 여기서 μ는 표준편차 $\sigma = 5000$인 정규분포의 평균이다. 그런데 이 상황에서 제조업자의 공정이 변했으나 방향을 확신할 수 없는 경우를 생각해볼 수 있다. 즉 대립가설 $H_1 : \mu \neq 30000$에 관심이 있다. 이 절에서는 가설검정에 대해 좀 더 탐색할 것이며, 양측대립가설의 검정을 구성하는 것으로 시작한다.

예제 4.6.1 **[평균에 대한 대표본 양측검정]** 양측대립가설에 대한 검정을 어떻게 구성하는지 알아보기 위해 예제 4.5.3을 다시 생각해보자. 예제 4.5.3에서는 확률변수의 평균에 대한 대표본 단측검정을 구성했다. 마찬가지로 평균 μ와 유한 분산 σ^2을 가진 확률변수를 X라고 하자. 여기서 μ_0이 지정되었을 때 다음 가설을 검정하고자 한다.

$$H_0 : \mu = \mu_0, \quad H_1 : \mu \neq \mu_0 \tag{4.6.1}$$

X의 분포에서 추출한 확률표본이 $X_1, X_2, \cdots, X_n$이고 표본평균과 분산이 각각 $\overline{X}$, S^2이라고 하자. 단측검정에서는 $\overline{X}$가 매우 크면 H_0을 기각했다. 지금부터 가설 식 (4.6.1)에 대해서는 다음 결정 규칙을 이용한다.

$$\overline{X} \leq h \text{ 또는 } \overline{X} \geq k\text{이면 } H_0 \text{ 기각, } H_1 \text{ 채택} \tag{4.6.2}$$

여기서 h와 k는 $\alpha = P_{H_0}[\overline{X} \leq h \text{ 또는 } \overline{X} \geq k]$가 되는 값이다. $h < k$이며, 따라서

$$\alpha = P_{H_0}[\overline{X} \leq h \text{ 또는 } \overline{X} \geq k] = P_{H_0}[\overline{X} \leq h] + P_{H_0}[\overline{X} \geq k]$$

적어도 대표본의 경우 $\overline{X}$의 분포는 H_0 가정하에서 μ_0에 대해 대칭으로 분포되어 있으므로 직관적인 규칙은 α를 위 식의 오른쪽에 있는 두 항에 동일하게 배분하는 것이다. 즉 h와 k는 다음 식에 의해 선택된다.

$$P_{H_0}[\overline{X} \leq h] = \alpha/2, \qquad P_{H_0}[\overline{X} \geq k] = \alpha/2 \tag{4.6.3}$$

정리 4.2.1로부터 $(\overline{X} - \mu_0)/(S/\sqrt{n})$은 근사적으로 $N(0, 1)$ 분포를 따른다. 이것과 식 (4.6.3)은 근사적인 결정 규칙을 이끌어낸다.

$$\left|\frac{\overline{X} - \mu_0}{S/\sqrt{n}}\right| \geq z_{\alpha/2}\text{이면 } H_0 \text{ 기각, } H_1 \text{ 채택} \tag{4.6.4}$$

S를 σ로 대체하면 근사적인 검정력 함수는 다음과 같다.

$$\begin{aligned}\gamma(\mu) &= P_\mu(\overline{X} \le \mu_0 - z_{\alpha/2}\sigma/\sqrt{n}) + P_\mu(\overline{X} \ge \mu_0 + z_{\alpha/2}\sigma/\sqrt{n}) \\ &= \Phi\left(\frac{\sqrt{n}(\mu_0-\mu)}{\sigma} - z_{\alpha/2}\right) + 1 - \Phi\left(\frac{\sqrt{n}(\mu_0-\mu)}{\sigma} + z_{\alpha/2}\right) \qquad (4.6.5)\end{aligned}$$

여기서 $\Phi(z)$는 표준정규확률변수의 cdf이다. 식 (3.4.9)를 보라. 만약 σ와 동등한 것에 대해 어떠한 합리적인 아이디어가 있으면 근사적인 검정력 함수를 계산할 수 있다. 검정력 함수의 미분이 다음과 같음을 참고하라.

$$\gamma'(\mu) = \frac{\sqrt{n}}{\sigma}\left[\phi\left(\frac{\sqrt{n}(\mu_0-\mu)}{\sigma} + z_{\alpha/2}\right) - \phi\left(\frac{\sqrt{n}(\mu_0-\mu)}{\sigma} - z_{\alpha/2}\right)\right] \qquad (4.6.6)$$

여기서 $\phi(z)$는 표준정규확률변수의 pdf이다. 그런 다음 $\gamma(\mu)$가 최소인 μ_0에서 임곗값을 갖는다는 것을 밝힐 수 있다. 연습문제 4.6.2를 참조하라. 또한 $\gamma(\mu)$는 $\mu < \mu_0$에서 단조감소이고 $\mu > \mu_0$에서 단조증가이다.

다시 이 절의 처음 상황에서 다음 가설을 검정하고자 한다.

$$H_0: \mu = 30000, \quad H_1: \mu \neq 30000 \qquad (4.6.7)$$

$n = 20$이고 $\alpha = 0.01$이면 기각 규칙 식 (4.6.4)는 다음과 같이 된다.

$$\left|\frac{\overline{X} - 30{,}000}{S/\sqrt{20}}\right| \ge 2.575 \text{이면 } H_0 \text{ 기각, } H_1 \text{ 채택} \qquad (4.6.8)$$

그림 4.6.1은 S에 대해 $\sigma = 5000$으로 대체했을 때 이 검정에 대한 검정력 곡선을 보여준다. 비교를 위해 수준 $\alpha = 0.05$인 검정에 대한 검정력 곡선도 제시했다. R 함수 `zpower`는 이러한 형태의 그림을 그린다.

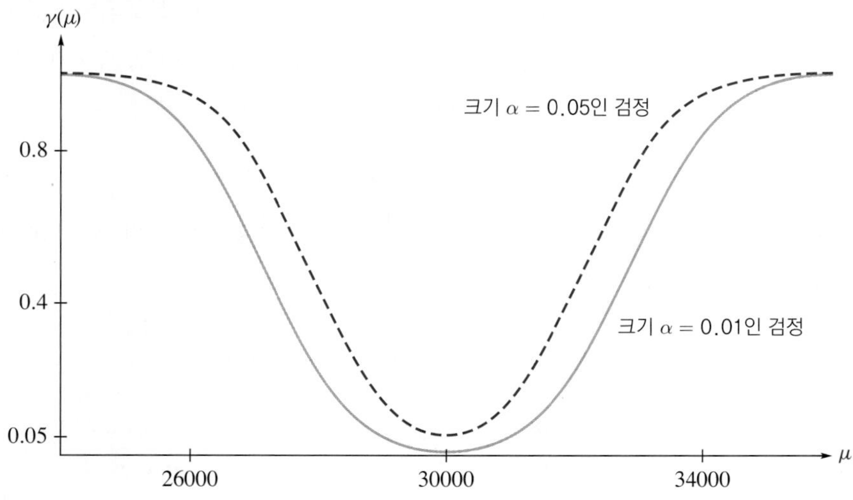

그림 4.6.1 가설 식 (4.6.7)의 검정에 대한 검정력 곡선

평균에 대한 양측검정은 근사적이다. 만약 X가 정규분포를 따른다면 연습문제 4.6.3에서와 같이 다음 검정은 $H_0: \mu = \mu_0$ 대 $H_1: \mu \neq \mu_0$을 검정하는 데에서 정확한 크기 α를 갖는다.

$$\left|\frac{\overline{X}-\mu_0}{S/\sqrt{n}}\right| \geq t_{\alpha/2,n-1}\text{이면 } H_0 \text{ 기각, } H_1 \text{ 채택} \tag{4.6.9}$$

이것도 역시 그림 4.6.1과 유사한 사발 형태의 검정력 곡선을 그린다. 그러나 이를 밝히기는 쉽지 않다. Lehmann(1986)을 참조하라.

R에서 계산하는 경우 R 벡터 `x`에 표본이 포함되어 있을 때 코드 `t.test(x,mu=mu0)`은 식 (4.6.1)의 가설에 대한 양측 t-검정의 결과를 구한다.

양측검정과 신뢰구간 사이에는 어떤 관계가 존재한다. 양측 t-검정 식 (4.6.9)를 생각해보자. 여기서 '~이면(if)'을 '~인 경우에 한하여(if and only if)'로 대체한 기각 규칙을 이용한다. 따라서 채택의 관점에서 다음을 얻는다.

$$\mu_0 - t_{\alpha/2,n-1}S/\sqrt{n} < \overline{X} < \mu_0 + t_{\alpha/2,n-1}S/\sqrt{n}\text{일 때에 한하여 } H_0 \text{ 채택}$$

그런데 이것은 다음과 같음을 쉽게 밝힐 수 있다.

$$\mu_0 \in (\overline{X} - t_{\alpha/2,n-1}S/\sqrt{n}, \overline{X} + t_{\alpha/2,n-1}S/\sqrt{n})\text{일 때에 한하여 } H_0 \text{ 채택} \tag{4.6.10}$$

즉 유의수준이 α일 때 μ_0이 μ에 대한 $(1-\alpha)100\%$ 신뢰구간 안에 있는 경우에 한하여 H_0을 채택한다. 마찬가지로 유의수준이 α일 때 μ_0이 μ에 대한 $(1-\alpha)100\%$ 신뢰구간에 포함되지 않는 경우에 한하여 H_0을 기각한다. 이것은 이 책에서 논의되는 모든 양측검정과 가설에 대해 성립한다. 단측검정과 단측신뢰구간 사이에도 이와 유사한 관계가 존재한다.

일단 신뢰구간과 가설검정 사이의 이러한 관계를 알게 되면 신뢰구간을 구성했던 모든 통계량을 양측대립가설뿐만 아니라 단측대립가설에 대해서도 가설을 검정하는 데 이용할 수 있다. 이러한 모든 것을 나열하지 않고도 이 원칙을 이해할 수 있도록 충분한 예제를 제시할 것이다.

예제 4.6.2 $N(\mu_1, \sigma^2)$과 $N(\mu_2, \sigma^2)$에서 각각 독립인 확률표본을 추출한다고 하자. 각각의 표본 특성값을 n_1, $\overline{X}$, S_1^2과 n_2, $\overline{Y}$, S_2^2이라고 하자. $n = n_1 + n_2$는 결합된 표본의 크기를 나타내고, 식 (4.2.11)의 $S_p^2 = [(n_1-1)S_1^2 + (n_2-1)S_2^2]/(n-2)$은 공통 분산의 합동 추정량이라고 하자. $H_0: \mu_1 = \mu_2$ 가정하에서 T는 $t(n-2)$ 분포를 가지기 때문에 $\alpha = 0.05$에서 다음과 같은 경우 $H_0: \mu_1 = \mu_2$를 기각하고 단측대립가설 $H_1: \mu_1 > \mu_2$를 채택한다.

$$T = \frac{\overline{X} - \overline{Y} - 0}{S_p\sqrt{\frac{1}{n_1} + \frac{1}{n_2}}} \geq t_{.05,n-2}$$

이 검정에 대한 엄격한 전개는 예제 8.3.1에 제시했다.

예제 4.6.3 X는 $b(1, p)$이고, $H_1 : p < p_0$에 대한 $H_0 : p = p_0$인 검정을 생각해보자. X의 분포에서 추출한 확률표본이 $X_1, X_2, \cdots, X_n$이고 $\widehat{p} = \overline{X}$라고 하자. H_0 대 H_1을 검정하기 위해 다음을 이용한다.

$$Z_1 = \frac{\widehat{p} - p_0}{\sqrt{p_0(1-p_0)/n}} \leq c \quad \text{또는} \quad Z_2 = \frac{\widehat{p} - p_0}{\sqrt{\widehat{p}(1-\widehat{p})/n}} \leq c$$

만약 n이 크면 Z_1과 Z_2는 모두 $H_0 : p = p_0$이 참일 때 근사 표준정규분포를 따른다. 따라서 c가 -1.645라면 근사 유의수준은 $\alpha = 0.05$이다. 어떤 통계학자들은 Z_1을 이용하고 또 어떤 통계학자들은 Z_2를 이용한다. 두 방법 모두 n의 동일한 수치를 이끌어내므로 어느 하나를 크게 선호하지는 않는다. 짐작할 수 있듯이 Z_1을 이용했을 때 참인 p가 p_0에 가깝다면 검정력 계산에서 좀 더 나은 확률을 이끌어낸다. 그러나 H_0이 거짓이라면 Z_2가 더 낫다. 양측대립가설에서는 Z_2가 p에 대한 신뢰구간과 더욱 좋은 관계를 제공한다. 즉 $|Z_2| < z_{\alpha/2}$는 p_0이 다음 구간 안에 존재한다는 것과 동등하다.

$$\widehat{p} - z_{\alpha/2}\sqrt{\frac{\widehat{p}(1-\widehat{p})}{n}} \text{ 에서 } \quad \widehat{p} + z_{\alpha/2}\sqrt{\frac{\widehat{p}(1-\widehat{p})}{n}}$$

이는 4.2절에서 살펴보았던 p에 대한 $(1-\alpha)100\%$ 근사 신뢰구간을 제공하는 구간이다.

확률화 검정(randomized test)의 개념을 소개하면서 이 절을 마친다.

예제 4.6.4 평균 θ인 푸아송 분포에서 추출한 크기 $n = 10$인 확률표본을 $X_1, X_2, \cdots, X_{10}$이라고 하자. $H_1 : \theta > 0.1$에 대한 $H_0 : \theta = 0.1$을 검정하는 기각역은 $Y = \sum_1^{10} X_i \geq 3$이다. 통계량 Y는 평균 10θ인 푸아송 분포를 따른다. 따라서 $\theta = 0.1$이면 Y의 평균은 1이고 이 검정의 유의수준은 다음과 같다.

$$\begin{aligned} P(Y \geq 3) &= 1 - P(Y \leq 2) \\ &= 1 - \texttt{ppois(2,1)} = 1 - 0.920 = 0.080 \end{aligned}$$

반면에 기각역이 $\sum_1^{10} x_i \geq 4$이면 유의수준은 다음과 같다.

$$\begin{aligned} \alpha = P(Y \geq 4) &= 1 - P(Y \leq 3) \\ &= 1 - \texttt{ppois(3,1)} = 1 - 0.981 = 0.019 \end{aligned}$$

예를 들어 유의수준이 대략 $\alpha = 0.05$이기를 희망한다면 대부분의 통계학자들은 이 검정 중 하나를 이용할 것이다. 즉 유의수준을 이와 같은 편리한 검정 중 하나로 조정할 것이다. 그렇지만 유의수준 $\alpha = 0.05$는 다음 방법으로 얻을 수 있다. W가 성공 확률이 다음과 같은 베르누이 분포를 따른다고 하자.

$$P(W=1)=\frac{0.050-0.019}{0.080-0.019}=\frac{31}{61}$$

W가 표본과는 독립적으로 선택된다고 할 때 다음 기각 규칙을 고려한다.

$$\sum_1^{10} x_i \geq 4\text{이거나 } \sum_1^{10} x_i = 3\text{이고 } W=1\text{이면 } H_0 \text{ 기각}$$

이 규칙의 유의수준은

$$\begin{aligned} P_{H_0}(Y \geq 4) + P_{H_0}(\{Y=3\} \cap \{W=1\}) &= P_{H_0}(Y \geq 4) + P_{H_0}(Y=3)P(W=1) \\ &= 0.019 + 0.061\frac{31}{61} = 0.05 \end{aligned}$$

따라서 이 결정 규칙은 정확하게 수준 0.05를 갖는다. $Y = 3$일 때 기각할 것인지 말 것인지를 결정하는 보조적인 실험을 수행하는 과정을 **확률화 검정**이라고 한다.

4.6.1 관측된 유의수준, p 값

실제로 확률화 검정을 선호하는 통계학자는 많지 않다. 확률화 검정을 이용하면 두 통계학자가 똑같은 가정을 하고, 동일한 자료를 관측하고, 동일한 검정을 수행했을 때, 서로 다른 결정을 이끌어낼 수 있기 때문이다. 따라서 통계학자들은 일반적으로 확률화하지 않도록 유의수준을 조정한다. 사실상 많은 통계학자는 일반적으로 **관측된 유의수준**(observed significance level) 또는 **p 값**(probability value, p-value)을 제시한다.

관측된 유의수준은 일반적인 예제로 설명해도 충분하다. μ와 σ^2을 모두 알 수 없는 $N(\mu, \sigma^2)$ 분포의 확률표본을 $X_1, X_2, \cdots, X_n$이라고 하자. 먼저 μ_0이 지정되었을 때 단측가설 $H_0 : \mu = \mu_0$ 대 $H_1 : \mu > \mu_0$을 고려하자. $\overline{X}$가 표본평균일 때 기각 규칙은 다음과 같이 쓸 수 있다.

$$\overline{X} \geq k\text{이면 } H_0 \text{ 기각, } H_1 \text{ 채택} \tag{4.6.11}$$

이전에는 수준을 지정한 다음 k를 구했다. 그러나 실제로 수준이 지정되지는 않는다. 대신 표본이 관찰되면 $\overline{X}$의 실현값 $\overline{x}$가 계산되고, H_1을 선호하여 H_0을 기각할 만큼 $\overline{x}$가 충분히 큰지 질문을 한다. 이에 답하기 위해 다음 확률인 p 값을 계산한다.

$$p\text{ 값} = P_{H_0}(\overline{X} \geq \overline{x}) \tag{4.6.12}$$

이것은 자료 기반의 '유의수준'이고, 이를 **관측된 유의수준** 또는 p 값이라고 한다. 가설 H_0은 p 값보다 크거나 같은 모든 수준에서 기각된다. 예를 들어 p 값이 0.048이고 명목 α 수준이 0.05이면 H_0이 기각된다. 그러나 명목 α 수준이 0.01이면 H_0이 기각되지 않는다. 요약하면, 실험자는 가설을 설정하고, 통계학자는 검정 통계량과 기각 규칙을 선택하며, 자료가 관찰되면 통계학자는 실험자에게 p 값을 보고하고, 실험자는 p 값이 H_1을 선호하여 H_0을 기각할 만큼 충분히 작은지 결정한다. 다음 예제는 수치적 예시를 제공한다.

예제 4.6.5 예제 4.5.5에서 다룬 다윈의 실험 자료를 상기하라. 교차교배 및 순수교배된 옥수수의 크기에 대한 짝을 이룬 설계 자료였다. 15개의 화분 각각에 교차교배된 식물 1개와 순수교배된 식물 1개를 키웠다. 관심 있는 자료는 15개 짝의 차이(교차교배 − 순수교배)이다. 예제 4.5.5에서처럼 X_i는 i번째 화분에 대한 짝의 차이이고, μ는 실제 평균 차이라고 하자. 관심 있는 가설은 $H_0 : \mu = 0$ 대 $H_1 : \mu > 0$이다. $T = \overline{X}/(S/\sqrt{15})$이고 짝의 차이에 대한 표본평균과 표본표준편차가 각각 $\overline{X}$, S일 때 표준화된 기각 규칙은 다음과 같다.

$$T \geq k\text{이면 } H_0 \text{ 기각, } H_1 \text{ 채택}$$

대립가설은 평균적으로 교차교배된 식물이 순수교배된 식물보다 키가 크다는 것이다. 예제 4.5.5에서 t-검정 통계량은 값이 2.15이다. $t(14)$는 자유도가 14인 t-분포를 가진 확률변수를 나타내고, R을 사용하면 실험에 대한 p 값이 다음과 같이 계산된다.

$$\begin{aligned} P[t(14) \geq 2.15] &= 1 - \texttt{pt(2.15,14)} \\ &= 1 - 0.9752 = 0.0248 \end{aligned} \tag{4.6.13}$$

실제로 이 p 값을 사용하면 H_0은 0.0248보다 크거나 같은 모든 수준에서 기각된다. 이 경우에 관측된 유의수준은 R 호출 `t.test(cross-self,mu=0,alt="greater")`의 출력값에도 포함된다.

앞의 논의로 돌아가서 가설이 $H_0 : \mu = \mu_0$ 대 $H_1 : \mu < \mu_0$이라고 가정하자. 명백히 이 경우의 관측된 유의수준은 p 값 $= P_{H_0}(\overline{X} \leq \overline{x})$이다. 양측가설 $H_0 : \mu = \mu_0$ 대 $H_1 : \mu \neq \mu_0$의 경우 '지정되지 않는' 기각 규칙은 다음과 같다.

$$\overline{X} \leq l \text{ 또는 } \overline{X} \geq k\text{이면 } H_0 \text{ 기각, } H_1 \text{ 채택} \tag{4.6.14}$$

p 값의 경우 각 단측 p 값을 계산하고 더 작은 p 값을 취한 다음 2를 곱한다. 예를 들어 다윈의 실험 자료를 다룬 예제에서 가설이 $H_0 : \mu = 0$ 대 $H_1 : \mu \neq 0$이라고 가정하면 p 값은 $2(0.0248) = 0.0496$이다. 양측가설의 p 값에 대한 마지막 참고 사항으로 검정 통계량이 t-검정 통계량으로 표현될 수 있다고 가정하자. 이 경우 p 값은 다음과 같이 동일하게 찾을 수 있다. d가 t-검정 통계량의 실현값이면 p 값은 다음과 같다.

$$p \text{ 값} = P_{H_0}[|t| \geq |d|] \tag{4.6.15}$$

여기서 H_0하에 t는 자유도가 $n-1$인 t-분포를 갖는다.

p 값에 대한 논의로, 제대로 된 과학에서는 자료를 뽑기 전에 가설을 먼저 설정해야 한다는 것을 명심하자.

연습문제

4.6.1 저자 서문에 언급된 사이트에 있는 R 함수 `zpower`는 그림 4.6.1을 그린다. 검정 통계량 Z_1을 기반으로 예제 4.6.3에서 다룬 비율에 대한 양측검정을 고려하자. 특히 가설 $H_0 : p = 0.6$ 대 $H_1 : p \neq 0.6$을 생각해보자. 표본 크기 $n = 50$과 수준 $\alpha = 0.05$를 사용하여 비율에 대한 양측검정의 검정력 곡선 그림을 그리는 `zpower`와 유사한 R 코드를 작성하라.

4.6.2 식 (4.6.5)와 (4.6.6)에 주어진 검정력 함수 $\gamma(\mu)$와 그것의 미분인 $\gamma'(\mu)$를 고려하자. $\gamma'(\mu)$가 $\mu < \mu_0$에서는 음수이고 $\mu > \mu_0$에서는 양수임을 밝혀라.

4.6.3 식 (4.6.9)에서 정의한 검정이 $H_1 : \mu \neq \mu_0$에 대한 $H_0 : \mu = \mu_0$의 검정에서 정확한 크기 α를 갖는다는 것을 밝혀라.

4.6.4 예제 4.5.4에서 작성한 $H_{A1} : \mu > \mu_0$에 대한 $H_0 : \mu = \mu_0$의 단측 t-검정과 식 (4.6.9)에 주어진 $H_1 : \mu \neq \mu_0$에 대한 $H_0 : \mu = \mu_0$인 양측 t-검정을 고려하자. 두 검정 모두 크기가 α일 때 $\mu > \mu_0$에 대해 단측검정의 검정력 함수가 양측검정의 검정력 함수보다 크다는 것을 밝혀라.

4.6.5 Rasmussen(1992) 373쪽에서는 짝을 이룬 설계에 대해 설명했다. 야구 코치는 팀원 20명을 달리기 속도에 따라 짝을 지었다. 즉 짝을 이룬 각 팀원은 거의 동일한 속도이다. 그런 다음 각 짝에서 1명을 무작위로 선택하고, 베이스를 전부 도는 데 소요되는 자신의 최고 기록을 깨면 상을 주겠다고 말했다(이러한 반응변수를 '자기' 시간이라고 한다). 또한 각 짝의 나머지 팀원에게는 상대 팀원의 시간을 이기면 상을 주겠다고 했다(이러한 반응변수를 '라이벌' 시간이라고 한다). 각 짝의 팀원은 자신의 라이벌이 누구인지 알고 있다. 자료는 아래에 제시했으며 `selfrival.rda` 파일에도 있다. 짝을 이룬 시간의 실제 차이(라이벌 − 자기)를 μ_d라고 하자. 관심 있는 가설은 $H_0 : \mu_d = 0$ 대 $H_1 : \mu_d < 0$이다. 자료는 짝에 따라 정렬되어 있으므로 순서를 섞으면 안 된다.

```
자기: 16.20 16.78 17.38 17.59 17.37 17.49 18.18 18.16 18.36 18.53
15.92 16.58 17.57 16.75 17.28 17.32 17.51 17.58 18.26 17.87

라이벌: 15.95 16.15 17.05 16.99 17.34 17.53 17.34 17.51 18.10 18.19
16.04 16.80 17.24 16.81 17.11 17.22 17.33 17.82 18.19 17.88
```

(a) 자료의 비교 상자그림을 구하라. 비교 그림에 대해 논하라. 이상값이 있는가?

(b) 짝을 이룬 t-검정을 계산하고 p 값을 구하라. 5% 유의수준에서 자료가 유의한가?

(c) μ_d의 점추정값과 95% 신뢰구간을 구하라.

(d) 문제의 관점에서 결론을 내려라.

4.6.6 Verzani(2014) 323쪽에는 AZT 약물의 다른 용량이 HIV 환자에게 미치는 영향에 관한 자료가 있다. 고려할 반응변수는 AZT로 치료한 HIV 환자의 p24 항원 수준이다. 연구에 참여한 HIV 환자 20명 중 10명에게는 무작위로 AZT 300 mg을 투여하고 나머지 10명에게는 600 mg을 투여했다. 관심 있는 가설은 $H_0 : \Delta = 0$ 대 $H_1 : \Delta \neq 0$이다. 여기서 $\Delta = \mu_{600} - \mu_{300}$이고, μ_{600}과 μ_{300}은 각각 AZT 600 mg과 300 mg 용량에서 p24 항원 수준의 실제 평균이다. 자료는 다음과 같으며 `aztdoses.rda` 파일에서도 구할 수 있다.

300 mg	284	279	289	292	287	295	285	279	306	298
600 mg	298	307	297	279	291	335	299	300	306	291

(a) 자료의 비교 상자그림을 구하라. 환자별로 이상값을 식별하라. 비교 그림에 대해 논하라.

(b) 이표본 t-검정을 계산하고 p 값을 구하라. 5% 유의수준에서 자료가 유의한가?

(c) Δ의 점추정값과 95% 신뢰구간을 구하라.

(d) 문제의 관점에서 결론을 내려라.

4.6.7 WHO(세계보건기구)가 공기 성분 조사 연구를 위해 수집한 자료 가운데 μg/m^3 단위의 공기 중 먼지양을 이용하자. 멜버른과 휴스턴 중심 지역(상업 지구)의 공기 중 먼지 농도(μg/m^3 단위)를 각각 X, Y라고 하자. X의 관측값 $n = 13$과 Y의 관측값 $m = 16$을 이용하여 $H_1 : \mu_X < \mu_Y$에 대해 $H_0 : \mu_X = \mu_Y$를 검증하고자 한다.

(a) 분산이 같다는 가정하에 검정 통계량과 기각역을 정의하라. $\alpha = 0.05$라고 하자.

(b) $\overline{x} = 72.9$, $s_x = 25.6$, $\overline{y} = 81.7$, $s_y = 28.3$일 때 검정 통계량의 값을 계산하고 결론을 서술하라.

4.6.8 안전벨트 착용을 법적으로 규제하지 않는 주(state)에서 안전벨트를 착용하는 운전자의 비율을 p라고 하자. $p = 0.14$로 알려져 있다. 이 비율을 증가시키기 위해 광고를 방영했다. 두 달 후 확률표본 $n = 590$명의 운전자 중 $y = 104$명이 안전벨트를 착용했다. 이 홍보는 성공적인가?

(a) 귀무가설과 대립가설을 정하라.

(b) 유의수준 $\alpha = 0.01$인 기각역을 정하라.

(c) 근사 p 값을 정하고 결론을 서술하라.

4.6.9 연습문제 4.2.18에서는 $N(\mu, \sigma^2)$에서 추출한 크기 n인 확률표본의 분산 S^2을 사용

하여 분산 σ^2에 대한 신뢰구간을 구했다. 여기서 μ는 알려지지 않았다. $H_1 : \sigma^2 > \sigma_0^2$에 대해 $H_0 : \sigma^2 = \sigma_0^2$을 검정하는 데 $(n-1)S^2/\sigma_0^2 \geq c$로 정의한 기각역을 사용하라. 즉 $S^2 \geq c\sigma_0^2/(n-1)$이라면 H_0을 기각하고 H_1을 채택하라. $n = 13$이고 유의수준 $\alpha = 0.025$일 때 c의 값을 구하라.

4.6.10 연습문제 4.2.27에서는 두 정규분포의 분산의 비에 대한 신뢰구간을 구하는 데 두 분산이 같을 때 F-분포를 따르는 통계량 S_1^2/S_2^2을 사용했다. F에 의해 통계량이 결정된다면 기각역 $F \geq c$를 사용하여 $H_1 : \sigma_1^2 > \sigma_2^2$에 대해 $H_0 : \sigma_1^2 = \sigma_2^2$을 검정할 수 있다. $n = 13$, $m = 11$, $\alpha = 0.05$일 때 c를 구하라.

4.7 카이제곱검정

이 절에서는 **카이제곱검정**(chi-square test)이라는 통계적 가설의 검정 방법을 소개한다. 이러한 종류의 검정은 원래 1900년에 칼 피어슨(Karl Pearson)이 제안했으며 통계적 추론의 초기 방법 중 하나이다.

$i = 1, 2, \cdots, n$에 대해 확률변수 X_i가 $N(\mu_i, \sigma_i^2)$을 따르고 $X_1, X_2, \cdots, X_n$이 독립이라고 하자. 그러면 이러한 변수의 결합 pdf는 다음과 같다.

$$\frac{1}{\sigma_1\sigma_2\cdots\sigma_n(2\pi)^{n/2}}\exp\left[-\frac{1}{2}\sum_{i=1}^{n}\left(\frac{x_i-\mu_i}{\sigma_i}\right)^2\right], \quad -\infty < x_i < \infty$$

(계수 $-1/2$을 제외하고) 지수에 의해 정의되는 확률변수는 $\sum_{i=1}^{n}[(X_i - \mu_i)/\sigma_i]^2$이고 이 확률변수는 $\chi^2(n)$ 분포를 갖는다. 3.5절에서 이러한 확률의 결합정규분포를 의존하는 n개의 확률변수로 일반화했는데 이 분포를 다변량 정규분포(multivariate normal distribution)라고 한다. 정리 3.5.1은 다변량 정규분포의 사례에서도 지수에 대해 유사한 결과를 보여준다.

이제 근사 카이제곱분포를 따르는 확률변수를 살펴보자. X_1이 $b(n, p_1)$을 따른다고 하자. 다음 확률변수는 $n \to \infty$일 때 근사적으로 $N(0, 1)$ 분포를 따른다(정리 4.2.1을 참조하라).

$$Y = \frac{X_1 - np_1}{\sqrt{np_1(1-p_1)}}$$

뿐만 아니라 예제 5.3.6에서 설명했듯이 Y^2의 분포는 근사적으로 $\chi^2(1)$이다. $X_2 = n - X_1$, $p_2 = 1 - p_1$, $Q_1 = Y^2$이라고 하자. $(X_1 - np_1)^2 = (n - X_2 - n + np_2)^2 = (X_2 - np_2)^2$이므로 Q_1은 다음과 같이 나타낼 수 있다.

$$Q_1 = \frac{(X_1 - np_1)^2}{np_1(1-p_1)} = \frac{(X_1 - np_1)^2}{np_1} + \frac{(X_1 - np_1)^2}{n(1-p_1)}$$
$$= \frac{(X_1 - np_1)^2}{np_1} + \frac{(X_2 - np_2)^2}{np_2} \tag{4.7.1}$$

이 결과는 다음과 같이 일반화될 수 있다.

3.1절과 마찬가지로 $X_1, X_2, \cdots, X_{k-1}$은 모수 $n, p_1, \cdots, p_{k-1}$인 다항분포를 따른다고 하자. 편리하게 $X_k = n - (X_1 + \cdots + X_{k-1})$, $p_k = 1 - (p_1 + \cdots + p_{k-1})$, 그리고 Q_{k-1}은 다음과 같다고 하자.

$$Q_{k-1} = \sum_{i=1}^{k} \frac{(X_i - np_i)^2}{np_i}$$

좀 더 고급 과정에서는 $n \to \infty$일 때 Q_{k-1}이 근사적으로 $\chi^2(k-1)$ 분포를 갖는다. $i = 1, 2, \cdots, k$에 대해 각 np_i가 적어도 5가 되도록 n이 충분히 큰지 확인하고 이 근사적 방법을 이용하도록 주의를 당부하는 학자들도 있다. 어떤 경우이든 Q_{k-1}이 카이제곱분포를 따르는 것이 아니라 근사 카이제곱분포를 따른다는 것을 이해하는 것이 중요하다.

확률변수 Q_{k-1}은 이제 논의할 어떤 통계적 가설검증의 기초로 사용할 수 있다. 확률실험의 표본공간 $\mathcal{A}$를 유한개의 서로소인 집합 $A_1, A_2, \cdots, A_k$의 합집합이라고 하자. 또한 $p_k = 1 - p_1 - \cdots - p_{k-1}$에 대해 $P(A_i) = p_i (i = 1, 2, \cdots, k)$로, p_i는 확률실험의 결과가 집합 A_i의 원소일 확률이라고 하자. 이 확률실험이 독립으로 n번 반복되었을 때 X_i는 결과가 집합 A_i의 원소일 횟수를 나타낸다. 즉 $X_1, X_2, \cdots, X_k = n - X_1 - \cdots - X_{k-1}$은 실현값이 각각 $A_1, A_2, \cdots, A_k$의 원소가 되는 빈도이다. 그러면 $X_1, X_2, \cdots, X_{k-1}$의 결합 pdf는 모수 $n, p_1, \cdots, p_{k-1}$인 다항분포의 pmf이다. (이 다항분포의 pmf에 관한) 단순가설 $H_0 : p_1 = p_{10}, p_2 = p_{20}, \cdots, p_{k-1} = p_{k-1,0}(p_k = p_{k0} = 1 - p_{10} - \cdots - p_{k-1,0})$을 생각해보자. 여기서 $p_{10}, \cdots, p_{k-1,0}$은 지정된 수이다. 모든 대립가설에 대해 H_0을 검정하고자 한다.

가설 H_0이 참이라면 다음 확률변수는 자유도가 $k-1$인 근사 카이제곱분포를 따른다.

$$Q_{k-1} = \sum_{i=1}^{k} \frac{(X_i - np_{i0})^2}{np_{i0}}$$

H_0이 참일 때 np_{i0}은 X_i의 기댓값이므로 직관적으로 Q_{k-1}의 관측값은 H_0이 참이면 너무 커서는 안 된다는 것을 알 수 있다. 그러면 검정은 $Q_{k-1} \geq c$이면 H_0을 기각한다. 유의수준이 α인 검정을 정하려면 χ^2-분포표 또는 컴퓨터 패키지를 이용할 수 있다. R을 이용하여 `qchisq(1-α,k-1)`로 임곗값 c를 계산한다. 그러면 Q_{k-1}의 관측값이 적어도 c 이상일 때 H_0이 기각되면 H_0의 검정은 α와 거의 같은 유의수준을 갖는다. 또한 q가 검정 통계량 Q_{k-1}의 실현값이면 검정의 관측된 유의수준은 R에서 `1-pchisq(q,k-1)`로 계산된다. 이것을 **적합도 검정**(goodness-of-fit test)이라고 한다. 몇 가지 예제를 살펴보자.

예제 4.7.1 확률실험에서 점수 1~6 중 하나를 선택한다(예: 주사위를 던져서). $A_i = \{x : x = i\}(i = 1, 2, \cdots, 6)$라고 하면 가설 $H_0 : P(A_i) = p_{i0} = 1/6(i = 1, 2, \cdots, 6)$이 모든 대립가설에 대해 근사적인 5% 유의수준에서 검정될 것이다. 검정을 하기 위해 확률실험이 같은 조건에서 60번 독립시행될 것이다. 이 예제에서 $k = 6$이고 $np_{i0} = 60(1/6) = 10(i = 1, 2, \cdots, 6)$이다. X_i는 확률실험의 결과가 $A_i(i = 1, 2, \cdots, 6)$에 속할 때의 빈도이고 $Q_5 = \sum_1^6 (X_i - 10)^2/10$이라고 하자. 자유도가 $6 - 1 = 5$이므로 유의수준 $\alpha = 0.05$에 대한 임곗값은 `qchisq(0.95,5) = 11.0705`이다. $A_1, A_2, \cdots, A_6$의 실험 빈도는 각각 13, 19, 11, 8, 5, 4라고 가정하자. Q_5의 관측값은

$$\frac{(13-10)^2}{10} + \frac{(19-10)^2}{10} + \frac{(11-10)^2}{10} + \frac{(8-10)^2}{10} + \frac{(5-10)^2}{10} + \frac{(4-10)^2}{10} = 15.6$$

$15.6 > 11.0705$이므로 가설 $P(A_i) = 1/6(i = 1, 2, \cdots, 6)$은 5% (근사) 유의수준에서 기각된다.

다음 R 코드는 이 검정을 계산하여 검정 통계량과 p 값을 반환한다.

```
ps=rep(1/6,6); x=c(13,19,11,8,5,4); chisq.test(x,p=ps)
X-squared = 15.6, df = 5, p-value = 0.008084
```

예제 4.7.2 단위구간 $\{x : 0 < x < 1\}$에서 임의로 하나의 점을 선택한다. $A_1 = \{x : 0 < x \le \frac{1}{4}\}$, $A_2 = \{x : \frac{1}{4} < X \le \frac{1}{2}\}$, $A_3 = \{x : \frac{1}{2} < x \le \frac{3}{4}\}$, $A_4 = \{x : \frac{3}{4} < x < 1\}$이라고 하자. 확률 $p_i(i = 1, 2, 3, 4)$는 이 가설하에서 pdf가 $0 < x < 1$일 때 $2x$, 그 외에 0인 확률분포에 의해 집합에 지정된다고 하자. 그러면 그 확률은 각각 다음과 같다.

$$p_{10} = \int_0^{1/4} 2x\,dx = \tfrac{1}{16}, \quad p_{20} = \tfrac{3}{16}, \quad p_{30} = \tfrac{5}{16}, \quad p_{40} = \tfrac{7}{16}$$

따라서 검정될 가설은 $p_1, p_2, p_3, p_4 = 1 - p_1 - p_2 - p_3$이 $k = 4$인 다항분포에서 앞의 값을 갖는다는 것이다. 같은 조건에서 이 확률실험을 독립적으로 $n = 80$번 반복한 후에 근사적으로 0.025의 유의수준에서 이 가설을 검정하고자 한다. 여기서 $np_{i0}(i = 1, 2, 3, 4)$은 각각 5, 15, 25, 35이다. A_1, A_2, A_3, A_4의 관찰 도수를 각각 6, 18, 20, 36이라고 하자. 이때 $Q_3 = \sum_1^4 (X_i - np_{i0})^2/(np_{i0})$의 관측값은 근사적으로 다음과 같다.

$$\frac{(6-5)^2}{5} + \frac{(18-15)^2}{15} + \frac{(20-25)^2}{25} + \frac{(36-35)^2}{35} = \frac{64}{35} = 1.83$$

다음 R 코드는 검정을 계산하여 p 값을 반환한다.

```
x=c(6,18,20,36); ps=c(1,3,5,7)/16; chisq.test(x,p=ps)
X-squared = 1.8286, df = 3, p-value = 0.6087
```

따라서 유의수준 0.025에서 H_0을 기각하는 데 실패한다.

지금까지 가설 H_0이 단순가설일 때 카이제곱검정을 사용했다. 종종 다항확률 p_1, p_2, ⋯, p_k가 가설 H_0에 의해 완전하게 주어지지 않은 가설 H_0을 다루게 된다. 즉 H_0하에서 이러한 확률은 알려지지 않은 모수의 함수이다. 예를 들면 어떤 확률변수 Y가 임의의 실숫값을 취할 수 있다고 가정하고, 공간 $\{y : -\infty < y < \infty\}$를 서로 배타적이고 전부를 포함하는 k개의 서로 배반적인 집합 A_1, A_2, ⋯, A_k로 분할하자. Y가 μ와 σ^2이 지정되지 않을 때 $N(\mu, \sigma^2)$인 가설을 H_0이라고 하자. 이때 각각의 p_i는 알려지지 않은 모수 μ와 σ^2의 함수이다.

$$p_i = \int_{A_i} \frac{1}{\sqrt{2\pi}\sigma} \exp[-(y-\mu)^2/2\sigma^2]\, dy, \quad i = 1, 2, \ldots, k$$

이 분포에서 크기 n인 확률표본 Y_1, Y_2, ⋯, Y_n을 추출한다고 하자. X_i는 $A_i(i = 1, 2, \cdots, k)$의 도수를 나타내고 $X_1 + X_2 + \cdots + X_k = n$이라면 다음 확률변수는 각 p_i와 Q_{k-1}이 모수 μ와 σ^2의 함수이므로 일단 X_1, X_2, ⋯, X_k가 관찰되었다 해도 계산할 수 없다.

$$Q_{k-1} = \sum_{i=1}^{k} \frac{(X_i - np_i)^2}{np_i}$$

따라서 Q_{k-1}을 최소화하는 μ와 σ^2의 값을 선택한다. 물론 이러한 값은 관찰된 $X_1 = x_1$, ⋯, $X_k = x_k$에 의존하며, 이 값을 μ와 σ^2의 **최소카이제곱추정값**(minimum chi-square estimate)이라고 한다. 이러한 μ와 σ^2의 점추정값은 수치적으로 각 p_i의 추정값 계산을 가능하게 한다. 따라서 이러한 값이 사용되었다면 Q_{k-1}은 Y_1, Y_2, ⋯, Y_n, 즉 X_1, X_2, ⋯, X_k가 관찰되었을 때 계산할 수 있다. 그러나 이 사실에서 매우 중요한 점은 Q_{k-1}이 근사적으로 $\chi^2(k-3)$이라는 것이다. 이를 증명 없이 받아들이기로 하자. 즉 Q_{k-1}의 근사 카이제곱분포의 자유도 값은 실험 자료에 의해 추정된 각 모수에 대해 하나씩 줄어든다. 이러한 방법은 이 문제뿐 아니라 일반적인 경우에도 적용된다. 이제 두 가지 예제를 살펴보자. 첫 번째 예제는 두 다항분포가 같은지에 대한 가설검정을 다룬다.

참고 4.7.1

정규분포의 평균 μ와 분산 σ^2을 포함하는 경우와 같이 최소카이제곱추정값을 계산하기 어려울 때가 많다. 따라서 예제 4.1.3의 최대우도추정값 $\hat{\mu} = \bar{Y}$와 $\hat{\sigma}^2 = (n-1)S^2/n$과 같은 다른 추정값이 p_i와 Q_{k-1}을 계산하는 데 사용된다. 일반적으로 Q_{k-1}은 최대우도추정값에 의해 최소화되지 않으므로 그 계산된 값이 최소카이제곱추정값이 사용되었을 때보다 다소 크다. 따라서 이것을 자유도가 $k-3$인 카이제곱표에 기록된 임곗값과 비교하는 경우, Q_{k-1}의 실제 최솟값이 사용된 것보다 기각될 기회가 더 많다. 그러므로 이와 같은 검정의 근사 유의수준은 χ^2-분석에서 계산한 p 값보다 다소 높다. 이러한 수정의 필요성을 명심해야 하고, 가능하다면 각각의 p_i는 확률표본의 관측값 Y_1, Y_2, ⋯, Y_n을 직접적으로 사용하는 것보다 빈도 X_1, X_2, ⋯, X_k를 사용하여 추정해야 한다.

예제 4.7.3 모수가 각각 n_j, p_{1j}, p_{2j}, ⋯, $p_{kj}(j = 1, 2)$인 2개의 다항분포를 생각해보자. X_{ij} $(i = 1, 2 \cdots, k;\ j = 1, 2)$는 대응되는 빈도를 나타낸다. 만약 n_1과 n_2가 크고 한 분포에서 나온 관측값이 다른 분포에서 나온 관측값과 독립이라면 다음 확률변수는 독립인 두 확률변수의 합이고 그 각각은 $\chi^2(k-1)$이다.

$$\sum_{j=1}^{2}\sum_{i=1}^{k}\frac{(X_{ij}-n_jp_{ij})^2}{n_jp_{ij}}$$

그러므로 위 확률변수는 근사적으로 $\chi^2(2k-2)$이다. 다음 가설을 생각해보자.

$$H_0 : p_{11} = p_{12}, p_{21} = p_{22}, \ldots, p_{k1} = p_{k2}$$

여기서 각각의 $p_{i1} = p_{i2}(i = 1, 2, \cdots, k)$는 지정되지 않는다. 따라서 그 모수의 점추정값을 필요로 한다. 빈도 $X_{ij}(i = 1, 2, \cdots, k)$에 근거를 둔 $p_{i1} = p_{i2}$의 최대우도추정량은 $(X_{i1} + X_{i2})/(n_1 + n_2)$이다. 일단 처음 $k-1$개 확률의 점추정값이 있다면 $p_{k1} = p_{k2}$의 점추정값을 구할 수 있으므로 $k-1$개 점추정값만을 필요로 한다. 앞에서 소개한 사실에 따르면 다음 확률변수는 자유도 $2k - 2 - (k-1) = k-1$인 근사 카이제곱분포를 따른다.

$$Q_{k-1} = \sum_{j=1}^{2}\sum_{i=1}^{k}\frac{\{X_{ij}-n_j[(X_{i1}+X_{i2})/(n_1+n_2)]\}^2}{n_j[(X_{i1}+X_{i2})/(n_1+n_2)]}$$

따라서 두 다항분포가 같다는 가설을 검정할 수 있다. 지정된 수준 α에 대해 Q_{k-1}의 계산된 값이 자유도가 $k-1$인 χ^2-분포의 $1-\alpha$ 분위수를 초과하면 귀무가설 H_0이 기각된다. 이 검정을 **동질성**(homogeneity)에 대한 카이제곱검정이라고 한다[귀무가설은 **동질적인 분포**(homogeneous distribution)와 동등하다].

두 번째 예제는 **분할표**(contingency table)에 관한 것이다.

예제 4.7.4 확률실험의 결과를 두 속성(예: 머리 색깔과 눈 색깔)으로 분류한다고 하자. 즉 결과가 하나의 속성은 서로 배반적으로 전체를 이루는 사건 A_1, A_2, ⋯, A_a 중 오직 하나이고, 이 결과의 다른 속성은 서로 배반적이고 전체를 이루는 사건 B_1, B_2, ⋯, B_b 중 오직 하나이다. $p_{ij} = P(A_i \cap B_j)(i = 1, 2, \cdots, a;\ j = 1, 2, \cdots, b)$라고 하자. 확률실험은 독립으로 n번 반복되고 X_{ij}는 사건 $A_i \cap B_j$의 빈도를 나타낸다고 하자. 사건 $A_i \cap B_j$와 같은 사건은 $k = ab$개가 존재하므로 다음 확률변수는 n이 클 때 자유도 $ab-1$인 근사 카이제곱분포를 따른다.

$$Q_{ab-1} = \sum_{j=1}^{b}\sum_{i=1}^{a}\frac{(X_{ij}-np_{ij})^2}{np_{ij}}$$

속성 A와 속성 B의 독립성을 검정하고자 한다. 즉 가설 $H_0: P(A_i \cap B_j) = P(A_i)P(B_j)(i = 1, 2, \cdots, a; j = 1, 2, \cdots, b)$를 검정하고자 한다. $P(A_i)$를 $p_{i.}$로, $P(B_j)$를 $p_{.j}$로 표기하면

$$p_{i.} = \sum_{j=1}^{b} p_{ij}, \quad p_{.j} = \sum_{i=1}^{a} p_{ij} \quad \text{그리고} \quad 1 = \sum_{j=1}^{b}\sum_{i=1}^{a} p_{ij} = \sum_{j=1}^{b} p_{.j} = \sum_{i=1}^{a} p_{i.}$$

이 경우 가설은 $H_0: p_{ij} = p_{i.}p_{.j}(i = 1, 2, \cdots, a; j = 1, 2, \cdots, b)$로 수식화될 수 있다. H_0을 검정하기 위해 p_{ij}를 $p_{i.}p_{.j}$로 대치하여 Q_{ab-1}을 사용할 수 있다. 그러나 $i = 1, 2, \cdots, a$와 $j = 1, 2, \cdots, b$일 때 $p_{i.}$와 $p_{.j}$가 응용에서 흔히 그렇듯이 알려지지 않았다면 일단 빈도가 관찰되었어도 Q_{ab-1}을 계산할 수 없다. 이와 같은 경우에 알려지지 않은 모수를 다음과 같이 추정한다.

$$\widehat{p}_{i.} = \frac{X_{i.}}{n}, \quad \text{단 } X_{i.} = \sum_{j=1}^{b} X_{ij},\ i = 1, 2, \cdots, a$$

$$\widehat{p}_{.j} = \frac{X_{.j}}{n}, \quad \text{단 } X_{.j} = \sum_{i=1}^{a} X_{ij},\ j = 1, 2, \cdots, b$$

$\sum_i p_{i.} = \sum_j p_{.j} = 1$이므로 단지 $a-1+b-1 = a+b-2$개의 모수를 추정하면 된다. 그러므로 이 추정이 $p_{ij} = p_{i.}p_{.j}$일 때 Q_{ab-1}에 사용되었다면 이 절에서 언급했던 방법에 따라 다음 확률변수는 H_0이 참이면 자유도 $ab-1-(a+b-2) = (a-1)(b-1)$인 근사 카이제곱분포를 따른다.

$$\sum_{j=1}^{b}\sum_{i=1}^{a}\frac{[X_{ij}-n(X_{i.}/n)(X_{.j}/n)]^2}{n(X_{i.}/n)(X_{.j}/n)} \tag{4.7.2}$$

지정된 수준 α에 대해 이 통계량의 계산된 값이 $(a-1)(b-1)$의 자유도를 가진 χ^2-분포의 $1-\alpha$ 분위수를 초과하면 가설 H_0이 기각된다. 이것이 **독립성**에 대한 **카이제곱검정**이다.

예시를 위해 스코틀랜드 아동의 머리 색깔에 대한 자료를 제시한 예제 4.1.5를 다시 고려하자. 여기서는 아동의 눈 색깔도 제시했다. 전체 자료는 주변합이 추가된 다음 분할표이며 이 분할표는 `scotteyehair.rda` 파일에도 있다.

	금색	빨간색	중간색	어두운색	검은색	주변합
파란색	1368	170	1041	398	1	2978
밝은색	2577	474	2703	932	11	6697
중간색	1390	420	3826	1842	33	7511
어두운색	454	255	1848	2506	112	5175
주변합	5789	1319	9418	5678	157	22361

이 표는 머리 색깔과 눈 색깔이 의존적인 확률변수임을 나타낸다. 예를 들어 파란 눈과 검은 머리를 가진 아동의 관측도수는 1인 반면, 독립성하에서의 기대도수는 $2978 \times 157/22361 = 20.9$이다. 검정 통계량에 대한 이 한 칸의 기여도는 $(1 - 20.9)^2/20.9 = 19.95$로, 수준 0.05에서 검정 통계량의 χ^2 임곗값인 `qchisq(.95,12) = 21.026`을 거의 초과한다. 독립성에 대한 χ^2-검정 통계량은 계산하기 지루하므로 통계 패키지 사용을 권장한다. R에서 주변합이 없는 분할표가 행렬 `scotteyehair`에 있다고 가정하자. 코드 `chisq.test(scotteyehair)`는 χ^2-검정 통계량과 p 값을 `X-squared = 3683.9, df = 12, p-value < 2.2e-16`으로 반환한다. 따라서 이 결과는 매우 유의하다. 이 연구에 따르면 스코틀랜드 아동의 머리 색깔과 눈 색깔은 서로 의존한다. 분할표에서 의존성이 가장 강한 위치를 조사하려면 기대도수의 표와 **피어슨 잔차**(Pearson residual)의 표를 고려하기 바란다. 피어슨 잔차는 검정 통계량을 정의하는 식 (4.7.2)에서 (분자의 부호를 포함하는) 합계의 제곱근이다. 피어슨 잔차의 제곱합은 χ^2-검정 통계량과 동일하다. R에서 다음 코드로 이러한 항목을 모두 얻을 수 있다.

```
fit = chisq.test(scotteyehair); fit$expected; fit$residual
```

이 코드를 실행했을 때 가장 큰 잔차는 어두운색 머리와 어두운색 눈의 칸에 대한 32.8이다. 관측도수는 2506이고 독립성하에서 기대도수는 1314이다.

이 절의 4개 예제에서 가설 H_0을 검정하는 데 사용된 통계량은 n이 충분히 크고 H_0이 참이면 근사 카이제곱분포를 따른다는 것을 지적했다. H_0에 의해 기술되지 않는 모수의 값에 대한 이러한 임의 검정의 검정력을 계산하기 위해 H_0이 참이 아닐 때 통계량의 분포가 필요하다. 각 경우에 통계량은 **비중심 카이제곱분포**(noncentral chi-square distribution)라는 근사 분포를 따른다. 비중심 카이제곱분포는 9.3절에서 다룰 것이다.

연습문제

4.7.1 예제 4.7.2를 고려하자. $A_1, \cdots, A_4$의 관측된 빈도가 각각 20, 30, 92, 105라고 가정하자. 예제에 제공된 R 코드를 수정하여 새로운 빈도에 대한 검정을 계산하라. p 값을 보고하라.

4.7.2 확률 과정에 의해 하나의 수가 구간 $\{x : 0 < x < 2\}$에서 선택된다고 하자. $A_i = \{x : (i-1)/2 < x \le i/2\}(i = 1, 2, 3)$, $A_4 = \{x : 3/2 < x < 2\}$라고 하자. 어떤 가설은 확률 p_{i0}을 $p_{i0} = \int_{A_i} (1/2(2 - x))dx (i = 1, 2, 3, 4)$에 의해 이 집합에 대응시킨다. 이 가설($k = 4$인 다항 pdf에 관한)을 카이제곱검정에 의해 5% 유의수준에서 검정하자. $i = 1, 2, 3, 4$에 대한 집합 A_i의 관찰도수가 각각 33, 26, 14, 7이면 H_0은 5% (근사) 유의수준에서 채택될 것인가? 계산을 위해 예제 4.7.2와 비슷한 R

코드를 사용하라.

4.7.3 집합 $A_1 = \{x : -\infty < x \leq 0\}(i = 2, \cdots, 7)$에 대해 $A_i = \{x : i - 2 < x \leq i - 1\}$, $A_8 = \{x : 6 < x < \infty\}$라고 하자. 어떤 가설은 $i = 1, 2, \cdots, 8$에 대해 $p_{i0} = \int_{A_i} \frac{1}{2\sqrt{2\pi}} \exp\left[-\frac{(x-3)^2}{2(4)}\right] dx$에 따른 확률 p_{i0}을 집합 A_i에 대응시킨다. 이 가설($k = 8$인 다항 pdf에 관한)을 카이제곱검정에 의해 5% 유의수준에서 검정하자. $i = 1, 2, \cdots, 8$에 대해 집합 A_i의 관찰도수가 각각 74, 96, 140, 210, 178, 160, 88, 74일 때 H_0은 5% (근사) 유의수준에서 채택될 것인가? 예제 4.7.2와 비슷한 R 코드를 사용하라. 이 확률은 R에서 쉽게 계산된다. 예를 들어 $p_{30} =$ `pnorm(2,3,2) - pnorm(1,3,2)`이다.

4.7.4 주사위를 독립적으로 $n = 120$번 던져서 다음과 같은 자료를 얻었다.

주사위의 숫자	1	2	3	4	5	6
빈도	b	20	20	20	20	$40 - b$

카이제곱검정을 사용한다면 어떤 b 값에 대해 주사위가 불편이라는 가설이 0.05 유의수준에서 기각될 것인가?

4.7.5 두 가지 형태 완두콩의 교차 속성에 관한 문제를 생각해보자. 멘델 이론(Mendelian theory)의 분류, 즉 (a) 둥글고 황색, (b) 주름지고 황색, (c) 둥글고 녹색, (d) 주름지고 녹색의 확률은 각각 9/16, 3/16, 3/16, 1/16이다. 만약 160번의 독립관찰에서 각 분류의 관찰도수가 91, 30, 26, 13이라면 이 자료는 멘델 이론과 일치하는가? 즉 $\alpha = 0.01$일 때 각 확률이 9/16, 3/16, 3/16, 1/16인 가설을 검정하라.

4.7.6 2개의 교육 과정이 2개의 학생 집단에 사용되었다. 각 집단은 같은 능력의 학생 100명으로 구성되어 있다. 학기 말에 평가 팀이 각 학생의 성적 등급을 매겼는데 그 결과는 다음과 같다.

	등급					
집단	A	B	C	D	F	합계
I	15	25	32	17	11	100
II	9	18	29	28	16	100

이 자료가 $k = 5$인 두 독립 다항분포에서 관찰된 값일 때 5% 유의수준에서 두 분포가 같고, 따라서 두 교육 과정이 동일하게 효과적이라는 가설을 검정하라. R 계산에서 다음 코드를 사용하라.

```
r1=c(15,25,32,17,11);r2=c(9,18,29,28,16);mat=rbind(r1,r2)
chisq.test(mat)
```

4.7.7 Kloke와 McKean(2014)은 범죄와 알코올 중독에 관한 자료를 제시했다. 표 4.7.1은 범죄자가 저지른 특정 범죄와 알코올 중독자 여부에 대한 빈도를 보여준다. 자료는 `crimealk.rda` 파일에도 있다.

표 4.7.1 범죄 유형과 알코올 중독 상태 자료의 분할표

범죄	알코올 중독자	비알코올 중독자
방화	50	43
강간	88	62
폭력	155	110
절도	379	300
화폐 위조	18	14
사기	63	144

(a) 연습 4.7.6에 제공된 것과 유사한 코드를 사용하여 범죄 유형과 알코올 중독 상태 사이의 독립성에 대한 카이제곱검정을 계산하라. p 값을 사용하여 문제의 측면에서 결론을 내려라.

(b) 피어슨 잔차를 사용하여 표의 어떤 칸이 의존성에 관한 가장 강한 정보를 포함하는지 정하라.

(c) 카이제곱검정을 사용하여 (b)에서 의심스러웠던 부분을 확인하라. 이것은 자료를 기반으로 한 조건부 검정이지만 실제로는 이러한 검정이 향후 연구를 계획하는 데 사용된다.

4.7.8 확률실험의 결과를 서로 배반이고 독립인 방법 A_1, A_2, A_3과 역시 서로 배반이고 독립인 방법 B_1, B_2, B_3, B_4로 구분했다. 실험에서 180번 독립시행의 결과가 다음과 같은 빈도를 따른다고 하자.

	B_1	B_2	B_3	B_4
A_1	$15-3k$	$15-k$	$15+k$	$15+3k$
A_2	15	15	15	15
A_3	$15+3k$	$15+k$	$15-k$	$15-3k$

여기서 k는 정수 0, 1, 2, 3, 4, 5 중 하나이다. 유의수준 $\alpha = 0.1$에서 속성 A와 속성 B의 독립성을 기각시키는 가장 작은 k 값은 얼마인가?

4.7.9 다음과 같은 자료가 푸아송 분포를 따른다고 하자.

x	0	1	2	3	$3 < x$
빈도	20	40	17	17	6

(a) 대응하는 카이제곱 적합도 통계량을 계산하라.

힌트: 평균을 계산할 때 $3 < x$, 즉 $x = 4$를 이용하라.

(b) 이 카이제곱의 자유도는 얼마인가?

(c) 이 자료에 의하면 유의수준 $\alpha = 0.05$에서 푸아송 모형이 기각되는가?

4.8 몬테카를로 방법

이 절에서는 특정 분포나 표본으로부터 관측값을 생성하는 방법을 소개한다. 이것을 **몬테카를로**(Monte Carlo) 생성이라고 한다. 이 기법은 이제까지 복잡한 과정에 대한 모의실험과 통계적 방법의 유한 표본 성질에 대한 조사 등에 사용되었다. 그런데 지난 30년 동안 부트스트랩(bootstrap)[재표집(resampling)]에 근거한 추론과 현대 베이지안 방법 등의 영역에서 매우 중요한 개념이 되었다. 이러한 개념을 이 책 전반에 걸쳐서 반복적으로 사용한다.

대부분의 경우에서 확률적 균등분포 관측값의 생성자는 필요한 모든 것이다. 확률적인 균등분포 관측값을 생성하는 장치를 만드는 것은 쉽지 않다. 그러나 이 영역에서는 그러한 생성자를 만드는 것뿐만 아니라 그 정확도를 검증하는 것에 대해 상당한 연구가 이루어졌다. R과 같은 대부분의 통계 소프트웨어 패키지는 신뢰할 만한 균등분포 생성자를 가지고 있다.

균등 (0, 1) 분포로부터 독립이고 동일한 분포를 따르는 관측값의 흐름을 생성할 수 있는 장치가 있다고 하자. 예를 들면 R 언어에서 `runif(10)`은 그러한 관측값 10개를 생성하는 명령어이다. `r`은 확률적(random)을, `unif`는 균등(uniform)을, `10`은 요구된 관측값의 수를 의미한다. 그리고 추가적인 변수가 없는 것은 표준균등 (0, 1) 생성자가 이용된다는 것을 의미한다.

이산형 분포로부터의 관측값에서는 때로 균등분포 생성자로 충분하다. 간단한 예로 공정한 육면체 주사위를 던지는 실험을 생각해보자. 만약 주사위를 던진 결과로 {1, 2}와 같은 '작은 수'가 나오면 X는 1이고 그 외에는 $X = 0$이라고 하자. X의 평균이 $\mu = 1/3$임을 참고하라. 만약 U가 균등 (0, 1) 분포를 따르면 X는 다음과 같이 나타낼 수 있다.

$$X = \begin{cases} 1 & 0 < U \leq 1/3 \\ 0 & 1/3 < U < 1 \end{cases}$$

위의 명령어를 이용하여 이러한 실험에서 10개의 관측값을 생성하기 위해 다음 R 코드를 사용했다.

```
n = 10; u = runif(n); x = rep(0,n); x[u < 1/3] = 1; x
```

그 결과는 다음 표와 같다.

u_i	0.4743	0.7891	0.5550	0.9693	0.0299
x_i	0	0	0	0	1
u_i	0.8425	0.6012	0.1009	0.0545	0.4677
x_i	0	0	1	1	0

관측값은 X의 분포에서 추출한 확률표본 $X_1, \cdots, X_{10}$의 실현값을 형성한다. 이러한 10개의 관측값에서 통계량 $\overline{X}$의 실현값은 $\overline{x} = 0.3$과 같다.

예제 4.8.1 [π의 추정] 그림 4.8.1과 같이 한 쌍의 숫자 (U_1, U_2)를 단위 정사각형에서 무작위로 선택하는 실험을 생각해보자. 즉 U_1과 U_2는 iid 균등 (0, 1) 분포를 따른다. 각 점이 무작위로 선택되었으므로 (U_1, U_2)가 단위 원 안에 있을 확률은 $\pi/4$이다. 확률변수 X가 다음과 같다고 하자.

$$X = \begin{cases} 1 & U_1^2 + U_2^2 < 1 \\ 0 & \text{그 외에} \end{cases}$$

그러면 X의 평균은 $\mu = \pi/4$이다. 이제 π가 알려지지 않았다고 하자. π를 추정하는 한 가지 방법은 실험을 독립적으로 n번 실시하여 X의 확률표본 $X_1, X_2, \cdots X_n$을 구하는 것이다. 그러면 통계량 $4\overline{X}$는 π의 비편향추정량이다. R 함수 `piest`는 이러한 실험을 n번 반복하고 π의 추정값을 반환한다. 이 함수와 다른 R 함수는 저자 서문에 언급된 사이트에서 다운로드할 수 있다. 그림 4.8.1은 이 실험의 20개 실현값을 보여준다. 20개 점 중에서 15개가 단위 원 안에 있다. 따라서 π의 추정값은 $4(15/20) = 3.00$이다. 이와 같은 코드를 다양한 n에 대해 수행한 결과는 다음과 같다.

n	100	500	1000	10,000	100,000
$4\overline{x}$	3.24	3.072	3.132	3.138	3.13828
$1.96 \cdot 4\sqrt{\overline{x}(1-\overline{x})/n}$	0.308	0.148	0.102	0.032	0.010

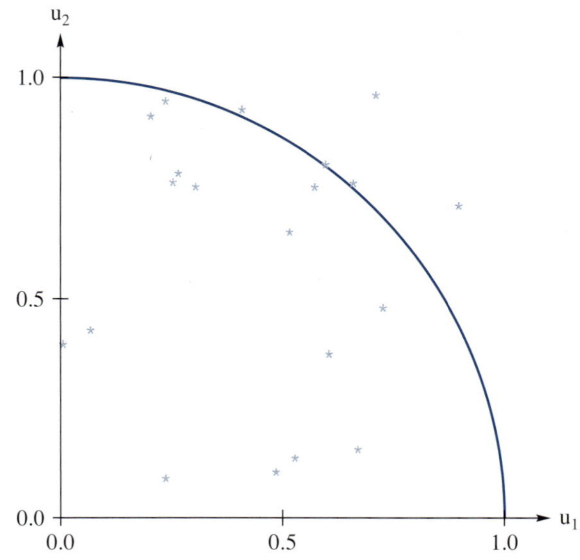

그림 4.8.1 예제 4.8.1의 단위 정사각형에서 단위 원의 제1사분면

추정의 오차를 추정하기 위해 4.2절에서 유도한 대표본 신뢰구간을 이용할 수 있다. π에 대해 대응하는 95% 신뢰구간은

$$\left(4\overline{x} - 1.96 \cdot 4\sqrt{\overline{x}(1-\overline{x})/n}, 4\overline{x} + 1.96 \cdot 4\sqrt{\overline{x}(1-\overline{x})/n}\right) \tag{4.8.1}$$

표의 마지막 행에 신뢰구간의 오차 부분이 주어져 있다. 모든 5개 신뢰구간이 π의 참값을 포함한다.

연속형 확률변수인 경우는 다음 정리와 같다.

정리 4.8.1

확률변수 U가 균등 (0, 1) 분포를 따른다고 한다. F가 연속형 확률변수라면 확률변수 $X = F^{-1}(U)$는 분포함수 F를 갖는다.

증명: 균등분포의 정의로부터 U가 $u \in (0, 1)$에 대해 분포함수 $F_U(u) = u$를 갖는다는 것을 상기하라. 이 사실과 분포함수 기법을 이용하고 $F(x)$가 단조증가임을 가정하면 X의 분포함수는 다음과 같으며, 이것이 정리의 증명이다.

$$\begin{aligned} P[X \leq x] &= P[F^{-1}(U) \leq x] \\ &= P[U \leq F(x)] \\ &= F(x) \end{aligned}$$

증명에서는 $F(x)$가 단조증가라고 가정했다. 연습문제 4.8.13에서와 같이 이것을 약화시킬 수 있다.

이 정리를 이용하여 여러 가지 다른 확률변수의 실현값(관측값)을 생성할 수 있다. 예를 들어 X가 $\Gamma(1, \beta)$ 분포를 갖는다고 가정하자. 균등분포 생성자가 있고 X의 실현값을 생성하려 한다고 하자. X의 분포함수는

$$F(x) = 1 - e^{-x/\beta}, \quad x > 0$$

따라서 분포함수의 역함수는

$$F^{-1}(u) = -\beta \log(1-u), \quad 0 < u < 1 \tag{4.8.2}$$

그러므로 U가 균등 (0, 1) 분포를 따른다면 $X = -\beta \log(1-U)$는 $\Gamma(1, \beta)$ 분포를 갖는다. 예를 들어 $\beta = 1$이고 균등분포 생성자가 다음과 같은 균등분포 관측값의 열을 생성했다고 하자.

$$0.473, 0.858, 0.501, 0.676, 0.240$$

그러면 대응하는 지수분포의 관측값은 다음과 같다.

$$0.641,\ 1.95,\ 0.696,\ 1.13,\ 0.274$$

다음 예제에서 보듯이 이러한 지수분포 생성을 이용하여 푸아송 실현값을 생성할 수 있다.

예제 4.8.2 **[푸아송 과정 시뮬레이션]** X가 단위 시간 동안 발생하는 사건의 수이고, 식 (3.2.1)의 평균이 λ인 푸아송 분포를 갖는다고 하자. 발생 간격 시간은 $T_1,\ T_2,\ T_3,\ \cdots$이라고 하자. 참고 3.3.1로부터 $T_1,\ T_2,\ T_3,\ \cdots$이 공통된 $\Gamma(1,\ 1/\lambda)$ 분포를 가진 iid임을 상기하라. $\sum_{j=1}^{k} T_j \le 1$이고 $\sum_{j=1}^{k+1} T_j > 1$인 경우에 한하여 $X = k$임을 주목하자. 이 사실과 앞에서 논의한 $\Gamma(1,\ 1/\lambda)$ 변량의 생성을 이용하여 다음 알고리즘은 X의 실현값을 생성한다(생성된 균등분포 실현값이 서로 독립임을 가정하라).

1. $X = 0,\ T = 0$이라고 한다.
2. 균등 $(0,\ 1)$ 분포에서 U를 생성하고 $Y = -(1/\lambda)\log(1 - U)$라고 한다.
3. $T = T + Y$라고 한다.
4. $T > 1$이면 X를 결과로 한다. 그렇지 않으면 $X = X + 1$로 정하고 2단계로 간다.

R 함수 `poisrand`는 이 알고리즘의 구현을 실행하여 모수가 λ인 푸아송 분포의 n개 실현값을 생성한다. 예를 들어 R 코드 `temp = poisrand(1000,5)`를 R에서 실행함으로써 $\lambda = 5$인 푸아송 분포로부터 1,000개의 실현값을 얻고, 벡터 `temp`에 실현값을 저장한다. 이 실현값의 표본평균은 명령어 `mean(temp)`로 계산할 수 있다. 실행한 상황에서 실현값의 평균은 4.895였다.

예제 4.8.3 **[몬테카를로 적분]** 닫혀 있고 한계가 있는 구간 $[a,\ b]$에서 연속인 함수 g에 대해 적분 $\int_a^b g(x)\,dx$를 구하고자 한다. 만약 g의 역도함수(antiderivative)가 존재하지 않으면 수치적인 적분을 해야 한다. 간단한 수치적 기법이 몬테카를로 방법이다. 적분을 다음과 같이 나타낼 수 있다.

$$\int_a^b g(x)\,dx = (b-a)\int_a^b g(x)\frac{1}{b-a}\,dx = (b-a)E[g(X)]$$

여기서 X는 균등 $(a,\ b)$ 분포를 따른다. 그러면 몬테카를로 기법은 균등 $(a,\ b)$ 분포로부터 크기 n인 확률표본 $X_1,\ X_2,\ \cdots,\ X_n$을 생성하고 $Y_i = (b - a)g(X_i)$를 계산한다. 그러면 $\overline{Y}$는 $\int_a^b g(x)\,dx$의 불편추정량이다.

예제 4.8.4 **[몬테카를로 적분에 의한 π의 추정]** 수치적 예제로 π의 추정을 다시 고려한다. 예제 4.8.1에서 설명한 실험 대신 몬테카를로 적분을 이용할 것이다. $0 < x < 1$에 대해 $g(x) = 4\sqrt{1-x^2}$이라고 하면

$$\pi = \int_0^1 g(x)\,dx = E[g(X)]$$

여기서 X는 균등 (0, 1) 분포를 따른다. 따라서 균등 (0, 1) 분포로부터 확률표본 $X_1, X_2, \cdots, X_n$을 생성할 필요가 있으며, $Y_i = 4\sqrt{1-X_i^2}$이라고 하자. 그러면 $\overline{Y}$는 π의 일치추정량이다. $\overline{Y}$는 평균을 추정하며, 따라서 예제 4.2.2에서 유도된 평균에 대한 대표본 신뢰구간 식 (4.2.6)을 추정의 오차를 추정하는 데 사용할 수 있다. 95% 신뢰구간이 다음과 같음을 상기하라.

$$(\overline{y} - 1.96s/\sqrt{n}, \overline{y} + 1.96s/\sqrt{n})$$

여기서 s는 표본표준편차의 값이다. 이 알고리즘을 R 함수 `piest2`에 코딩했다. 서로 다른 표본의 크기에서 수행된 π의 추정값과 신뢰구간을 구한 결과는 다음과 같다.

n	100	1,000	10,000	100,000
$\overline{y}$	3.217849	3.103322	3.135465	3.142066
$\overline{y} - 1.96(s/\sqrt{n})$	3.054664	3.046330	3.118080	3.136535
$\overline{y} + 1.96(s/\sqrt{n})$	3.381034	3.160314	3.152850	3.147597

각 실험에서 신뢰구간에 π가 포함된다.

수치적 적분 기법은 지난 20년에 걸쳐서 많이 진보했다. 그러나 몬테카를로에 의한 적분은 단순함으로 인해 여전히 매우 강력한 기법이다.

정리 4.8.1에서 보듯이, 만약 $F_X^{-1}(u)$를 닫힌 형태로 구할 수 있다면 cdf가 F_X인 관측값을 쉽게 생성할 수 있다. 이것이 가능하지 않은 많은 경우에 관측값을 생성하기 위한 기법들이 개발되었다. 정규분포는 이러한 경우의 예로 사용되었고 다음 예제에서 정규관측값을 생성하는 방법을 보여준다. 4.8.1절에서는 이러한 경우 중 많은 것에서 적합될 수 있는 알고리즘을 설명한다.

예제 4.8.5 **[정규관측값 생성]** 정규확률변수를 생성하기 위해 Box와 Muller(1958)는 다음과 같은 과정을 제시했다. $0 < y < 1$에 대해 균등분포에서 추출한 확률표본을 Y_1, Y_2라고 하자. X_1과 X_2는 다음과 같이 정의한다.

$$X_1 = (-2\log Y_1)^{1/2}\cos(2\pi Y_2)$$
$$X_2 = (-2\log Y_1)^{1/2}\sin(2\pi Y_2)$$

이 변환은 일대일이며 확률 0인 $x_1 = 0$, $x_2 = 0$인 집합을 제외하고 $\{(y_1, y_2) : 0 < y_1 < 1, 0 < y_2 < 1\}$를 $\{(x_1, x_2) : -\infty < x_1 < \infty, -\infty < x_2 < \infty\}$로 사상한다. 역변환은 다음과 같다.

$$y_1 = \exp\left(-\frac{x_1^2 + x_2^2}{2}\right)$$
$$y_2 = \frac{1}{2\pi}\arctan\frac{x_2}{x_1}$$

이것은 다음 야코비안을 갖는다.

$$J = \begin{vmatrix} (-x_1)\exp\left(-\dfrac{x_1^2+x_2^2}{2}\right) & (-x_2)\exp\left(-\dfrac{x_1^2+x_2^2}{2}\right) \\ \dfrac{-x_2/x_1^2}{(2\pi)(1+x_2^2/x_1^2)} & \dfrac{1/x_1}{(2\pi)(1+x_2^2/x_1^2)} \end{vmatrix}$$

$$= \frac{-(1+x_2^2/x_1^2)\exp\left(-\dfrac{x_1^2+x_2^2}{2}\right)}{(2\pi)(1+x_2^2/x_1^2)} = \frac{-\exp\left(-\dfrac{x_1^2+x_2^2}{2}\right)}{2\pi}$$

Y_1과 Y_2의 결합 pdf는 $0 < y_1 < 1$, $0 < y_2 < 1$일 때 1이고 그 외에 0이므로 X_1과 X_2의 결합 pdf는 다음과 같다.

$$\frac{\exp\left(-\dfrac{x_1^2+x_2^2}{2}\right)}{2\pi}, \quad -\infty < x_1 < \infty, \quad -\infty < x_2 < \infty$$

즉 X_1과 X_2는 독립이고 표준정규확률변수이다. 가장 일반적으로 이용되는 정규분포 생성자 중 하나는 Marsaglia와 Bray(1964) 알고리즘이라는 위 과정의 한 변형이다. 연습문제 4.8.21을 참조하라.

3.4.1절에서 다룬 오염된 정규분포에서의 관측값은 정규분포 생성자와 균등분포 생성자를 이용하여 쉽게 구할 수 있다. 기저분포가 오염된 정규분포일 때 t-검정의 유의수준을 몬테카를로를 이용하여 추정하는 것으로 이 절을 마무리한다.

예제 4.8.6 X가 평균 μ인 확률변수일 때 다음 가설을 생각해보자.

$$H_0 : \mu = 0, \quad H_1 : \mu > 0 \tag{4.8.3}$$

이 검정을 X의 분포에서 추출한 크기 $n = 20$인 표본에 근거하여 결정한다면 t-검정을 이용함으로써 기각 규칙은 다음과 같다.

$$t > t_{0.05,19} = 1.729\text{이면 } H_0 : \mu = 0 \text{ 기각, } H_1 : \mu > 0 \text{ 채택} \tag{4.8.4}$$

여기서 $t = \overline{x}/(s/\sqrt{20})$이고 $\overline{x}$와 s는 각각 표본평균과 표본표준편차이다. 만약 X가 정규분포를 따르면 이 검정은 수준이 0.05이다. 그러나 X가 정규분포를 따르지 않으면 어떨까? 특히 이 예제에서 X가 식 (3.4.17)에 주어진 것과 같이 $\epsilon = 0.25$, $\sigma_c = 25$인 오염된 정규분포를 따른다고 하자. 즉 관측값의 75%는 표준정규분포로부터 생성되고 나머지 25%는 평균 0이고 표준편차 25인 정규분포로부터 생성된다. 따라서 X의 평균은 0이므로 H_0은 참이다. 검정의 정확한 유의수준을 구하기는 매우 복잡할 것이다. X가 이러한 오염된 정규분포를 따를 때 t의 분포를 구해야 한다. 대안으로 모의실험을 이용하여 수준(그리고 추정의 오차)을 추정한다. 모의실험의 수를 N

이라고 하자. 다음 알고리즘에 모의실험 단계를 제시했다.

1. $k = 1$, $I = 0$이라고 한다.
2. X의 분포로부터 크기 20인 확률표본을 생성한다.
3. 이 표본에 근거하여 검정 통계량 t를 계산한다.
4. $t > 1.729$이면 I를 1만큼 증가시킨다.
5. $k = N$이면 6단계로 가고, 아니면 k에 1을 더하고 2단계로 간다.
6. $\widehat{\alpha} = I/N$를 계산하고 근사 오차 $= 1.96\sqrt{\widehat{\alpha}(1-\widehat{\alpha})/N}$이라고 한다.

$\widehat{\alpha}$은 α를 모의실험한 추정값이고 α에 대한 신뢰구간 폭의 절반은 추정에서의 오차에 대한 추정값이다.

R 함수 `empalphacn`은 이 알고리즘을 실행한다. 이것을 $N = 10{,}000$번 돌려 다음 결과를 얻었다.

모의실험 수	실험에서의 $\widehat{\alpha}$	오차	α에 대한 95% CI
10,000	0.0412	0.0039	(0.0373, 0.0451)

이 결과를 기반으로, 이와 같은 오염된 정규분포에서 표본이 추출되었다면 t-검정은 보수적인 것처럼 보인다.

4.8.1 채택-기각 생성 알고리즘

이 절에서는 역 cdf(inverse cdf)를 닫힌 형식으로 구할 수 없는 확률변수에 대한 모의실험에서 이용할 수 있는 **채택-기각**(accept-reject) 과정을 전개한다. pdf $f(x)$를 가진 연속형 확률변수를 X라고 하자. 여기서는 이 pdf를 목표(target) pdf라고 한다. pdf $g(x)$를 가진 확률변수 Y의 관측값을 생성하는 것이 상대적으로 쉽고, 어떤 상수 M에 대해 다음을 갖는다고 하자.

$$f(x) \leq Mg(x)\,, \quad -\infty < x < \infty \tag{4.8.5}$$

$g(x)$를 **도구**(instrumental) pdf라고 한다. 명확하게 하기 위해 채택-기각 과정을 알고리즘으로 정리한다.

알고리즘 4.8.1 [채택-기각 알고리즘]

$f(x)$를 pdf라고 하자. Y가 pdf $g(y)$를 가진 확률변수이고, U가 균등 (0, 1) 분포를 따르는 확률변수이며, Y와 U가 서로 독립이고, 식 (4.8.5)가 성립한다고 하자. 다음 알고리즘은 pdf $f(x)$를 가진 확률변수 X를 생성한다.

1. Y와 U를 생성한다.

2. $U \leq \frac{f(Y)}{Mg(Y)}$이면 $X = Y$, 아니면 1단계로 돌아간다.

3. X는 pdf $f(x)$를 갖는다.

이 알고리즘의 타당성에 대한 증명: $-\infty < x < \infty$라고 하면

$$\begin{aligned} P[X \leq x] &= P\left[Y \leq x | U \leq \frac{f(Y)}{Mg(Y)}\right] \\ &= \frac{P\left[Y \leq x, U \leq \frac{f(Y)}{Mg(Y)}\right]}{P\left[U \leq \frac{f(Y)}{Mg(Y)}\right]} \\ &= \frac{\int_{-\infty}^{x}\left[\int_0^{f(y)/Mg(y)} du\right] g(y)dy}{\int_{-\infty}^{\infty}\left[\int_0^{f(y)/Mg(y)} du\right] g(y)dy} \\ &= \frac{\int_{-\infty}^{x} \frac{f(y)}{Mg(y)} g(y)dy}{\int_{-\infty}^{\infty} \frac{f(y)}{Mg(y)} g(y)dy} \qquad (4.8.6) \\ &= \int_{-\infty}^{x} f(y)\, dy \qquad (4.8.7) \end{aligned}$$

따라서 양쪽을 미분하면 X의 pdf가 $f(x)$임을 알게 된다.

주목할 만한 두 가지 사실이 있다. 첫째, 알고리즘에서 채택의 확률은 $1/M$이다. 이것은 정리의 증명을 도출하는 과정에서 알 수 있다. 도출 과정에서 다음 식을 보여주는 분모를 한번 생각해보자.

$$P\left[U \leq \frac{f(Y)}{Mg(Y)}\right] = \frac{1}{M} \qquad (4.8.8)$$

따라서 알고리즘의 효율성을 위해 M이 가능한 한 작기를 바란다. 둘째, pdf $f(x)$와 $g(x)$의 정규화 상수(normalizing constant)는 무시할 수 있다. 예를 들어 상수 c와 k에 대해 $f(x) = kh(x)$이고 $g(x) = ct(x)$이면 다음 규칙을 사용할 수 있다.

$$h(x) \leq M_2 t(x)\,, \quad -\infty < x < \infty \qquad (4.8.9)$$

그리고 알고리즘의 2단계에 있는 비율을 $U \leq h(Y)/[M_2 t(Y)]$로 변경할 수 있다. 그러면 $M_2 = cM/k$일 때 식 (4.8.9)가 성립하는 경우에 한하여 식 (4.8.5)가 성립한다는 결과가 직접적으로 뒤따른다. 이는 채택-기각 알고리즘의 사용을 종종 단순화한다.

다음으로 채택-기각 알고리즘의 두 가지 예제를 제시한다. 첫 번째 예제에서는 도구 확률변수 Y가 코시 분포를 가진 정규 생성자를 제공한다. 두 번째 예제에서는 모든 감마분포가 생성되는 방법을 보여준다.

예제 4.8.7 X는 pdf가 $\phi(x) = (2\pi)^{-1/2}\exp\{-x^2/2\}$인 정규분포확률변수이고, Y는 pdf가 $g(x) = \pi^{-1}(1 + x^2)^{-1}$인 코시 분포를 갖는다고 가정하자. 연습문제 4.8.9에서 보듯이 코시 분포는 역 cdf가 알려진 함수이기 때문에 쉽게 시뮬레이션할 수 있다. 정규화 상수를 무시하면 경계에 대한 비율은 다음과 같다.

$$\frac{f(x)}{g(x)} \propto (1+x^2)\exp\{-x^2/2\}, \quad -\infty < x < \infty \tag{4.8.10}$$

연습문제 4.8.17에서 알 수 있듯이 이 비율의 도함수는 $-x\exp\{-x^2/2\}(x^2 - 1)$이고, ± 1에서 임곗값을 갖는다. 이 값에서 식 (4.8.10)은 최댓값이 되므로 다음과 같이 계산된다.

$$(1+x^2)\exp\{-x^2/2\} \le 2\exp\{-1/2\} = 1.213$$

그래서 $M_2 = 1.213$이다. 따라서 위의 논의로부터 $M = (\pi/\sqrt{2\pi})1.213 = 1.520$이고, 알고리즘의 채택률은 $1/M = 0.6577$이다.

예제 4.8.8 $\Gamma(\alpha, \beta)$에서 관측값을 생성하려 한다고 가정하자. 첫째, Y가 $\Gamma(\alpha, 1)$ 분포를 따르면 βY는 $\Gamma(\alpha, \beta)$ 분포를 따른다. 따라서 $\Gamma(\alpha, 1)$ 분포만 고려하면 된다. X가 $\Gamma(\alpha, 1)$ 분포를 갖는다고 하자. α가 양의 정수이면 정리 3.3.1에 의해 X를 다음과 같이 쓸 수 있다.

$$X = T_1 + T_2 + \cdots + T_\alpha$$

여기서 T_1, T_2, ⋯, T_α는 독립이며 공통된 $\Gamma(1, 1)$ 분포를 가지고 동일하게 분포한다. 식 (4.8.2) 부근에서 T_i를 생성하는 방법을 설명했다.

α가 정수가 아닌 경우 X가 $\Gamma(\alpha, 1)$ 분포를 따른다고 가정한다. 먼저 $\alpha > 1$라고 가정하자. Y가 $\Gamma([\alpha], 1/b)$ 분포를 따른다고 하자. 여기서 $b < 1$는 나중에 선택될 것이고, $[\alpha]$는 α 이하에서 가장 큰 정수를 의미한다. 식 (4.8.9)의 규칙이 성립하도록 x와 y의 pdf 각각에 비례하는 $h(x)$와 $t(x)$의 비율을 고려하자.

$$\frac{h(x)}{t(x)} = b^{-[\alpha]}x^{\alpha-[\alpha]}e^{-(1-b)x} \tag{4.8.11}$$

여기서는 정규화 상수의 일부를 무시했다. 다음으로 상수 b를 결정한다.

연습문제 4.8.14에서와 같이 식 (4.8.11)의 미분은

$$\frac{d}{dx}b^{-[\alpha]}x^{\alpha-[\alpha]}e^{-(1-b)x} = b^{-[\alpha]}e^{-(1-b)x}[(\alpha-[\alpha]) - x(1-b)]x^{\alpha-[\alpha]-1} \tag{4.8.12}$$

이는 $x = (\alpha - [\alpha])/(1 - b)$에서 최대 임곗값을 갖는다. 따라서 $h(x)/t(x)$의 최댓값을 이용하여 다음과 같이 규칙을 쓸 수 있다.

$$\frac{h(x)}{t(x)} \leq b^{-[\alpha]} \left[\frac{\alpha - [\alpha]}{(1-b)e}\right]^{\alpha-[\alpha]} \tag{4.8.13}$$

이제 b를 선택해야 한다. 이 부등식의 우변을 b에 대해 미분하면 연습문제 4.8.15에서와 같이 다음을 얻게 되고, $b = [\alpha]/\alpha < 1$에서 임곗값을 갖는다.

$$\frac{d}{db} b^{-[\alpha]}(1-b)^{[\alpha]-\alpha} = -b^{-[\alpha]}(1-b)^{[\alpha]-\alpha} \left[\frac{[\alpha] - \alpha b}{b(1-b)}\right] \tag{4.8.14}$$

연습문제 4.8.15에서 볼 수 있듯이 이 b 값은 식 (4.8.13)의 우변에 최솟값을 제공한다. 그러므로 $b = [\alpha]/\alpha < 1$이라면 식 (4.8.13)은 가능한 한 가장 상한에 근접한(tight) 부등식이 되고, 따라서 가장 높은 채택률을 제공한다. M의 최종값은 $b = [\alpha]/\alpha < 1$에서 구한 식 (4.8.13)의 우변이다.

$0 < \alpha < 1$이라면 어떻게 될까? 이 경우에는 위의 주장과 어긋난다. 이 경우 Y는 $\Gamma(\alpha + 1, 1)$ 분포를 따르고 U는 균등 (0, 1) 분포를 따르며 Y와 U가 독립일 때 $X = YU^{1/\alpha}$로 쓸 수 있다. 그러면 연습문제 4.8.16의 유도에서 알 수 있듯이 X는 $\Gamma(\alpha, 1)$ 분포를 가짐으로써 끝이 난다.

더 자세한 설명은 Kennedy와 Gentle(1980), Robert와 Casella(1999)를 참조하라.

연습문제

4.8.1 MCT 정리의 역을 증명하라. 즉 연속인 cdf $F(x)$를 가진 확률변수를 X라고 하자. $F(x)$는 X의 공간에서 항상 증가한다고 가정하자. 확률변수 $Z = F(X)$를 고려할 때 Z가 구간 (0, 1)에서 균등분포를 갖는다는 것을 밝혀라.

4.8.2 $\log 2 = \int_0^1 \frac{1}{x+1}\,dx$임을 상기하라. 균등분포 (0, 1) 생성자를 이용하여 log 2의 근삿값을 구하라. 95% 대표본 신뢰구간의 개념으로 추정의 오차를 구하라. 추정값과 추정의 오차를 구하는 R 함수를 작성하라. 모의실험을 10,000번 실시하여 추정하고, 이것을 참값과 비교하라.

4.8.3 연습문제 4.8.2와 같은 상황에서 $\int_0^{1.96} \frac{1}{\sqrt{2\pi}} \exp\left\{-\frac{1}{2}t^2\right\} dt$의 근삿값을 구하라.

4.8.4 $b > 0$일 때 pdf $f_X(x) = b^{-1} f(x/b)$를 가진 확률변수를 X라고 한다. $f(z)$로부터 관측값을 생성할 수 있다고 할 때, $f_X(x)$로부터 어떻게 관측값을 생성할 수 있는지 설명하라.

4.8.5 식 (4.4.11)의 로지스틱 pdf로부터 확률표본을 생성하는 방법을 결정하라. 로지스틱 분포로부터의 관측값의 확률표본을 반환하는 R 함수를 작성하라. 작성한 함수를 이용하여 이 pdf로부터 10,000개의 관측값을 생성하라. 그런 다음 히스토그램을 구하라(`x`에 관측값이 포함되어 있으면 `hist(x,pr=T)`를 사용하라). 히스토그램에 pdf

그림을 겹쳐서 그려라.

4.8.6 다음 pdf로부터 확률표본을 생성하는 방법을 결정하라.

$$f(x) = \begin{cases} 3x^2 & 0 < x < 1 \\ 0 & \text{그 외에} \end{cases}$$

이 pdf로부터 관측값의 확률표본을 반환하는 R 함수를 작성하라.

4.8.7 $-\infty < x < \infty$에 대해 $f(x) = (1/2)e^{-|x|}$의 라플라스 pdf에 대한 cdf의 역함수를 구하라. 이 분포로부터 관측값의 확률표본을 반환하는 R 함수를 작성하라.

4.8.8 다음과 같은 극단값(extreme-valued) pdf에서 확률표본을 생성하는 방법을 결정하라.

$$f(x) = \exp\{x - e^x\}, \quad -\infty < x < \infty \tag{4.8.15}$$

만약 가능하다면 이러한 극한값 분포로부터 관측값의 확률표본을 반환하는 R 함수를 작성하라. 작성한 함수를 이용하여 이 pdf로부터 10,000개의 관측값을 생성하라. 그런 다음 히스토그램을 구하라(`x`에 관측값이 포함되어 있으면 `hist(x,pr=T)`를 사용하라). 히스토그램에 pdf 그림을 겹쳐서 그려라.

4.8.9 다음 pdf를 가진 코시 분포로부터 확률표본을 생성하는 방법을 결정하라.

$$f(x) = \frac{1}{\pi(1+x^2)}, \quad -\infty < x < \infty \tag{4.8.16}$$

코시 분포로부터 관측값의 확률표본을 변환하는 R 함수를 작성하라.

4.8.10 pdf가 다음과 같은 특정한 와이블 분포에 관심이 있다고 가정하자.

$$f(x) = \begin{cases} \frac{1}{\theta^2} 2x e^{-x^2/\theta^2} & 0 < x < \infty \\ 0 & \text{그 외에} \end{cases}$$

와이블 분포로부터 확률표본을 생성하는 방법을 결정하라. 와이블 분포로부터 관측값의 확률표본을 반환하는 R 함수를 작성하라.
힌트: $F^{-1}(u)$를 구하라.

4.8.11 가설 식 (4.8.3)하에 예제 4.8.6의 상황을 고려하자. 예제와 동일한 오염된 정규분포에 대해 대립가설 $\mu = 0.5$를 탐지하기 위한 식 (4.8.4)의 검정에서 검정력을 시뮬레이션하는 알고리즘을 작성하라. R 함수 `empalphacn(N)`을 수정하여 검정력을 시뮬레이션하고 추정의 오차에 대한 추정값을 구하라.

4.8.12 연습문제 4.8.11에서 기저분포가 식 (4.4.11)의 로지스틱 분포인 경우, 식 (4.8.4)의 검정에 대해 대립가설 $\mu = 0.5$를 탐지하는 검정력과 유의수준을 구하는 알고리즘을 작

성하라.

4.8.13 정리 4.8.1의 증명에서 cdf가 그 받침 영역에 대해 단조증가함수라고 가정했다. 단조증가가 아닌 cdf $F(x)$를 가진 확률변수 X를 고려하고 $F(x)$의 역함수를 다음과 같이 정의하자.

$$F^{-1}(u) = \inf\{x : F(x) \geq u\}, \quad 0 < u < 1$$

U가 균등 (0, 1) 분포를 따를 때 확률변수 $F^{-1}(U)$가 cdf $F(x)$를 갖는다는 것을 밝혀라.

4.8.14 식 (4.8.12)의 미분을 확인하고, 식 (4.8.11)의 함수가 임곗값 $x = (\alpha - [\alpha])/(1 - b)$에서 최대가 됨을 밝혀라.

4.8.15 식 (4.8.14)를 유도하고, 결과로 주어진 임곗값 $b = [\alpha]/\alpha < 1$가 식 (4.8.13) 우변에 있는 함수의 최댓값을 제공함을 밝혀라.

4.8.16 Y_1이 $\Gamma(\alpha + 1, 1)$ 분포를 가지고, Y_2가 균등 (0, 1) 분포를 가지며, Y_1과 Y_2는 독립이라고 가정하자. $X_1 = Y_1 Y_2^{1/\alpha}$과 $X_2 = Y_2$의 변환을 고려하자.

(a) 받침이 $0 < x_1 < \infty$, $0 < x_2 < 1$일 때 역변환이 $y_1 = x_1/x_2^{1/\alpha}$, $y_2 = x_2$임을 밝혀라.

(b) 변환의 야코비안이 $1/{x_2}^{1/\alpha}$이고 (X_1, X_2)의 pdf가 다음과 같음을 밝혀라.

$$f(x_1, x_2) = \frac{1}{\Gamma(\alpha+1)} \frac{x_1^\alpha}{x_2} \exp\left\{-\frac{x_1}{x_2^{1/\alpha}}\right\} \frac{1}{x_2^{1/\alpha}}, \quad 0 < x_1 < \infty, \ 0 < x_2 < 1$$

(c) X_1의 주변분포가 $\Gamma(\alpha, 1)$임을 밝혀라.

4.8.17 식 (4.8.10)에 있는 비율의 미분이 임곗값 ± 1을 가진 함수 $-x \exp\{-x^2/2\}(x^2 - 1)$로 주어짐을 밝혀라. 또한 이 임곗값이 식 (4.8.10)의 최댓값을 제공함을 밝혀라.

4.8.18 $\beta > 1$에 대해 다음 pdf를 고려하자.

$$f(x) = \begin{cases} \beta x^{\beta-1} & 0 < x < 1 \\ 0 & \text{그 외에} \end{cases}$$

(a) 정리 4.8.1을 이용하여 이 pdf로부터 관측값을 생성하라.

(b) 채택-기각 알고리즘을 이용하여 이 pdf로부터 관측값을 생성하라.

4.8.19 예제 4.8.7과 유사한 방식으로 $g(x)$가 코시 pdf일 때 채택-기각 알고리즘을 이용하여 자유도가 $r > 1$인 t-분포로부터의 관측값을 생성하라.

4.8.20 $\alpha > 0$, $\beta > 0$에 대해 다음과 같은 채택-기각 알고리즘을 고려하자.

1. iid 균등 (0, 1) 확률변수인 U_1과 U_2를 생성한다. $V_1 = U_1^{1/\alpha}$, $V_2 = U_2^{1/\beta}$이라고 한다.
2. $W = V_1 + V_2$라 하고, $W \leq 1$이면 $X = V_1/W$, 아니면 1단계로 간다.
3. X를 변환한다.

X가 식 (3.3.9)의 모수가 α와 β인 베타분포를 갖는다는 것을 밝혀라. Kennedy와 Gentle(1980)을 참조하라.

4.8.21 다음 알고리즘을 고려하자.

1. 독립인 균등 $(-1, 1)$ 확률변수인 U와 V를 생성한다.
2. $W = U^2 + V^2$이라고 한다.
3. $W > 1$이면 1단계로 간다.
4. $Z = \sqrt{(-2\log W)/W}$, $X_1 = UZ$, $X_2 = VZ$라고 한다.

확률변수 X_1과 X_2는 공통인 $N(0, 1)$ 분포를 따르는 iid임을 밝혀라. 이 알고리즘은 Marsaglia와 Bray(1964)가 제안했다.

4.9 부트스트랩 절차

앞 절에서 몬테카를로 방법을 소개하고 여러 가지 응용을 살펴보았다. 그런데 지난 몇 년 동안 몬테카를로 절차는 통계적 추론에서 점점 더 많이 사용되고 있다. 이 절에서는 이러한 절차 중 하나인 **부트스트랩**(bootstrap)을 제시한다. 또한 신뢰구간과 일표본 또는 이표본 문제의 검정에 집중한다.

4.9.1 백분위수 부트스트랩 신뢰구간

$\theta \in \Omega$에 대해 pdf $f(x; \theta)$를 가진 연속형 확률변수를 X라고 하자. 또한 $\mathbf{X} = (X_1, X_2, \cdots, X_n)$은 X의 확률표본이고 $\widehat{\theta} = \widehat{\theta}(\mathbf{X})$는 θ의 점추정량이라고 하자. 벡터 표기 $\mathbf{X}$가 이 절에서 유용함을 증명할 것이다. 4.2절과 4.3절에서는 특정 상황에서 θ에 대한 신뢰구간을 구하는 문제를 다루었다. 이 절에서는 **백분위수 부트스트랩**(percentile-bootstrap) 절차라고 하는 일반적인 방법에 대해 살펴본다. 이는 Efron(1979)이 제안한 재표집 절차이다. 이러한 절차에 대한 유익한 내용은 Efron과 Tibshirani(1993), Davison과 Hinkley(1997)에서 얻을 수 있다.

이 절차에 대한 동기 부여를 위해 당분간 다음과 같이 가정하자.

$$\widehat{\theta}\text{은 } N(\theta, \sigma^2_{\widehat{\theta}}) \text{ 분포를 따른다.} \tag{4.9.1}$$

그러면 4.2절에서와 같이 θ에 대한 $(1-\alpha)100\%$ 신뢰구간은 $(\widehat{\theta}_L, \widehat{\theta}_U)$이다. 여기서

$$\widehat{\theta}_L = \widehat{\theta} - z^{(1-\alpha/2)}\sigma_{\widehat{\theta}}, \quad \widehat{\theta}_U = \widehat{\theta} - z^{(\alpha/2)}\sigma_{\widehat{\theta}} \tag{4.9.2}$$

그리고 $z^{(\gamma)}$는 표준정규확률변수의 $\gamma 100$ 백분위수를 나타낸다. 즉 Φ가 $N(0,\ 1)$의 cdf라고 할 때 $z^{(\gamma)} = \Phi^{-1}(\gamma)$이다(또한 연습문제 4.9.5를 참조하라). 임곗값에 대한 일반적인 하첨자 표기와의 혼동을 피하기 위해 여기서는 상첨자를 사용했다.

이제 $\widehat{\theta}$과 $\sigma_{\widehat{\theta}}$이 표본으로부터의 실현값이고 $\widehat{\theta}_L$과 $\widehat{\theta}_U$이 식 (4.9.2)에서처럼 계산된다고 하자. 그리고 $\widehat{\theta}^*$이 $N(\widehat{\theta},\ \sigma^2_{\widehat{\theta}})$ 분포를 따르는 확률변수라고 하자. 그러면 식 (4.9.2)에 의해

$$P(\widehat{\theta}^* \leq \widehat{\theta}_L) = P\left(\frac{\widehat{\theta}^* - \widehat{\theta}}{\sigma_{\widehat{\theta}}} \leq -z^{(1-\alpha/2)}\right) = \alpha/2 \tag{4.9.3}$$

이와 같은 방법으로 $P(\widehat{\theta}^* \leq \widehat{\theta}_U) = 1 - (\alpha/2)$이다. 따라서 $\widehat{\theta}_L$과 $\widehat{\theta}_U$은 $\widehat{\theta}^*$의 분포에서 $\frac{\alpha}{2}100$ 백분위수와 $(1 - \frac{\alpha}{2})100$ 백분위수이다. 즉 $N(\widehat{\theta},\ \sigma^2_{\widehat{\theta}})$ 분포로부터의 이 백분위수들이 θ에 대한 $(1 - \alpha)100\%$ 신뢰구간을 형성한다.

마지막 절차가 상당히 일반적이려면 식 (4.9.1)의 정규 가정은 당연히 바람직하지 않다. 참고 4.9.1에서는 정말로 이러한 정규 가정이 필수적이지 않다는 것을 밝힌다. 그래서 일반적으로 $H(t)$가 $\widehat{\theta}$의 cdf를 나타낸다고 하자.

물론 실제로는 함수 $H(t)$를 알지 못한다. 따라서 식 (4.9.3)에 정의된 신뢰구간은 구할 수 없다. 그러나 무한한 수의 표본 $\mathbf{X}_1,\ \mathbf{X}_2,\ \cdots$를 취하고 각각의 표본 $\mathbf{X}^*$에 대해 $\widehat{\theta}^* = \widehat{\theta}(\mathbf{X}^*)$를 구할 수 있으면 이러한 추정값 $\widehat{\theta}^*$의 히스토그램을 그릴 수 있다. 이러한 히스토그램의 백분위수가 식 (4.9.3)에서 정의된 신뢰구간일 수 있다. 그런데 단지 하나의 표본만 가지므로 그것은 불가능하다. 그러나 이것이 바로 부트스트랩 절차에 숨어 있는 아이디어이다.

부트스트랩 절차는 하나의 표본에 의해 정의된 경험적 분포로부터 단순히 재표집하는 것이다. 표집은 무작위로 그리고 복원으로 시행되며 재표집의 크기는 모두 원래 표본의 크기인 n이다. 즉 $\mathbf{x}' = (x_1,\ x_2,\ \cdots,\ x_n)$을 표본의 실현값이라 하고, $\widehat{F}_n$이 표본의 경험적 분포함수를 나타낸다고 하자. $\widehat{F}_n$은 각각의 점 x_i에서 질량 n^{-1}을 가진 이산형 cdf이고, $\widehat{F}_n(x)$는 $F(x)$의 추정량임을 상기하라. 그러면 부트스트랩 표본은 확률표본으로 $\widehat{F}_n$에서 추출한 $\mathbf{x}^{*\prime} = (x_1^*,\ x_2^*,\ \cdots,\ x_n^*)$라고 할 수 있다. 예를 들어 기댓값의 정의로부터 다음 결과를 얻을 수 있다.

$$E(x_i^*) = \sum_{i=1}^{n} x_i \frac{1}{n} = \frac{1}{n}\sum_{i=1}^{n} x_i = \overline{x} \tag{4.9.4}$$

마찬가지로 $V(x_i^*) = n^{-1}\sum_{i=1}^{n}(x_i - \overline{x})^2$이다. 연습문제 4.9.2를 참조하라. 이러한 표본에서 추출한 재표집은 처음에는 의미가 없는 것처럼 보인다. 그러나 표집의 변동성에 대한 유일한 정보가 표본 안에 있으며, 표본을 재표집함으로써 이 변동성을 시뮬레이션하는 것이다.

이제 부트스트랩 신뢰구간을 구하는 알고리즘을 제시한다. 분명함을 위해 형식적인 알고리즘을 제시하는데, 이것은 R과 같은 언어로 바로 코드화할 수 있다. $\theta \in \Omega$에 대해 cdf $F(x;\ \theta)$에서

추출한 확률표본의 실현값을 $\mathbf{x}' = (x_1, x_2, ..., x_n)$이라고 하자. $\widehat{\theta}$은 θ의 점추정량, 정수 B는 부트스트랩 반복의 수, 즉 재표집의 수라고 하자. 실제로 B는 흔히 3,000 이상이다.

1. $j = 1$이라고 한다.
2. $j \leq B$이면 2~5단계를 시행한다.
3. $\mathbf{x}_j^*$를 표본 $\mathbf{x}$에서 추출한 크기 n인 확률표본이라고 하자. 즉 관측값 $\mathbf{x}_j^*$는 $x_1, x_2, \cdots, x_n$으로부터 복원으로 무작위로 추출된다.
4. $\widehat{\theta}_j^* = \widehat{\theta}(\mathbf{x}_j^*)$라고 한다.
5. j를 $j+1$로 바꾼다.
6. $\widehat{\theta}_{(1)}^* \leq \widehat{\theta}_{(2)}^* \leq \cdots \leq \widehat{\theta}_{(B)}^*$는 $\widehat{\theta}_1^*, \widehat{\theta}_2^*, \cdots, \widehat{\theta}_B^*$의 순서화된 값이고, $m = [(\alpha/2)B]$라고 하자. 여기서 $[\cdot]$는 가장 큰 정수 함수를 나타낸다. 구간을 만들라.

$$(\widehat{\theta}^*{}_{(m)}, \widehat{\theta}^*{}_{(B+1-m)}) \tag{4.9.5}$$

즉 $\widehat{\theta}_1^*, \widehat{\theta}_2^*, \cdots, \widehat{\theta}_B^*$의 표본 분포의 $\frac{\alpha}{2}100\%$와 $(1-\frac{\alpha}{2})100\%$ 백분위수를 구하라.

식 (4.9.5)의 구간을 θ에 대한 **백분위수 부트스트랩** 신뢰구간이라고 한다. 6단계에서 하첨자에 있는 괄호는 이 절에서 편리하게 사용하는 순서통계량(4.4절)의 일반적인 표기이다.

이 절의 나머지 부분에서는 표본평균을 θ의 추정량으로 사용한다. 표본평균의 계산을 위해 다음 R 함수 `percentciboot`는 이 알고리즘을 R에서 구현한다(이 함수는 1장에 언급된 사이트에서 다운로드할 수 있다).

```
percentciboot <- function(x,b,alpha){
theta=mean(x); thetastar=rep(0,b); n=length(x)
for(i in 1:b){xstar=sample(x,n,replace=T)
thetastar[i]=mean(xstar)}
thetastar=sort(thetastar); pick=round((alpha/2)*(b+1))
lower=thetastar[pick]; upper=thetastar[b-pick+1]
list(theta=theta,lower=lower,upper=upper)}
#list(theta=theta,lower=lower,upper=upper,thetasta=thetastar)}
```

입력값은 표본 `x`, 부트스트랩의 횟수 `b`, 원하는 신뢰계수 `alpha`로 구성된다. 코드의 두 번째 줄은 표본의 평균과 크기를 계산하고 $\widehat{\theta}^*$을 저장할 벡터를 제공한다. `for`문에서 i번째 부트스트랩 표본은 하나의 명령어 `sample(x,n,replace=T)`로 얻을 수 있고, 이는 $\widehat{\theta}_i^*$의 계산에 사용된다. 코드의 나머지 부분은 부트스트랩 신뢰구간을 형성하는 반면, `list` 명령어는 추정값과 부트스트랩 신뢰구간을 반환한다. 선택적인 두 번째 `list` 명령어는 $\widehat{\theta}^*$도 함께 반환한다. 평균 이외의 추정량에 대해 코드를 쉽게 변경할 수 있다. 예를 들어 중앙값에 대한 부트스트랩 신뢰구간을 얻으려면 코드에서 두 번 발생하는 `mean`을 `median`으로 바꾸면 된다. 다음 예제에서 이를 설명한다.

예제 4.9.1 이 예제에서는 알려진 분포에서 표본을 추출하나 실제로는 일반적으로 분포가 알려져 있지 않다. $\Gamma(1, \beta)$ 분포에서 추출한 확률표본을 $X_1, X_2, \cdots, X_n$이라고 하자. 이 분포의 평균이 β이므로 표본평균 $\overline{X}$는 β의 불편추정량이다. 이 예제에서 $\overline{X}$를 β의 점추정량으로 사용한다. 다음 20개의 자료점은 $\Gamma(1, 100)$ 분포에서 추출한 크기 $n = 20$인 확률표본의 (반올림한) 실현값이다.

131.7	182.7	73.3	10.7	150.4	42.3	22.2	17.9	264.0	154.4
4.3	265.6	61.9	10.8	48.8	22.5	8.8	150.6	103.0	85.9

이 표본에서 $\overline{X}$의 값은 $\overline{x} = 90.59$이며, 이것이 β의 점추정값이다. 예를 들어 이 자료로부터 하나의 부트스트랩 표본을 생성한다. 이러한 순서화된 부트스트랩 표본은 다음과 같다.

4.3	4.3	4.3	10.8	10.8	10.8	10.8	17.9	22.5	42.3
48.8	48.8	85.9	131.7	131.7	150.4	154.4	154.4	264.0	265.6

이 특정 부트스트랩 표본의 표본평균은 $\overline{x}^* = 78.725$이다. β에 대한 부트스트랩 신뢰구간을 구하려면 더 많은 재표본(resample)을 계산해야 한다. 이 계산을 위해 앞서 설명한 R 함수 `percentciboot`를 사용했다. `x`가 관측값의 원래 표본의 R 벡터를 나타낸다고 하자. 부트스트랩의 수로 3000을 사용하고 $\alpha = 0.10$을 선택했다. 코드 `percentciboot(x,3000,.10)`을 사용하여 부트스트랩 신뢰구간을 계산했다. 그림 4.9.1은 코드에 의해 계산된 3,000개의 표본평균 $\overline{x}^*$의 히스토그램을 보여준다. 이 3,000개 값의 표본평균은 90.13이고 $\overline{x} = 90.59$에 가깝다. 작성한 프로그램에 의해 90%(부트스트랩 백분위수) 신뢰구간을 구하면 (61.655, 120.48)인데, 이것을 그림에 표시할 수 있다. 이는 참값인 $\mu = 100$을 포함한다.

연습문제 4.9.3에서는 만약 $\Gamma(1, \beta)$ 분포에서 표본을 추출했다면 구간 $(2n\overline{x}/[\chi^2_{2n}]^{(1-(\alpha/2))},$

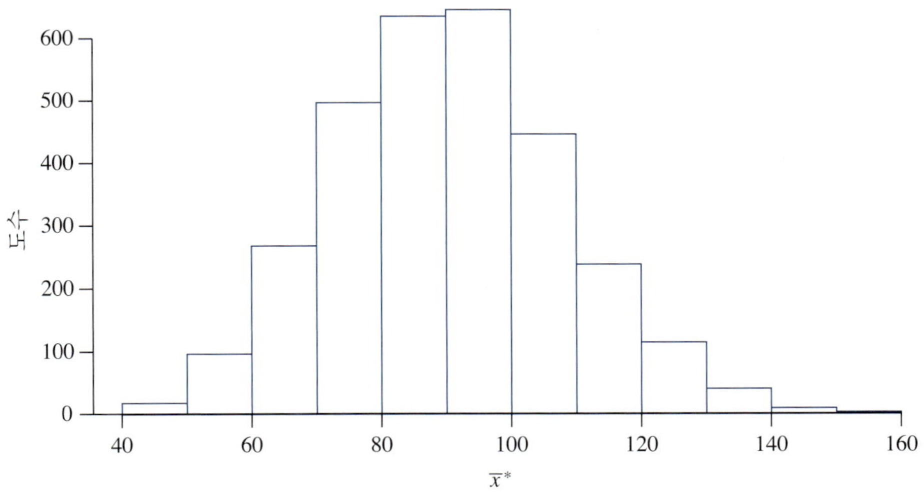

그림 4.9.1 3,000개 부트스트랩 $\overline{x}^*$의 히스토그램. 90% 부트스트랩 신뢰구간은 (61.655, 120.48)이다.

$2n\overline{x}/[\chi^2_{2n}]^{(\alpha/2)})$가 β에 대한 $(1-\alpha)100\%$ 정확신뢰구간임을 밝힌다. 임곗값에 대한 상첨자 표기를 따라서 $[\chi^2_{2n}]^{(\gamma)}$는 자유도 $2n$인 χ^2-분포의 $\gamma 100\%$ 백분위수를 나타낸다. 위 표본에서 정확한 90% 신뢰구간의 값은 (64.99, 136.69)이다.

부트스트랩 신뢰구간의 타당성은 어떠한가? Davison과 Hinkley(1997) 2장에서는 부트스트랩에 숨겨져 있는 이론을 설명한다. 이 책은 몇 가지 일반적인 조건하에서 부트스트랩 신뢰구간이 점근적으로 타당하다는 것을 밝혔다.

부트스트랩을 향상하는 한 가지 방법은 분포가 다른 모수에 의존하지 않는 변수인 피벗 확률변수를 이용하는 것이다. 예를 들면 앞의 예제에서 $\widehat{\sigma}_{\overline{X}} = S/\sqrt{n}$이고 $S = [\sum(X_i - \overline{X})^2/(n-1)]^{1/2}$일 때 $\overline{X}$ 대신 $\overline{X}/\widehat{\sigma}_{\overline{X}}$를 이용한다. 즉 $\overline{X}$를 표준오차로 조정한다. 이것은 연습문제 4.9.6에서 살펴볼 것이다. 다른 개선점은 앞에 언급한 두 책에서 볼 수 있다.

참고 4.9.1

간단히 식 (4.9.1)에서 $\widehat{\theta}$의 분포에 대한 정규 가정이 식 (4.9.3) 부근의 주장에 대해 명백하다는 것을 밝힌다. 추가 논의는 Efron과 Tibshirani(1993)를 참조하라. H가 $\widehat{\theta}$의 cdf이고 H는 θ에 의존한다고 하자. 그러면 정리 4.8.1을 이용하여 $\widehat{\phi} = m(\widehat{\theta})$의 분포가 $N(\phi, \sigma_c^2)$인 증가변환(increasing transformation) $\phi = m(\theta)$를 구할 수 있다. 여기서 $\phi = m(\theta)$이고 σ_c^2은 어떤 분산이다. 예를 들어 $F_c(x)$가 $N(\phi, \sigma_c^2)$ 분포의 cdf일 때 변환을 $m(\theta) = F_c^{-1}(H(\theta))$라고 하자. 그러면 앞에서와 같이 $(\widehat{\phi} - z^{(1-\alpha/2)}\sigma_c, \widehat{\phi} - z^{(\alpha/2)}\sigma_c)$가 ϕ에 대한 $(1-\alpha)100\%$ 신뢰구간이다. 그러나

$$\begin{aligned} 1-\alpha &= P\left[\widehat{\phi} - z^{(1-\alpha/2)}\sigma_c < \phi < \widehat{\phi} - z^{(\alpha/2)}\sigma_c)\right] \\ &= P\left[m^{-1}(\widehat{\phi} - z^{(1-\alpha/2)}\sigma_c) < \theta < m^{-1}(\widehat{\phi} - z^{(\alpha/2)}\sigma_c)\right] \end{aligned} \tag{4.9.6}$$

따라서 $(m^{-1}(\widehat{\phi} - z^{(1-\alpha/2)}\sigma_c), m^{-1}(\widehat{\phi} - z^{(\alpha/2)}\sigma_c))$가 θ에 대한 $(1-\alpha)100\%$ 신뢰구간이다. 이제 $\widehat{H}$이 cdf H에서 θ를 실현값 $\widehat{\theta}$으로 대체한 것이라고 하자. 즉 위의 $N(\widehat{\theta}, \sigma^2_{\widehat{\theta}})$ 분포와 유사하다. $\widehat{\theta}^*$이 cdf $\widehat{H}$을 가진 확률변수이고 $\widehat{\phi} = m(\widehat{\theta})$, $\widehat{\phi}^* = m(\widehat{\theta}^*)$이라고 하자. 그러면 식 (4.9.3)과 유사하게 다음을 얻는다.

$$\begin{aligned} P\left[\widehat{\theta}^* \le m^{-1}(\widehat{\phi} - z^{(1-\alpha/2)}\sigma_c)\right] &= P\left[\widehat{\phi}^* \le \widehat{\phi} - z^{(1-\alpha/2)}\sigma_c\right] \\ &= P\left[\frac{\widehat{\phi}^* - \widehat{\phi}}{\sigma_c} \le -z^{(1-\alpha/2)}\right] = \alpha/2 \end{aligned}$$

그러므로 $m^{-1}(\widehat{\phi} - z^{(1-\alpha/2)}\sigma_c)$는 cdf $\widehat{H}$의 $\frac{\alpha}{2}100$ 백분위수이고, 마찬가지로 $m^{-1}(\widehat{\phi} - z^{(\alpha/2)}\sigma_c)$는 cdf $\widehat{H}$의 $(1-\frac{\alpha}{2})100$ 백분위수이다. 따라서 일반적인 경우도 역시 $\widehat{H}$ 분포의 백분위수가 θ에 대한 신뢰구간을 형성한다.

4.9.2 부트스트랩 검정 절차

부트스트랩 절차는 가설검정에도 효과적으로 이용될 수 있다. 이표본(two sample) 문제에 대해 이러한 절차를 설명하는 것으로 시작하는데, 이는 검정에서 부트스트랩을 이용하는 데 제기되는 많은 느낌의 차이를 보여준다.

이표본 위치 문제를 생각해보자. 즉 $\mathbf{X}' = (X_1, X_2, \cdots, X_{n_1})$은 cdf $F(x)$를 가진 분포에서 추출한 확률표본이고, $\mathbf{Y}' = (Y_1, Y_2, \cdots, Y_{n_2})$는 $\Delta \in R$일 때 cdf $F(x - \Delta)$를 가진 분포에서 추출한 확률표본이라고 하자. 모수 Δ는 두 표본 사이의 위치 이동이다. 따라서 Δ는 위치 모수의 차이라고 할 수 있다. 특히 평균 μ_X와 μ_Y가 존재하면 $\Delta = \mu_Y - \mu_X$이다. 다음과 같이 주어진 단측 검정을 고려한다.

$$H_0 : \Delta = 0, \quad H_1 : \Delta > 0 \tag{4.9.7}$$

검정 통계량으로 표본평균의 차이를 취한다.

$$V = \overline{Y} - \overline{X} \tag{4.9.8}$$

결정 규칙은 $V \geq c$일 때 H_0을 기각하는 것인데, 실제로 흔히 그렇듯이 검정의 p 값에 결정의 기초를 둔다. 만약 표본 결과의 값이 $x_1, x_2, \cdots, x_{n_1}$과 $y_1, y_2, \cdots, y_{n_2}$이고 실제로 구한 표본평균이 각각 $\overline{x}$, $\overline{y}$라면 검정의 p 값은 다음과 같다.

$$\widehat{p} = P_{H_0}[V \geq \overline{y} - \overline{x}] \tag{4.9.9}$$

목표는 p 값의 부트스트랩 추정값이다. 그러나 앞 절과 달리 여기서 부트스트랩은 H_0이 참일 때 시행되어야 한다. 이를 시행하는 쉬운 방법은, 두 표본을 하나의 큰 표본으로 합한 후 결합된 표본에서 무작위이며 복원으로 하나는 크기가 n_1(새로운 x들)이고 또 하나는 크기가 n_2(새로운 y들)인 2개의 표본을 재표집하는 것이다. 따라서 재표집은 하나의 분포, 즉 H_0이 참인 경우에 시행된다. B가 양의 정수이고 $v = \overline{y} - \overline{x}$라고 할 때 부트스트랩 알고리즘은 다음과 같다.

1. 표본을 하나로 합한다. $\mathbf{z}' = (\mathbf{x}', \mathbf{y}')$
2. $j = 1$이라고 한다.
3. $j \leq B$이면 3~6단계를 실행한다.
4. $\mathbf{z}$에서 크기 n_1인 확률표본을 복원으로 추출한다. 이 표본을 $\mathbf{x}^{*\prime} = (x_1^*, x_2^*, \cdots, x_{n_1}^*)$라 하고 $\overline{x}_j^*$를 계산한다.
5. $\mathbf{z}$에서 크기 n_2인 확률표본을 복원으로 추출한다. 이 표본을 $\mathbf{y}^{*\prime} = (y_1^*, y_2^*, \cdots, y_{n_2}^*)$라 하고 $\overline{y}_j^*$를 계산한다.
6. $v_j^* = \overline{y}_j^* - \overline{x}_j^*$를 계산한다.
7. 부트스트랩에 의해 추정된 p 값은 다음과 같다.

$$\widehat{p}^* = \frac{\#_{j=1}^{B}\{v_j^* \geq v\}}{B} \tag{4.9.10}$$

부트스트랩 신뢰구간에 대해 앞에서 인용한 이론은 이러한 검정 상황에도 적용할 수 있다. 따라서 이러한 부트스트랩 p 값은 타당하다.

예제 4.9.2 R 함수 `rcn`을 이용하여 오염된 정규분포로부터 자료 집합을 생성했다. W를 오염 비율 $\epsilon = 0.20$, $\sigma_c = 4$인 오염된 정규분포 식 (3.4.17)을 따르는 확률변수라고 하자. 이 분포로부터 30개의 독립인 관측값 $W_1, W_2, \cdots, W_{30}$이 생성되었다. 그리고 $1 \leq i \leq 15$에 대해 $X_i = 10W_i + 100$, $Y_i = 10W_{i+15} + 120$이라고 하자. 따라서 실제의 이동 모수는 $\Delta = 20$이다. 실제의 (반올림한) 자료는 다음과 같다.

X 변량							
94.2	111.3	90.0	99.7	116.8	92.2	166.0	95.7
109.3	106.0	111.7	111.9	111.6	146.4	103.9	
Y 변량							
125.5	107.1	67.9	98.2	128.6	123.5	116.5	143.2
120.3	118.6	105.0	111.8	129.3	130.8	139.8	

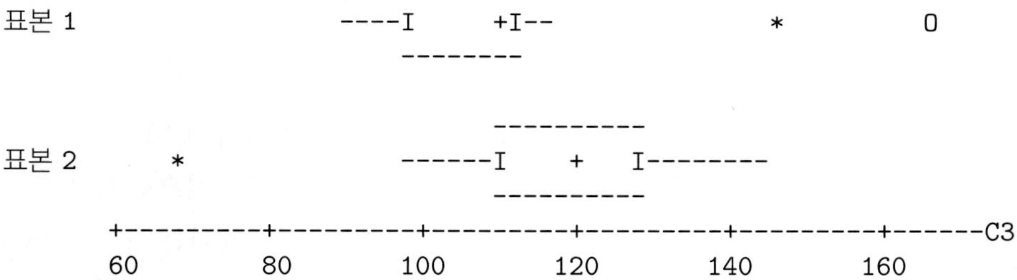

위의 비교 상자그림에 따르면 두 자료 집합의 척도는 동일한 것 같지만 y 변량(표본 2)이 x 변량(표본 1)에 비해 오른쪽으로 이동한 것처럼 보인다. 자료 집합에는 3개의 이상값이 있다.

이 자료에 대한 검정 통계량은 $v = \overline{y} - \overline{x} = 117.74 - 111.11 = 6.63$이다. R 함수 `boottesttwo`를 이용한 계산으로 위에 주어진 부트스트랩 알고리즘을 $B = 3000$번 반복 시행했다. 부트스트랩 p 값은 $\widehat{p}^* = 0.169$인데, 이는 $(0.169)(3000) = 507$개의 부트스트랩 검정 통계량이 검정 통계량 값을 초과한다는 것을 의미한다. 또한 이러한 부트스트랩 값은 H_0하에 생성되었다. 실제로 H_0은 이처럼 큰 p 값에 대해서는 일반적으로 기각되지 않는다. 그림 4.9.2는 여기서 구한 3,000개 부트스트랩 검정 통계량 값에 대한 히스토그램이다. 검정 통계량 값 6.63의 오른쪽 영역 비율이 근사적으로 $\widehat{p}^*$과 동일하다.

비교를 위해 이 검정에 대해 예제 4.6.2에서 다룬 이표본 '합동(pooled)' t-검정을 실시했다. 연습문제 4.9.8에서 구한 것과 같이 이 자료에 대해 $t = 0.93$이고 p 값은 0.18인데 이는 부트스트랩 p 값과 매우 유사하다.

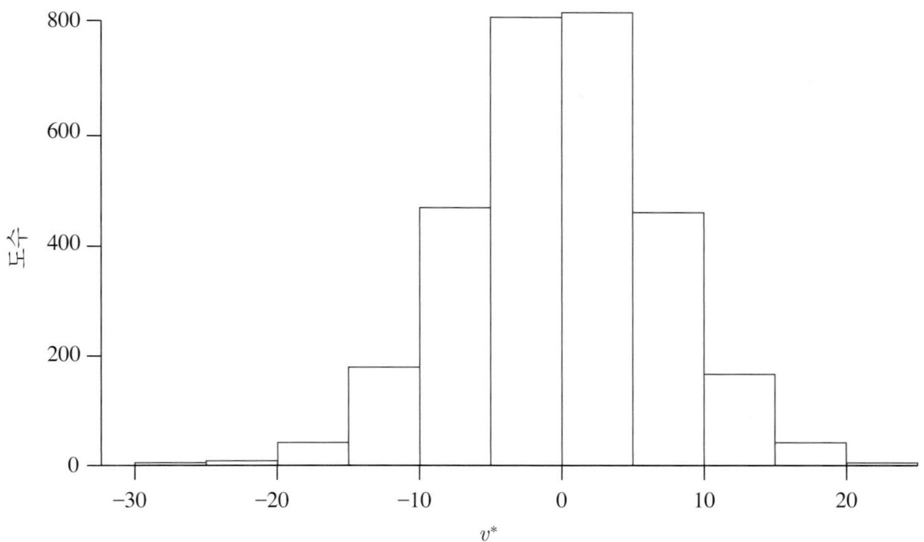

그림 4.9.2 3,000개 부트스트랩 v^*의 히스토그램. 검정 통계량 값 $v = \bar{y} - \bar{x} = 6.63$을 수평축에 나타내면 (전체 영역에 대한) 오른쪽 부분의 비율이 부트스트랩 검정의 p 값이다.

앞의 검정에서는 검정 통계량으로 표본평균의 차이를 이용했다. 물론 다른 검정 통계량도 사용할 수 있다. 연습문제 4.9.7에서는 표본중앙값의 차이에 근거한 부트스트랩 검정을 구할 것이다. 종종 신뢰구간에서와 같이 검정 통계량을 척도 추정량에 의해 표준화하는 것이 부트스트랩 검정을 향상한다.

앞에서 설명한 이표본 문제에 대한 부트스트랩 검정은 **순열검정**(permutation test)과 유사하다. 순열검정에서 검정 통계량은 통합된 자료에서 비복원으로 추출한 x와 y의 모든 가능한 표본에 의해 계산된다. 이는 흔히 몬테카를로 방법으로 근삿값을 구하는데, 이때는 부트스트랩의 경우에 표집을 복원으로 추출하는 것을 제외하고는 부트스트랩 검정과 매우 유사하다. 연습문제 4.9.10을 참조하라. 일반적으로 순열검정과 부트스트랩 검정은 결과가 매우 비슷하다. 이에 대한 논의는 Efron과 Tibshirani(1993)를 보라.

두 번째 검정의 상황에서 일표본(one sample) 위치 문제를 생각해보자. 유한인 평균 μ를 가진 연속형 cdf $F(x)$에서 추출한 확률표본을 $X_1, X_2, \cdots, X_n$이라고 하자. 다음 가설을 검정하고자 한다.

$$H_0 : \mu = \mu_0, \quad H_1 : \mu > \mu_0$$

여기서 μ_0은 특정 값이다. 검정 통계량으로 $\overline{X}$를 이용하며 결정 규칙은 다음과 같다.

$$\overline{X}\text{가 매우 크면 } H_0 \text{ 기각, } H_1 \text{ 채택}$$

확률표본의 실현값을 $x_1, x_2, \cdots, x_n$이라고 하자. 표본을 추출했을 때 표본평균의 실현값을 $\bar{x}$라고 하면 검정에서 p 값은 다음과 같다.

$$\widehat{p} = P_{H_0}[\overline{X} \geq \overline{x}]$$

부트스트랩 검정은 이러한 p 값에 대한 부트스트랩 추정값을 구하는 것이다. 얼핏 보면 통계량 $\overline{X}$의 부트스트래핑에 의해 진행하고자 할 수도 있다. 그러나 p 값은 H_0하에 추정되어야 한다. H_0이 참이라는 것을 보장하기 위해 다음 값을 부트스트래핑하라.

$$z_i = x_i - \overline{x} + \mu_0, \quad i = 1, 2, \ldots, n \tag{4.9.11}$$

여기서 부트스트랩 절차는 z_1, z_2, ⋯, z_n으로부터 무작위로 복원 표집하는 것이다. $(z^*_{j,1}$, ⋯, $z^*_{j,n})$이 j번째 부트스트랩 표본을 나타낸다고 하자. 식 (4.9.4)에서처럼 $E(z^*_{j,i}) = \mu_0$이다. 따라서 z_i를 이용하여 부트스트랩 재표집이 H_0하에 수행된다. 표본평균 $\overline{z}^*_j$로 검정 통계량을 나타내자. 그러면 부트스트랩에 의해 추정된 p 값은 다음과 같다.

$$\widehat{p}^* = \frac{\#^B_{j=1}\{\overline{z}^*_j \geq \overline{x}\}}{B} \tag{4.9.12}$$

예제 4.9.3 앞에서 설명한 부트스트랩 검정에 대한 예로 다음 자료를 생각해보자. W_i가 오염률 20%이고 $\sigma_c = 4$인 오염된 정규분포를 따를 때 $n = 20$개의 관측값 $X_i = 10W_i + 100$을 생성한다. 다음과 같은 검정에 관심이 있다고 하자.

$$H_0 : \mu = 90, \quad H_1 : \mu > 90$$

X_i의 참평균이 100이므로 귀무가설은 거짓이다. 생성된 자료가 다음과 같다고 하자.

119.7	104.1	92.8	85.4	108.6	93.4	67.1	88.4	101.0	97.2
95.4	77.2	100.0	114.2	150.3	102.3	105.8	107.5	0.9	94.1

이 값의 표본평균은 $\overline{x} = 95.27$로 90보다 크다. 그러나 이 값이 90보다 유의할 정도로 큰가? 앞에서 설명한 것처럼 $z_i = x_i - 95.27 + 90$ 값을 부트스트래핑한다. R 함수 `boottestonemean`은 이 부트스트랩을 수행한다. 실행을 위해 3,000개의 $\overline{z}^*_j$를 계산했고, 그림 4.9.3은 그 히스토그램이다. 이러한 3,000개 값의 평균은 89.96으로 90에 매우 가깝다. 3,000개 값 중에서 563개가 $\overline{x} = 95.27$보다 크다. 따라서 부트스트랩 검정의 p 값은 0.188이다. 그림 4.9.3에서 95.27의 오른쪽 총넓이에 대한 비율은 근사적으로 0.188과 같다. 그러한 큰 p 값은 일반적으로 유의하지 않은 것으로 본다. 따라서 귀무가설이 기각되지 않는다.

비교를 위해 연습문제 4.9.12에서는 단일표본 t-검정의 값이 $t = 0.84$이고 p 값이 0.20임을 밝힐 것이다. 연습문제 4.9.13에서는 중앙값에 근거한 검정을 다룬다.

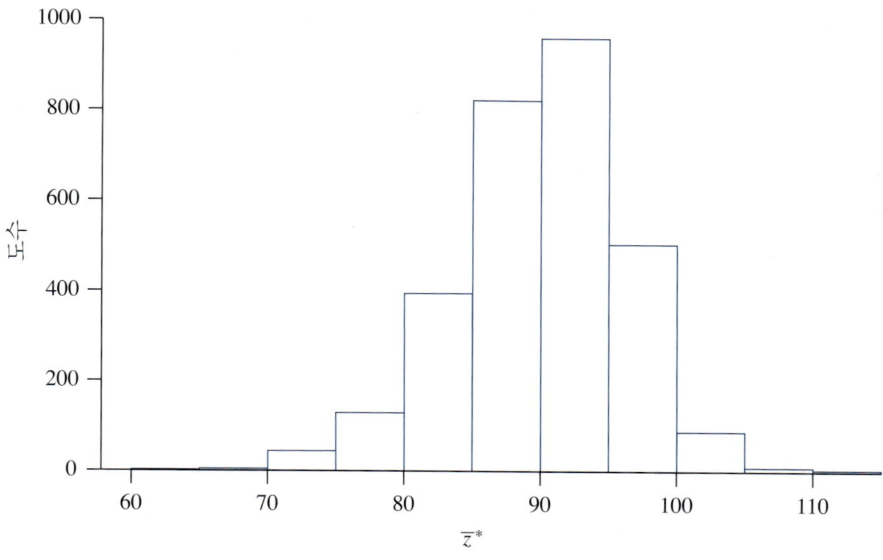

그림 4.9.3 3,000개 부트스트랩 $\bar{z}^*$의 히스토그램. 부트스트랩 p 값은 히스토그램에서 (전체 영역에 대한) 95.27 오른쪽 부분의 넓이 비율이다.

연습문제

4.9.1 예제 4.1.3에서 다룬 이산화황 농도 자료를 고려하자. R 함수 `percentciboot`를 사용하여 실제 평균 농도에 대한 95% 부트스트랩 신뢰구간을 구하라. 3,000개의 부트스트랩을 사용하여 평균에 대한 t-신뢰구간과 비교하라.

4.9.2 확률표본 값을 $x_1, x_2, \cdots, x_n$이라고 하자. 부트스트랩 표본 $\mathbf{x}^{*\prime} = (x_1^*, x_2^*, \cdots, x_n^*)$는 $x_1, x_2, \cdots, x_n$에서 복원으로 추출한 확률표본이다.

(a) $x_1^*, x_2^*, \cdots, x_n^*$가 $x_1, x_2, \cdots, x_n$의 경험적 cdf인 공통 cdf $\widehat{F}_n$을 가진 iid임을 밝혀라.

(b) $E(x_i^*) = \bar{x}$임을 밝혀라.

(c) n이 홀수이면 중앙값 $\{x_i^*\} = x_{((n+1)/2)}$임을 밝혀라.

(d) $V(x_i^*) = n^{-1}\sum_{i=1}^n (x_i - \bar{x})^2$임을 밝혀라.

4.9.3 $\Gamma(1, \beta)$ 분포에서 추출한 확률표본을 $X_1, X_2, \cdots, X_n$이라고 하자.

(a) 신뢰구간 $(2n\overline{X}/(\chi^2_{2n})^{(1-(\alpha/2))}, 2n\overline{X}/(\chi^2_{2n})^{(\alpha/2)})$가 β에 대한 $(1-\alpha)100\%$ 정확신뢰구간임을 밝혀라.

(b) (a)를 이용하여 예제 4.9.1에 주어진 자료에 대한 90% 신뢰구간 값이 (64.99, 136.69)임을 밝혀라.

4.9.4 예제 4.9.1의 상황에서 표본중앙값을 이용하여 X_i의 중앙값을 추정하고자 한다.

(a) $\Gamma(1, \beta)$ 분포에서의 중앙값을 구하라.

(b) 부트스트랩 백분위수 신뢰구간에 대한 알고리즘은 일반적이므로 중앙값에 대해서도 이용할 수 있다. R 코드 `percentciboot.s`를 재작성하여 중앙값이 추정량이 되게 하라. 예제에 주어진 표본을 이용하여 중앙값에 대한 90% 부트스트랩 백분위수 신뢰구간을 구하라. 이 경우에 이 신뢰구간이 중앙값의 참값을 포함하는가?

4.9.5 $N(\mu, \sigma^2)$ 분포에서 추출한 확률표본을 $X_1, X_2, \cdots, X_n$이라고 하자. 예제 4.2.1에서 언급했듯이 신뢰구간에 대한 피벗 확률변수는 다음과 같다.

$$t = \frac{\overline{X} - \mu}{S/\sqrt{n}} \tag{4.9.13}$$

여기서 $\overline{X}$와 S는 각각 표본평균과 표본표준편차이다. 정리 3.6.1에 의해 t가 자유도 $n - 1$인 스튜던트 t-분포를 따른다는 것을 상기하라. 따라서 이 값의 부호는 이러한 정규 상황에 대한 모든 모수로부터 자유롭다. 이 절의 표기에서 $t_{n-1}^{(\gamma)}$는 자유도 $n - 1$인 t-분포에서 $\gamma 100\%$ 백분위수를 의미한다. 이 표기를 이용하여 μ에 대한 $(1 - \alpha)100\%$ 신뢰구간이 다음과 같음을 밝혀라.

$$\left(\overline{x} - t^{(1-\alpha/2)}\frac{s}{\sqrt{n}}, \overline{x} - t^{(\alpha/2)}\frac{s}{\sqrt{n}}\right) \tag{4.9.14}$$

4.9.6 부트스트랩 백분위수 신뢰구간은 추정량 $\widehat{\theta}$이 척도의 추정값에 의해 표준화되면 향상될 수도 있다. 이를 밝히기 위해 평균에 대한 부트스트랩 신뢰구간을 생각해보자. 표본 $x_1, x_2, \cdots, x_n$에서 추출한 부트스트랩 표본을 $x_1^*, x_2^*, \cdots, x_n^*$라고 하자. 부트스트랩 피벗[식 (4.9.13)과 유사]을 고려하자.

$$t^* = \frac{\overline{x}^* - \overline{x}}{s^*/\sqrt{n}} \tag{4.9.15}$$

여기서 $\overline{x}^* = n^{-1}\sum_{i=1}^n x_i^*$이고

$$s^{*2} = (n-1)^{-1}\sum_{i=1}^{n}(x_i^* - \overline{x}^*)^2$$

(a) 평균과 $j = 1, 2, \cdots, B$에 대해 수집된 t_j^*를 이용하여 부트스트랩 백분위수 신뢰구간 알고리즘을 다시 작성하라. 다음과 같은 구간 형태를 만들라.

$$\left(\overline{x} - t^{*(1-\alpha/2)}\frac{s}{\sqrt{n}}, \overline{x} - t^{*(\alpha/2)}\frac{s}{\sqrt{n}}\right) \tag{4.9.16}$$

여기서 $t^{*(\gamma)} = t^*_{([\gamma * B])}$이다. 즉 t_j^*를 순서화하고 분위수를 선택한다.

(b) R 코드 `percentciboot.s`를 다시 작성하고, 이를 이용하여 예제 4.9.3에서 다룬 자료의 μ에 대한 90% 신뢰구간을 구하라. 3,000개의 부트스트랩을 이용하라.

(c) (b)에서 구한 신뢰구간과 R 코드 `percentciboot.s`에 기반하여 구한 비표준화 부트스트랩 신뢰구간을 비교하라.

4.9.7 4.9.2절에 주어진 이표본 부트스트랩 검정에 대한 알고리즘을 생각해보자.

(a) 부트스트랩 검정에 대한 이 알고리즘을 중앙값의 차이에 대한 것으로 재작성하라.

(b) 예제 4.9.2의 자료를 고려하자. R 코드 `boottesttwo.s`에서 평균의 차를 중앙값의 차로 바꾸어 (a)의 알고리즘에 대한 부트스트랩 검정을 구하라.

(c) $B = 3000$에 대해 검정의 추정된 p 값을 구하고, 이것을 저자들이 구한 추정된 p 값인 0.063과 비교하라.

4.9.8 예제 4.9.2의 자료를 고려하자. 예제 4.6.2의 이표본 t-검정을 이러한 가설의 검정에 이용할 수 있다. 그 검정은 여기서 정확검정이 아니라(왜 그런가?) 근사검정이다. 검정 통계량 값이 $t = 0.93$이고 근사 p 값이 0.18임을 밝혀라.

4.9.9 예제 4.9.3에서 양측검정을 시행하고자 한다.

$$H_0 : \mu = 90, \quad H_1 : \mu \neq 90$$

(a) 이 상황에 대한 부트스트랩 p 값을 결정하라.

(b) R 코드 `boottestonemean`을 재작성하여 이러한 p 값을 구하라.

(c) 3,000개의 부트스트랩에 근거하여 p 값을 계산하라.

4.9.10 식 (4.9.7)을 가설로 하는 이표본 문제에 대한 다음과 같은 순열검정을 생각해보자. $\mathbf{x}' = (x_1, x_2, \cdots, x_{n_1})$과 $\mathbf{y}' = (y_1, y_2, \cdots, y_{n_2})$를 두 확률표본의 실현값이라고 하자. 검정 통계량은 표본평균의 차 $\overline{y} - \overline{x}$이다. 검정의 추정된 p 값은 다음과 같이 계산한다.

1. 자료를 하나의 표본 $\mathbf{z}' = (\mathbf{x}', \mathbf{y}')$으로 결합한다.
2. $\mathbf{z}$로부터 크기 n_1인 모든 가능한 표본을 비복원으로 추출한다. 각각의 표본은 자동적으로 크기 n_2인 또 다른 표본을 만든다. 즉 크기 n_1인 표본에 포함되지 않은 $\mathbf{z}$의 모든 원소에 의해 크기 n_2인 표본이 형성된다. 그러한 표본이 $M = \binom{n_1+n_2}{n_1}$개 존재한다.
3. 그러한 각각의 표본 j에 대해 다음과 같다.
   a. 크기 n_1인 표본을 $\mathbf{x}^*$, 크기 n_2인 표본을 $\mathbf{y}^*$라고 한다.
   b. $v_j^* = \overline{y}^* - \overline{x}^*$를 계산한다.
4. 추정된 p 값은 $\widehat{p}^* = \#\{v_j^* \geq \overline{y} - \overline{x}\}/M$이다.

(a) 실현값이 각각 $\mathbf{x}' = (10, 15, 21)$, $\mathbf{y}' = (20, 25, 30)$이고 크기 3인 두 표본이 있다고 하자. 검정 통계량과 앞에서 설명한 순열검정을 결정하고 p 값을 구하라.

(b) 서로 다른 표본(distinct sample)을 무시한다면 무작위이며 비복원으로 수행하는 재표집 방법인 부트스트랩 알고리즘을 이용하여 순열검정을 근사할 수 있다. 이를 위해 부트스트랩 프로그램 `boottesttwo.s`를 수정하고, 예제 4.9.2의 자료에 대해 3,000번의 재표집에 근거한 근사 순열검정을 수행하라.

(c) 일반적으로 위에서 설명한 근사 순열검정에서 서로 다른 표본을 갖게 되는 확률은 얼마인가? 원래의 자료가 모두 서로 다르다고 가정하라.

4.9.11 확률표본의 실현값이 $(x_1, x_2, \cdots, x_n)$일 때 z^*가 각각의 점 $z_i = x_i - \overline{x} + \mu_0$에서 질량 n^{-1}인 이산형 분포로부터 무작위로 추출된다고 하자. $E(z^*)$와 $V(z^*)$를 결정하라.

4.9.12 예제 4.9.3의 상황에서 단일표본 t-검정의 값이 $t = 0.84$이고 이와 관련된 p 값이 0.20임을 밝혀라.

4.9.13 예제 4.9.3의 상황에서 중앙값에 근거한 부트스트랩 검정을 구하라. 동일한 다음 가설을 이용하라.

$$H_0 : \mu = 90, \quad H_1 : \mu > 90$$

4.9.14 예제 4.5.1과 4.5.5에서 다룬 다윈의 옥수수 실험을 고려하자.

(a) 이 실험 자료에 대한 부트스트랩 검정을 구하라. 자료가 쌍으로 기록되었음을 명심하라. 따라서 재표집은 이러한 의존성을 유지하고 H_0하에 시행해야 한다.

(b) 부트스트랩 검정을 위한 R 프로그램을 작성하고 그 p 값을 예제 4.5.5에서 구한 값과 비교하라.

4.10 분포에 관한 허용한계*

4.4절에서 언급한 것과 유사한 문제를 검토해보자. 구체적으로 특정한 확률구간이 고려 중인 분포의 이미 정해진 수준의 확률을 가질 확률을 계산할 수 있는가? 그리고 확률구간을 적절히 선택함으로써 통계적 추론에서 추가적으로 분포에 무관한 방법을 유도할 수 있는가?

연속형 분포함수 $F(x)$를 가진 확률변수를 X라고 하자. 확률변수 $Z = F(X)$라고 하면 연습문제 4.8.1에서와 같이 Z는 균등분포 (0, 1)을 따른다. 이제 이에 대해 설명할 것이다. $Z = F(X)$의 pdf는 다음과 같으므로

$$h(z) = \begin{cases} 1 & 0 < z < 1 \\ 0 & \text{그 외에} \end{cases}$$

$0 < p < 1$이면

$$P[F(X) \le p] = \int_0^p dz = p$$

그런데 $F(x) = P(X \le x)$이며 $P(X = x) = 0$이므로, 이때 $F(x)$는 X의 분포에서 $-\infty$와 x 사이에 있을 확률의 일부분이다. 만약 $F(x) \le p$이면 X의 분포에서 $100p\%$보다 크지 않을 확률이 $-\infty$와 x 사이에 있다. 그러나 $P[F(X) \le p] = p$임을 상기하라. 즉 확률변수 $Z = F(X)$가 p보다 작거나 같을 확률은 확률구간 $(-\infty, X)$가 이 분포의 $100p\%$보다 크지 않을 확률을 포함할 확률이다. 예를 들어 확률구간 $(-\infty, X)$가 이 분포에 대한 70%보다 크지 않을 확률을 포함할 확률은 0.70이고, 확률구간 $(-\infty, X)$가 이 분포에 대한 70% 이상을 포함할 확률은 $1 - 0.70 = 0.30$이다.

이제 순서통계량의 어떤 함수를 생각해보자. $a < x < b$인 경우에 한하여 양이며 연속인 pdf $f(x)$를 가진 분포에서 추출한 크기 n인 확률표본을 $X_1, X_2, \cdots, X_n$이라고 하자. 그리고 $F(x)$가 관련 분포함수를 나타낸다고 하자. 확률변수 $F(X_1), F(X_2), \cdots, F(X_n)$에 대해 생각해보자. 이 확률변수는 독립이며 각각은 연습문제 4.8.1에 의해 구간 (0, 1)에서 균등분포를 따른다. 따라서 $F(X_1), F(X_2), \cdots, F(X_n)$은 구간 (0, 1)의 균등분포에서 추출한 크기 n인 확률표본이다. 이 확률표본 $F(X_1), F(X_2), \cdots, F(X_n)$의 순서통계량을 생각해보자. $F(X_i)$의 최소를 Z_1, 크기 순으로 $F(x_i)$의 그다음 최소를 $Z_2, \cdots, F(X_i)$의 최대를 Z_n이라고 하자. 만약 $Y_1, Y_2, \cdots, Y_n$이 초기 확률표본 $X_1, X_2, \cdots, X_n$의 순서통계량이라면 $F(x)$가 x의 비감소(여기서는 협의의 증가)함수라는 것은 $Z_1 = F(Y_1), Z_2 = F(Y_2), \cdots, Z_n = F(Y_n)$을 의미한다. 따라서 식 (4.4.1)에 의해 $Z_1, Z_2, \cdots, Z_n$의 결합 pdf는 다음과 같다.

$$h(z_1, z_2, \ldots, z_n) = \begin{cases} n! & 0 < z_1 < z_2 < \cdots < z_n < 1 \\ 0 & \text{그 외에} \end{cases} \tag{4.10.1}$$

이것은 다음 정리의 특수한 경우를 증명한다.

정리 4.10.1

pdf $f(x)$와 cdf $F(x)$를 가진 연속형 분포에서 추출한 크기 n인 확률표본의 순서통계량을 $Y_1, Y_2, \cdots, Y_n$이라고 하자. 확률변수 $Z_i = F(Y_i)(i = 1, 2, \cdots, n)$의 결합 pdf는 식 (4.10.1)과 같다.

$Z = F(X)$의 분포함수는 $z(0 < z < 1)$로 주어지므로 식 (4.4.2)에 의해 $Z_k = F(Y_k)$의 주변 pdf는 다음과 같은 베타 pdf이다.

$$h_k(z_k) = \begin{cases} \frac{n!}{(k-1)!(n-k)!} z_k^{k-1}(1 - z_k)^{n-k} & 0 < z_k < 1 \\ 0 & \text{그 외에} \end{cases} \tag{4.10.2}$$

또한 식 (4.4.3)에 의해 $Z_i = F(Y_i)$와 $Z_j = F(Y_j)$의 결합 pdf는 $i < j$일 때 다음과 같다.

$$h(z_i, z_j) = \begin{cases} \frac{n! z_i^{i-1}(z_j - z_i)^{j-i-1}(1-z_j)^{n-j}}{(i-1)!(j-i-1)!(n-j)!} & 0 < z_i < z_j < 1 \\ 0 & \text{그 외에} \end{cases} \tag{4.10.3}$$

$i < j$에 대해 차 $Z_j - Z_i = F(Y_j) - F(Y_i)$를 생각해보자. $F(y_j) = P(X \leq y_j)$이고 $F(y_i) = P(X \leq y_i)$이다. $P(X = y_i) = P(X = y_j) = 0$이므로 차 $F(y_j) - F(y_i)$는 X의 확률표본에서 y_i와 y_j 사이에 존재하는 확률비율이다. p가 양의 적당한 비율을 나타낸다고 하자. 만약 $F(y_j) - F(y_i) \geq p$이면 X의 분포에 대한 확률의 적어도 $100p\%$는 y_i와 y_j 사이에 있다. 이것이 $\gamma = P[F(Y_j) - F(Y_i) \geq p]$로 주어졌다고 하자. 이때 확률구간 (Y_i, Y_j)는 X의 분포에 대한 확률의 적어도 $100p\%$를 포함하는 확률 γ를 갖는다. 만약 y_i와 y_j가 각각 Y_i와 Y_j의 실현값을 나타낸다면 구간 (y_i, y_j)는 X의 분포에서 적어도 확률 $100p\%$를 포함하거나 포함하지 않는다. 그러나 구간 (y_i, y_j)를 X의 분포에 대한 $100p\%$ 확률의 $100\gamma\%$ **허용구간**(tolerance interval)이라고 한다. 비슷한 맥락에서 y_i와 y_j를 X의 분포에 대한 $100p\%$ 확률의 $100\gamma\%$ 허용한곗값(tolerance limit)이라고 한다.

확률 $\gamma = P[F(Y_j) - F(Y_i) \geq p]$를 계산하는 한 방법으로 방정식 (4.10.3)을 사용하는데, 이것은 $Z_i = F(Y_i)$와 $Z_j = F(Y_j)$의 결합 pdf를 나타낸다. 이때 필요한 확률은 다음과 같이 구한다.

$$\begin{aligned} \gamma &= P(Z_j - Z_i \geq p) \\ &= \int_0^{1-p} \left[\int_{p+z_i}^1 h_{ij}(z_i, z_j)\, dz_j \right] dz_i \end{aligned}$$

간혹 이 계산은 매우 지루하다. 이러한 이유와 분포가 없는(distribution-free) 통계적 추론에서 포함(coverage)이 중요한 이유로 포함 범위의 개념을 소개한다.

확률변수 $W_1 = F(Y_1) = Z_1$, $W_2 = F(Y_2) - F(Y_1) = Z_2 - Z_1$, $W_3 = F(Y_3) - F(Y_2) = Z_3 - Z_2$, $\cdots$, $W_n = F(Y_n) - F(Y_{n-1}) = Z_n - Z_{n-1}$에 대해 생각해보자. 확률변수 W_1은 확률구간 $\{x : -\infty < x < Y_1\}$의 포함이라 하고 확률변수 $W_i(i = 2, 3, \cdots, n)$는 확률구간 $\{x : Y_{i-1} < x < Y_i\}$의 포함이라 한다. n개의 포함 $W_1, W_2, \cdots, W_n$의 결합 pdf를 구해보자. 관련 변환의 역함수는

$$z_i = \sum_{j=1}^{i} w_j, \quad i = 1, 2, \ldots, n$$

또한 야코비안은 1이고 양의 확률밀도 공간은

$$\{(w_1, w_2, \ldots, w_n) : 0 < w_i,\ i = 1, 2, \ldots, n,\ w_1 + \cdots + w_n < 1\}$$

$Z_1, Z_2, \cdots, Z_n$의 결합 pdf는 $0 < z_1 < z_2 < \cdots < z_n < 1$일 때 $n!$, 그 외에 0이므로 n개 포함의

결합 pdf는

$$k(w_1, \ldots, w_n) = \begin{cases} n! & 0 < w_i, \ \ i = 1, \ldots, n, \ \ w_1 + \cdots w_n < 1 \\ 0 & \text{그 외에} \end{cases}$$

pdf $k(w_1, \cdots, w_n)$은 $w_1, w_2, \cdots, w_n$에 대해 대칭이므로 그 포함 $W_1, \cdots, W_n$의 r개$(r < n)$ 모든 합의 분포는 정확히 r의 각 고정된 값에 대해 모두 동일하다. 예를 들어 $i < j$이고 $r = j - i$이면 $Z_j - Z_i = F(Y_j) - F(Y_i) = W_{i+1} + W_{i+2} + \cdots + W_j$의 분포는 $Z_{j-i} = F(Y_{j-i}) = W_1 + W_2 + \cdots + W_{j-i}$의 분포와 동일하다. 그러나 Z_{j-i}의 pdf는 다음과 같은 형식인 베타 pdf이다.

$$h_{j-i}(v) = \begin{cases} \frac{\Gamma(n+1)}{\Gamma(j-i)\Gamma(n-j+i+1)} v^{j-i-1}(1-v)^{n-j+i} & 0 < v < 1 \\ 0 & \text{그 외에} \end{cases}$$

따라서 $F(Y_j) - F(Y_i)$는 이 pdf를 가지며

$$P[F(Y_j) - F(Y_i) \geq p] = \int_p^1 h_{j-i}(v)\, dv$$

예제 4.10.1 연속형 분포에서 추출한 크기 6인 확률표본의 순서통계량을 $Y_1 < Y_2 < \cdots < Y_6$이라고 하자. 관찰구간 (y_1, y_6)을 이 분포에 대한 80%의 허용구간으로 사용하고자 한다. 이때 피적분함수는 $F(Y_6) - F(Y_1)$의 pdf이므로

$$\begin{aligned} \gamma &= P[F(Y_6) - F(Y_1) \geq 0.8] \\ &= 1 - \int_0^{0.8} 30v^4(1-v)\, dv \end{aligned}$$

따라서 근사적으로

$$\gamma = 1 - 6(0.8)^5 + 5(0.8)^6 = 0.34$$

즉 Y_1과 Y_6의 관측값은 이 분포에 대한 확률의 80%에 대한 34%의 허용구간을 정의한다.

참고 4.10.1

허용구간은 매우 중요하며 신뢰구간보다 더 필요할 때도 있다. 예를 들어 각 용기에 제품이 적어도 12온스는 들어가야 하는 '채우기' 문제를 생각해보자. 한 용기에 들어 있는 수량이 X라면 이 회사는 X의 분포의 99%에 대한 95% 허용구간이 (12.1, 12.3)인 것을 더 좋아할 것이다. 이것은 FDA가 아주 적은 수의 용기에만 12온스 미만이 들어가는 것을 허용하기 때문에 이 경우에 해당한다.

연습문제

4.10.1 분포함수 $F(x)$를 가진 연속형 분포에서 추출한 크기 n인 확률표본의 첫 번째와 n번째 순서통계량을 각각 Y_1, Y_n이라고 하자. $P[F(Y_n) - F(Y_1) \geq 0.5]$이 적어도 0.95가 되는 n의 최솟값을 구하라.

4.10.2 분포함수 $F(x)$를 가진 연속형 분포에서 추출한 크기 n인 확률표본의 두 번째와 $(n - 1)$번째 순서통계량을 각각 Y_2, Y_{n-1}이라고 하자. $0 < p < 1$일 때 $P[F(Y_{n-1}) - F(Y_2) \geq p]$를 계산하라.

4.10.3 연속형 분포에서 추출한 크기 48인 확률표본의 순서통계량을 $Y_1 < Y_2 < \cdots < Y_{48}$이라고 하자. 관찰구간 (y_4, y_{45})를 이 분포의 75%에 대한 $100\gamma\%$ 허용구간으로 사용하고자 한다.

(a) γ의 값은 얼마인가?

(b) 이것은 정규분포와 관련된 확률에 의해 근사될 수 있는 이항 pdf의 부분합으로 나타낼 수 있음에 유의하여 (a)의 적분의 근삿값을 구하라(5.3절을 참조하라).

4.10.4 분포함수 $F(x)$를 가진 연속형 분포에서 추출한 크기 n인 확률표본의 순서통계량을 $Y_1 < Y_2 < \cdots < Y_n$이라고 하자.

(a) $U = 1 - F(Y_j)$의 분포는 무엇인가?

(b) $i < j$일 때 $V = F(Y_n) - F(Y_j) + F(Y_i) - F(Y_1)$의 분포를 결정하라.

4.10.5 분포함수 $F(x)$를 가진 연속형 분포에서 추출한 확률표본의 순서통계량을 $Y_1 < Y_2 < \cdots < Y_{10}$이라고 하자. $V_1 = F(Y_4) - F(Y_2)$와 $V_2 = F(Y_{10}) - F(Y_6)$의 결합분포는 무엇인가?

5 일치성 및 극한분포

Consistency and Limiting Distributions

4장에서는 통계적 추론의 몇 가지 주요한 개념, 즉 점추정, 신뢰구간, 가설검정을 소개했다. 4장을 건너뛴 독자를 위해 5.1.1절에서는 이러한 개념을 살펴본다.

이러한 추론 절차의 배후에 있는 이론은 피벗 확률변수의 분포에 흔히 의존한다. 예를 들어 $X_1, X_2, \cdots, X_n$이 $N(\mu, \sigma^2)$ 분포를 따르는 확률변수 X의 확률표본이라고 가정하자. 표본평균을 $\overline{X}_n = n^{-1}\sum_{i=1}^{n} X_i$로 표기하면 관심 있는 피벗 확률변수는 다음과 같다.

$$Z_n = \frac{\overline{X}_n - \mu}{\sigma/\sqrt{n}}$$

이 확률변수는 μ에 대한 신뢰구간 및 μ와 관련된 가설검정을 위한 정확한 방법을 구하는 데 중요한 역할을 한다. 만약 X가 정규분포를 따르지 않으면 어떻게 될까? 4장에서 정확한 방법과 상당히 비슷한 추론 방법을 다루었으나, 이러한 방법은 (표본 크기 n이 커짐에 따른) Z_n의 근사적 분포에 기초했다.

통계학에서 사용되는 몇 가지 종류의 수렴이 있다. 이 장에서는 가장 중요한 것 가운데 두 가지, 즉 확률수렴과 분포수렴을 살펴본다. 이 개념은 4장에서 다룬 '근사'에 대한 구조를 제공한다. 뿐만 아니라 이러한 개념은 통계와 확률에서 중요한 역할을 한다.

5.1 확률수렴

이 절에서는 확률변수 $\{X_n\}$이 $n \to \infty$에 따라 다른 확률변수 X에 '가까워진다'고 표현하는 방법을 형식화할 것이다. 이 개념을 이 책 전반에 걸쳐서 이용한다.

정의 5.1.1

$\{X_n\}$이 확률변수의 열이고 X가 한 표본공간에 정의된 확률변수라고 하자. 모든 $\epsilon > 0$에 대해 다음과 같으면 X_n은 X에 **확률수렴한다**(converge in probability)고 한다.

$$\lim_{n\to\infty} P[|X_n - X| \geq \epsilon] = 0$$

또는 동등하게

$$\lim_{n\to\infty} P[|X_n - X| < \epsilon] = 1$$

그리고 이를 다음과 같이 나타낸다.

$$X_n \xrightarrow{P} X$$

만약 $X_n \xrightarrow{P} X$이면 차 $X_n - X$의 집단은 0으로 수렴한다. 통계학에서는 종종 극한확률변수 X가 상수이다. 즉 X는 모든 값이 어떤 상수 a에 있는 퇴화확률변수이다. 이때 $X_n \xrightarrow{P} a$로 나타낸다. 또한 연습문제 5.1.1에서 실수열의 수렴 $a_n \to a$는 $a_n \xrightarrow{P} a$와 동등하다는 것을 밝힌다.

확률수렴을 증명하는 한 방법은 체비셰프 부등식(1.10.3)을 이용하는 것으로, 그 예를 다음 증명에 제시했다. 확률변수의 열을 다루는 것을 강조하기 위해 $\overline{X}_n$과 같이 확률변수에 하첨자 n을 부여한다.

정리 5.1.1 [대수의 약법칙]

$\{X_n\}$을 공통 평균 μ와 공통 분산 $\sigma^2 < \infty$을 가진 iid 확률변수의 열이라고 하자. $\overline{X}_n = n^{-1}\sum_{i=1}^{n} X_i$이면

$$\overline{X}_n \xrightarrow{P} \mu$$

증명: 예제 2.8.1의 식 (2.8.6)에서 $\overline{X}_n$의 평균과 분산은 각각 μ, σ^2/n임을 상기하라. 따라서 체비셰프 부등식에 의해 임의의 $\epsilon > 0$에 대해

$$P[|\overline{X}_n - \mu| \geq \epsilon] = P[|\overline{X}_n - \mu| \geq (\epsilon\sqrt{n}/\sigma)(\sigma/\sqrt{n})] \leq \frac{\sigma^2}{n\epsilon^2} \to 0$$

이 정리는 $n \to \infty$함에 따라 $\overline{X}_n$의 분포의 모든 값은 μ로 수렴한다는 것을 의미한다. 따라서 n이 크면 $\overline{X}_n$은 μ에 근접한다. 그러나 얼마나 가까운가? 예를 들어 $\overline{X}_n$에 의해 μ를 추정하고자 한다면 추정의 오차는 어떻게 표현하는가? 이에 대한 답은 5.3절에서 제시한다.

실제로 좀 더 고급 과정에서는 대수의 강법칙(strong law of large numbers)을 증명한다 [Chung(1974) 124쪽을 참조하라]. 이 정리의 한 결과는 확률변수 X_i가 독립이고 각각이 유한인

평균 μ를 갖는다고 할 때 정리 5.1.1의 가정을 좀 약하게 하는 것이다. 따라서 대수의 강법칙은 첫째 적률 정리이고, 반면에 약법칙(weak law)은 2차 적률의 존재를 필요로 한다.

확률수렴과 관련된 몇 가지 정리가 있는데 앞으로 유용하게 쓰일 것이다. 다음 두 정리와 함께 확률수렴은 선형성에 대해 닫혀 있다.

정리 5.1.2

$X_n \xrightarrow{P} X$이고 $Y_n \xrightarrow{P} Y$이면 $X_n + Y_n \xrightarrow{P} X + Y$이다.

증명: $\epsilon > 0$일 때 삼각부등식을 이용하여

$$|X_n - X| + |Y_n - Y| \geq |(X_n + Y_n) - (X + Y)| \geq \epsilon$$

P는 집합의 포함 관계에 대해 단조함수이므로

$$\begin{aligned} P[|(X_n + Y_n) - (X + Y)| \geq \epsilon] &\leq P[|X_n - X| + |Y_n - Y| \geq \epsilon] \\ &\leq P[|X_n - X| \geq \epsilon/2] + P[|Y_n - Y| \geq \epsilon/2] \end{aligned}$$

정리의 가정에 의해 마지막 두 항은 0으로 수렴하며, 이것은 원하는 결과이다.

정리 5.1.3

$X_n \xrightarrow{P} X$이고 a가 상수이면 $aX_n \xrightarrow{P} aX$이다.

증명: $a = 0$이면 결과가 바로 성립된다. $a \neq 0$이고 $\epsilon > 0$이라고 하자. 결과는 다음 부등식에 의해 주어지며,

$$P[|aX_n - aX| \geq \epsilon] = P[|a||X_n - X| \geq \epsilon] = P[|X_n - X| \geq \epsilon/|a|]$$

가정에 의해 $n \to \infty$일 때 마지막 항은 0으로 수렴한다.

정리 5.1.4

$X_n \xrightarrow{P} a$이고 실함수 g가 a에서 연속이라면 $g(X_n) \xrightarrow{P} g(a)$이다.

증명: $\epsilon > 0$이라고 하자. g가 a에서 연속이므로 $|x - a| < \delta$이면 $|g(x) - g(a)| < \epsilon$인 $\delta > 0$가 존재한다. 따라서

$$|g(x) - g(a)| \geq \epsilon \Rightarrow |x - a| \geq \delta$$

위 관계에서 x를 X_n으로 대체하면

$$P[|g(X_n) - g(a)| \geq \epsilon] \leq P[|X_n - a| \geq \delta]$$

조건에 의해 $n \to \infty$일 때 마지막 항은 0으로 수렴하며, 이로써 결과를 얻는다.

이 정리는 많은 유용한 결과를 이끌어낸다. 예를 들어 $X_n \xrightarrow{P} a$이면

$$
\begin{aligned}
X_n^2 &\xrightarrow{P} a^2 \\
1/X_n &\xrightarrow{P} 1/a, \quad a \neq 0 \text{ 일 때} \\
\sqrt{X_n} &\xrightarrow{P} \sqrt{a}, \quad a \geq 0 \text{ 일 때}
\end{aligned}
$$

실제로 좀 더 고급 과정에서는 $X_n \xrightarrow{P} X$이고 g가 연속인 함수이면 $g(X_n) \xrightarrow{P} g(X)$임을 증명한다[Tucker(1967) 104쪽을 참조하라]. 이것을 다음 정리에서 이용한다.

정리 5.1.5

$X_n \xrightarrow{P} X$이고 $Y_n \xrightarrow{P} Y$이면 $X_nY_n \xrightarrow{P} XY$이다.

증명: 위 결과를 이용하면

$$
\begin{aligned}
X_nY_n &= \frac{1}{2}X_n^2 + \frac{1}{2}Y_n^2 - \frac{1}{2}(X_n - Y_n)^2 \\
&\xrightarrow{P} \frac{1}{2}X^2 + \frac{1}{2}Y^2 - \frac{1}{2}(X - Y)^2 = XY
\end{aligned}
$$

5.1.1 샘플링과 통계

알려지지 않은 모수 $\theta \in \Omega$에 대해 pdf(또는 pmf)를 $f(x;\theta)$로 쓰는 확률변수 X가 있다고 하자. 예를 들면 X의 분포는 평균 μ와 분산 σ^2이 알려지지 않은 정규분포이다. 그러면 $\theta = (\mu, \sigma^2)$이고 $\Omega = \{\theta = (\mu, \sigma^2) : -\infty < \mu < \infty, \sigma > 0\}$이다. 또 다른 예로 X의 분포는 $\Gamma(1, \beta)$이고, 여기서 $\beta > 0$는 알려져 있지 않다. 우리가 가진 정보는 X에 대한 **확률표본**(random sample)인 $X_1, X_2, \cdots, X_n$으로 구성된다. 즉 $X_1, X_2, \cdots, X_n$은 $\theta \in \Omega$일 때 공통 pdf $f(x;\theta)$를 가진, 독립이며 같은 분포를 따르는 iid 확률변수이다. 만약 T가 표본의 함수이면 T는 **통계량**(statistic)이다. 즉 $T = T(X_1, X_2, \cdots, X_n)$이다. 여기서 T는 θ의 **점추정량**(point estimator)으로 간주하려 한다. 예를 들어 μ가 X의 알려지지 않은 평균이면 점추정량으로 표본평균인 $\overline{X} = n^{-1}\sum_{i=1}^n X_i$를 사용할 수 있다. 표본이 추출되면 $x_1, x_2, \cdots, x_n$이 $X_1, X_2, \cdots, X_n$의 관측값을 나타낸다고 하자. 이러한 값을 표본의 **실현된**(realized) 값이라고 하며, 실현된 통계량 $t = t(x_1, x_2, \cdots, x_n)$은 θ의 **점추정값**(point estimate)이라고 한다.

6장과 7장에서는 공식적인 설정에서 점추정량의 속성을 살펴보고 지금은 **불편성**(unbiasedness)과 **일치성**(consistency)을 고려한다. 만약 $E(T) = \theta$이면 θ에 대한 점추정량 T는 **불편하다**(unbiased)고 일컫는다. 2.8절에서 표본평균 $\overline{X}$와 표본분산 S^2이 각각 μ와 σ^2의 불편추정량임을 밝혔던 것을 상기하고, 식 (2.8.6)과 (2.8.8)을 참조하라. 다음으로 점추정량의 일치성을 고려하자.

정의 5.1.2 [일치성]

$\theta \in \Omega$일 때 cdf $F(x, \theta)$를 가진 확률변수를 X라고 하자. $X_1, X_2, \cdots, X_n$이 X의 분포에서 추출한 표본이고 T_n이 통계량을 나타낸다고 하자. 다음과 같으면 T_n을 θ의 **일치**(consistent)추정량이라고 한다.

$$T_n \xrightarrow{P} \theta$$

만약 $X_1, X_2, \cdots, X_n$이 유한인 평균 μ, 분산 σ^2인 분포에서 추출한 확률표본이면 대수의 약법칙에 의해 표본평균 $\overline{X}_n$은 μ의 일치추정량이다.

그림 5.1.1은 $N(0, 1)$ 분포에서 추출된 10부터 2000까지 10씩 크기가 커지는 표본에 대한 표본평균의 실현값을 보여준다. 그림의 선은 $\mu = 0$에 대한 $\mu \pm 0.04$의 구간을 포함하고 있다. n이 증가함에 따라 실현값이 이 구간 내에 머무르는 경향을 보이므로 표본평균의 일치성을 확인할 수 있다. R 함수 `consistmean`은 이 그림을 생성한다. 이 함수 내에서 함수 `mean`이 `median`으로 변경되면 추정량인 X_i의 중앙값에 대해 비슷한 그림을 얻을 수 있다.

예제 5.1.1 **[표본분산]** 평균 μ, 분산 σ^2인 분포에서 추출한 확률표본을 $X_1, X_2, \cdots, X_n$이라고 하자. 예제 2.8.7에서 표본분산이 σ^2의 불편추정량임을 밝혔다. 이제는 표본분산이 σ^2의 일치추정량임을 밝힐 것이다. 정리 5.1.1은 $\overline{X}_n \xrightarrow{P} \mu$임을 보여준다는 것을 상기하라. 표본분산이 σ^2에

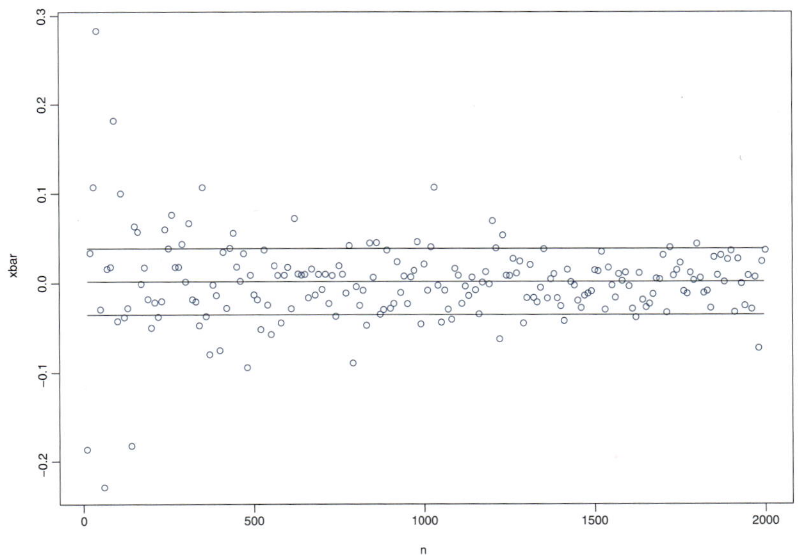

그림 5.1.1 $N(0, 1)$ 분포에서 추출된 10부터 2000까지 10씩 크기가 커지는 표본에 대한 표본평균의 실현값

확률수렴함을 보이기 위해 추가적으로 $E[X_1^4] < \infty$라고 가정하자. $Var(S^2) < \infty$이다. 앞의 결과를 이용하여 다음을 증명할 수 있다.

$$S_n^2 = \frac{1}{n-1}\sum_{i=1}^{n}(X_i - \overline{X}_n)^2 = \frac{n}{n-1}\left(\frac{1}{n}\sum_{i=1}^{n}X_i^2 - \overline{X}_n^2\right)$$
$$\xrightarrow{P} 1 \cdot [E(X_1^2) - \mu^2] = \sigma^2$$

따라서 표본분산은 σ^2의 일치추정량이다. 위의 결과로부터 $S_n \xrightarrow{P} \sigma$임을 바로 알 수 있다. 즉 표본표준편차는 모표준편차의 일치추정량이다.

위의 예제와 달리 종종 분포함수를 이용하여 수렴을 구하는데 다음 예제에서 이를 보여준다.

예제 5.1.2 **[균등분포로부터 표본의 최댓값]** $X_1, X_2, \cdots, X_n$이 균등분포 $(0, \theta)$에서 추출한 확률표본이고 θ는 알려지지 않았다고 가정하자. θ에 대한 직관적인 추정값은 표본의 최댓값이다. $Y_n = \max\{X_1, X_2, \cdots, X_n\}$일 때 연습문제 5.1.4에서는 Y_n의 cdf가 다음과 같음을 밝힌다.

$$F_{Y_n}(t) = \begin{cases} 1 & t > \theta \\ \left(\frac{t}{\theta}\right)^n & 0 < t \leq \theta \\ 0 & t \leq 0 \end{cases} \tag{5.1.1}$$

따라서 Y_n의 pdf는

$$f_{Y_n}(t) = \begin{cases} \frac{n}{\theta^n}t^{n-1} & 0 < t \leq \theta \\ 0 & \text{그 외에} \end{cases} \tag{5.1.2}$$

이 pdf를 가지고 $E(Y_n) = (n/(n+1))\theta$임을 밝히기는 쉽다. 그러므로 Y_n은 θ의 편향된 추정량이다. 그러나 $((n+1)/n)Y_n$은 θ의 불편추정량이라는 것을 주목하라. 게다가 Y_n의 cdf를 가지고 $Y_n \xrightarrow{P} \theta$이며 따라서 표본의 최댓값이 u의 일치추정량이라는 것을 쉽게 증명할 수 있다. 불편추정량 $((n+1)/n)Y_n$ 또한 일치추정량이다.

예제 5.1.2를 확장하면 대수의 약법칙에 따라 정리 5.1.1에 의해 $\overline{X}_n$이 $\theta/2$의 일치추정량이며, 따라서 $2\overline{X}_n$이 θ의 일치추정량이다. Y_n과 $2\overline{X}_n$이 θ에 확률수렴하는 것을 증명하는 방법의 차이를 참고하라. Y_n에서는 Y_n의 cdf를 이용했으나 $2\overline{X}_n$에 대해서는 대수의 약법칙을 응용했다. 사실 $2\overline{X}_n$의 cdf는 균등 모형에서 매우 복잡하다. 많은 경우에 통계량의 cdf를 구할 수는 있지만, 결과를 구하기 위해 점근 이론에 의지할 수 있다. θ에 대한 다른 추정량이 있다. 무엇이 '최선(best)'의 추정량인가? 뒤의 장들에서는 이 문제와 관련된 것을 다룬다.

일치성은 추정량에서 매우 중요한 성질이다. 표본 크기가 커질 때 목표에 접근하지 않는 추정량은 좋지 않은 추정량이다. 불편성의 특성에 대해서는 동일하게 이야기할 수 없다. 예를 들어

σ^2을 추정하는 데 표본분산 대신 $V = n^{-1}\sum_{i=1}^{n}(X_i - \overline{X})^2$을 이용한다. 그러면 V는 σ^2에 대한 일치추정량이지만 $E(V) = (n - 1)\sigma^2/n$이므로 이것은 편향되어 있다. V의 편의(bias)는 $-\sigma^2/n$이고 $n \to \infty$이면 0이 된다.

연습문제

5.1.1 $\{a_n\}$을 실수열이라고 하면 $\{a_n\}$이 항상 상수 (퇴화) 확률변수의 열이라고 할 수 있다. a가 실수일 때 $a_n \to a$는 $a_n \xrightarrow{P} a$와 동등함을 밝혀라.

5.1.2 확률변수 Y_n이 $b(n, p)$ 분포를 따른다고 하자.

(a) Y_n/n이 p로 확률수렴함을 밝혀라. 이 결과는 대수의 약법칙의 한 형태이다.

(b) $1 - Y_n/n$이 $1 - p$로 확률수렴함을 밝혀라.

(c) $(Y_n/n)(1 - Y_n/n)$이 $p(1 - p)$로 확률수렴함을 밝혀라.

5.1.3 구간 $(0, \theta)$에 걸친 균등분포에서 얻은 크기 n인 확률표본의 가장 큰 순서통계량을 Y_n이라고 하자. $(n + 1)Y_n/n$이 θ로 확률수렴함을 증명하라.

힌트: 체비셰프 부등식을 이용하라.

5.1.4 식 (5.1.1)의 cdf를 도출하라.

5.1.5 그림 5.1.1을 그리는 R 함수 `consistmean`을 고려하자. 표본분포가 $N(0, 1)$ 분포일 때 표본중앙값에 대해 비슷한 그림을 구하라. 평균과 중앙값 그림을 비교하라.

5.1.6 예제 5.1.2의 상황에 대해 그림 5.1.1과 유사한 그림을 얻는 R 함수를 작성하라. $\theta = 10$을 선택하라.

5.1.7 $X_1, X_2, \cdots, X_n$이 다음과 같은 공통 pdf를 가진 iid 확률변수라고 하자.

$$f(x) = \begin{cases} e^{-(x-\theta)} & x > \theta,\ -\infty < \theta < \infty \\ 0 & \text{그 외에} \end{cases} \tag{5.1.3}$$

이 pdf를 **위치 변경된 지수**(shifted exponential)라고 한다. $Y_n = \min\{X_1, X_2, \cdots, X_n\}$이라고 하자. Y_n의 cdf를 먼저 구함으로써 확률로 $Y_n \to \theta$임을 증명하라.

5.1.8 식 (4.2.9)의 신뢰구간을 뒷받침하는 가정을 이용하여 다음을 증명하라.

$$\sqrt{\frac{S_1^2}{n_1} + \frac{S_2^2}{n_2}} \bigg/ \sqrt{\frac{\sigma_1^2}{n_1} + \frac{\sigma_2^2}{n_2}} \xrightarrow{P} 1$$

5.1.9 연습문제 5.1.7에 주어진 Y_n의 평균을 구하라. Y_n은 θ의 불편추정량인가? Y_n에 근거하여 θ의 불편추정량을 구하라.

5.2 분포수렴

앞 절에서 확률수렴의 개념을 소개했다. 이를테면 이 개념을 이용하여 한 통계량이 모수에 수렴한다고 공식적으로 말할 수 있으며, 또한 많은 경우 통계량에 대한 분포함수를 구하지 않고도 이것을 밝힐 수 있다. 그런데 통계량이 모수에 얼마나 가까운가? 예를 들면 어떤 신뢰성을 가지고 추정의 오차를 구할 수 있는가? 이 절에서 다루는 수렴 방법은 앞의 결과와 결합되어 이러한 질문에 대한 명쾌한 답을 알려준다.

정의 5.2.1 [분포수렴]

$\{X_n\}$이 확률변수의 열이고 X가 확률변수라고 하자. X_n과 X의 cdf를 각각 F_{X_n}, F_X라고 하자. F_X가 연속인 모든 점의 집합이 $C(F_X)$일 때 다음과 같으면 X_n은 X에 **분포수렴**(converge in distribution)한다고 한다.

$$\text{모든 } x \in C(F_X)\text{에 대해} \quad \lim_{n\to\infty} F_{X_n}(x) = F_X(x)$$

이 수렴을 다음과 같이 나타낸다.

$$X_n \xrightarrow{D} X$$

참고 5.2.1

확률수렴과 분포수렴은 통계학자와 확률론자가 점근 이론(asymptotic theory)이라고 하는 것에서 유래했다. 종종 X의 분포를 열 $\{X_n\}$의 **점근분포**(asymptotic distribution) 또는 **극한분포**(limiting distribution)라고 한다. 또한 어떤 상황에 대한 점근성을 간단히 나타내기도 한다. 예를 들어 X가 표준정규분포를 따르면 $X_n \xrightarrow{D} X$ 대신 간단한 방법으로 다음과 같이 나타낸다.

$$X_n \xrightarrow{D} N(0,1)$$

분명히 위 식의 오른쪽은 분포이고 확률변수가 아니지만 관습적으로 이렇게 표현한다. 또한 X가 표준정규확률변수일 때 $X_n \xrightarrow{D} X$는 X_n이 극한표준정규분포를 따른다는 것을 의미한다고 할 수 있고, $X_n \xrightarrow{D} N(0, 1)$로 나타내기도 한다.

F_X의 연속인 점만 고려하는 이유는 다음의 단순한 예에서 볼 수 있다. X_n이 $1/n$에서 모든 질량을 가진 확률변수이고 X는 0에서 모든 질량을 가진 확률변수라고 하자. 그러면 그림 5.2.1과 같이 X_n의 모든 질량은 0, 즉 X의 분포로 수렴한다. F_X의 불연속인 점에서는 $\lim F_{X_n}(0) = 0 \neq 1 = F_X(0)$인 반면에 F_X의 연속인 점 x(즉 $x \neq 0$)에서는 $\lim F_{X_n}(x) = F_X(x)$이다. 따라서 정의에 의해 $X_n \xrightarrow{D} X$이다.

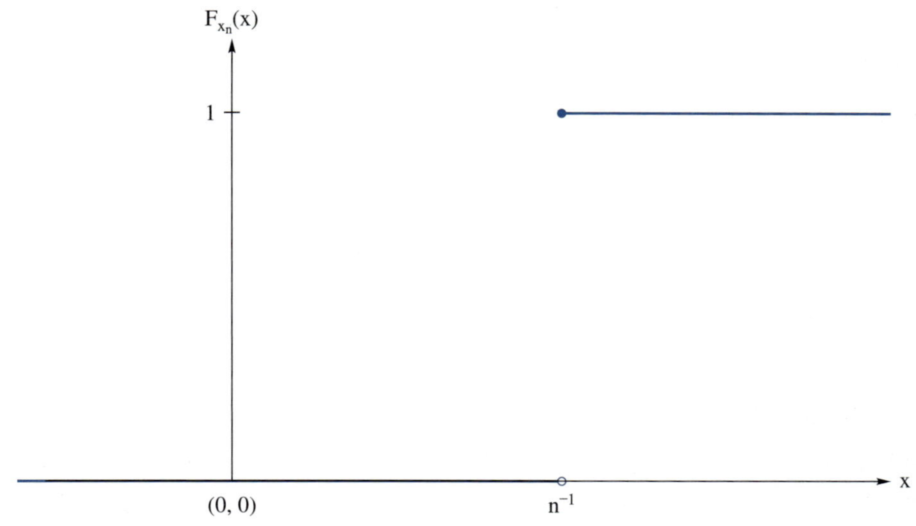

그림 5.2.1 모든 값이 n^{-1}에 있는 X_n의 cdf

확률수렴은 확률변수 열 X_n이 또 다른 확률변수 X로 접근해 간다는 것을 표현하는 방법이다. 한편으로 분포수렴은 cdf F_{X_n}과 F_X에만 관심을 갖는다. 간단한 예를 통해 이것을 알아볼 수 있다. X가 0에 대칭인 pdf $f_X(x)$, 즉 $f_X(-x) = f_X(x)$인 연속형 확률변수라고 하자. 그러면 확률변수 $-X$의 밀도함수도 역시 $f_X(x)$임을 쉽게 밝힐 수 있다. 따라서 X와 $-X$는 동일한 분포를 따른다.

확률변수 열 X_n을 다음과 같이 정의하자.

$$X_n = \begin{cases} X & n\text{이 홀수이면} \\ -X & n\text{이 짝수이면} \end{cases} \tag{5.2.1}$$

X의 받침에 있는 모든 x에 대해 $F_{X_n}(x) = F_X(x)$이며, 따라서 $X_n \xrightarrow{D} X$이다. 반대로 열 X_n은 X에 접근하지 않는다. 특히 확률적으로 $X_n \not\to X$이다.

예제 5.2.1 $\overline{X}_n$의 cdf가 다음과 같다고 하자.

$$F_n(\overline{x}) = \int_{-\infty}^{\overline{x}} \frac{1}{\sqrt{1/n}\sqrt{2\pi}} e^{-nw^2/2}\, dw$$

변수변환 $v = \sqrt{n}w$를 하면 다음을 얻을 수 있으며,

$$F_n(\overline{x}) = \int_{-\infty}^{\sqrt{n}\overline{x}} \frac{1}{\sqrt{2\pi}} e^{-v^2/2}\, dv$$

이는 다음과 같다.

$$\lim_{n\to\infty} F_n(\overline{x}) = \begin{cases} 0 & \overline{x} < 0 \\ \frac{1}{2} & \overline{x} = 0 \\ 1 & \overline{x} > 0 \end{cases}$$

이제 다음 함수는 cdf이며 $F(\overline{x})$의 모든 연속인 점에서 $\lim_{n\to\infty} F_n(\overline{x}) = F(\overline{x})$이다.

$$F(\overline{x}) = \begin{cases} 0 & \overline{x} < 0 \\ 1 & \overline{x} \geq 0 \end{cases}$$

확실하게 $\lim_{n\to\infty} F_n(0) \neq F(0)$이다. 그러나 $F(\overline{x})$는 $\overline{x} = 0$에서 연속이 아니다. 따라서 열 $\overline{X}_1$, $\overline{X}_2$, $\overline{X}_3$, ⋯은 $\overline{x} = 0$에서 퇴화분포를 따르는 확률변수로 분포수렴한다.

예제 5.2.2 열 X_1, X_2, X_3, ⋯이 확률변수 X로 분포수렴하는 경우에도 X_n의 pmf의 극한을 이용하여 X의 분포를 일반적으로 결정할 수는 없다. 이것은 X_n이 다음과 같은 pmf를 갖는다고 함으로써 밝힐 수 있다.

$$p_n(x) = \begin{cases} 1 & x = 2 + n^{-1} \\ 0 & \text{그 외에} \end{cases}$$

모든 x에 대해 $\lim_{n\to\infty} p_n(x) = 0$이다. 이는 $n = 1, 2, 3,$ ⋯에 대해 X_n이 분포수렴하지 않음을 암시한다. 그런데 X_n의 cdf는

$$F_n(x) = \begin{cases} 0 & x < 2 + n^{-1} \\ 1 & x \geq 2 + n^{-1} \end{cases}$$

그리고

$$\lim_{n\to\infty} F_n(x) = \begin{cases} 0 & x \leq 2 \\ 1 & x > 2 \end{cases}$$

cdf가 다음과 같고 $F(x)$의 모든 연속인 점에서 $\lim_{n\to\infty} F_n(x) = F(x)$이므로

$$F(x) = \begin{cases} 0 & x < 2 \\ 1 & x \geq 2 \end{cases}$$

열 X_1, X_2, X_3, ⋯은 cdf $F(x)$를 가진 확률변수로 분포수렴한다.

앞의 예제는 일반적으로 극한분포가 pmf나 pdf에 의해 결정될 수 없다는 사실을 보여준다. 그러나 다음 예제에서 보듯이 특정한 조건에서는 pdf 열을 관찰함으로써 확률수렴을 결정할 수 있다.

예제 5.2.3 T_n이 자유도 $n(n = 1, 2, 3, \cdots)$인 t-분포를 따른다고 하자. 따라서 T_n의 cdf는 피적분함수가 T_n의 pdf $f_n(y)$일 때 다음과 같다.

$$F_n(t) = \int_{-\infty}^{t} \frac{\Gamma[(n+1)/2]}{\sqrt{\pi n}\,\Gamma(n/2)} \frac{1}{(1+y^2/n)^{(n+1)/2}}\,dy$$

따라서

$$\begin{aligned}\lim_{n\to\infty} F_n(t) &= \lim_{n\to\infty} \int_{-\infty}^{t} f_n(y)\,dy \\ &= \int_{-\infty}^{t} \lim_{n\to\infty} f_n(y)\,dy\end{aligned}$$

해석학의 결과[르베그 지배 수렴 정리(Lebesgue dominated convergence theorem)]에 의해 $|f_n(y)|$가 적분 가능한 함수에 의해 조절된다면 극한과 적분의 순서를 바꿀 수 있다.

$$|f_n(y)| \leq 10 f_1(y)$$

그러므로 이것이 성립하며 모든 실수 t에 대해

$$\int_{-\infty}^{t} 10 f_1(y)\,dy = \frac{10}{\pi} \arctan t < \infty$$

따라서 T_n의 pdf의 극한을 구함으로써 극한분포를 찾을 수 있다. 즉

$$\begin{aligned}\lim_{n\to\infty} f_n(y) \;=\; & \lim_{n\to\infty} \left\{ \frac{\Gamma[(n+1)/2]}{\sqrt{n/2}\,\Gamma(n/2)} \right\} \lim_{n\to\infty} \left\{ \frac{1}{(1+y^2/n)^{1/2}} \right\} \\ & \times \lim_{n\to\infty} \left\{ \frac{1}{\sqrt{2\pi}} \left[\left(1 + \frac{y^2}{n}\right) \right]^{-n/2} \right\}\end{aligned}$$

기초 미적분학의 이론에 의해 다음과 같으므로

$$\lim_{n\to\infty} \left(1 + \frac{y^2}{n}\right)^n = e^{y^2}$$

세 번째 요소에 있는 극한은 표준정규분포의 pdf이다. 두 번째 극한은 1이고, 참고 5.2.2에 의해 첫 번째 극한도 1이다. 그러므로 다음을 얻게 되며

$$\lim_{n\to\infty} F_n(t) = \int_{-\infty}^{t} \frac{1}{\sqrt{2\pi}} e^{-y^2/2}\,dy$$

따라서 T_n은 극한표준정규분포를 갖는다.

참고 5.2.2 [스털링 공식]

고급 미적분학에서는 다음 근삿값을 도출한다.

$$\Gamma(k+1) \approx \sqrt{2\pi}k^{k+1/2}e^{-k} \tag{5.2.2}$$

이것은 스털링 공식(Stirling's formula)으로 알려졌으며, k가 클 경우 훌륭한 근삿값이다. k가 정수일 때 $\Gamma(k+1) = k!$이므로 이 공식은 $k!$이 얼마나 빠르게 증가하는지를 알려준다. 연습문제 5.2.21에서와 같이 이 근삿값은 예제 5.2.3에서 첫 번째 극한이 1이라는 것을 증명하는 데 이용할 수 있다.

예제 5.2.4 **[균등분포로부터 표본의 최댓값의 연속]** 예제 5.1.2에서 $X_1, X_2, \cdots, X_n$은 균등분포 $(0, \theta)$에서 추출한 확률표본이었다. $Y_n = \max\{X_1, X_2, \cdots, X_n\}$이라 하고 확률변수 $Z_n = n(\theta - Y_n)$에 대해 생각해보자. $t \in (0, n\theta)$라 하고 식 (5.1.1)에 있는 Y_n의 cdf를 이용하여 Z_n의 cdf를 구하면

$$\begin{aligned} P[Z_n \le t] = P[Y_n \ge \theta - (t/n)] &= 1 - \left(\frac{\theta - (t/n)}{\theta}\right)^n = 1 - \left(1 - \frac{t/\theta}{n}\right)^n \\ &\to 1 - e^{-t/\theta} \end{aligned}$$

마지막 값은 평균 θ인 식 (3.3.6)의 지수확률변수의 cdf이다. 따라서 $Z_n \xrightarrow{D} Z$라고 할 수 있으며, 여기서 Z는 $\Gamma(1, \theta)$ 분포를 따른다.

참고 5.2.3

이 절에 제시된 몇 가지 증명을 단순화하기 위해 열에 대한 $\underline{\lim}$와 $\overline{\lim}$를 이용한다. 이러한 개념을 잘 알지 못하는 독자를 위해 부록 A에 이에 대한 설명을 수록했다. 여기서는 증명을 이해하는 데 필요한 성질을 강조한다. $\{a_n\}$을 실수열이라 하고 2개의 부분열을 정의한다.

$$b_n = \sup\{a_n, a_{n+1}, \ldots\}, \quad n = 1, 2, 3 \ldots \tag{5.2.3}$$

$$c_n = \inf\{a_n, a_{n+1}, \ldots\}, \quad n = 1, 2, 3 \ldots \tag{5.2.4}$$

$\{b_n\}$인 열과 $\{c_n\}$인 열은 각각 비증가, 비감소이다. 따라서 이 극한은 ($\pm\infty$일 수도 있지만) 항상 존재하고, 이것을 각각 $\overline{\lim}_{n\to\infty} a_n$, $\underline{\lim}_{n\to\infty} a_n$으로 나타낸다. 또한 모든 n에 대해 $c_n \le a_n \le b_n$이다. 따라서 샌드위치 정리(Sandwich theorem, 부록 A의 정리 A.2.1 참조)에 의해 $\underline{\lim}_{n\to\infty} a_n = \overline{\lim}_{n\to\infty} a_n$이면 $\lim_{n\to\infty} a_n$이 존재하며 $\lim_{n\to\infty} a_n = \overline{\lim}_{n\to\infty} a_n$으로 주어진다.

부록 A에서 설명하듯이 이러한 개념의 몇 가지 다른 성질은 유용하다. 예를 들어 $\{p_n\}$이 확률의 열이며 $\overline{\lim}_{n\to\infty} p_n = 0$이라고 하자. 그러면 모든 n에 대해 $0 \le p_n \le \sup\{p_n, p_{n+1}, \cdots\}$이므로 샌드위치 정리에 의해 $\lim_{n\to\infty} p_n = 0$이다. 또한 임의의 두 열 $\{a_n\}$과 $\{b_n\}$에 대해 $\overline{\lim}_{n\to\infty}(a_n + b_n) \le \overline{\lim}_{n\to\infty} a_n + \overline{\lim}_{n\to\infty} b_n$을 쉽게 유도할 수 있다.

다음 정리에서 보듯이 분포수렴은 확률수렴보다 약하다. 따라서 분포수렴을 약수렴이라고도 한다.

정리 5.2.1

X_n이 X로 확률수렴하면 X_n은 X로 분포수렴한다.

증명: x가 $F_X(x)$의 연속인 점이라고 하자. 모든 $\epsilon > 0$에 대해

$$\begin{aligned} F_{X_n}(x) &= P[X_n \le x] \\ &= P[\{X_n \le x\} \cap \{|X_n - X| < \epsilon\}] + P[\{X_n \le x\} \cap \{|X_n - X| \ge \epsilon\}] \\ &\le P[X \le x + \epsilon] + P[|X_n - X| \ge \epsilon] \end{aligned}$$

이 부등식과 $X_n \xrightarrow{P} X$에 의해 다음과 같다.

$$\overline{\lim_{n\to\infty}} F_{X_n}(x) \le F_X(x+\epsilon) \tag{5.2.5}$$

하한을 구하기 위해 단순히 여집합에 대해 같은 방법으로 다음을 밝힌다.

$$P[X_n > x] \le P[X \ge x - \epsilon] + P[|X_n - X| \ge \epsilon]$$

따라서

$$\underline{\lim_{n\to\infty}} F_{X_n}(x) \ge F_X(x-\epsilon) \tag{5.2.6}$$

$\overline{\lim}$와 $\underline{\lim}$의 관계를 이용하면 식 (5.2.5)와 (5.2.6)으로부터

$$F_X(x-\epsilon) \le \underline{\lim_{n\to\infty}} F_{X_n}(x) \le \overline{\lim_{n\to\infty}} F_{X_n}(x) \le F_X(x+\epsilon)$$

$\epsilon \downarrow 0$으로 하면 원하는 결과를 얻는다.

식 (5.2.1)로 정의한 확률변수 열 $\{X_n\}$을 다시 생각해보자. 여기서 $X_n \xrightarrow{D} X$이지만 $X_n \overset{P}{\not\to} X$이다. 따라서 일반적으로 위 정리의 역은 성립하지 않는다. 그러나 다음 정리에서와 같이 X가 퇴화분포이면 성립한다.

정리 5.2.2

X_n이 상수 b로 분포수렴하면 X_n은 b로 확률수렴한다.

증명: $\epsilon > 0$이라면 다음과 같으며 이는 원하는 결과이다.

$$\lim_{n\to\infty} P[|X_n - b| \le \epsilon] = \lim_{n\to\infty} F_{X_n}(b+\epsilon) - \lim_{n\to\infty} F_{X_n}[(b-\epsilon)-0] = 1 - 0 = 1$$

다음은 매우 유용한 결과이다.

정리 5.2.3

X_n이 X에 분포수렴하고 Y_n이 0에 확률수렴한다면 $X_n + Y_n$은 X에 확률수렴한다.

이것의 증명은 정리 5.2.2의 증명과 유사하며 연습문제 5.2.13에서 확인한다. 종종 이 결과를 다음과 같이 이용한다. X_n이 X에 분포수렴하는 것을 증명하기는 어렵지만 Y_n이 X에 분포수렴하고 $X_n - Y_n$이 0에 확률수렴하는 것을 증명하기는 쉬운 경우를 생각해보자. 이때 바로 위의 정리에 의해 $X_n = Y_n + (X_n - Y_n) \xrightarrow{D} X$와 같이 원하는 결과를 얻는다.

다음 두 정리는 일반적인 경우를 말한다. 첫 번째 결과에 대한 증명은 좀 더 고급 수준의 책에서 볼 수 있으며, 두 번째, 즉 슬러츠키 정리(Slutsky's theorem)는 정리 5.2.1의 증명과 유사하다.

정리 5.2.4

X_n이 X에 분포수렴하고 g가 X의 받침에서 연속인 함수라면 $g(X_n)$은 $g(X)$에 분포수렴한다.

이 정리는 표준정규확률변수 Z로 분포수렴하는 확률변수 Z_n의 열에 대해 자주 응용된다. Z^2의 분포는 $\chi^2(1)$이므로 정리 5.2.4에 의해 Z_n^2은 $\chi^2(1)$ 분포에 분포수렴한다.

정리 5.2.5 [슬러츠키 정리]

X_n, X, A_n, B_n이 확률변수이고 a와 b가 상수라고 하자. $X_n \xrightarrow{D} X$, $A_n \xrightarrow{P} a$, $B_n \xrightarrow{P} b$이면

$$A_n + B_n X_n \xrightarrow{D} a + bX$$

5.2.1 확률유계

분포수렴과 관련된 또 다른 유용한 개념은 확률변수 열의 확률유계성(boundedness in probability)이다.

우선 cdf $F_X(x)$를 가진 어떤 확률변수 X가 있다면 $\epsilon > 0$이 주어졌을 때 다음과 같은 방법으로 X의 한계를 정할 수 있다. F_X의 하한이 0이고 상한이 1이므로 다음을 만족하는 η_1과 η_2를 구할 수 있다.

$$x \leq \eta_1 \text{에 대해} \quad F_X(x) < \epsilon/2$$
$$x \geq \eta_2 \text{에 대해} \quad F_X(x) > 1 - (\epsilon/2)$$

$\eta = \max\{|\eta_1|, |\eta_2|\}$라고 하면

$$P[|X| \leq \eta] = F_X(\eta) - F_X(-\eta - 0) \geq 1 - (\epsilon/2) - (\epsilon/2) = 1 - \epsilon \tag{5.2.7}$$

따라서 한계가 없는 확률변수[예: X가 $N(0, 1)$]도 이러한 확률 방식으로 한계가 주어진다. 이것은 다음에 정의하는 확률변수 열에 대해 유용한 개념이다.

정의 5.2.2 [확률유계]

모든 $\epsilon > 0$에 대해 다음과 같은 상수 $B_\epsilon > 0$과 정수 N_ϵ이 존재하면 확률변수 열 $\{X_n\}$은 확률유계라고 한다.

$$n \geq N_\epsilon \Rightarrow P[|X_n| \leq B_\epsilon] \geq 1 - \epsilon$$

다음으로 cdf F를 가진 확률변수 X로 분포수렴하는 확률변수 열 $\{X_n\}$을 고려하자. $\epsilon > 0$일 때 X에 대해 식 (5.2.7)이 성립하는 η를 선택하자. η와 $-\eta$가 F의 연속인 점이 되도록 항상 η를 선택할 수 있다. 그러면 다음을 얻는다.

$$\begin{aligned}\lim_{n\to\infty} P[|X_n| \leq \eta] &\geq \lim_{n\to\infty} F_{X_n}(\eta) - \lim_{n\to\infty} F_{X_n}(-\eta - 0)\\ &= F_X(\eta) - F_X(-\eta) \geq 1 - \epsilon\end{aligned}$$

정확하게 하기 위해 $n \geq N$에 대해 $P[|X_n| \leq \eta] \geq 1 - \epsilon$이 성립하도록 충분히 큰 N을 선택할 수 있다. 이와 같은 방법으로 다음 정리를 증명한다.

정리 5.2.6

$\{X_n\}$이 확률변수 열이고 X가 확률변수라고 하자. $X_n \to X$로 분포수렴하면 $\{X_n\}$은 확률유계이다.

다음 예제에서 보듯이 이 정리의 역은 성립하지 않는다.

예제 5.2.5 $\{X_n\}$이 다음과 같은 퇴화확률변수 열이라고 하자. 짝수 $n = 2m$에 대해 $X_{2m} = 2 + (1/(2m))$일 확률이 1이고, 홀수 $n = 2m - 1$에 대해 $X_{2m-1} = 1 + (1/(2m))$일 확률이 1이다. 그러면 열 $\{X_2, X_4, X_6, \cdots\}$은 퇴화확률변수 $Y = 2$에 분포수렴하고, 열 $\{X_1, X_3, X_5, \cdots\}$는 퇴화확률변수 $W = 1$에 분포수렴한다. Y와 W의 분포가 동일하지 않으므로 열 $\{X_n\}$은 분포수렴하지 않는다. 그러나 열 $\{X_n\}$의 모든 값이 구간 $[1, 5/2]$ 안에 있으므로 열 $\{X_n\}$은 확률유계이다.

확률유계인 열(또는 확률변수로 분포수렴하는 것)을 생각하는 한 가지 방법은 $|X_n|$의 확률질량이 ∞로 벗어나지 않는다는 것이다. 종종 분포수렴 대신 확률유계성을 이용할 수 있다. 다음 정리는 앞으로 필요하게 될 성질이다.

정리 5.2.7

$\{X_n\}$이 확률유계인 확률변수 열이고 $\{Y_n\}$이 0으로 확률수렴하는 확률변수 열이라면

$$X_n Y_n \xrightarrow{P} 0$$

증명: $\epsilon > 0$이라고 하자. 다음이 성립하도록 $B_\epsilon > 0$과 정수 N_ϵ을 선택한다.

$$n \geq N_\epsilon \Rightarrow P[|X_n| \leq B_\epsilon] \geq 1 - \epsilon$$

그러면 다음과 같으며, 이것으로부터 원하는 결과가 도출된다.

$$\begin{aligned} \overline{\lim_{n\to\infty}} P[|X_n Y_n| \geq \epsilon] &\leq \overline{\lim_{n\to\infty}} P[|X_n Y_n| \geq \epsilon, |X_n| \leq B_\epsilon] \\ &\quad + \overline{\lim_{n\to\infty}} P[|X_n Y_n| \geq \epsilon, |X_n| > B_\epsilon] \\ &\leq \overline{\lim_{n\to\infty}} P[|Y_n| \geq \epsilon / B_\epsilon] + \epsilon = \epsilon \end{aligned} \tag{5.2.8}$$

5.2.2 Δ 방법

앞의 세 장에서 논의한 공통적인 문제는 확률변수의 분포를 알고 있는 경우에 그 함수의 분포를 결정하는 것이었다. 이것은 점근 이론에서도 성립하며, 정리 5.2.4와 5.2.5에서 그 예를 제시했다. 또 하나의 결과는 **Δ 방법**(Δ-method)이다. 이를 확립하기 위해 영의 정리(Young's theorem)라고도 하는, 나머지가 있는 평균값 정리의 편리한 형식이 필요하다. Hardy(1992) 또는 Lehmann(1999)을 참조하라. $g(x)$가 x에서 미분 가능하면 다음과 같이 나타낼 수 있다.

$$g(y) = g(x) + g'(x)(y - x) + o(|y - x|) \tag{5.2.9}$$

여기서 기호 o는 다음을 의미한다.

$$b \to 0 \text{일 때 } \frac{a}{b} \to 0 \text{인 경우에 한하여 } a = o(b)$$

작은 o(little o)는 확률수렴의 개념으로도 이용된다. 종종 $o_p(X_n)$은 다음과 같은 의미로 쓰인다.

$$n \to \infty \text{일 때 } \frac{Y_n}{X_n} \xrightarrow{P} 0 \text{인 경우에 한하여 } Y_n = o_p(X_n) \tag{5.2.10}$$

큰 O_p(big O_p)는 다음을 의미한다.

$$n \to \infty \text{일 때 } \frac{Y_n}{X_n} \text{이 확률유계인 경우에 한하여 } Y_n = O_p(X_n) \tag{5.2.11}$$

다음 정리는 작은 o의 예를 보여준다. 이것은 정리 5.2.9의 보조정리로 다루어지기도 한다.

정리 5.2.8

$\{Y_n\}$이 확률유계인 확률변수 열이라고 하자. $X_n = o_p(Y_n)$이면 $n \to \infty$일 때 $X_n \xrightarrow{P} 0$이다.

증명: $\epsilon > 0$이라고 하자. 열 $\{Y_n\}$이 확률유계이므로 다음과 같은 양의 상수 N_ϵ과 B_ϵ이 존재한다.

$$n \geq N_\epsilon \Longrightarrow P[|Y_n| \leq B_\epsilon] \geq 1 - \epsilon \tag{5.2.12}$$

또한 $X_n = o_p(Y_n)$이므로 $n \to \infty$일 때 다음을 얻는다.

$$\frac{X_n}{Y_n} \xrightarrow{P} 0 \tag{5.2.13}$$

그러면

$$\begin{aligned} P[|X_n| \geq \epsilon] &= P[|X_n| \geq \epsilon, |Y_n| \leq B_\epsilon] + P[|X_n| \geq \epsilon, |Y_n| > B_\epsilon] \\ &\leq P\left[\frac{X_n}{|Y_n|} \geq \frac{\epsilon}{B_\epsilon}\right] + P\left[|Y_n| > B_\epsilon\right] \end{aligned}$$

식 (5.2.13)과 (5.2.12)에 의해 오른쪽의 첫째와 둘째 항은 n을 충분히 크게 함으로써 얼마든지 작게 만들 수 있다. 따라서 이 결과는 성립한다.

이제는 흔히 Δ 방법이라고 불리는 점근적 방법에 대한 정리를 증명한다.

정리 5.2.9

다음과 같은 확률변수 열을 $\{X_n\}$이라고 하자.

$$\sqrt{n}(X_n - \theta) \xrightarrow{D} N(0, \sigma^2) \tag{5.2.14}$$

함수 $g(x)$가 θ에서 미분 가능하고 $g'(\theta) \neq 0$라고 하면

$$\sqrt{n}(g(X_n) - g(\theta)) \xrightarrow{D} N(0, \sigma^2(g'(\theta))^2) \tag{5.2.15}$$

증명: 식 (5.2.9)를 이용하면

$$g(X_n) = g(\theta) + g'(\theta)(X_n - \theta) + o_p(|X_n - \theta|)$$

여기서 o_p는 식 (5.2.10)에서와 같이 해석된다. 다시 정리하면

$$\sqrt{n}(g(X_n) - g(\theta)) = g'(\theta)\sqrt{n}(X_n - \theta) + o_p(\sqrt{n}|X_n - \theta|)$$

식 (5.2.14)가 성립하므로 정리 5.2.6은 $\sqrt{n}|X_n - \theta|$가 확률유계임을 의미한다. 따라서 정리 5.2.8에 의해 $o_p(\sqrt{n}|X_n - \theta|) \to 0$으로 확률수렴한다. 식 (5.2.14)와 정리 5.2.1에 의해 결과가 성립한다.

Δ 방법의 예는 예제 5.2.8과 연습문제에서 볼 수 있다.

5.2.3 적률생성함수 기법

정의를 이용하여 확률변수 X_n의 극한분포를 구하려면 각각의 양의 정수 n에 대해 $F_{X_n}(x)$를 알고 있어야 한다. 그러나 종종 $F_{X_n}(x)$를 닫힌 형식(closed form)으로 구하기가 어렵다. 다행히 이것이 존재하면 cdf $F_{X_n}(x)$에 대응하는 mgf가 극한 cdf를 결정하는 편리한 방법을 제공한다.

본질적으로 레비와 크라메르의 정리(Lévy and Cramér theorem)에 대한 커티스(Curtiss, 1942)의 변형인 다음 정리는 적률생성함수를 극한분포의 문제에 이용할 수 있음을 설명한다. 이 정리 의 증명은 이 책의 수준을 벗어나며 좀 더 고급 수준의 책에서 볼 수 있다. 예를 들어 특성함수(characteristic function)를 바탕으로 한 증명은 Breiman(1968) 171쪽을 참조하라.

정리 5.2.10

$\{X_n\}$은 모든 n에 대해 $-h < t < h$일 때 존재하는 mgf $M_{X_n}(t)$를 가진 확률변수 열이고, X는 $|t| \le h_1 \le h$일 때 존재하는 mgf $M(t)$를 가진 확률변수라고 하자. $|t| \le h_1$일 때 $\lim_{n\to\infty} M_{X_n}(t) = M(t)$이면 $X_n \xrightarrow{D} X$이다.

이 절과 다음 절에서 정리 5.2.10을 사용하는 몇 가지 예를 다룰 것이다. 그중 몇 가지에서는 고급 미적분학의 과정에서 증명된 어떤 극한을 사용하는 것이 편리하다. 다음 형식의 극한을 생각해보자.

$$\lim_{n\to\infty}\left[1+\frac{b}{n}+\frac{\psi(n)}{n}\right]^{cn}$$

여기서 b와 c가 n에 의존하지 않으면 $\lim_{n\to\infty}\psi(n) = 0$이다. 이때

$$\lim_{n\to\infty}\left[1+\frac{b}{n}+\frac{\psi(n)}{n}\right]^{cn} = \lim_{n\to\infty}\left(1+\frac{b}{n}\right)^{cn} = e^{bc} \tag{5.2.16}$$

예를 들면

$$\lim_{n\to\infty}\left(1-\frac{t^2}{n}+\frac{t^2}{n^{3/2}}\right)^{-n/2} = \lim_{n\to\infty}\left(1-\frac{t^2}{n}+\frac{t^2/\sqrt{n}}{n}\right)^{-n/2}$$

여기서 $b = -t^2$, $c = -1/2$이고 $\psi(n) = t^2/\sqrt{n}$이다. 따라서 고정된 모든 t 값에 대해 극한은 $e^{t^2/2}$이다.

예제 5.2.6 Y_n이 $b(n, p)$인 분포를 따른다고 하자. 평균 $\mu = np$는 모든 n에 대해 같다. 즉 $p = \mu/n$이고, μ는 상수라고 하자. $p = \mu/n$일 때 $M_{Y_n}(t)$의 극한을 구함으로써 이항분포의 극한분포를 구할 것이다. 그런데 t의 모든 실숫값에 대해

$$\begin{aligned} M_{Y_n}(t) &= E(e^{tY_n}) \\ &= [(1-p)+pe^t]^n \\ &= \left[1+\frac{\mu(e^t-1)}{n}\right]^n \end{aligned}$$

그러므로

$$\lim_{n\to\infty} M_{Y_n}(t) = e^{\mu(e^t-1)}$$

분포, 즉 평균이 μ이고 mgf가 $e^{\mu(e^t-1)}$인 푸아송 분포가 존재하므로 정리와 진술한 조건에 의해 Y_n은 평균 μ인 극한 푸아송 분포를 따름을 알 수 있다.

확률변수가 극한분포를 따를 때는 경우에 따라서 정확한 분포함수에 대한 근삿값으로 극한분포를 사용할 수 있다. 이 예제의 결과는 n이 크고 p가 작을 때 이항분포에 대한 근삿값으로 푸아송 분포의 이용을 가능하게 한다. 근삿값의 사용을 설명하기 위해 Y가 $n = 50$이고 $p = 1/25$인 이항분포를 따른다고 하자. 근사적으로

$$\begin{aligned} Pr(Y \le 1) &= (\tfrac{24}{25})^{50} + 50(\tfrac{1}{25}) \\ &= \texttt{pbinom(1,50,1/25)} = 0.4004812 \end{aligned}$$

그런데 $\mu = np = 2$이므로 이 확률에 대한 푸아송의 근삿값은

$$e^{-2} + 2e^{-2} = \texttt{ppois(1,2)} = 0.4060058$$

예제 5.2.7 Z_n이 $\chi^2(n)$이라면 Z_n의 mgf는 $t < 1/2$일 때 $(1-2t)^{-n/2}$이다. Z_n의 평균과 분산은 각각 n, $2n$이다. 확률변수 $Y_n = (Z_n - n)/\sqrt{2n}$의 극한분포를 살펴보자. 그런데 Y_n의 mgf는

$$\begin{aligned} M_{Y_n}(t) &= E\left\{\exp\left[t\left(\frac{Z_n-n}{\sqrt{2n}}\right)\right]\right\} \\ &= e^{-tn/\sqrt{2n}}E(e^{tZ_n/\sqrt{2n}}) \\ &= \exp\left[-\left(t\sqrt{\frac{2}{n}}\right)\left(\frac{n}{2}\right)\right]\left(1-2\frac{t}{\sqrt{2n}}\right)^{-n/2}, \quad t < \frac{\sqrt{2n}}{2} \end{aligned}$$

이것은 다음 형식으로 나타낼 수 있다.

$$M_{Y_n}(t) = \left(e^{t\sqrt{2/n}} - t\sqrt{\frac{2}{n}}e^{t\sqrt{2/n}}\right)^{-n/2}, \quad t < \sqrt{\frac{n}{2}}$$

테일러 공식(Taylor's formula)에 따르면 0과 $t\sqrt{2/n}$ 사이의 수 $\xi(n)$이 존재하며 다음이 성립한다.

$$e^{t\sqrt{2/n}} = 1 + t\sqrt{\frac{2}{n}} + \frac{1}{2}\left(t\sqrt{\frac{2}{n}}\right)^2 + \frac{e^{\xi(n)}}{6}\left(t\sqrt{\frac{2}{n}}\right)^3$$

이 합을 $M_{Y_n}(t)$ 마지막 식의 $e^{t\sqrt{2/n}}$에 대입하면

$$M_{Y_n}(t) = \left(1 - \frac{t^2}{n} + \frac{\psi(n)}{n}\right)^{-n/2}$$

여기서

$$\psi(n) = \frac{\sqrt{2}t^3 e^{\xi(n)}}{3\sqrt{n}} - \frac{\sqrt{2}t^3}{\sqrt{n}} - \frac{2t^4 e^{\xi(n)}}{3n}$$

$n \to \infty$일 때 $\xi(n) \to 0$이므로 고정된 모든 t 값에 대해 $\lim \psi(n) = 0$이다. 이 절의 앞부분에서 인용한 극한의 명제에 따르면 t의 모든 실숫값에 대해 다음을 얻는다.

$$\lim_{n\to\infty} M_{Y_n}(t) = e^{t^2/2}$$

즉 확률변수 $Y_n = (Z_n - n)/\sqrt{2n}$은 극한표준정규분포를 따른다.

그림 5.2.2는 표준화된 Z_n의 점근 분포에 대한 검증을 보여준다. $n = 5, 10, 20, 50$의 각 값에 대해 R 명령어 `rchisq(1000,n)`을 사용하여 $\chi^2(n)$-분포에서 1,000개의 관측값을 생성했다. 각

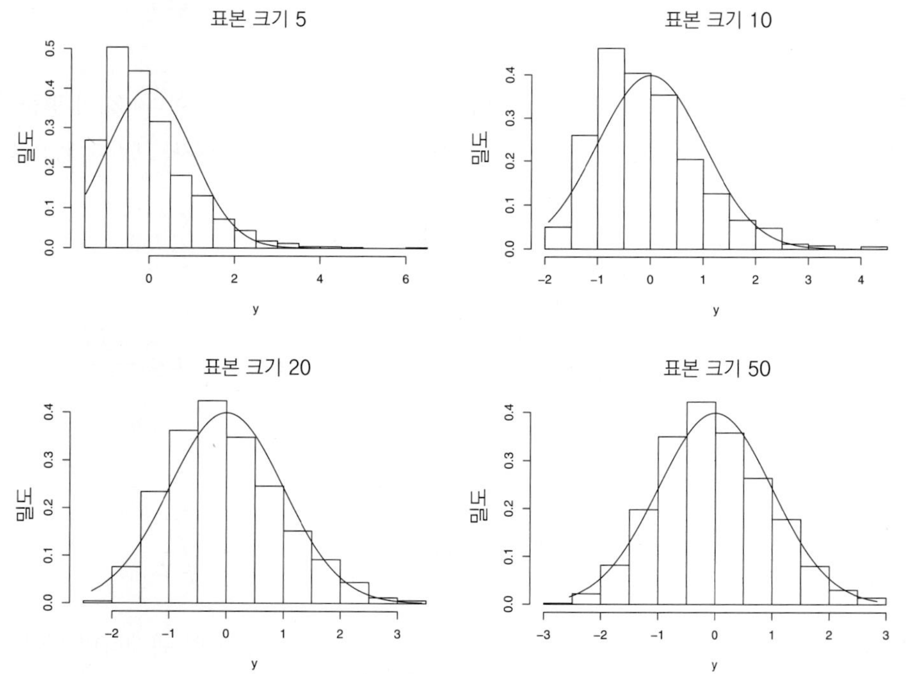

그림 5.2.2 n의 각 값에 대해 생성된 1,000개의 값 y_n의 히스토그램. 여기서 y_n은 예제 5.2.7에서 다룬다. 극한 $N(0, 1)$ pdf를 히스토그램에 겹쳐서 그렸다.

관측값 z_n은 $y_n = (z_n - n)/\sqrt{2n}$으로 표준화되었고, 이러한 y_n의 히스토그램을 계산했다. 이 히스토그램에서 표준정규분포의 pdf는 중첩된다. $n = 5$에서 y_n 값의 히스토그램은 치우쳐 있지만 n이 증가함에 따라 히스토그램의 모양이 표준정규분포의 pdf 모양에 가까워져 앞의 이론을 확인할 수 있다. 이 그림은 R 함수 `cdistplt`로 계산되고, 이 함수에서는 이러한 추가적인 그림을 그리기 위해 n의 값을 쉽게 변경할 수 있다.

예제 5.2.8 **[예제** 5.2.7**의 연속]** 앞의 예제에서는 다음을 증명했다.

$$\sqrt{n}\left[\frac{1}{\sqrt{2n}}Z_n - \frac{1}{\sqrt{2}}\right] \xrightarrow{D} N(0,1) \tag{5.2.17}$$

이러한 상황에서 Z_n의 제곱근에 관심을 두는 경우가 있다. $g(t) = \sqrt{t}$, $W_n = g(Z_n/(\sqrt{2}n)) = (Z_n/(\sqrt{2}n))^{1/2}$이라고 하자. $g(1/\sqrt{2}) = 1/2^{1/4}$이고 $g'(1/\sqrt{2}) = 2^{-3/4}$이다. 따라서 Δ 방법에 의해 정리 5.2.9와 식 (5.2.17)은 다음을 이끌어낸다.

$$\sqrt{n}\left[W_n - 1/2^{1/4}\right] \xrightarrow{D} N(0, 2^{-3/2}) \tag{5.2.18}$$

연습문제

5.2.1 $N(\mu, \sigma^2)$인 분포에서 추출한 크기 n인 확률표본의 평균 $\overline{X}_n$의 극한분포를 구하라.

5.2.2 $\theta < x < \infty$일 때 $f(x) = e^{-(x-\theta)}$인 pdf를 가진 분포에서 추출한 크기 n인 확률표본의 첫 번째 순서통계량을 Y_1이라고 하자. $Z_n = n(Y_1 - \theta)$일 때 Z_n의 극한분포를 구하라.

5.2.3 cdf $F(x)$와 pdf $f(x) = F'(x)$를 가진 연속형 분포에서 추출한 크기 n인 확률표본의 최댓값을 Y_n이라고 하자. $Z_n = n[1 - F(Y_n)]$의 극한분포를 구하라.

5.2.4 cdf $F(x)$를 가진 연속형 분포에서 추출한 크기 n인 확률표본을 $X_1, X_2, \cdots, X_n$이라고 하자. 이 표본에서 세 번째로 작은 관측값이 Y_3일 때 $W_n = nF(Y_3)$의 극한분포를 구하라.

5.2.5 Y_n의 pmf가 $y = n$일 때 $p_n(y) = 1$, 그 외에 $p_n(y) = 0$이라고 하자. Y_n이 극한분포를 갖지 않음을 밝혀라(이때 확률은 무한대로 '벗어난다').

5.2.6 $\sigma^2 > 0$일 때 $N(\mu, \sigma^2)$인 분포에서 추출한 크기 n인 확률표본을 $X_1, X_2, \cdots, X_n$이라 하자. 합 $Z_n = \sum_{i=1}^n X_i$가 극한분포를 갖지 않음을 밝혀라.

5.2.7 β가 n의 함수가 아닐 때 X_n은 모수가 $\alpha = n$과 β인 감마분포를 따르며, $Y_n = X_n/n$

이라고 하자. Y_n의 극한분포를 구하라.

5.2.8 Z_n은 $\chi^2(2n)$을 따르고 $W_n = Z_n/n$이라고 하자. W_n의 극한분포를 구하라.

5.2.9 X는 $\chi^2(50)$을 따른다고 하자. 예제 5.2.7에서 다룬 극한분포를 사용하여 $P(40 < X < 60)$을 근사적으로 구하라. R로 계산한 답과 비교하라.

5.2.10 R 함수 `cdistplt`를 수정하여 예제 5.2.8에서 다룬 w_n 값의 히스토그램을 그려라.

5.2.11 어떤 연령군에서 사람이 적어도 5년 동안 살 수 있는 확률이 $p = 0.9$라고 하자.

(a) 그런 사람 50명을 관찰하여 독립이라고 가정할 때 이들 중 적어도 40명이 5년 이상 살 수 있는 확률을 구하라.

(b) 푸아송 분포를 사용하여 (a)의 결과에 대한 근삿값을 구하라.

힌트: p를 0.1로, $1 - p = 0.9$로 정의하라.

5.2.12 X_n이 $b(n, p/n)$ 분포를 따른다고 하자. X_n의 극한분포가 평균이 p인 푸아송 분포임을 밝혀라.

힌트: $\lim_{n\to\infty} P(X_n = x)$가 평균이 p인 푸아송 pmf임을 밝히는 것으로 충분하다.

5.2.13 정리 5.2.3을 증명하라.

5.2.14 X_n과 Y_n은 모수가 n과 관계없는 μ_1, μ_2, σ_1^2, σ_2^2이고 $\rho = 1 - 1/n$인 이변량 정규분포를 따른다고 하자. $X_n = x$일 때 Y_n의 조건부 분포를 생각해보자. $n \to \infty$일 때 이 조건부 분포의 극한을 조사하라. $\rho = -1 + 1/n$일 때 극한분포는 무엇인가? 2.5절의 참고에서 이에 대해 언급했다.

5.2.15 모수가 $\mu = 1$인 푸아송 분포에서 추출한 크기 n인 확률표본의 평균을 $\overline{X}_n$이라고 하자.

(a) $Y_n = \sqrt{n}(\overline{X}_n - \mu)/\sigma = \sqrt{n}(\overline{X}_n - 1)$의 mgf가 $\exp[-t\sqrt{n} + n(e^{t/\sqrt{n}} - 1)]$임을 밝혀라.

(b) $n \to \infty$일 때 Y_n의 극한분포를 조사하라.

힌트: 매클로린 급수에 의해 Y_n의 mgf의 지수 부분에 있는 표현식 $e^{t/\sqrt{n}}$을 대치하라.

5.2.16 연습문제 5.2.15와 Δ 방법을 이용하여 $\sqrt{n}(\sqrt{\overline{X}_n} - 1)$의 극한분포를 구하라.

5.2.17 $0 < x < \infty$일 때 $f(x) = e^{-x}$, 그 외에 $f(x) = 0$인 pdf를 가진 분포에서 추출한 크기 n인 확률표본의 평균을 $\overline{X}_n$이라고 하자.

(a) $Y_n = \sqrt{n}(\overline{X}_n - 1)$의 mgf $M_{Y_n}(t)$가 다음과 같음을 밝혀라.

$$M_{Y_n}(t) = [e^{t/\sqrt{n}} - (t/\sqrt{n})e^{t/\sqrt{n}}]^{-n}, \quad t < \sqrt{n}$$

(b) $n \to \infty$일 때 Y_n의 극한분포를 구하라.

연습문제 5.2.15와 5.2.17은 다음 절에서 증명할 중요한 정리의 특수한 경우이다.

5.2.18 연습문제 5.2.17에 이어서 Δ 방법을 이용하여 $\sqrt{n}(\sqrt{\overline{X}_n} - 1)$의 극한분포를 구하라.

5.2.19 $0 < x < \infty$일 때 $f(x) = e^{-x}$, 그 외에 $f(x) = 0$인 pdf를 가진 분포에서 추출한 확률표본의 순서통계량을 $Y_1 < Y_2 < \cdots < Y_n$이라고 하자(5.2절을 참조하라). $Z_n = (Y_n - \log n)$의 극한분포를 구하라.

5.2.20 $0 < x < 1$일 때 $f(x) = 5x^4$, 그 외에 $f(x) = 0$인 pdf를 가진 분포에서 추출한 확률표본의 순서통계량을 $Y_1 < Y_2 < \cdots < Y_n$이라고 하자(5.2절을 참조하라). $Z_n = n^p Y_1$이 분포수렴하는 p를 구하라.

5.2.21 식 (5.2.2)의 스털링 공식을 고려하자.

(a) 다음 R 코드를 실행하여 $k = 5$에서 $k = 15$까지 이 공식을 확인하라.

```
ks = 5; kstp = 15; coll = c();for(j in ks:kstp){
c1=gamma(j+1); c2=sqrt(2*pi)*exp(-j+(j+.5)*log(j))
coll=rbind(coll,c(j,c1,c2))}; coll
```

(b) 스털링 공식에 로그를 취하여 R에서 `lgamma(k+1)`의 계산과 비교하라.

(c) 스털링 공식을 이용하여 예제 5.2.3의 첫 번째 극한이 1임을 밝혀라.

5.3 중심극한정리

$X_1, X_2, \cdots, X_n$이 평균 μ, 분산 σ^2인 정규분포에서 추출한 확률표본이라면 다음 확률변수가 모든 양의 정수 n에 대해 평균 0, 분산 1인 정규분포를 따른다는 것을 3.4절에서 보았다.

$$\frac{\sum_{i=1}^{n} X_i - n\mu}{\sigma\sqrt{n}} = \frac{\sqrt{n}(\overline{X}_n - \mu)}{\sigma}$$

확률론에는 **중심극한정리**(central limit theorem, CLT)라는 훌륭한 정리가 있다. 이 정리의 특수한 경우는, 양의 분산 σ^2(따라서 유한 평균 μ)을 가진 임의의 분포에서 추출한 크기 n인 확률표본이 $X_1, X_2, \cdots, X_n$이라면 확률변수 $\sqrt{n}(\overline{X} - \mu)/\sigma$는 극한표준정규분포를 따른다는 중요한 사실이다. 따라서 이 정리의 조건이 만족되기만 하면 큰 n에 대해 확률변수 $\sqrt{n}(\overline{X}_n - \mu)/\sigma$는 평균 0, 분산 1인 근사 정규분포를 따름을 뜻한다. 이 근사 정규분포를 $\overline{X}$에 대한 근사 확률을 계산하는 데 사용할 수 있다.

'Y_n이 극한표준정규분포를 가진다'는 표현은 종종 Y_n이 표준정규확률변수로 분포수렴한다는 것을 의미한다. 참고 5.2.1을 보라.

이 정리의 더욱 일반적인 형식을 알아보되 변형된 경우만을 증명할 것이다. 그러나 적률생성함수 대신 특성함수를 사용한다면 정확하게 이 정리가 증명될 것이다.

정리 5.3.1 [중심극한정리]

$X_1, X_2, \cdots, X_n$이 평균 μ, 양의 분산 σ^2인 분포에서 추출한 확률표본이라고 하자. 이때 확률변수 $Y_n = (\sum_{i=1}^n X_i - n\mu)/\sqrt{n}\sigma = \sqrt{n}(\overline{X}_n - \mu)/\sigma$는 평균 0, 분산 1인 정규분포를 따르는 확률변수로 분포수렴한다.

증명: 증명을 위해 추가적으로 $-h < t < h$에 대해 mgf $M(t) = E(e^{tX})$가 존재한다고 가정하자. 그러나 적률생성함수를 항상 존재하는 특성함수 $\varphi(t) = E(e^{itX})$로 대체하면 이 증명은 특성함수를 이용하는 좀 더 고급 과정의 증명과 본질적으로 동일하다.

$-h < t < h$에 대해 다음 함수가 존재한다.

$$m(t) = E[e^{t(X-\mu)}] = e^{-\mu t}M(t)$$

$m(t)$는 $X - \mu$에 대한 mgf이므로 $m(0) = 1$, $m'(0) = E(X-\mu) = 0$, $m''(0) = E[(X-\mu)^2] = \sigma^2$이어야 한다. 테일러 공식에 의해 0과 t 사이에 다음을 만족하는 수 ξ가 존재한다.

$$\begin{aligned} m(t) &= m(0) + m'(0)t + \frac{m''(\xi)t^2}{2} \\ &= 1 + \frac{m''(\xi)t^2}{2} \end{aligned}$$

$\sigma^2 t^2/2$을 더하고 빼면

$$m(t) = 1 + \frac{\sigma^2 t^2}{2} + \frac{[m''(\xi) - \sigma^2]t^2}{2} \tag{5.3.1}$$

다음으로 $M(t; n)$을 생각해보자. 여기서

$$\begin{aligned} M(t;n) &= E\left[\exp\left(t\frac{\sum X_i - n\mu}{\sigma\sqrt{n}}\right)\right] \\ &= E\left[\exp\left(t\frac{X_1-\mu}{\sigma\sqrt{n}}\right)\exp\left(t\frac{X_2-\mu}{\sigma\sqrt{n}}\right)\cdots\exp\left(t\frac{X_n-\mu}{\sigma\sqrt{n}}\right)\right] \\ &= E\left[\exp\left(t\frac{X_1-\mu}{\sigma\sqrt{n}}\right)\right]\cdots E\left[\exp\left(t\frac{X_n-\mu}{\sigma\sqrt{n}}\right)\right] \\ &= \left\{E\left[\exp\left(t\frac{X-\mu}{\sigma\sqrt{n}}\right)\right]\right\}^n \\ &= \left[m\left(\frac{t}{\sigma\sqrt{n}}\right)\right]^n, \quad -h < \frac{t}{\sigma\sqrt{n}} < h \end{aligned}$$

식 (5.3.1)에서 t를 $t/\sigma\sqrt{n}$로 대치하면

$$m\left(\frac{t}{\sigma\sqrt{n}}\right) = 1 + \frac{t^2}{2n} + \frac{[m''(\xi) - \sigma^2]t^2}{2n\sigma^2}$$

여기서 ξ는 0과 $t/\sigma\sqrt{n}$ 사이에 있고 $-h\sigma\sqrt{n} < t < h\sigma\sqrt{n}$을 만족한다. 따라서

$$M(t;n) = \left\{1 + \frac{t^2}{2n} + \frac{[m''(\xi) - \sigma^2]t^2}{2n\sigma^2}\right\}^n$$

$m''(t)$는 $t = 0$에서 연속이고 $n \to \infty$일 때 $\xi \to 0$이므로

$$\lim_{n\to\infty} [m''(\xi) - \sigma^2] = 0$$

5.2절에서 인용한 극한 명제 식 (5.2.16)에 의하면 t의 모든 실숫값에 대해 다음과 같다.

$$\lim_{n\to\infty} M(t;n) = e^{t^2/2}$$

이 결과는 확률변수 $Y_n = \sqrt{n}(\overline{X}_n - \mu)/\sigma$가 극한표준정규분포를 따른다는 것을 증명한다.

참고 5.2.1에서 언급한 바와 같이 Y_n이 극한표준정규분포를 따른다고 한다. 이 정리는 n이 크고 고정된 상수일 때 확률변수 $\overline{X}$가 평균 μ, 분산 σ^2/n인 근사 정규분포를 따른다는 것으로 해석할 수 있다. 그리고 응용에서 이것이 마치 $\overline{X}$의 정확한 pdf인 것처럼 근사 정규 pdf를 사용한다. 또한 중심극한정리의 결론은 다음과 같이 동등하게 말할 수 있다.

$$\sqrt{n}(\overline{X} - \mu) \xrightarrow{D} N(0, \sigma^2) \tag{5.3.2}$$

이것은 종종 사용하기에 편리한 공식이다.

중심극한정리의 주요한 응용 중 하나는 통계적 추론이다. 예제 5.3.1~5.3.6에서는 이러한 여러 응용의 결과를 제시한다. 4장에서 이 결과를 사용했지만 이 책의 나머지 부분에서도 사용할 것이다.

예제 5.3.1 **[μ에 대한 대표본 추론]** 평균 μ, 분산 σ^2인 분포에서 추출한 확률표본을 $X_1, X_2, \cdots, X_n$이라고 하자. 여기서 μ와 σ^2의 값은 알려져 있지 않다. 표본평균과 표본표준편차를 각각 $\overline{X}$, S라고 하자. 그러면

$$\frac{\overline{X} - \mu}{S/\sqrt{n}} \xrightarrow{D} N(0, 1) \tag{5.3.3}$$

이를 알아보기 위해 좌변을 다음과 같이 쓰자.

$$\frac{\overline{X} - \mu}{S/\sqrt{n}} = \left(\frac{\sigma}{S}\right) \frac{(\overline{X} - \mu)}{\sigma/\sqrt{n}}$$

예제 5.1.1은 S가 σ에 확률수렴한다는 것을 증명한다. 따라서 5.2절의 정리를 이용하여 σ/S는 1에 확률수렴한다. 식 (5.3.3)은 CLT, 슬러츠키 정리, 정리 5.2.5의 결과이다.

4장의 예제 4.2.2와 4.5.3에서는 식 (5.3.3)에 기반하여 μ에 대한 대표본 신뢰구간과 검정을 제시했다.

이어지는 몇 가지 예제는 이러한 형태의 CLT의 중요성을 이해하는 데 도움이 된다.

예제 5.3.2 다음과 같은 pdf를 가진 분포에서 추출한 크기 75인 확률표본의 평균을 $\overline{X}$라고 하자.

$$f(x) = \begin{cases} 1 & 0 < x < 1 \\ 0 & \text{그 외에} \end{cases}$$

이때 $\overline{X}$의 pdf인 $g(\overline{x})$는 $0 < \overline{x} < 1$에서 차수가 74인 서로 다른 75개 다항식의 호(arc)로 이루어진 그래프를 갖는다는 것을 보여줄 수 있다. 이때 $P(0.45 < \overline{X} < 0.55)$와 같은 확률의 계산은 매우 힘들 것이다. 그러나 $M(t)$가 t의 모든 실숫값에 대해 존재하므로 중심극한정리의 조건을 만족하고 $m = 1/2$, $\sigma^2 = 1/12$이므로 R을 이용하여 다음과 같이 근사적으로 구할 수 있다.

$$\begin{aligned} P(0.45 < \overline{X} < 0.55) &= P\left[\frac{\sqrt{n}(0.45-\mu)}{\sigma} < \frac{\sqrt{n}(\overline{X}-\mu)}{\sigma} < \frac{\sqrt{n}(0.55-\mu)}{\sigma}\right] \\ &= P[-1.5 < 30(\overline{X}-0.5) < 1.5] \\ &\approx \texttt{pnorm(1.5) - pnorm(-1.5)} = 0.8663 \end{aligned}$$

예제 5.3.3 **[이항분포에 대한 정규근사]** $b(1, p)$인 분포에서 추출한 확률표본을 $X_1, X_2, \cdots, X_n$이라고 하자. 여기서 $\mu = p$, $\sigma^2 = p(1-p)$이고 $M(t)$는 t의 모든 실숫값에 대해 존재한다. 만약 $Y_n = X_1 + X_2 + \cdots + X_n$이면 Y_n이 $b(n, p)X$임을 안다. 푸아송 근사를 사용하지 않는 경우 Y_n에 대한 확률의 계산은 $(Y_n - np)/\sqrt{np(1-p)} = \sqrt{n}(\overline{X}_n - p)/\sqrt{p(1-p)} = \sqrt{n}(\overline{X}_n - \mu)/\sigma$가 평균 0, 분산 1인 극한정규분포를 따른다는 사실을 이용하여 간단히 해결할 수 있다.

흔히 통계학자들은 Y_n(또는 간략히 Y)이 평균 np, 분산 $np(1-p)$인 근사 정규분포를 따른다고 표현한다. n이 10 정도로 작은 경우에는 $p = 1/2$일 때 이항분포가 $np = 5$에 대해 대칭이다. 그림 5.3.1에서 정규분포 $N(5, 5/2)$와 이항분포 $b(10, 1/2)$이 얼마나 잘 일치하는지 확인할 수 있다. 여기서 직사각형의 높이는 각각의 정수 0, 1, 2, ⋯, 10에서의 확률을 나타낸다. 밑변이 $(k-0.5, k+0.5)$인 직사각형의 넓이가 정규분포 pdf에서 $k-0.5$와 $k+0.5$ 사이의 넓이와 $n = 10$일 때조차도 각각의 $k = 0, 1, 2, \cdots, 10$에서 근사적으로 같음에 유의하라. 이 예제는 예제 5.3.4를 이해하는 데 도움이 될 것이다.

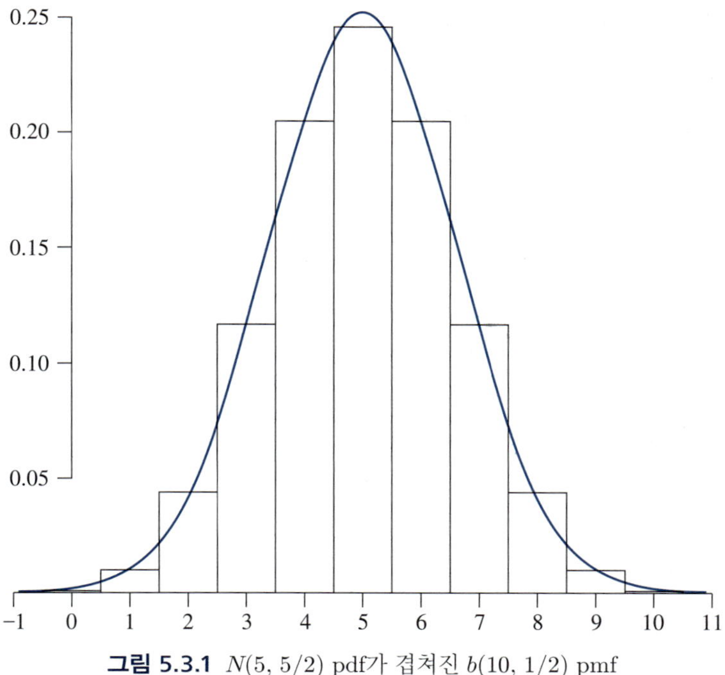

그림 5.3.1 $N(5, 5/2)$ pdf가 겹쳐진 $b(10, 1/2)$ pmf

예제 5.3.4 예제 5.3.3에서 $n = 100$, $p = 1/2$일 때 $P(Y = 48, 49, 50, 51, 52)$를 계산하고자 한다. Y는 이산형 확률변수이므로 사건 $\{Y = 48, 49, 50, 51, 52\}$와 $\{47.5 < Y < 52.5\}$는 같다. 즉 $P(Y = 48, 49, 50, 51, 52) = P(47.5 < Y < 52.5)$이다. $np = 50$이고 $np(1-p) = 25$이므로 후자의 확률은 다음과 같이 나타낼 수 있다.

$$
\begin{aligned}
P(47.5 < Y < 52.5) &= P\left(\frac{47.5 - 50}{5} < \frac{Y - 50}{5} < \frac{52.5 - 50}{5}\right) \\
&= P\left(-0.5 < \frac{Y - 50}{5} < 0.5\right)
\end{aligned}
$$

$(Y - 50)/5$은 평균 0, 분산 1인 근사 정규분포를 따르므로 이 확률은 근사적으로 `pnorm(.5)-pnorm(-.5) = 0.3829`이다.

$Y = 48, 49, 50, 51, 52$와 동일한 사건으로 $47.8 < Y < 52.3$과 같은 다른 사건 대신 $47.5 < Y < 52.5$와 같은 사건을 선택하는 규칙은 다음 관찰에 따른 것이다. 확률 $P(Y = 48, 49, 50, 51, 52)$는 직사각형의 밑변이 1이고 높이가 각각 $P(Y = 48), \cdots, P(Y = 52)$인 5개 직사각형 넓이의 합으로 해석할 수 있다. 만약 이 직사각형들의 밑변의 중점이 각각 가로축 위의 점 $48, 49, \cdots, 52$에 있다면 가로축 정규 pdf의 그래프와 두 세로축으로 둘러싸인 넓이에 의해 그 넓이의 합을 근사시킬 때 점 47.5와 52.5에서 두 세로축을 선택하는 것이 타당하다. 이것을 **연속수정**(continuity correction)이라고 한다.

비율에 대한 대표본 추론과 관련된 예제를 살펴보자.

예제 5.3.5 **[비율에 대한 대표본 추론]** 성공 확률이 p인 베르누이 분포에서 추출한 확률표본을 $X_1, X_2, \cdots, X_n$이라고 하자. $\widehat{p}$이 성공에 대한 표본 비율이라면 $\widehat{p} = \overline{X}$이다. 따라서

$$\frac{\widehat{p} - p}{\sqrt{\widehat{p}(1-\widehat{p})/n}} \xrightarrow{D} N(0, 1) \tag{5.3.4}$$

이는 CLT 및 예제 5.3.1에서와 같은 추론을 이용하여 쉽게 구할 수 있다. 연습문제 5.3.13을 참조하라. 4장의 예제 4.2.3과 4.5.2에서는 식 (5.3.4)를 이용하여 p에 대한 대표본 신뢰구간과 검정을 제시했다.

예제 5.3.6 **[χ^2-검정에 대한 대표본 추론]** 중심극한정리와 정리 5.2.4를 이용하여 4.7절에서 사용된 예제 5.3.3의 결과를 확장한다. 예제 5.3.3의 표기를 이용하여 Y_n이 n과 p를 모수로 가진 이항분포를 따른다고 하자. 그러면 예제 5.3.3에서처럼 $(Y_n - np)/\sqrt{np(1-p)}$는 $N(0, 1)$ 분포를 가진 확률변수 Z에 분포수렴한다. 따라서 정리 5.2.4에 의해

$$\left(\frac{Y_n - np}{\sqrt{np(1-p)}}\right)^2 \xrightarrow{D} \chi^2(1) \tag{5.3.5}$$

이는 4장에서 언급된 결과이다. 식 (4.7.1)을 보라.

$\overline{X}$와 $\sum_{i=1}^{n} X_i$는 n이 충분히 클 때 근사적으로 정규분포를 따른다는 것을 알고 있다. 뒤에서는 또 다른 통계량이 근사 정규분포를 따르는 것을 설명할 것이다. 이러한 점이 통계학에서 정규분포가 중요한 이유이다. 즉 정규분포가 아니더라도 이 분포에서 추출한 확률표본으로부터 계산된 통계량의 분포는 정규분포와 매우 유사한 경우가 많다.

흔히 통계량의 함수가 근사적으로 정규분포를 따를 때 많은 관심을 갖는다. 예를 들어 예제 5.3.3의 Y_n은 근사적으로 $N[np, np(1-p)]$를 따른다. 여기서 Y_n의 분산 $np(1-p)$는 p의 중요한 함수가 된다. 따라서 p가 알려져 있지 않다면 Y_n의 분산을 추정하려 할 것이다. $E(Y_n/n) = p$이므로 추정값으로 $n(Y_n/n)(1 - Y_n/n)$을 사용할 것이고 그 분포에 관해 알고자 할 것이다. 특히 이것이 근사 정규분포를 따르는가? 그렇다면 평균과 분산은 무엇인가? 이와 같은 물음에 답하기 위해 정리 5.2.9의 Δ 방법을 사용한다.

Δ 방법의 예시로 표본평균의 함수를 고려하자. 유한한 평균 μ와 분산 σ^2을 가진 X에 대한 확률표본을 $X_1, X_2, \cdots, X_n$이라고 하자. 식 (5.3.2)를 다시 작성하면 중심극한정리에 의해 다음을 얻는다.

$$\sqrt{n}(\overline{X}-\mu) \xrightarrow{\mathcal{D}} N(0, \sigma^2)$$

따라서 Δ 방법과 정리 5.2.9에 의해 $g'(\mu) \neq 0$인 연속인 변환 $g(x)$에 대해 다음을 얻는다.

$$\sqrt{n}[g(\overline{X})-g(\mu)] \xrightarrow{\mathcal{D}} N(0, \sigma^2(g'(\mu))^2) \tag{5.3.6}$$

예제 5.3.7 이항 $b(1, p)$ 분포에서 샘플링한다고 가정하자. 그러면 $\overline{X}$는 성공의 표본 비율이다. 여기서 $\mu = p$이고 $\sigma^2 = p(1-p)$이다. 변환된 점근 분산이 상수가 되고, 특히 p에 무관한 변환 $g(p)$를 원한다고 가정하자. 따라서 어떤 상수 c에 대해 다음과 같은 변환 $g(p)$를 구한다.

$$g'(p) = \frac{c}{\sqrt{p(1-p)}}$$

양쪽을 적분하고, $z = p$와 $dz = 1/(2\sqrt{p})\, dp$의 변수변환을 하여 다음을 얻는다.

$$\begin{aligned} g(p) &= c\int \frac{1}{\sqrt{p(1-p)}}\, dp \\ &= 2c\int \frac{1}{\sqrt{1-z^2}}\, dz = 2c \arcsin(z) \\ &= 2c\arcsin(\sqrt{p}) \end{aligned}$$

$c = 1/2$을 취하면 통계량 $g(\overline{X}) = \arcsin\left(\sqrt{\overline{X}}\right)$에 대해 다음을 얻는다.

$$\sqrt{n}\left[\arcsin\left(\sqrt{\overline{X}}\right) - \arcsin\left(\sqrt{p}\right)\right] \xrightarrow{\mathcal{D}} N\left(0, \frac{1}{4}\right)$$

다른 몇 가지 예를 연습문제에 제시했다.

연습문제

5.3.1 $\chi^2(18)$인 분포에서 추출한 크기 81인 확률표본의 평균을 $\overline{X}$라고 하자. $P(17 < \overline{X} < 19)$의 근삿값을 구하라.

5.3.2 $\alpha = 1$, $\beta = 9$인 감마분포에서 추출한 크기 144인 확률표본의 평균을 $\overline{X}$라고 하자. $P(8 < \overline{X} < 11)$의 근삿값을 구하라.

5.3.3 Y가 $b(48, 1/4)$이라고 하자. $P(8 \le Y \le 12)$의 근삿값을 구하라.

5.3.4 $0 < x < 1$일 때 $f(x) = 3x^2$, 그 외에 $f(x) = 0$인 pdf를 가진 분포에서 추출한 크기 24인 확률표본의 평균이 7/10과 8/10 사이에 있을 근사 확률을 계산하라.

5.3.5 $x = 1, 2, 3, 4, 5$일 때 $p(x) = 1/5$, 그 외에 $p(x) = 0$인 pmf를 가진 분포에서 추출

한 크기 20인 확률표본의 관측값의 합을 Y라고 하자. $P(60 \le Y \le 70)$의 근삿값을 구하라.

힌트: 관심이 있는 사건이 $Y = 60, 61, \cdots, 70$이므로 이 확률을 $P(59.5 < Y < 70.5)$로 고쳐 써라.

5.3.6 Y가 $b(500, 1/4)$일 때 $P(0.20 < Y/500)$의 근삿값을 구하라.

5.3.7 Y가 $b(200, 1/2)$일 때 $P(Y = 100)$의 근삿값을 구하라.

5.3.8 Y가 $b(n, 0.4)$일 때 근사적으로 $P(Y/n < 1/2) \ge 0.95$가 되는 n의 최솟값을 구하라.

5.3.9 $1 < x < \infty$일 때 pdf $f(x) = 1/x^2$, 그 외에 $f(x) = 0$인 확률변수 X의 분포에서 추출한 크기 50인 확률표본을 생각해보자. 확률표본 20개 이상의 관측값이 2보다 작을 확률을 근사적으로 계산하라.

5.3.10 72개의 측정값이 여러 소수점으로 기록되었다. 72개 각각은 가장 가까운 정수로 반올림된다. 원래의 72개의 합은 이 정수의 합으로 근사된다. 반올림에 의해 생긴 오차가 독립이고, 구간$(-1/2, 1/2)$에서 균등분포를 따를 때 이 정수의 합이 참값의 2단위 내에 있을 확률을 근사적으로 계산하라.

5.3.11 $\overline{X}$는 큰 n에 대해 근사적으로 $N(\mu, \sigma^2/n)$이다. $\mu \neq 0$인 가정하에 $u(\overline{X}) = \overline{X}^4$의 근사 분포를 구하라.

5.3.12 평균 μ인 푸아송 분포에서 추출한 확률표본을 $X_1, X_2, \cdots, X_n$이라고 하자. 그러면 $Y = \sum_{i=1}^{n} X_i$는 평균 $n\mu$인 푸아송 분포를 따른다. 또한 $\overline{X} = Y/n$는 큰 n에 대해 근사적으로 $N(\mu, \mu/n)$이다. 그렇다면 $u(Y/n) = \sqrt{Y/n}$는 분산이 μ에 의존하지 않는 Y/n의 함수임을 밝혀라.

5.3.13 예제 5.3.5의 표기를 이용하여 식 (5.3.4)가 사실임을 밝혀라.

5.3.14 $\Gamma(1, \beta)$ 분포에서 추출한 확률표본을 $X_1, X_2, \cdots, X_n$이라고 하자. $\sqrt{n}(\overline{X} - \beta)$의 점근 분포를 구하라. 그런 다음 점근 분산이 β에 무관한 변환인 $g(\overline{X})$를 찾아라.

5.4 다변량 분포로의 확대*

이 절에서는 확률벡터 열에 대한 점근성의 개념을 간략하게 살펴본다. 일변량 확률변수에 대한 여러 개념은 다변량인 경우로 바로 일반화할 수 있다. 여기서는 간단한 정리만 할 것이다. 더 깊이 알고 싶다면 고급 수준의 책[예: Serfling(1980)]을 참조하라.

벡터 $\mathbf{v} \in R^p$에 대해 $\mathbf{v}$의 유클리드 놈(Euclidean norm)이 다음과 같이 정의됨을 상기하라.

$$\|\mathbf{v}\| = \sqrt{\sum_{i=1}^{p} v_i^2} \tag{5.4.1}$$

이 놈은 다음과 같은 일반적인 세 가지 성질을 만족한다.

$$\begin{aligned} &\text{(a) 모든 } \mathbf{v} \in R^p\text{에 대해 } \|\mathbf{v}\| \geq 0,\ \mathbf{v} = \mathbf{0}\text{일 때에 한하여 } \|\mathbf{v}\| = 0 \\ &\text{(b) 모든 } \mathbf{v} \in R^p\text{와 } a \in R\text{에 대해 } \|a\mathbf{v}\| = |a|\|\mathbf{v}\| \\ &\text{(c) 모든 } \mathbf{v}, \mathbf{u} \in R^p\text{에 대해 } \|\mathbf{u} + \mathbf{v}\| \leq \|\mathbf{u}\| + \|\mathbf{v}\| \end{aligned} \tag{5.4.2}$$

R^p의 표준 기저는 $\mathbf{e}_1, \cdots, \mathbf{e}_p$로 표기하는데, 여기서 $\mathbf{e}_i$의 성분은 i번째 성분이 1이고 다른 모든 성분이 0이다. 그러면 임의의 벡터 $\mathbf{v}' = (v_1, \cdots, v_p)$를 항상 다음과 같이 나타낼 수 있다.

$$\mathbf{v} = \sum_{i=1}^{p} v_i \mathbf{e}_i$$

다음 따름정리는 유용하게 쓰일 것이다.

따름정리 5.4.1

$\mathbf{v}' = (v_1, \cdots, v_p)$를 R^p에서의 벡터라고 하면

$$\text{모든 } j = 1, \ldots, p\text{에 대해 } |v_j| \leq \|\mathbf{v}\| \leq \sum_{i=1}^{n} |v_i| \tag{5.4.3}$$

증명: 모든 j에 대해

$$v_j^2 \leq \sum_{i=1}^{p} v_i^2 = \|\mathbf{v}\|^2$$

따라서 이 등식의 제곱근을 취하면 원하는 부등식의 처음 부분이 도출된다. 두 번째 부분은 다음과 같다.

$$\|\mathbf{v}\| = \left\| \sum_{i=1}^{p} v_i \mathbf{e}_i \right\| \leq \sum_{i=1}^{p} |v_i| \|\mathbf{e}_i\| = \sum_{i=1}^{p} |v_i|$$

$\{\mathbf{X}_n\}$이 p차원 벡터의 열을 나타낸다고 하자. 절댓값이 R^1에서의 유클리드 놈이므로 확률벡터에 대한 확률수렴의 정의는 직접적인 일반화이다.

정의 5.4.1

$\{\mathbf{X}_n\}$이 p차원 벡터의 열이고 $\mathbf{X}$가 확률벡터이며 모두 동일한 표본공간에서 정의된다고 하자. 모든 $\epsilon > 0$에 대해 다음과 같으면 $\{\mathbf{X}_n\}$이 $\mathbf{X}$에 확률수렴한다고 한다.

$$\lim_{n\to\infty} P[\|\mathbf{X}_n - \mathbf{X}\| \geq \epsilon] = 0 \tag{5.4.4}$$

일변량인 경우와 마찬가지로 $\mathbf{X}_n \xrightarrow{P} \mathbf{X}$로 표기한다.

다음 정리에서 보듯이 벡터에서의 확률수렴은 각 성분별 확률수렴과 동등하다.

정리 5.4.1

$\{\mathbf{X}_n\}$이 p차원 벡터의 열이고 $\mathbf{X}$가 확률벡터이며 모두 동일한 표본공간에서 정의된다고 하면

$$\text{모든 } j = 1, \ldots, p\text{에 대해 } X_{nj} \xrightarrow{P} X_j \text{일 때에 한하여 } \mathbf{X}_n \xrightarrow{P} \mathbf{X}$$

증명: 이것은 따름정리 5.4.1에 의해 바로 도출된다. $\mathbf{X}_n \xrightarrow{P} \mathbf{X}$라고 하자. 임의의 j에 대해 부등식 (5.4.3)의 첫 번째 부분으로부터 $\epsilon > 0$에 대해

$$\epsilon \leq |X_{nj} - X_j| \leq \|\mathbf{X}_n - \mathbf{X}\|$$

따라서 다음과 같으며 이는 원하는 결과이다.

$$\overline{\lim}_{n\to\infty} P[|X_{nj} - X_j| \geq \epsilon] \leq \overline{\lim}_{n\to\infty} P[\|\mathbf{X}_n - \mathbf{X}\| \geq \epsilon] = 0$$

반대로 모든 $j = 1, \cdots, p$에 대해 $X_{nj} \xrightarrow{P} X_j$이면 부등식 (5.4.3)의 두 번째 부분에 의해 임의의 $\epsilon > 0$에 대해

$$\epsilon \leq \|\mathbf{X}_n - \mathbf{X}\| \leq \sum_{i=1}^{p} |X_{nj} - X_j|$$

따라서

$$\begin{aligned}\overline{\lim}_{n\to\infty} P[\|\mathbf{X}_n - \mathbf{X}\| \geq \epsilon] &\leq \overline{\lim}_{n\to\infty} P[\sum_{j=1}^{p} |X_{nj} - X_j| \geq \epsilon] \\ &\leq \sum_{j=1}^{p} \overline{\lim}_{n\to\infty} P[|X_{nj} - X_j| \geq \epsilon/p] = 0\end{aligned}$$

이 결과에 의해 확률수렴과 관련된 많은 정리가 다변량인 경우에도 쉽게 확장될 수 있다. 이 결과의 일부를 연습문제에 제시했다. 이것은 통계적인 결과에서도 성립한다. 예를 들어 5.2절에서는 $X_1, X_2, \cdots, X_n$이 평균 μ, 분산 σ^2인 확률변수 X의 분포에서 추출한 확률표본이면 $\overline{X}_n$과

S_n^2이 μ와 σ^2의 일치추정량임을 밝혔다. 바로 위의 정리에 의해 $(\overline{X}_n, S_n^2)$이 (μ, σ^2)의 일치추정량이라는 것이 유도된다.

또 다른 간단한 응용 예로 다변량 분포에서의 표본평균과 표본분산을 고려하자. $\{\mathbf{X}_n\}$을 공통인 평균 벡터 $\boldsymbol{\mu}$와 분산-공분산 행렬 $\boldsymbol{\Sigma}$를 가진 iid 확률벡터 열이라고 하자. 평균 벡터를 다음과 같이 표기하자.

$$\overline{\mathbf{X}}_n = \frac{1}{n}\sum_{i=1}^{n}\mathbf{X}_i \tag{5.4.5}$$

물론 $\overline{\mathbf{X}}_n$은 표본평균의 벡터 $(\overline{X}_1, \cdots, \overline{X}_p)'$이다. 대수의 약법칙과 정리 5.1.1에 의해 각각의 j에 대해 $\overline{X}_j \to \mu_j$로 확률수렴한다. 따라서 정리 5.4.1에 의해 $\overline{\mathbf{X}}_n \to \boldsymbol{\mu}$로 확률수렴한다.

표본분산은 어떠한가? $\mathbf{X}_i = (X_{i1}, \cdots, X_{ip})'$이라 하고 표본분산과 공분산을 다음과 같이 정의하자.

$$S_{n,j}^2 = \frac{1}{n-1}\sum_{i=1}^{n}(X_{ij} - \overline{X}_j)^2, \quad j = 1, \ldots, p \tag{5.4.6}$$

$$S_{n,jk} = \frac{1}{n-1}\sum_{i=1}^{n}(X_{ij} - \overline{X}_j)(X_{ik} - \overline{X}_k), \quad j \neq k = 1, \ldots, p \tag{5.4.7}$$

4차 적률이 유한일 때 대수의 약법칙에 의해 모든 표본분산과 공분산 성분은 각각 분포의 분산과 공분산으로 확률수렴한다. 대수의 약법칙을 제시한 뒤의 논의에서 대수의 강법칙은 유한 2차 적률의 존재에 대해 더 약한 가정하에서 이 수렴이 사실임을 암시하고 있다. $p \times p$ 행렬 $\mathbf{S}$가 j번째 대각 성분이 $S_{n,j}^2$이고 (j, k) 항의 성분이 $S_{n,jk}$라면 $\mathbf{S} \to \boldsymbol{\Sigma}$로 확률수렴한다.

분포수렴의 정의는 여전히 동일하다. 여기서는 이것을 벡터 표기로 설명한다.

정의 5.4.2

$\{\mathbf{X}_n\}$이 분포함수 $F_n(\mathbf{x})$를 가진 확률벡터 $\mathbf{X}_n$의 열이고 $\mathbf{X}$가 분포함수 $F(\mathbf{x})$를 가진 확률벡터라고 하자. $F(\mathbf{x})$가 연속인 모든 점 $\mathbf{x}$에 대해 다음과 같으면 $\{\mathbf{X}_n\}$은 $\mathbf{X}$에 **분포수렴**한다.

$$\lim_{n\to\infty} F_n(\mathbf{x}) = F(\mathbf{x}) \tag{5.4.8}$$

이것을 $\mathbf{X}_n \xrightarrow{D} \mathbf{X}$로 표기한다.

다변량인 경우 5.2절의 많은 정리와 유사한 정리가 있다. 중요한 두 가지 정리를 증명 없이 제시한다.

정리 5.4.2

$\{\mathbf{X}_n\}$이 확률벡터 $\mathbf{X}$로 분포수렴하는 확률벡터 열이고, $g(\mathbf{x})$가 $\mathbf{X}$의 받침에서 연속인 함수라고 하자. 그러면 $g(\mathbf{X}_n)$은 $g(\mathbf{X})$에 분포수렴한다.

분포수렴이 주변수렴(marginal convergence)을 수반한다는 것을 증명하는 데 이 정리를 이용할 수 있다. $\mathbf{x} = (x_1, \cdots, x_p)'$일 때 간단히 $g(\mathbf{x}) = x_j$라고 하면 g가 연속이므로 원하는 결과를 얻게 된다.

정의를 이용하여 분포수렴을 결정하기가 어려울 때가 있다. 일변량인 경우와 마찬가지로 분포수렴은 적률생성함수의 수렴과 동등하다. 이것을 다음 정리에 나타냈다.

정리 5.4.3

$\{\mathbf{X}_n\}$이 분포함수 $F_n(\mathbf{x})$와 적률생성함수 $M_n(\mathbf{t})$를 가진 확률벡터 $\mathbf{X}_n$의 열이고, $\mathbf{X}$는 분포함수 $F(\mathbf{x})$와 적률생성함수 $M(\mathbf{t})$를 가진 확률벡터라고 하자. 그러면 어떤 $h > 0$일 때 $||\mathbf{t}|| < h$인 모든 $\mathbf{t}$에 대해 다음과 같은 경우에 한하여 $\{\mathbf{X}_n\}$이 $\mathbf{X}$에 분포수렴한다.

$$\lim_{n\to\infty} M_n(\mathbf{t}) = M(\mathbf{t}) \tag{5.4.9}$$

이 정리의 증명은 고급 수준의 책에서 다룬다. 예를 들어 Tucker(1967)를 참조하라. 또한 일반적인 증명에서는 적률생성함수 대신 특성함수를 이용한다. 앞에서 언급한 것처럼 특성함수는 항상 존재한다. 따라서 분포수렴은 대응하는 특성함수의 수렴이 완벽한 특징이다.

$\mathbf{X}_n$의 적률생성함수는 $E[\exp\{\mathbf{t}'\mathbf{X}_n\}]$이다. $\mathbf{t}'\mathbf{X}_n$이 확률변수임을 참고하라. 종종 이것과 일변량 이론을 이용하여 다변량인 경우의 결론을 유도한다. 이에 대한 완벽한 예는 다변량 중심극한정리이다.

정리 5.4.4 [다변량 중심극한정리]

$\{\mathbf{X}_n\}$을 공통인 평균 벡터 $\boldsymbol{\mu}$와 양정치인 분산-공분산 행렬 $\boldsymbol{\Sigma}$를 가진 iid 확률벡터 열이라고 하자. 공통의 적률생성함수 $M(\mathbf{t})$가 $\mathbf{0}$의 열린 근방(open neighborhood)에서 존재한다고 할 때 다음과 같다고 하자.

$$\mathbf{Y}_n = \frac{1}{\sqrt{n}} \sum_{i=1}^{n} (\mathbf{X}_i - \boldsymbol{\mu}) = \sqrt{n}(\overline{\mathbf{X}} - \boldsymbol{\mu})$$

그러면 $\mathbf{Y}_n$은 $N_p(\mathbf{0}, \boldsymbol{\Sigma})$에 분포수렴한다.

증명: $\mathbf{t} \in R^p$가 조건으로 주어진 $\mathbf{0}$의 근방이라고 하자. $\mathbf{Y}_n$의 적률생성함수는

$$\begin{aligned} M_n(\mathbf{t}) &= E\left[\exp\left\{\mathbf{t}'\frac{1}{\sqrt{n}}\sum_{i=1}^{n}(\mathbf{X}_i - \boldsymbol{\mu})\right\}\right] \\ &= E\left[\exp\left\{\frac{1}{\sqrt{n}}\sum_{i=1}^{n}\mathbf{t}'(\mathbf{X}_i - \boldsymbol{\mu})\right\}\right] \\ &= E\left[\exp\left\{\frac{1}{\sqrt{n}}\sum_{i=1}^{n}W_i\right\}\right] \end{aligned} \tag{5.4.10}$$

여기서 $W_i = \mathbf{t}'(\mathbf{X}_i - \boldsymbol{\mu})$이다. $W_1, W_2, \cdots, W_n$은 평균 0, 분산 $Var(W_i) = \mathbf{t}'\boldsymbol{\Sigma}\mathbf{t}$인 iid이다. 따라서 단순한 중심극한정리에 의해

$$\frac{1}{\sqrt{n}}\sum_{i=1}^{n}W_i \xrightarrow{D} N(0, \mathbf{t}'\boldsymbol{\Sigma}\mathbf{t}) \tag{5.4.11}$$

그런데 식 (5.4.10)은 1에서 평가된 $(1/\sqrt{n})\sum_{i=1}^{n} W_i$의 mgf이다. 따라서 식 (5.4.11)에 의해 다음과 같아야 한다.

$$\begin{aligned} M_n(\mathbf{t}) = E\left[\exp\left\{(1)\frac{1}{\sqrt{n}}\sum_{i=1}^{n}W_i\right\}\right] \\ \to e^{1^2\mathbf{t}'\boldsymbol{\Sigma}\mathbf{t}/2} = e^{\mathbf{t}'\boldsymbol{\Sigma}\mathbf{t}/2} \end{aligned}$$

마지막 값이 $N_p(\mathbf{0}, \boldsymbol{\Sigma})$ 분포의 적률생성함수이므로 원하는 결과를 얻는다.

평균 벡터 $\boldsymbol{\mu}$와 분산-공분산 행렬 $\boldsymbol{\Sigma}$를 가진 분포에서 추출한 확률표본을 $\mathbf{X}_1, \mathbf{X}_2, \cdots, \mathbf{X}_n$이라고 하자. $\overline{\mathbf{X}}_n$이 표본평균 벡터이면 중심극한정리에 의해

$$\overline{\mathbf{X}}_n\text{은 근사 } N_p\left(\boldsymbol{\mu}, \tfrac{1}{n}\boldsymbol{\Sigma}\right) \text{ 분포를 따른다.} \tag{5.4.12}$$

자주 이용하는 결과는 선형변환과 관련된 것이다. 이에 대한 증명은 적률생성함수를 이용하여 구할 수 있는데 연습문제에서 확인해보자.

정리 5.4.5

$\{\mathbf{X}_n\}$이 p차원 확률벡터의 열이고 $\mathbf{X}_n \xrightarrow{D} N(\boldsymbol{\mu}, \boldsymbol{\Sigma})$라고 하자. $\mathbf{A}$가 $m \times p$ 상수 행렬이고 $\mathbf{b}$가 m차원 상수 벡터라면 $\mathbf{A}\mathbf{X}_n + \mathbf{b} \xrightarrow{D} N(\mathbf{A}\boldsymbol{\mu} + \mathbf{b}, \mathbf{A}\boldsymbol{\Sigma}\mathbf{A}')$이다.

Δ 방법의 확장은 매우 유용하다고 입증될 것이다. 정리 5.2.9를 참조하라. 증명은 Serfling (1980) 3장에서 볼 수 있다.

정리 5.4.6

$\{\mathbf{X}_n\}$이 p차원 확률벡터 열이고 다음과 같다고 가정하자.

$$\sqrt{n}(\mathbf{X}_n - \boldsymbol{\mu}_0) \xrightarrow{D} N_p(\mathbf{0}, \boldsymbol{\Sigma})$$

$1 \le k \le p$일 때 $\mathbf{g}$가 변환 $\mathbf{g}(\mathbf{x}) = (g_1(\mathbf{x}), \cdots, g_k(\mathbf{x}))'$이고, 다음 편도함수의 $k \times p$ 행렬이 연속이며, $\boldsymbol{\mu}_0$ 근방에서 0이 되지 않는다고 하자.

$$\mathbf{B} = \left[\frac{\partial g_i}{\partial \mu_j}\right], \quad i = 1, \ldots k;\ j = 1, \ldots, p$$

$\boldsymbol{\mu}_0$에서 $\mathbf{B}_0 = \mathbf{B}$이면

$$\sqrt{n}(\mathbf{g}(\mathbf{X}_n) - \mathbf{g}(\boldsymbol{\mu}_0)) \xrightarrow{D} N_k(\mathbf{0}, \mathbf{B}_0 \boldsymbol{\Sigma} \mathbf{B}_0') \qquad (5.4.13)$$

연습문제

5.4.1 $\{\mathbf{X}_n\}$을 p차원 확률벡터의 열이라고 하자. 모든 벡터 $\mathbf{a} \in R^p$에 대해 다음을 밝혀라.

$$\mathbf{a}'\mathbf{X}_n \xrightarrow{D} N_1(\mathbf{a}'\boldsymbol{\mu}, \mathbf{a}'\boldsymbol{\Sigma}\mathbf{a})\text{일 때에 한하여 } \mathbf{X}_n \xrightarrow{D} N_p(\boldsymbol{\mu}, \boldsymbol{\Sigma})$$

5.4.2 균등분포 (a, b)에서 추출한 확률표본을 $X_1, X_2, \cdots, X_n$이라고 하자. $Y_1 = \min X_i$, $Y_2 = \max X_i$일 때 $(Y_1, Y_2)'$이 벡터 $(a, b)'$으로 확률수렴함을 밝혀라.

5.4.3 $\mathbf{X}_n$과 $\mathbf{Y}_n$을 p차원 확률벡터라고 하자. $\mathbf{X}$가 p차원 확률벡터일 때 $\mathbf{X}_n - \mathbf{Y}_n \xrightarrow{P} \mathbf{0}$이고 $\mathbf{X}_n \xrightarrow{D} \mathbf{X}$이면 $\mathbf{Y}_n \xrightarrow{D} \mathbf{X}$임을 증명하라.

5.4.4 $\mathbf{X}_n$과 $\mathbf{Y}_n$이 각각의 n에 대해 독립이며 이것의 mgf가 존재하는 p차원 확률벡터라고 하자. $\mathbf{X}$와 $\mathbf{Y}$가 p차원 확률벡터일 때 $\mathbf{X}_n \xrightarrow{D} \mathbf{X}$이고 $\mathbf{Y}_n \xrightarrow{D} \mathbf{Y}$이면 $(\mathbf{X}_n, \mathbf{Y}_n) \xrightarrow{D} (\mathbf{X}, \mathbf{Y})$임을 증명하라.

5.4.5 $\mathbf{X}_n$이 $N_p(\boldsymbol{\mu}_n, \boldsymbol{\Sigma}_n)$ 분포를 따른다고 하자. $\boldsymbol{\mu}_n \to \boldsymbol{\mu}$이고 $\boldsymbol{\Sigma}_n \to \boldsymbol{\Sigma}$일 때에 한하여 $\mathbf{X}_n \xrightarrow{D} N_p(\boldsymbol{\mu}, \boldsymbol{\Sigma})$임을 증명하라.

최대우도 방법

Maximum Likelihood Methods

6

6.1 최대우도(가능도)추정

4장에서 점추정 절차로 최대우도추정량(mle)을 소개했다. 이 장에서는 우도(likelihood) 방법에 근거한 통계적 추론(신뢰 절차와 검정 절차)의 정형화된 이론을 전개할 것이다. 특정한 조건(정조건)하에서 이러한 절차는 점근적으로 최적이다.

4.1절과 마찬가지로 집합 Ω 내 알려지지 않은 모수 θ에 의존하는 pdf $f(x; \theta)$를 가진 확률변수 X를 생각해보자. 여기서는 일반적으로 연속형 변수를 다루지만 그 결과는 이산형 변수로도 확장된다. X에 대한 확률표본이 (iid) $X_1, X_2, \cdots, X_n$이고, $X_1, X_2, \cdots, X_n$이 $\theta \in \Omega$에 대해 공통인 pdf $f(x; \theta)$를 가진 iid 확률변수라고 하자. θ는 스칼라라고 가정한다. 그러나 이 결과를 6.4절과 6.5절에서 벡터인 경우에 대해 확장한다. 모수 θ는 알려지지 않았으며, 추론 절차의 기초는 다음과 같은 우도함수이다.

$$L(\theta; \mathbf{x}) = \prod_{i=1}^{n} f(x_i; \theta), \quad \theta \in \Omega \tag{6.1.1}$$

여기서 $\mathbf{x} = (x_1, x_2, \cdots, x_n)'$이다. 이 장에서는 L을 θ의 함수로 처리할 것이므로 우도함수의 변수에서 x_i와 θ의 위치를 바꾼다. 우도함수를 $L(\theta)$라고 쓰기도 한다. 실제로는 대개의 경우 이 함수의 로그가 사용하기에 더 편리하다. 이를 다음과 같이 나타낸다.

$$l(\theta) = \log L(\theta) = \sum_{i=1}^{n} \log f(x_i; \theta), \quad \theta \in \Omega \tag{6.1.2}$$

로그가 일대일 함수이므로 $l(\theta)$를 이용해도 정보의 손실이 없다. 이 장에서 논의되는 대부분의 사항은 X가 확률벡터인 경우에도 동일하다.

4장에서와 같이 θ에 대한 점추정량은 $L(\theta)$ 함수를 최대화하는 값인 $\widehat{\theta} = \widehat{\theta}(X_1, X_2, \cdots, X_n)$이다. $\widehat{\theta}$은 θ의 최대우도추정량(mle)이라고 한다. 4.1절에서 이항확률모형과 정규확률모형을 포함한 예제를 제시했다. 더 많은 예제를 보기에 앞서 mle를 고려하는 것의 이론적 타당성을 밝히려 한다. θ_0이 θ의 **참값**(true value)을 나타낸다고 하자. 정리 6.1.1은 $L(\theta)$의 최댓값이 θ_0에서의 참모형(true model)을 $\theta \neq \theta_0$에서의 모형으로부터 점근적으로 분리함을 보여준다. 이 정리를 증명하기 위해 일반적으로 **정칙 조건**(regularity condition)이라고 하는 특정 조건을 가정한다.

가정 6.1.1 [정칙 조건]

정칙 조건 (R0)~(R2)는 다음과 같다.

(R0) cdf는 서로 구분된다. 즉 $\theta \neq \theta' \Rightarrow F(x_i; \theta) \neq F(x_i; \theta')$이다.

(R1) pdf는 모든 θ에 대해 공통 받침을 갖는다.

(R2) 점 θ_0은 Ω 안에 있는 점이다.

첫 번째 가정은 모수가 pdf를 지정하는 것을 말하고, 두 번째 가정은 X_i의 받침이 θ에 의존하지 않는다는 것을 의미한다. 이것은 제약을 하는 것으로 어떤 예제와 연습문제에서는 (R1)이 참이 아닌 경우의 모형을 다룬다.

정리 6.1.1

θ_0을 참모수(true parameter)라고 하자. 가정 (R0)과 (R1)하에서

$$\text{모든 } \theta \neq \theta_0 \text{에 대해} \quad \lim_{n\to\infty} P_{\theta_0}[L(\theta_0, \mathbf{X}) > L(\theta, \mathbf{X})] = 1 \tag{6.1.3}$$

증명: 로그를 취하면 부등식 $L(\theta_0, \mathbf{X}) > L(\theta, \mathbf{X})$는 다음과 동일하다.

$$\frac{1}{n}\sum_{i=1}^{n} \log\left[\frac{f(X_i;\theta)}{f(X_i;\theta_0)}\right] < 0$$

피가수(summand)는 유한 기댓값을 가진 iid이고 함수 $\phi(x) = -\log(x)$는 단조블록(convex)이므로 대수법칙(정리 5.1.1)과 옌센의 부등식(정리 1.10.5)에 의해 θ_0이 참모수일 때 다음과 같다.

$$\frac{1}{n}\sum_{i=1}^{n} \log\left[\frac{f(X_i;\theta)}{f(X_i;\theta_0)}\right] \xrightarrow{P} E_{\theta_0}\left[\log\frac{f(X_1;\theta)}{f(X_1;\theta_0)}\right] < \log E_{\theta_0}\left[\frac{f(X_1;\theta)}{f(X_1;\theta_0)}\right]$$

그런데

$$E_{\theta_0}\left[\frac{f(X_1;\theta)}{f(X_1;\theta_0)}\right] = \int \frac{f(x;\theta)}{f(x;\theta_0)} f(x;\theta_0)\, dx = 1$$

$\log 1 = 0$이므로 정리가 성립한다. 마지막 등식을 구하려면 공통 받침이 필요하다.

정리 6.1.1은 점근적으로 참값 θ_0에서 우도함수가 최대가 된다는 것을 말한다. 따라서 θ_0을 추정하는 데에서 우도함수를 최대화하는 θ의 값을 고려하게 된다.

정의 6.1.1 [최대우도추정량]

다음과 같으면 $\widehat{\theta} = \widehat{\theta}(\mathbf{X})$를 θ의 **최대우도추정량**(maximum likelihood estimator, mle)이라고 한다.

$$\widehat{\theta} = Argmax\, L(\theta; \mathbf{X}) \tag{6.1.4}$$

'$Argmax$'는 $L(\theta; \mathrm{X})$가 $\widehat{\theta}$에서 최댓값을 갖는다는 것을 의미한다.

4장에서와 같이 mle를 결정하기 위해 때로 우도함수의 로그를 취하고 그 임곗값을 결정한다. 즉 $l(\theta) = \log L(\theta)$라고 하며, mle는 다음 식의 해이다.

$$\frac{\partial l(\theta)}{\partial \theta} = 0 \tag{6.1.5}$$

이것은 EE라고 하는 **추정방정식**(estimating equation)의 한 예이다. 이것이 이 책의 여러 EE 중 첫 번째 것이다.

예제 6.1.1 **[라플라스 분포]** 다음 밀도함수를 가진 iid를 $X_1, X_2, \cdots, X_n$이라고 하자.

$$f(x;\theta) = \frac{1}{2}e^{-|x-\theta|}, \quad -\infty < x < \infty, -\infty < \theta < \infty \tag{6.1.6}$$

이 pdf를 라플라스 분포(Laplace distribution) 또는 **이중지수분포**(double exponential distribution)라고 한다. 우도함수의 로그는 다음과 같이 단순화된다.

$$l(\theta) = -n\log 2 - \sum_{i=1}^{n}|x_i - \theta|$$

첫 번째 편미분은

$$l'(\theta) = \sum_{i=1}^{n}\mathrm{sgn}(x_i - \theta) \tag{6.1.7}$$

여기서 $t > 0$, $t = 0$, $t < 0$일 때 각각 $\mathrm{sgn}(t) = 1, 0, -1$이다. $t = 0$이 아닌 한 참인 $\frac{d}{dt}|t| = \mathrm{sgn}(t)$를 사용했다. 식 (6.1.7)을 0이라고 하면 θ에 대한 해는 $\mathrm{med}\{x_1, x_2, \cdots, x_n\}$이다. 중앙값 식 (6.1.7)에 있는 항목의 반은 양이 아니고 반은 음이 아닌 것으로 만들기 때문이다. 표본중앙값을 Q_2(표본의 두 번째 분위수)로 나타낸다는 것을 상기하라. 따라서 $\widehat{\theta} = Q_2$가 라플라스 pdf 식

(6.1.6)에서 θ의 mle이다.

mle가 존재하는지, 만약 존재한다면 유일한지에 대한 보장은 없다. 이는 이어지는 두 예제에서처럼 응용을 통해 확실히 볼 수 있다. 다른 예는 연습문제를 참조하라.

예제 6.1.2 **[로지스틱 분포]** 다음 밀도함수를 가진 iid를 $X_1, X_2, \cdots, X_n$이라고 하자.

$$f(x;\theta) = \frac{\exp\{-(x-\theta)\}}{(1+\exp\{-(x-\theta)\})^2}, \quad -\infty < x < \infty, \ -\infty < \theta < \infty \tag{6.1.8}$$

우도함수의 로그는 다음과 같이 단순화된다.

$$\begin{aligned} l(\theta) &= \sum_{i=1}^{n} \log f(x_i;\theta) \\ &= n\theta - n\overline{x} - 2\sum_{i=1}^{n} \log(1+\exp\{-(x_i-\theta)\}) \end{aligned}$$

이것을 이용하여 첫 번째 편미분은

$$l'(\theta) = n - 2\sum_{i=1}^{n} \frac{\exp\{-(x_i-\theta)\}}{1+\exp\{-(x_i-\theta)\}} \tag{6.1.9}$$

이 식을 0으로 놓고 정리하면

$$\sum_{i=1}^{n} \frac{\exp\{-(x_i-\theta)\}}{1+\exp\{-(x_i-\theta)\}} = \frac{n}{2} \tag{6.1.10}$$

비록 이는 단순하지 않지만 식 (6.1.10)이 유일해를 갖는다는 것을 보여줄 수 있다. 식 (6.1.10)의 왼쪽 미분은 단순하게 다음과 같이 된다.

$$(\partial/\partial\theta)\sum_{i=1}^{n} \frac{\exp\{-(x_i-\theta)\}}{1+\exp\{-(x_i-\theta)\}} = \sum_{i=1}^{n} \frac{\exp\{-(x_i-\theta)\}}{(1+\exp\{-(x_i-\theta)\})^2} > 0$$

따라서 식 (6.1.10)의 왼쪽은 θ의 단조증가함수이다. 끝으로 식 (6.1.10)의 왼쪽은 $\theta \to -\infty$이면 0에 접근하고 $\theta \to \infty$이면 n에 접근한다. 따라서 식 (6.1.10)은 유일해를 갖는다. 또한 $l(\theta)$의 2차 미분은 모든 θ에 대해 단조 음수이므로 이 해는 최댓값이다.

mle가 존재하고 유일하다는 것을 밝혔으므로 해를 구하기 위해 수치적 방법을 이용할 수 있다. 이 경우 뉴턴의 절차가 유용하다. 다음 절에서 이러한 일반적인 상황에 대해 논의할 때 이 예제를 다시 고려할 것이다.

예제 6.1.3 예제 4.1.2에서는 $0 \le \theta \le 1$에 대해 다음 pmf를 따르는 베르누이 분포에서 추출한 확률표본 $X_1, X_2, \cdots, X_n$에 대한 성공 확률 θ의 mle를 살펴보았다.

$$p(x) = \begin{cases} \theta^x(1-\theta)^{1-x} & x = 0, 1 \\ 0 & \text{그 외에} \end{cases}$$

mle가 표본의 성공 비율인 $\overline{X}$임을 상기하라. 이제 사전에 θ가 $0 \le \theta \le 1$이 아니라 부등식 $0 \le \theta \le 1/3$에 제한되어 있음을 안다고 하자. 만약 관측값에 의해 $\overline{x} > 1/3$이면 $\overline{x}$는 만족스러운 추정값이 아닐 것이다. $\theta < \overline{x}$일 때 $\frac{\partial l(\theta)}{\partial \theta} > 0$이므로 제약 조건 $0 \le \theta \le 1/3$에 대해 $\widehat{\theta} = \min\{\overline{x}, 1/3\}$이라고 함으로써 $l(\theta)$를 최대화할 수 있다.

다음은 최대우도추정의 흥미로운 성질이다.

정리 6.1.2

$\theta \in \Omega$에 대해 pdf $f(x; \theta)$를 가진 iid를 $X_1, X_2, \cdots, X_n$이라고 하자. 특정 함수 g에 대해 $\eta = g(\theta)$가 관심의 대상인 모수라고 하자. $\widehat{\theta}$이 θ의 mle이면 $g(\widehat{\theta})$은 $\eta = g(\theta)$의 mle이다.

증명: 우선 g가 일대일 함수라고 하자. 관심의 대상인 우도함수는 $L(g(\theta))$이다. 그런데 g가 일대일이므로

$$\max L(g(\theta)) = \max_{\eta = g(\theta)} L(\eta) = \max_{\eta} L(g^{-1}(\eta))$$

그런데 최댓값은 $g^{-1}(\eta) = \widehat{\theta}$, 즉 $\widehat{\eta} = g(\widehat{\theta})$일 때 발생한다.

g가 일대일이 아니라고 하자. g의 치역 안에 있는 각각의 η에 대해 집합[원상(preimage)]을 정의한다.

$$g^{-1}(\eta) = \{\theta : g(\theta) = \eta\}$$

최댓값은 $\widehat{\theta}$에서 발생하며 g의 정의역은 $\widehat{\theta}$을 포함하는 Ω이다. 따라서 $\widehat{\theta}$은 이러한 원상 중 하나이며, 사실 이것이 유일한 원상일 수 있다. 따라서 $L(\eta)$의 최대화를 위해서는 $g^{-1}(\widehat{\eta})$이 $\widehat{\theta}$을 포함하는 유일한 원상이 되도록 $\widehat{\eta}$을 선택해야 한다. 그러면 $\widehat{\eta} = g(\widehat{\theta})$이다.

예제 4.1.2를 고려하자. 여기서는 $X_1, X_2, \cdots, X_n$이 성공 확률 p인 iid 베르누이 확률변수였다. 예제에서와 같이 $\widehat{p} = \overline{X}$는 p의 mle이다. 식 (4.2.7)의 p에 대한 대표본 신뢰구간에서는 $\sqrt{p(1-p)}$의 추정을 요구했다. 정리 6.1.2의 이 값의 mle는 $\sqrt{\widehat{p}(1-\widehat{p})}$이다.

정칙 조건하에서 최대우도추정량이 일치추정량임을 밝히는 것으로 이 절을 마칠 것이다. $\mathbf{X}' = (X_1, X_2, \cdots, X_n)$임을 상기하라.

정리 6.1.3

$X_1, X_2, \cdots, X_n$이 정칙 조건 (R0)~(R2)를 만족한다고 하자. 여기서 θ_0은 참모수이고, $f(x;\theta)$는 Ω 내의 θ에 대해 미분 가능하다. 그러면 다음 우도식은 $\widehat{\theta}_n \xrightarrow{P} \theta_0$인 해 $\widehat{\theta}_n$을 갖는다.

$$\frac{\partial}{\partial\theta}L(\theta) = 0$$

또는 동등하게

$$\frac{\partial}{\partial\theta}l(\theta) = 0$$

증명: θ_0이 Ω 안에 있는 점이므로 어떤 $a > 0$에 대해 $(\theta_0 - a, \theta_0 + a) \subset \Omega$이다. S_n을 다음과 같은 사건이라고 정의하자.

$$S_n = \{\mathbf{X} : l(\theta_0;\mathbf{X}) > l(\theta_0 - a;\mathbf{X})\} \cap \{\mathbf{X} : l(\theta_0;\mathbf{X}) > l(\theta_0 + a;\mathbf{X})\}$$

정리 6.1.1에 의해 $P(S_n) \to 1$이다. 따라서 사건 S_n으로 주의를 제한할 수 있다. 그런데 S_n에서 $l(\theta)$는 $\theta_0 - a < \widehat{\theta}_n < \theta_0 + a$이고 $l'(\widehat{\theta}_n) = 0$인 극대(local maximum)를 갖는다. 이를 $\widehat{\theta}_n$이라고 하자. 즉

$$S_n \subset \left\{\mathbf{X} : |\widehat{\theta}_n(\mathbf{X}) - \theta_0| < a\right\} \cap \left\{\mathbf{X} : l'(\widehat{\theta}_n(\mathbf{X})) = 0\right\}$$

따라서

$$1 = \lim_{n\to\infty} P(S_n) \le \overline{\lim_{n\to\infty}}\, P\left[\left\{\mathbf{X} : |\widehat{\theta}_n(\mathbf{X}) - \theta_0| < a\right\} \cap \left\{\mathbf{X} : l'(\widehat{\theta}_n(\mathbf{X})) = 0\right\}\right] \le 1$$

$\overline{\lim}$에 대한 논의는 참고 5.2.3을 보라. 참고에 따르면 해의 열 $\widehat{\theta}_n$에 대해 $P[|\widehat{\theta}_n - \theta_0| < a] \to 1$이 된다.

증명에서 유일한 논쟁거리는 해의 열이 a에 의존할 수 있다는 것이다. 그러나 다음과 같은 방법으로 θ_0에 '가장 가까운' 해를 언제나 택할 수 있다. 각각의 n에 대해 구간 안에 있는 모든 해의 집합은 유계이다. 따라서 해 중에서 θ_0에 가장 가까운 하한이 존재한다.

이 정리는 식의 해에 대해 논의하므로 애매하다. 그러나 mle가 식 $l'(\theta) = 0$의 유일해라는 것을 안다면 일치성을 갖는다. 이것을 따름정리로 나타낸다.

따름정리 6.1.1

$X_1, X_2, \cdots, X_n$이 정칙 조건 (R0)~(R2)를 만족한다고 하자. 여기서 θ_0은 참모수이고, $f(x;\theta)$는 Ω 내의 θ에 대해 미분 가능하다. 우도식이 유일해 $\widehat{\theta}_n$을 가지면 $\widehat{\theta}_n$은 θ_0의 일치추정량이다.

연습문제

6.1.1 $0 < \theta < \infty$에 대해 $\Gamma(\alpha = 4, \beta = \theta)$ 분포를 가진 X에 대한 확률표본을 $X_1, X_2, \cdots, X_n$이라고 하자.

(a) θ의 mle를 구하라.

(b) 다음 자료가 X에 대한 확률표본의 (반올림한) 실현값이라고 가정하자. 인수 `pr=T`를 사용하여 히스토그램을 구하라(자료는 `ex6111.rda`에 있다).

```
9 39 38 23  8 47 21 22 18 10 17 22 14
9  5 26 11 31 15 25  9 29 28 19  8
```

(c) 이 표본에서 mle의 실현값 $\hat{\theta}$을 구하고, 히스토그램에 $4\hat{\theta}$의 위치를 표시하라. 히스토그램에 $\Gamma(\alpha = 4, \beta = \hat{\theta})$ pdf를 겹쳐서 그려라. 자료가 이 pdf와 일치하는가? 겹쳐서 그리는 코드는 다음과 같다.

```
xs=sort(x);y=dgamma(xs,4,1/betahat);hist(x,pr=T);lines(y~xs)
```

6.1.2 다음 각각의 pdf를 따르는 분포에서 추출한 확률표본을 $X_1, X_2, \cdots, X_n$이라고 하자.

(a) $0 < \theta < \infty$에 대해 $0 < x < 1$일 때 $f(x; \theta) = \theta x^{\theta-1}$, 그 외에 $f(x; \theta) = 0$

(b) $-\infty < \theta < \infty$에 대해 $\theta \le x < \infty$일 때 $f(x; \theta) = e^{-(x-\theta)}$, 그 외에 $f(x; \theta) = 0$. 이것이 비정칙인 경우라는 점에 유의하라.

각각의 경우에 θ의 mle $\hat{\theta}$을 구하라.

6.1.3 $-\infty < \theta < \infty$에 대해 $\theta - \frac{1}{2} \le x \le \theta + \frac{1}{2}$일 때 pdf $f(x; \theta) = 1$, 그 외에 $f(x; \theta) = 0$인 분포에서 추출한 확률표본의 순서통계량을 $Y_1 < Y_2 < \cdots < Y_n$이라고 하자. 이것이 비정칙인 경우라는 점에 유의하라. 다음을 만족하는 모든 통계량 $u(X_1, X_2, \cdots, X_n)$이 θ의 mle임을 밝혀라.

$$Y_n - \tfrac{1}{2} \le u(X_1, X_2, \ldots, X_n) \le Y_1 + \tfrac{1}{2}$$

특히 $(4Y_1 + 2Y_n + 1)/6$, $(Y_1 + Y_n)/2$, $(2Y_1 + 4Y_n - 1)/6$은 이와 같은 통계량이다. 따라서 유일성(uniqueness)은 mle의 일반적인 성질이 아니다.

6.1.4 $0 < x \le \theta$일 때 pdf $f(x; \theta) = 2x/\theta^2$, 그 외에 $f(x; \theta) = 0$인 iid를 $X_1, X_2, \cdots, X_n$이라고 한다. 이것이 비정칙인 경우라는 점에 유의하라. 다음을 구하라.

(a) θ의 mle $\hat{\theta}$

(b) $E(c\hat{\theta}) = \theta$인 상수 c

(c) 분포의 중앙값의 mle. 이것이 일치추정량임을 밝혀라.

6.1.5 연습문제 6.1.4의 pdf를 고려하자.

(a) 정리 4.8.1을 이용하여 이 pdf로부터 관측값을 생성하는 방법을 밝혀라.

(b) 이 pdf로부터 다음 자료가 생성되었다. θ와 중앙값의 mle를 구하라.

```
1.2 7.7 4.3 4.1 7.1 6.3 5.3 6.3 5.3 2.8
 3.8 7.0 4.5 5.0 6.3 6.7 5.0 7.4 7.5 7.5
```

6.1.6 $0 < x < \infty$일 때 pdf $f(x;\theta) = (1/\theta)e^{-x/\theta}$, 그 외에 $f(x;\theta) = 0$인 iid를 $X_1, X_2, \cdots, X_n$이라고 한다. $P(X \le 2)$의 mle를 구하라.

6.1.7 다음 표는 $n = 5$인 이항분포에서 추출한 크기 50인 표본을 정리한 것이다.

x	0	1	2	3	4	5
빈도	6	10	14	13	6	1

$P(X \ge 3)$의 mle를 구하라. 표의 자료에 대해 R 함수 `pbinom`을 사용하여 mle의 실현값을 구하라.

6.1.8 X_1, X_2, X_3, X_4, X_5가 중앙값 θ인 코시 분포에서 추출한 확률표본이라고 하자. 즉 pdf는 $-\infty < \theta < \infty$일 때 다음과 같다.

$$f(x;\theta) = \frac{1}{\pi}\frac{1}{1+(x-\theta)^2}, \quad -\infty < x < \infty$$

$x_1 = -1.94$, $x_2 = 0.59$, $x_3 = -5.98$, $x_4 = -0.08$, $x_5 = -0.77$이라고 가정하자.

(a) 다음 식을 최소화하여 mle를 얻을 수 있음을 밝혀라.

$$\sum_{i=1}^{5} \log[1+(x_i-\theta)^2]$$

(b) (a)의 함수를 그려 mle를 근사하라. 자료가 R 벡터 `x`에 있다고 가정하는 다음 R 코드를 사용하라.

```
theta=seq(-6,6,.001);lfs<-c()
for(th in theta){lfs=c(lfs,sum(log((x-th)^2+1)))}
plot(lfs~theta)
```

6.1.9 다음 표는 푸아송 분포에서 추출한 크기 55인 표본을 정리한 것이다.

x	0	1	2	3	4	5
빈도	7	14	12	13	6	3

$P(X = 2)$의 최대우도추정값을 구하라.

6.1.10 모수 p인 베르누이 분포에서 추출한 확률표본을 $X_1, X_2, \cdots, X_n$이라고 하자. p가 제한되어 있고 $1/2 \le p \le 1$임을 알고 있을 때 이 모수의 mle를 구하라.

6.1.11 $N(\theta, \sigma^2)$ 분포에서 추출한 확률표본을 $X_1, X_2, \cdots, X_n$이라고 하자. 여기서 σ^2은 고정된 값이지만 $-\infty < \theta < \infty$이다.

(a) θ의 mle가 $\overline{X}$임을 밝혀라.

(b) θ가 $0 \leq \theta < \infty$로 제한되어 있다면 θ의 mle가 $\widehat{\theta} = \max\{0, \overline{X}\}$임을 밝혀라.

6.1.12 $0 < \theta \leq 2$인 푸아송 분포에서 추출한 확률표본을 $X_1, X_2, \cdots, X_n$이라고 하자. θ의 mle가 $\widehat{\theta} = \min\{\overline{X}, 2\}$임을 밝혀라.

6.1.13 다음과 같은 2개의 pdf 중 하나의 분포에서 추출한 확률표본을 $X_1, X_2, \cdots, X_n$이라고 하자. $-\infty < x < \infty$일 때 $\theta = 1$이면 $f(x; \theta = 1) = \frac{1}{\sqrt{2\pi}} e^{-x^2/2}$이고, $\theta = 2$이면 $f(x; \theta = 2) = 1/[\pi(1 + x^2)]$이다. θ의 mle를 구하라.

6.2 라오-크라메르 한계와 효율성

이 절에서는 모든 불편추정값의 분산 하한을 제공하는 **라오-크라메르 하한**(Rao-Cramér lower bound)이라는 부등식을 확립한다. 그런 다음 정칙 조건하에서 최대우도추정값의 분산이 이러한 하한을 점근적으로 만족한다는 것을 보여준다.

앞 절에서와 마찬가지로 X가 $\theta \in \Omega$에 대해 pdf $f(x; \theta)$를 따르는 확률변수라고 하자. 여기서 모수 공간 Ω는 개구간이다. 다음을 유도하기 위해서는 6.1절의 정칙 조건 (6.1.1)에 더하여 두 가지 정칙 조건이 더 필요하다.

가정 6.2.1 [추가적인 정칙 조건]

정칙 조건 (R3)과 (R4)는 다음과 같다.

(R3) pdf $f(x; \theta)$는 θ의 함수로 두 번 미분 가능하다.

(R4) 적분 $\int f(x; \theta)\, dx$는 적분 기호하에서 θ의 함수로 두 번 미분 가능하다.

조건 (R1)~(R4)는 θ가 $f(x; \theta) > 0$인 구간의 끝점(endpoint)에는 나타나지 않으며, 적분과 θ에 대한 미분의 순서를 서로 교체할 수 있음을 의미한다. 이러한 유도는 연속형인 경우나 이산형인 경우에도 유사한 방법으로 처리할 수 있다. 다음 항등식으로 시작한다.

$$1 = \int_{-\infty}^{\infty} f(x; \theta)\, dx$$

θ에 대해 미분하면

$$0 = \int_{-\infty}^{\infty} \frac{\partial f(x; \theta)}{\partial \theta}\, dx$$

뒤의 식은 다음과 같이 나타낼 수 있다.

$$0 = \int_{-\infty}^{\infty} \frac{\partial f(x;\theta)/\partial\theta}{f(x;\theta)} f(x;\theta)\, dx$$

또는 이와 동등하게

$$0 = \int_{-\infty}^{\infty} \frac{\partial \log f(x;\theta)}{\partial\theta} f(x;\theta)\, dx \tag{6.2.1}$$

이 식을 기댓값으로 표현하면

$$E\left[\frac{\partial \log f(X;\theta)}{\partial\theta}\right] = 0 \tag{6.2.2}$$

즉 확률변수 $\frac{\partial \log f(X;\theta)}{\partial\theta}$의 평균은 0이다. 식 (6.2.1)을 다시 미분하면

$$0 = \int_{-\infty}^{\infty} \frac{\partial^2 \log f(x;\theta)}{\partial\theta^2} f(x;\theta)\, dx + \int_{-\infty}^{\infty} \frac{\partial \log f(x;\theta)}{\partial\theta} \frac{\partial \log f(x;\theta)}{\partial\theta} f(x;\theta)\, dx \tag{6.2.3}$$

이 식에서 오른쪽 두 번째 항은 기댓값으로 나타낼 수 있다. 이 기댓값을 **피셔 정보**(Fisher information)라고 하며 $I(\theta)$로 표기한다. 즉

$$\begin{aligned} I(\theta) &= \int_{-\infty}^{\infty} \frac{\partial \log f(x;\theta)}{\partial\theta} \frac{\partial \log f(x;\theta)}{\partial\theta} f(x;\theta)\, dx \\ &= E\left[\left(\frac{\partial \log f(X;\theta)}{\partial\theta}\right)^2\right] \end{aligned} \tag{6.2.4}$$

식 (6.2.3)에서 $I(\theta)$가 다음과 같이 계산될 수 있음을 알 수 있다.

$$I(\theta) = -\int_{-\infty}^{\infty} \frac{\partial^2 \log f(x;\theta)}{\partial\theta^2} f(x;\theta)\, dx = -E\left[\frac{\partial^2 \log f(X;\theta)}{\partial\theta^2}\right] \tag{6.2.5}$$

식 (6.2.2)를 이용하면 피셔 정보가 확률변수 $\frac{\partial \log f(X;\theta)}{\partial\theta}$의 분산임을 알 수 있다. 즉

$$I(\theta) = Var\left(\frac{\partial \log f(X;\theta)}{\partial\theta}\right) \tag{6.2.6}$$

일반적으로 식 (6.2.5)가 식 (6.2.4)보다 계산하기 더 쉽다.

참고 6.2.1

정보는 다음 함수 중 하나의 가중평균이다.

$$\left[\frac{\partial \log f(x;\theta)}{\partial\theta}\right]^2 \quad \text{또는} \quad -\frac{\partial^2 \log f(x;\theta)}{\partial\theta^2}$$

여기서 가중치는 pdf $f(x;\theta)$이다. 즉 이러한 미분이 평균적으로 크면 클수록 θ에 대해 더 많은 정

보를 갖게 된다. 만약 이 값이 0이면(그래서 θ가 $\log f(x;\theta)$에 있지 않으면) θ에 대한 정보는 0일 것이다. 다음 중요한 함수를 **스코어함수**(score function)라고 한다.

$$\frac{\partial \log f(x;\theta)}{\partial \theta}$$

이것은 mle에 대한 추정방정식을 결정한다. 즉 mle $\widehat{\theta}$은 다음 식을 θ에 대해 푸는 것이다.

$$\sum_{i=1}^{n} \frac{\partial \log f(x_i;\theta)}{\partial \theta} = 0$$

예제 6.2.1 **[베르누이 확률변수에 대한 정보]** X가 베르누이 $b(1,\ \theta)$를 따른다고 하자. 그러면 다음을 계산할 수 있다.

$$\begin{aligned}
\log f(x;\theta) &= x\log\theta + (1-x)\log(1-\theta) \\
\frac{\partial \log f(x;\theta)}{\partial \theta} &= \frac{x}{\theta} - \frac{1-x}{1-\theta} \\
\frac{\partial^2 \log f(x;\theta)}{\partial \theta^2} &= -\frac{x}{\theta^2} - \frac{1-x}{(1-\theta)^2}
\end{aligned}$$

그러면 정보는 다음과 같이 θ가 0 또는 1에 가까울수록 커진다.

$$\begin{aligned}
I(\theta) &= -E\left[\frac{-X}{\theta^2} - \frac{1-X}{(1-\theta)^2}\right] \\
&= \frac{\theta}{\theta^2} + \frac{1-\theta}{(1-\theta)^2} = \frac{1}{\theta} + \frac{1}{(1-\theta)} = \frac{1}{\theta(1-\theta)}
\end{aligned}$$

예제 6.2.2 **[위치족에 대한 정보]** 다음과 같은 확률표본 $X_1,\ X_2,\ \cdots,\ X_n$을 고려하자.

$$X_i = \theta + e_i, \quad i = 1, \ldots, n \tag{6.2.7}$$

여기서 $e_1,\ e_2,\ \cdots,\ e_n$은 공통 pdf $f(x)$와 받침 $(-\infty,\ \infty)$를 가진 iid 분포를 따른다. 그러면 X_i의 공통 pdf는 $f_X(x;\ \theta) = f(x-\theta)$이다. 모형 식 (6.2.7)을 **위치모형**(location model)이라고 한다. $f(x)$가 정칙 조건을 만족할 때 정보는 다음과 같으며,

$$\begin{aligned}
I(\theta) &= \int_{-\infty}^{\infty} \left(\frac{f'(x-\theta)}{f(x-\theta)}\right)^2 f(x-\theta)\,dx \\
&= \int_{-\infty}^{\infty} \left(\frac{f'(z)}{f(z)}\right)^2 f(z)\,dz
\end{aligned} \tag{6.2.8}$$

마지막 식은 변환 $z = x - \theta$에 의한 결과이다. 따라서 이러한 위치모형에서는 정보가 θ에 의존하지 않는다.

예를 들어 라플라스 분포를 다룬 예제 6.1.1을 다시 생각해보자. 이 분포에서 얻은 확률표본을 $X_1, X_2, \cdots, X_n$이라고 하자. 그러면 X_i를 다음과 같이 나타낼 수 있다.

$$X_i = \theta + e_i \tag{6.2.9}$$

여기서 $e_1, e_2, \cdots, e_n$은 $-\infty < z < \infty$에 대해 공통 pdf $f(z) = 2^{-1}\exp\{-|z|\}$를 가진 iid이다. 예제 6.1.1에서와 같이 $\frac{d}{dz}|z| = \text{sgn}(z)$를 이용한다. 그러면 $f'(z) = -2^{-1}\text{sgn}(z)\exp\{-|z|\}$이고, 따라서 $[f'(z)/f(z)]^2 = [-\text{sgn}(z)]^2 = 1$이므로

$$I(\theta) = \int_{-\infty}^{\infty} \left(\frac{f'(z)}{f(z)}\right)^2 f(z)\,dz = \int_{-\infty}^{\infty} f(z)\,dz = 1 \tag{6.2.10}$$

라플라스 pdf는 정칙 조건을 만족하지 않는다. 그런데 이 쟁점은 엄격하게 만들어질 수 있다. 10장과 Huber(1981)를 참조하라.

식 (6.2.6)에 의해 크기 1인 표본, 즉 X_1에 대해 피셔 정보는 확률변수 $\frac{\partial \log f(X_1;\theta)}{\partial\theta}$의 분산이다. 크기 n인 표본의 경우에는 어떠한가? pdf $f(x;\theta)$를 가진 분포에서 추출한 확률표본을 $X_1, X_2, \cdots, X_n$이라고 하자. 우도함수 $L(\theta)$는 표본의 pdf이고, 분산이 이 표본의 정보가 되는 확률변수는 다음으로 주어진다.

$$\frac{\partial \log L(\theta, \mathbf{X})}{\partial\theta} = \sum_{i=1}^{n} \frac{\partial \log f(X_i;\theta)}{\partial\theta}$$

피가수는 공통 분산 $I(\theta)$를 가진 iid이다. 따라서 표본에서의 정보는

$$Var\left(\frac{\partial \log L(\theta, \mathbf{X})}{\partial\theta}\right) = nI(\theta) \tag{6.2.11}$$

그러므로 크기 n인 확률표본에서의 정보는 크기 1인 표본에서의 정보의 n배이다. 따라서 예제 6.2.1에서 베르누이 $b(1, \theta)$ 분포로부터 추출한 크기 n인 확률표본의 피셔 정보는 $n/[\theta(1-\theta)]$이다.

이제 라오-크라메르 하한을 구할 준비가 되었으니 다음 정리를 보자.

정리 6.2.1 [라오-크라메르 하한]

$X_1, X_2, \cdots, X_n$이 $\theta \in \Omega$에 대해 공통 pdf $f(x;\theta)$를 가진 iid이고, 정칙 조건 (R0)~(R4)를 만족한다고 하자. 또한 $Y = u(X_1, X_2, \cdots, X_n)$을 평균 $E(Y) = E[u(X_1, X_2, \cdots, X_n)] = k(\theta)$인 통계량이라고 하자. 그러면

$$Var(Y) \geq \frac{[k'(\theta)]^2}{nI(\theta)} \tag{6.2.12}$$

증명: 연속형인 경우에 대해 증명하지만 이산형인 경우도 이와 매우 유사하다. Y의 평균을 다음과 같이 나타낼 수 있다.

$$k(\theta) = \int_{-\infty}^{\infty} \cdots \int_{-\infty}^{\infty} u(x_1, \ldots, x_n) f(x_1; \theta) \cdots f(x_n; \theta)\, dx_1 \cdots dx_n$$

이것을 θ에 대해 미분하면

$$\begin{aligned} k'(\theta) &= \int_{-\infty}^{\infty} \cdots \int_{-\infty}^{\infty} u(x_1, x_2, \ldots, x_n) \left[\sum_{i=1}^{n} \frac{1}{f(x_i; \theta)} \frac{\partial f(x_i; \theta)}{\partial \theta} \right] \\ &\qquad \times f(x_1; \theta) \cdots f(x_n; \theta)\, dx_1 \cdots dx_n \\ &= \int_{-\infty}^{\infty} \cdots \int_{-\infty}^{\infty} u(x_1, x_2, \ldots, x_n) \left[\sum_{i=1}^{n} \frac{\partial \log f(x_i; \theta)}{\partial \theta} \right] \\ &\qquad \times f(x_1; \theta) \cdots f(x_n; \theta)\, dx_1 \cdots dx_n \end{aligned} \tag{6.2.13}$$

확률변수 Z를 $Z = \sum_{i=1}^{n} [\partial \log f(X_i;\, \theta)/\partial\theta]$로 정의하자. 그러면 식 (6.2.2)와 (6.2.11)로부터 $E(Z) = 0$이고 $Var(Z) = nI(\theta)$임을 안다. 또한 식 (6.2.13)은 $k'(\theta) = E(YZ)$와 같이 기댓값의 형식으로 나타낼 수 있다. 따라서

$$k'(\theta) = E(YZ) = E(Y)E(Z) + \rho\sigma_Y \sqrt{nI(\theta)}$$

여기서 ρ는 Y와 Z 사이의 상관계수이다. $E(Z) = 0$을 이용하면 이 식은 다음과 같이 정리된다.

$$\rho = \frac{k'(\theta)}{\sigma_Y \sqrt{nI(\theta)}}$$

$\rho^2 \le 1$이므로 다음을 얻을 수 있으며,

$$\frac{[k'(\theta)]^2}{\sigma_Y^2 nI(\theta)} \le 1$$

이를 다시 정리한 것이 원하는 결과이다.

따름정리 6.2.1

정리 6.2.1의 가정하에 $Y = u(X_1, X_2, \cdots, X_n)$이 θ의 불편추정량이면 $k(\theta) = \theta$이고 라오-크라메르 부등식은 다음과 같이 된다.

$$Var(Y) \ge \frac{1}{nI(\theta)}$$

예제 6.2.1에서 다룬 성공 확률 θ인 베르누이 모형에 대해 생각해보자. 예제에서는 $1/nI(\theta) =$

$\theta(1-\theta)/n$임을 밝혔다. 4.1절의 예제 4.1.2에서 θ의 mle는 $\overline{X}$였다. 베르누이(θ) 분포의 평균과 분산은 각각 θ, $\theta(1-\theta)$이다. 따라서 $\overline{X}$의 평균과 분산은 각각 θ, $\theta(1-\theta)/n$이다. 즉 이 경우에는 mle의 분산이 라오-크라메르 하한이다.

이제 다음과 같이 정의를 내린다.

정의 6.2.1 [효율추정량]

Y를 점추정에서 모수 θ의 불편추정량이라고 하자. 통계량 Y는 Y의 분산이 라오-크라메르 하한인 경우에 한하여 θ의 **효율추정량**(efficient estimator)이라고 한다.

정의 6.2.2 [효율성]

적분 또는 합의 기호하에서 모수에 대해 미분 가능인 경우, 모수의 추정량의 실제 분산에 대한 라오-크라메르 하한의 비율을 그 추정량의 **효율성**(efficiency)이라고 한다.

예제 6.2.3 **[푸아송(θ) 분포]** 평균 $\theta > 0$인 푸아송 분포에서 추출한 확률표본을 $X_1, X_2, \cdots, X_n$이라고 하자. $\overline{X}$는 θ의 mle라고 알려졌는데, 이것 또한 θ의 효율추정량임을 밝힐 것이다.

$$\begin{aligned}\frac{\partial \log f(x;\theta)}{\partial\theta} &= \frac{\partial}{\partial\theta}(x\log\theta - \theta - \log x!)\\ &= \frac{x}{\theta} - 1 = \frac{x-\theta}{\theta}\end{aligned}$$

따라서

$$E\left[\left(\frac{\partial \log f(X;\theta)}{\partial\theta}\right)^2\right] = \frac{E(X-\theta)^2}{\theta^2} = \frac{\sigma^2}{\theta^2} = \frac{\theta}{\theta^2} = \frac{1}{\theta}$$

이때 라오-크라메르 하한은 $1/[n(1/\theta)] = \theta/n$이다. 그런데 θ/n는 $\overline{X}$의 분산이므로 $\overline{X}$는 θ의 효율추정량이다.

예제 6.2.4 **[베타(θ, 1) 분포]** 다음과 같은 pdf를 가진 분포에서 추출한 크기 $n > 2$인 확률표본을 $X_1, X_2, \cdots, X_n$이라고 하자.

$$f(x;\theta) = \begin{cases} \theta x^{\theta-1} & 0 < x < 1 \\ 0 & \text{그 외에} \end{cases} \tag{6.2.14}$$

여기서 모수 공간은 $\Omega = (0, \infty)$이다. 이것은 모수 θ와 1을 가진 베타분포(3.3.9)이며 베타(θ,

1)로 표기한다. f의 로그의 미분은 다음과 같다.

$$\frac{\partial \log f}{\partial \theta} = \log x + \frac{1}{\theta} \tag{6.2.15}$$

이것으로부터 $\partial^2 \log f/\partial\theta^2 = -\theta^{-2}$이며, 따라서 정보는 $I(\theta) = \theta^{-2}$이다.

다음으로 θ의 mle를 구하고 이것의 효율성을 조사한다. 우도함수의 로그는

$$l(\theta) = \theta \sum_{i=1}^{n} \log x_i - \sum_{i=1}^{n} \log x_i + n \log \theta$$

$l(\theta)$의 첫 번째 편미분은

$$\frac{\partial l(\theta)}{\partial \theta} = \sum_{i=1}^{n} \log x_i + \frac{n}{\theta} \tag{6.2.16}$$

이것을 0으로 놓고 θ에 대해 풀면 mle는 $\widehat{\theta} = -n/\sum_{i=1}^{n} \log X_i$이다. $\widehat{\theta}$의 분포를 구하기 위해 $Y_i = -\log X_i$라고 하자. 직접적인 변환 방법으로 분포가 $\Gamma(1, 1/\theta)$임을 알 수 있다. X_i가 서로 독립이고, 정리 3.3.1에 의해 $W = \sum_{i=1}^{n} Y_i$가 $\Gamma(n, 1/\theta)$ 분포를 따르기 때문이다. 정리 3.3.2에서 $k > -n$에 대해 다음과 같음을 밝혔다.

$$E[W^k] = \frac{(n+k-1)!}{\theta^k (n-1)!} \tag{6.2.17}$$

그러므로 특히 $k = -1$에 대해

$$E[\widehat{\theta}] = nE[W^{-1}] = \theta \frac{n}{n-1}$$

따라서 $\widehat{\theta}$은 편의된다. 그러나 편의(bias)는 $n \to \infty$일 때 0이 된다. 또한 추정량 $[(n-1)/n]\widehat{\theta}$이 불편임을 유의하자. $k = -2$에 대해

$$E[\widehat{\theta}^2] = n^2 E[W^{-2}] = \theta^2 \frac{n^2}{(n-1)(n-2)}$$

따라서 $E(\widehat{\theta}^2) - [E(\widehat{\theta})]^2$을 단순화하면 다음을 얻게 된다.

$$Var(\widehat{\theta}) = \theta^2 \frac{n^2}{(n-1)^2(n-2)}$$

이를 이용하여 불편추정량 $[(n-1)/n]\widehat{\theta}$의 분산을 구할 수 있다. 즉

$$Var\left(\frac{n-1}{n}\widehat{\theta}\right) = \frac{\theta^2}{n-2}$$

이를 통해 정보 $I(\theta) = \theta^{-2}$이다. 그러므로 불편추정량의 분산은 θ^2/n이다. $\theta^2/(n-2) > \theta^2/n$이기 때문에 불편추정량 $[(n-1)/n]\widehat{\theta}$은 효율적이지 않다. 그러나 그 효율성은 (정의 6.2.2에

의해) $n \to \infty$에 따라 1로 수렴한다. 이 절의 뒷부분에서는 $[(n-1)/n]\widehat{\theta}$이 점근적으로 효율적이라고 일컫는다.

앞의 예제에서 mle를 그 분포와 함께 닫힌 형식으로 구할 수 있었으며, 따라서 적률도 구할 수 있었다. 그러나 항상 그런 것은 아니다. 다음 정리에서와 같이 mle는 점근적 정규분포를 따른다. 실제로 mle는 점근적으로 효율적이다. 증명을 위해서는 추가적인 정칙 조건이 필요하다.

가정 6.2.2 [추가적인 정칙 조건]

정칙 조건 (R5)는 다음과 같다.

(R5) pdf $f(x;\theta)$는 θ의 함수로 세 번 미분 가능하다. 또한 모든 $\theta \in \Omega$에 대해

$$\left|\frac{\partial^3}{\partial\theta^3}\log f(x;\theta)\right| \le M(x)$$

그리고 모든 $\theta_0 - c < \theta < \theta_0 + c$와 X의 받침에 있는 모든 x에 대해 $E_{\theta_0}[M(X)] < \infty$인 상수 c와 함수 $M(x)$가 존재한다.

정리 6.2.2

$X_1, X_2, \cdots, X_n$이 $\theta_0 \in \Omega$에 대해 pdf $f(x;\theta_0)$을 가진 iid이고, 정칙 조건 (R0)~(R5)를 만족한다고 하자. 더욱이 피셔 정보가 $0 < I(\theta_0) < \infty$를 만족한다고 하자. mle 식의 해가 되는 모든 일치추정량은 다음을 만족한다.

$$\sqrt{n}(\widehat{\theta}-\theta_0) \xrightarrow{D} N\left(0, \frac{1}{I(\theta_0)}\right) \tag{6.2.18}$$

증명: 함수 $l'(\theta)$를 θ_0에 대해 2차까지 테일러 급수 확장을 하고 $\widehat{\theta}_n$에서 그 값을 구하면

$$l'(\widehat{\theta}_n) = l'(\theta_0) + (\widehat{\theta}_n-\theta_0)l''(\theta_0) + \frac{1}{2}(\widehat{\theta}_n-\theta_0)^2 l'''(\theta_n^*) \tag{6.2.19}$$

여기서 θ_n^*는 θ_0과 $\widehat{\theta}_n$ 사이의 값이다. 그런데 $l'(\widehat{\theta}_n)=0$이므로 다시 정리하면

$$\sqrt{n}(\widehat{\theta}_n-\theta_0) = \frac{n^{-1/2}l'(\theta_0)}{-n^{-1}l''(\theta_0)-(2n)^{-1}(\widehat{\theta}_n-\theta_0)l'''(\theta_n^*)} \tag{6.2.20}$$

중심극한정리에 의해

$$\frac{1}{\sqrt{n}}l'(\theta_0) = \frac{1}{\sqrt{n}}\sum_{i=1}^{n}\frac{\partial\log f(X_i;\theta_0)}{\partial\theta} \xrightarrow{D} N(0, I(\theta_0)) \tag{6.2.21}$$

왜냐하면 피가수는 $Var(\partial\log f(X_i;\theta_0)/\partial\theta) = I(\theta_0) < \infty$를 가진 iid이고, 대수법칙에 의해 다

음과 같기 때문이다.

$$-\frac{1}{n}l''(\theta_0) = -\frac{1}{n}\sum_{i=1}^{n}\frac{\partial^2 \log f(X_i;\theta_0)}{\partial\theta^2} \xrightarrow{P} I(\theta_0) \tag{6.2.22}$$

증명을 완성하기 위해 필요한 것은 단지 식 (6.2.20)의 분자에서 두 번째 항이 확률적으로 0에 가까워짐을 증명하는 것이다. 만약 $n^{-1}l'''(\theta_n^*)$가 확률적으로 유계임을 밝힐 수 있으면 정리 5.2.7에 의해 $\widehat{\theta}_n - \theta_0 \xrightarrow{P} 0$이다. c_0을 조건 (R5)에서 정의된 상수라고 하자. $|\widehat{\theta}_n - \theta_0| < c_0$은 $|\theta_n^* - \theta_0| < c_0$을 의미하며, 이는 조건 (R5)에 의해 다음 부등식 열을 의미한다.

$$\left|-\frac{1}{n}l'''(\theta_n^*)\right| \le \frac{1}{n}\sum_{i=1}^{n}\left|\frac{\partial^3 \log f(X_i;\theta)}{\partial\theta^3}\right| \le \frac{1}{n}\sum_{i=1}^{n}M(X_i) \tag{6.2.23}$$

조건 (R5)에 의해 $E_{\theta_0}[M(X)] < \infty$이고, 따라서 대수법칙에 의해 $\frac{1}{n}\sum_{i=1}^{n} M(X_i) \xrightarrow{P} E_{\theta_0}[M(X)]$이다. 경계에서 $1 + E_{\theta_0}[M(X)]$를 선택한다. $\epsilon > 0$이 주어졌을 때 다음과 같이 되는 N_1과 N_2를 선택한다.

$$n \ge N_1 \Rightarrow P[|\widehat{\theta}_n - \theta_0| < c_0] \ge 1 - \frac{\epsilon}{2} \tag{6.2.24}$$

$$n \ge N_2 \Rightarrow P\left[\left|\frac{1}{n}\sum_{i=1}^{n}M(X_i) - E_{\theta_0}[M(X)]\right| < 1\right] \ge 1 - \frac{\epsilon}{2} \tag{6.2.25}$$

식 (6.2.23)~(6.2.25)에 의해

$$n \ge \max\{N_1, N_2\} \Rightarrow P\left[\left|-\frac{1}{n}l'''(\theta_n^*)\right| \le 1 + E_{\theta_0}[M(X)]\right] \ge 1 - \epsilon$$

따라서 $n^{-1}l'''(\theta_n^*)$는 확률적으로 유계이다.

다음으로 효율성과 관련된 정의 6.2.1과 6.2.2를 점근적인 경우로 일반화한다.

정의 6.2.3

$X_1, X_2, \cdots, X_n$이 pdf $f(x;\theta)$를 가진 iid 확률변수라고 하자. $\widehat{\theta}_{1n} = \widehat{\theta}_{1n}(X_1, X_2, \cdots, X_n)$을 $\sqrt{n}(\widehat{\theta}_{1n} - \theta_0) \xrightarrow{D} N(0, \sigma^2_{\widehat{\theta}_{1n}})$인 θ_0의 추정량이라고 가정하면 다음이 성립한다.

(a) $\widehat{\theta}_{1n}$의 **점근적 효율성**(asymptotic efficiency)은 다음과 같이 정의된다.

$$e(\widehat{\theta}_{1n}) = \frac{1/I(\theta_0)}{\sigma^2_{\widehat{\theta}_{1n}}} \tag{6.2.26}$$

(b) $\widehat{\theta}_{1n}$은 (a)에서의 비율이 1이면 **점근적으로 효율적**(asymptotically efficient)이라고 한다.

(c) $\widehat{\theta}_{2n}$을 $\sqrt{n}(\widehat{\theta}_{2n} - \theta_0) \xrightarrow{D} N(0, \sigma^2_{\widehat{\theta}_{2n}})$인 또 다른 추정량이라고 하면 $\widehat{\theta}_{2n}$에 대한 $\widehat{\theta}_{1n}$의 **점근**

적 **상대효율성**(asymptotic relative efficiency, ARE)은 각 점근 분산의 비율의 역수이다. 즉

$$e(\widehat{\theta}_{1n}, \widehat{\theta}_{2n}) = \frac{\sigma^2_{\hat{\theta}_{2n}}}{\sigma^2_{\hat{\theta}_{1n}}} \tag{6.2.27}$$

따라서 정리 6.2.2에 의해 정칙 조건하에서 최대우도추정량은 점근적으로 효율추정량이다. 이것은 최선의 결과이다. 또한 직관적으로 만약 2개의 추정량이 점근적으로 동일한 점근적 평균을 가진 정규분포를 따른다면, 보다 작은 점근적 분산을 따르는 추정량이 다른 추정량에 비해 더 좋은 추정량으로 선택되리라는 것을 알 수 있다. 이 경우 선택되지 않은 추정량에 대한 선택된 추정량의 ARE는 1보다 크다.

예제 6.2.5 **[표본평균에 대한 표본중앙값의** ARE] 이러한 ARE를 라플라스 분포와 정규분포에 대해 구한다. 우선 식 (6.2.9)에 주어진 것과 같은 라플라스 위치모형을 고려한다.

$$X_i = \theta + e_i, \quad i = 1, \ldots, n \tag{6.2.28}$$

예제 6.1.1에 의해 θ의 mle가 중앙값 Q_2임을 알고 있다. 식 (6.2.10)에 의해 이 분포에서 정보 $I(\theta_0) = 1$이다. 따라서 Q_2는 점근적으로 평균 θ와 분산 $1/n$인 정규분포를 따른다. 다른 한편으로 중심극한정리에 의해 표본평균 $\overline{X}$는 점근적으로 평균 θ와 분산 σ^2/n인 정규분포를 따른다. 여기서 $\sigma^2 = Var(X_i) = Var(e_i + \theta) = Var(e_i) = E(e_i^2)$이다. 그런데

$$\begin{aligned} E(e_i^2) &= \int_{-\infty}^{\infty} z^2 2^{-1} \exp\{-|z|\}\, dz \\ &= \int_0^{\infty} z^{3-1} \exp\{-z\}\, dz \\ &= \Gamma(3) = 2 \end{aligned}$$

따라서 ARE$(Q_2, \overline{X}) = 2/1 = 2$이다. 그러므로 만약 표본을 라플라스 분포에서 추출하면 점근적으로 표본중앙값은 표본평균보다 2배 효율적이다.

다음으로 위치모형 식 (6.2.28)이 성립한다고 하자. 단, 여기서는 e_i의 pdf가 $N(0, 1)$이다. 정리 10.2.3에 의해 이 모형하에서 Q_2는 점근적으로 평균 θ와 분산 $(\pi/2)/n$인 정규분포를 따른다. $\overline{X}$의 분산이 $1/n$이므로 ARE$(Q_2, \overline{X}) = \frac{1}{\pi/2} = 2/\pi = 0.636$이다. $\pi/2 = 1.57$이므로, 표본을 정규분포에서 추출한 경우에는 $\overline{X}$가 Q_2보다 점근적으로 1.57배 더 효율적이다.

정리 6.2.2는 추론하는 방법을 제공하므로 실용적이다. mle $\widehat{\theta}$의 점근적 표준편차는 $[nI(\theta_0)]^{-1/2}$

이다. $I(\theta)$는 θ의 연속함수이므로 정리 5.1.4와 6.1.2에 의해

$$I(\widehat{\theta}_n) \xrightarrow{P} I(\theta_0)$$

따라서 mle의 점근적 표준편차에 대한 일치추정량을 얻는다. 이 결과와 4장에서 논의한 신뢰구간에 근거하여 특정 $0 < \alpha < 1$에 대해 다음 구간이 θ에 대한 근사 $(1-\alpha)100\%$ 신뢰구간이다.

$$\left(\widehat{\theta}_n - z_{\alpha/2}\frac{1}{\sqrt{nI(\widehat{\theta}_n)}}, \widehat{\theta}_n + z_{\alpha/2}\frac{1}{\sqrt{nI(\widehat{\theta}_n)}}\right) \tag{6.2.29}$$

참고 6.2.2

θ에 대한 신뢰구간을 구하는 데에서 점근적 분포를 이용하면, 기저 분포가 라플라스 분포인 경우 $ARE(Q_2, \overline{X}) = 2$라는 사실은 $\overline{X}$를 이용할 때 Q_2를 이용하는 것과 동일한 신뢰구간 길이가 되기 위해서는 n이 2배가 되어야 함을 의미한다.

정리 6.2.2의 간단한 따름정리에 의해 mle의 함수 $g(\widehat{\theta}_n)$의 점근적 분포를 만든다.

따름정리 6.2.2

정리 6.2.2의 가정하에 $g(x)$가 θ_0에서 미분 가능하며 $g'(\theta_0) \neq 0$인 x의 연속함수라면

$$\sqrt{n}(g(\widehat{\theta}_n) - g(\theta_0)) \xrightarrow{D} N\left(0, \frac{g'(\theta_0)^2}{I(\theta_0)}\right) \tag{6.2.30}$$

이 따름정리의 증명은 Δ 방법, 정리 5.2.9와 6.2.2 등에 의해 바로 도출된다.

정리 6.2.2의 증명은 $\widehat{\theta}$의 점근적인 표현을 내포하는 데 유용하므로 이를 또 하나의 따름정리로 제시한다.

따름정리 6.2.3

정리 6.2.2의 가정하에

$$\sqrt{n}(\widehat{\theta}_n - \theta_0) = \frac{1}{I(\theta_0)}\frac{1}{\sqrt{n}}\sum_{i=1}^{n}\frac{\partial \log f(X_i;\theta_0)}{\partial\theta} + R_n \tag{6.2.31}$$

여기서 $R_n \xrightarrow{P} 0$이다.

증명은 단지 식 (6.2.20)의 재정리와 정리 6.2.2의 증명에서 구한 결과이다.

예제 6.2.6 **[예제 6.2.4의 연속]** 공통 pdf 식 (6.2.14)를 따르는 확률표본을 $X_1, X_2, \cdots, X_n$이라고 하자. $I(\theta) = \theta^{-2}$이고 mle는 $\widehat{\theta} = -n/\sum_{i=1}^{n} \log X_i$임을 상기하라. 따라서 $\widehat{\theta}$은 평균 θ, 분산 θ^2/n인 근사 정규분포를 따른다. 이것에 근거하여 θ에 대한 근사 $(1-\alpha)100\%$ 신뢰구간은 다음과 같다.

$$\widehat{\theta} \pm z_{\alpha/2} \frac{\widehat{\theta}}{\sqrt{n}}$$

이 경우 $\widehat{\theta}$의 정확한 분포를 구할 수 있음을 상기하라. 연습문제 6.2.12에서와 같이 $\widehat{\theta}$의 이러한 분포에 근거하여 θ에 대한 정확한 신뢰구간을 구할 수 있다.

θ의 mle를 구하는 데 때로 예제 6.1.2와 같은 상황, 즉 mle의 존재는 입증할 수 있으나 $l'(\widehat{\theta}) = 0$의 해를 닫힌 형식으로 구할 수 없는 경우가 있다. 그러한 상황에서는 수치적인 방법을 이용한다. 빠른 (2차) 수렴을 보여주는 하나의 반복법(iterative method)은 뉴턴 방법(Newton's method)이다. 그림 6.2.1의 그래프는 이 방법을 기억하는 데 도움이 된다. $\widehat{\theta}^{(0)}$이 해에서 처음의 추정값이라고 하자. 다음 추정값(1단계 추정값)은 점 $(\widehat{\theta}^{(0)}, l'(\widehat{\theta}^{(0)}))$에서 곡선 $l'(\theta)$에 접하는 선이 수평축과 만나는 점 $\widehat{\theta}^{(1)}$이다. 간단한 대수에 의해 다음을 알 수 있다.

$$\widehat{\theta}^{(1)} = \widehat{\theta}^{(0)} - \frac{l'(\widehat{\theta}^{(0)})}{l''(\widehat{\theta}^{(0)})} \tag{6.2.32}$$

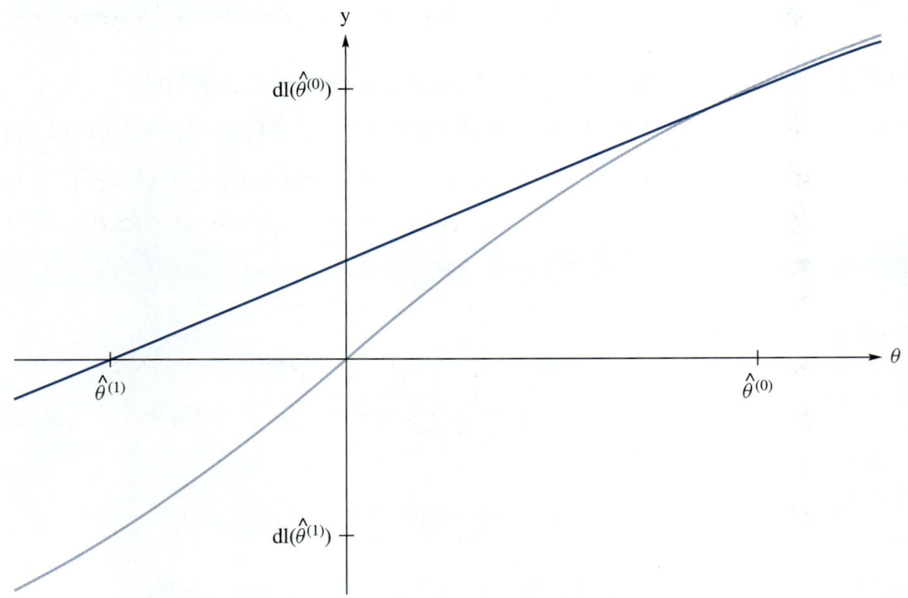

그림 6.2.1 초깃값 $\widehat{\theta}^{(0)}$에서 시작하여 1단계 추정값 $\widehat{\theta}^{(1)}$은 $\widehat{\theta}^{(0)}$에서 곡선 $l'(\theta)$의 접선이 수평축과 만나는 점이다. 이 그래프에서 $dl(\theta) = l'(\theta)$이다.

그런 다음 $\hat{\theta}^{(0)}$을 $\hat{\theta}^{(1)}$로 대체하고 이 과정을 반복한다. 그림에서 두 번째 단계의 추정값 $\hat{\theta}^{(2)}$를 찾아보자. 이 과정을 수렴할 때까지 반복한다.

예제 6.2.7 **[예제 6.1.2의 연속]** 예제 6.1.2에서 확률표본 $X_1, X_2, \cdots, X_n$은 공통인 로지스틱 밀도함수를 갖는다.

$$f(x;\theta) = \frac{\exp\{-(x-\theta)\}}{(1+\exp\{-(x-\theta)\})^2}, \quad -\infty < x < \infty, \; -\infty < \theta < \infty \tag{6.2.33}$$

예제 6.1.2에서는 우도식이 유일해를 갖지만 그것을 닫힌 형식으로 구할 수 없음을 밝혔다. 공식 (6.2.32)를 이용하기 위해 $l(\theta)$의 1차, 2차 편미분과 초기 추정값이 필요하다. 예제 6.1.2의 식 (6.1.9)는 1차 편미분을 제공하며, 2차 편미분은 다음과 같다.

$$l''(\theta) = -2\sum_{i=1}^{n} \frac{\exp\{-(x_i-\theta)\}}{(1+\exp\{-(x_i-\theta)\})^2}$$

로지스틱 분포는 정규분포와 유사하므로 $\overline{X}$를 θ의 초기 추정값으로 사용할 수 있다. 저자 서문에 언급된 사이트에서 다운로드할 수 있는 R 함수 `mlelogistic`은 k단계 추정값을 구한다.

놀랄 만한 사실과 함께 이 절을 마무리한다. 식 (6.2.32)에서 추정값 $\hat{\theta}^{(1)}$을 **1단계 추정량**(one-step estimator)이라고 한다. 연습문제 6.2.15에서 보듯이 이 추정량은 초기 추정값 $\hat{\theta}^{(0)}$이 θ의 일치추정량이면 mle, 즉 식 (6.2.18)과 동일한 점근적 분포를 따른다. 다시 말해 1단계 추정값은 점근적으로 θ의 효율추정값이다. 이것은 다른 반복 단계에서도 성립한다.

연습문제

6.2.1 $-\infty < \theta < \infty$에 대해 $N(\theta, \sigma^2)$ 분포에서 추출한 크기 n인 확률표본의 평균 $\overline{X}$가 모든 알려진 $\sigma^2 > 0$에 대해 θ의 효율추정량임을 증명하라.

6.2.2 $\theta > 0$에 대해 $0 < x < \theta$일 때 $f(x;\theta) = 1/\theta$, 그 외에 $f(x;\theta) = 0$이 주어진 경우 다음의 역수를 공식적으로 계산하라.

$$nE\left\{\left[\frac{\partial \log f(X:\theta)}{\partial\theta}\right]^2\right\}$$

Y_n이 이 분포에서 추출한 크기 n인 확률표본의 최댓값일 때 이 결과를 $(n+1)Y_n/n$의 분산과 비교하고 논하라.

6.2.3 pdf가 다음과 같을 때 라오-크라메르 한계가 $2/n$임을 밝혀라.

$$f(x;\theta) = \frac{1}{\pi[1+(x-\theta)^2]}, \quad -\infty < x < \infty, \quad -\infty < \theta < \infty$$

여기서 n은 이러한 코시 분포에서 추출한 확률표본의 크기이다. $\widehat{\theta}$이 θ의 mle라면 $\sqrt{n}(\widehat{\theta}-\theta)$의 점근적 분포는 무엇인가?

6.2.4 위치모형에 대해 논의한 예제 6.2.2를 고려하자.

(a) e_i가 식 (4.4.11)의 로지스틱 pdf를 가질 때 위치모형을 제시하라.

(b) 식 (6.2.8)을 이용하여 (a)의 모형에서 정보가 $I(\theta) = 1/3$임을 밝혀라.

힌트: 식 (6.2.8)의 일반화에서 $u = (1+e^{-z})^{-1}$ 대체를 이용하라. 그러면 $f(z)$가 pdf (4.4.11)일 때 $du = f(z)dz$이다.

6.2.5 연습문제 6.2.4의 (a)와 동일한 위치모형을 이용할 때 이 모형에서 mle에 대한 표본중앙값의 ARE를 구하라.

힌트: 이 모형에 대한 θ의 mle는 예제 6.2.7에서 논했다. 또한 10장의 정리 10.2.3에서와 같이 Q_2는 점근적 평균이 θ이고 점근적 분산이 $1/(4f^2(0)n)$인 점근 정규분포를 따른다.

6.2.6 오차 pdf가 오염 비율이 ϵ이고 오염된 부분의 분산이 σ_c^2인 오염된 정규분포 식 (3.4.17)인 위치모형(예제 6.2.2)을 고려하자. 표본평균에 대한 표본중앙값의 ARE가 다음과 같음을 밝혀라.

$$e(Q_2, \overline{X}) = \frac{2[1+\epsilon(\sigma_c^2-1)][1-\epsilon+(\epsilon/\sigma_c)]^2}{\pi} \tag{6.2.34}$$

연습문제 6.2.5에서 중앙값에 대해 주어진 힌트를 이용하라.

(a) $\sigma_c^2 = 9$일 때 식 (6.2.34)를 이용하여 다음 표를 채워라.

ϵ	0	0.05	0.10	0.15
$e(Q_2, \overline{X})$				

(b) 표로부터 ϵ이 0.10에서 0.15로 증가하면 표본중앙값이 '더 좋은' 추정량이다. 이러한 현상이 발생하는 ϵ 값을 결정하라. [여기서는 ϵ의 3차 다항식이 관계된다. 따라서 근을 구하는 한 가지 방법은 식 (6.2.32) 부근에서 다룬 뉴턴 알고리즘을 이용하는 것이다.]

6.2.7 $0 < \theta < \infty$일 때 $\Gamma(\alpha = 4, \beta = \theta)$ 분포를 가진 X의 확률표본이 $X_1, X_2, \cdots, X_n$인 연습문제 6.1.1을 상기하라.

(a) 피셔 정보 $I(\theta)$를 구하라.

(b) 연습문제 6.1.1에서 도출된 θ의 mle가 θ의 효율추정량임을 밝혀라.

(c) 정리 6.2.2를 이용하여 $\sqrt{n}(\widehat{\theta}-\theta)$의 점근적 분포를 구하라.

(d) 연습문제 6.1.1의 자료에서 θ에 대한 점근적 95% 신뢰구간을 찾아라.

6.2.8 X가 $0 < \theta < \infty$에 대해 $N(0, \theta)$ 분포를 따른다고 하자.

(a) 피셔 정보 $I(\theta)$를 구하라.

(b) $X_1, X_2, \cdots, X_n$이 이 분포에서 추출한 확률표본일 때 θ의 mle가 θ의 효율추정량임을 밝혀라.

(c) $\sqrt{n}(\widehat{\theta} - \theta)$의 점근적 분포는 무엇인가?

6.2.9 $X_1, X_2, \cdots, X_n$이 다음과 같은 pdf를 가진 분포에서 추출한 확률표본이라고 하자.

$$f(x;\theta) = \begin{cases} \frac{3\theta^3}{(x+\theta)^4} & 0 < x < \infty, 0 < \theta < \infty \\ 0 & \text{그 외에} \end{cases}$$

$Y = 2\overline{X}$가 θ의 불편추정량임을 밝히고 그 효율성을 결정하라.

6.2.10 $X_1, X_2, \cdots, X_n$이 $N(0, \theta)$ 분포에서 추출한 확률표본일 때 표준편차 $\sqrt{\theta}$를 추정하고자 한다. $Y = c\sum_{i=1}^n |X_i|$가 $\sqrt{\theta}$의 불편추정량이 되는 상수 c를 구하고 그 효율성을 결정하라.

6.2.11 $\sigma^2 > 0$에 대해 $-\infty < \theta < \infty$일 때 $N(\theta, \sigma^2)$인 분포에서 추출한 크기 n인 확률표본의 평균을 $\overline{X}$라고 하자. σ^2이 알려져 있다고 가정할 때 $\overline{X}^2 - \frac{\sigma^2}{n}$이 θ^2의 불편추정량임을 밝히고 그 효율성을 결정하라.

6.2.12 베타분포 $(\theta, 1)$에서 $\widehat{\theta} = -n/\sum_{i=1}^n \log X_i$는 θ의 mle이다. 또한 $W = -\sum_{i=1}^n \log X_i$는 감마분포 $\Gamma(n, 1/\theta)$을 따른다.

(a) $2\theta W$가 $\chi^2(2n)$ 분포를 따른다는 것을 밝혀라.

(b) (a)를 이용하여 $0 < \alpha < 1$에 대해 다음과 같은 c_1과 c_2를 구하라.

$$P\left(c_1 < \frac{2\theta n}{\widehat{\theta}} < c_2\right) = 1 - \alpha \qquad (6.2.35)$$

그리고 θ에 대한 $(1 - \alpha)100\%$ 신뢰구간을 구하라.

(c) $\alpha = 0.05$, $n = 10$일 때 이 구간의 길이와 예제 6.2.6에서 구한 구간의 길이를 비교하라.

6.2.13 자료 파일 `beta30.rda`에는 베타분포 $(\theta, 1)$에서 생성된 30개의 관측값이 포함되어 있고, 여기서 $\theta = 4$이다. 파일은 저자 서문에 언급된 사이트에서 다운로드할 수 있다.

(a) `pr=T`의 인수를 사용하여 자료의 히스토그램을 구하라. $\beta(4, 1)$ pdf를 겹쳐서 그리고 이에 대해 논하라.

(b) 연습문제 6.2.12의 결과를 이용하여 자료를 기반으로 최대우도추정값을 계산하라.

(c) 연습문제 6.2.12의 (c)에서 구한 신뢰구간을 이용하여 자료를 기반으로 θ에 대한 95% 신뢰구간을 계산하라. 이 신뢰구간은 성공적인가?

6.2.14 연습문제 6.2.9의 pdf를 가진 확률변수 X에 대한 샘플링을 고려하자.

(a) 그에 대응하는 cdf와 그 역을 구하라. 이 분포에서 관측값을 생성하는 방법을 밝혀라.

(b) X에 대한 표본을 생성하는 R 함수를 작성하라.

(c) 크기가 50인 표본을 생성하고 연습문제 6.2.9에서 다룬 θ의 불편추정값을 계산하라. 이 값과 중심극한정리를 이용하여 θ에 대한 95% 신뢰구간을 계산하라.

6.2.15 식 (6.2.21)과 (6.2.22)를 이용하여 이 절의 끝에서 논의한 1단계 추정값의 결과를 구하라.

6.2.16 $0 < \theta < \infty$에 대해 μ가 알려져 있을 때 $N(\mu, \theta)$ 분포에서 추출한 크기 $n > 1$인 확률표본의 표본분산을 S^2이라고 하자. $E(S^2) = \theta$임을 알고 있다.

(a) S^2의 효율성은 무엇인가?

(b) 이러한 조건에서 θ의 mle $\widehat{\theta}$은 무엇인가?

(c) $\sqrt{n}(\widehat{\theta} - \theta)$의 점근 분포는 무엇인가?

6.3 최대우도검정

앞 절에서는 우도(가능도) 이론에 근거하여 점추정과 신뢰구간 같은 추정을 제시했다. 이 절에서는 가설검정에 대응되는 추론을 제시할 것이다.

앞 절에서와 마찬가지로 $\theta \in \Omega$에 대해 pdf $f(x; \theta)$를 가진 iid를 $X_1, X_2, \cdots, X_n$이라고 하자. 이 절에서는 θ가 스칼라이지만 6.4절과 6.5절에서는 벡터에 대한 확장을 논의한다. θ_0이 특정 값일 때 다음 양측검정을 고려하자.

$$H_0 : \theta = \theta_0, \quad H_1 : \theta \neq \theta_0 \tag{6.3.1}$$

우도함수와 그 로그는 다음과 같다.

$$L(\theta) = \prod_{i=1}^{n} f(X_i; \theta)$$

$$l(\theta) = \sum_{i=1}^{n} \log f(X_i; \theta)$$

$\widehat{\theta}$을 θ의 최대우도추정값이라고 하자.

검정에 대한 동기 부여를 위해, 만약 θ_0이 θ의 참값이면 점근적으로 $L(\theta_0)$이 $L(\theta)$의 최댓값이라는 정리 6.1.1을 고려한다. 2개 우도함수의 비율을 생각해보자.

$$\Lambda = \frac{L(\theta_0)}{L(\widehat{\theta})} \tag{6.3.2}$$

$\Lambda \le 1$인데, 만약 H_0이 참이면 Λ가 클 것이고(1에 가깝다), H_1이 참이면 Λ가 작을 것이다. 특정한 유의수준 α에 대해 이는 직관적인 결정 규칙을 유도한다.

$$\Lambda \le c\text{이면 } H_0 \text{ 기각}, H_1 \text{ 채택} \tag{6.3.3}$$

여기서 c는 $\alpha = P_{\theta_0}[\Lambda \le c]$인 값이다. 이를 **우도비검정**(likelihood ratio test, LRT)이라고 한다. 정리 6.3.1에서 H_0하에 Λ의 점근적 분포를 유도하는데, 우선 예제 2개를 살펴보자.

예제 6.3.1 **[지수분포에 대한 우도비검정]** $X_1, X_2, \cdots, X_n$이 x에 대해 $\theta > 0$일 때 pdf $f(x;\theta) = \theta^{-1}\exp\{-x/\theta\}$를 가진 iid이고, 가설이 식 (6.3.1)과 같다고 하자. 우도함수는 다음과 같이 단순화된다.

$$L(\theta) = \theta^{-n}\exp\{-(n/\theta)\overline{X}\}$$

예제 4.1.1에 의해 θ의 mle는 $\overline{X}$이다. 약간 단순화하면 우도비검정 통계량은 다음과 같이 된다.

$$\Lambda = e^n\left(\frac{\overline{X}}{\theta_0}\right)^n \exp\{-n\overline{X}/\theta_0\} \tag{6.3.4}$$

결정 규칙은 $\Lambda \le c$일 때 H_0을 기각하는 것이다. 그런데 검정을 좀 더 단순화하는 것이 가능하다. 상수 e^n을 제외하고 검정 통계량은 $t = \overline{x}/\theta_0$일 때 다음과 같은 형식이다.

$$g(t) = t^n\exp\{-nt\}, \quad t > 0$$

미분을 이용하면 $g(t)$가 1에서 유일한 임곗값을 갖는다는 것을 쉽게 밝힐 수 있다. 즉 $g'(1) = 0$이다. 또한 $g''(1) < 0$이므로 $t = 1$은 최댓값을 제공한다. 그림 6.3.1과 같이 $t \le c_1$ 또는 $t \ge c_2$일 때에 한하여 $g(t) \le c$이다. 이것은 다음을 유도한다.

$$\frac{\overline{X}}{\theta_0} \le c_1 \text{ 또는 } \frac{\overline{X}}{\theta_0} \ge c_2 \text{ 일 때에 한하여 } \Lambda \le c$$

귀무가설 H_0하에서 통계량 $(2/\theta_0)\sum_{i=1}^n X_i$는 자유도 $2n$인 χ^2-분포를 따른다. 이것에 근거하여 다음 결정 규칙은 수준 α인 검정이 된다.

$$(2/\theta_0)\textstyle\sum_{i=1}^n X_i \le \chi^2_{1-\alpha/2}(2n) \text{ 또는 } (2/\theta_0)\sum_{i=1}^n X_i \ge \chi^2_{\alpha/2}(2n)\text{이면 } H_0 \text{ 기각} \tag{6.3.5}$$

여기서 $\chi^2_{1-\alpha/2}(2n)$은 자유도 $2n$인 χ^2-분포에서 하위 $\alpha/2$ 분위수이고, $\chi^2_{\alpha/2}(2n)$은 자유도 $2n$인 χ^2-분포에서 상위 $\alpha/2$ 분위수이다. c_1과 c_2에 대한 다른 선택이 가능하나 위의 값들이 일반적으

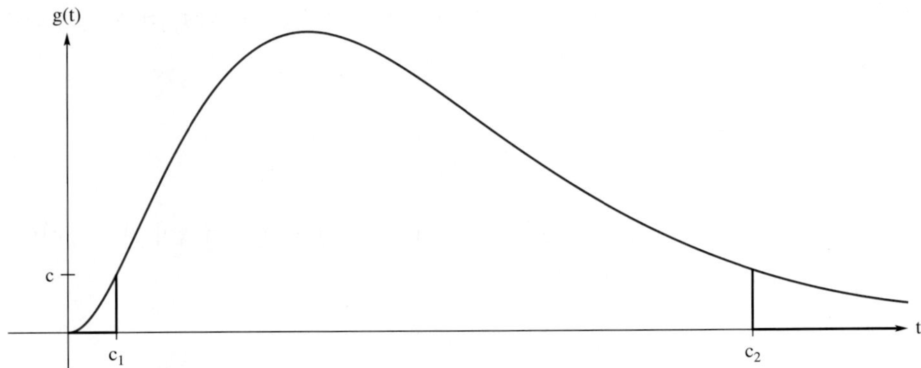

그림 6.3.1 $t \le c_1$ 또는 $t \ge c_2$일 때에 한하여 함수 $g(t) \le c$임을 보여주는 예제 6.3.1의 그래프

로 현실에서 사용되는 것이다. 연습문제 6.3.2에서 이 검정에 대한 검정력 곡선을 살펴본다.

예제 6.3.2 **[정규 pdf의 평균에 대한 우도비검정]** $\sigma^2 > 0$이 알려져 있고 $-\infty < \theta < \infty$일 때 $N(\theta, \sigma^2)$ 분포에서 추출한 확률표본을 $X_1, X_2, \cdots, X_n$이라고 하자. 다음 가설을 고려하자.

$$H_0: \theta = \theta_0, \quad H_1: \theta \neq \theta_0$$

여기서 θ_0은 특정 값이다. 우도함수는 다음과 같다.

$$\begin{aligned} L(\theta) &= \left(\frac{1}{2\pi\sigma^2}\right)^{n/2} \exp\left\{-(2\sigma^2)^{-1}\sum_{i=1}^n (x_i-\theta)^2\right\} \\ &= \left(\frac{1}{2\pi\sigma^2}\right)^{n/2} \exp\left\{-(2\sigma^2)^{-1}\sum_{i=1}^n (x_i-\overline{x})^2\right\} \exp\{-(2\sigma^2)^{-1}n(\overline{x}-\theta)^2\} \end{aligned}$$

물론 $\Omega = \{\theta : -\infty < \theta < \infty\}$에서 mle는 $\widehat{\theta} = \overline{X}$이며, 따라서

$$\Lambda = \frac{L(\theta_0)}{L(\widehat{\theta})} = \exp\{-(2\sigma^2)^{-1}n(\overline{X}-\theta_0)^2\}$$

그러면 $\Lambda \le c$는 $-2\log\Lambda \ge -2\log c$와 동등하다. 그런데 다음은 H_0하에서 $\chi^2(1)$ 분포를 따른다.

$$-2\log\Lambda = \left(\frac{\overline{X}-\theta_0}{\sigma/\sqrt{n}}\right)^2$$

따라서 유의수준 α인 우도비검정은 다음과 같을 때 H_0을 기각하고 H_1을 채택한다.

$$-2\log\Lambda = \left(\frac{\overline{X}-\theta_0}{\sigma/\sqrt{n}}\right)^2 \ge \chi^2_\alpha(1) \tag{6.3.6}$$

이 검정은 s가 σ로 바뀌었다는 것만 빼면 4장에서 다루었던 정규분포의 평균에 대한 z-검정과 같다는 것을 유의하라. 이 검정에 대한 검정력 함수는 식 (4.6.5)에 주어졌다.

앞의 두 예제에서는 우도비검정이 단순하고 검정을 닫힌 형식으로 구할 수 있었다. 그러나 이것이 불가능한 경우도 있다. 그러한 경우에도 예제 6.2.7과 마찬가지로 mle를 반복 과정으로 구할 수 있고, 따라서 검정 통계량 Λ도 역시 반복 과정으로 구할 수 있다. 예제 6.3.2에서 $-2\log\Lambda$는 귀무가설하에서 정확히 $\chi^2(1)$ 분포를 따른다. 일반적으로는 성립하지 않지만, 다음 정리와 같이 정칙 조건하에 $-2\log\Lambda$의 귀무가설하에서의 점근적 분포는 자유도 1인 χ^2-분포이다. 따라서 모든 경우에 점근적 검정을 만들 수 있다.

정리 6.3.1

정리 6.2.2와 같은 정칙 조건을 가정하자. 귀무가설 $H_0 : \theta = \theta_0$하에서

$$-2\log\Lambda \xrightarrow{D} \chi^2(1) \tag{6.3.7}$$

이다.

증명: 함수 $l(\theta)$를 θ_0에 대해 차수 1인 테일러 급수 전개를 하고, mle $\widehat{\theta}$에서 그 값을 구한다. 그 결과는 다음과 같다.

$$l(\widehat{\theta}) = l(\theta_0) + (\widehat{\theta} - \theta_0)l'(\theta_0) + \frac{1}{2}(\widehat{\theta} - \theta_0)^2 l''(\theta_n^*) \tag{6.3.8}$$

여기서 θ_n^*는 $\widehat{\theta}$과 θ_0 사이의 값이다. $\widehat{\theta} \xrightarrow{P} \theta_0$이므로 이것에 의해 $\theta_n^* \xrightarrow{P} \theta_0$이 된다. 함수 $l''(\theta)$가 연속이라는 것과 정리 6.2.2의 식 (6.2.22)에 의해 결과가 다음과 같음을 암시한다.

$$-\frac{1}{n}l''(\theta_n^*) \xrightarrow{P} I(\theta_0) \tag{6.3.9}$$

따름정리 6.2.3에 의해

$$\frac{1}{\sqrt{n}}l'(\theta_0) = \sqrt{n}(\widehat{\theta} - \theta_0)I(\theta_0) + R_n \tag{6.3.10}$$

여기서 확률적으로 $R_n \to 0$이다. 만약 식 (6.3.9)와 (6.3.10)을 식 (6.3.8)에 대입하여 약간 단순화하면

$$-2\log\Lambda = 2(l(\widehat{\theta}) - l(\theta_0)) = \{\sqrt{nI(\theta_0)}(\widehat{\theta} - \theta_0)\}^2 + R_n^* \tag{6.3.11}$$

여기서 확률적으로 $R_n^* \to 0$이다. 정리 5.2.4와 6.2.2에 의해 위 식의 오른쪽 첫 번째 항은 자유도 1인 χ^2-분포에 분포수렴한다.

검정 통계량 $\chi_L^2 = -2\log\Lambda$를 정의하자. 가설 식 (6.3.1)에 대해 위 정리는 결정 규칙이 다음

과 같음을 암시한다.

$$\chi_L^2 \geq \chi_\alpha^2(1)\text{이면 } H_0 \text{ 기각, } H_1 \text{ 채택} \tag{6.3.12}$$

앞의 정리에 의해 이 검정은 점근적 수준 α를 갖는다. 검정 통계량이나 그것의 분포를 닫힌 형식으로 구할 수 없으면 이와 같은 점근적 검정을 이용할 수 있다.

우도비검정 이외에도 실제로는 두 가지 다른 우도 관련 검정을 이용한다. 하나의 자연스러운 검정 통계량은 $\widehat{\theta}$의 점근적 분포에 근거한다. 다음 통계량에 대해 생각해보자.

$$\chi_W^2 = \left\{\sqrt{nI(\widehat{\theta})}(\widehat{\theta} - \theta_0)\right\}^2 \tag{6.3.13}$$

$I(\theta)$가 연속함수이므로 귀무가설 식 (6.3.1)하에서 확률적으로 $I(\widehat{\theta}) \to I(\theta_0)$이다. 따라서 H_0하에서 χ_W^2은 자유도 1인 점근적 χ^2-분포를 따른다. 이것은 결정 규칙이 다음과 같음을 의미한다.

$$\chi_W^2 \geq \chi_\alpha^2(1) \text{ 이면 } H_0 \text{ 기각, } H_1 \text{ 채택} \tag{6.3.14}$$

χ_L^2에 근거한 검정과 마찬가지로 이 검정도 점근적 수준 α를 갖는다. 실제로 두 검정 통계량 사이의 관계는 밀접하다. 식 (6.3.11)에서처럼 H_0하에서 다음과 같기 때문이다.

$$\chi_W^2 - \chi_L^2 \xrightarrow{P} 0 \tag{6.3.15}$$

검정 식 (6.3.14)는 20세기의 뛰어난 통계학자 아브라함 왈드(Abraham Wald)의 이름을 따서 **왈드형 검정**(Wald-type test)이라고 한다.

세 번째 검정은 **스코어형 검정**(scores-type test)인데, 이것은 또 다른 뛰어난 통계학자 C. R. 라오(C. R. Rao)의 이름을 따서 **라오의 스코어검정**(Rao's score test)이라고도 한다. **스코어**는 다음 벡터의 성분이다.

$$\mathbf{S}(\theta) = \left(\frac{\partial \log f(X_1;\theta)}{\partial\theta}, \ldots, \frac{\partial \log f(X_n;\theta)}{\partial\theta}\right)' \tag{6.3.16}$$

여기서의 표기법으로 다음과 같이 나타낼 수 있다.

$$\frac{1}{\sqrt{n}}l'(\theta_0) = \frac{1}{\sqrt{n}}\sum_{i=1}^{n}\frac{\partial \log f(X_i;\theta_0)}{\partial\theta} \tag{6.3.17}$$

다음 통계량을 정의해보자.

$$\chi_R^2 = \left(\frac{l'(\theta_0)}{\sqrt{nI(\theta_0)}}\right)^2 \tag{6.3.18}$$

H_0하에서 식 (6.3.10)에 의해

$$\chi_R^2 = \chi_W^2 + R_{0n} \tag{6.3.19}$$

여기서 R_{0n}은 0으로 확률수렴한다. 따라서 다음 결정 규칙은 H_0하에서 점근적 수준 α인 검정을 결정한다.

$$\chi_R^2 \geq \chi_\alpha^2(1) \text{ 이면 } H_0 \text{ 기각, } H_1 \text{ 채택} \tag{6.3.20}$$

예제 6.3.3 **[예제** 6.2.6**의 연속]** 예제 6.2.6에서와 같이 공통인 베타 $(\theta, 1)$ pdf[식 (6.2.14)]를 가진 확률표본을 $X_1, X_2, \cdots, X_n$이라고 하자. 다음 가설에 대해 앞서 논의한 3개의 검정 통계량을 설명하기 위해 이 pdf를 이용할 것이다.

$$H_0 : \theta = 1, \quad H_1 : \ \theta \neq 1 \tag{6.3.21}$$

H_0하에서 $f(x; \theta)$는 균등 (0, 1) pdf이다. $\widehat{\theta} = -n/\sum_{i=1}^n \log X_i$가 θ의 mle임을 상기하라. 약간 단순화하면 mle에서의 우도함숫값은 다음과 같다.

$$L(\widehat{\theta}) = \left(-\sum_{i=1}^n \log X_i\right)^{-n} \exp\left\{-\sum_{i=1}^n \log X_i\right\} \exp\{n(\log n - 1)\}$$

또한 $L(1) = 1$이다. 따라서 우도비검정 통계량은 $\Lambda = 1/L(\widehat{\theta})$이며, 이것에 의해

$$\chi_L^2 = -2\log\Lambda = 2\left\{-\sum_{i=1}^n \log X_i - n\log\left(-\sum_{i=1}^n \log X_i\right) - n + n\log n\right\}$$

이 pdf에 대한 정보가 $I(\theta) = \theta^{-2}$임을 상기하라. 왈드형 검정에서는 이것을 $\widehat{\theta}^{-2}$에 의해 일관되게 추정할 것이다. 왈드형 검정은 다음과 같이 단순화된다.

$$\chi_W^2 = \left(\sqrt{\frac{n}{\widehat{\theta}^2}}(\widehat{\theta} - 1)\right)^2 = n\left\{1 - \frac{1}{\widehat{\theta}}\right\}^2 \tag{6.3.22}$$

끝으로 스코어형 과정에 대해 $l'(1)$이 다음과 같은 식 (6.2.15)를 상기하라.

$$l'(1) = \sum_{i=1}^n \log X_i + n$$

따라서 스코어형 검정 통계량은

$$\chi_R^2 = \left\{\frac{\sum_{i=1}^n \log X_i + n}{\sqrt{n}}\right\}^2 \tag{6.3.23}$$

식 (6.3.22)와 (6.3.23)이 동일하다는 것을 밝히기는 쉽다. 예제 6.2.4에 의해 최대우도추정값의 정확한 분포를 알고 있다. 연습문제 6.3.8에서 정확한 검정을 구하는 데 이 분포를 이용한다.

예제 6.3.4 **[라플라스 위치모형에 대한 우도검정]** 다음 위치모형을 고려하자.

$$X_i = \theta + e_i, \quad i = 1, \ldots, n$$

여기서 $-\infty < \theta < \infty$이고 확률오차 e_i는 각각이 라플라스 pdf[식 (2.2.4)]를 따르는 iid이다. 기술적으로 라플라스 분포는 정칙 조건 (R0)~(R5)를 모두 만족하지는 않지만 다음 결과가 엄격하게 유도될 수 있다. 예를 들어 Hettmansperger와 McKean(2011)을 참조하라. θ_0이 특정 값일 때 다음 가설에 대한 검정을 고려하자.

$$H_0: \theta = \theta_0, \quad H_1: \theta \neq \theta_0$$

여기서 $\Omega = (-\infty, \infty)$이고 $\omega = \{\theta_0\}$이다. 예제 6.1.1에 의해 Ω하에서 θ의 mle는 $Q_2 = \text{med}\{X_1, X_2, \cdots, X_n\}$, 즉 표본중앙값임을 알고 있다. 이로써 다음을 얻을 수 있다.

$$L(\widehat{\Omega}) = 2^{-n} \exp\left\{-\sum_{i=1}^{n} |x_i - Q_2|\right\}$$

$$L(\widehat{\omega}) = 2^{-n} \exp\left\{-\sum_{i=1}^{n} |x_i - \theta_0|\right\}$$

따라서 우도비검정 통계량의 로그에 -2를 곱하면

$$-2\log\Lambda = 2\left[\sum_{i=1}^{n} |x_i - \theta_0| - \sum_{i=1}^{n} |x_i - Q_2|\right] \tag{6.3.24}$$

그러므로 H_0 대 H_1에 대한 크기 α인 점근적 우도비검정은 만약 다음과 같으면 H_0을 기각하고 H_1을 채택하는 것이다.

$$2\left[\sum_{i=1}^{n} |x_i - \theta_0| - \sum_{i=1}^{n} |x_i - Q_2|\right] \geq \chi^2_\alpha(1)$$

식 (6.2.10)에 의해 이 모형에 대한 피셔 정보는 $I(\theta) = 1$이다. 따라서 왈드형 검정 통계량은 다음과 같이 단순화된다.

$$\chi^2_W = [\sqrt{n}(Q_2 - \theta_0)]^2$$

스코어검정에서 다음을 얻는다.

$$\frac{\partial \log f(x_i - \theta)}{\partial\theta} = \frac{\partial}{\partial\theta}\left[\log\frac{1}{2} - |x_i - \theta|\right] = \text{sgn}(x_i - \theta)$$

그러므로 이 모형에서 스코어 벡터는 $\mathbf{S}(\theta) = (\text{sgn}(X_1 - \theta), \cdots, \text{sgn}(X_n - \theta))'$이다. 위의 논의에 의해[식 (6.3.17) 참조] 스코어검정 통계량은 다음과 같이 나타낼 수 있다.

$$\chi^2_R = (S^*)^2/n$$

여기서

$$S^* = \sum_{i=1}^{n} \text{sgn}(X_i - \theta_0)$$

연습문제 6.3.5에서 보듯이 H_0하에서 S^*는 $b(n, 1/2)$ 분포를 따르는 확률변수의 선형함수이다.

세 가지 검정 중에서 어느 것을 사용해야 할까? 앞의 설명에 따르면 세 가지 검정 모두 귀무가설하에서 점근적으로 동등하다. 점근적 상대효율성(ARE)의 개념과 유사하게 검정에 대해서도 효율성과 동등한 개념을 도출할 수 있다. 10장 및 Hettmansperger와 McKean(2011) 같은 고급 수준의 책을 참조하라. 그런데 세 가지 검정 모두 점근적 효율성이 동일하다. 따라서 점근적 이론은 검정을 차별화하는 데 거의 도움이 되지 않는다. 문헌에는 유한 표본 비교가 제시되어 있다. 그렇지만 이러한 연구에서도 그중 어느 것이 '최선'이라고 선택하지 않았다. 좀 더 깊은 내용은 Lehmann(1999) 7장을 참조하라.

연습문제

6.3.1 다음 자료는 $x > 0$에 대해 $f(x;\theta) = (1/\theta)e^{-x/\theta}$인 pdf를 가진 지수분포에서 생성되었고, 여기서 $\theta = 40$이다.

(a) 자료의 히스토그램을 그리고, 그림에서 $\theta_0 = 50$의 위치를 찾아라.

(b) 예제 6.3.1에서 설명된 검정을 사용하여 $H_0 : \theta = 50$ 대 $H_1 : \neq 50$을 검정하라. 유의수준 $\alpha = 0.10$에서 결정을 내려라.

```
19 15 76 23 24 66 27 12 25  7  6 16 51 26 39
```

6.3.2 예제 6.3.1에서 도출된 결정 규칙 식 (6.3.5)를 고려하자. 일반적인 대립가설하에서 검정 통계량의 분포를 구하고, 이것을 이용하여 이 검정의 검정력 함수를 구하라. R을 이용하여 $\theta_0 = 1$, $n = 10$, $\alpha = 0.05$인 경우의 검정력 곡선을 그려라.

6.3.3 식 (6.3.6)의 결정 규칙을 가진 검정이 σ^2을 알고 있다는 것을 제외하고는 예제 4.6.1의 검정과 같음을 밝혀라.

6.3.4 예제 6.3.2의 끝부분에서 설명한 검정력 함수를 그리는 R 함수를 구하라. $\theta_0 = 0$, $n = 10$, $\sigma^2 = 1$, $\alpha = 0.05$인 경우에 대해 R 함수를 실행하라.

6.3.5 예제 6.3.4를 고려하자.

(a) $T = \#\{X_i > \theta_0\}$일 때 $S^* = 2T - n$으로 나타낼 수 있음을 밝혀라.

(b) 이 모형에 대한 스코어검정은 $T < c_1$ 또는 $T > c_2$이면 H_0을 기각하는 것과 같음을 밝혀라.

(c) H_0하에서 T가 이항분포 $b(n, 1/2)$을 따른다는 것을 밝혀라. 그리고 검정의 크기가 α가 되도록 c_1과 c_2를 결정하라.

(d) T에 근거한 검정에 대해 검정력 함수를 θ의 함수로 구하라.

6.3.6 $N(\mu_0, \sigma^2 = \theta)$ 분포에서 추출한 확률표본을 $X_1, X_2, \cdots, X_n$이라고 하자. 여기서 $0 < \theta < \infty$이고 μ_0은 알려져 있다. $H_0 : \theta = \theta_0$ 대 $H_1 : \theta \neq \theta_0$에 대한 우도비검정이 통계량 $W = \sum_{i=1}^{n} (X_i - \mu_0)^2/\theta_0$에 근거할 수 있음을 밝혀라. W의 귀무가설하에서의 분포를 결정하고, 구체적으로 수준 α 검정에 대한 기각 규칙을 제시하라.

6.3.7 연습문제 6.3.6에서 설명한 검정에 대해 일반적인 대립가설하에서 검정 통계량의 분포를 구하라. 컴퓨터를 이용할 수 있으면 $\theta_0 = 1$, $n = 10$, $\mu = 0$, $\alpha = 0.05$인 경우의 검정력 곡선을 그려라.

6.3.8 예제 6.2.4의 결과를 이용하여 가설 식 (6.3.21)에 대한 정확한 크기 α인 검정을 구하라.

6.3.9 평균 $\theta > 0$인 푸아송 분포에서 추출한 확률표본을 $X_1, X_2, \cdots, X_n$이라고 하자.

(a) $H_0 : \theta = \theta_0$ 대 $H_1 : \theta \neq \theta_0$에 대한 우도비검정이 통계량 $Y = \sum_{i=1}^{n} X_i$에 근거함을 밝혀라. Y의 귀무가설하에서의 분포를 구하라.

(b) $\theta_0 = 2$, $n = 5$에 대해 $Y \leq 4$ 또는 $Y \geq 17$일 때 H_0을 기각하는 검정에 대한 유의수준을 구하라.

6.3.10 $0 < \theta < 1$에 대해 베르누이 $b(1, \theta)$ 분포에서 추출한 확률표본을 $X_1, X_2, \cdots, X_n$이라고 하자.

(a) $H_0 : \theta = \theta_0$ 대 $H_1 : \theta \neq \theta_0$에 대한 우도비검정이 통계량 $Y = \sum_{i=1}^{n} X_i$에 근거함을 밝혀라. Y의 귀무가설하에서의 분포를 구하라.

(b) $n = 100$, $\theta_0 = 1/2$에 대해 $Y \leq c_1$ 또는 $Y \geq c_2 = 100 - c_1$일 때 H_0을 기각하는 검정이 근사 유의수준 $\alpha = 0.05$를 갖는 c_1을 구하라.

힌트: 중심극한정리를 이용하라.

6.3.11 $0 < \theta < \infty$에 대해 $\Gamma(\alpha = 4, \beta = \theta)$ 분포에서 추출한 확률표본을 $X_1, X_2, \cdots, X_n$이라고 하자.

(a) $H_0 : \theta = \theta_0$ 대 $H_1 : \theta \neq \theta_0$에 대한 우도비검정이 통계량 $W = \sum_{i=1}^{n} X_i$에 근거함을 밝혀라. $2W/\theta_0$의 귀무가설하에서의 분포를 구하라.

(b) $\theta_0 = 3$, $n = 5$에 대해 $W \leq c_1$ 또는 $W \geq c_2$일 때 H_0을 기각하는 검정이 유의수준 $\alpha = 0.05$를 갖는 c_1과 c_2를 구하라.

6.3.12 $\theta > 0$에 대해 $-\infty < x < \infty$일 때 pdf $f(x; \theta) = \theta \exp\{-|x|^\theta\}/2\Gamma(1/\theta)$인 분포에서 추출한 확률표본을 $X_1, X_2, \cdots, X_n$이라고 하자. $\Omega = \{\theta : \theta = 1, 2\}$라 하고, 가설 $H_0 : \theta = 2$(정규분포) 대 $H_1 : \theta = 1$(이중지수분포)을 고려하자. 우도비검정이 통계량 $W = \sum_{i=1}^n (X_i^2 - |X_i|)$에 근거할 수 있음을 밝혀라.

6.3.13 $\alpha = \beta = \theta$이고 $\Omega = \{\theta : \theta = 1, 2\}$인 베타분포에서 추출한 확률표본을 $X_1, X_2, \cdots, X_n$이라고 하자. 검정 $H_0 : \theta = 1$ 대 $H_1 : \theta = 2$에 대한 우도비검정 통계량 Λ가 통계량 $W = \sum_{i=1}^n \log X_i + \sum_{i=1}^n \log (1 - X_i)$의 함수임을 밝혀라.

6.3.14 다음 위치모형을 고려하자.

$$X_i = \theta + e_i, \quad i = 1, \ldots, n \tag{6.3.25}$$

여기서 $e_1, e_2, \cdots, e_n$은 pdf $f(z)$를 가진 iid이다. θ를 추정하기 위한 훌륭한 기하학적 해석이 있다. $\mathbf{X} = (X_1, X_2, \cdots, X_n)'$과 $\mathbf{e} = (e_1, e_2, \cdots, e_n)'$을 각각 관측값과 확률오차의 벡터라고 하자. $\mathbf{1}$이 모든 성분이 1인 벡터일 때 $\boldsymbol{\mu} = \theta\mathbf{1}$이라고 하자. V가 형식 $\boldsymbol{\mu}$인 벡터들의 부분공간, 즉 $V = \{\mathbf{v} : \mathbf{v} = a\mathbf{1}$, 임의의 $a \in R$에 대해$\}$라고 하자. 그러면 모형을 벡터 표기로 나타낼 수 있으며,

$$\mathbf{X} = \boldsymbol{\mu} + \mathbf{e}, \quad \boldsymbol{\mu} \in V \tag{6.3.26}$$

'확률오차벡터 $\mathbf{e}$를 제외할 때 $\mathbf{X}$는 V 안에 존재한다'라고 요약할 수 있다. 따라서 $\mathbf{X}$에 '가장 가까운' V 안에 있는 벡터에 의해 $\boldsymbol{\mu}$를 추정하는 것이 직관적으로 타당하다. 즉 R^n에서의 놈(norm) $\|\cdot\|$이 주어졌을 때 다음을 선택한다.

$$\widehat{\boldsymbol{\mu}} = \text{Argmin}\|\mathbf{X} - \mathbf{v}\|, \quad \mathbf{v} \in V \tag{6.3.27}$$

(a) 오차 pdf가 라플라스[식 (2.2.4)]라면 놈이 다음과 같은 l_1 놈일 때 식 (6.3.27)에서의 최소화가 우도함수의 최대화와 동등함을 밝혀라.

$$\|\mathbf{v}\|_1 = \sum_{i=1}^n |v_i| \tag{6.3.28}$$

(b) 오차 pdf가 $N(0, 1)$이면 놈이 다음과 같은 l_2 놈의 열일 때 식 (6.3.27)에서의 최소화가 우도함수의 최대화와 동등함을 밝혀라.

$$\|\mathbf{v}\|_2^2 = \sum_{i=1}^n v_i^2 \tag{6.3.29}$$

6.3.15 위 연습문제의 연속으로 추정 이외에 검정에 대해서도 훌륭한 기하학적 해석이 있다. 모형 식 (6.3.26)에 대해 θ_0이 특정 값일 때 다음 가설을 고려하자.

$$H_0 : \theta = \theta_0, \quad H_1 : \theta \neq \theta_0 \tag{6.3.30}$$

R^n에서의 놈 $\|\cdot\|$이 주어졌을 때 $\mathbf{X}$와 부분공간 V 사이의 거리를 $d(\mathbf{X}, V)$로 나타낸다. 즉 $d(\mathbf{X}, V) = \|\mathbf{X} - \widehat{\boldsymbol{\mu}}\|$이다. $\widehat{\boldsymbol{\mu}}$은 식 (6.3.27)에서 정의되었다. 만약 H_0이 참이라면 $\widehat{\boldsymbol{\mu}}$은 $\boldsymbol{\mu} = \theta_0\mathbf{1}$에 가까울 것이고, 따라서 $\|\mathbf{X} - \theta_0\mathbf{1}\|$은 $d(\mathbf{X}, V)$에 가까울 것이다. 차를 다음과 같이 나타낸다.

$$RD = \|\mathbf{X} - \theta_0\mathbf{1}\| - \|\mathbf{X} - \widehat{\boldsymbol{\mu}}\| \tag{6.3.31}$$

RD의 작은 값은 귀무가설이 참이라는 것을 나타내고, 큰 값은 H_1이 참이라는 것을 나타낸다. 따라서 RD를 이용할 때 기각 규칙은 다음과 같다.

$$RD > c\text{이면 } H_0 \text{ 기각, } H_1 \text{ 채택} \tag{6.3.32}$$

(a) 오차 pdf가 라플라스[식 (6.1.6)]라면 놈이 식 (6.3.28)과 같을 때 식 (6.3.31)이 우도비검정과 동등함을 밝혀라.

(b) 오차 pdf가 $N(0, 1)$이라면 놈이 식 (6.3.29)와 같이 l_2 놈의 제곱 열일 때 식 (6.3.31)이 우도비검정과 동등함을 밝혀라.

6.3.16 $0 < \theta < 1$에 대해 $x = 0, 1$일 때 pmf $p(x; \theta) = \theta^x(1-\theta)^{1-x}$인 분포에서 추출한 확률표본을 $X_1, X_2, \cdots, X_n$이라고 하자. $H_0 : \theta = 1/3$ 대 $H_1 : \theta \neq 1/3$을 검정하고자 한다.

(a) Λ와 $-2\log\Lambda$를 구하라.

(b) 왈드형 검정을 구하라.

(c) 라오의 스코어 통계량은 무엇인가?

6.3.17 평균이 $\theta > 0$인 푸아송 분포에서 추출한 확률표본을 $X_1, X_2, \cdots, X_n$이라고 하자. $H_0 : \theta = \theta_0$ 대 $H_1 : \theta \neq \theta_0$의 검정을 고려하자.

(a) 식 (6.3.13)의 왈드형 검정을 구하라.

(b) 이 검정 통계량을 계산하는 R 함수를 작성하라.

(c) $\theta_0 = 23$인 경우의 검정 통계량을 계산하고, 다음 자료에 대한 p 값을 정하라.

```
27 13 21 24 22 14 17 26 14 22
21 24 19 25 15 25 23 16 20 19
```

6.3.18 $\Gamma(\alpha, \beta)$ 분포에서 추출한 확률표본을 $X_1, X_2, \cdots, X_n$이라고 하자. 여기서 α는 알려져 있고 $\beta > 0$이다. $H_0 : \beta = \beta_0$ 대 $H_1 : \beta \neq \beta_0$에 대한 우도비검정을 결정하라.

6.3.19 $\theta > 0$일 때 $(0, \theta)$에서의 균등분포에서 추출한 확률표본의 순서통계량을 $Y_1 < Y_2 < \cdots < Y_n$이라고 하자.

(a) $H_0 : \theta = \theta_0$ 대 $H_1 : \theta \neq \theta_0$ 검정에 대한 Λ가 $Y_n \leq \theta_0$이면 $\Lambda = (Y_n/\theta_0)^n$이고 $Y_n > \theta_0$이면 $\Lambda = 0$임을 밝혀라.

(b) H_0이 참일 때 $-2 \log \Lambda$는 $\chi^2(1)$이 아니라 $\chi^2(2)$ 분포를 따름을 밝혀라. 정칙 조건이 만족되지 않음을 참고하라.

6.4 다중모수인 경우: 추정

이 절에서는 $\boldsymbol{\theta}$가 p개 모수의 벡터인 경우를 살펴본다. θ가 스칼라인 앞 절의 정리와 유사한 것이 있는데, 대부분의 경우 증명 없이 그 결과를 제시할 것이다. 관심 있는 독자는 고급 수준의 책, 예를 들면 Lehmann과 Casella(1998), Rao(1973)를 보기 바란다.

$\boldsymbol{\theta} \in \Omega \subset R^p$일 때 공통인 pdf $f(x; \boldsymbol{\theta})$를 가진 iid를 $X_1, X_2, \cdots, X_n$이라고 하자. 앞에서와 같이 우도함수와 그 로그는 $\boldsymbol{\theta} \in \Omega$에 대해 다음과 같다.

$$L(\boldsymbol{\theta}) = \prod_{i=1}^{n} f(x_i; \boldsymbol{\theta})$$

$$l(\boldsymbol{\theta}) = \log L(\boldsymbol{\theta}) = \sum_{i=1}^{n} \log f(x_i; \boldsymbol{\theta}) \tag{6.4.1}$$

이론적으로 부록 A의 가정 A.1.1에 제시한 것과 같은 추가적인 정칙 조건이 필요한데, 앞의 정칙 조건에 이어서 (R6)~(R9)로 명명한다. 이 절에서 '정칙 조건하에서'라는 표현은 내용과 관련이 있는 식 (6.1.1), (6.2.1), (6.2.2)와 A.1.1의 조건 모두를 의미한다. 이산형인 경우는 연속형인 경우와 동일하므로 일반적으로 연속형인 경우의 관점에서 논리를 전개한다.

정리 6.1.1의 증명은 모수가 스칼라든 벡터든 관계없다. 따라서 확률이 1에 가까워지는 $L(\boldsymbol{\theta})$는 $\boldsymbol{\theta}$의 참값에서 최대가 된다. 그러므로 $\boldsymbol{\theta}$의 추정값으로 $L(\boldsymbol{\theta})$를 최대화하거나 또는 동등하게 벡터식 $(\partial/\partial\boldsymbol{\theta})l(\boldsymbol{\theta}) = \mathbf{0}$의 해가 되는 값을 고려할 것이다. 만약 이것이 존재한다면 그 값을 **최대우도추정량**(maximum likelihood estimator, mle)이라고 하며 $\widehat{\boldsymbol{\theta}}$으로 나타낸다. 흔히 $\boldsymbol{\theta}$의 함수, 즉 모수 $\eta = g(\boldsymbol{\theta})$에 관심을 갖곤 한다. 정리 6.1.2 증명의 두 번째 부분은 $\boldsymbol{\theta}$가 벡터일 때도 성립하므로 $\widehat{\eta} = g(\widehat{\boldsymbol{\theta}})$이 η의 mle이다.

예제 6.4.1 **[정규모형하에서의 최대우도추정]** $X_1, X_2, \cdots, X_n$이 iid $N(\mu, \sigma^2)$이라고 하자. 이때 $\boldsymbol{\theta} = (\mu, \sigma^2)'$이고 Ω는 곱공간 $(-\infty, \infty) \times (0, \infty)$이다. 우도함수의 로그는 다음과 같이 단순화된다.

$$l(\mu, \sigma^2) = -\frac{n}{2} \log 2\pi - n \log \sigma - \frac{1}{2\sigma^2} \sum_{i=1}^{n} (x_i - \mu)^2 \tag{6.4.2}$$

식 (6.4.2)를 μ와 σ에 대해 편미분한 뒤 0으로 놓으면 연립방정식이 된다.

$$\frac{\partial l}{\partial \mu} = \frac{1}{\sigma^2}\sum_{i=1}^{n}(x_i - \mu) = 0$$

$$\frac{\partial l}{\partial \sigma} = -\frac{n}{\sigma} + \frac{1}{\sigma^3}\sum_{i=1}^{n}(x_i - \mu)^2 = 0$$

이 방정식을 풀면 해가 $\widehat{\mu} = \overline{X}$와 $\widehat{\sigma} = \sqrt{(1/n)\sum_{i=1}^{n}(X_i - \overline{X})^2}$이다. 두 번째 편미분을 확인하면 이것이 $l(\mu,\ \sigma^2)$을 최대화함을 알 수 있고, 따라서 이것이 mle이다. 또한 정리 6.1.2에 의해 $(1/n)\ \sum_{i=1}^{n}\ (X_i - \overline{X})^2$은 σ^2의 mle이다. 5.1절의 설명에 따라 이것이 각각 μ와 σ^2의 일치추정량임을 알고 있다. 즉 $\widehat{\mu}$은 μ의 불편추정량이고, $\widehat{\sigma^2}$은 σ^2의 편의추정량이지만 이것의 편의는 $n \to \infty$일 때 0이 된다.

예제 6.4.2 [**일반적인 라플라스** pdf] $-\infty < x < \infty$일 때 라플라스 pdf $f_X(x) = (2b)^{-1} \exp\{-|x - a|/b\}$에서 추출한 확률표본을 $X_1,\ X_2,\ \cdots,\ X_n$이라고 하자. 여기서 모수 $(a,\ b)$는 공간 $\Omega = \{(a,\ b) : -\infty < a < \infty,\ b > 0\}$ 안에 존재한다. 6.1절에서 $b = 1$인 특수한 경우를 보았다. 이제 보는 것처럼 b 값에 관계없이 a의 mle는 표본중앙값이다. 우도함수의 로그는 다음과 같다.

$$l(a,b) = -n\log 2 - n\log b - \sum_{i=1}^{n}\left|\frac{x_i - a}{b}\right|$$

$l(a,\ b)$의 a에 대한 편미분은 다음과 같은데,

$$\begin{aligned}\frac{\partial l(a,b)}{\partial a} &= \frac{1}{b}\sum_{i=1}^{n}\operatorname{sgn}\left\{\frac{x_i - a}{b}\right\}\\ &= \frac{1}{b}\sum_{i=1}^{n}\operatorname{sgn}\{x_i - a\}\end{aligned}$$

두 번째 등식이 $b > 0$이기 때문이다. 편미분을 0으로 놓으면 a의 mle는 예제 6.1.1에서와 같이 $Q_2 = \text{med}\{X_1,\ X_2,\ \cdots,\ X_n\}$이다. 따라서 a의 mle는 모수 b에 대해 불변이다. $l(a,\ b)$의 편미분을 b에 대해 실행하면

$$\frac{\partial l(a,b)}{\partial b} = -\frac{n}{b} + \frac{1}{b^2}\sum_{i=1}^{n}|x_i - a|$$

이것을 0으로 놓고 두 편미분을 동시에 풀면 b의 mle로 다음과 같은 통계량을 얻을 수 있다.

$$\widehat{b} = \frac{1}{n}\sum_{i=1}^{n}|X_i - Q_2|$$

스칼라인 경우 피셔 정보는 확률변수 $(\partial/\partial\theta)\log f(X;\theta)$의 분산이다. 다중모수인 경우 유사한 것이 $\log f(X;\boldsymbol{\theta})$의 기울기의 분산-공분산 행렬이다. 즉 다음과 같은 확률벡터의 분산-공분산 행렬이다.

$$\triangledown \log f(X;\boldsymbol{\theta}) = \left(\frac{\partial \log f(X;\boldsymbol{\theta})}{\partial\theta_1}, \ldots, \frac{\partial \log f(X;\boldsymbol{\theta})}{\partial\theta_p}\right)' \tag{6.4.3}$$

그러면 피셔 정보는 $p \times p$ 행렬로 정의된다.

$$\mathbf{I}(\boldsymbol{\theta}) = \mathrm{Cov}\left(\triangledown \log f(X;\boldsymbol{\theta})\right) \tag{6.4.4}$$

$\mathbf{I}(\boldsymbol{\theta})$의 (j, k)번째 성분은 다음과 같이 주어진다.

$$I_{jk} = \mathrm{cov}\left(\frac{\partial}{\partial\theta_j}\log f(X;\boldsymbol{\theta}), \frac{\partial}{\partial\theta_k}\log f(X;\boldsymbol{\theta})\right); \quad j,k = 1,\ldots,p \tag{6.4.5}$$

스칼라인 경우와 마찬가지로 이것을 항등식 $1 = \int f(x;\boldsymbol{\theta})dx$를 이용하여 단순화할 수 있다. 정칙 조건하에서 이 절 두 번째 문단의 설명과 같이 이 항등식의 θ_j에 대한 편미분은

$$\begin{aligned} 0 = \int \frac{\partial}{\partial\theta_j} f(x;\boldsymbol{\theta})\,dx &= \int \left[\frac{\partial}{\partial\theta_j}\log f(x;\boldsymbol{\theta})\right] f(x;\boldsymbol{\theta})\,dx \\ &= E\left[\frac{\partial}{\partial\theta_j}\log f(X;\boldsymbol{\theta})\right] \end{aligned} \tag{6.4.6}$$

다음으로 위 첫 번째 등식의 양쪽을 θ_k에 대해 편미분한 뒤 정리하면

$$\begin{aligned} 0 = &\int \left(\frac{\partial^2}{\partial\theta_j\partial\theta_k}\log f(x;\boldsymbol{\theta})\right) f(x;\boldsymbol{\theta})\,dx \\ &+ \int \left(\frac{\partial}{\partial\theta_j}\log f(x;\boldsymbol{\theta})\frac{\partial}{\partial\theta_k}\log f(x;\boldsymbol{\theta})\right) f(x;\boldsymbol{\theta})\,dx \end{aligned}$$

즉

$$E\left[\frac{\partial}{\partial\theta_j}\log f(X;\boldsymbol{\theta})\frac{\partial}{\partial\theta_k}\log f(X;\boldsymbol{\theta})\right] = -E\left[\frac{\partial^2}{\partial\theta_j\partial\theta_k}\log f(X;\boldsymbol{\theta})\right] \tag{6.4.7}$$

식 (6.4.6)과 (6.4.7)을 같이 이용하면 다음을 얻을 수 있다.

$$I_{jk} = -E\left[\frac{\partial^2}{\partial\theta_j\partial\theta_k}\log f(X;\boldsymbol{\theta})\right] \tag{6.4.8}$$

표본에 대한 정보는 스칼라인 경우와 동일한 방법으로 구한다. 표본의 pdf는 우도함수 $L(\boldsymbol{\theta};\mathbf{X})$이다. 식 (6.4.3)에 주어진 벡터에서 $f(X;\boldsymbol{\theta})$를 $L(\boldsymbol{\theta};\mathbf{X})$로 대체한다. $\log L$이 합이므로 이것은 다음과 같이 확률벡터가 된다.

$$\nabla \log L(\boldsymbol{\theta}; \mathbf{X}) = \sum_{i=1}^{n} \nabla \log f(X_i; \boldsymbol{\theta}) \tag{6.4.9}$$

피가수가 공통인 공분산 행렬 $\mathbf{I}(\boldsymbol{\theta})$를 가진 iid이므로 다음을 얻는다.

$$Cov(\nabla \log L(\boldsymbol{\theta}; \mathbf{X})) = n\mathbf{I}(\boldsymbol{\theta}) \tag{6.4.10}$$

스칼라인 경우와 마찬가지로 크기 n인 확률표본의 정보는 크기 1인 표본의 정보의 n배이다.

$\mathbf{I}(\boldsymbol{\theta})$의 대각 성분은 다음과 같다.

$$\begin{aligned} I_{ii}(\boldsymbol{\theta}) &= Var\left[\frac{\partial \log f(X; \boldsymbol{\theta})}{\partial \theta_i}\right] \\ &= -E\left[\frac{\partial^2}{\partial \theta_i^2} \log\ f(X_i; \boldsymbol{\theta})\right] \end{aligned}$$

이는 $I_{ii}(\boldsymbol{\theta})$가 벡터 $\boldsymbol{\theta}$의 함수인 것을 제외하면 θ가 스칼라인 경우와 유사하다. 스칼라인 경우 $(nI(\theta))^{-1}$이 θ의 불편추정량일 때 라오-크라메르 하한이었음을 상기하라. 다중모수인 경우에도 이와 유사하다. 특히 $Y_j = u_j(X_1, X_2, \cdots, X_n)$이 θ_j의 불편추정량이라면 다음과 같음을 밝힐 수 있다.

$$Var(Y_j) \geq \frac{1}{n}\left[\mathbf{I}^{-1}(\boldsymbol{\theta})\right]_{jj} \tag{6.4.11}$$

예를 들어 Lehmann(1983)을 보라. 스칼라인 경우와 마찬가지로 불편추정량의 분산이 하한이면 이를 **효율적**(efficient)이라고 한다.

예제 6.4.3 **[정규 pdf에 대한 정보행렬]** $N(\mu, \sigma^2)$ pdf의 로그는

$$\log f(x; \mu, \sigma^2) = -\frac{1}{2}\log 2\pi - \log \sigma - \frac{1}{2\sigma^2}(x-\mu)^2 \tag{6.4.12}$$

첫 번째와 두 번째 편미분은

$$\begin{aligned} \frac{\partial \log f}{\partial \mu} &= \frac{1}{\sigma^2}(x-\mu) \\ \frac{\partial^2 \log f}{\partial \mu^2} &= -\frac{1}{\sigma^2} \\ \frac{\partial \log f}{\partial \sigma} &= -\frac{1}{\sigma} + \frac{1}{\sigma^3}(x-\mu)^2 \\ \frac{\partial^2 \log f}{\partial \sigma^2} &= \frac{1}{\sigma^2} - \frac{3}{\sigma^4}(x-\mu)^2 \\ \frac{\partial^2 \log f}{\partial \mu \partial \sigma} &= -\frac{2}{\sigma^3}(x-\mu) \end{aligned}$$

두 번째 편미분의 기댓값에 −를 취하면 정규밀도함수에 대한 정보행렬은 다음과 같다.

$$\mathbf{I}(\mu, \sigma) = \begin{bmatrix} \frac{1}{\sigma^2} & 0 \\ 0 & \frac{2}{\sigma^2} \end{bmatrix} \tag{6.4.13}$$

(μ, σ^2)에 대한 정보행렬을 원할 수도 있다. 이것은 σ가 아니라 σ^2에 대해 편미분하면 구할 수 있다. 그렇지만 예제 6.4.6에서 이 변환을 이용하여 구할 것이다. 예제 6.4.1로부터 μ와 σ^2의 최대우도추정량은 각각 $\widehat{\mu} = \overline{X}$, $\widehat{\sigma}^2 = (1/n)\sum_{i=1}^{n} (X_i - \overline{X})^2$이다. 정보행렬에 근거하여 유한 표본에서 $\overline{X}$는 μ의 효율추정량임에 주의하자. 예제 6.4.6에서 표본분산을 살펴볼 것이다.

예제 6.4.4 **[위치와 척도족에 대한 정보행렬]** $-\infty < x < \infty$일 때 공통인 pdf $f_X(x) = b^{-1} f\left(\frac{x-a}{b}\right)$를 가진 확률표본을 $X_1, X_2, \cdots, X_n$이라고 하자. 여기서 (a, b)는 공간 $\Omega = \{(a, b) : -\infty < a < \infty, b > 0\}$에 있고, $f(z)$는 $-\infty < z < \infty$에서 $f(z) > 0$인 pdf이다. 연습문제 6.4.10에서와 같이 X_i를 모형화할 수 있다.

$$X_i = a + be_i \tag{6.4.14}$$

여기서 e_i는 pdf $f(z)$를 가진 iid이다. 이것이 **위치와 척도 모형**(location and scale model, LASP)이다. 예제 6.4.2에서 $f(z)$가 라플라스 pdf를 가진 경우에 대해 이 모형을 설명했다. 연습문제 6.4.11에서 편미분이 다음과 같음을 확인할 것이다.

$$\frac{\partial}{\partial a}\left\{\log\left[\frac{1}{b} f\left(\frac{x-a}{b}\right)\right]\right\} = -\frac{1}{b}\frac{f'\left(\frac{x-a}{b}\right)}{f\left(\frac{x-a}{b}\right)}$$

$$\frac{\partial}{\partial b}\left\{\log\left[\frac{1}{b} f\left(\frac{x-a}{b}\right)\right]\right\} = -\frac{1}{b}\left[1 + \frac{\frac{x-a}{b} f'\left(\frac{x-a}{b}\right)}{f\left(\frac{x-a}{b}\right)}\right]$$

그러면 식 (6.4.5)와 (6.4.6)을 이용하여 다음을 얻게 된다.

$$I_{11} = \int_{-\infty}^{\infty} \frac{1}{b^2}\left[\frac{f'\left(\frac{x-a}{b}\right)}{f\left(\frac{x-a}{b}\right)}\right]^2 \frac{1}{b} f\left(\frac{x-a}{b}\right) dx$$

$z = (x-a)/b$, $dz = (1/b)dx$로 대체하면

$$I_{11} = \frac{1}{b^2}\int_{-\infty}^{\infty}\left[\frac{f'(z)}{f(z)}\right]^2 f(z)\, dz \tag{6.4.15}$$

따라서 위치 모수 a의 정보는 a에 의존하지 않는다. 연습문제 6.4.11에서 보듯이 정보행렬에 있는 다른 성분에도 이와 같이 대체하면 다음과 같이 된다.

$$I_{22} = \frac{1}{b^2}\int_{-\infty}^{\infty}\left[1 + \frac{zf'(z)}{f(z)}\right]^2 f(z)\, dz \tag{6.4.16}$$

$$I_{12} = \frac{1}{b^2} \int_{-\infty}^{\infty} z \left[\frac{f'(z)}{f(z)} \right]^2 f(z)\, dz \tag{6.4.17}$$

따라서 정보행렬은 성분이 모수 a와 b를 포함하지 않는 행렬에 $(1/b)^2$을 곱한 형태로 나타낼 수 있다. 연습문제 6.4.12에서와 같이 만약 pdf $f(z)$가 0에 대칭이면 정보행렬의 비대각 성분은 모두 0이다.

예제 6.4.5 **[다항분포]** k개의 결과 또는 범주 중에서 하나의 결과만 나타나는 확률 시행을 고려하자. $j = 1, 2, \cdots, k$에 대해 X_j가 j번째 결과가 나타나는지 그렇지 않은지에 따라 1 또는 0이라고 하자. 결과 j가 나타나는 확률을 p_j라고 하자. 따라서 $\sum_{j=1}^{k} p_j = 1$이다. $\mathbf{X} = (X_1, \cdots, X_{k-1})'$, $\mathbf{p} = (p_1, \cdots, p_{k-1})'$이라고 하면 $\mathbf{X}$의 분포는 다항분포이다. 3.1절을 참조하라. pmf가 다음과 같을 때

$$f(\mathbf{x}, \mathbf{p}) = \left(\prod_{j=1}^{k-1} p_j^{x_j} \right) \left(1 - \sum_{j=1}^{k-1} p_j \right)^{1 - \sum_{j=1}^{k-1} x_j} \tag{6.4.18}$$

모수 공간은 $\Omega = \{\mathbf{p} : 0 < p_j < 1,\ j = 1, \cdots, k-1;\ \sum_{j=1}^{k-1} p_j < 1\}$이다.

우선 정보행렬을 구한다. f의 로그의 p_i에 대한 1차 편미분은 다음과 같이 단순화할 수 있다.

$$\frac{\partial \log f}{\partial p_i} = \frac{x_i}{p_i} - \frac{1 - \sum_{j=1}^{k-1} x_j}{1 - \sum_{j=1}^{k-1} p_j}$$

2차 편미분은

$$\begin{aligned} \frac{\partial^2 \log f}{\partial p_i^2} &= -\frac{x_i}{p_i^2} - \frac{1 - \sum_{j=1}^{k-1} x_j}{(1 - \sum_{j=1}^{k-1} p_j)^2} \\ \frac{\partial^2 \log f}{\partial p_i \partial p_h} &= -\frac{1 - \sum_{j=1}^{k-1} x_j}{(1 - \sum_{j=1}^{k-1} p_j)^2}, \quad i \neq h < k \end{aligned}$$

이 분포에서 각각의 확률변수 X_j의 주변분포는 평균 p_j인 베르누이 분포이다. $p_k = 1 - (p_1 + \cdots + p_{k-1})$임을 상기하고, 2차 편미분의 음수의 기댓값은 직접적으로 구할 수 있다. 결과로 정보행렬은 다음과 같이 된다.

$$\mathbf{I}(\mathbf{p}) = \begin{bmatrix} \frac{1}{p_1} + \frac{1}{p_k} & \frac{1}{p_k} & \cdots & \frac{1}{p_k} \\ \frac{1}{p_k} & \frac{1}{p_2} + \frac{1}{p_k} & \cdots & \frac{1}{p_k} \\ \vdots & \vdots & & \vdots \\ \frac{1}{p_k} & \frac{1}{p_k} & \cdots & \frac{1}{p_{k-1}} + \frac{1}{p_k} \end{bmatrix} \tag{6.4.19}$$

이것은 역행렬이 다음과 같은 패턴인 행렬이다[Graybill(1969) 170쪽을 참조하라].

$$\mathbf{I}^{-1}(\mathbf{p}) = \begin{bmatrix} p_1(1-p_1) & -p_1p_2 & \cdots & -p_1p_{k-1} \\ -p_1p_2 & p_2(1-p_2) & \cdots & -p_2p_{k-1} \\ \vdots & \vdots & & \vdots \\ -p_1p_{k-1} & -p_2p_{k-1} & \cdots & p_{k-1}(1-p_{k-1}) \end{bmatrix} \quad (6.4.20)$$

다음으로 확률표본 $\mathbf{X}_1, \mathbf{X}_2, \cdots, \mathbf{X}_n$에 대해 mle를 구한다. 우도함수는 다음과 같다.

$$L(\mathbf{p}) = \prod_{i=1}^{n}\prod_{j=1}^{k-1} p_j^{x_{ji}} \left(1 - \sum_{j=1}^{k-1} p_j\right)^{1-\sum_{j=1}^{k-1} x_{ji}} \quad (6.4.21)$$

$j = 1, \cdots, k-1$에 대해 $t_j = \sum_{i=1}^{n} x_{ji}$라고 하자. L의 로그를 단순화하면

$$l(\mathbf{p}) = \sum_{j=1}^{k-1} t_j \log p_j + \left(n - \sum_{j=1}^{k-1} t_j\right) \log \left(1 - \sum_{j=1}^{k-1} p_j\right)$$

$l(\mathbf{p})$의 p_h에 대한 1차 편미분은 방정식의 시스템을 유도한다.

$$\frac{\partial l(\mathbf{p})}{\partial p_h} = \frac{t_h}{p_h} - \frac{n - \sum_{j=1}^{k-1} t_j}{1 - \sum_{j=1}^{k-1} p_j} = 0, \quad h = 1, \ldots, k-1$$

$p_h = t_h/n$가 위 방정식을 만족하는 것을 쉽게 알 수 있다. 따라서 최대우도추정값은 다음과 같다.

$$\widehat{p_h} = \frac{\sum_{i=1}^{n} X_{ih}}{n}, \quad h = 1, \ldots, k-1 \quad (6.4.22)$$

각각의 확률변수 $\sum_{i=1}^{n} X_{ih}$는 분산 $np_h(1-p_h)$인 이항(n, p_h) 분포를 따른다. 따라서 최대우도추정값은 효율추정값이다.

정보에 대한 마지막 설명으로, 정보행렬이 대각행렬이라고 하면 j번째 추정량, 식 (6.4.11)의 분산의 하한은 $1/(n\mathbf{I}_{jj}(\boldsymbol{\theta}))$이다. $\mathrm{I}_{jj}(\boldsymbol{\theta})$가 편미분의 개념으로 정의되므로[식 (6.4.5) 참조] 이것은 θ_j를 제외한 모든 θ_i가 알려져 있다고 생각할 때의 정보이다. 예를 들면 예제 6.4.3에서 정규 pdf인 경우 정보행렬은 대각행렬이다. 따라서 μ에 대한 정보는 σ^2이 알려져 있다고 취급함으로써 구할 수 있었다. 예제 6.4.4에서는 일반적인 위치와 척도족에 대한 정보를 다루었다. 정규분포도 포함된 이러한 일반적인 족(family)에서 기저의 pdf가 대칭인 경우 정보행렬은 대각행렬이다.

다음 정리에는 벡터 $\boldsymbol{\theta}$의 최대우도추정량의 점근 행태를 요약했다. mle가 점근적인 효율추정값임을 밝힌다.

정리 6.4.1

$X_1, X_2, \cdots, X_n$이 $\boldsymbol{\theta} \in \Omega$에 대해 pdf $f(x; \boldsymbol{\theta})$를 따르는 iid이고 정칙 조건을 만족한다고 가정하자.

1. 다음 우도방정식은 $\widehat{\boldsymbol{\theta}}_n \xrightarrow{P} \boldsymbol{\theta}$인 $\widehat{\boldsymbol{\theta}}_n$을 갖는다.

$$\frac{\partial}{\partial \boldsymbol{\theta}} l(\boldsymbol{\theta}) = \mathbf{0}$$

2. (1)을 만족하는 모든 열은 다음과 같다.

$$\sqrt{n}(\widehat{\boldsymbol{\theta}}_n - \boldsymbol{\theta}) \xrightarrow{D} N_p(\mathbf{0}, \mathbf{I}^{-1}(\boldsymbol{\theta}))$$

이 정리의 증명은 고급 수준의 책에서 볼 수 있다. 예를 들면 Lehmann과 Casella(1998)를 참조하라. 스칼라인 경우와 마찬가지로 이 정리도 최대우도추정값이 유일하다는 것을 보장하지는 않는다. 그러나 만약 해의 열이 유일하다면 그것은 일치추정량이며 점근적으로 정규분포를 따른다. 응용에서 종종 유일성을 입증할 수 있다.

다음 따름정리가 바로 이어진다.

따름정리 6.4.1

$X_1, X_2, \cdots, X_n$이 $\boldsymbol{\theta} \in \Omega$에 대해 pdf $f(x; \boldsymbol{\theta})$를 가진 iid이고 정칙 조건을 만족한다고 하자. $\widehat{\boldsymbol{\theta}}_n$이 우도방정식의 일치추정량 해의 열이라면 $\widehat{\boldsymbol{\theta}}_n$은 점근적으로 효율추정량이다. 즉 $j = 1, 2, \cdots, p$에 대해

$$\sqrt{n}(\widehat{\theta}_{n,j} - \theta_j) \xrightarrow{D} N(0, [\mathbf{I}^{-1}(\boldsymbol{\theta})]_{jj})$$

$\mathbf{g}$가 $1 \le k \le p$에서 변환 $\mathbf{g}(\boldsymbol{\theta}) = (g_1(\boldsymbol{\theta}), \cdots, g_k(\boldsymbol{\theta}))'$이고, 다음의 편미분인 $k \times p$ 행렬이 연속인 성분을 가지며 $\boldsymbol{\theta}$의 이웃에서 0이 되지 않는다고 하자.

$$\mathbf{B} = \left[\frac{\partial g_i}{\partial \theta_j}\right], \quad i = 1, \ldots k \text{이고} \quad j = 1, \ldots, p$$

$\widehat{\boldsymbol{\eta}} = \mathbf{g}(\widehat{\boldsymbol{\theta}})$이라고 하면 $\widehat{\boldsymbol{\eta}}$은 $\boldsymbol{\eta} = \mathbf{g}(\boldsymbol{\theta})$의 mle이다. 정리 5.4.6에 의해

$$\sqrt{n}(\widehat{\boldsymbol{\eta}} - \boldsymbol{\eta}) \xrightarrow{D} N_k(\mathbf{0}, \mathbf{B}\mathbf{I}^{-1}(\boldsymbol{\theta})\mathbf{B}') \tag{6.4.23}$$

따라서 $\sqrt{n}(\widehat{\boldsymbol{\eta}} - \boldsymbol{\eta})$에 대한 정보행렬은 역행렬이 존재하면 다음과 같다.

$$\mathbf{I}(\boldsymbol{\eta}) = \left[\mathbf{B}\mathbf{I}^{-1}(\boldsymbol{\theta})\mathbf{B}'\right]^{-1} \tag{6.4.24}$$

이 결과에 대한 간단한 예로 예제 6.4.3을 다시 보자.

예제 6.4.6 [**정규분포의 분산에 대한 정보**] $X_1, X_2, \cdots, X_n$이 iid $N(\mu, \sigma^2)$이라고 하자. 예제 6.4.3에서 정보행렬이 $\mathbf{I}(\mu, \sigma) = \text{diag}\{\sigma^{-2}, 2\sigma^{-2}\}$이었다. 변환 $g(\mu, \sigma) = \sigma^2$을 고려하자. 따라서 편미분 행렬 $\mathbf{B}$는 행벡터 $[0 \ 2\sigma]$이다. 그러므로 σ^2에 대한 정보는

$$I(\sigma^2) = \left\{ \begin{bmatrix} 0 & 2\sigma \end{bmatrix} \begin{bmatrix} \frac{1}{\sigma^2} & 0 \\ 0 & \frac{2}{\sigma^2} \end{bmatrix}^{-1} \begin{bmatrix} 0 \\ 2\sigma \end{bmatrix} \right\}^{-1} = \frac{1}{2\sigma^4}$$

σ^2의 추정량의 분산에 대한 라오-크라메르 하한은 $(2\sigma^4)/n$이다. 표본분산은 σ^2에 대해 불편추정량이지만 그 분산은 $(2\sigma^4)/(n-1)$임을 상기하라. 따라서 유한 표본에 대해 이것은 효율추정량이 아니며, 점근적으로 효율추정량이다.

연습문제

6.4.1 시의회가 고려하고 있는 구역 설정 계획을 지지하는지 도시의 시민을 대상으로 설문조사를 실시한다. 응답은 '예, 아니요, 무관심, 기타'이다. 이러한 응답 각각의 실제 확률이 p_1, p_2, p_3, p_4라고 하자. 설문조사 결과는 다음과 같다.

예	아니요	무관심	기타
60	45	70	25

(a) $i = 1, \cdots, 4$에 대해 p_i의 mle를 구하라.

(b) $i = 1, \cdots, 4$에 대해 식 (4.2.7)의 p_i에 대한 95% 신뢰구간을 구하라.

6.4.2 $N(\theta_1, \theta_3)$과 $N(\theta_2, \theta_4)$ 분포에서 추출한 독립인 확률표본을 각각 $X_1, X_2, \cdots, X_n$과 $Y_1, Y_2, \cdots, Y_m$이라고 하자.

(a) $\Omega \subset R^3$를 다음과 같이 정의할 때 $\theta_1, \theta_2, \theta_3$의 mle를 구하라.

$$\Omega = \{(\theta_1, \theta_2, \theta_3) : -\infty < \theta_i < \infty, i = 1, 2; 0 < \theta_3 = \theta_4 < \infty\}$$

(b) $\Omega \subset R^2$를 다음과 같이 정의할 때 θ_1과 θ_3의 mle를 구하라.

$$\Omega = \{(\theta_1, \theta_3) : -\infty < \theta_1 = \theta_2 < \infty; 0 < \theta_3 = \theta_4 < \infty\}$$

6.4.3 $-\infty < \theta_2 < \infty$에 대해 $\theta_1 \le x < \infty$일 때 pdf $f(x; \theta_1, \theta_2) = (1/\theta_2)e^{-(x-\theta_1)/\theta_2}$, 그 외에 $f(x; \theta_1, \theta_2) = 0$인 분포를 따르는 iid를 $X_1, X_2, \cdots, X_n$이라고 하자. θ_1과 θ_2의 최대우도추정량을 구하라.

6.4.4 **파레토 분포**(Pareto distribution)는 종종 소득 연구의 모형으로 이용되며, 분포함수는 $\theta_1 > 0$과 $\theta_2 > 0$에 대해 다음과 같다.

$$F(x;\theta_1,\theta_2) = \begin{cases} 1-(\theta_1/x)^{\theta_2} & \theta_1 \le x \\ 0 & \text{그 외에} \end{cases}$$

$X_1, X_2, \cdots, X_n$이 이 분포에서 추출한 확률표본일 때 θ_1과 θ_2의 최대우도추정량을 구하라.

힌트: 이 연습문제는 비정칙인 경우이다.

6.4.5 닫힌 구간 $[\theta-\rho, \theta+\rho]$에서 연속인 균등분포로부터 추출한 크기 n인 표본의 순서통계량을 $Y_1 < Y_2 < \cdots < Y_n$이라고 하자. θ와 ρ에 대한 최대우도추정량을 구하라. 이 2개의 최대우도추정량은 불편추정량인가?

6.4.6 $X_1, X_2, \cdots, X_n$이 $N(\mu, \sigma^2)$에서 추출한 확률표본이라고 하자.

(a) 상수 b가 식 $P(X \le b) = 0.90$에 의해 정의될 때 b의 mle를 구하라.

(b) c가 상수일 때 $P(X \le c)$의 mle를 구하라.

6.4.7 자료 파일 `normal50.rda`에는 연습문제 6.4.6의 상황에 대해 크기가 $n = 50$인 확률표본이 들어 있다. 이 자료를 R로 다운로드하고 관측값의 히스토그램을 구하라.

(a) 연습문제 6.4.6의 (b)에서 $c = 58$, $\xi = P(X \le c)$라고 하자. 이 자료를 바탕으로 ξ에 대한 mle의 추정값을 계산하라. 이 추정값을 58보다 작거나 같은 자료의 표본 비율 $\widehat{p}$과 비교하라.

(b) R 함수 `bootstrapcis64.R`은 mle에 대한 부스트랩 신뢰구간을 계산한다. 이 함수를 사용하여 ξ에 대한 95% 신뢰구간을 계산하라. 이 구간과 $\widehat{p}$을 기반으로 하는 식 (4.2.7)의 구간을 비교하라.

6.4.8 연습문제 6.4.6의 (a)를 고려하자.

(a) 연습문제 6.4.7의 자료를 이용하여 b의 mle를 구하라. 또한 자료의 90번째 백분위수에 기반한 추정값을 구하라.

(b) R 함수 `bootstrapcis64.R`을 편집하여 b에 대한 부트스트랩 신뢰구간을 계산하라. 그런 다음 예제 6.4.7의 자료에 대해 R 함수를 실행하여 b에 대한 95% 신뢰구간을 계산하라.

6.4.9 알려지지 않은 모수 p_1과 p_2를 가진 2개의 베르누이 분포를 고려하자. Y와 Z가 각각 크기 n인 2개의 독립표본에서 성공의 수와 같고 $0 \le p_1 \le p_2 \le 1$임을 알고 있을 때 각각의 분포로부터 p_1과 p_2의 mle를 결정하라.

6.4.10 만약 X_i가 모형 식 (6.4.14)를 따른다면 그것의 pdf가 $b^{-1} f((x-a)/b)$임을 밝혀라.

6.4.11 예제 6.4.4의 위치와 척도족에 대한 편미분과 정보행렬의 성분을 확인하라.

6.4.12 X의 pdf가 예제 6.4.4에서 정의된 것과 같은 위치와 척도족이라고 하자. 만약 $f(z)$

$= f(-z)$이면 정보행렬에서 I_{12}가 0임을 밝혀라. 그런 다음 이 경우 a와 b의 mle가 점근적으로 독립이라는 것에 대해 논하라.

6.4.13 $X_1, X_2, \cdots, X_n$이 iid $N(\mu, \sigma^2)$이라고 하자. X_i가 예제 6.4.4에서와 같이 위치와 척도족임을 증명하라. 예제 6.4.4에 주어진 것과 같은 정보행렬의 성분을 구하고, 그것이 예제 6.4.3에서 정의된 정보행렬과 같음을 밝혀라.

6.5 다중모수인 경우: 검정

다중모수인 경우 관심이 있는 가설은 종종 $\boldsymbol{\theta}$를 공간의 부분 영역 안에 있는 것으로 지정한다. 예를 들어 X가 $N(\mu, \sigma^2)$ 분포를 따른다고 하자. 전체 공간은 $\Omega = \{(\mu, \sigma^2) : \sigma^2 > 0, -\infty < \mu < \infty\}$이며, 이는 2차원 공간이다. μ_0이 특정 값일 때 $\mu = \mu_0$을 검정하는 데 관심을 갖기도 한다. 여기서는 모수 σ^2에 관심을 갖지 않는다. H_0하에서 모수 공간은 1차원 공간 $\omega = \{(\mu_0, \sigma^2) : \sigma^2 > 0\}$이다. H_0이 공간 Ω에서 하나의 제약 조건으로 정의된다고 일컫는다.

일반적으로 $X_1, X_2, \cdots, X_n$이 $\boldsymbol{\theta} \in \Omega \subset R^p$에 대해 pdf $f(x; \boldsymbol{\theta})$를 가진 iid라고 하자. 앞 절과 마찬가지로 식 (6.1.1), (6.2.1), (6.2.2)와 A.1.1에 제시된 정칙 조건을 모두 만족한다고 가정한다. 이 절에서는 이것을 '정칙 조건하에서'라고 표현한다. 관심이 있는 가설은 다음과 같다.

$$H_0 : \boldsymbol{\theta} \in \omega, \quad H_1 : \boldsymbol{\theta} \in \Omega \cap \omega^c \tag{6.5.1}$$

여기서 $\omega \subset \Omega$는 $g_1(\boldsymbol{\theta}) = a_1, \cdots, g_q(\boldsymbol{\theta}) = a_q$ 형식에서 $q(0 < q \leq p)$개의 독립인 제약 조건의 개념으로 정의된다. 함수 $g_1, \cdots, g_q$는 연속적으로 미분 가능해야 한다. 이것은 ω가 $p - q$ 차원 공간임을 의미한다. 정리 6.1.1에 의해 참모수는 우도함수를 최대화하며, 따라서 직관적인 검정 통계량은 다음 우도비로 주어진다.

$$\Lambda = \frac{\max_{\boldsymbol{\theta} \in \omega} L(\boldsymbol{\theta})}{\max_{\boldsymbol{\theta} \in \Omega} L(\boldsymbol{\theta})} \tag{6.5.2}$$

Λ의 (1에 가까운) 큰 값은 H_0이 참이라는 것을 암시하고, 작은 값은 H_1이 참이라는 것을 나타낸다. 특정 수준 $\alpha(0 < \alpha < 1)$에 대해 위 식은 c가 $\alpha = \max_{\boldsymbol{\theta} \in \omega} P_{\boldsymbol{\theta}}[\Lambda \leq c]$일 때 결정 규칙이 다음과 같음을 암시한다.

$$\Lambda \leq c\text{이면 } H_0 \text{ 기각, } H_1 \text{ 채택} \tag{6.5.3}$$

스칼라인 경우와 마찬가지로 이 검정도 종종 최적인 성질을 갖는다. 6.3절을 참조하라. c를 결정하기 위해 H_0이 참일 때 Λ 또는 Λ의 함수의 분포를 구할 필요가 있다.

$\widehat{\boldsymbol{\theta}}$은 모수 공간이 전체 공간 Ω일 때의 최대우도추정량, $\widehat{\boldsymbol{\theta}}_0$은 모수 공간이 공간 ω로 축소되었을

때의 최대우도추정량이라고 하자. 편의를 위해 $L(\widehat{\Omega}) = L(\widehat{\boldsymbol{\theta}})$과 $L(\widehat{\omega}) = L(\widehat{\boldsymbol{\theta}}_0)$으로 정의하면 **우도비검정 통계량**(LRT)은 다음과 같이 나타낼 수 있다.

$$\Lambda = \frac{L(\widehat{\omega})}{L(\widehat{\Omega})} \tag{6.5.4}$$

예제 6.5.1 [**정규** pdf**의 평균에 대한** LRT] 평균 μ, 분산 σ^2인 정규분포에서 추출한 확률표본을 $X_1, X_2, \cdots, X_n$이라고 하자. μ_0이 특정 값일 때 다음 검정에 관심이 있다고 하자.

$$H_0: \mu = \mu_0, \quad H_1: \mu \neq \mu_0 \tag{6.5.5}$$

$\Omega = \{(\mu, \sigma^2) : -\infty < \mu < \infty, \sigma^2 > 0\}$이 전체 모형의 모수 공간을 나타낸다고 하자. 축소된 모형에서 모수 공간은 1차원 공간 $\omega = \{(\mu_0, \sigma^2) : \sigma^2 > 0\}$이다. 예제 6.4.1에 의해 Ω하에서 μ와 σ^2의 mle는 각각 $\widehat{\mu} = \overline{X}$, $\widehat{\sigma}^2 = (1/n)\sum_{i=1}^{n} (X_i - \overline{X})^2$이다. Ω하에서 우도함수의 최댓값은 다음과 같다.

$$L(\widehat{\Omega}) = \frac{1}{(2\pi)^{n/2}} \frac{1}{(\widehat{\sigma}^2)^{n/2}} \exp\{-(n/2)\} \tag{6.5.6}$$

예제 6.4.1에 의해 축소된 모수 공간 ω하에서 $\widehat{\sigma}_0^2 = (1/n)\sum_{i=1}^{n} (X_i - \mu_0)^2$이라는 것을 밝히기는 쉽다. 따라서 ω하에서 우도함수의 최댓값은

$$L(\widehat{\omega}) = \frac{1}{(2\pi)^{n/2}} \frac{1}{(\widehat{\sigma}_0^2)^{n/2}} \exp\{-(n/2)\} \tag{6.5.7}$$

우도비검정 통계량은 $L(\widehat{\Omega})$에 대한 $L(\widehat{\omega})$의 비율이다. 즉

$$\Lambda = \left(\frac{\sum_{i=1}^{n} (X_i - \overline{X})^2}{\sum_{i=1}^{n} (X_i - \mu_0)^2} \right)^{n/2} \tag{6.5.8}$$

우도비검정은 $\Lambda \leq c$이면 H_0을 기각하는 것인데, 이는 $\Lambda^{-2/n} \geq c'$일 때 H_0을 기각하는 것과 동등하다. 이제 다음 항등식을 생각해보자.

$$\sum_{i=1}^{n} (X_i - \mu_0)^2 = \sum_{i=1}^{n} (X_i - \overline{X})^2 + n(\overline{X} - \mu_0)^2 \tag{6.5.9}$$

$\sum_{i=1}^{n} (X_i - \mu_0)^2$을 식 (6.5.9)로 대체하고 단순화하면 검정은 다음과 같을 때 H_0을 기각하는 것이다.

$$1 + \frac{n(\overline{X} - \mu_0)^2}{\sum_{i=1}^{n} (X_i - \overline{X})^2} \geq c'$$

또는 이와 동등하게

$$\left\{ \frac{\sqrt{n}(\overline{X} - \mu_0)}{\sqrt{\sum_{i=1}^{n}(X_i - \overline{X})^2/(n-1)}} \right\}^2 \geq c'' = (c' - 1)(n - 1)$$

T가 이 부등식의 왼쪽에 있는 중괄호 안의 식을 나타낸다고 하자. 그러면 결정 규칙은 $\alpha = P_{H_0}[|T| \geq c^*]$일 때 다음과 동등하다.

$$|T| \geq c^* \text{이면 } H_0 \text{ 기각, } H_1 \text{ 채택} \tag{6.5.10}$$

물론 이것은 예제 4.5.4에 주어진 t-검정의 양측검정 형식이다. 자유도 $n - 1$인 t-분포의 상위 $\alpha/2$ 임곗값인 $t_{\alpha/2,n-1}$을 c로 취하면 이 검정은 정확한 수준 α를 갖게 된다. 이 검정에 대한 검정력 함수는 8.3절에서 논의한다.

예제 4.2.1에서 설명했듯이 t를 계산하는 R 호출은 `t.test(x,mu=mu0)`이며, 여기서 `x` 벡터는 표본을 포함하고 `mu0` 스칼라는 μ_0이다. 이것은 μ에 대한 t-신뢰구간도 계산한다.

정규분포에 대한 우도비검정의 다른 예제는 연습문제에 제시했다.

예제 6.5.1에서와 같이 우도비검정을 간단한 형식으로 갖는 행운이 항상 있는 것은 아니다. 검정 통계량의 유한 표본분포를 구하기가 어렵거나 불가능한 경우도 있다. 그러나 다음 정리에서와 같이 이에 근거하여 항상 점근적 검정을 얻을 수 있다.

정리 6.5.1

$X_1, X_2, \cdots, X_n$이 $\boldsymbol{\theta} \in \Omega \subset R^p$에 대해 pdf $f(x; \boldsymbol{\theta})$를 가진 iid이고 정칙 조건을 만족한다고 하자. $\widehat{\boldsymbol{\theta}}_n$은 모수 공간이 전체 공간 Ω일 때 우도함수의 일치추정량 해의 열, $\widehat{\boldsymbol{\theta}}_{0,n}$은 모수 공간이 $p - q$ 차원의 축소된 공간인 ω일 때 우도함수의 일치추정량 해의 열이라고 하자. Λ가 식 (6.5.4)의 우도비검정 통계량을 나타내면 H_0[식 (6.5.1)]하에서

$$-2 \log \Lambda \xrightarrow{D} \chi^2(q) \tag{6.5.11}$$

이 정리의 증명은 Rao(1973)에서 볼 수 있다.

또한 왈드형과 스코어형의 유사한 검정이 있다. 왈드형의 검정 통계량은 Ω하의 mle에서 구한 H_0을 정의하는 제약 조건의 개념으로 만들어진다. 이를 여기서 공식적으로 언급하지는 않겠으나 다음 예제에서 보듯이 종종 간단하게 만들 수도 있다. 이에 대해 관심 있는 독자는 Lehmann (1999)을 참고하기 바란다.

이 장에서 전개한 것을 주의 깊게 살펴보면 X가 확률벡터인 경우 대부분의 결과가 동일하다는 것을 알 수 있다. 다음 예제에서 이를 확인해보자.

예제 6.5.2 **[다항분포의 응용]** 후보가 k명인 대통령 선거에 대한 여론 조사를 생각해보자. 이 여론 조사에서는 피조사자에게 만약 선거가 내일이라면 어떤 사람에게 투표할 것인지를 묻는다. 피조사자들이 서로 독립적으로 선택되고 각각은 1명의 후보만 선택할 수 있다고 가정하면 다항 모형이 적절한 것처럼 보인다. 이 문제에서 두 '지도자'가 어떻게 하는지를 비교하는 데 관심을 갖는다고 하자. 사실상 관심이 있는 귀무가설은 그들을 동등하게 선호하는 것이라고 말할 수 있다. 이것은 다음과 같이 범주가 3개인 다항 모형으로 모형화할 수 있다. 즉 (1)과 (2)는 주요한 두 후보이고, (3)은 다른 모든 후보이다. 관측값은 벡터 (X_1, X_2)인데, 여기서 X_i는 범주 i가 선택되는가 그렇지 않은가에 따라 1 또는 0이다. 만약 모두 0이면 범주 (3)이 선택된 것이다. 범주 i가 선택되는 확률을 p_i라고 하면 (X_1, X_2)의 pmf는 $x_i = 0, 1 (i = 1, 2)$, $x_1 + x_2 \le 1$에 대해 3항 밀도함수이다.

$$f(x_1, x_2; p_1, p_2) = p_1^{x_1} p_2^{x_2} (1 - p_1 - p_2)^{1-x_1-x_2} \tag{6.5.12}$$

여기서 모수 공간은 $\Omega = \{(p_1, p_2) : 0 < p_i < 1,\ p_1 + p_2 < 1\}$이다. 이 분포에서 추출한 확률표본을 $(X_{11}, X_{21}), \cdots, (X_{1n}, X_{2n})$이라고 하자. 다음 가설을 고려하자.

$$H_0 :\ p_1 = p_2, \quad H_1 :\ p_1 \neq p_2 \tag{6.5.13}$$

먼저 우도비검정을 유도한다. $j = 1, 2$에 대해 $T_j = \sum_{i=1}^{n} X_{ji}$라고 하면 예제 6.4.5에 의해 $j = 1, 2$에 대해 최대우도추정값이 $\widehat{p}_j = T_j/n$임을 안다. Ω하의 mle에서 우도함수 식 (6.4.21)의 값은 다음과 같다.

$$L\left(\widehat{\Omega}\right) = \widehat{p}_1^{n\widehat{p}_1} \widehat{p}_2^{n\widehat{p}_2} (1 - \widehat{p}_1 - \widehat{p}_2)^{n(1-\widehat{p}_1-\widehat{p}_2)}$$

귀무가설하에서 p가 p_1과 p_2의 공통값이라고 하자. (X_1, X_2)의 pmf는

$$f(x_1, x_2; p) = p^{x_1+x_2} (1 - 2p)^{1-x_1-x_2}; \quad x_1, x_2 = 0, 1; x_1 + x_2 \le 1 \tag{6.5.14}$$

여기서 모수 공간은 $\omega = \{p : 0 < p < 1/2\}$이다. ω하에서의 우도는 다음과 같다.

$$L(p) = p^{t_1+t_2} (1 - 2p)^{n-t_1-t_2} \tag{6.5.15}$$

$\log L(p)$를 p에 대해 미분하고 결과를 0으로 놓으면 ω하에서 다음과 같은 최대우도추정값을 얻게 된다.

$$\widehat{p}_0 = \frac{t_1 + t_2}{2n} = \frac{\widehat{p}_1 + \widehat{p}_2}{2} \tag{6.5.16}$$

여기서 $\widehat{p}_1$과 $\widehat{p}_2$은 Ω하에서의 mle이다. ω하의 mle에서 구한 우도함수는 다음과 같이 단순화된다.

$$L\left(\widehat{\omega}\right) = \left(\frac{\widehat{p}_1 + \widehat{p}_2}{2}\right)^{n(\widehat{p}_1+\widehat{p}_2)} (1 - \widehat{p}_1 - \widehat{p}_2)^{n(1-\widehat{p}_1-\widehat{p}_2)} \tag{6.5.17}$$

그러면 우도비검정 통계량의 역수는 다음과 같이 단순화된다.

$$\Lambda^{-1} = \left(\frac{2\widehat{p}_1}{\widehat{p}_1 + \widehat{p}_2}\right)^{n\widehat{p}_1} \left(\frac{2\widehat{p}_2}{\widehat{p}_1 + \widehat{p}_2}\right)^{n\widehat{p}_2} \tag{6.5.18}$$

정리 6.5.11에 의해 점근적인 수준 α 검정은 $2\log\Lambda^{-1} > \chi^2_\alpha(1)$일 때 H_0을 기각하는 것이다.

이것이 왈드형 검정을 쉽게 만들 수 있는 한 예이다. H_0하에서의 제약 조건이 $p_1 - p_2 = 0$이므로 왈드형 통계량은 $W = \widehat{p}_1 - \widehat{p}_2$이며, 이것은 $W = [1, -1][\widehat{p}_1 ; \widehat{p}_2]'$으로 나타낼 수 있다. k개 범주에 대한 정보행렬과 그 역행렬을 예제 6.4.5에서 구했다. 정리 6.4.1에 의해

$$\begin{bmatrix} \widehat{p}_1 \\ \widehat{p}_2 \end{bmatrix} \text{는 근사적으로 } N_2\left(\begin{pmatrix} p_1 \\ p_2 \end{pmatrix}, \tfrac{1}{n}\begin{bmatrix} p_1(1-p_1) & -p_1p_2 \\ -p_1p_2 & p_2(1-p_2) \end{bmatrix}\right) \tag{6.5.19}$$

예제 6.4.5에서 보았듯이 유한 표본의 적률은 점근 적률과 같다. 따라서 W의 분산은

$$\begin{aligned} Var(W) &= [1, -1]\frac{1}{n}\begin{bmatrix} p_1(1-p_1) & -p_1p_2 \\ -p_1p_2 & p_2(1-p_2) \end{bmatrix}\begin{bmatrix} 1 \\ -1 \end{bmatrix} \\ &= \frac{p_1 + p_2 - (p_1 - p_2)^2}{n} \end{aligned}$$

W가 점근적으로 정규분포를 따르므로 가설 식 (6.5.13)에 대한 점근적인 수준 α 검정은 $\chi^2_W \geq \chi^2_\alpha(1)$일 때 H_0을 기각하는 것이다. 여기서

$$\chi^2_W = \frac{(\widehat{p}_1 - \widehat{p}_2)^2}{(\widehat{p}_1 + \widehat{p}_2 - (\widehat{p}_1 - \widehat{p}_2)^2)/n} \tag{6.5.20}$$

또한 이에 따라 차 $p_1 - p_2$에 대한 점근적 $(1-\alpha)100\%$ 신뢰구간은

$$\widehat{p}_1 - \widehat{p}_2 \pm z_{\alpha/2}\left(\frac{\widehat{p}_1 + \widehat{p}_2 - (\widehat{p}_1 - \widehat{p}_2)^2}{n}\right)^{1/2} \tag{6.5.21}$$

이 예제의 도입에서 언급한 여론 조사 상황으로 돌아가서, 만약 신뢰구간이 0을 포함하면 선거전이 너무 백중이라 누가 우세하다고 말할 수 없다.

동등하게, 검정은 H_0하에서 점근적 $N(0, 1)$ 분포를 가진 검정 통계량 $z = \sqrt{\chi^2_W}$를 기반으로 할 수 있다. 이 형식의 검정과 $p_1 - p_2$에 대한 신뢰구간은 R 함수 `p2pair.R`로 계산되고, 이는 저자 서문에 언급된 사이트에서 다운로드할 수 있다.

예제 6.5.3 **[이표본 이항 비율]** 예제 6.5.2에서 다항분포로부터의 단일 표본에 근거하여 $p_1 = p_2$에 대한 검정을 개발했다. 이제 $X_1, X_2, \cdots, X_{n_1}$이 $b(1, p_1)$ 분포에서 추출한 확률표본이고, $Y_1, Y_2, \cdots, Y_{n_2}$가 $b(1, p_2)$ 분포에서 추출한 확률표본이며, X_i와 Y_j가 서로 독립인 상황을 생각해 보자. 관심이 있는 가설은 다음과 같다.

$$H_0: p_1 = p_2, \quad H_1: p_1 \neq p_2 \tag{6.5.22}$$

이러한 상황은 예를 들면 어느 달과 다음 달에 대통령에 대한 평가를 비교하는 것과 같은 경우에 발생한다. 전체와 축소된 모형에서의 모수 공간은 각각 $\Omega = \{(p_1, p_2) : 0 < p_i < 1, i = 1, 2\}$, $\omega = \{(p, p) : 0 < p < 1\}$로 주어진다. 전체 모형에서의 우도함수는 다음과 같이 단순화된다.

$$L(p_1, p_2) = p_1^{n_1\overline{x}}(1-p_1)^{n_1 - n_1\overline{x}} p_2^{n_2\overline{y}}(1-p_2)^{n_2 - n_2\overline{y}} \tag{6.5.23}$$

이에 따라 p_1과 p_2의 mle는 각각 $\overline{x}$, $\overline{y}$임을 알 수 있다. 축소된 모형에서 표본은 $b(n, p)$ 분포에서 추출한 하나의 큰 표본으로 통합할 수 있다. 여기서 $n = n_1 + n_2$는 통합된 표본의 크기이다. 따라서 축소된 모형에서 p의 mle는

$$\widehat{p} = \frac{\sum_{i=1}^{n_1} x_i + \sum_{i=1}^{n_2} y_i}{n_1 + n_2} = \frac{n_1\overline{x} + n_2\overline{y}}{n} \tag{6.5.24}$$

즉 각 표본 비율의 가중평균이다. 연습문제 6.5.12에서는 이것을 이용하여 가설 식 (6.5.22)에 대한 LRT를 도출할 것이다. 다음으로 왈드형 검정을 유도한다. $\widehat{p}_1 = \overline{x}$, $\widehat{p}_2 = \overline{y}$라고 하자. 중심극한정리에 의해

$$\frac{\sqrt{n_i}(\widehat{p}_i - p_i)}{\sqrt{p_i(1-p_i)}} \xrightarrow{D} Z_i, \quad i = 1, 2$$

여기서 Z_1과 Z_2는 iid $N(0, 1)$ 확률변수이다. $i = 1, 2$에 대해 $0 < \lambda_i < 1$이고 $\lambda_1 + \lambda_2 = 1$일 때 $n \to \infty$이면 $n_i/n \to \lambda_i$라고 가정하자. 연습문제 6.5.13에서와 같이

$$\sqrt{n}[(\widehat{p}_1 - \widehat{p}_2) - (p_1 - p_2)] \xrightarrow{D} N\left(0, \frac{1}{\lambda_1}p_1(1-p_1) + \frac{1}{\lambda_2}p_2(1-p_2)\right) \tag{6.5.25}$$

따라서 다음 확률변수는 근사 $N(0, 1)$ 분포를 따른다.

$$Z = \frac{(\widehat{p}_1 - \widehat{p}_2) - (p_1 - p_2)}{\sqrt{\frac{p_1(1-p_1)}{n_1} + \frac{p_2(1-p_2)}{n_2}}} \tag{6.5.26}$$

$H_0 : p_1 - p_2 = 0$하에서 Z의 분모에 있는 $p_1(1-p_1)$과 $p_2(1-p_2)$를 그 일치추정량으로 대체한 후 이 Z를 검정 통계량으로 이용할 수 있다. $i = 1, 2$에 대해 확률적으로 $\widehat{p}_i \to p_i$임을 상기하라. 따라서 H_0하에서 다음 통계량은 근사적으로 $N(0, 1)$ 분포를 따른다.

$$Z^* = \frac{\widehat{p}_1 - \widehat{p}_2}{\sqrt{\frac{\widehat{p}_1(1-\widehat{p}_1)}{n_1} + \frac{\widehat{p}_2(1-\widehat{p}_2)}{n_2}}} \tag{6.5.27}$$

따라서 근사적인 수준 α 검정은 $|z^*| \geq z_{\alpha/2}$일 때 H_0을 기각하는 것이다. 분모에 대한 또 하나의 일치추정량을 연습문제 6.5.14에서 다룰 것이다.

연습문제

6.5.1 Hollander와 Wolfe(1999) 80쪽에 있는 검정은 7개의 우주선(항해자 유형 5개와 개척자 유형 2개)에서 얻은 달의 질량에 대한 지구의 질량 비율의 측정값을 제시했다. 이 측정값은 다음 표와 같다(`earthmoon.rda` 파일에도 있다). 이전의 레인저 항해를 기반으로 과학자들은 이 비율을 81.3035로 설정했다. 정규분포로 가정하고 가설 $H_0 : \mu = 81.3035$ 대 $H_1 : \mu \neq 81.3035$를 검정하라. 여기서 μ는 이후 항해의 실제 평균 비율이다. p 값을 이용하여 0.05의 명목 α 수준에서 이 문제에 대한 결론을 내려라.

달에 대한 지구의 질량 비율						
81.3001	81.3015	81.3006	81.3011	81.2997	81.3005	81.3021

6.5.2 연습문제 6.5.1에 제시된 자료의 상자그림을 그려라. 이 그림에 81.3035 값을 표시하라. 식 (4.2.3)의 μ에 대한 95% 신뢰구간을 계산하고, 그림에 신뢰구간의 끝점을 표시하라. 이에 대해 논하라.

6.5.3 연습문제 6.4.1에서 다룬 시민의 설문조사를 고려하자. 관심이 있는 가설이 $H_0 : p_1 = p_2$ 대 $H_1 : p_1 \neq p_2$라고 가정하자. 계산은 R 함수 `p2pair.R`을 사용하여 수행할 수 있음을 참고하라.

(a) 식 (6.5.20)의 검정을 사용하여 $\alpha = 0.05$ 수준에서 이러한 가설을 검정하라. 이 문제의 관점에서 결론을 내려라.

(b) 식 (6.5.21)의 $p_1 - p_2$에 대한 95% 신뢰구간을 구하라. 이 문제의 관점에서 신뢰구간은 무엇을 의미하는가?

6.5.4 $N(\theta_1, \theta_2)$ 분포에서 추출한 확률표본을 $X_1, X_2, \cdots, X_n$이라고 하자. $H_1 : \theta_2 \neq \theta_2'$ (θ_2'은 정해진 값이고 θ_1은 정해지지 않음)에 대해 $H_0 : \theta_2 = \theta_2'$ (θ_2'은 정해진 값이고 θ_1은 정해지지 않음)을 검정하는 우도비 원칙이, $c_1 < c_2$가 적절하게 선택되어 $\sum_{i=1}^{n} (x_i - \overline{x})^2 \leq c_1$ 또는 $\sum_{i=1}^{n} (x_i - \overline{x})^2 \geq c_2$일 때 기각하는 검정으로 유도됨을 밝혀라.

6.5.5 $N(\theta_1, \theta_3)$과 $N(\theta_2, \theta_4)$ 분포에서 추출한 독립인 확률표본을 각각 $X_1, X_2, \cdots, X_n$과 $Y_1, Y_2, \cdots, Y_m$이라고 하자.

(a) 모든 다른 경우를 대립가설로 할 때 $H_0 : \theta_1 = \theta_2, \theta_3 = \theta_4$를 검정하는 우도비가 다음과 같음을 밝혀라.

$$\frac{\left[\sum_{i=1}^{n}(x_i-\overline{x})^2/n\right]^{n/2}\left[\sum_{i=1}^{m}(y_i-\overline{y})^2/m\right]^{m/2}}{\left\{\left[\sum_{i=1}^{n}(x_i-u)^2+\sum_{i=1}^{m}(y_i-u)^2\right]\Big/(m+n)\right\}^{(n+m)/2}}$$

여기서 $u=(n\overline{x}+m\overline{y})/(n+m)$이다.

(b) $H_1:\theta_3\neq\theta_4$(θ_1과 θ_2는 정해지지 않음)에 대한 $H_0:\theta_3=\theta_4$(θ_1과 θ_2는 정해지지 않음)를 검정하는 우도비검정이 다음 확률변수에 근거할 수 있음을 밝혀라.

$$F=\frac{\sum_{i=1}^{n}(X_i-\overline{X})^2/(n-1)}{\sum_{i=1}^{m}(Y_i-\overline{Y})^2/(m-1)}$$

6.5.6 정규분포 $N(0,\ \theta_1)$과 $N(0,\ \theta_2)$에서 추출한 독립인 확률표본을 각각 $X_1,\ X_2,\ \cdots,\ X_n$과 $Y_1,\ Y_2,\ \cdots,\ Y_m$이라고 하자.

(a) 복합대립가설 $H_1:\theta_1\neq\theta_2$에 대한 복합가설 $H_0:\theta_1=\theta_2$를 검정하는 우도비 Λ를 구하라.

(b) 이 Λ는 이 검정에서 실제로 이용되는 어떤 F-통계량의 함수인가?

6.5.7 $i=1,\ 2$에 대해 X와 Y가 다음과 같은 각각의 pdf에서 추출한 독립인 확률변수라고 하자.

$$f(x;\theta_i)=\begin{cases}\left(\frac{1}{\theta_i}\right)e^{-x/\theta_i} & 0<x<\infty, 0<\theta_i<\infty\\ 0 & \text{그 외에}\end{cases}$$

$H_1:\theta_1\neq\theta_2$에 대한 $H_0:\theta_1=\theta_2$를 검정하기 위해 크기가 각각 $n_1,\ n_2$이고 독립인 확률표본을 이 분포들로부터 구했다. 우도비 Λ를 구하고, Λ를 H_0하에서 F-분포를 따르는 통계량의 함수로 나타낼 수 있음을 밝혀라.

6.5.8 연습문제 6.5.7에서 유도된 F-검정의 수치적 예시를 위해 생성된 자료 2개가 있다. 첫 번째는 R 호출 `rexp(10,1/20)`, 즉 $\Gamma(1,\ 20)$ 분포에서 10개의 관측값에 의해 생성되었다. 두 번째는 `rexp(12,1/40)`로 생성되었다. 자료는 반올림되고 `genexpd.rda` 파일에서도 찾을 수 있다.

(a) 자료의 비교 상자그림을 그리고 이에 대해 논하라.

(b) 연습문제 6.5.7의 F-검정을 수행하라. 0.05 수준에서 이 문제에 대해 결론을 내려라.

```
x: 11.1 11.7 12.7  9.6 14.7 1.6 1.7 56.1 3.3 2.6
y: 55.6 40.5 32.7 25.6 70.6 1.4 51.5 12.6 16.9 63.3 5.6 66.7
```

6.5.9 $i = 1, 2$에 대해 각각의 pdf가 다음과 같은 2개의 균등분포에 대해 생각해보자.

$$f(x;\theta_i) = \begin{cases} \frac{1}{2\theta_i} & -\theta_i < x < \theta_i, -\infty < \theta_i < \infty \\ 0 & \text{그 외에} \end{cases}$$

귀무가설은 $H_0 : \theta_1 = \theta_2$이고, 대립가설은 $H_1 : \theta_1 \neq \theta_2$이다. $X_1 < X_2 < \cdots < X_{n_1}$과 $Y_1 < Y_2 < \cdots < Y_{n_2}$를 각각의 분포에서 추출한 독립인 확률표본의 순서통계량이라고 하자. 우도비 Λ를 이용하여 H_1에 대해 H_0을 검정하는 데 사용되는 통계량을 구하라. H_0이 참일 때 $-2 \log \Lambda$의 분포를 구하라. 이와 같이 비정칙인 경우 자유도의 수는 Ω와 ω 차원의 차의 2배이다.

6.5.10 $\mu_1, \mu_2, \sigma_1^2 = \sigma_2^2 = \sigma^2, \rho = 1/2$인 이변량 정규분포에서 추출한 확률표본을 (X_1, Y_1), (X_2, Y_2), $\cdots$, (X_n, Y_n)이라고 하자. 여기서 μ_1, μ_2와 $\sigma^2 > 0$은 알려지지 않은 실수이다. 다른 모든 경우의 대립가설에 대해 $H_0 : \mu_1 = \mu_2 = 0$(σ^2은 알려지지 않음)을 검정하는 우도비 Λ를 구하라. 이 우도비 Λ는 잘 알려진 분포를 따르는 어떤 통계량의 함수인가?

6.5.11 한 실험에서 n번의 독립시행 결과 서로 배반이고 전체를 이루는 사건 $C_1, C_2, \cdots, C_k$ 각각이 나타난 결과가 $x_1, x_2, \cdots, x_k$라고 하자. 만약 $p_i = P(C_i)$가 n번 시행에서 일정하다면 이와 같은 시행의 특정 열의 확률은 $L = p_1^{x_1} p_2^{x_2} \cdots p_k^{x_k}$이다.

(a) $p_1 + p_2 + \cdots + p_k = 1$을 염두에 두고 다른 모든 경우의 대립가설에 대해 $H_0 : p_i = p_{i0} > 0 (i = 1, 2, \cdots, k)$을 검정하는 우도비가 다음과 같음을 밝혀라.

$$\Lambda = \prod_{i=1}^{k} \left(\frac{(p_{i0})^{x_i}}{(x_i/n)^{x_i}} \right)$$

(b) 다음을 밝혀라.

$$-2 \log \Lambda = \sum_{i=1}^{k} \frac{x_i (x_i - np_{i0})^2}{(np_i')^2}$$

여기서 p_i'은 p_{i0}과 x_i/n 사이에 존재한다.

힌트: $\log p_{i0}$을 나머지가 $(p_{i0} - x_i/n)^2$을 포함하는 항목이 되도록 테일러 급수를 전개하라.

(c) 큰 n에 대해 $x_i/(np_i')^2$가 $1/(np_{i0})$에 의해 근사되는 것에 대해 논하고, 따라서 H_0이 참일 때 다음과 같음을 밝혀라.

$$H_0\text{이 참일 때 } -2 \log \Lambda \approx \sum_{i=1}^{k} \frac{(x_i - np_{i0})^2}{np_{i0}}$$

정리 6.5.1에 의해 위 식의 오른쪽 통계량은 자유도 $k-1$인 근사 카이제곱분포를 따르는 통계량이다. 다음을 참고하라.

$$\Omega\text{의 차원} - \omega\text{의 차원} = (k-1) - 0 = k-1$$

6.5.12 예제 6.5.3에서 구한 LRT의 유도 과정을 완성하라. 최대한 단순화하라.

6.5.13 예제 6.5.3의 식 (6.5.25)가 참이라는 것을 밝혀라.

6.5.14 예제 6.5.3에서 설명했듯이 식 (6.5.27)의 Z는 H_0이 참일 때 $p_1(1-p_1)$과 $p_2(1-p_2)$의 일치추정량이 주어지면 검정 통계량으로 이용할 수 있다. 예제에서 H_0과 H_1인 경우 모두에서 일치인 추정량에 대해 논했다. H_0하에서 $p = p_1 = p_2$이므로 $p_1(1-p_1) = p_2(1-p_2) = p(1-p)$이다. 통계량 식 (6.5.24)가 H_0하에서 p의 일치추정량임을 밝혀라. 이에 따라 H_0의 또 다른 검정을 결정하라.

6.5.15 한 공장에서 밤낮 교대로 토글레버(toggle lever)를 생산한다. 표준 너트를 구멍에 넣고 돌려서 들어가지 않으면 토글레버는 불량이다. 낮과 밤에 생산된 것 중 불량품의 비율을 각각 p_1, p_2라고 하자. 각각의 경우에 생산된 1,000개 레버의 확률표본에 근거하여 양측대립가설에 대한 귀무가설 $H_0: p_1 = p_2$를 검정하고자 한다. 예제 6.5.3의 검정 통계량 Z^*를 이용하라.

(a) $\alpha = 0.05$인 기각역을 보여주는 표준정규 pdf 그래프를 그려라.

(b) 낮과 밤의 생산품 중에서 각각 $y_1 = 37$개, $y_2 = 53$개의 불량품이 관측되었을 때 검정 통계량의 값과 근사 p 값(이 검정은 양측검정)을 계산하라. 계산된 검정 통계량을 (a)의 그래프에 표시하고 검정 결과를 제시하라. 이 검정의 근사 p 값을 구하라.

6.5.16 연습문제 6.5.15의 (b)와 같은 상황에서 연습문제 6.5.12와 6.5.14에서 정의된 검정을 계산하라. 3개의 검정 모두에 대한 근사 p 값을 구하고 결과에 대해 논하라.

6.6 EM 알고리즘

실제로 자료의 일부분이 결측인 경우가 종종 있다. 예를 들면 실험에 이용된 기계 부품의 수명을 관측하는데 통계 분석이 수행될 때도 어떤 부품은 여전히 가동되는 경우이다. 이 절에서는 이러한 경우에 최대우도추정값을 구하는 데 흔히 이용되는 EM 알고리즘을 소개한다. 간략하게 설명하므로, 좀 더 많은 정보를 알고 싶다면 McLachlan과 Krishnan(1997)의 논문을 비롯하여 이 분야의 책을 참고하기 바란다. 편의를 위해 연속형 확률변수에 대해 설명하나 이 절의 이론은 이산형인 경우에도 성립한다.

n개의 표본을 고려한다고 가정하자. 여기서 n_1개는 관측되었지만 $n_2 = n - n_1$개는 관측되지 않았다. 관측된 개체는 $\mathbf{X}' = (X_1, X_2, \cdots, X_{n_1})$로 표기하고 관측되지 않은 개체는 $\mathbf{Z}' = (Z_1, Z_2, \cdots, Z_{n_2})$로 표기한다. X_i는 $\theta \in \Omega$일 때 pdf $f(x|\theta)$를 가진 iid이며, Z_j와 X_i는 서로 독립이라고 가정하자. 조건부 표기가 여기서 유용하다는 것이 입증될 것이다. $g(\mathbf{x}|\theta)$는 $\mathbf{X}$의 결합 pdf를, $h(\mathbf{x}, \mathbf{z}|\theta)$는 관측된 개체와 관측되지 않은 개체의 결합 pdf를, $k(\mathbf{z}|\theta, \mathbf{x})$는 관측된 개체가 주어졌을 때 관측되지 않은 개체의 조건부 pdf를 나타낸다고 하자. 조건부 pdf의 정의에 의해 다음 항등식을 얻는다.

$$k(\mathbf{z}|\theta, \mathbf{x}) = \frac{h(\mathbf{x}, \mathbf{z}|\theta)}{g(\mathbf{x}|\theta)} \tag{6.6.1}$$

관측된 우도함수(observed likelihood function)는 $L(\theta|\mathbf{x}) = g(\mathbf{x}|\theta)$이고, **완전한 우도함수**(complete likelihood function)는 다음과 같이 정의된다.

$$L^c(\theta|\mathbf{x}, \mathbf{z}) = h(\mathbf{x}, \mathbf{z}|\theta) \tag{6.6.2}$$

목표는 이 과정에서 완전한 우도함수 $L^c(\theta|\mathbf{x}, \mathbf{z})$를 이용하여 우도함수 $L(\theta|\mathbf{x})$를 최대화하는 것이다.

식 (6.6.1)을 이용하여 특정 값으로 지정되지는 않았으나 고정된 $\theta_0 \in \Omega$에 대해 다음과 같은 기초적인 항등식을 유도한다.

$$\begin{aligned}
\log L(\theta|\mathbf{x}) &= \int \log L(\theta|\mathbf{x}) k(\mathbf{z}|\theta_0, \mathbf{x})\, d\mathbf{z} \\
&= \int \log g(\mathbf{x}|\theta) k(\mathbf{z}|\theta_0, \mathbf{x})\, d\mathbf{z} \\
&= \int [\log h(\mathbf{x}, \mathbf{z}|\theta) - \log k(\mathbf{z}|\theta, \mathbf{x})] k(\mathbf{z}|\theta_0, \mathbf{x})\, d\mathbf{z} \\
&= \int \log[h(\mathbf{x}, \mathbf{z}|\theta)] k(\mathbf{z}|\theta_0, \mathbf{x})\, d\mathbf{z} - \int \log[k(\mathbf{z}|\theta, \mathbf{x})] k(\mathbf{z}|\theta_0, \mathbf{x})\, d\mathbf{z} \\
&= E_{\theta_0}[\log L^c(\theta|\mathbf{x}, \mathbf{Z})|\theta_0, \mathbf{x}] - E_{\theta_0}[\log k(\mathbf{Z}|\theta, \mathbf{x})|\theta_0, \mathbf{x}]
\end{aligned} \tag{6.6.3}$$

여기서 기댓값은 조건부 pdf $k(\mathbf{z}|\theta_0, \mathbf{x})$하에서 구할 수 있다. 식 (6.6.3)의 오른쪽 첫 번째 항을 다음 함수로 정의한다.

$$Q(\theta|\theta_0, \mathbf{x}) = E_{\theta_0}[\log L^c(\theta|\mathbf{x}, \mathbf{Z})|\theta_0, \mathbf{x}] \tag{6.6.4}$$

함수 Q를 정의하는 기댓값을 EM 알고리즘의 E 단계라고 한다. $\log L(\theta|\mathbf{x})$를 최대화하려 한다는 것을 상기하라. 다음에 설명하듯이 단지 $Q(\theta|\theta_0, \mathbf{x})$를 극대화하면 된다. 이러한 극대화를 EM 알고리즘의 M 단계라고 한다.

θ의 초기 추정값을 $\widehat{\theta}^{(0)}$으로 표기하는데, 이는 아마도 관측된 우도에 근거한 값이 될 것이다. $\widehat{\theta}^{(1)}$이 $Q(\theta|\widehat{\theta}^{(0)}, \mathbf{x})$를 최대화하는 값이라고 하자. 이것이 θ의 첫 단계 추정값이다. 이러한 과정을

계속하여 추정값 열 $\widehat{\theta}^{(m)}$을 구한다. 이 알고리즘을 공식적으로 다음과 같이 정의한다.

알고리즘 6.6.1 [EM 알고리즘]

$\widehat{\theta}^{(m)}$이 m번째 단계에서의 추정값을 나타낸다고 하자. $(m+1)$번째 단계의 추정값을 계산하기 위해 다음을 시행한다.

1. 기대 단계: 다음을 계산한다.

$$Q(\theta|\widehat{\theta}^{(m)}, \mathbf{x}) = E_{\widehat{\theta}^{(m)}}[\log L^c(\theta|\mathbf{x}, \mathbf{Z})|\widehat{\theta}_m, \mathbf{x}] \tag{6.6.5}$$

   여기서 기댓값은 조건부 pdf $k(\mathbf{z}|\widehat{\theta}^{(m)}, \mathbf{x})$하에서 얻을 수 있다.

2. 최대화 단계: 다음과 같다고 하자.

$$\widehat{\theta}^{(m+1)} = Argmax\, Q(\theta|\widehat{\theta}^{(m)}, \mathbf{x}) \tag{6.6.6}$$

설득력 있는 가정하에서 $m \to \infty$일 때 $\widehat{\theta}^{(m)}$이 최대우도추정값으로 확률수렴함을 밝힐 수 있다. 여기서는 이를 설명하지 않겠지만 다음 정리에서 보듯이 $\widehat{\theta}^{(m+1)}$은 $\widehat{\theta}^{(m)}$에 비해 우도함수를 항상 증가시킨다.

정리 6.6.1

알고리즘 6.6.1에서 정의한 추정값의 열 $\widehat{\theta}^{(m)}$은 다음을 만족한다.

$$L(\widehat{\theta}^{(m+1)}|\mathbf{x}) \geq L(\widehat{\theta}^{(m)}|\mathbf{x}) \tag{6.6.7}$$

증명: $\widehat{\theta}^{(m+1)}$이 $Q(\theta|\widehat{\theta}^{(m)}, \mathbf{x})$를 최대화하므로 다음을 얻는다.

$$Q(\widehat{\theta}^{(m+1)}|\widehat{\theta}^{(m)}, \mathbf{x}) \geq Q(\widehat{\theta}^{(m)}|\widehat{\theta}^{(m)}, \mathbf{x})$$

즉

$$E_{\widehat{\theta}^{(m)}}[\log L^c(\widehat{\theta}^{(m+1)}|\mathbf{x}, \mathbf{Z})] \geq E_{\widehat{\theta}^{(m)}}[\log L^c(\widehat{\theta}^{(m)}|\mathbf{x}, \mathbf{Z})] \tag{6.6.8}$$

여기서 기댓값은 pdf $k(\mathbf{z}|\widehat{\theta}^{(m)}, \mathbf{x})$하에서 얻는다. 식 (6.6.3)에 의해 다음을 밝힘으로써 증명이 완성된다.

$$E_{\widehat{\theta}^{(m)}}[\log k(\mathbf{Z}|\widehat{\theta}^{(m+1)}, \mathbf{x})] \leq E_{\widehat{\theta}^{(m)}}[\log k(\mathbf{Z}|\widehat{\theta}^{(m)}, \mathbf{x})] \tag{6.6.9}$$

이러한 기댓값은 $\widehat{\theta}^{(m)}$과 $\mathbf{x}$가 주어졌을 때 $\mathbf{Z}$의 조건부 pdf하에서 얻는다는 것을 명심하라. 식 (1.10.5)의 옌센의 부등식(Jensen's inequality)을 이용하면

$$E_{\widehat{\theta}^{(m)}}\left\{\log\left[\frac{k(\mathbf{Z}|\widehat{\theta}^{(m+1)}, \mathbf{x})}{k(\mathbf{Z}|\widehat{\theta}^{(m)}, \mathbf{x})}\right]\right\} \leq \log E_{\widehat{\theta}^{(m)}}\left[\frac{k(\mathbf{Z}|\widehat{\theta}^{(m+1)}, \mathbf{x})}{k(\mathbf{Z}|\widehat{\theta}^{(m)}, \mathbf{x})}\right]$$

$$= \log \int \frac{k(\mathbf{z}|\widehat{\theta}^{(m+1)}, \mathbf{x})}{k(\mathbf{z}|\widehat{\theta}^{(m)}, \mathbf{x})} k(\mathbf{z}|\widehat{\theta}^{(m)}, \mathbf{x})\, d\mathbf{z}$$

$$= \log(1) = 0 \tag{6.6.10}$$

마지막 결과에 의해 식 (6.6.9)가 성립되며, 따라서 증명이 마무리된다.

예로 $-\infty < \theta < \infty$일 때 $-\infty < x < \infty$에 대해 $X_1, X_2, \cdots, X_{n_1}$이 pdf $f(x - \theta)$를 가진 iid라고 하자. X_i의 cdf를 $F(x - \theta)$로 표기한다. $Z_1, Z_2, \cdots, Z_{n_2}$를 중도절단 관측값(censored observation)이라고 하자. 이 관측값에서 어떤 알려진 값 a에 대해 $Z_j > a$라는 것과 Z_j가 X_i와 서로 독립이라는 사실만 알고 있다. 그러면 관측된 우도함수와 완전한 우도함수는 다음과 같다.

$$L(\theta|\mathbf{x}) = [1 - F(a - \theta)]^{n_2} \prod_{i=1}^{n_1} f(x_i - \theta) \tag{6.6.11}$$

$$L^c(\theta|\mathbf{x}, \mathbf{z}) = \prod_{i=1}^{n_1} f(x_i - \theta) \prod_{i=1}^{n_2} f(z_i - \theta) \tag{6.6.12}$$

식 (6.6.1)에 따르면 $\mathbf{X}$가 주어졌을 때 $\mathbf{Z}$의 조건부 분포는 식 (6.6.11)에 대한 식 (6.6.12)의 비율이다. 즉

$$\begin{aligned} k(\mathbf{z}|\theta, \mathbf{x}) &= \frac{\prod_{i=1}^{n_1} f(x_i - \theta) \prod_{i=1}^{n_2} f(z_i - \theta)}{[1 - F(a - \theta)]^{n_2} \prod_{i=1}^{n_1} f(x_i - \theta)} \\ &= [1 - F(a - \theta)]^{-n_2} \prod_{i=1}^{n_2} f(z_i - \theta), \quad a < z_i, i = 1, \ldots, n_2 \end{aligned} \tag{6.6.13}$$

따라서 $\mathbf{Z}$와 $\mathbf{X}$는 독립이고 $Z_1, \cdots, Z_{n_2}$는 $z > a$에 대해 공통인 pdf $f(z - \theta)/[1 - F(a - \theta)]$를 가진 iid이다. 이러한 관측값과 식 (6.6.13)에 의해 다음을 유도한다.

$$\begin{aligned} Q(\theta|\theta_0, \mathbf{x}) &= E_{\theta_0}[\log L^c(\theta|\mathbf{x}, \mathbf{Z})] \\ &= E_{\theta_0}\left[\sum_{i=1}^{n_1} \log f(x_i - \theta) + \sum_{i=1}^{n_2} \log f(Z_i - \theta)\right] \\ &= \sum_{i=1}^{n_1} \log f(x_i - \theta) + n_2 E_{\theta_0}[\log f(Z - \theta)] \\ &= \sum_{i=1}^{n_1} \log f(x_i - \theta) + n_2 \int_a^{\infty} \log f(z - \theta) \frac{f(z - \theta_0)}{1 - F(a - \theta_0)}\, dz \end{aligned} \tag{6.6.14}$$

마지막 결과가 EM 알고리즘의 E 단계이다. M 단계를 위해 θ에 대한 $Q(\theta|\theta_0, \mathbf{x})$의 편미분이 필요하다. 이것은 다음과 같음을 쉽게 구할 수 있다.

$$\frac{\partial Q}{\partial \theta} = -\left\{\sum_{i=1}^{n_1} \frac{f'(x_i-\theta)}{f(x_i-\theta)} + n_2 \int_a^\infty \frac{f'(z-\theta)}{f(z-\theta)} \frac{f(z-\theta_0)}{1-F(a-\theta_0)}\,dz\right\} \tag{6.6.15}$$

$\theta_0 = \widehat{\theta}_0$이라고 가정할 때 EM 알고리즘의 첫 단계 추정값은 $\frac{\partial Q}{\partial \theta} = 0$의 해가 되는 θ의 값으로, 이것을 $\widehat{\theta}^{(1)}$이라고 하자. 다음 예제에서 정규 모형에 대한 해를 구한다.

예제 6.6.1 앞에 주어진 중도절단 모형이지만 여기서는 X가 $N(\theta, 1)$ 분포를 따른다고 가정하자. 그러면 $f(x) = \phi(x) = (2\pi)^{-1/2}\exp\{-x^2/2\}$이며, $f'(x)/f(x) = -x$임을 쉽게 밝힐 수 있다. 관례대로 $\Phi(z)$가 표준정규확률변수의 cdf를 나타낸다고 하자. 식 (6.6.15)에 의해 이 모형에서 $Q(\theta|\theta_0, \mathbf{x})$의 θ에 대한 편미분은 다음과 같이 단순화된다.

$$\begin{aligned}\frac{\partial Q}{\partial \theta} &= \sum_{i=1}^{n_1}(x_i-\theta) + n_2\int_a^\infty (z-\theta)\frac{1}{\sqrt{2\pi}}\frac{\exp\{-(z-\theta_0)^2/2\}}{1-\Phi(a-\theta_0)}\,dz \\ &= n_1(\overline{x}-\theta) + n_2\int_a^\infty (z-\theta_0)\frac{1}{\sqrt{2\pi}}\frac{\exp\{-(z-\theta_0)^2/2\}}{1-\Phi(a-\theta_0)}\,dz - n_2(\theta-\theta_0) \\ &= n_1(\overline{x}-\theta) + \frac{n_2}{1-\Phi(a-\theta_0)}\phi(a-\theta_0) - n_2(\theta-\theta_0)\end{aligned}$$

$\partial Q/\partial\theta = 0$을 θ에 대해 풀어 EM 단계 추정값을 결정한다. 특히 $\widehat{\theta}^{(m)}$이 m번째 단계의 EM 추정값이면 $(m+1)$번째 단계의 추정값은 $n = n_1 + n_2$일 때 다음과 같다.

$$\widehat{\theta}^{(m+1)} = \frac{n_1}{n}\overline{x} + \frac{n_2}{n}\widehat{\theta}^{(m)} + \frac{n_2}{n}\frac{\phi(a-\widehat{\theta}^{(m)})}{1-\Phi(a-\widehat{\theta}^{(m)})} \tag{6.6.16}$$

두 번째 예로 정규분포가 관련된 혼합 문제를 살펴보자. Y_1이 $N(\mu_1, \sigma_1^2)$ 분포를 따르고 Y_2가 $N(\mu_2, \sigma_2^2)$ 분포를 따른다고 하자. 성공 확률이 $\epsilon = P(W=1)$이고 Y_1, Y_2와는 독립인 베르누이 확률변수를 W라고 하자. 또한 관측된 확률변수가 $X = (1-W)Y_1 + WY_2$라고 하자. 이때 모수의 벡터는 $\boldsymbol{\theta}' = (\mu_1, \mu_2, \sigma_1, \sigma_2, \epsilon)$이다. 3.4절과 마찬가지로 혼합 확률변수 X의 pdf는 다음과 같다.

$$f(x) = (1-\epsilon)f_1(x) + \epsilon f_2(x), \quad -\infty < x < \infty \tag{6.6.17}$$

여기서 $f_j(x) = \sigma_j^{-1}\phi[(x-\mu_j)/\sigma_j]$ $(j = 1, 2)$이고 $\phi(z)$는 표준정규확률변수의 pdf이다. pdf $f(x)$를 가진 이러한 혼합분포로부터 확률표본 $\mathbf{X}' = (X_1, X_2, \cdots, X_n)$을 관측한다고 하자. 그러면 우도함수의 로그는

$$l(\boldsymbol{\theta}|\mathbf{x}) = \sum_{i=1}^{n}\log[(1-\epsilon)f_1(x_i) + \epsilon f_2(x_i)] \tag{6.6.18}$$

이러한 혼합 문제에서 관측되지 않은 자료는 분포의 소속을 결정하는 확률변수이다. $i = 1, 2,$

$\cdots$, n에 대해 확률변수를 정의한다.

$$W_i = \begin{cases} 0 & X_i\text{가 pdf } f_1(x)\text{를 가지면} \\ 1 & X_i\text{가 pdf } f_2(x)\text{를 가지면} \end{cases}$$

이러한 변수들은 물론 베르누이 확률변수 W에서의 확률표본을 구성한다. 따라서 성공 확률 ϵ인 iid 베르누이 확률변수를 W_1, W_2, $\cdots$, W_n이라고 하면 완전한 우도함수는 다음과 같다.

$$L^c(\boldsymbol{\theta}|\mathbf{x}, \mathbf{w}) = \prod_{W_i=0} f_1(x_i) \prod_{W_i=1} f_2(x_i)$$

따라서 완전한 우도함수의 로그는

$$\begin{aligned} l^c(\boldsymbol{\theta}|\mathbf{x}, \mathbf{w}) &= \sum_{W_i=0} \log f_1(x_i) + \sum_{W_i=1} \log f_2(x_i) \\ &= \sum_{i=1}^{n} [(1 - w_i) \log f_1(x_i) + w_i \log f_2(x_i)] \end{aligned} \tag{6.6.19}$$

알고리즘의 E 단계에는 $\boldsymbol{\theta}_0$하에서 $\mathbf{x}$가 주어졌을 때 W_i의 조건부 기댓값이 필요하다. 즉

$$E_{\boldsymbol{\theta}_0}[W_i|\boldsymbol{\theta}_0, \mathbf{x}] = P[W_i = 1|\boldsymbol{\theta}_0, \mathbf{x}]$$

이 기댓값의 한 측정값은 분포 $f_2(x)$로부터 유도된 x_i의 우도로 다음과 같이 주어진다.

$$\gamma_i = \frac{\widehat{\epsilon} f_{2,0}(x_i)}{(1 - \widehat{\epsilon}) f_{1,0}(x_i) + \widehat{\epsilon} f_{2,0}(x_i)} \tag{6.6.20}$$

여기서 하첨자 0은 $\boldsymbol{\theta}_0$에서 모수가 사용되었음을 나타낸다. 식 (6.6.20)은 직관적으로 명백하다. 더 자세한 설명은 McLachlan과 Krishnan(1997)을 보라. 식 (6.6.19)에서 w_i를 γ_i로 대체하면 알고리즘의 M 단계는 다음을 최대화하는 것이다.

$$Q(\boldsymbol{\theta}|\boldsymbol{\theta}_0, \mathbf{x}) = \sum_{i=1}^{n} [(1 - \gamma_i) \log f_1(x_i) + \gamma_i \log f_2(x_i)] \tag{6.6.21}$$

이러한 극대화는 모수에 대한 $Q(\boldsymbol{\theta}|\boldsymbol{\theta}_0, \mathbf{x})$의 편미분을 취함으로써 쉽게 구할 수 있다. 예를 들면

$$\frac{\partial Q}{\partial \mu_1} = \sum_{i=1}^{n} (1 - \gamma_i)(-1/2\sigma_1^2)(-2)(x_i - \mu_1)$$

이다. 이것을 0으로 놓고 μ_1에 대해 풀면 μ_1의 추정값이 된다. 다른 평균과 분산에 대한 추정값도 유사하게 구할 수 있다. 이러한 추정값은

$$\begin{aligned} \widehat{\mu}_1 &= \frac{\sum_{i=1}^{n} (1 - \gamma_i) x_i}{\sum_{i=1}^{n} (1 - \gamma_i)} \\ \widehat{\sigma}_1^2 &= \frac{\sum_{i=1}^{n} (1 - \gamma_i)(x_i - \widehat{\mu}_1)^2}{\sum_{i=1}^{n} (1 - \gamma_i)} \end{aligned}$$

$$\widehat{\mu}_2 = \frac{\sum_{i=1}^n \gamma_i x_i}{\sum_{i=1}^n \gamma_i}$$
$$\widehat{\sigma}_2^2 = \frac{\sum_{i=1}^n \gamma_i (x_i - \widehat{\mu}_2)^2}{\sum_{i=1}^n \gamma_i}$$

γ_i가 $P[W_i = 1|\boldsymbol{\theta}_0, \mathbf{x}]$의 추정값이므로 평균 $n^{-1}\sum_{i=1}^n \gamma_i$는 $\epsilon = P[W_i = 1]$의 추정값이다. 이 평균이 $\widehat{\epsilon}$의 추정값이다.

연습문제

6.6.1 Rao(1973, 368쪽)는 유전학에서의 연계를 연구하고 McLachlan과 Krishnan(1997)도 이 문제를 다루었는데 여기서 그 모형을 제시한다. 이것은 범주가 C_1, C_2, C_3, C_4인 다항 모형으로 나타낼 수 있다. 크기 n인 표본에서 $\mathbf{X} = (X_1, X_2, X_3, X_4)'$을 4개 범주의 관측 도수라고 하자. 따라서 $n = \sum_{i=1}^4 X_i$이다. 확률모형은 모수 θ가 $0 \le \theta \le 1$을 만족할 때 다음과 같다.

C_1	C_2	C_3	C_4
$\frac{1}{2} + \frac{1}{4}\theta$	$\frac{1}{4} - \frac{1}{4}\theta$	$\frac{1}{4} - \frac{1}{4}\theta$	$\frac{1}{4}\theta$

이 연습문제에서 θ의 mle를 구한다.

(a) 우도함수가 다음과 같음을 밝혀라.

$$L(\theta|\mathbf{x}) = \frac{n!}{x_1!x_2!x_3!x_4!}\left[\frac{1}{2} + \frac{1}{4}\theta\right]^{x_1}\left[\frac{1}{4} - \frac{1}{4}\theta\right]^{x_2+x_3}\left[\frac{1}{4}\theta\right]^{x_4} \quad (6.6.22)$$

(b) 우도함수의 로그를 상수(모수가 포함되지 않은)와 항목의 합으로 나타낼 수 있음을 밝혀라.

$$x_1 \log[2 + \theta] + [x_2 + x_3]\log[1 - \theta] + x_4 \log\theta$$

(c) 마지막 식의 θ에 대한 편미분을 구한 뒤 0으로 놓고 mle를 구하라(이것은 2차 형식이 되어 하나의 양수 근과 하나의 음수 근을 갖는다).

6.6.2 연습문제 6.6.1의 상황에 대한 mle를 결정하는 EM 알고리즘을 구성한다. 범주 C_1을 각각의 확률이 $1/2$, $\theta/4$인 부분범주 C_{11}과 C_{12}로 분할한다. Z_{11}과 Z_{12}가 각각의 '빈도'라면 $X_1 = Z_{11} + Z_{12}$이다. 물론 Z_{11}과 Z_{12}는 관측할 수 없다. $\mathbf{Z} = (Z_{11}, Z_{12})'$이라고 하자.

(a) 완전한 우도함수 $L^c(\theta|\mathbf{x}, \mathbf{z})$를 구하라.

(b) 마지막 결과와 식 (6.6.22)를 이용하여 조건부 pmf $k(\mathbf{z}|\theta, \mathbf{x})$가 모수 x_1과 성공확률 $\theta/(2 + \theta)$인 이항분포임을 밝혀라.

(c) θ의 초기 추정값 $\widehat{\theta}^{(0)}$이 주어졌을 때 EM 알고리즘의 E 단계를 구하라. 즉 다음을 구하라.

$$Q(\theta|\widehat{\theta}^{(0)}, \mathbf{x}) = E_{\widehat{\theta}^{(0)}}[\log L^c(\theta|\mathbf{x}, \mathbf{Z})|\widehat{\theta}^{(0)}, \mathbf{x}]$$

이 기댓값은 조건부 pmf $k(\mathbf{z}|\widehat{\theta}^{(0)}, \mathbf{x})$를 이용하여 구한다는 것을 상기하라. 다음 단계를 염두에 두어라. 즉 θ를 포함하는 항목만 필요하다.

(d) EM 알고리즘의 M 단계로 식 $\partial Q(\theta|\widehat{\theta}^{(0)}, \mathbf{x})/\partial\theta = 0$을 풀라. 해가 다음과 같음을 밝혀라.

$$\widehat{\theta}^{(1)} = \frac{x_1\widehat{\theta}^{(0)} + 2x_4 + x_4\widehat{\theta}^{(0)}}{n\widehat{\theta}^{(0)} + 2(x_2 + x_3 + x_4)} \tag{6.6.23}$$

6.6.3 연습문제 6.6.2의 구성에서 θ에 대한 다음 추정량이 불편임을 밝혀라.

$$\widetilde{\theta} = n^{-1}(X_1 - X_2 - X_3 + X_4) \tag{6.6.24}$$

6.6.4 Rao(1973) 368쪽에는 연습문제 6.6.1의 상황에 대한 자료가 있다. 관측 도수는 $\mathbf{x} = (125, 18, 20, 34)'$이다.

(a) 통계 패키지(예: R)를 이용하여 식 (6.6.24)를 초기 추정값으로 하고 단계적인 EM 추정값 $\widehat{\theta}^{(k)}$를 구하는 프로그램을 작성하라.

(b) Rao의 자료를 이용하여 이 프로그램에 의한 θ의 EM 추정값을 계산하라. 프로그램에서 구한 EM 추정값의 열 $\{\widehat{\theta}^k\}$를 제시하라. 추정값의 열이 수렴하는가?

(c) 연습문제 6.6.1의 우도 방법을 이용하는 mle가 식 $197\theta^2 - 15\theta - 68 = 0$의 양의 근임을 밝혀라. 이것과 EM 알고리즘으로 구한 결과를 비교하라. 반올림 범위 내에서 결과가 동일해야 한다.

6.6.5 $N(\theta, 1)$ 분포에서 추출한 확률표본을 $X_1, X_2, \cdots, X_{n_1}$이라고 하자. 이러한 n_1개의 관측된 개체뿐만 아니라 $Z_1, Z_2, \cdots, Z_{n_2}$로 표기하는 n_2개의 비관측된 개체가 있다고 하자. 첫 단계 EM 추정값이 다음과 같음을 밝혀라.

$$\widehat{\theta}^{(1)} = \frac{n_1\overline{x} + n_2\widehat{\theta}^{(0)}}{n}$$

여기서 $\widehat{\theta}^{(0)}$은 θ의 초기 추정값이며 $n = n_1 + n_2$이다. 만약 $\widehat{\theta}^{(0)} = \overline{x}$이면 모든 k에 대해 $\widehat{\theta}^{(k)} = \overline{x}$임을 참고하라.

6.6.6 예제 6.6.1과 같은 상황에서 왼쪽 중도절단이 있다고 하자. 즉 $Z_1, Z_2, \cdots, Z_{n_2}$가 중도절단된 자료라면 알려진 것은 각각의 $Z_j < a$이다. θ의 EM 알고리즘 추정값을 구하라.

6.6.7 다음 자료가 예제 6.6.1의 모형을 따른다고 하자.

2.01	0.74	0.68	1.50^+	1.47	1.50^+	1.50^+	1.52
0.07	−0.04	−0.21	0.05	−0.09	0.67	0.14	

여기서 상첨자 $^+$는 관측값이 1.50에서 중도절단되었음을 나타낸다. 컴퓨터 프로그램을 작성하여 θ의 EM 알고리즘 추정값을 구하라.

6.6.8 다음 자료는 확률변수 $X = (1 - W)Y_1 + WY_2$의 관측값이다. 여기서 W는 성공 확률 0.70인 베르누이 분포를 따르고, Y_1은 $N(100, 20^2)$ 분포를 따르며, Y_2는 $N(120, 25^2)$ 분포를 따른다. 또한 W와 Y_1은 독립이고 W와 Y_2도 독립이다.

119.0	96.0	146.2	138.6	143.4	98.2	124.5
114.1	136.2	136.4	184.8	79.8	151.9	114.2
145.7	95.9	97.3	136.4	109.2	103.2	

이 절의 마지막에서 설명한 바와 같이 이러한 혼합 문제에 대한 EM 알고리즘의 프로그램을 작성하라. 점그림(dotplot)을 이용하여 모수의 초기 추정값을 구하고, 추정값을 계산하라. 그것은 실제 모수와 얼마나 가까운가?

참고: R 벡터 `x`에 X의 표본이 포함되어 있다고 가정하면 R에서 점그림은 `plot(rep(1,20)~x)`로 빠르게 계산된다.

충분성
Sufficiency

7

7.1 추정량 질의 측정

4장과 6장에서 점추정, 구간추정, 통계적 가설검정 등에 대해 설명했다. 이 장과 8, 9장에서는 이와 같은 다양한 통계적 추론에 특정 통계량이 왜 사용되는지에 대해 설명할 것이다. 우선 점추정에 대해 생각해보자.

4, 6장과 마찬가지로 이 장에서는 편의상 확률분포함수를 f로 표시하는데 이것은 pmf나 pdf로 나타낸다.

$\theta \in \Omega$에 대해 $f(x; \theta)$를 연속형(이산형) 확률변수 X의 pdf(pmf)라고 가정하자. 표본 X_1, X_2, ⋯, X_n에 대한 점추정 $Y_n = u(X_1, X_2, \cdots, X_n)$을 생각해보자. 4장과 5장에서 점추정의 몇 가지 성질을 설명했다. 정의 5.1.2에서 Y_n이 확률적으로 θ에 수렴할 때 Y_n은 일치추정량임을 상기하라. 즉 큰 표본에서 Y_n은 θ에 가까워진다. 이것은 점추정량에 대한 바람직한 성질이다. 적당한 조건에서 정리 6.1.3은 최대우도추정량(maximum likelihood estimator, mle)이 수렴한다는 것을 보여준다. 또 다른 특징은 정의 4.1.3에서 언급한 불편(unbiasedness)이다. 즉 $E(Y_n) = \theta$일 때 Y_n을 θ의 불편추정량이라고 한다. 일반적으로 mle가 점근적으로 불편이라 하더라도 불편추정량이 되지 않을 수 있다는 것을 상기하자(정리 6.2.2 참고).

만약 θ에 대한 두 추정량이 불편이라면 분산이 더 작은 것을 선택한다. 이것은 추정량이 정규분포를 점근적으로 따른다면 점근(asymptotic) 분산(그리고 그에 따른 점근 표준오차)이 작은 추정량이 θ에 대한 다른 추정량보다 점근적인 신뢰구간이 더 짧은 경향이 있기 때문이다. 이는 다음의 정의와 관련이 있다.

정의 7.1.1

양의 정수 n에 대해 추정량 $Y = u(X_1, X_2, \cdots, X_n)$은 Y가 θ의 불편추정량이고, 즉 $E(Y) = \theta$이고, Y의 분산이 다른 모든 불편추정량의 분산과 같거나 그보다 작은 경우에 한해 모수 θ에 대한 **최소분산불편추정량**(minimum variance unbiased estimator, MVUE)이라고 한다.

예제 7.1.1 예를 들어 $-\infty < \theta < \infty$일 때 $N(\theta, \sigma^2)$에서 추출한 확률표본을 $X_1, X_2, \cdots, X_9$라고 하자. 통계량 $\overline{X} = (X_1 + X_2 + \cdots + X_9)/9$가 $N(\theta, \frac{\sigma^2}{9})$을 따르므로 $\overline{X}$는 θ의 불편추정량이다. 통계량 X_1도 $N(\theta, \sigma^2)$을 따르므로 θ의 불편추정량이다. $\overline{X}$의 분산인 $\frac{\sigma^2}{9}$이 X_1의 분산인 σ^2보다 작지만 이 결과를 가지고 $n = 9$일 때 $\overline{X}$가 θ의 최소분산불편추정량이라고 할 수는 없다. 이 정의는 θ의 모든 불편추정량과의 비교를 전제로 하기 때문이다. 그러나 모수 θ에 대한 모든 불편추정량을 구하는 것이 불가능하기 때문에 분산을 비교하려면 다른 방법을 이용해야 한다. 이 장에서 이 문제에 대한 시발점을 제시한다.

이제 모수에 대한 점추정 문제를 약간 다른 논점에서 다루어보자. $\theta \in \Omega$일 때 pdf $f(x; \theta)$를 가진 분포에서 추출한 크기 n인 확률표본을 $X_1, X_2, \cdots, X_n$이라고 하자. 이때 분포는 연속형 또는 이산형일 것이다. $Y = u(X_1, X_2, \cdots, X_n)$은 모수 θ의 점추정을 하고자 하는 통계량, $\delta(y)$는 통계량 Y에 대한 관측값의 함수라고 하자. 여기서 함수 δ는 θ의 점추정값을 결정하며, 따라서 δ는 **결정함수**(decision function) 또는 **결정 규칙**(decision rule)이라고 한다. 결정함수의 특정한 값, 예를 들면 $\delta(y)$는 결정(decision)이라고 한다. 이와 같이 모수 θ에 대해 숫자로 정의된 점추정값이 결정이다. 이러한 결정은 옳을 수도 있고 틀릴 수도 있다. 여기서 θ의 실젯값과 점추정값 $\delta(y)$ 사이에 차이가 있다면 그 차이의 심각성 정도를 측정하는 것이 유용하다. 따라서 $\theta \in \Omega$에 대해 각각의 쌍 $[\theta, \delta(y)]$에서 이러한 심각성을 반영하는 음이 아닌 수 $\mathcal{L}[\theta, \delta(y)]$를 구한다. 이와 같은 함수 $\mathcal{L}$를 **손실함수**(loss function)라고 하며, 손실함수의 기댓값을 **위험함수**(risk function)라고 한다. 만약 Y가 연속형 확률변수이고 $\theta \in \Omega$일 때 $f_Y(y; \theta)$가 Y의 pdf이면 위험함수 $R(\theta, \delta)$는 다음과 같이 구한다.

$$R(\theta, \delta) = E\{\mathcal{L}[\theta, \delta(y)]\} = \int_{-\infty}^{\infty} \mathcal{L}[\theta, \delta(y)] f_Y(y; \theta)\, dy$$

$\theta \in \Omega$인 모든 θ에 대해 위험함수 $R(\theta, \delta)$를 최소화하는 결정함수를 구하는 것이 바람직하다. 그러나 이것은 일반적으로 불가능하다. 하나의 θ 값에 대해 $R(\theta, \delta)$를 최소화하는 결정함수 δ가 다른 θ 값에 대해서는 $R(\theta, \delta)$를 최소화하지 않을 수 있기 때문이다. 따라서 결정함수를 특정 집단으로 제한하거나 위험함수를 순서화할 필요가 있다. 다음 예제는 단순하기는 하지만 이러한 어려움을 잘 보여준다.

예제 7.1.2 $-\infty < \theta < \infty$에 대해 $N(\theta, 1)$ 분포에서 추출한 확률표본을 $X_1, X_2, \cdots, X_{25}$라고 하자. 또한 $Y = \overline{X}$이고 $\mathcal{L}[\theta, \delta(y)] = [\theta - \delta(y)]^2$이라고 하자. $-\infty < y < \infty$에 대해 두 결정함수 $\delta_1(y) = y$와 $\delta_2(y) = 0$을 비교할 때 각각의 위험함수는 다음과 같다.

$$R(\theta, \delta_1) = E[(\theta - Y)^2] = \frac{1}{25}$$

$$R(\theta, \delta_2) = E[(\theta - 0)^2] = \theta^2$$

따라서 $\theta = 0$이면 $\delta_2(y) = 0$의 위험함수 $R(0, \delta_2) = 0$이므로 우수한 결정이다. 그러나 θ가 0과 크게 다르면 $\delta_2 = 0$은 틀린 결정이 된다. 예를 들어 $\theta = 2$라면 $R(2, \delta_2) = 4 > R(2, \delta_1) = 1/25$이다. 일반적으로 $-1/5 < \theta < 1/5$이면 $R(\theta, \delta_2) < R(\theta, \delta_1)$이고, 그 외에는 $R(\theta, \delta_2) \geq R(\theta, \delta_1)$임을 알 수 있다. 즉 θ가 특정 값인 경우에는 결정함수가 우월하나 다른 θ 값에 대해서는 또 다른 결정함수가 우월하다. 그러나 결정함수 δ를 $\theta \in \Omega$인 모든 θ에 대해 $E[\delta(Y)] = \theta$를 만족하는 경우로 제한한다면 $\delta_2(y) = 0$은 고려 대상이 되지 않는다. 이와 같은 제약 조건과 손실함수 $\mathcal{L}[\theta, \delta(y)]$에 따를 때 위험함수는 불편추정량 $\delta(Y)$의 분산이 되며, 최소분산불편추정량을 찾는 문제로 귀결된다. 이 장의 뒷부분에서 $\delta(y) = y = \overline{x}$임을 증명할 것이다.

그러나 결정함수 δ가 $\theta \in \Omega$인 모든 θ에 대해 $E[\delta(Y)] = \theta$인 경우로 제한할 필요가 있다. 예를 들면 위험함수의 최댓값을 최소화하는 결정함수가 최선의 결정함수라고 생각할 수 있다. 이 예제에서 $R(\theta, \delta_2) = \theta^2$은 한계가 없기 때문에 이 기준으로는 좋은 결정함수가 아니다. 한편 $-\infty < \theta < \infty$에 대해

$$\max_{\theta} R(\theta, \delta_1) = \max_{\theta}\left(\frac{1}{25}\right) = \frac{1}{25}$$

따라서 1/25이 작기 때문에 이 기준으로 $\delta_1(y) = y = \overline{x}$는 좋은 결정함수이다. 실제로 손실함수가 $\mathcal{L}[\theta, \delta(y)] = [\theta - \delta(y)]^2$인 경우 **최소최대 기준**(minimax criterion)에 따를 때 δ_1이 최선의 결정함수임을 증명할 수 있다.

위의 예제를 통해 다음 사항을 알 수 있다.

1. 결정함수에 어떤 제약을 두지 않고는 위험함수가 다른 결정함수의 위험함수보다 일률적으로 작은 결정함수를 구하기가 어렵다.
2. **최소최대 원리**(minimax principle)라고 하는 최선의 결정함수를 구하는 원리는 다음과 같이 정의할 수 있다. 결정함수 $\delta_0(y)$가 모든 $\theta \in \Omega$에 대해, 그리고 다른 모든 결정함수 $\delta(y)$에 대해 다음을 만족하면 $\delta_0(y)$를 **최소최대결정함수**(minimax decision function)라고 한다.

$$\max_{\theta} R[\theta, \delta_0(y)] \leq \max_{\theta} R[\theta, \delta(y)]$$

$E[\delta(Y)] = \theta$이고 손실함수가 $\mathcal{L}[\theta, \delta(y)] = [\theta - \delta(y)]^2$이라는 두 조건을 따를 때 위험함수를

최소화하는 결정함수는 최소 분산을 따르는 불편추정량이다. 그러나 조건 $E[\delta(Y)] = \theta$를 다른 조건으로 대체하고 모든 θ에 대해 $E\{[\theta - \delta(Y)]^2\}$을 최소로 하는 결정함수 $\delta(Y)$가 존재하면 이것을 **최소평균제곱오차추정량**(minimum mean-squared-error estimator)이라고 한다. 연습문제 7.1.6~7.1.8에 이러한 형태의 추정량에 대한 예를 제시했다.

결정 규칙과 손실함수에 대해 다음과 같은 두 가지 사항을 추가적으로 관측할 수 있다. 첫 번째는 Y가 통계량이기 때문에 결정 규칙 $\delta(Y)$도 통계량이며, 따라서 결정 규칙을 $\delta_1(X_1, X_2, \cdots, X_n)$과 같이 확률표본의 관측값에 근거하여 직접적으로 정의할 수 있다. 이 경우 확률표본이 연속형 분포에서 추출되었다면 위험함수는 다음과 같이 주어진다.

$$\begin{aligned} R(\theta, \delta_1) &= E\{\mathcal{L}[\theta, \delta_1(X_1, \ldots, X_n)]\} \\ &= \int_{-\infty}^{\infty} \cdots \int_{-\infty}^{\infty} \mathcal{L}[\theta, \delta_1(x_1, \ldots, x_n)] f(x_1; \theta) \cdots f(x_n; \theta)\, dx_1 \cdots dx_n \end{aligned}$$

그러나 다음에 설명하는 바와 같이 실제로는 이러한 식을 이용하여 구하지 않는다. 특정한 모형이 주어졌을 때 통계적 추론과 관련하여 좀 더 쉽게 만족스러운 통계량 Y를 구하는 방법이 있기 때문이다. 따라서 예제 7.1.2에 주어진 mle $Y = \overline{X}$와 같이 잘 알려진 통계량부터 고려하는 것이 적절하다. 앞의 예제에서 두 번째 결정 규칙은 $X_1, X_2, \cdots, X_n$이 어떤 값이더라도 $\delta_2(X_1, X_2, \cdots, X_n) = 0$으로 정의하는 것이다.

두 번째 관측한 사항은 **제곱오차손실함수**(squared-error loss function)라는 하나의 손실함수 $\mathcal{L}(\theta, \delta) = (\theta - \delta)^2$만을 이용했다는 것이다. **절대오차손실함수**(absolute-error loss function) $\mathcal{L}(\theta, \delta) = |\theta - \delta|$도 많이 이용하는 손실함수이다. 양의 상수 a와 b에 대해 다음과 같이 정의하는 손실함수를 골포스트손실함수(goalpost loss function)라고 한다. 이 경우 풋볼에서 필드골을 차는 것과 유사하기 때문이다.

$$\begin{aligned} \mathcal{L}(\theta, \delta) &= 0, \quad |\theta - \delta| \le a \\ &= b, \quad |\theta - \delta| > a \end{aligned}$$

즉 중앙에서 a 단위 안으로 차면 손실이 없고(3점을 얻는다), 그 구역 밖으로 차면 b 단위의 손실(0점을 얻는다)이 생기는 것과 같다. 손실함수는 위에 설명한 세 경우처럼 비대칭적일 수도 있다. 예를 들면 θ를 과소 추정하는 것이 과대 추정하는 것보다 비용이 더 들 수 있다(대다수 사람들은 비행기를 타려고 공항까지 가는 데 걸리는 시간을 추정하는 데 이와 같은 손실함수를 생각한다). 이러한 형태의 손실함수는 11장에서 베이지안(Bayesian) 추정을 연구할 때도 이용한다.

많은 통계학자가 추정량에 대한 질적 특성으로 여기는 우도 원리와 관련된 문제를 제기하면서 이 절을 마칠 것이다. 두 통계학자 A와 B가 '성공'이나 '실패' 중의 하나가 관측되는 실험을 10번 실시했다고 하자. 각 시행에서 성공 확률이 $\theta(0 < \theta < 1)$이며, 10번 시행에서 두 통계학자는 모두 한 번 성공했다고 하자. 그런데 A는 사전에 10번 시행하기로 정의했는데 한 번의 성공을 관

측했고, B는 첫 성공이 나타날 때까지 시행을 반복하기로 했는데 열 번째에 첫 성공이 나타났다. A의 실험 결과에 대한 확률변수를 Y라고 할 때 Y는 $b(n = 10, \theta)$를 따르며 $y = 1$이 관측되었다. 반면에 B의 실험 결과에 대한 확률변수를 Z라고 할 때 Z는 기하분포를 따르며, pdf는 $z = 1, 2, 3, \cdots$일 때 $g(z) = (1 - \theta)^{z-1}\theta$이고 $z = 10$이 관측되었다. 두 경우 모두 θ의 추정값은 성공의 상대빈도이고 다음과 같이 주어진다.

$$\frac{y}{n} = \frac{1}{z} = \frac{1}{10}$$

그러나 이것에 대응하는 추정량 Y/n와 $1/Z$ 중 하나는 다음과 같이 불편추정량이 아니다.

$$E\left(\frac{Y}{10}\right) = \frac{1}{10}E(Y) = \frac{1}{10}(10\theta) = \theta$$

$$\begin{aligned} E\left(\frac{1}{Z}\right) &= \sum_{z=1}^{\infty} \frac{1}{z}(1-\theta)^{z-1}\theta \\ &= \theta + \tfrac{1}{2}(1-\theta)\theta + \tfrac{1}{3}(1-\theta)^2\theta + \cdots > \theta \end{aligned}$$

즉 $1/Z$은 편의추정량이지만 $Y/10$는 불편추정량이다. 따라서 A는 불편추정량을 이용하는 데 비해 B는 그렇지 않다. B의 추정량을 조정하여 불편추정량이 되도록 해야 할까?

흥미롭게도 다음 두 경우의 우도함수에서 $n = 10$, $y = 1$, $z = 10$일 때 극댓값은 $\widehat{\theta} = 1/10$로 동일하다.

$$L_1(\theta) = \binom{10}{y}\theta^y(1-\theta)^{10-y}$$

$$L_2(\theta) = (1-\theta)^{z-1}\theta$$

두 경우 모두 $(1 - \theta)^9\theta$를 극대화하기 때문에 이와 같은 결과가 나올 수밖에 없다. 많은 통계학자는 이렇게 되어야 한다고 믿으며 이러한 연유로 우도 원리를 다음과 같이 채택한다.

> 서로 다른 2개의 확률실험에서 구한 두 자료 집단이 서로 비례적인 우도함수 $L_1(\theta)$와 $L_2(\theta)$를 갖는다고 하자. 이와 같은 두 자료 집단은 모수 θ에 대해 동일한 정보를 제공하며, 통계학자는 두 경우 모두에서 θ에 대한 동일한 추정값을 구해야 한다.

위의 특수한 예에서 $L_1(\theta) \propto L_2(\theta)$임을 알 수 있으며, 우도 원리에 따라 통계학자 A와 B는 동일한 추론을 해야 한다. 따라서 우도 원리를 따르는 사람들은 두 번째 추정량이 불편추정량이 되도록 조정하지 않을 것이다.

연습문제

7.1.1 $0 < x < \infty$, $0 < \theta < \infty$일 때 $f(x;\theta) = (x/\theta^2)e^{-(x/\theta)}$이고 그 외에 $f(x;\theta) = 0$인 pdf를 가진 분포로부터 관측한 크기 n인 확률표본에서 구한 $(1/2)\overline{X}$가 θ의 불편추정량이고 분산이 $\theta^2/(2n)$임을 밝혀라.

7.1.2 평균이 5이고 분산이 $\theta(0 < \theta < \infty)$인 정규분포로부터 관측한 확률표본을 X_1, X_2, ⋯, X_n이라고 하자. $\sum_{i=1}^{n}(X_i - 5)^2/n$이 θ의 불편추정량이고 분산이 $2\theta^2/n$임을 밝혀라.

7.1.3 $0 < x < \theta$, $0 < \theta < \infty$일 때 $f(x;\theta) = 1/\theta$이고 그 외에 $f(x;\theta) = 0$인 pdf를 가진 균등분포로부터 관측한 크기 n인 확률표본에서 구한 순서통계량을 $Y_1 < Y_2 < \cdots < Y_n$이라고 하자. $T = \frac{(n+1)Y_k}{k}$가 θ의 불편추정량임을 밝혀라. 불편추정량 T의 분산을 구하라.

7.1.4 θ에 대해 서로 독립인 2개의 불편추정량을 Y_1, Y_2라고 하자. Y_1의 분산이 Y_2의 분산의 2배일 때, $k_1Y_1 + k_2Y_2$가 이와 같은 선형결합에 의한 추정량 중에서 가능한 분산이 가장 작은 불편추정량이 되도록 k_1과 k_2를 구하라.

7.1.5 예제 7.1.2에서 $\mathcal{L}[\theta, \delta(y)] = |\theta - \delta(y)|$라고 하자. $R(\theta, \delta_1) = (1/5)\sqrt{2/\pi}$이고 $R(\theta, \delta_2) = |\theta|$임을 밝혀라. 이때 두 결정함수 δ_1과 δ_2 중에서 무엇이 더 작은 최대 위험을 제공하는가?

7.1.6 모수 $\theta(0 < \theta < \infty)$인 푸아송 분포로부터 관측한 확률표을 X_1, X_2, ⋯, X_n이라고 하자. 또한 $Y = \sum_{i=1}^{n} X_i$이고 $\mathcal{L}[\theta, \delta(y)] = [\theta - \delta(y)]^2$이라고 하자. b가 y에 의존하지 않을 때 결정함수의 형태를 $\delta(y) = b + y/n$로 제한하면 $R(\theta, \delta) = b^2 + \theta/n$임을 밝혀라. 이러한 형태의 결정함수 중에서 가장 위험이 작은 것은 무엇인가? 이 결과를 δ라 하고 $0 < \theta < \infty$일 때 $\max_\theta R(\theta, \delta)$가 존재하면 구하라.

7.1.7 알려지지 않은 μ에 대해 $0 < \theta < \infty$일 때 $N(\mu, \theta)$인 분포에서 추출한 확률표본을 X_1, X_2, ⋯, X_n이라고 하자. 또한 $Y = \sum_{i=1}^{n} (X_i - \overline{X})^2/n$이고 $\mathcal{L}[\theta, \delta(y)] = [\theta - \delta(y)]^2$이라고 하자. b가 y에 의존하지 않을 때 $\delta(y) = by$ 형태인 결정함수를 고려하는 경우 $R(\theta, \delta) = (\theta^2/n^2)[(n^2 - 1)b^2 - 2n(n - 1)b + n^2]$임을 밝혀라. $b = n/(n + 1)$이 이러한 형태의 결정함수 중에서 최소 위험을 제공함을 밝혀라. $nY/(n + 1)$는 θ의 불편추정량이 아니다. $\delta(y) = ny/(n + 1)$이고 $0 < \theta < \infty$일 때 $\max_\theta R(\theta, \delta)$가 존재하면 구하라.

7.1.8 $0 \le \theta \le 1$에 대해 $b(1, \theta)$인 분포에서 추출한 확률표본을 X_1, X_2, ⋯, X_n이라고 하자. 또한 $Y = \sum_{i=1}^{n} X_i$이고 $\mathcal{L}[\theta, \delta(y)] = [\theta - \delta(y)]^2$이라고 하자. b가 y에 의존하지

않을 때 $\delta(y) = by$ 형태인 결정함수를 고려하는 경우 $R(\theta, \delta) = b^2n\theta(1 - \theta) + (bn - 1)^2\theta^2$임을 증명하라. 또한 b가 $b^2n > (bn - 1)^2$을 만족할 때 다음을 밝혀라.

$$\max_{\theta} R(\theta, \delta) = \frac{b^4n^2}{4[b^2n - (bn-1)^2]}$$

$b = 1/n$이 $\max_\theta R(\theta, \delta)$를 최소화하지 않음을 증명하라.

7.1.9 평균 $\theta > 0$인 푸아송 분포에서 추출한 확률표본을 $X_1, X_2, \cdots, X_n$이라고 하자.

(a) 통계학자 A가 표본 관측값 $x_1, x_2, \cdots, x_n$과 합 $y = \sum x_i$를 관측했을 때 θ의 mle를 구하라.

(b) 통계학자 B가 표본 관측값 $x_1, x_2, \cdots, x_n$은 잊어버렸으나 y_1과 표본이 푸아송 분포로부터 추출되었음을 기억한다고 하자. B는 다음과 같이 $z_1, z_2, \cdots, z_n$이라는 가짜 관측값을 만든다고 하자(B는 이 값이 원래의 x 값과 같지 않음을 알고 있을 것이다). B는 $Y_1 = \sum Z_i$가 평균 $n\theta$인 푸아송 분포를 따르기 때문에 $\sum z_i = y_1$이 주어졌을 때 서로 독립인 푸아송 확률변수 $Z_1, Z_2, \cdots, Z_n$ 이 $z_1, z_2, \cdots, z_n$ 값을 가질 조건부 확률이 다음과 같다고 할 것이다.

$$\frac{\frac{\theta^{z_1}e^{-\theta}}{z_1!}\frac{\theta^{z_2}e^{-\theta}}{z_2!}\cdots\frac{\theta^{z_n}e^{-\theta}}{z_n!}}{\frac{(n\theta)^{y_1}e^{-n\theta}}{y_1!}} = \frac{y_1!}{z_1!z_2!\cdots z_n!}\left(\frac{1}{n}\right)^{z_1}\left(\frac{1}{n}\right)^{z_2}\cdots\left(\frac{1}{n}\right)^{z_n}$$

위 식의 뒷부분은 y_1개의 독립시행이 서로 배반이고 전체를 이루며 각각의 확률이 $1/n$이 n개인 서로 다른 경우 중 하나로 나타나는 다항분포이다. 따라서 B는 이와 같은 다항분포 실험을 y_1번 독립시행하여 $z_1, z_2, \cdots, z_n$을 구한다. 이와 같은 z 값을 이용하여 우도함수를 구하라. 이것은 통계학자 A가 구한 우도함수에 비례하는가?

힌트: 여기서 우도함수는 이 조건부 pdf와 $Y_1 = \sum Z_i$의 pdf의 곱이다.

7.2 모수에 대한 충분통계량

$\theta \in \Omega$에 대해 pdf $f(x; \theta)$를 가진 분포에서 추출한 확률표본을 $X_1, X_2, \cdots, X_n$이라고 하자. 4장과 6장에서 점추정과 구간추정, 통계적 가설검정과 같은 통계적 추론을 하기 위한 통계량을 구했다. $Y = u(X_1, X_2, \cdots, X_n)$으로 표현되는 통계량은 자료 축약의 형태이다. 예를 들면 각각의 관측값 $X_1, X_2, \cdots, X_n$을 모두 나열하는 것보다 표본평균 $\overline{X}$나 표본분산 S^2만을 제시하는 것을 선호한다. 이와 같이 통계학자들은 전체 자료가 내포하는 의미를 잃지 않는 범위 내에서 쉽게 이해할 수 있도록 자료를 축약하는 방법을 찾는다.

통계량 $Y = u(X_1, X_2, \cdots, X_n)$이 실제로 $X_1, X_2, \cdots, X_n$의 표본공간을 분할하는 것은 흥미롭다. 예를 들어 표본을 관측했더니 $\overline{x} = 8.32$였다고 하자. 표본공간에는 표본평균이 8.32인 점이 여러 개 있으며, 이와 같은 점은 집합 $\{(x_1, x_2, \cdots, x_n) : \overline{x} = 8.32\}$에 속한다고 생각할 수 있다. 실제로 초평면(hyperplane)에서 다음과 같은 모든 점은 평균 $\overline{x} = 8.32$이므로 이 초평면은 위에 주어진 것과 같이 집합이다.

$$x_1 + x_2 + \cdots + x_n = (8.32)n$$

그러나 $\overline{X}$가 가질 수 있는 값은 다양하며, 따라서 그와 같은 집합이 여러 개 존재한다. 이러한 관점에서 표본평균 $\overline{X}$나 어떤 통계량 $Y = u(X_1, X_2, \cdots, X_n)$은 표본공간을 집합의 단위로 분할한다.

일반적으로 통계학 연구에서는 모형의 모수 θ가 알려지지 않았다. 따라서 이에 대한 통계적 추론을 하고자 한다. 이 절에서는 $Y_1 = u_1(X_1, X_2, \cdots, X_n)$으로 나타내는 통계량을 설명할 것이다. 이 통계량은 **충분통계량**(sufficient statistic)이라고 하며, 위에서 설명한 추론을 하는 데 유용하다. 충분통계량은 표본공간을 다음과 같이 분할하며,

$$(X_1, X_2, \ldots, X_n) \in \{(x_1, x_2, \ldots, x_n) : u_1(x_1, x_2, \ldots, x_n) = y_1\}$$

이 값이 주어졌을 때 $X_1, X_2, \cdots, X_n$의 조건부 확률은 θ에 의존하지 않는다. 직관적으로 이것은, $Y_1 = y_1$에 의해 결정된 집합이 정해지면 $Y_2 = u_2(X_1, X_2, \cdots, X_n)$인 다른 통계량의 분포는 모수 θ에 의존하지 않으며, 이는 $X_1, X_2, \cdots, X_n$의 조건부 분포가 θ에 의존하지 않기 때문임을 의미한다. 따라서 $Y_1 = y_1$이 주어졌을 때 θ에 대한 통계적인 추론을 하기 위해 Y_2를 이용하는 것이 불가능하다. 그러므로 Y_1은 표본에 담겨 있는 모수 θ에 대한 정보를 모두 확보하고 있다고 할 수 있다. 이것이 $Y_1 = u_1(X_1, X_2, \cdots, X_n)$을 충분통계량이라고 하는 이유이다.

모수 θ에 대한 충분통계량의 정의를 명확하게 이해하기 위해 우선 다음 예제를 살펴보자.

예제 7.2.1 다음과 같은 pmf를 가진 확률분포에서 추출한 확률표본을 $X_1, X_2, \cdots, X_n$이라고 하자.

$$f(x;\theta) = \begin{cases} \theta^x(1-\theta)^{1-x} & x = 0, 1; \quad 0 < \theta < 1 \\ 0 & \text{그 외에} \end{cases}$$

통계량 $Y_1 = X_1 + X_2 + \cdots + X_n$의 pmf는 다음과 같다.

$$f_{Y_1}(y_1;\theta) = \begin{cases} \binom{n}{y_1}\theta^{y_1}(1-\theta)^{n-y_1} & y_1 = 0, 1, \ldots, n \\ 0 & \text{그 외에} \end{cases}$$

$y_1 = 0, 1, 2, \cdots, n$일 때 다음 조건부 확률은 무엇인가?

$$P(X_1 = x_1,\ X_2 = x_2, \ldots, X_n = x_n | Y_1 = y_1) = P(A|B)$$

정수 x_1, x_2, ⋯, x_n(각각 0 또는 1이다)의 합이 y_1과 같지 않으면 $A \cap B = \phi$이므로 조건부 확률은 0이다. 그러나 $y_1 = \sum x_i$인 경우는 $A \subset B$이므로 $A \cap B = A$이고 $P(A|B) = P(A)/P(B)$이다. 따라서 조건부 확률은 다음과 같다.

$$\frac{\theta^{x_1}(1-\theta)^{1-x_1}\theta^{x_2}(1-\theta)^{1-x_2}\cdots\theta^{x_n}(1-\theta)^{1-x_n}}{\binom{n}{y_1}\theta^{y_1}(1-\theta)^{n-y_1}} = \frac{\theta^{\sum x_i}(1-\theta)^{n-\sum x_i}}{\binom{n}{\sum x_i}\theta^{\sum x_i}(1-\theta)^{n-\sum x_i}}$$
$$= \frac{1}{\binom{n}{\sum x_i}}$$

$y_1 = x_1 + x_2 + \cdots + x_n$은 n번 독립시행에서 관측한 1의 수와 같으므로 이 조건부 확률은 y_1개의 1과 $(n - y_1)$개의 0의 특정한 배열을 선택하는 확률이다. 이 조건부 확률이 모수 θ에 의존하지 않음을 유의하라.

일반적으로 $f_{Y_1}(y_1; \theta)$를 통계량 $Y_1 = u_1(X_1, X_2, \cdots, X_n)$의 pmf라고 하자. 여기서 X_1, X_2, ⋯, X_n은 $\theta \in \Omega$에 대해 pmf $f(x; \theta)$를 가진 이산형 분포에서 추출한 확률표본이다. $Y_1 = y_1$이 주어졌을 때 $X_1 = x_1$, $X_2 = x_2$, ⋯, $X_n = x_n$의 조건부 확률은 x_1, x_2, ⋯, x_n이 고정된 y_1과 $y_1 = u_1(x_1, x_2, \cdots, x_n)$의 관계일 때 다음과 같으며, 그 외에 0이다.

$$\frac{f(x_1;\theta)f(x_2;\theta)\cdots f(x_n;\theta)}{f_{Y_1}[u_1(x_1,x_2,\ldots,x_n);\theta]}$$

$Y_1 = u_1(X_1, X_2, \cdots, X_n)$은 이 비가 θ에 의존하지 않는 경우에 한하여 θ에 대한 충분통계량이라고 한다. 반면에 연속형 분포에 대해서는 동일한 방법으로 설명할 수 없지만, 이 경우에도 이 비가 θ에 의존하지 않으면 $Y_1 = y_1$이 주어졌을 때 X_1, X_2, ⋯, X_n의 조건부 분포가 θ에 의존하지 않는다는 사실을 인정하기로 한다. 따라서 두 경우에서 θ에 대한 충분통계량에 동일한 정의를 이용한다.

정의 7.2.1

$\theta \in \Omega$에 대해 pmf $f(x; \theta)$를 가진 분포에서 추출한 크기 n인 확률표본을 X_1, X_2, ⋯, X_n이라고 하자. $Y_1 = u_1(X_1, X_2, \cdots, X_n)$이 pdf 또는 pmf $f_{Y_1}(y_1; \theta)$를 가진 통계량이라면 Y_1은 다음과 같은 경우에 한하여 θ에 대한 **충분통계량**이다.

$$\frac{f(x_1;\theta)f(x_2;\theta)\cdots f(x_n;\theta)}{f_{Y_1}[u_1(x_1,x_2,\ldots,x_n);\theta]} = H(x_1,x_2,\ldots,x_n)$$

여기서 $H(x_1, x_2, \cdots, x_n)$은 $\theta \in \Omega$에 의존하지 않는다.

참고 7.2.1

이 책의 대부분에서 $X_1, X_2, \cdots, X_n$은 확률표본의 관측값을 나타낸다. 즉 이 값은 iid이다. 그러나 더욱 일반적인 경우에 이러한 확률변수는 서로 독립일 필요가 없으며, 동일한 분포를 따를 필요도 없다. 따라서 좀 더 일반적으로 충분통계량 $Y_1 = u_1(X_1, X_2, \cdots, X_n)$의 정의는 $f(x_1, x_2, \cdots, x_n; \theta)$가 $X_1, X_2, \cdots, X_n$의 결합 pdf 또는 pmf일 때 다음이 $\theta \in \Omega$에 의존하지 않는다는 개념으로 확장할 수 있다.

$$\frac{f(x_1, x_2, \ldots, x_n; \theta)}{f_{Y_1}[u_1(x_1, x_2, \ldots, x_n); \theta)]} = H(x_1, x_2, \ldots, x_n)$$

이 책에서는 이와 같이 확장된 개념을 이용해야 하는 경우가 몇 군데 있다.

이러한 정의를 설명하는 두 가지 예제를 살펴보자.

예제 7.2.2 $\alpha = 2$, $\beta = \theta > 0$인 감마분포에서 추출한 확률표본을 $X_1, X_2, \cdots, X_n$이라고 하자. 이 분포의 mgf가 $t < 1/\theta$에 대해 $M(t) = (1 - \theta t)^{-2}$이므로 $Y_1 = \sum_{i=1}^{n} X_i$의 mgf는 다음과 같다.

$$\begin{aligned} E[e^{t(X_1+X_2+\cdots+X_n)}] &= E(e^{tX_1})E(e^{tX_2})\cdots E(e^{tX_n}) \\ &= [(1-\theta t)^{-2}]^n = (1-\theta t)^{-2n} \end{aligned}$$

따라서 Y_1은 $\alpha = 2n$, $\beta = \theta$인 감마분포를 따르며 pdf는 다음과 같다.

$$f_{Y_1}(y_1; \theta) = \begin{cases} \frac{1}{\Gamma(2n)\theta^{2n}} y_1^{2n-1} e^{-y_1/\theta} & 0 < y_1 < \infty \\ 0 & \text{그 외에} \end{cases}$$

그러므로

$$\frac{\left[\dfrac{x_1^{2-1}e^{-x_1/\theta}}{\Gamma(2)\theta^2}\right]\left[\dfrac{x_2^{2-1}e^{-x_2/\theta}}{\Gamma(2)\theta^2}\right]\cdots\left[\dfrac{x_n^{2-1}e^{-x_n/\theta}}{\Gamma(2)\theta^2}\right]}{\dfrac{(x_1+x_2+\cdots+x_n)^{2n-1}e^{-(x_1+x_2+\cdots+x_n)/\theta}}{\Gamma(2n)\theta^{2n}}} = \frac{\Gamma(2n)}{[\Gamma(2)]^n}\frac{x_1x_2\cdots x_n}{(x_1+x_2+\cdots+x_n)^{2n-1}}$$

여기서 $0 < x_i < \infty (i = 1, 2, \cdots, n)$이다. 이 비가 θ에 의존하지 않으므로 합 Y_1은 θ에 대한 충분통계량이다.

예제 7.2.3 다음과 같은 pdf를 가진 분포에서 추출한 크기 n인 확률표본으로부터 구한 순서통계량을 $Y_1 < Y_2 < \cdots < Y_n$이라고 하자.

$$f(x; \theta) = e^{-(x-\theta)} I_{(\theta,\infty)}(x)$$

여기서 집합 A의 지표함수는 다음과 같이 정의한다.

$$I_A(x) = \begin{cases} 1 & x \in A \\ 0 & x \notin A \end{cases}$$

이것은 물론 $\theta < x < \infty$일 때 $f(x;\, \theta) = e^{-(x-\theta)}$이고 그 외에 $f(x;\, \theta) = 0$임을 의미한다. $Y_1 = \min(X_i)$의 pdf는 다음과 같다.

$$f_{Y_1}(y_1;\theta) = ne^{-n(y_1-\theta)} I_{(\theta,\infty)}(y_1)$$

모든 $i = 1,\, 2,\, \cdots,\, n$에 대해 $\theta < x_i$일 때에 한하여 $\theta < \min\{x_i\}$이므로 $I_{(\theta,\infty)}(\min\, x_i) = \prod_{i=1}^{n} I_{(\theta,\infty)}(x_i)$로 쓸 수 있다. 따라서

$$\frac{\prod_{i=1}^{n} e^{-(x_i-\theta)} I_{(\theta,\infty)}(x_i)}{ne^{-n(\min x_i-\theta)} I_{(\theta,\infty)}(\min x_i)} = \frac{e^{-x_1-x_2-\cdots-x_n}}{ne^{-n\min x_i}}$$

이 비가 θ에 의존하지 않으므로 제1순서통계량 Y_1은 θ에 대한 충분통계량이다.

정의를 이용하여 특정 통계량 Y_1이 모수 θ에 대한 충분통계량인지 아닌지를 밝히려 한다면 먼저 Y_1의 pdf, 즉 $f_{Y_1}(y_1;\, \theta)$를 알아야 한다. 어떤 경우에는 이 pdf를 구하기가 매우 지루할 수도 있다. 다행히 다음과 같은 네이만(Neyman)의 **인수분해 정리**(factorization theorem)를 증명할 수 있으면 이 어려움을 해결 할 수 있다.

정리 7.2.1 [네이만]

$\theta \in \Omega$에 대해 pdf 또는 pmf $f(x;\, \theta)$를 가진 분포에서 추출한 확률표본을 $X_1,\, X_2,\, \cdots,\, X_n$이라고 하자. 통계량 $Y_1 = u_1(X_1,\, X_2,\, \cdots,\, X_n)$은 다음을 만족하는 음이 아닌 함수 k_1과 k_2를 구할 수 있는 경우에 한하며 θ에 대한 충분통계량이다.

$$\begin{aligned} &f(x_1;\theta)f(x_2;\theta)\cdots f(x_n;\theta) \\ &\quad = k_1[u_1(x_1,x_2,\ldots,x_n);\theta]k_2(x_1,x_2,\ldots,x_n) \end{aligned} \tag{7.2.1}$$

단, 위 식에서 $k_2(x_1,\, x_2\, \cdots,\, x_n)$은 θ에 의존하지 않는다.

증명: 확률변수가 연속형인 경우에 대해 증명하겠다. 인수분해가 이 정리에서 언급한 것과 같다고 가정하자. 이 증명에서 역함수 $x_1 = w_1(y_1,\, y_2,\, \cdots,\, y_n)$, $x_2 = w_2(y_1,\, y_2,\, \cdots,\, y_n)$, $\cdots$, $x_n = w_n(y_1,\, y_2,\, \cdots,\, y_n)$과 야코비안 J를 가진 일대일 변환 $y_1 = u_1(x_1,\, x_2,\, \cdots,\, x_n)$, $y_2 = u_2(x_1,\, x_2,\, \cdots,\, x_n)$ $\cdots$, $y_n = u_n(x_1,\, x_2,\, \cdots,\, x_n)$을 만들 것이다. 증명 뒤에 있는 유의점을 보라. 통계량 $Y_1,\, Y_2,\, \cdots,\, Y_n$의 결합 pdf는 다음과 같이 주어진다.

$$g(y_1,y_2,\ldots,y_n;\theta) = k_1(y_1;\theta)k_2(w_1,w_2,\ldots,w_n)|J|$$

여기서 $i = 1,\, 2,\, \cdots,\, n$에 대해 $w_i = w_i(y_1,\, y_2,\, \cdots,\, y_n)$이다. Y_1의 pdf, 즉 $f_{Y_1}(y_1;\, \theta)$는

$$f_{Y_1}(y_1;\theta) = \int_{-\infty}^{\infty}\cdots\int_{-\infty}^{\infty} g(y_1, y_2, \ldots, y_n;\theta)\, dy_2\cdots dy_n$$
$$= k_1(y_1;\theta)\int_{-\infty}^{\infty}\cdots\int_{-\infty}^{\infty} |J|k_2(w_1, w_2, \ldots, w_n)\, dy_2\cdots dy_n$$

여기서 함수 k_2는 θ에 의존하지 않는다. 뿐만 아니라 θ는 야코비안 J와 관계가 없으며 적분 한계와도 관련되지 않는다. 따라서 위 식의 오른쪽에 있는 $(n - 1)$-중(fold) 적분은 y_1만의 함수, 즉 $m(y_1)$이다. 따라서

$$f_{Y_1}(y_1;\theta) = k_1(y_1;\theta)m(y_1)$$

만약 $m(y_1) = 0$이면 $f_{Y_1}(y_1;\, \theta) = 0$이다. $m(y_1) > 0$이면

$$k_1[u_1(x_1, x_2, \ldots, x_n);\theta] = \frac{f_{Y_1}[u_1(x_1, \ldots, x_n);\theta]}{m[u_1(x_1, \ldots, x_n)]}$$

그리고 가정된 인수분해는 다음과 같이 된다.

$$f(x_1;\theta)\cdots f(x_n;\theta) = f_{Y_1}[u_1(x_1, \ldots, x_n);\theta]\frac{k_2(x_1, \ldots, x_n)}{m[u_1(x_1, \ldots, x_n)]}$$

함수 k_2뿐만 아니라 함수 m도 θ에 의존하지 않으므로 정의에 의해 Y_1은 모수 θ에 대한 충분통계량이다.

역으로 Y_1이 θ에 대한 충분통계량이면 함수 k_1을 Y_1의 pdf, 즉 함수 f_{Y_1}로 취하여 인수분해할 수 있다. 이것으로 정리의 증명이 완료된다.

이 증명에서 사용된 일대일 변환 가정은 필요하지 않다는 것을 유의하고, 좀 더 엄격한 증명은 Lehmann(1986)을 참조하라. 이 정리는 충분성을 특징화하며 다음 예제에서와 같이 일반적으로 충분성의 정의보다 다루기 쉽다.

예제 7.2.4 $-\infty < \theta < \infty$에 대해 $N(\theta, \sigma^2)$인 분포에서 추출한 확률표본을 X_1, X_2, ⋯, X_n이라고 하자. 여기서 분산 $\sigma^2 > 0$은 알려져 있다. $\overline{x}= \sum_1^n x_i/n$이면

$$\sum_{i=1}^{n}(x_i - \theta)^2 = \sum_{i=1}^{n}[(x_i - \overline{x}) + (\overline{x} - \theta)]^2 = \sum_{i=1}^{n}(x_i - \overline{x})^2 + n(\overline{x} - \theta)^2$$

왜냐하면

$$2\sum_{i=1}^{n}(x_i - \overline{x})(\overline{x} - \theta) = 2(\overline{x} - \theta)\sum_{i=1}^{n}(x_i - \overline{x}) = 0$$

따라서 X_1, X_2, ⋯, X_n의 결합 pdf는 다음과 같이 나타낼 수 있다.

$$\left(\frac{1}{\sigma\sqrt{2\pi}}\right)^n \exp\left[-\sum_{i=1}^{n}(x_i-\theta)^2/2\sigma^2\right]$$

$$= \{\exp[-n(\overline{x}-\theta)^2/2\sigma^2]\}\left\{\frac{\exp\left[-\sum_{i=1}^{n}(x_i-\overline{x})^2/2\sigma^2\right]}{(\sigma\sqrt{2\pi})^n}\right\}$$

이 방정식에서 우변의 첫 번째 인수는 단지 $\overline{x}$를 통해 $x_1, x_2, \cdots, x_n$에 의존하고 두 번째 인수는 θ에 의존하지 않으므로, 인수분해 정리에 의해 표본평균 $\overline{X}$는 σ^2의 어떤 특정한 값에 대해 정규분포의 평균인 θ의 충분통계량이다.

$\overline{X}$가 $N(\theta, \sigma^2/n)$을 따르므로 위의 예제에서는 정의를 이용할 수 있었다. 이와 달리 정의를 이용하는 것이 적절하지 않은 경우를 살펴보자.

예제 7.2.5 다음과 같은 pdf를 가진 분포에서 추출한 확률분포를 $X_1, X_2, \cdots, X_n$이라고 하자.

$$f(x;\theta) = \begin{cases} \theta x^{\theta-1} & 0 < x < 1 \\ 0 & \text{그 외에} \end{cases}$$

여기서 $0 < \theta$이다. $X_1, X_2, \cdots, X_n$의 결합 pdf는 $0 < x_i < 1 (i = 1, 2, \cdots, n)$에 대해

$$\theta^n \left(\prod_{i=1}^{n} x_i\right)^{\theta-1} = \left[\theta^n \left(\prod_{i=1}^{n} x_i\right)^{\theta}\right]\left(\frac{1}{\prod_{i=1}^{n} x_i}\right)$$

인수분해 정리에서

$$k_1[u_1(x_1, x_2, \ldots, x_n);\theta] = \theta^n \left(\prod_{i=1}^{n} x_i\right)^{\theta}$$

그리고

$$k_2(x_1, x_2, \ldots, x_n) = \frac{1}{\prod_{i=1}^{n} x_i}$$

$k_2(x_1, x_2, \cdots, x_n)$이 θ에 의존하지 않기 때문에 곱 $\prod_{i=1}^{n} X_i$는 θ에 대한 충분통계량이다.

양의 확률밀도 영역이 모수 θ에 의존할 때 인수분해 정리를 잘못 적용하는 경우가 있다. 이것은 함수 $k_2(x_1, x_2, \cdots, x_n)$의 영역에 대해 적절히 고려하지 않기 때문이다. 다음 예제에서 이를 살펴보자.

예제 7.2.6 예제 7.2.3에서 $f(x;\theta) = e^{-(x-\theta)}I_{(\theta,\infty)}(x)$일 때 제1순서통계량 Y_1이 θ에 대한 충분통계량임을 알았다. 함수의 영역을 고려하지 않는 것에 대한 요점을 설명하기 위해 $n = 3$이라면 다음과 같이 나타낼 수 있다.

$$e^{-(x_1-\theta)}e^{-(x_2-\theta)}e^{-(x_3-\theta)} = [e^{-3\max x_i+3\theta}][e^{-x_1-x_2-x_3+3\max x_i}]$$

뒷부분의 식에서 두 번째 인수에 θ가 없기 때문에 $Y_3 = \max X_i$가 θ에 대한 충분통계량이라고 추측할 수 있다. 물론 이것은 옳지 않다. $I_{(\theta,\infty)}(\min x_i) = I_{(\theta,\infty)}(x_1)I_{(\theta,\infty)}(x_2)I_{(\theta,\infty)}(x_3)$이므로 X_1, X_2, X_3의 결합 pdf는 다음과 같이 나타내야 하기 때문이다.

$$\prod_{i=1}^{3}[e^{-(x_i-\theta)}I_{(\theta,\infty)}(x_i)] = [e^{3\theta}I_{(\theta,\infty)}(\min x_i)]\left[\exp\left\{-\sum_{i=1}^{3}x_i\right\}\right]$$

이와 같은 주장은 $\max x_i$에 대해서는 할 수 없다. 따라서 $Y_1 = \min X_i$는 θ에 대한 충분통계량이지만 $Y_3 = \max X_i$는 아니다.

연습문제

7.2.1 $0 < \theta < \infty$에 대해 정규분포 $N(0, \theta)$의 확률표본을 X_1, X_2, $\cdots$, X_n이라고 하자. $\sum_{i=1}^n X_i^2$이 θ에 대한 충분통계량임을 밝혀라.

7.2.2 $0 < \theta < \infty$에 대해 모수 θ인 푸아송 분포에서 추출한 크기 n인 확률표본을 관측할 때 관측값의 합이 θ에 대한 충분통계량임을 밝혀라.

7.2.3 $0 < x < \theta$, $0 < \theta < \infty$일 때 $f(x;\theta) = 1/\theta$, 그 외에 $f(x;\theta) = 0$인 pdf를 가진 균등분포에서 추출한 크기 n인 확률표본에서 구한 n번째 순서통계량이 θ에 대한 충분통계량임을 밝혀라. 이 결과를 $0 < x < \theta$, $0 < \theta < \infty$일 때 $f(x;\theta) = Q(\theta)M(x)$이고 그 외에 $f(x;\theta) = 0$인 pdf를 생각함으로써 일반화하라. 물론 여기서

$$\int_0^\theta M(x)\,dx = \frac{1}{Q(\theta)}$$

7.2.4 $x = 0, 1, 2, \cdots$, $0 < \theta < 1$일 때 $f(x;\theta) = (1-\theta)^x\theta$, 그 외에 $f(x;\theta) = 0$인 pmf를 가진 기하분포에서 추출한 크기 n인 확률표본을 X_1, X_2, $\cdots$, X_n이라고 하자. $\sum_{i=1}^n X_i$가 θ에 대한 충분통계량임을 밝혀라.

7.2.5 $0 < x < \infty$, $0 < \theta < \infty$일 때 $f(x;\theta) = (x/\theta^2)e^{-x/\theta}$, 그 외에 $f(x;\theta) = 0$인 pdf를 가진 감마분포로부터 추출한 크기 n인 확률표본에서 관측값의 합이 θ에 대한 충분통계량임을 밝혀라.

7.2.6 모수 $\alpha = \theta$, $\beta = 2$인 베타분포에서 추출한 크기 n인 확률표본을 $X_1, X_2, \cdots, X_n$이라고 하자. 곱 $X_1X_2\cdots X_n$이 θ에 대한 충분통계량임을 밝혀라.

7.2.7 확률표본이 모수 $\alpha = \theta$, $\beta = 4$인 감마분포에서 추출되었다면 표본 관측값의 곱이 $\theta > 0$에 대한 충분통계량임을 밝혀라.

7.2.8 표본이 $\alpha = \theta > 0$이고 $\beta = \theta + 1$인 베타분포에서 추출되었을 때 θ에 대한 충분통계량은 무엇인가?

7.2.9 $0 < x < \infty$, $0 < \theta$일 때 $f(x; \theta) = (1/\theta)\exp(-x/\theta)$, 그 외에 $f(x; \theta) = 0$인 pdf를 가진 확률표본 $X_1, X_2, \cdots, X_n$을 고려하자. 내구 실험 상태에서 r개의 순서통계량 $Y_1 < Y_2 < \cdots < Y_r$만 관측한다.

(a) 이 순서통계량에 대한 결합 pdf를 구하고, $L(\theta)$로 순서통계량을 정의하라.

(b) 이 조건에서 $L(\theta)$를 최대로 하는 mle $\widehat{\theta}$을 찾아라.

(c) $\widehat{\theta}$에 대한 적률생성함수와 pdf를 구하라.

(d) 충분성의 정의를 약간 확장하여 $\widehat{\theta}$이 충분통계량인지 아닌지를 밝혀라.

7.3 충분통계량의 특성

$\theta \in \Omega$에 대해 pdf 또는 pmf $f(x; \theta)$를 가진 확률변수에서 추출한 확률표본을 $X_1, X_2, \cdots, X_n$이라고 하자. 이 절에서는 최소분산불편추정량을 결정하는 데 충분성이 어떻게 사용되는지 설명한다. 우선 충분통계량은 전혀 유일하지 않다는 것을 주목하라. 만약 $Y_1 = u_1(X_1, X_2, \cdots, X_n)$이 충분통계량이고 일대일 함수인 $g(x)$에 대해 $Y_2 = g(Y_1)$이 통계량이라면 다음과 같이 되고,

$$\begin{aligned} f(x_1;\theta)f(x_2;\theta)\cdots f(x_n;\theta) &= k_1[u_1(y_1);\theta]k_2(x_1, x_2, \ldots, x_n) \\ &= k_1[u_1(g^{-1}(y_2));\theta]k_2(x_1, x_2, \ldots, x_n) \end{aligned}$$

따라서 인수분해 정리에 의해 Y_2 역시 충분성을 만족한다. 그러나 다음에 보여주는 것처럼 충분성은 최상의 점추정을 이끌어낼 수 있다.

우선 2.3절의 정리 2.3.1을 참고하자. 만약 X_1과 X_2가 확률변수이고 특정 기댓값이 존재한다면 다음과 같다.

$$E[X_2] = E[E(X_2|X_1)]$$
$$Var(X_2) \geq Var[E(X_2|X_1)]$$

충분통계량의 개념을 적용하기 위해 충분통계량 Y_1을 X_1과 같게 놓고, θ의 불편추정량인 Y_2를 X_2라고 하자. 따라서 $E(Y_2|y_1) = \varphi(y_1)$이라 할 때

$$\theta = E(Y_2) = E[\varphi(Y_1)]$$
$$Var(Y_2) \geq Var[\varphi(Y_1)]$$

즉 이 조건에 의해 충분통계량 Y_1의 함수인 $\varphi(Y_1)$은 θ에 대한 불편추정량이며, 다른 불편추정량 Y_2보다 분산이 작다. 이와 같은 논의를 다음의 정리를 이용하여 더 공식적으로 정리할 수 있는데, 이는 라오(Rao)와 블랙웰(Blackwell) 덕분이라고 할 수 있다.

정리 7.3.1 [라오-블랙웰]

$\theta \in \Omega$에 대해 pdf 또는 pmf $f(x;\theta)$를 가진 분포(연속형 또는 이산형)에서 추출한 확률표본을 $X_1, X_2, \cdots, X_n$(n은 고정된 양의 정수)이라고 하자. $Y_1 = u_1(X_1, X_2, \cdots, X_n)$이 θ에 대한 충분통계량이고, Y_1만의 함수가 아닌 $Y_2 = u_2(X_1, X_2, \cdots, X_n)$이 θ에 대한 불편추정량이라고 하자. $E(Y_2|y_1) = \varphi(y_1)$로 통계량 $\varphi(Y_1)$을 정의한다. 이 통계량 $\varphi(Y_1)$은 θ에 대한 충분통계량의 함수이고, θ의 불편추정량이며, Y_2보다 분산이 작다.

이 정리는 모수에 대한 최소분산불편추정량을 찾는 경우 그 모수에 대한 충분통계량이 존재하면 그 충분통계량의 함수로 제한하여 찾아야 한다는 것을 의미한다. 따라서 충분통계량 Y_1만의 함수가 아닌 불편추정량 Y_2만으로 시작한다면 $E(Y_2|y_1) = \varphi(y_1)$을 계산함으로써 향상할 수 있는데, $\varphi(Y_1)$은 불편추정량이며 Y_2보다 분산이 작다.

정리 7.3.1을 공부하는 많은 학생은 충분통계량 Y_1에 근거한 θ의 불편추정량인 $\varphi(Y_1)$을 구하기 위해 우선 어떤 불편추정량 Y_2를 찾을 필요가 있다고 믿는다. 그러나 그렇지 않으며, 정리 7.3.1은 단순히 가장 좋은 추정량을 찾는 데 Y_1의 함수로 제한할 수 있다는 것을 확인할 뿐이다. 게다가 다음 정리에서 보듯이 충분통계량과 최대우도추정량 사이에는 연관성이 있다.

정리 7.3.2

$\theta \in \Omega$에 대해 pdf 또는 pmf $f(x;\theta)$를 가진 분포에서 추출한 확률표본을 $X_1, X_2, \cdots, X_n$이라고 하자. 만약 θ에 대한 충분통계량 $Y_1 = u_1(X_1, X_2, \cdots, X_n)$이 존재하고 θ의 최대우도추정량 $\widehat{\theta}$이 유일하게 존재한다면 $\widehat{\theta}$은 $Y_1 = u_1(X_1, X_2, \cdots, X_n)$의 함수이다.

증명: $f_{Y_1}(y_1;\theta)$가 Y_1의 pdf 또는 pmf라고 하자. 충분성의 정리에 의해 우도함수는 다음과 같다.

$$\begin{aligned} L(\theta; x_1, x_2, \ldots, x_n) &= f(x_1;\theta)f(x_2;\theta)\cdots f(x_n;\theta) \\ &= f_{Y_1}[u_1(x_1, x_2, \ldots, x_n);\theta]H(x_1, x_2, \ldots, x_n) \end{aligned}$$

여기서 $H(x_1, x_2, \cdots, x_n)$은 θ에 의존하지 않는다. 따라서 L과 f_{Y_1}은 θ의 함수로 동시에 극대화된다. L과 $f_{Y_1}[u_1(x_1, x_2, \cdots, x_n);\theta]$를 극대화하는 단 하나의 θ 값만 존재하므로 그 θ 값은 $u_1(x_1, x_2, \cdots, x_n)$의 함수여야 한다. 따라서 mle $\widehat{\theta}$는 충분통계량 $Y_1 = u_1(X_1, X_2, \cdots, X_n)$의 함수이다.

4장과 6장에서 일반적으로 mle는 점근적으로 θ의 불편추정량임을 밝혔다. 그리고 충분통계량을 찾으면 mle를 찾을수 있다. 이로써 충분통계량의 함수로 불편추정량을 구할 수도 있다. 다음 예제를 보자.

예제 7.3.1 $X_1, X_2, \cdots, X_n$이 iid인 다음 pdf를 따른다고 하자.

$$f(x;\theta) = \begin{cases} \theta e^{-\theta x} & 0 < x < \infty,\ \theta > 0 \\ 0 & \text{그 외에} \end{cases}$$

θ의 최소분산불편추정량을 구한다고 가정하자. 결합 pdf(우도함수)는 다음과 같다.

$$x_i > 0,\ i = 1, \ldots, n\text{에 대해} \quad L(\theta; x_1, \ldots, x_n) = \theta^n e^{-\theta \sum_{i=1}^n x_i}$$

인수분해 정리에 의해 통계량 $Y_1 = \sum_{i=1}^n X_i$는 충분성을 만족시킨다. 로그 우도함수는 다음과 같다.

$$l(\theta) = n \log \theta - \theta \sum_{i=1}^n x_i$$

$l(\theta)$를 θ에 대해 편미분한 뒤 0으로 놓으면 θ에 대한 mle를 다음과 같이 구할 수 있다.

$$Y_2 = \frac{1}{\overline{X}}$$

$Y_2 = n/Y_1$이 충분통계량 Y_1의 함수라는 것에 유의하자. 또한 Y_2가 θ의 mle이기 때문에 이는 점근적인 불편추정량이다. 따라서 우선 그것에 대한 기댓값을 구해야 한다. 이 문제에서 X_i는 iid $\Gamma(1,\ 1/\theta)$의 확률변수이다. 그러므로 $Y_1 = \sum_{i=1}^n X_i$는 $\Gamma(n,\ 1/\theta)$이다. 따라서

$$\begin{aligned} E(Y_2) &= E\left[\frac{1}{\overline{X}}\right] = nE\left[\frac{1}{\sum_{i=1}^n X_i}\right] \\ &= n\int_0^\infty \frac{\theta^n}{\Gamma(n)} t^{-1} t^{n-1} e^{-\theta t}\, dt \end{aligned}$$

그리고 변수변환 $z = \theta t$로 다음과 같은 결과를 얻는다.

$$\begin{aligned} E(Y_2) &= E\left[\frac{1}{\overline{X}}\right] \\ &= \theta \frac{n}{(n-1)!}\Gamma(n-1) \\ &= \theta \frac{n}{n-1} \end{aligned}$$

또한 통계량 $[(n-1)Y_2]/n = (n-1)/\sum_{i=1}^n X_i$은 θ의 최소분산불편추정량이다.

다음 두 절은 대부분의 경우에 불편인 함수 $\varphi(Y_1)$이 하나만 존재하면 $\varphi(Y_1)$은 충분통계량 Y_1에 의한 유일한 불편추정량임을 보여준다.

참고 7.3.1

$\varphi(Y_1) = E(Y_2|y_1)$일 때 θ의 불편추정량 $\varphi(Y_1)$의 분산은 θ의 불편추정량 Y_2의 분산보다 작으므로 학생들은 때때로 다음과 같이 추론한다. θ에 대한 충분통계량이 아닌 또 다른 Y_3에 대해 함수 $\Upsilon(y_3) = E[\varphi(Y_1)|Y_3 = y_3]$을 보자. 라오-블랙웰 정리에 의해 $E[\Upsilon(Y_3)] = \theta$이고 $\Upsilon(Y_3)$은 분산이 $\varphi(Y_1)$보다 작다. 따라서 $\Upsilon(Y_3)$은 θ에 대한 불편추정량인 $\varphi(Y_1)$보다 더 좋아야 한다. 하지만 Y_3은 충분성을 만족하지 못하기 때문에 그렇지 이것은 사실이 아니다. 그래서 $Y_3 = y_3$이 주어졌을 때 θ는 Y_1의 조건부 분포와 조건부 평균 $\Upsilon(y_3)$에 존재한다. $E[\Upsilon(Y_3)] = \theta$일지라도 모수 θ가 포함되어 추정값으로 사용할 수 없기 때문에 $\Upsilon(Y_3)$은 추정량으로 쓰일 수 없다.

예제 7.3.2 평균 $\theta > 0$인 지수분포에서 추출한 확률표본을 X_1, X_2, X_3이라고 하자. 결합 pdf는 $i = 1, 2, 3$에 대해

$$\left(\frac{1}{\theta}\right)^3 e^{-(x_1+x_2+x_3)/\theta}, \quad 0 < x_i < \infty$$

그 외에 0이다. 인수분해 정리에 의해 $Y_1 = X_1 + X_2 + X_3$은 θ에 대한 충분통계량이다. 물론

$$E(Y_1) = E(X_1 + X_2 + X_3) = 3\theta$$

따라서 $Y_1/3 = \overline{X}$는 충분통계량의 함수이며 θ의 불편추정량이다.

이에 더하여 $Y_2 = X_2 + X_3$이고 $Y_3 = X_3$이라고 하자. 다음 일대일 변환은 야코비안이 1이다.

$$x_1 = y_1 - y_2, \quad x_2 = y_2 - y_3, \quad x_3 = y_3$$

따라서 Y_1, Y_2, Y_3의 결합 pdf는

$$g(y_1, y_2, y_3; \theta) = \left(\frac{1}{\theta}\right)^3 e^{-y_1/\theta}, \quad 0 < y_3 < y_2 < y_1 < \infty$$

그 외에 $g(y_1, y_2, y_3; \theta) = 0$이다. Y_1과 Y_3의 주변 pdf는 y_2에 대한 적분에 의해

$$g_{13}(y_1, y_3; \theta) = \left(\frac{1}{\theta}\right)^3 (y_1 - y_3) e^{-y_1/\theta}, \quad 0 < y_3 < y_1 < \infty$$

그 외에 $g_{13}(y_1, y_3; \theta) = 0$이다. Y_3만의 pdf는 $Y_3 = X_3$이 이러한 지수분포에서 추출한 확률표본의 관측값이므로

$$g_3(y_3; \theta) = \frac{1}{\theta} e^{-y_3/\theta}, \quad 0 < y_3 < \infty$$

그 외에 $g_3(y_3;\theta)=0$이다.

따라서 $Y_3=y_3$이 주어졌을 때 Y_1의 조건부 pdf는

$$\begin{aligned} g_{1|3}(y_1|y_3) &= \frac{g_{13}(y_1,y_3;\theta)}{g_3(y_3;\theta)} \\ &= \left(\frac{1}{\theta}\right)^2 (y_1-y_3)e^{-(y_1-y_3)/\theta}, \quad 0<y_3<y_1<\infty \end{aligned}$$

그 외에 $g_{1|3}(y_1|y_3)=0$이다. 따라서

$$\begin{aligned} E\left(\frac{Y_1}{3}\bigg|\, y_3\right) &= E\left(\frac{Y_1-Y_3}{3}\bigg|\, y_3\right)+E\left(\frac{Y_3}{3}\bigg|\, y_3\right) \\ &= \left(\frac{1}{3}\right)\int_{y_3}^{\infty}\left(\frac{1}{\theta}\right)^2 (y_1-y_3)^2 e^{-(y_1-y_3)/\theta}\,dy_1+\frac{y_3}{3} \\ &= \left(\frac{1}{3}\right)\frac{\Gamma(3)\theta^3}{\theta^2}+\frac{y_3}{3}=\frac{2\theta}{3}+\frac{y_3}{3}=\Upsilon(y_3) \end{aligned}$$

물론 $E[\Upsilon(Y_3)]=\theta$이고 $Var[\Upsilon(Y_3)]\le Var(Y_1/3)$이다. 그러나 $\Upsilon(Y_3)$은 θ를 포함하므로 통계량이 아니며, 따라서 θ의 추정량으로 이용할 수 없다. 이 예제를 이용하여 참고 7.3.1을 이해할 수 있다.

연습문제

7.3.1 연습문제 7.2.1~7.2.4에서 각각 θ의 mle가 θ에 대한 충분통계량의 함수임을 밝혀라.

7.3.2 $0<x<\theta$, $0<\theta<\infty$일 때 $f(x;\theta)=1/\theta$, 그 외에 $f(x;\theta)=0$인 pdf를 가진 균등분포에서 추출한 크기 9인 확률표본의 순서통계량을 $Y_1<Y_2<\cdots<Y_9$라고 하자. $2Y_5$가 θ의 불편추정량임을 밝혀라. Y_5와 θ에 대한 충분통계량인 Y_9의 결합 pdf를 정의하라. 조건부 기댓값 $\mathbb{E}(2Y_5|y_9)=\phi(y_9)$를 구하라. $2Y_5$와 $\phi(Y_9)$의 분산을 비교하라.

7.3.3 $0<\theta<\infty$일 때 $\Gamma(2,\theta)$인 감마분포로부터 추출한 확률표본을 X_1, X_2라고 하자. θ에 대한 충분통계량 $Y_1=\frac{X_1+X_2}{2}$와 $Y_2=\frac{X_2}{2}$의 결합 pdf를 구하라. Y_2가 θ의 불편추정량이며 분산이 $\frac{\theta^2}{2}$임을 밝혀라. $\mathbb{E}(Y_2|y_1)=\phi(y_1)$을 구하라.

7.3.4 확률변수 X와 Y의 결합 pdf가 $0<x<y<\infty$일 때 $f(x,y)=\frac{2}{\theta^2}e^{-\frac{x+y}{\theta}}$, 그 외에 $f(x,y)=0$이라고 하자.

(a) X의 평균과 분산이 각각 $\frac{\theta}{2}$, $\frac{\theta^2}{4}$임을 밝혀라.

(b) $\mathbb{E}(Y^2|x)=x^2+2\theta x+2\theta^2$임을 밝혀라.

(c) $\mathbb{E}(X|y)$를 계산하라.

7.3.5 연습문제 7.2.1~7.2.3에서 각각 주어진 충분통계량의 기댓값을 계산하고, 각 경우에 충분통계량만의 함수인 θ의 불편추정량을 구하라.

7.3.6 평균 θ인 푸아송 분포에서 추출한 확률표본을 X_1, X_2, ⋯, X_n이라고 하자. 조건부 기댓값 $E(X_1 + 2X_2 + 3X_3 \mid \sum_{i=1}^n X_i)$를 구하라.

7.4 완비성과 유일성

다음과 같은 pmf를 가진 푸아송 분포로부터 추출한 확률표본을 X_1, X_2, ⋯, X_n이라고 하자.

$$f(x;\theta) = \begin{cases} \frac{\theta^x e^{-\theta}}{x!} & x = 0, 1, 2, \ldots; \quad \theta > 0 \\ 0 & \text{그 외에} \end{cases}$$

연습문제 7.2.2에서 $Y_1 = \sum_{i=1}^n X_i$는 θ에 대한 충분통계량이며 그 pmf는 다음과 같음을 알았다.

$$g_1(y_1;\theta) = \begin{cases} \frac{(n\theta)^{y_1} e^{-n\theta}}{y_1!} & y_1 = 0, 1, 2, \ldots \\ 0 & \text{그 외에} \end{cases}$$

확률밀도함수의 족(family) $\{g_1(y_1;\, \theta) : \theta > 0\}$를 생각해보자. Y_1의 함수 $u(Y_1)$이 모든 $\theta > 0$에 대해 $E[u(Y_1)] = 0$이라고 하자. $u(y_1)$이 모든 점 $y_1 = 0,\ 1,\ 2,\ \cdots$에서 0이어야 함을 밝히려 한다. 즉 $\theta > 0$에 대해 $E[u(Y_1)] = 0$은 다음을 의미한다.

$$0 = u(0) = u(1) = u(2) = u(3) = \cdots$$

모든 $\theta > 0$에 대해

$$\begin{aligned} 0 = E[u(Y_1)] &= \sum_{y_1=0}^{\infty} u(y_1) \frac{(n\theta)^{y_1} e^{-n\theta}}{y_1!} \\ &= e^{-n\theta} \left[u(0) + u(1)\frac{n\theta}{1!} + u(2)\frac{(n\theta)^2}{2!} + \cdots \right] \end{aligned}$$

$e^{-n\theta}$이 0이 아니므로

$$0 = u(0) + [nu(1)]\theta + \left[\frac{n^2 u(2)}{2}\right]\theta^2 + \cdots$$

그러나 이와 같은 무한급수가 모든 $\theta > 0$에 대해 0으로 수렴하면 각 계수는 모두 0이어야 한다. 즉

$$u(0) = 0, \quad nu(1) = 0, \quad \frac{n^2 u(2)}{2} = 0, \ldots$$

따라서 $0 = u(0) = u(1) = u(2) = \cdots$이다. 물론 모든 $\theta > 0$에 대한 조건 $E[u(Y_1)] = 0$은 y_1이 음이 아닌 정수가 아닐 때 $u(y_1)$에 대해 어떠한 형태의 제약도 가하지 않는다. 따라서 모든 $\theta > 0$에 대해 $E[u(Y_1)] = 0$은 $\theta > 0$일 때 각각의 pmf $g_1(y_1; \theta)$에서 확률이 0인 점의 집합을 제외하고 $u(y_1) = 0$을 요구한다는 것을 알 수 있다. 다음 정의에 의해 족 $\{g_1(y_1; \theta) : 0 < \theta\}$가 완비(complete)임을 알 수 있다.

정의 7.4.1

연속형 또는 이산형 확률변수 Z는 족 $\{h(z; \theta) : \theta \in \Omega\}$의 한 원소인 pdf 또는 pmf를 갖는다고 하자. 만약 모든 $\theta \in \Omega$에 대해 조건 $E[u(Z)] = 0$이 $u(z)$가 $\theta \in \Omega$에 대해 각 $h(z; \theta)$에서 확률이 0인 점의 집합을 제외한 모든 경우에 0인 것을 요구한다면 족 $\{h(z; \theta) : \theta \in \Omega\}$를 확률밀도함수의 **완비족**(complete family)이라고 한다.

참고 7.4.1

1.8절에서 $E[u(X)]$가 존재한다는 것은 적분(또는 총합)이 절대적으로 수렴한다는 것을 의미한다고 했다. 이 절대 수렴은 암암리에 완비성의 정의에서 가정되었고, 이것은 확률밀도함수의 특정한 족이 완비임을 증명하는 데 필요하다.

연속형인 확률밀도함수의 특정한 족이 완비임을 보이기 위해 적률생성함수가 유일하게 분포를 결정한다는 것을 주장하는 경우에 사용되는 형태의 해석학의 정리를 이용해야 한다. 이를 다음 예제에서 살펴보자.

예제 7.4.1 Z가 족 $\{h(z; \theta) : 0 < \theta < \infty\}$의 원소인 pdf를 갖는다고 하자. 여기서

$$h(z;\theta) = \begin{cases} \frac{1}{\theta}e^{-z/\theta} & 0 < z < \infty \\ 0 & \text{그 외에} \end{cases}$$

모든 $\theta > 0$에 대해 $E[u(Z)] = 0$이라고 하자. 즉

$$\frac{1}{\theta}\int_0^\infty u(z)e^{-z/\theta}\,dz = 0, \quad \theta > 0$$

변환 이론에 익숙한 독자는 좌변에 있는 적분이 본질적으로 $u(z)$의 라플라스 변환(Laplace transform)임을 알 수 있을 것이다. 이 이론에서 일률적으로 0이 되는 θ의 함수로 변환하는 유일 함수 $u(z)$는 $\theta > 0$일 때 각각 $h(z; \theta)$에 대해 확률이 0인 점을 제외한 모든 점의 집합에서 $u(z) = 0$임을 안다. 즉 족 $\{h(z; \theta) : 0 < \theta < \infty\}$는 완비이다.

$\theta \in \Omega$에 대해 pmf $f(x; \theta)$의 모수 θ가 충분통계량 $Y_1 = u_1(X_1, X_2, \cdots, X_n)$을 갖는다고 하자. 여기서 $X_1, X_2, \cdots, X_n$은 이 분포에서 추출한 확률표본이다. Y_1의 pdf 또는 pmf는 $\theta \in \Omega$에 대해 $f_{Y_1}(y_1; \theta)$라고 하자. 만약 θ의 불편추정량 Y_2(Y_1만의 함수가 아닌)가 존재한다면 θ의 불편추정량인 Y_1의 함수가 하나 이상 존재하며, θ의 최량추정량에 대한 탐색은 Y_1의 함수로 제한할 수 있다. θ의 함수가 아닌 어떤 함수 $\varphi(Y_1)$이 $\theta \in \Omega$인 모든 θ 값에 대해 $E[\varphi(Y_1)] = \theta$임이 증명되었다고 하자. $\psi(Y_1)$이 충분통계량 Y_1만의 또 다른 함수라면 $\theta \in \Omega$인 모든 θ 값에 대해 $E[\psi(Y_1)] = \theta$이다. 따라서

$$E[\varphi(Y_1) - \psi(Y_1)] = 0, \quad \theta \in \Omega$$

만약 족 $\{f_{Y_1}(y_1; \theta) : \theta \in \Omega\}$가 완비이면 확률이 0인 점의 집합을 제외하는 경우 함수 $\varphi(y_1) - \psi(y_1) = 0$이다. 즉 θ의 다른 모든 불편추정량 $\psi(Y_1)$에 대해 어떤 특수한 점을 제외할 때 다음과 같다.

$$\varphi(y_1) = \psi(y_1)$$

그러므로 이러한 의미에서[즉 확률이 0인 점의 집합을 제외하고 $\varphi(y_1) = \psi(y_1)$] $\varphi(Y_1)$은 θ의 불편추정량인 Y_1의 유일한 함수이다. 라오-블랙웰 정리에 의해 $\varphi(Y_1)$은 θ의 다른 모든 불편추정량보다 분산이 작다. 즉 통계량 $\varphi(Y_1)$은 θ의 최소분산불편추정량이다. 이를 레만(Lehmann)과 셰페(Scheffé)의 정리로 나타낸다.

정리 7.4.1 [레만-셰페]

$\theta \in \Omega$에 대해 pdf 또는 pmf $f(x; \theta)$를 가진 분포에서 추출한 확률표본을 $X_1, X_2, \cdots, X_n$(n은 고정된 양수)이라고 하자. $Y_1 = u_1(X_1, X_2, \cdots, X_n)$은 θ에 대한 충분통계량이며 확률밀도함수의 족 $\{f_{Y_1}(y_1; \theta) : \theta \in \Omega\}$가 완비라고 하자. θ의 불편추정량인 Y_1의 함수가 존재한다면 그 함수는 θ의 유일한 최소분산불편추정량이다. 여기서 '유일한'이란 앞에서 설명한 의미로 사용되었다.

Y_1이 $\theta \in \Omega$에 대해 모수 θ에 대한 충분통계량이라는 명제와 확률밀도함수의 족 $\{f_{Y_1}(y_1; \theta) : \theta \in \Omega\}$가 완비하는 명제는 길고 다소 불편하다. 따라서 좀 더 짧고 편리하게 Y_1이 θ에 대한 **완비충분통계량**(complete sufficient statistic)이라는 용어를 사용하겠다. 다음 절에서 θ에 대한 완비충분통계량 Y_1이 관찰에 의해 결정될 수 있는, 확률밀도함수의 매우 큰 족에 대해 알아보자.

예제 7.4.2 **[균등분포]** $\theta > 0$일 때 $0 < x < \theta$ 구간에서는 pdf $f(x; \theta) = 1/\theta$이고 그 외 구간에서는 $f(x; \theta) = 0$의 균등분포를 따르는 확률표본을 $X_1, X_2, \cdots, X_n$이라고 하자. 연습문제 7.2.3에서 보았듯이 $Y_n = \max\{X_1, X_2, \cdots, X_n\}$은 θ에 대한 충분통계량이다. Y_n의 pdf가 다음과 같음을 간단히 밝힐 수 있다.

$$g(y_n;\theta) = \begin{cases} \frac{ny_n^{n-1}}{\theta^n} & 0 < y_n < \theta \\ 0 & \text{그 외에} \end{cases} \tag{7.4.1}$$

Y_n이 완비임을 밝히기 위해 $E[u(Y_n)] = 0$인 어떤 함수 $u(t)$와 어떤 θ를 가정하자. 즉

$$0 = \int_0^\theta u(t)\frac{nt^{n-1}}{\theta^n}\,dt$$

$\theta > 0$이므로 위 식은 다음과 동일하다.

$$0 = \int_0^\theta u(t)t^{n-1}\,dt$$

양변을 θ에 대해 편미분하면 미적분학의 기본정리에 의해

$$0 = u(\theta)\theta^{n-1}$$

$\theta > 0$이고 모든 $\theta > 0$에 대해 $u(\theta) = 0$이므로 Y_n은 θ에 대한 완비충분통계량이다. 간단하게 다음을 밝힐 수 있다.

$$E(Y_n) = \int_0^\theta y\frac{ny^{n-1}}{\theta^n}\,dy = \frac{n}{n+1}\theta$$

그러므로 θ의 최소분산불편추정량은 $((n+1)/n)Y_n$이다.

연습문제

7.4.1 모수가 $\theta \in (0, 1)$인 베르누이 분포족이 완비임을 밝혀라.

7.4.2 다음 족이 완비가 아님을 밝혀라.

$$f(x,\theta) = \begin{cases} \frac{1}{2\theta}e^{-|x|/\theta} & x \in \mathbb{R}, \theta > 0 \\ 0 & \text{그 외에} \end{cases}$$

7.4.3 $\theta \in \mathbb{R}$인 $N(\theta, 1)$로부터 추출된 확률표본을 $X_1, X_2, \cdots, X_n$(n은 고정된 양의 정수)이라고 하자. $Y = \frac{1}{n}\sum_{i=1}^n X_i$가 θ에 대한 완비충분통계량임을 밝혀라. 또한 Y가 θ의 최소분산불편추정량임을 밝혀라.

7.4.4 $x \in \{1, 2, \cdots, \theta\}$에 대해 $p(x;\theta) = 1/\theta$, 그 외에 $p(x;\theta) = 0$인 $\{p(x;\theta) : \theta \in \Omega\}$인 확률질량함수의 족에 대해 생각해보자.

(a) $\Omega = \mathbb{N}$이면 이 족이 완비임을 밝혀라.

(b) $\Omega = \mathbb{N} - \{n\}$이면 이 족이 완비가 아님을 밝혀라.

7.4.5 $\theta < x < \infty$, $-\infty < \theta < \infty$일 때 $f(x;\theta) = e^{-(x-\theta)}$, 그 외에 $f(x;\theta) = 0$인 pdf를 가진 분포에서 추출한 크기 n인 확률표본의 첫째 순서통계량 Y_1은 θ에 대한 완비충분통계량임을 밝혀라. θ의 최소분산불편추정량인 이 통계량의 유일한 함수를 구하라.

7.4.6 θ는 알려지지 않은 양의 정수이며 $x = 1, 2, \cdots, \theta$일 때 $f(x;\theta) = 1/\theta$, 그 외에 $f(x;\theta) = 0$인 pmf로부터 크기 n인 확률표본을 추출했다고 하자.

(a) 표본의 최대 관측값을 Y라고 할 때 Y가 θ에 대한 완비충분통계량임을 밝혀라.

(b) $[Y^{n+1} - (Y-1)^{n+1}]/[Y^n - (Y-1)^n]$이 θ의 유일한 최소분산불편추정량임을 밝혀라.

7.4.7 X가 $\theta > 0$에 대해 $-\infty < x < \infty$일 때 $f_X(x;\theta) = \frac{1}{2\theta}e^{-|x|/\theta}$, 그 외에 $f_X(x;\theta) = 0$인 확률밀도함수를 갖는다고 하자.

(a) 통계량 $Y = |X|$는 θ에 대한 충분통계량인가? 왜 그런가?

(b) $f_Y(y;\theta)$를 Y의 확률밀도함수라고 하자. 족 $\{f_Y(y;\theta) : \theta > 0\}$는 완비인가? 왜 그런가?

7.4.8 X가 $0 < \theta < 1$에 대해 $x = \pm 1, \pm 2, \cdots$일 때 $p(x;\theta) = \frac{1}{2}\theta(1-\theta)^{|x|-1}$, 그 외에 $p(x;\theta) = 0$인 pmf를 갖는다고 하자.

(a) 족 $\{p(x;\theta) : 0 < \theta < 1\}$가 완비가 아님을 밝혀라.

(b) $Y = |X|$일 때 Y가 θ에 대한 완비충분통계량임을 밝혀라.

7.4.9 다음과 같은 파레토 pdf를 가진 분포로부터 추출된 확률표본 $X_1, X_2, \cdots, X_n$에 대해 생각해보자.

$$f(x,\theta) = \theta x^{-\theta-1},\ x \geq 1,\ \theta > 1$$

(a) θ의 mle $\widehat{\theta}$을 구하라.

(b) θ에 대한 충분통계량을 계산하라.

7.4.10 $0 < x < \theta$일 때 $f(x;\theta) = 1/\theta$, 그 외에 $f(x;\theta) = 0$인 pdf를 가진 분포에서 추출한 크기 n인 확률표본의 순서통계량을 $Y_1 < Y_2 < \cdots < Y_n$이라고 하자. 예제 7.4.2에 의해 통계량 Y_n은 θ에 대한 완비충분통계량이고 다음과 같은 pdf를 가지며,

$$g(y_n;\theta) = \frac{ny_n^{n-1}}{\theta^n}, \quad 0 < y_n < \theta$$

그 외에 $g(y_n;\theta) = 0$이다.

(a) $Z = n(\theta - Y_n)$에 대한 분포함수 $H_n(z;\theta)$를 구하라.

(b) $\lim_{n\to\infty} H_n(z;\theta)$와 Z의 극한분포를 구하라.

7.5 분포의 지수류

이 절에서는 지수류(exponential class)라는 분포의 중요한 족에 대해 알아본다. 앞으로 설명하겠지만, 이러한 분포류는 분포에서 즉시 결정되는 완비충분통계량을 갖는다.

확률밀도함수의 족 $\{f(x;\theta) : \theta \in \Omega\}$를 생각해보자. 여기서 Ω는 구간 집합 $\Omega = \{\theta : \gamma < \theta < \delta\}$이고, γ와 δ는 알려진 상수이며, 다음과 같다.

$$f(x;\theta) = \begin{cases} \exp[p(\theta)K(x) + H(x) + q(\theta)] & x \in \mathcal{S} \\ 0 & \text{그 외에} \end{cases} \tag{7.5.1}$$

여기서 $\mathcal{S}$는 X의 받침(support)이다. 이 절에서는 정칙지수류에 대해 설명할 것이다.

정의 7.5.1 [정칙지수류]

확률밀도함수가 다음과 같은 형태이면 **정칙지수류**(regular exponential class)라고 한다.

1. X의 받침 $\mathcal{S}$는 θ에 의존하지 않는다.
2. $\theta \in \Omega$에 대해 $p(\theta)$는 연속함수이다.
3. (a) X가 연속형 확률변수이면 $K'(x) \neq 0$인 영역에서 $H(x)$는 $x \in \mathcal{S}$에서 연속함수이다.
   (b) X가 이산형 확률변수이면 $K(x)$는 $x \in \mathcal{S}$의 함수이다.

예를 들어 족 $\{f(x;\theta) : 0 < \theta < \infty\}$[여기서 $f(x;\theta)$는 $N(0, \theta)$]의 항은 연속형인 지수 류의 정칙인 경우를 나타낸다. 그 이유는 다음과 같다.

$$\begin{aligned} f(x;\theta) &= \frac{1}{\sqrt{2\pi\theta}} e^{-x^2/2\theta} \\ &= \exp\left(-\frac{1}{2\theta}x^2 - \log\sqrt{2\pi\theta}\right), \quad -\infty < x < \infty \end{aligned}$$

한편 다음과 같은 균등밀도함수를 생각해보자.

$$f(x;\theta) = \begin{cases} \exp\{-\log\theta\} & x \in (0,\theta) \\ 0 & \text{그 외에} \end{cases}$$

이것은 식 (7.5.1)의 형태로 쓸 수 있다. 하지만 받침은 θ에 의존하는 구간 $(0, \theta)$이다. 따라서 균등족은 정칙지수류가 아니다.

지수류의 정칙인 경우를 나타내는 분포에서 추출한 확률표본을 $X_1, X_2, \cdots, X_n$이라고 하자. $x_i \in \mathcal{S}(i = 1, 2, \cdots, n)$에 대해 $X_1, X_2, \cdots, X_n$의 결합 pdf 또는 pmf는

$$\exp\left[p(\theta)\sum_{1}^{n}K(x_i)+\sum_{1}^{n}H(x_i)+nq(\theta)\right]$$

그 외에 0이다. X의 $\mathcal{S}$에 있는 점에서 이 결합 pdf 또는 pmf는 음이 아닌 두 함수의 곱으로 쓸 수 있다.

$$\exp\left[p(\theta)\sum_{1}^{n}K(x_i)+nq(\theta)\right]\exp\left[\sum_{1}^{n}H(x_i)\right]$$

정리 7.2.1의 인수분해 정리에 의해 $Y_1=\sum_{i=1}^{n}K(X_i)$는 모수 θ에 대한 충분통계량이다.

Y_1이 충분통계량이라는 사실 외에 Y_1의 분포, 평균, 분산을 구할 수 있다. 이러한 결과를 다음의 정리로 요약할 수 있다. 이에 대한 증명은 연습문제 7.5.5와 7.5.8에 제시했으며, 연습문제 7.5.6에서는 $p(\theta)=\theta$인 경우 Y_1의 적률생성함수를 구한다.

정리 7.5.1

식 (7.5.1)과 같은 pdf 또는 pmf를 가진 지수류의 정칙인 경우를 나타낸 분포에서 추출한 확률표본을 $X_1, X_2, \cdots, X_n$이라고 하자. 통계량 $Y_1=\sum_{i=1}^{n}K(X_i)$에 대해 생각해보자. 다음이 성립한다.

1. Y_1의 pdf 또는 pmf는 다음 형태를 띤다.

$$f_{Y_1}(y_1;\theta)=R(y_1)\exp[p(\theta)y_1+nq(\theta)] \tag{7.5.2}$$

여기서 $y_1\in\mathcal{S}_{Y_1}$이고 $R(y_1)$은 y의 함수이며, $\mathcal{S}_{Y_1}$이나 $R(y_1)$은 θ에 의존하지 않는다.

2. $E(Y_1)=-n\frac{q'(\theta)}{p'(\theta)}$
3. $Var(Y_1)=n\frac{1}{p'(\theta)^3}\{p''(\theta)q'(\theta)-q''(\theta)p'(\theta)\}$

예제 7.5.1 X가 모수 $\theta\in(0,\infty)$인 푸아송 분포를 따른다고 하자. 그러면 X의 받침은 집합 $\mathcal{S}=\{0, 1, 2, \cdots\}$이고 θ에 의존하지 않는다. 또한 X의 pmf는 다음과 같다.

$$f(x,\theta)=e^{-\theta}\frac{\theta^x}{x!}=\exp\{(\log\theta)x+\log(1/x!)+(-\theta)\}$$

따라서 푸아송 분포는 $p(\theta)=\log(\theta)$, $q(\theta)=-\theta$, $K(x)=x$인 정칙지수류이다. 만약 X의 확률표본을 $X_1, X_2, \cdots, X_n$으로 정의한다면 $Y_1=\sum_{i=1}^{n}X_i$는 충분성을 만족한다. 하지만 $p'(\theta)=1/\theta$이고 $q'(\theta)=-1$이므로 정리 7.5.1에서 Y_1의 평균은 $n\theta$임이 입증된다. 또한 Y_1의 분산이 $n\theta$임을 입증하는 것은 쉽다. 최종적으로 정리 7.5.1에서 함수 $R(y_1)$은 $R(y_1)=n^{y_1}(1/y_1!)$로 주어진다.

지수류의 정칙인 경우에 대해 $Y_1 = \sum_{i=1}^{n} K(X_i)$는 θ에 대한 충분통계량임을 밝혔다. 이제 정리 7.5.1이 주어졌을 때 Y_1의 완비성을 확정하기 위해 Y_1의 pdf를 이용할 것이다.

정리 7.5.2

$\gamma < \theta < \delta$에 대해 $f(x;\,\theta)$를 지수류의 정칙인 경우를 나타내는 pdf 또는 pmf라고 하자. 이때 $X_1,\, X_2,\, \cdots,\, X_n$($n$은 고정된 양의 정수)이 pdf $f(x;\,\theta)$를 가진 분포에서 추출한 확률표본이라면 통계량 $Y_1 = \sum_{i=1}^{n} K(X_i)$는 θ에 대한 충분통계량이고, Y_1의 확률밀도함수 족 $\{f_{Y_1}(y_1;\,\theta) : \gamma < \theta < \delta\}$는 완비이다. 즉 Y_1은 θ에 대한 완비충분통계량이다.

증명: Y_1은 충분성을 만족함을 밝혔다. 완비성에 대해 $E[u(Y_1)] = 0$이라고 하자. 정리 7.5.1의 식 (7.5.2)에서 Y_1의 pdf가 주어진다. 따라서 다음 방정식을 얻게 된다. 모든 θ에 대해

$$\int_{\mathcal{S}_{Y_1}} u(y_1)R(y_1)\exp\{p(\theta)y_1 + nq(\theta)\}\,dy_1 = 0$$

또는 $\exp\{nq(\theta)\} \neq 0$이므로

$$\int_{\mathcal{S}_{Y_1}} u(y_1)R(y_1)\exp\{p(\theta)y_1\}\,dy_1 = 0$$

그러나 $p(\theta)$는 θ에 대한 비자명(nontrivial) 연속함수이다. 그리고 이 방정식을 풀기 위해서는 $u(y_1)R(y_1)$에 대한 라플라스 변환이 필요하다. y_1의 함수가 0이 되는 경우는 그 함수가 0일 때뿐이다(여기서의 논점에서 벗어난 확률이 0인 것을 제외하고). 즉

$$u(y_1)R(y_1) \equiv 0$$

여기서 $R(y_1)$은 Y_1의 pdf의 인수이기 때문에 모든 $y_1 \in \mathcal{S}_{Y_1}$에 대해 $R(y_1) \neq 0$이다. 그러므로 Y_1은 θ에 대한 완비충분통계량이다.

이 정리는 매우 유용한 의미가 있다. 식 (7.5.1) 형태에서 정칙적인 경우는 $Y_1 = \sum_{i=1}^{n} K(X_i)$가 충분통계량임을 검토하게 해준다. 만약 $E[\varphi(Y_1)] = \theta$를 얻기 위해 Y_1의 함수[즉 $\varphi(Y_1)$] 형태로 나타낼 수 있으면 그것은 θ에 대한 유일한 최소분산불편추정량이다.

예제 7.5.2 다음과 같은 pdf를 가진 정규분포에서 추출한 확률표본을 $X_1,\, X_2,\, \cdots,\, X_n$이라고 하자.

$$f(x;\theta) = \frac{1}{\sigma\sqrt{2\pi}}\exp\left[-\frac{(x-\theta)^2}{2\sigma^2}\right], \quad -\infty < x < \infty, \quad -\infty < \theta < \infty$$

또는

$$f(x;\theta) = \exp\left(\frac{\theta}{\sigma^2}x - \frac{x^2}{2\sigma^2} - \log\sqrt{2\pi\sigma^2} - \frac{\theta^2}{2\sigma^2}\right)$$

여기서 σ^2은 임의의 고정된 양수이다. 이것은 다음을 가진 지수류의 정칙인 경우이다.

$$p(\theta) = \frac{\theta}{\sigma^2}, \quad K(x) = x$$
$$H(x) = -\frac{x^2}{2\sigma^2} - \log\sqrt{2\pi\sigma^2}, \quad q(\theta) = -\frac{\theta^2}{2\sigma^2}$$

따라서 $Y_1 = X_1 + X_2 + \cdots + X_n = n\overline{X}$는 분산 σ^2의 모든 고정된 값에 대해 정규분포의 평균 θ에 대한 완비충분통계량이다. $E(Y_1) = n\theta$이므로 이때 $\varphi(Y_1) = Y_1/n = \overline{X}$는 θ의 불편추정량인 Y_1의 유일한 함수이고, 충분통계량 Y_1의 함수이므로 최소분산을 갖는다. 즉 $\overline{X}$는 θ의 유일한 최소분산불편추정량이다. 마찬가지로 Y_1은 $\overline{X}$의 일대일 함수이므로 $\overline{X}$ 자체도 θ에 대한 완비충분통계량이다.

예제 7.5.3 **[예제 7.5.1의 연속]** 예제 7.5.1의 모수 θ인 푸아송 분포에 대해 생각해보자. 통계량 $Y_1 = \sum_{i=1}^n X_i$는 충분성이 있으므로 정리 7.5.2에 의해 분포족은 완비성을 만족함을 밝힐 수 있다. $E(Y_1) = n\theta$이므로 $\overline{X} = n^{-1}Y_1$은 θ에 대한 유일한 최소분산불편추정량이다.

연습문제

7.5.1 다음과 같은 pdf를 지수 형태로 나타내라.

$$f(x;\theta) = \frac{1}{\theta}e^{-x/\theta}, \ 0 < x < \infty, 0 < \theta < \infty$$

그 외에 $f(x;\theta) = 0$이다. 이 분포에서 추출한 확률표본을 $X_1, X_2, \cdots, X_n$이라고 할 때 θ에 대한 완비충분통계량 Y_1과 θ의 최소분산불편추정량인 이 통계량의 유일한 함수 $\phi(Y_1)$을 구하라. $\phi(Y_1)$ 자체는 완비충분통계량인가?

7.5.2 $\theta > 0$에 대해 $x \geq 0$일 때 $f(x;\theta) = \frac{1}{2\theta^3}x^2 e^{\frac{-x}{\theta}}$, 그 외에 $f(x;\theta) = 0$인 pdf를 가진 분포에서 추출한 크기 $n > 1$인 확률표본을 $X_1, X_2, \cdots, X_n$이라고 하자. 이 경우 $\overline{Y} = \frac{1}{n}\sum_{i=1}^n X_i$는 θ에 대한 충분통계량이다. $T = \frac{n\bar{Y}^2}{3(3n+1)}$이 θ^2의 최소분산불편추정량임을 증명하라.

7.5.3 $\theta > 0$에 대해 $0 < x < 1$일 때 $f(x;\theta) = \frac{1}{\theta}x^{\frac{1-\theta}{\theta}}$, 그 외에 $f(x;\theta) = 0$인 pdf를 가진 분포에서 추출한 크기 n인 확률표본을 $X_1, X_2, \cdots, X_n$이라고 하자.

(a) 이 표본의 **기하평균** $(X_1, X_2, \cdots, X_n)^{1/n}$은 θ에 대한 완비충분통계량임을 밝혀라.

(b) θ의 최대우도추정량을 구하고, 그것이 이 기하평균의 함수임을 관찰하라.

7.5.4 모수 $\alpha > 0$, $\beta = \theta > 0$인 감마형 분포에서 추출한 확률표본 $X_1, X_2, \cdots, X_n$의 평균을 $\overline{X}$라고 하자. $E[X_1|\overline{x}]$를 계산하라.

힌트: $E[\psi(\overline{X})] = \theta$를 만족하는 $\overline{X}$의 함수 $\psi(\overline{X})$를 직접 구할 수 있는가? $E(X_1|\overline{x}) = \psi(\overline{x})$인가? 왜 그런가?

7.5.5 지수족의 정칙인 경우의 pdf인 $f(x; \theta) = \exp[\theta K(x) + H(x) + q(\theta)]$, $a < x < b$, $\gamma < \theta < \delta$를 가진 확률변수를 X라고 하자. 이 도함수가 존재하면 다음 등식의 양변을 θ에 대해 미분하여 $E[K(X)] = -q'(\theta)/p'(\theta)$임을 밝혀라.

$$\int_a^b \exp[p(\theta)K(x) + H(x) + q(\theta)]\, dx = 1$$

두 번 미분하여 $K(X)$의 분산을 구하라.

7.5.6 $a < x < b$, $\gamma < \theta < \delta$에 대해 $f(x; \theta) = \exp[\theta K(x) + H(x) + q(\theta)]$가 지수류의 정칙인 경우를 나타낸다고 할 때 $Y = K(X)$의 적률생성함수는 $\gamma < \theta + t < \delta$에 대해 $M(t) = \exp[q(\theta) - q(\theta + t)]$임을 밝혀라.

7.5.7 위의 문제에서 $E(Y) = E[K(X)] = \theta$일 때 Y는 $N(\theta, 1)$임을 증명하라.

힌트: $M'(0) = \theta$를 생각하고 결과의 미분방정식을 풀라.

7.5.8 지수류의 정칙인 경우의 pdf를 가진 분포에서 추출한 확률표본이 $X_1, X_2, \cdots, X_n$이라면 $Y_1 = \sum_{i=1}^n K(X_i)$의 pdf는 $f_{Y_1}(y_1; \theta) = R(y_1)\exp[p(\theta)y_1 + nq(\theta)]$와 같은 형태임을 밝혀라.

힌트: $Y_2 = X_2, \cdots, Y_n = X_n$을 $n - 1$개의 보조 확률변수라 하고 $Y_1, Y_2, \cdots, Y_n$의 결합 pdf를 구한 다음 Y_1의 주변 pdf를 구하라.

7.5.9 $N(\mu, \sigma^2)$인 분포에서 추출한 크기 $n = 2k + 1$인 확률표본의 중앙값을 Y, 평균을 $\overline{X}$라고 할 때 $E(Y|\overline{X} = \overline{x})$를 계산하라.

힌트: 연습문제 7.5.4를 참조하라.

7.5.10 $\theta > 0$에 대해 $x \in (0, \infty)$일 때 $f(x; \theta) = \frac{\theta^3}{2}x^2 e^{-\theta x}$인 pdf를 가진 분포에서 추출한 확률표본을 $X_1, X_2, \cdots, X_n$이라고 하자.

(a) $Y = \sum_{i=1}^n X_i$가 θ에 대한 충분통계량인지에 대해 논하라.

(b) $\mathbb{E}(1/Y)$을 계산하고 θ의 유일한 최소분산불편추정량인 Y의 함수를 구하라.

7.5.11 이항분포 $b(1, \theta)$에서 추출한 확률표본을 $X_1, X_2, \cdots, X_n (n > 2)$이라고 하자.

(a) $Y_1 = X_1 + X_2 + \cdots + X_n$이 θ에 대한 완비충분통계량임을 밝혀라.

(b) θ의 최소분산불편추정량인 함수 $\varphi(Y_1)$을 구하라.

(c) $Y_2 = (X_1 + X_2)/2$일 때 $E(Y_2)$를 계산하라.

(d) $E(Y_2|Y_1 = y_1)$을 계산하라.

7.5.12 $0 \leq \theta \leq 1$에 대해 $x = 1, 2, \cdots$일 때 $p(x; \theta) = \theta(1-\theta)^{x-1}$, 그 외에 $p(x; \theta) = 0$인 pmf를 가진 확률표본을 $X_1, X_2, \cdots, X_n$이라고 하자.

(a) θ의 mle $\widehat{\theta}$을 구하라.

(b) $\sum_{i=1}^{n} X_i$가 θ에 대한 완비충분통계량임을 밝혀라.

(c) θ에 대한 최소분산불편추정량을 결정하라.

7.6 모수의 함수

앞에서 모수 θ에 대한 최소분산불편추정량을 구했다. 하지만 항상 θ의 함수보다 θ에 관심이 있는 것은 아니다. 최소분산불편추정량을 찾는 몇 가지 방법이 있는데, 그중 하나는 충분통계량의 기댓값을 구하는 것이다. 이 방법은 예제 7.5.2와 7.5.3에서 소개했다. 이 절과 연습문제에서는 좀 더 많은 기법을 설명할 것이다. 두 번째 방법은 충분통계량이 주어졌을 때 조건부 기댓값을 이용하는 것으로, 예제 7.6.1에서 이 방법을 설명할 것이다.

6장에서는 정규 조건에서 최대우도추정량(mle)에 대한 점근 분포 이론을 구했는데, 이는 이 추정량에 대해 점근적인 추정(신뢰구간과 검정)을 가능케 한다. 그러나 이러한 단순한 이론을 최소분산불편추정량을 구하는 데 항상 이용할 수는 없다. 정리 7.3.2에서 보여주었듯이 때때로 mle와 최소분산불편추정량 사이의 관계를 알아보아야 한다. 이러한 경우 mle에 대한 점근적 분포에 의한 최소분산불편추정량의 점근적 분포를 구할 수 있다. 또한 7.6.1절에서 설명하겠지만, 보통 최소분산불편추정량의 표준오차를 구하기 위해 부트스트랩(bootstrap)을 사용할 수 있다. 이를 다음 예제에서 살펴보자.

예제 7.6.1 $0 < \theta < 1$에 대해 $b(1, \theta)$인 분포에서 추출한 크기 $n > 1$인 확률표본의 관측값을 $X_1, X_2, \cdots, X_n$이라고 하자. 만약 $Y = \sum_{i=1}^{n} X_i$이면 Y/n는 θ의 유일한 최소분산불편추정량임을 안다. 그런데 Y/n의 분산은 $\theta(1-\theta)/n$이다. 이 분산의 최소분산불편추정량을 구한다고 가정해보자. $\delta = \theta(1-\theta)$라고 하자. Y는 θ에 대한 충분통계량이므로 Y의 함수를 구하는 것으로 제한할 수 있음을 안다. 통계량 $\tilde{\delta} = (Y/n)(1 - Y/n)$을 고려하자. 이 통계량은 Y/n가 δ의 최대우도추정량이라는 사실에 의해 제시된다. 이 통계량의 기댓값은 다음과 같다.

$$\begin{aligned} E[\tilde{\delta}] &= E\left[\frac{Y}{n}\left(1 - \frac{Y}{n}\right)\right] \\ &= \frac{1}{n}E(Y) - \frac{1}{n^2}E(Y^2) \end{aligned}$$

$E(Y) = n\theta$, $E(Y^2) = n\theta(1-\theta) + n^2\theta^2$이므로

$$E\left[\frac{Y}{n}\left(1-\frac{Y}{n}\right)\right] = (n-1)\frac{\theta(1-\theta)}{n}$$

이 방정식의 양변에 $n/(n-1)$을 곱하면 $\widehat{\delta} = (n/(n-1))(Y/n)(1-Y/n) = (n/(n-1))\tilde{\delta}$이고, δ/n의 최소분산불편추정량은 $\widehat{\delta}/n$이다.

mle $\tilde{\delta}$와 $\widehat{\delta}$을 비교하는 것은 매우 흥미롭다. 6장에서 mle $\tilde{\delta}$는 δ의 일치추정량이고 $\sqrt{n}(\tilde{\delta}-\delta)$는 다음과 같으므로 점근적으로 정규분포를 따름을 알 수 있다.

$$\widehat{\delta} - \tilde{\delta} = \tilde{\delta}\frac{1}{n-1} \xrightarrow{P} \delta \cdot 0 = 0$$

$\widehat{\delta}$ 역시 δ의 일치추정량이다. 또한

$$\sqrt{n}(\widehat{\delta}-\delta) - \sqrt{n}(\tilde{\delta}-\delta) = \frac{\sqrt{n}}{n-1}\tilde{\delta} \xrightarrow{P} 0 \tag{7.6.1}$$

$\sqrt{n}(\widehat{\delta}-\delta)$는 $\sqrt{n}(\tilde{\delta}-\delta)$와 같은 점근적 분포를 따른다. 정리 5.2.9의 Δ 방법을 사용하여 $\sqrt{n}(\tilde{\delta}-\delta)$의 점근적 분포를 구할 수 있다. 예를 들어 $g(\theta) = \theta(1-\theta)$라면 $g'(\theta) = 1-2\theta$이다. 정리 5.2.9와 식 (7.6.1)에 의해 $\sqrt{n}(\widehat{\delta}-\delta)$의 점근적 분포를 구할 수 있다.

$$\sqrt{n}(\widehat{\delta}-\delta) \xrightarrow{D} N(0, \theta(1-\theta)(1-2\theta)^2)$$

여기서 $\theta \neq 1/2$이다. $\theta = 1/2$인 경우는 연습문제 7.6.12를 참조하라.

다음 예제는 Unif(0, θ)에서 θ의 모든 미분 가능한 함수의 최소분산불편추정량을 구한다. 이 예제는 포틀랜드주립대학의 Bradford Crain 교수가 제공했다.

예제 7.6.2 $X_1, X_2, \cdots, X_n$이 공통된 균등분포(0, θ)를 가진 iid 확률표본이고 $Y_n = \max(X_1, X_2, \cdots, X_n\}$이라고 하자. 예제 7.4.2에서 Y_n이 θ의 완비충분통계량임을 밝혔으며, Y_n의 pdf는 식 (7.4.1)에 주어져 있다. θ에 대한 어떤 미분 가능한 함수를 $g(\theta)$라고 하면 $g(\theta)$의 최소분산불편추정량은 다음 식을 만족시키는 통계량 $u(Y_n)$이다.

$$g(\theta) = \int_0^\theta u(y)\frac{ny^{n-1}}{\theta^n}\,dy, \quad \theta > 0$$

또는 동일하게

$$g(\theta)\theta^n = \int_0^\theta u(y)ny^{n-1}\,dy, \quad \theta > 0$$

양변을 θ에 대해 미분하면 다음을 얻는다.

$$n\theta^{n-1}g(\theta) + \theta^n g'(\theta) = u(\theta)n\theta^{n-1}$$

$u(\theta)$에 대해 정리하면

$$u(\theta) = g(\theta) + \frac{\theta g'(\theta)}{n}$$

그러므로 $g(\theta)$의 최소분산불편추정량은 다음과 같다.

$$u(Y_n) = g(Y_n) + \frac{Y_n}{n}g'(Y_n) \tag{7.6.2}$$

예를 들어 $g(\theta) = \theta$라면 예제 7.4.2의 결과처럼

$$u(Y_n) = Y_n + \frac{Y_n}{n} = \frac{n+1}{n}Y_n$$

또 다른 예는 연습문제 7.6.5를 보라.

점추정에서 약간 다르나 매우 중요한 문제를 다음 예제에 제시했다. 이 예제에서 확률변수 X의 분포는 $\theta \in \Omega$에 의존하는 pdf $f(x;\theta)$로 나타낸다. 문제는 고정된 점 c 또는 그 왼쪽에 있는 이 분포의 확률의 일부분을 추정하는 것이다. 따라서 $F(c;\theta)$의 최소분산불편추정량을 구한다. 여기서 $F(x;\theta)$는 X의 누적분포함수이다.

예제 7.6.3 $N(\theta, 1)$인 분포에서 추출한 크기 $n > 1$인 확률표본을 $X_1, X_2, \cdots, X_n$이라고 하자. 다음과 같이 정의되는 θ의 함수의 최소분산불편추정량을 구하고자 한다.

$$P(X \le c) = \int_{-\infty}^{c} \frac{1}{\sqrt{2\pi}} e^{-(x-\theta)^2/2}\, dx$$
$$= \Phi(c-\theta)$$

여기서 c는 고정된 점이다. $\Phi(c-\theta)$의 여러 가지 불편추정량이 있다. 첫째로 그중 하나, 즉 X_1만의 함수인 $u(X_1)$을 제시한다. 그런 다음 표본의 평균인 충분통계량 $\overline{X}$가 주어졌을 때 이 불편통계량의 조건부 기댓값 $E[u(X_1)|\overline{X} = \overline{x}] = \varphi(\overline{x})$를 계산한다. 라오-블랙웰과 레만-셰페의 정리에 따라서 $\varphi(\overline{X})$는 $\Phi(c-\theta)$의 유일한 최소분산불편추정량이다.

함수 $u(x_1)$에 대해 생각해보자. 여기서

$$u(x_1) = \begin{cases} 1 & x_1 \le c \\ 0 & x_1 > c \end{cases}$$

확률변수 $u(X_1)$의 기댓값은 다음과 같다.

$$E[u(X_1)] = 1 \cdot P[X_1 - \theta \le c - \theta] = \Phi(c-\theta)$$

즉 $u(X_1)$은 $\Phi(c-\theta)$의 불편추정량이다.

다음으로 X_1과 $\overline{X}$의 결합분포, $\overline{X}=\overline{x}$일 때 X_1의 조건부 분포를 논의할 것이다. 이 조건부 분포에 의해 $E[u(X_1)|\ \overline{X}=\overline{x}]=\varphi(\overline{x})$를 계산할 수 있다. 연습문제 7.6.8에 따르면 X_1과 $\overline{X}$의 결합분포는 평균벡터 (θ, θ), 분산 $\sigma_1^2=1$, $\sigma_2^2=1/n$, 상관계수 $\rho=1/\sqrt{n}$인 이변량 정규이다. 따라서 $\overline{X}=\overline{x}$일 때 X_1의 조건부 pdf는 선형 조건부 평균과 분산이 다음과 같은 정규이다.

$$\theta+\frac{\rho\sigma_1}{\sigma_2}(\overline{x}-\theta)=\overline{x}$$

$$\sigma_1^2(1-\rho^2)=\frac{n-1}{n}$$

이 경우 $\overline{X}=\overline{x}$일 때 $u(X_1)$의 조건부 기댓값은

$$\begin{aligned}\varphi(\overline{x}) &= \int_{-\infty}^{\infty} u(x_1)\sqrt{\frac{n}{n-1}}\frac{1}{\sqrt{2\pi}}\exp\left[-\frac{n(x_1-\overline{x})^2}{2(n-1)}\right]dx_1\\ &= \int_{-\infty}^{c}\sqrt{\frac{n}{n-1}}\frac{1}{\sqrt{2\pi}}\exp\left[-\frac{n(x_1-\overline{x})^2}{2(n-1)}\right]dx_1\end{aligned}$$

변수변환 $z=\sqrt{n}(x_1-\overline{x})/\sqrt{n-1}$를 실시하면 $c'=\sqrt{n}(c-\overline{x})/\sqrt{n-1}$일 때 위의 조건부 기댓값은 다음과 같이 나타낼 수 있다.

$$\begin{aligned}\varphi(\overline{x}) &= \int_{-\infty}^{c'}\frac{1}{\sqrt{2\pi}}e^{-z^2/2}\,dz\\ &= \Phi(c')\\ &= \Phi\left[\frac{\sqrt{n}(c-\overline{x})}{\sqrt{n-1}}\right]\end{aligned}$$

따라서 $\Phi(c-\theta)$의 유일한 최소분산불편추정량은 모든 고정된 상수 c에 대해 $\varphi(\overline{X})=\Phi[\sqrt{n}(c-\overline{X})/\sqrt{n-1}]$로 주어진다.

이 예제에서 $\Phi(c-\theta)$의 mle는 $\Phi(c-\overline{X})$이다. 이 두 가지 추정량은 $n\to\infty$일 때 $\sqrt{n/(n-1)}\to 1$이므로 아주 근접하게 된다.

참고 7.6.1

다음의 중요한 사실에 유의하기 바란다. 이것은 불편성과 최소분산의 원리와 같은 원리(principle)를 채택하는 것이다. 원리는 정리가 아니며, 모든 경우에 성립하는 원리는 없다. 지금까지 원리는 매우 만족스러운 결과를 제공했다. 그러나 항상 그렇지는 않다는 것을 보이기 위해 $0<\theta<\infty$에 대해 X가 모수 θ인 푸아송 분포를 따른다고 하자. X를 이 분포에서 추출한 크기 1인 확률표본으로 볼 수 있다. 따라서 X는 θ에 대한 완비충분통계량이다. 불편이고 최소분산을 가진 $e^{-2\theta}$의 추정량을 구한다. $Y=(-1)^X$에 대해 생각해보자.

$$E(Y) = E[(-1)^X] = \sum_{x=0}^{\infty} \frac{(-\theta)^x e^{-\theta}}{x!} = e^{-2\theta}$$

따라서 $(-1)^X$은 $e^{-2\theta}$의 최소분산불편추정량이다. 여기서 이 추정량은 기대했던 것에 미치지 못한다. $0 < e^{-2\theta} < 1$인 수 $e^{-2\theta}$에 관한 어떤 정보를 이끌어내도록 시도해본다. 그러나 점추정은 -1 또는 $+1$이고 그 각각은 0과 1 사이의 수에 대한 매우 불량한 추정이다. 독자가 최소분산불편추정량은 **불량**(bad)이라는 생각을 갖도록 하고 싶지도 않고, 전혀 그렇지도 않다. 단지 충분히 노력한다면 이와 같은 통계량이 **좋지 않은**(not good) 경우를 구할 수 있다는 것을 지적하고 싶다. 마찬가지로 $e^{-2\theta}$의 최대우도추정량은 표본의 크기가 1일 때 e^{-2X}이고, 이것은 불편추정량 $(-1)^X$인 경우보다 실제로 더 좋은 추정량이다.

7.6.1 부트스트랩 표준오차

6.3절에서는 최대우도추정량(mle)의 점근적 이론을 제시했다. 많은 경우에 이 이론은 최대우도추정량의 점근적 표준편차에 대한 일치추정량 또한 제공한다. 이를 통해 추정 과정을 간단하지만 매우 유용하게 요약할 수 있다. 즉 $\widehat{\theta}$이 θ의 최대우도추정량이고 이에 상응하는 표준오차가 $SE(\widehat{\theta})$일 때 $\widehat{\theta} \pm SE(\widehat{\theta})$과 같이 요약할 수 있다. 예를 들면 이러한 요약값은 그림과 표의 레이블로서뿐만 아니라 추론을 위한 점근적 신뢰구간의 형태로서 서술적으로 사용될 수 있다. 4.9절에서는 부트스트랩에 기반한 θ에 대한 백분위수 신뢰구간을 제시했다. 그러나 부트스트랩은 최소분산불편추정량을 포함하는 추정값에 대한 표준오차를 구하는 데에도 사용할 수 있다.

$\theta \in \Omega$일 때 확률밀도함수(pdf)가 $f(x;\theta)$인 확률변수 X를 생각해보자. X에 대한 확률표본을 $X_1, X_2, \cdots, X_n$이라 하고, 이 표본에 기반한 θ의 추정량을 $\widehat{\theta}$이라고 하자. $x_1, x_2, \cdots, x_n$을 이 표본의 실현으로 가정하고, $\widehat{\theta} = \widehat{\theta}(x_1, x_2, \cdots, x_n)$을 그에 상응하는 θ의 추정값이라고 하자. 4.9절에서 부트스트랩이 이러한 실현의 경험적 누적분포함수(cdf)인 $\widehat{F}_n$을 사용한다고 한 것을 상기하라. 이는 각 실현값 x_i에 질량 $1/n$을 부여하는 이산분포이다. 부트스트랩 절차는 $\widehat{F}_n$으로부터 복원추출을 하는 것이다.

부트스트랩 절차를 위해 B개의 부트스트랩 표본을 얻는다. $i = 1, \cdots, B$에 대해 벡터 $\mathbf{x}_i^* = (x_{i,1}^*, \cdots, x_{i,n}^*)'$이 i번째 부트스트랩 표본을 나타낸다고 하자. i번째 표본에 기반한 θ의 추정값을 $\widehat{\theta}_i^* = \widehat{\theta}(\mathbf{x}_i^*)$이라고 하자. 이때 부트스트랩 추정값 $\widehat{\theta}_1^*, \cdots, \widehat{\theta}_B^*$을 가지게 되고, 이것은 4.9절에서 θ에 대한 부트스트랩 백분위수 신뢰구간을 구하는 데 사용되었다. 대신에 이러한 부트스트랩 추정값의 표준편차, 즉 다음을 고려한다고 가정하자.

$$\text{SE}_B = \left[\frac{1}{B-1}\sum_{i=1}^{B}(\widehat{\theta}_i^* - \overline{\widehat{\theta}^*})^2\right]^{1/2} \tag{7.6.3}$$

여기서 $\overline{\widehat{\theta}^*} = (1/B)\sum_{i=1}^{B} \widehat{\theta}_i^*$이다. 이것이 $\widehat{\theta}$의 표준오차에 대한 부트스트랩 추정값이다.

예제 7.6.4 이 예제에서는 정규분포 $N(\theta, \sigma^2)$에서 추출된 자료 세트를 고려한다. 이 경우 θ의 최소분산불편추정량은 표본평균 $\overline{X}$이고 일반적인 표준오차는 $s/\sqrt{n}$인데, 여기서 s는 표본표준편차이다. 반올림된 자료[1]는 다음과 같다.

```
27.5 50.9 71.1 43.1 40.4 44.8 36.6 53.5 65.2 47.7
75.7 55.4 61.1 39.8 33.4 57.6 47.9 60.7 27.8 65.2
```

이 자료가 R 벡터 **x**에 있다고 가정하고, 평균과 표준편차는 다음과 같이 계산된다.

```
mean(x);  50.27;  sd(x)/sqrt(n); 3.094461
```

R 함수 `bootse1.R`은 위에서 설명한 것처럼 표준오차에 대한 부트스트랩을 수행한다. 3,000개의 부트스트랩을 사용하여 이 함수를 한 번 수행한 결과 표준오차는 3.050878로 추정된다. 그래서 추정값과 부트스트랩 표준오차는 50.27 ± 3.05와 같이 요약된다.

위에서 설명한 부트스트랩 절차는 pdf $f(x;\theta)$에 대한 가정이 없기 때문에 종종 **비모수적 부트스트랩**(nonparametric bootstrap)이라고 한다. 그러나 이 장에서는 모형에 대해 강한 가정을 한다. 예를 들면 마지막 예제에서는 pdf가 정규분포라고 가정한다. 부트스트랩에서 이러한 정보를 사용하면 **모수적 부트스트랩**(parametric bootstrap)이라고 한다. 마지막 예제는 cdf $\widehat{F}_n$에서 표본을 추출하는 대신 평균으로 $\overline{x}$를 사용하고 표준편차로 표본표준편차 s를 사용한 정규분포에서 무작위로 추출하는 것이다. R 함수 `bootse2.R`은 이러한 부트스트랩을 수행한다. 이 예제의 자료에 대해 수행한 결과 표준오차는 3.162918로 계산되었다. 표준편차에 대한 3개의 추정값이 얼마나 비슷한지 주목하라.

비모수적 또는 모수적 방법 중 어느 부트스트랩을 사용해야 할까? 일반적으로 비모수적 부트스트랩을 권장한다. 모형에 대한 강한 가정은 부트스트랩의 타당성에 필요하지 않다. 자세한 내용은 Efron과 Tibshirani(1993)의 55~56쪽을 참조하라.

연습문제

7.6.1 $-\infty < \theta < \infty$에 대해 $N(\theta, 1)$인 분포에서 추출한 확률표본을 $X_1, X_2, \cdots, X_n$이라고 하자. θ^2의 최소분산불편추정량을 구하라.
힌트: 첫 번째 $E(\overline{X}^2)$을 결정하라.

7.6.2 Poisson(θ)인 분포에서 추출한 크기 $n > 1$인 확률표본을 $X_1, X_2, \cdots, X_n$이라고 하자. 이때 $Y = \frac{1}{n}\sum_{i=1}^{n} X_i$는 θ에 대한 완비충분통계량이다. θ^2의 최소분산불편추정량

1 이 자료는 `sect76data.rda` 파일에 있고, 실제 평균과 표준편차는 각각 50, 15이다.

을 구하라.

7.6.3 $N(\theta,\ 1)$ 분포를 따르는 X에 대해 관심 있는 모수가 $P(X < c)$인 예제 7.6.3을 생각해보자. 지정된 c 값에 대해 $P(X < c)$의 최소분산불편추정량과 이 추정량의 부트스트랩 표준오차를 반환하도록 R 함수 `bootse1.R`을 수정하라. $c = 11$이고 3,000개의 부트스트랩을 사용하여 `ex763data.rda`에 있는 자료에서 함수를 실행하라. 이 자료는 $N(10,\ 1)$ 분포에서 생성되었다. (a) 실제 모숫값, (b) 최소분산불편추정량, (c) 부트스트랩 표준오차를 구하라.

7.6.4 예제 7.6.4에서 추정값이 평균이 아닌 중앙값이 되도록 R 함수 `bootse1.R`을 수정하라. 3,000개의 부트스트랩을 사용하여 예제에서 설명한 자료 세트에서 함수를 실행하고 (a) 추정값, (b) 부트스트랩 표준오차를 구하라.

7.6.5 균등분포 $(0,\ \theta)$를 가진 확률표본을 $X_1,\ X_2,\ \cdots,\ X_n$이라고 하자. 예제 7.6.2에 이어서 θ에 대한 다음 함수의 최소분산불편추정량을 구하라.

(a) $g(\theta) = \frac{\theta^2}{12}$, 즉 이 분포의 분산이다.

(b) $g(\theta) = \frac{1}{\theta}$, 즉 이 분포의 pdf이다.

(c) 실수 t에 대해 $g(\theta) = \frac{e^{t\theta}-1}{t\theta}$, 즉 이 분포의 mgf이다.

7.6.6 모수 $\theta > 0$인 푸아송 분포에서 추출한 확률표본을 $X_1,\ X_2,\ \cdots,\ X_n$이라고 하자.

(a) $P(X \leq 1) = (1 + \theta)e^{-\theta}$의 최소분산불편추정량을 구하라.

힌트: $u(x_1) = 1,\ x_1 \leq 1$이고 그 외에 0일 때 $E[u(X_1)|Y = y]$를 구하라. 여기서 $Y = \sum_{i=1}^{n} X_i$이다.

(b) 위의 최소불편추정량을 θ에 대한 mle의 함수로 나타내라.

(c) θ에 대한 mle의 점근 분포를 결정하라.

(d) $P(X \leq 1)$의 mle를 구하라. 그리고 정리 5.2.9를 이용하여 이것의 점근 분포를 구하라.

7.6.7 모수 $\theta > 0$인 푸아송 분포에서 추출한 확률표본을 $X_1,\ X_2,\ \cdots,\ X_n$이라고 하자. 참고 7.6.1에 의해 $E[(-1)^{X_1}] = e^{-2\theta}$임을 알고 있다.

(a) $E[(-1)^{X_1}|Y_1 = y_1] = (1 - 2/n)^{y_1}$임을 밝혀라. $Y_1 = X_1 + X_2 + \cdots + X_n$이다.

힌트: 우선 $Y_1 = y_1$이 주어졌을 때 $X_1,\ X_2,\ \cdots,\ X_{n-1}$의 조건부 pdf가 다항분포임을 밝혀라. 그리고 $Y_1 = y_1$이 주어졌을 때 X_1이 $b(y_1,\ 1/n)$을 따름을 밝혀라.

(b) $e^{-2\theta}$의 mle가 $e^{-2\overline{X}}$임을 밝혀라.

(c) $y_1 = n\overline{x}$라 하고, n이 클 때 $(1 - 2/n)^{y_1}$이 근사적으로 $e^{-2\overline{x}}$과 같음을 밝혀라.

7.6.8 예제 7.6.3에서 $X_1, X_2, \cdots, X_n$은 $N(\theta, 1)$에서 추출한 크기 $n > 1$인 확률표본이다. X_1과 $\overline{X}$의 결합분포는 평균벡터가 (θ, θ), $\sigma_1^2 = 1$, $\sigma_2^2 = 1/n$, $\rho = 1/\sqrt{n}$인 이변량 정규분포임을 밝혀라.

7.6.9 pdf $f(x; \theta) = (1/\theta) \exp(-x/\theta) I_{(0,\infty)}(x)$인 분포에서 크기 n인 확률표본을 추출했다고 하자. $P(X \le 2)$의 최대우도추정량과 최소분산불편추정량을 구하라.

7.6.10 $x > 0$일 때 $f(x) = \theta^{-1} e^{-x/\theta}$, 그 외에 $f(x) = 0$인 pdf에서 추출한 확률표본을 $X_1, X_2, \cdots, X_n$이라고 하자. 즉 $f(x)$는 $\Gamma(1, \theta)$ 분포이다.

(a) 통계량 $\overline{X} = n^{-1} \sum_{i=1}^{n} X_i$는 θ에 대한 완비충분통계량임을 밝혀라.

(b) θ의 최소분산불편추정량을 구하라.

(c) θ의 mle를 구하라.

(d) 종종 pdf를 $x > 0$일 때 $f(x) = \tau e^{-\tau x}$, 그 외에 $f(x) = 0$으로 나타낸다. 또한 $\tau = 1/\theta$이다. 정리 6.1.2를 사용하여 τ의 mle를 구하라.

(e) 통계량 $\overline{X} = n^{-1} \sum_{i=1}^{n} X_i$는 τ에 대한 완비충분통계량임을 밝혀라. 그리고 $(n - 1)/(n\overline{X})$은 $\tau = 1/\theta$의 최소분산불편추정량임을 밝혀라. 대개의 경우 θ의 mle의 역수는 $1/\theta$의 mle이다. 하지만 이 경우에 θ의 최소분산불편추정량의 역수는 $1/\theta$의 최소분산불편추정량이 아니다.

(f) (b)와 (e) 각각에 대한 불편추정량의 분산을 구하라.

7.6.11 연습문제 7.6.10에서 독립인 2개의 확률표본을 갖는다고 하자. (1) $X_1, X_2, \cdots, X_n$은 $x > 0$일 때 $f_X(x) = \theta^{-1} e^{-x/\theta}$, 그 외에 $f_X(x) = 0$인 pdf를 가지며, (2) $Y_1, Y_2, \cdots, Y_n$은 $y > 0$일 때 $f_Y(y) = \theta e^{-\theta y}$, 그 외에 $f_Y(y) = 0$인 pdf를 갖는다고 하자. 연습문제 7.6.10에서 적당한 c에 대해 $Z = c\,\overline{X}/\overline{Y}$는 θ^2에 대한 불편추정량이다. c와 Z의 분산을 구하라.

힌트: $\overline{X}/(\theta^2 \overline{Y})$는 F-분포를 따르는 것을 밝혀라.

7.6.12 예제 7.6.1에서 $\theta = 1/2$에 대한 최소분산불편추정량의 점근적 분포를 구하라.

7.7 모수가 여러 개인 경우

우리가 관심을 가진 많은 문제에서 pdf 또는 pmf는 단일 모수 θ에 의존하지 않고 2차원의 모수 공간에서 2개(또는 그 이상)의 모수에 의존한다. 일반적으로 모수 공간 Ω는 R^p의 부분집합이지만 다음 대부분의 예제에서는 p가 2이다.

정의 7.7.1

$\boldsymbol{\theta} \in \Omega \subset R^p$에 대해 $f(x; \boldsymbol{\theta})$인 pdf 또는 pmf를 가진 분포에서 추출한 확률표본을 $X_1, X_2, \cdots, X_n$이라고 하자. $\mathcal{S}$를 X의 받침이라고 하자. $Y_i = u_i(X_1, X_2, \cdots, X_n)(i = 1, \cdots, m)$에 대해 $\mathbf{Y}$를 통계량 $\mathbf{Y} = (Y_1, \cdots, Y_m)'$의 m차원 확률벡터라고 하자. $\mathbf{y} \in R^m$에 대해 $\mathbf{Y}$의 pdf 또는 pmf를 $f_{\mathbf{Y}} = (\mathbf{y}; \boldsymbol{\theta})$로 정의하자. 통계량 $\mathbf{Y}$의 확률벡터는 다음과 같을 때에 한하여 $\boldsymbol{\theta}$에 대한 **결합충분통계량**(joint sufficient statistic)이라고 한다.

$$\text{모든 } x_i \in \mathcal{S}\text{에 대해} \quad \frac{\prod_{i=1}^n f(x_i; \boldsymbol{\theta})}{f_{\mathbf{Y}}(\mathbf{y}; \boldsymbol{\theta})} = H(x_1, x_2, \ldots, x_n)$$

여기서 $H(x_1, x_2, \cdots, x_n)$은 $\boldsymbol{\theta}$에 의존하지 않는다.

일반적으로 $m \neq p$, 즉 충분통계량의 수와 모수의 개수가 같을 필요는 없지만 대부분의 경우 같다.

인수분해 정리는 확장 가능하며 다음과 같은 방식으로 나타낼 수 있다. 통계량 $\mathbf{Y}$의 벡터는 다음과 같은 음이 아닌 함수 k_1과 k_2를 구할 수 있는 경우에 한하여 모수 $\boldsymbol{\theta} \in \Omega$에 결합 충분이다.

$$\text{모든 } x_i \in \mathcal{S}\text{에 대해} \quad \prod_{i=1}^n f(x_i; \boldsymbol{\theta}) = k_1(\mathbf{y}; \boldsymbol{\theta}) k_2(x_1, \ldots, x_n) \tag{7.7.1}$$

여기서 함수 $k_2(x_1, x_2, \cdots, x_n)$은 $\boldsymbol{\theta}$에 의존하지 않는다.

예제 7.7.1 $-\infty < \theta_1 < \infty$, $0 < \theta_2 < \infty$에 대해 다음과 같은 pdf를 가진 분포에서 추출한 확률표본을 $X_1, X_2, \cdots, X_n$이라고 하자.

$$f(x; \theta_1, \theta_2) = \begin{cases} \frac{1}{2\theta_2} & \theta_1 - \theta_2 < x < \theta_1 + \theta_2 \\ 0 & \text{그 외에} \end{cases}$$

그리고 $Y_1 < Y_2 < \cdots < Y_n$은 순서통계량이라고 하자. Y_1과 Y_n의 결합 pdf는

$$f_{Y_1, Y_2}(y_1, y_n; \theta_1, \theta_2) = \frac{n(n-1)}{(2\theta_2)^n}(y_n - y_1)^{n-2}, \quad \theta_1 - \theta_2 < y_1 < y_n < \theta_1 + \theta_2$$

그 외에 $f_{Y_1, Y_2}(y_1, y_n; \theta_1, \theta_2) = 0$이다. 따라서 $X_1, X_2, \cdots, X_n$의 결합 pdf는 x의 받침에 있는 모든 점, 즉 $\theta_1 - \theta_2 < x_i < \theta_1 + \theta_2$인 모든 x_i에 대해 다음과 같이 나타낼 수 있다.

$$\left(\frac{1}{2\theta_2}\right)^n = \frac{n(n-1)[\max(x_i) - \min(x_i)]^{n-2}}{(2\theta_2)^n} \left(\frac{1}{n(n-1)[\max(x_i) - \min(x_i)]^{n-2}}\right)$$

$j = 1, 2, \cdots, n$에 대해 $\min(x_i) \leq x_j \leq \max(x_i)$이므로 마지막 인자는 모수에 의존하지 않는

다. 정의 또는 인수분해 정리에 의해 Y_1과 Y_n은 θ_1과 θ_2에 대한 결합충분통계량이라고 확신할 수 있다.

확률밀도함수의 완비족 개념은 다음과 같이 일반화된다.

$$\{f(v_1, v_2, \ldots, v_k; \boldsymbol{\theta}) : \boldsymbol{\theta} \in \Omega\}$$

이는 모수 $\boldsymbol{\theta} \in \Omega$의 p차원 벡터에 의존하는 k개의 확률변수 V_1, V_2, ⋯, V_k의 pdf족을 나타낸다. $u(v_1, v_2, \cdots, v_k)$를 v_1, v_2, ⋯, v_k의 함수라고 하자(모수에 대한 함수는 아니다). 만약 모든 $\boldsymbol{\theta} \in \Omega$에 대해 다음과 같을 때

$$E[u(V_1, V_2, \ldots, V_k)] = 0$$

확률밀도함수가 확률이 0인 것을 제외한 모든 $(v_1, v_2, \cdots, v_k)$에서 $u(v_1, v_2, \cdots, v_k) = 0$을 만족하면 확률밀도함수를 완비족이라고 부른다.

이러한 경우에 $\boldsymbol{\theta}$는 벡터이고, $\boldsymbol{\theta}$에 대한 최량추정량의 함수, 즉 함수 g에 대한 모수 δ를 생각해 보자. 여기서 $\delta = g(\boldsymbol{\theta})$이다. 예를 들어 θ_2가 분산일 때 $N(\theta_1, \theta_2)$ 분포에서 표본추출했다고 하자. $\boldsymbol{\theta} = (\theta_1, \theta_2)'$이라 하고 두 모수 $\delta_1 = g_1(\boldsymbol{\theta}) = \theta_1$, $\delta_2 = g_2(\boldsymbol{\theta}) = \sqrt{\theta_2}$를 고려하자. 여기서 관심의 대상은 δ_1과 δ_2의 최량추정값이다.

7.3절과 7.4절에서 소개한 라오-블랙웰 정리와 레만-셰페 정리를 벡터를 사용하여 확장해보자. 관심 있는 모수를 $\delta = g(\boldsymbol{\theta})$라 하고, $\mathbf{Y}$를 $\boldsymbol{\theta}$에 대한 완비충분통계량의 벡터라고 하자. 또한 T를 $\mathbf{Y}$의 함수에 대한 통계량, 즉 $T = T(\mathbf{Y})$라고 하자. 만약 $E(T) = \delta$이면 T는 δ의 유일한 최소분산불편추정량이다.

몇 가지 모수의 처리는 일반적인 경우에 지수족이라고 하는 확률밀도함수로 제한된다. 여기서 $m = p$이다.

정의 7.7.2

pdf 또는 pmf $f(x; \boldsymbol{\theta})$를 가진 확률변수를 X라고 하자. 여기서 모수 벡터는 $\boldsymbol{\theta} \in \Omega \in R^m$이다. $\mathcal{S}$를 X의 받침이라고 하자. 만약 X가 연속형이면 $\mathcal{S} = (a, b)$이다. 여기서 a 또는 b는 각각 $(-\infty, \infty)$에 있다. 만약 X가 이산형이면 $\mathcal{S} = \{a_1, a_2, \cdots\}$이다. $f(x; \boldsymbol{\theta})$를 다음 형태라고 가정하면 pdf 또는 pmf는 **지수류**에 속한다.

$$f(x; \boldsymbol{\theta}) = \begin{cases} \exp\left[\sum_{j=1}^m p_j(\boldsymbol{\theta}) K_j(x) + H(x) + q(\theta_1, \theta_2, \ldots, \theta_m)\right] & \text{모든 } x \in \mathcal{S}\text{에 대해} \\ 0 & \text{그 외에} \end{cases} \tag{7.7.2}$$

다음 조건을 만족하면 지수족의 **정칙인 경우**(regular case)라고 한다.

1. 받침은 모수 벡터 $\boldsymbol{\theta}$에 의존하지 않는다.

2. 공간 Ω는 공집합이 아니라 m차원 공간이다.
3. $j = 1, 2, \cdots, m$에 대해 $p_j(\boldsymbol{\theta})$는 $\boldsymbol{\theta}$에 대해 독립이며 연속함수이다.
4. X가 이산형인지 연속형인지에 따라 다음이 각각 성립한다.
   (a) X가 연속형 확률변수이면 $j = 1, 2, \cdots, m$에 대해 m차 도함수 $K_j'(x)$는 구간 $a < x < b$에서 연속이고 다른 선형 동차 함수가 없으며, $H(x)$는 $a < x < b$에 대해 x의 연속함수이다.
   (b) X가 이산형이면 $j = 1, 2, \cdots, m$에 대해 $K_j(x)$는 받침 $\mathcal{S}$에서 x에 대한 함수여야 하고, 다른 선형 동차 함수가 없다.

정의 7.7.2에서와 같이 동일한 표시로 정의된 지수류의 정칙인 경우에서의 pdf 또는 pmf X에서 추출한 확률표본을 $X_1, X_2, \cdots, X_n$이라고 하자. 식 (7.7.2)로부터 표본의 결합확률질량함수는 모든 $x_i \in \mathcal{S}$에 대해 다음과 같이 주어진다.

$$\prod_{i=1}^{n} f(x_i;\boldsymbol{\theta}) = \exp\left[\sum_{j=1}^{m} p_j(\boldsymbol{\theta}) \sum_{i=1}^{n} K_j(x_i) + nq(\boldsymbol{\theta})\right] \exp\left[\sum_{i=1}^{n} H(x_i)\right] \tag{7.7.3}$$

인수분해 정리를 이용하면 다음 통계량은 모수 $\boldsymbol{\theta}$의 m차원 벡터의 결합충분통계량이다.

$$Y_1 = \sum_{i=1}^{n} K_1(x_i), \quad Y_2 = \sum_{i=1}^{n} K_2(x_i), \ldots, Y_m = \sum_{i=1}^{n} K_m(x_i)$$

$\mathbf{Y} = (Y_1, \cdots, Y_m)'$의 결합확률밀도함수가 확률이 양인 곳에서 다음 형태임을 증명하는 것은 연습문제로 남겨두었다.

$$R(\mathbf{y}) \exp\left[\sum_{j=1}^{m} p_j(\boldsymbol{\theta}) y_j + nq(\boldsymbol{\theta})\right] \tag{7.7.4}$$

확률이 양인 부분과 함수 $R(\mathbf{y})$는 모수 벡터 $\boldsymbol{\theta}$에 의존하지 않는다. 정리를 조합하여 분해하면 지수류의 정칙인 경우가 될 수 있고 $Y_1, Y_2, \cdots, Y_m$의 충분통계량 확률밀도함수의 족은 완비성을 만족시킨다. 여기서 $n > m$이다. 즉 $Y_1, Y_2, \cdots, Y_m$의 결합확률밀도함수는 모수 벡터 $\boldsymbol{\theta}$의 **결합완비충분통계량**이다.

예제 7.7.2 $-\infty < \theta_1 < \infty$, $0 < \theta_2 < \infty$에 대해 $N(\theta_1, \theta_2)$인 분포에서 추출한 확률표본을 $X_1, X_2, \cdots, X_n$이라고 하자. 이 분포의 pdf $f(x; \theta_1, \theta_2)$는 다음과 같이 나타낼 수 있다.

$$f(x;\theta_1,\theta_2) = \exp\left(\frac{-1}{2\theta_2}x^2 + \frac{\theta_1}{\theta_2}x - \frac{\theta_1^2}{2\theta_2} - \ln\sqrt{2\pi\theta_2}\right)$$

그러므로 $K_1(x) = x^2$, $K_2(x) = x$라고 할 수 있다. 따라서 다음 통계량은 θ_1과 θ_2에 대한 결합완비충분통계량이다.

$$Y_1 = \sum_{i=1}^{n} X_i^2, \quad Y_2 = \sum_{i=1}^{n} X_i$$

다음 관계식은 일대일 변환을 정의하므로 Z_1과 Z_2도 θ_1과 θ_2에 대한 결합완비충분통계량이다.

$$Z_1 = \frac{Y_2}{n} = \overline{X}, \quad Z_2 = \frac{Y_1 - Y_2^2/n}{n-1} = \frac{\sum(X_i - \overline{X})^2}{n-1}$$

또한

$$E(Z_1) = \theta_1, \quad E(Z_2) = \theta_2$$

완비성으로부터 Z_1과 Z_2는 각각 θ_1과 θ_2의 불편추정량인 Y_1과 Y_2의 유일한 함수이다. 따라서 Z_1과 Z_2는 θ_1과 θ_2의 유일한 최소분산불편추정량이다. 표준편차 $\sqrt{\theta_2}$의 최소분산불편추정량은 연습문제 7.7.5에서 구한다.

이 절에서는 p차원 벡터의 $\boldsymbol{\theta}$에 대한 완비성과 충분성의 개념을 확장했다. 이제 $\mathbf{X}$가 k차원 확률벡터인 경우로 확장한다. 정규적인 지수류인 경우에 해당하는 것만 살펴보겠다.

$\boldsymbol{\theta} \in \Omega \in R^p$에 대해 pdf 또는 pmf $f(\mathbf{x}; \boldsymbol{\theta})$를 가진 k차원 확률벡터를 $\mathbf{X}$라고 하자. 그리고 $\mathcal{S} \subset R^k$를 $\mathbf{X}$의 받침이라 하고 $f(\mathbf{x}; \boldsymbol{\theta})$의 형태가 다음과 같다고 가정한다.

$$f(\mathbf{x}; \boldsymbol{\theta}) = \begin{cases} \exp\left[\sum_{j=1}^{m} p_j(\boldsymbol{\theta}) K_j(\mathbf{x}) + H(\mathbf{x}) + q(\boldsymbol{\theta})\right] & \text{모든 } \mathbf{x} \in \mathcal{S}\text{에 대해} \\ 0 & \text{그 외에} \end{cases} \tag{7.7.5}$$

이것의 pdf 또는 pmf는 **지수류**가 된다. 또한 $p = m$이면 받침은 모수 벡터 $\boldsymbol{\theta}$에 의존하지 않고, 정의 7.7.2의 조건에서 이 pdf는 지수류의 **정칙**인 경우가 된다.

$\mathbf{X}$의 연속인 확률표본을 $\mathbf{X}_1, \mathbf{X}_2, \cdots, \mathbf{X}_n$이라고 하면 다음 통계량은 $\boldsymbol{\theta}$의 완비충분통계량이다.

$$j = 1, \ldots, m\text{에 대해} \quad Y_j = \sum_{i=1}^{n} K_j(\mathbf{X}_i) \tag{7.7.6}$$

$\mathbf{Y} = (Y_1, \cdots, Y_m)'$이라고 하자. 관심 있는 모수는 $\delta = g(\boldsymbol{\theta})$이다. 만약 h의 함수가 $T = h(\mathbf{Y})$이고 $E(T) = \delta$이면 T는 δ의 유일한 최소분산불편추정량이다.

예제 7.7.3 **[다항분포]** 예제 6.4.5에서 다항분포의 mle를 살펴보았다. 이 예제에서는 여러 모수에 대한 최소분산불편추정량을 결정할 것이다. 예제 6.4.5에서와 같이 오직 하나의 실험에 하나의 결과가 나와서 k개의 결과가 나온 확률실험을 생각해보자. $j = 1, \cdots, k$에 대해 X_j는 j번째

결과가 발생하면 1, 발생하지 않으면 0이라고 하자. j번째에 사건이 발생할 확률을 p_j라고 하면 $\sum_{j=1}^{k} p_j = 1$이다. $\mathbf{X} = (X_1, \cdots, X_{k-1})'$, $\mathbf{p} = (p_1, \cdots, p_{k-1})'$이라고 하자. $\mathbf{X}$의 분포는 다항분포가 되고 식 (6.4.18)처럼 다음과 같이 나타낼 수 있다.

$$f(\mathbf{x}, \mathbf{p}) = \exp\left\{\sum_{j=1}^{k-1}\left(\log\left[\frac{p_j}{1-\sum_{i\neq k} p_i}\right]\right) x_j + \log\left(1 - \sum_{i\neq k} p_i\right)\right\}$$

지수족의 정칙인 경우이기 때문에 $\mathbf{X}$의 분포에서 추출한 확률표본 $\mathbf{X}_1, \cdots, \mathbf{X}_n$에 따른 다음의 통계량은 모수 $\mathbf{p} = (p_1, \cdots, p_{k-1})'$의 결합완비충분통계량이다.

$$j = 1, \ldots, k-1\text{에 대해}\quad Y_j = \sum_{i=1}^{n} X_{ij}$$

개개의 확률변수 X_{ij}는 $i = 1, \cdots, n$에 대해 모수가 p_j이고 독립인 베르누이 확률변수이다. 따라서 변수 Y_j는 $j = 1, \cdots, k$에 대해 이항분포 (n, p_j)이다. 또한 p_j의 최소분산불편추정량은 $n^{-1}Y_j$이다.

다음으로 $j \neq l$일 때 $p_j p_l$에 대한 최소분산불편추정량을 찾아야 한다. 연습문제 7.7.8에서는 $p_j p_l$의 mle가 $n^{-2}Y_j Y_l$임을 밝힌다. 3.1절에서 Y_l이 $b[n - Y_l, p_j/(1 - p_l)]$로 주어졌을 때 Y_j의 조건부 분포를 상기하라. 연습문제 7.7.8에서는 처음의 최소분산불편추정량이 $n^{-2}Y_j Y_l$임을 밝힌다. 따라서

$$\begin{aligned}
E[n^{-2}Y_j Y_l] &= \frac{1}{n^2}E[E(Y_j Y_l|Y_l)] = \frac{1}{n^2}E[Y_l E(Y_j|Y_l)] \\
&= \frac{1}{n^2}E\left[Y_l(n - Y_l)\frac{p_j}{1-p_l}\right] \\
&= \frac{1}{n^2}\frac{p_j}{1-p_l}\{E[nY_l] - E[Y_l^2]\} \\
&= \frac{1}{n^2}\frac{p_j}{1-p_l}\{n^2 p_l - np_l(1-p_l) - n^2 p_l^2\} \\
&= \frac{1}{n^2}\frac{p_j}{1-p_l}np_l(n-1)(1-p_l) \\
&= \frac{(n-1)}{n}p_j p_l
\end{aligned}$$

그러므로 $\frac{1}{n(n-1)}Y_j Y_l$은 $p_j p_l$의 최소분산불편추정량이다.

예제 7.7.4 **[다변량 정규분포]** $\mathbf{X}$는 다변량 정규분포 $N_k(\boldsymbol{\mu}, \Sigma)$를 따른다고 하자. 여기서 Σ는 양정치인 $k \times k$ 행렬이다. $\mathbf{X}$의 pdf는 식 (3.5.16)과 같다. 이때 $\boldsymbol{\theta}$는 첫 번째 k 성분이 평균벡터 $\boldsymbol{\mu}$이고 마지막 $\frac{k(k+1)}{2}$ 성분이 분산 σ_i^2과 공분산 σ_{ij}로 구성된 $\{k + [k(k+1)/2]\}$ 차원 벡터이다

$(j \geq i)$. $\mathbf{X}$의 확률밀도함수는 $\mathbf{x} \in R^k$에 대해 다음과 같이 쓸 수 있다.

$$f_{\mathbf{X}}(\mathbf{x}) = \exp\left\{-\frac{1}{2}\mathbf{x}'\mathbf{\Sigma}^{-1}\mathbf{x} + \boldsymbol{\mu}'\mathbf{\Sigma}^{-1}\mathbf{x} - \frac{1}{2}\boldsymbol{\mu}'\mathbf{\Sigma}^{-1}\boldsymbol{\mu} - \frac{1}{2}\log|\mathbf{\Sigma}| - \frac{k}{2}\log 2\pi\right\} \quad (7.7.7)$$

따라서 식 (7.7.5)에 의해 다변량 정규확률밀도함수는 분포의 지수류의 정칙인 경우이다. 식 (7.7.7) 오른쪽 지수의 두 번째에 있는 함수 $K(\mathbf{x})$를 $(\boldsymbol{\mu}'\Sigma^{-1})\mathbf{x}$로 나타낼 수 있다는 것만 밝히면 된다. 따라서 $K_1(\mathbf{x}) = \mathbf{x}$이다. 첫 번째 표현에서 i, $j = 1, 2, \cdots, k$에 대해 $x_i x_j$가 선형결합인 것을 밝히기 쉽고 $x_i x_j$는 행렬 $\mathbf{xx}'$의 성분이다. 따라서 $K_2(\mathbf{x}) = \mathbf{xx}'$을 얻을 수 있다. $\mathbf{X}$의 확률표본을 $\mathbf{X}_1, \mathbf{X}_2, \cdots, \mathbf{X}_n$이라고 하면 식 (7.7.7)에 의해 완비충분통계량이 다음과 같이 주어진다.

$$\mathbf{Y}_1 = \sum_{i=1}^{n}\mathbf{X}_i, \quad \mathbf{Y}_2 = \sum_{i=1}^{n}\mathbf{X}_i\mathbf{X}_i' \quad (7.7.8)$$

$\mathbf{Y}_1$은 k 통계량의 벡터이고 $\mathbf{Y}_2$는 $k \times k$ 대칭행렬이다. 행렬이 대칭이기 때문에 행렬에서 $i > j$인 부분을 제거하면 $\{k + [k(k + 1)]\}$의 완비충분통계량을 얻는다. 다시 말해 모수의 개수만큼 완비충분통계량이 있다.

주변확률분포에 기초하여 $\overline{X}_j = n^{-1}\sum_{i=1}^{n} X_{ij}$는 μ_j의 최소분산불편추정량이고 $(n - 1)^{-1}\sum_{i=1}^{n}(X_{ij} - \overline{X}_j)^2$은 σ_j^2의 최소분산불편추정량임을 밝히기는 쉽다. 공분산 모수의 최소분산불편추정량은 연습문제 7.7.9에서 구한다.

다음 예제에서는 모수의 집합이 누적분포함수인 경우를 생각해보자.

예제 7.7.5 연속형 누적분포함수 $F(x)$를 가진 확률표본을 $X_1, X_2, \cdots, X_n$이라고 하자. $Y_1 < Y_2 < \cdots < Y_n$은 이에 대응하는 순서통계량이다. $Y_1 = y_1, Y_2 = y_2, \cdots, Y_n = y_n$일 때 $X_1, X_2, \cdots, X_n$의 조건부 분포는 개개의 벡터 $(y_1, y_2, \cdots, y_n)$의 $n!$ 순열에서 확률이 $1/n!$인 이산형이다 [$F(x)$는 연속형이기 때문에 $y_1, y_2, \cdots, y_n$의 각 값이 다르다고 본다]. 즉 조건부 분포는 $F(x)$에 의존하지 않는다. 따라서 충분성의 정의에 의해 순서통계량은 $F(x)$에 대한 충분성을 만족한다. 이 증명은 이 책의 수준을 벗어난다. 하지만 순서통계량의 완비성을 만족하는 것을 볼 수 있다. Lehmann과 Casella(1998) 72쪽을 참조하라.

$T = T(x_1, x_2, \cdots, x_n)$을 그것의 독립변수에 대칭인 통계량이라고 하자. 즉 $(x_1, x_2, \cdots, x_n)$의 순열 $(x_{i_1}, x_{i_2}, \cdots, x_{i_n})$에 대해 $T(x_1, x_2, \cdots, x_n) = T(x_{i_1}, x_{i_2}, \cdots, x_{i_n})$이다. 그러면 T는 순서통계량의 함수이다. 이것은 이러한 경우에 최소분산불편추정량을 구하는 데 유용하다. 연습문제 7.7.12와 7.7.13을 참조하라.

연습문제

7.7.1 다음과 같은 pdf를 가진 분포에서 추출한 크기 3인 확률표본의 순서통계량을 $Y_1 < Y_2 < Y_3$이라고 하자.

$$f(x;\theta_1,\theta_2) = \begin{cases} \frac{1}{\theta_2}\exp\left(-\frac{x-\theta_1}{\theta_2}\right) & \theta_1 < x < \infty,\ -\infty < \theta_1 < \infty,\ 0 < \theta_2 < \infty \\ 0 & \text{그 외에} \end{cases}$$

$Z_1 = Y_1$, $Z_2 = Y_2$, $Z_3 = Y_1 + Y_2 + Y_3$의 결합 pdf를 구하라. 대응변환은 공간 $\{(y_1, y_2, y_3) : \theta_1 < y_1 < y_2 < y_3 < \infty\}$를 다음과 같은 공간으로 사상한다.

$$\{(z_1, z_2, z_3) : \theta_1 < z_1 < z_2 < (z_3 - z_1)/2 < \infty\}$$

Z_1과 Z_3은 θ_1과 θ_2에 대한 결합충분통계량임을 밝혀라.

7.7.2 식 (7.7.2)의 pdf를 가진 분포에서 추출한 확률표본을 $X_1, X_2, \cdots, X_n$이라고 하자. $Y_1 = \sum_{i=1}^n K_1(X_i), \cdots, Y_m = \sum_{i=1}^m K_m(X_i)$는 식 (7.7.4)의 결합 pdf를 갖는다는 것을 밝혀라.

7.7.3 평균 μ_1, μ_2, 양의 분산 σ_1^2, σ_2^2, 상관계수 ρ인 이변량 정규분포에서 추출한 크기 n인 확률표본을 $(X_1, Y_1), (X_2, Y_2), \cdots, (X_n, Y_n)$이라고 하자. $\sum_{i=1}^n X_i$, $\sum_{i=1}^n Y_i$, $\sum_{i=1}^n X_i^2$, $\sum_{i=1}^n Y_i^2$, $\sum_{i=1}^n X_iY_i$는 5개의 모수에 대한 결합충분통계량임을 밝혀라. $\overline{X} = \sum_{i=1}^n X_i/n$, $\overline{Y} = \sum_{i=1}^n Y_i/n$, $S_1^2 = \sum_{i=1}^n (X_i - \overline{X})^2/(n-1)$, $S_2^2 = \sum_{i=1}^n (Y_i - \overline{Y})^2/(n-1)$, $\sum_{i=1}^n (X_i - \overline{X})(Y_i - \overline{Y})/(n-1)S_1S_2$도 이 모수에 대한 결합충분통계량인가?

7.7.4 pdf $f(x;\theta_1,\theta_2)$가 다음과 같은 형식이고 $K_2'(x) = cK_1'(x)$라고 하자.

$$\exp[p_1(\theta_1,\theta_2)K_1(x) + p_2(\theta_1,\theta_2)K_2(x) + H(x) + q_1(\theta_1,\theta_2)],\ a < x < b$$

$f(x;\theta_1,\theta_2)$를 다음 형식으로 나타낼 수 있음을 밝혀라.

$$\exp[p(\theta_1,\theta_2)K_1(x) + H(x) + q(\theta_1,\theta_2)],\ a < x < b$$

이는 어떤 $K_j(x)$도 다른 것의 선형 동차 함수가 되지 않아야 하는 이유이다. 즉 충분통계량의 수가 모수의 수와 같아야 하는 이유이다.

7.7.5 예제 7.7.2에서

(a) 표준편차 $\sqrt{\theta_2}$의 최소분산불편추정량을 구하라.

(b) (a)에서 구한 추정값과 그것의 부트스트랩 표준오차를 반환하도록 R 함수인 `bootse1.R`을 수정하라. 이 함수를 예제 4.1.3에서 다룬 바이에른의 숲 자료에 실행하라. 여기서 반응변수는 아황산가스의 농도이다. 3,000개의 부트스트랩을

사용하여 추정값과 그것의 부트스트랩 표준오차를 구하라.

7.7.6 $-\infty < \theta_1 < \theta_2 < \infty$에 대해 $\theta_1 < x < \theta_2$일 때 $f(x;\theta_1,\theta_2) = \frac{1}{\theta_2-\theta_1}$, 그 외에 $f(x;\theta_1,\theta_2) = 0$인 pdf를 가진 균등분포로부터 추출한 확률표본을 $X_1, X_2, \cdots, X_n$이라고 하자.

(a) θ_1과 θ_2에 대한 결합충분통계량인 $Y_1 = \min(X_i)$와 $Y_n = \max(X_i)$가 완비임을 밝혀라.

(b) θ_1과 θ_2의 최소분산불편추정량을 구하라.

7.7.7 $N(\theta_1, \theta_2)$에서 추출한 확률표본을 $X_1, X_2, \cdots, X_n$이라고 하자.

(a) 정해진 p에 대해 상수 b가 $P(X \le b) = p$에 의해 정의될 때 b의 mle와 최소분산불편추정량을 구하라.

(b) (a)에서 구한 최소분산불편추정량과 부트스트랩 표준오차를 반환하도록 R 함수 `bootse1.R`을 수정하라.

(c) $p = 0.75$와 3,000개의 부트스트랩을 사용하여 예제 7.6.4에서 다룬 자료 세트에 대해 (b)의 함수를 수행하라.

7.7.8 예제 7.7.3에서 다룬 $p_j p_l$의 mle가 $n^{-2}Y_jY_l$임을 밝혀라.

7.7.9 예제 7.7.4에서 다룬 다변량 정규분포 모형의 충분성을 알아보자.

(a) 공분산 모수 σ_{ij}의 최소분산불편추정량을 구하라.

(b) $a_1, a_2, \cdots, a_k$에 대해 a는 상수일 때 $g = \sum_{i=1}^{k} a_i\mu_i$의 최소분산불편추정량을 구하라.

7.7.10 르로이 폭스(LeRoy Folks)는 개인 간의 통신 행위를 역가우시안 확률밀도함수로 설명할 수 있다고 했다. $\theta_1 > 0$, $\theta_2 > 0$일 때 다음은 종종 수명 모형에 사용된다.

$$f(x;\theta_1,\theta_2) = \left(\frac{\theta_2}{2\pi x^3}\right)^{1/2} \exp\left[\frac{-\theta_2(x-\theta_1)^2}{2\theta_1^2 x}\right], \quad 0 < x < \infty \qquad (7.7.9)$$

만약 $X_1, X_2, \cdots, X_n$이 역가우시안 확률밀도함수를 갖는다면 (θ_1, θ_2)의 완비충분통계량을 구하라.

7.7.11 $X_1, X_2, \cdots, X_n$은 $N(\theta_1, \theta_2)$에서 추출한 확률표본이다.

(a) $E[(X_1 - \theta_1)^4] = 3\theta_2^2$임을 밝혀라.

(b) $3\theta_2^2$의 최소분산불편추정량을 구하라.

7.7.12 분포함수 $F(x)$를 가진 연속형 분포에서 추출한 확률표본을 $X_1, X_2, \cdots, X_n$이라고 하자. 그리고 평균 $\mu = E(X_1)$이 존재한다고 가정하자. 예제 7.7.5를 이용하여 표본평균 $\overline{X} = n^{-1}\sum_{i=1}^{n} X_i$가 μ의 최소분산불편추정량임을 밝혀라.

7.7.13 누적분포함수 $F(x)$를 가진 연속형 분포에서 추출한 확률표본을 $X_1, X_2, \cdots, X_n$이라고 하자. 알려진 a에 대해 $\theta = P(X_1 \le a) = F(a)$일 때 비율 $n^{-1} \# \{X_i \le a\}$는 θ의 최소분산불편추정량임을 밝혀라.

7.8 최소충분과 보조통계량

통계학 연구에서는 기초 분포의 중요한 특성에 대한 정보를 잃지 않는 범위 내에서 전체 표본에 포함된 자료를 가능한 한 많이 줄이려고 한다. 즉 표본에 있는 숫자의 많은 집단은 이 자료로부터 구한 몇 개의 좋은 요약 통계만큼 의미가 있지 않다. 만약 충분통계량이 존재한다면 그것은 이와 같은 요약 측정 결과를 가지고 있는 통계학자는 전체 표본을 가지고 있는 통계학자만큼 정보를 가지고 있음을 알기 때문에 가치가 있다. 그러나 종종 여러 집단의 결합충분통계량이 있기 때문에 이러한 집단 중에서 가장 단순한 것을 찾고자 한다. 예를 들면 직관적으로 $N(\theta_1, \theta_2)$에서 추출한 확률표본의 관측값 $X_1, X_2, \cdots, X_n (n > 2)$을 θ_1과 θ_2에 대한 결합충분통계량이라고 생각할 수 있다. 그러나 이러한 모수를 위한 결합충분통계량으로 $\overline{X}$와 S^2을 사용할 수 있음을 알고 있으며, 이것은 특히 n이 클 때 $X_1, X_2, \cdots, X_n$을 사용하는 것보다 매우 간단하다.

이 장에서는 대부분의 경우에 하나의 모수에 대한 하나의 충분통계량이나 2개의 모수에 대한 2개의 결합충분통계량을 구할 수 있었다. 지금까지 다룬 예제 중에서 가장 복잡한 경우는 $k + k(k+1)/2$개의 모수에 대한 $k + k(k+1)/2$개의 결합충분통계량을 찾는 예제 7.7.3, 예제 7.7.4에서 주어진 다변량 정규분포, 또는 예제 7.7.5처럼 연속형인 경우에 완벽히 알려지지 않은 몇몇 분포에 대한 확률표본의 순서통계량 사용이다.

하나의 결합충분통계량 집단으로부터 또 다른 결합충분통계량으로 변환하고자 하는데, 변환 방법은 포함되는 통계량의 수를 줄이면서 결과적으로 구한 통계량의 충분성을 잃지 않고는 더 이상 줄일 수 없을 때까지 줄이는 것이다. 이러한 과정의 끝에 있는 통계량을 모수에 대한 **최소충분통계량**(minimal sufficient statistic)이라고 한다. 즉 최소충분통계량은 모수에 대해 충분하며, 동일한 모수에 대한 다른 충분통계량 집단의 함수에 대해 충분하다. 때때로 모수가 k개 있다면 최소인 k개의 결합충분통계량을 구할 수 있다. 특히 모수가 하나인 경우에는 종종 최소인 하나의 충분통계량을 구할 수 있다. 앞에서 다룬 대부분의 예제에서는 이를 보여준다. 그러나 다음 예제에서 보듯이 항상 그런 것은 아니다.

예제 7.8.1 구간 $(\theta - 1, \theta + 1)$에서 다음과 같은 pdf를 가진 균등분포에서 추출한 확률표본을 $X_1, X_2, \cdots, X_n$이라고 하자.

$$f(x;\theta) = (\tfrac{1}{2}) I_{(\theta-1,\theta+1)}(x), \qquad -\infty < \theta < \infty$$

$X_1, X_2, \cdots, X_n$의 결합 pdf는 $\theta - 1 < \min(x_i) \leq x_j \leq \max(x_i) < \theta + 1(j = 1, 2, \cdots, n)$이므로 $(1/2)^n$과 특정 지시 함수의 곱, 즉 다음과 같다.

$$\left(\frac{1}{2}\right)^n \prod_{i=1}^{n} I_{(\theta-1,\theta+1)}(x_i) = \left(\frac{1}{2}\right)^n \{I_{(\theta-1,\theta+1)}[\min(x_i)]\}\{I_{(\theta-1,\theta+1)}[\max(x_i)]\}$$

따라서 순서통계량 $Y_1 = \min(X_i)$와 $Y_n = \max(X_i)$는 θ에 대한 충분통계량이다. 이 두 통계량은 충분성을 유지하면서 충분통계량의 수를 2개 미만으로 줄일 수 없기 때문에 이러한 하나의 모수에 대해 최소이다.

지금까지 배운 대부분의 충분통계량이 모두 최소라는 것을 관찰할 수 있는 사례가 있다. θ의 mle $\widehat{\theta}$이 존재한다면 하나 이상의 충분통계량의 함수라고 설명했다. 이와 같은 mle $\widehat{\theta}$도 충분성을 만족한다고 하자. 이 충분통계량 $\widehat{\theta}$은 정리 7.3.2에 의해 다른 충분통계량의 함수이므로 최소여야 한다. 예를 들어 다음과 같은 경우를 생각할 수 있다.

1. 알려진 σ^2에 대해 $N(\theta, \sigma^2)$에서 θ의 mle $\widehat{\theta} = \overline{X}$는 θ에 대한 최소충분통계량이다.
2. 평균 θ인 푸아송 분포에서 θ의 mle $\widehat{\theta} = \overline{X}$는 θ에 대한 최소충분통계량이다.
3. 구간 $(0, \theta)$의 균등분포에서 θ의 mle $\widehat{\theta} = Y_n = \max(X_i)$는 θ에 대한 최소충분통계량이다.
4. $N(\theta_1, \theta_2)$에서 θ_1과 θ_2의 mle $\widehat{\theta}_1 = \overline{X}$와 $\widehat{\theta}_2 = [(n-1)/n]S^2$은 θ_1와 θ_2에 대한 결합최소충분통계량이다.

이러한 예로부터 최소충분통계량이 유일할 필요가 없다는 것을 알 수 있다. 왜냐하면 그것의 모든 일대일 변환이 최소충분통계량이기 때문이다. 그러나 최소충분통계량과 mle의 관련성은 많은 예에서 성립하지 않는다. 다음 두 예제에서 이를 살펴보자.

예제 7.8.2 예제 7.8.1에서 주어진 모형을 생각해보자. $Y_1 = \min(X_i)$와 $Y_n = \max(X_i)$가 결합충분통계량이라고 했다. 또한

$$\theta - 1 < Y_1 < Y_n < \theta + 1$$

따라서

$$Y_n - 1 < \theta < Y_1 + 1$$

그러므로 우도함수를 극대화하기 위해, 즉 이 값이 $(1/2)^n$이 되게 하기 위해 θ는 $Y_n - 1$과 $Y_1 + 1$ 사이의 어떤 값이어도 된다. 예를 들어 많은 통계학자는 이 양 극점의 평균, 즉 범위의 중앙을 mle라고 한다.

$$\widehat{\theta} = \frac{Y_n - 1 + Y_1 + 1}{2} = \frac{Y_1 + Y_n}{2}$$

그러나 이 mle는 유일하지 않음을 알 수 있다. 일부에서는 $\widehat{\theta}$이 θ의 mle이고 θ에 대한 충분통계량인 Y_1과 Y_n의 함수이므로 최소충분통계량일 것이라고 주장할 수 있다. 그러나 전혀 그렇지 않다. $\widehat{\theta}$은 충분성을 만족하지 않기 때문이다. mle가 최소충분통계량인지 고려하기 전에 mle 자체가 모수에 대한 충분통계량이어야 한다.

앞 예제의 상황은 $W_1, W_2, \cdots, W_n$이 공통의 균등 $(-1, 1)$ pdf를 가진 iid일 때 다음과 같이 모형화될 수 있다.

$$X_i = \theta + W_i \tag{7.8.1}$$

이것은 위치모형(location model)의 예이다. 이 모형에 대해 포괄적으로 살펴보자.

예제 7.8.3 다음과 같은 위치모형을 생각해보자.

$$X_i = \theta + W_i \tag{7.8.2}$$

여기서 $W_1, W_2, \cdots, W_n$은 iid인 공통의 pdf $f(w)$와 공통의 연속형 cdf $F(w)$를 갖는다. 예제 7.7.5에서 순서통계량 $Y_1 < Y_2 < \cdots < Y_n$은 완비충분통계량임을 알았다. 최소충분통계량을 구할 수 있는가? 다음 네 가지를 고려하자.

(a) $f(w)$를 $N(0, 1)$인 pdf라고 하면 $\overline{X}$는 θ의 최소분산불편추정량이고 mle이다. 또한 $\overline{X} = n^{-1}\sum_{i=1}^{n} Y_i$이다. 즉 순서통계량의 함수이다. 따라서 $\overline{X}$는 최소충분이다.

(b) $w > 0$일 때 $f(w) = \exp\{-w\}$, 그 외에 $f(w) = 0$이라면 Y_1은 충분통계량이고 mle이면서 최소충분이다.

(c) $f(w)$를 로지스틱 pdf라고 하자. 예제 6.1.2에서 설명했듯이 θ의 mle가 존재하고 이는 계산하기 쉽다. 그러나 Lehmann과 Casella(1998) 38쪽을 보면 이 경우 순서통계량은 최소충분이다. 즉 더 이상의 축약이 불가능하다.

(d) $f(w)$를 라플라스 pdf라고 하자. 예제 6.1.1에서 밝혔듯이 θ의 mle는 중앙값 Q_2이다. 하지만 충분통계량은 아니다. 게다가 로지스틱 pdf와 유사하게 순서통계량은 여기서 최소충분성임을 보여준다.

일반적으로 mle가 순서통계량과 약분이 불가능한 최소충분통계량보다 구하기 쉬운 (c)와 (d)는 위치모형의 놈(norm)이다.

최소충분통계량과 완비성 사이에도 관계가 있는데 이것은 Lehmann과 Scheffé(1950)에 좀 더 완벽하게 설명되어 있다. 이 책에서는 단순하게 설명 없이 완비충분통계량을 최소충분통계량이라고 하자. 그러나 예제 7.8.1에서 언급했듯이 다음과 같으므로 그 역이 성립하지 않는다.

$$\text{모든 } \theta\text{에 대해} \quad E\left[\frac{Y_n - Y_1}{2} - \frac{n-1}{n+1}\right] = 0$$

즉 모든 θ에 대해 기댓값이 0인 최소충분통계량 Y_1과 Y_n의 음이 아닌 함수가 존재한다.

충분통계량과 거의 반대인 것처럼 보이는 다른 통계량이 있다. 즉 충분통계량이 모수에 대한 모든 정보를 가지고 있는 데 비해 **보조통계량**(ancillary statistic)은 모수에 의존하지 않는 분포를 따르며, 따라서 이러한 모수에 대한 어떠한 정보도 가지고 있지 않은 것처럼 보인다. 예를 들어 $N(\theta, 1)$에서 추출한 확률표본에서 분산 S^2은 θ에 의존하지 않는 분포를 따르며, 따라서 보조통계량이다. 또 다른 예로, 알려진 모수 $\alpha > 0$와 알려지지 않은 모수 $\beta = \theta$를 가진 감마분포에서 추출한 확률표본을 X_1, X_2라고 할 때 비율 $Z = X_1/(X_1 + X_2)$이 있다. 왜냐하면 Z는 θ에 의존하지 않는 베타분포를 따르기 때문이다. 보조통계량의 수많은 예가 있는데, 특정 모형에서 그것을 좀 더 쉽게 구할 수 있는 규칙이 있다. 다음 세 예제를 통해 보조통계량을 쉽게 찾는 방법을 살펴보자.

예제 7.8.4 **[위치불변통계량]** 예제 7.8.3에서 위치모형을 다루었다. $-\infty < \theta < \infty$일 때 X_1, X_2, ⋯, X_n에 대한 다음 모형은 모수이고

$$X_i = \theta + W_i, \quad i = 1, \ldots, n \tag{7.8.3}$$

W_1, W_2, ⋯, W_n은 θ에 의존하지 않는 pdf $f(w)$를 가진 확률변수이다. 그러면 X_i의 공통 pdf는 $f(x - \theta)$이다.

$Z = u(X_1, X_2, \cdots, X_n)$은 모든 실수 d에 대해 다음과 같은 통계량을 갖는다고 하자.

$$u(x_1 + d, x_2 + d, \ldots, x_n + d) = u(x_1, x_2, \ldots, x_n)$$

그러므로 다음은 (θ가 아닌) W_1, W_2, ⋯, W_n만의 함수이다.

$$Z = u(W_1 + \theta, W_2 + \theta, \ldots, W_n + \theta) = u(W_1, W_2, \ldots, W_n)$$

따라서 Z는 θ에 의존하지 않는 분포를 갖는다. 그리고 $Z = u(X_1, X_2, \cdots, X_n)$을 **위치불변통계량**(location-invariant statistic)이라고 한다.

위치모형을 가정할 때 위치불변통계량의 몇 가지 예가 있다. 표본분산 $= S^2$, 표본범위 $= \max\{X_i\} - \min\{X_i\}$, 표본중앙값의 평균편차 $= (1/n)\sum|X_i - \text{median}(X_i)|$, $X_1 + X_2 - X_3 - X_4$, $X_1 + X_3 - 2X_2$, $(1/n)\sum[X_i - \min(X_i)]$ 등이다. 범위가 위치불변인지를 확인하려면 다음을 보라.

$$\begin{aligned}\max\{X_i\} - \theta &= \max\{X_i - \theta\} = \max\{W_i\} \\ \min\{X_i\} - \theta &= \min\{X_i - \theta\} = \min\{W_i\}\end{aligned}$$

그러므로

$$\begin{aligned}\text{범위} &= \max\{X_i\}-\min\{X_i\} = \max\{X_i\}-\theta-(\min\{X_i\}-\theta)\\ &= \max\{W_i\}-\min\{W_i\}\end{aligned}$$

따라서 범위의 분포는 W_i의 분포에만 영향을 받기 때문에 이는 위치불변이다. 다른 위치불변통계량은 연습문제 7.8.4를 참조하라.

예제 7.8.5 **[규모불변통계량] 규모모형**(scale model)을 따르는 확률표본 $X_1, X_2, \cdots, X_n$을 생각해보자. 즉 모형은 다음과 같은 형태이다.

$$X_i = \theta W_i, \quad i = 1, \ldots, n \tag{7.8.4}$$

여기서 $\theta > 0$이고 $W_1, W_2, \cdots, W_n$은 θ에 의존하지 않는 pdf $f(w)$의 iid인 확률변수이다. X_i의 공통 pdf는 $\theta^{-1}f(x/\theta)$이다. θ를 규모 모수라고 한다. $Z = u(X_1, X_2, \cdots, X_n)$을 모든 $c > 0$에 대해 다음과 같은 통계량이라고 가정하자.

$$u(cx_1, cx_2, \ldots, cx_n) = u(x_1, x_2, \ldots, x_n)$$

그러면

$$\begin{aligned}Z = u(X_1, X_2, \ldots, X_n) &= u(\theta W_1, \theta W_2, \ldots, \theta W_n)\\ &= u(W_1, W_2, \ldots, W_n)\end{aligned}$$

$W_1, W_2, \cdots, W_n$의 결합 pdf와 Z는 θ를 포함하지 않으므로 Z의 분포는 θ에 의존하지 않는다. 이러한 경우에 Z를 **규모불변통계량**(scale-invariant statistic)이라고 한다.

$X_1/(X_1 + X_2)$, $X_1^2/\sum_{i=1}^n X_i^2$, $\min(X_i)/\max(X_i)$는 규모불변통계량의 예이다. 첫 번째 통계량의 규모불변은 다음의 결과에 따른 것이다.

$$\frac{X_1}{X_1+X_2} = \frac{(\theta X_1)/\theta}{[(\theta X_1)+(\theta X_2)]/\theta} = \frac{W_1}{W_1+W_2}$$

다른 통계량의 규모불변은 연습문제 7.8.5에서 다룬다.

예제 7.8.6 **[위치규모불변통계량]** 예제 7.7.5에서와 같이 위치규모모형에 대한 확률표본 $X_1, X_2, \cdots, X_n$을 고려하자. 즉

$$X_i = \theta_1 + \theta_2 W_i, \quad i = 1, \ldots, n \tag{7.8.5}$$

여기서 W_i는 θ_1, θ_2에 의존하지 않는 공통의 pdf $f(t)$를 가진 iid이다. 이 경우에 X_i의 pdf는 $\theta_2^{-1} f((x-\theta_1)/\theta_2)$이다. 통계량 $Z = u(X_1, X_2, \cdots, X_n)$에 대해 생각해보자. 여기서

$$u(cx_1 + d, \ldots, cx_n + d) = u(x_1, \ldots, x_n)$$

그러면

$$Z = u(X_1, \dots, X_n) = u(\theta_1 + \theta_2 W_1, \dots, \theta_1 + \theta_2 W_n) = u(W_1, \dots, W_n)$$

W_1, W_2, $\cdots$, W_n의 결합 pdf와 Z는 모수 θ_1, θ_2를 포함하지 않으므로 Z의 분포는 θ_1, θ_2에 의존하지 않는다. 이와 같은 통계량 $Z = u(X_1,\ X_2,\ \cdots,\ X_n)$을 **위치규모불변통계량**(location- and scale-invariant statistic)이라고 한다. 다음은 이러한 통계량의 예이다.

(a) $T_1 = [\max(X_i) - \min(X_i)]/S$

(b) $T_2 = \sum_{i=1}^{n-1} (X_{i+1} - X_i)^2/S^2$

(c) $T_3 = (X_i - \overline{X})/S$

(d) $T_4 = |X_i - X_j|/S,\ i \neq j$

$\overline{X} - \theta_1 = n^{-1}\sum_{i=1}^{n} (X_i - \theta_1)$이라고 하자. (d)에 제시한 통계량의 위치규모불변은 다음 두 결과에 따른 것이다.

$$\begin{aligned} S^2 &= \theta_2^2 \sum_{i=1}^{n} \left[\frac{X_i - \theta_1}{\theta_2} - \frac{\overline{X} - \theta_1}{\theta_2}\right]^2 = \theta_2^2 \sum_{i=1}^{n} (W_i - \overline{W})^2 \\ X_i - X_j &= \theta_2 \left[\frac{X_i - \theta_1}{\theta_2} - \frac{X_j - \theta_1}{\theta_2}\right] = \theta_2(W_i - W_j) \end{aligned}$$

다른 통계량은 연습문제 7.8.6에서 다룬다.

위치불변통계량, 규모불변통계량, 위치규모불변통계량은 pdf의 적절한 모형에 의해 보조통계량의 좋은 예를 보여준다. 보조통계량과 완비(최소)충분통계량은 이렇듯 서로 반대이기 때문에 어떤 면에서는 서로 아무 관계가 없다고 생각할 수 있다. 이는 사실이며 다음 절에서 그것이 독립인 통계량임을 밝힐 것이다.

연습문제

7.8.1 모수가 θ인 다음의 분포에서 추출한 확률표본을 X_1, X_2, $\cdots$, X_n이라고 하자. 각 경우에 θ의 mle를 구하고, 그것이 θ에 대한 충분통계량이며 따라서 최소충분통계량임을 밝혀라.

(a) $b(1, \theta)$, $0 \leq \theta \leq 1$

(b) 평균 $\theta > 0$인 푸아송 분포

(c) $\alpha = 3$, $\beta = \theta > 0$인 감마분포

(d) $-\infty < \theta < \infty$에 대해 $N(\theta, 1)$

(e) $0 < \theta < \infty$에 대해 $N(0, \theta)$

7.8.2 폐구간 $[-\theta,\ \theta]$에서 pdf $f(x;\ \theta) = (1/2\theta)I_{[-\theta,\theta]}(x)$를 가진 균등분포에서 추출한 크기 n인 확률표본의 순서통계량을 $Y_1 < Y_2 < \cdots < Y_n$이라고 하자.

(a) Y_1과 Y_n이 θ에 대한 결합충분통계량임을 밝혀라.

(b) θ의 mle가 $\widehat{\theta} = \max(-Y_1,\ Y_n)$이라는 것에 대해 논하라.

(c) mle $\widehat{\theta}$이 θ에 대한 충분통계량이며, 또한 θ에 대한 최소충분통계량임을 밝혀라.

7.8.3 $-\infty < \theta_1 < \infty,\ 0 < \theta_2 < \infty$에 대해 다음과 같은 pdf를 가진 분포에서 추출한 크기 n인 확률표본의 순서통계량을 $Y_1 < Y_2 < \cdots < Y_n$이라고 하자.

$$f(x;\theta_1,\theta_2) = \left(\frac{1}{\theta_2}\right) e^{-(x-\theta_1)/\theta_2} I_{(\theta_1,\infty)}(x)$$

θ_1과 θ_2에 대한 결합최소충분통계량을 구하라.

7.8.4 예제 7.8.4에 이어서 다음의 통계량이 위치불변임을 밝혀라.

(a) 표본분산 $= S^2$

(b) 표본중앙값의 평균편차 $= (1/n)\sum|X_i - \text{median}(X_i)|$

(c) $(1/n)\sum[X_i - \min(X_i)]$

7.8.5 예제 7.8.5에서 규모모형을 소개하고 규모불변을 정의했다. 예제 7.8.5의 표기를 사용하여 다음의 통계량이 규모불변임을 밝혀라.

(a) $X_1^2/\sum_{i=1}^{n} X_i^2$

(b) $\min\{X_i\}/\max\{X_i\}$

7.8.6 예제 7.8.6에 나열된 다른 통계량의 위치규모불변을 밝혀라.

(a) $T_1 = [\max(X_i) - \min(X_i)]/S$

(b) $T_2 = \sum_{i=1}^{n-1}(X_{i+1} - X_i)^2/S^2$

(c) $T_3 = (X_i - \overline{X})/S$

7.8.7 연습문제 7.8.1(d), 7.8.2, 7.8.3에 제시된 각각의 분포에서 추출한 확률표본에서 본문의 예제와 다른 최소한 2개의 보조통계량을 정의하라. 이러한 예제는 각각 위치불변통계량, 규모불변통계량, 위치규모불변통계량을 보여준다.

7.9 충분성, 완비성, 독립성

$\theta \in \Omega$인 모수 θ에 대한 충분통계량이 Y_1이라면 $Y_1 = y_1$일 때 다른 통계량 Z의 조건부 pdf인 $h(z|y_1)$은 θ에 의존하지 않음을 보았다. 또한 Y_1과 Z가 서로 독립이면 Z의 pdf $g_2(z)$는 $g_2(z) =$

$h(z|y_1)$을 만족하고, 따라서 $g_2(z)$도 θ에 의존하지 않아야 한다. 그러므로 통계량 Z와 모수 θ에 대한 충분통계량 Y_1의 독립성은 Z의 분포가 $\theta \in \Omega$에 의존하지 않음을 뜻한다. 즉 Z는 보조통계량이다.

이 성질의 역을 연구하는 것은 흥미로운 일이다. 보조통계량 Z의 분포가 θ에 의존하지 않는다고 가정하면 Z와 θ에 대한 충분통계량 Y_1은 독립인가? 우선 Y_1과 Z의 결합 pdf는 $g_1(y_1;\theta)$ $h(z|y_1)$인데, 여기서 $g_1(y_1;\theta)$와 $h(z|y_1)$은 각각 Y_1의 주변 pdf, $Y_1 = y_1$일 때 Z의 조건부 pdf이다. 따라서 Z의 주변 pdf는 다음과 같으며,

$$\int_{-\infty}^{\infty} g_1(y_1;\theta)h(z|y_1)\,dy_1 = g_2(z)$$

이것은 가설에 의해 θ에 의존하지 않는다.

$$\int_{-\infty}^{\infty} g_2(z)g_1(y_1;\theta)\,dy_1 = g_2(z)$$

그러므로 마지막 두 적분의 차를 취함으로써 모든 $\theta \in \Omega$에 대해 다음이 성립한다.

$$\int_{-\infty}^{\infty} [g_2(z) - h(z|y_1)]g_1(y_1;\theta)\,dy_1 = 0 \tag{7.9.1}$$

Y_1은 θ에 대한 충분통계량이므로 $h(z|y_1)$은 θ에 의존하지 않는다. 가정에 의해 $g_2(z)$ 그리고 $g_2(z) - h(z|y_1)$은 θ에 의존하지 않는다. 이제 족 $\{g_1(y_1;\theta) : \theta \in \Omega\}$가 완비이면 식 (7.9.1)은 다음을 요할 것이다.

$$g_2(z) - h(z|y_1) = 0 \quad \text{또는} \quad g_2(z) = h(z|y_1)$$

즉 Y_1과 Z의 결합 pdf는 다음과 같아야 한다.

$$g_1(y_1;\theta)h(z|y_1) = g_1(y_1;\theta)g_2(z)$$

그러므로 Y_1과 Z는 독립이고, 따라서 다음 정리를 증명한 셈이다. 다음 정리는 네이만(Neyman)과 호그(Hogg)가 특수한 경우를 고려하고 바수(Basu)가 일반적인 경우를 제시한 것이다.

정리 7.9.1

$\theta \in \Omega$(단, Ω는 구간집합)에 대해 pdf $f(x;\theta)$를 가진 분포에서 추출한 확률표본이 $X_1, X_2, \cdots, X_n$이고, 통계량 Y_1은 θ에 대한 완비충분통계량이라고 하자. 또한 $Z = u(X_1, X_2, \cdots, X_n)$을 임의의 다른 통계량($Y_1$만의 함수는 아니다)이라고 하자. 만약 Z의 분포가 θ에 의존하지 않으면 Z는 충분통계량 Y_1과 독립이다.

위의 논의에서 Y_1이 θ의 충분통계량이면 Y_1과 Z의 독립성은 Z의 분포 $\{g_1(y_1;\theta) : \theta \in \Omega\}$가 완비이건 아니건 간에 θ에 의존하지 않음을 뜻하는 것은 흥미롭다. 그러나 역으로 $g_2(z)$가 θ에

의존하지 않는다는 사실로부터 독립성을 증명하기 위해서는 반드시 완비성이 필요하다. 따라서 족 $\{g_1(y_1; \theta) : \theta \in \Omega\}$가 완비(지수류의 정칙인 경우와 같이)임을 아는 경우를 다룬다면 통계량 Z는 Z의 분포가 θ에 의존하지 않을 때에 한하여(즉 Z는 보조통계량) 충분통계량 Y_1과 독립이라고 할 수 있다.

이 정리(지수류의 정칙인 경우에 대해 이 정리의 특수한 공식을 포함하여)는 곧 m개의 결합 충분통계량이 존재하는 경우 m개의 모수를 포함하는 확률밀도함수로 확장될 수 있음에 유의해야 한다. 예를 들어 θ_1과 θ_2에 대한 2개의 결합완비충분통계량이 존재하는 지수류의 정칙인 경우를 나타내는 pdf $f(x; \theta_1, \theta_2)$를 가진 분포에서 추출한 확률표본을 $X_1, X_2, \cdots, X_n$이라고 하자. 이때 임의의 다른 통계량 $Z = u(X_1, X_2, \cdots, X_n)$이 결합완비충분통계량과 독립이기 위한 필요충분조건은 Z의 분포가 θ_1 또는 θ_2에 의존하지 않는 것이다.

$N(\mu, \sigma^2)$인 분포에서 추출한 크기 n인 확률분포의 평균 $\overline{X}$와 분산 S^2의 독립성에 관한 다른 증명을 제공하는 이 정리의 예를 살펴보자. 이 증명은 마치 $(n-1)S^2/\sigma^2$이 $\chi^2(n-1)$임을 알지 못하는 것처럼 제공된다. 이 사실과 독립성은 같은 이론하에 성립하기 때문이다(정리 3.6.1).

예제 7.9.1 $N(\mu, \sigma^2)$인 분포에서 추출한 크기 n인 확률표본을 $X_1, X_2, \cdots, X_n$이라고 하자. 표본의 평균 $\overline{X}$는 알려진 모든 σ^2에 대해 모수 $\mu(-\infty < \mu < \infty)$에 대한 완비충분통계량임을 안다. 위치불변인 다음 통계량을 생각해보자.

$$S^2 = \frac{1}{n-1}\sum_{i=1}^{n}(X_i - \overline{X})^2$$

S^2은 μ에 의존하지 않는 분포를 따라야 하며, 따라서 정리에 의해 S^2과 μ에 대한 완비충분통계량인 $\overline{X}$는 독립이다.

예제 7.9.2 다음과 같은 pdf를 가진 분포에서 추출한 크기 n인 확률표본을 $X_1, X_2, \cdots, X_n$이라고 하자.

$$\begin{aligned} f(x;\theta) &= \exp\{-(x-\theta)\}, \quad \theta < x < \infty, \quad -\infty < \theta < \infty \\ &= 0 \qquad\qquad\qquad\quad \text{그 외에} \end{aligned}$$

이때 pdf는 $f(x-\theta)$ 형식이고 $0 < w < \infty$일 때 $f(w) = e^{-w}$, 그 외에 $f(w) = 0$이다. 또한 연습문제 7.4.5를 통해 제1순서통계량 $Y_1 = \min(X_i)$는 θ에 대한 완비충분통계량임을 안다. 따라서 Y_1은 모든 실수 d에 대해 다음과 같은 성질을 지닌 각 위치불변통계량 $u(X_1, X_2, \cdots, X_n)$과 독립이어야 한다.

$$u(x_1 + d, x_2 + d, \ldots, x_n + d) = u(x_1, x_2, \ldots, x_n)$$

이러한 통계량의 예증은 S^2, 표본범위, 그리고 다음과 같다.

$$\frac{1}{n}\sum_{i=1}^{n}[X_i - \min(X_i)]$$

예제 7.9.3 다음과 같은 pdf를 가진 분포에서 추출한 $n = 2$인 확률표본을 X_1, X_2라고 하자.

$$\begin{aligned} f(x;\theta) &= \frac{1}{\theta}e^{-x/\theta}, \quad 0 < x < \infty, \ \ 0 < \theta < \infty \\ &= 0 \qquad\qquad\quad \text{그 외에} \end{aligned}$$

pdf는 $(1/\theta)f(x/\theta)$ 형식이며, $0 < w < \infty$일 때 $f(w) = e^{-w}$, 그 외에 $f(w) = 0$이다. $Y_1 = X_1 + X_2$가 θ에 대한 완비충분통계량임을 알고 있다. 따라서 Y_1은 성질 $u(cx_1, cx_2) = u(x_1, x_2)$를 가진 모든 규모불변통계량 $u(X_1, X_2)$와 독립이다. 이것의 예증은 X_1/X_2과 $X_1/(X_1 + X_2)$이며 이 통계량은 각각 F-분포와 베타분포를 따른다.

예제 7.9.4 $-\infty < \theta_1 < \infty$, $0 < \theta_2 < \infty$에 대해 $N(\theta_1, \theta_2)$인 분포에서 추출한 확률표본을 $X_1, X_2, \cdots, X_n$이라고 하자. 예제 7.7.2에서 이 표본의 평균 $\overline{X}$와 분산 S^2은 θ_1과 θ_2에 대한 결합 완비충분통계량임을 증명했다. $u(cx_1 + d, \cdots, cx_n + d) = u(x_1, \cdots, x_n)$인 성질을 만족하는 다음 통계량을 생각해보자.

$$Z = \frac{\sum_{i=1}^{n-1}(X_{i+1} - X_i)^2}{\sum_{i=1}^{n}(X_i - \overline{X})^2} = u(X_1, X_2, \ldots, X_n)$$

즉 보조통계량 Z는 $\overline{X}$, S^2 둘 다와 독립이다.

이 절에서는 완비충분통계량이 보조통계량과 독립인 몇 가지 예제를 제시했다. 이러한 경우 보조통계량은 모수에 대해 정보를 제공하지 않는다. 그러나 충분통계량이 완비가 아니면 다음 예제에서와 같이 보조통계량도 어떤 정보를 제공할 수 있다.

예제 7.9.5 예제 7.8.1과 7.8.2를 다시 살펴보자. pdf $(1/2)I_{(\theta-1,\theta+1)}(x)$를 가진 기저분포에서 표본을 추출했을 때, 첫 번째와 n번째 순서통계량인 Y_1과 Y_n이 θ에 대한 최소충분통계량이었다. 때때로 $T_1 = (Y_1 + Y_n)/2$은 이러한 충분통계량의 함수이고 불편이므로 θ의 추정량으로 사용된다. T_1과 보조통계량 $T_2 = Y_n - Y_1$ 사이의 관계를 구해보자.

Y_1과 Y_n의 결합 pdf는

$$g(y_1, y_n; \theta) = n(n-1)(y_n - y_1)^{n-2}/2^n, \quad \theta - 1 < y_1 < y_n < \theta + 1$$

그 외에 $g(y_1,\ y_n;\ \theta) = 0$이다. 따라서 T_1과 T_2의 결합 pdf는 야코비안의 절댓값이 1이므로

$$h(t_1, t_2; \theta) = n(n-1)t_2^{n-2}/2^n, \quad \theta - 1 + \frac{t_2}{2} < t_1 < \theta + 1 - \frac{t_2}{2}, \quad 0 < t_2 < 2$$

그 외에 $h(t_1,\ t_2;\ \theta) = 0$이다. 따라서 T_2의 pdf는

$$h_2(t_2; \theta) = n(n-1)t_2^{n-2}(2 - t_2)/2^n, \quad 0 < t_2 < 2$$

그 외에 $h_2(t_2;\ \theta) = 0$이다. 물론 T_2는 보조통계량이므로 θ에 의존하지 않는다. 따라서 $T_2 = t_2$가 주어졌을 때 T_1의 조건부 pdf는

$$h_{1|2}(t_1|t_2; \theta) = \frac{1}{2 - t_2}, \quad \theta - 1 + \frac{t_2}{2} < t_1 < \theta + 1 - \frac{t_2}{2}, \ 0 < t_2 < 2$$

그 외에 $h_{1|2}(t_1|t_2;\ \theta) = 0$이다. 이 분포는 구간 $(\theta - 1 + t_2/2, \theta + 1 - t_2/2)$에서 균등분포이며, 따라서 T_1의 평균과 분산은 각각 다음과 같다.

$$E(T_1|t_2) = \theta, \quad Var(T_1|t_2) = \frac{(2 - t_2)^2}{12}$$

즉 $T_2 = t_2$가 주어졌을 때 T_1의 조건부 분산에 대해 어떠한 정보를 알 수 있다. 특히 T_2의 관측값이 크면(2에 가까우면) 분산이 작고 추정량 T_1을 더욱 신뢰할 수 있게 된다. 한편 t_2의 작은 값은 θ에 대한 추정량으로 T_1을 덜 신뢰하게 된다는 것을 의미한다. 이 조건부 분산이 표본의 크기에 의존하지 않고 단지 $T_2 = t_2$의 관측값에 의존한다는 것은 매우 흥미롭다. 물론 표본의 크기가 증가함에 따라 T_2가 커지는 경향이 있으며, 이때 T_1은 보다 작은 조건부 분산을 갖는다.

예제 7.9.5는 점추정에서 보조통계량이 약간의 도움을 줄 수 있다는 것을 수학적으로 보여주는 특수한 경우이기는 하지만 이는 실제로도 일어난다. 예를 들어 표본의 크기가 충분히 크다면 다음은 근사적으로 표준정규분포를 따른다는 것을 안다.

$$T = \frac{\overline{X} - \mu}{S/\sqrt{n}}$$

물론 표본이 정규분포에서 추출되었다면 $\overline{X}$와 S는 독립이며, T는 자유도가 $n - 1$인 t-분포를 따른다. 만약 표본이 대칭분포에서 추출되었다면 $\overline{X}$와 S는 비상관이며, T는 근사적으로 t-분포를 따르고 표본의 크기가 30~40 정도이면 근사 표준정규분포를 따른다. 한편 표본이 (오른쪽으로) 매우 치우친 분포에서 추출되었다면 $\overline{X}$와 S는 상관성이 높고, 확률 $P(-1.96 < T < 1.96)$는 표

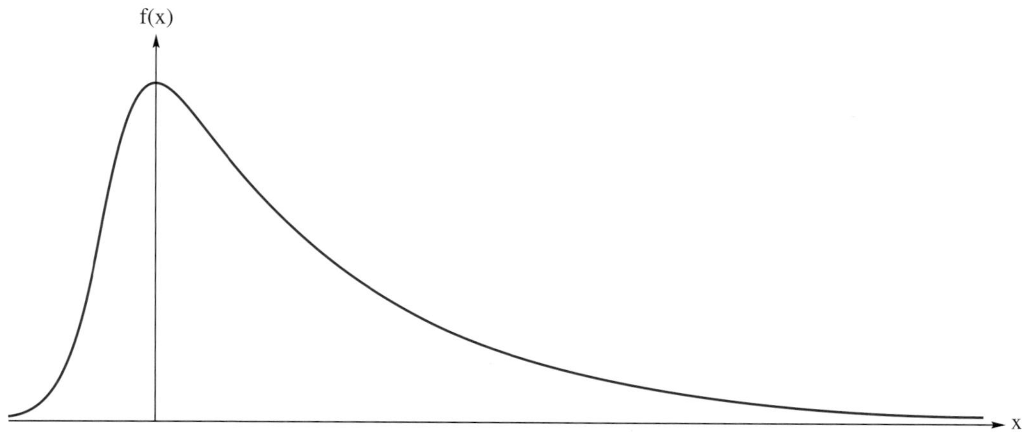

그림 7.9.1 오른쪽으로 치우친 분포의 그래프. 연습문제 7.9.14를 참조하라.

본이 매우 크지 않은(30보다 훨씬 크지 않은) 한 필연적으로 0.95에 가깝지 않다. 직관적으로 기저 분포가 오른쪽으로 매우 치우쳐 있다면 이러한 상관성이 왜 존재하는지를 이해할 수 있다. S가 μ에 의존하지 않는 분포를 따르면(즉 보조통계량이면) 기저의 pdf가 그림 7.9.1과 같기 때문에 큰 값의 S는 큰 값의 $\overline{X}$를 의미한다. 물론 작은 값의 $\overline{X}$(예: 최빈값보다 작은 경우)는 상대적으로 작은 값의 S를 요구한다. 이는 n이 매우 크지 않은 한 다음 값이 매우 치우친 분포로부터의 자료에서 근사적으로 95% 신뢰구간을 제공한다고 말하는 것은 위험함을 의미한다.

$$\overline{x} - \frac{1.96s}{\sqrt{n}}, \quad \overline{x} + \frac{1.96s}{\sqrt{n}}$$

사실 표본의 크기가 30~40 정도인 경우 이러한 신뢰계수는 95%라기보다는 80%에 더욱 가깝다는 것을 알 수 있다.

연습문제

7.9.1 $0 < \theta < \infty$에 대해 $0 < x < \theta$일 때 $f(x; \theta) = 1/\theta$, 그 외에 $f(x; \theta) = 0$인 pdf를 가진 분포로부터 추출한 크기 4인 확률표본의 순서통계량을 $Y_1 < Y_2 < Y_3 < Y_4$라고 하자. θ에 대한 완비충분통계량인 Y_4가 Y_1/Y_4, $(Y_1 + Y_2)/(Y_3 + Y_4)$ 각각과 독립임을 논하라.

힌트: pdf가 $(1/\theta)f(x/\theta)$ 형식이며 $0 < w < 1$일 때 $f(w) = 1$, 그 외에 $f(w) = 0$이다.

7.9.2 $-\infty < \theta < \infty$에 대해 정규분포 $N(\theta, \sigma^2)$에서 추출한 확률표본의 순서통계량을 $Y_1 < Y_2 < \cdots < Y_n$이라고 하자. $Z = Y_n - \overline{Y}$의 분포가 θ에 의존하지 않음을 밝혀라. 따라서 θ에 대한 완비충분통계량인 $\overline{Y} = \sum_{i=1}^{n} Y_i/n$는 Z와 독립이다.

7.9.3 $X_1, X_2, \cdots, X_n$을 $-\infty < \theta < \infty$에 대해 $N(\theta, \sigma^2)$ 분포를 가진 iid라고 하자. θ에 대한 완비충분통계량인 통계량 $Z = \sum_{i=1}^n a_iX_i$와 $Y = \sum_{i=1}^n X_i$가 독립이 되기 위한 필요충분조건은 $\sum_{i=1}^n a_i = 0$임을 증명하라.

7.9.4 $k = 1, 2, 3, \cdots$에 대해 $E(X^k)$과 $E(Y^k) \neq 0$인 확률변수를 X, Y라고 하자. 비율 X/Y와 분모 Y가 독립이라면 $k = 1, 2, 3, \cdots$에 대해 $E[(X/Y)^k] = E(X^k)/E(Y^k)$임을 증명하라.

힌트: $E(X^k) = E[Y^k(X/Y)^k]$으로 나타내라.

7.9.5 $0 < x < \infty$, $0 < \theta < \infty$일 때 $f(x; \theta) = (1/\theta)e^{-x/\theta}$, 그 외에 $f(x; \theta) = 0$인 pdf를 가진 분포로부터 추출한 크기 n인 확률표본의 순서통계량을 $Y_1 < Y_2 < \cdots < Y_n$이라고 하자. 비율 $R = nY_1/\sum_{i=1}^n Y_i$과 그 분모($\theta$에 대한 완비충분통계량)가 독립임을 밝혀라. 연습문제 7.9.4의 결과를 이용하여 $k = 1, 2, 3, \cdots$에 대해 $E(R^k)$을 구하라.

7.9.6 $X_1, X_2, \cdots, X_5$를 $0 < x < \infty$일 때 $f(x) = e^{-x}$, 그 외에 $f(x) = 0$인 pdf를 가진 iid라고 하자. $(X_1 + X_2)/(X_1 + X_2 + \cdots + X_5)$와 그 분모가 독립임을 밝혀라.

힌트: pdf $f(x)$는 $\{f(x; \theta) : 0 < \theta < \infty\}$의 원소이다. 여기서 $0 < x < \infty$일 때 $f(x; \theta) = (1/\theta)e^{-x/\theta}$, 그 외에 $f(x; \theta) = 0$이다.

7.9.7 $-\infty < \theta_1 < \infty$, $0 < \theta_2 < \infty$에 대해 정규분포 $N(\theta_1, \theta_2)$에서 추출한 확률표본의 순서통계량을 $Y_1 < Y_2 < \cdots < Y_n$이라고 하자. θ_1과 θ_2에 대한 결합완비충분통계량 $\overline{X} = \overline{Y}$와 S^2이 $(Y_n - \overline{Y})/S$와 $(Y_n - Y_1)/S$ 각각과 독립임을 밝혀라.

7.9.8 $-\infty < \theta_1 < \infty$, $0 < \theta_2 < \infty$에 대해 $\theta_1 < x < \infty$일 때 다음과 같은 pdf를 가진 분포에서 추출한 확률표본의 순서통계량을 $Y_1 < Y_2 < \cdots < Y_n$이라고 하자.

$$f(x; \theta_1, \theta_2) = \frac{1}{\theta_2} \exp\left(-\frac{x - \theta_1}{\theta_2}\right)$$

θ_1과 θ_2에 대한 결합완비충분통계량인 Y_1과 $\overline{X} = \overline{Y}$가 $(Y_2 - Y_1)/\sum_{i=1}^n (Y_i - Y_1)$과 독립임을 밝혀라.

7.9.9 정규분포 $N(0, \theta)$에서 추출한 크기 5인 확률표본을 $X_1, X_2, \cdots, X_5$라고 하자.

(a) $R = (X_1^2 + X_2^2)/(X_1^2 + \cdots + X_5^2)$과 분모 $(X_1^2 + \cdots + X_5^2)$이 독립임을 밝혀라.

(b) $5R/2$은 자유도 2와 5인 F-분포를 따르는가? 답에 대해 설명하라.

(c) 연습문제 7.9.4를 이용하여 $E(R)$을 계산하라.

7.9.10 예제 7.9.5를 참조하여 다음을 만족하는 c를 구하라.

$$P(-c < T_1 - \theta < c|T_2 = t_2) = 0.95$$

이 결과를 이용하여 $T_2 = t_2$일 때에 대한 95% 신뢰구간을 구하라. t_2의 범위가 더 커졌을 때 신뢰구간의 길이가 얼마나 더 작아지는지 주목하라.

7.9.11 $Y = |X|$는 $\theta > 0$에 대한 완비충분통계량임을 밝혀라. 여기서 X는 $-\theta < x < \theta$일 때 $f_X(x;\theta) = 1/(2\theta)$, 그 외에 $f_X(x;\theta) = 0$인 pdf를 갖는다. $Y = |X|$와 $Z = \text{sgn}(X)$는 독립임을 밝혀라.

7.9.12 $N(\theta, \sigma^2)$에서 추출한 확률표본의 순서통계량을 $Y_1 < Y_2 < \cdots < Y_n$이라고 하자. 여기서 σ^2은 알려지지 않은 상수이다. 따라서 $\overline{Y} = \overline{X}$는 θ에 대한 완비충분통계량이다. θ에 대한 다른 통계량을 생각해보자. $i = 1, 2, \cdots, [n/2]$에 대해 $T = (Y_i + Y_{n+1-i})/2$, 또는 T는 이 통계량의 가중평균이다.

(a) $T - \overline{X}$와 $\overline{X}$는 독립인 확률변수인가?

(b) $Var(T) = Var(\overline{X}) + Var(T - \overline{X})$임을 밝혀라.

(c) $Var(\overline{X}) = \sigma^2/n$임을 알고 있다. 이것은 $Var(T)$에 대한 몬테카를로(Monte Carlo) 방법으로 $Var(T - \overline{X})$를 추정하는 것이 $Var(T)$를 추정하는 것보다 효율적이다. $Var(T) \geq Var(T - \overline{X})$이기 때문이다. 이것을 몬테카를로 속임수(Monte Carlo swindle)라고 한다.

7.9.13 $0 < \theta < \infty$에 대해 $0 < x < \infty$일 때 $f(x;\theta) = (1/2)\theta^3 x^2 e^{-\theta x}$, 그 외에 $f(x;\theta) = 0$인 pdf를 가진 분포에서 추출한 확률표본을 $X_1, X_2, \cdots, X_n$이라고 하자.

(a) θ의 mle $\widehat{\theta}$을 구하라. $\widehat{\theta}$은 불변인가?

힌트: 우선 $Y = \sum_{i=1}^{n} X_i$의 pdf를 구하고 $E(\widehat{\theta})$을 계산하라.

(b) Y가 θ에 대한 완비충분통계량인지에 대해 논하라.

(c) θ의 최소분산불편추정량을 구하라.

(d) X_1/Y과 Y가 독립인지 밝혀라.

(e) X_1/Y의 분포는 무엇인가?

7.9.14 그림 7.9.1에 나타낸 확률밀도함수는 다음과 같다.

$$f_{m_2}(x) = e^{-x}(1 + m_2^{-1}e^{-x})^{-(m_2+1)}, \quad -\infty < x < \infty \tag{7.9.2}$$

여기서 $m_2 > 0$(그래프에서 $m_2 = 0.1$)이다. 이것은 생존 분석에 유용한 큰 확률밀도함수의 족(log F족)이다. Hettmansperger와 McKean(2011) 3장을 참조하라.

(a) pdf 식 (7.9.2)를 가진 확률변수를 W라고 할 때 $W = \log Y$임을 밝혀라. 여기서 Y는 자유도가 2, $2m_2$인 F-분포이다.

(b) $m_2 = 1$일 때 pdf는 로지스틱 pdf 식 (6.1.8)이 됨을 밝혀라.

(c) 다음과 같은 위치모형을 생각해보자.

$$X_i = \theta + W_i, \quad i = 1, 2, \cdots, n$$

여기서 $W_1, W_2, \cdots, W_n$은 pdf 식 (7.9.2)를 가진 iid이다. 로지스틱 위치모형과 유사하게 순서통계량은 이 모형의 최소충분성을 만족한다. 예제 6.1.2와 마찬가지로 θ의 mle가 존재함을 밝혀라.

가설의 최적 검정

Optimal Tests of Hypotheses

8

8.1 최강력검정

4.5절에서는 가설검정에 대해 설명하고 6장에서는 우도비검정을 소개했다. 이 장에서는 최량검정에 대해 논의할 것이다.

독자를 위해 4.5절에서 언급했던 검정의 개념을 다시 한번 간략히 살펴본다. $\theta \in \Omega$에 대해 pdf 또는 pmf $f(x; \theta)$를 가진 확률변수 X에 대해 생각해보자. ω_0과 ω_1은 Ω의 부분집합이고, $\omega_0 \cup \omega_1 = \Omega$일 때 $\theta \in \omega_0$ 또는 $\theta \in \omega_1$을 가정하자. 가설은 다음과 같이 나타낸다.

$$H_0 : \theta \in \omega_0 \quad \text{대} \quad H_1 : \theta \in \omega_1 \tag{8.1.1}$$

가설 H_0을 **귀무가설**(null hypothesis), H_1을 **대립가설**(alternative hypothesis)이라고 한다. H_0 대 H_1의 검정은 X의 분포에서 추출한 표본 $X_1, X_2, \cdots, X_n$에 기초한다. 이 장에서는 종종 확률표본을 나타내는 데 $\mathbf{X}' = (X_1, X_2, \cdots, X_n)$, 표본값을 나타내는 데 $\mathrm{x}' = (x_1, x_2, \cdots, x_n)$의 벡터를 사용할 것이다. $\mathcal{S}$를 확률표본 $\mathbf{X}' = (X_1, X_2, \cdots, X_n)$의 받침으로 정의한다.

H_0 대 H_1의 **검정**(test)은 $\mathcal{S}$의 부분집합 C에 기초한다. 집합 C는 **기각역**(critical region)이라고 하며, 그것에 따른 결정 규칙은 다음과 같다.

$$\begin{aligned} &\mathbf{X} \in C\text{이면} \qquad H_0 \text{ 기각, } H_1 \text{ 채택} \\ &\mathbf{X} \in C^c\text{이면} \qquad H_0 \text{ 채택, } H_1 \text{ 기각} \end{aligned} \tag{8.1.2}$$

검정이 기각역에 따르는 것을 주의하라. 이와 반대로 기각역은 검정을 정의한다.

표 4.5.1의 2 × 2 교차표에는 가설검정의 결과가 요약되어 있다. 표의 왼쪽 위와 오른쪽 밑에 있는 두 가지 오류가 생길 수 있다. **1종**(type I) 오류는 H_0이 참인데 H_0이 기각되었을 때 발생한다. **2종**(type II) 오류는 H_1이 참인데 H_0을 채택할 때 발생한다. 검정의 **크기**(size) 또는 **유의수준**(significance level)은 1종 오류의 확률이다. 즉

$$\alpha = \max_{\theta \in \omega_0} P_\theta(\mathbf{X} \in C) \tag{8.1.3}$$

$P_\theta(\mathbf{X} \in C)$는 θ가 참인 모수일 때 $\mathbf{X} \in C$인 확률임을 주의하라. 유의수준이 α인 검정을 할 때 2종 오류가 최소가 되거나 $\theta \in \omega_1$일 때 H_0을 기각하는 확률을 최대로 하는 검정을 선택한다. 즉 **최강력검정**(power function)은 다음과 같다.

$$\gamma_C(\theta) = P_\theta(\mathbf{X} \in C); \quad \theta \in \omega_1 \tag{8.1.4}$$

4장에서 가설검정의 예를 들었고, 6.3절과 6.4절에서는 최대우도 이론에 근거한 검정을 논의했다. 이 장에서는 어떤 상황에 대한 최량검정을 수립하고자 한다.

단순가설 H_0과 단순대립가설 H_1에 대한 검정을 고려하자. $\theta \in \Omega = \{\theta', \theta''\}$에 대해 $f(x; \theta)$는 확률변수 X의 pdf 또는 pmf이다. $\omega_0 = \{\theta'\}$, $\omega_1 = \{\theta''\}$이라고 하자. X의 분포에서 추출한 확률표본을 $\mathbf{X}' = (X_1, X_2, \cdots, X_n)$이라고 하자. 이제 단순대립가설 H_1과 단순가설 H_0의 검정에 대한 최량기각역(따라서 최량검정)을 정의하자.

정의 8.1.1

C가 표본공간의 부분집합을 나타낸다고 하자. 만약 다음과 같다면

(a) $P_{\theta'}[\mathbf{X} \in C] = \alpha$

(b) 표본공간의 모든 부분집합 A에 대해

$$P_{\theta'}[\mathbf{X} \in A] = \alpha \Rightarrow P_{\theta''}[\mathbf{X} \in C] \geq P_{\theta''}[\mathbf{X} \in A]$$

C를 단순대립가설 $H_1 : \theta = \theta''$에 대해 단순가설 $H_0 : \theta = \theta'$을 검정하는 크기 α인 **최량기각역**(best critical region)이라고 한다.

사실상 이 정의는 다음을 뜻한다. 일반적으로 $P_{\theta'}[\mathbf{X} \in A] = \alpha$인 표본공간의 부분집합 A가 여러 개 존재할 것이다. 이러한 부분집합 중에서 하나를 C라고 할 때, H_1이 참인 경우 C와 관련된 검정의 검정력이 A 각각과 관련된 검정의 검정력과 최소한 같은 크기라고 하자. 이 경우 C는 H_1에 대해 H_0을 검정하는 크기 α인 최량기각역으로 정의된다.

정리 8.1.1에서 보여주듯이 단순가설에 대한 최량검정이 있다. 하지만 우선 다음 예제를 통해 이 정의를 매우 간단한 경우에서 상세히 검토해보자.

예제 8.1.1 $n = 5$, $p = \theta$인 이항분포를 따르는 확률변수 X를 생각해보자. $f(x; \theta)$는 X의 pmf를 나타내고 $H_0 : \theta = 1/2$, $H_1 : \theta = 3/4$이라고 하자. 다음 표는 양의 확률밀도 점에서 $f(x; 1/2)$, $f(x; 3/4)$의 값과 $f(x; 1/2)/f(x; 3/4)$의 비를 보여준다.

단순대립가설 $H_1 : \theta = 3/4$에 대해 단순가설 $H_0 : \theta = 1/2$을 검정하는 데 X의 한 확률값을

x	0	1	2
$f(x;1/2)$	1/32	5/32	10/32
$f(x;3/4)$	1/1024	15/1024	90/1024
$f(x;1/2)/f(x;3/4)$	32/1	32/3	32/9
x	3	4	5
$f(x;1/2)$	10/32	5/32	1/32
$f(x;3/4)$	270/1024	405/1024	243/1024
$f(x;1/2)/f(x;3/4)$	32/27	32/81	32/243

사용하고, 우선 검정의 유의수준을 $\alpha = 1/32$로 지정할 것이다. 크기 $\alpha = 1/32$인 최량기각역을 구해보자. 만약 $A_1 = \{x : x = 0\}$이고 $A_2 = \{x : x = 5\}$이면 $P_{\{\theta = 1/2\}}(X \in A_1) = P_{\{\theta = 1/2\}}(X \in A_2) = 1/32$이고 $P_{\{\theta = 1/2\}}(X \in A_3) = 1/32$을 만족하는 공간 $\{x : x = 0, 1, 2, 3, 4, 5\}$의 다른 부분집합 A_3은 존재하지 않는다. A_1 또는 A_2의 어느 하나는 H_1에 대해 H_0을 검정하는 크기 $\alpha = 1/32$인 최량기각역 C이다. $P_{\{\theta = 1/2\}}(X \in A_1) = 1/32$이고 $P_{\{\theta = 3/4\}}(X \in A_1) = 1/1024$임을 안다. 따라서 집합 A_1이 크기 $\alpha = 1/32$인 기각역으로 사용되었다면 H_1이 참(H_0이 거짓)일 때 H_0을 기각하는 확률이, H_0이 참일 때 H_0을 기각하는 확률보다 매우 작아 허용할 수 없는 경우가 생긴다.

한편 집합 A_2가 기각역으로 사용되었다면 $P_{\{\theta = 1/2\}}(X \in A_2) = 1/32$, $P_{\{\theta = 3/4\}}(X \in A_2) = 243/1024$이다. 즉 H_1이 참일 때 H_0을 기각하는 확률이, H_0이 참일 때 H_0을 기각하는 확률보다 훨씬 더 크다. 이것은 분명히 문제의 더욱 바람직한 상태이고 실제로 A_2는 크기 $\alpha = 1/32$인 최량기각역이다. 후자의 명제는 H_0이 참일 때 표본공간의 오직 두 부분집합 A_1과 A_2가 존재하고 그것의 각 확률은 1/32이며 다음과 같은 사실을 따른다.

$$\frac{243}{1024} = P_{\{\theta=3/4\}}(X \in A_2) > P_{\{\theta=3/4\}}(X \in A_1) = \frac{1}{1024}$$

이 문제에서 크기 $\alpha = 1/32$인 최량기각역 $C = A_2$는 $f(x;\ 1/2)$이 $f(x;\ 3/4)$에 비해 작은 점을 C에 포함하여 구한다는 것을 유의해야 한다. 일단 비 $f(x;\ 1/2)/f(x;\ 3/4)$이 $x = 5$에서 최소로 관측되었다면 이것은 참으로 생각된다. 따라서 위 표의 마지막 줄에 주어진 비 $f(x;\ 1/2)/f(x;\ 3/4)$은 어떤 주어진 값 α에 대해 최량기각역 C를 구하기 위한 정확한 방법을 제공한다. 이를 설명하기 위해 $\alpha = 6/32$이라고 하자. H_0이 참일 때 부분집합 $\{x : x = 0, 1\}$, $\{x : x = 0, 4\}$, $\{x : x = 1, 5\}$, $\{x : x = 4, 5\}$의 각각은 확률측도가 6/32이다. 직접 계산함으로써 이 크기의 최량기각역은 $\{x : x = 4, 5\}$임을 알 수 있다. 이것은 비 $f(x;\ 1/2)/f(x;\ 3/4)$이 $x = 4$와 $x = 5$에 대해 2개의 최솟값을 가짐을 나타낸다. $\alpha = 6/32$인 이 검정의 검정력은 다음과 같다.

$$P_{\{\theta=3/4\}}(X = 4, 5) = \frac{405}{1024} + \frac{243}{1024} = \frac{648}{1024}$$

전술한 예는 네이만(Neyman)과 피어슨(Pearson)이 세운 다음 정리를 이해하는 데 도움이 된다. 이것은 최량기각역을 결정하는 체계적 방법을 제공하기 때문에 중요한 정리이다.

정리 8.1.1 [네이만-피어슨 정리]

n이 고정된 양의 정수일 때 pdf 또는 pmf $f(x;\ \theta)$를 가진 분포에서 추출한 확률표본을 $X_1,\ X_2,\ \cdots,\ X_n$이라고 하자. 이때 $X_1,\ X_2,\ \cdots,\ X_n$의 우도함수는 다음과 같다.

$$\mathbf{x}' = (x_1, \ldots, x_n)\text{에 대해} \quad L(\theta; \mathbf{x}) = \prod_{i=1}^{n} f(x_i; \theta)$$

θ'과 θ''은 $\Omega = \{\theta : \theta = \theta',\ \theta''\}$인 θ의 서로 다른 고정된 값이고 k는 양수라고 하자. 그리고 C는 다음을 만족하는 표본공간의 부분집합이라고 하자.

(a) $\mathbf{x} \in C$에 대해 $\dfrac{L(\theta'; \mathbf{x})}{L(\theta''; \mathbf{x})} \le k$

(b) $\mathbf{x} \in C^c$에 대해 $\dfrac{L(\theta'; \mathbf{x})}{L(\theta''; \mathbf{x})} \ge k$

(c) $\alpha = P_{H_0}[\mathbf{X} \in C]$

이때 C는 단순대립가설 $H_1 : \theta = \theta''$에 대해 단순가설 $H_0 : \theta = \theta'$을 검정하는 크기 α인 최량기각역이다.

증명: 확률변수가 연속형인 경우에 대해 증명하겠다. C가 크기 α인 유일한 기각역일 때 이 정리가 증명된다. 만약 크기 α인 다른 기각역이 존재한다면 그것을 A로 표시하자. 또한 편리하게 $\int_R \cdots \int L(\theta;\ x_1,\ \cdots,\ x_n)dx_1 \cdots dx_n$을 $\int_R L(\theta)$로 표기하자. 이 표현 방법으로 다음을 밝히려 한다.

$$\int_C L(\theta'') - \int_A L(\theta'') \ge 0$$

C는 서로소인 집합 $C \cap A$와 $C \cap A^c$의 합집합이고, A는 서로소인 집합 $A \cap C$와 $A \cap C^c$의 합집합이므로

$$\begin{aligned}\int_C L(\theta'') - \int_A L(\theta'') &= \int_{C\cap A} L(\theta'') + \int_{C\cap A^c} L(\theta'') - \int_{A\cap C} L(\theta'') - \int_{A\cap C^c} L(\theta'') \\ &= \int_{C\cap A^c} L(\theta'') - \int_{A\cap C^c} L(\theta'') \qquad (8.1.5)\end{aligned}$$

그러나 정리의 가설에 의해 C의 각 점에서 $L(\theta'') \ge (1/k)L(\theta')$이므로 $C \cap A^c$의 각 점에서 다음과 같다.

$$\int_{C\cap A^c} L(\theta'') \ge \frac{1}{k}\int_{C\cap A^c} L(\theta')$$

그러나 C^c의 각 점에서 $L(\theta'') \le (1/k)L(\theta')$이므로 $A \cap C^c$의 각 점에서 다음과 같다.

$$\int_{A\cap C^c} L(\theta'') \le \frac{1}{k}\int_{A\cap C^c} L(\theta')$$

이 부등식은 다음을 뜻한다.

$$\int_{C\cap A^c} L(\theta'') - \int_{A\cap C^c} L(\theta'') \ge \frac{1}{k}\int_{C\cap A^c} L(\theta') - \frac{1}{k}\int_{A\cap C^c} L(\theta')$$

방정식 (8.1.5)로부터 다음을 얻는다.

$$\int_C L(\theta'') - \int_A L(\theta'') \ge \frac{1}{k}\left[\int_{C\cap A^c} L(\theta') - \int_{A\cap C^c} L(\theta')\right] \tag{8.1.6}$$

그러나

$$\begin{aligned}\int_{C\cap A^c} L(\theta') - \int_{A\cap C^c} L(\theta') &= \int_{C\cap A^c} L(\theta') + \int_{C\cap A} L(\theta') \\ &\quad - \int_{A\cap C} L(\theta') - \int_{A\cap C^c} L(\theta') \\ &= \int_C L(\theta') - \int_A L(\theta') = \alpha - \alpha = 0\end{aligned}$$

이 결과를 부등식 (8.1.6)에 대입하면 원하는 결과를 얻는다.

$$\int_C L(\theta'') - \int_A L(\theta'') \ge 0$$

확률변수가 이산형일 때는 적분을 합의 기호로 대치하면 된다.

참고 8.1.1

정리 8.1.1에서 언급한 바와 같이 조건 (a), (b), (c)는 영역 C가 크기가 α인 최량기각역이기 위한 필요충분조건이다. 이것을 간단히 논의해보자. (a)와 (b)를 만족하지 않으나 $\theta = \theta''$에서 (a), (b), (c)를 만족하는 C와 같은 검정력인 크기 α인 영역 A가 존재한다고 가정하자. 이때 식 (8.1.5)는 θ''에서 A를 사용한 검정력이 C를 사용한 검정력과 같으므로 0이 될 것이다. 식 (8.1.5)가 0이 되기 위해서는 A가 C와 같은 형식이어야 함은 증명할 수 있다. 실제로 연속인 경우 A와 C는 같은 영역일 것이다. 즉 이것들은 확률이 0인 집합에서만 다르다. 그러나 이산형인 경우 $P_{H_0}[L(\theta') = kL(\theta'')]$이 양이면 A와 C는 다른 집합일 수 있으나 각각은 조건 (a), (b), (c)를 만족하여 크기가 α인 최량기각역이 될 것이다.

검정에서 검정력은 유의수준보다 떨어지지 않는 것처럼 보인다. 그렇지 않다면 H_0을 잘못 기각하는 확률(수준)이 H_0을 올바르게 기각하는 확률(검정력)보다 높다. 이러한 성질을 만족하는 검정을 **불편**(unbiased)이라고 하며, 이는 다음과 같이 공식적으로 정의된다.

정의 8.1.2

$\theta \in \Omega$에 대해 pdf 또는 pmf $f(x; \theta)$를 가진 확률변수를 X라고 하자. 식 (8.1.1)에 주어진 가설을 생각해보자. $\mathbf{X}' = (X_1, X_2, \cdots, X_n)$이 X에 대한 확률표본을 나타낸다고 하고, 기각역 C와 수준 α를 가진 검정을 생각해보자. 만약 이 검정이 모든 $\theta \in \omega_1$에 대해 다음을 만족한다면 이를 **불편**이라고 한다.

$$P_\theta(\mathbf{X} \in C) \geq \alpha$$

다음 따름정리에서 보듯이 정리 8.1.1에 주어진 최량검정은 불편검정이다.

[따름정리 8.1.1]

정리 8.1.1에서 C를 $H_0 : \theta = \theta'$, $H_1 : \theta = \theta''$인 최량검정의 기각역이라고 하자. 검정의 유의수준을 α로 가정한다. $\gamma_C(\theta'') = P_{\theta''}[\mathbf{X} \in C]$를 검정의 검정력이라고 하면 $\alpha \leq \gamma_C(\theta'')$이다.

증명: 자료를 무시하는 '불합리한' 검정을 고려하자. 하지만 베르누이 시행은 성공 확률 α를 가지고 수행한다. 시행이 성공으로 끝나면 H_0을 기각한다. 이 검정의 유의수준은 α이다. 검정에서 검정력은 H_1이 참일 때 H_0을 기각할 확률이 높기 때문에 불합리한 검정에서도 유의수준은 α이다. 그러나 C는 α의 크기에서 최량기각역이고 검정력은 불합리한 검정의 검정력보다 크거나 같다. 즉 $\gamma_C(\theta'') \geq \alpha$이고, 이것은 올바른 결과이다.

강조되어야 할 정리 8.1.1의 또 다른 사항은, 다음을 만족하는 모든 점 $\mathbf{x}$의 집합을 C라고 할 때 정리에 의해 C가 최량기각역이 된다는 것이다.

$$\frac{L(\theta'; \mathbf{x})}{L(\theta''; \mathbf{x})} \leq k, \quad k > 0$$

이 부등식은 간혹 다음 형식(단, c_1과 c_2는 상수)으로 표현할 수 있다.

$$u_1(\mathbf{x}; \theta', \theta'') \leq c_1$$

또는

$$u_2(\mathbf{x}; \theta', \theta'') \geq c_2$$

이것이 앞의 형태 $u_1 \leq c_1$이라고 가정하자. θ'과 θ''은 상수로 주어지므로 $u_1(\mathbf{X}; \theta', \theta'')$은 통계량이고, 만약 H_0이 참일 때 이 통계량의 pdf 또는 pmf를 구할 수 있다면 H_1에 대한 H_0의 검정의 유의수준은 이 분포에서 결정될 수 있다. 즉

$$\alpha = P_{H_0}[u_1(\mathbf{X}; \theta', \theta'') \leq c_1]$$

또한 검정은 이 통계량에 근거한다. $\mathbf{X}$의 관측값이 $\mathbf{x}$이면 $u_1(\mathbf{x}) \le c_1$일 때 H_0을 기각(H_1을 채택)하기 때문이다.

특정 값의 양수 k는 $\alpha = P_{H_0}[\mathbf{X} \in C]$인 최량기각역 C를 결정한다. α의 이 값은 적합하지 않을 수 있다. 즉 너무 크거나 너무 작다. 그러나 앞 절에서와 같이 H_0이 참일 때 pdf 또는 pmf가 결정될 수 있는 통계량 $u_1(\mathbf{X})$가 존재하면 원하는 유의수준을 얻기 위해 k의 여러 값을 실험할 필요가 없다. 이 통계량의 분포가 알려졌거나 또는 구할 수 있다면 $P_{H_0}[u_1(\mathbf{X}) \le c_1]$이 바람직한 유의수준이 되도록 c_1을 결정할 수 있기 때문이다.

다음은 이해에 도움이 되는 예제이다.

예제 8.1.2 다음과 같은 pdf를 가진 분포에서 추출한 확률분포를 $\mathbf{X}' = (X_1, X_2, \cdots, X_n)$이라고 하자.

$$f(x;\theta) = \frac{1}{\sqrt{2\pi}} \exp\left(-\frac{(x-\theta)^2}{2}\right), \quad -\infty < x < \infty$$

단순대립가설 $H_1 : \theta = \theta'' = 1$에 대해 단순가설 $H_0 : \theta = \theta' = 0$을 검정하고자 한다. 그런데

$$\begin{aligned}\frac{L(\theta';\mathbf{x})}{L(\theta'';\mathbf{x})} &= \frac{(1/\sqrt{2\pi})^n \exp\left[-\sum_{i=1}^n x_i^2 \,/2\right]}{(1/\sqrt{2\pi})^n \exp\left[-\sum_{i=1}^n (x_i-1)^2 \Big/ 2\right]} \\ &= \exp\left(-\sum_{i=1}^n x_i + \frac{n}{2}\right)\end{aligned}$$

$k > 0$이며 다음을 만족하는 모든 점 $(x_1, x_2, \cdots, x_n)$의 집합은 최량기각역이다.

$$\exp\left(-\sum_{i=1}^n x_i + \frac{n}{2}\right) \le k$$

이 부등식은 다음의 경우에 한하여 성립한다.

$$-\sum_{i=1}^n x_i + \frac{n}{2} \le \log k$$

또는

$$\sum_{i=1}^n x_i \ge \frac{n}{2} - \log k = c$$

이때 최량기각역은 집합 $C = \{(x_1, x_2, \cdots, x_n) : \sum_{i=1}^n x_i \ge c\}$이고, 여기서 c는 기각역의 크기가 원하는 값 α가 되도록 결정될 수 있는 상수이다. 사건 $\sum_{i=1}^n X_i \ge c$는 사건 $\overline{X} \ge c/n = c_1$

과 같다. 따라서 이 검정은 통계량 $\overline{X}$에 근거를 둘 수 있다. H_0이 참이면, 즉 $\theta = \theta' = 0$이면 $\overline{X}$는 $N(0,\ 1/n)$ 분포를 따른다. 유의수준 α가 주어졌을 때 수 c_1은 R에서 $c_1 =$ **qnorm**$(1 - \alpha,\ 0,\ 1/\sqrt{n})$과 같이 계산된다. 그래서 $P_{H_0}(\overline{X} \geq c_1) = \alpha$가 되고, 만약 $X_1,\ X_2,\ \cdots,\ X_n$의 실험값이 각각 $x_1,\ x_2,\ \cdots,\ x_n$이면 $\overline{x} = \sum_{i=1}^{n} x_i/n$를 계산할 것이다. 만약 $\overline{x} \geq c_1$이면 단순가설 $H_0 : \theta = \theta' = 0$은 유의수준 α에서 기각될 것이며, $\overline{x} < c_1$이면 가설 H_0이 채택될 것이다. H_0이 참일 때 H_0을 기각할 확률은 유의수준 α이다. H_0이 거짓일 때 H_0을 기각할 확률은 $\theta = \theta'' = 1$에서 검정의 검정력이고, 다음과 같다.

$$P_{H_1}(\overline{X} \geq c_1) = \int_{c_1}^{\infty} \frac{1}{\sqrt{2\pi}\sqrt{1/n}} \exp\left[-\frac{(\overline{x}-1)^2}{2(1/n)}\right] d\overline{x} \tag{8.1.7}$$

예컨대 $n = 25$이고 α가 0.05이면 R을 이용하여 $c_1 =$ `qnorm(0.95,0,1/5) = 0.329`를 구할 수 있다. 따라서 식 (8.1.7)에 주어진 $\theta = 1$을 탐지하는 검정의 검정력은 `1-pnorm(0.329,1, 1/5) = 0.9996`이다.

이 정리에서 특별히 언급할 만한 또 다른 것이 있는데, 그것은 pdf에 나타나는 모수의 개수와 관련된다. 여기서의 표현으로는 오직 하나의 모수가 존재하는 것처럼 보인다. 그러나 증명을 주의 깊게 검토하면 이것이 증명의 어느 부분에서도 필요하거나 가정되지 않음을 알 수 있다. pdf 또는 pmf는 어떠한 유한개의 모수도 가질 수 있다. 중요한 것은, 가설 H_0과 대립가설 H_1이 단순이라는 것, 즉 그것들이 분포 형태를 완전히 정해준다는 것이다. 이 사실에 의해 단순가설 H_0과 H_1은 분포의 모수에 관한 가설이 될 필요가 없을 뿐만 아니라 확률변수 $X_1,\ X_2,\ \cdots,\ X_n$이 서로 독립일 필요도 없다. 즉 H_0은 결합 pdf 또는 pmf가 $g(x_1,\ x_2,\ \cdots,\ x_n)$인 단순가설이고, H_1이 결합 pdf 또는 pmf가 $h(x_1,\ x_2,\ \cdots,\ x_n)$인 단순대립가설이면 C는 $k > 0$에 대해 다음과 같을 때 H_1에 대해 H_0을 검정하는 크기 α인 최량기각역이다.

1. $(x_1, x_2, \ldots, x_n) \in C$에 대해 $\dfrac{g(x_1, x_2, \ldots, x_n)}{h(x_1, x_2, \ldots, x_n)} \leq k$
2. $(x_1, x_2, \ldots, x_n) \in C^c$에 대해 $\dfrac{g(x_1, x_2, \ldots, x_n)}{h(x_1, x_2, \ldots, x_n)} \geq k$
3. $\alpha = P_{H_0}[(X_1, X_2, \ldots, X_n) \in C]$

다음 예제를 생각해보자.

예제 8.1.3 $\{0,\ 1,\ 2,\ \cdots\}$의 공간에서 pmf $f(x)$를 가진 X에 대한 확률표본을 $X_1,\ X_2,\ \cdots,\ X_n$이라고 하자. 다음 단순가설에 대해

$$H_0 : f(x) = \begin{cases} \frac{e^{-1}}{x!} & x = 0, 1, 2, \ldots \\ 0 & \text{그 외에} \end{cases}$$

단순대립가설을 검정하고자 한다.

$$H_1 : f(x) = \begin{cases} (\frac{1}{2})^{x+1} & x = 0, 1, 2, \ldots \\ 0 & \text{그 외에} \end{cases}$$

즉 X가 평균이 $\lambda = 1$인 푸아송 분포를 따르는지, $p = 1/2$인 기하분포를 따르는지 검정하려 한다. 여기서

$$\begin{aligned} \frac{g(x_1, \ldots, x_n)}{h(x_1, \ldots, x_n)} &= \frac{e^{-n}/(x_1!x_2!\cdots x_n!)}{(\frac{1}{2})^n(\frac{1}{2})^{x_1+x_2+\cdots+x_n}} \\ &= \frac{(2e^{-1})^n 2^{\sum x_i}}{\prod_{i=1}^{n}(x_i!)} \end{aligned}$$

$k > 0$일 때 다음을 만족하는 점 $(x_1, x_2, \cdots, x_n)$의 집합은 최량기각역 C이다.

$$\left(\sum_{i=1}^{n} x_i\right)\log 2 - \log\left[\prod_{i=1}^{n}(x_i!)\right] \le \log k - n\log(2e^{-1}) = c$$

$k = 1$이고 $n = 1$인 경우를 생각해보자. 앞의 부등식은 $2^{x_1}/x_1! \le e/2$로 나타낼 수 있다. 이 부등식은 집합 $C = \{x_1 : x_1 = 0, 3, 4, 5, \cdots\}$에 속하는 모든 점에 대해 성립한다. R을 이용하여 계산하면 유의수준은 다음과 같다.

$$P_{H_0}(X_1 \in C) = 1 - P_{H_0}(X_1 = 1, 2) = 1 - \mathbf{dpois}(1, 1) - \mathbf{dpois}(2, 1) = 0.4482$$

H_1을 확인하고자 하는 검정의 검정력은 다음과 같이 주어진다.

$$P_{H_1}(X_1 \in C) = 1 - P_{H_1}(X_1 = 1, 2) = 1 - (\tfrac{1}{4} + \tfrac{1}{8}) = 0.625$$

이 결과는 따름정리 8.1.1과 같다.

참고 8.1.2

이 절의 기호에서 C를 다음과 같은 기각역이라고 하자.

$$\alpha = \int_C L(\theta'), \quad \beta = \int_{C^c} L(\theta'')$$

여기서 α와 β는 각각 C와 관련된 1종 오류, 2종 오류의 확률과 같다. d_1과 d_2를 주어진 양의 상수라고 하자. α와 β의 특정한 선형함수를 고려하자.

$$\begin{aligned} d_1\int_C L(\theta') + d_2\int_{C^c} L(\theta'') &= d_1\int_C L(\theta') + d_2\left[1 - \int_C L(\theta'')\right] \\ &= d_2 + \int_C [d_1 L(\theta') - d_2 L(\theta'')] \end{aligned}$$

이 식을 최소화하려면 C를 다음과 같이 되는 모든 $(x_1, x_2, \cdots, x_n)$의 집합으로 선택하면 된다.

$$d_1L(\theta') - d_2L(\theta'') < 0$$

또는

$$\text{모든 } (x_1, x_2, \ldots, x_n) \in C\text{에 대해} \quad \frac{L(\theta')}{L(\theta'')} < \frac{d_2}{d_1}$$

이는 네이만-피어슨 정리에 의해 $k = d_2/d_1$인 최량기각역을 제공한다. 즉 이 기각역 C는 $d_1\alpha + d_2\beta$를 최소화하는 것이다. 예를 들어 $L(\theta')/L(\theta'') = d_2/d_1$인 점을 포함하는 다른 경우가 있을 수 있다. 그러나 네이만-피어슨 정리에 의해 이것은 여전히 최량기각역이다.

연습문제

8.1.1 예제 8.1.2에서 단순가설을 $H_0 : \theta = \theta' = 0$, $H_1 : \theta = \theta'' = -1$이라고 하자. H_1에 대한 H_0의 최량검정은 통계량 $\overline{X}$를 사용하여 구할 수 있으며, 또한 $n = 25$이고 $\alpha = 0.05$이면 검정의 검정력은 H_1이 참일 때 0.9996임을 밝혀라.

8.1.2 확률변수 X는 $0 < x < \infty$일 때 $f(x; \theta) = (1/\theta)e^{-x/\theta}$, 그 외에 $f(x; \theta) = 0$인 pdf를 갖는다고 하자. 단순가설 $H_0 : \theta = \theta' = 2$와 대립가설 $H_1 : \theta = \theta'' = 4$를 생각해 보자. X_1, X_2는 이 분포에서 추출한 크기 2인 확률표본을 나타낸다. H_1에 대한 H_0의 최량검정은 통계량 $X_1 + X_2$를 사용하여 계산할 수 있음을 밝혀라.

8.1.3 $H_1 : \theta = \theta'' = 6$일 때 연습문제 8.1.2를 다시 풀고 이것을 모든 $\theta'' > 2$에 대해 일반화하라.

8.1.4 정규분포 $N(0, \sigma^2)$에서 추출한 크기 20인 확률표본을 $X_1, X_2, \cdots, X_{20}$이라고 하자. $H_1 : \sigma^2 = 3$에 대해 $H_0 : \sigma^2 = 1$을 검정하는 크기 $\alpha = 0.1$인 최량기각역을 구하라. 이것은 $H_1 : \sigma^2 = 6$에 대한 $H_0 : \sigma^2 = 1$을 검정하는 크기 0.1인 최량기각역인가? 또한 $H_1 : \sigma^2 = \sigma_1^2 > 1$에 대해서도 그러한가?

8.1.5 $0 < x < 1$일 때 $f(x; \theta) = \theta(1 - x)^{\theta-1}$, 그 외에 $f(x; \theta) = 0$인 pdf를 가진 분포에서 추출한 확률표본을 $X_1, X_2, \cdots, X_n$이라고 하자 $H_1 : \theta = 1$에 대해 $H_0 : \theta = 2$를 검정하는 최량기각역은 $C = \{(x_1, x_2, \cdots, x_n) : c \geq \prod_{i=1}^{n} (1 - X_i)\}$임을 밝혀라.

8.1.6 $N(\theta_1, \theta_2)$인 분포에서 추출한 확률표본을 $X_1, X_2, \cdots, X_{25}$라고 하자. 단순대립가설 $H_1 : \theta_1 = \theta_1'' = 1$, $\theta_2 = \theta_2'' = 2$에 대해 단순가설 $H_0 : \theta_1 = \theta_1' = 0$, $\theta_2 = \theta_2' = 1$의 최량검정을 구하라.

8.1.7 정규분포 $N(\theta, 64)$에서 추출한 확률표본을 $X_1, X_2, \cdots, X_n$이라고 하자. $C = \{(x_1,$

$x_2, \cdots, x_n) : c \le \bar{x} = \sum_{i=1}^{n} x_i/n\}$는 $H_1 : \theta = 55$에 대해 $H_0 : \theta = 50$을 검정하는 최량기각역임을 밝혀라. 다음과 같이 되도록 n과 c를 구하라.

$$P_{H_0}\left[(X_1, X_2, \ldots, X_n) \in C\right] = P_{H_0}\left(\overline{X} \ge c\right) = 0.05$$

근사적으로

$$P_{H_1}\left[(X_1, X_2, \ldots, X_n) \in C\right] = P_{H_1}\left(\overline{X} \ge c\right) = 0.80$$

8.1.8 $\alpha = (1/2)\beta = \theta > 0$인 베타분포에서 추출한 확률표본을 $X_1, X_2, \cdots, X_n$이라고 하자. $H_1 : \theta = 3$에 대한 $H_0 : \theta = 2$의 검정에 대해 최량기각역을 구하라.

8.1.9 $X_1, X_2, \cdots, X_n$을 $x = 0, 1$일 때 $f(x; p) = p^x(1-p)^{1-x}$, 그 외에 $f(x; p) = 0$인 pmf를 가진 iid라고 하자. $C = \{(x_1, x_2, \cdots, x_n) : \sum_{i=1}^{n} x_i \le c\}$는 $H_1 : p = 1/4$에 대해 $H_0 : p = 1/3$을 검정하는 최량기각역임을 밝혀라. 중심극한정리를 사용하여 근사적으로 $P_{H_0}\left(\sum_{i=1}^{n} x_i \le c\right) = 0.05$, $P_{H_1}\left(\sum_{i=1}^{n} x_i \le c\right) = 0.90$이 되도록 n과 c를 구하라.

8.1.10 평균 θ인 푸아송 분포에서 추출한 크기 10인 확률표본을 $X_1, X_2, \cdots, X_{10}$이라고 하자. $\sum_{1}^{10} x_i \ge 3$에 의해 정의된 기각역 C는 $H_1 : \theta = 0.5$에 대해 $H_0 : \theta = 0.1$을 검정하는 최량기각역임을 밝혀라. 이 검정에서 $\theta = 0.5$에서의 유의수준 α와 검정력을 구하라. R 함수 `ppois`를 사용하라.

8.2 균일최강력검정

이 절에서는 복합대립가설 H_1에 대한 단순가설 H_0의 검정 문제를 살펴본다. 예제로 시작하자.

예제 8.2.1 연습문제 8.1.2와 8.1.3에 주어진 pdf를 생각해보자.

$$f(x;\theta) = \begin{cases} \frac{1}{\theta}e^{-x/\theta} & 0 < x < \infty \\ 0 & \text{그 외에} \end{cases}$$

복합대립가설 $H_1 : \theta > 2$에 대한 단순가설 $H_0 : \theta = 2$를 검정하려 한다. $\Omega = \{\theta : \theta \ge 2\}$이다. 크기 $n = 2$인 확률표본 X_1, X_2를 사용할 것이고 기각역은 $C = \{(x_1, x_2) : 9.5 \le x_1 + x_2 < \infty\}$이다. 인용된 예에서 이 검정의 유의수준은 근사적으로 0.05이고, $\theta = 4$일 때 이 검정의 검정력은 근사적으로 0.31임을 밝혔다. 모든 $\theta \ge 2$에 대한 검정의 검정력 함수 $\gamma(\theta)$는 다음과 같다.

$$\begin{aligned}\gamma(\theta) &= 1 - \int_0^{9.5}\int_0^{9.5-x_2} \frac{1}{\theta^2}\exp\left(-\frac{x_1+x_2}{\theta}\right) dx_1 dx_2 \\ &= \left(\frac{\theta+9.5}{\theta}\right)e^{-9.5/\theta}, \quad 2 \le \theta\end{aligned}$$

예를 들면 $\gamma(2) = 0.05$, $\gamma(4) = 0.31$, $\gamma(9.5) = 2/e \approx 0.74$이다. 연습문제 8.1.3에서 $C = \{(x_1, x_2) : 9.5 \le x_1 + x_2 < \infty\}$가 복합가설 $H_1 : \theta > 2$에서 각 단순가설에 대해 단순가설 $H_0 : \theta = 2$를 검정하는 크기 0.05인 최량기각역임을 밝혔다.

앞의 예제에서는 복합대립가설 H_1에 대해 모든 단순가설 H_0의 최량검정이 단순가설 H_0의 검정을 설명해준다. 이제 기각역이 존재할 때 복합대립가설 H_1에 대해 단순가설 H_0을 검정하는 최량기각역을 정의한다. 이 기각역은 각 단순가설 H_1에 대해 H_0을 검정하는 최량기각역이 되어야 하는 것이 바람직하다. 즉 이 기각역에 대응하는 검정의 검정력은 모든 단순대립가설에 대해 유의수준이 같은 다른 어떤 검정의 검정력 함숫값보다 크기가 최소한 같을 것이다.

정의 8.2.1

기각역 C는 집합 C가 H_1의 각 단순가설에 대한 H_0을 검정하는 크기 α의 최량기각역이면, 복합대립가설 H_1에 대해 단순가설 H_0을 검정하는 크기 α인 **균일최강력기각역**[uniformly most powerful(UMP) critical region]이다. 이 기각역 C에 의해 정의된 검정을 유의수준 α인 복합대립가설 H_1에 대해 단순가설 H_0을 검정하는 **균일최강력검정**(uniformly most powerful test)이라고 한다.

네이만-피어슨 정리는 균일최강력기각역과 균일최강력검정을 구하는 방법을 제공한다. 이해를 돕는 몇 가지 예제를 살펴보자.

예제 8.2.2 $N(0, \theta)$ 분포에서 추출한 확률표본을 $X_1, X_2, \cdots, X_n$이라고 하자. 여기서 분산 θ는 알려지지 않은 양수이다. 복합대립가설 $H_1 : \theta > \theta'$에 대해 단순가설 $H_0 : \theta = \theta'$(단, θ'은 고정된 양수)을 검정하기 위해 유의수준 α인 균일최강력검정이 존재함을 밝힐 것이다. $\Omega = \{\theta : \theta \ge \theta'\}$이다. $X_1, X_2, \cdots, X_n$의 결합 pdf는 다음과 같다.

$$L(\theta; x_1, x_2, \ldots, x_n) = \left(\frac{1}{2\pi\theta}\right)^{n/2} \exp\left\{-\frac{1}{2\theta}\sum_{i=1}^{n} x_i^2\right\}$$

θ''은 θ'보다 큰 수를 나타내고, k는 양수를 나타낸다고 하자. C를 다음과 같은 점의 집합이라고 하자.

$$\frac{L(\theta'; x_1, x_2, \ldots, x_n)}{L(\theta''; x_1, x_2, \ldots, x_n)} \le k$$

즉

$$\left(\frac{\theta''}{\theta'}\right)^{n/2} \exp\left[-\left(\frac{\theta'' - \theta'}{2\theta'\theta''}\right)\sum_{i=1}^{n} x_i^2\right] \le k$$

또는

$$\sum_{i=1}^{n} x_i^2 \ge \frac{2\theta'\theta''}{\theta'' - \theta'}\left[\frac{n}{2}\log\left(\frac{\theta''}{\theta'}\right) - \log k\right] = c$$

이때 집합 $C = \{(x_1, x_2, \cdots, x_n) : \sum_{i=1}^{n} x_i^2, \ge c\}$는 단순가설 $\theta = \theta''$에 대해 단순가설 $H_0 : \theta = \theta'$을 검정하는 최량기각역이다. 이 기각역에 필요한 크기 α를 만족하는 c를 결정하는 일이 남아 있다. H_0이 참이며, 확률변수 $\sum_{i=1}^{n} x_i^2/\theta'$은 자유도가 n인 카이제곱분포를 따른다. $\alpha = P_{\theta'}(\sum_{i=1}^{n} x_i^2/\theta' \ge c/\theta')$이므로 c/θ'는 예를 들어 R 코드 `qchisq(1 −` α, n`)`으로 계산할 수 있다. 이때 $C = \{(x_1, x_2, \cdots, x_n) : \sum_{i=1}^{n} x_i^2 \ge c\}$는 가설 $\theta = \theta''$에 대해 $H_0 : \theta = \theta'$을 검정하기 위한 크기 α인 최량기각역이다. 또한 θ'보다 큰 각각의 수 θ''에 대해 앞의 논의가 성립한다. 따라서 $C = \{(x_1, x_2, \cdots, x_n) : \sum_{i=1}^{n} x_i^2 \ge c\}$는 $H_1 : \theta > \theta'$에 대한 $H_0 : \theta = \theta'$을 검정하기 위한 크기 α인 균일최강력기각역이다. 만약 $x_1, x_2, \cdots, x_n$이 $X_1, X_2, \cdots, X_n$의 실험값을 나타내면 $H_0 : \theta = \theta'$은 $\sum_{i=1}^{n} x_i^2 \ge c$이면 유의수준 α에서 기각되고 $H_1 : \theta > \theta'$이 채택되며, 다른 경우에는 $H_0 : \theta = \theta'$이 채택된다.

앞의 논의에서 $n = 15$, $\alpha = 0.05$, $\theta' = 3$이라면 두 가설은 $H_0 : \theta = 3$, $H_1 : \theta > 3$이다. R을 이용하여 $c/3$는 `qchisq(0.95,15)=24.996`으로 계산된다. 따라서 $c = 74.988$이다.

예제 8.2.3 $N(\theta, 1)$ 분포에서 추출한 확률표본을 $X_1, X_2, \cdots, X_n$이라고 하자. 여기서 평균 θ는 알려지지 않았다. 복합대립가설 $H_1 : \theta \ne \theta'$에 대한 단순가설 $H_0 : \theta = \theta'$(단, θ'은 고정된 수)의 균일최강력검정이 존재하지 않음을 밝힐 것이다. $\Omega = \{\theta : -\infty < \theta < \infty\}$이다. θ''을 θ'과 다른 수라고 하자. k가 양수일 때 다음을 생각해보자.

$$\frac{(1/2\pi)^{n/2} \exp\left[-\sum_{i=1}^{n}(x_i - \theta')^2/2\right]}{(1/2\pi)^{n/2} \exp\left[-\sum_{i=1}^{n}(x_i - \theta'')^2/2\right]} \le k$$

부등식은 다음과 같이 나타낼 수 있다.

$$\exp\left\{-(\theta''-\theta')\sum_{i=1}^{n}x_i+\frac{n}{2}[(\theta'')^2-(\theta')^2]\right\}\le k$$

또는

$$(\theta''-\theta')\sum_{i=1}^{n}x_i\ge\frac{n}{2}[(\theta'')^2-(\theta')^2]-\log k$$

이 마지막 부등식은 $\theta''>\theta'$이면

$$\sum_{i=1}^{n}x_i\ge\frac{n}{2}(\theta''+\theta')-\frac{\log k}{\theta''-\theta'}$$

$\theta''<\theta'$이면

$$\sum_{i=1}^{n}x_i\le\frac{n}{2}(\theta''+\theta')-\frac{\log k}{\theta''-\theta'}$$

첫 번째 식은 $\theta''>\theta'$이면 가설 $\theta=\theta''$에 대해 $H_0:\theta=\theta'$을 검정하기 위한 최량기각역을 정의하는 반면, 두 번째 식은 $\theta''<\theta'$이면 가설 $\theta=\theta''$에 대해 $H_0:\theta=\theta'$을 검정하기 위한 최량기각역을 정의한다. 즉 단순대립가설 $\theta=\theta'+1$에 대해 단순가설을 검정하기 위한 최량기각역은 단순대립가설 $\theta=\theta'-1$에 대해 $H_0:\theta=\theta'$을 검정하기 위한 최량기각역으로서의 역할을 하지 않는다. 이때 정의에 의해 고려 중인 경우 균일최강력검정이 존재하지 않는다.

복합대립가설이 $H_1:\theta>\theta'$ 또는 $H_1:\theta<\theta'$이었다면 균일최강력검정이 각 경우에 존재할 것이라는 점을 유의해야 한다.

예제 8.2.4 연습문제 8.1.10에서 크기 $n=10$인 확률표본을 평균 θ인 푸아송 분포에서 추출했다면 $\sum_{i=1}^{n}x_i\ge 3$로 정의된 기각역이 $H_1:\theta=0.5$에 대해 $H_0:\theta=0.1$을 검정하기 위한 최량기각역임을 밝히라고 했다. 이 기각역은 또한 $\theta''>0.1$일 때 다음 두 식이 같으므로 $H_1:\theta>0.1$에 대해 $H_0:\theta=0.1$을 검정하기 위한 균일최강력검정이다.

$$\frac{(0.1)^{\sum x_i}e^{-10(0.1)}/(x_1!x_2!\cdots x_n!)}{(\theta'')^{\sum x_i}e^{-10(\theta'')}/(x_1!x_2!\cdots x_n!)}\le k$$

$$\left(\frac{0.1}{\theta''}\right)^{\sum x_i}e^{-10(0.1-\theta'')}\le k$$

위의 부등식은 다음과 같이 나타낼 수 있고,

$$\left(\sum_{i=1}^{n}x_i\right)(\log 0.1-\log\theta'')\le\log k+10(1-\theta'')$$

$\theta'' > 0.1$이므로 다음과 같다.

$$\sum_{i=1}^{n} x_i \geq \frac{\log k + 10 - 10\theta''}{\log 0.1 - \log \theta''}$$

물론 $\sum_{i=1}^{n} x_i \geq 3$는 마지막 형식이다.

중요한 관찰을 해보자. $\theta \in \Omega$에 대해 pdf $f(x;\ \theta)$를 가진 분포에서 추출한 확률분포를 X_1, X_2, ⋯, X_n이라고 하자. 또한 $Y = u(X_1,\ X_2,\ \cdots,\ X_n)$을 θ에 대한 충분통계량이라고 하자. 인수분해 정리에 의해 X_1, X_2, ⋯, X_n의 결합 pdf는 다음과 같이 나타낼 수 있다.

$$L(\theta; x_1, x_2, \ldots, x_n) = k_1[u(x_1, x_2, \ldots, x_n); \theta]k_2(x_1, x_2, \ldots, x_n)$$

여기서 $k_2(x_1,\ x_2,\ \cdots,\ x_n)$은 θ에 의존하지 않는다. 따라서 다음 비율은 $u(x_1,\ x_2,\ \cdots,\ x_n)$을 통해서만 x_1, x_2, ⋯, x_n에 의존한다.

$$\frac{L(\theta'; x_1, x_2, \ldots, x_n)}{L(\theta''; x_1, x_2, \ldots, x_n)} = \frac{k_1[u(x_1, x_2, \ldots, x_n); \theta']}{k_1[u(x_1, x_2, \ldots, x_n); \theta'']}$$

그러므로 θ에 대한 충분통계량 $Y = u(X_1,\ X_2,\ \cdots,\ X_n)$이 존재하고, 최량검정 또는 균일최강력검정을 원한다면 충분통계량 이외의 어떤 다른 통계량에 근거한 검정을 고려할 필요가 없다. 이 결과는 충분성의 중요성을 지지한다.

앞의 예제에서는 균일최강력검정을 소개했다. 몇몇 pdf의 족과 가설에 대해 검정의 일반적인 형태를 가질 수 있다. 일반적인 단측가설(one-sided hypothesis)은 다음과 같이 나타낼 수 있다.

$$H_0 : \theta \leq \theta', \quad H_1 : \theta > \theta' \tag{8.2.1}$$

다른 귀무가설 $H_0 : \theta \geq \theta'$의 단측가설도 비슷하다. 식 (8.2.1)의 귀무가설은 복합가설이다. 4장에서 가설 식 (8.2.1)의 검정 수준을 $\max_{\theta \leq \theta'} \gamma(\theta)$로 정의했음을 상기하라. 여기서 $\gamma(\theta)$는 검정에 대한 검정력 함수이다. 즉 유의수준은 1종 오류의 최대 확률이다.

$\theta \in \Omega$에 대해 pdf(또는 pmf) $f(x;\ \theta)$를 가진 확률표본을 $\mathbf{X}' = (X_1,\ X_2,\ \cdots,\ X_n)$이라고 하자. 우도함수는 다음과 같다.

$$L(\theta, \mathbf{x}) = \prod_{i=1}^{n} f(x_i; \theta), \quad \mathbf{x}' = (x_1, \ldots, x_n)$$

다음 정의의 단조우도비를 가진 pdf 족에 대해 생각해보자.

정의 8.2.2

우도함수 $L(\theta,\ \mathbf{x})$는 $\theta_1 < \theta_2$에 대해 통계량 $y = u(\mathbf{x})$에서 **단조우도비**(monotone likelihood ratio, mlr)를 갖는다. 다음 비율은 $y = u(\mathbf{x})$의 단조함수이다.

$$\frac{L(\theta_1, \mathbf{x})}{L(\theta_2, \mathbf{x})} \tag{8.2.2}$$

우도함수 $L(\theta, \mathbf{x})$가 통계량 $y = u(\mathbf{x})$에서 단조감소우도비를 갖는다면 식 (8.2.2)에서 비율이 $g(y)$와 같아진다(g는 감소함수). 우도함수가 단조증가우도비(즉 g가 증가함수)를 가진 경우에는 부등식의 부호를 바꾸면 된다. 유의수준을 α라고 하면 검정은 가설 식 (8.2.1)에 대해 수준 α인 UMP이다.

$$Y \geq c_Y \text{이면 } H_0 \text{ 기각} \tag{8.2.3}$$

여기서 c_Y는 $\alpha = P_{\theta'}[Y \geq c_Y]$로 결정된다. 이를 입증하기 위해 우선 단순귀무가설 $H_0' : \theta = \theta'$을 고려하자. 임의의 θ''과 θ'에 대해 $\theta'' > \theta'$이라고 하자(θ'', θ'은 고정된 값). θ'과 θ''에 대한 최강력검정의 기각역을 C라고 하자. 네이만-피어슨 정리에 의해 C는 다음과 같이 정의된다.

$$\text{오직 } \mathbf{X} \in C\text{에 대해 } \quad \frac{L(\theta', \mathbf{X})}{L(\theta'', \mathbf{X})} \leq k$$

여기서 k는 $\alpha = P_{\theta'}[\mathbf{X} \in C]$로 결정된다. $\theta'' > \theta'$이기 때문에 정의 8.2.2로부터

$$\frac{L(\theta', \mathbf{X})}{L(\theta'', \mathbf{X})} = g(Y) \leq k \Leftrightarrow Y \geq g^{-1}(k)$$

$g^{-1}(k)$는 $\alpha = P_{\theta'}[Y \geq g^{-1}(k)]$를 만족한다. 다시 말해 $c_Y = g^{-1}(k)$이다. 따라서 네이만-피어슨 검정 식 (8.2.3)에서 정의된 검정과 같아진다. 또한 검정은 θ'과 $\theta'' > \theta'$에 대해 UMP이다. 검정은 오직 $\theta'' > \theta'$에 의존하고 $g^{-1}(k)$는 θ'하에 유일하게 결정되기 때문이다.

$\gamma_Y(\theta)$를 검정 식 (8.2.3)의 검정력 함수라고 하자. 마지막으로 $\max_{\theta \leq \theta'} \gamma_Y(\theta) = \alpha$임을 밝혀야 한다. 그러기 위해서는 $\gamma_Y(\theta)$가 비감소함수임을 밝히면 된다. $\theta_1 < \theta_2$라고 하자. $\theta_1 < \theta_2$임을 주의하면서 검정 식 (8.2.3)은 수준이 $\gamma_Y(\theta_1)$인 θ_1, θ_2의 검정에 대한 최강력검정이다. 따름정리 8.1.1로부터 θ_2의 검정의 검정력은 수준 이하여서는 안 된다. 즉 $\gamma_Y(\theta_2) \geq \gamma_Y(\theta_1)$이어야 한다. 따라서 $\gamma_Y(\theta)$는 비감소함수이다. 검정력 함수가 비감소이기 때문에 정의 8.1.2에 따라 가설 식 (8.2.1)에 대한 mlr 검정은 불편검정이다. 연습문제 8.2.14를 참조하라.

예제 8.2.5 $0 < \theta < 1$일 때 모수 $p = \theta$인 베르누이 분포에서 추출한 확률표본은 X_1, X_2, $\cdots$, X_n이며, $\theta' < \theta''$이라고 하자. 비율은 다음과 같다.

$$\frac{L(\theta'; x_1, x_2, \ldots, x_n)}{L(\theta''; x_1, x_2, \ldots, x_n)} = \frac{(\theta')^{\sum x_i}(1-\theta')^{n-\sum x_i}}{(\theta'')^{\sum x_i}(1-\theta'')^{n-\sum x_i}} = \left[\frac{\theta'(1-\theta'')}{\theta''(1-\theta')}\right]^{\sum x_i} \left(\frac{1-\theta'}{1-\theta''}\right)^n$$

$\theta'/\theta'' < 1$이고 $(1-\theta'')/(1-\theta') < 1$이므로 $\theta'(1-\theta'')/\theta''(1-\theta') < 1$이고 비율은 $y = \sum x_i$의 감소함수이다. 따라서 통계량 $Y = \sum X_i$의 단조우도비를 갖는다.

다음 가설을 고려하자.

$$H_0 : \theta \le \theta', \quad H_1 : \theta > \theta' \tag{8.2.4}$$

위의 논의에 의해 H_0과 H_1의 검정에서 UMP 수준 α의 검정은 다음과 같다.

$$Y = \textstyle\sum_{i=1}^n X_i \ge c \text{ 이면 } H_0 \text{ 기각}$$

여기서 c는 $\alpha = P_{\theta'}[Y \ge c]$이다.

베르누이 pmf의 예제에서 우도가 mlr을 갖는다는 것을 밝힘으로써 UMP 검정을 구했다. 베르누이 분포는 지수족의 정칙인 경우이고, 원하는 것은 하나의 가정하에 정칙 지수족으로 일반화하는 것이다. 이를 밝히기 위해 확률표본 $X_1, X_2, \cdots, X_n$이 정규 지수족 pdf 또는 pmf에서 비롯되었다고 하자. 즉 다음과 같은 pdf 또는 pmf에서 추출되었다고 하자.

$$f(x;\theta) = \begin{cases} \exp[p(\theta)K(x) + H(x) + q(\theta)] & x \in \mathcal{S} \\ 0 & \text{그 외에} \end{cases}$$

여기서 X의 공간 $\mathcal{S}$는 θ에 의존하지 않는다. 또한 $p(\theta)$를 θ의 증가함수라고 가정하면

$$\begin{aligned} \frac{L(\theta')}{L(\theta'')} &= \frac{\exp\left[p(\theta')\sum_{i=1}^n K(x_i) + \sum_{i=1}^n H(x_i) + nq(\theta')\right]}{\exp\left[p(\theta'')\sum_{i=1}^n K(x_i) + \sum_{i=1}^n H(x_i) + nq(\theta'')\right]} \\ &= \exp\left\{[p(\theta') - p(\theta'')]\sum_{i=1}^n K(x_i) + n[q(\theta') - q(\theta'')]\right\} \end{aligned}$$

$\theta' < \theta''$이면 $p(\theta)$가 증가함수가 되기 위해서는 이 비율이 $y = \sum_{i=1}^n K(x_i)$의 감소함수여야 한다. 따라서 통계량 $Y = \sum_{i=1}^n K(X_i)$의 단조우도비를 갖는다. 그리고 다음의 가설을 고려하자.

$$H_0 : \theta \le \theta', \quad H_1 : \theta > \theta' \tag{8.2.5}$$

mlr에 관해 UMP 수준 α의 결정 공식은 검정 H_0과 H_1에 대해 다음과 같이 주어진다.

$$Y = \sum_{i=1}^n K(X_i) \ge c \text{이면 } H_0 \text{ 기각}$$

여기서 c는 $\alpha = P_{\theta'}[Y \ge c]$이다. 게다가 이 검정의 검정력은 θ에서 증가함수이다.

기록을 위해 다음과 같은 반대 방향의 단측대립가설을 고려하자.

$$H_0 : \theta \ge \theta', \quad H_1 : \theta < \theta' \tag{8.2.6}$$

증가함수 $p(\theta)$에 대한 UMP 수준 a 결정 공식은 다음과 같다.

$$Y = \sum_{i=1}^{n} K(X_i) \leq c\text{이면 } H_0 \text{ 기각}$$

여기서 c는 $\alpha = P_{\theta'}[Y \leq c]$이다.

만약 단조우도비를 가진 위의 경우에 $H_1 : \theta > \theta'$에 대해 $H_0 : \theta = \theta'$을 검정하면 $\sum K(x_i) \geq c$는 균일최강력기각역일 것이다. 예제 8.2.2~8.2.5에 주어진 우도비로부터 다음의 각 기각역이 $H_1 : \theta > \theta'$에 대해 $H_0 : \theta = \theta'$을 검정하는 균일최강력임을 알 수 있다.

$$\sum_{i=1}^{n} x_i^2 \geq c, \quad \sum_{i=1}^{n} x_i \geq c, \quad \sum_{i=1}^{n} x_i \geq c, \quad \sum_{i=1}^{n} x_i \geq c$$

균일최강력검정에 관한 마지막 참고 사항이 있다. 물론 정의 8.2.1에서 사용한 용어 균일(uniformly)은 θ와 관련된다. 즉 C는 복합대립가설 H_1에 의해 주어지는 모든 θ 값에 대해 $H_0 : \theta = \theta_0$을 검정하기 위한 크기 α의 최량기각역이다. 그러나 이와 같은 형식의 영역이 다음과 같다고 가정하자.

$$u(x_1, x_2, \ldots, x_n) \leq c$$

이러한 경우에 이 형식은 물론 적당히 c의 값을 변경함으로써 얻을 수 있는 모든 α 값에 대해 균일최강력기각역을 제공한다. 즉 통계학 책에서 항상 언급되지는 않는 α와 관련된 어떤 균일성이 있다.

연습문제

8.2.1 X가 $x = 0, 1$일 때 $f(x;\theta) = \theta^x(1-\theta)^{1-x}$, 그 외에 $f(x;\theta) = 0$인 pmf를 갖는다고 하자. 크기 10인 확률표본을 표본 관측값 $x_1, x_2, \cdots, x_{10}$이 $\sum_1^{10} x_i \leq 2$를 만족할 때에 한하여 $H_0 : \theta = 1/5$을 기각하는 복합대립가설 $H_1 : \theta < 1/5$에 대해 단순가설 $H_0 : \theta = 1/5$을 검정한다. $0 < \theta \leq 1/5$에 대해 이 검정의 검정력 함수 $\gamma(\theta)$를 구하라.

8.2.2 X가 $1 < x < \theta$일 때 $f(x;\theta) = 1/(\theta - 1)$, 그 외에 $f(x;\theta) = 0$인 pdf를 갖는다고 하자. $Y_1 < Y_2 < Y_3 < Y_4$가 이 분포에서 추출한 크기 4인 확률표본의 순서통계량을 나타낸다고 할 때 Y_4의 관측값을 y_4라고 하자. $y_4 \leq 4/3$ 또는 $y_4 > 2$이면 $H_0 : \theta = 2$를 기각하고 $H_1 : \theta \neq 2$를 채택한다고 할 때, $\theta > 1$에 대해 이 검정의 검정력 함수 $\gamma(\theta)$를 구하라.

8.2.3 $N(\theta, 9)$인 정규분포를 생각해보자. 크기 16인 확률표본의 관측 평균 $\bar{x}$가 $3/4$보다 크거나 같을 때에 한하여 단순가설 $H_0 : \theta = 0$은 기각되고 복합대립가설 $H_1 : \theta > 0$은 채택된다. $0 \leq \theta$에 대해 이 검정의 검정력 함수 $\gamma(\theta)$를 구하라.

8.2.4 독립인 두 정규분포 $N(\mu_1, 144)$와 $N(\mu_2, 256)$을 생각해보자. $\theta = \mu_1 - \mu_2$이고, $\bar{x}$와 $\bar{y}$는 이 두 분포에서 추출한 크기가 각각 n인 독립인 두 확률표본의 관측 평균을 나타낸다고 하자. $\bar{x} - \bar{y} \geq c$일 때에 한하여 $H_0 : \theta = 0$을 기각하고 $H_1 : \theta > 0$을 채택한다. 이 검정의 검정력 함수를 $\gamma(\theta)$라고 할 때 근사적으로 $\gamma(0) = 0.05$이고 $\gamma(8) = 0.80$이 되도록 n과 c를 구하라.

8.2.5 예제 8.2.2에서 $L(\theta)$가 통계량 $\sum_{i=1}^{n} X_i^2$의 단조우도비를 갖는다는 것을 밝혀라. 그리고 이를 이용하여 θ'이 고정된 양수인 경우 $H_0 : \theta = \theta'$이고 $H_1 : \theta < \theta'$에 대해 균일최강력검정을 구하라.

8.2.6 예제 8.2.2에서 θ'이 고정된 양수인 경우 $H_0 : \theta = \theta'$이고 $H_1 : \theta \neq \theta'$일 때 H_1에 대해 H_0을 검정하기 위한 균일최강력검정이 존재하지 않음을 밝혀라.

8.2.7 정규분포 $N(\theta, 64)$에서 추출한 크기 36인 확률표본을 $X_1, X_2, \cdots, X_{36}$이라고 하자. $H_1 : \theta > 50$에 대해 $H_0 : \theta = 50$을 검정하기 위한 크기 $\alpha = 0.10$인 균일최강력기각역을 구하라.

8.2.8 정규분포 $N(\theta, 25)$에서 추출한 확률표본을 $X_1, X_2, \cdots, X_n$이라고 하자. 표본의 크기 n과 근사적으로 $\gamma(16) = 0.05$이고 $\gamma(14) = 0.90$인 검정력 함수 $\gamma(\theta)$를 가진 $H_1 : \theta < 16$에 대한 $H_0 : \theta = 16$의 균일최강력검정을 구하라.

8.2.9 $x = 0, 1$일 때 $f(x; \theta) = \theta^x(1 - \theta)^{1-x}$, 그 외에 $f(x; \theta) = 0$인 분포를 생각해보자. $H_0 : \theta = 1/10$, $H_1 : \theta > 1/10$이라고 하자. 중심극한정리를 사용하여 H_1에 대한 H_0의 균일최강력검정이 근사적으로 $\gamma(1/10) = 0.05$와 $\gamma(1/5) = 0.80$을 가진 검정력 함수 $\gamma(\theta)$가 되도록 확률표본의 표본 크기 n을 결정하라.

8.2.10 예제 8.2.1에서는 $\alpha = 1$, $\beta = \theta$인 감마분포에서 추출한 크기 $n = 2$인 확률표본을 다루었다. 따라서 이 분포의 적률생성함수는 $(1 - \theta t)^{-1}(t < 1/\theta, \theta \geq 2)$이다. $Z = X_1 + X_2$일 때 Z는 $\alpha = 2$, $\beta = \theta$인 감마분포를 따름을 밝혀라. 단순적분으로 예제 8.2.1의 검정력 함수 $\gamma(\theta)$를 표현하라. 크기 n인 확률에 대해 이것을 일반화하라.

8.2.11 $\theta > 0$에 대해 $0 < x < 1$일 때 $f(x; \theta) = \theta(1 - x)^{\theta-1}$, 그 외에 $f(x; \theta) = 0$인 pdf를 가진 분포에서 추출한 확률표본을 $X_1, X_2, \cdots, X_n$이라고 하자. 우도함수가 통계량 $\prod_{i=1}^{n}(1 - X_i)$의 단조우도비를 갖는다는 것을 밝혀라. 이를 이용하여 고정된 $\theta' > 0$일 때 $H_0 : \theta = \theta'$과 $H_1 : \theta < \theta'$에 대한 균일최강력검정을 구하라.

8.2.12 X가 $x = 0, 1$일 때 $f(x; \theta) = \theta^x(1 - \theta)^{1-x}$, 그 외에 $f(x; \theta) = 0$인 pdf를 갖는다고 하자. 크기 $n = 5$인 확률분포 $X_1, X_2, \cdots, X_5$를 선택하고 $Y = \sum_{i=1}^{n} X_i$가 상수 c보다 작거나 같게 관찰되었을 때 H_0을 기각함으로써 $H_1 : \theta < 1/2$에 대해 $H_0 : \theta =$

1/2을 검정한다.

(a) 이것이 균일최강력검정임을 밝혀라.

(b) $c = 1$일 때 유의수준을 구하라.

(c) $c = 0$일 때 유의수준을 구하라.

(d) 예제 4.6.4에서 다룬 확률화 검정(randomized test)을 이용하여 (b)와 (c)에 주어진 검정을 변경하여 유의수준 $\alpha = 2/32$인 검정을 구하라.

8.2.13 $\alpha = 2$, $\beta = \theta$인 감마분포에서 추출한 확률표본을 $X_1, X_2, \cdots, X_n$이라고 하자. 가설은 $H_0 : \theta = 1$, $H_1 : \theta > 1$이다.

(a) H_0과 H_1에 대한 균일최강력검정이 존재함을 밝혀라. 기본적인 검정에 대해 통계량 Y를 결정하고 최량기각역을 나타내라.

(b) (a)에서 통계량 Y의 pdf를 구하라. 만약 유의수준이 0.05라면 기각역을 결정하는 데 사용할 수 있는 방정식을 세워라. $\theta \geq 1$에 대해 $\gamma(\theta)$를 이 검정의 검정력 함수라고 할 때 검정력 함수를 적분으로 나타내라.

8.2.14 식 (8.2.3)에 의해 정의된 단조우도비검정이 가설 식 (8.2.1)에 대해 불편검정임을 밝혀라.

8.3 우도비검정

이 장의 첫 번째 절에서 단순가설에 대한 최강력검정을 소개했다. 두 번째 절에서는 최선의 선택의 단측대립가설과 단조우도비를 분포족에 대한 균일최강력검정을 하기 위해 정리를 확장했다. 일반적인 경우는 무엇인가? pdf 또는 pmf $f(x; \boldsymbol{\theta})$를 가진 확률변수 X를 고려하자. $\boldsymbol{\theta}$는 Ω에서의 모수 벡터이다. $\omega \subset \Omega$라 하고 다음 가설을 고려하자.

$$H_0 : \boldsymbol{\theta} \in \omega, \quad H_1 : \boldsymbol{\theta} \in \Omega \cap \omega^c \tag{8.3.1}$$

이러한 일반적인 상황에 대한 것은 이 책의 수준을 벗어난다. 관심이 있다면 Lehmann(1986)을 보라. 이러한 복잡한 검정의 몇 가지 예만 설명하겠다. X는 $N(\theta_1, \theta_2)$인 확률변수이고, 특정한 θ_1'에 대해 $\theta_1 = \theta_1'$을 검정한다고 가정하자. 식 (8.3.1)의 형태로 $\Omega = \{\boldsymbol{\theta} : -\infty < \theta_1 < \infty, \theta_2 > 0\}$, $\omega = \{\boldsymbol{\theta} : \theta_1 = \theta_1', \theta_2 > 0\}$이다. $H_0 : \boldsymbol{\theta} \in \omega$는 복합적인 귀무가설임을 주의하라. $X_1, X_2, \cdots, X_n$은 X의 확률표본이다.

θ_2를 알고 있다고 가정하면 H_0은 단순가설 $\theta_1 = \theta_1'$이 된다. 이것은 본질적으로 예제 8.2.3과 같다. 이는 균일최강력검정이 존재하지 않음을 보여준다. 만약 불편검정(정의 8.1.2)만 고려한다

면 최량검정 이론을 만들 수 있다. Lehmann(1986)을 참조하라. 구체적인 예로 연습문제 8.3.21에서 보듯이 다음 기각역에 기초한 검정은 불편이다.

$$C_2 = \left\{ |\overline{X} - \theta_1'| > \sqrt{\frac{\theta_2}{n}} z_{\alpha/2} \right\}$$

Lehmann에 따르면 이것은 수준이 α인 UMP 불편검정이다.

보통 θ_2는 알려지지 않았다. 이 경우 검정에 대한 이론은 조건부 검정이라는 개념을 이용하여 만들 수 있다. 이 책에서는 이를 다루지 않는데, 관심 있는 독자는 Lehmann(1986)을 참고하기 바란다.

6장을 보면 우도비검정 식 (6.3.3)을 식 (8.3.1)과 같은 일반적인 가설을 검정하는 데 사용할 수 있다. 일반적으로 검정 통계량의 정확한 귀무분포는 결정될 수 없지만, 정칙 조건하에서 우도비검정 통계량은 H_0에서 점근적으로 χ^2 분포를 따른다. 따라서 대부분의 상황에서 근사 검정을 할 수 있다. 비록 우도비검정이 네이만-피어슨 정리에 기반한 검정과 유사하게 최적이라는 보장은 없지만, 우도함수의 비율에 기반하며 많은 상황에서 점근적으로 최적이 된다.

분산이 알려진 경우, 정규분포의 평균을 검정하는 앞의 예제에서 우도비검정은 UMP 불편검정과 동일하다. 분산이 알려지지 않은 경우, 6장의 예제 6.5.1에서 보듯이 우도비검정은 일표본(one-sample) t-검정이 되는 결과를 낳는다. 이것은 Lehmann(1986)에서 논의된 조건부 검정과 같다.

이 절의 나머지 부분에서는 정규분포에서 표본을 추출할 때의 상황에 대한 우도비검정을 소개한다.

8.3.1 정규분포의 평균을 검정하는 우도비검정

6장의 예제 6.5.1에서 분산이 알려지지 않은 정규분포의 평균을 검정하기 위해 일표본 t-검정에 대한 우도비검정을 유도했다. 다음 예제에서는 독립인 두 정규분포의 평균을 비교하기 위한 우도비검정을 유도한다. 그런 다음 이 두 검정에 대한 검정력 함수를 살펴볼 것이다.

예제 8.3.1 독립인 확률변수 X와 Y가 $N(\theta_1, \theta_3)$, $N(\theta_2, \theta_3)$ 분포를 따른다고 하자. 여기서 평균 θ_1과 θ_2, 공통인 분산 θ_3은 알려지지 않았다. 이때 $\Omega = \{(\theta_1, \theta_2, \theta_3) : -\infty < \theta_1 < \infty, -\infty < \theta_2 < \infty, 0 < \theta_3 < \infty\}$이다. 각각의 분포에서 추출한 독립인 확률표본을 $X_1, X_2, \cdots, X_n$과 $Y_1, Y_2, \cdots, Y_m$이라고 하자. 가설 $H_0 : \theta_1 = \theta_2$, θ_3을 모든 대립가설에 대해 검정하려고 한다. 여기서 $\theta_1, \theta_2, \theta_3$은 모두 지정되지 않은 값이다. 이때 $\omega = \{(\theta_1, \theta_2, \theta_3) : -\infty < \theta_1 = \theta_2 < \infty, 0 < \theta_3 < \infty\}$이다. 여기서 $X_1, X_2, \cdots, X_n$과 $Y_1, Y_2, \cdots, Y_m$은 다음 우도함수를 가진 $n + m > 2$인 서로 독립인 확률변수이다.

$$L(\omega) = \left(\frac{1}{2\pi\theta_3}\right)^{(n+m)/2} \exp\left\{-\frac{1}{2\theta_3}\left[\sum_{i=1}^{n}(x_i-\theta_1)^2 + \sum_{i=1}^{m}(y_i-\theta_1)^2\right]\right\}$$

그리고

$$L(\Omega) = \left(\frac{1}{2\pi\theta_3}\right)^{(n+m)/2} \exp\left\{-\frac{1}{2\theta_3}\left[\sum_{i=1}^{n}(x_i-\theta_1)^2 + \sum_{i=1}^{m}(y_i-\theta_2)^2\right]\right\}$$

만약 $\partial \log L(\omega)/\partial\theta_1$와 $\partial \log L(\omega)/\partial\theta_3$가 0과 같으면(연습문제 8.3.2)

$$\begin{aligned} \sum_{i=1}^{n}(x_i-\theta_1) + \sum_{i=1}^{m}(y_i-\theta_1) &= 0 \\ \frac{1}{\theta_3}\left[\sum_{i=1}^{n}(x_i-\theta_1)^2 + \sum_{i=1}^{m}(y_i-\theta_1)^2\right] &= n+m \end{aligned} \tag{8.3.2}$$

θ_1과 θ_3에 대한 해는 각각 다음과 같다.

$$\begin{aligned} u &= (n+m)^{-1}\left\{\sum_{i=1}^{n}x_i + \sum_{i=1}^{m}y_i\right\} \\ w &= (n+m)^{-1}\left\{\sum_{i=1}^{n}(x_i-u)^2 + \sum_{i=1}^{m}(y_i-u)^2\right\} \end{aligned}$$

u와 w는 $L(\omega)$를 최대화하며 최댓값은

$$L(\hat{\omega}) = \left(\frac{e^{-1}}{2\pi w}\right)^{(n+m)/2}$$

같은 방법으로 다음 값이

$$\frac{\partial \log L(\Omega)}{\partial\theta_1}, \quad \frac{\partial \log L(\Omega)}{\partial\theta_2}, \quad \frac{\partial \log L(\Omega)}{\partial\theta_3}$$

0과 같다면(연습문제 8.3.3)

$$\begin{aligned} \sum_{i=1}^{n}(x_i-\theta_1) &= 0 \\ \sum_{i=1}^{m}(y_i-\theta_2) &= 0 \\ -(n+m) + \frac{1}{\theta_3}\left[\sum_{i=1}^{n}(x_i-\theta_1)^2 + \sum_{i=1}^{m}(y_i-\theta_2)^2\right] &= 0 \end{aligned} \tag{8.3.3}$$

θ_1, θ_2, θ_3에 대한 해는 각각 다음과 같으며,

$$\begin{aligned}
u_1 &= n^{-1}\sum_{i=1}^{n} x_i \\
u_2 &= m^{-1}\sum_{i=1}^{m} y_i \\
w' &= (n+m)^{-1}\left[\sum_{i=1}^{n}(x_i-u_1)^2+\sum_{i=1}^{m}(y_i-u_2)^2\right]
\end{aligned}$$

u_1, u_2와 w'은 $L(\Omega)$를 최대화한다. 그 최댓값은

$$L(\hat{\Omega}) = \left(\frac{e^{-1}}{2\pi w'}\right)^{(n+m)/2}$$

그러므로

$$\Lambda(x_1,\ldots,x_n,y_1,\ldots,y_m) = \Lambda = \frac{L(\hat{\omega})}{L(\hat{\Omega})} = \left(\frac{w'}{w}\right)^{(n+m)/2}$$

$\Lambda^{2/(n+m)}$으로 정의되는 확률변수는 다음과 같다.

$$\frac{\displaystyle\sum_{i=1}^{n}(X_i-\overline{X})^2+\sum_{i=1}^{m}(Y_i-\overline{Y})^2}{\displaystyle\sum_{i=1}^{n}\{X_i-[(n\overline{X}+m\overline{Y})/(n+m)]\}^2+\sum_{i=1}^{n}\{Y_i-[(n\overline{X}+m\overline{Y})/(n+m)]\}^2}$$

이제

$$\begin{aligned}
\sum_{i=1}^{n}\left(X_i-\frac{n\overline{X}+m\overline{Y}}{n+m}\right)^2 &= \sum_{i=1}^{n}\left[(X_i-\overline{X})+\left(\overline{X}-\frac{n\overline{X}+m\overline{Y}}{n+m}\right)\right]^2 \\
&= \sum_{i=1}^{n}(X_i-\overline{X})^2+n\left(\overline{X}-\frac{n\overline{X}+m\overline{Y}}{n+m}\right)^2 \\
\sum_{i=1}^{m}\left(Y_i-\frac{n\overline{X}+m\overline{Y}}{n+m}\right)^2 &= \sum_{i=1}^{m}\left[(Y_i-\overline{Y})+\left(\overline{Y}-\frac{n\overline{X}+m\overline{Y}}{n+m}\right)\right]^2 \\
&= \sum_{i=1}^{m}(Y_i-\overline{Y})^2+m\left(\overline{Y}-\frac{n\overline{X}+m\overline{Y}}{n+m}\right)^2
\end{aligned}$$

또한

$$\begin{aligned}
n\left(\overline{X}-\frac{n\overline{X}+m\overline{Y}}{n+m}\right)^2 &= \frac{m^2n}{(n+m)^2}(\overline{X}-\overline{Y})^2 \\
m\left(\overline{Y}-\frac{n\overline{X}+m\overline{Y}}{n+m}\right)^2 &= \frac{n^2m}{(n+m)^2}(\overline{X}-\overline{Y})^2
\end{aligned}$$

따라서 $\Lambda^{2/(n+m)}$에 의해 정의된 확률변수는 다음과 같이 나타낼 수 있다.

$$\frac{\sum_{i=1}^{n}(X_i-\overline{X})^2+\sum_{i=1}^{m}(Y_i-\overline{Y})^2}{\sum_{i=1}^{n}(X_i-\overline{X})^2+\sum_{i=1}^{m}(Y_i-\overline{Y})^2+[nm/(n+m)](\overline{X}-\overline{Y})^2}$$

$$=\frac{1}{1+\dfrac{[nm/(n+m)](\overline{X}-\overline{Y})^2}{\sum_{i=1}^{n}(X_i-\overline{X})^2+\sum_{i=1}^{m}(Y_i-\overline{Y})^2}}$$

가설 $H_0 : \theta_1 = \theta_2$가 참이면 다음 확률변수는 3.6절에 의해 자유도가 $n + m - 2$인 t-분포를 따른다.

$$T=\sqrt{\frac{nm}{n+m}}(\overline{X}-\overline{Y})\left\{(n+m-2)^{-1}\left[\sum_{i=1}^{n}(X_i-\overline{X})^2+\sum_{i=1}^{m}(Y_i-\overline{Y})^2\right]\right\}^{-1/2} \tag{8.3.4}$$

따라서 $\Lambda^{2/(n+m)}$에 의해 정의된 확률변수는 다음과 같다.

$$\frac{n+m-2}{(n+m-2)+T^2}$$

모든 대립가설에 대한 H_0의 검정은 이때 자유도가 $n + m - 2$인 t-분포에 근거한다.

우도비 원리에 의해 $\Lambda \le \lambda_0 < 1$일 때에 한하여 H_0을 기각하기로 한다. 따라서 이 검정의 유의수준은 다음과 같다.

$$\alpha = P_{H_0}[\Lambda(X_1,\ldots,X_n,Y_1,\ldots,Y_m) \le \lambda_0]$$

그러나 $\Lambda(X_1, \cdots, X_n, Y_1, \cdots, Y_m) \le \lambda_0$은 $|T| \ge c$와 동일하고, 따라서

$$\alpha = P(|T| \ge c; H_0)$$

주어진 n과 m 값에 대해 수 c는 쉽게 계산된다. R에서 $c =$ `qt`$(1 - \alpha/2,\ n + m - 2)$이다. 이 경우 H_0은 t가 T의 관측값인 경우 $|t| \ge c$일 때에 한하여 유의수준 α에서 기각된다. 예컨대 $n = 10$, $m = 6$, $\alpha = 0.05$이면 $c =$ `qt`(0.975,14) $= 2.1448$이다.

예제 6.5.1에서의 일표본 t-검정만큼 잘 알려진, 앞의 예제에서 다룬 우도비검정은 H_0이 참일 때 t-분포를 따르는 통계량에 근거한다. 가설 H_0에 의해 나타내는 것 말고도 모수 점에서 이러한 검정의 검정력을 계산하는 데 도움이 되도록 다음 정의를 소개한다.

정의 8.3.1

확률변수 W는 $N(\delta, 1)$, 확률변수 V는 $\chi^2(r)$이며, W와 V는 독립이라고 하자. 다음과 같은 나눗몫은 자유도가 r이고 비중심모수가 δ인 비중심 t-분포를 따른다고 한다.

$$T = \frac{W}{\sqrt{V/r}}$$

만약 $\delta = 0$이면 T는 일반 t-분포를 따른다.

이 정의에 의해 예제 6.5.1과 8.3.1의 t-통계량을 다시 살펴보자.

예제 8.3.2 **[일표본 t-검정의 검정력]** 예제 6.5.1에 대해 좀 더 일반적인 상황을 생각해보자. $N(\mu, \sigma^2)$ 분포를 가진 X에 대한 확률표본을 X_1, X_2, ⋯, X_n이라고 가정하자. μ_0이 정해졌을 때 $H_1: \mu \neq \mu_0$에 대해 $H_0:\ \mu = \mu_0$을 검정하는 데 관심이 있다면

$$\begin{aligned} t(X_1, \ldots, X_n) &= \frac{\sqrt{n}(\overline{X} - \mu_0)}{\sqrt{\sum_{i=1}^{n}(X_i - \overline{X})^2/(n-1)}} \\ &= \frac{\sqrt{n}(\overline{X} - \mu_0)/\sigma}{\sqrt{\sum_{i=1}^{n}(X_i - \overline{X})^2/[\sigma^2(n-1)]}} \end{aligned}$$

귀무가설 H_0은 $|t| \geq t_{\alpha/2,n-1}$이면 수준 α에서 기각된다. $\mu_1 \neq \mu_0$이 관심 있는 대립가설이라고 가정하자. $E_{\mu_1}[\sqrt{n}\overline{X}/\sigma\sqrt{n}\overline{X}/\sigma] = \sqrt{n}(\mu_1 - \mu_0)/\sigma$이므로 μ_1을 확인하려는 검정의 검정력은 다음과 같다.

$$\gamma(\mu_1) = P(|t| \geq t_{\alpha/2,n-1}) = 1 - P(t \leq t_{\alpha/2,n-1}) + P(t \leq -t_{\alpha/2,n-1}) \tag{8.3.5}$$

여기서 t는 비중심모수 $\delta = \sqrt{n}(\mu_1 - \mu_0)/\delta$과 자유도 $n - 1$인 비중심 t-분포를 가진다. 이것은 R에서 다음 코드를 호출하여 계산된다.

```
1 - pt(tc,n-1,ncp=delta) + pt(-tc,n-1,ncp=delta)
```

여기서 `tc`는 $t_{\alpha/2,n-1}$이고, `delta`는 비중심모수 δ이다.

다음의 R 코드는 이 검정의 검정력 곡선 그림을 그린다. 이 그림의 수평축 범위는 $[\mu_0 - 4\sigma/\sqrt{n}, \mu_0 + 4\sigma/\sqrt{n}]$ 구간인 것을 주목하라. 모수는 표시된 대로 설정해야 한다.

```
## Input mu0, sig, n, alpha.
fse = 4*sig/sqrt(n); maxmu = mu0 + fse; tc = qt(1-(alpha/2),n-1)
minmu = mu0 -fse; mu1 = seq(minmu,maxmu,.1)
delta = (mu1-mu0)/(sig/sqrt(n))
gs = 1 - pt(tc,n-1,ncp=delta) + pt(-tc,n-1,ncp=delta)
plot(gs~mu1,pch=" ",xlab=expression(mu[1]),ylab=expression(gamma))
lines(gs~mu1)
```

이 코드는 tpowerg.R 함수의 중심 부분이다. 예제 8.3.5에서 이 코드의 사용에 대해 논의한다.

예제 8.3.3 **[이표본 t-검정의 검정력]** 예제 8.3.1에서

$$T = \frac{W_2}{\sqrt{V_2/(n+m-2)}}$$

여기서

$$W_2 = \sqrt{\frac{nm}{n+m}}(\overline{X} - \overline{Y}) \Big/ \sigma$$

$$V_2 = \frac{\sum_1^n (X_i - \overline{X})^2 + \sum_1^m (Y_i - \overline{Y})^2}{\sigma^2}$$

이때 W_2는 $N[\sqrt{nm/(n+m)}(\theta_1 - \theta_2)/\sigma,\ 1]$이고 V_2는 $\chi^2(n + m - 2)$이며 W_2와 V_2는 독립이다. 따라서 $\theta_1 \neq \theta_2$이면 T는 자유도가 $n + m - 2$이고, 비중심모수 $\delta_2 = \sqrt{nm/(n+m)}(\theta_1 - \theta_2)/\sigma$인 비중심 t-분포를 따른다. $\delta_1 = \sqrt{n}\theta_1/\sigma$은 $\overline{X}$의 표준편차 $\sigma/\sqrt{n}$의 단위에서 $\theta_1 = 0$에서부터의 θ_1의 편차이다. 비중심모수 $\delta_2 = \sqrt{nm/(n+m)}(\theta_1 - \theta_2)/\sigma$는 $\overline{X} - \overline{Y}$의 표준편차 $\sigma/\sqrt{(n+m)/mn}$의 단위에서 $\theta_1 - \theta_2 = 0$에서부터의 $\theta_1 - \theta_2$의 편차와 같다.

예제 8.3.2에서처럼 이 검정의 검정력을 구하는 R 코드를 작성하는 것은 쉽다. 수치상으로 설명하기 위해 공통 분산이 $\theta_3 = 100$이고, $n = 20$, $m = 15$라고 가정하자. α =0.05이고, $\Delta = \theta_1 - \theta_2$일 때 $\Delta = 5$를 탐지하기 위한 검정의 검정력을 결정한다고 하자. 이 경우 기각값은 $t_{0.25,33}$ = qt(.975, 33) = 2.0345이고, 비중심모수는 $\delta_2 = 1.4639$이다. 검정력은 다음과 같이 계산된다.

```
1- pt(2.0345,33,ncp=1.4639) + pt(-2.0345,33,ncp=1.4639) = 0.2954
```

따라서 이 검정이 5의 평균 차이를 탐지할 가능성은 29.4%이다.

참고 8.3.1

예제 6.5.1과 8.3.1에서 다룬 정규 평균에 대한 일표본 검정과 2표본 검정은 통계학 책에서 가장 많이 소개된 정규 평균에 대한 검정이다. 이 검정은 정규성의 가정에 근거한다. 만약 기본적인 분

포가 정규분포가 아니라면 어떻게 될까? 유한인 분산을 따르는 경우 t-검정 통계량은 점근적으로 맞다. 예를 들어 일표본 t-검정을 생각해보자. $X_1, X_2, \cdots, X_n$이 평균이 θ_1, 유한인 분산이 σ^2이며 iid인 비정규 pdf를 갖는다고 하자. 가설은 변하지 않는다. 즉 $H_0 : \theta_1 = \theta_1'$, $H_1 : \theta_1 \neq \theta_1'$이다. t-검정 통계량 T_n은 다음과 같이 주어진다.

$$T_n = \frac{\sqrt{n}(\overline{X} - \theta_1')}{S_n} \tag{8.3.6}$$

여기서 S_n은 단순 표준편차이다. 기각역은 $C_1 = \{|T_n| \geq t_{\alpha/2,\, n-1}\}$이다. S_n은 확률적으로 σ에 수렴함을 상기하라. 따라서 중심극한정리에 의해 H_0의 가정하에 다음과 같다.

$$T_n = \frac{\sigma}{S_n} \frac{\sqrt{n}(\overline{X} - \theta_1')}{\sigma} \xrightarrow{D} Z \tag{8.3.7}$$

여기서 Z는 표준정규분포를 따른다. 따라서 점근적인 검정은 기각역 $C_2 = \{|T_n| \geq z_{\alpha/2}\}$를 사용한다. 식 (8.3.7)에 의해 기각역 C_2는 크기 α에 근접한다. 실제 기각역으로는 C_1을 사용하게 된다. 일반적으로 t 기각값은 z 기각값보다 크기 때문에 C_1을 사용하면 보수적인 검정이 된다. 즉 C_1의 크기는 C_2의 크기보다 약간 작다. 연습문제 8.3.4에서 보듯이 근본적인 분포가 동일한 분산을 가지고 있다면 2표본 t-검정 역시 점근적으로 맞다.

정규분포와 '비슷한' 분포인 비정규분포의 경우 t-검정이 기본적으로 타당하다. 즉 실제 유의수준이 명목수준인 α와 비슷하다. 견고성의 측면에서 우리는 이 상황에 대해 t-검정이 **타당성에 대한 견고성**(robustness of validity)을 가진다고 말할 것이다. 그러나 t-검정은 **검정력의 견고성**(robustness of power)은 가지고 있지 않을 수 있다. 비정규분포에 대해 t-검정보다 검정력이 더 높은 검정이 있는데 자세한 내용은 10장을 참조하라.

유한 표본 크기와 결정적으로 정규분포가 아닌, 예컨대 매우 치우친(skewed) 분포의 경우, 다음의 모의실험에서 설명하는 것처럼 t-검정의 타당성에도 문제가 생길 수 있다.

예제 8.3.4 **[치우치도록 오염된 정규분포]** 확률변수 X가 다음과 같다고 하자.

$$X = (1 - I_\epsilon)Z + I_\epsilon Y \tag{8.3.8}$$

여기서 Z는 $N(0, 1)$ 분포를 따르고, Y는 $N(\mu_c, \sigma_c^2)$ 분포를 따르고, I_ϵ은 $bin(1, \epsilon)$ 분포를 따르며 서로 독립이다. $\epsilon < 0.5$, $\sigma_c > 1$이라면 Y는 혼합분포에서 오염된(contaminated) 확률변수이다. 만약 $\mu_c = 0$이라면 X는 3.4.1절에서 논의된 0을 중심으로 대칭인 오염된 정규분포임을 유의하자. $\mu_c \neq 0$이라면 식 (8.3.8)의 X에 대한 분포는 치우친 분포이며, 이를 **치우치도록 오염된 정규분포**(skewed contaminated normal distribution) $SCN(\epsilon, \sigma_c, \mu_C)$라고 부른다. $E(X) = \epsilon\mu_c$이며, 연습문제 8.3.18에서 X의 cdf와 pdf를 도출한다. R 함수 `rscn`은 이 분포로부터 확률 변량을 발생시킨다.

이 예제는 X의 분포에서 추출한 확률표본에 대해 t-검정의 유효성에 관한 소규모 모의실험 결과를 보여준다. 다음의 단측가설을 고려해보자.

$$H_0: \mu = \mu_X, \quad H_0: \mu < \mu_X$$

X의 분포에서 추출한 확률표본을 X_1, X_2, $\cdots$, X_n이라고 하자. 예제 4.5.4에서 논의하고 식 (8.3.6)에서도 주어진 t-검정을 검정 통계량으로 고려한다. 즉 검정 통계량은 $T_n = (\overline{X} - \mu_X)/(S_n/\sqrt{n})$이며, 여기서 $\overline{X}$와 S_n은 각각 X_1, X_2, $\cdots$, X_n의 표본평균과 표준편차이다. 유의수준을 $\alpha = 0.05$로 놓고, $T_n \leq t_{0.05,n-1}$이면 H_0을 기각한다는 결정 규칙을 사용한다. 이 실험에서 $n = 30$, $\epsilon = 0.20$, $\sigma_c = 25$로 놓았으며, 표 8.3.1에서 보듯이 μ_c로 0, 5, 10, 15, 20이라는 5개의 값을 선택했다. 5개 상황 각각에 대해 반복 횟수는 10,000으로 하고, H_0을 기각한 횟수를 모의실험 반복 횟수로 나눈 것, 즉 실험수준 α인 $\widehat{\alpha}$를 기록했다.

표 8.3.1 명목수준 $\alpha = 0.05$인 예제 8.3.4의 t-검정에 대한 실험수준 α

	실험수준 α				
μ_c	0	5	10	15	20
$\widehat{\alpha}$	0.0458	0.0961	0.1238	0.1294	0.1301

위 검정이 유효하기 위해서는 $\widehat{\alpha}$이 명목수준인 0.05에 근접해야 한다. 표 8.3.1에서 보듯이 실험 유의수준은 명목수준 0.05를 훨씬 초과한다(연습문제 8.3.19에서 보듯이 위 표의 표집 오차는 0.004 정도이다). $\mu_c = 0$일 때 X의 분포는 0에 대칭이며, 이 경우 실험수준은 명목수준 0.05에 근접한다.

8.3.2 정규분포의 분산을 검정하는 우도비검정

이 절에서는 정규분포의 분산을 검정하는 우도비검정을 살펴본다. 다음 예제에서 간단한 2개 문제와 함께 시작한다.

예제 8.3.5 두 정규분포의 평균이 같은지에 대한 검정의 예제 8.3.1에서 정규분포의 알려지지 않은 분산이 같다고 가정했다. 이제 알려지지 않은 이 두 분산이 동일한지 검정하는 문제를 생각해보자. $N(\theta_1, \theta_3)$, $N(\theta_2, \theta_4)$인 분포에서 각각 추출한 독립인 확률표본 X_1, X_2, $\cdots$, X_n과 Y_1, Y_2, $\cdots$, Y_m이 있다면

$$\Omega = \{(\theta_1, \theta_2, \theta_3, \theta_4) : -\infty < \theta_1, \theta_2 < \infty, 0 < \theta_3, \theta_4 < \infty\}$$

θ_1, θ_2가 지정되지 않은 값일 때 다른 모든 경우에 대한 대립가설 $H_0 : \theta_3 = \theta_4$를 검정하고자 한다. 이때

$$\omega = \{(\theta_1, \theta_2, \theta_3, \theta_4) : -\infty < \theta_1, \theta_2 < \infty, 0 < \theta_3 = \theta_4 < \infty\}$$

$\Lambda = L(\widehat{\omega})/L(\widehat{\Omega})$에 의해 정의된 통계량은 다음 통계량의 함수임을 쉽게 밝힐 수 있다(연습문제 8.3.11을 참조하라).

$$F = \frac{\sum_{i=1}^{n}(X_i - \overline{X})^2/(n-1)}{\sum_{i=1}^{m}(Y_i - \overline{Y})^2/(m-1)} \tag{8.3.9}$$

만약 $\theta_3 = \theta_4$이면 통계량 F는 자유도가 $n - 1$과 $m - 1$인 F 분포를 따른다. $(\theta_1, \theta_2, \theta_3, \theta_4) \in \omega$인 가설은 계산된 $F \leq c_1$이거나 또는 계산된 $F \geq c_2$이면 기각된다. 이 상수 c_1과 c_2는 일반적으로 $\theta_3 = \theta_4$이면 다음과 같이 되도록 선택된다.

$$P(F \leq c_1) = P(F \geq c_2) = \frac{\alpha_1}{2}$$

여기서 α_1은 이 검정에서 원하는 유의수준이다. 이 검정의 검정력 함수는 연습문제 8.3.10에서 유도된다.

참고 8.3.2

두 분산의 동질성에 대한 마지막 결정은 조심해야 한다. 참고 8.3.1에서 평균이 같은지에 대한 일표본과 2표본 t-검정을 소개했다. 하지만 예제 8.3.5의 두 표본분산 검정은 그렇지 않다. 예를 들어 Hettmansperger와 McKean(2011) 143쪽을 보라. 만약 기본적인 분포가 정규분포가 아니라면 F 기각값은 실제 기각값과 차이가 클지도 모른다(참고 8.3.1에서 평균의 검정에 대한 t 기각값을 논했다). Conover, Johnson, Johnson(1981)은 대규모의 모의실험 연구에서 정규분포가 아닌 상황에서 명목수준 $\alpha = 0.05$를 갖는 대신 F 기각값을 사용한 분산의 F-검정은 유의수준이 0.80만큼 높을 수 있음을 밝혔다. 게다가 분산에 대한 2표본 F-검정은 로버스트하지 않다. 그것은 정규성을 가정한 상황에서만 사용할 수 있다. 연습문제 8.3.17을 참조하라.

일표본에 기반한 정규분포의 분산에 대한 상응하는 우도비검정은 연습문제 8.3.9에서 다룬다. 참고 8.3.1에서 제기한 주의 사항이 이 검정에도 적용된다.

예제 8.3.6 독립인 확률변수 X와 Y가 각각 $N(\theta_1, \theta_3)$, $N(\theta_2, \theta_4)$를 따른다고 하자. 예제 8.3.1에서는 $\theta_3 = \theta_4$일 때 가설 $\theta_1 = \theta_2$의 우도비검정 통계량 T를 구했다. 예제 8.3.5에서는 가설 $\theta_3 = \theta_4$의 우도비검정 통계량 F를 구했다. 가설 $\theta_1 = \theta_2$는 $|T| \geq c$이면 기각된다. 여기서 상수 c는 $\alpha_2 = P(|T| \geq c; \theta_1 = \theta_2, \theta_3 = \theta_4)$가 검정의 유의수준이 되도록 선택된다. 만약 $\theta_3 = \theta_4$이면 분산의 동등성과 평균의 동등성에 대한 우도비검정 통계량인 각각의 F와 T는 독립이다. 이 중에서 두 검정이 F와 T에 근거한다는 것은 유의수준 α_1과 α_2로 순차적으로 수행되고 두 가설이 모두

참일 때 두 가설 모두를 채택할 확률이 $(1-\alpha_1)(1-\alpha_2)$임을 의미한다. 게다가 이 결합 검정에서의 유의수준은 $\alpha = 1-(1-\alpha_1)(1-\alpha_2)$이다.

$\theta_3 = \theta_4$일 때 F와 T의 독립성은 충분성과 완비성을 이용하여 밝힐 수 있다. 통계량 $\overline{X}$, $\overline{Y}$, $\sum_{i=1}^{n}(X_i - \overline{X})^2 + \sum_{i=1}^{n}(Y_i - \overline{Y})^2$은 모수 θ_1, θ_2, $\theta_3 = \theta_4$에 대한 결합완비충분통계량이다. 명백히 F-분포는 θ_1, θ_2, $\theta_3 = \theta_4$에 의존하지 않는다. 따라서 F-분포는 3개의 결합완비충분통계량에 대해 독립이다. 그러나 T는 3개의 결합완비충분통계량만의 함수이고, 따라서 T와 F는 독립이다. 여기서 중요한 것은 $\theta_1 = \theta_2$이든 $\theta_1 \neq \theta_2$이든 간에 이 두 통계량이 독립이라는 사실이다. 그럼으로써 이 검정의 유의수준을 제외한 확률을 계산할 수 있다. 예를 들어 $\theta_3 = \theta_4$이고 $\theta_1 \neq \theta_2$이면

$$P(c_1 < F < c_2,\ |T| \geq c) = P(c_1 < F < c_2)P(|T| \geq c)$$

오른쪽 식의 두 번째 인수는 비중심 t-분포를 이용하여 구한다. 물론 $\theta_3 = \theta_4$이고, $\theta_1 - \theta_2$가 크다면 사건 $\{c_1 < F < c_2, |T| \geq c\}$는 옳은 결정을 할 수 있게 하기 위해, 즉 $\theta_3 = \theta_4$를 채택하고 $\theta_1 = \theta_2$를 기각하기 때문에 우리는 확률이 1에 가깝기를 원한다.

연습문제

8.3.1 Verzani(2014)는 성별에 따른 온도를 포함하는 건강한 개인에 대한 자료 세트를 다룬다. 이 자료는 `tempbygender.rda` 파일에 있고, 관심 변수는 `maletemp`와 `femaletemp`이다. 저자 서문에 제시된 사이트에서 이 파일을 다운로드하라.

(a) 비교하는 상자그림을 그리고 그림에 대해 논하라. 만일 구별이 된다면 어느 성별이 더 낮은 온도로 보이는가? 상자그림의 너비에 기반하여 등분산 가정에 대한 의견을 밝혀라.

(b) 예제 8.3.3에서 논의했듯이 성별 간 실제 평균 온도에 차이가 없다는 것을 검증하는 이표본 양면 t-검정을 계산하라. 검정의 p 값을 구하고 명목수준 $\alpha = 0.05$에서 이 문제의 결론을 내려라.

(c) 평균 차이에 대한 95% 신뢰구간을 구하라. 이 문제의 관점에서 이것은 무엇을 의미하는가?

8.3.2 예제 8.3.1의 방정식 (8.3.2)를 증명하라.

8.3.3 예제 8.3.1의 방정식 (8.3.3)을 증명하라.

8.3.4 $X_1, X_2, \cdots, X_n$과 $Y_1, Y_2, \cdots, Y_m$이 다음과 같은 위치모형이라고 하자.

$$X_i = \theta_1 + Z_i, \quad i = 1, \ldots, n$$
$$Y_i = \theta_2 + Z_{n+i}, \quad i = 1, \ldots, m$$

Z_1, Z_2, $\cdots$, Z_{n+m}은 pdf $f(z)$를 가진 iid인 확률변수이다. 그리고 $E(Z_i) = 0$, $Var(Z_i) = \theta_3 < \infty$라고 가정한다.

(a) $E(X_i) = \theta_1$, $E(Y_i) = \theta_2$, $Var(X_i) = Var(Y_i) = \theta_3$임을 밝혀라.

(b) 예제 8.3.1의 가설을 고려하자. 즉 가설은 다음과 같다.

$$H_0 : \theta_1 = \theta_2, \quad H_1 : \theta_1 \neq \theta_2$$

H_0하에서 식 (8.3.4)에 주어진 통계량 T가 $N(0, 1)$에 수렴함을 밝혀라.

(c) (b)를 이용하여 H_0과 H_1의 대표본(large sample) 검정(결정 규칙)을 수행하라. (이는 예제 8.3.1의 검정이 점근적으로 맞다는 것을 보여준다.)

8.3.5 예제 8.3.2에서는 일표본 t-검정의 검정력 함수에 대해 논의했다.

(a) 다음 설정에 대해 검정력 함수를 그려라. X는 $N(\mu, \sigma^2)$ 분포를 가지고, $H_0 : \mu = 50$ 대 $H_1 : \mu \neq 50$, $\alpha = 0.05$, $n = 25$, $\sigma = 10$이다.

(b) (a)의 검정력 곡선에 $\alpha = 0.01$일 때의 검정력 곡선을 겹쳐서 그리고 이에 대해 논하라.

(c) (a)의 검정력 곡선에 $n = 35$일 때의 검정력 곡선을 겹쳐서 그리고 이에 대해 논하라.

(d) $\mu = 53$을 감지하는 검정력이 0.80을 초과하도록 n의 가장 작은 값을 정하라.

힌트: 지정된 대립가설에 대해 검정력을 반환하도록 R 함수 `tpowerg.R`을 수정하라.

8.3.6 특정 약(A)이 혈압 상승에 미치는 영향에 주요한 관심이 있다. 변형된 약(B)은 혈압 상승을 감소시킬 것으로 생각된다. μ_A와 μ_B가 각각 약 A와 B로 인한 혈압의 실제 평균 상승분이라고 하자. 관심 있는 가설은 $H_0 : \mu_A = \mu_B = 0$ 대 $H_1 : \mu_A > \mu_B = 0$이다. 예제 8.3.3에서 다룬 이표본 t-검정 통계량이 분석을 수행하는 데 사용된다. 명목수준은 $\alpha = 0.05$로 설정한다. 실험 설계를 위해 표본 크기가 $m = n$으로 동일하다고 가정하자. 또한 약 A로부터 발생한 자료에 기반했을 때 $\sigma = 30$은 공통된 표준편차에 대한 합리적인 선택으로 보인다. 평균 간 차이인 $\mu_A - \mu_B = 12$가 80%의 탐지율이 되도록 공통된 표본 크기를 결정하라. 환자가 탈락하여 실험이 끝났을 때 약 A와 B에 대한 표본 크기가 각각 $n = 72$, $m = 68$이라고 가정하자. 12의 평균 차이를 탐지하는 이 실험의 실제 검정력을 구하라.

8.3.7 우도비 원리는 단순대립가설 H_1에 대한 단순가설 H_0을 검정하는 경우 네이만-피어슨 정리에 의해 주어진 것과 동일한 검정이 됨을 밝혀라. Ω에는 두 점만이 존재함을 유의하라.

8.3.8 정규분포 $N(\theta, 1)$에서 추출한 확률표본을 X_1, X_2, $\cdots$, X_n이라고 하자. 가설 $H_0 : \theta$

$= \theta'$ 대 $H_1 : \theta \neq \theta'$($\theta'$은 상수)의 검정에 대한 우도비 원리는 부등식 $|\overline{x} - \theta'| \geq c$로 유도됨을 밝혀라.

(a) H_1에 대한 H_0의 검정은 균일최강력검정인가?

(b) H_1에 대한 H_0의 검정은 균일불편최강력검정인가?

8.3.9 정규분포 $N(\theta_1, \theta_2)$에서 추출한 iid인 확률표본을 $X_1, X_2, \cdots, X_n$이라고 하자. $H_1 : \theta_2 \neq \theta_2'$(단, θ_2'은 지정되고 θ_1은 지정되지 않았다)에 대해 $H_0 : \theta_2 = \theta_2'$(단, θ_1은 지정되지 않았다)을 검정하기 위한 우도비 원리는 $\sum_{i=1}^{n}(x_i - \overline{x})^2 \leq c_1$ 또는 $\sum_{i=1}^{n}(x_i - \overline{x})^2 \geq c_2$(단, $c_1 < c_2$는 적절하게 선택된다)일 때 기각하는 검정을 유도함을 밝혀라.

8.3.10 예제 8.3.5에서 다룬 상황의 경우, 식 (8.3.9)에 주어진 우도비검정 통계량에 대한 검정력 함수를 유도하라.

8.3.11 $X_1, X_2, \cdots, X_n$과 $Y_1, Y_2, \cdots, Y_m$을 $N(\theta_1, \theta_3)$과 $N(\theta_2, \theta_4)$에서 각각 추출한 서로 독립인 확률표본이라고 하자.

(a) 모든 대립가설에 대해 $H_0 : \theta_1 = \theta_2, \theta_3 = \theta_4$를 검정하기 위한 우도비가 다음과 같음을 밝혀라.

$$\frac{\left[\sum_{i=1}^{n}(x_i - \overline{x})^2/n\right]^{n/2}\left[\sum_{i=1}^{m}(y_i - \overline{y})^2/m\right]^{m/2}}{\left\{\left[\sum_{i=1}^{n}(x_i - u)^2 + \sum_{i=1}^{m}(y_i - u)^2\right]\Big/(m+n)\right\}^{(n+m)/2}}$$

단, $u = (n\overline{x} + m\overline{y})/(n + m)$이다.

(b) $H_0 : \theta_3 = \theta_4$($\theta_1$과 θ_2는 지정되지 않았다)를 검정하기 위한 우도비검정은 식 (8.3.9)에 주어진 F-검정 통계량에 근거를 둘 수 있음을 밝혀라.

8.3.12 모든 실수 θ에 대해 $-\infty < x < \infty$일 때 pdf $f(x; \theta) = \frac{1}{2}e^{-|x-\theta|}$을 가진 분포에서 추출한 크기 $n = 5$인 확률표본의 순서통계량을 $Y_1 < Y_2 < \cdots < Y_5$라고 하자. $H_1 : \theta \neq \theta_0$에 대해 $H_0 : \theta = \theta_0$을 검정하는 우도비검정 Λ를 구하라.

8.3.13 확률표본 $X_1, X_2, \cdots, X_n$을 다음 분포에서 추출했다.

$$H_0 : f(x;\theta) = \frac{1}{\theta}, 0 < x < \theta, \text{그 외에 } f(x;\theta) = 0$$

또는

$$H_1 : f(x;\theta) = \frac{1}{\theta}e^{-x/\theta}, 0 < x < \infty, \text{그 외에 } f(x;\theta) = 0$$

H_0과 H_1의 우도비검정(Λ)을 수행하라.

8.3.14 $0 < x < 1$일 때 $f(x; \theta) = \theta x^{\theta-1}$, 그 외에 $f(x; \theta) = 0$인 pdf를 가진 분포에서 추출한 확률표본을 $X_1, X_2, \cdots, X_n$이라고 하자. 여기서 $\theta > 0$이다.

(a) $H_0 : \theta = 2$ 대 $H_1 : \theta > 2$의 균일최강력검정 식을 구하라.

(b) 검정 $H_0 : \theta = 1$ 대 $H_1 : \theta \neq 1$에 대한 우도비 Λ는 무엇인가?

8.3.15 $X_1, X_2, \cdots, X_n$과 $Y_1, Y_2, \cdots, Y_n$이 정규분포 $N(\mu_1, \sigma^2)$과 $N(\mu_2, \sigma^2)$에서 추출한 독립인 확률표본이라고 하자. 여기서 σ^2은 알려지지 않았다.

(a) 모든 대립가설에 대해 $H_0 : \mu_1 = \mu_2 = 0$을 검정하기 위한 우도비 Λ를 구하라.

(b) 잘 알려진 분포를 따르는 통계량 Z의 함수로 Λ를 다시 표현하라.

(c) 귀무가설과 대립가설하에서 Z의 분포를 구하라.

8.3.16 $\mu_1, \mu_2, \sigma_1^2 = \sigma_2^2 = \sigma^2, \rho = 1/2$인 이변량 정규분포에서 추출한 확률표본을 $(X_1, Y_1), (X_2, Y_2), \cdots, (X_n, Y_n)$이라고 하자. $H_0 : \mu_1 = \mu_2 = 0$에 대한 우도비 Λ를 구하라. σ^2은 알려지지 않았다. 우도비 Λ는 무슨 통계량인가?

8.3.17 $-\infty < x < \infty$, $b_X > 0$에 대해 pdf가 $f_X(x) = (2b_X)^{-1} \exp\{-|x|/b_X\}$인 확률변수를 X라고 하자. 우선 X의 분산이 $\sigma_X^2 = 2b_X^2$임을 밝혀라. 그런 다음 X와 독립이고, $-\infty < y < \infty$, $b_Y > 0$에 대해 pdf가 $f_Y(y) = (2b_Y)^{-1} \exp\{-|y|/b_Y\}$인 확률변수 Y가 있다고 하자. 가설은 다음과 같다.

$$H_0 :\ \sigma_X^2 = \sigma_Y^2, \quad H_1 :\ \sigma_X^2 > \sigma_Y^2$$

이 가설을 검정하는 데 도움이 되는 참고 8.3.2를 이해하기 위해 다음 자료 세트를 생각해보자(자료는 `exercise8316.rda` 파일에도 있다). 표본 1은 $b_X = 1$인 X에서 추출하고, 표본 2는 $b_Y = 1$인 Y에서 추출했다. 따라서 H_0은 참이다.

표본 1	−0.389	−2.177	0.813	−0.001
	−0.110	−0.709	0.456	0.135
표본 1	0.763	−0.570	−2.565	−1.733
	0.403	0.778	−0.115	
표본 2	−1.067	−0.577	0.361	−0.680
	−0.634	−0.996	−0.181	0.239
표본 2	−0.775	−1.421	−0.818	0.328
	0.213	1.425	−0.165	

(a) 두 표본에 대한 비교 상자그림을 그려라. 두 표본의 퍼짐이 같은지 비교하라. 이 그림을 근거로 사분위 범위에서 H_0을 포함하는 것은 무엇인가?

(b) 참고 8.3.2에서 논의한 $\alpha = 0.10$인 F-검정(단측가설)을 수행하라. 결과는 어떠한가?

(c) (b)의 검정은 정확하지 않다. 왜 그런가?

8.3.18 예제 8.3.4의 치우치도록 오염된 정규 확률변수 X에 대해 cdf, pdf, 평균, 분산을 구하라.

8.3.19 예제 8.3.4의 표 8.3.1에 대해, 4장에서 제시한 이항 비율에 대한 95% 신뢰구간의 길이 절반이 명목수준 0.05에서 0.004임을 밝혀라.

8.3.20 계산 도구가 있다면 예제 8.3.4의 치우치도록 오염된 정규분포의 양측 t-검정에 대해 몬테카를로 실험을 사용하라. R 함수 `rscn.R`은 X의 분포에서부터 변량을 생성한다.

8.3.21 $N(\mu, \sigma_0^2)$ 분포에서 추출한 확률표본을 $X_1, X_2, \cdots, X_n$이라고 하자. 여기서 σ_0^2은 알려진 값이다. 다음의 양측 가설을 고려하자.

$$H_0: \mu = 0, \quad H_1: \mu \neq 0$$

기각역 $C = \{|\overline{X}| > \sqrt{\sigma_0^2/n}z_{\alpha/2}\}$를 기초로 한 검정이 수준 α인 불편검정임을 밝혀라.

8.3.22 연습문제 8.3.21과 상황이 모두 같지만 기각역이 $C^* = \{\overline{X} > \sqrt{\sigma_0^2/n}z_\alpha\}$인 검정을 고려하자. C^*를 기초로 한 검정의 유의수준이 α이지만 불편검정이 아님을 밝혀라.

8.4 축차확률비검정*

정리 8.1.1에서 단순대립가설에 대한 단순가설을 검정하는 최량기각역을 결정하는 방법의 정리를 증명했다. 이 정리는 다음과 같다. pdf 또는 pmf $f(x;\theta)$(단, $\theta = \{\theta : \theta = \theta', \theta''\}$이고 θ'과 θ''은 알려진 수이다)를 가진 분포에서 추출한 크기 n인 확률표본을 $X_1, X_2, \cdots, X_n$이라고 하자. $X_1, X_2, \cdots, X_n$의 우도를 모수 θ와 표본의 크기 n을 동시에 나타내는 기호로 나타낸다고 하자.

$$L(\theta; n) = f(x_1;\theta)f(x_2;\theta)\cdots f(x_n;\theta)$$

$k > 0$일 때 다음 경우에 한하여 $H_0 : \theta = \theta'$을 기각하고 $H_1 : \theta = \theta''$을 채택한다면 이것은 정의 8.1.1에 의해 H_1에 대한 H_0의 최량검정이다.

$$\frac{L(\theta'; n)}{L(\theta''; n)} \leq k$$

이제 표본의 크기 n이 일정하지 않다고 하자. 실제로 표본의 크기는 표본공간 $\{1, 2, 3, \cdots\}$인 확률변수 N이라고 하자. 단순가설 $H_1 : \theta = \theta''$에 대한 단순가설 $H_0 : \theta = \theta'$을 검정하는 과정은 다음과 같다. k_0과 k_1은 $k_0 < k_1$을 만족하는 양의 상수라고 하자. 서로 독립인 $X_1, X_2, X_3, \cdots$의

실현값, 즉 차례로 x_1, x_2, x_3, ⋯을 관찰하고 다음을 계산하라.

$$\frac{L(\theta';1)}{L(\theta'';1)}, \frac{L(\theta';2)}{L(\theta'';2)}, \frac{L(\theta';3)}{L(\theta'';3)}, \ldots$$

가설 $H_0 : \theta = \theta'$이 기각될($H_1 : \theta = \theta''$이 채택될) 필요충분조건은 양의 정수 n이 존재하여 $\mathbf{x}_n = (x_1, x_2, \cdots, x_n)$이 다음 집합에 속하는 것이다.

$$C_n = \left\{\mathbf{x}_n : k_0 < \frac{L(\theta', j)}{L(\theta'', j)} < k_1,\ j = 1, \ldots, n-1, \text{ 그리고 } \frac{L(\theta', n)}{L(\theta'', n)} \le k_0\right\} \quad (8.4.1)$$

한편 가설 $H_0 : \theta = \theta'$이 채택될($H_1 : \theta = \theta''$이 기각될) 필요충분조건은 양의 정수 n이 존재하여 $(x_1, x_2, \cdots, x_n)$이 다음 집합에 속하는 것이다.

$$B_n = \left\{\mathbf{x}_n : k_0 < \frac{L(\theta', j)}{L(\theta'', j)} < k_1,\ j = 1, \ldots, n-1, \text{ 그리고 } \frac{L(\theta', n)}{L(\theta'', n)} \ge k_1\right\} \quad (8.4.2)$$

즉 다음과 같은 경우에 한하여 계속 표본 항을 관찰하는데

$$k_0 < \frac{L(\theta', n)}{L(\theta'', n)} < k_1 \quad (8.4.3)$$

이 관찰을 다음 두 방법 중 하나에 의해 멈춘다.

1. $\frac{L(\theta', n)}{L(\theta'', n)} \le k_0$ 되는 순간에 $H_0 : \theta = \theta'$ 기각
2. $\frac{L(\theta', n)}{L(\theta'', n)} \ge k_1$ 되는 순간에 $H_0 : \theta = \theta'$ 채택

이와 같은 종류의 검정을 왈드(Wald)의 **축차확률비검정**(sequential probability ratio test)이라고 한다. 그런데 간혹 부등식 (8.4.3)은 편리하게 동치형으로 나타낼 수 있다.

$$c_0(n) < u(x_1, x_2, \ldots, x_n) < c_1(n) \quad (8.4.4)$$

여기서 $u(X_1, X_2, \cdots, X_n)$은 통계량이고 $c_0(n)$과 $c_1(n)$은 상수 k_0, k_1, θ', θ''과 n에 의존한다. 이 경우 관찰은 다음과 같이 되는 순간에 정지되고 결정이 이루어진다.

$$u(x_1, x_2, \ldots, x_n) \le c_0(n) \quad \text{또는} \quad u(x_1, x_2, \ldots, x_n) \ge c_1(n)$$

이제 실례를 살펴보자.

예제 8.4.1 X의 pmf가 다음과 같다고 하자.

$$f(x;\theta) = \begin{cases} \theta^x(1-\theta)^{1-x} & x = 0, 1 \\ 0 & \text{그 외에} \end{cases}$$

앞에서 논의한 축차확률비검정에서 $H_0 : \theta = 1/3$이고 $H_1 : \theta = 2/3$라면 $\sum x_i = \sum_{i=1}^{n} x_i$일 때

$$\frac{L(\frac{1}{3}, n)}{L(\frac{2}{3}, n)} = \frac{(\frac{1}{3})^{\sum x_i}(\frac{2}{3})^{n-\sum x_i}}{(\frac{2}{3})^{\sum x_i}(\frac{1}{3})^{n-\sum x_i}} = 2^{n-2\sum x_i}$$

밑이 2인 대수를 취하면 $0 < k_0 < k_1$일 때 다음 부등식은

$$k_0 < \frac{L(\frac{1}{3}, n)}{L(\frac{2}{3}, n)} < k_1$$

다음과 같이 되거나

$$\log_2 k_0 < n - 2\sum_{i=1}^{n} x_i < \log_2 k_1$$

또는 식 (8.4.4)의 형태로 된다.

$$c_0(n) = \frac{n}{2} - \frac{1}{2}\log_2 k_1 < \sum_{i=1}^{n} x_i < \frac{n}{2} - \frac{1}{2}\log_2 k_0 = c_1(n)$$

$L(1/3,\ n)/L(2/3,\ n) \le k_0$일 필요충분조건은 $c_1(n) \le \sum_{i=1}^{n} x_i$이고, $L(1/3,\ n)/L(2/3,\ n) \ge k_1$일 필요충분조건은 $c_0(n) \ge \sum_{i=1}^{n} x_i$임에 유의하라. 따라서 $c_0(n) < \sum_{i=1}^{n} x_i < c_1(n)$이 되는 한 실현값의 관찰을 계속한다. $c_1(n) \le \sum_{i=1}^{n} x_i$ 또는 $c_0(n) \ge \sum_{i=1}^{n} x_i$가 되는 N의 처음 값 n에서 실현값의 관찰이 중단된다. 부등식 $c_1(n) \le \sum_{i=1}^{n} x_i$는 $H_0 : \theta = 1/3$을 기각(H_1을 채택)하고 부등식 $c_0(n) \ge \sum_{i=1}^{n} x_i$는 $H_0 : \theta = 1/3$을 채택(H_1을 기각)한다.

참고 8.4.1

이 시점에 독자는 축차확률비검정과 관련하여 많은 의문이 존재함을 알 수 있을 것이다. 의문 중 몇 가지는 다음과 같다.

1. 무한히 계속되는 과정의 확률은 무엇인가?
2. 점 $\theta = \theta'$과 $\theta = \theta''$ 각각에서 이 검정의 검정력 함숫값은 얼마인가?
3. θ''이 복합대립가설에 의해 지정된 θ의 여러 값 중 하나, 즉 $H_1 : \theta > \theta'$이라면 $\theta \ge \theta'$의 각 점에서 검정력 함수는 무엇인가?
4. 표본의 크기 N이 확률변수인 것에 의한 N의 분포의 성질은 무엇인가? 특히 N의 기댓값 $E(N)$은 얼마인가?
5. 이 검정법과 고정된 표본의 크기 n을 가진 검정법은 어떻게 비교하는가?

축차분석 과정은 이런 문제를 비롯해 많은 문제를 연구하는 것이다. 그러나 이 책의 주목적은

이와 같은 검정 과정을 독자에게 자세히 알리는 것이다. 의문 1의 답은 0이다. 또한 $\theta = \theta'$ 또는 $\theta = \theta''$이면 이와 같은 축차검정 과정에서 $E(N)$은 이러한 점에서 같은 검정력 함숫값을 가진 고정된 표본 크기의 표본 크기보다 작다. 이제 의문 2에 대해 좀 더 상세히 생각해보자.

이 절에서는 H_0이 참일 때 검정의 검정력은 기호 α로 나타내고, H_1이 참일 때 검정의 검정력은 $1 - \beta$로 나타내자. 따라서 α는 1종 오류를 수반하는 확률(H_0이 참일 때 H_0 기각)이고 β는 2종 오류를 수반하는 확률(H_0이 거짓일 때 H_0 채택)이다. 앞서 정의한 바와 같은 집합 C_n, B_n과 연속형의 확률변수에 의해

$$\alpha = \sum_{n=1}^{\infty} \int_{C_n} L(\theta', n), \quad 1 - \beta = \sum_{n=1}^{\infty} \int_{C_n} L(\theta'', n)$$

이 과정이 끝나게 될 확률이 1이므로

$$1 - \alpha = \sum_{n=1}^{\infty} \int_{B_n} L(\theta', n), \quad \beta = \sum_{n=1}^{\infty} \int_{B_n} L(\theta'', n)$$

만약 $(x_1, x_2, \cdots, x_n) \in C_n$이면 $L(\theta', n) \le k_0 L(\theta'', n)$이므로 다음이 분명하다.

$$\alpha = \sum_{n=1}^{\infty} \int_{C_n} L(\theta', n) \le \sum_{n=1}^{\infty} \int_{C_n} k_0 L(\theta'', n) = k_0(1 - \beta)$$

집합 B_n의 각 점에서 $L(\theta', n) \ge k_1 L(\theta'', n)$이므로

$$1 - \alpha = \sum_{n=1}^{\infty} \int_{B_n} L(\theta', n) \ge \sum_{n=1}^{\infty} \int_{B_n} k_1 L(\theta'', n) = k_1 \beta$$

따라서 β가 0 또는 1과 같지 않으면 다음이 성립한다.

$$\frac{\alpha}{1 - \beta} \le k_0, \quad k_1 \le \frac{1 - \alpha}{\beta} \tag{8.4.5}$$

이제 α_a와 β_a를 미리 정한 진분수(proper fraction)라고 하자. 응용에서 몇 가지 대푯값은 0.01, 0.05, 0.10이다. 만약 다음과 같다면

$$k_0 = \frac{\alpha_a}{1 - \beta_a}, \quad k_1 = \frac{1 - \alpha_a}{\beta_a}$$

부등식 (8.4.5)는 다음과 같이 된다.

$$\frac{\alpha}{1 - \beta} \le \frac{\alpha_a}{1 - \beta_a}, \quad \frac{1 - \alpha_a}{\beta_a} \le \frac{1 - \alpha}{\beta} \tag{8.4.6}$$

또는

$$\alpha(1 - \beta_a) \le (1 - \beta)\alpha_a, \quad \beta(1 - \alpha_a) \le (1 - \alpha)\beta_a$$

바로 위에 언급한 부등식의 대응변끼리 더하면

$$\alpha + \beta - \alpha\beta_a - \beta\alpha_a \le \alpha_a + \beta_a - \beta\alpha_a - \alpha\beta_a$$

따라서

$$\alpha + \beta \le \alpha_a + \beta_a$$

즉 두 종류 오류 확률의 합 $\alpha + \beta$는 미리 지정된 수의 합 $\alpha_a + \beta_a$에 의해 상한(upper bound)을 갖게 된다. 또한 α와 β는 양의 진분수이므로 부등식 (8.4.6)은 결과적으로 다음을 의미하며,

$$\alpha \le \frac{\alpha_a}{1-\beta_a}, \qquad \beta \le \frac{\beta_a}{1-\alpha_a}$$

α와 β는 각각 상한을 갖는다. 축차확률비검정의 여러 가지 연구는 대부분의 실제 경우에서 α와 β 값이 거의 α_a와 β_a에 접근함을 나타낸다고 생각된다. 이 사실은 점 $\theta = \theta'$과 $\theta = \theta''$에서 검정력 함수가 각각 α_a, $1 - \beta_a$와 근사함을 상기시킨다.

예제 8.4.2 X가 $N(\theta,\ 100)$이라고 하자. α와 β의 각 값이 근사적으로 0.10이 되는 $H_1 : \theta = 78$에 대한 $H_0 : \theta = 75$를 검정하는 축차확률비검정을 구하기 위해 다음과 같다고 하자.

$$k_0 = \frac{0.10}{1-0.10} = \frac{1}{9}, \qquad k_1 = \frac{1-0.10}{0.10} = 9$$

따라서

$$\begin{aligned}\frac{L(75,n)}{L(78,n)} &= \frac{\exp\left[-\sum(x_i-75)^2/2(100)\right]}{\exp\left[-\sum(x_i-78)^2/2(100)\right]}\\ &= \exp\left(-\frac{6\sum x_i - 459n}{200}\right)\end{aligned}$$

다음 부등식은 로그를 취함으로써

$$k_0 = \frac{1}{9} < \frac{L(75,n)}{L(78,n)} < 9 = k_1$$

다음과 같이 고쳐 쓸 수 있다.

$$-\log 9 < \frac{6\sum x_i - 459n}{200} < \log 9$$

이 부등식은 다음 부등식과 동치이다.

$$c_0(n) = \frac{153}{2}n - \frac{100}{3}\log 9 < \sum_1^n x_i < \frac{153}{2}n + \frac{100}{3}\log 9 = c_1(n)$$

또한 $L(75,\ n)/L(78,\ n) \le k_0$과 $L(75,\ n)/L(78,\ n) \ge k_1$은 각각 부등식 $\sum_{i=1}^{n} x_i \ge c_1(n)$, $\sum_{i=1}^{n} x_i \le c_0(n)$과 동치이다. 따라서 실현값의 관찰은 $\sum_{i=1}^{n} x_i \ge c_1(n)$ 또는 $\sum_{i=1}^{n} x_i \le c_0(n)$을 이끌어내는 N의 처음 값 n에서 중단된다. 부등식 $\sum_{i=1}^{n} x_i \ge c_1(n)$은 $H_0 : \theta = 75$를 기각하게 하고, 부등식 $\sum_{i=1}^{n} x_i \le c_0(n)$은 $H_0 : \theta = 75$를 채택하게 한다. 검정의 검정력은 H_0이 참일 때 근사적으로 0.10이고, H_1이 참일 때 근사적으로 0.90이다.

참고 8.4.2

축차확률비검정을 **확률보행 과정**(random-walk procedure)으로 생각할 수 있음은 흥미로운 일이다. 예제 8.4.1과 8.4.2의 마지막 부등식은 각각 다음과 같이 고쳐 쓸 수 있다.

$$-\log_2 k_1 < \sum_{i=1}^{n} 2(x_i - 0.5) < -\log_2 k_0$$

$$-\frac{100}{3}\log 9 < \sum_{i=1}^{n} (x_i - 76.5) < \frac{100}{3}\log 9$$

각 경우에 점 0에서 출발하여 그 경계의 한 점에 도착할 때까지 확률보행을 취한다고 생각할 수 있다. 첫째 경우에 확률보행은 $2(X_1 - 0.5)$, $2(X_2 - 0.5)$, $2(X_3 - 0.5)$, $\cdots$이므로 같은 길이 1이나 임의의 방향이다. 둘째 경우에는 길이와 걸음의 방향이 모두 확률변수 $X_1 - 76.5$, $X_2 - 76.5$, $X_3 - 76.5$, $\cdots$이다.

최근 통계적인 방법을 이용하여 생산품의 품질을 향상하려는 많은 노력이 있다. 그러한 노력에 대한 단순한 한 방법을 월터 슈하트(Walter Shewhart)가 개발했는데, 이는 생산된 제품의 크기 n인 표본을 취하여 n개 값을 측정하는 것이다. n개 측정값의 평균 $\overline{X}$는 평균 μ와 σ^2/n인 근사 정규분포를 따른다. 실제는 μ와 σ^2을 추정해야 하지만 여기서는 그 값들이 알려져 있다고 가정한다. 이론에 의해 $\bar{x}$가 다음 두 값의 사이에 있을 확률이 0.997임을 안다.

$$\text{LCL} = \mu - \frac{3\sigma}{\sqrt{n}}, \quad \text{UCL} = \mu + \frac{3\sigma}{\sqrt{n}}$$

이 두 값을 각각 아래(LCL) 통제한계(control limit), 위(UCL) 통제한계라고 한다. 이와 같은 표본을 주기적으로 관측하여 평균의 열 $\bar{x}_1$, $\bar{x}_2$, $\bar{x}_3$, $\cdots$을 구한다. 이러한 값의 산포도를 그려서 그림이 LCL과 UCL 사이에 있으면 공정(process)이 **통제하**(in cortrol)에 있다고 한다. 점이 한계 밖으로 벗어나면 평균 μ가 변동된 것을 의미하며 공정을 조사하게 될 것이다.

평균이 μ에서 $\mu + (\sigma/\sqrt{n})$로 변동될 수는 있으나 하나의 $\bar{x}$가 UCL을 벗어날 확률이 대략 0.023 정도이기 때문에 하나의 $\bar{x}$에 의해 그와 같은 변동을 탐지하는 것이 어렵다고 알려졌다. 이는 그러한 변동을 탐지하기 전에 평균적으로 각각의 크기가 n인 $1/0.023 \approx 43$개의 표본을 필요로 한다는 것을 의미한다. 이것은 너무 긴 것 같다. 그래서 통계학자들은 변동을 좀 더 빨리 탐지하는 데 도움이 되도록 열 $\overline{X}_1, \overline{X}_2, \overline{X}_3, \cdots$을 순서대로 관측함으로써 경험을 누적해야 한다는 것을 알고 있다. 표준화된 변수 $Z = (\overline{X} - \mu)/(\sigma/\sqrt{n})$를 계산하는 것이 실용적이다. 따라서 문제를 이 개념으로 설명하며 축차확률비검정에 의한 해를 제시한다.

여기서 Z는 $N(\theta, 1)$이며 iid 확률변수 $Z_1, Z_2, \cdots, Z_m, \cdots$의 열을 이용하여 $H_1 : \theta = 1$에 대한 $H_0 : \theta = 0$을 검정하고자 한다. n 대신 m을 사용하는데, n은 정기적으로 취하는 표본의 크기이기 때문이다.

$$\frac{L(0,m)}{L(1,m)} = \frac{\exp\left[-\sum z_i^2/2\right]}{\exp\left[-\sum(z_i-1)^2/2\right]} = \exp\left[-\sum_{i=1}^{m}(z_i - 0.5)\right]$$

그러므로

$$k_0 < \exp\left[-\sum_{i=1}^{m}(z_i - 0.5)\right] < k_1$$

다음과 같이 고쳐 쓸 수 있다.

$$h = -\log k_0 > \sum_{i=1}^{m}(z_i - 0.5) > -\log k_1 = -h$$

$\alpha_a = \beta_a$이면 $-\log k_0 = \log k_1$이 참이다. 때때로 $h = -\log k_0$에 대략 4 또는 5를 취하는데, 이것은 $\alpha_a = \beta_a$가 0.01과 같이 작다는 것을 암시한다. $i = 1, 2, 3, \cdots$에 대해 $\sum(z_i - 0.5)$가 $z_i - 0.5$의 합을 누적함에 따라 이 과정을 CUSUM이라고도 한다. CUSUM $= \sum(z_i - 0.5)$가 h를 초과하면 과정을 조사하게 되는데, 평균이 위쪽으로 변동되었다고 생각할 수 있다. 만약 이 변동이 $\theta = 1$로 되었다면 이 과정과 관련된 이론은 이 변동을 탐지하기 위해 평균적으로 43개가 아닌 8~9개가 필요하다는 것을 보여준다. 이 방법에 대한 더 많은 정보는 통계적 방법을 통한 품질 향상에 관한 책을 참고하기 바란다. 여기서 강조하는 것은 축차 방법(축차확률비가 아니라)을 통해 추론하는 경우에는 수집한 과거의 모든 경험을 이용해야 된다는 것이다.

연습문제

8.4.1 X는 $N(0, \theta)$이고 $\theta' = 1$, $\theta'' = 4$, $\alpha_a = 0.02$, $\beta_a = 0.05$라고 하자. 축차확률비검정은 통계량 $\sum_{i=1}^{n} X_i^2$에 기반할 수 있음을 밝혀라. $c_0(n)$과 $c_1(n)$을 결정하라.

8.4.2 X가 평균 θ인 푸아송 분포를 따른다. $H_1 : \theta = 1.5$에 대한 $H_0 : \theta = 0.5$를 검정하는 축차확률비검정을 구하라. 이 검정은 통계량 $\sum_{i=1}^{n} X_i$에 기초를 둘 수 있음을 밝혀라. $\alpha_a = 0.10$, $\beta_a = 0.20$일 때 $c_0(n)$과 $c_1(n)$을 구하라.

8.4.3 독립인 확률변수 Y와 Z를 각각 $N(\mu_1, 2)$, $N(\mu_2, 2)$라고 하자. $\theta = \mu_1 - \mu_2$일 때 각

분포에서 추출한 독립인 항, 즉 $Y_1, Y_2, \cdots$와 $Z_1, Z_2, \cdots$를 관찰한다고 하자. $H_1 : \theta = 1$에 대한 가설 $H_0 : \theta = 0$을 축차적으로 검정하기 위해 $i = 1, 2, \cdots$에 대해 수열 $X_i = Y_i - Z_i$를 사용한다. $\alpha_a = \beta_a = 0.05$일 때 이 검정은 $\overline{X} = \overline{Y} - \overline{Z}$에 기초를 둘 수 있음을 밝혀라. $c_0(n)$과 $c_1(n)$을 구하라.

8.4.4 한 제조 공정이 약 5%의 불량품을 만드는데, 이것은 이 특수한 생산품에 대해 만족한 수준으로 판단된다고 한다. 관리자는 이것을 약 3%까지 줄이고자 하며 심각한 증가, 이를테면 8%가 되지 않도록 지키려 한다. 공정을 감시하기 위해 주기적으로 $n = 50$개의 제품을 추출하여 불량품의 수 X를 센다. X가 $b(n = 50, p = \theta)$라고 가정하자. 열 $X_1, X_2, \cdots, X_m, \cdots$에 의해 $H_1 : \theta = 0.08$에 대한 $H_0 : \theta = 0.03$의 축차확률비검정을 구하라(현 수준인 $\theta = 0.05$가 이 두 값 사이에 있음을 주의하라). 이 검정을 다음 형식으로 나타내고,

$$h_0 > \sum_{i=1}^{m}(x_i - nd) > h_1$$

$\alpha_a = \beta_a = 0.02$일 때 d, h_0, h_1을 구하라.

8.4.5 $0 < x < 1$일 때 $f(x; \theta) = \theta x^{\theta-1}$, 그 외에 $f(x; \theta) = 0$인 pdf를 가진 분포에서 추출한 확률표본을 $X_1, X_2, \cdots, X_n$이라고 하자.

(a) θ의 완비충분통계량을 구하라.

(b) $\alpha_a = \beta_a = 1/10$일 때 $H_1 : \theta = 3$에 대한 $H_0 : \theta = 2$의 축차확률비검정을 구하라.

8.5 최소최대와 분류 과정*

점추정에 이용될 수 있는 몇 가지 과정을 살펴보았다. 그중에는 결정함수 과정(특히 최소최대 결정)이 있다. 이 절에서는 이러한 원리를 단순대립가설 H_1에 대한 단순가설 H_0의 검정 문제에 응용한다. 이러한 각각의 과정은 네이만-피어슨 정리에 의해 H_1에 대한 H_0의 최량검정이 된다는 점을 아는 것이 중요하다. 분류 문제에 이러한 과정을 적용하는 것으로 이 절을 마친다.

8.5.1 최소최대 과정

첫째로 단순대립가설에 대한 단순귀무가설 검정 문제의 접근 방법을 알아보자. n개의 확률변수 $X_1, X_2, \cdots, X_n$의 결합 pdf가 모수 θ에 의존한다고 하자. 여기서 n은 고정된 양의 정수이다. 이 pdf는 $L(\theta; x_1, x_2 \cdots, x_n)$으로 나타내거나 간단하게 $L(\theta)$로 나타낸다. θ'과 θ''을 θ의 서로 다른

고정된 값이라고 하자. 단순가설 $H_1 : \theta = \theta''$에 대한 단순가설 $H_0 : \theta = \theta'$을 검정하고자 한다. 따라서 모수 공간은 $\Omega = \{\theta : \theta = \theta', \theta''\}$이다. 결정함수 과정에 의해 θ가 θ'과 θ'' 중에서 무엇을 채택할 것인지를 결정할 $X_1, X_2, \cdots, X_n$의 관측값(또는 통계량 Y의 관측값)의 함수 δ가 필요하다. 즉 함수 δ는 $H_0 : \theta = \theta'$ 또는 $H_1 : \theta = \theta''$ 중에서 하나를 선택한다. 이 결정을 각각 $\delta = \theta'$과 $\delta = \theta''$으로 표기한다. $\mathcal{L}(\theta, \delta)$를 이 결정 문제와 결합된 손실함수라고 하자. 쌍 $(\theta = \theta', \delta = \theta')$과 $(\theta = \theta'', \delta = \theta'')$은 올바른 결정을 나타내므로 항상 $\mathcal{L}(\theta', \theta') = \mathcal{L}(\theta'', \theta'') = 0$이라고 한다. 한편 $\theta = \theta'$일 때 $\delta = \theta''$이거나 $\theta = \theta''$일 때 $\delta = \theta'$이라면 손실함수에는 양의 값이 주어져야 한다. 즉 $\mathcal{L}(\theta', \theta'') > 0$이고 $\mathcal{L}(\theta'', \theta') > 0$이다.

앞에서 $H_1 : \theta = \theta''$에 대한 $H_0 : \theta = \theta'$의 검정은 표본공간에서 기각역의 개념으로 표현될 수 있음을 강조했다. 결정함수에 대해서도 동일하게 적용할 수 있다. 즉 표본공간의 부분집합 C를 선택하여 $(x_1, x_2, \cdots, x_n) \in C$이면 $\delta = \theta''$으로 결정하고, $(x_1, x_2, \cdots, x_n) \in C^c$($C$의 여집합)이면 $\delta = \theta'$으로 결정할 수 있다. 이와 같이 주어진 기각역 C가 결정함수를 결정한다. 이러한 점에서 위험함수를 $R(\theta, \delta)$ 대신 $R(\theta, C)$로 표기한다. 즉 7.1절에서 이용된 개념에 의해

$$R(\theta, C) = R(\theta, \delta) = \int_{C \cup C^c} \mathcal{L}(\theta, \delta) L(\theta)$$

$(x_1, x_2, \cdots, x_n) \in C$이면 $\delta = \theta''$이고 $(x_1, x_2, \cdots, x_n) \in C^c$이면 $\delta = \theta'$이므로

$$R(\theta, C) = \int_C \mathcal{L}(\theta, \theta'') L(\theta) + \int_{C^c} \mathcal{L}(\theta, \theta') L(\theta) \tag{8.5.1}$$

식 (8.5.1)에서 $\theta = \theta'$이면 $\mathcal{L}(\theta', \theta') = 0$이므로

$$R(\theta', C) = \int_C \mathcal{L}(\theta', \theta'') L(\theta') = \mathcal{L}(\theta', \theta'') \int_C L(\theta')$$

한편 식 (8.5.1)에서 $\theta = \theta''$이면 $\mathcal{L}(\theta'', \theta'') = 0$이므로

$$R(\theta'', C) = \int_{C^c} \mathcal{L}(\theta'', \theta') L(\theta'') = \mathcal{L}(\theta'', \theta') \int_{C^c} L(\theta'')$$

만약 $\gamma(\theta)$가 기각역 C와 관련된 검정의 검정력 함수라면 다음을 알아야 한다. $\alpha = \gamma(\theta')$을 유의수준이라고 할 때

$$R(\theta', C) = \mathcal{L}(\theta', \theta'') \gamma(\theta') = \mathcal{L}(\theta', \theta'') \alpha$$

$\beta = 1 - \gamma(\theta'')$이 2종 오류의 확률일 때

$$R(\theta'', C) = \mathcal{L}(\theta'', \theta')[1 - \gamma(\theta'')] = \mathcal{L}(\theta'', \theta') \beta$$

이제 제기된 문제에 대한 최소최대를 찾을 수 있는지 알아보자. 즉 다음을 최소화하는 기각역 C를 구하려 한다.

$$\max[R(\theta', C), R(\theta'', C)]$$

그 해는 양의 상수 k가 $R(\theta', C) = R(\theta'', C)$가 되도록 선택되었다고 할 때 다음 영역을 밝힐 것이다.

$$C = \left\{(x_1, \ldots, x_n) : \frac{L(\theta'; x_1, \ldots, x_n)}{L(\theta''; x_1, \ldots, x_n)} \le k\right\}$$

즉 k가 다음과 같이 되도록 선택한다면 기각역 C는 최소최대해를 갖게 된다.

$$\mathcal{L}(\theta', \theta'') \int_C L(\theta') = \mathcal{L}(\theta'', \theta') \int_{C^c} L(\theta'')$$

연속형 확률변수인 경우에는 k가 항상 $R(\theta', C) = R(\theta'', C)$가 되도록 선택할 수 있다. 그러나 이산형 확률변수인 경우에는 정확한 일치성 $R(\theta', C) = R(\theta'', C)$를 구하기 위해 $L(\theta')/L(\theta'') = k$일 때 보조적인 확률실험을 고려할 필요가 있다.

이 영역 C가 최소최대해라는 것을 밝히기 위해 $R(\theta', C) \ge R(\theta', A)$인 다른 모든 영역 A를 고려하자. 분명하게 $R(\theta', C) < R(\theta', A)$인 영역 A는 최소최대해가 될 수 없다. 이 경우에는 $R(\theta', C) = R(\theta'', C) < \max[R(\theta', A), R(\theta'', A)]$이기 때문이다. $R(\theta', C) \ge R(\theta', A)$는 다음을 의미하므로

$$\mathcal{L}(\theta', \theta'') \int_C L(\theta') \ge \mathcal{L}(\theta', \theta'') \int_A L(\theta')$$

다음과 같이 된다.

$$\alpha = \int_C L(\theta') \ge \int_A L(\theta')$$

즉 기각역 A와 관련된 검정의 유의수준은 α와 같거나 작다. 그러나 네이만-피어슨 정리에 의해 C는 크기 α인 최량기각역이다. 따라서

$$\int_C L(\theta'') \ge \int_A L(\theta'')$$

$$\int_{C^c} L(\theta'') \le \int_{A^c} L(\theta'')$$

따라서

$$\mathcal{L}(\theta'', \theta') \int_{C^c} L(\theta'') \le \mathcal{L}(\theta'', \theta') \int_{A^c} L(\theta'')$$

또는 이와 동일하게

$$R(\theta'', C) \le R(\theta'', A)$$

즉

$$R(\theta', C) = R(\theta'', C) \le R(\theta'', A)$$

이것은 다음을 의미하고

$$\max[R(\theta', C), R(\theta'', C)] \le R(\theta'', A)$$

분명하게 다음과 같으며

$$\max[R(\theta', C), R(\theta'', C)] \le \max[R(\theta', A), R(\theta'', A)]$$

기각역 C는 최소최대해를 갖게 한다.

예제 8.5.1 $N(\theta,\ 100)$인 분포에서 추출한 확률표본을 $X_1,\ X_2,\ \cdots,\ X_{100}$이라고 하자. $H_1 : \theta = 78$에 대한 $H_0 : \theta = 75$를 검정하는 문제를 다시 생각해보자. $\mathcal{L}(75,\ 78) = 3$이고 $\mathcal{L}(78,\ 75) = 1$인 최소최대해를 구하고자 한다. $\mathcal{L}(75)/L(78) \le k,\ \overline{x} \ge c$와 동일하므로 다음과 같이 되도록 c와 그것에 의한 k를 구하려 한다.

$$3P(\overline{X} \ge c; \theta = 75) = P(\overline{X} < c; \theta = 78) \tag{8.5.2}$$

$\overline{X}$가 $N(\theta,\ 1)$이므로 앞의 식은 다음과 같이 나타낼 수 있다.

$$3[1 - \Phi(c - 75)] = \Phi(c - 78)$$

연습문제 8.5.4에서와 같이 뉴턴 알고리즘(Newton's algorithm)을 이용하면 $c = 76.8$임을 알 수 있다. 이 검정의 유의수준은 근사적으로 $1 - \Phi(1.8) = 0.036$이고, H_1이 참일 때 검정의 검정력은 근사적으로 $1 - \Phi(-1.2) = 0.885$이다.

8.5.2 분류

위의 요약은 다음에 설명하는 **분류**(classification) 문제에 흥미롭게 응용할 수 있다. 한 연구자가 한 품목에 대해 여러 번 측정한 후 그것을 여러 범주 중 하나에 넣고자 한다(또는 그것을 분류하고자 한다). 논의의 편의를 위해 단지 2개의 측정, 즉 X와 Y로 분류할 품목에 대해 실시한다고 가정하자. 또한 X와 Y는 모수 θ가 하나 이상의 모수를 나타낸다고 할 때 결합 pdf $f(x,\ y;\ \theta)$를 갖는다고 하자. 단순화에서 X와 Y에 대해 단지 2개의 가능한 결합분포(범주)가 존재하는데, 각각은 모숫값 θ'과 θ''에 의해 정의된다고 하자. 이 경우에 문제는 $X = x$와 $Y = y$를 관측하고, 가설이 채택되는 것에 따르는 X와 Y의 분류에 의해 가설 $\theta = \theta''$에 대한 가설 $\theta = \theta'$을 검정하는 문제로 단순화된다. 네이만-피어슨 정리에 의해 이러한 경우 최량의 결정은 다음과 같은 형식이다. 만약 다음과 같다면 θ''에 의해 정의된 분포를 선택하자.

$$\frac{f(x,y;\theta')}{f(x,y;\theta'')} \le k$$

즉 (x, y)가 θ''에 의해 정의된 분포에서 추출되었다고 분류한다. 그렇지 않으면 θ'에 의해 정의된 근거를 선택하라. 즉 (x, y)가 θ'에 의해 정의된 분포에서 추출되었다고 분류한다. k의 선택에 대한 논의를 위해 다음 참고를 살펴보자.

참고 8.5.1 [k의 선택]

다음 확률을 고려하자.

$$\pi' = P[(X, Y)\text{가 pdf } f(x, y; \theta')\text{에서 추출된 경우}]$$
$$\pi'' = P[(X, Y)\text{가 pdf } f(x, y; \theta'')\text{에서 추출된 경우}]$$

$\pi' + \pi'' = 1$이다. 그러면 최적의 분류 공식은 $k = \pi''/\pi'$으로 결정된다는 것을 밝힐 수 있다. Seber(1984)를 참조하라. 만약 모수가 θ'인 분포에서 추출되었다는 사전 정보가 있다면 분류 공식을 구할 수 있다. 종종 개개의 분포는 정상성을 만족한다. 이러한 예로 $\pi' = \pi'' = 1/2$, $k = 1$이 있다.

예제 8.5.2 (x, y)를 모수 $\mu_1, \mu_2, \sigma_1^2, \sigma_2^2, \rho$를 가진 이변량 정규분포를 따르는 확률변수 쌍 (X, Y)의 관측값이라고 하자. 3.5절에서 결합 pdf는 $-\infty < x < \infty$이고 $-\infty < y < \infty$일 때 다음과 같이 주어진다.

$$f(x,y;\mu_1,\mu_2,\sigma_1^2,\sigma_2^2) = \frac{1}{2\pi\sigma_1\sigma_2\sqrt{1-\rho^2}} e^{-q(x,y;\mu_1,\mu_2)/2}$$

여기서 $\sigma_1 > 0$, $\sigma_2 > 0$, $-1 < \rho < 1$이고

$$q(x,y;\mu_1,\mu_2) = \frac{1}{1-\rho^2}\left[\left(\frac{x-\mu_1}{\sigma_1}\right)^2 - 2\rho\left(\frac{x-\mu_1}{\sigma_1}\right)\left(\frac{y-\mu_2}{\sigma_2}\right) + \left(\frac{y-\mu_2}{\sigma_2}\right)^2\right]$$

σ_1^2, σ_2^2, ρ는 알려져 있으나 (X, Y)의 평균이 (μ_1', μ_2') 또는 (μ_1'', μ_2'')인지는 알지 못한다고 가정하자. 다음 부등식은

$$\frac{f(x,y;\mu_1',\mu_2',\sigma_1^2,\sigma_2^2,\rho)}{f(x,y;\mu_1'',\mu_2'',\sigma_1^2,\sigma_2^2,\rho)} \le k$$

다음과 동일하다.

$$\tfrac{1}{2}[q(x,y;\mu_1'',\mu_2'') - q(x,y;\mu_1',\mu_2')] \le \log k$$

또한 이 부등식 왼쪽의 차에는 x^2, xy, y^2 항이 없다. 특히 이 부등식은 다음과 같은데,

$$\frac{1}{1-\rho^2}\left\{\left[\frac{\mu_1'-\mu_1''}{\sigma_1^2}-\frac{\rho(\mu_2'-\mu_2'')}{\sigma_1\sigma_2}\right]x+\left[\frac{\mu_2'-\mu_2''}{\sigma_2^2}-\frac{\rho(\mu_1'-\mu_1'')}{\sigma_1\sigma_2}\right]y\right\}$$
$$\leq \log k+\tfrac{1}{2}[q(0,0;\mu_1',\mu_2')-q(0,0;\mu_1'',\mu_2'')]$$

이것은 간단하게 나타내면

$$ax+by\leq c \tag{8.5.3}$$

즉 부등식 (8.5.3)의 왼쪽에 있는 x와 y의 선형식이 특정한 상수보다 작거나 같으면, (x, y)가 평균 μ_1'', μ_2''인 이변량 정규분포에서 추출되었지만 θ''에 의해 추출된 것으로 분류한다. 그렇지 않으면 (x, y)가 평균 μ_1', μ_2'인 이변량 정규분포에서 추출된 것으로 분류한다. 물론 사전 확률이 참고 8.5.1과 같이 주어졌다면 k와 c를 쉽게 구할 수 있다. 연습문제 8.5.3을 참조하라.

일단 분류 규칙이 정해지면 통계학자는 그 규칙을 사용할 때 발생하는 2개의 오분류 확률에 관심을 가질 수 있다. 그중 하나는 (x, y)가 실제로는 θ'에 의해 정의된 분포에서 추출되었지만 θ''에 의해 추출된 것으로 분류하는 것과 관련된 것이다. 두 번째 오분류는 이와 동일하나 θ'과 θ''을 서로 바꾼 경우이다. 앞의 예제에서 이와 같은 각각의 오분류 확률은 다음과 같다.

$$P(aX+bY\leq c;\mu_1',\mu_2'),\quad P(aX+bY>c;\mu_1'',\mu_2'')$$

$Z=aX+bY$의 분포는 정리 3.5.2로부터 얻는다. 이것의 분포는 다음과 같다.

$$N(a\mu_1+b\mu_2,a^2\sigma_1^2+2ab\rho\sigma_1\sigma_2+b^2\sigma_2^2)$$

이 정보에 의해 오분류 확률을 쉽게 계산할 수 있는데 이는 연습문제 8.5.3을 참조하라.

예제 8.5.2의 중요한 분류 규칙의 이용과 관련하여 한 가지 중요한 언급을 하고자 한다. 대부분의 경우에서 σ_1^2, σ_2^2, ρ와 마찬가지로 모숫값 μ_1', μ_2'과 μ_1'', μ_2''은 알려지지 않았다. 이러한 경우에 통계학자는 일반적으로 2개의 각 분포에서 확률표본[흔히 연습표본(training sample)이라고 한다]을 관측한다. 각각의 표본 크기가 n', n''이면 표본 특성이 다음과 같다고 하자.

$$\overline{x}',\overline{y}',(s_x')^2,(s_y')^2,r'\quad \text{그리고}\quad \overline{x}'',\overline{y}'',(s_x'')^2,(s_y'')^2,r''$$

통계량 r'와 r''은 9.7절의 식 (9.7.1)에 정의된 표본 상관계수이다. 표본 상관계수는 이변량 정규분포의 모상관계수인 ρ의 mle이다. 9.7절을 보라. 부등식 (8.5.3)에서 모수 μ_1', μ_2', μ_1'', μ_2'', σ_1^2, σ_2^2과 $\rho\sigma_1\sigma_2$를 다음 불편추정값으로 바꿀 경우 결과적으로 얻은 식의 왼쪽을 피셔의 **선형판별함수**(linear discriminant function)라고 한다.

$$\overline{x}',\overline{y}',\overline{x}'',\overline{y}'',\frac{(n'-1)(s_x')^2+(n''-1)(s_x'')^2}{n'+n''-2},\frac{(n'-1)(s_y')^2+(n''-1)(s_y'')^2}{n'+n''-2}$$
$$\frac{(n'-1)r's_x's_y'+(n''-1)r''s_x''s_y''}{n'+n''-2}$$

이 모수들이 추정되었기 때문에 $aX + bY$와 관련된 분포 이론은 피셔의 함수에 적절하지 않다.

이 절에서는 이변량 분포만 고려했으나 그 결과는 3.5절의 결과를 이용하여 다변량 정규분포로 쉽게 확장할 수 있다. Seber(1984) 6장을 참조하라.

연습문제

8.5.1 $N(\theta,\ 5)$인 분포에서 추출한 크기 20인 확률표본을 $X_1,\ X_2,\ \cdots,\ X_{20}$이라고 하자. $L(\theta)$가 $X_1,\ X_2,\ \cdots,\ X_{20}$의 결합 pdf를 나타낸다고 하자. 문제는 $H_1 : \theta = 0$에 대한 $H_0 : \theta = 1$의 검정이다. $\Omega = \{\theta : \theta = 0,\ 1\}$이다.

(a) $L(1)/L(0) \le k$가 $\bar{x} \le c$와 동등함을 밝혀라.

(b) 유의수준이 $\alpha = 0.05$가 되는 c를 구하라. H_1이 참일 때 이 검정의 검정력을 계산하라.

(c) 손실함수가 $\mathcal{L}(1,\ 1) = \mathcal{L}(0,\ 0) = 0$이고 $\mathcal{L}(1,\ 0) = \mathcal{L}(0,\ 1) > 0$인 경우 최소최대검정을 구하라. 점 $\theta = 1$과 $\theta = 0$에서 이 검정의 검정력 함숫값을 구하라.

8.5.2 모수가 θ인 푸아송 분포에서 추출한 크기 10인 확률표본을 $X_1,\ X_2,\ \cdots,\ X_{10}$이라고 하자. $L(\theta)$를 $X_1,\ X_2,\ \cdots,\ X_{10}$의 결합 pdf라고 하자. 문제는 $H_1 : \theta = 1$에 대한 $H_0 : \theta = 1/2$의 검정이다.

(a) $L(1/2)/L(1) \le k$가 $y = \sum_{i=1}^{n} x_i \ge c$와 동등함을 밝혀라.

(b) $\alpha = 0.05$가 되도록 하기 위해 $y > 9$이면 H_0을 기각하고 $y = 9$이면 확률 1/2로 H_0을 기각한다는 것을 밝혀라(어떤 보조 확률실험을 이용하라).

(c) 손실함수가 $\mathcal{L}(1/2,\ 1/2) = \mathcal{L}(1,\ 1) = 0,\ \mathcal{L}(1/2,\ 1) = 1,\ \mathcal{L}(1,\ 1/2) = 2$인 경우 최소최대 과정은 $y > 6$이면 H_0을 기각하고 $y = 6$이면 확률 0.08로 H_0을 기각한다는 것을 밝혀라(어떤 보조 확률실험을 이용하라).

8.5.3 예제 8.5.2에서 $\mu_1' = \mu_2' = 0,\ \mu_1'' = \mu_2'' = 1,\ \sigma_1^2 = 1,\ \sigma_2^2 = 1,\ \rho = 1/2$이라고 하자.

(a) 선형함수 $aX + bY$의 분포를 구하라.

(b) $k = 1$을 가지고, $P(aX + bY \le c;\ \mu_1' = \mu_2' = 0)$과 $P(aX + bY > c;\ \mu_1'' = \mu_2'' = 1)$을 구하라.

8.5.4 식 (8.5.2)의 해를 구하기 위한 뉴턴 알고리즘을 작성하라. 이 프로그램을 이용할 수 있다면 해가 $c = 76.8$임을 보이고, 이 프로그램을 이용할 수 없다면 '시행착오'를 거쳐 식 (8.5.2)를 풀라.

8.5.5 X와 Y가 $0 < \theta_1,\ 0 < \theta_2$에 대해 다음과 같으며,

$$f(x, y; \theta_1, \theta_2) = 2\theta_1\theta_2 \exp(-2\theta_1 x - \theta_2 y), 0 < x < \infty, 0 < y < \infty$$

그 외에 $f(x, y; \theta_1, \theta_2) = 0$인 결합 pdf를 갖는다고 하자. 하나의 관측값 (x, y)가 모수 $(\theta_1' = 1, \theta_2' = 4)$ 또는 $(\theta_1'' = 2, \theta_2'' = 3)$인 결합분포로부터 관측된다고 하자. 분류 규칙의 형식을 결정하라.

8.5.6 X와 Y가 결합 이변량 정규분포를 따른다고 하자. 하나의 관측값 (x, y)가 다음과 같은 모수의 결합분포로부터 관측된다고 하자.

$$\mu_1' = \mu_2' = 0, \;\; (\sigma_1^2)' = (\sigma_2^2)' = 1, \;\; \rho' = \tfrac{1}{2}$$

또는

$$\mu_1'' = \mu_2'' = 1, \;\; (\sigma_1^2)'' = 4, \;\; (\sigma_2^2)'' = 9, \;\; \rho'' = \tfrac{1}{2}$$

x와 y에서 2차 다항식을 포함한 분류 규칙의 형식을 결정하라.

8.5.7 $\boldsymbol{W}' = (W_1, W_2)$를 2개의 이변량 정규분포 I과 II 중 하나로부터의 관측값이라고 하자. 두 분포에서 평균은 $\mu_1 = \mu_2 = 0$이나 각각의 분산-공분산 행렬은 다음과 같다.

$$\boldsymbol{V}_1 = \begin{pmatrix} 1 & 0 \\ 0 & 4 \end{pmatrix}, \;\; \boldsymbol{V}_2 = \begin{pmatrix} 3 & 0 \\ 0 & 12 \end{pmatrix}$$

$\boldsymbol{W}$를 어떻게 I 또는 II로 분류할 것인가?

정규선형모형의 추론

Inferences about Normal Linear Models

9

9.1 서론

이 장에서는 널리 사용되는 선형모형 중 일부의 분석을 고려한다. 이 모형은 일원 및 이원 분산분석(ANOVA) 모형과 회귀 및 상관 모형을 포함한다. 일반적으로 이러한 모형에 대해서는 정규분포를 따르는 확률오차를 가정한다. 우리가 논의하는 추론 절차는 대부분 최대우도 절차에 기반한다. 이론에는 다음에 간단히 소개할 2차 형태에 대한 논의가 필요하다.

n개의 변수 $X_1, X_2, \cdots, X_n$에서 n^2개의 상수 a_{ij}에 대해 다음과 같은 형태의 차수가 2인 다항식을 생각해보자.

$$q(X_1, \ldots, X_n) = \sum_{i=1}^{n}\sum_{j=1}^{n} X_i a_{ij} X_j$$

이러한 형태를 변수 $X_1, X_2, \cdots, X_n$의 **2차 형태**(quadratic form)라고 한다. 만약 변수와 계수가 모두 실수이면 이 형태를 **실 2차 형태**(real quadratic form)라고 한다. 이 책에서는 실 2차 형태만을 다룰 것이다. $X_1^2 + X_1X_2 + X_2^2$은 두 변수 X_1과 X_2의 2차 형태이고, $X_1^2 + X_2^2 + X_3^2 - 2X_1X_2$는 세 변수 X_1, X_2, X_3의 2차 형태이다. 그러나 $(X_1 - 1)^2 + (X_2 - 2)^2 = X_1^2 + X_2^2 - 2X_1 - 4X_2 + 5$는 변수 $X_1 - 1$과 $X_2 - 2$의 2차 형태이지만 X_1과 X_2의 2차 형태는 아니다.

임의의 분포에서 추출한 확률표본 $X_1, X_2, \cdots, X_n$의 평균과 분산을 각각 $\overline{X}$, S^2이라고 하자. 따라서

$$\begin{aligned}(n-1)S^2 &= \sum_{i=1}^{n}(X_i - \overline{X})^2 = \sum_{i=1}^{n} X_i^2 - n\overline{X}^2 \\ &= \sum_{i=1}^{n} X_i^2 - \frac{n}{n^2}\left(\sum_{i=1}^{n} X_i\right)^2\end{aligned}$$

$$= \sum_{i=1}^{n} X_i^2 - \frac{1}{n}\left(\sum_{i=1}^{n} X_i \sum_{j=1}^{n} X_j\right)$$
$$= \sum_{i=1}^{n} X_i^2 - \frac{1}{n}\left(\sum_{i=1}^{n} X_i^2 + 2\sum_{i<j} X_i X_j\right)$$
$$= \frac{n-1}{n}\sum_{i=1}^{n} X_i^2 - \frac{2}{n}\sum_{i<j} X_i X_j$$

그래서 표본분산은 X_1, X_2, ⋯, X_n의 2차 형태이다.

9.2 일원배치 분산분석

알려지지 않은 평균이 μ_1, μ_2, ⋯, μ_b이고 알려지지 않은 공통 분산이 σ^2인 정규분포를 따르는 b 개의 서로 독립인 확률변수를 생각해보자. 각각의 $j = 1$, ⋯, b에 대해 평균이 μ_j이고 분산이 σ^2인 정규분포에서 추출한 크기 n_j인 확률표본을 X_{1j}, X_{2j}, ⋯, $X_{n_j j}$라고 하자. 관측값에 대한 적절한 모형은 다음과 같다.

$$X_{ij} = \mu_j + e_{ij}\ ; \quad i = 1, \ldots, n_j\ , j = 1, \ldots, b \tag{9.2.1}$$

여기서 e_{ij}는 iid $N(0, \sigma^2)$이다. $n = \sum_{j=1}^{b} n_j$는 전체 표본 크기를 나타낸다고 한다. 다음의 복합 가설을 검정한다고 가정하자.

$$H_0 : \mu_1 = \mu_2 = \cdots = \mu_b$$
$$H_1 : \text{어떤 } j \neq j' \text{에 대해 } \mu_j \neq \mu_{j'} \tag{9.2.2}$$

이 가설에 대한 우도비검정을 유도한다.

실제 상황에서 이와 같은 문제는 자주 발생한다. 예를 들어 어떤 질병을 다룰 수 있는 약이 b 가지 존재하고 그 병에 좋은 약을 결정하는 데 관심이 있다고 하자. 약 j를 공급했을 때의 반응을 X_j라 하고 $\mu_j = E(X_j)$라 한다. X_j가 $N(\mu_j, \sigma^2)$임을 가정하면 귀무가설은 모든 약의 효과가 같다고 하는 것이다. 콜레스테롤을 낮추는 약물과 관련된 이러한 상황을 수치적으로 이해하려면 연습문제 9.2.6을 참조하라. 일반적으로 이 문제를 종종 하나의 요인이 b 수준을 갖는 것으로 요약한다. 이때 요인은 질병의 처방이고 각 수준은 처방약에 해당한다.

식 (9.2.1)을 **일원배치**(one-way) 모형이라고 한다. 우도비검정은 분산의 추정 형태로 할 수 있다. 따라서 이것은 **분산분석**(analysis of variance, ANOVA)이다. 요약하여 이 문제를 일원배치 분산분석(one-way ANOVA)이라고 한다.

여기서 **완전모형**(full model) 모수 공간은

$$\Omega = \{(\mu_1, \mu_2, \ldots, \mu_b, \sigma^2) : -\infty < \mu_j < \infty,\ 0 < \sigma^2 < \infty\}$$

축소모형(reduced model)(H_0하에서의 완전모형) 모수 공간은

$$\omega = \{(\mu_1, \mu_2, \ldots, \mu_b, \sigma^2) : -\infty < \mu_1 = \mu_2 = \cdots = \mu_b = \mu < \infty,\ 0 < \sigma^2 < \infty\}$$

$L(\Omega)$와 $L(\omega)$로 나타내는 우도함수는 각각 다음과 같다.

$$L(\Omega) = \left(\frac{1}{2\pi\sigma^2}\right)^{ab/2} \exp\left[-\frac{1}{2\sigma^2}\sum_{j=1}^{b}\sum_{i=1}^{n_j}(x_{ij} - \mu_j)^2\right]$$

$$L(\omega) = \left(\frac{1}{2\pi\sigma^2}\right)^{ab/2} \exp\left[-\frac{1}{2\sigma^2}\sum_{j=1}^{b}\sum_{i=1}^{n_j}(x_{ij} - \mu)^2\right]$$

먼저 축소모형을 생각해보자. 축소모형은 단지 $N(\mu, \sigma^2)$ 분포에서 추출된 표본 크기가 n인 일표본 모형에 불과하다. 4장의 예제 4.1.3에서는 이 모형의 모수에 대한 mle를 도출했으며, 이 장의 기호를 사용하여 다음과 같이 표현된다.

$$\begin{aligned}\widehat{\mu}_\omega &= \tfrac{1}{n}\textstyle\sum_{j=1}^{b}\sum_{i=1}^{n_j} x_{ij} = \overline{x}_{..}\\ \widehat{\sigma}^2_\omega &= \tfrac{1}{n}\textstyle\sum_{j=1}^{b}\sum_{i=1}^{n_j}(x_{ij} - \overline{x}_{..})^2\end{aligned} \qquad (9.2.3)$$

기호 $\overline{x}_{..}$은 두 첨자에 모두 적용되는 평균을 나타낸다. 이를 흔히 **총평균**(grand mean)이라고 한다. mle에서 $L(\omega)$를 평가하면 단순화 후에 다음 식을 얻을 수 있다.

$$L(\widehat{\omega}) = \left(\frac{1}{2\pi}\right)^{n/2}\left(\frac{1}{\widehat{\sigma}^2_\omega}\right)^{n/2} e^{-n/2} \qquad (9.2.4)$$

다음으로 완전모형을 생각해보자. 완전모형의 로그 우도함수는

$$\log\ L(\Omega) = -(n/2)\log(2\pi) - (n/2)\log(\sigma^2) - \frac{1}{2\sigma^2}\sum_{j=1}^{b}\sum_{i=1}^{n_j}(x_{ij} - \mu_j)^2 \qquad (9.2.5)$$

$j = 1, \cdots, b$에 대해 $L(\Omega)$의 로그를 μ_j에 대해 편미분을 한 결과는 다음과 같다.

$$\frac{\partial \log L(\Omega)}{\partial \mu_j} = \frac{1}{\sigma^2}\sum_{i=1}^{n_j}(x_{ij} - \mu_j)$$

이 편도함수를 0으로 놓고 μ_j에 대해 풀면 다음과 같이 μ_j의 mle를 얻을 수 있다.

$$\widehat{\mu}_j = \frac{1}{n_j}\sum_{i=1}^{n_j} x_{ij} = \overline{x}_{.j}, \quad j = 1, \ldots, b \qquad (9.2.6)$$

이러한 유도는 σ에 의존하지 않기 때문에, σ의 mle를 구하기 위해 $\log\ L(\Omega)$에서 μ_j를 $\overline{x}_{.j}$로 대체한다. σ에 대해 편미분을 하면 다음 식을 얻을 수 있다.

$$\frac{\partial \log L(\Omega)}{\partial \sigma} = -(n/2)\frac{2\sigma}{\sigma^2} + \frac{1}{\sigma^3}\sum_{j=1}^{b}\sum_{i=1}^{n_j}(x_{ij} - \overline{x}_{\cdot j})^2$$

이 편도함수를 0으로 놓고 σ^2에 대해 풀면 다음과 같이 σ^2의 mle를 얻을 수 있다.[1]

$$\widehat{\sigma}^2_\Omega = \frac{1}{n}\sum_{j=1}^{b}\sum_{i=1}^{n_j}(x_{ij} - \overline{x}_{\cdot j})^2 \tag{9.2.7}$$

$L(\Omega)$에서 각각의 모수를 mle로 대체하고 약간의 단순화를 하면 다음 결과를 얻는다.

$$L(\widehat{\Omega}) = \left(\frac{1}{2\pi}\right)^{n/2}\left(\frac{1}{\widehat{\sigma}^2_\Omega}\right)^{n/2} e^{-n/2} \tag{9.2.8}$$

따라서 우도비검정은 통계량 $\widehat{\Lambda} = L(\widehat{\omega})/L(\widehat{\Omega})$의 작은 값, 또는 동등하게 $\widehat{\Lambda}^{-2/n}$의 큰 값에 대해 H_1을 선호하고 H_0을 기각한다. 이 검정 통계량을 2차 형태인 Q_3과 Q의 비율로 다음과 같이 표현할 수 있다.

$$\begin{aligned} \widehat{\Lambda}^{n/2} &= \frac{\widehat{\sigma}^2_\Omega}{\widehat{\sigma}^2_\omega} = \frac{\sum_{j=1}^{b}\sum_{i=1}^{n_j}(x_{ij} - \overline{x}_{\cdot j})^2}{\sum_{j=1}^{b}\sum_{i=1}^{n_j}(x_{ij} - \overline{x}_{\cdot\cdot})^2} \\ &\underset{\text{dfn}}{=} \frac{Q_3}{Q} \end{aligned} \tag{9.2.9}$$

이 검정 통계량을 F-통계량으로 다시 쓰기 위해 Q와 Q_3을 포함하는 항과 또 다른 2차 형식인 Q_4를 다음과 같이 고려하자.

$$\begin{aligned} Q &= \sum_{j=1}^{b}\sum_{i=1}^{n_j}(x_{ij} - \overline{x}_{\cdot\cdot})^2 = \sum_{j=1}^{b}\sum_{i=1}^{n_j}[(x_{ij} - \overline{x}_{\cdot j}) + (\overline{x}_{\cdot j} - \overline{x}_{\cdot\cdot})]^2 \\ &= \sum_{j=1}^{b}\sum_{i=1}^{n_j}(x_{ij} - \overline{x}_{\cdot j})^2 + \sum_{j=1}^{b} n_j(\overline{x}_{\cdot j} - \overline{x}_{\cdot\cdot})^2 \\ &\underset{\text{dfn}}{=} Q_3 + Q_4 \end{aligned} \tag{9.2.10}$$

위 식의 두 번째 행에서 교차곱 항이 0이기 때문에 이처럼 유도된다. 이 항을 이용하여 검정 통계량 $\widehat{\Lambda}^{-2/n}$을 다음과 같이 나타낼 수 있다.

$$\widehat{\Lambda}^{-2/n} = \frac{Q_3 + Q_4}{Q_3} = 1 + \frac{Q_4}{Q_3}$$

최종 형태로서, 다음의 F가 매우 큰 경우에 검정은 H_0을 기각한다는 점을 주목하라.

$$F = \frac{Q_4/(b-1)}{Q_3/(n-b)} \tag{9.2.11}$$

---

1 σ의 mle를 제곱한 것이 σ^2의 mle와 같다는 사실을 이용한다.

검정을 완료하기 위해 H_0하에서의 F의 분포를 결정할 필요가 있다. 먼저 다음과 같이 쓸 수 있는 분모 Q_3의 제곱합을 생각해보자.

$$Q_3/\sigma^2 = \sum_{j=1}^{b} \left\{ \frac{1}{\sigma^2} \sum_{i=1}^{n_j} (X_{ij} - \overline{X}_{\cdot j})^2 \right\}$$

분포에 대해 논의하고 있기 때문에 이제 확률변수의 표기법을 사용하고 있음을 주목하라. 정리 3.6.1의 (c)에서 $j = 1, \cdots, b$에 대해 중괄호 안에 있는 항은 자유도가 $n_j - 1$인 χ^2-분포를 따른다. 또한 표본이 독립이므로 이러한 χ^2 확률변수는 독립이다. 따라서 따름정리 3.3.1에 의해 Q_3/σ^2은 자유도가 $\sum_{j=1}^{b}(n_j - 1) = n - b$인 χ^2-분포를 가진다. 정리 3.6.1의 (b)에 따르면 확률변수 $\overline{X}_{\cdot j}$는 중괄호 안의 제곱합과 독립이고, 표본의 독립성에 의해 Q_3과 독립이다. 그러므로 모든 b개의 표본평균은 Q_3과 독립이다. $\overline{X}_{\cdot\cdot} = \sum_{j=1}^{b} n_j \overline{X}_{\cdot j}$이므로 총평균 $\overline{X}_{\cdot\cdot}$는 b개 표본평균의 함수이고 Q_3과 독립이어야만 한다. 그러므로 Q_4는 Q_3과 독립이다. 분자의 제곱합에 대한 분포를 구하기 위해 등식 (9.2.10)을 다음과 같이 쓰자.

$$Q/\sigma^2 = Q_3/\sigma^2 + Q_4/\sigma^2$$

왼쪽 식의 경우 H_0하에서 Q/σ^2는 자유도가 $n - 1$인 χ^2-분포를 따른다. 오른쪽 식의 경우 Q_3/σ^2은 자유도가 $n - b$인 χ^2-분포를 따르고 Q_4/σ^2와도 독립이다. 양쪽 식의 mgf를 동일하게 놓으면 Q_4/σ^2는 자유도가 $(n - 1) - (n - b) = b - 1$인 χ^2-분포를 따른다. 그러므로 H_0하에서 식 (9.2.11)의 F 검정 통계량은 자유도가 $b - 1$과 $n - b$인 F-분포를 따른다.

이제 H_0이 거짓일 때, 즉 $\mu_1 = \mu_2 = \cdots = \mu_b$가 아닌 경우 H_1에 대한 H_0 검정의 검정력을 계산한다고 가정하자. 9.3절에서는 H_1하에서 Q_4/σ^2가 더 이상 $\chi^2(b - 1)$ 분포를 갖지 않음을 밝힌다. 따라서 H_1이 참일 때 검정의 검정력을 계산하기 위해 F-통계량을 사용할 수 없다. 이 문제는 9.3절에서 논의한다.

간단한 예제를 바탕으로 R을 사용한 F-검정의 계산을 살펴보자.

예제 9.2.1 Devore(2012)의 412쪽에는 반응변수가 3개의 다른 주조 공정 중 하나로 주조된 합금의 탄성계수 자료가 있다. 귀무가설은 탄성계수의 평균이 주조 공정에 영향을 받지 않는다는 것이다. 자료는 다음과 같다.

주조 공정	탄성계수							
영구 주형	45.5	45.3	45.4	44.4	44.6	43.9	44.6	44.0
주물 주형	44.2	43.9	44.7	44.2	44.0	43.8	44.6	43.1
석고 주형	46.0	45.9	44.8	46.2	45.1	45.5		

자료는 `elasticmod.rda` 파일에 있다. 변수 `elasticmod`에는 반응변수가 있고, 변수 `ind`에는 주조 방법(1, 2 또는 3)이 있다. R 코드 및 결과(검정 통계량 F와 p 값)는 다음과 같다.

```
oneway.test(elasticmod~ind,var.equal=T)
F = 12.565, num df = 2, denom df = 19, p-value = 0.0003336
```

이렇게 p 값이 낮으면 귀무가설이 기각되고, 주조 방법이 탄성계수에 영향을 미친다는 결론을 내릴 수 있다.

이 예제에서 실험자는 주조 방법의 쌍별 비교에도 관심이 있을 텐데 이는 9.4절에서 살펴보자.

연습문제

9.2.1 예제 8.3.1에서 분산이 동일한 두 정규분포의 평균의 동일성을 검정하기 위해 우도비를 통해 유도된 T-통계량을 생각하라. T^2이 F-통계량과 정확하게 동일함을 밝혀라.

9.2.2 모형 식 (9.2.1)하에서 선형함수 $X_{ij} - \overline{X}_{.j}$와 $\overline{X}_{.j} - \overline{X}_{..}$가 상관관계가 없음을 밝혀라.
힌트: $\overline{X}_{.j}$와 $\overline{X}_{..}$의 정의를 생각하라. 일반성을 잃지 않고 모든 i, j에 대해 $E(X_{ij}) = 0$이라고 할 수 있다.

9.2.3 다음은 분산이 동일하고 평균이 각각 μ_1, μ_2, μ_3인 3개의 정규분포에서 추출한 독립인 확률표본과 관련된 관측값이다.

I	II	III
0.7	2.2	4.9
–1.3	0.0	3.0
1.9	2.6	1.8
1.4	3.1	2.4
0.9		4.2
1.3		

R 또는 다른 통계 패키지를 사용하여 $H_0 : \mu_1 = \mu_2 = \mu_3$ 검정에 사용되는 F-통계량을 계산하라.

9.2.4 정규분포 $N(\mu, \sigma^2)$에서 추출한 확률표본을 $X_1, X_2, \cdots, X_n$이라고 할 때 다음 등식을 밝혀라.

$$\sum_{i=1}^{n}(X_i - \overline{X})^2 = \sum_{i=2}^{n}(X_i - \overline{X}')^2 + \frac{n-1}{n}(X_1 - \overline{X}')^2$$

여기서 $\overline{X} = \sum_{i=1}^{n} X_i/n$이고 $\overline{X}' = \sum_{i=2}^{n} X_i/(n-1)$이다.
힌트: $X_i - \overline{X}$를 $(X_i - \overline{X}') - (X_1 - \overline{X}')/n$으로 대체하고, $\sum_{i=2}^{n}(X_i - \overline{X}')^2/\sigma^2$이 자유도가 $n - 2$인 χ^2-분포를 가진다는 것을 밝혀라. 문제에서 오른쪽 식의 2개

항이 독립이라는 것을 증명하라. 그렇다면 다음은 어떤 분포를 갖는가?

$$\frac{[(n-1)/n](X_1-\overline{X}')^2}{\sigma^2}$$

9.2.5 이 절의 기호를 사용할 때 평균은 조건 $\mu = \mu_1 + (b-1)d = \mu_2 - d = \mu_3 - d = \cdots = \mu_b - d$를 만족한다고 하자. 즉 마지막 $b-1$개의 평균은 같으나 $d \neq 0$이면 처음 평균 μ_1과 다르다. 공통이나 알려지지 않은 분산 σ^2을 가진 b개의 독립인 정규분포 각각에서 크기 a인 확률표본을 취했다고 하자.

(a) μ와 d의 최대우도추정량은 $\hat{\mu} = \overline{X}_{..}$ 그리고 다음과 같음을 밝혀라.

$$\hat{d} = \frac{\sum_{j=2}^{b} \overline{X}_{.j}/(b-1) - \overline{X}_{.1}}{b}$$

(b) 연습문제 9.2.4를 이용하여 $d = 0$이고 Q_7/σ^2이 $\chi^2(1)$일 때 다음과 같이 되도록 Q_6과 $Q_7 = c\hat{d}^2$을 구하라.

$$\sum_{i=1}^{a}\sum_{j=1}^{b}(X_{ij} - \overline{X}_{..})^2 = Q_3 + Q_6 + Q_7$$

(c) (b)의 우변에 있는 3개의 항은 일단 σ^2으로 나눈다면 $d = 0$일 때 카이제곱분포를 따르는 독립인 확률변수임을 논하라.

(d) $d = 0$일 때 비 $Q_7/(Q_3 + Q_6)$의 어떤 상수의 곱이 F-분포를 따르는가? 이 F는 실제로 처음 분포의 평균과 다른 분포의 평균, 즉 끝의 $b-1$개 표본을 하나로 결합한 분포 평균의 동일성 검정에 사용된 두 표본 T-검정값의 제곱이다.

9.2.6 Kloke와 McKean(2014)의 123쪽에는 LDL 콜레스테롤을 낮추는 효과에 대한 4개 치료약을 조사한 실험 결과가 있다. 실험 설계를 위해 메추라기 39마리를 4개 약 중 하나에 임의로 할당했다. 약은 음식에 섞었고 모든 메추라기는 동등하게 다루어졌다. 지정된 기간이 지난 후 각 메추라기의 LDL 수준을 기록했다. 첫 번째 약은 위약으로, 다른 어떤 약이 위약보다 LDL을 낮추는지를 확인하는 것이 중요하다. 자료는 `quailldl.rda` 파일에 있다. 이 행렬의 첫 번째 열은 메추라기를 위한 약의 종류(1~4)이고, 두 번째 열은 해당 메추라기의 LDL 수준이다.

(a) LDL 수준의 비교 상자그림을 구하라. 어떤 약이 LDL 수준을 낮추는 것으로 보이는가? 관측값의 번호로 자료에 있는 이상값을 식별하라.

(b) 4개 약에 대한 LDL의 모든 평균 수준이 동일하다는 F-검정을 계산하라. F-검정 통계량과 p 값을 보고하라. 명목 유의수준 0.05를 사용하여 이 문제의 관점에서 결론을 내려라. 예제 9.2.1의 R 코드를 사용하라.

(c) (b)의 결론은 (a)의 상자그림과 의견이 일치하는가?

(d) F-검정에 대한 한 가지 가정은 모형 식 (9.2.1)의 확률오차 e_{ij}가 정규분포를 따른다는 것이다. e_{ij}의 추정값은 $x_{ij} - \overline{x}_{.j}$이고, 이를 **잔차**(residual), 즉 완전모형 적합 후 남은 부분이라고 한다. 이러한 잔차를 계산하고, 히스토그램, 상자그림, 정규 $q-q$ 그림을 그린 뒤 정규성 가정에 대한 의견을 제시하라. 다음 코드를 사용하라.

```
resd <- lm(quailmat[,2]~factor(quailmat[,1]))$resid
par(mfrow=c(2,2));hist(resd); boxplot(resd); qqnorm(resd)
```

9.2.7 알려지지 않은 공통의 분산 σ^2을 가진 정규분포의 평균을 μ_1, μ_2, μ_3이라고 하자. 유의수준 $\alpha = 5\%$에서 모든 가능한 대립가설에 대해 가설 $H_0 : \mu_1 = \mu_2 = \mu_3$을 검정하기 위해 각 분포에서 크기 4인 독립인 확률표본을 추출한다. 세 분포에서 추출한 관측값이 다음과 같을 때 H_0을 채택할지 기각할지 결정하라.

X_1:	5	9	6	8
X_2:	11	13	10	12
X_3:	10	6	9	9

9.2.8 디젤 차량 운전자가 mpg를 기초로 하여 디젤 연료를 파는 세 곳의 품질을 검정하기로 했다. 다음 자료를 이용하여 3개의 평균이 같은지 귀무가설을 검정하라. 가정을 세우고 $\alpha = 0.05$를 사용하라.

A사:	38.7	39.2	40.1	38.9	
B사:	41.9	42.3	41.3		
C사:	40.8	41.2	39.5	38.9	40.3

9.3 비중심 χ^2-분포와 비중심 F-분포

$i = 1, 2, \cdots, n$에 대해 $N(\mu_i, \sigma^2)$인 서로 독립인 확률변수가 $X_1, X_2, \cdots, X_n$이고 $Y = \sum_{i=1}^{n} X_i^2/\sigma^2$이라고 하자. 만약 각 μ_i가 0이면 Y는 $\chi^2(n)$임을 안다. 이제 각 μ_i가 0이 아닐 때 Y의 분포를 조사할 것이다. Y의 적률생성함수는 다음과 같다.

$$M(t) = E\left[\exp\left(t\sum_{i=1}^{n}\frac{X_i^2}{\sigma^2}\right)\right] = \prod_{i=1}^{n} E\left[\exp\left(t\frac{X_i^2}{\sigma^2}\right)\right]$$

다음을 생각해보자.

$$E\left[\exp\left(\frac{tX_i^2}{\sigma^2}\right)\right] = \int_{-\infty}^{\infty} \frac{1}{\sigma\sqrt{2\pi}} \exp\left[\frac{tx_i^2}{\sigma^2} - \frac{(x_i-\mu_i)^2}{2\sigma^2}\right] dx_i$$

이 적분은 $t < 1/2$이면 존재한다. 이 적분을 계산하기 위해 다음을 유의하라.

$$\begin{aligned}\frac{tx_i^2}{\sigma^2} - \frac{(x_i-\mu_i)^2}{2\sigma^2} &= -\frac{x_i^2(1-2t)}{2\sigma^2} + \frac{2\mu_i x_i}{2\sigma^2} - \frac{\mu_i^2}{2\sigma^2} \\ &= \frac{t\mu_i^2}{\sigma^2(1-2t)} - \frac{1-2t}{2\sigma^2}\left(x_i - \frac{\mu_i}{1-2t}\right)^2\end{aligned}$$

따라서 $t < 1/2$일 때 다음과 같음을 알 수 있다.

$$E\left[\exp\left(\frac{tX_i^2}{\sigma^2}\right)\right] = \exp\left[\frac{t\mu_i^2}{\sigma^2(1-2t)}\right] \int_{-\infty}^{\infty} \frac{1}{\sigma\sqrt{2\pi}} \exp\left[-\frac{1-2t}{2\sigma^2}\left(x_i - \frac{\mu_i}{1-2t}\right)^2\right] dx_i$$

만약 피적분함수에 $\sqrt{1-2t}(t < 1/2)$를 곱하면 평균이 $\mu_i/(1-2t)$이고 분산이 $\sigma^2/(1-2t)$인 정규 pdf의 적분을 갖는다. 따라서

$$E\left[\exp\left(\frac{tX_i^2}{\sigma^2}\right)\right] = \frac{1}{\sqrt{1-2t}} \exp\left[\frac{t\mu_i^2}{\sigma^2(1-2t)}\right]$$

그리고 $\mathrm{Y} = \sum_{i=1}^n X_i^2/\sigma^2$의 적률생성함수는 다음과 같이 주어진다.

$$M(t) = \frac{1}{(1-2t)^{n/2}} \exp\left[\frac{t\sum_{i=1}^n \mu_i^2}{\sigma^2(1-2t)}\right], \quad t < \frac{1}{2} \tag{9.3.1}$$

$t < 1/2$, $0 < \theta$이고 r이 양의 정수일 때 다음 함수 형태의 적률생성함수를 가진 확률변수는 자유도 r, 비중심모수 θ인 **비중심 카이제곱분포**(noncentral chi-square distribution)를 따른다고 일컫는다.

$$M(t) = \frac{1}{(1-2t)^{r/2}} e^{t\theta/(1-2t)} \tag{9.3.2}$$

만약 비중심모수 $\theta = 0$이라면 $M(t) = (1-2t)^{-r/2}$이고, 이것은 $\chi^2(r)$인 확률변수의 적률생성함수이다. 이와 같은 확률변수는 근사적으로 **중심 카이제곱변수**(central chi-square variable)라고 한다. 기호 $\chi^2(r, \theta)$를 모수 r, 비중심모수 θ인 비중심 카이제곱분포를 나타내는 데 사용할 것이고, 확률변수가 이와 같은 분포를 따르면 그 확률변수를 $\chi^2(r, \theta)$라고 한다. 기호 $\chi^2(r, 0)$은 $\chi^2(r)$과 동등하다. 따라서 이 절의 확률변수 $Y = \sum_{i=1}^n X_i^2/\sigma^2$은 $\chi^2(n, \sum_{i=1}^n \mu_i^2/\sigma^2)$이다. Y의 평균은 다음과 같이 계산된다.

$$E(Y) = \frac{1}{\sigma^2}\sum_{i=1}^n E(X_i^2) = \frac{1}{\sigma^2}\sum_{i=1}^n(\sigma^2 + \mu_i^2) = n + \theta \tag{9.3.3}$$

즉 중심 χ^2의 평균과 비중심모수의 합이 된다. 만약 각 μ_i가 0과 같으면 Y는 $\chi^2(n, 0)$ 또는 더 간

단히 Y는 평균이 n인 $\chi^2(n)$이다.

관심을 가지고 있는 비중심 카이제곱변수는 분산 σ^2으로 나누어진 정규 확률변수의 어떤 2차 형태이다. 이 예에서 $\sum_{i=1}^n X_i^2/\sigma^2$의 비중심모수는 $\sum_{i=1}^n \mu_i^2/\sigma^2$으로 2차 형태의 각 X_i를 그것의 평균 $\mu_i(i = 1, 2, \cdots, n)$로 대치함으로써 계산할 수 있다. 이것은 우연한 사실이 아니다. 정규분포를 따르는 변수의 임의 2차 형태 $Q = Q(X_1, X_2, \cdots, X_n)$, 이를테면 Q/σ^2는 $\chi^2(r, \theta)$인데, $\theta = Q(\mu_1, \mu_2, \cdots, \mu_n)/\sigma^2$이고 만약 Q/σ^2가 어떤 실숫값 $\mu_1, \mu_2, \cdots, \mu_n$에 대해 카이제곱변수(중심 또는 비중심)이면 이것은 그 평균의 모든 실숫값에 대해 제곱(중심 또는 비중심)이다.

다음으로 비중심 F-분포에 관해 살펴보자. 만약 U와 V가 독립이고 각각 $\chi^2(r_1)$, $\chi^2(r_2)$이면 확률변수 F는 $F = r_2U/r_1V$로 정의되었다. 이제 특별히 U는 $\chi^2(r_1, \theta)$, V는 $\chi^2(r_2)$이고 U와 V는 독립이라고 가정하자. 확률변수 r_2U/r_1V는 자유도 r_1과 r_2, 비중심모수 θ인 **비중심 F-분포**(noncentral F-distribution)라고 한다. F의 비중심모수는 바로 $\chi^2(r_1, \theta)$인 확률변수 U의 비중심모수이다. F의 기댓값을 구하려면 식 (9.3.3)의 $E(U)$와 식 (3.6.8)에서 중심 F-분포의 기댓값을 유도하는 방식을 사용하라. 이것은 물론 $r_2 > 2$일 때 바로 다음 식을 의미한다.

$$E(F) = \frac{r_2}{r_2 - 2}\left[\frac{r_1 + \theta}{r_1}\right] \tag{9.3.4}$$

$\theta > 0$이면 괄호 안의 값은 1을 초과하므로 비중심 F-분포의 평균은 이에 상응하는 중심 F-분포의 평균을 초과한다.

다음으로 마지막 절의 일원배치 분산분석에 대한 비중심 F-분포를 설명한다.

예제 9.3.1 **[일원배치 분산분석에 대한 비중심모수]** 식 (9.2.1)에서 b개의 수준을 가진 일원배치 모형을 귀무가설 $H_0 : \mu_1 = \cdots = \mu_b$ 대 대립가설 H_1 : 일부 $j \neq j'$에 대해 $\mu_j \neq \mu_{j'}$과 함께 고려하자. 식 (9.2.11)에서 F-검정 통계량은 $F = [Q_4/(b-1)]/[Q_3/(n-b)]$이다. 분모에서 확률변수 Q_3/σ^2은 완전모형이고, 따라서 특히 H_1하에서 $\chi^2(n-b)$ 분포를 갖는다. 그러나 9.8절의 참고 9.8.3에 따르면 Q_4/σ^2는 완전모형하에서 비중심 $\chi^2(b-1, \theta)$ 분포를 갖는다. 다음 식을 상기하라.

$$Q_4/\sigma^2 = \frac{1}{\sigma^2}\sum_{j=1}^{b} n_j(\overline{X}_{\cdot j} - \overline{X}_{\cdot\cdot})^2$$

완전모형하에서 $E(\overline{X}_{\cdot j}) = \mu_j$이고 $E(\overline{X}_{\cdot\cdot}) = \sum_{j=1}^{b}(n_j/n)\mu_j$이다. $E(\overline{X}_{\cdot\cdot})$를 $\overline{\mu}$로 나타내면 위의 논의로부터 다음 식을 얻는다.

$$\theta = \frac{1}{\sigma^2}\sum_{j=1}^{b} n_j(\mu_j - \overline{\mu})^2 \tag{9.3.5}$$

H_0이 참이면 어떤 μ에 대해 $\mu_j \equiv \mu$이므로 $\overline{\mu} = \mu$이다. 따라서 H_0하에서 $\theta = 0$이다. H_1하에서 $\mu_j \neq \mu_{j'}$이 되는 구별된 j와 j'이 있다. 특히 μ_j와 $\mu_{j'}$은 모두 $\overline{\mu}$와 같을 수 없으므로 $\theta > 0$이다. 그러므로 H_1하에서 F-분포의 기댓값은 귀무가설하에서의 기댓값을 초과한다.

R에는 비중심 χ^2과 F 확률변수의 cdf를 계산할 수 있는 명령문이 있다. 예를 들어 $P(Y \leq y)$를 계산한다고 가정하자. 여기서 Y는 비중심모수 `b`, 자유도 `d`인 χ^2-분포의 확률변수이다. 이 확률은 명령문 `pchisq(y,d,b)`로 구할 수 있다. 이에 대응하는 y에서의 pdf 값은 명령문 `dchisq(y,d,b)`로 구한다. 또 다른 예로 $P(W \geq w)$를 계산한다고 하자. 여기서 W는 비중심모수 `theta`, 자유도 `n1`, `n2`인 F-분포의 확률변수이다. 이것은 명령문 `1-pf(w,n1,n2,theta)`로 구할 수 있다. 그리고 w에서 W의 cdf는 명령문 `df(w,n1,n2,theta)`로 구한다. 또한 비중심 χ^2과 비중심 F-분포의 값은 표에서 구할 수도 있다.

연습문제

9.3.1 $i = 1, 2, \cdots, n$일 때 Y_i는 각각 $\chi^2(r_i, \theta_i)$를 따르는 독립인 확률변수라고 하자. $Z = \sum_{i=1}^n Y_i$는 $\chi^2(\sum_{i=1}^n r_i, \sum_{i=1}^n \theta_i)$임을 증명하라.

9.3.2 $\chi^2(r, \theta)$인 확률변수의 평균과 분산을 계산하라.

9.3.3 특정 질병에 대해 세 가지 의료 방법(A, B, C)을 검토 중이다. 연구를 위해서는 이 질병에 걸린 $3m$명의 환자를 선택하여 m명을 각 의료 방법에 할당하고 공통된 표본 크기 m을 정해야 한다. μ_1, μ_2, μ_3은 각각 치료 A, B, C하에서 관심 있는 반응변수의 평균을 나타낸다. 가설은 $H_0 : \mu_1 = \mu_2 = \mu_3$, H_1 : 일부 $j \neq j'$에 대해 $\mu_j \neq \mu_{j'}$이다. m을 정하기 위해 실험자는 준비 조사로부터 σ^2의 값을 30으로 추측하고, 유의수준 0.05를 선택한다. 실험자는 $\mu_2 = \mu_1 + 5$, $\mu_3 = \mu_1 + 10$과 같은 평균의 패턴을 발견하는 데 관심이 있다.

(a) 위의 평균 패턴하에서 비중심모수를 정하라.

(b) R 함수 `pf`를 사용하여 $m = 5$, $m = 10$에 대해 위의 평균 패턴을 발견하기 위한 F-검정의 검정력을 구하라.

(c) 검정력이 최소 0.80이 되도록 m의 최솟값을 구하라.

(d) $\sigma^2 = 40$일 때 (a)~(c)를 풀라.

9.3.4 비중심 T 확률변수의 제곱은 비중심 F 확률변수임을 밝혀라.

9.3.5 X_1과 X_2가 독립인 확률변수이고 X_1과 $Y = X_1 - X_2$를 각각 $\chi^2(r_1, \theta_1)$, $\chi^2(r, \theta)$라고 하자. 여기서 $r < r_1$이고 $\theta < \theta_1$이다. X_2는 $\chi^2(r_1 - r, \theta_1 - \theta)$임을 밝혀라.

9.4 다중비교

이 절에서는 9.2절의 식 (9.2.1)에서 설명했듯이 b개의 처리값을 가진 일원배치 분산분석을 살펴본다. 9.2절에서는 식 (9.2.2)의 동일한 평균의 가설에 대한 F-검정을 개발했다. 실제로 이 검정 이외에도 통계학자는 보통 $\mu_j - \mu_{j'}$ 형식의 쌍별 비교를 하고자 한다. 이것을 보통 **2단계 분석**(second stage analysis)이라고 하는 반면, F-검정은 **1단계 분석**(first stage analysis)으로 여겨진다. 이러한 비교에 대한 분석은 일반적으로 차이 $\mu_j - \mu_{j'}$에 대한 신뢰구간으로 구성되고, 신뢰구간이 0을 포함하지 않는다면 μ_j는 $\mu_{j'}$과 **다르다고 선언된다**. 처리 j와 j'에 대한 확률표본은 $N(\mu_j, \sigma^2)$ 분포의 $X_{1j}, \cdots, X_{n_j j}$와 $N(\mu_{j'}, \sigma^2)$ 분포의 $X_{1j'}, \cdots, X_{n_{j'} j'}$으로 독립인 확률표본이다. 이러한 표본을 기반으로 한 $\mu_j - \mu_{j'}$의 추정량은 $\overline{X}_{\cdot j} - \overline{X}_{\cdot j'}$이다. 또한 일원배치 분석에서 σ^2의 추정량은 식 (9.2.7)에서 정의된 완전모형 추정량 $\hat{\sigma}^2{}_\Omega$이다. 9.2절에서 설명했듯이 $(n-b)\hat{\sigma}^2{}_\Omega/\sigma^2$는 모든 표본평균 $\overline{X}_{\cdot j}$와 독립인 $\chi^2(n-b)$ 분포를 따른다. 따라서 4장의 식 (4.2.13)에서와 같이 지정된 α에 대해 다음은 $\mu_j - \mu_{j'}$에 대한 $(1-\alpha)100\%$ 신뢰구간이 된다.

$$\overline{X}_{\cdot j} - \overline{X}_{\cdot j'} \pm t_{\alpha/2, n-b}\hat{\sigma}_\Omega \sqrt{\frac{1}{n_j} + \frac{1}{n_{j'}}} \tag{9.4.1}$$

하지만 우리는 종종 많은 쌍별 비교를 하고자 한다. 예를 들면 첫 번째 치료가 위약이거나 표준치료를 나타낼 수 있고, 이러한 경우 $b-1$개의 쌍별 비교에 관심이 있다. 또한 모든 $\binom{b}{2}$쌍을 비교하고 싶을 때도 있다. 이렇게 많은 쌍별 비교를 할 때 식 (9.4.1)의 각 신뢰구간은 $(1-\alpha)$의 신뢰수준인 반면, 전체적인 신뢰수준은 감소하는 것처럼 보인다. 다음에 보듯이 전체적인 신뢰수준의 **하락**(slippage)은 사실이다. 이러한 문제는 종종 **다중비교 문제**(multiple comparison problem, MCP)라고 한다. 이 절에서는 다양한 다중비교 절차를 소개한다.

본페로니 다중비교 절차

신뢰수준의 하락을 동시에 보여주면서 **본페로니 절차**(Bonferroni procedure)를 사용해야 하는 이유를 설명하는 것은 쉽다. 본페로니 절차는 매우 일반적이므로 일원배치 설계뿐만 아니라 다양한 설정에서 사용할 수 있다. $i = 1, 2, \cdots, k$에 대해 $0 < \alpha < 1$일 때 $(1-\alpha)100\%$ 신뢰구간 I_i를 가진 k개의 모수 θ_i가 있다고 가정하자. 이때 전체적인 신뢰수준은 $P(\theta_1 \in I_1, \cdots, \theta_k \in I_k)$이다. 여집합의 법칙, 드모르간의 법칙, 불의 부등식, 1장의 식 (1.3.7)을 사용하면 다음을 얻을 수 있다.

$$\begin{aligned} P(\theta_1 \in I_1, \ldots, \theta_k \in I_k) &= 1 - P\left(\cup_{i=1}^k \theta_i \notin I_i\right) \\ &\geq 1 - \sum_{i=1}^k P(\theta_i \notin I_i) = 1 - k\alpha \end{aligned} \tag{9.4.2}$$

여기서 $1 - k\alpha$는 신뢰수준의 하락에 대한 하한이다. 예를 들면 $k = 20$, $\alpha = 0.05$일 때 전체적인 신뢰수준은 0일 수 있다. 본페로니 절차는 식 (9.4.2)를 따르므로 각 신뢰구간의 신뢰수준을 단순히 $[1 - (\alpha/k)]$로 변경하면 전체적인 신뢰수준은 적어도 $1 - \alpha$가 된다.

일원배치 분석에서 k개의 관심 있는 차이가 있다고 가정하면 $\mu_j - \mu_{j'}$에 대한 본페로니 신뢰구간은 다음과 같다.

$$\overline{X}_{\cdot j} - \overline{X}_{\cdot j'} \pm t_{\alpha/(2k), n-b}\hat{\sigma}_\Omega\sqrt{\frac{1}{n_j} + \frac{1}{n_{j'}}} \tag{9.4.3}$$

본페로니 절차의 전체적인 신뢰수준은 적어도 $1 - \alpha$가 되지만, 많은 수의 비교에서 해당 신뢰구간의 길이가 넓어지고 정밀도에 손실이 발생한다. 일반적으로 이러한 효과를 줄일 수 있는 두 가지 절차를 소개한다.

R 함수 `mcpbon.R`[2]은 일원배치 설계에서 모든 쌍별 비교에 대한 본페로니 절차를 계산한다. 이 함수는 `mcpbon(y,ind,alpha=0.05)`로 호출하고, 여기서 `y`는 결합된 표본의 벡터를, `ind`는 처리의 벡터를 나타낸다. 예제 9.4.1을 참조하라.

튜키의 다중비교 절차

튜키의 절차(Tukey's procedure)를 설명하려면 먼저 스튜던트화 범위 분포를 정의할 필요가 있다.

정의 9.4.1

$Y_1, \cdots, Y_k$가 iid $N(\mu, \sigma^2)$을 따른다고 하자. 이 변수의 범위는 $R = \max\{Y_i\} - \min\{Y_i\}$로 나타낸다. mS^2/σ^2이 $Y_1, \cdots, Y_k$와 독립인 $\chi^2(m)$ 분포를 가진다고 가정하자. 이때 $Q = R/S$은 모수가 k와 m인 **스튜던트화 범위 분포**(studentized range)를 가진다고 한다.

Q의 분포는 닫힌 형태로 구할 수 없지만, R과 같은 패키지에는 cdf와 분위수를 계산하는 함수가 있다. R에서 `ptukey(x,k,m)`은 x에서 Q의 cdf를 계산하고, `qtukey(p,k,m)`은 p번째 분위수를 반환한다.

일원배치 설계를 고려하고, 모든 표본 크기가 동일하다고 가정하자. 즉 어떤 양의 정수 a가 있을 때 모든 $j = 1, 2, \cdots, b$에 대해 $n_j = a$이다. $R = \text{Range}\{\overline{X}_{\cdot 1} - \mu_1, \cdots, \overline{X}_{\cdot b} - \mu_b\}$라면 $\overline{X}_{\cdot 1} - \mu_1, \cdots, \overline{X}_{\cdot b} - \mu_b$는 iid $N(0, \sigma^2/a)$을 따르기 때문에 확률변수 $Q = R/(\hat{\sigma}_\Omega/\sqrt{a})$은 모수가 b와 $n - b$인 스튜던트화 범위 분포를 갖는다. $q_c = q_{1-\alpha,b,n-b}$라고 하자.

$$\begin{aligned} 1 - \alpha &= P(Q \le q_c) = P\left(\max\{\overline{X}_{\cdot j} - \mu_j\} - \min\{\overline{X}_{\cdot j} - \mu_j\} \le q_c\hat{\sigma}_\Omega/\sqrt{a}\right) \\ &= P\left(|(\mu_j - \mu_{j'}) - (\overline{X}_{\cdot j} - \overline{X}_{\cdot j'})| \le q_c\hat{\sigma}_\Omega/\sqrt{a},\ \text{모든 } j, j'\text{에 대해}\right) \end{aligned}$$

2 저자 서문에 제시된 사이트에서 다운로드할 수 있다.

마지막 표현의 부등식을 확장하면 모든 쌍별 차이에 대해 다음과 같은 $(1-\alpha)100\%$ 동시 신뢰구간을 얻는다.

$$1, \cdots, b\text{에 있는 모든 } j,\ j'\text{에 대해} \quad \overline{X}_{\cdot j} - \overline{X}_{\cdot j'} \pm q_{1-\alpha,b,n-b}\frac{\widehat{\sigma}_\Omega}{\sqrt{a}} \tag{9.4.4}$$

통계학자 존 튜키(John Tukey)는 균형 설계의 경우에 대해 이러한 동시 신뢰구간을 개발했다. 불균형 설계의 경우를 위해 먼저 식 (9.4.4)의 오류 항을 다음과 같이 쓰자.

$$\frac{q_{1-\alpha,b,n-b}}{\sqrt{2}}\widehat{\sigma}_\Omega\sqrt{\frac{1}{a}+\frac{1}{a}}$$

이것은 불균형 설계의 경우에 대해 다음 신뢰구간을 제안한다.

$$1, \cdots, b\text{에 있는 모든 } j,\ j'\text{에 대해} \quad \overline{X}_{\cdot j} - \overline{X}_{\cdot j'} \pm \frac{q_{1-\alpha,b,n-b}}{\sqrt{2}}\widehat{\sigma}_\Omega\sqrt{\frac{1}{n_j}+\frac{1}{n_{j'}}} \tag{9.4.5}$$

이 보정은 크래머(Kramer)가 개발했으므로 이러한 신뢰구간을 종종 튜키-크래머 다중비교 절차라고 한다. 논의를 위해 Miller(1981)를 참조하라. 이 신뢰구간은 정확한 신뢰수준 $(1-\alpha)$가 아니지만, 연구에 따르면 불균형이 심각하지 않은 경우 신뢰수준이 $(1-\alpha)$에 가깝다. Dunnett (1980)을 참조하라. 해당 R 코드는 예제 9.4.1에 제시했다.

피셔의 PLSD 다중비교 절차

여기서 다루는 마지막 절차는 **피셔의 보호된 최소유의차**(Fisher's protected least significance difference, PLSD) 방법이다. 설정은 식 (9.2.1)의 일반적인 (불균형) 일원배치 설계이다. 이 절차는 2단계로, 임의 수의 비교에 사용할 수 있지만 모든 비교에 대해 설명한다. 지정된 유의수준 α에 대해 1단계는 식 (9.2.2)의 동일한 평균에 대한 가설의 F-검정으로 구성된다. 검정이 유의수준 α에서 기각되면 2단계는 일반적인 쌍별 $(1-\alpha)100\%$ 신뢰구간으로 구성된다.

$$1, \cdots, b\text{에 있는 모든 } j,\ j'\text{에 대해} \quad \overline{X}_{\cdot j} - \overline{X}_{\cdot j'} \pm t_{\alpha/2,n-b}\widehat{\sigma}_\Omega\sqrt{\frac{1}{n_j}+\frac{1}{n_{j'}}} \tag{9.4.6}$$

만약 1단계의 검정을 기각하지 못하면 때로는 본페로니 절차를 사용하여 2단계를 수행한다. 피셔의 절차는 전체적으로 신뢰수준 $(1-\alpha)$를 가지지 않지만, 초기 F-검정이 보호하는 기능을 한다. 모의실험에 따르면 피셔의 절차는 검정력과 신뢰수준 측면에서 잘 작동한다. 예를 들어 Carmer와 Swanson(1973), McKean 등(1989)을 참조하라. R 함수[3] `mcpfisher.R`은 다음 예제에서 설명하듯이 이러한 절차를 계산한다.

3 저자 서문에 제시된 사이트에서 다운로드할 수 있다.

예제 9.4.1 [빠른 자동차] Kitchens(1997)는 자동차의 속도와 관련된 실험을 논의한다. 5대의 자동차, 즉 (1) 아큐라, (2) 페라리, (3) 로터스, (4) 포르셰, (5) 바이퍼를 고려했다. 각 자동차를 왕복 3회씩 총 6회 주행했다. 각 주행에서 기록된 속도는 엔진의 최대 회전 속도를 초과하지 않고 달성할 수 있는 최고 속도이다. 자료는 `fastcars.rda` 파일에 있다. 그림 9.4.1은 속도 대 자동차의 비교 상자그림을 나타낸 것으로, 자동차 간 속도의 차이가 있다는 것을 명확히 보여준다. 페라리와 포르셰는 가장 빠른 것으로 보이지만 차이가 유의한가? 식 (9.2.1)의 일원배치 설계를 가정하고 R을 이용하여 계산한다. 주요한 명령어와 해당 결과는 아래에 제시했다. 식 (9.2.2)에 있는 동일한 평균에 대한 가설의 전반적인 F-검정은 $F = 25.15$이고 p 값이 0.0000으로 상당히 유의하다. 우리는 유의수준 0.05에서 튜키의 다중비교 절차를 선택했다. 아래의 명령어는 모든 $\binom{5}{2} = 10$쌍의 비교 결과를 반환하지만 요약에서는 2개의 비교 결과만 보여준다.

```
###    아래의 코드는 fastcars.rda가 R에 적재되었다고 가정한다.
> fit <- lm(speed~factor(car))
> anova(fit)
###    F-검정 통계량과 p 값 25.145 1.903e-08
> aovfit <- aov(speed~factor(car))
> TukeyHSD(aovfit)

##     모든 쌍별 비교에 대한 튜키의 절차가 계산된다.
##     적절한 몇 가지 경우의 요약은 아래와 같다.
##        Cars              Mean-diff     LB CI        UB CI     Sig??
##  Porsche - Ferrari   -2.6166667  -9.0690855  3.835752  NS
##  Viper - Porsche     -7.7333333 -14.1857522 -1.280914  Sig.
```

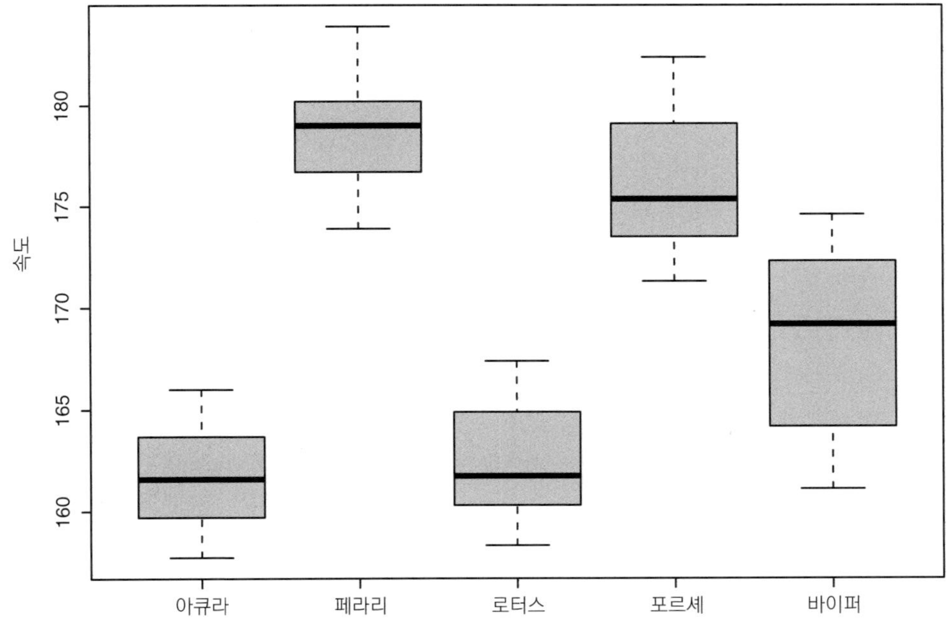

그림 9.4.1 예제 9.4.1에 인용된 자동차 속도의 상자그림

```
##     본페로니
> mcpbon(speed,car)
##  Porsche - Ferrari  -2.6166667  -9.3795891  4.1462558 NS
##  Viper - Porsche    -7.7333333  -14.496255 -0.9704109 Sig.
2.197038 6.762922   0.9704109  14.49625578

##     피셔
> mcpfisher(speed,car)
##  ftest 2.514542e+01 1.903360e-08
##  Porsche - Ferrari  -2.6166667  -7.141552   1.908219   NS
## Viper - Porsche    -7.7333333   -12.258219  -3.208448  Sig.
```

논의를 위해 튜키의 신뢰구간 중 2개만 인용하겠다. 위의 출력 결과에서 두 번째 신뢰구간이 보여주듯이 페라리와 포르셰의 평균 속도는 다른 자동차의 평균 속도보다 유의하게 빠르다. 그러나 페라리와 포르셰의 평균 속도 간 차이는 유의하지 않다. 두 튜키의 신뢰구간 아래에는 본페로니와 피셔의 절차를 기반으로 한 결과가 있다. 세 절차 모두 이러한 비교에 대해 동일한 결론을 내린다. 본페로니의 신뢰구간은 튜키의 신뢰구간보다 약간 크고, 피셔의 절차는 예상대로 가장 짧은 신뢰구간을 제공한다.

실제로는 튜키-크래머 절차가 자주 사용되지만 그 밖에도 여러 다중비교 절차가 있다. 다중비교 절차에 대한 고전적인 논문은 Miller(1981)이고, Hus(1996)는 최근의 논의를 다룬다.

연습문제

9.4.1 연습문제 9.2.8에서 다룬 연구에 대해 $\alpha = 0.10$을 사용하여 본페로니 다중비교 절차의 결과를 구하라. 이 절차에 기반했을 때 가장 좋은 오일이 있다면 어떤 브랜드의 오일이 유의하게 가장 좋은가?

9.4.2 연습문제 9.2.6에서 다룬 연구를 위해 튜키-크래머 절차의 결과를 구하라. 어떤 유의한 차이가 있는가?

9.4.3 X와 Y가 공통의 범위 $\{1, 2, \cdots, k\}$를 가진 이산형 확률변수라고 가정하자. p_{1j}와 p_{2j}가 각각 확률 $P(X = j)$, $P(Y = j)$이고, $X_1, \cdots, X_{n_1}$과 $Y_1, \cdots, Y_{n_2}$는 각각 X와 Y의 독립인 확률표본이라고 하자. 표본은 빈도합 O_{ij}의 $2 \times k$ 분할표에 기록된다. 여기서 $O_{1j} = \#\{X_i = j\}$이고 $O_{2j} = \#\{Y_i = j\}$이다. 예제 4.7.3에서는 이러한 분할표에 기반하여 X와 Y의 분포가 동일한지 검정했다. 여기서는 $j = 1, 2, \cdots, k$에 대한 모든 차이 $p_{1j} - p_{2j}$를 고려한다. $\widehat{p}_{ij} = O_{ij}/n_{ij}$라고 하자.

(a) 이러한 모든 비교를 수행하기 위한 본페로니 방법을 정하라.

(b) 이러한 모든 비교를 수행하기 위한 피셔 방법을 정하라.

9.4.4 연습문제 9.4.3의 표본이 다음과 같은 분할표를 생성했다고 가정하자.

	1	2	3	4	5	6	7	8	9	10
x	20	31	56	18	45	55	47	78	56	81
y	36	41	65	15	38	78	18	72	59	85

다음의 신뢰구간을 (R에서) 계산하기 위해 예제 4.2.5에서와 같이 `prop.test` 명령어를 사용하라.

(a) 10개의 모든 비교에 대한 본페로니 절차를 기반으로 $p_{16} - p_{26}$에 대한 신뢰구간을 계산하라.

(b) 10개의 모든 비교에 대한 피셔 절차를 기반으로 $p_{16} - p_{26}$에 대한 신뢰구간을 계산하라.

9.4.5 연습문제 9.4.3의 피셔 절차를 계산하는 R 함수를 작성하라. 연습문제 9.4.4의 자료를 사용하여 검증하라.

9.4.6 동시 검정을 위해 본페로니 절차를 확장하라. 즉 m개의 가설에 관심이 있다고 하자. $i = 1, 2, \cdots, m$일 때 H_{0i} 대 H_{1i}의 검정에 대해 크기 α인 기각역을 $C_{i,\alpha}$라 하고, 표본 $\mathbf{X}_i$에 대해 $\mathbf{X}_i \in C_{i,\alpha}$이면 H_{0i}를 기각하기로 한다. 1종 오류의 확률이 α보다 작거나 같게 m개의 가설검정을 동시에 할 수 있도록 규칙을 결정하라.

9.5 이원배치 분산분석

b 수준에서 하나의 요인에 관심이 있는 9.2절의 일원배치 분산분석을 상기하라. 이 절에서는 수준이 각각 a, b인 2개의 요인 A, B에 관심이 있다. 이를 **이원배치**(two-way) 분산분석이라고 한다. $X_{ij}(i = 1, 2, \cdots, a$이고 $j = 1, 2, \cdots, b)$를 요인 A의 i 수준과 요인 B의 j 수준에서의 반응이라고 하자. 총표본의 크기는 $n = ab$이다. X_{ij}는 분산이 σ^2인 독립인 정규분포의 확률변수라고 가정한다. X_{ij}의 평균은 μ_{ij}로 정의한다. 평균 μ_{ij}는 종종 (i, j)번째 셀의 평균이다. 첫 번째 모형에 대해 다음과 같은 **가법모형**(additive model)을 고려한다.

$$\mu_{ij} = \overline{\mu} + (\overline{\mu}_{i\cdot} - \overline{\mu}) + (\overline{\mu}_{\cdot j} - \overline{\mu}) \tag{9.5.1}$$

다시 말해 (i, j)번째 셀의 평균은 요인 A의 i 수준과 요인 B의 j 수준의 부가적인 효과 때문에 평균(상수) $\overline{\mu}$를 넘는다. $\alpha_i = \overline{\mu}_{i\cdot} - \overline{\mu}(i = 1, 2, \cdots, a)$, $\beta_j = \overline{\mu}_{\cdot j} - \overline{\mu}(j = 1, 2, \cdots, b)$, $\mu = \overline{\mu}$라고 하면 모형을 다음과 같이 나타낼 수 있다.

$$\mu_{ij} = \mu + \alpha_i + \beta_j \tag{9.5.2}$$

여기서 $\sum_{i=1}^{a} \alpha_i = 0$, $\sum_{j=1}^{b} \beta_j = 0$이다. 이 모형을 **이원배치 가법** ANOVA 모형이라고 한다.

예를 들어 $a = 2$, $b = 3$, $\mu = 5$, $\alpha_1 = 1$, $\alpha_2 = -1$, $\beta_1 = 1$, $\beta_2 = 0$, $\beta_3 = -1$이면 셀의 평균은 다음과 같다.

		요인 B		
		1	2	3
요인 A	1	$\mu_{11} = 7$	$\mu_{12} = 6$	$\mu_{13} = 5$
	2	$\mu_{21} = 5$	$\mu_{22} = 4$	$\mu_{23} = 3$

각 i에 대해 μ_{ij} 대 j의 그림은 평행하다. 이것은 일반적인 가법모형에 대해 사실이다. 연습문제 9.5.9를 참조하라. 이 그림을 **평균 프로파일 그림**(mean profile plot)이라고 한다.

$\beta_1 = \beta_2 = \beta_3 = 0$이면 셀의 평균은 다음과 같다.

		요인 B		
		1	2	3
요인 A	1	$\mu_{11} = 6$	$\mu_{12} = 6$	$\mu_{13} = 6$
	2	$\mu_{21} = 4$	$\mu_{22} = 4$	$\mu_{23} = 4$

관심 있는 가설은

$$H_{0A}: \alpha_1 = \cdots = \alpha_a = 0, \quad H_{1A}: \alpha_i \neq 0, \text{ 어떤 } i\text{에 대해} \tag{9.5.3}$$

$$H_{0B}: \beta_1 = \cdots = \beta_b = 0, \quad H_{1B}: \beta_j \neq 0, \text{ 어떤 } j\text{에 대해} \tag{9.5.4}$$

만약 H_{0A}가 참이라면 식 (9.5.2)에 의해 (i, j)번째 셀의 평균은 A 수준에 의존하지 않는다. H_{0B}도 마찬가지이다. 셀의 평균은 특정한 행에 대해 열에서 열까지 같다. 이러한 가설을 **주효과**(main effect) 가설이라고 한다.

참고 9.5.1

위에서 설명한 모형과 이와 비슷한 다른 모형은 통계적 응용에서 널리 사용된다. 실현값에 영향을 주는 두 요인의 효과를 조사하는 데 적절한 경우를 생각해보자. 예를 들면 곡물의 종류와 사용된 비료의 성분이 생산에 영향을 미친다거나, 교사와 학급의 크기가 표준고사의 성적에 영향을 미친다는 것 등이다. 곡물의 종류가 i이고 성분이 j인 비료를 사용하여 얻은 수확량을 X_{ij}라고 하자. $\beta_1 = \beta_2 = \cdots = \beta_b = 0$인 가설의 검정은 곡물 각 종류의 평균 수확량이 사용된 비료의 성분에 관계없이 같다는 가설의 검정이 될 것이다.

식 (9.5.2)에서 설명된 모형을 완전모형이라고 하자. 우리는 mle를 계산하고자 한다. 우도함수를 풀어서 쓰면 e의 지수에 있는 합은 다음과 같다.

$$SS = \sum_{i=1}^{a} \sum_{j=1}^{b} (x_{ij} - \overline{\mu} - \alpha_i - \beta_j)^2$$

α_i, β_j, $\overline{\mu}$의 mle는 SS를 최소화한다. 더하고 빼는 과정을 통해 다음 결과를 얻는다.

$$SS=\sum_{i=1}^{a}\sum_{j=1}^{b}\{[\overline{x}_{..}-\overline{\mu}]-[\alpha_i-(\overline{x}_{i.}-\overline{x}_{..})]-[\beta_j-(\overline{x}_{.j}-\overline{x}_{..})]+[x_{ij}-\overline{x}_{i.}-\overline{x}_{.j}+\overline{x}_{..}]\}^2 \tag{9.5.5}$$

식 (9.5.2)로부터 $\sum_i \alpha_i=\sum_j \beta_j=0$이다. 또한

$$\sum_{i=1}^{a}(\overline{x}_{i.}-\overline{x}_{..})=\sum_{j=1}^{b}(\overline{x}_{.j}-\overline{x}_{..})=0$$

$$\sum_{i=1}^{a}(x_{ij}-\overline{x}_{i.}-\overline{x}_{.j}+\overline{x}_{..})=\sum_{j=1}^{b}(x_{ij}-\overline{x}_{i.}-\overline{x}_{.j}+\overline{x}_{..})=0$$

그러므로 식 (9.5.5)의 제곱합을 전개하면 모든 교차곱 항은 0이 되고 다음 등식을 얻는다.

$$\begin{aligned}SS\ =\ & ab[\overline{x}_{..}-\overline{\mu}]^2+b\sum_{i=1}^{a}[\alpha_i-(\overline{x}_{i.}-\overline{x}_{..})]^2+a\sum_{j=1}^{b}[\beta_j-(\overline{x}_{.j}-\overline{x}_{..})]^2\\ &+\sum_{i=1}^{a}\sum_{j=1}^{b}[x_{ij}-\overline{x}_{i.}-\overline{x}_{.j}+\overline{x}_{..}]^2\end{aligned} \tag{9.5.6}$$

이는 모두 제곱합이므로 최소화하는 값, 즉 mle는 다음과 같이 계산되어야 한다.

$$\widehat{\overline{\mu}}=\overline{X}_{..},\ \widehat{\alpha}_i=\overline{X}_{i.}-\overline{X}_{..},\quad \widehat{\beta}_j=\overline{X}_{.j}-\overline{X}_{..} \tag{9.5.7}$$

확률변수 표기를 사용한 것에 주목하라. 그래서 이는 최대우도추정량이 되고, σ^2의 최대우도추정량은 다음과 같이 구할 수 있다.

$$\widehat{\sigma}^2_{\Omega}=\frac{\sum_{i=1}^{a}\sum_{j=1}^{b}[X_{ij}-\overline{X}_{i.}-\overline{X}_{.j}+\overline{X}_{..}]^2}{ab}\underset{\text{dfn}}{=}\frac{Q_3'}{ab} \tag{9.5.8}$$

여기서 $\widehat{\sigma}^2_{\Omega}$의 분자는 2차 형식인 Q_3'으로 정의된다. 선형모형의 상급 과정에서는 $ab\widehat{\sigma}^2_{\Omega}/\sigma^2$이 $\chi^2((a-1)(b-1))$ 분포를 따른다는 것을 배운다.

다음으로 H_{0B}에 대한 우도비검정을 구성한다. 축소모형(H_{0B}로 제한되는 완전모형)하에서는 모든 $j=1,\cdots,b$에 대해 $\beta_j=0$이다. 축소모형에 대한 mle를 구하기 위해 항등식 (9.5.6)은 다음과 같이 된다.

$$\begin{aligned}SS\ =\ & ab[\overline{x}_{..}-\overline{\mu}]^2+b\sum_{i=1}^{a}[\alpha_i-(\overline{x}_{i.}-\overline{x}_{..})]^2\\ &+\ a\sum_{j=1}^{b}[\overline{x}_{.j}-\overline{x}_{..}]^2+\sum_{i=1}^{a}\sum_{j=1}^{b}[x_{ij}-\overline{x}_{i.}-\overline{x}_{.j}+\overline{x}_{..}]^2\end{aligned} \tag{9.5.9}$$

따라서 α_i와 $\overline{\mu}$에 대한 mle는 완전모형에서처럼 동일하게 유지되고, 축소모형에서 σ^2의 mle는 다음과 같다.

$$\widehat{\sigma}_\omega^2 = \frac{\left\{a\sum_{j=1}^b[\overline{X}_{\cdot j} - \overline{X}_{\cdot\cdot}]^2 + \sum_{i=1}^a\sum_{j=1}^b[X_{ij} - \overline{X}_{i\cdot} - \overline{X}_{\cdot j} + \overline{X}_{\cdot\cdot}]^2\right\}}{ab} \tag{9.5.10}$$

$\widehat{\sigma}_\omega^2$의 분자를 Q'으로 표시하자. 이는 축소모형을 적합한 뒤에 남은 **잔차 변동**(residual variation)임을 주목하라.

Λ가 H_{0B}에 대한 우도비검정 통계량을 나타낸다고 하자. 이에 대한 유도는 9.2절의 일원배치 분산분석을 위한 우도비검정 통계량의 유도와 유사하다. 따라서 식 (9.2.9)와 유사하게 우도비검정 통계량은 다음과 같이 단순화된다.

$$\Lambda^{ab/2} = \frac{\widehat{\sigma}_\Omega^2}{\widehat{\sigma}_\omega^2} = \frac{Q_3'}{Q'}$$

다음으로 일원배치 분산분석의 유도와 유사하게 우도비검정은 Q_4'/Q_3'의 큰 값에 대해 H_{0B}를 기각하고, 여기서

$$Q_4' = a\sum_{j=1}^b[\overline{x}_{\cdot j} - \overline{x}_{\cdot\cdot}]^2 \tag{9.5.11}$$

$Q_4' = Q' - Q_3'$은 완전모형 대신 축소모형을 사용하는 경우 잔차 변동의 증분 증가를 나타낸다는 것을 주목하라.

Q_4'의 귀무분포를 구하기 위해 이것이 확률변수 $\sqrt{a}\overline{X}_{\cdot 1}$, ⋯, $\sqrt{a}\overline{X}_{\cdot b}$에 대한 표본분산의 분자임을 확인하자. 이 확률변수는 공통된 $N(\sqrt{a}\overline{\mu},\ \sigma^2)$ 분포를 가지고 독립이다. 더 상급 과정에서는 Q_4'과 Q_3'이 독립이라는 것을 더 보여줄 수 있다. 따라서 다음 통계량은 H_{0B}하에서 $F(b-1, (a-1)(b-1))$ 분포를 갖는다.

$$F_B = \frac{a\sum_{j=1}^b[\overline{X}_{\cdot j} - \overline{X}_{\cdot\cdot}]^2/(b-1)}{\sum_{i=1}^a\sum_{j=1}^b[X_{ij} - \overline{X}_{i\cdot} - \overline{X}_{\cdot j} + \overline{X}_{\cdot\cdot}]^2/(a-1)(b-1)} \tag{9.5.12}$$

그래서 유의수준 α 검정이 다음과 같으면 H_{1B}를 선호하여 H_{0B}를 기각하는 것이다.

$$F_B \geq F(\alpha, b-1, (a-1)(b-1)) \tag{9.5.13}$$

만약 이 검정의 검정력 함수를 계산하려 한다면 H_{0B}가 참이 아닐 때 F_B의 분포가 필요하다. 위에서 언급한 대로 식 (9.5.8)의 Q_3'/σ^2은 완전모형, 즉 H_{1B}하에서 자유도가 $(a-1)(b-1)$인 중심 χ^2-분포를 갖는다. 또한 식 (9.5.11)의 Q_4'은 H_{1B}하에서 자유도가 $b-1$인 비중심 χ^2-분포를 갖는다. H_{1B}가 참일 때 Q_4'/σ^2의 비중심모수를 계산하기 위해 $E(X_{ij}) = \mu + \alpha_i + \beta_j$, $E(\overline{X}_{i\cdot}) = \mu + \alpha_i$, $E(\overline{X}_{\cdot j}) = \mu + \beta_j$, $E(\overline{X}_{\cdot\cdot}) = \mu$를 계산한다. 9.4절에서 논의된 일반적인 규칙

을 사용하여 Q_3'/σ^2에 있는 변수를 그 변수의 평균으로 대체한다. 따라서 비중심모수 Q_4'/σ^2은 다음과 같다.

$$\frac{a}{\sigma^2}\sum_{j=1}^{b}(\mu+\beta_j-\mu)^2 = \frac{a}{\sigma^2}\sum_{j=1}^{b}\beta_j^2$$

그러므로 가설 H_{0B}가 참이 아닌 경우 F는 자유도가 $b-1$과 $(a-1)(b-1)$이고 비중심모수는 $a\sum_{j=1}^{b}\beta_j^2/\sigma^2$인 비중심 F-분포를 갖는다.

비슷한 논거를 사용하여 식 (9.5.3)의 H_{0A} 대 H_{1A}를 검정하는 우도비검정 통계량 F_A를 구성할 수 있다. F 검정 통계량의 분자는 행 사이의 제곱합이다. 이 검정 통계량은 다음과 같으며,

$$F_A = \frac{b\sum_{i=1}^{a}[\overline{X}_{i\cdot}-\overline{X}_{\cdot\cdot}]^2/(a-1)}{\sum_{i=1}^{a}\sum_{j=1}^{b}[X_{ij}-\overline{X}_{i\cdot}-\overline{X}_{\cdot j}+\overline{X}_{\cdot\cdot}]^2/(a-1)(b-1)} \tag{9.5.14}$$

H_{0A}에서 $F(a-1, (a-1)(b-1))$ 분포를 갖는다.

9.5.1 요인 간 교호작용

앞서 검토한 분산분석 문제는 일반적으로 셀당 하나의 관측값을 가진 이원배치 분류(two-way classification with one observation per cell)라고 한다. i와 j의 각 조합은 하나의 셀을 결정한다. 따라서 이 모형에는 총 ab개의 셀이 존재한다. 이제 다른 이원배치 문제를 살펴보자. 그러나 이 경우 셀당 $c>1$개의 독립인 관측값을 취한다.

서로 독립이고 알려지지 않은 공통된 분산 σ^2을 가진 정규분포를 따르는 $n=abc$개의 확률변수를 $X_{ijk}(i=1, 2, \cdots, a,\ j=1, 2, \cdots, b,\ k=1, 2, \cdots, c)$라고 하자. 각 $X_{ijk}(k=1, 2, \cdots, c)$의 평균을 μ_{ij}라고 하자. 식 (9.5.1)의 가법모형하에서 각 셀의 평균은 행과 열에 의존하지만 종종 평균은 셀 특정이다. 이것을 사용하기 위해 다음 모수를 고려하자.

$$\begin{aligned}\gamma_{ij} &= \mu_{ij}-\{\mu+(\overline{\mu}_{i\cdot}-\mu)+(\overline{\mu}_{\cdot j}-\mu)\}\\ &= \mu_{ij}-\overline{\mu}_{i\cdot}-\overline{\mu}_{\cdot j}+\mu\end{aligned}$$

여기서 $i=1, 2, \cdots, a,\ j=1, 2, \cdots, b$이다. 따라서 γ_{ij}는 평균과 가법모형을 넘어 셀의 특정한 영향을 반영한다. 이러한 모수를 **교호작용 모수**(interaction parameter)라고 한다. 식 (9.5.2)의 두 번째 것을 사용하면 셀 평균을 다음과 같이 나타낼 수 있다.

$$\mu_{ij}=\mu+\alpha_i+\beta_j+\gamma_{ij} \tag{9.5.15}$$

여기서 $\sum_{i=1}^{a}\alpha_i=0$, $\sum_{j=1}^{b}\beta_j=0$, $\sum_{i=1}^{a}\gamma_{ij}=\sum_{j=1}^{b}\gamma_{ij}=0$이다. 이 모형을 교호작용이 있는 **이원배치** 모형이라고 한다.

예를 들어 $a=2$, $b=3$, $\mu=5$, $\alpha_1=1$, $\alpha_2=-1$, $\beta_1=1$, $\beta_2=0$, $\beta_3=-1$, $\gamma_{11}=1$, $\gamma_{12}=1$, $\gamma_{13}=-2$, $\gamma_{21}=-1$, $\gamma_{22}=-1$, $\gamma_{23}=2$이면 셀 평균은 다음과 같다.

		요인 B		
		1	2	3
요인 A	1	$\mu_{11} = 8$	$\mu_{12} = 7$	$\mu_{13} = 3$
	2	$\mu_{21} = 4$	$\mu_{22} = 3$	$\mu_{23} = 5$

만약 각 $\gamma_{ij} = 0$이면 셀 평균은 다음과 같다.

		요인 B		
		1	2	3
요인 A	1	$\mu_{11} = 7$	$\mu_{12} = 6$	$\mu_{13} = 5$
	2	$\mu_{21} = 5$	$\mu_{22} = 4$	$\mu_{23} = 3$

두 번째 예에 대한 평균 프로파일 그림은 평행하지만, (교호작용이 존재하는) 첫 번째 예의 경우에는 그렇지 않다.

식 (9.5.15)의 완전모형하에서 mle의 유도는 가법모형에 대한 유도와 매우 유사하다. SS가 우도함수에 있는 e의 지수에서 제곱합을 나타내도록 하면 더하고 빼서 다음 항등식을 얻는다(합에서 하첨자는 생략한다).

$$\begin{aligned} SS &= \sum\sum\sum(x_{ijk} - \mu - \alpha_i - \beta_j - \gamma_{ijk})^2 \\ &= \sum\sum\sum\{[x_{ijk} - \overline{x}_{ij\cdot}] - [\mu - \overline{x}_{\cdots}] - [\alpha_i - (\overline{x}_{i\cdot\cdot} - \overline{x}_{\cdots})] - [\beta_j - (\overline{x}_{\cdot j\cdot} - \overline{x}_{\cdots})] \\ &\quad - [\gamma_{ij} - (\overline{x}_{ij\cdot} - \overline{x}_{i\cdot\cdot} - \overline{x}_{\cdot j\cdot} + \overline{x}_{\cdots}]\}^2 \\ &= \sum\sum\sum[x_{ijk} - \overline{x}_{ij\cdot}]^2 + abc[\mu - \overline{x}_{\cdots}]^2 + bc\sum[\alpha_i - (\overline{x}_{i\cdot\cdot} - \overline{x}_{\cdots})]^2 \\ &\quad + ac\sum[\beta_j - (\overline{x}_{\cdot j\cdot} - \overline{x}_{\cdots})]^2 + c\sum\sum[\gamma_{ij} - (\overline{x}_{ij\cdot} - \overline{x}_{i\cdot\cdot} - \overline{x}_{\cdot j\cdot} + \overline{x}_{\cdots})]^2 \end{aligned} \tag{9.5.16}$$

가법모형과 마찬가지로 이 전개식에서의 외적 항은 0이다. 따라서 μ, α_i, β_j의 mle는 가법모형과 동일하고, γ_{ij}의 mle는 $\widehat{\gamma}_{ij} = \overline{X}_{ij\cdot} - \overline{X}_{i\cdot\cdot} - \overline{X}_{\cdot j\cdot} + \overline{X}_{\cdots}$이고, σ^2의 mle는 다음과 같다.

$$\widehat{\sigma}^2_{\Omega} = \frac{\sum\sum\sum[X_{ijk} - \overline{X}_{ij\cdot}]^2}{abc} \tag{9.5.17}$$

$\widehat{\sigma}^2$의 분자는 Q_3''으로 나타낸다.

교호작용 모형에 대한 주요 가설은

$$\begin{aligned} H_{0AB} &: \text{모든 } i, j\text{에 대해 } \gamma_{ij} = 0 \\ H_{1AB} &: \text{일부 } i, j\text{에 대해 } \gamma_{ij} \neq 0 \end{aligned} \tag{9.5.18}$$

SS에서 $\gamma_{ij} = 0$을 대입하면 σ^2의 축소모형 mle는 다음과 같다.

$$\widehat{\sigma}^2_{\omega} = \frac{\sum\sum\sum[X_{ijk} - \overline{X}_{ij\cdot}]^2 + c\sum\sum[\overline{X}_{ij\cdot} - \overline{X}_{i\cdot\cdot} - \overline{X}_{\cdot j\cdot} + \overline{X}_{\cdots}]^2}{abc} \tag{9.5.19}$$

Q''은 $\widehat{\sigma}^2_{\omega}$의 분자를 나타내고, $Q_4'' = Q'' - Q_3''$이라고 하자. 가법모형에서처럼 우도비검정 통계량

은 Q_4''/Q_3''의 큰 값에 대해 H_{0AB}를 기각한다. 더 상급 과정에서는 표준화된 검정 통계량이 H_{0AB} 하에서 자유도가 $(a-1)(b-1)$과 $ab(c-1)$인 F-분포를 갖는다는 것을 밝힐 수 있다.

$$F_{AB} = \frac{Q_4''/[(a-1)(b-1)]}{Q_3''/[ab(c-1)]} \tag{9.5.20}$$

만약 $H_{0AB}: \gamma_{ij} = 0$이 채택되면 일반적으로 다음 검정 통계량을 사용하여 $i = 1, 2, \cdots, a$에 대해 $\alpha_i = 0$을 계속 검정한다.

$$F = \frac{bc\sum_{i=1}^{a}(\overline{X}_{i..} - \overline{X}_{...})^2/(a-1)}{\sum_{i=1}^{a}\sum_{j=1}^{b}\sum_{k=1}^{c}(X_{ijk} - \overline{X}_{ij.})^2/[ab(c-1)]}$$

검정 통계량은 자유도가 $a-1$과 $ab(c-1)$인 귀무 F-분포를 따른다. 이와 유사하게 $j = 1, 2, \cdots, b$에 대해 $\beta_j = 0$의 검정 절차는 자유도가 $b-1$과 $ab(c-1)$인 귀무 F-분포를 따르는 통계량을 사용한다.

$$F = \frac{ac\sum_{j=1}^{b}(\overline{X}_{.j.} - \overline{X}_{...})^2/(b-1)}{\sum_{i=1}^{a}\sum_{j=1}^{b}\sum_{k=1}^{c}(X_{ijk} - \overline{X}_{ij.})^2/[ab(c-1)]}$$

이 절은 관련된 R 코드와 함께 이원배치 분산분석을 설명하는 예제로 마무리한다.

예제 9.5.1 Devore(2012)의 435쪽에서는 두 가지 요인이 아스팔트 혼합물의 열전도율에 미치는 효과와 관련된 연구를 제시한다. 두 가지 요인은 세 가지 수준(PG58, PG64, PG70)의 바인더 등급과 세 가지 수준(38%, 41%, 44%)의 골재 함유량 거칠기 정도이다. 따라서 $3 \times 3 = 9$개의 처리가 있다. 반응변수는 이러한 교차 수준에서 아스팔트 혼합물의 열전도율이다. 각 처리에서 두 번의 반복 실험이 수행되었다. 자료는 다음과 같다.

	골재 함유량의 거칠기 정도		
바인더 등급	38%	41%	44%
PG58	0.835	0.822	0.785
	0.845	0.826	0.795
PG64	0.855	0.832	0.790
	0.865	0.836	0.800
PG70	0.815	0.800	0.770
	0.825	0.820	0.790

자료는 `conductivity.rda` 파일에도 있다. 이 파일이 R 작업 공간에 적재되었다고 가정하고,

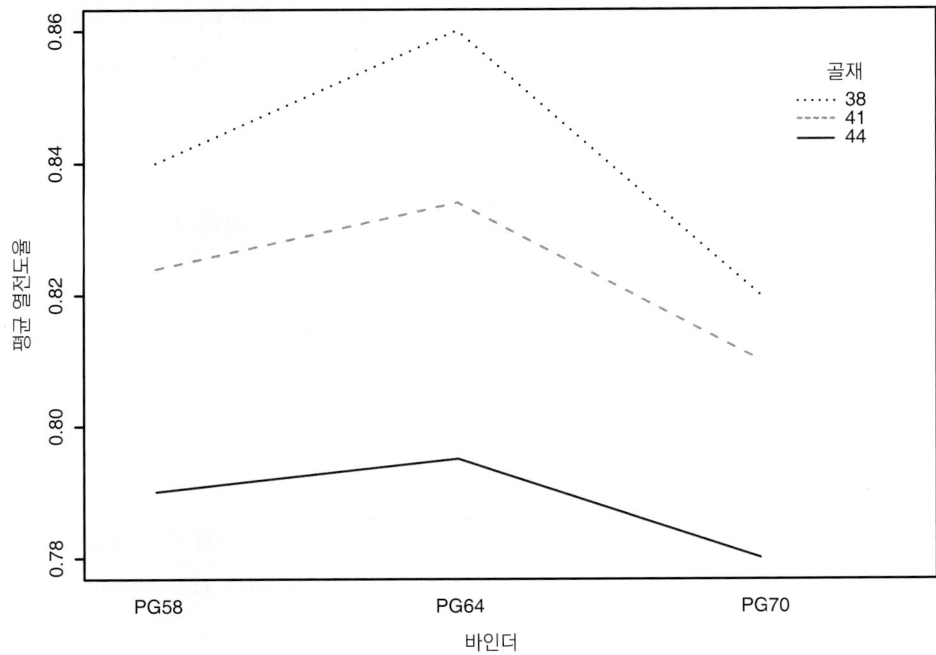

그림 9.5.1 평균 프로파일 그림. 프로파일이 거의 평행하므로 요인 간 교호작용이 거의 없음을 나타낸다.

평균 프로파일 그림은 다음 명령어로 구할 수 있으며 그림 9.5.1은 이를 보여준다.

```
interaction.plot(Binder,Aggregate,Conductivity,legend=T)
```

평균 프로파일은 거의 평행하고 요인 간 교호작용이 거의 없음이 그림에 나타나 있다. 이 연구에 대한 분산분석은 다음의 두 명령어로 계산되어 표로 이루어진 결과물로 산출된다(여기서는 축약했다). 마지막에서 두 번째 열은 이 절에서 논의된 F-검정 통계량을 보여준다.

```
fit=lm(Conductivity ~ factor(Binder) + factor(Aggregate) +
factor(Binder)*factor(Aggregate))
anova(fit)
Analysis of Variance Table
                                  Df    Sum Sq  F value    Pr(>F)
factor(Binder)                     2 0.0020893 14.1171  0.001678
factor(Aggregate)                  2 0.0082973 56.0631 8.308e-06
factor(Binder):factor(Aggregate)   4 0.0003253  1.0991  0.413558
```

교호작용 그림에서 알 수 있듯이 교호작용은 유의하지 않다($p = 0.4135$). 실제로 (교호작용이 없는) 가법모형을 받아들일 것이다. 주요 효과는 둘 다 매우 유의하므로 두 요인이 모두 전도율에 영향을 미친다. 자세한 내용은 Devore(2012)를 참조하라.

연습문제

9.5.1 식 (9.5.15)의 이원배치 교호작용 모형에서 제곱합이 다음과 같이 분해된다는 것을 밝혀라.

$$\begin{aligned}\sum_{i=1}^{a}\sum_{j=1}^{b}\sum_{k=1}^{c}(X_{ijk}-\overline{X}_{...})^2 &= bc\sum_{i=1}^{a}(\overline{X}_{i..}-\overline{X}_{...})^2 + ac\sum_{j=1}^{b}(\overline{X}_{.j.}-\overline{X}_{...})^2 \\ &+ c\sum_{i=1}^{a}\sum_{j=1}^{b}(\overline{X}_{ij.}-\overline{X}_{i..}-\overline{X}_{.j.}+\overline{X}_{...})^2 \\ &+ \sum_{i=1}^{a}\sum_{j=1}^{b}\sum_{k=1}^{c}(X_{ijk}-\overline{X}_{ij.})^2\end{aligned}$$

즉 총제곱합은 행 간 차이로 인한 제곱합, 열 간 차이로 인한 제곱합, 교호작용으로 인한 제곱합, 셀 내부의 제곱합으로 분해된다.

9.5.2 식 (9.5.14) 위에서 논의된 내용을 고려하라. 확률변수 $\sqrt{a}\overline{X}_{.1}, \cdots, \sqrt{a}\overline{X}_{.b}$는 공통된 $N(\sqrt{a}\overline{\mu}, \sigma^2)$ 분포를 가지고 독립임을 밝혀라.

9.5.3 식 (9.5.15)의 이원배치 교호작용 모형에 대해 검정 통계량 F_{AB}의 비중심모수가 $c\sum_{j=1}^{b}\sum_{i=1}^{a}\gamma_{ij}{}^2/\sigma^2$과 같음을 밝혀라.

9.5.4 각 셀에 하나의 관측값이 있는 이원배치 분류에 근거하여 α_i, β_j, μ의 최대우도추정량에 대한 분포를 구하라.

9.5.5 이 절의 가정을 사용하여 선형함수 $X_{ij}-\overline{X}_{i.}-\overline{X}_{.j}+\overline{X}_{..}$와 $\overline{X}_{i.}-\overline{X}_{..}$가 상관성이 있는지 여부를 확인하라.

9.5.6 $a=3$, $b=4$인 이원배치 분류에서 다음과 같은 관측값이 주어졌을 때 열 평균의 동일성($\beta_1=\beta_2=\beta_3=\beta_4=0$)과 행 평균의 동일성($\alpha_1=\alpha_2=\alpha_3=0$)을 각각 검정하는 데 사용되는 F-통계량을 계산하기 위해 R 또는 다른 패키지를 사용하라.

행/열	1	2	3	4
1	3.7	4.0	2.9	4.7
2	3.1	2.9	1.9	2.7
3	4.3	4.4	3.5	4.0

9.5.7 각 셀에 하나 이상의 관측값이 있는 이원배치 분류에 근거하여 α_i, β_j , γ_{ij}, μ의 최대우도추정량에 대한 분포를 구하라.

9.5.8 $a=3$, $b=4$, $c=2$인 이원배치 분류에서 다음과 같은 관측값이 주어졌을 때 모든 교호작용이 0과 같다($\gamma_{ij}=0$), 모든 열 평균이 동일하다($\beta_j=0$), 모든 행 평균이 동

일하다($\alpha_i = 0$)를 각각 검정하는 데 사용되는 F-통계량을 계산하라.

행/열	1	2	3	4
1	3.1	4.2	2.7	4.9
	2.9	4.9	3.2	4.5
2	2.7	2.9	1.8	3.0
	2.9	2.3	2.4	3.7
3	4.0	4.6	3.0	3.9
	4.4	5.0	2.5	4.2

9.5.9 식 (9.5.1)의 가법모형에 대해 평균 프로파일 그림이 수평임을 밝혀라. 표본평균 프로파일 그림은 그림 $\overline{X}_{ij\cdot}$로 주어진다(j에 대해 각 i로). 이것은 교호작용의 검출에 대해 그림으로 특징을 제공한다. 연습문제 9.5.8에 대해 이 그림을 그려라.

9.5.10 $a = 3$인 다른 건조 방법(처리)에 따른 콘크리트의 압축력을 비교하려고 한다. 3개의 통에서 생산된 충분히 큰 한 가마분에 콘크리트가 혼합되었다. 균일하게 관리했음에도 불구하고 압축하는 데 사용된 $b = 5$인 무더기에서 약간의 변동이 예상된다(약간의 교호작용이 의심되고, 따라서 각 셀에는 하나의 관측값만 있다). 자료는 자료 세트 `sec95set2.rda`에도 있다.

처리	무더기				
	B_1	B_2	B_3	B_4	B_5
A_1	52	47	44	51	42
A_2	60	55	49	52	43
A_3	56	48	45	44	38

(a) 5% 유의수준을 사용하여 모든 대립가설에 대해 $H_A : \alpha_1 = \alpha_2 = \alpha_3 = 0$을 검정하라.

(b) 5% 유의수준을 사용하여 모든 대립가설에 대해 $H_B : \beta_1 = \beta_2 = \beta_3 = \beta_4 = \beta_5 = 0$을 검정하라.

9.5.11 $a = 3$, $b = 4$일 때 $i = 1, 2, 3$, $j = 1, 2, 3, 4$에 대해 μ_{ij}가 다음과 같은 경우 μ, α_i, β_j, γ_{ij}를 구하라.

$$\begin{matrix} 11 & 5 & 5 & 7 \\ 7 & 5 & 6 & 2 \\ 9 & 2 & 7 & 6 \end{matrix}$$

9.6 회귀분석 문제

두 변수 사이의 관계에 관심을 갖는 경우가 종종 있다. 예를 들면 한 학생의 수학 학력고사 성적과 미적분학 평점의 관계와 같은 경우이다. 때로 x라는 변수 중 하나를 다른 변수보다 먼저 알고 있는 상태에서 미래의 확률변수 Y를 예측하는 데 관심을 갖는다. Y는 확률변수이므로 미래의 관측값 $Y = y$를 확신을 가지고 예측할 수 없다. Y의 평균, 즉 $E(Y)$를 추정하는 문제를 우선 살펴보자. 일반적으로 $E(Y)$는 x의 함수이다. 예를 들어 위의 예에서 미적분학 평점을 Y라고 할 때 수학 학력고사 성적 x의 증가에 따라 기댓값 $E(Y)$가 증가할 것으로 기대한다. 때로 $E(Y) = \mu(x)$는 선형, 이차형, 또는 지수형과 같은 특정한 형식이라고 가정한다. 즉 $\mu(x)$는 $\alpha + \beta x$ 또는 $\alpha + \beta x + \gamma x^2$ 또는 $\alpha e^{\beta x}$라고 가정할 수 있다. $E(Y) = \mu(x)$ 또는 이와 동일한 모수 α, β, γ를 추정하기 위해 모두가 동일하지 않은 x의 서로 다른 가능한 값 n개, 즉 x_1, x_2, $\cdots$, x_n 각각에 대해 확률변수 Y를 관측한다. 일단 독립인 n개 실험이 시행되면 n개 쌍의 알려진 값 (x_1, y_1), (x_2, y_2), $\cdots$, (x_n, y_n)을 갖게 된다. 이러한 쌍을 이용하여 평균 $E(Y)$를 추정한다. 이와 같은 문제는 회귀(regression)로 분류하는데, 이는 $E(Y) = \mu(x)$를 회귀곡선이라고 하기 때문이다.

참고 9.6.1

$\alpha + \beta x + \gamma x^2$과 같은 평균의 모형을 **선형모형**(linear model)이라고 한다. 모수 α, β, γ에 대해 선형이기 때문이다. 그러나 $\alpha e^{\beta x}$는 선형모형이 아니다. α와 β에 대해 선형이 아니기 때문이다. 9.2~9.5절의 모든 평균은 모수에 대해 선형이며, 따라서 선형모형이다.

이 절의 대부분에 대해 $E(Y) = \mu(x)$가 선형함수인 경우를 고려하자. x_i에서의 반응을 Y_i라 하고 다음 모형을 생각해보자.

$$Y_i = \alpha + \beta(x_i - \overline{x}) + e_i, \quad i = 1, \ldots, n \tag{9.6.1}$$

여기서 $\overline{x} = n^{-1}\sum_{i=1}^{n} x_i$이고 e_1, $\cdots$, e_n은 공통으로 $N(0, \sigma^2)$ 분포인 iid 확률변수이다. 따라서 $E(Y_i) = \alpha + \beta(x_i - \overline{x})$, $Var(Y_i) = \sigma^2$이고, Y_i는 $N(\alpha + \beta(x_i - \overline{x}), \sigma^2)$이다. 주요 가정은 확률오차 e_i가 iid라는 것이다. 특히 이것은 오차가 x_i의 함수가 아님을 의미하고, 참고 9.6.3에서 설명한다. 먼저 모수 α, β, σ의 최대우도추정량에 대해 살펴보자.

9.6.1 최대우도추정량

n개의 점 (x_1, Y_1), (x_2, Y_2), $\cdots$, (x_n, Y_n)이 모형 식 (9.6.1)을 따른다고 가정하자. 첫 번째 문제는 이 점들의 집합에 일직선을 적합하는 것, 즉 α와 β를 추정하는 것이다. 이해를 돕기 위한 그림 9.6.1은 식 (9.6.1)의 선형모형에서 추출된 60개의 관측값 (x_1, y_1), $\cdots$, (x_{60}, y_{60})을 그린 **산점도**(scatterplot)이다. 이 절에서 사용되는 추정 방법은 최대우도추정량(mle)이다. Y_1, Y_2, $\cdots$, Y_n

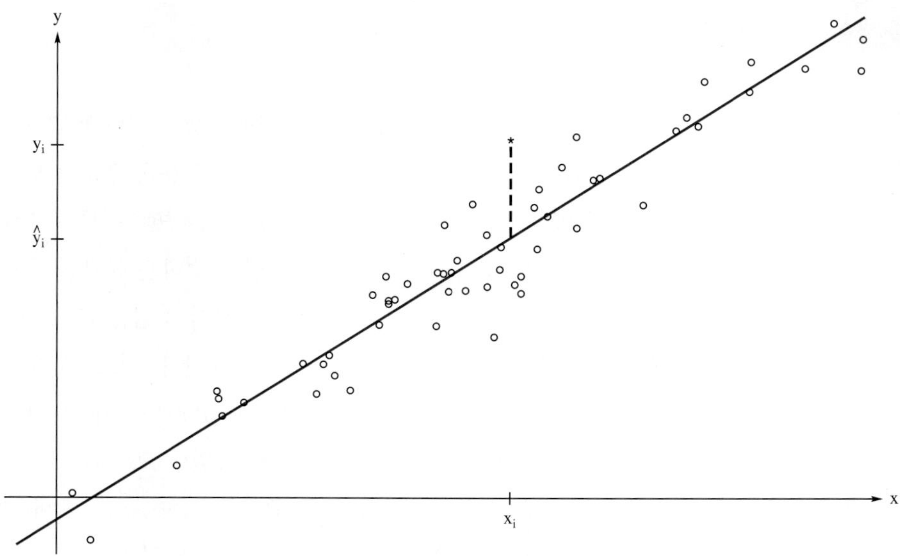

그림 9.6.1 자료의 집합에 대한 직선의 최소제곱 적합(실선)을 나타냈다. $(x_i, \hat{y}_i)$에서 (x_i, y_i)까지의 파선 부분은 (x_i, y_i)와 그 적합의 편차이다.

의 결합 pdf는 개별 pdf의 곱이다. 즉 우도함수는 다음과 같다.

$$L(\alpha, \beta, \sigma^2) = \prod_{i=1}^{n} \frac{1}{\sqrt{2\pi\sigma^2}} \exp\left\{-\frac{[y_i - \alpha - \beta(x_i - \overline{x})]^2}{2\sigma^2}\right\}$$
$$= \left(\frac{1}{2\pi\sigma^2}\right)^{n/2} \exp\left\{-\frac{1}{2\sigma^2}\sum_{i=1}^{n}[y_i - \alpha - \beta(x_i - \overline{x})]^2\right\}$$

$L(\alpha, \beta, \sigma^2)$을 최대화하거나 또는 이와 마찬가지로 최소화하기 위해

$$-\log L(\alpha, \beta, \sigma^2) = \frac{n}{2}\log(2\pi\sigma^2) + \frac{\sum_{i=1}^{n}[y_i - \alpha - \beta(x_i - \overline{x})]^2}{2\sigma^2}$$

다음을 최소화하는 α와 β를 구해야 한다.

$$H(\alpha, \beta) = \sum_{i=1}^{n}[y_i - \alpha - \beta(x_i - \overline{x})]^2$$

$|y_i - \alpha - \beta(x_i - \overline{x})| = |y_i - \mu(x_i)|$는 점 (x_i, y_i)에서 직선 $y = \mu(x)$까지의 수직 거리이므로 $H(\alpha, \beta)$는 이 거리들의 제곱합을 나타낸다는 것을 알 수 있다(그림 9.6.1의 점선 부분). 따라서 제곱합이 최소화하도록 α와 β를 구하는 것은 **최소제곱법**(method of least squares, LS)으로 자료에 직선을 적합시키는 것이다.

$H(\alpha, \beta)$를 최소화하기 위해 2개의 1차 편미분을 구한다.

$$\frac{\partial H(\alpha,\beta)}{\partial\alpha} = 2\sum_{i=1}^{n}[y_i - \alpha - \beta(x_i - \overline{x})](-1)$$

$$\frac{\partial H(\alpha,\beta)}{\partial\beta} = 2\sum_{i=1}^{n}[y_i - \alpha - \beta(x_i - \overline{x})][-(x_i - \overline{x})]$$

$\partial H(\alpha,\, \beta)/\partial\alpha = 0$으로 놓고 다음을 구한다.

$$\sum_{i=1}^{n} y_i - n\alpha - \beta\sum_{i=1}^{n}(x_i - \overline{x}) = 0 \tag{9.6.2}$$

$\sum_{i=1}^{n}(x_i - \overline{x}) = 0$이므로 이 식은 $\sum_{i=1}^{n} y_i - n\alpha = 0$이다. 따라서

$$\widehat{\alpha} = \overline{Y} \tag{9.6.3}$$

α를 $\overline{y}$로 대치할 때 식 $\partial H(\alpha,\, \beta)/\partial\beta = 0$은 다음과 같이 되며,

$$\sum_{i=1}^{n}(y_i - \overline{y})(x_i - \overline{x}) - \beta\sum_{i=1}^{n}(x_i - \overline{x})^2 = 0 \tag{9.6.4}$$

따라서 β의 mle는 다음과 같다.

$$\widehat{\beta} = \frac{\sum_{i=1}^{n}(Y_i - \overline{Y})(x_i - \overline{x})}{\sum_{i=1}^{n}(x_i - \overline{x})^2} = \frac{\sum_{i=1}^{n} Y_i(x_i - \overline{x})}{\sum_{i=1}^{n}(x_i - \overline{x})^2} \tag{9.6.5}$$

방정식 (9.6.2)와 (9.6.4)는 단순선형모형에 대한 LS 해의 추정방정식이다.

$(x_i,\, y_i)$에서의 **적합값**(fitted value)은 다음과 같이 주어지며

$$\widehat{y}_i = \widehat{\alpha} + \widehat{\beta}(x_i - \overline{x}) \tag{9.6.6}$$

이를 그림 9.6.1에 나타냈다. 적합값 $\widehat{y}_i$은 x_i에서 y_i의 **예측값**(predicted value)이라고도 한다. $(x_i,\, y_i)$에서의 **잔차**(residual)는 다음과 같이 주어지며

$$\widehat{e}_i = y_i - \widehat{y}_i \tag{9.6.7}$$

이 또한 그림 9.6.1에 나타냈다. 잔차는 '남아 있는 것'을 의미하고, 회귀모형에서 잔차는 정확히 적합 후에 남은 것이다. 적합값과 잔차의 관계는 참고 9.6.3과 연습문제 9.6.13에서 다룬다.

σ^2의 최대우도추정량을 찾기 위해 편미분을 구한다.

$$\frac{\partial[-\log L(\alpha,\beta,\sigma^2)]}{\partial(\sigma^2)} = \frac{n}{2\sigma^2} - \frac{\sum_{i=1}^{n}[y_i - \alpha - \beta(x_i - \overline{x})]^2}{2(\sigma^2)^2}$$

이 식을 0과 같다고 놓고 α와 β를 해 $\widehat{\alpha}$과 $\widehat{\beta}$으로 바꾸면

$$\widehat{\sigma}^2 = \frac{1}{n}\sum_{i=1}^{n}[Y_i - \widehat{\alpha} - \widehat{\beta}(x_i - \overline{x})]^2 \tag{9.6.8}$$

물론 불변성에 의해 $\widehat{\sigma} = \sqrt{\widehat{\sigma}^2}$이다. 잔차의 형식으로 $\widehat{\sigma}^2 = n^{-1}\sum_{i=1}^n \widehat{\sigma}_i^2$이다. 연습문제 9.6.13에서와 마찬가지로 잔차의 평균은 0이다.

$\widehat{\alpha}$은 독립이고 정규분포를 따르는 확률변수의 선형함수이므로 $\widehat{\alpha}$은 평균과 분산이 다음과 같은 정규분포를 따른다.

$$E(\widehat{\alpha}) = E\left(\frac{1}{n}\sum_{i=1}^n Y_i\right) = \frac{1}{n}\sum_{i=1}^n E(Y_i) = \frac{1}{n}\sum_{i=1}^n[\alpha + \beta(x_i - \overline{x})] = \alpha$$

$$Var(\widehat{\alpha}) = \sum_{i=1}^n \left(\frac{1}{n}\right)^2 Var(Y_i) = \frac{\sigma^2}{n}$$

추정량 $\widehat{\beta}$도 $Y_1, Y_2, \cdots, Y_n$의 선형함수이며, 따라서 평균과 분산이 다음과 같다.

$$\begin{aligned} E(\widehat{\beta}) &= \frac{\sum_{i=1}^n (x_i - \overline{x})[\alpha + \beta(x_i - \overline{x})]}{\sum_{i=1}^n (x_i - \overline{x})^2} \\ &= \frac{\alpha\sum_{i=1}^n (x_i - \overline{x}) + \beta\sum_{i=1}^n (x_i - \overline{x})^2}{\sum_{i=1}^n (x_i - \overline{x})^2} = \beta \end{aligned}$$

$$\begin{aligned} Var(\widehat{\beta}) &= \sum_{i=1}^n \left[\frac{x_i - \overline{x}}{\sum_{i=1}^n (x_i - \overline{x})^2}\right]^2 Var(Y_i) \\ &= \frac{\sum_{i=1}^n (x_i - \overline{x})^2}{\left[\sum_{i=1}^n (x_i - \overline{x})^2\right]^2}\sigma^2 = \frac{\sigma^2}{\sum_{i=1}^n (x_i - \overline{x})^2} \end{aligned}$$

요약하면 추정량 $\widehat{\alpha}$과 $\widehat{\beta}$은 독립인 정규확률변수 $Y_1, Y_2, \cdots, Y_n$의 선형함수이다. 연습문제 9.6.4에서는 $\widehat{\alpha}$과 $\widehat{\beta}$의 공분산이 0임을 자세히 알아본다. 그것은 $\widehat{\alpha}$과 $\widehat{\beta}$이 이변량 정규분포인 독립인 확률변수임을 보여준다. 즉

$$\begin{pmatrix} \widehat{\alpha} \\ \widehat{\beta} \end{pmatrix}\text{은 } N_2\left(\begin{pmatrix} \alpha \\ \beta \end{pmatrix}, \sigma^2\begin{bmatrix} \frac{1}{n} & 0 \\ 0 & \frac{1}{\sum_{i=1}^n (x_i - \overline{x})^2} \end{bmatrix}\right)\text{이다.} \tag{9.6.9}$$

다음으로 σ^2의 추정량을 생각해보자. 연습문제 9.6.9에서와 같이 다음을 증명할 수 있는데,

$$\begin{aligned} \sum_{i=1}^n [Y_i - \alpha - \beta(x_i - \overline{x})]^2 &= \sum_{i=1}^n \{(\widehat{\alpha} - \alpha) + (\widehat{\beta} - \beta)(x_i - \overline{x}) \\ &\quad + [Y_i - \widehat{\alpha} - \widehat{\beta}(x_i - \overline{x})]\}^2 \\ &= n(\widehat{\alpha} - \alpha)^2 + (\widehat{\beta} - \beta)^2\sum_{i=1}^n (x_i - \overline{x})^2 + n\widehat{\sigma}^2 \end{aligned}$$

이것은 간단하게 다음과 같다.

$$Q = Q_1 + Q_2 + Q_3$$

여기서 Q, Q_1, Q_2, Q_3은 다음 변수를 가진 실 2차 형태이다.

$$Y_i - \alpha - \beta(x_i - \overline{x}), \quad i = 1, 2, \ldots, n$$

이 식에서 Q는 평균 0이고 분산 σ^2인 정규분포를 따르는 독립인 n개 확률변수의 제곱합을 의미한다. 따라서 Q/σ^2는 자유도 n인 χ^2-분포를 따른다. 확률변수 $\sqrt{n}(\widehat{\alpha} - \alpha)/\sigma$와 $\sqrt{\sum_{i=1}^{n}(x_i - \overline{x})^2}(\widehat{\beta} - \beta)/\sigma$는 각각 평균 0이고 분산 1인 정규분포를 따른다. 따라서 Q_1/σ^2과 Q_2/σ^2는 각각 자유도 1인 χ^2-분포를 따른다. 9.9절의 정리 9.9.2에 따라 Q_3은 음이 아니므로 Q_1, Q_2, Q_3이 독립이고, Q_3/σ^2은 자유도가 $n - 1 - 1 = n - 2$인 χ^2-분포를 따른다. 즉 $n\widehat{\sigma}^2/\sigma^2$은 자유도가 $n - 2$인 χ^2-분포를 따른다.

이제 모수 α와 β에 대한 추론으로 확장한다. 그것을 각 확률변수로 미분하면 자유도 $n - 2$인 t-분포를 따른다.

$$T_1 = \frac{[\sqrt{n}(\widehat{\alpha} - \alpha)]/\sigma}{\sqrt{Q_3/[\sigma^2(n-2)]}} = \frac{\widehat{\alpha} - \alpha}{\sqrt{\widehat{\sigma}^2/(n-2)}}$$

$$T_2 = \frac{\left[\sqrt{\sum_{i=1}^{n}(x_i - \overline{x})^2}(\widehat{\beta} - \beta)\right]\Big/\sigma}{\sqrt{Q_3/[\sigma^2(n-2)]}} = \frac{\widehat{\beta} - \beta}{\sqrt{n\widehat{\sigma}^2/[(n-2)\sum_1^n (x_i - \overline{x})^2]}} \qquad (9.6.10)$$

이러한 사실로 α와 β에 대한 신뢰구간을 구할 수 있다. 연습문제 9.6.5를 참조하라. $n\widehat{\sigma}^2/\sigma^2$이 자유도 $n - 2$인 χ^2-분포를 따른다는 것은 σ^2에 대한 신뢰구간을 결정하는 방법을 제공한다. 이는 참고 9.6.1에서 언급한 모수에 대한 통계적 추론의 일부분이다.

참고 9.6.2

좀 더 지식이 깊은 독자는 바로 위의 T_1과 T_2를 만든 것에 의구심이 클 것이다. 선형식의 제곱이 $Q_3 = n\widehat{\sigma}^2$과 독립인 것은 안다. 그러나 선형식 자체가 이러한 독립성을 갖는다는 것은 알지 못한다. 9.9절의 정리 9.9.1에 좀 더 일반적인 결과가 있으며, 여기에 주어진 경우는 특수한 예이다.

수치적인 예제를 살펴보기 전에 모형 식 (9.6.1)의 주요한 가정에 대한 진단 그림을 논의한다.

참고 9.6.3 [적합값과 잔차에 기반한 진단 그림]

모형의 주요한 가정은 확률오차 $e_1, e_2, \cdots, e_n$이 iid인 것이다. 특히 이는 오차가 x_i의 함수가 아니므로 e_i 대 $\alpha + \beta(x_i - \overline{x})$의 그림이 무작위로 흩어져 있어야 함을 의미한다. 오차와 모수가 알려져 있지 않기 때문에 이 그림은 불가능하다. 그러나 우리는 이러한 수량의 추정값, 즉 잔차 $\widehat{e}_i$과 적합값 $\widehat{y}_i$을 가지고 있고, 가정에 대한 진단은 잔차 대 적합값을 그리는 것이 된다. 이를 **잔차 그림**(residual plot)이라고 한다. 이 그림이 무작위로 흩어져 있으면 모형이 적절하다는 것을 나타낸다. 그러나 이 그림에 패턴이 존재하면 잘못된 모형임을 나타낸다. 이러한 경우 그림에 있는 패턴이 모형에 반영되면 더 나은 모형으로 발전하기도 한다.

마지막으로 모형 식 (9.6.1)에서는 x를 중심화했다. 즉 x_i에서 $\overline{x}$를 뺐다. 실제로는 보통 x를 먼저 중심화하지 않는다. 대신에 모형 $y_i = \alpha^* + \beta x_i + e_i$를 적합하고, 이 경우 최소제곱 그리고 mle는 다음의 제곱합을 최소화한다.

$$\sum_{i=1}^{n}(y_i - \alpha^* - \beta x_i)^2 \tag{9.6.11}$$

연습문제 9.6.1에서는 β의 추정치를 식 (9.6.5)와 동일하게 구할 수 있음을 밝힌다. 다음 예제에서는 이러한 비중심화된 모형을 사용한다.

예제 9.6.1 [**남자** 1,500**미터**] 수치적인 예시로 올림픽에서 얻은 자료를 생각해보자. 관심 있는 반응변수는 남자 1,500미터의 우승 기록이고, 예측변수는 올림픽의 연도이다. 자료는 위키피디아에서 가져왔으며 `olym1500mara.rda`에서 찾을 수 있다. 우승 기록과 연도에 대한 R 벡터가 각각 `time`, `year`라고 가정하자. $n = 27$개의 관측점이 있다. 그림 9.6.2의 상단부는 R 명령어로 계산된 자료의 산점도를 보여준다.

```
par(mfrow=c(2,1));plot(time~year,xlab="Year",ylab="Winning time")
```

우승 기록은 시간이 지남에 따라 꾸준히 감소하고 있으며 이 그림에 따르면 단순선형모형이 합리적인 것으로 보인다. 분명히 2016년의 우승 기록은 이상값이지만 맞는 기록이다. 하지만 추론을 진행하기 전에 모형의 적합도를 확인한다. 다음의 R 명령어로 그림 9.6.2의 산점도에 덮어씌운 최소제곱회귀선, 적합값, 잔차값을 얻는다. 이러한 값은 그림 9.6.2 아래쪽에 있는 잔차 그림

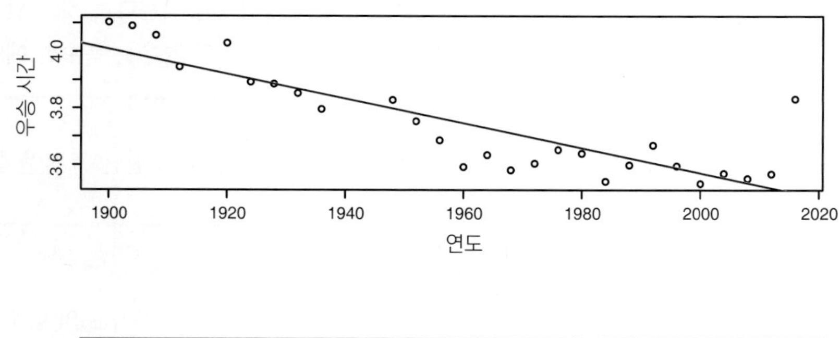

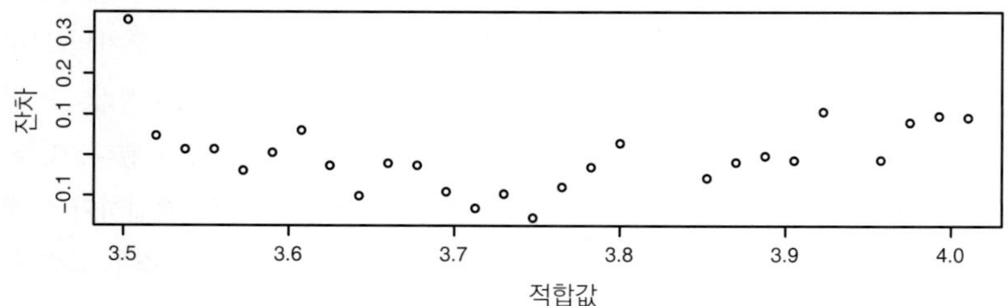

그림 9.6.2 위쪽 그림은 남자 1,500미터의 우승 기록 대 올림픽 연도의 산점도이다. 최소제곱회귀선이 중첩되어 있다. 아래쪽 그림은 적합의 잔차를 나타낸 것이다.

을 얻는 데 사용된다.

```
fit <- lm(time~year); abline(fit)
ehat <- fit$resid; yhat <- fit$fitted.values
plot(ehat~yhat,xlab="Fitted values",ylab="Residuals")
```

잔차 그림에서 무작위로 흩어져 있는 것이 '좋은' 적합도를 나타낸다는 것을 상기하라. 그림 9.6.2는 이러한 경우로 보이지 않는다. 시간에 따라 인접한 값들 간에 의존성[4]이 있다. 이러한 의존성은 산점도에서도 분명해 보인다. 시계열 과정에서는 이러한 의존성을 조사할 것이다.

의존성으로 인해 다음 추론 결과는 근사치이다. `summary(fit)` 명령어는 계수에 대한 표를 생성한다.

```
             Estimate Std. Error t value Pr(>t|) |
(Intercept) 12.325411   1.039402  11.858 9.26e-12
year        -0.004376   0.000530  -8.257 1.31e-08
```

따라서 예측 방정식은 $\widehat{y} = 12.33 - .0044\text{year}$이다. 기울기 추정값에 기반하여 우승 기록은 매년 0.004분씩 감소할 것으로 예상된다. 기울기에 대한 95% 신뢰구간을 구하기 위해 R을 통한 t-임곗값은 `qt(.975,25)`가 되고 2.060으로 계산된다. 요약표에 있는 표준오차를 이용하여 다음의 R 명령어는 기울기 모수에 대한 신뢰구간을 계산한다.

```
err=0.000530*2.060;lb=-0.004376-err;ub=-0.004376+err;ci=c(lb,ub)
ci; -0.0054678 -0.0032842
```

따라서 95%의 대략적인 신뢰수준을 사용하여 우승 기록이 연간 0.0032~0.0055분 감소할 것으로 추정한다.

적합 결과를 토대로 2020년 올림픽 남자 1,500미터의 예상 우승 기록은 다음과 같다.

$$\widehat{y} = 12.325411 - 0.004376(2020) = 3.486 \tag{9.6.12}$$

연습문제 9.6.8은 이러한 예측에 대한 오차의 추정값(예측구간)을 제공한다.

9.6.2 최소제곱 적합의 기하학*

현대의 선형모형은 보통 행렬과 벡터 형태로 나타내는데 간단히 그 예를 소개하겠다. 이를 위해 최소제곱 적합에 따른 간단한 기하학적 측면을 논의한다. 모형 식 (9.6.1)을 생각해보자. 벡터는 $\mathbf{Y} = (\,Y_1\,, \cdots, Y_n)'$, $\mathbf{e} = (e_1, \cdots, e_n)'$, $\mathbf{x}_c = (x_1 - \overline{x}, \cdots, x_n - \overline{x})'$으로 나타낸다. $\mathbf{1}$은 모든 성분이 1인 $n \times 1$ 벡터로 정의한다. 그러면 모형 식 (9.6.1)은 다음과 같이 나타낼 수 있다.

4 이러한 의존성은 놀랍지 않다. 주자들은 서로 경쟁하면서도 올림픽 기록을 깨기 위해 노력한다.

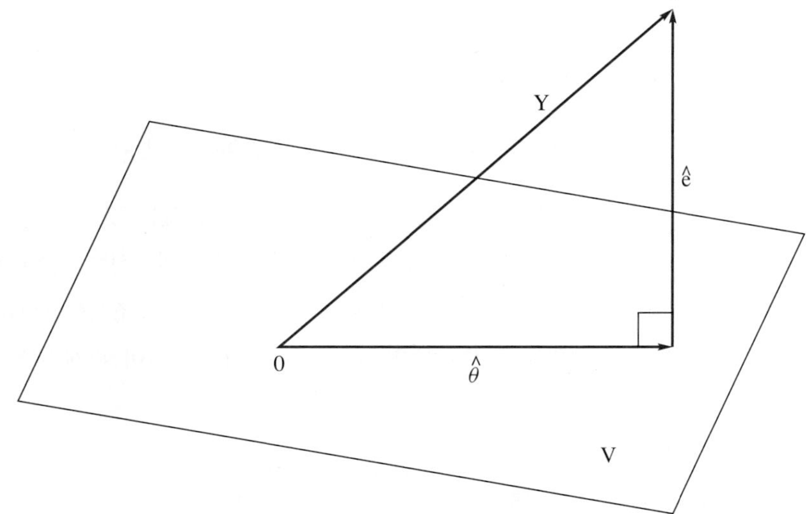

그림 9.6.3 최소제곱의 기하학을 보여준다. 반응 벡터는 $\mathbf{Y}$, 적합 벡터는 $\widehat{\boldsymbol{\theta}}$, 잔차 벡터는 $\widehat{\mathbf{e}}$이다.

$$\begin{aligned}\mathbf{Y} &= \alpha\mathbf{1} + \beta\mathbf{x}_c + \mathbf{e}\\ &= [\mathbf{1}\ \mathbf{x}_c]\begin{pmatrix}\alpha\\ \beta\end{pmatrix} + \mathbf{e}\\ &= \mathbf{X}\boldsymbol{\beta} + \mathbf{e}\end{aligned} \tag{9.6.13}$$

여기서 $\mathbf{X}$는 첫 번째 열이 $\mathbf{1}$이고 나머지는 $\mathbf{x}_c$인 $n \times 2$ 행렬이고 $\boldsymbol{\beta} = (\alpha, \beta)'$이다. 다음으로 $\boldsymbol{\theta} = E(\mathbf{Y}) = \mathbf{X}\boldsymbol{\beta}$라고 하자. 마지막으로 V는 $\mathbf{X}$의 열에서 생성된 R^n의 2차원 부분공간이라고 하자. 다시 말해 V는 행렬 $\mathbf{X}$의 범위이다. 그러므로 모형을 다음과 같이 간단하게 나타낼 수 있다.

$$\mathbf{Y} = \boldsymbol{\theta} + \mathbf{e}, \quad \boldsymbol{\theta} \in V \tag{9.6.14}$$

따라서 확률오차 벡터 $\mathbf{e}$를 제외하면 $\mathbf{Y}$는 V에 있다. 이로써 그림 9.6.3에서와 같이 직관적으로 $\mathbf{Y}$까지 '가장 가까운'(유클리드 거리에서) V에서 $\boldsymbol{\theta}$를 추정할 수 있다. 즉 $\widehat{\boldsymbol{\theta}}$은 다음과 같다.

$$\widehat{\boldsymbol{\theta}} = \text{Argmin}_{\boldsymbol{\theta}\in V}\|\mathbf{Y} - \boldsymbol{\theta}\|^2 \tag{9.6.9}$$

여기서 **유클리드 놈**(Euclidean norm)의 제곱은 $\mathbf{u} \in R^n$에 대해 $\|\mathbf{u}\|^2 = \sum_{i=1}^n u_i^2$으로 주어진다. 연습문제 9.6.13과 그림 9.6.3에서 보듯이 $\widehat{\boldsymbol{\theta}} = \widehat{\alpha}\mathbf{1} + \widehat{\beta}\mathbf{x}_c$이다. 여기서 $\widehat{\alpha}$과 $\widehat{\beta}$은 최소제곱추정값이다. 벡터 $\widehat{\mathbf{e}} = \mathbf{Y} - \widehat{\boldsymbol{\theta}}$은 진짜 벡터이고, $n\widehat{\sigma}^2 = \|\widehat{\mathbf{e}}\|^2$이다. 또한 그림 9.6.3에 나타낸 것처럼 $\widehat{\boldsymbol{\theta}}$과 $\widehat{\mathbf{e}}$은 직각이다. 선형모형에서 $\widehat{\boldsymbol{\theta}}$은 부분공간 V에서 $\mathbf{Y}$로 투영한다고 한다.

연습문제

9.6.1 모형 $y_i = \alpha^* + \beta x_i + e_i$에 대한 최소제곱추정값을 식 (9.6.11)의 제곱합을 최소화하여 구하라. $\widehat{\alpha}^*$의 분포를 정하라.

9.6.2 학생들의 ACT(미국 대학입학시험) 수학 성적 x와 첫 학기 미적분학의 기말고사 성적(200점 만점) y가 있다.

x	25	20	26	26	28	28	29	32	20	25
y	138	84	104	112	88	132	90	183	100	143
x	26	28	25	31	30					
y	141	161	124	118	168					

자료는 rda 파일 `regr1.rda`에도 있다. R 또는 다른 통계 패키지를 사용하여 계산하고 그림을 그려라.

(a) 이 자료에 대한 최소제곱회귀선을 구하라.

(b) 관측점과 최소제곱회귀선을 동일한 그래프에 그려라.

(c) 잔차 그림을 그리고, 모형의 적절성에 대해 논하라.

(d) 일반적인 가정하에 β에 대한 95% 신뢰구간을 구하라. 문제의 측면에서 논하라.

9.6.3 [**전화 자료**] 다음에 제시된 자료에 대한 반응변수(y)는 1950년부터 1973년까지 벨기에에서 전화를 건 수(1,000만 통)이다. 시간(연도)은 예측변수(x)이다. 자료는 Hettmansperger와 McKean(2011)의 172쪽에서 논의되고, `telephone.rda` 파일에 있다.

연도	50	51	52	53	54	55
전화를 건 수	0.44	0.47	0.47	0.59	0.66	0.73
연도	56	57	58	59	60	61
전화를 건 수	0.81	0.88	1.06	1.20	1.35	1.49
연도	62	63	64	65	66	67
전화를 건 수	1.61	2.12	11.90	12.40	14.20	15.90
연도	68	69	70	71	72	73
전화를 건 수	18.20	21.20	4.30	2.40	2.70	2.90

(a) 이 자료에 대한 최소제곱회귀선을 구하라.

(b) 산점도를 그리고, 그 위에 최소제곱회귀선을 그려라.

(c) 최소제곱 적합이 만족스럽지 못한 이유는 무엇인가?

9.6.4 $\widehat{\alpha}$과 $\widehat{\beta}$의 공분산이 0임을 밝혀라.

9.6.5 모형 식 (9.6.1)의 모수 α, β에 대한 $(1-\alpha)100\%$ 신뢰구간을 구하라.

9.6.6 모형 식 (9.6.1)에 대해 생각해보자. $\eta_0 = E(Y|x = x_0 - \overline{x})$라고 하자. η_0의 최소제곱추정은 $\widehat{\eta}_0 = \widehat{\alpha} + \widehat{\beta}(x_0 - \overline{x})$이다.

(a) 식 (9.6.9)를 사용하여 $\widehat{\eta}_0$이 불편추정량이라는 것과 분산이 다음과 같음을 밝혀라.

$$V(\widehat{\eta}_0) = \sigma^2\left[\frac{1}{n} + \frac{(x_0 - \overline{x})^2}{\sum_{i=1}^{n}(x_1 - \overline{x})^2}\right]$$

(b) $\widehat{\eta}_0$의 분포를 구하고, 이를 사용하여 η_0에 대한 $(1 - \alpha)100\%$ 신뢰구간을 구하라.

9.6.7 표본 (x_1, Y_1), $\cdots$, (x_n, Y_n)이 선형모형 식 (9.6.1)을 따른다고 가정하자. Y_0을 $x = x_0 - \overline{x}$에서의 미래 관측값으로 가정하고 예측구간을 구하고자 한다. Y_0에 대해 모형 식 (9.6.1)을 가정한다. 즉 Y_0은 $N(\alpha + \beta(x_0 - \overline{x}), \sigma^2)$이다. 연습문제 9.6.6의 $\widehat{\eta}_0$을 Y_0의 예측값으로 사용한다.

(a) $Y_0 - \widehat{\eta}_0$의 분포를 구하고, 분산이 다음과 같음을 밝혀라. 미래 관측값 Y_0은 표본 (x_1, Y_1), $\cdots$, (x_n, Y_n)의 독립이라는 것을 이용하라.

$$V(Y_0 - \widehat{\eta}_0) = \sigma^2\left[1 + \frac{1}{n} + \frac{(x_0 - \overline{x})^2}{\sum_{i=1}^{n}(x_1 - \overline{x})^2}\right]$$

(b) 분자가 $Y_0 - \widehat{\eta}_0$인 t-통계량을 구하라.

(c) $0 < \alpha < 1$에 대해 $1 - \alpha = P[-t_{\alpha/2,\, n-2} < T < t_{\alpha/2,\, n-2}]$라고 하자. Y_0에 대한 $(1 - \alpha)100\%$ 예측구간을 구하라.

(d) 이 예측구간을 연습문제 9.6.6에서 구한 신뢰구간과 비교하라. 직관적으로 왜 예측구간이 더 큰가?

9.6.8 예제 9.6.1에서는 2020년 올림픽 남자 1,500미터의 예상 우승 기록을 얻는다. 이 예측에 대해 연습문제 9.6.7에서 주어진 95% 예측구간을 계산하라. 이러한 계산은 R 함수 `cipi.R`에 의해 수행되고, `cipi(lm(time~year),matrix(c(1,2020), ncol=2))`로 호출된다. 이 문제의 측면에서 예측구간은 무엇을 의미하는가? 다음으로 2024년과 2028년 올림픽에 대한 예측을 계산하라. 예측구간의 길이가 증가하는 이유는 무엇인가?

9.6.9 다음을 밝혀라.

$$\sum_{i=1}^{n}[Y_i - \alpha - \beta(x_i - \overline{x})]^2 = n(\widehat{\alpha} - \alpha)^2 + (\widehat{\beta} - \beta)^2\sum_{i=1}^{n}(x_i - \overline{x})^2 + \sum_{i=1}^{n}[Y_i - \widehat{\alpha} - \widehat{\beta}(x_i - \overline{x})]^2$$

9.6.10 독립인 확률변수 $Y_1, Y_2, \cdots, Y_n$이 각각 확률밀도함수 $N(\beta x_i, \gamma^2 x_i^2)(i = 1, 2, \cdots, n)$을 갖는다고 하자. 여기서 주어진 값 $x_1, x_2, \cdots, x_n$은 모두 동일하지 않으며 0이 아니다. β와 γ^2의 최대우도추정량을 구하라.

9.6.11 독립인 확률변수 $Y_1, Y_2, \cdots, Y_n$의 결합 pdf가 다음과 같다고 하자.

$$L(\alpha, \beta, \sigma^2) = \left(\frac{1}{2\pi\sigma^2}\right)^{n/2}\exp\left\{-\frac{1}{2\sigma^2}\sum_{i=1}^{n}[y_i - \alpha - \beta(x_i - \overline{x})]^2\right\}$$

여기서 주어진 값 $x_1, x_2, \cdots, x_n$은 모두 동일하지 않다. $H_0 : \beta = 0$(α와 σ^2은 정해지지 않았다)이라고 하자. 모든 가능한 대립가설에 대해 H_0을 검정하는 데 우도비검정을 사용하려 한다. Λ를 구하고 이 검정이 잘 알려진 통계량에 근거할 수 있는지를 밝혀라.

힌트: 이 절의 개념에서 다음을 밝혀라.

$$\sum_{i=1}^{n}(Y_i - \widehat{\alpha})^2 = Q_3 + \widehat{\beta}^2 \sum_{i=1}^{n}(x_i - \overline{x})^2$$

9.6.12 9.2절의 개념을 이용하여 평균 μ_j가 j의 선형함수, 즉 $\mu_j = c + d[j - (b+1)/2]$을 만족한다고 하자. 분산 σ^2이 공통이나 알려지지 않은 b개의 정규분포에서 크기가 a이고 독립인 확률표본을 추출했다고 하자.

(a) c와 d의 최대우도추정량이 각각 $\hat{c} = \overline{X}_{..}$ 그리고 다음과 같음을 밝혀라.

$$\hat{d} = \frac{\sum_{j=1}^{b}[j - (b-1)/2](\overline{X}_{.j} - \overline{X}_{..})}{\sum_{j=1}^{b}[j - (b+1)/2]^2}$$

(b) 다음을 밝혀라.

$$\begin{aligned}\sum_{i=1}^{a}\sum_{j=1}^{b}(X_{ij} - \overline{X}_{..})^2 &= \sum_{i=1}^{a}\sum_{j=1}^{b}\left[X_{ij} - \overline{X}_{..} - \hat{d}\left(j - \frac{b+1}{2}\right)\right]^2 \\ &\quad + \hat{d}^2 \sum_{j=1}^{b} a\left(j - \frac{b+1}{2}\right)^2\end{aligned}$$

(c) (b)의 오른쪽에 있는 두 항은 σ^2으로 나누면, $d = 0$일 때 카이제곱분포를 따르는 독립인 확률변수라는 것에 대해 논하라.

(d) 평균의 동일성에 대한 검정, 즉 $H_0 : d = 0$에 대해 어떤 F-통계량을 사용해야 하는가?

9.6.13 9.6.2절의 내용을 고려하자.

(a) $\widehat{\boldsymbol{\theta}} = \widehat{\alpha}\mathbf{1} + \widehat{\beta}\mathbf{x}_c$임을 밝혀라. 여기서 $\widehat{\alpha}$과 $\widehat{\beta}$은 최소제곱추정량이다.

(b) 벡터 $\widehat{\mathbf{e}} = \mathbf{Y} - \widehat{\boldsymbol{\theta}}$이 잔차 벡터임을 밝혀라. 다시 말해 i번째 성분은 식 (9.6.7)의 $\widehat{e}_i$이다.

(c) 그림 9.6.3에 나타냈듯이 벡터 $\widehat{\boldsymbol{\theta}}$과 $\widehat{\mathbf{e}}$ 사이의 각이 직각임을 밝혀라.

(d) 잔차의 합이 0임을 보여라. 즉 $\mathbf{1}'\widehat{\mathbf{e}} = 0$임을 밝혀라.

9.6.14 다음 자료에 대해 최소제곱법으로 $y = a + bx$를 적합하라.

x	0	1	2
y	2	3	5

9.6.15 5개의 점 (x, y, z) : $(-1, 0, 3)$, $(0, 1, 2)$, $(1, 1, 3)$, $(1, 2, 4)$, $(2, 3, 6)$에 대해 최소제곱법으로 평면 $z = a + bx + cy$를 적합하라.

9.6.16 4×1 행렬 $\mathbf{Y}$가 다변량 정규분포 $N(\mathbf{X}\boldsymbol{\beta}, \sigma^2\mathbf{I})$를 따른다. 여기서 4×3 행렬 $\mathbf{X}$는 다음과 같고, $\boldsymbol{\beta}$는 3×1 회귀계수 행렬이다.

$$\mathbf{X} = \begin{bmatrix} 1 & -1 & 2 \\ 1 & 0 & -1 \\ 1 & 1 & 2 \\ 1 & 0 & -3 \end{bmatrix}$$

(a) $\widehat{\boldsymbol{\beta}} = (\mathbf{X}'\mathbf{X})^{-1}\mathbf{X}'\mathbf{Y}$의 평균행렬과 공분산행렬을 구하라.

(b) $\mathbf{Y}'$을 $(5, 3, 10, 6)$과 같이 관측했을 때 $\widehat{\boldsymbol{\beta}}$을 구하라.

9.6.17 $\mathbf{Y}$는 $n \times 1$ 벡터이고, $\mathbf{X}$는 계수가 p인 알려진 상수의 $n \times p$ 행렬이며, $\boldsymbol{\beta}$는 회귀계수의 $p \times 1$ 벡터이다. $\mathbf{Y}$가 $N(\mathbf{X}\boldsymbol{\beta}, \sigma^2\mathbf{I})$를 따른다고 하자. $\widehat{\boldsymbol{\beta}} = (\mathbf{X}'\mathbf{X})^{-1}\mathbf{X}'\mathbf{Y}$의 pdf를 구하라.

9.6.18 독립인 확률변수 $Y_1, Y_2, \cdots, Y_n$이 $i = 1, 2, \cdots, n$일 때 각각 확률밀도함수 $N(\mu, \gamma^2 x_i^2)$을 갖는다고 하자. 여기서 주어진 값 $x_1, x_2, \cdots, x_n$은 모두 동일하지 않으며 0이 아니다. 모든 대립가설 $H_1 : \gamma \neq 1$이고 μ는 지정되지 않음에 대해 가설 $H_0 : \gamma = 1$이고 μ는 지정되지 않음을 검정하라.

9.7 독립성 검정

X와 Y는 평균이 μ_1, μ_2, 양의 분산이 σ_1^2, σ_2^2, 상관계수가 ρ인 이변량 정규분포를 따른다고 하자. X와 Y가 독립이라는 가설을 검정하려 한다. 두 결합정규분포인 확률변수는 $\rho = 0$일 때에 한하여 독립이므로 가설 $H_1 : \rho \neq 0$에 대해 가설 $H_0 : \rho = 0$을 검정하는 데 우도비검정을 사용할 것이다. $(X_1, Y_1), (X_2, Y_2), \cdots, (X_n, Y_n)$을 이변량 정규분포에서 추출한 크기 $n > 2$인 확률표본이라고 하자. 즉 이 $2n$개 확률변수의 결합 pdf는 다음과 같이 주어진다.

$$f(x_1, y_1)f(x_2, y_2)\cdots f(x_n, y_n)$$

증명하기가 매우 어렵지만 우도비 Λ에 의해 정의된 통계량은 다음 통계량의 함수이다.

$$R = \frac{\sum_{i=1}^n (X_i - \overline{X})(Y_i - \overline{Y})}{\sqrt{\sum_{i=1}^n (X_i - \overline{X})^2 \sum_{i=1}^n (Y_i - \overline{Y})^2}} \tag{9.7.1}$$

이 통계량 R을 확률표본의 **상관계수**(correlation coefficient)라고 한다. 식 (5.4.5) 뒤에서 설명

했듯이 R은 ρ의 추정값과 일치한다(연습문제 9.7.5 참조). $\Lambda \le \lambda_0$일 때 H_0의 기각을 요구하는 우도비 원리는 $|R| \ge c$의 계산값과 동등하다. 즉 이 표본의 상관계수 절댓값이 매우 크면 이 분포의 상관계수가 0과 같다는 가설을 기각한다. 만족스러운 유의수준에 대한 c 값을 결정하기 위해 H_0이 참일 때 R 또는 R의 함수의 분포를 구해야 한다.

$n > 2$에 대해 $X_1 = x_1, X_2 = x_2, \cdots, X_n = x_n(x_1, x_2, \cdots, x_n$과 $\overline{x} = \sum_{i=1}^n x_i/n$는 $\sum_{i=1}^n (x_i - \overline{x})^2 > 0$을 만족하는 고정된 수)이라고 하자. $X_1 = x_1, X_2 = x_2, \cdots, X_n = x_n$이 주어졌을 때 $Y_1, Y_2, \cdots, Y_n$의 조건부 pdf를 생각해보자. $Y_1, Y_2, \cdots, Y_n$은 서로 독립이고 $\rho = 0$일 때 또한 $X_1, X_2, \cdots, X_n$과 독립이므로 이 조건부 pdf는 다음과 같이 주어진다.

$$\left(\frac{1}{\sqrt{2\pi}\sigma_2}\right)^n \exp\left\{-\frac{1}{2\sigma_2^2}\sum_{i=1}^n (y_i - \mu_2)^2\right\}$$

$X_1 = x_1, X_2 = x_2, \cdots, X_n = x_n$이 주어졌을 때 R_c가 상관계수라고 하자. 따라서 다음은 식 (9.6.5)의 $\widehat{\beta}$과 같다.

$$\frac{R_c\sqrt{\sum_{i=1}^n (Y_i - \overline{Y})^2}}{\sqrt{\sum_{i=1}^n (x_i - \overline{x})^2}} = \frac{\sum_{i=1}^n (x_i - \overline{x})(Y_i - \overline{Y})}{\sum_{i=1}^n (x_i - \overline{x})^2} = \frac{\sum_{i=1}^n (x_i - \overline{x})Y_i}{\sum_{i=1}^n (x_i - \overline{x})^2} \tag{9.7.2}$$

Y_i의 조건부 평균은 μ_2로 상수이다. 그래서 식 (9.7.2)는 평균이 0이고, 이는 $E(R_c) = 0$임을 의미한다. 다음으로 식 (9.6.10)의 T_2로 주어진 $\widehat{\beta}$의 t-비율을 고려하자. 이를 참고하여 T_2는 다음과 같이 나타낼 수 있다.

$$\begin{aligned} T_2 &= \frac{R_c\sqrt{\sum (Y_i - \overline{Y})^2}/\sqrt{\sum (x_i - \overline{x})^2}}{\sqrt{\dfrac{\sum_{i=1}^n \left\{Y_i - \overline{Y} - \left[R_c\sqrt{\sum_{j=1}^n (Y_j - \overline{Y})^2}/\sqrt{\sum_{j=1}^n (x_j - \overline{x})^2}\right](x_i - \overline{x})\right\}^2}{(n-2)\sum_{j=1}^n (x_j - \overline{x})^2}}} \\ &= \frac{R_c\sqrt{n-2}}{\sqrt{1 - R_c^2}} \end{aligned} \tag{9.7.3}$$

따라서 $X_1 = x_1, \cdots, X_n = x_n$이 주어졌을 때 T_2는 자유도 $n - 2$를 가진 조건부 t-분포를 따른다. 이 t-분포의 pdf $g(t)$는 $x_1, x_2, \cdots, x_n$에 의존하지 않는다는 것에 주목하라. 이제 R이 식 (9.7.1)로 주어졌을 때 $X_1, X_2, \cdots, X_n$과 $R\sqrt{n-2}/\sqrt{1-R^2}$의 결합 pdf는 $g(t)$와 $X_1, X_2, \cdots, X_n$의 결합 pdf의 곱이다. $x_1, x_2, \cdots, x_n$에 대한 적분은 $R\sqrt{n-2}/\sqrt{1-R^2}$의 주변 pdf를 이끌어낸다. $g(t)$가 $x_1, x_2, \cdots, x_n$에 의존하지 않으므로 이 주변 pdf는 $g(t)$, 즉 $R\sqrt{n-2}/\sqrt{1-R^2}$의 조건부 pdf임이 분명하다. R의 pdf를 구하기 위해 이제 변수변환 기법을 사용할 수 있다.

참고 9.7.1

$\rho = 0$일 때 R은 $x_1, x_2, \cdots, x_n$에 의존하지 않는 조건부 분포를 가지므로(따라서 조건부 분포는 실제로 R의 주변분포이다) R이 $X_1, X_2, \cdots, X_n$과 독립이라는 것은 주목할 만한 사실이다. 그래서 R은 $X_1, X_2, \cdots, X_n$만의 **모든 함수**, 즉 어떤 Y_i에도 의존하지 않는 함수와 독립이다. 즉 임의의 Y_i에 의존하지 않는 함수라는 것이 성립한다. 마찬가지로 R은 $Y_1, Y_2, \cdots, Y_n$만의 모든 함수와 독립이다. 또한 이러한 주장을 주의 깊게 살펴보면 X가 정규주변분포를 따른다는 사실을 어느 곳에서도 사용하지 않았음을 알 수 있다. 따라서 X와 Y가 독립이고 Y가 정규분포를 따르면 R은 X의 분포에 관계없이 조건 $\sum_{i=1}^{n}(x_i - \overline{x})^2 > 0$에서 동일한 조건부 분포를 갖는다. 더구나 $P[\sum_{i=1}^{n}(X_i - \overline{X})^2 > 0] = 1$이면 R은 X의 분포에 관계없이 동일한 주변분포를 갖는다.

만약 $T = R\sqrt{n-2}/\sqrt{1-R^2}$로 나타내고, 여기서 T는 자유도가 $n - 2 > 0$인 t-분포를 따른다면 변수변환 기법에 의해(연습문제 9.7.4) R의 pdf가 다음으로 주어짐을 쉽게 알 수 있다.

$$h(r) = \begin{cases} \frac{\Gamma[(n-1)/2]}{\Gamma(\frac{1}{2})\Gamma[(n-2)/2]}(1-r^2)^{(n-4)/2} & -1 < r < 1 \\ 0 & \text{그 외에} \end{cases} \tag{9.7.4}$$

$\rho = 0$이고 $n > 2$일 때 R의 분포, 또는 더욱 편리하게 $R\sqrt{n-2}/\sqrt{1-R^2}$의 분포 문제가 해결된다. 모든 대립가설 $H_1 : \rho \neq 0$에 대해 가설 $H_0 : \rho = 0$의 우도비검정은 통계량 R 또는 통계량 $R\sqrt{n-2}/\sqrt{1-R^2} = T$에 근거를 둘 수 있으며, 두 번째 통계량이 사용하기가 더 쉽다. 그러므로 $|T| \geq t_{\alpha/2,n-2}$일 때 $H_0 : \rho = 0$을 기각하는 것은 수준 α 검정이다.

참고 9.7.2

다음은 평균 $(1/2)\log[(1+\rho)/(1-\rho)]$, 분산 $1/(n-3)$인 근사 정규분포를 따른다는 사실을 사용하여 크기 α인 근사 검정을 얻을 수 있다.

$$W = \frac{1}{2}\log\left(\frac{1+R}{1-R}\right)$$

이 명제를 증명 없이 받아들이기로 한다. 따라서 $H_0 : \rho = 0$의 검정은 다음 통계량에 근거를 둘 수 있고,

$$Z = \frac{\frac{1}{2}\log[(1+R)/(1-R)] - \frac{1}{2}\log[(1+\rho)/(1-\rho)]}{\sqrt{1/(n-3)}} \tag{9.7.5}$$

$\rho = 0$일 때 $(1/2)\log[(1+\rho)/(1-\rho)] = 0$이다. 그러나 W를 사용하면 ρ_0이 반드시 0이라는 제약 조건이 없을 때 $H_1 : \rho \neq \rho_0$에 대해 $H_0 : \rho = \rho_0$과 같은 가설 또한 검정할 수 있다. 이때 W의 가설적 평균은 다음과 같다.

$$\frac{1}{2}\log\left(\frac{1+\rho_0}{1-\rho_0}\right)$$

또한 연습문제 9.7.6에서 보듯이 Z는 ρ에 대한 점근적 신뢰구간을 구하는 데 사용될 수 있다.

연습문제

9.7.1 다음을 밝혀라.

$$R = \frac{\sum_{i=1}^{n}(X_i - \overline{X})(Y_i - \overline{Y})}{\sqrt{\sum_{i=1}^{n}(X_i - \overline{X})^2 \sum_{i=1}^{n}(Y_i - \overline{Y})^2}} = \frac{\sum_{i=1}^{n} X_i Y_i - n\overline{XY}}{\sqrt{\left(\sum_{i=1}^{n} X_i^2 - n\overline{X}^2\right)\left(\sum_{i=1}^{n} Y_i^2 - n\overline{Y}^2\right)}}$$

9.7.2 이변량 정규분포에서 추출한 크기 $n = 8$인 확률표본의 상관계숫값이 0.48이다. 5% 유의수준에서 $\rho = 0$인 가설을 채택할 것인가, 기각할 것인가?

9.7.3 식 (9.7.3)의 방정식을 밝혀라.

9.7.4 식 (9.7.4)의 pdf를 밝혀라.

9.7.5 4.5절의 결과를 이용하여 식 (9.7.1)의 R이 ρ의 일치추정량임을 밝혀라.

9.7.6 다음의 단계를 수행하여 ρ에 대한 $(1 - \alpha)100\%$ 근사적 신뢰구간을 구하라.

(a) $0 < \alpha < 1$에 대해 Z가 식 (9.7.5)로 주어졌을 때, 일반적인 방식으로 $1 - \alpha = P(-z_{\alpha/2} < Z < z_{\alpha/2})$로 시작하자. 그런 다음 부등식의 중간 부분에서 $h(\rho) = (1/2)\log[(1 + \rho)/(1 - \rho)]$를 분리하라. $h'(\rho)$를 찾아 $-1 < \rho < 1$에서 순전히 양의 값이라는 것을 밝혀라. 따라서 h는 순증가하고 역함수가 존재한다.

(b) 역함수가 $\tanh(y) = (e^y - e^{-y})/(e^y + e^{-y})$로 주어진 쌍곡 탄젠트(hyperbolic tangent) 함수임을 밝혀라.

(c) ρ에 대한 $(1 - \alpha)100\%$ 신뢰구간을 구하라.

9.7.7 내장 R 함수 `cor.test(x,y)`는 연습문제 9.7.6에 있는 ρ의 추정값과 신뢰구간을 계산한다. `bb.rda` 파일의 야구 자료를 상기하라.

(a) 야구 자료를 이용하여 프로야구 선수의 키와 몸무게의 상관계수에 대한 추정값과 신뢰구간을 구하라.

(b) 투수와 타자로 분리하고, 각각에 대해 키와 몸무게의 상관계수에 대한 추정값과 신뢰구간을 구하라. 유의하게 다른가?

(c) 상관계수의 추정값에서의 차이는 (b)에서처럼 독립인 2개의 표본에 대한 $\rho_1 - \rho_2$의 mle와 같다는 것을 밝혀라.

9.7.8 두 실험의 결과가 다음과 같다.

n	$\bar{x}$	$\bar{y}$	s_x	s_y	r
100	24	11	7	4	0.70
200	20	10	8	6	0.80

결합된 표본의 r을 구하라.

9.8 2차 형태의 분포

참고 9.8.1

9.8절과 9.9절을 이해하기 위해서는 3.5절에서 다룬 다변량 정규분포의 배경 지식이 반드시 필요하다.

참고 9.8.2

정방행렬의 **대각합**(trace)을 사용할 것이다. 만약 $\mathbf{A} = [a_{ij}]$가 $n \times n$ 행렬이면 $\mathbf{A}$의 대각합(tr $\mathbf{A}$)를 대각성분의 합으로 정의한다. 다시 말해

$$\operatorname{tr}\mathbf{A} = \sum_{i=1}^{n} a_{ii} \tag{9.8.1}$$

행렬의 대각합은 몇 가지 흥미로운 성질이 있다. 첫 번째는 선형연산자라는 것이다. 즉

$$\operatorname{tr}(a\mathbf{A} + b\mathbf{B}) = a\operatorname{tr}\mathbf{A} + b\operatorname{tr}\mathbf{B} \tag{9.8.2}$$

두 번째 유용한 성질은 다음과 같다. 만약 $\mathbf{A}$가 $n \times m$ 행렬, $\mathbf{B}$가 $m \times k$ 행렬, $\mathbf{C}$가 $k \times n$ 행렬이면

$$\operatorname{tr}(\mathbf{ABC}) = \operatorname{tr}(\mathbf{BCA}) = \operatorname{tr}(\mathbf{CAB}) \tag{9.8.3}$$

연습문제 9.8.7에서 이 사실을 증명할 것이다. 마지막으로 단순하지만 유용한 성질은 모든 스칼라 a에 대해 $\operatorname{tr} a = a$라는 것이다.

이 절에서는 2차 형태와 동일하지만 좀 더 형식적인 정의를 내리고자 한다. $\mathbf{X} = (X_1, \cdots, X_n)$이 n차원 확률벡터이고 $\mathbf{A}$가 실 $n \times n$ 대칭행렬이라면 확률변수 $Q = \mathbf{X}'\mathbf{A}\mathbf{X}$를 $\mathbf{X}$에서 **2차 형태**라고 한다. $\mathbf{A}$는 대칭행렬이기 때문에 Q를 다음과 같이 여러 가지 형태로 나타낼 수 있다.

$$Q = \mathbf{X}'\mathbf{A}\mathbf{X} = \sum_{i=1}^{n}\sum_{j=1}^{n} a_{ij}X_iX_j = \sum_{i=1}^{n} a_{ii}X_i^2 + \sum\sum_{i \neq j} a_{ij}X_iX_j \tag{9.8.4}$$

$$= \sum_{i=1}^{n} a_{ii} X_i^2 + 2 \sum\sum_{i<j} a_{ij} X_i X_j \tag{9.8.5}$$

이것은 분산분석 모형에서 아주 유용한 확률변수이다. 다음 정리에서 보여주듯이 2차 형태의 평균은 구하기가 쉽다.

정리 9.8.1

n차원 확률벡터 $\mathbf{X}$는 평균이 $\boldsymbol{\mu}$, 분산-공분산 행렬이 $\mathbf{\Sigma}$라고 하자. $Q = \mathbf{X}'\mathbf{A}\mathbf{X}$이고 여기서 $\mathbf{A}$는 $n \times n$ 행렬이라면

$$E(Q) = tr\,\mathbf{A}\mathbf{\Sigma} + \boldsymbol{\mu}'\mathbf{A}\boldsymbol{\mu} \tag{9.8.6}$$

증명: 대각합 연산자와 성질 (9.8.3)을 이용하면

$$\begin{aligned} E(Q) = E(\mathrm{tr}\,\mathbf{X}'\mathbf{A}\mathbf{X}) &= E(\mathrm{tr}\,\mathbf{A}\mathbf{X}\mathbf{X}') \\ &= \mathrm{tr}\,\mathbf{A}E(\mathbf{X}\mathbf{X}') \\ &= \mathrm{tr}\,\mathbf{A}(\mathbf{\Sigma} + \boldsymbol{\mu}\boldsymbol{\mu}') \\ &= \mathrm{tr}\,\mathbf{A}\mathbf{\Sigma} + \boldsymbol{\mu}'\mathbf{A}\boldsymbol{\mu} \end{aligned}$$

여기서 세 번째 행은 정리 2.6.3을 이용했다.

예제 9.8.1 [표본분산] $\mathbf{X}' = (X_1, \cdots, X_n)$이 확률변수의 n차원 벡터이고, $\mathbf{1}' = (1, \cdots, 1)$은 성분이 1인 n차원 벡터라고 하자. $\mathbf{I}$는 $n \times n$ 단위행렬이라 하자. 2차 형태 $Q = \mathbf{X}'(\mathbf{I} - \frac{1}{n}\mathbf{J})\mathbf{X}$를 고려하자. 여기서 $\mathbf{J} = \mathbf{1}\mathbf{1}'$이다(따라서 $\mathbf{J}$는 모든 성분이 1인 $n \times n$ 행렬이다). $(\mathbf{I} - \frac{1}{n}, \mathbf{J})$의 대각성분은 $1 - n^{-1}$인 데 반해 비대각성분은 $-n^{-1}$이다. 따라서 식 (9.8.4)에 의해 Q를 다음과 같이 간단히 나타낼 수 있다.

$$\begin{aligned} Q &= \sum_{i=1}^{n} X_i^2 \left(1 - \frac{1}{n}\right) + \sum\sum_{i \neq j} \left(-\frac{1}{n}\right) X_i X_j \\ &= \sum_{i=1}^{n} X_i^2 \left(1 - \frac{1}{n}\right) - \frac{1}{n} \sum_{i=1}^{n} X_i \sum_{j=1}^{n} X_j + \frac{1}{n} \sum_{i=1}^{n} X_i^2 \\ &= \sum_{i=1}^{n} X_i^2 - n\overline{X}^2 = (n-1)S^2 \end{aligned} \tag{9.8.7}$$

여기서 $\overline{X}$와 S^2은 $X_1, \cdots, X_n$의 표본평균, 표본분산으로 정의한다.

$X_1, \cdots, X_n$이 공통의 평균 μ와 분산 σ^2인 iid 확률변수를 갖는다고 가정하자. 정리 9.8.1을 사용하여 S^2이 σ^2의 불편추정값임을 증명할 수 있다. 확률벡터 $\mathbf{X}$의 평균은 $\mu\mathbf{1}$이고 분산-공분산 행렬은 $\sigma^2\mathbf{I}$임을 유의하라. 정리 9.8.1을 근거로 하여 직접적으로 다음을 구한다.

$$E(S^2) = \frac{1}{n-1}\left\{\mathrm{tr}\left(\mathbf{I} - \frac{1}{n}\mathbf{J}\right)\sigma^2\mathbf{I} + \mu^2\left(\mathbf{1}'\mathbf{1} - \frac{1}{n}\mathbf{1}'\mathbf{1}\mathbf{1}'\mathbf{1}\right)\right\} = \sigma^2$$

대칭행렬의 분광분해는 이 절에서 매우 유용하게 쓰인다. 식 (3.5.8)에서 언급했듯이 실수의 대칭행렬 $\mathbf{A}$는 다음과 같이 대각화할 수 있다.

$$\mathbf{A} = \mathbf{\Gamma}'\mathbf{\Lambda}\mathbf{\Gamma} \tag{9.8.8}$$

여기서 $\mathbf{\Lambda}$는 $\mathbf{\Lambda} = \mathrm{diag}(\lambda_1, \cdots, \lambda_n)$인 대각행렬이고, $\lambda_1 \geq \cdots \geq \lambda_n$은 $\mathbf{A}$의 고윳값이다. 그리고 $\mathbf{\Gamma}' = [\mathbf{v}_1 \cdots \mathbf{v}_n]$의 열은 이에 대응하는 직교 고유벡터이다(즉 $\mathbf{\Gamma}$는 직교행렬이다). 선형대수로부터 $\mathbf{A}$의 계수는 0이 아닌 고윳값이라는 것을 상기하라. 또한 $\mathbf{\Lambda}$는 대각행렬이기 때문에 다음과 같이 나타낼 수 있다.

$$\mathbf{A} = \sum_{i=1}^{n} \lambda_i \mathbf{v}_i \mathbf{v}_i' \tag{9.8.9}$$

$\mathbf{A}$의 분광분해를 계산하기 위한 R 명령어는 `sdc=eigen(amat)`이다. 여기서 `amat`는 $\mathbf{A}$에 대한 R 행렬이다. 고윳값과 고유벡터는 각각의 속성 `sdc$values`와 `sdc$vectors`에 있다. 정규확률변수에 대해 위 식은 2차 형태 Q를 구하기 위해 사용할 수 있다.

정리 9.8.2

$\mathbf{X}' = (X_1, \cdots, X_n)$이고 여기서 $X_1, \cdots, X_n$은 iid $N(0, \sigma^2)$이라고 하자. 계수가 $r \leq n$인 대칭행렬 $\mathbf{A}$에 대한 2차 형태 $Q = \sigma^{-2}\mathbf{X}'\mathbf{A}\mathbf{X}$를 고려하자. 그러면 Q는 다음 적률생성함수를 갖는다.

$$M(t) = \prod_{i=1}^{r}(1 - 2t\lambda_i)^{-1/2} = |\mathbf{I} - 2t\mathbf{A}|^{-1/2} \tag{9.8.10}$$

여기서 $\lambda_1, \cdots, \lambda_r$은 $\mathbf{A}$의 0이 아닌 고윳값이고, $|t| < 1/(2\lambda^*)$이며, $\lambda^* = \max_{1 \leq i \leq r}|\lambda_i|$로 주어졌다.

증명: 식 (9.8.9)에서처럼 $\mathbf{A}$의 분광분해를 사용하라. $\mathbf{A}$의 계수가 r이므로 정확히 r개의 고윳값이 0이 아니다. 0이 아닌 고윳값을 $\lambda_1, \cdots, \lambda_r$로 정의하면 Q를 다음과 같이 나타낼 수 있다.

$$Q = \sum_{i=1}^{r} \lambda_i (\sigma^{-1}\mathbf{v}_i'\mathbf{X})^2 \tag{9.8.11}$$

$\mathbf{\Gamma}_1' = [\mathbf{v}_1 \cdots \mathbf{v}_r]$이고 r차원 확률벡터 $\mathbf{W}$를 $\mathbf{W} = \sigma^{-1}\mathbf{\Gamma}_1\mathbf{X}$라고 하자. $\mathbf{X}$는 $N_n(\mathbf{0}, \sigma^2\mathbf{I}_n)$이고 $\mathbf{\Gamma}_1'\mathbf{\Gamma}_1 = \mathbf{I}_r$이므로 정리 3.5.2는 $\mathbf{W}$가 $N_r(\mathbf{0}, \mathbf{I}_r)$ 분포를 따름을 보여준다. W_i의 형태로 식 (9.8.11)을 다음과 같이 나타낼 수 있다.

$$Q = \sum_{i=1}^{r} \lambda_i W_i^2 \tag{9.8.12}$$

$W_1, \cdots, W_r$은 독립인 $N(0, 1)$ 확률변수이기 때문에 $W_1^2, \cdots, W_r^2$은 독립인 $\chi^2(1)$ 확률변수이다. 또한 Q의 mgf는 다음과 같다.

$$\begin{aligned} E[\exp\{tQ\}] &= E\left[\exp\left\{\sum_{i=1}^{r} t\lambda_i W_i^2\right\}\right] \\ &= \prod_{i=1}^{r} E[\exp\{t\lambda_i W_i^2\}] = \prod_{i=1}^{r}(1-2t\lambda_i)^{-1/2} \end{aligned} \tag{9.8.13}$$

$|t| < 1/(2\lambda^*)(\lambda^* = \max_{1\le i\le r}|\lambda_i|)$라고 가정하면 마지막 식이 성립한다. 식 (9.8.10)의 두 번째 형태를 구하기 위해 연습문제 9.8.6을 살펴보고 직교행렬의 행렬식이 1임을 상기하라. 그러면 결과는 다음과 같다.

$$\begin{aligned} |\mathbf{I} - 2t\mathbf{A}| = |\mathbf{\Gamma}'\mathbf{\Gamma} - 2t\mathbf{\Gamma}'\mathbf{\Lambda}\mathbf{\Gamma}| &= |\mathbf{\Gamma}'(\mathbf{I} - 2t\mathbf{\Lambda})\mathbf{\Gamma}| \\ &= |\mathbf{I} - 2t\mathbf{\Lambda}| = \left\{\prod_{i=1}^{r}(1-2t\lambda_i)^{-1/2}\right\}^{-2} \end{aligned}$$

예제 9.8.2 이 정리를 설명하기 위해 $X_i(i = 1, 2, \cdots, n)$를 각각 $N(\mu_i, \sigma_i^2)$인 독립인 확률변수라고 하자. $Z_i = (X_i - \mu_i)/\sigma_i$라고 하자. $\sum_{i=1}^{n} Z_i^2$은 자유도 n인 χ^2 분포임을 알고 있다. 정리 9.8.2를 설명하기 위해 $\mathbf{Z}' = (Z_1, \cdots, Z_n)$이라고 하자. 또한 $Q = \mathbf{Z}'\mathbf{I}\mathbf{Z}$라고 하자. 따라서 Q와 관련된 대칭행렬은 모든 값이 1인 n개의 고윳값을 가진(즉 $\lambda_i \equiv 1$) 단위행렬 $\mathbf{I}$이다. 정리 9.8.2로부터 Q의 mgf는 $(1 - 2t)^{-n/2}$이다. 다시 말해 Q는 자유도 n인 χ^2 분포이다.

일반적으로 정리 9.8.2에서 2차 형태 Q의 mgf가 χ^2 분포에 어떻게 접근하는지를 말해준다. 다음 두 정리는 이것이 사실임을 입증하는 두 조건을 제공한다.

정리 9.8.3

$\mathbf{X}' = (X_1, X_2, \cdots, X_n)$이 $N_n(\boldsymbol{\mu}, \mathbf{\Sigma})$이고 여기서 $\mathbf{\Sigma}$는 양수라고 하자. 그러면 $Q = (\mathbf{X} - \boldsymbol{\mu})'\mathbf{\Sigma}^{-1}(\mathbf{X} - \boldsymbol{\mu})$는 $\chi^2(n)$ 분포이다.

증명: $\mathbf{\Sigma}$를 $\mathbf{\Sigma} = \mathbf{\Gamma}'\mathbf{\Lambda}\mathbf{\Gamma}$로 분광분해하라. 여기서 $\mathbf{\Gamma}$는 직교행렬이고, $\mathbf{\Lambda} = \text{diag}\{\lambda_1, \cdots, \lambda_n\}$은 대각성분이 $\mathbf{\Sigma}$의 고윳값인 대각행렬이다. $\mathbf{\Sigma}$는 양수이기 때문에 모든 $\lambda_i > 0$이다. 그러므로 다음과 같이 나타낼 수 있다.

$$\mathbf{\Sigma}^{-1} = \mathbf{\Gamma}'\mathbf{\Lambda}^{-1}\mathbf{\Gamma} = \mathbf{\Gamma}'\mathbf{\Lambda}^{-1/2}\mathbf{\Gamma}\mathbf{\Gamma}'\mathbf{\Lambda}^{-1/2}\mathbf{\Gamma}$$

여기서 $\mathbf{\Lambda}^{-1/2} = \text{diag}\{\lambda_1^{-1/2}, \cdots, \lambda_n^{-1/2}\}$이다. 또한

$$Q = \left\{\mathbf{\Lambda}^{-1/2}\mathbf{\Gamma}(\mathbf{X} - \boldsymbol{\mu})\right\}'\mathbf{I}\left\{\mathbf{\Lambda}^{-1/2}\mathbf{\Gamma}(\mathbf{X} - \boldsymbol{\mu})\right\}$$

하지만 정리 3.5.2에 의해 확률벡터 $\mathbf{\Lambda}^{-1/2}\mathbf{\Gamma}(\mathbf{X}-\boldsymbol{\mu})$가 $N_n(\mathbf{0}, \mathbf{I})$인 것을 밝히기 쉽다. 그러므로 Q는 $\chi^2(n)$ 분포를 따른다.

마지막 정리에서 확률변수 Q에 대해 주목할 만한 사실은 $\chi^2(n)$이 정규분포를 따르는 변수에서의 2차 형태에 관한 의문을 촉발한다는 것이다. 이 문제를 좀 더 일반화하여 다루고 싶지만 여러 가지 제약으로 인해 몇 가지 특별한 경우로 제한해야 한다. 이 같은 경우로 Stapleton(2009)을 참조하라.

만약 대칭행렬 $\mathbf{A}$가 $\mathbf{A}^2=\mathbf{A}$이면 $\mathbf{A}$는 **멱등행렬**(idempotent)이다. 9.1절에서 이미 몇 가지 중요한 행렬을 언급했다. 예를 들어 예제 9.8.1의 행렬 $\mathbf{I}-\frac{1}{n}\mathbf{J}$는 멱등행렬이다. 멱등행렬은 몇몇 중요한 성질을 갖고 있다. λ를 고유벡터 $\mathbf{v}$에 상응하는 멱등행렬 $\mathbf{A}$의 고윳값으로 가정하면 다음의 항등식이 성립한다.

$$\lambda\mathbf{v}=\mathbf{A}\mathbf{v}=\mathbf{A}^2\mathbf{v}=\lambda\mathbf{A}\mathbf{v}=\lambda^2\mathbf{v}$$

따라서 $\lambda(\lambda-1)\mathbf{v}=\mathbf{0}$이다. $\mathbf{v}\neq\mathbf{0}$이므로 $\lambda=0$ 또는 1이다. 반대로 실대칭행렬의 고윳값이 0 또는 1이면 그것은 멱등행렬이다. 연습문제 9.8.10을 참조하라. 또한 멱등행렬 $\mathbf{A}$의 계수는 그것의 고윳값이 1인 수이다. $\mathbf{A}$의 분광분해를 $\mathbf{A}=\mathbf{\Gamma}'\mathbf{\Lambda}\mathbf{\Gamma}$로 정의하자. $\mathbf{\Lambda}$는 고윳값의 대각행렬이고 $\mathbf{\Gamma}$는 열이 직교 고유벡터에 대응하는 직교행렬이다. $\mathbf{\Lambda}$의 대각성분이 0 또는 1이고 $\mathbf{\Gamma}$는 직교행렬이므로 다음과 같다.

$$\operatorname{tr}\mathbf{A}=\operatorname{tr}\mathbf{\Lambda}\mathbf{\Gamma}\mathbf{\Gamma}'=\operatorname{tr}\mathbf{\Lambda}=\operatorname{rank}(\mathbf{A})$$

다시 말해 멱등행렬의 계수는 대각합과 같다.

정리 9.8.4

$\mathbf{X}'=(X_1, \cdots, X_n)$이고 여기서 $X_1, \cdots, X_n$은 iid $N(0, \sigma^2)$이라고 하자. 계수가 r인 대칭행렬 $\mathbf{A}$에 대해 $Q=\sigma^{-2}\mathbf{X}'\mathbf{A}\mathbf{X}$라고 하면 $\mathbf{A}$가 멱등행렬일 필요충분조건은 Q가 $\chi^2(r)$ 분포를 따르는 것이다.

증명: 정리 9.8.2에 의해 Q의 mgf는 다음과 같다.

$$M_Q(t)=\prod_{i=1}^{r}(1-2t\lambda_i)^{-1/2} \tag{9.8.14}$$

여기서 $\lambda_1, \cdots, \lambda_r$은 $\mathbf{A}$의 0이 아닌 고윳값이다. 우선 $\mathbf{A}$가 멱등행렬이라고 가정하면 $\lambda_1=\cdots=\lambda_r=1$이고 Q의 mgf는 $M_Q(t)=(1-2t)^{-r/2}$이다. 즉 Q는 $\chi^2(r)$ 분포를 따른다. 다음으로 Q가 $\chi^2(r)$ 분포를 따른다고 하면 0 근처의 t에 대해 다음 항등식을 얻는다.

$$\prod_{i=1}^{r}(1-2t\lambda_i)^{-1/2}=(1-2t)^{-r/2}$$

양변에 역수를 취하여 제곱하면

$$\prod_{i=1}^{r}(1-2t\lambda_i)=(1-2t)^r$$

다항식 인수의 유일성에 의해 $\lambda_1=\cdots=\lambda_r=1$이다. 그러므로 $\mathbf{A}$는 멱등행렬이다.

예제 9.8.3 위의 정리에 근거하여 정규분포에서 추출했을 때 표본분산의 분포를 빨리 구할 수 있다. $X_1, X_2, \cdots, X_n$이 iid $N(\mu, \sigma^2)$이고 $\mathbf{X}=(X_1, X_2, \cdots, X_n)'$이라고 하자. 그러면 $\mathbf{X}$는 $N_n(\mu\mathbf{1}, \sigma^2\mathbf{I})$를 따른다. 여기서 $\mathbf{1}$은 모든 성분이 1인 $n\times 1$ 벡터이다. $S^2=(n-1)^{-1}\sum_{i=1}^{n}(X_i-\overline{X})^2$이라면 예제 9.8.1에 의해 다음과 같이 나타낼 수 있다.

$$\frac{(n-1)S^2}{\sigma^2}=\sigma^{-2}\mathbf{X}'\left(\mathbf{I}-\frac{1}{n}\mathbf{J}\right)\mathbf{X}=\sigma^{-2}(\mathbf{X}-\mu\mathbf{1})'\left(\mathbf{I}-\frac{1}{n}\mathbf{J}\right)(\mathbf{X}-\mu\mathbf{1})$$

위의 마지막 등식은 $(\mathbf{I}-\frac{1}{n}\mathbf{J})\,\mathbf{1}=\mathbf{0}$이므로 성립한다. 행렬 $\mathbf{I}-\frac{1}{n}\mathbf{J}$는 멱등행렬이고, $\mathrm{tr}(\mathbf{I}-\frac{1}{n}\mathbf{J})=n-1$, $\mathbf{X}-\mu\mathbf{1}$은 $N_n(\mathbf{0}, \sigma^2\mathbf{I})$이므로 정리 9.8.4로부터 $(n-1)S^2/\sigma^2$은 $\chi^2(n-1)$ 분포를 따른다.

참고 9.8.3

정리 9.8.4에서 정규분포가 $N_n(\boldsymbol{\mu}, \sigma^2\mathbf{I})$이면 여전히 조건 $\mathbf{A}^2=\mathbf{A}$는 Q/σ^2가 χ^2 분포를 따르는 필요충분조건이다. 하지만 일반적으로 Q/σ^2는 중심 $\chi^2(r)$이 아니지만 대신 $\mathbf{A}^2=\mathbf{A}$이면 비중심 χ^2 분포를 따른다. 자유도는 $\mathbf{A}$의 계수인 r이고, 비중심모수는 $\boldsymbol{\mu}'\mathbf{A}\boldsymbol{\mu}/\sigma^2$이다. 만약 $\boldsymbol{\mu}=\mu\mathbf{1}$이면 $\boldsymbol{\mu}'\mathbf{A}\boldsymbol{\mu}=\mu^2\sum_{i,j}a_{ij}$이다. 여기서 $\mathbf{A}=[a_{ij}]$이다. $\mu\neq 0$이면 조건 $\mathbf{A}^2=\mathbf{A}$와 $\sum_{i,j}a_{ij}=0$은 Q/σ^2가 중심 $\chi^2(r)$이 되기 위한 필요충분조건이다. 또한 정리는 음이 아닌 공분산행렬 $\mathbf{\Sigma}$를 가진 다변량 정규분포의 확률변수에서 2차 형태까지 확장할 수 있다. 여기서 Q가 χ^2 분포를 따르기 위한 필요충분조건은 $\mathbf{A\Sigma A}=\mathbf{A}$이다. 연습문제 9.8.9를 참조하라.

연습문제

9.8.1 $Q=X_1X_2-X_3X_4$이고 여기서 X_1, X_2, X_3, X_4는 $N(0, \sigma^2)$인 분포에서 추출한 크기 4인 확률표본이다. Q/σ^2는 χ^2 분포를 따르지 않음을 밝혀라. Q/σ^2의 적률생성함수를 구하라.

9.8.2 $\mathbf{X}'=[X_1, X_2, X_3]$을 평균행렬 $\boldsymbol{\mu}'=[\mu_1, \mu_2, \mu_3]$과 양정치 공분산행렬 $\mathbf{\Sigma}$를 가진 다변량 정규분포라고 하자. $K=(1-\rho)(1+2\rho)$이고 Q가 다음과 같을 때 Q가 $\chi^2(r,$

θ)임을 밝히고 r과 θ를 구하라.

$$Q = \frac{(\rho+1)\,X_1^2}{\sigma_1^2 K} + \frac{(\rho+1)\,X_2^2}{\sigma_2^2 K} + \frac{(\rho+1)\,X_3^2}{\sigma_3^2 K} - 2\rho\frac{X_1X_2}{\sigma_1\sigma_2 K} - 2\rho\frac{X_1X_3}{\sigma_1\sigma_3 K} - 2\rho\frac{X_2X_3}{\sigma_2\sigma_3 K}$$

Q가 중심 χ^2 분포를 따르는 조건을 구하라.

9.8.3 $N(4,\ 8)$인 분포에서 추출한 크기 3인 확률표본이 $\mathbf{X}' = [X_1,\ X_2,\ X_3]$이고 $\mathbf{A}$는 다음과 같다고 하자. 또한 $Q = \mathbf{X}'\mathbf{A}\mathbf{X}/\sigma^2$라고 하자.

$$\mathbf{A} = \begin{pmatrix} \frac{1}{2} & 0 & \frac{1}{2} \\ 0 & 1 & 0 \\ \frac{1}{2} & 0 & \frac{1}{2} \end{pmatrix}$$

(a) 정리 9.8.1을 사용하여 $E(Q)$를 구하라.

(b) Q가 $\chi^2(2,\ 6)$이라는 주장을 검증하라.

9.8.4 평균 μ는 같지만 분산 $\sigma_i^2 = Var(X_i)$는 다른 독립인 확률변수를 $X_1,\ X_2,\ \cdots,\ X_n$이라고 하자.

(a) $\overline{X}$의 분산을 구하라.

(b) $Q = K\sum_{i=1}^{n}(X_i - \overline{X})^2$이 $\overline{X}$의 분산의 불편추정량이 되기 위한 상수 K를 구하라.

힌트: 예제 9.8.3을 이용하라.

9.8.5 평균 μ와 분산 σ^2이 공통이지만 상관계수가 ρ인(모든 상관계수는 같다) 연관된 확률변수를 $X_1,\ X_2,\ \cdots,\ X_n$이라고 하자.

(a) $\overline{X}$의 분산을 구하라.

(b) $Q = K\sum_{i=1}^{n}(X_i - \overline{X})^2$이 $\overline{X}$의 분산의 불편추정량이 되기 위한 상수 K를 구하라.

힌트: 예제 9.8.3을 이용하라.

9.8.6 식 (9.8.13)을 세부적으로 보충하라.

9.8.7 식 (9.8.1)에서 정의된 대각합 연산자에 대해 다음이 사실임을 증명하라.

(a) $\mathbf{A}$와 $\mathbf{B}$가 $n \times n$ 행렬이고 a와 b가 스칼라값이면

$$\operatorname{tr}(a\mathbf{A} + b\mathbf{B}) = a\operatorname{tr}\mathbf{A} + b\operatorname{tr}\mathbf{B}$$

(b) $\mathbf{A}$가 $n \times m$ 행렬, $\mathbf{B}$가 $m \times k$ 행렬, $\mathbf{C}$가 $k \times n$ 행렬이면

$$\operatorname{tr}(\mathbf{ABC}) = \operatorname{tr}(\mathbf{BCA}) = \operatorname{tr}(\mathbf{CAB})$$

(c) $\mathbf{A}$가 정방행렬이고 $\mathbf{\Gamma}$가 직교행렬이면 (a)의 결과를 이용하여 $\operatorname{tr}(\mathbf{\Gamma}'\mathbf{A}\mathbf{\Gamma}) = \operatorname{tr}\mathbf{A}$임을 밝혀라.

(d) $\mathbf{A}$가 실대칭 멱등행렬이면 (b)의 결과를 이용하여 $\mathbf{A}$의 계수와 $\operatorname{tr}\mathbf{A}$가 같음을 밝혀라.

9.8.8 $\mathbf{A} = [a_{ij}]$를 실대칭행렬이라고 하자. $\sum_j \sum_i a_{ij}^2$은 $\mathbf{A}$의 고윳값의 제곱합과 같음을 증명하라.
힌트: $\mathbf{\Gamma}$가 직교행렬일 때 $\sum_j \sum_i a_{ij}^2 = \text{tr}(\mathbf{A}^2) = \text{tr}(\mathbf{\Gamma}'\mathbf{A}^2\mathbf{\Gamma}) = \text{tr}[(\mathbf{\Gamma}'\mathbf{A}\mathbf{\Gamma})(\mathbf{\Gamma}'\mathbf{A}\mathbf{\Gamma})]$임을 밝혀라.

9.8.9 $\mathbf{X}$는 $N_n(0, \mathbf{\Sigma})$이고 여기서 $\mathbf{\Sigma}$는 양수라고 하자. 계수가 r인 대칭행렬 $\mathbf{A}$에 대해 $Q = \mathbf{X}'\mathbf{A}\mathbf{X}$라고 하자. Q가 $\chi^2(r)$이 되기 위한 필요충분조건은 $\mathbf{A}\mathbf{\Sigma}\mathbf{A} = \mathbf{A}$임을 증명하라.
힌트: Q를 다음과 같이 나타내라.

$$Q = (\mathbf{\Sigma}^{-1/2}\mathbf{X})'\mathbf{\Sigma}^{1/2}\mathbf{A}\mathbf{\Sigma}^{1/2}(\mathbf{\Sigma}^{-1/2}\mathbf{X})$$

여기서 $\mathbf{\Sigma}^{1/2} = \mathbf{\Gamma}'\mathbf{\Lambda}^{1/2}\mathbf{\Gamma}$와 $\mathbf{\Sigma} = \mathbf{\Gamma}'\mathbf{\Lambda}\mathbf{\Gamma}$는 $\mathbf{\Sigma}$의 분광분해이다. 그리고 정리 9.8.4를 사용하라.

9.8.10 $\mathbf{A}$를 실대칭행렬이라고 하자. $\mathbf{A}$의 고윳값이 0과 1뿐이라면 $\mathbf{A}$는 멱등행렬임을 증명하라.

9.9 2차 형태의 독립성

앞에서는 정규분포 변수의 1차 함수의 독립성을 살펴보았다. 이 절에서는 2차 형태의 독립성에 관한 몇 가지 정리를 증명한다. $N(0, \sigma^2)$인 분포에서 추출한 크기 n인 확률표본으로 이루어진 정규분포 변수로 제한할 것이다.

참고 9.9.1

다음 정리의 증명에서는 계수가 n인 $m \times n$ 행렬이 $\mathbf{A}$라면(즉 $\mathbf{A}$가 완전열 계수를 가지면) 행렬 $\mathbf{A}'\mathbf{A}$가 정칙임을 이용한다. 선형대수의 증명은 연습문제 9.9.12와 9.9.13에서 설명한다.

정리 9.9.1 [크레이그]

$\mathbf{X}' = (X_1, \cdots, X_n)$이고 여기서 $X_1, \cdots, X_n$은 iid $N(0, \sigma^2)$인 확률변수이다. 실대칭행렬 $\mathbf{A}$와 $\mathbf{B}$에 대해 $Q_1 = \sigma^{-2}\mathbf{X}'\mathbf{A}\mathbf{X}$와 $Q_2 = \sigma^{-2}\mathbf{X}'\mathbf{B}\mathbf{X}$를 $\mathbf{X}$의 2차 형태로 정의하자. 확률변수 Q_1과 Q_2는 $\mathbf{A}\mathbf{B} = \mathbf{0}$일 때에 한하여 독립이다.

증명: 우선 몇 가지 사전 결과를 구하면 이 결과에 근거하여 증명이 이루어진다. 행렬 $\mathbf{A}$와 $\mathbf{B}$의 계수를 각각 r과 s로 가정하자. $\mathbf{\Gamma}_1'\mathbf{\Lambda}_1\mathbf{\Gamma}_1$을 $\mathbf{A}$의 분광분해로 정의하자. $\mathbf{A}$의 0이 아닌 고윳값 r개를 $\lambda_1, \cdots, \lambda_r$로 정의하자. 일반적인 손실 없이 0이 아닌 $\mathbf{A}$의 고윳값을 $\mathbf{\Lambda}_1$의 최초 r 주대각성분으로

가정하고, $\mathbf{\Gamma}'_{11}$은 열이 고윳값에 대응하는 $n \times r$ 행렬이라고 하자. 마지막으로 $\mathbf{\Lambda}_{11} = \text{diag}\{\lambda_1, \cdots, \lambda_r\}$이라고 하자. 그러면 $\mathbf{A}$의 분광분해를 다음과 같이 두 가지 방법으로 나타낼 수 있다.

$$\mathbf{A} = \mathbf{\Gamma}'_1\mathbf{\Lambda}_1\mathbf{\Gamma}_1 = \mathbf{\Gamma}'_{11}\mathbf{\Lambda}_{11}\mathbf{\Gamma}_{11} \tag{9.9.1}$$

또한 Q_1을 다음과 같이 나타낼 수 있다.

$$Q_1 = \sigma^{-2}\mathbf{X}'\mathbf{\Gamma}'_{11}\mathbf{\Lambda}_{11}\mathbf{\Gamma}_{11}\mathbf{X} = \sigma^{-2}(\mathbf{\Gamma}_{11}\mathbf{X})'\mathbf{\Lambda}_{11}(\mathbf{\Gamma}_{11}\mathbf{X}) = \mathbf{W}'_1\mathbf{\Lambda}_{11}\mathbf{W}_1 \tag{9.9.2}$$

여기서 $\mathbf{W}_1 = \sigma^{-1}\mathbf{\Gamma}_{11}\mathbf{X}$이다. 마찬가지로 s를 근거로 하여 $\mathbf{B}$의 0이 아닌 고윳값 $\gamma_1, \cdots, \gamma_s$를 구한다. $\mathbf{\Lambda}_{22} = \text{diag}\{\gamma_1, \cdots, \gamma_s\}$가 0이 아닌 고윳값의 $s \times s$ 대각행렬이고, 이에 대응하는 고윳값이 $n \times s$ 행렬 $\mathbf{\Gamma}'_{21} = \{\mathbf{u}_1 \cdots \mathbf{u}_s\}$라고 하자. 그러면 $\mathbf{B}$의 분광분해를 다음과 같이 나타낼 수 있다.

$$\mathbf{B} = \mathbf{\Gamma}'_{21}\mathbf{\Lambda}_{22}\mathbf{\Gamma}_{21} \tag{9.9.3}$$

또한 Q_2를 다음과 같이 나타낼 수 있다.

$$Q_2 = \mathbf{W}'_2\mathbf{\Lambda}_{22}\mathbf{W}_2 \tag{9.9.4}$$

여기서 $\mathbf{W}_2 = \sigma^{-1}\mathbf{\Gamma}_{21}\mathbf{X}$이다. $\mathbf{W}' = (\mathbf{W}'_1, \mathbf{W}'_2)$으로 놓으면 다음을 얻는다.

$$\mathbf{W} = \sigma^{-1}\begin{bmatrix} \mathbf{\Gamma}_{11} \\ \mathbf{\Gamma}_{21} \end{bmatrix}\mathbf{X}$$

$\mathbf{X}$는 $N_n(\mathbf{0}, \sigma^2\mathbf{I})$이므로 정리 3.5.2는 $\mathbf{W}$가 평균이 $\mathbf{0}$이고 분산-공분산 행렬이 다음과 같은 $(r + s)$차원 다변량 정규분포를 따르는 것을 보여준다.

$$\text{Var}(\mathbf{W}) = \begin{bmatrix} \mathbf{I}_r & \mathbf{\Gamma}_{11}\mathbf{\Gamma}'_{21} \\ \mathbf{\Gamma}_{21}\mathbf{\Gamma}'_{11} & \mathbf{I}_s \end{bmatrix} \tag{9.9.5}$$

마지막으로 식 (9.9.1)과 (9.9.3)을 사용하여 다음과 같은 항등식을 얻는다.

$$\mathbf{AB} = \{\mathbf{\Gamma}'_{11}\mathbf{\Lambda}_{11}\}\mathbf{\Gamma}_{11}\mathbf{\Gamma}'_{21}\{\mathbf{\Lambda}_{22}\mathbf{\Gamma}_{21}\} \tag{9.9.6}$$

첫 번째 중괄호에 있는 행렬을 $\mathbf{U}$라고 하면 $\mathbf{U}$는 완전 열계수를 가지므로 핵은 0(null)이 된다. 즉 핵이 $\mathbf{0}$ 벡터로 구성된다. 두 번째 중괄호에 있는 행렬을 $\mathbf{V}$라고 하면 $\mathbf{V}$는 열벡터이므로 $\mathbf{V}'$의 핵은 0이 된다.

증명을 위해 $\mathbf{AB} = \mathbf{0}$이라고 가정하면

$$\mathbf{U}[\mathbf{\Gamma}_{11}\mathbf{\Gamma}'_{21}\mathbf{V}] = \mathbf{0}$$

$\mathbf{U}$의 핵이 0이기 때문에 이는 괄호에 있는 함수의 각 열이 $\mathbf{0}$ 벡터임을 의미한다. 즉 괄호 안에 있는 행렬은 $\mathbf{0}$ 행렬이다. 이것은 다음을 의미한다.

$$\mathbf{V}'[\mathbf{\Gamma}_{21}\mathbf{\Gamma}'_{11}] = \mathbf{0}$$

비슷한 방식으로 $\mathbf{V}'$의 핵은 0이므로 $\mathbf{\Gamma}_{11}\mathbf{\Gamma}'_{21} = \mathbf{0}$이다. 그래서 식 (9.9.5)에 의해 확률벡터 $\mathbf{W}_1$과 $\mathbf{W}_2$는 독립이다. 따라서 식 (9.9.2)와 (9.9.4)에 의해 Q_1과 Q_2는 독립이다.

Q_1과 Q_2가 독립이면 (0, 0) 근처에 있는 (t_1, t_2)에 대해

$$\{E[\exp\{t_1Q_1 + t_2Q_2\}]\}^{-2} = \{E[\exp\{t_1Q_1\}]\}^{-2}\{E[\exp\{t_2Q_2\}]\}^{-2} \tag{9.9.7}$$

$t_1Q_1 + t_2Q_2$는 대칭행렬 $t_1\mathbf{A} + t_2\mathbf{B}$를 가진 $\mathbf{X}$에서의 2차 형태이다. 행렬 $\mathbf{\Gamma}_1$은 직교이고 ± 1의 행렬식을 갖는다. 이와 정리 9.8.2를 사용하여 식 (9.9.7)의 왼쪽 식을 다음과 같이 나타낼 수 있다.

$$\begin{aligned} E^{-2}[\exp\{t_1Q_1 + t_2Q_2\}] &= |\mathbf{I}_n - 2t_1\mathbf{A} - 2t_2\mathbf{B}| \\ &= |\mathbf{\Gamma}_1'\mathbf{\Gamma}_1 - 2t_1\mathbf{\Gamma}_1'\mathbf{\Lambda}_1\mathbf{\Gamma}_1 - 2t_2\mathbf{\Gamma}_1'(\mathbf{\Gamma}_1\mathbf{B}\mathbf{\Gamma}_1')\mathbf{\Gamma}_1| \\ &= |\mathbf{I}_n - 2t_1\mathbf{\Lambda}_1 - 2t_2\mathbf{D}| \end{aligned} \tag{9.9.8}$$

여기서 행렬 $\mathbf{D}$는 다음과 같다.

$$\mathbf{D} = \mathbf{\Gamma}_1\mathbf{B}\mathbf{\Gamma}_1' = \begin{bmatrix} \mathbf{D}_{11} & \mathbf{D}_{12} \\ \mathbf{D}_{21} & \mathbf{D}_{22} \end{bmatrix} \tag{9.9.9}$$

그리고 $\mathbf{D}_{11}$은 $r \times r$ 행렬이다. 식 (9.9.2), (9.9.3)과 정리 9.8.2에 의해 식 (9.9.7)의 오른쪽 식은 다음과 같이 나타낼 수 있으며,

$$\{E[\exp\{t_1Q_1\}]\}^{-2}\{E[\exp\{t_2Q_2\}]\}^{-2} = \left\{\prod_{i=1}^{r}(1 - 2t_1\lambda_i)\right\}|\mathbf{I}_n - 2t_2\mathbf{D}| \tag{9.9.10}$$

이로써 (0, 0) 근처의 (t_1, t_2)에 대해 다음 항등식이 도출된다.

$$|\mathbf{I}_n - 2t_1\mathbf{\Lambda}_1 - 2t_2\mathbf{D}| = \left\{\prod_{i=1}^{r}(1 - 2t_1\lambda_i)\right\}|\mathbf{I}_n - 2t_2\mathbf{D}| \tag{9.9.11}$$

식 (9.9.11)의 오른쪽 식에 있는 $(-2t_1)^r$의 계수는 $\lambda_1 \cdots \lambda_r|\mathbf{I} - 2t_2\mathbf{D}|$이다. 식 (9.9.11)의 왼쪽 식에서 $(-2t_1)^r$의 계수를 찾는 것은 쉽지 않다. 최초의 r열에서 순서 r보다 작은 형태의 축소를 결정하는 데 이 행렬식을 확장하라. 여기서 설명된 하나의 형태는 왼쪽 식 가장자리에서의 상한이 순서 r의 축소의 곱이다. 즉 $|\mathbf{I}_r - 2t_1\mathbf{\Lambda}_{11} - 2t_2\mathbf{D}_{11}|$이다. 그리고 오른쪽 식 가장자리에서의 하한은 순서 $n - r$의 축소의 곱이다. 즉 $|\mathbf{I}_{n-r} - 2t_2\mathbf{D}_{22}|$이다. 이 곱은 $(-2t_1)^r$을 포함하는 행렬식 표현의 유일한 형태이다. 또한 식 (9.9.11)의 왼쪽 식에서 $(-2t_1)^r$의 계수는 $\lambda_1 \cdots \lambda_r|\mathbf{I}_{n-r} - 2t_2\mathbf{D}_{22}|$이다. 만약 $(-2t_1)^r$의 계수를 같게 하면 0에 가까운 t_2에 대해 다음을 얻는다.

$$|\mathbf{I} - 2t_2\mathbf{D}| = |\mathbf{I}_{n-r} - 2t_2\mathbf{D}_{22}| \tag{9.9.12}$$

식 (9.9.12)는 행렬 $\mathbf{D}$와 $\mathbf{D}_{22}$의 0이 아닌 고윳값이 같음을 의미한다(연습문제 9.9.8 참조). 대칭행렬의 고윳값을 제곱한 합은 행렬 성분의 제곱의 합과 같다(연습문제 9.8.8 참조). 또한 행렬 $\mathbf{D}$ 성분의 제곱의 합은 $\mathbf{D}_{22}$ 성분의 제곱의 합과 같다. 행렬 $\mathbf{D}$의 성분은 실수이고, 그것은 각각 $\mathbf{D}_{11}$, $\mathbf{D}_{12}$, $\mathbf{D}_{21}$의 성분이 각각 0이 될 수 있게 한다. 따라서 다음과 같이 쓸 수 있다.

$$\mathbf{0} = \mathbf{\Lambda}_1\mathbf{D} = \mathbf{\Gamma}_1\mathbf{A}\mathbf{\Gamma}_1'\mathbf{\Gamma}_1\mathbf{B}\mathbf{\Gamma}_1'$$

$\mathbf{\Gamma}_1$은 직교행렬이므로 $\mathbf{AB} = \mathbf{0}$이다.

참고 9.9.2

정리 9.9.1은 확률표본 μ가 어떤 실숫값이든 상관없이 $N(\mu, \sigma^2)$인 분포에서 추출되었다면 타당하다. 또한 정리 9.9.1은 양정치 공분산행렬 $\mathbf{\Sigma}$를 가진 결합 다변량 정규분포를 따르는 확률변수의 2차 형태로 확장될 수 있다. 이때 대칭행렬 $\mathbf{A}$와 $\mathbf{B}$를 포함하는 이와 같은 두 2차 형태의 독립성에 관한 필요충분조건은 $\mathbf{A\Sigma B} = \mathbf{0}$이다. 정리 9.9.1에서 $\mathbf{\Sigma} = \sigma^2\mathbf{I}$이므로 $\mathbf{A\Sigma B} = \mathbf{A}\sigma^2\mathbf{IB} = \sigma^2\mathbf{AB} = \mathbf{0}$이다.

다음의 정리는 Hogg와 Craig(1958)에서 인용한 것이다.

정리 9.9.2 [호그와 크레이그]

$N(0, \sigma^2)$인 분포에서 추출한 크기 n인 확률표본의 관측값으로 표현된 2차 형태인 $k + 1$개의 확률변수가 $Q, Q_1, \cdots, Q_{k-1}, Q_k$일 때 $Q = Q_1 + \cdots + Q_{k-1} + Q_k$라고 하자. Q/σ^2는 $\chi^2(r)$, Q_i/σ^2는 $\chi^2(r_i)(i = 1, 2, \cdots, k-1)$이고 Q_k는 음이 아니라고 하자. 이때 확률변수 $Q_1, Q_2, \cdots, Q_k$는 독립이므로 Q_k/σ^2는 $\chi^2(r_k = r - r_1 - \cdots - r_{k-1})$이다.

증명: 먼저 $k = 2$이고 Q, Q_1, Q_2의 실대칭행렬을 각각 $\mathbf{A}, \mathbf{A}_1, \mathbf{A}_2$라고 하자. 이때 $Q = Q_1 + Q_2$, 즉 $\mathbf{A} = \mathbf{A}_1 + \mathbf{A}_2$로 주어진다. 또한 Q/σ^2는 $\chi^2(r)$이고 Q_1/σ^2은 $\chi^2(r_1)$로 주어진다. 정리 9.8.4에 의해 $\mathbf{A}^2 = \mathbf{A}$이고 $\mathbf{A}_1^2 = \mathbf{A}$이다. $Q_2 \geq 0$이므로 행렬 $\mathbf{A}, \mathbf{A}_1, \mathbf{A}_2$는 각각 반양정치(positive semidefinite)이다. $\mathbf{A}^2 = \mathbf{A}$이므로 다음을 만족하는 직교행렬 $\mathbf{\Gamma}$를 구할 수 있다.

$$\mathbf{\Gamma}'\mathbf{A\Gamma} = \begin{bmatrix} \mathbf{I}_r & \mathbf{O} \\ \mathbf{O} & \mathbf{O} \end{bmatrix}$$

이때 $\mathbf{A} = \mathbf{A}_1 + \mathbf{A}_2$의 좌변에 $\mathbf{\Gamma}'$, 우변에 $\mathbf{\Gamma}$를 곱하면

$$\begin{bmatrix} \mathbf{I}_r & \mathbf{0} \\ \mathbf{0} & \mathbf{0} \end{bmatrix} = \mathbf{\Gamma}'\mathbf{A}_1\mathbf{\Gamma} + \mathbf{\Gamma}'\mathbf{A}_2\mathbf{\Gamma}$$

그런데 $\mathbf{A}_1$과 $\mathbf{A}_2$가 각각 반양정치이므로 $\mathbf{\Gamma}'\mathbf{A}_1\mathbf{\Gamma}$와 $\mathbf{\Gamma}'\mathbf{A}_2\mathbf{\Gamma}$도 각각 반양정치이다. 실대칭행렬이 반양정치일 때 주대각선상의 각 성분은 양이거나 0이다. 또한 주대각선상의 성분이 0이면 그 행에 있는 모든 성분과 그 열에 있는 모든 성분은 0이다. 따라서 $\mathbf{\Gamma}'\mathbf{A\Gamma} = \mathbf{\Gamma}'\mathbf{A}_1\mathbf{\Gamma} + \mathbf{\Gamma}'\mathbf{A}_2\mathbf{\Gamma}$는 다음과 같이 나타낼 수 있다.

$$\begin{bmatrix} \mathbf{I}_r & \mathbf{0} \\ \mathbf{0} & \mathbf{0} \end{bmatrix} = \begin{bmatrix} \mathbf{G}_r & \mathbf{0} \\ \mathbf{0} & \mathbf{0} \end{bmatrix} + \begin{bmatrix} \mathbf{H}_r & \mathbf{0} \\ \mathbf{0} & \mathbf{0} \end{bmatrix} \tag{9.9.13}$$

$\mathbf{A}_1^2 = \mathbf{A}_1$이므로

$$(\mathbf{\Gamma}'\mathbf{A}_1\mathbf{\Gamma})^2 = \mathbf{\Gamma}'\mathbf{A}_1\mathbf{\Gamma} = \begin{bmatrix} \mathbf{G}_r & \mathbf{0} \\ \mathbf{0} & \mathbf{0} \end{bmatrix}$$

식 (9.9.13)의 양변에 행렬 $\mathbf{\Gamma}'\mathbf{A}_1\mathbf{\Gamma}$를 곱하면

$$\begin{bmatrix} \mathbf{G}_r & \mathbf{0} \\ \mathbf{0} & \mathbf{0} \end{bmatrix} = \begin{bmatrix} \mathbf{G}_r & \mathbf{0} \\ \mathbf{0} & \mathbf{0} \end{bmatrix} + \begin{bmatrix} \mathbf{G}_r\mathbf{H}_r & \mathbf{0} \\ \mathbf{0} & \mathbf{0} \end{bmatrix}$$

또는 $\mathbf{\Gamma}'\mathbf{A}_1\mathbf{\Gamma} = \mathbf{\Gamma}'\mathbf{A}_1\mathbf{\Gamma} + (\mathbf{\Gamma}'\mathbf{A}_1\mathbf{\Gamma})(\mathbf{\Gamma}'\mathbf{A}_2\mathbf{\Gamma})$임을 알 수 있다. 따라서 $(\mathbf{\Gamma}'\mathbf{A}_1\mathbf{\Gamma}) \times (\mathbf{\Gamma}'\mathbf{A}_2\mathbf{\Gamma}) = 0$이고 $\mathbf{A}_1\mathbf{A}_2 = 0$이다. 정리 9.9.1에 의하면 Q_1과 Q_2는 독립이다. 이와 같은 독립성은 곧 Q_2/σ^2가 $\chi^2(r_2 = r - r_1)$임을 뜻한다. 이것으로 $k = 2$인 경우의 증명을 완료했다. $k > 2$에 대한 증명은 귀납법을 이용할 수 있다. $k = 3$일 때 어떻게 증명되는지 보자. $\mathbf{A} = \mathbf{A}_1 + \mathbf{A}_2 + \mathbf{A}_3$이라고 하자. 여기서 $\mathbf{A}^2 = \mathbf{A}$, $\mathbf{A}_1^2 = \mathbf{A}_1$, $\mathbf{A}_2^2 = \mathbf{A}_2$이고 $\mathbf{A}_3$은 반양정치이다. $\mathbf{A} = \mathbf{A}_1 + (\mathbf{A}_2 + \mathbf{A}_3) = \mathbf{A}_1 + \mathbf{B}_1$이라고 하자. 그런데 $\mathbf{A}^2 = \mathbf{A}$, $\mathbf{A}_1^2 = \mathbf{A}_1$이고 $\mathbf{B}_1$은 반양정치이다. $k = 2$인 경우 $\mathbf{A}_1\mathbf{B}_1 = \mathbf{0}$이므로 $\mathbf{B}_1^2 = \mathbf{B}_1$이다. $\mathbf{B}_1^2 = \mathbf{B}_1$, $\mathbf{A}_2^2 = \mathbf{A}_2$일 때 $\mathbf{B}_1 = \mathbf{A}_2 + \mathbf{A}_3$, $k = 2$인 경우로부터 $\mathbf{A}_2\mathbf{A}_3 = \mathbf{0}$, $\mathbf{A}_3^2 = \mathbf{A}_3$이 성립한다. 만약 $\mathbf{A} = \mathbf{A}_2 + (\mathbf{A}_1 + \mathbf{A}_3)$으로 표기하여 다시 묶는다면 $\mathbf{A}_1\mathbf{A}_3 = \mathbf{0}$ 등을 얻는다.

참고 9.9.3

정리 9.9.2의 명제에서 $X_1, X_2, \cdots, X_n$은 $N(0, \sigma^2)$인 분포에서 추출한 확률표본의 관측값이다. 이것은 정리 9.9.1의 증명이 이 경우로 제한되었기 때문이다. 실제로 $Q', Q'_1, \cdots, Q'_k$이 임의 정규변수(다변량 정규변수 포함)의 2차 형태이고 $Q' = Q'_1 + \cdots + Q'_k$이며 $Q', Q'_1, \cdots, Q'_{k-1}$이 중심 또는 비중심 카이제곱분포이고 Q'_k이 음이 아니면 $Q'_1, \cdots, Q'_k$은 독립이며, Q'_k은 중심 또는 비중심 카이제곱분포이다.

보통 코크런(Cochran)에 의한 정리라고 하는 다음 정리를 증명하면서 이 절을 마치겠다.

정리 9.9.3 [코크런]

$N(0, \sigma^2)$인 분포에서 추출한 확률표본이 $X_1, X_2, \cdots, X_n$이고 각 관측값의 제곱의 합이 다음과 같다고 하자.

$$\sum_{i=1}^{n} X_i^2 = Q_1 + Q_2 + \cdots + Q_k$$

여기서 Q_j는 계수 $r_j(j = 1, 2, \cdots, k)$인 행렬 $\boldsymbol{A}_j$를 포함하는 $X_1, X_2, \cdots, X_n$의 2차 형태이다. 확률변수 $Q_1, Q_2, \cdots, Q_k$는 서로 독립이며 Q_j/σ^2는 $\sum_{j=1}^{k} r_j = n$일 때에 한하여 $\chi^2(r_j)(j = 1, 2, \cdots, k)$이다.

증명: 먼저 두 조건 $\sum_{j=1}^{k} r_j = n$과 $\sum_{i=1}^{n} X_i^2 = \sum_{j=1}^{k} Q_j$가 성립한다고 가정한다. 후자의 식은 $\boldsymbol{I} = \boldsymbol{A}_1 + \boldsymbol{A}_2 + \cdots + \boldsymbol{A}_k$의 합이다. $\boldsymbol{B}_i = \boldsymbol{I} - \boldsymbol{A}_i$라고 하자. 즉 $\boldsymbol{B}_i$는 $\boldsymbol{A}_i$를 제외한 경우 행렬 $\boldsymbol{A}_1, \cdots, \boldsymbol{A}_k$의 합을 뜻한다. R_i를 $\boldsymbol{B}_i$의 계수라고 하자. 여러 개 행렬의 합의 계수는 계수의 합보다 작거나 같으므로 $R_i \le \sum_{j=1}^{k} r_j - r_i = n - r_i$이다. 그러나 $\boldsymbol{I} = \boldsymbol{A}_i + \boldsymbol{B}_i$이므로 $n \le r_i +$

R_i이고 $n - r_i \le R_i$이다. 따라서 $R_i = n - r_i$이다. $\boldsymbol{B}_i$의 고윳값은 방정식 $|\boldsymbol{B}_i - \lambda \boldsymbol{I}| = 0$의 근이다. $\boldsymbol{B}_i = \boldsymbol{I} - \boldsymbol{A}_i$이므로 이 방정식은 $|\boldsymbol{I} - \boldsymbol{A}_i - \lambda \boldsymbol{I}| = 0$으로 나타낼 수 있다. 따라서 $|\boldsymbol{A}_i - (1 - \lambda)\boldsymbol{I}| = 0$이다. 그런데 마지막 방정식의 각 근은 1에서 $\boldsymbol{A}_i$의 고윳값을 뺀 값이다. $\boldsymbol{B}_i$는 정확히 $n - R_i = r_i$개의 0인 고윳값을 가지므로 이 경우 $\boldsymbol{A}_i$는 정확히 r_i개의 1인 고윳값을 갖는다. 그러나 r_i는 $\boldsymbol{A}_i$의 계수이다. 따라서 $\boldsymbol{A}_i$의 0이 아닌 고윳값 r_i개는 각각 1이다. 즉 $\boldsymbol{A}_i^2 = \boldsymbol{A}_i$이므로 $i = 1, 2, \cdots, k$에 대해 Q_i/σ^2는 $\chi^2(r_i)$ 분포를 갖는다. 정리 9.9.2에 의해 확률변수 $Q_1, Q_2, \cdots, Q_k$는 서로 독립이다.

정리 9.9.3의 증명을 완성하기 위해 다음과 같이 놓고,

$$\sum_{i=1}^{n} X_i^2 = Q_1 + Q_2 + \cdots + Q_k$$

$Q_1, Q_2, \cdots, Q_k$는 독립이며 Q_j/σ^2는 $\chi^2(r_j)(j = 1, 2, \cdots, k)$라고 하자. 이 경우 $\sum_{j=1}^{k} Q_j/\sigma^2$는 $\chi^2(\sum_{j=1}^{k} r_j)$이다. 그런데 $\sum_{j=1}^{k} Q_j/\sigma^2 = \sum_{i=1}^{n} X_i^2/\sigma^2$은 $\chi^2(n)$이므로 $\sum_{j=1}^{k} r_j = n$이고 이로써 증명이 완료된다.

연습문제

9.9.1 정규분포 $N(0, \sigma^2)$에서 추출한 확률표본을 X_1, X_2, X_3이라고 하자. 2차 형태 $X_1^2 + 3X_1X_2 + X_2^2 + X_1X_3 + X_3^2$과 $X_1^2 - 2X_1X_2 + \frac{2}{3}X_2^2 - 2X_1X_2 - X_3^2$은 독립인가, 의존인가?

9.9.2 $N(0, \sigma^2)$인 분포에서 추출한 크기 n인 확률표본을 $X_1, X_2, \cdots, X_n$이라고 하자. $i \neq j$인 $\sum_{i=1}^{n}\sum_{j=1}^{n} X_iX_j$와 $X_1, X_2, \cdots, X_n$에서 모두 0이 아닌 모든 2차 형태가 의존함을 증명하라.

9.9.3 $N(0, \sigma^2)$인 정규분포에서 추출한 크기 4인 확률표본을 X_1, X_2, X_3, X_4라고 하자. a_1, a_2, a_3, a_4가 실수 상수일 때 $Y = \sum_{i=1}^{4} a_iX_i$라고 하자. Y^2과 $Q = 2X_1X_2 + 2X_1X_4 + 2X_2X_3 + 2X_3X_4$가 독립일 때 a_1, a_2, a_3, a_4를 구하라.

9.9.4 $N(0, \sigma^2)$인 분포에서 추출한 크기 n인 확률표본의 관측값으로 표현된 2차 형태 Q의 실대칭행렬을 $\boldsymbol{A}$라고 하자. Q와 표본평균 $\overline{X}$가 독립일 때 $\boldsymbol{A}$의 각 행(열) 성분에 대해 어떤 주장을 할 수 있는가?

힌트: Q와 $\overline{X}^2$이 독립인가?

9.9.5 $N(0, \sigma^2)$인 분포에서 추출한 크기 n인 확률표본의 관측값으로 표현된 2차 형태 $Q_1, Q_2, \cdots, Q_k(k > 2)$의 행렬을 $\boldsymbol{A}_1, \boldsymbol{A}_2, \cdots, \boldsymbol{A}_k$라고 하자. 이 형식의 각 쌍의 독립성은 각각이 서로 독립임을 의미한다는 것을 증명하라.

힌트: $\boldsymbol{A}_i\boldsymbol{A}_j = \boldsymbol{0}(i \neq j)$일 때 $E[\exp(t_1Q_1 + t_2Q_2 + \cdots + t_kQ_k)]$를 $Q_1, Q_2, \cdots, Q_k$의 mgf의 곱으로 나타낼 수 있음을 밝혀라.

9.9.6 $N(0, \sigma^2)$인 분포에서 추출한 확률표본의 관측값이 $X_1, X_2, \cdots, X_n$일 때 $\boldsymbol{X}' = [X_1, X_2, \cdots, X_n]$이라고 하자. $\boldsymbol{b}' = [b_1, b_2, \cdots, b_n]$은 0이 아닌 실수 행렬, $\boldsymbol{A}$는 차수 n인 실대칭행렬이라고 하자. 선형식 $\boldsymbol{b}'\boldsymbol{X}$와 2차 형태 $\boldsymbol{X}'\boldsymbol{A}\boldsymbol{X}$가 $\boldsymbol{b}'\boldsymbol{A} = \boldsymbol{0}$일 때에 한하여 독립임을 밝혀라. 이 사실을 이용하여 $\boldsymbol{b}'\boldsymbol{X}$와 $\boldsymbol{X}'\boldsymbol{A}\boldsymbol{X}$가 두 2차 형태 $(\boldsymbol{b}'\boldsymbol{X})^2 = \boldsymbol{X}'\boldsymbol{b}\boldsymbol{b}'\boldsymbol{X}$와 $\boldsymbol{X}'\boldsymbol{A}\boldsymbol{X}$가 독립일 때에 한하여 독립임을 밝혀라.

9.9.7 $N(0, \sigma^2)$인 분포에서 추출한 확률표본의 관측값으로 만든 음이 아닌 2차 형태를 $Q_1, Q_2, \cdots, Q_k$라고 하자. 또 다른 2차 형태 Q가 각각의 $Q_1, Q_2, \cdots, Q_k$와 독립일 때에 한하여 Q가 $\sum_{i=1}^k Q_i$와 독립임을 밝혀라.

힌트: 행렬 $\sum_{i=1}^k Q_i$를 대각화하는 직교변환을 생각하라. 이 변환을 실시한 후에 Q와 $\sum_{i=1}^k Q_i$가 독립이면 $Q, Q_1, Q_2, \cdots, Q_k$ 행렬의 형태는 무엇인가?

9.9.8 식 (9.9.12)는 행렬 $\boldsymbol{D}$와 $\boldsymbol{D}_{22}$의 0이 아닌 고윳값이 동일하다는 것을 의미함을 증명하라.

힌트: $\lambda = 1/(2t_2)(t_2 \neq 0)$이라 하고 식 (9.9.12)가 $|\boldsymbol{D} - \lambda\boldsymbol{I}| = (-\lambda)^r|\boldsymbol{D}_{22} - \lambda\boldsymbol{I}_{n-r}|$과 동일함을 밝혀라.

9.9.9 Q_1, Q_2, Q_3은 $N(0, 1)$에서 추출한 확률표본의 관측값에 의한 2차 형태이다. 만약 Q_1, Q_2, Q_3이 독립이고 $Q_1 + Q_2 + Q_3$이 χ^2 분포를 따른다면 Q_1, Q_2, Q_3이 χ^2 확률변수임을 증명하라.

9.9.10 회귀분석에서 일반적으로 확률변수 Y의 평균은 p개의 값 $x_1, x_2, \cdots, x_p$의 선형함수, 즉 $\beta_1x_1 + \beta_2x_2 + \cdots + \beta_px_p$이다. 여기서 $\boldsymbol{\beta}' = (\beta_1, \beta_2, \cdots, \beta_p)$는 **회귀계수**(regression coefficient)이다. n개의 값 $\boldsymbol{Y}' = (Y_1, Y_2, \cdots, Y_n)$이 $\boldsymbol{X} = [x_{ij}]$의 x 값에 대해 관측되었다고 하자. 여기서 $\boldsymbol{X}$는 $n \times p$ **계획행렬**(design matrix)이고 i번째 행이 $Y_i(i = 1, 2, \cdots, n)$와 결합된다. $\boldsymbol{Y}$가 평균 $\boldsymbol{X\beta}$와 공분산행렬 $\sigma^2\boldsymbol{I}$를 가진 다변량 정규분포를 따른다고 하자. 여기서 $\boldsymbol{I}$는 $n \times n$ 단위행렬이다.

(a) $Y_1, Y_2, \cdots, Y_n$은 독립이다. 왜 그런가?

(b) $\boldsymbol{Y}$가 평균 $\boldsymbol{X\beta}$와 근사적으로 같아야 하기 때문에 정규방정식 $\boldsymbol{X}'\boldsymbol{Y} = \boldsymbol{X}'\boldsymbol{X\beta}$를 $\boldsymbol{\beta}$에 대해 해를 구함으로써 $\widehat{\boldsymbol{\beta}}$을 추정한다. $\boldsymbol{X}'\boldsymbol{X}$가 정칙(nonsingular)이라고 가정할 때 방정식을 풀면 $\widehat{\boldsymbol{\beta}} = (\boldsymbol{X}'\boldsymbol{X})^{-1}\boldsymbol{X}'\boldsymbol{Y}$를 얻는다. $\widehat{\boldsymbol{\beta}}$이 평균 $\boldsymbol{\beta}$와 공분산 행렬 $\sigma^2(\boldsymbol{X}'\boldsymbol{X})^{-1}$을 가진 다변량 정규분포를 따름을 밝혀라.

(c) 다음을 밝혀라.

$$(\boldsymbol{Y} - \boldsymbol{X\beta})'(\boldsymbol{Y} - \boldsymbol{X\beta}) = (\widehat{\boldsymbol{\beta}} - \boldsymbol{\beta})'(\boldsymbol{X}'\boldsymbol{X})(\widehat{\boldsymbol{\beta}} - \boldsymbol{\beta}) + (\boldsymbol{Y} - \boldsymbol{X}\widehat{\boldsymbol{\beta}})'(\boldsymbol{Y} - \boldsymbol{X}\widehat{\boldsymbol{\beta}})$$

이 연습문제의 남은 부분에서는 Q가 이 식의 왼쪽에 있는 2차 형태를 나타내고, Q_1과 Q_2는 오른쪽에 있는 각각의 2차 형태를 나타낸다고 하자. 따라서 $Q = Q_1 + Q_2$이다.

(d) Q_1/σ^2이 $\chi^2(p)$임을 밝혀라.

(e) Q_1과 Q_2가 독립임을 밝혀라.

(f) Q_2/σ^2가 $\chi^2(n-p)$인가에 대해 논하라.

(g) cQ_1/Q_2이 F-분포를 따르도록 c를 구하라.

(h) $P(cQ_1/Q_2 \le d) = 1 - \alpha$인 값 d를 구할 수 있다는 사실을 $\boldsymbol{\beta}$에 대한 $100(1-\alpha)\%$ 신뢰 타원체를 구하는 데 이용할 수 있다. 이것을 설명하라.

9.9.11 G.P.A.(Y)가 코드화한 고등학교 순위(x_2)와 대학입학시험 점수(x_3)의 선형함수, 즉 $\beta_1 + \beta_2 x_2 + \beta_3 x_3$으로 표현된다고 하자. 모든 x_1 값이 1인 것을 참고하고, 다음과 같은 5개를 관측했다고 하자.

x_1	x_2	x_3	Y
1	1	2	3
1	4	3	6
1	2	2	4
1	4	2	4
1	3	2	4

(a) $\boldsymbol{X}'\boldsymbol{X}$와 $\widehat{\boldsymbol{\beta}} = (\boldsymbol{X}'\boldsymbol{X})^{-1}\boldsymbol{X}'\boldsymbol{Y}$를 구하라.

(b) $\boldsymbol{\beta}' = (\beta_1, \beta_2, \beta_3)$에 대한 95% 신뢰 타원체를 구하라. 연습문제 9.9.10의 h를 참조하라.

9.9.12 $\boldsymbol{X}$가 $n \times p$ 행렬이라면 $\boldsymbol{X}$의 핵은 $\ker(\boldsymbol{X}) = \{\boldsymbol{b} : \boldsymbol{X}\boldsymbol{b} = \boldsymbol{0}\}$의 공간으로 정의된다.

(a) $\ker(\boldsymbol{X})$가 R^p의 부분공간임을 밝혀라.

(b) $\ker(\boldsymbol{X})$의 차원은 $\boldsymbol{X}$의 **영도**(nullity)라고 하며 $\nu(\boldsymbol{X})$로 나타낸다. $\rho(\boldsymbol{X})$는 $\boldsymbol{X}$의 계수를 나타낸다고 하자. 선형대수의 기본 정리에 의하면 $\rho(\boldsymbol{X}) + \nu(\boldsymbol{X}) = p$이다. 이를 이용하여 $\boldsymbol{X}$가 완전 열계수를 가지면 $\ker(\boldsymbol{X}) = \{\boldsymbol{0}\}$임을 밝혀라.

9.9.13 $\boldsymbol{X}$가 계수가 p인 $n \times p$ 행렬이라고 가정하자.

(a) $\ker(\boldsymbol{X}'\boldsymbol{X}) = \ker(\boldsymbol{X})$임을 밝혀라.

(b) (a)와 연습문제 9.9.12를 이용하여, 만약 $\boldsymbol{X}$가 완전 열계수를 가지면 $\boldsymbol{X}'\boldsymbol{X}$가 비정칙임을 밝혀라.

비모수 및 로버스트 통계학 10

Nonparametric & Robust Statistics

10.1 위치모형

이 장에서는 단순 위치 문제에 대한 비모수적 방법을 소개한다. 이러한 방법과 관련된 검정 절차는 귀무가설하에 분포 무관하다. 검정에 관련된 신뢰구간과 점추정량도 구할 것이다. 이 통계량의 분포는 분포 무관하지 않으므로 **순서에 근거한**(rank-base) 절차를 사용할 것이다. 이러한 방법에 대한 점근적 상대효율은 쉽게 계산할 수 있으며 그것들 사이의 비교도 가능하다. 또한 점근적으로 효율적인, 다시 말해 점근적으로 라오-크라메르 한계를 가진 추정량을 구할 것이다.

이 장의 주목적은 이러한 개념을 발전시키고 이론을 간략하게 설명하는 것이다. Randles와 Wolfe(1979)나 Hettmansperger와 McKean(2011)에서는 보다 엄밀한 이론적 전개가 이루어진다. R을 사용한 응용과 관련된 내용은 Kloke와 McKean(2014)을 참조하라.

이 절과 다음 절에서는 일표본 문제를 다루며, 대부분의 경우 cdf $F_X(x)$와 pdf $f_X(x)$를 가진 연속형 확률변수 X를 고려한다. X의 받침에 대해 $f_X(x) > 0$을 가정하므로 특히 $F_X(x)$는 받침에서 순증가한다. 이 장과 이어지는 장에서는 모수의 종류를 식별하려 한다. 모수를 주어진 확률변수의 cdf(pdf) 함수로 생각하자. 예를 들어 X의 평균인 μ를 고려하자. 만약 T가 다음과 같이 정의되면 $\mu_X = T(F_X)$로 나타낼 수 있다.

$$T(F_X) = E(X)$$

또 다른 예는 확률변수의 중앙값 ξ, 다시 말해 $F_X(\xi) = 1/2$, 즉 $\xi = F_X^{-1}(1/2)$이다. 여기서 ξ는 함수 $T(F_X) = F_X^{-1}(1/2)$로 정의한다. 이러한 T는 cdf(pdf)의 함수이며 **범함수**(functional)라고 한다.

참고 10.1.1

범함수는 자연스럽게 비모수 통계량을 유도한다. cdf $F(x)$에서 추출한 확률표본이 X_1, X_2 ⋯, X_n이고 $T(F)$를 범함수라고 하자. x_1, x_2, ⋯, x_n이 표본의 실현값이라고 하자. 표본의 경험적 분포는 다음과 같다.

$$\widehat{F}_n(x) = n^{-1}[\#\{x_i \leq x\}], \quad -\infty < x < \infty \tag{10.1.1}$$

따라서 F_n은 각 x_i에 $1/n$의 질량(확률)을 부여하는 이산형 cdf이다. $\widehat{F}_n(x)$는 cdf이므로 $T(\widehat{F}_n)$이 당연히 정의된다. 또한 $T(\widehat{F}_n)$은 오직 표본에만 의존하는 통계량이다. $T(\widehat{F}_n)$을 $T(F)$의 **유도된 추정값**(induced estimator)이라고 한다. 예를 들어 $T(F)$가 분포의 평균이라면 $T(\widehat{F}_n) = \overline{x}$라는 사실을 쉽게 알 수 있다. 연습문제 10.1.3을 참조하라.

다른 예로 중앙값을 생각해보자. $\widehat{F}_n$은 이산형 cdf이므로, 1장의 정의 1.7.2에 있는 분포의 중앙값에 대한 일반적인 정의를 사용한다. $\widehat{\theta}$이 식 (4.4.4)에서 정의된 일반적인 표본중앙값을 나타낸다고 하자. 즉 n이 홀수이면 $\widehat{\theta} = x_{((n+1)/2)}$이고, n이 짝수이면 $\widehat{\theta} = [x_{(n/2)} + x_{((n/2)+1)}]/2$이다. $\widehat{\theta}$이 정의 1.7.2를 만족하는지 밝히기 위해 다음 사항을 주목하자.

- 만약 n이 짝수이면 $\widehat{F}_n(\widehat{\theta}) = 1/2$
- 만약 n이 홀수이면 $n^{-1}\#\{x_i < \widehat{\theta}\} = ((1/2) - (1/n)) \leq 1/2\,,\ F_n(\widehat{\theta}) \geq 1/2$

따라서 어떤 경우든 정의 1.7.2에 따라 $\widehat{\theta}$은 $\widehat{F}_n$의 중앙값이다. n이 짝수이면 $(X_{(n/2)}, X_{((n/2)+1)})$의 구간에 있는 어떤 점이라도 중앙값의 정의를 만족한다.

위치 범함수의 정의부터 살펴보자.

정의 10.1.1

cdf $F_X(x)$와 pdf $f_X(x)$를 가진 연속형 확률변수를 X라고 하자. 다음 조건을 만족하면 $T(F_X)$를 **위치 범함수**(location functional)라고 한다.

$$\text{모든 } a \in R\text{에 대해 } Y = X + a\text{이면 } T(F_Y) = T(F_X) + a \tag{10.1.2}$$

$$\text{모든 } a \neq 0\text{에 대해 } Y = aX\text{이면 } T(F_Y) = aT(F_X) \tag{10.1.3}$$

예를 들어 T를 평균 범함수라고 하자. 즉 $T(F_X) = E(X)$이다. $Y = X + a$라면 $E(Y) = E(X + a) = E(X) + a$이다. 다음으로 $Y = aX$라면 $E(Y) = aE(X)$이다. 그러므로 평균은 위치 범함수이다. 다음의 예는 중앙값도 위치 범함수임을 보여준다.

예제 10.1.1 X의 cdf는 $F(x)$이고 $T(F_X) = F_X^{-1}(1/2)$은 X의 중앙값 범함수라고 하자. 이것을 다른 방식으로 나타내면 $F_X(T(F_X)) = 1/2$이다. $Y = X + a$라고 하면 Y의 cdf는 $F_Y(y) = F_X(y - a)$이다. 다음 등식은 $T(F_Y) = T(F_X) + a$임을 보여준다.

$$F_Y(T(F_X)+a) = F_X(T(F_X)+a-a) = F_X(T(F_X)) = 1/2$$

다음으로 $Y = aX$라고 할 때 $a > 0$이면 $F_Y(y) = F_X(y/a)$이다. 그러므로

$$F_Y(aT(F_X)) = F_X(aT(F_X)/a) = F_X(T(F_X)) = 1/2$$

따라서 $a > 0$이면 $T(F_Y) = aT(F_X)$이다. 반면에 $a < 0$이면 $F_Y(y) = 1 - F_X(y/a)$이다. 이러한 이유로

$$F_Y(aT(F_X)) = 1 - F_X(aT(F_X)/a) = 1 - F_X(T(F_X)) = 1 - \frac{1}{2} = \frac{1}{2}$$

그러므로 $a \neq 0$인 경우 식 (10.1.3)이 성립하며 중앙값은 위치 모수이다.

중앙값이 분위수, 즉 분포의 50% 백분위수라는 것을 상기하라. 연습문제 10.1.1에서 보듯이 중앙값은 위치 범함수인 유일한 분위수이다.

계속해서 $\theta_X = T(F_X)$와 같이 범함수를 나타내는 데 모수를 사용해보자.

4장과 6장에서 특정한 pdf에 대해 위치모형을 기술했다. 이 장에서는 특정한 위치 범함수에 의거하여 일반적인 pdf로 나타내고자 한다. 각각 cdf $F_X(x)$와 pdf $f_X(x)$를 가진 확률변수가 X이고, $\theta_X = T(F_X)$를 위치 범함수라고 하자. 확률변수 ε을 $\varepsilon = X - T(F_X)$로 정의한다. 그러면 식 (10.1.2)에 의해 $T(F_\varepsilon) = 0$이다. 즉 ε은 T에 의해 위치 0이다. 또한 X의 pdf는 $f_X(x) = f(x - T(F_X))$로 나타낼 수 있으며, 여기서 $f(x)$는 ε의 pdf이다.

정의 10.1.2 [위치모형]

$\theta_X = T(F_X)$를 위치 범함수라고 하자. 다음 조건을 만족하면 $X_1, X_2, \cdots, X_n$을 $\theta_X = T(F_X)$를 가진 **위치모형**(location model)이라고 한다.

$$X_i = \theta_X + \varepsilon_i \tag{10.1.4}$$

여기서 $\varepsilon_1, \varepsilon_2, \cdots, \varepsilon_n$은 iid 확률변수이며 pdf가 $f(x)$이고 $T(F_\varepsilon) = 0$이다. 그러므로 $X_1, X_2, \cdots, X_n$은 pdf $f_X(x) = f(x - T(F_X))$를 갖는다.

예제 10.1.2 cdf $F(x)$를 가진 확률변수를 ε이라고 하자. 여기서 $F(0) = 1/2$이다. cdf $F(x)$를 가진 iid 확률변수를 $\varepsilon_1, \varepsilon_2, \cdots, \varepsilon_n$이라고 가정한다. $\theta \in R$이고 다음과 같다면

$$X_i = \theta + \varepsilon_i, \quad i = 1, 2, \ldots, n$$

$X_1, X_2, \cdots, X_n$은 X_i의 중앙값인 위치 범함수 θ를 가진 위치모형을 따른다.

위치모형은 범함수에 매우 의존한다. 이것은 위치 범함수를 제대로 사용해야 모형도 올바로 정립됨을 의미한다. 하지만 대칭인 밀도함수에서는 모든 위치 범함수가 같다.

정리 10.1.1

각각 cdf $F_X(x)$와 pdf $f_X(x)$를 가진 확률변수가 X이고, 분포는 a를 중심으로 대칭이라고 하자. $T(F_X)$를 위치 범함수라고 하면 $T(F_X) = a$이다.

증명: 식 (10.1.2)에 의해 다음과 같이 나타낼 수 있다.

$$T(F_{X-a}) = T(F_X) - a \tag{10.1.5}$$

X의 분포가 a를 중심으로 대칭이기 때문에 $X - a$와 $-(X - a)$는 같은 분포를 따른다. 연습문제 10.1.2를 참조하라. 식 (10.1.2)와 (10.1.3)에 의해 다음이 성립함을 볼 수 있다.

$$T(F_{X-a}) = T(F_{-(X-a)}) = -(T(F_X) - a) = -T(F_X) + a \tag{10.1.6}$$

식 (10.1.5)와 (10.1.6)을 함께 고려하면 결과를 얻을 수 있다.

그러므로 대칭성의 가정은 그 가정이 사실일 때 '중심'의 개념이 유일하기 때문에 매우 흥미롭다.

연습문제

10.1.1 cdf $F(x)$를 가진 연속형 확률변수를 X라고 하자. $0 < p < 1$에서 ξ_p를 p번째 분위수라고 하자. 즉 $F(\xi_p) = p$이다. 만약 $p \neq 1/2$이면 식 (10.1.2)는 성립하지만 식 (10.1.3)은 성립하지 않음을 밝혀라. 그러므로 ξ_p는 위치 모수가 아니다.

10.1.2 X는 pdf $f(x)$를 가진 연속형 확률변수이다. $f(x)$가 a를 중심으로 대칭이면, 즉 $f(x - a) = f(-(x - a))$이면 확률변수 $X - a$와 $-(X - a)$는 pdf가 같다는 것을 증명하라.

10.1.3 $\widehat{F}_n(x)$를 $X_1, X_2, \cdots, X_n$의 경험적 cdf라고 하자. $\widehat{F}_n(x)$의 분포는 각각의 표본 항목 X_i에 질량 $1/n$을 부여한다. 표본의 평균이 $\overline{X}$임을 증명하라. 만약 $T(F) = F^{-1}(1/2)$이 중앙값이라면 $T(\widehat{F}_n) = Q_2$, 즉 표본중앙값임을 증명하라.

10.1.4 X는 cdf $F(x)$를 가진 확률변수이고 $T(F)$는 범함수라고 하자. $T(F)$가 다음 조건을 만족하면 **척도 범함수**(scale functional)라고 한다.

$$\begin{aligned} (i) &\quad T(F_{aX}) = aT(F_X), \quad a > 0\text{에 대해} \\ (ii) &\quad T(F_{X+b}) = T(F_X), \quad \text{모든 } b\text{에 대해} \\ (iii) &\quad T(F_{-X}) = T(F_X) \end{aligned}$$

다음 범함수가 척도 범함수임을 증명하라.

(a) 표준편차 $T(F_X) = (Var(X))^{1/2}$

(b) 사분위 범위 $T(F_X) = F_X^{-1}(3/4) - F_X^{-1}(1/4)$

10.2 표본중앙값과 부호검정

이 절에서는 표본중앙값을 이용하여 분포의 중앙값에 대한 추론을 생각해보자. 먼저 표본중앙값 통계량에 대해 알아본다.

$X_1, X_2, \cdots, X_n$은 다음과 같은 위치모형을 따르는 확률변수이다.

$$X_i = \theta + \varepsilon_i \tag{10.2.1}$$

여기서 $\varepsilon_1, \varepsilon_2, \cdots, \varepsilon_n$은 중앙값이 0이고 iid이며 각각 cdf $F(x)$와 pdf $f(x)$를 갖는다. 10.1절에 의하면 위치 범함수는 중앙값이고 θ는 X_i의 중앙값이다. 다음의 단측검정으로 논의를 시작한다.

$$H_0 : \theta = \theta_0, \quad H_1 : \theta > \theta_0 \tag{10.2.2}$$

다음 통계량을 생각해보자.

$$S(\theta_0) = \#\{X_i > \theta_0\} \tag{10.2.3}$$

위의 통계량은 $X_i - \theta_0 (i = 1, 2, \cdots, n)$의 양의 부호 개수만을 계산하기 때문에 **부호 통계량**(sign statistic)이라고 한다. 만약 $I(x > a)$를 $x > a$일 때 1이고 $x \le a$일 때 0이라고 정의하면 $S(\theta_0)$을 다음과 같이 표현할 수 있다.

$$S(\theta_0) = \sum_{i=1}^{n} I(X_i > \theta_0) \tag{10.2.4}$$

만약 H_0이 참이면 적어도 절반의 관측값이 θ_0보다 크다고 할 수 있고, H_1이 참이면 θ_0을 넘는 관측값의 개수가 절반보다 크다고 기대할 수 있다. 식 (10.2.2)의 가설에 대한 검정은 다음과 같다.

$$S(\theta_0) \ge c\text{이면 } H_0 \text{ 기각, } H_1 \text{ 채택} \tag{10.2.5}$$

귀무가설하에서 확률변수 $I(X_i > \theta_0)$는 iid 베르누이 $b(1, 1/2)$ 분포를 가진 확률변수이다. 그러므로 $S(\theta_0)$의 귀무가설하에서 분포는 평균이 $n/2$이고 분산이 $n/4$인 $b(n, 1/2)$이다. 귀무가설하에서 부호검정은 X_i의 분포에 의존하지 않는다는 것에 주목하라. 일반적으로 이와 같은 검정을 **분포 무관**(distribution free) 검정이라고 한다.

수준 α 검정에서 c는 c_α와 같은 값으로 선택하며, 여기서 c_α는 이항분포 $b(n, 1/2)$의 상한 α 기각점이다. 검정 통계량은 이산분포를 따르므로 정확검정은 몇몇 가능한 α 수준에서만 이루어진다. c_α의 값은 대부분의 통계 패키지에서 쉽게 구할 수 있다. 예를 들어 R 명령어 `pbinom`

`(0:15,15,.5)`는 $n = 15$이고 $p = 0.5$인 이항분포의 cdf를 반환하고, 이로부터 모든 가능한 수준값을 살펴볼 수 있다.

주어진 자료에서 부호검정과 관련된 p 값은 $\widehat{p} = P_{H_0}(S(\theta_0) \geq s)$로 주어지고, s는 표본에 근거한 $S(\theta_0)$의 관측값이다. 계산을 위해 R 명령어 `1-pbinom(s-1,n,.5)`로 $\widehat{p}$를 계산할 수 있다.

종종 검정 통계량의 점근적 분포를 이용하여 대표본 검정을 사용하는 것이 편리하다. 귀무가설하에서 중심극한정리를 사용하면 표준편차통계량 $[S(\theta_0) - (n/2)]/\sqrt{n}/2$은 점근적으로 $N(0, 1)$을 따른다. 그러므로 대표본 검정에서 다음과 같으면 H_0을 기각한다.

$$\frac{S(\theta_0) - (n/2)}{\sqrt{n}/2} \geq z_\alpha \tag{10.2.6}$$

연습문제 10.2.2를 참조하라.

간략하게 다음과 같은 양측검정을 살펴보자.

$$H_0 : \theta = \theta_0, \quad H_1 : \theta \neq \theta_0 \tag{10.2.7}$$

다음 대칭 결정 규칙은 적절해 보인다.

$$S(\theta_0) \leq c_1 \text{ 또는 } S(\theta_0) \geq n - c_1\text{이면 } H_0 \text{ 기각, } H_1 \text{ 채택} \tag{10.2.8}$$

수준 α 검정에서 c_1은 조건 $\alpha/2 = P_{H_0}(S(\theta_0) \leq c_1)$을 만족한다. p 값은 $\widehat{p} = 2 \min\{P_{H_0}(S(\theta_0) \leq s), P_{H_0}(S(\theta_0) \geq s)\}$로 주어지고, 여기서 s는 표본에 근거한 $S(\theta_0)$의 관측값이다.

예제 10.2.1 **[쇼쇼니 사각형]** 황금 사각형이란 가로(w)와 세로(l)의 비율이 황금비인 사각형을 말한다. 이것은 여러 가지로 표현될 수 있는데, 예를 들어 등식 $w/l = l/(w + l)$을 만족하는 것이 황금 사각형이다. 이 비율은 서구 문명에서 의학적 기준이 되었고 고대 그리스까지 거슬러 올라가 예술과 건축물에서도 볼 수 있다. 오늘날에는 신용카드나 비즈니스카드 같은 물건의 가로세로 비율로 사용된다. 문화인류학적 연구에서 DuBois(1960)는 북미 인디언 쇼쇼니족의 구슬로 장식된 바구니에 대한 연구를 예로 들었다. 이 바구니는 구슬로 장식된 사각형을 포함한 것으로, 의문은 과연 쇼쇼니족이 서구 문명과 같은 미적 기준을 사용했는가이다. 쇼쇼니 바구니의 가로세로 비율을 X라 하고, θ는 X의 중앙값으로 정의한다. 관심 있는 가설은 다음과 같다.

$$H_0 : \theta = 0.618, \quad H_1 : \theta \neq 0.618$$

이것은 양측가설검정이며, 만약 $S(0.618) \leq c$이거나 $S(0.618) \geq n - c$이면 H_0을 기각하고 H_1을 채택한다.

쇼쇼니 바구니의 가로세로 비율에 대한 20개 표본은 다음과 같다.

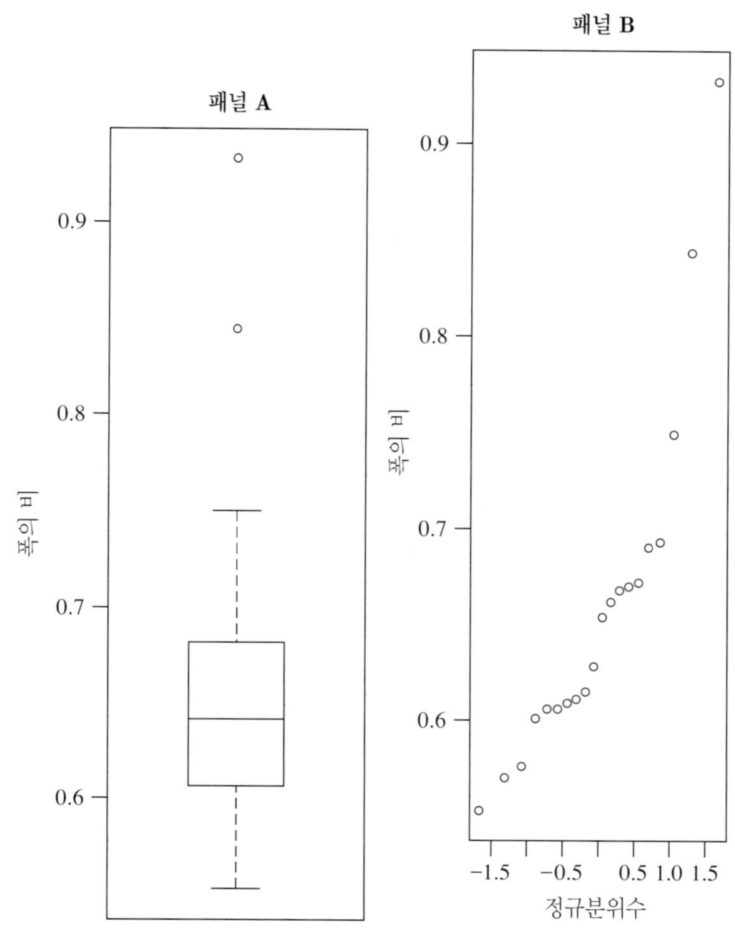

그림 10.2.1 쇼쇼니 자료의 상자그림(패널 A)과 정규 q-q 그림(패널 B)

사각형의 가로세로 비율

0.553	0.570	0.576	0.601	0.606	0.606	0.609	0.611	0.615	0.628
0.654	0.662	0.668	0.670	0.672	0.690	0.693	0.749	0.844	0.933

이 자료는 `shoshoni.rda` 파일에서 찾을 수 있다. 이 자료에서 $S(0.618) = 11$이고 `2*(1-pbinom(10,20,.5))=0.8238`은 p 값이다. 그러므로 위의 자료에 의하면 H_0을 기각할 만한 증거가 없다.

자료의 상자그림과 정규분포 q-q 그림은 그림 10.2.1에 제시했으며, 여기에 잠재적인 이상값이 2~3개 있음을 알 수 있다. 자료는 정규분포를 따르는 것으로 보이지 않는다.

다음으로 식 (10.2.2)의 가설에 대한 부호검정의 검정력 함수와 관련된 몇 가지 유용한 결과를 얻는다. 다음 함수는 추정과 검정에서 유용하게 사용될 것이다. $S(\theta)$를 다음과 같이 정의하자.

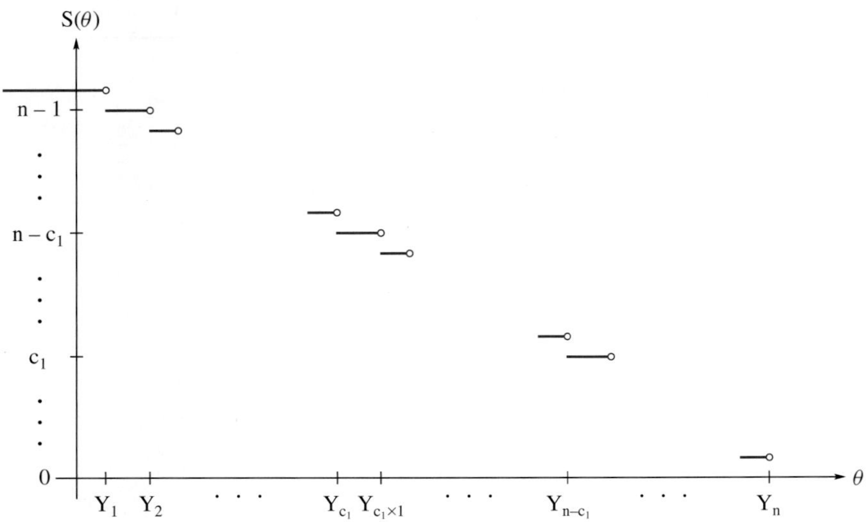

그림 10.2.2 감소계단함수 $S(\theta)$의 그래프. 함수는 순서통계량 Y_i의 각 점에서 1단위씩 감소한다.

$$S(\theta) = \#\{X_i > \theta\} \tag{10.2.9}$$

부호검정 통계량은 $S(\theta_0)$으로 주어지며 함수 $S(\theta)$를 쉽게 기술할 수 있다. 먼저 $\#\{X_i > \theta\} = \#\{Y_i > \theta\}$이므로 $X_1, X_2, \cdots, X_n$의 순서통계량인 $Y_1 < Y_2 < \cdots < Y_n$으로 식 (10.2.9)를 나타낼 수 있다. $\theta < Y_1$이면 모든 Y_i는 θ보다 크고, 따라서 $S(\theta) = n$이다. 다음으로 만약 $Y_1 \leq \theta < Y_2$이면 $S(\theta) = n - 1$이다. 이 과정을 계속하면 $S(\theta)$는 θ의 감소계단함수임을 알 수 있다. 이 함수는 각각의 순서통계량 Y_i에 따라 1단위씩 감소하며, Y_1에서 최댓값 n이고 Y_n에서 최솟값 0이다. 그림 10.2.2는 이를 보여준다.

다음의 이동 성질을 고려하자. 각각의 X_i에서 θ_0을 항상 빼기 때문에 일반성을 잃지 않고 $\theta_0 = 0$이라고 가정할 수 있다.

보조정리 10.2.1

모든 k에 대해

$$P_\theta[S(0) \geq k] = P_0[S(-\theta) \geq k] \tag{10.2.10}$$

증명: 식 (10.2.10)의 좌변은 사건 $\#\{X_i > 0\}$의 확률을 나타내며, 여기서 X_i는 중앙값 θ를 갖는다. 우변은 사건 $\#\{(X_i + \theta) > 0\}$의 확률을 나타내며, 여기서 $X_i + \theta$는 중앙값 θ를 갖는다($\theta = 0$이라는 조건하에 X_i는 중앙값 0을 가지기 때문이다). 그러므로 위 식의 좌변과 우변은 같다.

이 보조정리에 의해 부호검정의 검정력 함수는 단측검정에서 단순함수라는 것을 쉽게 밝힐 수 있다.

정리 10.2.1

식 (10.2.1)의 모형이 참이라고 하자. 식 (10.2.2)의 단측가설에 대해 수준 α 부호검정의 검정력 함수를 $\gamma(\theta)$라고 하면 $\gamma(\theta)$는 θ의 비감소함수이다.

증명: c_α를 $b(n, 1/2)$의 상한 임곗값이라고 하자. $\theta_0 = 0$으로 가정해도 일반성을 잃지는 않는다. 부호검정의 검정력 함수는 다음과 같다.

$$-\infty < \theta < \infty \text{에 대해} \quad \gamma(\theta) = P_\theta[S(0) \geq c_\alpha]$$

만약 $\theta_1 < \theta_2$이면 $-\theta_1 > -\theta_2$이고 $S(\theta)$가 비감소함수이므로 $S(-\theta_1) \leq S(-\theta_2)$이다. 이 결과와 보조정리 10.2.1을 이용하면 다음 결과를 얻는다.

$$\begin{aligned} \gamma(\theta_1) &= P_{\theta_1}[S(0) \geq c_\alpha] \\ &= P_0[S(-\theta_1) \geq c_\alpha] \\ &\leq P_0[S(-\theta_2) \geq c_\alpha] \\ &= P_{\theta_2}[S(0) \geq c_\alpha] \\ &= \gamma(\theta_2) \end{aligned}$$

이는 어느 검정에서도 바람직한 결과이다. $-\infty < \theta < \infty$일 때 모든 θ에 대해 부호검정의 검정력 함수가 단순함수라는 사실 때문에 식 (10.2.2)의 단순귀무가설을 다음과 같은 복합귀무가설로 확장할 수 있다.

$$H_0 : \theta \leq \theta_0, \quad H_1 : \theta > \theta_0 \tag{10.2.11}$$

4장의 정의 4.5.4로부터 복합귀무가설의 검정 크기가 $\max_{\theta \leq \theta_0} \gamma(\theta)$로 주어짐을 알 수 있다. $\gamma(\theta)$가 비감소함수이므로 부호검정의 크기는 귀무가설에서도 α이다. 두 번째 결과는 부호검정이 불편검정이라는 것이다. 8.3절을 참조하라. 연습문제 10.2.8에서와 같이 다른 단측대립가설 $H_1 : \theta < \theta_0$에 대한 부호검정의 검정력 함수는 비감소함수이다.

$\theta = \theta_1$이라는 가설하에 검정 통계량 $S(\theta_0)$은 이항분포 $b(n, p_1)$을 따르며 p_1은 다음과 같이 주어진다.

$$p_1 = P_{\theta_1}(X > 0) = 1 - F(-\theta_1) \tag{10.2.12}$$

여기서 $F(x)$는 모형 (10.2.1)에 있는 ε의 cdf이다. 그러므로 $S(\theta_0)$은 대립가설하에서 분포 무관하지 않다. 연습문제 10.2.3에서 보듯이 정해진 값 θ_1과 $F(x)$에 대해 검정의 검정력을 결정할 수 있다. 더 나아가 표본평균에 근거한 검정과 같은 크기 α 검정과 부호검정의 검정력을 비교하고자 한다. 그러나 이러한 비교 목적을 달성하기 위해서는 더 일반적인 결과가 필요한데 다음 절에서 이를 살펴보자.

10.2.1 점근적 상대효율

이 문제의 해결책은 일련의 위치대립가설하의 검정을 고려하는 것이다. 이 절에서는 식 (10.2.2)의 가설에서 종종 $\theta_0 = 0$을 취한다. 보조정리 10.2.1 이전에 언급된 바와 같이 여기서도 일반성을 잃지 않는다. 식 (10.2.2)의 가설에 대해 다음 가설을 고려하자.

$$H_0 : \theta = 0, \quad H_{1n} : \theta_n = \frac{\delta}{\sqrt{n}} \tag{10.2.13}$$

여기서 $\delta > 0$이다. 이 일련의 대립가설은 $n \to \infty$일 때 귀무가설로 수렴한다. 이러한 일련의 대립가설을 **위치대립가설**(local alternative)이라고 한다. 이 개념은 일련의 대립가설하에서 검정력 함수와 비교하여 검정의 검정력 함수가 작동하는지를 고려하기 위한 것이다. 이에 대해 간략히 설명할 것이다. 좀 더 자세한 내용은 10.1절에서 언급한 책을 참고하기 바란다. 설명을 위해 부호검정에 대한 비대칭적 검정력 보조정리를 만들려 한다.

식 (10.2.6)에 주어진 대표본 α 검정을 생각해보자. 가설 θ_n하에서 다음과 같은 점근적 평균을 얻을 수 있다.

$$\begin{aligned}
E_{\theta_n}\left[\frac{1}{\sqrt{n}}\left(S(0) - \frac{n}{2}\right)\right] &= E_0\left[\frac{1}{\sqrt{n}}\left(S(-\theta_n) - \frac{n}{2}\right)\right] \\
&= \frac{1}{\sqrt{n}}\sum_{i=1}^{n} E_0[I(X_i > -\theta_n)] - \frac{\sqrt{n}}{2} \\
&= \frac{1}{\sqrt{n}}\sum_{i=1}^{n} P_0(X_i > -\theta_n) - \frac{\sqrt{n}}{2} \\
&= \sqrt{n}\left(1 - F(-\theta_n) - \frac{1}{2}\right) \\
&= \sqrt{n}\left(\frac{1}{2} - F(-\theta_n)\right) \\
&\approx \sqrt{n}\theta_n f(0) = \delta f(0)
\end{aligned} \tag{10.2.14}$$

여기서 마지막 행의 단계는 평균값 정리 때문에 성립한다. 좀 더 수준 높은 참고문헌을 통해 H_0 하에서처럼 θ_n하에서 $[S(0) - (n/2)]/(\sqrt{n}/2)$의 분산이 1로 수렴함을 볼 수 있고, $[S(0) - (n/2) - \sqrt{n}\delta f(0)]/(\sqrt{n}/2)$은 적절한 표준정규분포를 따름을 알 수 있다. 이것은 다음의 **점근적 검정력 보조정리**(asymptotic power lemma)를 유도한다.

정리 10.2.2 [점근적 검정력 보조정리]

식 (10.2.13)의 가설을 고려하자. 크기 α인 대표본에서 검정력 함수의 극한에 대한 부호검정은 다음과 같다.

$$\lim_{n\to\infty} \gamma(\theta_n) = 1 - \Phi(z_\alpha - \delta\tau_S^{-1}) \tag{10.2.15}$$

여기서 $\tau_S = 1/[2f(0)]$이고 $\Phi(z)$는 표준정규확률변수의 cdf이다.

증명: 식 (10.2.14)와 몇 가지 사항을 이용하여 다음을 밝힐 수 있다.

$$\begin{aligned}\gamma(\theta_n) &= P_{\theta_n}\left[\frac{n^{-1/2}[S(0)-(n/2)]}{1/2} \geq z_\alpha\right] \\ &= P_{\theta_n}\left[\frac{n^{-1/2}[S(0)-(n/2)-\sqrt{n}\delta f(0)]}{1/2} \geq z_\alpha - \delta 2f(0)\right] \\ &\to 1-\Phi(z_\alpha - \delta 2f(0))\end{aligned}$$

연습문제 10.2.5에서 보듯이 모수 $\tau_S = 1/[2f(0)]$은 앞 절의 연습문제 10.1.4에서 정의된 것처럼 규모 모수(범함수)이다. 뒤에서는 $\tau_S/\sqrt{n}$가 표본중앙값의 점근적 표준편차임을 밝힐 것이다.

정리 10.2.2의 증명에서 몇 가지 근삿값을 사용했다. 좀 더 엄격한 증명은 10.1절에서 인용한 것과 같은 수준 높은 책을 참조하라. 다음 절의 **효율성**(efficacy)이라는 개념의 형태에서 식 (10.2.14)에 주어진 평균의 점근성을 살펴보는 데 많은 도움이 될 것이다. 다음에 주어진 검정 통계량의 다른 표준화 값을 고려하자.

$$\overline{S}(0) = \frac{1}{n}\sum_{i=1}^{n} I(X_i > 0) \tag{10.2.16}$$

여기서 바(bar)의 표기, 즉 H_0하에서 확률이 1/2로 수렴할 때 $\overline{S}(0)$은 $I(X_i > 0)$의 평균임을 나타낸다. $\mu(\theta) = E_\theta(\overline{S}(0) - (1/2))$이라면 식 (10.2.14)에 의해

$$\mu(\theta_n) = E_{\theta_n}\left(\overline{S}(0) - \frac{1}{2}\right) = \frac{1}{2} - F(-\theta_n) \tag{10.2.17}$$

$\sigma_{\overline{S}}^2 = Var(\overline{S}(0)) = 1/4n$이라고 하자. 부호검정의 **효율성**은 다음과 같이 정의된다.

$$c_S = \lim_{n\to\infty} \frac{\mu'(0)}{\sqrt{n}\sigma_{\overline{S}}} \tag{10.2.18}$$

즉 효율성은 귀무가설에서의 검정 통계량 평균의 변화를 $\sqrt{n}$과 귀무가설에서의 검정 통계량 표준편차의 곱으로 나눈 비율이다. 따라서 이 비율이 증가하면 효율성이 증가해야 한다. 이 효율성에 대한 공식을 이 장의 모든 부분에서 사용한다.

그러므로 식 (10.2.14)에서 부호검정의 효율성은 다음과 같다.

$$c_S = \frac{f(0)}{1/2} = 2f(0) = \tau_S^{-1} \tag{10.2.19}$$

즉 규모 모수 τ_S의 역수이다. 효율성에 의거하여 점근적 보조정리의 결론을 다음과 같이 나타낼 수 있다.

$$\lim_{n\to\infty} \gamma(\theta_n) = 1 - \Phi(z_\alpha - \delta c_S) \tag{10.2.20}$$

이것은 우연이 아니며, 다음 절에서 살펴보는 절차에서 사실로 밝혀질 것이다.

참고 10.2.1

이 장에서는 비모수적 방법과 전통적인 모수적 방법을 비교한다. 예를 들어 부호검정과 표본평균에 근거한 검정을 비교한다. 전통적으로 표본평균에 기초한 검정은 t-검정이 대표적이다. 비록 점근적인 비교만이 시행되나 z-검정을 사용할 수 있는데, 이를 t-검정 대신 사용하고자 한다.

효율성의 두 번째 예로 평균에 대한 t-검정의 효율성을 결정한다. 모형 (10.2.1)에서 확률변수 ε_i는 평균이 존재하고 0을 중심으로 대칭인 분포를 따른다고 가정하자. 그러므로 모수 θ는 위치모수이다. 부분적으로 $\theta = E(X_i) = \text{med}(X_i)$이다. X_i의 분산을 σ^2으로 정의하자. 이로써 부호검정과 t-검정의 비교를 쉽게 할 수 있다. $\overline{X} \geq c$이면 H_0을 기각하고 H_1을 채택하는 t-검정의 가설 식 (10.2.2)를 상기하라. 검정 통계량의 형태는 $\overline{X}$이다. 뿐만 아니라

$$\mu_{\overline{X}}(\theta) = E_\theta(\overline{X}) = \theta \tag{10.2.21}$$

$$\sigma^2_{\overline{X}}(0) = V_0(\overline{X}) = \frac{\sigma^2}{n} \tag{10.2.22}$$

그러므로 식 (10.2.21)과 (10.2.22)에 의해 t-검정의 효율성은 다음과 같다.

$$c_t = \lim_{n\to\infty} \frac{\mu'_{\overline{X}}(0)}{\sqrt{n}(\sigma/\sqrt{n})} = \frac{1}{\sigma} \tag{10.2.23}$$

수준 α인 대표본에서의 점근적 검정력인 연습문제 10.2.9와 같이 가설 식 (10.2.13)의 선택하에서 t-검정의 검정력은 $1 - \Phi(z_\alpha - \delta c_t)$이다. 아울러 부호검정과 t-검정은 효율성을 비교할 수 있는데 이는 표본의 크기를 결정할 때 시행된다.

일반성을 잃지 않고 $H_0 : \theta = 0$이라고 가정하자. 이제 (점근적) 확률 γ^*를 가지고 대립가설 $\theta^* > 0$를 탐지할 수 있는 수준 α의 부호검정에서 표본의 크기를 결정해보자. 즉 다음 식을 만족하는 n을 구한다.

$$\gamma^* = \gamma(\theta^*) = P_{\theta^*}\left[\frac{S(0) - (n/2)}{\sqrt{n}/2} \geq z_\alpha\right] \tag{10.2.24}$$

$\theta^* = \sqrt{n}\theta^*/\sqrt{n}$라고 쓰자. 점근적 검정력 보조정리를 이용하면

$$\gamma^* = \gamma(\sqrt{n}\theta^*/\sqrt{n}) \approx 1 - \Phi(z_\alpha - \sqrt{n}\theta^*\tau_S^{-1})$$

이제 z_{γ^*}를 $1 - \gamma^*$의 상한의 표준정규분포 분위수로 정의하면 위의 식에서 다음을 얻는다.

$$z_{\gamma^*} = z_\alpha - \sqrt{n}\theta^*\tau_S^{-1}$$

이것을 n에 대해 풀면

$$n_S = \left(\frac{(z_\alpha - z_{\gamma^*})\tau_S}{\theta^*}\right)^2 \tag{10.2.25}$$

연습문제 10.2.9에서 간략히 설명했듯이 이 상황에서 표본평균에 기반한 검정의 표본 크기는 다음과 같다.

$$n_{\overline{X}} = \left(\frac{(z_\alpha - z_{\gamma^*})\sigma}{\theta^*}\right)^2 \tag{10.2.26}$$

여기서 $\sigma^2 = Var(\varepsilon)$이다.

검정력 보조정리를 유지하고 θ^*의 선택에서 검정력 γ^*를 얻기 위해 필요한 표본 크기의 결정에 대한 같은 수준의 두 검정을 고려하자. 이 표본 크기의 비율을 두 검정의 **점근적 상대효율**(asymptotic relative efficiency, ARE)이라고 한다. 이것이 6장에서 정의한 추정량 사이의 ARE와 같음을 밝힐 것이다. 그러므로 부호검정과 t-검정의 ARE는 다음과 같다.

$$\text{ARE}(S, t) = \frac{n_{\overline{X}}}{n_S} = \frac{\sigma^2}{\tau_S^2} = \frac{c_S^2}{c_t^2} \tag{10.2.27}$$

이는 표본중앙값과 표본평균을 비교한 예제 6.2.5에서 다룬 상대효율과 같다. 다음 두 예제에서는 X_i가 정규분포 또는 라플라스(이중지수) 분포를 따를 때의 ARE를 살펴볼 것이다.

예제 10.2.2 [ARE(S, t): **정규분포**] X_1, X_2, $\cdots$, X_n이 $f(x)$가 $N(0,\ \sigma^2)$인 위치모형 식 (10.1.4)를 따른다고 하자. 그러면 $\tau_S = (2f(0))^{-1} = \sigma\sqrt{\pi/2}$이다. 따라서 ARE($S$, t)는 다음과 같이 주어진다.

$$\text{ARE}(S, t) = \frac{\sigma^2}{\tau_S^2} = \frac{\sigma^2}{(\pi/2)\sigma^2} = \frac{2}{\pi} \approx 0.637 \tag{10.2.28}$$

그러므로 정규분포에서 부호검정은 t-검정과 같이 효율성이 대략 64%이다. 정규분포의 표본 크기 형태에서 t-검정은 $0.64n_s$보다 작은 표본 크기를 필요로 한다. 여기서 n_s는 부호검정에서 같은 검정력을 얻기 위한 표본 크기이다. 주의해야 할 점은 이것이 점근적 효율이라는 것이다. 충분한 경험(시뮬레이션) 연구를 통해 이 수는 믿을 만하다.

예제 10.2.3 [ARE(S, t): **라플라스 분포**] 모형 (10.1.4)를 고려하자. 여기서 $f(x)$는 $-\infty < x < \infty$, $b > 0$에 대해 라플라스 pdf $f(x) = (2b)^{-1}\exp\{-|x|/b\}$이다. 그러면 $\tau_S = (2f(0))^{-1} = b$이다. 여기서 $\sigma^2 = E(X^2) = 2b^2$이다. 그러므로 ARE(S, t)는 다음과 같이 주어진다.

$$\text{ARE}(S, t) = \frac{\sigma^2}{\tau_S^2} = \frac{2b^2}{b^2} = 2 \tag{10.2.29}$$

따라서 라플라스 분포에서 부호검정은 (점근적으로) t-검정보다 효율이 2배이다. 라플라스 분포의 표본 크기 형태에서 t-검정은 부호검정과 같은 검정력을 얻기 위해 2배의 표본 크기를 필요로 한다.

예제 6.3.4에서 부호검정은 실제 분포가 라플라스일 때 스코어형 우도비검정이라는 점을 상기하라.

두 pdf는 각각 $\exp\{-t^2/2\sigma^2\}$과 $\exp\{-|t|/b\}$에 비례하기 때문에 정규분포는 라플라스 분포보다 꼬리가 얇다. 앞의 두 예제에 근거하여 t-검정은 얇은 꼬리인 분포에 효율적인 반면 부호검정은 두꺼운 꼬리인 분포에 효율적이다. 이것은 일반적으로 성립하며 다음 예제에서 설명하겠다. 꼬리의 가중치를 얇은 꼬리에서 두꺼운 꼬리까지 쉽게 바꿀 수 있다.

예제 10.2.4 [ARE(S, t): **오염된 정규분포**] 위치모형 (10.1.4)를 고려하자. 여기서 ε_i의 cdf는 식 (3.4.19)에 주어진 오염된 정규 cdf이다. $\theta_0 = 0$으로 가정하자. 시간에 따른 $(1-\epsilon)$의 분포는 표본을 $N(0,\ b^2)$에서 추출한 반면, 시간에 따른 ϵ의 분포는 $N(0,\ b^2\sigma_c^2)$에서 추출했음을 상기하라. 대응하는 pdf는 다음과 같이 주어진다.

$$f(x) = \frac{1-\epsilon}{b}\phi\left(\frac{x}{b}\right) + \frac{\epsilon}{b\sigma_c}\phi\left(\frac{x}{b\sigma_c}\right) \tag{10.2.30}$$

여기서 $\phi(z)$는 표준정규확률변수의 pdf이다. 3.4절에서 보았듯이 ε_i의 분산은 $b^2(1 + \epsilon(\sigma_c^2 - 1))$이며, $\tau_s = (b\sqrt{\pi/2})/[1-\epsilon+(\epsilon/\sigma_c)]$이다. 게다가 ARE는 다음과 같다.

$$\text{ARE}(S,t) = \frac{2}{\pi}[(1+\epsilon(\sigma_c^2-1)][1-\epsilon+(\epsilon/\sigma_c)]^2 \tag{10.2.31}$$

예를 들어 다음 표(연습문제 6.2.6 참조)는 σ_c가 3.0일 때 ϵ의 다양한 값에 대한 ARE를 보여준다.

ϵ	0	0.01	0.02	0.03	0.05	0.10	0.15	0.25
ARE(S, t)	0.636	0.678	0.718	0.758	0.832	0.998	1.134	1.326

주의: ϵ이 표에 있는 값의 범위를 넘어 증가하면 오염 효과가 점점 커지고(일반적으로 더 두꺼운 꼬리의 분포가 된다), 표에서 보듯이 부호검정이 t-검정보다 상대적으로 더 효율적이 된다. σ_c가 증가하는 것은 같은 효과가 있다. 하지만 $\sigma_c = 3$인 경우 오염이 10%를 넘은 후부터 부호검정이 t-검정보다 효율적이다.

10.2.2 부호검정에 기초한 추정방정식

실제로 모형 (10.2.1)에서 X_i의 중앙값인 θ를 추정하려는 경우가 흔히 있다. 부호검정에 기초한 점추정은 표본평균의 기하학과 유사하게 간단한 기하학으로 설명할 수 있다. 연습문제 10.2.6과 같이 표본평균 $\overline{X}$는

$$\overline{X} = \text{Argmin}\sqrt{\sum_{i=1}^{n}(X_i - \theta)^2} \tag{10.2.32}$$

$\sqrt{\sum_{i=1}^{n}(X_i - \theta)^2}$은 관측값 $\mathbf{X} = (X_1, X_2, \cdots, X_n)'$의 벡터와 벡터 $\theta 1$ 사이의 유클리드 거리이다. 만약 단순히 제곱 루트와 합의 기호를 교환하면 유클리드 거리에서 L_1 거리로 바뀐다. 다음과 같이 놓자.

$$\widehat{\theta} = \text{Argmin}\sum_{i=1}^{n}|X_i - \theta| \tag{10.2.33}$$

$\widehat{\theta}$를 결정하기 위해 오른쪽 식을 θ로 미분하면

$$\frac{\partial}{\partial\theta}\sum_{i=1}^{n}|X_i - \theta| = -\sum_{i=1}^{n}\text{sgn}(X_i - \theta)$$

(6장에서와 같이 $x = 0$일 때 $|x|$의 미분값이 0이라고 하자.) 이것을 0이라고 하면 다음 추정방정식(EE)을 얻는다.

$$\sum_{i=1}^{n}\text{sgn}(X_i - \theta) = 0 \tag{10.2.34}$$

이것의 해는 식 (4.4.4)의 표본중앙값 Q_2이다.

관측값은 연속형 확률변수이므로 다음 항등식을 얻는다.

$$\sum_{i=1}^{n}\text{sgn}(X_i - \theta) = 2S(\theta) - n$$

그러므로 표본중앙값의 해는 $S(\theta) \approx n/2$이다. 그림 10.2.2를 다시 고려하자. 수직축에서 $n/2$을 상상해보자. 이것은 n에서 0까지 $S(\theta)$만큼 내려간 것의 거의 반이다. $n/2$에 대응하는 수평축에서의 순서통계량은 반드시 표본중앙값(순서통계량의 중간)이다. 검정에서 자료에 근거한 마지막 식은 $n/2$이 귀무가설 검정 통계량의 기댓값이기 때문에 표본중앙값이 '가장 채택할 만한' 가설임을 보여준다. 흔히 이것을 검정의 역수에 대한 추정이라고 생각한다.

이제 표본중앙값의 비대칭분포에 대해 알아보자. 일반적인 손실이 없다고 가정하면 X_i는 0이다. $-\infty < x < \infty$라고 하자. $S(\theta)$는 비증가함수이고 항등식 $S(\theta) \approx n/2$임을 사용하여 다음과 같은 동치를 얻는다.

$$\{\sqrt{n}Q_2 \le x\} \Leftrightarrow \left\{Q_2 \le \frac{x}{\sqrt{n}}\right\} \Leftrightarrow \left\{S\left(\frac{x}{\sqrt{n}}\right) \le \frac{n}{2}\right\}$$

그러므로

$$\begin{aligned} P_0(\sqrt{n}Q_2 \le x) &= P_0\left[S\left(\frac{x}{\sqrt{n}}\right) \le \frac{n}{2}\right] \\ &= P_{-x/\sqrt{n}}\left[S(0) \le \frac{n}{2}\right] \\ &= P_{-x/\sqrt{n}}\left[\frac{S(0)-(n/2)}{\sqrt{n}/2} \le 0\right] \\ &\to \Phi(0 - x\tau_S^{-1}) = P(\tau_S Z \le x) \end{aligned}$$

여기서 Z는 표준정규분포의 확률변수이고, $\alpha = 0.5$인 점근적 검정력 보조정리를 끌어내어 극한값을 구할 수 있으며, 따라서 $z_\alpha = 0$이다. 위의 형태를 재정리하면 정리에서와 비슷한 표본중앙값의 점근적 분포를 얻는다.

정리 10.2.3

확률표본 $X_1, X_2, \cdots, X_n$에 대해 모형 (10.2.1)이라고 가정하자. $f(0) > 0$이고 Q_2가 표본중앙값이라면

$$\sqrt{n}(Q_2 - \theta) \to N(0, \tau_S^2) \tag{10.2.35}$$

여기서 $\tau_S = (2f(0))^{-1}$이다.

6.2절에서 두 추정량과 그 점근적 분산의 역의 ARE를 정의했다. 표본중앙값과 평균에 대해 식 (10.2.27)에서 검정에 대한 표본 크기 행렬식에 기초한 것처럼 비율은 같다.

10.2.3 중앙값의 신뢰구간

4.4절에서 중앙값에 대한 신뢰구간을 얻었다. 이 절에서는 부호검정을 뒤집어서 신뢰구간을 도출한다. $S(\theta)$의 단조성에 기반하여 이렇게 유도하는 것은 간단하지만, 이 기법이 이 장의 이어지는 절에서 유용하다는 것을 입증할 것이다.

확률변수 $X_1, X_2, \cdots, X_n$이 위치모형 식 (10.2.1)에서 발생했다고 하자. 이 절에서는 X_i의 중앙값 θ에 대한 신뢰구간을 전개한다. θ가 중앙값이고 식 (10.2.9)의 확률변수 $S(\theta)$가 이항분포 $b(n, 1/2)$을 따른다고 하자. $0 < \alpha < 1$에 대해 $P_\theta[S(\theta) \le c_1] = \alpha/2$인 c_1을 선택한다. 그러므로

$$1 - \alpha = P_\theta[c_1 < S(\theta) < n - c_1] \tag{10.2.36}$$

3장에서 다루었던 평균에 대한 t-신뢰구간의 전개를 상기하라. 3장에서 평균에 대한 t-신뢰구간을 도출할 때, 이와 같은 식으로 시작하여 피벗 확률변수 $t = \sqrt{n}(\overline{X} - \mu)/S$(이 식에서 S는 표본표준편차이다)의 역을 구함으로써 가운데에 μ를 남겨두는 부등식을 얻었다는 것을 상기하라. 이때 함수 $S(\theta)$는 역함수를 갖지 않지만 θ의 감소계단함수이다. 그림 10.2.2에서와 같이 $c_1 <$

$S(\theta) < n - c_1$은 $Y_{c_1+1} \le \theta < Y_{n-c_1}$일 때에 한하여 성립한다. $Y_1 < Y_2 < \cdots < Y_n$은 표본 $X_1, X_2, \cdots, X_n$의 순서통계량이다. 그러므로 구간 $[Y_{c_1+1}, Y_{n-c_1})$은 중앙값 θ에 대한 $(1-\alpha)100\%$ 신뢰구간이다. 순서통계량이 연속형 확률변수이기 때문에 구간 (Y_{c_1+1}, Y_{n-c_1})은 신뢰구간과 동치이다.

n이 클 경우 c_1의 대표본 근사가 있다. 중심극한정리에 의해 $S(\theta)$는 평균이 $n/2$이고 분산이 $n/4$인 근사적 정규분포를 따른다. 그러면 연속적 보정을 사용하여 근사적으로 다음을 얻는다.

$$c_1 \approx \frac{n}{2} - \frac{z_{\alpha/2}\sqrt{n}}{2} - \frac{1}{2} \tag{10.2.37}$$

여기서 $\Phi(-z_{\alpha/2}) = \alpha/2$이다. 연습문제 10.2.7을 참조하라. 실제로는 c_1에 가장 가까운 정수를 사용한다.

예제 10.2.5 **[예제 10.2.1의 연속]** 쇼쇼니 바구니 자료에는 20개의 자료가 있다. 너비와 길이의 표본중앙값은 $0.5(0.628 + 0.654) = 0.641$이다. $0.021 = P_{H_0}(S(0.618) \le 5)$이므로 θ에 대한 95.8% 신뢰구간은 0.618을 포함하는 구간 $(y_6, y_{15}) = (0.606, 0.672)$이다. 0.618은 가로세로 비율이 황금비인 것이다.

현재는 일표본 부호검정을 위한 내장 R 함수가 없다. 저자 서문에 언급된 사이트에서 다운로드할 수 있는 R 함수 `onesampsgn.R`은 이 분석을 계산한다. 이러한 자료에서 기본 95% 신뢰구간은 위에서 계산된 것과 동일하다.

연습문제

10.2.1 예제 10.2.1에서 설명한 쇼쇼니 바구니 자료에 대한 그림 10.2.2를 설명하라. 예제 10.2.5에서 설명한 검정 통계량, 점추정, 95.8% 신뢰구간의 값을 밝혀라.

10.2.2 식 (10.2.6)의 검정이 점근적으로 수준 α임을 밝혀라. 즉 H_0하에서 다음과 같음을 밝혀라.

$$\frac{S(\theta_0) - (n/2)}{\sqrt{n}/2} \xrightarrow{D} Z$$

여기서 Z는 $N(0, 1)$이다.

10.2.3 확률변수 X의 중앙값을 θ라 하고 다음 검정을 고려하자.

$$H_0 : \theta = 0, \quad H_1 : \theta > 0$$

표본 크기 $n = 25$라고 가정한다.

(a) $S(0)$을 부호검정 통계량이라고 하자. 검정의 수준을 구하라. $S(0) \ge 16$이면 H_0

을 기각한다.

(b) X가 $N(0.5,\, 1)$일 때 (a)의 검정의 검정력을 구하라.

(c) X는 유한한 평균 $\mu = \theta$라고 가정하자. 만약 $\overline{X}/(\sigma/\sqrt{n}) \geq k$이면 H_0을 기각하는 점근적 검정을 고려하자. $\sigma = 1$로 가정하고 (a)에서의 검정처럼 수준이 같은 점근적 검정에서의 k를 구하라. 그리고 (b)의 상황에 대한 이 검정의 검정력을 구하라.

10.2.4 위치 범함수 설정의 중요성을 이해하기 위해 Tukey(1977)에서 가져온 강 길이에 대한 자료를 고려하자. 이 자료는 마일로 측정된 미국의 141개 강 길이를 포함하고 있으며, `lengthriver.rda` 파일에서 찾을 수 있다.

(a) 위치 범함수가 중앙값이라고 가정하자. 이에 대한 추정값과 95% 신뢰구간을 구하라. 10.2.3절에서 논의된 신뢰구간을 사용하라. 자료의 측면에서 이를 해석하라. 계산을 위해 R 함수 `onesampsgn.R`을 사용하라.

(b) 위치 범함수가 평균이라고 가정하자. 이에 대한 추정값과 95% t-신뢰구간을 구하라. 자료의 측면에서 이를 해석하라.

(c) 자료의 상자그림을 구하고 여기에 추정값과 신뢰구간을 표시하라. 이에 대해 논하라.

10.2.5 연습문제 10.1.4에 주어진 규모함수의 정의를 상기하라. 정리 10.2.2에서 정의된 모수 τ_S가 규모함수임을 밝혀라.

10.2.6 표본평균 해가 식 (10.2.32)임을 밝혀라.

10.2.7 근삿값 식 (10.2.37)을 도출하라.

10.2.8 부호검정의 검정력 함수는 다음 가설에 대해 비감소함수임을 밝혀라.

$$H_0 : \theta = \theta_0, \quad H_1 : \theta < \theta_0 \tag{10.2.38}$$

10.2.9 위치모형 식 (10.2.1)을 따르는 확률표본을 $X_1,\ X_2,\ \cdots,\ X_n$이라고 하자. 가설 식 (10.2.2)에 대해 부호검정과 t-검정을 비교하려 한다. 그래서 확률오차 ε_i는 0에 대해 대칭이라고 가정한다. $\sigma^2 = Var(\varepsilon_i)$라고 하자. 평균과 중앙값은 이 위치모형에서 같다. $\theta_0 = 0$이라고 하자. $\overline{X}/(\sigma/\sqrt{n}) > z_\alpha$이면 H_0을 기각하고 H_1을 채택하는 대표본 t-검정을 고려하자.

(a) 대표본 t-검정의 검정력 함수 $\gamma_t(\theta)$를 구하라.

(b) $\gamma_t(\theta)$는 θ에서 비감소함수임을 밝혀라.

(c) 식 (10.2.13)의 위치에 대한 순차적인 선택에서 $\gamma_t(\theta_n) \to 1 - \Phi(z_\alpha - \sigma\theta^*)$임을 밝혀라.

(d) (c)에 근거하여 근사적인 검정력 γ^*를 가지고 θ^*를 탐지하기 위한 t-검정에 대한 표본 크기를 결정하라.

(e) 식 (10.2.27)에 주어진 ARE(S, t)를 도출하라.

10.3 부호순위 윌콕슨

모형 식 (10.2.1)을 따르는 확률표본을 $X_1, X_2, \cdots, X_n$이라고 하자. 부호검정에 기초한 θ에 대한 추론은 단순하며 X_i의 분포에 대한 몇 가지 가정을 필요로 한다. 한편 부호검정의 절차는 정규분포에 근거한 t-검정에 비해 효율이 0.64로 낮다. 이 절에서는 t-검정과 관계된 높은 효율의 비모수적 절차를 논의한다. 모형 (10.2.1)에서 ε_i의 pdf $f(x)$가 대칭이라는 가정을 추가한다. 즉 모든 $-\infty < x < \infty$에 대해 $f(x) = f(-x)$이다. 그러므로 X_i는 θ에 대해 대칭분포이다. 정리 10.1.1에 의해 모든 위치 모수는 동일하다.

우선 다음 단측가설을 고려하자.

$$H_0 : \theta = 0, \quad H_1 : \theta > 0 \tag{10.3.1}$$

큰 무리 없이 귀무가설 $H_0 : \theta = 0$이라고 가정할 수 있다. 만약 $H_0 : \theta = \theta_0$이라면 표본 $X_1 - \theta_0, \cdots, X_n - \theta_0$을 고려하면 된다. pdf가 대칭이라는 가정하에 0으로부터 같은 거리의 관측값 X_i는 같고, 따라서 가중치가 같다. **부호순위 윌콕슨**(signed-rank Wilcoxon) 검정 통계량은 다음과 같이 주어진다.

$$T = \sum_{i=1}^{n} \operatorname{sgn}(X_i) R|X_i| \tag{10.3.2}$$

여기서 $R|X_i|$는 $|X_1|, \cdots, |X_n|$ 중에서 X_i의 순위로 정의한다. 순위는 작은 것부터 큰 것의 순서이다. 귀무가설하에 직관적으로 X_i의 반은 양수이고 반은 음수임을 알 수 있다. 또한 순위는 정수 집합 $\{1, 2, \cdots, n\}$에서 균등분포여야 한다. 그러므로 0 근처의 T 값은 H_0을 채택하는 것을 나타낸다. 한편 H_1이 참이면 X_i의 반 이상이 양수이거나 음수이기를 기대하고, 양의 관측값은 보다 높은 순위가 된다. 그러므로 근사적 결정 규칙은 다음과 같다.

$$T \geq c \text{이면 } H_0 \text{ 기각, } H_1 \text{ 채택} \tag{10.3.3}$$

여기서 c는 검정의 수준 α에 의해 결정된다.

α가 주어졌을 때 기각점 c를 결정하기 위한 T의 귀무가설에 대한 분포가 필요하다. 정수 집합 $\{-n(n+1)/2, -[n(n+1)/2]+2, \cdots, n(n+1)/2\}$은 T의 받침이다. 또한 10.2절에서 부호 통계량은 받침 $\{-1, 1\}$이며 pmf가 iid이고 다음과 같음을 알고 있다.

$$p(-1) = p(1) = \frac{1}{2} \tag{10.3.4}$$

다음 보조정리에 주요 결과가 있다.

보조정리 10.3.1

H_0하에서 그리고 pdf가 0에 대해 대칭인 확률변수 $|X_1|, \cdots, |X_n|$은 확률변수 $\text{sgn}(X_1), \cdots, \text{sgn}(X_n)$과 독립이다.

증명: $X_1, \cdots, X_n$은 cdf $F(x)$의 확률표본이므로 $P[|X_i| \le x, \text{sgn}(X_i) = 1] = P[|X_i| \le x]\ P[\text{sgn}(X_i) = 1]$임을 밝히는 것으로 충분하다. 하지만 H_0과 $f(x)$의 대칭 때문에 다음 항등식을 얻는다.

$$\begin{aligned} P[|X_i| \le x, \text{sgn}(X_i) = 1] &= P[0 < X_i \le x] = F(x) - \frac{1}{2} \\ &= [2F(x) - 1]\frac{1}{2} = P[|X_i| \le x]P[\text{sgn}(X_i) = 1] \end{aligned}$$

이 보조정리에 기초하여 $|X_i|$의 순위는 X_i의 부호와 독립이다. 순위는 정수 $1, 2, \cdots, n$의 순열이며, 보조정리에 의해 어떤 순열도 독립이다. 특별히 절댓값 순서의 조합을 사용한다고 가정하자. 예를 들어 관측값이 -6.1, 4.3, 7.2, 8.0, -2.1이라고 가정하자. 그러면 절댓값의 조합은 5, 2, 1, 3, 4이다. 즉 다섯 번째 관측값은 절댓값 중에서 가장 작고, 두 번째가 그다음으로 작다. 이것을 **비순위의 조합**(anti-ranks)이라고 하며 $i_1, i_2, \cdots, i_n$으로 정의한다. 비순위를 사용하여 T를 다음과 같이 나타낼 수 있다.

$$T = \sum_{j=1}^{n} j\,\text{sgn}(X_{i_j}) \tag{10.3.5}$$

여기서 보조정리 10.3.1에 의해 $\text{sgn}(X_{i_j})$는 받침 $\{-1, 1\}$이고 pmf가 식 (10.3.4)인 iid이다. 이 관측값에 근거하여 $-\infty < s < \infty$에 대해 T의 mgf는 다음과 같다.

$$\begin{aligned} E[\exp\{sT\}] &= E\left[\exp\left\{\sum_{j=1}^{n} sj\,\text{sgn}(X_{i_j})\right\}\right] \\ &= \prod_{j=1}^{n} E[\exp\{sj\,\text{sgn}(X_{i_j})\}] \\ &= \prod_{j=1}^{n} \left(\frac{1}{2}e^{-sj} + \frac{1}{2}e^{sj}\right) \\ &= \frac{1}{2^n}\prod_{j=1}^{n}\left(e^{-sj} + e^{sj}\right) \end{aligned} \tag{10.3.6}$$

mgf는 근본적인 대칭 pdf $f(x)$에 의존하지 않기 때문에 검정 통계량 T는 H_0하에 분포 무관이다. 비록 T의 pmf를 닫힌 형태로 구할 수 없을지라도 이 mgf는 특정한 n에 대해 pmf를 생성하는 데 사용할 수 있다. 연습문제 10.3.1을 참조하라.

$\text{sgn}(X_{i_j})$는 평균이 0이고 서로 독립이기 때문에 $E_{H_0}[T] = 0$이다. 또한 $\text{sgn}(X_{i_j})$의 분산은 하나이므로

$$\begin{aligned} Var_{H_0}(T) &= \sum_{j=1}^{n} Var_{H_0}(j\,\text{sgn}(X_{i_j})) \\ &= \sum_{j=1}^{n} j^2 = n(n+1)(2n+1)/6 \end{aligned}$$

이 결과를 다음 정리에 요약했다.

정리 10.3.1

모형 (10.2.1)이 확률표본 $X_1, X_2, \cdots, X_n$에 대해 성립한다고 가정하자. 또한 pdf $f(x)$가 0에 대해 대칭이라면 H_0하에서 다음과 같다.

T는 대칭 pmf와 함께 분포 무관이다. (10.3.7)

$$E_{H_0}[T] = 0 \tag{10.3.8}$$

$$Var_{H_0}(T) = \frac{n(n+1)(2n+1)}{6} \tag{10.3.9}$$

$\dfrac{T}{\sqrt{Var_{H_0}(T)}}$는 점근적으로 $N(0,\,1)$ 분포를 따른다. (10.3.10)

증명: 식 (10.3.7)의 첫 번째 부분과 식 (10.3.8), (10.3.9)는 앞에서 도출되었다. T의 점근적 분포는 확실히 그럴듯하고, 이에 대한 증명은 좀 더 깊이 있는 책에서 볼 수 있다. 식 (10.3.7)의 두 번째 부분을 구하기 위해 T의 분포가 0에 대해 대칭임을 밝혀야 한다. 하지만 식 (10.3.6)의 Y의 mgf에 의해 다음을 얻는다.

$$E[\exp\{s(-T)\}] = E[\exp\{(-s)T\}] = E[\exp\{sT\}]$$

그러므로 T와 $-T$는 같은 분포를 따르고, 따라서 T는 0에 대해 대칭인 분포이다.

T의 받침은 부호검정의 받침보다 더 촘촘하고, 따라서 정규 근사는 표본 크기가 10인 경우에도 좋다는 것을 주목하라.

T가 편리하게 사용되는 경우가 또 있다. T^+를 양수 X_i의 순위의 합으로 정의하자. 그러면 모든 순위의 합은 $n(n+1)/2$이므로 다음과 같다.

$$T = \sum_{i=1}^{n} \text{sgn}(X_i) R|X_i| = \sum_{X_i>0} R|X_i| - \sum_{X_i<0} R|X_i|$$

$$= 2\sum_{X_i>0} R|X_i| - \frac{n(n+1)}{2}$$

$$= 2T^+ - \frac{n(n+1)}{2} \tag{10.3.11}$$

따라서 T^+는 T의 선형함수이고, 부호순위 검정 통계량 T와 동치이다. 귀무가설하에서 T^+의 평균과 분산은 다음과 같다.

$$E_{H_0}(T^+) = \frac{n(n+1)}{4}, \quad Var_{H_0}(T^+) = \frac{n(n+1)(2n+1)}{24} \tag{10.3.12}$$

내장 R 함수 `wilcox.test`는 부호순위 분석을 계산하여 검정 통계량 T^+와 p 값을 반환한다. 표본이 R 벡터 `x`에 있는 경우, 가설 식 (10.3.1)의 부호순위 검정은 R 명령어 `wilcox.test (x,alt="greater")`로 계산된다. 다른 단측가설과 양측가설에 대한 인수는 각각 `alt="less"`와 `alt="two.sided"`이다. 가설 $H_0 : \theta = \theta_0$ 대 $H_1 : \theta \neq \theta_0$의 부호순위 검정을 계산하려면 명령어 `wilcox.test (x,alt="two.sided",mu=theta0)`을 사용하라. 또한 R 호출 `psignrank (y,n)`은 y에서 T^+의 cdf를 계산한다.

예제 10.3.1 **[다윈의 옥수수 자료]** 예제 4.5.1에서 다룬 자료를 다시 생각해보자. W_i는 항아리 i에서 교차교배된 식물의 키와 순수교배된 식물의 키 차이이다($i = 1, 2, \cdots, 15$). θ를 위치 모수라 하고 다음 단측가설을 고려하자.

$$H_0 : \theta = 0, \quad H_1 : \theta > 0 \tag{10.3.13}$$

표 10.3.1은 자료와 부호순위를 보여준다.

표 10.3.1 다윈 자료의 부호순위

항아리	교차교배	순수교배	차	부호순위
1	23.500	17.375	6.125	11
2	12.000	20.375	−8.375	−14
3	21.000	20.000	1.000	2
4	22.000	20.000	2.000	4
5	19.125	18.375	0.750	1
6	21.550	18.625	2.925	5
7	22.125	18.625	3.500	7
8	20.375	15.250	5.125	9
9	18.250	16.500	1.750	3
10	21.625	18.000	3.625	8
11	23.250	16.250	7.000	12
12	21.000	18.000	3.000	6
13	22.125	12.750	9.375	15
14	23.000	15.500	7.500	13
15	12.000	18.000	−6.000	−10

표 10.3.1의 5열에서는 양인 것의 순서를 더하여 $T^+ = 96$을 구했다. 정확한 분포를 사용한 R 명령어는 `1-psignrank(95,15)`이다. p 값을 구하면 $\widehat{p} = P_{H_0}(T^+ \geq 96) = 0.021$이다. 비교를 위한 점근적 p 값은 다음과 같은 연속적 보정을 통해 계산된다.

$$\begin{aligned} P_{H_0}(T^+ \geq 96) &= P_{H_0}(T^+ \geq 95.5) \\ &\approx P\left(Z \geq \frac{95.5 - 60}{\sqrt{15 \cdot 16 \cdot 31/24}}\right) \\ &= P(Z \geq 2.016) = 0.022 \end{aligned}$$

이것은 정확한 값인 0.021에 매우 가깝다.

R 벡터 `ds`가 교차교배와 순수교배 간 쌍별 차이를 포함하고 있다고 가정하자. R 명령어 `wilcox.test(ds,alt="greater")`는 p 값과 함께 T^+ 값을 계산한다. 계산된 값은 위에서 계산된 값과 동일하다.

윌콕슨 부호순위 검정의 특성과 θ에 대한 신뢰구간을 얻는 데 유용한 T^+의 또 다른 공식이 있다. $X_i > 0$라 하고 $-X_i < X_j < X_i$인 모든 X_j를 고려하자. 이 제약에서 $(X_i + X_j)/2$의 모든 평균은 $(X_i + X_i)/2$를 포함한 양수이다. 이 제약으로부터 양수인 평균의 수는 단순하게 $R|X_i|$이다. 모든 $X_i > 0$에 대해 다음을 얻는다.

$$T^+ = \#_{i \leq j}\{(X_j + X_i)/2 > 0\} \tag{10.3.14}$$

쌍 평균 $(X_j + X_i)/2$는 보통 월시 평균(Walsh average)이라고 한다. 그러므로 부호순위 윌콕슨 통계량은 양수인 월시 평균의 개수를 세어 구할 수 있다.

항등식 (10.3.14)에 기반하여 다음 과정을 얻는다. 먼저 $T^+(\theta)$를 다음과 같이 정의하자.

$$\begin{aligned} T^+(\theta) &= \#_{i \leq j}\{[(X_j - \theta) + (X_i - \theta)]/2 > 0\} \\ &= \#_{i \leq j}\{(X_j + X_i)/2 > \theta\} \end{aligned} \tag{10.3.15}$$

$T^+(\theta)$에 관련된 과정은 식 (10.2.9)의 부호 절차와 비슷하다. $W_1 < W_2 < \cdots < W_{n(n+1)/2}$이라 하고 $n(n+1)/2$을 월시 평균으로 정의하자. 그러면 $T^+(\theta)$ 그래프는 그림 10.2.2와 같으며, 순서 월시 평균을 제외하면 수평축이 되고 수직축의 값은 최대가 $n(n+1)/2$이다. 그러므로 함수 $T^+(\theta)$는 각 월시 평균에서 하나의 단위가 내려가는 θ의 감소계단함수이다. 이러한 사실은 부호순위 윌콕슨에 대한 논의를 간단하게 만든다.

c_α를 부호순위 검정 통계량 T^+에 기초한 가설 식 (10.3.1)의 수준 α 검정의 기각값으로 정의하자. T^+, 즉 $\alpha = P_{H_0}(T^+ \geq c_\alpha)$이다. $\theta \geq \theta_0$에 대해 $\gamma_{SW}(\theta) = P_\theta(T^+ \geq c_\alpha)$를 검정의 검정력 함수라고 하자. 보조정리 10.2.1의 이동 성질은 부호순위 윌콕슨을 갖는다. 그러므로 정리 10.2.1과 같이 검정력 함수는 θ의 비감소함수이다. 여기서 부호순위 윌콕슨 검정은 단측가설 식 (10.3.1)에 대해 불편검정이다.

10.3.1 점근적 비교 효율

먼저 부호순위 윌콕슨의 효능을 결정함으로써 그것의 효율을 조사할 것이다. 일반적인 손실 없이 $\theta_0 = 0$이라고 가정할 수 있다. 앞 절에서 다룬 위치 선택의 같은 수열을 고려하자. 즉

$$H_0 : \theta = 0, \quad H_{1n} : \theta_n = \frac{\delta}{\sqrt{n}} \tag{10.3.16}$$

여기서 $\delta > 0$이다. $T^+(\theta)$의 평균인 변경된 통계량을 생각해보자.

$$\overline{T}^+(\theta) = \frac{2}{n(n+1)} T^+(\theta) \tag{10.3.17}$$

그러면 식 (10.3.12)에 의해

$$E_0[\overline{T}^+(0)] = \frac{2}{n(n+1)} \frac{n(n+1)}{4} = \frac{1}{2}$$
$$\sigma^2_{\overline{T}^+}(0) = Var_0[\overline{T}^+(0)] = \frac{2n+1}{6n(n+1)} \tag{10.3.18}$$

$\alpha_n = 2/n(n+1)$라고 하자. $\overline{T}^+(\theta_n)$을 두 부분으로 분해하면

$$\begin{aligned}\overline{T}^+(\theta_n) &= a_n S(\theta_n) + a_n \sum_{i<j} I(X_i + X_j > 2\theta_n) \\ &= a_n S(\theta_n) + a_n T^*(\theta_n)\end{aligned} \tag{10.3.19}$$

여기서 $S(\theta)$는 부호 절차 식 (10.2.9)이다. 그리고

$$T^*(\theta_n) = \sum_{i<j} I(X_i + X_j > 2\theta_n) \tag{10.3.20}$$

효율을 구하기 위해 평균을 사용한다.

$$\mu_{\overline{T}^+}(\theta_n) = E_{\theta_n}[\overline{T}^+(0)] = E_0[\overline{T}^+(-\theta_n)] \tag{10.3.21}$$

하지만 식 (10.2.14)에 의해 $\alpha_n E_0(S(-\theta_n)) = \alpha_n n(2^{-1} - F(-\theta_n)) \to 0$이다. 그러므로 식 (10.3.19)의 두 번째 형태만 필요하다. 하지만 $T^*(\theta)$의 월시 평균은 동일한 분포임에 주의하라. 또한

$$a_n E_0(T^*(-\theta_n)) = a_n \binom{n}{2} P_0(X_1 + X_2 > -2\theta_n) \tag{10.3.22}$$

후자의 확률은 다음과 같이 나타낼 수 있다.

$$\begin{aligned}P_0(X_1 + X_2 > -2\theta_n) &= E_0[P_0(X_1 > -2\theta_n - X_2 | X_2)] \\ &= E_0[1 - F(-2\theta_n - X_2)] \\ &= \int_{-\infty}^{\infty} [1 - F(-2\theta_n - x)] f(x)\, dx\end{aligned}$$

$$
\begin{aligned}
&= \int_{-\infty}^{\infty} F(2\theta_n + x) f(x)\, dx \\
&\approx \int_{-\infty}^{\infty} [F(x) + 2\theta_n f(x)] f(x)\, dx \\
&= \frac{1}{2} + 2\theta_n \int_{-\infty}^{\infty} f^2(x)\, dx
\end{aligned} \tag{10.3.23}
$$

여기서 X_1과 X_2는 iid이며 0에 대해 대칭인 분포이고 평균값 함수이다. 그러므로

$$
\mu_{\overline{T}^+}(\theta_n) \approx a_n \binom{n}{2} \left(\frac{1}{2} + 2\theta_n \int_{-\infty}^{\infty} f^2(x)\, dx \right) \tag{10.3.24}
$$

식 (10.3.18)과 (10.3.24)를 함께 고려하면 다음과 같은 효율을 구할 수 있다.

$$
\begin{aligned}
c_{T^+} &= \lim_{n\to\infty} \frac{\mu'_{\overline{T}^+}(0)}{\sqrt{n}\sigma_{\overline{T}^+}(0)} \\
&= \sqrt{12} \int_{-\infty}^{\infty} f^2(x)\, dx
\end{aligned} \tag{10.3.25}
$$

좀 더 구체적인 책에서 점근적 검정력 보조정리에 대한 정당한 논리를 볼 수 있다.

정리 10.3.2 [점근적 검정력 보조정리]

가설 식 (10.3.16)의 수열을 고려하자. 크기 α에서 대표본의 검정력 함수의 극한 부호순위 윌콕슨 검정은 다음과 같이 주어진다.

$$
\lim_{n\to\infty} \gamma_{SR}(\theta_n) = 1 - \Phi(z_\alpha - \delta \tau_W^{-1}) \tag{10.3.26}
$$

여기서 $\tau_W = 1/[\sqrt{12}\int_{-\infty}^{\infty} f^2(x)\, dx]$는 효율 c_{T^+}의 역수이고 $\Phi(z)$는 표준정규확률변수의 cdf이다.

연습문제 10.3.10에서와 같이 모수 τ_W는 규모 범함수이다.

부호검정에 대한 10.2절에서의 표본 크기 결정 논쟁은 점근적 검정력 보조정리에 근거를 두고 있다. 그러므로 이 논쟁은 부호순위 윌콕슨에 대해 대부분 같다. 여기서 표본 크기는 가설 식 (10.3.1)의 수준 α인 부호순위 윌콕슨 검정이 다음과 같은 점근적 확률 γ^*로 $\theta = \theta_0 + \theta^*$의 선택을 탐지하기에 충분해야 한다.

$$
n_W = \left(\frac{(z_\alpha - z_{\gamma^*})\tau_W}{\theta^*} \right)^2 \tag{10.3.27}
$$

식 (10.2.26)을 사용하면 윌콕슨 검정과 표본평균에 기초한 t-검정 사이의 ARE는 다음과 같다.

$$
\mathrm{ARE}(T, t) = \frac{n_t}{n_T} = \frac{\sigma^2}{\tau_W^2} \tag{10.3.28}
$$

이제 윌콕슨 검정과 t-검정 사이의 몇 가지 ARE를 유도하자. 위에서처럼 모수 τ_W는 규모함수이며 $\alpha > 0$에 대해 αX 형태의 규모변환으로 변한다. 마찬가지로 표준편차 σ도 규모함수이다. 그러므로 ARE는 규모함수의 비율이기 때문에 규모 불변이다. 따라서 ARE의 유도에 대해 규모의 선택이 편리한 pdf를 선택할 수 있다. 예를 들어 정규분포에서 ARE를 고려하면 $N(0, 1)$ pdf를 선택할 수 있다.

예제 10.3.2 **[정규분포에서의** ARE(W, t)] $f(x)$가 $N(0, 1)$인 pdf이면

$$\begin{aligned}\tau_W^{-1} &= \sqrt{12}\int_{-\infty}^{\infty}\left(\frac{1}{\sqrt{2\pi}}\exp\{-x^2/2\}\right)^2 dx \\ &= \frac{\sqrt{12}}{\sqrt{2}\sqrt{2\pi}}\int_{-\infty}^{\infty}\frac{1}{\sqrt{2\pi}(1/\sqrt{2})}\exp\{-2^{-1}(x/(1/\sqrt{2}))^2\}\,dx \\ &= \sqrt{\frac{3}{\pi}}\end{aligned}$$

그러므로 $\tau_W^2 = \pi/3$이다. $\sigma = 1$이면

$$\text{ARE}(W, t) = \frac{\sigma^2}{\tau_W^2} = \frac{3}{\pi} = 0.955 \tag{10.3.29}$$

앞에서 논의한 ARE는 모든 정규분포에서 마찬가지이다. 그러므로 정규분포에서 부호순위 윌콕슨 검정의 효율은 t-검정에서처럼 95.5%이다. 윌콕슨은 **효율이 높다**고 할 수 있다.

예제 10.3.3 **[오염된 정규분포족에서의** ARE(W, t)] 이 예제에서 $f(x)$는 오염된 정규분포의 pdf라고 가정한다. 편의를 위해 식 (10.2.30)에 주어진 $b = 1$인 표준 pdf를 사용할 것이다. 이 분포 $(1 - \epsilon)$에 대해 시간 표본의 비는 $N(0, 1)$에서 추출한 반면에 ϵ은 $N(0, \sigma_c^2)$에서 추출했다. 분산은 $\sigma^2 = 1 + \epsilon(\sigma_c^2 - 1)$임을 상기하라. pdf $f(x)$에 대한 공식은 식 (3.4.17)에 주어졌다. 연습문제 10.3.5에서 다음을 밝힌다.

$$\int_{-\infty}^{\infty} f^2(x)\,dx = \frac{(1-\epsilon)^2}{2\sqrt{\pi}} + \frac{\epsilon^2}{6\sqrt{\pi}} + \frac{\epsilon(1-\epsilon)}{2\sqrt{\pi}} \tag{10.3.30}$$

이것에 기초하여 ARE의 표현을 구할 수 있다. 연습문제 10.3.5를 참조하라. 윌콕슨과 $\sigma_c = 3$인 t-검정 사이의 ARE를 구하기 위해 이 식을 사용하고, ϵ의 0.00~0.25의 변화를 표 10.3.2에 제시했다. 편의를 위해 부호검정과 이 두 검정의 ARE도 포함했다.

부호순위 윌콕슨 검정은 1% 오염에서조차 t-검정보다 효율적이고 15% 오염의 경우 효율이 150% 증가한다.

표 10.3.2 $\sigma_c = 3$인 오염된 정규분포에 대한 부호검정, 부호순위 윌콕슨 검정, t-검정 사이의 ARE와 오염 ϵ의 비

ϵ	0.00	0.01	0.02	0.03	0.05	0.10	0.15	0.25
ARE(W, t)	0.955	1.009	1.060	1.108	1.196	1.373	1.497	1.616
ARE(S, t)	0.637	0.678	0.719	0.758	0.833	0.998	1.134	1.326
ARE(W, S)	1.500	1.487	1.474	1.461	1.436	1.376	1.319	1.218

10.3.2 부호순위 윌콕슨에 근거한 추정방정식

부호 절차에 대해 θ의 추정은 L_1 놈(norm)을 최소화하는 데 근거를 두고 있다. 부호순위 검정과 관련된 추정량은 연습문제 10.3.7과 10.3.8에서 논의할 다른 놈을 최소화한다. 부호검정에 기초한 위치 추정량은 검정의 역으로 구할 수 있음을 상기하라. 윌콕슨에 대해 이것을 고려하면 추정량 $\widehat{\theta}_W$의 해는 다음과 같다.

$$T^+(\widehat{\theta}_W) = \frac{n(n+1)}{4} \tag{10.3.31}$$

식 (10.3.15)의 함수 $T^+(\theta)$를 이용하면 $\widehat{\theta}_W =$ 중앙값$\{(X_i + X_j)/2\}$임을 쉽게 밝힐 수 있다. 즉 월시 평균의 중앙값이다. 이 추정량의 성질을 호지스(Hodges)와 레만(Lehmann)이 몇 개의 논문에서 발전시켜 호지스-레만 추정량이라고 한다. Hodges와 Lehmann(1963)을 참조하라.

R 함수 `wilcox.test`는 호지스-레만 추정량 값을 계산한다. 이 계산을 설명하기 위해 예제 10.3.1의 다윈 자료를 고려하자. R 벡터 `ds`는 쌍별 차이(교차교배-순수교배)를 포함하도록 하자. R 코드 `wilcox.test(ds,conf.int=T)`는 호지스-레만 추정값을 3.1375로 계산한다. 따라서 키의 차이를 3.1375인치로 추정한다.

호지스-레만 추정량의 점근적 분포를 구하기 위해 부호통계량을 사용할 수 있다. 다음 정리에서 결과를 요약했다.

정리 10.3.3

모형 (10.2.1)을 따르는 확률표본 $X_1, X_2, \cdots, X_n$을 고려하자. $f(x)$가 0에 대해 대칭이라고 가정하면

$$\sqrt{n}(\hat{\theta}_W - \theta) \to N(0, \tau_W^2) \tag{10.3.32}$$

여기서 $\tau_W = \left(\sqrt{12}\int_{-\infty}^{\infty} f^2(x)\,dx\right)^{-1}$이다.

이 정리를 사용하여 부호순위 윌콕슨에 대한 대칭 분산에 근거한 ARE는 앞에서 정의된 것과 같다.

10.3.3 중앙값의 신뢰구간

$S(\theta)$와 $T^+(\theta)$ 절차의 유사성 때문에 부호순위 윌콕슨에 기초한 θ의 신뢰구간은 $S(\theta)$에 기초한 것과 같은 방법을 따른다. 수준 α가 주어졌을 때 정수 c_{W1}을 $P_\theta[T^+(\theta) \le c_{W1}] = \alpha/2$와 같이 부호순위 윌콕슨 분포의 기각점이라고 하자. 10.2.3절에서와 같이 다음을 구한다.

$$\begin{aligned} 1 - \alpha &= P_\theta[c_{W1} < T^+(\theta) < n - c_{W1}] \\ &= P_\theta[W_{c_{W1}+1} \le \theta < W_{m-c_{W1}}] \end{aligned} \tag{10.3.33}$$

여기서 $m = n(n + 1)/2$은 월시 평균의 수로 정의한다. 따라서 구간 $[W_{c_{W1}+1}, W_{m-c_{W1}})$은 θ의 $(1 - \alpha)100\%$ 신뢰구간이다.

c_{W1}의 점근성을 구하기 위해 T^+의 점근적 귀무분포 식 (10.3.10)을 사용할 수 있다. 연습문제 10.3.6에서와 같이

$$c_{W1} \approx \frac{n(n+1)}{4} - z_{\alpha/2}\sqrt{\frac{n(n+1)(2n+1)}{24}} - \frac{1}{2} \tag{10.3.34}$$

여기서 $\Phi(-z_{\alpha/2}) = \alpha/2$이다. 실제로는 c_{W1}에 가까운 정수를 사용한다.

R에서 이 신뢰구간은 R 함수 `wilcox.test`로 계산된다. 예를 들어 다윈 자료에서 R 벡터 `ds`가 쌍별 차이(교차교배-순수교배)를 포함하도록 하자. 그런 다음 `wilcox.test(ds,conf.int=T,conf.level=.95)` 호출은 그 차이의 중앙값에 대한 95% 신뢰구간을 계산한다. 계산 결과는 (0.5000, 5.2125) 구간이다. 따라서 95% 신뢰수준이며, 교차교배된 옥수수(*Zea mays*)는 순수교배된 것보다 0.5~5.2인치 더 크다고 추정된다.

10.3.4 몬테카를로 조사

이 장에서 도출된 ARE는 점근적이다. 이 절에서는 유한 표본 크기에 대한 추정량 간 상대효율을 조사하는 몬테카를로(Monte Carlo) 기법을 설명한다. 분포족과 표본 크기의 모음에 대한 비교를 수행하는데, 분포와 표본 크기의 각 조합을 **상황**(situation)이라고 한다. 또한 일반적으로 상당히 큰 시뮬레이션 크기 n_s를 선택한다. 다음으로 두 추정량 간 상대효율을 조사하기 위한 전형적인 시뮬레이션을 기술한다.

표기를 위해 식 (10.2.1)의 위치모형을 따르는 확률표본을 $X_1, X_2, \cdots, X_n$이라고 하자. 즉

$$X_i = \theta + e_i, \quad i = 1, \ldots, n \tag{10.3.35}$$

여기서 e_i는 pdf가 $f(x)$로 iid이고 $f(x)$는 0에서 대칭이다. 논의를 위해 $\widehat{\theta}_1$과 $\widehat{\theta}_2$으로 표시하는 θ에 대한 두 위치 추정량을 생각해보자. 이것은 위치 추정량이므로 일반성을 잃지 않고 실제 $\theta = 0$이라고 가정한다.

n은 표본 크기이고 $f(x)$는 주어진 상황에 대한 pdf를 나타낸다고 하자. 그런 다음 $f(x)$에서 크기가 n인 독립인 확률표본을 n_s번 생성한다. $i = 1, \cdots, n_s$일 때 i번째 표본에 대해 추정값을 $\widehat{\theta}_{1i}$과 $\widehat{\theta}_{2i}$으로 나타낸다. 추정량 $\widehat{\theta}_j$의 경우 다음과 같이 주어진 시뮬레이션에 대한 평균제곱오차를 생각해보자.

$$\text{MSE}_j = \frac{1}{n_s}\sum_{i=1}^{n_s}\hat{\theta}_{ji}^2, \quad j = 1, 2 \tag{10.3.36}$$

연습문제 10.3.2에서 자세히 설명하듯이 대칭과 위치 추정량의 가정하에 MSE_j는 크기가 n인 표본의 경우 $\widehat{\theta}_j$의 분산에 대한 일치추정량이다. 따라서 표본 크기가 n인 $\widehat{\theta}_1$과 $\widehat{\theta}_2$의 추정량 간 상대효율(RE_n)의 추정값은 다음과 같은 비율이다.

$$\widehat{\text{RE}_n(\widehat{\theta}_1, \widehat{\theta}_2)} = \frac{\text{MSE}_2}{\text{MSE}_1} \tag{10.3.37}$$

이 논의를 설명하기 위해 호지스-레만과 표본평균추정량을 오염률 ϵ과 표준편차 비율 σ_c를 가진 오염된 정규분포족에 대해 비교하는 연구를 생각해보자. 여기서는 예제 10.3.3의 표기를 사용한다. R 함수 `rcn.R`은 오염된 정규분포에서 표본을 생성하는 데 사용된다. 다음의 R 함수 `aresimcn.R`은 시뮬레이션을 계산하고 RE_n의 추정값을 반환한다.

```
aresimcn <- function(n,nsims,eps,vc){
     chl <- c(); cxbar <- c()
     for(i in 1:nsims){
         x <- rcn(n,eps,vc)
         chl <- c(chl,wilcox.test(x,conf.int=T)$est)
         cxbar <- c(cxbar,t.test(x,conf.int=T)$est)
      }
      aresimcn <- mses(cxbar,0)/mses(chl,0)
      return(aresimcn)}
```

함수 `mses.R`은 식 (10.3.36)의 MSE를 계산한다. 세 함수는 모두 저자 서문에 언급된 사이트에 있다.

특정한 상황을 위해 오염률 $\epsilon = 0.25$와 표준편차 비율 $\sigma_c = 3$을 가진 오염된 정규분포에서 생성된 표본을 가지고 $n = 30$으로 정하자. 표 10.3.2로부터 점근적 ARE는 1.616이다. 이러한 설정에서 10,000번의 시뮬레이션을 이용하는 함수 `aresimcn.R`을 실행하면 표본 크기 $n = 30$에서 상대효율에 대한 추정값이 1.561로 산출된다. 이는 점근값에 가깝다. 실제 호출은 `aresimcn(30,10000,.25,3)`이다. 또한 이 상황을 $\epsilon = 0.20$과 $\sigma_c = 25$를 가지고 실행했다. 이 경우 크기가 $n = 30$인 표본에 대해 추정된 RE는 40.934이다. 즉 표본 크기가 30일 때 오염된 정규분포에 대해 호지스-레만 추정량이 표본평균보다 41% 더 효율적이라고 추정한다.

연습문제

10.3.1 (a) $n = 3$에 대해 부호순위 윌콕슨의 분포가 다음과 같이 주어졌을 때 이것을 밝히기 위해 mgf 식 (10.3.6)을 확장하라.

j	-6	-4	-2	0	2	4	6
$P(T = j)$	$\frac{1}{8}$	$\frac{1}{8}$	$\frac{1}{8}$	$\frac{2}{8}$	$\frac{1}{8}$	$\frac{1}{8}$	$\frac{1}{8}$

(b) $n = 4$에 대한 부호순위 윌콕슨의 분포를 구하라.

10.3.2 위치모형 (10.3.35)를 생각해보자. 확률오차의 pdf $f(x)$가 0에 대해 대칭이라고 가정하자. $\widehat{\theta}$은 θ의 위치 추정량이고 $E(\widehat{\theta}^4)$이 존재한다고 가정하자.

(a) $\widehat{\theta}$이 θ의 불편추정량임을 밝혀라.

힌트: 일반성을 잃지 않고 $\theta = 0$이라고 가정하자. $E(\widehat{\theta}) = E[\widehat{\theta}(X_1, \cdots, X_n)]$으로 시작해서 X_i가 0에 대해 대칭적으로 분포되어 있다는 사실을 사용하자.

(b) 10.3.4절에서와 같이 0에 대해 대칭인 pdf $f(x)$로부터 크기가 n인 n_s개의 독립 표본을 생성한다고 가정하자. i번째 표본에 대해 $\widehat{\theta}_i$가 θ의 추정값이라고 하자. $n_s^{-1}\sum_{i=1}^{n_s}\widehat{\theta}_i^2 \to V(\widehat{\theta})$으로 확률수렴함을 밝혀라.

10.3.3 R 함수 `aresimcn.R`의 코드를 수정하여 $N(0, 1)$ 분포에서 추출하도록 하라. 표본 크기가 $n = 15, 25, 50, 100$에 대해 호지스-레만 추정량과 $\overline{X}$ 간 RE를 추정하라. 각 표본 크기에 대해 10,000개의 시뮬레이션을 사용하라. 분석의 결과를 점근적 ARE인 0.955와 비교하라.

10.3.4 연습문제 4.6.5에 제시된 자기 경쟁 자료를 고려하자. 이 자료가 $i = 1, \cdots, 20$에 대해 $(\text{Self}_i, \text{Rival}_i)$의 쌍으로 구성된 짝을 이룬 설계(paired design)임을 상기하라. 여기서 Self_i와 Rival_i는 자기 동기부여와 라이벌 동기부여의 각 처리(treatment)에 대해 베이스를 전부 도는 데 소요되는 시간이다. 자료는 `selfrival.rda` 파일에서 찾을 수 있다. $X_i = \text{Self}_i - \text{Rival}_i$가 짝을 이룬 차이를 나타낸다고 하고, 이를 $X_i = \theta + e_i$와 같은 위치모형으로 설정하자. 가설 $H_0 : \theta = 0$ 대 $H_1 : \theta \neq 0$을 고려하자.

(a) 이러한 가설에 대한 부호순위 검정 통계량과 p 값을 구하라. 유의수준 0.05를 사용하여 자료의 측면에서 결론을 설명하라.

(b) t-검정 통계량과 p 값을 구하고, 유의수준 0.05를 사용하여 결론을 내려라.

(c) 이상값이 두 분석에 미치는 영향을 확인하기 위해 20번째 라이벌 시간을 17.88에서 178.8로 변경하라. 이상값으로 인해 분석 결과가 어떻게 바뀌었는지 설명하라.

(d) 원본 자료와 변경된 자료에 대한 두 분석에서 θ에 대한 95% 신뢰구간을 구하라.

이상값으로 인해 신뢰구간이 어떻게 바뀌었는지 설명하라.

10.3.5 $f(x)$를 식 (3.4.17)에서 오염된 정규 pdf라고 가정하자. 식 (10.3.30)을 도출하고, 그것을 사용하여 이 pdf에 대한 ARE(W, t)를 구하라.

10.3.6 T^+의 점근적 귀무분포 식 (10.3.10)을 사용하여 c_{W1}까지의 점근성 식 (10.3.34)를 구하라.

10.3.7 벡터 $\mathbf{v} \in R^n$에 대해 다음 함수를 정의한다.

$$\|\mathbf{v}\| = \sum_{i=1}^{n} R(|v_i|)|v_i| \tag{10.3.38}$$

이 함수가 R^n에서 놈임을 밝혀라. 다시 말해 그것은 다음 성질을 만족한다.

1. $\mathbf{v} = \mathbf{0}$일 때에 한하여 $\|\mathbf{v}\| \geq 0$이고 $\|\mathbf{v}\| = 0$이다.
2. 모든 a가 $-\infty < a < \infty$에 대해 $\|a\mathbf{v}\| = |a|\|\mathbf{v}\|$이다.
3. 모든 $\mathbf{u}$, $\mathbf{v} \in R^n$에 대해 $\|\mathbf{u} + \mathbf{v}\| \leq \|\mathbf{u}\| + \|\mathbf{v}\|$이다.

삼각부등식에 대해 비순위 자료를 사용하라. 즉

$$\|\mathbf{v}\| = \sum_{j=1}^{n} j|v_{i_j}| \tag{10.3.39}$$

그리고 다음 사실을 이용하라. 예를 들어 $\{t_1, t_2, \cdots, t_n\}$, $\{s_1, s_2, \cdots, s_n\}$과 같은 n개의 두 집합이 있다면 쌍에서 큰 합이 (각각의 집합에서 하나) $\sum_{j=1}^{n} t_{i_j}\, s_{k_j}$로 주어진다. 여기서 $\{i_j\}$와 $\{k_j\}$는 각각 t_i와 s_i의 비순위이다. 다시 말해 $t_{i_1} \leq t_{i_2} \leq \cdots \leq t_{i_n}$이고 $s_{k_1} \leq s_{k_2} \leq \cdots \leq s_{k_n}$이다.

10.3.8 연습문제 10.3.7에 주어진 놈을 고려하자. 위치모형에 대해 θ의 추정을 다음과 같이 정의하자.

$$\widehat{\theta} = \text{Argmin}_\theta \|X_i - \theta\| \tag{10.3.40}$$

$\widehat{\theta}$이 호지스-레만 추정값임을 밝혀라. 즉 식 (10.4.27)을 만족한다.

힌트: θ에 대해 미분할 때 놈의 비순위 식 (10.3.39)를 사용하라.

10.3.9 pdf(또는 pmf) $f(x)$는 mgf의 존재가 증명되고 mgf가 0에 대해 대칭일 때에 한하여 0에 대해 대칭임을 증명하라.

10.3.10 연습문제 10.1.4에서 규모함수의 형태를 정의했다. 식 (10.3.26)의 모수 τ_W는 규모함수임을 밝혀라.

10.4 만-휘트니-윌콕슨 절차

연속형 cdf $F(x)$와 pdf $f(x)$를 가진 확률표본을 $X_1, X_2, \cdots, X_{n_1}$이라 하고, 연속형 cdf $G(x)$와 pdf $g(x)$를 가진 확률변수를 $Y_1, Y_2, \cdots, Y_{n_2}$라 하자. 이러한 상황에서 자연적으로 귀무가설이 모든 x에 대해 $H_0 : F(x) = G(x)$로 주어진다. 다시 말해 표본은 같은 분포에서 나온다는 것이다. H_0이 아니라는 일반적인 대립가설 이외에 다른 가설은 어떠한가? 흥미로운 대립가설은 X가 Y보다 **확률적으로 큰가**이며, 이것은 모든 x에 대해 적어도 하나의 x에 대한 완전한 부등식을 가지고 $G(x) \geq F(x)$로 정의된다. 이 대립가설은 연습문제에서 논의된다.

이 절의 대부분에서 위치모형을 고려할 것이다. 그때 어떤 Δ 값에 대해 $G(x) = F(x - \Delta)$이다. 그러므로 귀무가설은 $H_0 : \Delta = 0$이 된다. 이 경우에 모수 Δ를 분포 사이의 **이동**(shift)이라고 하며, Y의 분포는 $X + \Delta$의 분포와 같다. 즉

$$P(Y \leq y) = P(X + \Delta \leq y) = F(y - \Delta) \tag{10.4.1}$$

만약 $\Delta > 0$이면 Y는 확률적으로 X보다 크다. 연습문제 10.4.8을 참조하라.

이동의 경우에 모수 Δ는 위치 범함수가 사용된 것에서 독립이다. 이것을 밝히기 위해 X에 대한 임의의 위치 범함수 $T(F_X)$라는 범함수를 선택했다고 가정하자. 그러면 X_i는 다음과 같이 나타낼 수 있다.

$$X_i = T(F_X) + \varepsilon_i \tag{10.4.2}$$

여기서 $\varepsilon_1, \cdots, \varepsilon_{n_1}$은 $T(F_\varepsilon) = 0$인 iid이다. 식 (10.4.1)에 의해

$$Y_j = T(F_X) + \Delta + \varepsilon_j, \quad j = 1, 2, \ldots, n_2 \tag{10.4.3}$$

따라서 $T(F_Y) = T(F_X) + \Delta$이다. 그러므로 어떤 위치 범함수에 대해서도 $\Delta = T(F_Y) - T(F_X)$이다. 다시 말해 Δ는 함수가 위치모형을 선택하는 데 문제가 없다.

이 표본에 대한 이동모형 식 (10.4.1)을 가정하자. 흥미로운 대립가설은 보통 단측대립가설과 양측대립가설이다. 편의를 위해 다음과 같은 단측가설을 선택한다.

$$H_0 : \Delta = 0, \quad H_1 : \Delta > 0 \tag{10.4.4}$$

연습문제에서는 다른 가설을 고려한다. H_0하에 X와 Y의 분포는 같고 표본을 $n = n_1 + n_2$ 관측값의 한 대표본으로 조합할 수 있다. 혼합된 표본을 1에서 n까지 순위를 매긴다고 가정하고, 통계상 다음을 가정하자.

$$W = \sum_{j=1}^{n_2} R(Y_j) \tag{10.4.5}$$

여기서 $R(Y_j)$는 혼합된 n개의 표본에서 Y_j의 순위로 정의한다. 이 통계량을 **만-휘트니-윌콕슨**

(Mann-Whitney-Wilcoxon, MWW) 통계량이라고 한다. H_0하에 순위는 X_i와 Y_j 사이에서 균등분포여야 한다. 그러나 대립가설 $H_1 : \Delta > 0$하에 Y_j는 대부분 큰 순위를 얻어야 한다. 따라서 기각역은 다음과 같이 주어진다.

$$W \geq c\text{이면 } H_0 \text{ 기각, } H_1 \text{ 채택} \tag{10.4.6}$$

이제 특정 수준 α에 근거한 결정 공식에 대한 c의 선택을 가능하게 하는 W의 귀무분포를 살펴보자. H_0하에 Y_j 순위는 n개의 원소 집합에서 크기가 n_2인 부분집합이 된다. 부분집합이 $\binom{n}{n_2}$개임을 상기하라. 따라서 $\{r_1, \cdots, r_{n_2}\}$가 $\{1, \cdots, n\}$으로부터의 크기 n_2인 부분집합이면

$$P[R(Y_1) = r_1, \ldots, R(Y_{n_2}) = r_{n_2}] = \binom{n}{n_2}^{-1} \tag{10.4.7}$$

이것은 통계량 W가 H_0하에서 분포 무관임을 나타낸다. W의 귀무분포를 닫힌 상태에서 구할 수 없을지라도 이 분포를 구하는 귀납적 알고리즘이 있다. Hettmansperger와 McKean(2011) 2장을 참조하라. 같은 방법으로 H_0하에서 부호순위 $R(Y_j)$의 분포는 정수 $\{1, \cdots, n\}$에서 균등분포이다. 그러므로 직접적으로 다음을 얻는다.

$$E_{H_0}(W) = \sum_{j=1}^{n_2} E_{H_0}(R(Y_j)) = \sum_{j=1}^{n_2}\sum_{i=1}^{n} i\frac{1}{n} = \sum_{j=1}^{n_2} \frac{n(n+1)}{2n} = \frac{n_2(n+1)}{2}$$

분산은 식 (10.4.10)에 설명되었고 좀 더 일반적인 경우의 유도는 10.5절에 있다. W가 점근적 정규분포인 것임을 역시 알 수 있다. 다음 정리에 이를 요약했다.

정리 10.4.1

$X_1, X_2, \cdots, X_{n_1}$은 연속형 cdf $F(x)$인 분포에서 추출한 확률표본이고, $Y_1, Y_2, \cdots, Y_{n_2}$는 연속형 cdf $G(x)$인 분포에서 추출한 확률표본이라고 하자. 모든 x에 대해 $H_0 : F(x) = G(x)$라고 가정하자. 만약 H_0이 참이면 다음과 같다.

$$W\text{는 대칭 pmf에 분포 무관이다.} \tag{10.4.8}$$

$$E_{H_0}[W] = \frac{n_2(n+1)}{2} \tag{10.4.9}$$

$$Var_{H_0}(W) = \frac{n_1 n_2(n+1)}{12} \tag{10.4.10}$$

$$\frac{W - n_2(n+1)/2}{\sqrt{Var_{H_0}(W)}}\text{은 점근적 } N(0, 1) \text{ 분포를 따른다.} \tag{10.4.11}$$

위의 정리에서 거론되지 않은 것은 이후에서 논의되는 귀무분포의 대칭성이다. 먼저 다음 예제를 살펴보자.

예제 10.4.1 [물레방아 자료] Abebe 등(2001)에서 논의된 실험에서는 물에 부분적으로 가라앉은 바퀴에 쥐들이 배치되었다. 만약 바퀴가 계속 돈다면 쥐들은 물을 피할 수 있을 것이다. 반응은 분당 바퀴의 회전수이다. 그룹 1은 그룹 2에 속한 쥐의 약 효과에 대한 위약 효과 그룹이다. 자료는 다음과 같다.

그룹 1 X	2.3	0.3	5.2	3.1	1.1	0.9	2.0	0.7	1.4	0.3
그룹 2 Y	0.8	2.8	4.0	2.4	1.2	0.0	6.2	1.5	28.8	0.7

이 자료는 `waterwheel.rda` 파일에 있다. 자료의 상자그림 비교(연습문제 10.4.9 참조)는 두 자료가 처리 그룹의 큰 이상값을 제외하고는 비슷하다는 것을 보여준다. 이 경우에는 양측가설이 적절한 것으로 보인다. 자료 집합에서 약간의 점이 같은 값이다. 이것은 실제 자료에서 일어난다. 보통 일상적으로 이것을 허용하고 같은 값을 처리하기 위해 순위의 평균을 사용한다. 예를 들어 관측값 $x_2 = x_{10} = 0.3$으로 같을 때 순위는 2와 3의 조합을 포함한다. 그러므로 이 관측값 각각의 순위는 2.5를 사용한다. 계속해서 이러한 경우에 윌콕슨 검정 통계량은 $w = \sum_{j=1}^{10} R(y_j)$ $= 116.50$이다. W의 귀무평균과 분산은 각각 105, 175이다. 점근적 검정 통계량은 $z = (116.5 - 105)/\sqrt{175} = 0.869$이고 p 값은 `2*(1-pnorm(0.869))` $= 0.3848$이다. 그러므로 H_0을 기각하지 못한다. 검정은 자료의 상자그림 비교를 확증한다. 평균의 차이에 근거한 t-검정은 연습문제 10.4.9에서 논의한다. 예제 10.4.2에서는 R 계산을 다룬다.

다음으로 검정 통계량의 몇 가지 성질을 유도하고, 이 성질을 사용하여 Δ에 대한 점추정과 신뢰구간을 살펴본다. 앞 절에서와 같이 W를 다른 방법으로 기술하면 유용하다는 것이 입증될 것이다. 일반적인 손실 없이 Y_j를 순서통계량이라고 하자. X_i와 Y_j는 연속형 분포임을 상기하라. 따라서 관측값을 전혀 다른 것처럼 처리한다. 또한 $R(Y_j) = \#_i\{X_i < Y_j\} + \#_i\{Y_i \leq Y_j\}$이다. 이것은 다음을 유도한다.

$$\begin{aligned} W = \sum_{j=1}^{n_2} R(Y_j) &= \sum_{j=1}^{n_2} \#_i\{X_i < Y_j\} + \sum_{j=1}^{n_2} \#_i\{Y_i \leq Y_j\} \\ &= \#_{i,j}\{Y_j > X_i\} + \frac{n_2(n_2+1)}{2} \end{aligned} \tag{10.4.12}$$

$U = \#_{i,j}\{Y_j > X_i\}$라고 하면 $W = U + n_2(n_2+1)/2$이다. 그러므로 가설 식 (10.4.4)에 대한 동등성 검정은 $U \geq c_2$이면 H_0을 기각한다. 그것은 직접적으로 정리 10.4.1로부터 H_0하에 U는 평균 $n_1n_2/2$, 분산 (10.4.10)인 분포 무관이고 점근적 정규분포를 따른다. U나 W의 귀무분포의 대칭성은 이제 쉽게 구할 수 있다. H_0하에 X_i와 Y_j는 같은 분포를 따르고, 따라서 U와 $U' = \#_{i,j}\{X_i > Y_j\}$의 분포는 반드시 같아야 한다. 또한 $U + U' = n_1n_2$이다. 이것은 다음을 유도한다.

$$
\begin{aligned}
P_{H_0}\left(U - \frac{n_1 n_2}{2} = u\right) &= P_{H_0}\left(n_1 n_2 - U' - \frac{n_1 n_2}{2} = u\right) \\
&= P_{H_0}\left(U' - \frac{n_1 n_2}{2} = -u\right) \\
&= P_{H_0}\left(U - \frac{n_1 n_2}{2} = -u\right)
\end{aligned}
$$

정리 10.4.1에서 바람직한 대칭성 결과를 낳는다.

예제 10.4.2 **[물레방아 자료의 연속]** 윌콕슨 분석을 계산하는 R 명령어를 위해 `y`와 `x`가 각각 Y와 X에 대한 표본을 포함한다고 가정하자. R 호출 `wilcox.test(y,x)`는 윌콕슨 검정을 계산한다. 사용되는 형식은 통계량 $U = \#_{i,j}\{Y_j > X_i\}$이다. 예제 10.4.1의 자료에 대해 R 벡터 `grp1`과 `grp2`에는 각각 그룹 1과 그룹 2의 표본이 포함되어 있다고 하자. 그런 다음 호출 및 결과는 다음과 같다.

```
wilcox.test(grp2,grp1);  W = 61.5, p-value = 0.4053
```

R이 U를 나타내기 위해 `W`를 사용하고 있음을 주의하라. 검토하기 위해 $61.5 + 10(11)/2 = 116.5 = \sum R(y_j)$가 예제 10.4.1의 계산과 일치하는 것을 확인하자. R의 p 값은 동점이 없고 $i = 1, 2$에 대해 $n_i < 50$인 경우 정확하다. 그렇지 않은 경우 점근적 분포를 기반으로 한다. 점근적 p 값은 R에서 계산된 값과 약간 다르다는 것을 주목하라. R 함수 `pwilcox(u,n1,n2)`는 U의 정확한 cdf를 계산한다.

만약 $G(x) = F(x - \Delta)$이면 $Y_j - \Delta$는 X_i처럼 같은 분포를 따른다. 따라서 여기서 관심 있는 절차는 다음과 같다.

$$U(\Delta) = \#_{i,j}\{(Y_j - \Delta) > X_i\} = \#_{i,j}\{Y_j - X_i > \Delta)\} \tag{10.4.13}$$

그러므로 $U(\Delta)$는 $Y_j - X_i$가 Δ를 넘어선 수이다. $D_1 < D_2 < \cdots < D_{n_1 n_2}$를 $Y_j - X_i$의 순서라고 정의하자. 그러면 $U(\Delta)$의 그래프는 D_i가 수평축이고, 수직축에서의 n이 $n_1 n_2$로 대체된 것을 제외하면 그림 10.2.2와 같다. 즉 $U(\Delta)$는 $n_1 n_2$가 최댓값인 각 차 D_i에서 1단위씩 내려가는 Δ의 감소계단함수이다.

그러면 윌콕슨에 근거한 추론의 성질을 구하기 위한 앞의 두 절에서와 같이 계속 진행할 수 있다. 정수 c_α가 통계량 U에 근거한 가설 식 (10.2.2)의 수준 α 검정의 기각값이라고 하자. 즉 $\alpha = P_{H_0}(U \geq c_\alpha)$이다. $\gamma_U(\Delta) = P_\Delta(U \geq c_\alpha)$($\Delta \geq 0$에 대해)를 검정의 검정력 함수로 정의하자. 보조정리 10.2.1의 평행 이동 성질을 $U(\Delta)$의 절차를 위해 유지하자. 그러면 정리 10.2.1에서와 같이 검정력 함수는 Δ의 비감소함수이다. 실제로 윌콕슨 검정은 단측가설 식 (10.4.4)에 대한 불편검정이다.

10.4.1 점근적 상대효율

윌콕슨의 점근적 상대효율(ARE)은 10.2.1절의 부호검정 통계량에 대한 것과 유사하다. 그러므로 다음과 같은 위치 가설의 선택을 고려하자.

$$H_0 : \Delta = 0, \quad H_{1n} : \Delta_n = \tfrac{\delta}{\sqrt{n}} \tag{10.4.14}$$

여기서 $\delta > 0$이다. 또한 다음을 가정한다.

$$\tfrac{n_1}{n} \to \lambda_1,\ \tfrac{n_2}{n} \to \lambda_2, \quad \text{여기서 } \lambda_1 + \lambda_2 = 1 \tag{10.4.15}$$

이 가정은 $n_1/n_2 \to \lambda_1/\lambda_2$을 내포한다. 다시 말해 표본 크기는 점근적으로 같은 비율을 유지한다.

MWW의 효율을 구하기 위해 수정 통계량을 고려하자.

$$\overline{U}(\Delta) = \frac{1}{n_1 n_2} U(\Delta) \tag{10.4.16}$$

이것은 직접적으로 다음을 나타낸다.

$$\mu_{\overline{U}}(0) = E_0(\overline{U}(0)) = \tfrac{1}{2}, \quad \sigma^2_{\overline{U}}(0) = \tfrac{n+1}{12 n_1 n_2} \tag{10.4.17}$$

쌍 (X_i, Y_j)는 iid이므로

$$\begin{aligned} \mu_{\overline{U}}(\Delta_n) &= E_{\Delta_n}(\overline{U}(0)) = E_0(\overline{U}(-\Delta_n)) \\ &= P_0(Y - X > -\Delta_n) \end{aligned} \tag{10.4.18}$$

X와 Y의 독립성과 $\int_{-\infty}^{\infty} F(x) f(x) dx = 1/2$은 다음을 이끌어낸다.

$$\begin{aligned} P_0(Y - X > -\Delta_n) &= E_0(P_0[Y > X - \Delta_n | X]) \\ &= E_0(1 - F(X - \Delta_n)) \\ &= 1 - \int_{-\infty}^{\infty} F(x - \Delta_n) f(x)\, dx \\ &= \frac{1}{2} + \int_{-\infty}^{\infty} (F(x) - F(x - \Delta_n)) f(x)\, dx \\ &\approx \frac{1}{2} + \Delta_n \int_{-\infty}^{\infty} f^2(x)\, dx \end{aligned} \tag{10.4.19}$$

여기서 마지막 행을 구하기 위해 평균값 정리를 사용한다. 식 (10.4.17)과 (10.4.19)를 동시에 고려하면 다음과 같은 효능을 얻는다.

$$c_U = \lim_{n \to \infty} \frac{\mu'_{\overline{U}}(0)}{\sqrt{n}\sigma_{\overline{U}}(0)} = \sqrt{12}\sqrt{\lambda_1 \lambda_2} \int_{-\infty}^{\infty} f^2(x)\, dx \tag{10.4.20}$$

이는 엄격하게 유도될 수 있고 다음 정리로 이어진다.

정리 10.4.2 [점근적 검정력 보조정리]

가설 식 (10.4.14)를 고려하자. 크기 α인 만-휘트니-윌콕슨 검정의 검정력 함수의 극한은

$$\lim_{n\to\infty} \gamma_U(\Delta_n) = 1 - \Phi\left(z_\alpha - \sqrt{\lambda_1\lambda_2}\delta\tau_W^{-1}\right) \tag{10.4.21}$$

여기서 $\tau_W = 1/\sqrt{12}\int_{-\infty}^{\infty} f^2(x)\,dx$는 효능 c_U의 역수이고, $\Phi(z)$는 표준정규분포의 확률변수 cdf이다.

앞의 두 절에서와 같이 이 정리를 표본 크기 결정으로 상대적 효율 측정을 추정하기 위해 사용할 수 있다. 가설 식 (10.4.4)를 고려하자. 근사적 검정력이 γ^*인 대안 Δ^*의 탐지를 위한 수준 α의 MWW 검정에 대한 표본 크기 $n = n_1 + n_2$를 결정하려 한다고 하자. 정리 10.4.2에 의해 다음 방정식을 얻는다.

$$\gamma^* = \gamma_U(\sqrt{n}\Delta^*/\sqrt{n}) \approx 1 - \Phi(z_\alpha - \sqrt{\lambda_1\lambda_2}\sqrt{n}\Delta^*\tau_W^{-1}) \tag{10.4.22}$$

이는 다음 방정식을 유도한다.

$$z_{\gamma^*} = z_\alpha - \sqrt{\lambda_1\lambda_2}\delta\tau_W^{-1} \tag{10.4.23}$$

여기서 $\Phi(z_{\gamma^*}) = 1 - \gamma^*$이다. n에 대해 풀면

$$n_U \approx \left(\frac{(z_\alpha - z_{\gamma^*})\tau_W}{\Delta^*\sqrt{\lambda_1\lambda_2}}\right)^2 \tag{10.4.24}$$

이것의 추론을 사용하여 표본 크기 비율 $\lambda_1 = n_1/n$과 $\lambda_2 = n_2/n$는 반드시 주어져야 한다. 연습문제 10.4.1과 같이 최강력 이표본 설계는 표본 크기 1/2의 단순비를 갖는다. 즉 표본 크기가 같다.

MWW와 이표본 공동 t-검정 사이의 점근적 상대효율을 구하기 위해 이것을 사용하면, 연습문제 10.4.2는 Δ^*를 탐지하기 위해 점근적 검정력 γ^*를 포함하기 위한 이표본 t-검정에 대한 표본 크기가 다음과 같음을 보여준다.

$$n_{\text{LS}} \approx \left(\frac{(z_\alpha - z_{\gamma^*})\sigma}{\Delta^*\sqrt{\lambda_1\lambda_2}}\right)^2 \tag{10.4.25}$$

여기서 σ는 e_i의 분산이다. 그러므로 마지막 절에서처럼 윌콕슨 검정(MWW)과 t-검정 사이의 점근적 상대효율은 표본 크기 식 (10.4.24)와 (10.4.25)의 비율이고 이는 다음과 같다.

$$\text{ARE(MWW, LS)} = \frac{\sigma^2}{\tau_W^2} \tag{10.4.26}$$

이것은 앞 절에서 부호순위 윌콕슨과 t-검정 사이에서 유도된 것처럼 ARE와 같다. 만약 $f(x)$가

정규 pdf이면 MWW는 공동 t-검정에 대한 95.5% 상대효율을 갖는다. 게다가 MWW는 정규분포에서 약간의 효율을 갖는다. 한편 연습문제 10.3.3에서와 같이 오염된 정규족($\epsilon > 0$)에서 공동 t-검정보다 효과적이다.

10.4.2 만-휘트니-윌콕슨에 기초한 추정방정식

앞 절의 부호순위 윌콕슨 절차처럼 Δ의 추정을 구하기 위한 검정 통계량을 뒤바꿀 것이다. 다음 절에서 설명하듯이 이 추정은 최소화하는 놈의 형태로 정의된다. 추정량 $\widehat{\theta}_W$은 추정방정식으로 해를 구한다.

$$U(\Delta) = E_{H_0}(U) = \frac{n_1 n_2}{2} \tag{10.4.27}$$

앞에서 설명한 $U(\Delta)$ 절차를 상기하면 호지스-레만 추정량은 다음과 같이 주어진다.

$$\widehat{\Delta}_U = \text{med}_{i,j}\{Y_j - X_i\} \tag{10.4.28}$$

추정의 점근적 분포는 절차 $U(\Delta)$에 근거한 앞의 예제에서처럼, 그리고 점근적 검정력 보조정리(정리 10.4.2)와 같은 방법을 따른다. 이에 대한 증명은 하지 않을 것이며 결과를 간단히 설명하겠다.

정리 10.4.3

확률변수 $X_1, X_2, \cdots, X_{n_1}$은 iid이며 pdf $f(x)$를 가지고, 확률변수 $Y_1, Y_2, \cdots, Y_{n_2}$는 iid이며 pdf $f(x-\Delta)$를 갖는다고 가정하면

$$\widehat{\Delta}_U\text{은 점근적 } N\left(\Delta, \tau_W^2\left(\frac{1}{n_1}+\frac{1}{n_2}\right)\right)\text{ 분포를 따른다.} \tag{10.4.29}$$

여기서 $\tau_W = (\sqrt{12}\int_{-\infty}^{\infty} f^2(x)\,dx)^{-1}$이다.

연습문제 10.4.6에서 $Var(\varepsilon_i) = \sigma^2 < \infty$를 증명한 것처럼 Δ의 LS 추정 $\overline{Y} - \overline{X}$는 점근적 분포를 따른다.

$$\overline{Y} - \overline{X}\text{는 점근적 } N\left(\Delta, \sigma^2\left(\frac{1}{n_1}+\frac{1}{n_2}\right)\right)\text{ 분포를 따른다.} \tag{10.4.30}$$

$\widehat{\Delta}_U$의 점근적 분산의 비율은 식 (10.4.26)으로 주어진다. 그러므로 검정의 ARE는 대응되는 추정의 ARE를 갖는다.

10.4.3 이동 모수 Δ에 대한 신뢰구간

MWW 추정에 대응되는 Δ에 대한 신뢰구간은 앞 절의 호지스-레만 추정과 같은 방법으로 유도된다. 수준 α가 주어졌을 때 정수 c를 $P_\Delta[U(\Delta) \le c] = \alpha/2$와 같은 MWW 분포의 기각점이라

고 정의하자. 10.2.3절에서와 같이

$$\begin{aligned} 1-\alpha &= P_\Delta[c < U(\Delta) < n_1n_2 - c] \\ &= P_\Delta[D_{c+1} \le \Delta < D_{n_1n_2-c}] \end{aligned} \tag{10.4.31}$$

여기서 $D_1 < D_2 < \cdots < D_{n_1n_2}$는 차 $Y_j - X_i$의 순서로 정의된다. 그러므로 구간 $[D_{c+1}, D_{n_1n_2-c})$는 Δ에 대한 $(1-\alpha)100\%$ 신뢰구간이다. MWW 검정 통계량 U의 귀무 점근적 분포를 사용하여 다음 c의 근삿값을 구한다.

$$c \approx \frac{n_1n_2}{2} - z_{\alpha/2}\sqrt{\frac{n_1n_2(n+1)}{12}} - \frac{1}{2} \tag{10.4.32}$$

여기서 $\Phi(-z_{\alpha/2}) = \alpha/2$이다. 연습문제 10.4.7을 참조하라. 실제로는 c에 가장 가까운 정수를 사용한다.

예제 10.4.3 **[예제 10.4.1의 연속]** 예제 10.4.1로 돌아가면 R의 계산(그룹은 grp1과 grp2 벡터에 있음) 결과는 다음과 같다.

```
wilcox.test(grp2,grp1,conf.int=T)
95 percent confidence interval: -0.8000273  2.8999445
sample estimate: 0.5000127
```

위치 이동에 대한 호지스-레만 추정값은 0.5이고 이동에 대한 신뢰구간은 $(-0.800, 2.890)$이다. 따라서 검정 통계량의 결과와 일치하여 신뢰구간은 $\Delta = 0$의 귀무가설을 포함한다.

10.4.4 검정력의 몬테카를로 조사

10.3.4절에서 두 위치 추정량 간 유한 표본 크기 상대효율에 관한 몬테카를로 조사를 살펴보았다. 이 절에서는 두 검정의 검정력에 대한 유한 표본 연구를 고려한다. 10.3.4절에서와 같이 두 검정의 검정력을 비교하는 몬테카를로 연구는 지정된 분포족과 표본 크기에 대해 수행되는데, 그 조합은 연구의 상황이 된다. 간단한 설명을 위해 이러한 상황 중 하나를 살펴보자.

모형은 식 (10.4.2), (10.4.3)에서 설명된 이표본 위치모형이고, 여기서 Δ는 모형 간 위치의 이동이다. 다음 양측가설을 고려한다.

$$H_0 : \Delta = 0, \quad H_1 : \Delta \neq 0 \tag{10.4.33}$$

예제 8.3.1에 설명된 바와 같이 이러한 가설에 대해 MWW와 이표본 t-검정의 검정력을 비교하는 연구를 한다. 특정 상황은 동일한 표본 크기 $n_1 = n_2 = 30$, 오염률 $\epsilon = 0.20$, 표준편차 비율 $\sigma_c = 10$인 오염된 정규분포를 고려하자. 유의수준으로 $\alpha = 0.05$를 선택한다. 주어진 자료에 대해 수준 α 검정은 p 값이 α보다 작거나 같으면 H_0을 기각한다.

10,000개의 시뮬레이션을 선택했고 알고리즘의 요지는 간단하다. 각 시뮬레이션에 대해 독립인 표본을 생성하고, 각 검정 통계량을 계산하고, 각 검정이 기각되었는지를 기록한다. 각 검정에 대해 경험적 검정력은 기각 횟수를 시뮬레이션 횟수로 나눈 값이다. 다음의 R 함수 `wil2powsim.R`은 이 알고리즘을 통합한다. 코드의 첫 번째 줄은 사용된 설정을 포함한다.

```
n1=30;n2=30;nsims=10000;eps=.20;vc=10;Delta=seq(-3,3,1) #Settings
wil2powsim <- function(n1,n2,nsims,eps,vc,Delta=0,alpha=.05){
indwil <-0; indt <- 0
for(i in 1:nsims){
x <- rcn(n1,eps,vc); y <- rcn(n2,eps,vc) + Delta
if(wilcox.test(y,x)$p.value <= alpha){indwil <- indwil + 1}
if(t.test(y,x,var.equal=T)$p.value <= alpha){indt <- indt + 1}
}
powwil <- sum(indwil)/nsims; powt <- sum(indt)/nsims
return(c(powwil,powt))}
```

검정력은 $\Delta = -3, -2, \cdots, 3$의 대립가설에서 차례대로 계산된다. 코드의 실행으로 구한 경험적 검정력은 다음과 같다.

Δ	-3	-2	-1	0	1	2	3
MWW 검정	0.9993	0.9856	0.6859	0.0527	0.6889	0.9874	0.9988
t-검정	0.7245	0.4411	0.1575	0.0465	0.1597	0.4318	0.7296

이 상황에서는 확실히 MWW 검정이 t-검정보다 검정력이 훨씬 더 우수하다. 오염된 정규분포가 두꺼운 꼬리를 가지고 있고 t-검정은 높은 비율의 이상값에 손상되기 때문에 이러한 결과는 놀랍지 않다. 또한 이러한 결과는 오염된 정규분포에 대한 MWW와 t-검정 간 ARE의 결과와도 일치한다. $\Delta = 0$에 대한 경험적 검정력은 명목적 $\alpha = 0.05$와 가까운 경험적 수준이다. 두 검정 모두에서 Δ가 0에서 어느 방향으로든 이동함에 따라 검정력이 증가하고, 이는 당연한 결과이다.

연습문제

10.4.1 정리 10.4.2의 점근적 검정력 보조정리를 고려하여 표본 크기가 같은 $n_1 = n_2$ 상황은 $n_1 + n_2 = n$이고, n이 일정하며, 수준과 대립가설 역시 일정할 때의 설계 중 최대 검정 설계임을 밝혀라.

힌트: 이 문제가 다음 함수를 최대화하는 것과 같음을 밝히고 결과를 구하라.

$$g(n_1) = \frac{n_1(n - n_1)}{n^2}$$

10.4.2 예제 4.6.2에서 다룬 가설 식 (10.4.4)에 대한 t-검정의 점근적 설명을 고려하라.

(a) 정리 10.4.2의 시작 부분을 이용하여 이 검정에 대응하는 점근적 검정력 보조정리를 도출하라.

(b) (a)의 결과를 이용하여 식 (10.4.25)를 구하라.

10.4.3 10.4.4절에 제시된 검정력 연구에서는 $\Delta = 0$에서 경험적 검정력이 경험적 유의수준이다. 이러한 경험적 수준을 기반으로 실제 수준에 대한 95% 신뢰구간을 구하라. 신뢰구간이 명목적 수준 $\alpha = 0.05$를 포함하는가?

10.4.4 10.4.4절의 검정력 연구에서 윌콕슨 MWW 검정이 $\Delta = 1$을 감지하기 위해 약 80%의 검정력을 갖는 데 필요한 공통된 표본 크기를 (시뮬레이션을 통해) 정하라.

10.4.5 10.4.4절의 검정력 연구에서 $N(0, 1)$ 분포에 대한 경험적 검정력을 얻기 위해 R 함수 `wil2powsim.R`을 수정하라.

10.4.6 중심극한정리를 사용하여 식 (10.4.30)이 참이라는 것을 밝혀라.

10.4.7 Δ에 대한 신뢰구간 식 (10.4.31)의 절단된 색인 c에 대해 식 (10.4.32)의 근사를 도출하라.

10.4.8 X가 cdf $F(x)$인 연속형 확률변수이고, $Y = X + \Delta$라고 가정하자. 여기서 $\Delta > 0$이다. Y가 X보다 확률적으로 크다는 것을 밝혀라.

10.4.9 예제 10.4.1에 주어진 자료를 고려하라.

(a) 자료의 상자그림을 비교하라.

(b) 표본평균의 차는 이동에 대한 MWW 추정값보다 훨씬 더 큰 3.11임을 밝혀라. 이러한 불일치를 설명하는 것은 무엇인가?

(c) t를 사용한 Δ에 대한 95% 신뢰구간이 $(-2.7, 8.92)$로 주어짐을 밝혀라. 왜 이 구간이 MWW 구간보다 훨씬 더 긴가?

(d) 예제 4.6.2에서 논의한 이 자료에 대한 t-검정 통계량의 값은 1.12이고, p 값은 0.28임을 밝혀라. 이 p 값은 MWW의 결과에서 그랬듯이 유의하지 않겠지만 정당화된 것보다는 더 낮은 것으로 보인다[예를 들어 (a)의 상자그림 비교를 생각해보라]. 왜 그런가?

10.5 일반 순위 점수*

분포 무관 방법에 대응하는 대칭분포를 사용하는 추정량의 중심 추정에 관심이 있다고 가정하자. 앞의 두 절에 따르면 부호검정이나 부호순위 윌콕슨 검정 중 하나를 선택한다. 만약 표본이 정규분포에서 추출되었다면 정규분포에서는 부호검정보다 좀 더 효율적이기 때문에 부호순위 윌콕슨을 선택한다. 하지만 윌콕슨은 충분히 효율적이지 않다. 이것은 문제를 일으키는데,

과연 정규분포에서 분포 무관 방법은 충분히 효율적인가? 다시 말해 정규분포에서 t-검정에 대해 100% 상대효율인가? 좀 더 일반적으로 분포를 특성화한다고 가정하자. 분포 무관 방법은 분포의 mle에 대해 100% 상대효율인가? 일반적으로 이 질문에 대한 답은 '그렇다'라고 할 수 있다. 이 절에서 이 문제가 보편화되면 직접적으로 10.7절의 회귀 문제인 이표본 위치 문제에 대한 이러한 질문을 탐구한다. 유사한 정리는 일표본 문제로 발전시킬 수 있다. Hettmansperger와 McKean(2011) 1장을 참조하라.

앞 절에서와 같이 cdf와 pdf가 각각 $F(x)$, $f(x)$인 연속형 분포의 확률표본을 $X_1, X_2, \cdots, X_{n_1}$이라고 하자. 또한 cdf와 pdf가 각각 $F(x-\Delta)$, $f(x-\Delta)$인 연속형 분포의 확률표본을 $Y_1, Y_2, \cdots, Y_{n_2}$라고 하자. 여기서 Δ는 위치모형에서의 이동이다. $n = n_1 + n_2$가 표본 크기의 조합일 때 다음 가설을 고려하자.

$$H_0 : \Delta = 0, \quad H_1 : \Delta > 0 \tag{10.5.1}$$

우선 일반적인 순위 점수의 족을 정의하자. $\varphi(u)$가 $\int_0^1 \varphi^2(u)\, du < \infty$와 같은 구간 (0, 1)에서 정의된 비감소함수라고 하자. $\varphi(u)$를 **점수함수**(score function)라고 한다. 일반적인 손실 없이 $\int_0^1 \varphi(u)\, du = 0$, $\int_0^1 \varphi^2(u)\, du = 1$과 같이 이 함수를 표준화할 것이다(연습문제 10.5.1을 참조하라). 다음으로 점수 $a_\varphi(i) = \varphi[i/(n+1)]$$(i = 1, 2, \cdots, n)$라고 정의한다. 그러면 $a_\varphi(1) \le a_\varphi(2) \le \cdots \le a_\varphi(n)$이고 $\sum_{i=1}^n a(i) = 0$이라고 가정한다(이것은 반드시 $\int \varphi(u)\, du = 0$과 함께 나온다. 연습문제 10.5.12를 참조하라). 검정 통계량을 고려하자.

$$W_\varphi = \sum_{j=1}^{n_2} a_\varphi(R(Y_j)) \tag{10.5.2}$$

여기서 $R(Y_j)$는 n 관측값의 조합된 표본에서의 Y_j의 순위로 정의한다. 점수는 비감소이기에 자연적인 기각 규칙은 다음과 같이 주어진다.

$$W_\varphi \ge c\text{이면 } H_0 \text{ 기각, } H_1 \text{ 채택} \tag{10.5.3}$$

만약 선형점수함수 $\varphi(u) = \sqrt{12}(u - (1/2))$을 사용하면

$$\begin{aligned} W_\varphi &= \sum_{j=1}^{n_2} \sqrt{12}\left(\frac{R(Y_j)}{n+1} - \frac{1}{2}\right) \\ &= \frac{\sqrt{12}}{n+1}\sum_{j=1}^{n_2}\left(R(Y_j) - \frac{n+1}{2}\right) \\ &= \frac{\sqrt{12}}{n+1}W - \frac{\sqrt{12}n_2}{2} \end{aligned} \tag{10.5.4}$$

여기서 W는 MWW 검정 통계량 식 (10.4.5)이다. 그러므로 선형점수함수의 특별한 경우는 MWW 검정 통계량에서 결정된다.

완전한 결정 규칙 식 (10.5.2)를 위해 검정 통계량 W_φ의 귀무분포를 필요로 한다. 하지만 그것의 많은 성질은 MWW 검정에서처럼 같은 선에 있다. 우선 귀무가설하에서 Y_j에 대한 순위의 모든 부분집합은 동등하기 때문에 W_φ는 분포 무관이다. 일반적으로 W_φ 분포는 닫힌 형태에서는 구할 수 없지만 MWW 검정 통계량에 유사하게 일반적인 귀납법으로는 구할 수 있다. 다음으로 W_φ의 귀무평균을 구하기 위해 $R(Y_j)$는 정수 1, 2, ⋯, n에서 균등분포임을 사용한다. $\sum_{i=1}^{n} a_\varphi(i) = 0$이므로 다음을 얻는다.

$$\begin{aligned} E_{H_0}(W_\varphi) &= \sum_{j=1}^{n_2} E_{H_0}(a_\varphi(R(Y_j))) \\ &= \sum_{j=1}^{n_2}\sum_{i=1}^{n} a_\varphi(i)\frac{1}{n} = 0 \end{aligned} \tag{10.5.5}$$

귀무분산을 결정하기 위해 우선 다음 방정식으로 양 s_a^2을 정의한다.

$$E_{H_0}(a_\varphi^2(R(Y_j))) = \sum_{i=1}^{n} a_\varphi^2(i)\frac{1}{n} = \frac{1}{n}\sum_{i=1}^{n} a_\varphi^2(i) = \frac{1}{n}s_a^2 \tag{10.5.6}$$

연습문제 10.5.4에서와 같이 $s_a^2/n \approx 1$이다. $E_{H_0}(W_\varphi) = 0$이므로

$$\begin{aligned} Var_{H_0}(W_\varphi) &= E_{H_0}(W_\varphi^2) \\ &= \sum_{j=1}^{n_2}\sum_{j'=1}^{n_2} E_{H_0}[a_\varphi(R(Y_j))a_\varphi(R(Y_{j'}))] \\ &= \sum_{j=1}^{n_2} E_{H_0}[a_\varphi^2(R(Y_j))] + \sum\sum_{j\neq j'} E_{H_0}[a_\varphi(R(Y_j))a_\varphi(R(Y_{j'}))] \\ &= \frac{n_2}{n}s_a^2 - \frac{n_2(n_2-1)}{n(n-1)}s_a^2 \qquad (10.5.7) \\ &= \frac{n_1 n_2}{n(n-1)}s_a^2 \qquad (10.5.8) \end{aligned}$$

식 (10.5.7)에서 두 번째 항의 유도는 연습문제 10.5.2를 참조하라. 좀 더 고급 수준의 책에서는 W_φ가 H_0하에서 점근적 정규분포임을 보여준다. 그러므로 수준 α의 대응되는 점근적 결정 공식은 다음과 같다.

$$z = \frac{W_\varphi}{\sqrt{Var_{H_0}(W_\varphi)}} \geq z_\alpha \text{이면 } H_0 \text{ 기각, } H_1 \text{ 채택} \tag{10.5.9}$$

이 절의 첫 번째 단락에서 제시한 질문에 대답하기 위해 검정 통계량 W_φ의 효율이 필요하다. 앞 절의 선을 따라 단행하기 위해 다음 방법을 정의한다.

$$W_\varphi(\Delta) = \sum_{j=1}^{n_2} a_\varphi(R(Y_j - \Delta)) \tag{10.5.10}$$

여기서 $R(Y_j-\Delta)$는 $X_1, \cdots, X_{n_1}, Y_1-\Delta, \cdots, Y_{n_2}-\Delta$ 가운데 $Y_j-\Delta$의 순위로 정의된다. 앞 절에서 MWW 통계량의 과정 역시 차 Y_j-X_i의 수의 형태로 쓰인다. 여기서는 좋지 않다. 하지만 다음 정리는 이 일반적인 과정이 Δ의 단순감소계단함수임을 보여준다.

정리 10.5.1

$W_\varphi(\Delta)$ 과정은 $i=1, \cdots, n_1$, $j=1, \cdots, n_2$에 대해 차 Y_j-X_i에서 한 단계씩 내려가는 Δ의 감소계단함수이다. 그것의 최댓값은 $\sum_{j=n_1+1}^{n} a_\varphi(j) \ge 0$, 최솟값은 $\sum_{j=1}^{n_2} a_\varphi(j) \le 0$이다.

증명: $\Delta_1 < \Delta_2$이고 $W_\varphi(\Delta_1) \neq W_\varphi(\Delta_2)$라고 가정하자. 그러면 X_i와 $Y_j-\Delta$ 사이 순위의 할당은 Δ_1과 Δ_2에서 반드시 달라야 한다. 즉 $Y_j-\Delta_2 < X_i$와 $Y_j-\Delta_1 > X_i$가 되는 j와 i여야 한다. 이것의 의미는 $\Delta_1 < Y_j-X_i < \Delta_2$이다. 게다가 $W_\varphi(\Delta)$는 차 Y_j-X_i에서 값이 변한다. 이것이 감소임을 밝히기 위해 $\Delta_1 < Y_j - X_i < \Delta_2$ 그리고 Δ_1과 Δ_2 사이에 다른 차가 없다고 가정하자. 그러면 $Y_j-\Delta_1$과 X_i는 반드시 근처의 순위여야 하며, Δ_1과 Δ_2의 하나의 차보다 커야 한다. $Y_j-\Delta_1 > X_i$이고 $Y_j-\Delta_2 < X_i$이므로

$$R(Y_j-\Delta_1)=R(X_i)+1, \quad R(Y_j-\Delta_2)=R(X_i)-1$$

또한 $W_\varphi(\Delta)$에 대한 표현에서 오직 Y_j의 순위 형태만 구간 $[\Delta_1, \Delta_2]$에서 변한다. 따라서 정수는 비감소이므로

$$\begin{aligned}
W_\varphi(\Delta_1)-W_\varphi(\Delta_2) &= \sum_{k\neq j} a_\varphi(R(Y_k-\Delta_1)) + a_\varphi(R(Y_j-\Delta_1)) \\
&\quad - \left[\sum_{k\neq j} a_\varphi(R(Y_k-\Delta_2)) + a_\varphi(R(Y_j-\Delta_2))\right] \\
&= a_\varphi(R(X_i)+1)) - a_\varphi(R(X_i)-1)) \ge 0
\end{aligned}$$

$W_\varphi(\Delta)$는 감소계단함수이고 차 Y_j-X_i에서 한 단계만 감소하기 때문에 모든 i, j에 대해 $\Delta < Y_j-X_i$일 때, 즉 $X_i < Y_j-\Delta$일 때 최댓값이 발생한다. 따라서 이 경우에 변수 $Y_j-\Delta$는 모두 높은 순위를 얻어야 한다. 따라서

$$\max_\Delta W_\varphi(\Delta) = \sum_{j=n_1+1}^{n} a_\varphi(j)$$

최댓값은 반드시 음수가 아님에 주의하라. 그것이 순 음수라는 가정에 대해 $j=n_1+1, \cdots, n$일 때 적어도 하나는 $\alpha_\varphi(j) < 0$이다. 점수는 비감소이므로 모든 $i=1, \cdots, n_1$에 대해 $a_\varphi(i) < 0$이다. 이것은 모순이다.

$$0 > \sum_{j=n_1+1}^{n} a_\varphi(j) \ge \sum_{j=n_1+1}^{n} a_\varphi(j) + \sum_{j=1}^{n_1} a_\varphi(j) = 0$$

최솟값에 대한 결과도 같은 방법으로 구한다. 연습문제 10.5.6을 참조하라.

연습문제 10.5.7에서와 같이 보조정리 10.2.1의 이동 특성은 과정 $W_\varphi(\Delta)$에 대해 유지된다. 이 결과와 마지막 정리를 사용하여 가설 식 (10.5.1)에 대한 검정 통계량 W_φ의 검정력 함수가 비감소함수임을 밝힐 수 있다. 그러므로 검정은 불편이다.

10.5.1 효능

다음으로 W_φ에 근거한 검정의 효능 유도를 살펴보자. 논의를 정당하게 만들 수 있다. 좀 더 고급 수준의 책을 보라. 평균값 통계량을 고려하자.

$$\overline{W}_\varphi(0) = \frac{1}{n}W_\varphi(0) \tag{10.5.11}$$

식 (10.5.5)와 (10.5.8)에 근거하여

$$\mu_\varphi(0) = E_0(\overline{W}_\varphi(0)) = 0$$

$$\sigma_\varphi^2 = Var_0(\overline{W}_\varphi(0)) = \tfrac{n_1 n_2}{n(n-1)}n^{-2}s_a^2 \tag{10.5.12}$$

연습문제 10.5.4로부터 $\overline{W}_\varphi(0)$의 분산은 $O(n^{-2})$의 순서임에 주의하라.

$$\begin{aligned}\mu_\varphi(\Delta) &= E_\Delta[\overline{W}_\varphi(0)] = E_0[\overline{W}_\varphi(-\Delta)] \\ &= \frac{1}{n}\sum_{j=1}^{n_2} E_0[a_\varphi(R(Y_j+\Delta))]\end{aligned} \tag{10.5.13}$$

$\widehat{F}_{n_1}$과 $\widehat{F}_{n_2}$이 각각 확률변수 $X_1, \cdots, X_{n_1}$과 $Y_1, \cdots, Y_{n_2}$의 계층적 cdf라고 가정하자. 순위와 계층적 cdf의 관계는 다음과 같다

$$\begin{aligned}R(Y_j+\Delta) &= \#_k\{Y_k+\Delta \le Y_j+\Delta\} + \#_i\{X_i \le Y_j+\Delta\} \\ &= \#_k\{Y_k \le Y_j\} + \#_i\{X_i \le Y_j+\Delta\} \\ &= n_2\widehat{F}_{n_2}(Y_j) + n_1\widehat{F}_{n_1}(Y_j+\Delta)\end{aligned} \tag{10.5.14}$$

식 (10.5.13)에서 마지막 식을 대신하여 다음을 얻는다.

$$\mu_\varphi(\Delta) = \frac{1}{n}\sum_{j=1}^{n_2} E_0\left\{\varphi\left[\frac{n_2}{n+1}\widehat{F}_{n_2}(Y_j) + \frac{n_1}{n+1}\widehat{F}_{n_1}(Y_j+\Delta)\right]\right\} \tag{10.5.15}$$

$$\to \lambda_2 E_0\left\{\varphi\left[\lambda_2 F(Y) + \lambda_1 F(Y+\Delta)\right]\right\} \tag{10.5.16}$$

$$= \lambda_2\int_{-\infty}^{\infty}\varphi\left[\lambda_2 F(Y) + \lambda_1 F(Y+\Delta)\right] f(y)\,dy \tag{10.5.17}$$

식 (10.5.16)의 극한은 $\widehat{F}_{n_i}(x) \to F(x)(i = 1,\ 2$이고, 귀무가설하에)를 따르는 이중극한이고, 합이 동일한 분포의 확률변수를 포함한 식 (10.5.15)에서 계층적 cdf에 대한 F를 대신하는 관측값은 같은 기댓값이다. 이러한 근사는 적당하게 만들 수 있다. 그것은 직접적으로 다음을 따른다.

$$\frac{d}{d\Delta}\mu_\varphi(\Delta) = \lambda_2 \int_{-\infty}^{\infty} \varphi'\left[\lambda_2 F(Y) + \lambda_1 F(Y+\Delta)\right] \lambda_1 f(y+\Delta) f(y)\, dy$$

그러므로

$$\mu'_\varphi(0) = \lambda_1\lambda_2 \int_{-\infty}^{\infty} \varphi'[F(y)] f^2(y)\, dy \tag{10.5.18}$$

그리고 식 (10.5.12)로부터

$$\sqrt{n}\sigma_\varphi = \sqrt{n}\sqrt{\frac{n_1 n_2}{n(n-1)}}\frac{1}{\sqrt{n}}\sqrt{\frac{1}{n}s_a^2} \to \sqrt{\lambda_1\lambda_2} \tag{10.5.19}$$

식 (10.5.18)과 (10.5.19)를 바탕으로 W_φ의 효능은 다음과 같다.

$$c_\varphi = \lim_{n\to\infty}\frac{\mu'_\varphi(0)}{\sqrt{n}\sigma_\varphi} = \sqrt{\lambda_1\lambda_2}\int_{-\infty}^{\infty}\varphi'[F(y)]f^2(y)\, dy \tag{10.5.20}$$

효능을 사용하여 점근적 검정력은 검정 통계량 W_φ로 도출할 수 있다. 식 (10.4.14)에 주어진 위치 선택의 수열과 W_φ에 근거한 수준 α의 점근적 검정을 고려하자. 검정의 검정력 함수를 $\gamma_w(\Delta_n)$으로 정의하면 다음과 같이 나타낼 수 있다.

$$\lim_{n\to\infty}\gamma_\varphi(\Delta_n) = 1 - \Phi(z_\alpha - c_\varphi\delta) \tag{10.5.21}$$

여기서 $\Phi(z)$는 표준정규분포 확률변수의 cdf이다. 표본 크기는 마지막 절에서처럼 검정 통계량 W_φ 절차에 기초하여 구한다. 연습문제 10.5.8을 참조하라.

10.5.2 일반 점수에 근거한 추정방정식

10.5.1절에서 다루었던 점수 $a_\varphi(i) = \varphi(i/(n+1))$를 사용하자. 검정 통계량 W_φ의 평균은 0임을 상기하라. 그러므로 Δ의 대응되는 추정량은 다음 추정방정식으로 푼다.

$$W_\varphi(\widehat{\Delta}) \approx 0 \tag{10.5.22}$$

정리 10.5.1에 의해 $W_\varphi(\widehat{\Delta})$은 Δ의 감소계단함수이다. 또한 최댓값은 양수이고 최솟값은 음수이다(위험한 경우에만 하나 또는 둘 다 0이다). 그러므로 방정식 (10.5.22)의 해가 존재한다. $W_\varphi(\widehat{\Delta})$은 계단함수이므로 아마도 유일하지 않을 것이다. 윌콕슨과 중앙값 가정처럼 그것이 유일하지 않으면 구간의 중간점에서 해의 구간을 선택할 수 있다. 이분법이나 잘못된 위치 방법과 같은 단순 반복 방법으로 방정식을 푸는 것은 쉽다. Hettmansperger와 McKean(2011) 210쪽을 참조하라. 추정량의 점근적 분포는 점근적 검정력 보조정리를 사용하여 유도할 수 있으며 이는 다음과 같다.

$$\widehat{\Delta}_\varphi\text{은 점근적으로 } N\left(\Delta, \tau_\varphi^2\left(\frac{1}{n_1}+\frac{1}{n_2}\right)\right)\text{ 분포를 따른다.} \tag{10.5.23}$$

여기서

$$\tau_\varphi = \left[\int_{-\infty}^{\infty} \varphi'[F(y)]f^2(y)\,dy\right]^{-1} \tag{10.5.24}$$

그러므로 효능은 $c_\varphi = \sqrt{\lambda_1\lambda_2}\tau_\varphi^{-1}$과 같이 나타낼 수 있다. 연습문제 10.5.9에서 보듯이 모수 τ_φ는 규모 모수이다. 효능은 $c_\varphi = \sqrt{\lambda_1\lambda_2}\tau_\varphi^{-1}$이므로 규모의 역수로 변한다. 이 관측은 다음 절에서 도움이 된다.

10.5.3 최적화: 최량추정

이제 첫 번째 단락의 질문에 답할 수 있다. 주어진 pdf $f(x)$에 대해 검정이 검정력을 최대로 하고 추정량의 점근적 분산을 최소로 하는 점수함수를 선택할 수 있음을 밝혔다. 특정한 조건하에 근본적인 점수함수에 근거한 추정량은 mle와 효능이 같다는 것을 밝혔다. 다시 말해 그것은 라오-크라메르 하한을 구한다.

앞에서처럼 $X_1, \cdots, X_{n_1}$은 연속형 cdf $F(x)$와 pdf $f(x)$를 가진 확률표본이고 $Y_1, \cdots, Y_{n_2}$는 연속형 cdf $F(x-\Delta)$와 pdf $f(x-\Delta)$를 가진 확률변수라고 하자. 문제는 식 (10.5.20)에 주어진 효능 c_φ를 최대로 하는 φ의 선택이다. 효능을 최대로 하는 것은 Δ의 추정량에 대응하는 점근적 분산을 최소화하는 것과 같다.

보편적인 점수함수 $\varphi(u)$에 대해 식 (10.5.20)에 주어진 효능을 고려하자. 일반적인 손실 없이 이 식에서 표본 크기의 비는 무시할 수 있다. 따라서 $c_\varphi^* = (\sqrt{\lambda_1\lambda_2})^{-1}c_\varphi$를 고려하자. $u = F(y)$로 변수변환을 하면 부분적분을 얻는다.

$$\begin{aligned} c_\varphi^* &= \int_{-\infty}^{\infty} \varphi'[F(y)]f^2(y)\,dy \\ &= \int_0^1 \varphi'(u)f(F^{-1}(u))\,du \\ &= \int_0^1 \varphi(u)\left[-\frac{f'(F^{-1}(u))}{f(F^{-1}(u))}\right]du \end{aligned} \tag{10.5.25}$$

점수함수 $\int \varphi^2(u)\,du = 1$을 상기하라. 따라서 문제를 다음과 같이 나타낼 수 있다.

$$\begin{aligned} \max_\varphi c_\varphi^{*2} &= \max_\varphi\left\{\int_0^1 \varphi(u)\left[-\frac{f'(F^{-1}(u))}{f(F^{-1}(u))}\right]du\right\}^2 \\ &= \left\{\max_\varphi \frac{\left\{\int_0^1 \varphi(u)\left[-\frac{f'(F^{-1}(u))}{f(F^{-1}(u))}\right]du\right\}^2}{\int_0^1 \varphi^2(u)\,du \int_0^1 \left[\frac{f'(F^{-1}(u))}{f(F^{-1}(u))}\right]^2 du}\right\}\int_0^1 \left[\frac{f'(F^{-1}(u))}{f(F^{-1}(u))}\right]^2 du \end{aligned}$$

마지막 식에서 최대화로 무시할 수 있는 양은 최댓값이 1인 상관계수의 제곱이다. 그러므로 점수함수의 선택 $\varphi(u) = \varphi_f(u)$이고, 여기서

$$\varphi_f(u) = -\kappa \frac{f'(F^{-1}(u))}{f(F^{-1}(u))} \tag{10.5.26}$$

그리고 κ는 $\int \varphi_f^2(u)\ du = 1$을 만족하는 상수이다. 그러면 상관계수는 1이고 최댓값은 다음과 같다.

$$I(f) = \int_0^1 \left[\frac{f'(F^{-1}(u))}{f(F^{-1}(u))}\right]^2 du \tag{10.5.27}$$

이것은 위치모형에 대한 피셔 정보이다. 식 (10.5.26)에 주어진 이 같은 점수함수를 **최적 점수함수**(optimal score function)라고 한다.

추정의 형태에서 만약 $\widehat{\Delta}$가 대응되는 추정량이면 식 (10.5.24)를 따르며, 이는 다음과 같은 점근적 분산을 따른다.

$$\tau_\varphi^2 = \left[\frac{1}{I(f)}\right]\left(\frac{1}{n_1} + \frac{1}{n_2}\right) \tag{10.5.28}$$

또한 추정량 $\widehat{\Delta}$은 점근적 라오-크라메르 하한을 얻는다. 즉 $\widehat{\Delta}$은 Δ의 점근적 효율 추정량이다. 점근적 상대효율의 형태로 추정량 $\widehat{\Delta}$과 Δ의 mle 사이 ARE는 1이다. 이 절 첫 번째 단락의 두 번째 질문에 답했다.

이제 몇 개의 예제를 보자. 예제 10.5.1에서는 ε_i의 분포가 이 절 시작 부분의 질문에 대한 답인 정규분포라고 가정한다. 우선 불변성이 의미하는 것이 무엇인지 상기하라. Z는 확률변수 X의 규모와 위치 변환이라고 가정하자. 즉 $Z = a(X - b)$이다. 여기서 $a > 0$이고 $-\infty < b < \infty$이다. 효능은 규모의 간접적인 변동이기 때문에 $c_{f_Z}^2 = a^{-2}c_{f_X}^2$를 얻는다. 또한 연습문제 10.5.9에서 보듯이 효능은 위치 및 $I(f_Z) = a^{-2}I(f_X)$와 역수이다. 그러므로 앞에서 최대화된 값은 위치와 규모의 변화에 불변한다. 실제적으로 최적 점수의 형태에서는 밀도함수의 형태만이 중요하다.

예제 10.5.1 **[정규점수]** 오차 확률변수 ε_i가 정규분포를 따른다고 가정하자. 앞 단락의 설명에 근거하여 밀도의 형태처럼 $N(0,\ 1)$의 pdf를 취할 수 있다. $f_Z(z) = \phi(z) = (2\pi)^{-1/2} \exp\{-2^{-1}z^2\}$을 고려하라. 그러면 $-\phi'(z) = z\phi(z)$이다. $\Phi(z)$를 Z의 cdf로 정의하면 최적 점수함수는 다음과 같다.

$$\varphi_N(u) = -\kappa \frac{\phi'(\Phi^{-1}(u))}{\phi(\Phi^{-1}(u))} = \Phi^{-1}(u) \tag{10.5.29}$$

$\kappa = 1$임을 밝히는 연습문제 10.5.5를 참조하라. 그리고 $\int \varphi_N(u)\ du = 0$이다. 대응되는 점수 $a_N(i) = \Phi^{-1}(i/(n+1))$를 **정규점수**(normal score)라고 한다. 과정을 다음으로 정의하자.

$$W_N(\Delta) = \sum_{j=1}^{n_2} \Phi^{-1}[R(Y_j - \Delta)/(n+1)] \tag{10.5.30}$$

가설 식 (10.5.1)에 관련된 검정 통계량은 통계량 $W_N = W_N(0)$이다. Δ의 추정량은 다음 추정 방정식으로 푼다.

$$W_N(\widehat{\Delta}_N) \approx 0 \tag{10.5.31}$$

추정값을 닫힌 형태에서 구하지 않아도 이 방정식을 풀기는 쉽다. 앞의 논의로부터 정규분포에서 ARE($\widehat{\Delta}_N$, $\overline{Y} - \overline{X}$) = 1이다. 그러므로 정규점수 절차는 정규분포에서 완전 효율이다. 좀 더 강한 결과는 대칭적 분포에서 구할 수 있다. 그것은 모든 대칭분포에서 ARE($\widehat{\Delta}_N$, $\overline{Y} - \overline{X}$) ≥ 1임을 보여준다.

예제 10.5.2 **[윌콕슨 점수]** $i = 1, 2, \cdots, n$에 대해 확률오차 ε_i가 pdf가 $f_Z(z) = \exp\{-z\}/(1 + \exp\{-z\})^2$인 로지스틱 분포를 따른다고 하자. cdf는 $F_Z(z) = (1 + \exp\{-z\})^{-1}$이다. 연습문제 10.5.11에서 보듯이

$$-\frac{f_Z'(z)}{f_Z(z)} = F_Z(z)(1 - \exp\{-z\}), \quad F_Z^{-1}(u) = \log \frac{u}{1-u} \tag{10.5.32}$$

표준화에서 이것은 최적 점수함수를 유도한다.

$$\varphi_W(u) = \sqrt{12}(u - (1/2)) \tag{10.5.33}$$

즉 윌콕슨 점수이다. 윌콕슨 점수에 근거한 추정의 성질은 10.4절에서 다루었다. $\widehat{\Delta}_W = \text{med}\{Y_j - X_i\}$를 대응되는 추정이라고 하자. 정규분포에서 ARE($\widehat{\Delta}_W$, $\overline{Y} - \overline{X}$) = 0.955임을 상기하라. Hodges와 Lehmann(1956)은 모든 대칭분포에 대해 ARE($\widehat{\Delta}_W$, $\overline{Y} - \overline{X}$) ≥ 0.864임을 밝혔다.

예제 10.5.3 수치적인 예시로 어떤 정규분포의 관측값을 고려하자. X로 표시된 첫 번째 표본은 $N(48, 10^2)$ 분포에서 생성되었고, Y로 표시된 두 번째 표본은 $N(58, 10^2)$ 분포에서 생성되었다. 자료는 표 10.5.1에 제시했으며 `examp1053.rda` 파일에서도 찾을 수 있다. 표 10.5.1에는 순위와 정규점수도 나타나 있다. 우리는 윌콕슨, 정규점수, 스튜던트 t 절차에 대해 $H_0 : \Delta = 0$ 대 $H_1 : \Delta \neq 0$의 양측가설검정을 고려한다. R 코드의 다음 부분은 표 10.5.2의 결과를 반환한다. 마지막 절에서 R 함수 `t.test`와 `wilcox.test`를 사용했기 때문에 이 부분의 결과를 표시하지 않지만 정규점수에 대한 결과는 표시한다. 이 코드는 R 벡터 `x`와 `y`가 각각의 표본을 포함하고 있다고 가정한다.

표 10.5.1 예제 10.5.3의 자료

표본 1(X)			표본 2(Y)		
자료	순위	정규점수	자료	순위	정규점수
51.9	15	−0.04044	59.2	24	0.75273
56.9	23	0.64932	49.1	14	−0.12159
45.2	11	−0.37229	54.4	19	0.28689
52.3	16	0.04044	47.0	13	−0.20354
59.5	26	0.98917	55.9	21	0.46049
41.4	4	−1.13098	34.9	3	−1.30015
46.4	12	−0.28689	62.2	28	1.30015
45.1	10	−0.46049	41.6	6	−0.86489
53.9	17	0.12159	59.3	25	0.86489
42.9	7	−0.75273	32.7	1	−1.84860
41.5	5	−0.98917	72.1	29	1.51793
55.2	20	0.37229	43.8	8	−0.64932
32.9	2	−1.51793	56.8	22	0.55244
54.0	18	0.20354	76.7	30	1.84860
45.0	9	−0.55244	60.3	27	1.13098

표 10.5.2 예제 10.5.3에 대한 분석의 요약

방법	검정 통계량	표준화	p 값	Δ의 추정값
스튜던트 t	$\overline{Y} - \overline{X} = 5.46$	1.47	0.16	5.46
윌콕슨	$W = 270$	1.53	0.12	5.20
정규점수	$W_N = 3.73$	1.48	0.14	5.15

```
t.test(y,x); wilcox.test(y,x,conf.int=T)
zed=c(x,y); ind=c(rep(0,15),rep(1,15)); rz=rank(z)
phis=qnorm(rz/31); varns= ((15*15)/(30*29))*sum(phis^2)
nstst=sum(ind*phis); stdns=nstst/sqrt(varns)
pns =2*(1-pnorm(abs(stdns)))
nstst; stdns; pns
3.727011; 1.483559; 0.137926
```

표 10.5.2의 요약을 완성하려면 순위에 기반한 정규점수 과정으로부터 Δ의 추정값이 필요하다. Kloke와 McKean(2014)은 이 계산을 위한 CRAN 패키지 `Rfit`의 사용에 대해 논의한다. 이 패키지가 사용자의 영역에 설치된 경우 다음 명령어는 Δ의 추정값을 계산한다.

```
rfit(zed~ind,scores=nscores)$coef[2]
5.100012
```

표준화 검정 통계량과 그에 대응하는 p 값은 매우 유사하고 가설에 대한 모든 결과가 같다는 것에 주의하라. 표에서 보듯이 Δ의 대응되는 점추정 역시 비슷하다.

x_5가 95.5라는 이상값이 되도록 바꾸어서 다시 분석했다. 바뀐 자료에서는 t-분석이 가장 많은 영향을 받아 $t = 0.63$이고 p 값은 0.53이다. 대조적으로 윌콕슨 분석이 가장 적은 영향을 받았다 ($z = 1.37$, $p = 0.17$). 정규점수 분석은 윌콕슨 분석보다 이상값의 영향을 더 많이 받았다($z = 1.14$, $p = 0.25$).

예제 10.5.4 **[부호점수]** 앞의 예제에서 라플라스 분포를 따르는 확률오차 $\varepsilon_1, \varepsilon_2, \cdots, \varepsilon_n$을 생각해보자. 또한 편리한 형태 $f_Z(z) = 2^{-1}\exp\{-|z|\}$를 고려하자. 그러면 $f'_Z(z) = -2^{-1}\text{sgn}(z)\exp\{-|z|\}$이고, 따라서 $-f'_Z(F_Z^{-1}(u))/f_Z(F_Z^{-1}(u)) = \text{sgn}(z)$이다. 그러나 $u > 1/2$일 때 $F_Z^{-1}(u) > 0$이다. 최적 점수함수는 다음과 같으며,

$$\varphi_S(u) = \text{sgn}\left(u - \frac{1}{2}\right) \tag{10.5.34}$$

이것을 표준화하여 쉽게 나타낸다. 이에 대응되는 과정은 다음과 같다.

$$W_S(\Delta) = \sum_{j=1}^{n_2} \text{sgn}\left[R(Y_j - \Delta) - \frac{n+1}{2}\right] \tag{10.5.35}$$

부호 때문에 이 검정 통계량은 **무드**(Mood) 검정이라는 형태와 유사하게 쓸 수 있다. 연습문제 10.5.13을 참조하라.

또한 닫힌 형태에서 연관된 추정량을 구할 수 있다. 추정량은 다음 방정식의 해이다.

$$\sum_{j=1}^{n_2} \text{sgn}\left[R(Y_j - \Delta) - \frac{n+1}{2}\right] = 0 \tag{10.5.36}$$

이 방정식에 대해 다음 변수에 순위를 부여하자.

$$\{X_1, \ldots, X_{n_1}, Y_1 - \Delta, \ldots, Y_{n_2} - \Delta\}$$

순위는 이동 상수의 역수이므로 만약 순위 변수가 다음과 같다면 동일한 순위를 얻는다.

$$X_1 - \text{med}\{X_i\}, \ldots, X_{n_1} - \text{med}\{X_i\}, Y_1 - \Delta - \text{med}\{X_i\}, \ldots, Y_{n_2} - \Delta - \text{med}\{X_i\}$$

그러므로 방정식 (10.5.36)의 해가 다음과 같이 되는 것을 밝히기 쉽다.

$$\widehat{\Delta}_S = \text{med}\{Y_j\} - \text{med}\{X_i\} \tag{10.5.37}$$

다른 예는 연습문제에 제시했다.

연습문제

10.5.1 식 (10.5.2)에서 설명했듯이 이 절에서 점수 $a_\varphi(i)$는 표준화된 점수함수 $\varphi(u)$에서 생성된다. 즉 $\int_0^1 \varphi(u)du = 0$이고 $\int_0^1 \varphi^2(u)du = 1$이다. $\psi(u)$가 (0, 1) 사이 구간에서 정의된 두 번 적분 가능한 함수라고 가정하고 다음 점수함수를 고려하자.

$$\varphi(u) = \frac{\psi(u) - \overline{\psi}}{\int_0^1 [\psi(v) - \overline{\psi}]^2 \, dv}$$

여기서 $\overline{\psi} = \int_0^1 \psi(v)dv$이다. $\varphi(u)$가 표준화된 점수함수임을 밝혀라.

10.5.2 식 (10.5.7)의 두 번째 형태에서 나타난 검정 통계량 W_φ의 귀무분산 도출을 완성하라. 힌트: H_0하에서 $j \neq j'$에 대해 쌍 $(a_\varphi(R(Y_j)),\ a_\varphi(R(Y_{j'})))$은 $i,\ i' = 1,\ 2,\ \cdots,\ n,\ i \neq i'$일 때 쌍의 정수 $(i,\ i')$에 대해 균등분포임을 이용하라.

10.5.3 윌콕슨 점수함수 $\varphi(u) = \sqrt{12}(u - (1/2))$에 대해 s_a의 값을 구하라. 그리고 식 (10.5.8)에 주어진 $V_{H_0}(W_\varphi)$는 10.4절의 MWW 분산과 같음을 밝혀라(표준화를 제외하고).

10.5.4 $\int_{-\infty}^{\infty} \varphi^2(u)du = 1$이 되게 하는 점수의 표준화를 상기하라. 이것과 리만 합을 사용하여 $n^{-1}\, s_a^2 \to 1$임을 밝혀라. 여기서 s_a^2은 식 (10.5.6)으로 정의된다.

10.5.5 예제 10.5.1에서 도출된 정규점수 식 (10.5.29)가 표준화되었음을 밝혀라. 즉 $\int_0^1 \varphi_N(u)\, du = 0,\ \int_0^1 \varphi_N^2(u)\, du = 1$이다.

10.5.6 정리 10.5.1에서 $W_\varphi(\Delta)$의 최솟값이 $\sum_{j=1}^{n_2} a_\varphi(j)$이고, 이것은 양수가 아님을 밝혀라.

10.5.7 $E_\Delta[W_\varphi(0)] = E_0[W_\varphi(-\Delta)]$임을 밝혀라.

10.5.8 가설 식 (10.4.4)를 고려하자. 점수함수 $\varphi(u)$와 이에 대응하는 W_φ에 기초한 검정을 선택한다고 가정하자. 점근적 검정력 γ^*를 가지고 Δ^*를 찾아내고 유의수준 α인 검정에 대한 표본 크기 $n = n_1 + n_2$를 결정하려 한다. 표본 크기 n_1과 n_2가 같다고 가정하고 다음을 밝혀라.

$$n \approx \left(\frac{(z_\alpha - z_{\gamma^*})2\tau_\varphi}{\Delta^*}\right)^2 \qquad (10.5.38)$$

10.5.9 이 절의 문맥에서 다음의 불변성을 밝혀라.

(a) 식 (10.5.24)의 모수 τ_φ는 연습문제 10.1.4에서 정의된 규모함수임을 밝혀라.

(b) (a)에 내포되어 있는 식 (10.5.20)의 효율성은 위치와 규모의 간접 변동에 불편임을 밝혀라.

(c) 확률변수 X의 규모와 위치 변환을 Z라고 하자. 즉 $Z = a(X - b)$이다($a > 0$, $-\infty < b < \infty$). $I(f_Z) = a^{-2}\, I(f_X)$임을 증명하라.

10.5.10 정규점수가 사용되었을 때 식 (10.5.24)의 규모 모수 τ_φ를 고려하자. 즉 $\varphi(u) = \Phi^{-1}(u)$이다. $N(\mu, \sigma^2)$에서 표본을 추출했을 때 $\tau_\varphi = \sigma$임을 밝혀라.

10.5.11 예제 10.5.2의 문맥에서 식 (10.5.32)의 결과를 구하라.

10.5.12 점수 $a(i)$가 $i = 1, 2, \cdots, n$에 대해 $a_\varphi(i) = \varphi[i/(n+1)]$에 의해 생성되었다고 하자. 여기서 $\int_0^1 \varphi(u)du = 0$이고 $\int_0^1 \varphi^2(u)du = 1$이다. 부분 길이가 같은 리만 합과 $\int_0^1 \varphi(u)du$, $\int_0^1 \varphi^2(u)du$를 사용하여 $\sum_{i=1}^n a(i) \approx 0$과 $\sum_{i=1}^n a^2(i) \approx n$임을 밝혀라.

10.5.13 예제 10.5.4에서 다룬 부호점수 검정 절차를 고려하라.

(a) $W_S = 2W_S^* - n_2$임을 밝혀라. 여기서 $W_S^* = \#_j \left\{R(Y_j) > \frac{n+1}{2}\right\}$이다. 그러므로 W_S^*는 동등한 검정 통계량이다. W_S의 귀무평균과 분산을 구하라.

(b) $W_S^* = \#_j \{Y_j > \theta^*\}$임을 밝혀라. 여기서 θ^*는 표본중앙값이 혼합된 것이다.

(c) n이 짝수이고 $W_{XS}^* = \#_i \{X_i > \theta^*\}$라고 하자. 모든 주변값이 고정된 2×2 분할표에서 W_S^*로 칸을 채울 수 있음을 밝혀라.

	Y	X	
항목 $> \theta^*$인 수	W_S^*	W_{XS}^*	$\frac{n}{2}$
항목 $< \theta^*$인 수	$n_2 - W_S^*$	$n_1 - W_{XS}^*$	$\frac{n}{2}$
	n_2	n_1	n

χ^2 적합도 검정이 Z_S^2과 같음을 밝혀라. 여기서 Z_S는 W_S에 근거한 표준화 z-검정이다. 이것을 **무드 중앙값 검정**(Mood's median test)이라고 한다. 예제 10.5.4를 참조하라.

10.5.14 예제 10.5.3에서 다룬 자료를 생각해보자.

(a) 연습문제 10.5.13에서의 임의 표를 구하라.

(b) 표와 연관된 χ^2 적합도 검정 통계량을 표로 구하고, 이것을 사용하여 $H_0 : \Delta = 0$ 대 $H_1 : \Delta \neq 0$의 수준 0.05에 대한 검정을 수행하라.

(c) 식 (10.5.37)에 주어진 Δ의 점추정값을 구하라.

10.5.15 1개의 표본 문제에 대해 기본적인 부호순위에 근거한 방법이 있는데 이를 간단히 살펴보자. $X_1, X_2, \cdots, X_n$이 다음 위치모형을 따른다고 하자.

$$X_i = \theta + e_i \tag{10.5.39}$$

여기서 $e_1, e_2, \cdots, e_n$은 0에 대해 대칭인, 즉 $f(-x) = f(x)$인 pdf $f(x)$를 가진 iid이다.

(a) 대칭이라는 가정하에 최적 이표본 점수함수 식 (10.5.26)은 다음을 만족함을 밝혀라.

$$\varphi_f(1-u) = -\varphi_f(u), \quad 0 < u < 1 \tag{10.5.40}$$

즉 $\varphi_f(u)$는 1/2에 대한 기함수이다. 식 (10.5.40)을 만족하는 함수는 $u = 1/2$에서 0이다.

(b) 1/2에 대해 기함수인 이표본 점수함수 $\varphi(u)$에 대해 함수 $\varphi^+(u) = \varphi[(u + 1)/2]$을 정의한다. 다시 말해 $\varphi(u)$의 위쪽 반이다. $\varphi^+(u)$의 정의역은 구간 (0, 1)이다. $\varphi(u)$가 비감소함수이면 $\varphi^+(u) \geq 0$임을 밝혀라.

(c) $\varphi^+(u)$는 구간 (0, 1)에서 음수가 아니고 비감소인 문제의 나머지에 대해 가정하자. 점수를 $a^+(i) = \varphi^+[i/(n+1)](i = 1, 2, \cdots, n)$로 정의하자. 이에 대응하는 통계량은 다음과 같다.

$$W_{\varphi^+} = \sum_{i=1}^{n} \operatorname{sgn}(X_i) a^+(R|X_i|) \tag{10.5.41}$$

만약 $\varphi(u) = 2u - 1$이면 W_{φ^+}는 부호순위 검정 통계량 식 (10.3.2)의 선형함수로 축소됨을 밝혀라.

(d) $\varphi(u) = \operatorname{sgn}(2u - 1)$이면 W_{φ^+}는 부호검정 통계량 식 (10.2.3)의 선형함수로 축소됨을 밝혀라.

힌트: 모형 (10.5.39)가 성립한다고 가정하고 $\varphi(u) = \varphi_f(u)$라고 하자. 여기서 $\varphi_f(u)$는 식 (10.5.26)으로 주어진다. 일반적인 부호순위 점수에 $\varphi^+(u) = \varphi[(u + 1)/2]$을 선택하면 그에 대응되는 검정 통계량 W_{φ^+}는 부호순위 검정 중 최적임을 밝힐 수 있다.

(e) 다음 가설을 고려하자.

$$H_0 : \theta = 0, \quad H_1 : \theta > 0$$

통계량 W_{φ^+}에 대한 결정 규칙은, 어떤 k에 대해 $W_{\varphi^+} \geq k$이면 H_0을 기각하고 H_1을 채택한다는 것이다. W_{φ^+}를 식 (10.3.5)의 비순위 형태로 써라. W_{φ^+}는 H_0 하에 분포 무관임을 밝혀라.

(f) H_0하에 W_{φ^+}의 평균과 분산을 구하라.

(g) 적당히 표준화되었을 때 귀무분포는 점근적 정규분포라고 가정하고 점근적 검정을 구하라.

10.6 적응적 절차*

앞 절에서 검정과 추정에 대한 순위에 근거한 절차의 완전 효율을 설명했다. mle 방법과 마찬가지로 최적 순위 점수함수를 선택하기 위해 분포 형태를 반드시 알아야 한다. 실제로 종종 분포 형태를 알지 못한다. 이 경우 두꺼운 꼬리 오차 분포를 위한 매우 효율적인 윌콕슨처럼 점수함수를 선택할 수 있다. 만약 오차의 분포가 정규분포에 가깝다고 여겨지면 정규함수는 적절한 선택이 된다. 자료에서 점수 선택에 기초한 기법을 사용한다고 가정하자. 이 기법을 **적응적**(adaptive) 절차라고 하며 점수함수 추정에 사용할 수 있다. 예로 Naranjo와 McKean(1997)을 참조하라. 그러나 대규모 자료 집합의 경우 흔히 적응적 절차를 필요로 하며, 몇 가지 기준에 기초한 점수 제한된 족으로부터의 점수 선택 시도에 대한 다른 적응적 절차가 있다. 이 절에서는 분포무관 성질을 가진 검정에 대한 순응적인 검정 방법을 찾아본다.

종종 연구자들은 하나의 가설에 대해 여러 개의 검정 통계량을 검토하여 일반적으로 기각인 자신의 의결을 지지하는 통계량을 이용한다. 분명히 이러한 과정의 형식은 검정의 실제 유의수준을 사용하는 명목 α와 다르게 만든다. 그러나 연구자가 우선 자료를 관찰하고 이 유의수준을 바꾸지 않으면서 검정 통계량을 선택할 수 있게 하는 방법이 있다. 예를 들어 가설 H_0에 대해 $P(W_i \in C_i; H_0) = \alpha(i = 1, 2, 3)$인 각각의 기각역이 C_1, C_2, C_3인 가능한 검정 통계량 W_1, W_2, W_3이 있다고 하자. 또한 동일한 자료에 근거하는 통계량 Q는 통계량 W_1, W_2, W_3 중에서 하나만을 선택하며, 그 W가 H_0을 검정하는 데 이용된다고 하자. 예를 들어 $Q \in D_i(i = 1, 2, 3)$이면 검정 통계량 W_i를 이용하도록 선택한다. 여기서 D_1, D_2, D_3에 의해 정의된 사건은 서로 배반이며 전체를 이룬다. 이제 H_0이 사실일 때 Q와 각 W_i가 독립이면 전체 과정(선택과 검정)에서 기각 확률은 귀무가설하에서 다음과 같다.

$$
\begin{aligned}
&P_{H_0}(Q \in D_1, W_1 \in C_1) + P_{H_0}(Q \in D_2, W_2 \in C_2) + P_{H_0}(Q \in D_3, W_3 \in C_3) \\
&\quad = P_{H_0}(Q \in D_1)P_{H_0}(W_1 \in C_1) + P_{H_0}(Q \in D_2)P_{H_0}(W_2 \in C_2) \\
&\qquad + P_{H_0}(Q \in D_3)P_{H_0}(W_3 \in C_3) \\
&\quad = \alpha[P_{H_0}(Q \in D_1) + P_{H_0}(Q \in D_2) + P_{H_0}(Q \in D_3)] = \alpha
\end{aligned}
$$

즉 독립인 통계량 Q를 이용하여 W_i를 선택하고 이 통계량 W_i를 이용하여 유의수준 α인 검정을 만드는 과정은 포괄적인 유의수준 α를 갖는다.

물론 이 과정에서 중요한 요소는 각각의 검정 통계량 W와 독립인 선택자 Q를 찾을 수 있는 능력이다. 이것은 종종 H_0에 의해 주어진 모수에 대한 완비충분통계량은 분포가 이 모수에 의존하지 않는 모든 통계량과 독립이라는 사실에 의해 구할 수 있다. 예를 들어 각각의 평균이 μ_1, μ_2이고 공통 분산이 σ^2인 2개의 정규분포에서 크기가 n_1, n_2인 독립인 확률표본을 추출한다면 μ_1, μ_2, σ^2에 대한 완비충분통계량 $\overline{X}$, $\overline{Y}$와 다음 V는

$$V = \sum_{i=1}^{n_1}(X_i - \overline{X})^2 + \sum_{i=1}^{n_2}(Y_i - \overline{Y})^2$$

다음과 같이 분포가 μ_1, μ_2, σ^2에 의존하지 않는 모든 통계량과 독립이다.

$$\frac{\sum_{i=1}^{n_1}(X_i - \overline{X})^2}{\sum_{i=1}^{n_2}(Y_i - \overline{Y})^2}, \quad \frac{\sum_{i=1}^{n_1}|X_i - \text{중앙값}(X_i)|}{\sum_{i=1}^{n_2}|Y_i - \text{중앙값}(Y_i)|}, \quad \frac{\text{범위}(X_1, X_2, \ldots, X_{n_1})}{\text{범위}(Y_1, Y_2, \ldots, Y_{n_2})}$$

따라서 일반적으로 H_0하에서 모수에 대한 완비충분통계량의 함수인 선택자 Q를 구할 수 있기를 바라는데, 이것은 검정 통계량과 독립이다.

모수에 대한 완비충분통계량에 근거하는 독립성 결과를 이용하여 비모수적 방법으로 이 기법을 이용하는 것이 비교적 쉽다는 것은 매우 흥미롭다. 이 같은 상황에서 연속형 cdf F에서 완비충분통계량을 찾아야 한다. 7장에서 pdf $F'(x) = f(x)$인 연속형 분포의 크기 n인 확률표본의 순서통계량 $Y_1 < Y_2 < \cdots < Y_n$은 모수 f(또는 F)에 대한 충분통계량이다. 게다가 만약 분포족이 모든 연속형 pdf를 포함하면 Y_1, Y_2, $\cdots$, Y_n의 결합 pdf족 역시 완비이다. 즉 순서통계량 Y_1, Y_2, $\cdots$, Y_n은 모수 f(또는 F)의 완비충분통계량이다.

따라서 선택자 Q는 이와 같은 완비충분통계량인 H_0하에서의 순서통계량에 근거하게 된다. 이것은 이러한 형태의 기저 분포에 적절한 분포 무관 검정을 독립적으로 선택할 수 있도록 하여 검정력을 증가시킨다.

통계적 검정이 다양한 형태의 기저 분포에서 유의수준이 원하는 유의수준 α에 가깝고 이러한 모든 분포에서 좋은(특정한 한 분포에 대해 최고일 필요는 없다) 검정력을 가지면 로버스트(robust)한 것으로 설명된다. 예를 들어 두 정규분포 평균의 동일성을 검정하는 데 이용되는 t-검정(스튜던트 t)은 기저 분포가 어느 정도 공통 분산을 가진 정규분포에 가까우면 매우 로버스트하다. 그러나 이것을 포함하는 분포의 족이 코시 분포와 같이 정규분포와 가깝지 않으면 t에 근거하는 검정은 로버스트하지 않다. 즉 코시 분포에서는 유의수준이 지켜지지 않으며 t-검정의 검정력이 낮다. 사실상 만약 분포의 족이 매우 넓으면(특히 코시와 같이 긴 꼬리 분포가 포함되어 있다면) 만-휘트니-윌콕슨 통계량에 근거한 검정(10.4절)이 t에 근거한 검정보다 훨씬 더 로버스트하다.

다음 예제에서는 이표본 문제에 대한 로버스트한 적응적 분포 무관 절차를 설명한다.

예제 10.6.1 cdf가 $F(x)$인 연속형 분포를 따르는 확률표본을 X_1, X_2, $\cdots$, X_{n_1}, cdf가 $F(x - \Delta)$인 확률표본을 Y_1, Y_2, $\cdots$, Y_{n_2}라고 하자. 또한 $n = n_1 + n_2$라고 하자. 다음을 검정한다.

$$H_0 : \Delta = 0, \quad H_1 : \Delta > 0$$

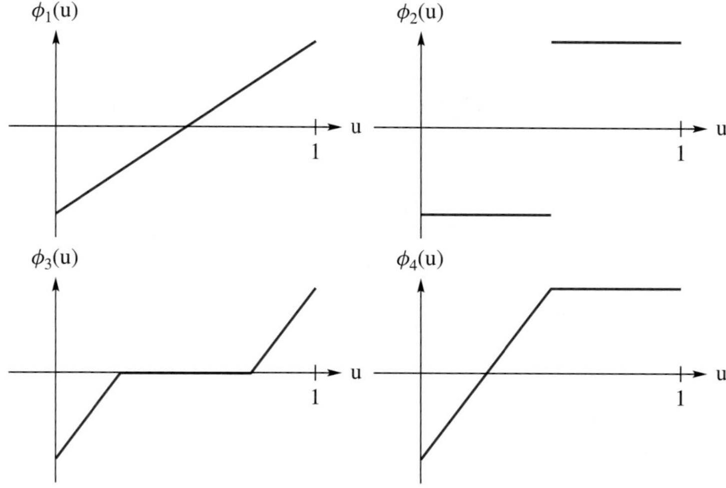

그림 10.6.1 점수함수 $\varphi_1(u)$, $\varphi_2(u)$, $\varphi_3(u)$, $\varphi_4(u)$의 그림

하나는 윌콕슨이고 나머지 3개는 변형된 윌콕슨 분포 무관 통계량이며 이 중 하나를 사용한다. 실제로 검정 통계량은 다음과 같다.

$$W_i = \sum_{j=1}^{n_2} a_i[R(Y_j)], \quad i = 1, 2, 3, 4 \tag{10.6.1}$$

여기서

$$a_i(j) = \varphi_i[j/(n+1)]$$

4개의 함수는 그림 10.6.1에 나타냈다. 점수함수 $\varphi_1(u)$는 윌콕슨이다. 점수함수 $\varphi_2(u)$는 부호점수함수이다. 점수함수 $\varphi_3(u)$는 짧은 꼬리인 분포의 경우 좋고, $\varphi_4(u)$는 이동에 대한 대립가설에서 길고 왼쪽으로 치우친 분포의 경우 좋다.

2개의 표본을 혼합하여 혼합된 표본의 순서통계량을 $V_1 < V_2 < \cdots < V_n$으로 표시한다. 이것은 귀무가설하에서 $F(x)$의 완비충분통계량이다. $i = 1, \cdots, 4$에 대해 검정 통계량 W_i는 H_0하에서 분포 무관이고, 실제로 W_i의 분포는 $F(x)$에 의존하지 않는다. 그러므로 각 W_i는 $V_1, V_2, \cdots, V_n$에 독립이다. $V_1, V_2, \cdots, V_n$의 함수인 선택자 통계량의 쌍 (Q_1, Q_2)를 사용하고, 이것 역시 각 W_i의 독립이다. 첫 번째 선택자 통계량은 다음과 같다.

$$Q_1 = \frac{\overline{U}_{.05} - \overline{M}_{.5}}{\overline{M}_{.5} - \overline{L}_{.05}} \tag{10.6.2}$$

여기서 $\overline{U}_{0.05}$, $\overline{M}_{0.5}$, $\overline{L}_{0.05}$는 각각 V_S의 상위 5%, V_S의 중간 50%, V_S의 하위 5%의 평균이다. 만약 Q_1이 크면, 즉 2 이상이면 분포의 오른쪽 꼬리가 왼쪽 꼬리보다 길어 보인다. 즉 분포가 오른쪽으로 치우친다. 한편 $Q_1 < 1/2$이면 표본은 분포가 왼쪽으로 치우친다. 두 번째 선택자 통계량

은 다음과 같다.

$$Q_2 = \frac{\overline{U}_{.05} - \overline{L}_{.05}}{\overline{U}_{.5} - \overline{L}_{.5}} \tag{10.6.3}$$

Q_2의 큰 값은 분포가 무거운 꼬리를, 작은 값은 가벼운 꼬리를 나타낸다. 공식은 점수 선택에 필요하고, 여기서는 Hogg 등(1975)의 논문에서 제안된 기준(bench mark)을 사용한다. 이 규칙을 다음 표에 제시했다.

기준	나타나는 분포	선택된 점수
$Q_2 > 7$	대칭인 무거운 꼬리	φ_2
$Q_1 > 2$이고 $Q_2 < 7$	오른쪽으로 치우침	φ_4
$Q_1 \leq 2$이고 $Q_2 \leq 2$	대칭인 가벼운 꼬리	φ_3
그 외	적당히 무거운 꼬리	φ_1

Hogg 등(1975)은 다른 첨도와 비대칭도 계수를 가진 분포의 수를 넘어 이 적응적 방법의 몬테카를로 검정력 연구를 수행했다. 연구에서 적응적 방법과 윌콕슨 검정은 분포에 무관하게 α 수준을 유지했지만 스튜던트 t는 그렇지 않았다. 게다가 윌콕슨 검정은 정규분포(첨도 $= 3$, 비대칭도 $= 0$)로부터 벗어나 분포처럼 t-검정보다 검정력이 좋았다. 하지만 적응적 방법은 짧은 꼬리 분포와 매우 무거운 꼬리 분포의 윌콕슨보다 좋았다.

참고 10.6.1 [적응적 절차의 계산]

예제 10.6.1에서 다룬 Hogg의 적응적 절차를 R로 구현하는 것은 Kloke와 McKean(2014)이 개발한 R 패키지 `npsm`에서 찾을 수 있다. 3.6절을 참조하라. R 함수는 `hogg.test`이다. 설명을 위해 예제 10.5.3에서 다룬 정규분포 자료를 고려하자. 코드와 결과는 다음과 같다.

```
load("examp1053.rda"); hogg.test(y,x)
Scores Selected:  Wilcoxon;  p.value 0.11984
```

따라서 이 자료에 대한 Hogg의 절차는 윌콕슨 점수를 선택한다. 또 다른 예로 예제 10.4.1의 물레방아 자료를 고려하자. 이 경우 계산 결과는 다음과 같다.

```
load("waterwheel.rda");  hogg.test(grp2,grp1)
Scores Selected:  bent;  p.value 0.63494
```

선택된 점수는 Hogg의 절차에서 점수함수 $\varphi_4(u)$인 벤트 점수이다. 결합된 표본에 대한 상자그림은 자료가 왼쪽으로 치우쳐 있음을 보여주어 점수함수가 적절하다는 것을 나타낸다.

지금까지 살펴본 적응적 분포 무관 절차는 검정에 관한 것이다. 위치모형이 있고 위치 Δ에서의 이동을 추정하는 데 관심이 있다고 하자. 예를 들어 F가 정규분포이면 Δ의 추정량에 대한 좋은 선택은 예제 10.5.1에서 논의한 정규점수 절차에 근거한 추정량이다. 추정량은 분포 무관이 아니므로 앞의 논리는 유지되지 않는다. 또한 결합된 표본 관측값 $X_1, \cdots, X_{n_1}$과 $Y_1, \cdots, Y_{n_2}$는 동일 분포가 아니다. $\widehat{\Delta}$이 Δ의 초기 추정량일 때 잔차 $X_1, \cdots, X_{n_1}, Y_1 - \widehat{\Delta}, \cdots, Y_{n_2} - \widehat{\Delta}$에 근거한 적응적 절차가 있다. 이해를 위해 Hettmansperger와 McKean(2011) 237쪽을 참조하고, R 실행은 Kloke와 McKean(2014) 7.6절을 참조하라.

연습문제

10.6.1 연습문제 10.6.2와 10.6.3에서는 예제 10.6.1에서 다룬 적응적 절차를 실제 자료에 적용하려고 한다. 관심 있는 가설은 다음과 같다.

$$H_0 : \Delta = 0, \quad H_1 : \Delta > 0$$

여기서 $\Delta = \mu_Y - \mu_X$이다. 4개의 분포 무관 검정 통계량은 다음과 같다.

$$W_i = \sum_{j=1}^{n_2} a_i[R(Y_j)], \quad i = 1, 2, 3, 4 \tag{10.6.4}$$

여기서

$$a_i(j) = \varphi_i[j/(n+1)]$$

그리고 점수함수는 다음과 같이 주어진다.

$$\begin{aligned}
\varphi_1(u) &= 2u - 1, \quad 0 < u < 1 \\
\varphi_2(u) &= \text{sgn}(2u - 1), \quad 0 < u < 1 \\
\varphi_3(u) &= \begin{cases} 4u - 1 & 0 < u \le \frac{1}{4} \\ 0 & \frac{1}{4} < u \le \frac{3}{4} \\ 4u - 3 & \frac{3}{4} < u < 1 \end{cases} \\
\varphi_4(u) &= \begin{cases} 4u - (3/2) & 0 < u \le \frac{1}{2} \\ 1/2 & \frac{1}{2} < u < 1 \end{cases}
\end{aligned}$$

그림 10.6.1의 네 번째 점수 $\varphi_4(u)$를 조정하여 구간 (0, 1)에서 적분했을 때 0이 되도록 했다.

10.5절의 이론에 따르면 H_0하에서 W_i의 분포는 평균 0과 다음 분산을 가진 점근 정규분포이다.

$$Var_{H_0}(W_i) = \frac{n_1 n_2}{n-1}\left[\frac{1}{n}\sum_{j=1}^{n} a_i^2(j)\right]$$

그러나 이러한 점수는 표준화되지 않으므로 이 점수의 제곱은 구간 (0, 1)에서 적분한 값이 1이 된다. 이와 같은 이유로 대괄호 안의 항을 1로 대체하지 말라. $n_1 = n_2 = 15$일 때 $i = 1, 2, \cdots, 4$에 대해 $Var_{H_0}(W_i)$를 구하라.

10.6.2 예제 10.5.3의 자료와 다음 가설을 고려하자.

$$H_0 : \Delta = 0, \quad H_1 : \Delta > 0$$

여기서 $\Delta = \mu_Y - \mu_X$이다. 예제 10.6.1에서 논의된 적응적 절차와 연습문제 10.6.1에서 정의된 검정을 적용하여 위의 가설을 검정하라. 검정의 p 값을 구하라.

10.6.3 중앙값 θ에 대칭인 연속형 분포의 분포함수를 $F(x)$라고 하자. $H_0 : \theta = 0$ 대 $H_1 : \theta > 0$을 검정하려 한다. $i = 1, 2, \cdots, n$인 (정지한 후에) X_i와 $-X_i$의 $2n$ 값은 F의 완비충분통계량임을 이용하여 H_0이 참이라는 것이 증명되었다.

(a) 연습문제 10.5.15와 같이 연습문제 10.6.2에서 정의된 이표본 점수함수 $\varphi_1(u)$, $\varphi_2(u)$, $\varphi_3(u)$에 대응되는 일표본 부호순위 검정 통계량을 구하라. 점근적 검정 통계량을 사용하라. 이 점수함수는 1/2에 대해 나머지이다. 그러므로 반의 위는 부호순위 통계량의 점수함수처럼 취급한다.

(b) 이 문제에서는 대칭분포라고 가정하자. 따라서 점수 선택자처럼 Q_2만 선택한다. 만약 $Q_2 \geq 7$이면 $\varphi_2(u)$를 선택하고, $2 < Q_2 < 7$이면 $\varphi_1(u)$를 선택하며, $Q_2 \leq 2$이면 $\varphi_3(u)$를 선택한다. 이러한 적응적 분포 무관 절차를 구하라.

(c) 예제 10.3.1에서 다룬 다윈의 옥수수 자료에 적응적 절차를 사용하라. p 값을 구하라.

10.7 단순선형모형

이 절에서는 단순선형모형을 고려하고 이것에 대해 순위에 근거한 검정 절차를 발전시킬 것이다. 반응변수 $Y_1, Y_2, \cdots, Y_n$이 다음 모형을 따른다고 하자.

$$Y_i = \alpha + \beta(x_i - \overline{x}) + \varepsilon_i\,, \quad i = 1, 2, \ldots, n \tag{10.7.1}$$

여기서 $\varepsilon_1, \varepsilon_2, \cdots, \varepsilon_n$은 연속함수인 cdf $F(x)$와 pdf $f(x)$를 가진 iid이다. 이 모형에서 변수 $x_1, x_2, \cdots, x_n$은 고정된 것으로 간주한다. x는 종종 **예측변수**(predictor)라고 한다. 또한 x를 사용한 중심화는 (일반성을 잃지 않고) 편의를 위한 것이고 이 절의 예제에서는 사용하지 않는다. 모수 β는 기울기 모수이고, 기댓값이 존재한다면 모수 β는 x가 1단위 증가했을 때 일어나는 Y의 평균 변화량이다. 자연적인 귀무가설은 다음과 같다.

$$H_0 : \beta = 0, \quad H_1 : \beta \neq 0 \tag{10.7.2}$$

H_0하에서 Y의 분포는 x와 무관하다.

Hettmansperger와 McKean(2011)의 3장에서는 선형모형에 대한 순위에 기초한 검정 절차를 기하학적 관점에서 제시했다. 또한 10.9절의 연습문제 10.9.11과 10.9.12를 참조하라. 여기서는 앞 절에서 밝혔던 것을 보이기가 쉽다. 그러므로 β를 추정하기 위한 검정으로 변환하는 것과 H_0에 대한 순위 검정을 소개하려 한다. 그 전에 10.4절의 이표본 위치 문제가 회귀모형 문제를 보인다는 것을 살펴보자.

예제 10.7.1 10.4절과 마찬가지로 $X_1, X_2, \cdots, X_{n_1}$이 연속형 cdf $F(x - \alpha)$를 가진 확률표본이고 α는 위치 모수라고 하자. $Y_1, Y_2, \cdots, Y_{n_2}$는 cdf $F(x - \alpha - \Delta)$를 가진 확률표본이라고 하자. 그러면 Δ는 X_i와 Y_j의 cdf 이동이 된다. 여기서 $Z_i = X_i(i = 1, 2, \cdots, n_1)$, $Z_{n_1+i} = Y_i(i = n_1 + 1, \cdots, n, n = n_1 + n_2)$로 재정의하자. $c_i = 0(1 \le i \le n_1)$ 또는 $c_i = 1(n_1 + 1 \le i \le n)$이라면 이표본 위치모형은 다음과 같이 쓸 수 있다.

$$Z_i = \alpha + \Delta c_i + \varepsilon_i \tag{10.7.3}$$

여기서 $\varepsilon_1, \varepsilon_2, \cdots, \varepsilon_n$은 cdf $F(x)$를 가진 iid 변수이다. 그러므로 이러한 관점에서 본다면 위치 문제에서 이동은 기울기 모수이다.

만약 식 (10.7.1)의 회귀모형이 성립하고 H_0이 참이라면 Y_i와 $x_i - \overline{x}$는 서로 관련이 없고, 특히 그것들은 무상관하다고 기대할 수 있으며, $\sum_{i=1}^{n}(x - \overline{x})Y_i$를 검정 통계량으로 고려해볼 수 있다. 9장의 연습문제 9.6.11에서 보듯이 확률오차 ε_i가 정규분포를 따르지 않는다고 추가적으로 가정하면 적절히 표준화된 위의 통계량은 우도비검정 통계량이 된다. 마찬가지 이유로 지정된 점수함수에 대해 H_0하에서 $a_\varphi(R(Y_i))$와 $x_i - \overline{x}$는 무상관하다고 할 수 있다. 그러므로 다음 검정 통계량을 고려하게 된다.

$$T_\varphi = \sum_{i=1}^{n}(x_i - \overline{x})a_\varphi(R(Y_i)) \tag{10.7.4}$$

여기서 $R(Y_i)$는 $Y_1, Y_2, \cdots, Y_n$에서 Y_i의 순서를 나타내며, $a_\varphi(i) = \varphi(i/(n + 1))$이고 $\varphi(u)$는 표준화된 비감소점수함수이며 다음과 같은 조건을 만족한다. $\int \varphi(u)du = 0$, $\int \varphi^2(u)du = 1$. T_φ 값이 0에 가깝다는 것은 H_0이 참이라는 것을 의미한다.

H_0이 참이라고 가정하자. $Y_1, Y_2, \cdots, Y_n$은 iid 확률변수이다. 그러면 자연수 $\{1, 2, \cdots, n\}$에 대한 어떠한 순열도 동등한 입장에서 $Y_1, Y_2, \cdots, Y_n$의 순서가 되며, T_φ의 분포는 $F(x)$와 무관하고, 이 분포는 $x_1, x_2, \cdots, x_n$에 의존할 것이다. 분포표는 없지만 고속의 계산으로 분포의 생성이 가능하다. $R(Y_i)$는 정수 $\{1, 2, \cdots, n\}$에서 일양분포를 따르므로 T_φ의 귀무가설하 기댓값은 0임을 쉽게 밝힐 수 있다. 귀무가설하의 분산은 10.5절에서 다룬 W_φ의 분산과 같으므로 자세한 것은 연습문제 10.7.4를 참조하라. 요약하면 귀무가설하의 평균과 분산은 다음과 같다.

$$E_{H_0}(T_\varphi) = 0, \quad Var_{H_0}(T_\varphi) = \frac{1}{n-1} s_a^2 \sum_{i=1}^{n} (x_i - \overline{x})^2 \tag{10.7.5}$$

여기서 s_a^2은 식 (10.5.6)에 있는 점수의 제곱합이다. 마찬가지로 검정 통계량이 점근적으로 정규분포를 따른다는 것을 쉽게 밝힐 수 있다. 그러므로 식 (10.7.2)의 가설에 대한 양측대립가설의 점근적 수준 α 검정은 다음과 같다.

$$|z| = \left| \frac{T_\varphi}{\sqrt{Var_{H_0}(T_\varphi)}} \right| \geq z_{\alpha/2} \text{이면 } H_0 \text{ 기각, } H_1 \text{ 채택} \tag{10.7.6}$$

연관된 과정은 다음과 같다.

$$T_\varphi(\beta) = \sum_{i=1}^{n} (x_i - \overline{x}) a_\varphi(R(Y_i - x_i\beta)) \tag{10.7.7}$$

β의 추정값은 $\widehat{\beta}_\varphi$으로 다음 추정방정식의 해이다.

$$T_\varphi(\widehat{\beta}_\varphi) \approx 0 \tag{10.7.8}$$

정리 10.5.1과 유사하게 $T_\varphi(\beta)$는 표본 기울기 $(Y_j - Y_i)/(x_j - x_i)$, $i \neq j$마다 감소하는 β의 계단함수이다. 그러므로 추정값이 존재한다. 해는 닫혀 있는 형태로 구할 수 없으나 몇 번의 반복 과정을 거치면 구할 수 있다. 회귀 문제에서 Y의 예측은 α의 추정값을 구할 때 얻어진다. 추정값은 잔차에 근거한 위치모형으로 구할 수 있다. 자세한 내용은 Hettmansperger와 McKean (2011) 3.5.2절을 참조하라. 이러한 목적을 위해 잔차의 중앙값을 고려하자. 즉 α를 다음과 같이 추정한다.

$$\widehat{\alpha} = \text{med}\{Y_i - \widehat{\beta}_\varphi(x_i - \overline{x})\} \tag{10.7.9}$$

참고 10.7.1 [계산]

기울기와 절편에 대한 윌콕슨 추정값은 몇몇 통계 패키지를 사용하여 계산할 수 있다. 이를 위해 Kloke와 McKean(2012)이 개발한 CRAN 패키지인 `Rfit`를 추천한다. Kloke와 McKean (2014) 4장에서는 식 (10.7.1)의 단순회귀모형에 `Rfit`를 사용하는 것을 다룬다. `Rfit`에는 윌콕슨 점수, 정규점수, 치우친 분포에 적절한 점수 등 많은 점수함수에 대한 코드가 있다. 이 절의 계산은 `Rfit`로 수행한다. 또한 미니탭 명령어 `rregr`은 윌콕슨 적합값을 구한다. Terpstra와 McKean(2005)은 윌콕슨 점수를 사용한 적합값을 구하는 R 함수의 모음인 `ww`를 작성했다.

예제 10.7.2 [전화 자료] 연습문제 9.6.3에서 다룬 회귀분석 자료를 생각해보자. 여기서 반응변수(y)는 1950~1973년 동안 벨기에에서 전화를 건 수(단위: 1,000만 통)이고 예측변수(x)는

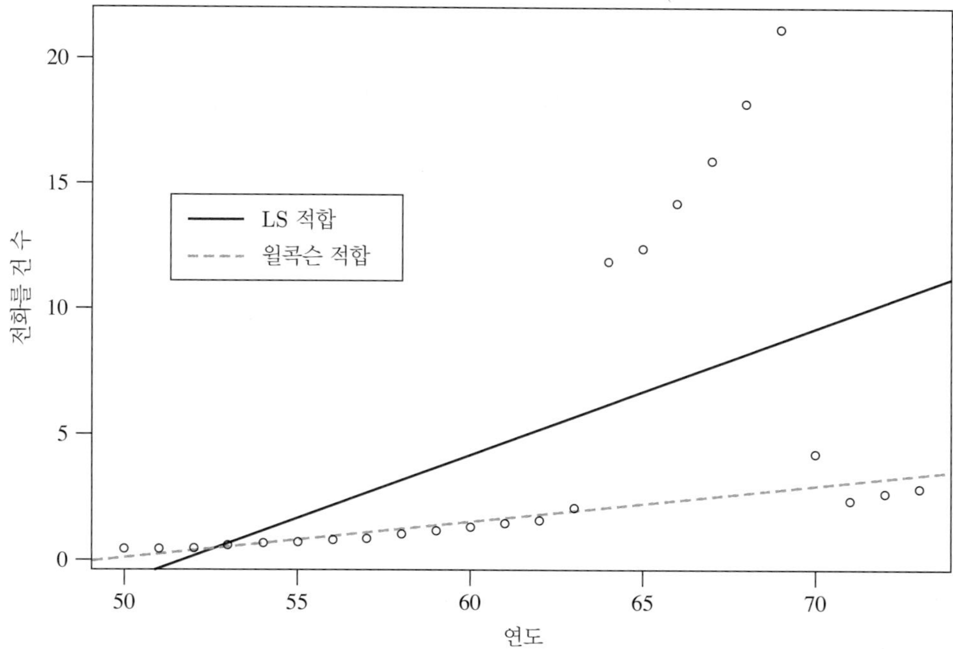

그림 10.7.1 윌콕슨과 LS 적합값을 겹쳐서 그린 예제 10.7.2의 전화 자료 그림

연도이다. 이 자료를 그림 10.7.1에 나타냈다. 자료는 `telephone.rda` 파일에 있다. 이 예제에서는 윌콕슨 점수를 사용하여 식 (10.7.1)의 모형을 적합한다. 코드와 (적합값을 겹쳐서 그린 그림을 포함한) 일부 결과는 다음과 같다.

```
fitls <- lm(numcall~year); fitrb <- rfit(numcall~year)
fitls$coef; fitrb$coef # Result -26.0, 0.504; -7.1, 0.145
plot(numcall~year,xlab="Year",ylab="Number of calls")
abline(fitls); abline(fitrb,lty=2)
legend(50,15,c("LS-Fit","Wilcoxon-Fit"),lty=c(1,2))
```

윌콕슨 적합 회귀직선 $\widehat{Y}_{\varphi,i} = -7.1 + 0.145x_i$와 최소제곱 회귀직선 $\widehat{Y}_{\text{LS},i} = -26.0 + 0.504x_i$는 그림 10.7.1에 나타나 있다. 윌콕슨 적합이 최소제곱 적합보다 이상값에 덜 민감하다는 것을 주목하라.

이 자료에서 이상값은 기록 오류였으며, Rousseeuw와 Leroy(1987)에서 이를 자세히 다루었다.

보조정리 10.2.1과 유사하게 $T(\beta)$에 대한 이동 성질은 다음과 같이 주어진다.

$$E_\beta[T(0)] = E_0[T(-\beta)] \tag{10.7.10}$$

연습문제 10.7.2를 참조하라. 또한 연습문제 10.7.5에서 보듯이 이 성질은 $H_0 : \beta = 0$에 대한 단측검정의 검정력 곡선이 단순하다는 것을 의미하며 T_φ에 근거한 검정이 불편임을 확증시킨다.

이제 과정의 효율성을 유도하자. $\mu_T(\beta) = E_\beta[T(0)]$이고 $\sigma_T^2(0) = Var_0[T(0)]$이라고 하자. 식 (10.7.5)의 표현은 $\sigma_T^2(0)$에 대한 결과를 도출한다. 평균 $\mu_T(\beta)$에 대해 0에서의 미분값이 필요하다는 것을 상기하라. 순서 및 경험적 cdf와의 관계를 사용하여 경험적 cdf를 실제의 cdf에 가깝게 만들 것이다. 그러므로 다음이 성립한다.

$$\begin{aligned}
\mu_T(\beta) = E_\beta[T(0)] = E_0[T(-\beta)] &= \sum_{i=1}^{n}(x_i - \overline{x})E_0[a_\varphi(R(Y_i + x_i\beta))] \\
&= \sum_{i=1}^{n}(x_i - \overline{x})E_0\left[\varphi\left(\frac{n\widehat{F}_n(Y_i + x_i\beta)}{n+1}\right)\right] \\
&\approx \sum_{i=1}^{n}(x_i - \overline{x})E_0[\varphi(F(Y_i + x_i\beta))] \\
&= \sum_{i=1}^{n}(x_i - \overline{x})\int_{-\infty}^{\infty}\varphi(F(y + x_i\beta))f(y)\,dy
\end{aligned} \tag{10.7.11}$$

마지막 항을 미분하면 다음 결과를 얻는다.

$$\mu_T'(\beta) = \sum_{i=1}^{n}(x_i - \overline{x})x_i\int_{-\infty}^{\infty}\varphi'(F(y + x_i\beta))f(y + x_i\beta)f(y)\,dy$$

$$\mu_T'(0) = \sum_{i=1}^{n}(x_i - \overline{x})^2\int_{-\infty}^{\infty}\varphi'(F(y))f^2(y)\,dy \tag{10.7.12}$$

$x_1, x_2, \cdots, x_n$에 대한 가정이 필요한데 $n^{-1}\sum_{i=1}^{n}(x_i - \overline{x})^2 \to \sigma_x^2$이다(여기서 $0 < \sigma_x^2 < \infty$). $(n-1)^{-1}s_a^2 \to 1$인 것을 떠올리면 과정 $T(\beta)$의 효율은 다음과 같다.

$$\begin{aligned}
c_T &= \lim_{n\to\infty}\frac{\mu_T'(0)}{\sqrt{n}\sigma_T(0)} = \lim_{n\to\infty}\frac{\sum_{i=1}^{n}(x_i - \overline{x})^2\int_{-\infty}^{\infty}\varphi'(F(y))f^2(y)\,dy}{\sqrt{n}\sqrt{(n-1)^{-1}s_a^2}\sqrt{\sum_{i=1}^{n}(x_i - \overline{x})^2}} \\
&= \sigma_x\int_{-\infty}^{\infty}\varphi'(F(y))f^2(y)\,dy
\end{aligned} \tag{10.7.13}$$

이것을 이용하여 T_φ에 근거한 검정에 대한 점근적 검정력의 보조정리를 유도할 수 있다. 연습문제 10.7.6의 식 (10.7.17)을 보라. 이것에 근거하여 추정값 $\widehat{\beta}_\varphi$의 점근적 분포는 다음과 같음을 밝힐 수 있다.

$$\widehat{\beta}_\varphi\text{은 점근적으로 } N\left(\beta, \tau_\varphi^2\Big/\sum_{i=1}^{n}(x_i - \overline{x})^2\right)\text{ 분포를 따른다.} \tag{10.7.14}$$

여기서 규모 모수 τ_φ는 $\tau_\varphi = (\int_{-\infty}^{\infty}\varphi'(F(y))f^2(y)\,dy)^{-1}$로 정의한다. Koul 등(1987)은 `Rfit` 패키지의 기본 추정값인 규모 모수 τ의 일치추정량을 개발했다. 예제 10.7.3에서 설명하듯이 이는 규모 모수의 신뢰구간을 계산하는 데 사용된다.

참고 10.7.2

9.6절에서 확률오차 $\varepsilon_1, \varepsilon_2, \cdots, \varepsilon_n$이 iid이고 $N(0, \sigma^2)$ 분포를 따르는 경우 모형 식 (10.7.1)의 최소제곱 추정값에 대해 논의했다. 일반적으로 모형 식 (10.7.1)에 대한 β의 최소제곱 추정값 $\widehat{\beta}_{\mathrm{LS}}$는 다음과 같은 성질을 만족한다.

$$\widehat{\beta}_{\mathrm{LS}}\text{은 점근적으로 } N\left(\beta, \sigma^2 / \sum_{i=1}^{n}(x_i - \overline{x})^2\right) \text{ 분포를 따른다.} \tag{10.7.15}$$

여기서 σ^2은 ε_i의 분산이다. 식 (10.7.14)와 (10.7.15)에 근거하여 순서추정량과 최소제곱 추정량 간의 ARE는 다음과 같이 주어진다.

$$\mathrm{ARE}(\widehat{\beta}_{\varphi}, \widehat{\beta}_{\mathrm{LS}}) = \frac{\sigma^2}{\tau_{\varphi}^2} \tag{10.7.16}$$

그러므로 윌콕슨 점수를 사용한다면 이 ARE는 일표본과 2표본 위치모형에서 윌콕슨과 t-검정 사이의 ARE와 같다.

예제 10.7.3 **[펀트 거리]** Rasmussen(1992) 562쪽에서는 여러 예측변수와 함께 펀트 거리에 관한 자료를 제공한다. 실제 반응변수는 13명의 펀터(punter) 각각에 대해 펀트 10번의 평균 거리를 피트 단위로 나타낸 것이다. 예측변수로 초 단위의 평균 체공 시간(펀트한 풋볼공이 공중에 있는 시간)을 고려한다. 자료는 `punter.rda` 파일에 있다. 그림(연습문제 10.7.1 참조)을 기반으로 단순선형모형이 초기 적합으로서 합리적으로 보인다. 윌콕슨 적합의 코드와 부분적인 결과는 다음과 같다.

```
fit <- rfit(distance~hangtime);  summary(fit)
             Estimate Std. Error t.value  p.value
(Intercept)  -18.180      51.201 -0.3551 0.729254
hangtime      41.010      12.882  3.1834 0.008708 **
```

요약표의 두 번째 줄은 윌콕슨의 기울기 추정값(41.01)과 추정값의 표준오차(12.89)를 보여준다. 따라서 풋볼공은 체공 시간이 추가적으로 1초 증가할 때마다 41피트를 추가적으로 이동할 것으로 예상된다. 자유도가 11인 t-임곗값을 사용한 실제 기울기에 대한 대략적인 95% 신뢰구간은 (12.66, 69.36)이다. 그래서 95%의 근사적인 신뢰수준으로 기울기는 0과 다르다.

연습문제

10.7.1 예제 10.7.3의 풋볼 펀트 자료를 고려하자.

(a) 거리 대 체공 시간의 산점도를 구하고, 윌콕슨 적합을 겹쳐서 그려라.

(b) 두 번째 예측변수로 `strength` 변수에 있는 키커의 전반적인 힘을 고려하자. 거리 대 힘의 산점도를 구하고, 윌콕슨 적합을 겹쳐서 그려라. 이 예측변수에 대한 기울기 모수는 무엇을 의미하는가? 기울기에 대한 95% 신뢰구간을 사용하여 답하라.

10.7.2 식 (10.7.10)을 증명하라. 이를 위해 먼저 다음과 같이 식이 동일하다는 것을 기억하자.

$$E_\beta\left[\sum_{i=1}^{n}(x_i-\overline{x})a_\varphi(R(Y_i))\right]=E_0\left[\sum_{i=1}^{n}(x_i-\overline{x})a_\varphi(R(Y_i+x_i\beta))\right]$$

다음으로 Y_i(β하에서)의 cdf와 $Y_i+(x_i-\overline{x})\beta$(0하에서)의 cdf가 같음을 밝혀라.

10.7.3 식 (10.7.3)의 이표본 모형이 있을 때 윌콕슨 점수를 가정하여 식 (10.7.4)의 검정 통계량과 식 (10.4.5)의 윌콕슨 검정 통계량이 같음을 증명하라.

10.7.4 귀무가설하의 검정 통계량 T_φ의 분산은 식 (10.7.5)의 값과 같음을 증명하라.

10.7.5 식 (10.7.10)의 이동 성질이 $H_0:\beta=0$하에서의 검정 통계량 T_φ에 근거한 단측검정에 대한 검정력 곡선이 단순함을 의미한다는 것을 증명하라.

10.7.6 다음과 같은 지역적 대립가설 검정을 생각해보자.

$$H_0:\beta=0,\quad H_{1n}:\beta=\beta_n=\frac{\beta_1}{\sqrt{n}}$$

여기서 $\beta_1>0$이다. 연습문제 10.7.5에서 언급한 검정 통계량 T_φ에 의한 점근적 수준 α 검정에 대한 검정력을 $\gamma(\beta)$라고 하자. $\mu_T(\beta_n)$의 근삿값을 구하기 위해 중간값 정리를 사용하여 다음 극한값에 대한 증명을 생각해보라.

$$\lim_{n\to\infty}\gamma(\beta_n)=1-\Phi(z_\alpha-c_T\beta_1) \tag{10.7.17}$$

10.8 연관성 측도

앞 절에서는 반응(종속)변수 Y와 고정된 값으로 간주되는 독립변수 x에 대한 단순선형회귀모형을 논했다. 회귀모형은 몇 가지로 나타낸다. 실험 계획에서 독립변수의 값은 미리 지정된 값이고 반응변수는 관측된 값이다. 대표적인 예가 생물학적 정량(복용량-반응 실험)인데 복용량은 일정하고 반응변수는 관측값이다. 조절된 환경(예: 다른 모든 변수가 조절된다)에서 실험 계획이 실시된다면 x와 Y 사이의 인과관계를 규명하는 것이 가능하다. 다른 차원에서 x와 Y가 둘 다 관측값인 상황인 관측 연구에서는 회귀분석모형의 경우 x를 가지고 Y를 예측하는 것이 관심의 대상이지만 이러한 연구에서는 대개 x와 Y 사이의 인과관계가 배제된다(x를 제외한 다른 변수는 변한다).

이 절에서는 관측 연구에 초점을 맞추지만 Y와 x 사이 연관성의 강도에도 관심을 둔다. 그러므로 이 절에서는 X와 Y 모두 확률변수로 간주하고 관심 있는 분포도 (X, Y)의 이변량 분포이다. 이 이변량 분포는 cdf $F(x, y)$와 pdf $f(x, y)$를 가지며 연속이라고 가정한다.

이러한 이유로 (X, Y)를 확률변수의 쌍이라고 하자. 자연스러운 귀무가설하에서 모형은 X와 Y 사이에 아무런 관련이 없다는 것이다. 다시 말해 귀무가설은 H_0 : X와 Y가 독립이라는 것이다. 대립가설은 어느 연관성 척도가 관심의 대상이냐에 따라 달라진다. 예를 들어 X와 Y의 상관관계가 관심의 대상이라면 상관계수 ρ(9.7절 참조)가 연관성 척도가 된다. 이 경우 양측가설은 $H_1 : \rho \neq 0$이다. X와 Y가 독립이면 $\rho = 0$을 의미함을 상기하라. 그러나 그 반대는 성립하지 않는다. 반면에 대우는 성립한다. 다시 말해 $\rho \neq 0$는 X와 Y가 독립이 아니라는 것을 의미한다. 그러므로 H_0을 기각함으로써 X와 Y는 독립이 아니라는 결론을 얻을 수 있다. 또한 ρ의 크기는 X와 Y의 상관관계 크기를 나타낸다.

10.8.1 켄들의 타우

이 절에서 첫 번째로 고려할 연관성 척도는 X와 Y의 단조성에 대한 척도이다. 단조성이란 X와 Y의 연관성을 통해 쉽게 이해된다. (X_1, Y_1)과 (X_2, Y_2)를 동일한 이변량 분포를 따르는 독립 쌍이라고 하자. 이러한 쌍은 $\operatorname{sgn}\{(X_1 - X_2)(Y_1 - Y_2)\} = 1$이면 **일치**(concordant), $\operatorname{sgn}\{(X_1 - X_2)(Y_1 - Y_2)\} = -1$이면 **불일치**(discordant)라고 한다. 변수 X와 Y는 변수 쌍이 일치성을 띠면 증가하는 관계이고, 변수 쌍이 불일치성을 띠면 감소하는 관계이다. 이러한 척도를 **켄들의 타우**(Kendall's τ)라고 하며 다음과 같다.

$$\tau = P[\operatorname{sgn}\{(X_1 - X_2)(Y_1 - Y_2)\} = 1] - P[\operatorname{sgn}\{(X_1 - X_2)(Y_1 - Y_2)\} = -1] \tag{10.8.1}$$

연습문제 10.8.1에서와 같이 $-1 \leq \tau \leq 1$이다. 양수인 τ는 증가단조성을, 음수인 τ는 감소단조성을 의미하고, $\tau = 0$은 둘 다 아님을 의미한다. 또한 다음 정리에서와 같이 X와 Y가 독립이면 $\tau = 0$이다.

정리 10.8.1

(X_1, Y_1)과 (X_2, Y_2)를 연속형 이변량 분포를 따르는 (X, Y)의 독립 쌍이라고 하자. 만약 X와 Y가 독립이면 $\tau = 0$이다.

증명: (X_1, Y_1)과 (X_2, Y_2)를 (X, Y) 같은 연속형 이변량 분포를 따르는 독립 쌍이라고 하자. cdf가 연속이기 때문에 부호함수는 -1 또는 1이다. 독립성을 이용하여 다음과 같은 결과를 얻는다.

$$\begin{aligned}
P[\text{sgn}(X_1 - X_2)(Y_1 - Y_2) = 1] \\
&= P[\{X_1 > X_2\} \cap \{Y_1 > Y_2\}] + P[\{X_1 < X_2\} \cap \{Y_1 < Y_2\}] \\
&= P[X_1 > X_2]P[Y_1 > Y_2] + P[X_1 < X_2]P[Y_1 < Y_2] \\
&= \left(\frac{1}{2}\right)^2 + \left(\frac{1}{2}\right)^2 = \frac{1}{2}
\end{aligned}$$

마찬가지로 $P[\text{sgn}(X_1 - X_2)(Y_1 - Y_2) = -1] = 1/2$이다. 그러므로 $\tau = 0$이다.

연관성 척도로 켄들의 τ와 관련하여 관심 있는 양측가설은 다음과 같다.

$$H_0 : \tau = 0, \quad H_1 : \tau \neq 0 \tag{10.8.2}$$

연습문제 10.8.1에서와 같이 정리 10.8.1의 역은 성립하지 않는다. 그러나 대우는 성립한다. 즉 $\tau \neq 0$는 X와 Y가 독립이 아님을 의미한다. 상관계수와 관련하여 H_0을 기각하면 X와 Y는 독립이 아니라는 결론을 얻을 수 있다.

켄들의 τ는 간단한 불편추정량을 갖는다. cdf $F(x, y)$를 따르는 확률표본을 (X_1, Y_1), (X_2, Y_2), $\cdots$, (X_n, Y_n)이라 하고 다음 통계량을 정의하자.

$$K = \binom{n}{2}^{-1} \sum_{i<j} \text{sgn}\,\{(X_i - X_j)(Y_i - Y_j)\} \tag{10.8.3}$$

모든 $i \neq j$에 대해 쌍 (X_i, Y_i)와 (X_j, Y_j)는 같은 분포를 따른다. 그러므로 $E(K) = \binom{n}{2}^{-1}\binom{n}{2}$ $E[\text{sgn}\,\{(X_1 - X_2)(Y_1 - Y_2)\}] = \tau$이다.

식 (10.8.2)의 가설에 대한 검정 통계량으로 K를 사용하기 위해 귀무가설하의 분포를 알 필요가 있다. $H_0 : \tau = 0$하에서 $E_{H_0}(K) = 0$이다. K의 귀무가설하의 분산은 식 (10.8.6)으로 주어진다. 예를 들어 Hettmansperger(1984) 205쪽을 참조하라. 표본의 모든 쌍 (X_i, Y_i), (X_j, Y_j)가 일치한다면 $K = 1$이고, 이것은 엄격한 단조증가 관계를 의미한다. 반면에 모든 쌍이 불일치하면 $K = -1$이다. 그러므로 K의 범위는 $[-1, 1]$ 사이에 있다. 그리고 식 (10.8.3)의 합은 $+1$ 또는 -1이다. 정리 10.8.1의 증명을 위해 합이 1인 확률은 1/2이며 이것은 분포에 의존하지 않는다. 따라서 K는 H_0하에서 분포 무관이다. K의 귀무분포는 0에 대해 대칭이다. 각각의 일치 쌍에 대해 하나의 명백한 불일치 쌍이 있고(Y에 대한 부등식을 뒤집으면) H_0하에서는 불일치 쌍이나 일치 쌍이 동일하다는 사실에서 이를 쉽게 알 수 있다. 그리고 K는 H_0하에서 점근적인 정규분포를 따름을 쉽게 밝힐 수 있다. 이러한 결과를 다음 정리로 요약했다.

정리 10.8.2

연속형 cdf $F(x, y)$를 가진 확률표본을 (X_1, Y_1), (X_2, Y_2), $\cdots$, (X_n, Y_n)이라고 하자. X와 Y의 독립성 가정인 귀무가설하에서, 즉 받침 (X, Y)에 있는 모든 (x, y)에 대해 $F(x, y) = F_X(x)$

$F_Y(y)$ 조건하에서 검정 통계량 K는 다음 성질을 만족한다.

K는 분포 무관하며 대칭인 확률밀도함수를 따른다. (10.8.4)

$$E_{H_0}[K] = 0 \tag{10.8.5}$$

$$Var_{H_0}(K) = \frac{2}{9}\frac{2n+5}{n(n-1)} \tag{10.8.6}$$

$\frac{K}{\sqrt{Var_{H_0}(K)}}$는 점근적으로 정규분포 $N(0, 1)$을 따른다. (10.8.7)

대부분의 통계 계산 패키지는 켄들의 τ를 계산한다. 예를 들어 R 명령어 `cor.test(x,y,method =c("kendall"),exact=T)`는 K 값과 앞에서 살펴본 검정값을 구할 수 있다. 여기서 `x`, `y`는 각각 X와 Y 관측값의 벡터이다. p 값은 정확 분포를 가지고 계산한다. 다음 예제에서는 이 검정을 보여준다.

점근적 분포에 근거하여 식 (10.8.2)의 가설에 대한 대표본 수준 α 검정은 $Z_K > z_{\alpha/2}$이면 H_0을 기각하는 것이고, 여기서

$$Z_K = \frac{K}{\sqrt{2(2n+5)/9n(n-1)}} \tag{10.8.8}$$

예제 10.8.1 [올림픽 경주 시간] 표 10.8.1은 1896~1980년 올림픽의 두 가지 경주에서 우승한 선수들의 기록을 나타낸 것이다. 이 자료는 Hettmansperger(1984)에서 인용했으며, `olym 1500mara.rda` 파일에서 찾을 수 있다. 시간은 1,500 m와 마라톤 경주의 시간(단위: 초)이다. 표에 있는 마라톤 시간은 실제 시간에서 2시간을 뺀 값이다. 연습문제 10.8.2에서는 두 경주의 시간에 대한 산포도를 그린다. 이 산포도는 하나의 명백한 이상값(1968년 올림픽)을 제외하고는

표 10.8.1 예제 10.8.1의 자료

연도	1,500 m	마라톤*	연도	1,500 m	마라톤*
1896	373.2	3530	1936	227.8	1759
1900	246.0	3585	1948	229.8	2092
1904	245.4	5333	1952	225.2	1383
1906	252.0	3084	1956	221.2	1500
1908	243.4	3318	1960	215.6	916
1912	236.8	2215	1964	218.1	731
1920	241.8	1956	1968	214.9	1226
1924	233.6	2483	1972	216.3	740
1928	233.2	1977	1976	219.2	595
1932	231.2	1896	1980	218.4	663

* 마라톤 시간은 실제 시간에서 2시간을 뺀 것이다.

강한 단조증가를 보인다. 다음의 R 코드는 켄들의 τ를 계산한다. 켄들의 τ 추정값과 연관성 없음에 대한 검정의 p 값의 결과를 요약한다. 이 p 값은 정확 분포에 기반한다.

```
cor.test(m1500,marathon,method="kendall",exact=T)
p-value = 3.319e-06;   estimates: tau 0.6947368
```

이 검정은 경주의 우승 시간이 독립이라는 가설을 기각할 만한 강한 증거를 보여준다.

10.8.2 스피어먼의 로

연속형 cdf $F(x, y)$를 따르는 확률표본을 $(X_1, Y_1), (X_2, Y_2), \cdots, (X_n, Y_n)$이라고 하자. 모상관계수 ρ는 X와 Y 사이의 선형 관계에 대한 척도이다. 일반적인 추정값은 표본상관계수로 다음과 같다.

$$r = \frac{\sum_{i=1}^{n}(X_i - \overline{X})(Y_i - \overline{Y})}{\sqrt{\sum_{i=1}^{n}(X_i - \overline{X})^2}\sqrt{\sum_{i=1}^{n}(Y_i - \overline{Y})^2}} \tag{10.8.9}$$

9.7절을 참조하라. 순서를 이용한 간단한 유사 방법으로 X_i를 X_i의 순서통계량인 $R(X_i)$로 대체하고 Y_i도 $R(Y_i)$로 대체하면 다음과 같은 통계량을 새로 만들 수 있으며, 여기서 분모항은 상수가 된다.

$$r_S = \frac{\sum_{i=1}^{n}(R(X_i) - \frac{n+1}{2})(R(Y_i) - \frac{n+1}{2})}{n(n^2 - 1)/12} \tag{10.8.10}$$

r_S를 **스피어먼의 로**(Spearman's ρ)라고 한다. r_S는 상관계수이며 r_S의 값은 -1과 1 사이에 있다. 다음 정리는 독립성이 r_S의 평균이 0임을 의미한다는 것을 보여준다.

정리 10.8.3

$(X_1, Y_1), (X_2, Y_2), \cdots, (X_n, Y_n)$은 (X, Y)상의 표본이고 (X, Y)는 연속인 cdf $F(x, y)$를 따른다고 하자. 만약 X와 Y가 독립이면 $E(r_S) = 0$이다.

증명: X_i와 Y_j는 모든 i, j에 대해 독립이므로 $R(X_i)$와 $R(Y_i)$도 서로 독립이다. 또한 $R(X_i)$는 $\{1, 2, \cdots, n\}$상에서 균등분포를 따르므로 $E(R(X_i)) = (n + 1)/2$이다.

연관성 척도 r_S는 켄들의 K와 마찬가지로 독립성이라는 귀무가설을 검정하는 데 사용할 수 있다. X_i가 확률표본이고 독립이기 때문에 확률벡터 $(R(X_1), \cdots, R(X_n))$도 $\{1, 2, \cdots, n\}$상에서 확률이 같으며 Y_i의 벡터도 마찬가지이다. 또한 독립성 가정하에서 $[R(X_1), \cdots, R(X_n), R(Y_1), \cdots, R(Y_n)]$은 확률이 같으므로 $(n!)^2$개의 벡터도 마찬가지이다. 여기서 $(n!)^2$은 $(i_1, i_2, \cdots, i_n, j_1, j_2, \cdots, j_n)$의 순열인 개수이다. $(i_1, i_2, \cdots, i_n)$과 $(j_1, j_2, \cdots, j_n)$은 정수 $\{1, \cdots, n\}$의 순열이다.

그러므로 독립성 가정하에서 r_S 통계량은 분포 무관하다. 이 분포는 이산형이고 Hollander와 Wolfe(1999)에서 표를 구할 수 있다. 켄들의 K 통계량과 마찬가지로 분포는 0에 대해 대칭이고 점근적으로 $1/(n-1)$을 따른다. 귀무가설하에서 r_S의 분산에 대한 증명은 연습문제 10.8.7을 참조하라. 대표본 유의수준 α 검정은 X와 Y 사이의 독립성에 대한 가설을 기각하는 것이며, 이것은 $|z_S| > z_{\alpha/2}$이면 성립한다. 여기서 $z_S = \sqrt{n-1}r_S$이다.

정리 10.8.4

$(X_1, Y_1), (X_2, Y_2), \cdots, (X_n, Y_n)$은 확률벡터 (X, Y)상의 확률벡터이고 (X, Y)는 cdf $F(x, y)$를 따른다고 하자. X와 Y가 독립이라는 귀무가설하에서, 즉 받침 (X, Y)의 모든 점 (x, y)에서 $F(x, y) = F_X(x)F_Y(y)$라는 조건하에 검정 통계량 r_S는 다음 성질을 만족한다.

r_S는 분포 무관하며 0에 대해 대칭이다. (10.8.11)

$$E_{H_0}[r_S] = 0 \tag{10.8.12}$$

$$Var_{H_0}(r_S) = \frac{1}{n-1} \tag{10.8.13}$$

$\dfrac{r_S}{\sqrt{Var_{H_0}(r_S)}}$는 점근적으로 $N(0, 1)$을 따른다. (10.8.14)

예제 10.8.2 **[예제 10.8.1의 연속]** 예제 10.8.1의 자료에 대해 스피어먼 ρ에 기반한 분석을 위한 R 코드는 다음과 같다.

```
cor.test(m1500,marathon,method="spearman")
p-value = 2.021e-06;  sample estimates: rho 0.9052632
```

결과는 매우 유의하다. 비교를 위한 점근적 검정 통계량 값은 $Z_S = 0.905\sqrt{19} = 3.94$이다. 양측검정의 p 값은 0.00008이므로 결과는 매우 유사하다.

표본이 엄격한 단조증가 관계를 따른다면 $r_S = 1$임을 쉽게 알 수 있다. 반대로 엄격한 단조감소 관계를 따른다면 $r_S = -1$이다. 켄들의 K 통계량과 마찬가지로 r_S는 모수에 대한 추정값이다. 그러나 X와 Y가 독립인 경우만 제외하고 τ보다 복잡하다. Kendall(1962)은 다음을 증명했다.

$$E(r_S) = \frac{3}{n+1}[\tau + (n-2)(2\gamma - 1)] \tag{10.8.15}$$

여기서 $\gamma = P[(X_2 - X_1)(Y_3 - Y_1) > 0]$이다. 대표본인 경우 $E(r_S) \approx 6(\gamma - 1/2)$이며, 이는 일치 척도인 τ보다 해석하기 어려운 모수이다.

스피어먼의 ρ는 윌콕슨 점수에 근거하여 다른 순위 점수함수로 쉽게 확장될 수 있다. 이러한 척도는 연습문제에서 다룬다.

참고 10.8.1 [신뢰구간]

켄들의 τ에 대한 분포 무관 신뢰구간이 존재한다. Hollander와 Wolfe(1999)의 8.5절을 참조하라. 연습문제 10.8.6에서 간략히 설명하듯이 두 모수에 대한 백분위수 부트스트랩 신뢰구간은 쉽게 구성할 수 있다. CRAN 패키지 npsm의 R 함수 cor.boot.ci는 이러한 신뢰구간을 구한다. 논의를 위해 Kloke와 McKean(2014)의 4.8절을 참조하라. 이것은 Canty와 Ripley(2017)가 개발한 CRAN 패키지 boot도 필요로 한다. 이 함수를 사용하여 τ와 ρ_S에 대한 신뢰구간을 다음과 같이 계산한다.

```
library(boot); library(npsm)
cor.boot.ci(m1500,marathon,method="spearman"); # (0.719,0.955)
cor.boot.ci(m1500,marathon,method="kendall");  # (0.494,0.845)
```

연습문제

10.8.1 켄들의 τ는 부등식 $-1 \leq \tau \leq 1$를 만족함을 증명하라.

10.8.2 연습문제 10.8.1에서 Y는 어느 연도의 1,500 m 경주 우승 시간이고 X는 그해의 마라톤 우승 시간일 때 Y 대 X의 산포도를 그리고 이상점을 결정하라.

10.8.3 연습문제 10.8.2에서 마라톤 우승 시간에 근거하여 1,500 m 경주 우승 시간을 예측한다고 하자. 단순선형모형으로 가정하고 최소제곱 추정값과 윌콕슨(10.7절) 추정값을 구하라. 추정값을 연습문제 10.8.2에서 구한 산포도에 겹쳐서 그리고 적합값에 대해 논하라. 이 문제에서 기울기 모수는 무엇을 의미하는가?

10.8.4 연습문제 10.8.3과 관련하여 더욱 흥미로운 예측 문제는 연도를 근거로 두 경기의 우승 시간을 예측하는 것이다.

(a) 연도별로 1,500 m 경주 우승 시간에 대한 산포도를 구하라. 단순선형모형으로 가정하고(이러한 가정이 맞는가?) 자료에 대한 최소제곱과 윌콕슨(10.7절) 적합값을 구하라. 이 적합값을 산포도에 겹쳐서 그리고 적합값에 대해 논하라. 이 문제에서 기울기 모수는 무엇을 의미하는가? 1984년의 우승 시간을 예측하라. 예측값과 실젯값은 얼마나 근접한가?

(b) 그해의 마라톤 우승 시간을 사용하는 것을 제외하고 (a)를 다시 풀라.

10.8.5 스피어먼의 ρ는 윌콕슨 점수에 의한 순서 상관계수이다. 여기서는 일반적인 점수함수에 의한 순서 상관관계를 고려하자. 이변량 연속형 cdf $F(x, y)$를 따르는 확률표

본을 (X_1, Y_1), (X_2, Y_2), ⋯, (X_n, Y_n)이라고 하자. $a(i) = \varphi(i/(n+1))$이며 $\sum_{i=1}^{n} a(i) = 0$이라고 하자. $\overline{a} = 0$이다. 식 (10.5.6)에서처럼 $s_a^2 = \sum_{i=1}^{n} a^2(i)$라고 하자. 다음 순서 상관관계를 생각해보자.

$$r_a = \frac{1}{s_a^2} \sum_{i=1}^{n} a(R(X_i))a(R(Y_i)) \tag{10.8.16}$$

(a) r_a는 다음 표본에 대한 상관관계임을 증명하라.

$$\{(a[R(X_1)], a[R(Y_1)]), (a[R(X_2)], a[R(Y_2)]), \ldots, (a[R(X_n)], a[R(Y_n)])\}$$

(b) 점수함수 $\varphi(u) = \sqrt{12}(u - (1/2))$에 대해 $r_a = r_S$임을 증명하라(r_S = 스피어먼의 ρ).

(c) 부호점수함수 $\varphi(u) = \text{sgn}(u - (1/2))$에 대해 r_a를 구하라. 이 순서 상관계수를 r_{qc}라고 한다(하첨자 qc는 연습문제 10.8.8에서 설명한다).

10.8.6 켄들의 τ에 대한 백분위수 부트스트랩 신뢰구간을 계산하는 R 함수를 작성하라. 예제 10.8.1의 자료에 대해 함수를 실행하고, 여기서 나온 결과를 참고 10.8.1에서 주어진 켄들의 τ에 대한 신뢰구간과 비교하라.

주의: 다음 R 코드는 x와 y의 재추출된 벡터를 구한다.

```
ind = 1:length(x); mat=cbind(x,y); inds=sample(ind,n,replace=T)
mats=mat[inds,]; xs=mats[,1]; ys=mats[,2]
```

10.8.7 연습문제 10.8.5에서 정의된 일반적인 점수 상관관계를 고려하여 귀무가설 $H_0 : X$와 Y는 독립이다를 생각해보자.

(a) $E_{H_0}(r_a) = 0$을 증명하라.

(b) (a)와 H_0을 이용하여 다음 식이 H_0하의 분산임을 증명하라.

$$Var_{H_0}(r_a) = \frac{1}{s_a^4} \sum_{i=1}^{n}\sum_{j=1}^{n} E_{H_0}[a(R(X_i))a(R(X_j))]E_{H_0}[a(R(Y_i))a(R(Y_j))]$$

(c) 위 식을 계산하기 위해 $i = j$, $i \neq j$인 두 가지 경우를 생각한다. 순서의 분포가 일양분포임을 이용하여 다음을 증명하라.

$$Var_{H_0}(r_a) = \frac{1}{s_a^4}\frac{1}{n-1}s_a^4 = \frac{1}{n-1} \tag{10.8.17}$$

10.8.8 연습문제 10.8.5의 (c)에서 r_{qc}에 의해 주어진 순서 상관관계를 생각해보자. 표본 X_1, X_2, ⋯, X_n과 Y_1, Y_2, ⋯, Y_n의 중앙값을 각각 Q_{2X}, Q_{2Y}라고 하자. 다음 사분면을 고려하자.

$$\begin{aligned} I &= \{(x, y) : x > Q_{2X}, y > Q_{2Y}\} \\ II &= \{(x, y) : x < Q_{2X}, y > Q_{2Y}\} \\ III &= \{(x, y) : x < Q_{2X}, y < Q_{2Y}\} \\ IV &= \{(x, y) : x > Q_{2X}, y < Q_{2Y}\} \end{aligned}$$

다음을 증명하라.

$$r_{qc} = \frac{1}{n}\{\#(X_i, Y_i) \in I + \#(X_i, Y_i) \in III - \#(X_i, Y_i) \in II - \#(X_i, Y_i) \in IV\} \tag{10.8.18}$$

여기서 r_{qc}는 사분면 계수(quadrant count) 상관계수이다.

10.8.9 위 연습문제의 r_{qc}를 이용하여 독립성에 대한 점근적 검정을 만들라. 그것을 사용하여 예제 10.8.1의 1,500 m 경주와 마라톤 우승 시간 자료 간의 독립성을 검정하라.

10.8.10 점수가 정규분포 점수인 $a(i) = \Phi^{-1}(i/(n+1))(i = 1, 2, \cdots, n)$일 때 순위 상관계수를 구하라. 이것을 r_N이라고 하자. 연습문제 10.8.9의 r_N에 대한 점근적 독립성 검정을 세워라. 그리고 예제 10.8.1의 자료에서 1,500 m 경주와 마라톤 우승 시간에 대한 독립성 검정을 시행하라.

10.8.11 귀무가설 H_0은 두 확률변수 X와 Y의 독립성에 관한 것이다. 즉 $H_0 : F(x, y) = F_1(x)F_2(y)$를 검정하려 한다. 여기서 F, F_1, F_2는 각각의 연속인 결합 cdf와 주변 cdf이다. (X_1, Y_1), (X_2, Y_2), $\cdots$, (X_n, Y_n)을 결합확률분포를 따르는 확률변수라고 하자. H_0하에서 $X_1, X_2, \cdots, X_n$과 $Y_1, Y_2, \cdots, Y_n$의 각 순서통계량은 F_1과 F_2의 완비충분통계량이다. r_S, r_{qc}, r_N을 이용하여 H_0에 대한 적응 분포 무관 검정을 만들라.

참고 10.8.2

적응 절차에서 X와 Y에 대해 다른 정수 함수를 사용하는 것이 가능할 것임을 주목할 필요가 있다. 즉 X의 순서통계량은 하나의 정수 함수를 제안하고, Y의 순서통계량은 또 다른 정수 함수를 제안할지도 모른다. 독립이라는 귀무가설하에서 그에 따른 절차는 α 수준 검정이 된다.

10.9 로버스트의 개념

이 절에서는 로버스트 추정의 개념을 소개한다. 이 장의 10.1~10.3절에서 논의했던 위치모형에 대해 로버스트 추정의 개념을 소개하며, 이를 10.7절의 단순선형회귀모형에 적용한다. McKean (2004)은 로버스트의 개념을 소개하고 정리하는 논문을 발표했다.

10.9.1 위치모형

어떤 추정값이 이상값에 민감하지 않으면 **로버스트**(robust)하다고 하는데, 위치모형에 대해 이를 좀 더 확실히 알아보자. 이 절에서는 위치모형에 대한 개념을 더욱 정확하게 만든다. 정의 10.1.2의 위치모형을 따르는 확률표본을 X_1, X_2, $\cdots$, X_n이라고 가정하면

$$X_i = \theta + \varepsilon_i\ , \quad i = 1, 2, \ldots, n \tag{10.9.1}$$

여기서 θ는 위치 모수이고 ε_i는 cdf $F(t)$와 pdf $f(t)$를 갖는다. $F_X(t)$와 $f_X(t)$를 각각 X의 cdf, pdf라고 하면 $F_X(t) = F(t - \theta)$이고 $f_X(t) = f(t - \theta)$이다.

로버스트의 개념을 설명하기 위해 10.1~10.3절에서 논의된 위치 추정량, 즉 표본평균, 표본중앙값, 호지스-레만 추정량을 사용하자. 이러한 추정량은 각각의 **추정방정식**(estimating equation)으로 정의하는 것이 편리하다. 표본평균의 추정방정식은 다음과 같다.

$$\sum_{i=1}^{n}(X_i - \theta) = 0 \tag{10.9.2}$$

즉 위 방정식의 해는 $\widehat{\theta} = \overline{X}$이다. 표본중앙값의 추정방정식은 식 (10.2.34)에 주어졌으나 편의를 위해 다시 제시한다.

$$\sum_{i=1}^{n}\operatorname{sgn}(X_i - \theta) = 0 \tag{10.9.3}$$

표본중앙값이 L_1-놈을 최소화한다는 것(10.2절)을 상기하라. 그래서 이 절에서는 $\widehat{\theta}_{L_1} = \text{med}\ X_i$로 표기한다. 마지막으로 호지스-레만 추정량의 추정방정식은 식 (10.4.27)에 주어졌다. 이 식의 해를 이 절에서는 다음과 같이 표기한다.

$$\widehat{\theta}_{\text{HL}} = \text{med}_{i \le j}\left\{\frac{X_i + X_j}{2}\right\} \tag{10.9.4}$$

일반적으로 위치 모수가 θ인 위치모형 식 (10.9.1)을 따르는 확률표본 X_1, X_2, $\cdots$, X_n이 있다고 가정하자. $\widehat{\theta}$이 θ의 추정량이라면 $\widehat{\theta}$은 바라건대 표본 내의 이상값, 즉 표본 내의 다른 점들로부터 많이 떨어져 있는 값에 과도하게 영향을 받지 않는다. 이러한 이상값에 대한 민감도는 쉽게 측정할 수 있다. 간단하게 이상값을 자료에 추가하여 추정량의 변화를 관찰하면 된다.

좀 더 형식적으로 말하자면, $\mathbf{x}_n = (x_1, x_2, \cdots, x_n)$은 표본의 실현값, x는 추가된 점이라 하고, 증가된 표본을 $\mathbf{x}'_{n+1} = (\mathbf{x}'_n, x)$로 표기하자. 그러면 단순 척도는 x의 질량인 $(1/(n + 1))$에 상대적인 x에 따른 추정량 차이의 비율이다. 즉

$$S(x; \widehat{\theta}) = \frac{\widehat{\theta}(\mathbf{x}_{n+1}) - \widehat{\theta}(\mathbf{x}_n)}{1/(n+1)} \tag{10.9.5}$$

이것을 추정값 $\widehat{\theta}$에 대한 **민감도 곡선**(sensitivity curve)이라고 한다.

예를 들어 표본평균과 중앙값에 대해 생각해보자. 표본평균은 다음과 같이 쉽게 나타낼 수 있다.

$$S(x;\overline{X}) = \frac{\overline{x}_{n+1} - \overline{x}_n}{1/(n+1)} = x - \overline{x}_n \tag{10.9.6}$$

따라서 표본평균에서 상대적 변화는 x의 선형함수이므로 x가 크면 표본평균에서의 변화도 크다. 실제로 그 변화는 x에 비제한적이다. 그래서 표본평균은 이상값의 크기에 매우 민감하다. 한편 표본 크기 n이 홀수일 때 표본중앙값을 고려하면 이 경우 표본중앙값은 $\widehat{\theta}_{L_1,n} = x_{(r)}$이다. 여기서 $r = (n+1)/2$이다. 추가적인 점 x가 더해졌을 때 표본 크기는 짝수가 되고 표본중앙값 $\widehat{\theta}_{L_1,n+1}$은 가운데 순서통계량 2개의 평균이다. 만약 x가 이 두 순서통계량 사이에서 바뀌면 $\widehat{\theta}_{L_1,n}$과 $\widehat{\theta}_{L_1,n+1}$ 사이에서 약간의 변화가 있지만 일단 x가 두 순서통계량의 사이를 넘어서 바뀌면 변화가 없다. 따라서 $S(x;\widehat{\theta}_{L_1,n})$은 함수 x에 유계하다. 그러므로 $\widehat{\theta}_{L_1,n}$은 표본평균보다 덜 민감하다.

호지스-레만 추정량 $\widehat{\theta}_{\text{HL}}$의 식 (10.9.4) 또한 중앙값이므로 이것의 민감도 곡선도 유계하다. 연습문제 10.9.2는 이러한 민감도 곡선에 대한 수치적인 예를 제공한다.

영향함수

민감도 곡선에 대한 한 가지 문제는 표본에 의존한다는 것이다. 이전 장들에서는 기반이 되는 분포함수인 분산에 근거하여 추정량을 비교했다. 여기서 하고자 하는 비교 방식도 동일하다.

위치모형 식 (10.9.1)이 관심 있는 모형이라고 하자. 여기서 $F_X(t) = F(t-\theta)$는 X의 cdf이고, $F(t)$는 ε의 cdf이다. 10.1절에서 논의했듯이 모수 θ는 cdf $F_X(x)$의 함수이다. 그래서 10.1절에서처럼 $\theta = T(F_X)$와 같은 함수 표현을 사용하는 것이 편리하다. 예를 들어 θ가 평균이라면 $T(F_X)$는 다음과 같다.

$$T(F_X) = \int_{-\infty}^{\infty} x\,dF_X(x) = \int_{-\infty}^{\infty} x f_X(x)\,dx \tag{10.9.7}$$

또한 θ가 중앙값이라면 $T(F_X)$는 다음과 같다.

$$T(F_X) = F_X^{-1}\left(\frac{1}{2}\right) \tag{10.9.8}$$

10.1절에서 밝혔듯이 위치모형에서는 $T(F_X) = T(F) + \theta$이다.

식 (10.9.2)와 (10.9.3)에서 정의한 것과 같은 추정방정식(EE)은 우도방정식이나 최소제곱법과 마찬가지로 매우 직관적이다. 반면에 범함수(functional)는 좀 더 추상적인 개념이다. 그러나 종종 추정방정식은 자연스럽게 범함수로 귀결된다. 평균과 중앙값의 범함수에 대해 간략하게 살펴보자.

표본 $x_1, x_2, \cdots, x_n$의 경험적 cdf를 F_n이라고 하자. 즉 F_n은 각 x_i에서 확률이 n^{-1}인 cdf이다

[식 (10.1.1) 참조]. 추정방정식 (10.9.2)를 사용하면 표본평균은 다음과 같이 정의된다.

$$\sum_{i=1}^{n}(x_i - \theta)\frac{1}{n} = 0 \tag{10.9.9}$$

이것은 경험적 분포에 의한 기댓값이다. 확률적으로 $F_n \to F_X$일 때 이 기댓값은 다음 식으로 수렴한다.

$$\int_{-\infty}^{\infty}[x - T(F_X)]f_X(x)\,dx = 0 \tag{10.9.10}$$

방정식의 해는 물론 $T(F_X) = E(X)$이다.

마찬가지로 표본중앙값을 정의하는 추정방정식 (10.9.3)을 다음과 같이 쓸 수 있다.

$$\sum_{i=1}^{n}\text{sgn}(X_i - \theta)\frac{1}{n} = 0 \tag{10.9.11}$$

범함수 $\theta = T(F_X)$에 상응하는 방정식은 다음 방정식의 해이다.

$$\int_{-\infty}^{\infty}\text{sgn}[y - T(F_X)]f_X(y)\,dy = 0 \tag{10.9.12}$$

이것은 다음과 같이 쓸 수 있다.

$$\begin{aligned} 0 &= -\int_{-\infty}^{T(F_X)} f_X(y)\,dy + \int_{T(F_X)}^{\infty} f_X(y)\,dy \\ &= -F_X[T(F_X)] + 1 - F_X[T(F_X)] \end{aligned}$$

따라서 $F_X[T(F_X)] = 1/2$ 또는 $T(F_X) = F_X^{-1}(1/2)$이다. 그러므로 $T(F_X)$는 X 분포의 중앙값이다.

이제 주어진 범함수 $T(F_X)$가 미세 변동에 어떻게 변화하는지 알아보자. $F(t)$에 이상값이 더해진 것은 점 x에서 cdf $F_X(t)$의 오염을 생각해보는 것과 같다. 즉 $\epsilon > 0$에 대해

$$F_{x,\epsilon}(t) = (1-\epsilon)F_X(t) + \epsilon\Delta_x(t) \tag{10.9.13}$$

여기서 $\Delta_x(t)$는 집단 x에서의 cdf이다. 즉

$$\Delta_x(t) = \begin{cases} 0 & t < x \\ 1 & t \geq x \end{cases} \tag{10.9.14}$$

cdf $F_{x,\epsilon}(t)$는 두 분포의 혼합물이다. 이것에서 표본을 추출했을 때 관측값의 $(1-\epsilon)100\%$는 $F_X(t)$에서 추출되고, $\epsilon 100\%$는 이상값인 x에서 추출된다. 그래서 x가 민감한 곡선에서 이상값의 역할을 하는 것이다. 연습문제 10.9.4에서 볼 수 있듯이 $F_{x,\epsilon}(t)$는 $F_X(t)$에 ϵ 이웃한다. 즉 모든 x에 대해 $|F_{x,\epsilon}(t) - F_X(t)| < \epsilon$이다. 이러한 이유로 $F_{x,\epsilon}(t)$에서의 범함수는 또한 $T(F_X)$에 가까

워야 한다. 민감도 곡선에 상응하는 범함수에 대한 개념은 극한이 존재한다면 다음 함수로 정의된다.

$$\mathrm{IF}(x;\widehat{\theta}) = \lim_{\epsilon\to 0}\frac{T(F_{x,\epsilon}) - T(F_X)}{\epsilon} \tag{10.9.15}$$

함수 $\mathrm{IF}(x;\widehat{\theta})$을 x에서 추정된 $\widehat{\theta}$의 **영향함수**(influence function)라고 한다. 위의 식에서 보듯이 이것은 0에서 평가된 ϵ에 대한 $T(F_{x,\epsilon})$의 미분값으로 생각할 수 있는데, 매우 작은 ϵ에 대해 다음 식을 만들 수 있다.

$$T(F_{x,\epsilon}) \approx T(F_X) + \epsilon\,\mathrm{IF}(x;\widehat{\theta})$$

따라서 점의 오염에 의한 범함수는 대략적으로 영향함수에 비례한다. 궁극적으로 영향함수가 이상값에 민감하지 않은 추정량을 구하는 것이 목적이라 할 수 있으며, 앞서 언급했듯이 어떤 x에 대해서도 $F_{x,\epsilon}(t)$는 $F_X(t)$와 가깝다. 따라서 영향함수는 적어도 함수 x의 유계함수여야 한다.

정의 10.9.1

만약 모든 x에 대해 $|\mathrm{IF}(x;\widehat{\theta})|$이 유계하다면 추정량 $\widehat{\theta}$은 **로버스트**하다고 말한다.

Hampel(1974)은 영향함수를 제안하고 중요한 특성에 대해 설명했다. 그중 몇 가지를 다음에 열거할 것이다. 그러나 먼저 표본평균과 중앙값의 영향함수를 정하자.

표본평균에 대해 3.4.1절의 혼합 분포를 생각해보자. 함수 $F_{x,\epsilon}(t)$는 확률변수 $U = I_{1-\epsilon}X + [1 - I_{1-\epsilon}]W$의 cdf이다. 여기서 X, $I_{1-\epsilon}$, W는 독립인 확률변수이고 X의 cdf는 $F_X(t)$, W의 cdf는 $\Delta_x(t)$이며, $I_{1-\epsilon}$은 $b(1, 1-\epsilon)$이다. 따라서

$$E(U) = (1-\epsilon)E(X) + \epsilon E(W) = (1-\epsilon)E(X) + \epsilon x$$

평균 범함수를 $T_\mu(F_X) = E(X)$로 표기하면 다음과 같이 $T_\mu(F)$에 관해 나타낼 수 있다.

$$T_\mu(F_{x,\epsilon}) = (1-\epsilon)T_\mu(F_X) + \epsilon x$$

그러므로

$$\frac{\partial T_\mu(F_{x,\epsilon})}{\partial\epsilon} = -T_\mu(F) + x$$

따라서 표본평균의 영향함수는 다음과 같다.

$$\mathrm{IF}(x;\overline{X}) = x - \mu \tag{10.9.16}$$

여기서 $\mu = E(X)$이다. 표본평균의 영향함수는 x의 선형함수이고, 따라서 x의 비유계함수이다. 그러므로 표본평균은 로버스트한 추정량이 아니다. 영향함수를 유도하는 또 다른 방법은 방정식

(10.9.10)이 $F_{x,\epsilon}(t)$에 대해 정의되었을 때 이를 음함수 미분(implicit differentiation)하는 것이다. 연습문제 10.9.6을 참조하라.

예제 10.9.1 **[표본중앙값의 영향함수]** 이 예제에서는 표본중앙값 $\widehat{\theta}_{L_1}$의 영향함수를 도출한다. 이 경우 범함수는 $T_\theta(F) = F^{-1}(1/2)$, 즉 F의 중앙값이다. 영향함수를 결정하기 위해 우선 오염된 cdf $F_{x,\epsilon}(t)$에서 범함수, 즉 $F_{x,\epsilon}^{-1}(1/2)$을 결정해야 한다. 연습문제 10.9.8에서와 같이 cdf $F_{x,\epsilon}(t)$의 역함수는 $0 < u < 1$에 대해 다음과 같이 주어진다.

$$F_{x,\epsilon}^{-1}(u) = \begin{cases} F^{-1}\left(\frac{u}{1-\epsilon}\right) & u < F(x) \\ F^{-1}\left(\frac{u-\epsilon}{1-\epsilon}\right) & u \geq F(x) \end{cases} \tag{10.9.17}$$

따라서 $u = 1/2$로 놓으면 다음을 얻을 수 있다.

$$T_\theta(F_{x,\epsilon}) = F_{x,\epsilon}^{-1}(1/2) = \begin{cases} F_X^{-1}\left(\frac{1/2}{1-\epsilon}\right) & F_X^{-1}\left(\frac{1}{2}\right) < x \\ F_X^{-1}\left(\frac{(1/2)-\epsilon}{1-\epsilon}\right) & F_X^{-1}\left(\frac{1}{2}\right) > x \end{cases} \tag{10.9.18}$$

식 (10.9.18)에 근거하여 $F_{x,\epsilon}^{-1}(1/2)$을 ϵ에 대해 편미분하면 다음과 같은 식을 얻는다.

$$\frac{\partial T_\theta(F_{x,\epsilon})}{\partial \epsilon} = \begin{cases} \frac{(1/2)(1-\epsilon)^{-2}}{f_X[F_X^{-1}((1/2)/(1-\epsilon))]} & F_X^{-1}\left(\frac{1}{2}\right) < x \\ \frac{(-1/2)(1-\epsilon)^{-2}}{f_X[F_X^{-1}(\{(1/2)-\epsilon\}/\{1-\epsilon\})]} & F_X^{-1}\left(\frac{1}{2}\right) > x \end{cases} \tag{10.9.19}$$

$\epsilon = 0$에서 이 편미분값을 계산하면 중앙값의 영향함수를 알 수 있다. θ가 F_X의 중앙값일 때

$$\mathrm{IF}(x; \hat{\theta}_{L_1}) = \left\{ \begin{array}{ll} \frac{1}{2f_X(\theta)} & \theta < x \\ \frac{-1}{2f_X(\theta)} & \theta > x \end{array} \right\} = \frac{\mathrm{sgn}(x-\theta)}{2f(\theta)} \tag{10.9.20}$$

이 영향함수는 유계함수이므로 중앙값은 로버스트 추정량이다.

Hettmansperger와 McKean(2011) 46쪽에서 도출했듯이 점 x에서의 호지스-레만 추정량 $\widehat{\theta}_{\mathrm{HL}}$의 영향함수는 다음과 같다.

$$\mathrm{IF}(x; \hat{\theta}_{\mathrm{HL}}) = \frac{F_X(x) - 1/2}{\int_{-\infty}^{\infty} f_X^2(t)dt} \tag{10.9.21}$$

cdf가 유계이므로 호지스-레만 추정량은 로버스트하다.

이제 추정량의 영향함수가 지닌 세 가지 유용한 특성을 살펴보자. 표본평균이 $E[\mathrm{IF}(X; \overline{X})] = E[X] - \mu = 0$임을 주목하라. 이는 일반적으로 사실이다. $\mathrm{IF}(x) = \mathrm{IF}(X; \widehat{\theta})$을 범함수가 $\theta = T(F_X)$인 추정값 $\widehat{\theta}$의 영향함수라고 하자. 그러면 기댓값이 존재한다는 가정하에 다음과 같다.

$$E[\text{IF}(X)] = 0 \tag{10.9.22}$$

Huber(1981)는 이것에 대해 자세히 설명했다. 2차 적률값이 존재한다는 가정하에 두 번째 특성은 다음과 같다.

$$Var[\text{IF}(X)] = E[\text{IF}^2(X)] \tag{10.9.23}$$

영향함수의 세 번째 특성은 다음과 같이 나타나는 점근성이다.

$$\sqrt{n}[\widehat{\theta} - \theta] = \frac{1}{\sqrt{n}} \sum_{i=1}^{n} \text{IF}(X_i) + o_p(1) \tag{10.9.24}$$

분산 식 (10.9.23)이 존재한다고 가정하면 $\text{IF}(X_1)$, $\cdots$, $\text{IF}(X_n)$은 유한한 분산을 가진 iid이기 때문에 중심극한정리와 식 (10.9.24)를 이용하면 다음과 같은 결과를 얻을 수 있다.

$$\sqrt{n}[\widehat{\theta} - \theta] \xrightarrow{D} N(0, E[\text{IF}^2(X)]) \tag{10.9.25}$$

따라서 영향함수로부터 추정량의 점근적 분포를 구할 수 있다. 일반적 조건하에서 식 (10.9.24)가 성립하지만 때로는 조건을 증명하기가 매우 어렵다. 그러므로 점근적 분포는 다른 방법으로 좀 더 쉽게 구할 수 있다. Huber(1981)를 참조하라. 이 장에서는 추정량의 점근적 분포를 구하기 위해 식 (10.9.24)를 이용할 것이다. $\widehat{\theta}_1$과 $\widehat{\theta}_2$이 동일한 범함수 θ의 추정량일 때 $\widehat{\theta}_1$과 $\widehat{\theta}_2$이 식 (10.9.24)를 만족한다고 가정하자. 그러면 $\widehat{\theta}_i(i = 1,\ 2)$의 영향함수를 IF_i라고 할 때 두 추정량 사이의 점근적 상대효율을 다음과 같이 나타낼 수 있다.

$$\text{ARE}(\widehat{\theta}_1, \widehat{\theta}_2) = \frac{E[\text{IF}_2^2(X)]}{E[\text{IF}_1^2(X)]} \tag{10.9.26}$$

예를 들어 표본중앙값을 생각해보자.

예제 10.9.2 **[표본중앙값의 점근적 분포]** 표본중앙값 $\widehat{\theta}_{L_1}$에 대한 영향함수는 식 (10.9.20)에 주어졌다. $E[\text{sgn}^2(X - \theta)] = 1$이므로 식 (10.9.25)에 따라 표본중앙값의 점근적 분포는 다음과 같다.

$$\sqrt{n}[\hat{\theta} - \theta] \xrightarrow{D} N\left(0, [2f_X(\theta)]^{-2}\right)$$

여기서 θ는 pdf $f_X(t)$의 중앙값이다. 이것은 10.2절에서의 결과와 같다.

추정량의 고장점

추정량의 영향함수는 추정량의 국소적 민감도(local sensitivity)라고 불리는 하나의 이상값에 대한 추정량의 민감도를 측정한다. 다음은 추정량의 전반적 민감도(global sensitivity)에 대한 측정을 살펴본다. 즉 추정량이 고장 없이 견딜 수 있는 이상값의 비율은 무엇인가?

더 정확히 하기 위해 $\mathbf{x}' = (x_1, x_2, \cdots, x_n)$이 표본의 실현값이라고 하자. 이 표본에서 $x_1, x_2, \cdots, x_m$을 $x_1^*, x_2^*, \cdots, x_m^*$로 대체함으로써 m개의 자룟값을 오염시킨다고 가정하자. 여기서 자룟값은 큰 이상값이다. $\mathbf{x}_m = (x_1^*, \cdots, x_m^*, x_{m+1}, \cdots, x_n)$을 오염된 표본이라고 하자. m개의 자룟값이 오염되었을 때 추정량의 편향을 다음과 같이 정의하자.

$$\text{bias}(m, \mathbf{x}_n, \widehat{\theta}) = \sup |\widehat{\theta}(\mathbf{x}_m) - \widehat{\theta}(\mathbf{x}_n)| \tag{10.9.27}$$

여기서 sup는 모든 가능한 오염된 표본 $\mathbf{x}_m$에 대해 취한다. 만약 이 편향이 무한하다면 추정량에 **고장**(breakdown)이 있다고 말한다. 추정량이 고장까지 견딜 수 있는 오염의 가장 작은 비율을 유한 표본 고장점(finite sample breakdown point)이라고 한다. 더 정확히 말하자면, 만약 다음과 같으면 ϵ_n^*를 $\widehat{\theta}$의 **유한 표본 고장점**이라고 한다.

$$\epsilon_n^* = \min_m \{m/n : \text{bias}(m, \mathbf{x}_n, \widehat{\theta}) = \infty\} \tag{10.9.28}$$

만약 다음과 같은 극한이 존재하면 ϵ^*를 $\widehat{\theta}$의 **고장점**(breakdown point)이라고 한다.

$$\epsilon_n^* \to \epsilon^* \tag{10.9.29}$$

표본평균의 고장점을 결정하기 위해 하나의 자룟값, 즉 일관성을 잃지 않고 첫 번째 자룟값이 오염된다고 가정하자. 그러면 오염된 표본은 $\mathbf{x}' = (x_1^*, x_2, \cdots, x_n)$이다. 오염된 표본의 평균을 $\overline{x}^*$로 표기하면 다음을 쉽게 나타낼 수 있다.

$$\overline{x}^* - \overline{x} = \frac{1}{n}(x_1^* - x_1)$$

따라서 편향$(1, \mathbf{x}_n, \overline{x})$는 x_1^*의 선형함수이고 절댓값이 큰 x_1^*를 취함으로써 원하는 만큼 편향의 절댓값을 크게 만들 수 있다. 그러므로 표본평균의 유한 표본 고장은 $1/n$이다. 이것은 $n \to \infty$일 때 0에 가까워지므로 표본평균의 고장점은 0이다.

예제 10.9.3 **[표본중앙값의 고장값]** 다음으로 표본중앙값을 생각해보자. $\mathbf{x}_n = (x_1, x_2, \cdots, x_n)$을 확률표본의 실현값이라고 하자. 만약 표본 크기가 $n = 2k$라면 오염된 표본 $\mathbf{x}_n$에서 $x_{(k)}$가 $-\infty$로 가는 경향이 있을 때 중앙값 또한 $-\infty$로 가는 경향이 있음을 밝히기는 쉽다. 따라서 표본중앙값의 고장값은 k/n이고 이는 0.5로 가는 경향이 있다. 유사한 논거로 표본 크기가 $n = 2k + 1$일 때 고장값은 $(k + 1)/n$이고, 이는 또한 표본 크기가 증가하면 0.5로 가는 경향이 있다. 그러므로 표본중앙값을 50% 고장 추정값이라고 한다. 위치모형에서 50% 고장은 추정값에 대해 가능한 가장 높은 고장점이다. 따라서 중앙값은 가능한 가장 높은 고장점을 달성한다.

연습문제 10.9.10에서 호지스-레만 추정값의 고장점이 0.29임을 밝힐 것이다.

10.9.2 선형모형

9.6절과 10.7절에서 각각 선형모형을 추정하기 위해 최소제곱 절차와 순위에 기초한 (윌콕슨) 절차를 소개했다. 이 절에서는 이러한 절차를 로버스트 특성에 대해 간략히 비교한다.

다음과 같은 단순선형모형을 생각해보자.

$$Y_i = \alpha + \beta x_{ci} + \varepsilon_i, \quad i = 1, 2, \ldots, n \tag{10.9.30}$$

여기서 ε_1, ε_2, ⋯, ε_n은 iid이고 연속인 확률변수이다. 이 모형에서는 회귀변수의 중심을 0으로 변환했다. 즉 $x_{ci} = x_i - \overline{x}$이고 x_1, x_2, ⋯, x_n은 고정된 값이라고 생각한다. 이 절에서 관심을 두는 모수는 회귀변수가 1단위 증가할 때 예상되는 변화인 기울기 모수 β이다. x의 중심을 0으로 바꿈으로써 기울기 모수만 고려할 수 있다. 그에 따른 결과는 절편 모수(intercept parameter) α에 대해 불변이다. α의 추정값은 이 절의 끝에서 다룬다. 이를 염두에 두고 확률변수 e_i를 $\varepsilon_i + \alpha$로 정의하면 모형을 다음과 같이 쓸 수 있다.

$$Y_i = \beta x_{ci} + e_i, \quad i = 1, 2, \ldots, n \tag{10.9.31}$$

여기서 e_1, e_2, ⋯, e_n은 iid이고 연속인 cdf $F(x)$와 pdf $f(x)$를 갖는다. 흔히 Y의 받침을 **Y-공간**(*Y*-space)이라고 부른다. 마찬가지로 X의 범위를 **X-공간**(*X*-space)이라고 부른다. **X-공간**은 **요인 공간**(factor space)이라고도 한다.

최소제곱과 윌콕슨 절차

먼저 최소제곱(LS) 절차를 살펴보자. β의 추정방정식은 9장의 식 (9.6.4)에 주어져 있다. $\sum_i x_{ci} = 0$이라는 사실을 이용하면 이 방정식은 다음과 같이 다시 나타낼 수 있다.

$$\sum_{i=1}^{n} (Y_i - x_{ci}\beta)x_{ci} = 0 \tag{10.9.32}$$

이것은 이 절에서 사용할 β의 LS 추정량에 대한 추정방정식(EE)이고, 이를 흔히 **정규방정식**(normal equation)이라고 한다. LS 추정량이 다음과 같음을 쉽게 밝힐 수 있다.

$$\widehat{\beta}_{\text{LS}} = \frac{\sum_{i=1}^{n} x_{ci} Y_i}{\sum_{i=1}^{n} x_{ci}^2} \tag{10.9.33}$$

이는 9장의 식 (9.6.5)와 같다. LS 추정량의 기하학 의미는 참고 9.6.2에서 다루었다.

다음으로 윌콕슨 절차와 관련하여 10.7절에서 논의된 기울기의 추정값을 생각해보자. 이는 임의의 점수함수를 바탕으로 한 순위 기반 추정이다. 이 절에서는 선형(윌콕슨)점수만을 살펴보겠다. 즉 점수함수는 $\varphi_W(u) = \sqrt{12}[u - (1/2)]$로 주어진다. 여기서 하첨자 W는 윌콕슨 점수함수를 나타낸다. β의 순위 기반 추정량의 추정방정식은 식 (10.7.8)에 주어졌다. 윌콕슨 점수함수는 다음과 같다.

$$\sum_{i=1}^{n} a_W(R(Y_i - x_{ci}\beta))x_{ci} = 0 \qquad (10.9.34)$$

여기서 $a_W(i) = \varphi_W[i/(n+1)]$이다. 이 방정식은 LS 정규방정식과 유사하다. 기하학적 해석은 연습문제 10.9.12를 참조하라.

영향함수

이 절차의 로버스트 특성을 정하기 위해 먼저 모형 (10.9.31)에 상응하는 확률모형을 생각해보자. 이 확률모형에서는 Y뿐만 아니라 X도 확률변수이다. 확률벡터 (X, Y)는 결합 cdf $H(x, y)$와 결합 pdf $h(x, y)$를 가지며 다음을 만족한다.

$$Y = \beta X + e \qquad (10.9.35)$$

여기서 확률변수 e는 cdf $F(t)$와 pdf $f(t)$를 가지며 e와 X는 독립이다. x가 0을 중심으로 하기 때문에 또한 $E(X) = 0$을 가정할 수 있다. 연습문제 10.9.13에서 보듯이 다음과 같으므로

$$P(Y \le t | X = x) = F(t - \beta x) \qquad (10.9.36)$$

$\beta = 0$일 때에 한하여 X와 Y는 독립이다.

LS 추정량에 대한 범함수는 LS 정규방정식 (10.9.32)로부터 구할 수 있다. (x_1, y_1), (x_2, y_2), ···, (x_n, y_n)의 경험적 cdf를 H_n이라고 하자. 즉 H_n은 각 점 (x_i, y_i)에서 확률(질량)이 $1/n$인 이산형 분포에 상응하는 cdf이다. 그러면 LS 추정방정식 (10.9.32)는 이 분포에 대해 다음과 같은 기댓값으로 표현할 수 있다.

$$\sum_{i=1}^{n}(y_i - x_{ci}\beta)x_{ci}\frac{1}{n} = 0 \qquad (10.9.37)$$

식 (10.9.35)의 확률모형에 대해 LS 추정량에 상응하는 범함수 $T_{\text{LS}}(H)$는 결과적으로 다음 방정식의 해가 된다.

$$\int_{-\infty}^{\infty}\int_{-\infty}^{\infty}[y - T_{\text{LS}}(H)x]xh(x, y)\,dxdy = 0 \qquad (10.9.38)$$

윌콕슨 추정량에 상응하는 범함수를 구하기 위해 순위와 경험적 cdf 간의 관계를 생각해보자. 식 (10.5.14)를 보라. 윌콕슨 점수에 대해 다음을 얻게 된다.

$$a_W(R(Y_i - x_{ci}\beta)) = \varphi_W\left[\frac{n}{n+1}F_n(Y_i - x_{ci}\beta)\right] \qquad (10.9.39)$$

식 (10.9.34)의 윌콕슨 추정방정식과 식 (10.9.39)에 기초하여 윌콕슨 추정량에 상응하는 범함수 $T_W(H)$는 다음 방정식을 만족한다.

$$\int_{-\infty}^{\infty}\int_{-\infty}^{\infty} \varphi_W\{F[y - T_W(H)x]\}xh(x,y)\,dxdy = 0 \tag{10.9.40}$$

다음으로 β의 LS 추정량과 윌콕슨 추정량의 영향함수를 도출하자. 회귀모형에서는 Y-공간과 X-공간에 있는 이상값의 영향에 대해 염려한다. 점 $(x_0,\ y_0)$에서 질량을 가진 점-질량(point-mass) 분포를 고려하고, $\Delta_{(x_0,y_0)}(x,\ y)$를 이에 상응하는 cdf로 정의하자. ϵ을 이 오염된 분포에서 추출할 확률이라고 하자. 여기서 $0 < \epsilon < 1$이다. 그러므로 cdf가 다음과 같은 오염된 분포를 생각해보자.

$$H_\epsilon(x,y) = (1-\epsilon)H(x,y) + \epsilon\Delta_{(x_0,y_0)}(x,y) \tag{10.9.41}$$

미분은 선형 연산자이므로 다음 식이 성립한다.

$$dH_\epsilon(x,y) = (1-\epsilon)dH(x,y) + \epsilon d\Delta_{(x_0,y_0)}(x,y) \tag{10.9.42}$$

여기서 $dH(x,\ y) = h(x,\ y)dxdy$이다. 즉 d는 2계 혼합 편미분 $\partial^2/\partial x\ \partial y$이다.

식 (10.9.38)에 의해 cdf $H_\epsilon(x,\ y)$에서 LS 범함수 T_ϵ은 다음 방정식을 만족한다.

$$0 = (1-\epsilon)\int_{-\infty}^{\infty}\int_{-\infty}^{\infty} x(y - xT_\epsilon)h(x,y)\,dxdy + \epsilon\int_{-\infty}^{\infty}\int_{-\infty}^{\infty} x(y - xT_\epsilon)\,d\Delta_{(x_0,y_0)}(x,y) \tag{10.9.43}$$

ϵ에 대한 T_ϵ의 편미분을 구하기 위해 식 (10.9.43)을 ϵ에 대해 음함수 미분하면

$$\begin{aligned} 0 = &-\int_{-\infty}^{\infty}\int_{-\infty}^{\infty} x(y - T_\epsilon x)h(x,y)\,dxdy \\ &+ (1-\epsilon)\int_{-\infty}^{\infty}\int_{-\infty}^{\infty} x(-x)\frac{\partial T_\epsilon}{\partial \epsilon}h(x,y)\,dxdy \\ &+ \int_{-\infty}^{\infty}\int_{-\infty}^{\infty} x(y - xT_\epsilon)\,d\Delta_{(x_0,y_0)}(x,y) + \epsilon B \end{aligned} \tag{10.9.44}$$

여기서 이 편미분을 $\epsilon = 0$에서 계산하기 때문에 B에 대한 식은 필요하지 않다. $\epsilon = 0$에서 $y - T_\epsilon x = y - Tx = y - \beta x$임에 주목하라. 그러므로 $\epsilon = 0$에서 식 (10.9.44) 우변의 첫 번째 식은 0이고, 두 번째 식은 $-E(X^2)(\partial T/\partial\epsilon)$가 된다. 여기서 편미분값은 0으로 계산된다. 세 번째 식은 점-질량 분포 $\Delta_{(x_0,y_0)}$의 기댓값으로 $x_0(y_0 - \beta x_0)$과 같다. 그러므로 편미분 $\partial T_\epsilon/\partial\epsilon$에 대해 풀고 $\epsilon = 0$에서 계산함으로써 LS 추정량의 영향함수가 다음과 같이 주어짐을 알 수 있다.

$$\text{IF}(x_0, y_0; \widehat{\beta}_{\text{LS}}) = \frac{(y_0 - \beta x_0)x_0}{E(X^2)} \tag{10.9.45}$$

이 영향함수가 Y-공간과 X-공간에 모두 유계하지 않음을 유의하라. 따라서 LS 추정량은 양쪽 공간의 이상값에 심하게 민감할 것이며 로버스트하지 않다.

식 (10.9.40)에 기초하여 오염된 분포에서의 윌콕슨 범함수는 다음 방정식을 만족한다.

$$0 = (1-\epsilon)\int_{-\infty}^{\infty}\int_{-\infty}^{\infty} x\varphi_W[F(y-xT_\epsilon)]h(x,y)\,dxdy$$
$$+\epsilon\int_{-\infty}^{\infty}\int_{-\infty}^{\infty} x\varphi_W[F(y-xT_\epsilon)]\,d\Delta_{(x_0,y_0)}(x,y) \quad (10.9.46)$$

[엄밀하게 말해 cdf F는 실제 잔차의 cdf로 대체되어야 하지만 결과는 동일하다. Hettmansperger와 McKean(2011) 477쪽을 참조하라.] ϵ에 대해 위 식을 음함수 미분하면 다음과 같다.

$$0 = -\int_{-\infty}^{\infty}\int_{-\infty}^{\infty} x\varphi_W[F(y-xT_\epsilon)]h(x,y)\,dxdy$$
$$+(1-\epsilon)\int_{-\infty}^{\infty}\int_{-\infty}^{\infty} x\varphi_W'[F(y-T_\epsilon x)]f(y-T_\epsilon x)(-x)\frac{\partial T_\epsilon}{\partial \epsilon}h(x,y)\,dxdy$$
$$+\int_{-\infty}^{\infty}\int_{-\infty}^{\infty} x\varphi_W[F(y-xT_\epsilon)]\,d\Delta_{(x_0,y_0)}(x,y)+\epsilon B \quad (10.9.47)$$

여기서 이 편미분을 $\epsilon=0$에서 계산하기 때문에 B에 대한 식은 필요하지 않다. $\epsilon=0$일 때 $Y-TX=e$이고 확률변수 e와 X는 독립이다. 따라서 $\epsilon=0$으로 정하기만 하면 식 (10.9.47)을 다음과 같이 간단히 할 수 있다.

$$0 = -E[\varphi_W'(F(e))f(e)]E(X^2)\left.\frac{\partial T_\epsilon}{\partial \epsilon}\right|_{\epsilon=0} + \varphi_W[F(y_0-x_0\beta)]x_0 \quad (10.9.48)$$

$\varphi'(u)=\sqrt{12}$이기 때문에 마침내 윌콕슨 추정량의 영향함수를 얻는다.

$$\text{IF}(x_0,y_0;\hat{\beta}_W) = \frac{\tau\varphi_W[F(y_0-\beta x_0)]x_0}{E(X^2)} \quad (10.9.49)$$

여기서 $\tau=1/[\sqrt{12}\int f^2(e)de]$이다. 영향함수는 Y-공간에서 유계되지만 X-공간에서는 유계되지 않는다는 것에 주목하라. 따라서 LS 추정량과 달리 윌콕슨 추정량은 Y-공간의 이상값에 대해 로버스트하다. 그러나 LS 추정량과 같이 X-공간에서의 이상값에는 민감하다. 윌콕슨 추정량의 가중된 형태는 Y-공간과 X-공간 모두에서 유계 영향함수를 가질 수 있다. Hettmansperger와 McKean(2011) 3장의 HBR 추정량에 대한 논의를 참조하라. 연습문제 10.9.18과 10.9.19에서는 영향함수를 사용하여 각각 LS와 윌콕슨 추정량의 점근적 분포를 도출한다.

고장점

회귀모형의 고장점은 모형 (10.9.31)의 표본, 즉 표본 (x_{c1}, Y_1), ⋯, (x_{cn}, Y_n)의 오염에 기초한다. LS와 윌콕슨 추정량의 영향함수를 보면, 하나의 x_i를 오염시키는 것이 두 추정량 모두를 고장 나게 한다는 것을 명백히 알 수 있다. 이는 연습문제 10.9.14에서 볼 수 있다. 따라서 양쪽 추정량의 고장점은 0이다. HBR 추정량(앞에서 언급한 윌콕슨 추정량의 가중된 형태)은 양쪽 공간에서 유계 영향함수를 가지며 50% 고장을 달성할 수 있다. Chang 등(1999), Hettmansperger와 McKean(2011)을 참조하라.

절편

실제로 선형모형은 보통 절편 모수를 포함한다. 즉 모형은 절편 모수 α가 있는 식 (10.9.30)으로 주어진다. α는 확률변수 $Y_i - \beta x_{ci}$의 위치 모수임을 주목하라. 이것은 잔차 $Y_i - \widehat{\beta} x_{ci}$에 대한 위치 추정값을 제안한다. LS의 경우 x_{ci}가 0을 중심으로 맞추어졌기 때문에 잔차의 표본평균, 즉 다음을 선택한다.

$$\widehat{\alpha}_{\mathrm{LS}} = n^{-1} \sum_{i=1}^{n} (Y_i - \widehat{\beta}_{\mathrm{LS}} x_{ci}) = \overline{Y} \tag{10.9.50}$$

윌콕슨 적합의 경우 몇몇 선택은 적절해 보인다. 여기서는 윌콕슨 잔차의 중앙값을 사용한다. 즉

$$\hat{\alpha}_W = \mathrm{med}_{1 \le i \le n} \{Y_i - \hat{\beta}_W x_{ci}\} \tag{10.9.51}$$

회귀모형의 윌콕슨 적합에 대한 계산은 참고 10.7.1에서 설명했다. 여기서도 Kloke와 McKean(2014)이 개발한 CRAN 패키지 `Rfit` 사용을 권장한다. R 패키지[1] `hbrfit`는 높은 고장점 HBR 적합을 계산한다.

연습문제

10.9.1 식 (10.9.1)에서 정의한 위치모형을 생각해보자.

$$\widehat{\theta} = \mathrm{Argmin}_{\theta} \|\mathbf{X} - \theta \mathbf{1}\|_{\mathrm{LS}}^2$$

여기서 $\|\cdot\|_{\mathrm{LS}}^2$은 유클리드 놈의 제곱이다. $\widehat{\theta} = \overline{x}$임을 밝혀라.

10.9.2 다음 자료를 이용하여 표본평균, 표본중앙값, 호지스-레만 추정량에 대한 민감도 곡선을 구하라. 그 곡선을 −300부터 300까지 10씩 증가시켜 계산하고 같은 그림에 그려라. 그리고 곡선의 민감도를 비교하라.

−9	58	12	−1	−37	0	11	21
18	−24	−4	−53	−9	9	8	

R 명령어 `wilcox.test(x,conf.int=T)$est`는 R 벡터 `x`에 대해 호지스-레만 추정량을 계산한다는 것을 주목하라.

10.9.3 식 (10.9.21)에 주어진 호지스-레만 추정량의 영향함수를 고려하자. 이에 대해 성질 (10.9.22)가 사실임을 밝혀라. 그리고 식 (10.9.23)을 계산하고, 식 (10.9.25)에 주어진 추정량의 점근적 분포를 구하라. 이 결과는 10.3절에서 도출한 결과와 일치하는가?

---

1 https://github.com/kloke에서 다운로드할 수 있다.

10.9.4 식 (10.9.13)에 주어진 오염된 점-질량 cdf를 $F_{x,\epsilon}(t)$라고 하자. 모든 t에 대해 다음을 밝혀라.

$$|F_{x,\epsilon}(t) - F_X(t)| \leq \epsilon$$

10.9.5 평균이 0이고 분산이 σ^2인 확률변수를 X라고 하자. 함수 $F_{x,\epsilon}(t)$가 확률변수 $U = I_{1-\epsilon}X + [1 - I_{1-\epsilon}]W$의 cdf임을 상기하라. 여기서 X, $I_{1-\epsilon}$, W는 독립인 확률변수이고 X는 cdf $F_X(t)$를, W는 cdf $\Delta_x(t)$를, $I_{1-\epsilon}$은 $b(1, 1 - \epsilon)$을 갖는다. 범함수 $Var(F_X) = Var(X) = \sigma^2$으로 정의하자. 오염된 cdf $F_{x,\epsilon}(t)$에서의 범함수는 확률변수 $U = I_{1-\epsilon}X + [1 - I_{1-\epsilon}]W$의 분산을 갖는다. 분산의 영향함수를 도출하기 위해 다음 단계를 실행하라.

(a) $E(U) = \epsilon x$임을 밝혀라.

(b) $Var(U) = (1 - \epsilon)\sigma^2 + \epsilon x^2 - \epsilon^2 x^2$임을 밝혀라.

(c) 위 방정식의 우변을 ϵ에 대해 편미분하라. 이것이 영향함수이다.

힌트: $I_{1-\epsilon}$은 베르누이 확률변수이므로 $I_{1-\epsilon}^2 = I_{1-\epsilon}$이다. 왜 그런가?

10.9.6 종종 영향함수는 식 (10.9.13)의 오염된 cdf $F_{x,\epsilon}(t)$에서의 범함수에 대해 정의된 방정식을 음함수 미분함으로써 도출된다. 식 (10.9.10)으로 정의된 평균 범함수에 대해 생각해보자. 먼저 미분의 선형성을 사용하여 cdf $F_{x,\epsilon}(t)$에서 정의된 방정식을 다음과 같이 나타낼 수 있음을 밝혀라.

$$0 = \int_{-\infty}^{\infty} [t - T(F_{x,\epsilon})]dF_{x,\epsilon}(t) = (1-\epsilon)\int_{-\infty}^{\infty} [t - T(F_{x,\epsilon})]f_X(t)\,dt + \epsilon \int_{-\infty}^{\infty} [t - T(F_{x,\epsilon})]\,d\Delta(t) \qquad (10.9.52)$$

우리는 $\partial T(F_{x,\epsilon})/\partial_\epsilon$을 구하려 한다는 것을 상기하라. 위의 방정식을 ϵ에 대해 음함수 미분함으로써 이를 구하라.

10.9.7 연습문제 10.9.5에서 분산에 대한 범함수의 영향함수를 직접적으로 도출했다. X의 평균이 0이라고 가정하면 분산 범함수 $V(F_X)$는 또한 다음 방정식의 해임을 주목하라.

$$0 = \int_{-\infty}^{\infty} [t^2 - V(F_X)]f_X(t)\,dt$$

(a) cdf $F_X(t)$를 가지며 iid인 $X_1 - \overline{X}, \cdots, X_n - \overline{X}$에 대해 경험적 cdf $F_n(t)$에서 정의된 식을 구하고 $V(F_n)$에 대한 해를 구함으로써 분산의 자연추정량(natural estimator)을 정하라.

(b) 연습문제 10.9.6과 같이 오염된 cdf $F_{x,\epsilon}(t)$에서 분산 범함수에 대한 정의된 방정식을 써라.

(c) (b)에서 정의된 방정식을 음함수 미분함으로써 영향함수를 도출하라.

10.9.8 식 (10.9.17)에 주어진 cdf $F_{x,\epsilon}(t)$의 역함수가 올바른지 밝혀라.

10.9.9 식 (10.9.20)으로 주어진 표본중앙값의 영향함수를 IF(x)라고 하자. $E[\text{IF}(X)]$와 $Var[\text{IF}(X)]$를 구하라.

10.9.10 x_1, x_2, $\cdots$, x_n을 확률표본의 실현값이라고 하자. 식 (10.9.4)에 주어진 위치의 호지스-레만 추정값을 고려하자. 이 추정값의 고장점이 0.29임을 밝혀라.

힌트: m개의 자룟값이 오염되어 있다고 가정하자. 월시 평균의 반을 오염시키는 m의 값을 결정해야 한다. m개의 자룟값이 오염되면 오염된 월시 평균이 다음과 같이 된다는 것을 밝혀라.

$$p(m) = m + \binom{m}{2} + m(n-m)$$

따라서 유한 표본고장점은 2차 방정식 $p(m) = n(n+1)/4$의 올바른 해이다.

10.9.11 모든 $n \times 1$ 벡터 $\mathbf{v}$에 대해 함수 $\|\mathbf{v}\|_W$를 다음과 같이 정의하자.

$$\|\mathbf{v}\|_W = \sum_{i=1}^{n} a_W(R(v_i))v_i \qquad (10.9.53)$$

여기서 $R(v_i)$는 v_1, $\cdots$, v_n에서 v_i의 순위를 나타내며, 윌콕슨 점수는 $\varphi_W(u) = \sqrt{12}[u - (1/2)]$일 때 $a_W(i) = \varphi_W[i/(n+1)]$로 주어진다. 순서통계량과 순위 간의 상응하는 관계를 이용하여 다음을 밝혀라.

$$\|\mathbf{v}\|_W = \sum_{i=1}^{n} a(i)v_{(i)} \qquad (10.9.54)$$

여기서 $v_{(1)} \le \cdots \le v_{(n)}$은 v_1, $\cdots$, v_n의 순서통계량이다. 다음의 성질을 수립함으로써 함수 식 (10.9.53)이 R^n에서 **유사 놈**(pseudo-norm)임을 밝혀라.

(a) $v_1 = v_2 = \cdots = v_n$일 때에 한하여 $\|\mathbf{v}\|_W \ge 0$이고 $\|\mathbf{v}\|_W = 0$이다.

힌트: 먼저 점수 $a(i)$의 합이 0이므로 다음을 밝혀라.

$$\sum_{i=1}^{n} a(i)v_{(i)} = \sum_{i<j} a(i)[v_{(i)} - v_{(j)}] + \sum_{i>j} a(i)[v_{(i)} - v_{(j)}]$$

여기서 j는 $a(j) < 0$을 만족하는 집합 $\{1, 2, \cdots, n\}$에서 가장 큰 정수이다.

(b) 모든 $c \in R$에 대해 $\|c\mathbf{v}\|_W = |c|\|\mathbf{v}\|_W$이다.

(c) 모든 $\mathbf{v}$, $\mathbf{w} \in R^n$에 대해 $\|\mathbf{v} + \mathbf{w}\|_W \le \|\mathbf{v}\|_W + \|\mathbf{w}\|_W$이다.

힌트: 2개의 숫자 집합 $\{c_1, \cdots, c_n\}$과 $\{d_1, \cdots, d_n\}$에 대해 $\sum_{k=1}^{n} c_{i_k}d_{j_k}$를 최대화

하는 정수 $\{1, 2, \cdots, n\}$의 순열 i_k와 j_k를 정하라.

10.9.12 참고 9.6.2에서 LS 추정량 β의 기하에 대해 설명했다. 윌콕슨 추정값에 대해서도 유사한 기하가 있다. 연습문제 10.9.11의 식 (10.9.53)에서 정의한 놈 $\|\cdot\|_W$를 사용하여 다음과 같다고 하자.

$$\widehat{\beta}^* = \text{Argmin}\,\|\mathbf{Y} - \mathbf{X}_c\beta\|_W$$

여기서 $\mathbf{Y}' = (Y_1, \cdots, Y_n)$이며 $\mathbf{X}_c' = (x_{c1}, \cdots, x_{cn})$이다. 따라서 $\widehat{\beta}^*$는 $\mathbf{Y}$와 벡터 $\mathbf{X}_c$로 생성된 공간의 거리를 최소화한다.

(a) 식 (10.9.54)를 사용하여 $\widehat{\beta}^*$이 식 (10.9.34)의 윌콕슨 추정방정식을 만족함을 밝혀라. 즉 $\widehat{\beta}^* = \widehat{\beta}_W$이다.

(b) $\widehat{\mathbf{Y}}_W = \mathbf{X}_c\widehat{\beta}_W$과 $\mathbf{Y} - \widehat{\mathbf{Y}}_W$을 각각 적합값, 잔차의 윌콕슨 벡터라고 하자. 이러한 벡터를 가지고 LS를 그린 그림 9.6.3과 비슷하게 그림을 그려라. 그림에는 우측 각도가 포함되지 않을 수도 있다.

(c) 윌콕슨 회귀 과정에서 $\mathbf{0}$ 벡터가 아니면서 $\widehat{\mathbf{Y}}_W$에 직교하는 벡터를 구하라.

10.9.13 모형 (10.9.35)에서 식 (10.9.36)이 성립함을 밝혀라. 그리고 $\beta = 0$일 때에 한하여 Y와 X가 독립임을 밝혀라. 따라서 독립은 모수의 값에 따라 좌우된다. 이는 정규성이 독립성을 위해 꼭 필요하지 않다는 것을 보여주는 예이다.

10.9.14 예제 10.7.2에서 다루었고 rda 파일 `telephone.rda`에 있는 전화 자료를 다시 생각해보자. 그림 10.7.1에서 Y-공간에 이상값이 7개 있다는 것을 쉽게 알 수 있다. 예제에서 논의한 추정값을 바탕으로 기울기의 윌콕슨 추정값은 이러한 이상값에 로버스트하지만 LS 추정값은 대단히 민감하다.

(a) 자료에 대해 x의 마지막 값을 73에서 173으로 변화시켜라. LS 적합에서 상당한 변화가 발생함을 주목하라.

(b) (a)에서 변화된 자료에 대해 윌콕슨 추정값을 구하라. 이것 역시 큰 변화가 발생함에 주목하라. 윌콕슨 적합값을 구하기 위해 참고 10.7.1을 참조하라.

(c) 예제 10.7.2의 윌콕슨 추정을 이용하여 $x = 173$에서의 Y값을 예제 10.7.2의 윌콕슨 추정값에 기초한 Y의 예측값으로 바꾸어라. 이 점은 이상값 x에서 '좋은' 점이다. 즉 모형에 알맞은 점이다. 이제 윌콕슨 추정값과 LS 추정값을 결정하고 이에 대해 논하라.

10.9.15 식 (10.9.53)에서 정의한 유사 놈 $\|\mathbf{v}\|_W$에 대해 모든 $\mathbf{v} \in R^n$에서 다음 등식이 성립함을 밝혀라.

$$\|\mathbf{v}\|_W = \frac{\sqrt{3}}{2(n+1)} \sum_{i=1}^{n}\sum_{j=1}^{n} |v_i - v_j| \tag{10.9.55}$$

따라서 다음을 증명할 수 있다.

$$\widehat{\beta}_W = \text{Argmin} \sum_{i=1}^{n} \sum_{j=1}^{n} |(y_i - y_j) - \beta(x_{ci} - x_{cj})| \qquad (10.9.56)$$

식 (10.9.56)에 주어진 $\widehat{\beta}_W$의 표현은 L_1(최소절대편차)을 이용한 기울기의 윌콕슨 추정값을 쉽게 구할 수 있게 해준다. Terpstra와 McKean(2005)은 식 (10.9.55)의 등식을 이용하여 윌콕슨 적합을 계산할 수 있는 R 함수를 개발했다.

10.9.16 확률변수 e가 cdf $F(t)$를 갖는다고 가정하자. $0 < u < 1$에 대해 $\varphi(u) = \sqrt{12}[u - (1/2)]$을 윌콕슨 점수함수로 놓는다.

(a) 확률변수 $\varphi[F(e_i)]$는 평균이 0이고 분산이 1임을 밝혀라.

(b) $\int_0^1 \varphi(u)du = 0$과 $\int_0^1 \varphi^2(u)du = 1$을 만족하는 모든 점수함수 $\varphi(u)$에 대해 $\varphi[F(e_i)]$의 평균과 분산을 구하라.

10.9.17 영향함수를 도출할 때 x를 확률변수로 가정한다. 하지만 추론을 위해 x가 주어진 경우를 생각해보자. 이 경우 영향함수에서 구하게 되는 X의 분산, $E(X^2)$이 추정값인 $n^{-1}\sum_{i=1}^n x_{ci}^2$로 대체된다. 이를 고려하면서 β의 LS 추정량의 영향함수를 사용하여 LS 추정량의 점근적 분포를 도출하라. 식 (10.9.24) 근방의 설명을 참조하라. 오차가 정규분포를 따른다는 가정하에 이 분포가 식 (9.6.9)에 주어진 LS 추정량의 정확한 분포와 같게 됨을 밝혀라.

10.9.18 연습문제 10.9.17에서와 같이 β의 윌콕슨 추정량의 영향함수를 사용하여 윌콕슨 추정량의 점근적 분포를 구하라. 윌콕슨 점수에 대해 이 분포가 식 (10.7.14)와 같게 됨을 밝혀라.

10.9.19 연습문제 10.9.17과 10.9.18의 결과를 이용하여 β의 윌콕슨 추정량과 LS 추정량의 점근적 상대효율(ARE)을 구하라.

베이지안 통계

Bayesian Statistics

11

11.1 베이지안 절차

베이지안 추론을 이해하기 위해 분포의 모수에 관한 것을 정하려는 상황에서 식 (1.4.3)의 베이즈 정리(Bayes theorem)를 상기하자. 모수 $\theta > 0$인 푸아송 분포에서 $\theta = 2$ 또는 $\theta = 3$인 것을 알고 있다고 가정하자. 베이지안 추론에서 모수는 확률변수 Θ로 취급한다. 이 예에서는 가능한 두 값에 대해 $P(\Theta = 2) = 1/3$, $P(\Theta = 3) = 2/3$인 주관적 **사전**(prior) 확률을 할당한다고 가정하자. 이 주관적 확률은 지난 경험을 바탕으로 하는데, 연속인 $\theta > 0$ 대신(서론에 이어서 바로 이에 대해 설명할 것이다) Θ가 두 값 중 오직 하나의 값만을 취할 수 있다는 것이 현실적이지는 않다. 이제 관측값이 $x_1 = 2$, $x_2 = 4$이고 크기 $n = 2$인 무작위 추출을 가정하자. 이 자료가 주어졌을 때 $\Theta = 2$와 $\Theta = 3$의 **사후**(posterior) 확률은 각각 얼마인가? 베이즈 정리에 의하면

$$\begin{aligned}
&P(\Theta = 2|X_1 = 2, X_2 = 4)\\
=&\ \frac{P(\Theta = 2 \text{ 그리고 } X_1 = 2, X_2 = 4)}{P(X_1 = 2, X_2 = 4|\Theta = 2)P(\Theta = 2) + P(X_1 = 2, X_2 = 4|\Theta = 3)P(\Theta = 3)}\\
=&\ \frac{\left(\frac{1}{3}\right)\frac{e^{-2}2^2}{2!}\frac{e^{-2}2^4}{4!}}{\left(\frac{1}{3}\right)\frac{e^{-2}2^2}{2!}\frac{e^{-2}2^4}{4!} + \left(\frac{2}{3}\right)\frac{e^{-3}3^2}{2!}\frac{e^{-3}3^4}{4!}} = 0.245
\end{aligned}$$

유사하게

$$P(\Theta = 3|X_1 = 2, X_2 = 4) = 1 - 0.245 = 0.755$$

$x_1 = 2$, $x_2 = 4$인 관측값이 주어지면 $\Theta = 2$의 사후 확률은 $\Theta = 2$의 사전 확률보다 작다. 마찬가지로 $\Theta = 3$의 사후 확률은 이에 해당하는 사전 확률보다 크다. 따라서 $x_1 = 2$, $x_2 = 4$의 관측은 $\Theta = 2$보다 $\Theta = 3$을 선호하는 것으로 보이고 직관적으로 $\overline{x} = 3$과 동의하는 것으로 보인다. 이제 연속인 받침에서 사전 pdf $h(\theta)$가 정의되는 좀 더 현실적인 경우를 일반적으로 다루어 보자.

11.1.1 사전 분포와 사후 분포

이제 추정의 문제에 베이지안 접근을 설명해야 한다. 이러한 접근은 통계학자가 실험에 대해 지닌 사전 지식을 설명하고, 이는 **베이지안 통계학**(Bayesian statistics)이라는 통계적 추론의 원리이다. θ에 의존하는 확률분포를 가진 확률변수 X를 고려하자(여기서 θ는 잘 정의된 집합 Ω의 원소이다). 예를 들어 θ가 정규분포의 평균이라면 Ω는 실수 전체를 나타낸다. 앞의 장들에서는 θ가 알려지지 않았음에도 불구하고 모수로 보았다. 이제는 Ω에서 정의되는 확률분포를 가진 확률변수 Θ로 생각해보자. 이는 마치 확률변수 X의 관측값인 x를 보듯이 확률변수 Θ의 관측값 θ를 보는 것과 같다. 그래서 X의 분포는 확률변수 Θ의 실험값인 θ에 의존한다. Θ의 pdf를 $h(\theta)$로 표기하고 θ가 Ω의 원소가 아닌 경우에는 $h(\theta) = 0$이라고 가정하자. 여기서 pdf $h(\theta)$를 Θ의 **사전** pdf라고 한다. 게다가 $\Theta = \theta$일 때 X의 조건부 pdf로 생각하여 X의 pdf를 $f(x|\theta)$로 표기한다. 이 장에서는 이 모형에 대한 요약을 다음처럼 사용할 것이다.

$$\begin{aligned} X|\theta &\sim f(x|\theta) \\ \Theta &\sim h(\theta) \end{aligned} \tag{11.1.1}$$

pdf $f(x|\theta)$와 함께 $\Theta = \theta$가 주어졌을 때 X의 조건부 분포의 확률표본을 $X_1, X_2, \cdots, X_n$이라고 하자. 이 장에서는 벡터를 사용하면 매우 편리하다. $\mathbf{X}' = (X_1, X_2, \cdots, X_n)$, $\mathbf{x}' = (x_1, x_2, \cdots, x_n)$이라고 하자. 또한 $\Theta = \theta$가 주어졌을 때 X의 결합 pdf는 다음과 같이 나타낼 수 있다.

$$L(\mathbf{x}\,|\,\theta) = f(x_1|\theta)f(x_2|\theta)\cdots f(x_n|\theta) \tag{11.1.2}$$

따라서 $\mathbf{X}$와 Θ의 결합 pdf는

$$g(\mathbf{x}, \theta) = L(\mathbf{x}\,|\,\theta)h(\theta) \tag{11.1.3}$$

만약 Θ가 연속형 확률변수라면 $\mathbf{X}$의 결합 주변 pdf는 다음과 같이 주어진다.

$$g_1(\mathbf{x}) = \int_{-\infty}^{\infty} g(\mathbf{x}, \theta)\, d\theta \tag{11.1.4}$$

만약 Θ가 이산형 확률변수라면 다음으로 대체된다. 이산형이든 연속형이든 표본 $\mathbf{X}$가 주어졌을 때 Θ의 조건부 pdf는 다음과 같다.

$$k(\theta|\mathbf{x}) = \frac{g(\mathbf{x}, \theta)}{g_1(\mathbf{x})} = \frac{L(\mathbf{x}\,|\,\theta)h(\theta)}{g_1(\mathbf{x})} \tag{11.1.5}$$

이러한 조건부 pdf로 정의된 분포를 **사후 분포**(posterior distribution)라고 하며 식 (11.1.5)를 **사후확률밀도함수**(posterior pdf)라고 한다. 사전 분포는 표본이 추출되기 전에 Θ의 주관적 믿음을 반영하지만, 사후 분포는 표본이 추출되고 난 후의 Θ에 대한 조건부 pdf이다. 이러한 분포의 예시를 살펴보자.

예제 11.1.1 다음 모형을 고려하자.

$$\begin{aligned} X_i|\theta &\overset{\text{iid}}{\sim} \text{Poisson}(\theta) \\ \Theta &\sim \Gamma(\alpha, \beta),\ \alpha\text{와 } \beta\text{는 알려져 있다.} \end{aligned}$$

따라서 확률표본은 평균 θ인 푸아송 분포에서 추출하고 사전 분포는 $\Gamma(\alpha, \beta)$ 분포이다. $\mathbf{X}' = (X_1, X_2, \cdots, X_n)$이라고 하자. $\Theta = \theta$와 식 (11.1.2)가 주어졌을 때 $\mathbf{X}$의 결합 조건부 pdf는 다음과 같으며,

$$L(\mathbf{x}\,|\,\theta) = \frac{\theta^{x_1}e^{-\theta}}{x_1!}\cdots\frac{\theta^{x_n}e^{-\theta}}{x_n!}, \quad x_i = 0, 1, 2, \ldots, i = 1, 2, \ldots, n$$

사전 pdf는

$$h(\theta) = \frac{\theta^{\alpha-1}e^{-\theta/\beta}}{\Gamma(\alpha)\beta^{\alpha}}, \quad 0 < \theta < \infty$$

따라서 $x_i = 0,\ 1,\ 2,\ \cdots,\ i = 1,\ 2,\ \cdots,\ n,\ 0 < \theta < \infty$이며, 연속형과 이산형이 혼합된 결합 pdf는 다음과 같다.

$$g(\mathbf{x}, \theta) = L(\mathbf{x}\,|\,\theta)h(\theta) = \left[\frac{\theta^{x_1}e^{-\theta}}{x_1!}\cdots\frac{\theta^{x_n}e^{-\theta}}{x_n!}\right]\left[\frac{\theta^{\alpha-1}e^{-\theta/\beta}}{\Gamma(\alpha)\beta^{\alpha}}\right]$$

그리고 표본의 주변분포 식 (11.1.4)는

$$g_1(\mathbf{x}) = \int_0^{\infty}\frac{\theta^{\sum x_i+\alpha-1}e^{-(n+1/\beta)\theta}}{x_1!\cdots x_n!\Gamma(\alpha)\beta^{\alpha}}\,d\theta = \frac{\Gamma\left(\sum_{i=1}^{n} x_i + \alpha\right)}{x_1!\cdots x_n!\Gamma(\alpha)\beta^{\alpha}(n+1/\beta)^{\sum x_i+\alpha}} \tag{11.1.6}$$

마지막으로 $\mathbf{X} = \mathbf{x}$가 주어졌을 때 Θ의 사후 pdf 식 (11.1.5)는 $0 < \theta < \infty$일 때

$$k(\theta|\mathbf{x}) = \frac{L(\mathbf{x}\,|\,\theta)h(\theta)}{g_1(\mathbf{x})} = \frac{\theta^{\sum x_i+\alpha-1}e^{-\theta/[\beta/(n\beta+1)]}}{\Gamma\left(\sum x_i + \alpha\right)[\beta/(n\beta+1)]^{\sum x_i+\alpha}} \tag{11.1.7}$$

그 외에 $k(\theta|\mathbf{x}) = 0$이다. 이 조건부 pdf는 모수가 $\alpha^* = \sum_{i=1}^{n} x_i + \alpha,\ \beta^* = \beta/(n\beta+1)$인 감마 분포이다. 사후 pdf는 (α, β)의 사전 정보와 $(\sum_{i=1}^{n} x_i)$의 표본 정보를 반영한다.

예제 11.1.1에서 사후 pdf $k(\theta|\mathbf{x})$를 찾기 위해 $g_1(\mathbf{x})$의 주변 pdf를 구하는 것은 실제로 필요하지 않다. 만약 $L(\mathbf{x}|\theta)h(\theta)$를 $g_1(\mathbf{x})$로 나눈다면 $\mathbf{x}$에 의존하지만 θ에 의존하지 않는 인자인 $c(\mathbf{x})$와 다음 식에 대한 곱을 얻어야 한다.

$$\theta^{\sum x_i+\alpha-1}e^{-\theta/[\beta/(n\beta+1)]}$$

즉

$$k(\theta|\mathbf{x}) = c(\mathbf{x})\theta^{\sum x_i+\alpha-1}e^{-\theta/[\beta/(n\beta+1)]}$$

여기서 $0 < \theta < \infty$, $x_i = 0, 1, 2, \cdots$, $i = 1, 2, \cdots, n$이다. 그러나 $c(\mathbf{x})$는 반드시 $k(\theta|\mathbf{x})$가 다음 pdf가 되기 위해 필요한 '상수'여야 한다.

$$c(\mathbf{x}) = \frac{1}{\Gamma\left(\sum x_i + \alpha\right)[\beta/(n\beta+1)]^{\sum x_i+\alpha}}$$

따라서 종종 $k(\theta|\mathbf{x})$는 $L(\mathbf{x}|\theta)h(\theta)$에 비례한다고 한다. 즉 사후 pdf는 다음과 같이 나타낸다.

$$k(\theta|\mathbf{x}) \propto L(\mathbf{x}\,|\,\theta)h(\theta) \tag{11.1.8}$$

상수와 (θ가 아닌) $\mathbf{x}$만 포함하는 이 식의 모든 요소는 오른쪽에 있는 식에서 빼버릴 수 있다. 그 문제의 해결은 예제 11.1.1에서 제시했다. 간단히

$$k(\theta|\mathbf{x}) \propto \theta^{\sum x_i}e^{-n\theta}\theta^{\alpha-1}e^{-\theta/\beta}$$

또는 동등하게 $0 < \theta < \infty$일 때

$$k(\theta|\mathbf{x}) \propto \theta^{\sum x_i+\alpha-1}e^{-\theta/[\beta/(n\beta+1)]}$$

그 외에 0으로 나타낸다. 분명히 $k(\theta|\mathbf{x})$는 모수가 $\alpha^* = \sum x_i + \alpha$, $\beta^* = \beta/(n\beta+1)$인 감마 pdf 이다.

이 시점에서 또 다른 관측값이 가능하다. 모수에 대해 $Y = u(\mathbf{X})$의 충분통계량이 존재한다고 가정하자. 따라서

$$L(\mathbf{x}\,|\,\theta) = g[u(\mathbf{x})|\theta]H(\mathbf{x})$$

여기서 $g(y|\theta)$는 $\Theta = \theta$가 주어졌을 때 Y의 pdf이다. 그리고

$$k(\theta|\mathbf{x}) \propto g[u(\mathbf{x})|\theta]h(\theta)$$

θ에 의존하지 않는 요소 $H(\mathbf{x})$는 빼버릴 수 있기 때문이다. 또한 모수에 대한 충분통계량 Y가 존재한다면 Y의 pdf로 시작할 수 있다.

$$k(\theta|y) \propto g(y|\theta)h(\theta) \tag{11.1.9}$$

여기서 $k(\theta|y)$는 충분통계량 $Y = y$가 주어졌을 때 Θ의 조건부 pdf이다. 충분통계량 Y가 이러한 경우 Y의 주변 pdf로 정의된 $g_1(y)$를 사용해야 한다.

$$g_1(y) = \int_{-\infty}^{\infty} g(y|\theta)h(\theta)\,d\theta$$

11.1.2 베이지안 점추정

θ에 대한 점추정을 구한다고 가정하자. 이는 베이지안 관점에서 $\mathbf{x}$와 조건부 pdf $k(\theta|\mathbf{x})$가 알려졌을 때 $\delta(\mathbf{x})$가 θ의 예측값(확률변수 Θ의 실험값)이 되도록 결정함수 δ를 선택하는 것과 같다. 예측이 관측할 값에 '합리적으로 가까워지기'를 바란다면 임의의 확률변수 W의 실험값을 어떻게 예측할까? 대다수 통계학자들은 W의 분포에 대한 평균인 $E(W)$로 예측할 것이고, 일부는 W의 분포에 대한 (아마도 고유한) 중앙값으로 예측할 것이고, 일부는 다른 예측을 사용할 것이다. 그러나 결정함수의 선택이 손실함수 $\mathcal{L}[\theta, \delta(\mathbf{x})]$에 의존해야 한다는 것은 바람직해 보인다. 손실함수에 대한 이러한 의존성을 반영하여 결정함수를 정하는 방법은 손실함수의 조건부 기댓값이 최소가 되도록 결정함수 δ를 선택하는 것이다. Θ가 연속형 확률변수일 때 **베이즈 추정값**(Bayes estimate)은 다음 식을 최소화하는 결정함수 δ이다.

$$E\{\mathcal{L}[\Theta, \delta(\mathbf{x})]|\mathbf{X} = \mathbf{x}\} = \int_{-\infty}^{\infty} \mathcal{L}[\theta, \delta(\mathbf{x})]k(\theta|\mathbf{x})\, d\theta$$

즉 δ는 다음과 같다.

$$\delta(\mathbf{x}) = \text{Argmin} \int_{-\infty}^{\infty} \mathcal{L}[\theta, \delta(\mathbf{x})]k(\theta|\mathbf{x})\, d\theta \tag{11.1.10}$$

이와 관련된 확률변수 $\delta(\mathbf{X})$는 **베이즈 추정량**(Bayes estimator)이라고 한다. 이 식의 오른쪽 항은 이산형 확률변수를 위해서는 일반적인 방식으로 수정된다. 만약 손실함수가 $\mathcal{L}[\theta, \delta(\mathbf{x})] = [\theta - \delta(\mathbf{x})]^2$인 경우, 베이즈 추정값은 $\mathbf{X} = \mathbf{x}$가 주어졌을 때 Θ의 조건부 분포의 평균인 $\delta(\mathbf{x}) = E(\Theta|\mathbf{x})$이다. 이는 $E[(W - b)^2]$이 존재한다면 $b = E(W)$일 때 최소가 되기 때문이다. 만약 손실함수가 $\mathcal{L}[\theta, \delta(\mathbf{x})] = |\theta - \delta(\mathbf{x})|$로 주어지면 $\mathbf{X} = \mathbf{x}$일 때 Θ의 조건부 분포의 중앙값이 베이즈 추정값이 된다. 이것은 $E(|W - b|)$가 존재한다면 b가 W의 분포의 중앙값일 때 최소화됨을 의미한다.

이를 θ의 특성함수, 말하자면 $l(\theta)$를 추정하는 것으로 일반화하기는 쉽다. 손실함수 $\mathcal{L}[\theta, \delta(\mathbf{x})]$에 대해 $l(\theta)$의 **베이즈 추정값**은 다음 식을 최소화하는 결정함수 δ이다.

$$E\{\mathcal{L}[l(\Theta), \delta(\mathbf{x})]|\mathbf{X} = \mathbf{x}\} = \int_{-\infty}^{\infty} \mathcal{L}[l(\theta), \delta(\mathbf{x})]k(\theta|\mathbf{x})\, d\theta$$

여기서 확률변수 $\delta(\mathbf{X})$를 $l(\theta)$의 **베이즈 추정량**이라고 한다.

$\mathbf{X} = \mathbf{x}$가 주어졌을 때 손실의 조건부 기댓값은 표본 $\mathbf{X}$의 함수인 확률변수로 정의한다. $\mathbf{X}$의 함수의 기댓값은 이 절에서 다음과 같이 나타낸다(연속형인 경우).

$$\int_{-\infty}^{\infty} \left\{ \int_{-\infty}^{\infty} \mathcal{L}[\theta, \delta(\mathbf{x})]k(\theta|\mathbf{x})\, d\theta \right\} g_1(\mathbf{x})\, d\mathbf{x} = \int_{-\infty}^{\infty} \left\{ \int_{-\infty}^{\infty} \mathcal{L}[\theta, \delta(\mathbf{x})]L(\mathbf{x}|\theta)\, d\mathbf{x} \right\} h(\theta) d\theta$$

뒤쪽의 적분에서 중괄호 안의 적분은 $\theta \in \Theta$일 때 **위험함수**(risk function) $R(\theta, \delta)$이다. 따라서

뒤쪽에 표현된 것은 위험의 평균값 또는 기대위험(expected risk)이다. $g(\mathbf{x}) > 0$인 모든 $\mathbf{x}$에 대해 베이즈 추정값 $\delta(\mathbf{x})$를 극소화하면 다음과 같기 때문에

$$\int_{-\infty}^{\infty} \mathcal{L}[\theta, \delta(\mathbf{x})]k(\theta|\mathbf{x})\, d\theta$$

이는 베이즈 추정값 $\delta(\mathbf{x})$가 위험의 평균을 최소화한다는 증거이다. 이제 두 가지 예제를 살펴보자.

예제 11.1.2 다음 모형을 고려하자.

$$\begin{aligned} X_i|\theta &\overset{\text{iid}}{\sim} \text{이항분포 } b(1,\, \theta) \\ \Theta &\sim \text{베타}(\alpha,\, \beta),\ \alpha\text{와 } \beta\text{는 알려져 있다.} \end{aligned}$$

즉 사전 pdf는

$$h(\theta) = \begin{cases} \frac{\Gamma(\alpha+\beta)}{\Gamma(\alpha)\Gamma(\beta)}\theta^{\alpha-1}(1-\theta)^{\beta-1} & 0 < \theta < 1 \\ 0 & \text{그 외에} \end{cases}$$

여기서 α와 β는 양수이다. 베이즈 추정값인 결정함수 δ를 찾는다. 이항분포 $b(n,\, \theta)$를 따르는 충분통계량은 $Y = \sum_{i=1}^{n} X_i$이다. 한편 $\Theta = \theta$가 주어졌을 때 Y의 조건부 pdf는 다음과 같다.

$$g(y|\theta) = \begin{cases} \binom{n}{y}\theta^{y}(1-\theta)^{n-y} & y = 0, 1, \ldots, n \\ 0 & \text{그 외에} \end{cases}$$

그러므로 식 (11.1.9)에 의해 양의 확률밀도의 점에서 $Y = y$가 주어졌을 때 Θ의 조건부 pdf는

$$k(\theta|y) \propto \theta^{y}(1-\theta)^{n-y}\theta^{\alpha-1}(1-\theta)^{\beta-1}, \quad 0 < \theta < 1$$

따라서

$$k(\theta|y) = \frac{\Gamma(n+\alpha+\beta)}{\Gamma(\alpha+y)\Gamma(n+\beta-y)}\theta^{\alpha+y-1}(1-\theta)^{\beta+n-y-1}, \quad 0 < \theta < 1$$

그리고 $y = 0,\, 1,\, \cdots,\, n$이다. 사후 pdf는 모수가 $(\alpha + y,\, \beta + n - y)$인 베타 pdf이다. 여기서 손실함수는 $\mathcal{L}[\theta,\, \delta(y)] = [\theta - \delta(y)]^2$과 같은 제곱오차손실함수를 택한다. 그때 θ의 베이즈 점추정값은 다음과 같은 베타 pdf의 평균이다.

$$\delta(y) = \frac{\alpha + y}{\alpha + \beta + n}$$

베이즈 추정량은 다음과 같이 나타낼 수 있어 매우 유익하다.

$$\delta(y) = \left(\frac{n}{\alpha+\beta+n}\right)\frac{y}{n} + \left(\frac{\alpha+\beta}{\alpha+\beta+n}\right)\frac{\alpha}{\alpha+\beta}$$

이것은 θ의 최대우도추정값 y/n와 사전 pdf의 평균 $\alpha/(\alpha + \beta)$의 가중평균이다. 또한 각각의 가중치는 $n/(\alpha + \beta + n)$과 $(\alpha + \beta)/(\alpha + \beta + n)$이다. n이 크면 베이즈 추정값은 θ의 최대우도추정값에 근접하고, $\delta(Y)$는 θ의 일치추정량이 된다. α와 β는 사전 평균 $\alpha/(\alpha + \beta)$뿐만 아니라 $\alpha + \beta$가 표본 크기 n과 관련된 사전 견해임을 고려하여 선택해야만 한다. 만약 사전 견해로 표본 크기가 20인 가중치를 갖는다면 $\alpha + \beta = 20$으로 해야 한다. 즉 사전 평균이 3/4이므로 $\alpha = 15$, $\beta = 5$를 선택해야 한다.

예제 11.1.3 이 예제에서는 정규모형을 생각해보자.

$$\begin{aligned} X_i|\theta &\overset{\text{iid}}{\sim} N(\theta, \sigma^2), \text{ 여기서 } \sigma^2\text{은 알려져 있다.} \\ \Theta &\sim N(\theta_0, \sigma_0^2), \text{ 여기서 } \theta_0\text{과 } \sigma_0^2\text{은 알려져 있다.} \end{aligned}$$

이때 $Y = \overline{X}$는 충분통계량이다. 한편 모형은 다음과 같다.

$$\begin{aligned} Y|\theta &\sim N(\theta, \sigma^2/n), \text{ 여기서 } \sigma^2\text{은 알려져 있다.} \\ \Theta &\sim N(\theta_0, \sigma_0^2), \text{ 여기서 } \theta_0\text{과 } \sigma_0^2\text{은 알려져 있다.} \end{aligned}$$

그러면 사후 pdf는 다음과 같다.

$$k(\theta|y) \propto \frac{1}{\sqrt{2\pi}\sigma/\sqrt{n}} \frac{1}{\sqrt{2\pi}\sigma_0} \exp\left[-\frac{(y-\theta)^2}{2(\sigma^2/n)} - \frac{(\theta-\theta_0)^2}{2\sigma_0^2}\right]$$

y만 관련된 인자를 포함하여 모든 상수 인자를 제거하면

$$k(\theta|y) \propto \exp\left[-\frac{[\sigma_0^2 + (\sigma^2/n)]\theta^2 - 2[y\sigma_0^2 + \theta_0(\sigma^2/n)]\theta}{2(\sigma^2/n)\sigma_0^2}\right]$$

(θ와 관련된 인수를 제거한 뒤) 제곱식을 완성함으로써 이를 간략히 나타내면 다음과 같이 쓸 수 있다.

$$k(\theta|y) \propto \exp\left[-\frac{\left(\theta - \dfrac{y\sigma_0^2 + \theta_0(\sigma^2/n)}{\sigma_0^2 + (\sigma^2/n)}\right)^2}{\dfrac{2(\sigma^2/n)\sigma_0^2}{[\sigma_0^2 + (\sigma^2/n)]}}\right]$$

즉 모수의 사후 pdf는 평균이 다음과 같으며,

$$\frac{y\sigma_0^2 + \theta_0(\sigma^2/n)}{\sigma_0^2 + (\sigma^2/n)} = \left(\frac{\sigma_0^2}{\sigma_0^2 + (\sigma^2/n)}\right) y + \left(\frac{\sigma^2/n}{\sigma_0^2 + (\sigma^2/n)}\right) \theta_0 \tag{11.1.11}$$

분산이 $(\sigma^2/n)\sigma_0^2/[\sigma_0^2 + (\sigma^2/n)]$인 정규분포이다. 만약 제곱오차손실함수가 사용된다면 이 사후 평균은 베이즈 추정량을 의미한다. 다시 말하면 그것은 최대우도추정값 $y = \overline{x}$와 사전 평균 θ_0의

가중평균이다. 앞의 예제에서 n이 클 경우 베이즈 추정량은 최대우도추정량에 근접하고, $\delta(Y)$는 θ의 일치추정량이다. 그러므로 베이지안 절차는 n이 증가함에 따라 사전 견해의 영향력이 점점 줄어드는 매우 공식적인 방법으로 의사결정자의 사전 견해를 추정량에 넣을 수 있다.

베이지안 통계에서 모든 정보는 사후 pdf $k(\theta|y)$에 포함되어 있다. 예제 11.1.2와 11.1.3에서는 제곱오차손실함수를 사용하여 베이지안 점추정값을 찾았다. $k(\theta|y)$가 주어졌을 때 오차의 절댓값이 $\mathcal{L}[\delta(y), \theta] = |\delta(y) - \theta|$라면 베이즈 추정량은 모수의 사후 분포의 중앙값이다. 한편 베이즈 추정량은 손실함수가 변함에 따라 변한다.

11.1.3 베이지안 구간추정

만약 θ의 구간추정을 구한다면 다음과 같은 조건부 확률을 0.95처럼 크게 하는 2개의 함수 $u(\mathbf{x})$, $v(\mathbf{x})$를 찾을 수 있다.

$$P[u(\mathbf{x}) < \Theta < v(\mathbf{x})|\mathbf{X} = \mathbf{x}] = \int_{u(\mathbf{x})}^{v(\mathbf{x})} k(\theta|\mathbf{x})\, d\theta$$

이때 $u(\mathbf{x})$에서 $v(\mathbf{x})$까지의 구간은 그것에 속하는 Θ의 조건부 확률이 0.95와 같게 만드는 구간 추정값이다. 이 구간은 **신용구간**(credible interval) 또는 **확률구간**(probability interval)이라고 한다. 신뢰구간과 이것을 혼동하면 안 된다.

예제 11.1.4 예제 11.1.3을 고려하자. 여기서 $X_1, X_2, \cdots, X_n$은 $N(\theta, \sigma^2)$인 분포에서 추출한 확률표본이다. σ^2이 알려져 있고, 사전 분포는 $N(\theta_0, \sigma_0^2)$인 정규분포이다. $Y = \overline{X}$는 충분통계량이다. $Y = y$가 주어졌을 때 Θ의 사후 pdf는 평균과 분산이 식 (11.1.11)인 정규분포였다. 한편 신용구간은 사후 분포의 평균과 표준오차에 1.96을 곱한 것을 더하거나 뺀 것에서 얻는다. 즉 다음 구간은 θ에 대한 0.95 확률의 신용구간이다.

$$\frac{y\sigma_0^2 + \theta_0(\sigma^2/n)}{\sigma_0^2 + (\sigma^2/n)} \pm 1.96\sqrt{\frac{(\sigma^2/n)\sigma_0^2}{\sigma_0^2 + (\sigma^2/n)}}$$

예제 11.1.5 예제 11.1.1을 고려하자. $\mathbf{X}' = (X_1, X_2, \cdots, X_n)$은 평균이 θ이고 α와 β가 알려진 $\Gamma(\alpha, \beta)$ 사전 분포를 가진 푸아송 분포로부터의 확률표본이다. 식 (11.1.7)과 같이 주어졌을 때 사후 pdf는 $\Gamma(y + \alpha, \beta/(n\beta + 1))$이다. 여기서 $y = \sum_{i=1}^{n} x_i$이다. 그러므로 제곱오차손실함수를 사용하면 θ에 대한 베이즈 점추정값은 다음과 같은 사후 평균이다.

$$\delta(y) = \frac{\beta(y + \alpha)}{n\beta + 1} = \frac{n\beta}{n\beta + 1}\frac{y}{n} + \frac{\alpha\beta}{n\beta + 1}$$

이 절에서 다루는 다른 베이즈 추정값과 마찬가지로 n이 클 때 이 추정값은 최대우도추정값에 근접하고, $\delta(Y)$는 θ의 일치추정값이다. 신용구간을 구하기 위해 $\frac{2(n\beta+1)}{\beta}\Theta$의 사후 분포가 $\chi^2(2(\sum_{i=1}^n x_i+\alpha))$임을 알아야 한다. 이것을 기초로 θ에 대한 $(1-\alpha)100\%$ 신용구간은 다음과 같다.

$$\left(\frac{\beta}{2(n\beta+1)}\chi^2_{1-(\alpha/2)}\left[2\left(\sum_{i=1}^n x_i+\alpha\right)\right], \frac{\beta}{2(n\beta+1)}\chi^2_{\alpha/2}\left[2\left(\sum_{i=1}^n x_i+\alpha\right)\right]\right) \quad (11.1.12)$$

여기서 $\chi^2_{1-(\alpha/2)}(2(\sum_{i=1}^n x_i+\alpha))$와 $\chi^2_{\alpha/2}(2(\sum_{i=1}^n x_i+\alpha))$는 자유도 $2(\sum_{i=1}^n x_i+\alpha)$인 χ^2–분포의 χ^2 하한과 상한이다.

11.1.4 베이지안 검정 절차

X를 $\theta\in\Omega$에 대해 pdf(pmf) $f(x|\theta)$인 확률변수를 X라고 하자. 다음과 같은 가설을 검정하는 데 관심이 있다고 하자.

$$H_0:\ \theta\in\omega_0,\quad H_1:\ \theta\in\omega_1$$

여기서 $\omega_0\cup\omega_1=\Omega$이고 $\omega_0\cap\omega_1=\phi$이다. 이 가설을 검정하기 위한 간단한 베이지안 절차는 다음 과정을 따른다. $h(\theta)$는 사전 확률변수 Θ의 사전 분포이고, 확률표본 X에 대해 $\mathbf{X}'=(X_1, X_2, \cdots, X_n)$이라고 하자. 또한 $k(\theta|\mathbf{x})$로 사후 pdf 또는 pmf를 정의한다. 다음 조건부 확률을 계산하기 위해 사후 분포를 사용했다.

$$P(\Theta\in\omega_0|\mathbf{x}),\quad P(\Theta\in\omega_1|\mathbf{x})$$

베이지안 절차에서 이 조건부 확률은 각각 H_0과 H_1이 참이라는 것을 의미한다. 만약 $P(\Theta\in\omega_0|\mathbf{x})\geq P(\Theta\in\omega_1|\mathbf{x})$이면 H_0을 채택하고 그 외 경우에는 H_1을 채택한다. 즉 조건부 확률이 더 큰 가설을 채택한다. $\omega_0\cap\omega_1=\phi$라는 조건은 필요하지만, $\omega_0\cup\omega_1=\Omega$는 필요하지 않음을 주의하라. 또한 2개 이상의 가설검정을 시행할 수 있는데, 이때의 원칙은 조건부 확률이 더 큰 가설을 택하는 것이다. 몇 가지 예제를 살펴보자.

예제 11.1.6 다시 예제 11.1.1을 고려하자. $\mathbf{X}'=(X_1, X_2, \cdots, X_n)$은 평균이 θ인 푸아송 분포에서 추출한 확률표본이다. 다음과 같은 가설검정을 생각해보자.

$$H_0:\ \theta\leq 10,\quad H_1:\theta>10 \quad (11.1.13)$$

여기서 θ가 대략 12라고 생각하지만 확실하지는 않다고 가정하자. 그리고 사전 pdf로 그림 11.1.1에서 왼쪽의 $\Gamma(10, 1.2)$를 선택한다. 사전 평균은 12이지만 그림은 약간의 변동이 있다(사전 분포의 변동은 14.4이다). 문제의 자료는 다음과 같다.

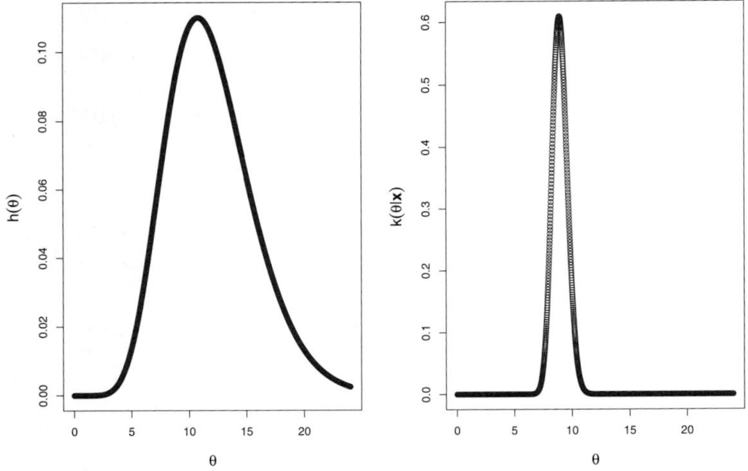

그림 11.1.1 예제 11.1.6의 사전 pdf(왼쪽)와 사후 pdf(오른쪽)

11	7	11	6	5	9	14	10	9	5
8	10	8	10	12	9	3	12	14	4

(이는 평균이 8인 푸아송 분포에서 추출한 표본 크기 $n = 20$인 값이다. 물론 실제로 평균이 8이라는 것을 알지 못한다.) 충분통계량 값은 $y = \sum_{i=1}^{20} x_i = 177$이다. 한편 예제 11.1.1에서 사후 분포는 오른쪽 그림의 $\Gamma(177 + 10,\ 1.2/[20(1.2) + 1]) = \Gamma(187,\ 0.048)$이다. 평균이 12인 왼쪽 그림에서 사후 평균이 제곱오차손실하에 $187(0.048) = 8.976$인 오른쪽 그림으로 변하는 것을 알 수 있다. R을 이용하여 H_0의 사후 확률을 다음과 같이 계산했다.

$$P[\Theta \leq 10|y = 177] = P[\Gamma(187,\ 0.048) \leq 10] = \texttt{pgamma(10,187,1/0.048)} = 0.9368$$

그리고 $P[\Theta > 10|y = 177] = 1 - 0.9368 = 0.0632$이다. 그 결과 공식에 따라 H_0을 채택한다.

식 (11.1.12)의 95% 신용구간은 10을 포함하는 (7.77, 10.31)이다(자세한 것은 연습문제 11.1.7을 참조하라).

11.1.5 베이지안 순차적 절차

결국 $x_1, x_2, \cdots, x_n$ 이상의 추가적인 자료가 수집될 때 베이지안 방법이 할 수 있는 것을 보아야 한다. 이러한 상황에서 관측값이 $x_1, x_2, \cdots, x_n$인 사후 분포는 새로운 사전 분포가 되고, 추가적인 자료가 관측되면 새로운 사후 분포가 계산되며, 추론은 이러한 두 번째 사후 분포를 기반으로 한다. 물론 이것은 심지어 더 많은 관측값을 가지고 계속될 수 있다. 두 번째 사후 분포는 새로운 사전 분포가 되고, 다음 관측값은 추론의 기반이 되는 다음 사후 분포를 이끌어낸다. 분명히 이것은 베이지안 방법이 순차적으로 일어나는 분석을 다루는 데 훌륭한 방법이라는 것을 보여준다. 계속 자료를 관찰하면서 이전의 사후 분포를 갱신함으로써 새로운 사전 분포가 만들어진다. 모든 베이지안 방법은 이 순차적인 절차로 구한 마지막 사후 분포에서의 추론을 필요로 한다.

연습문제

11.1.1 Y가 $n = 20$, $p = \theta$인 이항분포를 따른다고 하자. θ의 사전 확률은 $P(\theta = 0.3) = 2/3$, $P(\theta = 0.5) = 1/3$이다. $y = 9$이면 $\theta = 0.3$과 $\theta = 0.5$에 대한 사후 확률은 얼마인가?

11.1.2 분포 $b(1, \theta)$에서 추출한 확률표본을 $X_1, X_2, \cdots, X_n$이라고 하자. Θ의 사전 분포를 모수가 α와 β인 베타분포라고 하자. 예제 11.1.2와 같은 상황에서 사후 pdf $k(\theta|x_1, x_2, \cdots, x_n)$이 $k(\theta|y)$와 같음을 밝혀라.

11.1.3 정규분포 $N(\theta, \sigma^2)$에서 추출한 확률표본을 $X_1, X_2, \cdots, X_n$이라고 하자. 여기서 $-\infty < \theta < \infty$이고 σ^2은 양수이다. $Y = \overline{X}$를 확률표본의 평균이라고 하자. 손실함수는 $\mathcal{L}[\theta, \delta(y)] = |\theta - \delta(y)|$를 사용한다. θ가 확률변수 Θ의 관측값일 때[즉 $N(\mu, \tau^2)$, 여기서 $\tau^2 > 0$, μ는 알려져 있다] θ의 점추정에 대한 베이즈 추정량 $\delta(y)$를 구하라.

11.1.4 평균이 θ인($0 < \theta < \infty$) 푸아송 분포에서 추출한 확률표본이 $X_1, X_2, \cdots, X_n$이고 $Y = \sum_{i=1}^n X_i$라고 하자. 손실함수는 $\mathcal{L}[\theta, \delta(y)] = [\theta - \delta(y)]^2$을 사용한다. θ는 확률표본 Θ의 관측값이다. 만약 Θ가 $0 < \theta < \infty$일 때 사전 pdf $h(\theta) = \theta^{\alpha-1}e^{-\theta/\beta}/\Gamma(\alpha)\beta^\alpha$, 그 외에 $h(\theta) = 0$($\alpha > 0$, $\beta > 0$이고 알려진 수)을 갖는다면 θ의 점추정에 대한 베이즈 추정량 $\delta(y)$를 구하라.

11.1.5 표본 크기가 n이고 $0 < x < \theta$일 때 $f(x|\theta) = 1/\theta$, 그 외에 $f(x|\theta) = 0$인 pdf에서 추출한 n번째 순서통계량을 Y_n이라고 하자. 손실함수는 $\mathcal{L}[\theta, \delta(y)] = [\theta - \delta(y_n)]^2$이다. $\alpha > 0$, $\beta > 0$에 대해 $\alpha < \theta < \infty$일 때 pdf $h(\theta) = \beta\alpha^\beta/\theta^{\beta+1}$, 그 외에 $h(\theta) = 0$을 가진 확률표본 Θ의 관측값을 θ라고 하자. θ의 점추정에 대한 베이즈 추정량 $\delta(y_n)$을 구하라.

11.1.6 모수가 n, θ_1, θ_2인 삼항분포를 따르는 통계량을 Y_1, Y_2라고 하자. 여기서 θ_1, θ_2는 알려진 모수 $\alpha_1, \alpha_2, \alpha_3$을 가진 디리클레(Dirichlet) 분포를 따르는 확률표본 Θ_1, Θ_2의 관측값이다[식 (3.3.10)을 참조하라]. Θ_1, Θ_2의 분포가 디리클레 분포임을 밝히고, 조건부 평균 $E(\Theta_1|y_1, y_2)$, $E(\Theta_2|y_1, y_2)$를 결정하라.

11.1.7 예제 11.1.6의 θ에 대한 95% 신용구간을 구하라. 그리고 θ에 대한 최대우도추정량(mle)과 6장에서 언급한 θ에 대한 95% 신뢰구간을 구하라.

11.1.8 예제 11.1.2에서 $n = 30$, $\alpha = 10$, $\beta = 5$라고 하면 $\delta(y) = (10 + y)/45$는 θ의 베이즈 추정값이다.

(a) 만약 Y가 이항분포 $b(30, \theta)$를 따른다면 $E\{[\theta - \delta(Y)]^2\}$을 계산하라.

(b) (a)에서 θ에 대한 $\theta(1 - \theta)/30$보다 작은 위험을 찾아라. 그 위험을 θ의 최대우

도추정량 Y/n와 관련지어 생각하라.

11.1.9 $0 < x < \theta$일 때 균등 pdf $f(x;\,\theta) = 1/\theta$, 그 외에 $f(x;\,\theta) = 0$을 가진 분포로부터 크기 $n = 4$인 표본의 가장 큰 순서통계량을 Y_4라고 하자. $1 < \theta < \infty$일 때 모수의 사전 pdf가 $g(\theta) = 2/\theta^3$, 그 외에 $g(\theta) = 0$이면 손실함수 $|\delta(y_4) - \theta|$를 사용하여 충분통계량 Y_4에 기반한 θ의 베이즈 추정량 $\delta(Y_4)$를 구하라.

11.1.10 예제 11.2.3에서 $\sigma_0^2 = d\sigma^2$을 선택했다고 가정하자. σ^2은 알려져 있다. $Y = \overline{X}$의 두 번째, 세 번째 사후 변수(즉 σ^2/n)의 d 값은 얼마인가?

11.2 베이지안 용어와 개념

우도함수 $L(\mathbf{x}|\theta)$를 가진 확률표본 $\mathbf{X}' = (X_1,\, X_2,\, \cdots,\, X_n)$을 생각해보자. 사전 pdf를 $h(\theta)$라고 하자. $\mathbf{X}$의 결합 주변 pdf는 다음과 같이 주어진다.

$$g_1(\mathbf{x}) = \int_{-\infty}^{\infty} L(\mathbf{x}|\theta)h(\theta)d\theta$$

이것은 종종 $\mathbf{X}$의 **예측 분포**(predictive distribution)의 pdf라고 한다. $\mathbf{X}$의 우도함수와 사전 분포가 주어졌을 때 $\mathbf{X}$에 관한 확률을 가장 잘 설명해주기 때문이다. 한 가지 예로 연습문제 11.1.1의 식 (11.1.6)을 들 수 있다. 다시 말해 예측 분포는 X와 Θ의 확률모형에 의해 결정된다.

이 장에서는 두 종류의 사전 분포를 고려할 것인데, 첫 번째는 공액 사전 분포족이다.

정의 11.2.1

만약 모수의 pdf가 사전 분포와 같은 종류에 속한다면 $\theta \in \Omega$에 대해 pdf $f(x|\theta)$를 가진 분포족에 대한 사전 pdf를 **공액분포족**(conjugate family of distribution)이라고 정의한다.

예를 들어 예제 11.1.5를 살펴보자. θ가 주어졌을 때 X_i의 pmf는 평균이 θ인 푸아송 분포이다. 예제에서는 사전 분포로 감마를 선택했고 그 결과로 사후 분포 역시 같은 감마족이었다. 따라서 감마 pdf는 분포의 공액을 구성한다. 예제 11.1.2에서 공액족은 베타분포이고 그 모형은 이항분포였으며, 예제 11.1.3에서도 두 모형과 사전 모형이 정규분포임은 역시 사실이다.

두 번째 사전에 대한 동기는 이항분포 $b(1,\,\theta)$에서 고려되었고 예제 11.1.2에서 제시했다. 토머스 베이즈(Thomas Bayes, 1763)는 $\alpha = \beta = 1$인 베타 사전 분포[즉 $0 < \theta < 1$일 때 $h(\theta) = 1$, 그 외에 $h(\theta) = 0$]를 사용했는데, θ에 대한 사전 지식이 많지 않다고 주장했기 때문이다. 그러나 이것은 다음 추정값을 이끌어냈다는 점에서 주목된다.

$$\left(\frac{n}{n+2}\right)\left(\frac{y}{n}\right)+\left(\frac{2}{n+2}\right)\left(\frac{1}{2}\right)$$

이것을 **축소**(shrinkage)추정값이라고 한다. 베이즈는 사전 분포가 추론에 영향을 주는 것을 피하려고 했지만 추정값 y/n가 1/2의 사전 평균 쪽으로 약간 끌려왔기 때문이다.

한편 홀데인(Haldane, 1948)은 $\alpha = \beta = 0$인 베타 pdf가 존재한다면 축소추정값이 최대우도추정값 y/n가 된다는 것에 주목했다. 물론 $\alpha = \beta = 0$인 베타 pdf는 전혀 pdf가 아니다. 왜냐하면

$$h(\theta) \propto \frac{1}{\theta(1-\theta)}, \quad 0 < \theta < 1$$

그 외에 $h(\theta) = 0$과 같이 되므로 다음은 존재하지 않기 때문이다.

$$\int_0^1 \frac{c}{\theta(1-\theta)} d\theta$$

그러나 위의 사전 분포는 우도함수와 결합하여 적절 pdf가 되는 사후 pdf를 만드는 경우 사용된다. 여기서 **적절**(proper)은 적분하여 양의 상수를 갖는다는 것을 의미한다. 이제 이 예제에서 $y > 0$이고 $n - y > 0$이면 다음과 같은 적절 사후 pdf를 얻는다.

$$f(\theta|y) \propto \theta^{y-1}(1-\theta)^{n-y-1}$$

물론 사후 평균은 y/n이다.

정의 11.2.2

pdf $f(x|\theta)$를 가진 분포에서 추출한 확률표본을 $\mathbf{X}' = (X_1, X_2, \cdots, X_n)$이라고 하자. 이 사전 분포 $h(\theta) \geq 0$는, 만약 그것이 pdf가 아닐지라도 함수 $k(\theta|\mathbf{x}) \propto L(\mathbf{x}|\theta)h(\theta)$가 사후 pdf를 만들 수 있을 때 **부적절**(improper)이라고 한다.

무정보 사전 분포(noninformative prior)는 사전의 θ 값을 균등하게 다룬다. 연속적인 무정보 사전 분포는 종종 부적절하다. 한 예로 $\theta_1, \theta_2 > 0$가 알려지지 않은 정규분포 $N(\theta_1, \theta_2)$가 있다고 하자. θ_1에 대한 무정보 사전 분포는 $-\infty < \theta_1 < \infty$일 때 $h_1(\theta_1) = 1$이다. 분명히 이것은 pdf가 아니다. θ_2에 대한 부적절한 사전 분포는 $0 < \theta_2 < \infty$일 때 $h_2(\theta_2) = c_2/\theta_2$, 그외에 $h_2(\theta_2) = 0$이다. $\log\theta_2$는 $-\infty < \log\theta_2 < \infty$에서 균등분포이다. 따라서 이것은 무정보 사전 분포이다. 여기서 모수가 독립이라고 가정하면 부적절 사전 분포는 다음과 같다.

$$h_1(\theta_1)h_2(\theta_2) \propto 1/\theta_2, \quad -\infty < \theta_1 < \infty, 0 < \theta_2 < \infty \tag{11.2.1}$$

이 사전 분포를 사용하여 다음 예제에서 θ_1에 대한 베이즈 추정량을 보여준다.

예제 11.2.1 분포 $N(\theta_1, \theta_2)$에서 추출한 확률표본을 $X_1, X_2, \cdots, X_n$이라고 하자. $\overline{X}$와 $S^2 = (n-1)^{-1}\sum_{i=1}^{n}(X_i - \overline{X})^2$은 충분통계량임을 상기하라. 식 (11.2.1)의 부적절 사전 분포를 사용한다고 가정하자. 그러면 사후 분포는 다음과 같다.

$$\begin{aligned} k_{12}(\theta_1, \theta_2|\overline{x}, s^2) &\propto \left(\frac{1}{\theta_2}\right)\left(\frac{1}{\sqrt{2\pi\theta_2}}\right)^n \exp\left[-\frac{1}{2}\left\{(n-1)s^2 + n(\overline{x}-\theta_1)^2\right\}/\theta_2\right] \\ &\propto \left(\frac{1}{\theta_2}\right)^{\frac{n}{2}+1} \exp\left[-\frac{1}{2}\left\{(n-1)s^2 + n(\overline{x}-\theta_1)^2\right\}/\theta_2\right] \end{aligned}$$

$\overline{x}$와 s^2이 주어졌을 때 θ_1의 조건부 pdf를 구하기 위해 θ_2에 대해 적분한다.

$$k_1(\theta_1|\overline{x}, s^2) = \int_0^\infty k_{12}(\theta_1, \theta_2|\overline{x}, s^2)d\theta_2$$

이를 계산하기 위해 야코비안 $-1/z^2$을 가진 $z = 1/\theta_2$, $\theta_2 = 1/z$의 변수변환을 한다. 그러면

$$k_1(\theta_1|\overline{x}, s^2) \propto \int_0^\infty \frac{z^{\frac{n}{2}+1}}{z^2} \exp\left[-\left\{\frac{(n-1)s^2 + n(\overline{x}-\theta_1)^2}{2}\right\}z\right] dz$$

$\alpha = n/2$, $\beta = 2/\{(n-1)s^2 + n(\overline{x}-\theta_1)^2\}$인 감마분포를 생각하면 이 결과는 다음과 같으며 부적절하다.

$$k_1(\theta_1|\overline{x}, s^2) \propto \{(n-1)s^2 + n(\overline{x}-\theta_1)^2\}^{-n/2}$$

좀 더 알기 쉬운 결과를 얻기 위해 변수변환을 하자. 즉 $|J| = s/\sqrt{n}$이고 다음과 같다고 하자.

$$t = \frac{\theta_1 - \overline{x}}{s/\sqrt{n}}, \quad \theta_1 = \overline{x} + ts/\sqrt{n}$$

$\overline{x}$와 s^2이 주어졌을 때 t의 조건부 pdf는

$$\begin{aligned} k(t|\overline{x}, s^2) &\propto \{(n-1)s^2 + (st)^2\}^{-n/2} \\ &\propto \frac{1}{[1 + t^2/(n-1)]^{[(n-1)+1]/2}} \end{aligned}$$

$\overline{x}$와 s^2이 주어졌을 때 $t = (\theta_1 - \overline{x})/(s/n)$의 조건부 pdf는 자유도 $n-1$인 스튜던트 t이다. 이 pdf의 평균이 0이기 때문에($n > 2$이라고 가정) 최대우도추정량과 같은 제곱오차손실함수 $\overline{X}$에 속하는 베이즈 추정량 θ_1을 구할 수 있다.

물론 $k_1(\theta_1|\overline{x}, s^2)$ 또는 $k(t|\overline{x}, s^2)$에서 θ_1에 대한 신용구간을 찾을 수 있다. 이러한 선택 방법을 θ_1 또는 t의 pdf의 고밀도 영역(highest density region, HDR)이라고 한다. 전자는 θ_1에 대해 대칭이고 단봉(unimodal)이며, 후자는 0에 대해 대칭이고 단봉이다. 하지만 후자의 임곗값은 표로 되어 있어서 t-분포에 대한 HDR을 사용한다. 만약 확률 $1-\alpha$에 대한 구간을 원한다면 다음을 취할 수 있다.

$$-t_{\alpha/2} < \frac{\theta_1 - \overline{x}}{s/\sqrt{n}} < t_{\alpha/2}$$

또는 동등하게

$$\overline{x} - t_{\alpha/2}s/\sqrt{n} < \theta_1 < \overline{x} + t_{\alpha/2}s/\sqrt{n}$$

이 구간은 θ_1에 대한 신뢰구간과 같다. 예제 4.2.1을 참조하라. 따라서 이러한 경우에 부적절 사전 분포 식 (11.2.1)은 전통적인 분석의 추론과 같다.

예제 11.2.2 보통 베이지안 분석에서 무정보 사전 분포는 사전 정보가 존재하는 경우 사용하지 않는다. 예제 11.2.1과 같은 상황을 고려하자. 여기서 모형은 $N(\theta_1, \theta_2)$ 분포이다. 이제 변수 θ_2 대신 **정도**(precision) $\theta_3 = 1/\theta_2$을 고려하자. 우도함수는 다음과 같다.

$$\left(\frac{\theta_3}{2\pi}\right)^{n/2} \exp\left[-\frac{1}{2}\left\{(n-1)s^2 + n(\overline{x} - \theta_1)^2\right\}\theta_3\right]$$

따라서 θ_3에 대한 공액 사전 분포는 $\Gamma(\alpha, \beta)$가 분명하다. 또한 θ_3이 주어졌을 때 θ_1의 합리적인 사전 분포는 $N(\theta_0, \frac{1}{n_0\theta_3})$이다. 여기서 n_0은 사전 분포가 얼마나 많은 관측값의 가치가 있는지를 반영하는 방식으로 선택된다. 또한 θ_1과 θ_3의 사전 결합 확률은 다음과 같다.

$$h(\theta_1, \theta_3) \propto \theta_3^{\alpha-1} e^{-\theta_3/\beta}(n_0\theta_3)^{1/2} e^{-(\theta_1-\theta_0)^2\theta_3 n_0/2}$$

이것에 우도함수를 곱하면 θ_1과 θ_3의 사후 결합 pdf를 얻을 수 있다.

$$k(\theta_1, \theta_3|\overline{x}, s^2) \propto \theta_3^{\alpha+\frac{n}{2}+\frac{1}{2}-1} \exp\left[-\frac{1}{2}Q(\theta_1)\theta_3\right]$$

여기서

$$\begin{aligned} Q(\theta_1) &= \frac{2}{\beta} + n_0(\theta_1 - \theta_0)^2 + [(n-1)s^2 + n(\overline{x} - \theta_1)^2] \\ &= (n_0 + n)\left[\left(\theta_1 - \frac{n_0\theta_0 + n\overline{x}}{n_0 + n}\right)^2\right] + D \end{aligned}$$

이때

$$D = \frac{2}{\beta} + (n-1)s^2 + (n_0^{-1} + n^{-1})^{-1}(\theta_0 - \overline{x})^2$$

θ_3에 대해 적분하면 다음을 얻는다.

$$k_1(\theta_1|\overline{x}, s^2) \propto \int_0^\infty k(\theta_1, \theta_3|\overline{x}, s^2)d\theta_3$$
$$\propto \frac{1}{[Q(\theta_1)]^{[2\alpha+n+1]/2}}$$

좀 더 알기 쉬운 형태를 얻기 위해 변수변환을 하면 $|J| = \sqrt{D/[(n_0+n)(2\alpha+n)]}$이고

$$t = \frac{\theta_1 - \frac{n_0\theta_0+n\overline{x}}{n_0+n}}{\sqrt{D/[(n_0+n)(2\alpha+n)]}}$$

또한

$$k_2(t|\overline{x}, s^2) \propto \frac{1}{\left[1 + \frac{t^2}{2\alpha+n}\right]^{(2\alpha+n+1)/2}}$$

이것은 자유도가 $2\alpha + n$인 스튜던트 t-분포이다. 이 경우 제곱오차손실하에 베이즈 추정값은 다음과 같다.

$$\frac{n_0\theta_0 + n\overline{x}}{n_0 + n}$$

만약 '새로운' 표본 특징이 다음과 같다면 매우 흥미롭다.

$$n_k = n_0 + n$$
$$\overline{x}_k = \frac{n_0\theta_0 + n\overline{x}}{n_0 + n}$$
$$s_k^2 = \frac{D}{2\alpha + n}$$

그러면 다음은 자유도가 $2\alpha + n$인 t-분포를 따른다.

$$t = \frac{\theta_1 - \overline{x}_k}{s_k/\sqrt{n_k}}$$

물론 이 자유도를 사용하면 $t_{\gamma/2}$를 찾을 수 있고 다음은 θ_1에 대한 $(1-\gamma)\%$ HDR 신용구간이다.

$$\overline{x}_k \pm t_{\gamma/2}\frac{s_k}{\sqrt{n_k}}$$

물론 α, β, n_0, θ_0의 근삿값을 사용하면 베이지안 신용구간의 확률이 떨어진다. α, n_0이 작고 β가 크면 사전 분포를 만들므로 이 구간추정은 보통의 것과 차이가 매우 작을 것이다.

마지막으로, 대칭인 사후 분포를 다룰 때 HDR 구간추정을 구하는 것은 매우 쉽다는 것을 알아야 한다. 그러나 사후 분포가 대칭이 아니라면 좀 더 어렵고, 종종 베이지안 방법은 각각 동등한 꼬리를 가진 구간을 찾아야 한다.

연습문제

11.2.1 다음과 같은 pdf를 가진 코시 분포에서 추출한 확률표본을 X_1, X_2라고 하자.

$$f(x;\theta_1,\theta_2) = \left(\frac{1}{\pi}\right)\frac{\theta_2}{\theta_2^2+(x-\theta_1)^2}, \quad -\infty < x < \infty$$

여기서 $-\infty < \theta_1 < \infty$, $0 < \theta_2$이다. 무정보 사전 분포 $h(\theta_1, \theta_2) \propto 1$을 사용하라.

(a) 비례가 일정할 때 θ_1, θ_2의 사후 pdf를 구하라.

(b) $\theta_1 = 1, 2, 3, 4$, $\theta_2 = 0.5, 1.0, 1.5, 2.0$에 대해 $x_1 = 1$, $x_2 = 4$일 때 사후 pdf를 평가하라.

(c) (b)의 16개 값이 사후 pdf를 최대화하는가?

(d) 최대의 점 (θ_1, θ_2)를 찾을 수 있는 컴퓨터 프로그램을 아는가?

11.2.2 크기 $n = 10$이고 $\alpha = 3$, $\beta = 1/\theta$인 감마분포를 따르는 확률표본을 $X_1, X_2, \cdots, X_{10}$이라고 하자. θ는 $\alpha = 10$, $\beta = 2$인 감마분포를 따른다고 가정하자.

(a) θ의 사후 분포를 구하라.

(b) 관측값이 $\overline{x} = 18.2$라면 제곱오차손실함수에 관련된 베이즈 점추정은 무엇인가?

(c) 사후 분포에 최빈값을 사용한다면 베이즈 점추정은 무엇인가?

(d) θ에 대한 HDR 구간추정을 논하라. 동등한 꼬리 확률을 가진 구간추정을 구하는 것이 더 쉬운가?

힌트: 사후 분포를 카이제곱분포와 연관지을 수 있는가?

11.2.3 예제 11.2.2의 상황에서 θ_1이 사전 분포 $N(75, 1/(5\theta_3))$을 갖고 θ_3이 $\Gamma(\alpha = 4, \beta = 0.5)$를 갖는다고 가정하자. 크기 $n = 50$인 표본이 $\overline{x} = 77.02$, $s^2 = 8.2$라고 하자.

(a) 평균 θ_1의 베이즈 점추정값을 구하라.

(b) $1 - \gamma = 0.90$일 때 HDR 구간추정을 구하라.

11.2.4 $f(x|\theta)$에서 $\theta \in \Omega$를 식 (6.2.4)의 피셔(Fisher) 정보 $I(\theta)$를 가진 pdf라고 하자. 다음 베이지안 모형을 생각해보자.

$$\begin{aligned} X|\theta &\sim f(x|\theta)\,,\ \ \theta \in \Omega \\ \Theta &\sim h(\theta) \propto \sqrt{I(\theta)} \end{aligned} \tag{11.2.2}$$

(a) 모수 $\tau = u(\theta)$일 때 연쇄(chain) 공식을 사용하여 다음을 증명하라.

$$\sqrt{I(\tau)} = \sqrt{I(\theta)}\left|\frac{\partial\theta}{\partial\tau}\right| \tag{11.2.3}$$

(b) 식 (11.2.2)의 베이지안 모형에 대해 τ의 사후 pdf가 $\sqrt{I(\tau)}$에 비례함을 증명하라.

식 (11.2.2)와 같이 주어졌을 때 사전 분포족을 **제프리스 사전 분포**(Jeffreys' prior)라고 한다. Jeffreys(1961)를 참조하라. 이 연습문제는 제프리스 사전 분포가 θ에 대한 함수 역시 τ에 대한 정보의 제곱근에 비례하는 모수 τ의 사전 분포 안에서 불변성을 나타내는 것을 보여준다.

11.2.5 다음 베이지안 모형을 생각해보자.

$$\begin{aligned} X_i|\theta\,, i = 1, 2, \ldots, n &\overset{\text{iid}}{\sim} \Gamma(1, \theta),\ \theta > 0 \\ \Theta &\sim h(\theta) \propto \frac{1}{\theta} \end{aligned}$$

(a) $h(\theta)$가 제프리스 사전 분포족임을 밝혀라.

(b) 사후 pdf가 다음과 같음을 밝혀라.

$$h(\theta|y) \propto \left(\frac{1}{\theta}\right)^{n+2-1} e^{-y/\theta}$$

여기서 $y = \sum_{i=1}^{n} x_i$이다.

(c) $\tau = \theta^{-1}$이라면 사후 분포 $k(\tau|y)$가 $\Gamma(n,\ 1/y)$의 pdf임을 밝혀라.

(d) $2y\tau$의 사후 pdf를 결정하라. 그것을 사용하여 θ에 대한 $(1-\alpha)100\%$ 신용구간을 구하라.

(e) (d)의 사후 pdf를 사용하여 가설 $H_0 : \theta \geq \theta_0$ 대 $H_1 : \theta < \theta_0$(θ_0은 지정된 값)을 검정하라.

11.2.6 다음 베이지안 모형을 생각해보자.

$$\begin{aligned} X_i|\theta\,, i = 1, 2, \ldots, n &\overset{\text{iid}}{\sim} \text{Poisson}\ (\theta),\ \theta > 0 \\ \Theta &\sim h(\theta) \propto \theta^{-1/2} \end{aligned}$$

(a) $h(\theta)$가 제프리스 사전 분포족임을 밝혀라.

(b) $2n\theta$의 사후 pdf가 $\chi^2(2y+1)(y = \sum_{i=1}^{n} x_i)$ 분포를 갖는다는 것을 밝혀라.

(c) (b)의 사후 pdf를 사용하여 θ에 대한 $(1-\alpha)100\%$ 신용구간을 구하라.

(d) (d)의 사후 pdf를 사용하여 가설 $H_0 : \theta \geq \theta_0$ 대 $H_1 : \theta < \theta_0$(θ_0은 지정된 값)을 검정하라.

11.2.7 다음 베이지안 모형을 생각해보자.

$$X_i|\theta\,, i = 1, 2, \ldots, n \overset{\text{iid}}{\sim} b(1, \theta),\ 0 < \theta < 1$$

(a) 이 모형에 대한 제프리스 사후 분포를 구하라.

(b) 제곱오차손실을 가정하고 θ의 베이즈 추정값을 구하라.

11.2.8 다음 베이지안 모형을 생각해보자.

$$\begin{aligned} X_i|\theta\,, i = 1, 2, \ldots, n &\overset{\text{iid}}{\sim} b(1, \theta),\ 0 < \theta < 1 \\ \Theta &\sim h(\theta) = 1 \end{aligned}$$

(a) 사후 pdf를 구하라.

(b) 제곱오차손실을 가정하고 θ의 베이즈 추정값을 구하라.

11.2.9 평균 벡터 $\boldsymbol{\mu} = (\mu_1, \mu_2, \cdots, \mu_k)'$과 알려진 양정치 공분산 행렬 $\boldsymbol{\Sigma}$를 가진 다변량 정규분포에서 추출한 확률표본을 $\mathbf{X}_1, \mathbf{X}_2, \cdots, \mathbf{X}_n$이라고 하자. $\overline{\mathbf{X}}$가 확률표본의 평균 벡터이고, $\boldsymbol{\mu}$가 평균 $\boldsymbol{\mu}_0$과 양정치 공분산 행렬 $\boldsymbol{\Sigma}_0$의 사전 다변량 정규분포를 따른다고 하자. $\overline{\mathbf{X}} = \overline{\mathbf{x}}$일 때 μ의 사후 분포를 구하라. 그리고 베이즈 추정값 $E(\boldsymbol{\mu}\,|\,\overline{\mathbf{X}} = \overline{\mathbf{x}})$를 구하라.

11.3 깁스 샘플러

앞 절에서는 적분 기법이 베이지안 추론에서 중요한 역할을 한다는 것을 알았다. 따라서 베이지안 추론에서 적분을 위해 사용하는 몇몇 몬테카를로(Monte Carlo) 기법을 언급하고자 한다.

4장에서 다루었던 몬테카를로 방법은 베이지안 추정값을 구하는 데 종종 사용된다. 예를 들어 σ^2이 알려져 있을 때 $N(\theta, \sigma^2)$에서 확률표본을 추출했다고 가정하면 $Y = \overline{X}$는 충분통계량이다. 다음 베이지안 모형을 생각해보자.

$$\begin{aligned} Y|\theta &\sim N(\theta, \sigma^2/n) \\ \Theta &\sim h(\theta) \propto b^{-1}\exp\{-(\theta-a)/b\}/(1+\exp\{-[(\theta-a)/b]\})^2, \\ & \quad -\infty < \theta < \infty,\ a, b > 0\text{는 알려져 있다.} \end{aligned} \tag{11.3.1}$$

즉 사전 분포는 로지스틱 분포이다. 따라서 사후 pdf는 다음과 같다.

$$k(\theta|y) = \frac{\frac{1}{\sqrt{2\pi}\sigma/\sqrt{n}}\exp\left\{-\frac{1}{2}\frac{(y-\theta)^2}{\sigma^2/n}\right\}b^{-1}e^{-(\theta-a)/b}/(1+e^{-[(\theta-a)/b]})^2}{\int_{-\infty}^{\infty}\frac{1}{\sqrt{2\pi}\sigma/\sqrt{n}}\exp\left\{-\frac{1}{2}\frac{(y-\theta)^2}{\sigma^2/n}\right\}b^{-1}e^{-(\theta-a)/b}/(1+e^{-[(\theta-a)/b]})^2\,d\theta}$$

제곱오차손실을 가정하면 베이지안 추정값은 이 사후 평균이다. 계산은 닫힌 형태가 아닌 두 적분에 의해 이루어진다. 그러나 다음과 같은 총합을 구할 수 있다. θ의 우도함수 $f(y|\theta)$를 고려하자. 즉

$$w(\theta) = f(y|\theta) = \frac{1}{\sqrt{2\pi}\sigma/\sqrt{n}}\exp\left\{-\frac{1}{2}\frac{(y-\theta)^2}{\sigma^2/n}\right\}$$

그러면 베이즈 추정값을 다음과 같이 나타낼 수 있다.

$$\delta(y) = \frac{\int_{-\infty}^{\infty} \theta w(\theta) b^{-1} e^{-(\theta-a)/b} / (1 + e^{-[(\theta-a)/b]})^2 \, d\theta}{\int_{-\infty}^{\infty} w(\theta) b^{-1} e^{-(\theta-a)/b} / (1 + e^{-[(\theta-a)/b]})^2 \, d\theta} = \frac{E[\Theta w(\Theta)]}{E[w(\Theta)]} \tag{11.3.2}$$

여기서 기댓값은 로지스틱 사전 분포를 따르는 Θ를 갖는다.

간단한 몬테카를로 방법을 통해 추정값을 구할 수 있다. 식 (11.3.1)의 pdf를 가진 로지스틱 분포 $\Theta_1, \Theta_2, \cdots, \Theta_m$을 독립적으로 생성하자. 이 생성은 로지스틱 분포함수의 역함수가 $a + b \log\{u/(1-u)\}(0 < u < 1)$로 주어졌기 때문에 계산하기 쉽다. 그러면 확률변수의 형태는 다음과 같다.

$$T_m = \frac{m^{-1} \sum_{i=1}^{m} \Theta_i w(\Theta_i)}{m^{-1} \sum_{i=1}^{m} w(\Theta_i)} \tag{11.3.3}$$

대수의 약법칙(정리 5.1.1)과 슬러츠키 정리(정리 5.2.4)에 의해 확률적으로 $T_m \to \delta(y)$이다. m 값은 상당히 클 수 있다. 따라서 간단한 몬테카를로 방법으로 베이즈 추정값을 구할 수 있다. $E[\Theta w(\Theta)]/E[w(\Theta)]$의 신뢰구간을 구하기 위해 이 표본을 부트스트랩을 할 수 있음을 명심하라(연습문제 11.3.2를 참조하라).

그 외에 간단한 몬테카를로 방법은 베이지안 추론에서의 또 다른 복잡한 몬테카를로 절차에서 유용하다. 이해를 돕기 위해 pdf $f_X(x)$를 가진 관측값을 생성한다고 가정하자. 이 생성은 다소 어렵다. 그러나 pdf $f_Y(y)$를 가진 Y의 생성이나 조건부 pdf $f_{X|Y}(x|y)$에서의 관측값 생성은 쉽다고 가정하자. 다음 이론에서 이를 단계적으로 한다면 $f_X(x)$에서 쉽게 생성할 수 있다.

정리 11.3.1

확률변수가 다음 알고리즘에 의해 생성되었다고 가정하자. 그러면 X는 pdf $f_X(x)$를 갖는다.

1단계: $Y \sim f_Y(y)$

2단계: $X \sim f_{X|Y}(x|Y)$

증명: 혼동을 피하기 위해 T를 알고리즘에 의해 생성된 확률변수라고 하자. T가 $f_X(x)$의 pdf임을 밝혀야 한다. T에 관한 사건의 확률은 Y의 조건과 $F_{X|Y}$의 분포를 함께 고려해야 한다. 확률은 항상 표시함수(indicator function)의 기댓값으로 나타낸다. 따라서 T와 관련된 사건은 조건부 기댓값이다. 각각의 $t \in R$에 대해

$$\begin{aligned} P[T \le t] &= E[F_{X|Y}(t)] \\ &= \int_{-\infty}^{\infty} \left[\int_{-\infty}^{t} f_{X|Y}(x|y)\, dx \right] f_Y(y)\, dy = \int_{-\infty}^{t} \left[\int_{-\infty}^{\infty} f_{X|Y}(x|y) f_Y(y)\, dy \right] dx \\ &= \int_{-\infty}^{t} \left[\int_{-\infty}^{\infty} f_{X,Y}(x,y)\, dy \right] dx = \int_{-\infty}^{t} f_X(x)\, dx \end{aligned}$$

그러므로 알고리즘에 의해 생성된 확률변수는 pdf $f_X(x)$를 갖는다.

이 이론에서 어떤 함수 $W(x)$의 $E[W(X)]$를 구하려 한다고 가정하자. 여기서 $E[W^2(X)] < \infty$이다. 이 정리의 알고리즘을 이용하여 특정한 m 값에 대해 독립적으로 잇달아 일어나는 $(Y_1, X_1), (Y_2, X_2), \cdots, (Y_m, X_m)$ 열을 생성한다. 여기서 Y_i는 pdf $f_Y(y)$에서 추출하고, X_i는 pdf $f_{X|Y}(x|Y)$에서 생성되었다. 그러면 대수의 약법칙에 의해

$$\begin{aligned}\overline{W} &= \frac{1}{m}\sum_{i=1}^{m} W(X_i) \xrightarrow{P} \int_{-\infty}^{\infty} W(x) f_X(x)\,dx \\ &= E[W(X)]\end{aligned}$$

또한 중심극한정리에 의해 $\sqrt{m}(\overline{W} - E[W(X)]$는 $N(0, \sigma_W^2)$으로 분포수렴한다. 여기서 $\sigma_W^2 = Var(W(X))$이다. 만약 $w_1, w_2, \cdots, w_m$이 확률표본의 관측값이면 대표본에서 $E[W(X)]$의 $(1 - \alpha)100\%$ 근사 신뢰구간은 다음과 같다.

$$\overline{w} \pm z_{\alpha/2}\frac{s_W}{\sqrt{m}} \tag{11.3.4}$$

여기서 $s_W^2 = (m-1)^{-1}\sum_{i=1}^{m}(w_i - \overline{w})^2$이다.

이해를 돕기 위해 다음 예제를 살펴보자.

예제 11.3.1 다음과 같은 pdf를 가진 확률변수를 X라고 하자.

$$f_X(x) = \begin{cases} 2e^{-x}(1-e^{-x}) & 0 < x < \infty \\ 0 & \text{그 외에} \end{cases} \tag{11.3.5}$$

각각 다음 pdf를 가진 Y와 $X|Y$를 가정하자.

$$f_Y(y) = \begin{cases} 2e^{-2y} & 0 < x < \infty \\ 0 & \text{그 외에} \end{cases} \tag{11.3.6}$$

$$f_{X|Y}(x|y) = \begin{cases} e^{-(x-y)} & y < x < \infty \\ 0 & \text{그 외에} \end{cases} \tag{11.3.7}$$

다음 알고리즘에 따라 확률변수를 생성한다고 가정하자.

1단계: $Y \sim f_Y(y)$ 식 (11.3.6)에서

2단계: $X \sim f_{X|Y}(x|Y)$ 식 (11.3.7)에서

정리 11.3.1에 의해 X는 확인되는 pdf 식 (11.3.5)를 갖는다. 또한 분포함수에 관련된 역함수 $F_Y^{-1}(u) = -2^{-1}\log(1-u)$와 $F_{X|Y}^{-1}(u) = -\log(1-u) + Y$가 주어졌기 때문에 pdf 식 (11.3.6)과 (11.3.7)에서 그것을 생성하기는 쉽다.

수치상으로 설명하기 위해 R 함수 `condsim1`(저자 서문에 언급된 사이트에 있다)을 사용하여 식 (11.3.5)의 pdf로부터 관측값을 생성한다. 이 함수를 사용하여 알고리즘의 $m = 10{,}000$회 시

뮬레이션을 시행했다. 표본평균과 편차는 $\overline{x} = 1.495$, $s = 1.112$이다. 따라서 $E[X] = 1.5$를 참이라 하여 구한 $E[X]$의 95% 신뢰구간은 (1.473, 1.517)이다. 연습문제 11.3.4를 참조하라.

앞의 예제에 대한 연습문제 11.3.3에서는 (X, Y)의 결합분포를 만들고 X의 주변 pdf가 식 (11.3.5)와 같음을 밝힌다. 또한 이 연습문제에서와 같이 X의 분포에서 직접적으로 생성하는 것은 쉽다. 그러나 베이지안 추론에서는 종종 조건부 pdf를 다루고, 정리 11.3.1과 같은 정리는 매우 유용하다.

이 알고리즘을 소개하는 주된 목적은 베이지안 방법론에서 유용한 **깁스 샘플러**(Gibbs sampler)라고 하는 다른 알고리즘을 소개하기 위함이다. 두 확률변수로 설명하기 위해 pdf $f(x, y)$를 가진 (X, Y)를 가정하자. 목표는 X에서 하나, Y에서 또 하나인 2개의 iid 확률변수 열을 생성하는 것이다. 깁스 샘플러 알고리즘은 다음과 같다.

알고리즘 11.3.1 **[깁스 샘플러]** m은 양의 정수이고 X_0은 주어진 시작값이라고 하자. 그러면 $i = 1, 2, \cdots, m$에 대해 다음과 같이 생성된다.

$$\text{1단계: } Y_i|X_{i-1} \sim f(y|x)$$
$$\text{2단계: } X_i|Y_i \sim f(x|y)$$

알고리즘의 i번째 단계에 들어가기 전에 X_{i-1}을 생성했다. x_{i-1}을 X_{i-1}의 관측값이라고 하자. 그러면 이 값을 이용하여 pdf $f(y|x_{i-1})$로부터 새로운 Y_i를 생성하고 pdf $f(x|y_i)$로부터 새로운 X_i를 생성한다. 여기서 y_i는 Y_i의 관측값이다. 앞에서 이것을 다음과 같이 나타냈다.

$$\begin{aligned} Y_i &\xrightarrow{D} Y \sim f_Y(y) \\ X_i &\xrightarrow{D} X \sim f_X(x) \end{aligned} \tag{11.3.8}$$

$i \to \infty$일 때

$$\frac{1}{m}\sum_{i=1}^{m} W(X_i) \xrightarrow{P} E[W(X)],\ m \to \infty \tag{11.3.9}$$

깁스 샘플러는 정리 11.3.1과 유사하지만 아주 같지는 않다. 순차적으로 발생한 다음 쌍을 생각해보자.

$$(X_1, Y_1), (X_2, Y_2), \ldots, (X_k, Y_k), (X_{k+1}, Y_{k+1})$$

(X_{k+1}, Y_{k+1})을 계산하기 위해서는 1에서 $k-1$ 이전까지의 쌍이 아닌 (X_k, Y_k)만이 필요하다. 즉 순차적인 열에서 현재의 상태가 주어졌을 때 미래의 상태는 과거의 상태와 독립이다. 확률 과정에서 이와 같은 순차적인 열을 **마르코프 연쇄**(Markov chain)라고 한다. 일반적인 조건에서

마르코프 연쇄의 분포는 연쇄의 길이가 증가함에 따라 안정화된다(균형 상태에 이르거나 안정 상태 분포). 깁스 샘플러에서 균형분포는 $i \to \infty$일 때 식 (11.3.8)의 극한분포이다. 그렇다면 i는 얼마나 커야 하는가? 실제로 관측값을 기록하기 전에 마르코프 연쇄는 상당히 큰 i 값까지 진행되도록 한다. 이 i 값으로 여러 번의 시행을 하고 생성된 확률 관측값에 대한 경험적 분포를 통해 유사성을 비교한다. 또한 X_0의 초깃값이 필요하다[Casella와 George(1992)를 참조하라]. 식 (11.3.8)의 수렴을 뒷받침하는 이론은 이 책의 수준을 벗어난다. 이 이론에 대한 많은 참고문헌이 있는데 기초적 수준의 내용은 Casella와 George(1992)에서 찾아볼 수 있다. 또 다른 참고문헌으로는 Robert와 Casella(1999) 7장, Lehmann과 Casella(1998)가 있다. 다음은 간단한 예제이다.

예제 11.3.2 $\alpha > 0$에 대해 다음과 같이 이산형과 연속형이 혼합된 pdf를 가진 (X, Y)를 가정하자.

$$f(x,y) = \begin{cases} \frac{1}{\Gamma(\alpha)}\frac{1}{x!}y^{\alpha+x-1}e^{-2y} & y > 0;\ x = 0, 1, 2, \ldots \\ 0 & \text{그 외에} \end{cases} \tag{11.3.10}$$

pdf 연습문제 11.3.5에서는 위의 함수가 pdf임을 밝히고 주변 pdf를 구한다. 조건부 pdf는 다음과 같이 주어진다.

$$f(y|x) \propto y^{\alpha+x-1}e^{-2y} \tag{11.3.11}$$

$$f(x|y) \propto e^{-y}\frac{y^x}{x!} \tag{11.3.12}$$

따라서 조건부 pdf는 각각 $\Gamma(\alpha+x,\ 1/2)$과 Poisson(y)이다. 또한 깁스 샘플러 알고리즘은 $i =$ 1, 2, ⋯, m에 대해 다음과 같이 생성된다.

$$\begin{aligned} &\text{1단계: } Y_i|X_{i-1} \sim \Gamma(\alpha + X_{i-1}, 1/2) \\ &\text{2단계: } X_i|Y_i \sim \text{Poisson}(Y_i) \end{aligned}$$

큰 수 m과 $n > m$에 대해

$$\overline{Y} = (n-m)^{-1}\sum_{i=m+1}^{n} Y_i \ \xrightarrow{P}\ E(Y) \tag{11.3.13}$$

$$\overline{X} = (n-m)^{-1}\sum_{i=m+1}^{n} X_i \ \xrightarrow{P}\ E(X) \tag{11.3.14}$$

이때 두 기댓값이 α로 같음을 보여줄 수 있다(연습문제 11.3.5를 참조하라). 저자 서문에 언급된 사이트에 있는 R 함수 `gibbser2.s`는 깁스 샘플러를 계산한다. 이 루틴을 사용하여 $\alpha = 10$, $m = 3000$, $n = 6000$이라는 설정하에 다음과 같은 결과를 얻었다.

모수	추정	표본추정	표본분산	95% 근사 신뢰구간
$E(Y) = \alpha = 10$	$\overline{y}$	10.027	10.775	(9.910, 10.145)
$E(X) = \alpha = 10$	$\overline{x}$	10.061	21.191	(9.896, 10.225)

여기서 $\overline{y}$와 $\overline{x}$의 추정은 식 (11.3.13)과 (11.3.14)에서 추정된 관측값이다. α에 대한 신뢰구간은 네 번째 열의 표본분산을 사용한, 예제 4.2.2에서 논의된 평균에 대한 대표본 신뢰구간이다. 두 신뢰구간 모두 $\alpha = 10$을 포함한다.

연습문제

11.3.1 Y는 $\Gamma(1, 1)$ 분포를 따르고, Y가 주어졌을 때 X의 조건부 pdf는 다음과 같다고 하자.

$$f(x|y) = \begin{cases} e^{-(x-y)} & 0 < y < x < \infty \\ 0 & \text{그 외에} \end{cases}$$

Y의 pdf와 조건부 pdf 모두 시뮬레이션하기 쉽다는 것에 주목하라.

(a) pdf $f_X(x)$를 가지고 iid인 관측값의 열을 발생시키기 위해 정리 11.3.1의 알고리즘을 수립하라.

(b) $E(X)$를 어떻게 추정하는지 나타내라.

(c) (a)에서 구한 알고리즘을 이용하여 $E(X)$를 추정하기 위한 R 함수를 작성하라.

(d) 프로그램을 사용하여 2,000회의 시뮬레이션 결과를 구하라. $E(X)$의 추정값을 계산하고 95% 근사 신뢰구간을 구하라.

(e) $X \sim \Gamma(2, 1)$임을 밝혀라. 신뢰구간에 실제 값 2가 포함되는가?

11.3.2 식 (11.3.3)의 추정량과 $\Theta_1, \Theta_2, \cdots, \Theta_m$을 이용하여 $E[\Theta w(\Theta)]/E[w(\Theta)]$에 대한 부트스트랩 백분위수 신뢰구간을 구하는 알고리즘을 작성하라. 이 부트스트랩을 위한 R 코드를 작성하라.

11.3.3 예제 11.3.1에 대해 생각해보자.

(a) $E(X) = 1.5$임을 밝혀라.

(b) X의 cdf의 역함수를 구하고, 그것을 사용하여 직접적인 X를 직접 생성하는 방법을 밝혀라.

11.3.4 예제 11.3.1의 끝부분에서 다룬 것과 유사한 다른 10,000개의 시뮬레이션 결과를 구하라. 시뮬레이션 결과를 이용하여 $E(X)$에 대한 신뢰구간을 구하라.

11.3.5 예제 11.3.2에 대해 생각해보자.

(a) 식 (11.3.10)에서 함수가 이산형과 연속형이 혼합된 결합 pdf임을 밝혀라.

(b) 확률변수 Y가 $\Gamma(\alpha, 1)$을 따름을 밝혀라.

(c) 확률변수 X가 다음과 같은 pmf를 가진 음이항 분포임을 밝혀라.

$$p(x) = \begin{cases} \frac{(\alpha+x-1)!}{x!(\alpha-1)!}2^{-(\alpha+x)} & x = 0, 1, 2, \dots \\ 0 & \text{그 외에} \end{cases}$$

(d) $E(X) = \alpha$임을 밝혀라.

11.3.6 예제 11.3.2의 깁스 샘플러 알고리즘에 대한 R 함수를 작성하라(또는 `gibbser2.s`를 사용하라). $\alpha = 10$, $m = 3000$, $n = 6000$에 대해 함수를 실행하라. 이 결과를 예제의 표와 비교하라.

11.3.7 확률벡터 (X, Y)에 대해 이산형과 연속형이 혼합된 pdf를 고려하자(Casella와 George, 1992).

$$f(x, y) \propto \begin{cases} \binom{n}{x} y^{x+\alpha-1}(1-y)^{n-x+\beta-1} & x = 0, 1, \dots, n,\ 0 < y < 1 \\ 0 & \text{그 외에} \end{cases}$$

$\alpha > 0$, $\beta > 0$이다.

(a) 적절한 상수를 고려한다면 이 함수가 이산형과 연속형이 혼합된 pdf임을 밝혀라.

(b) 조건부 pdf $f(x|y)$, $f(y|x)$를 결정하라.

(c) 표본 X와 Y를 생성하기 위한 깁스 샘플러 알고리즘을 작성하라.

(d) X와 Y의 주변분포를 결정하라.

11.3.8 연습문제 11.3.7의 깁스 샘플러에 대한 R 함수를 작성하라. $\alpha = 10$, $\beta = 4$, $m = 3000$, $n = 6000$에 대해 프로그램을 실행하라. $E(X)$와 $E(Y)$의 추정값과 신뢰구간을 구하고 참모수와 비교하라.

11.4 현대의 베이지안 방법

사전 pdf는 베이지안 추정에서 중요한 영향을 미친다. 여기서는 예제 11.1.3과 11.2.1에서 보여준 대로 다른 사전 분포에 기초한 정규모형에 대한 다른 베이즈 추정을 고려한다. 사전 분포를 더 통제하는 방법은 다른 확률변수로 사전 분포를 모형화하는 것이다. 이것을 **계층적 베이즈**(hierarchical Bayes)라고 하며 다음과 같은 형태로 나타낸다.

$$\begin{aligned} X|\theta &\sim f(x|\theta) \\ \Theta|\gamma &\sim h(\theta|\gamma) \\ \Gamma &\sim \psi(\gamma) \end{aligned} \tag{11.4.1}$$

이 모형으로 확률변수 Γ의 pdf를 변형함으로써 사전 분포 $h(\theta|\gamma)$를 조절할 수 있다. 두 번째 방법, 즉 **경험적 베이즈**(empirical Bayes)는 γ의 추정값을 구하고 그것을 사후 pdf에 대입시킨다. 이 절에서 그 절차를 간단히 소개할 것이다. 베이지안 방법에 대해 다룬 좋은 책이 몇 권 있다. 특히 Lehmann과 Casella(1998) 4장에 세부적인 절차가 나와 있다.

먼저 식 (11.4.1)이 주어졌을 때 계층적 베이즈를 고려하자. 모수 γ는 장애 모수(nuisance parameter)라고 할 수 있다. 이것을 **초모수**(hyperparameter)라고도 한다. 통상적인 베이지안 추론은 모수 θ에 초점을 맞춘다. 따라서 관심 있는 사후 pdf는 여전히 조건부 pdf $k(\theta|\mathbf{x})$이다.

이러한 논의에서 여러 pdf가 사용되므로 g를 일반적인 pdf로 자주 사용할 것이다. 이는 어떤 분포를 나타내는지에 대해 자유롭다. 조건부 pdf $f(\mathbf{x}|\theta)$는 γ에 의존하지 않는다는 것을 기억하고 다음 식을 보자.

$$\begin{aligned} g(\theta, \gamma|\mathbf{x}) &= \frac{g(\mathbf{x}, \theta, \gamma)}{g(\mathbf{x})} \\ &= \frac{g(\mathbf{x}|\theta, \gamma)g(\theta, \gamma)}{g(\mathbf{x})} \\ &= \frac{f(\mathbf{x}|\theta)h(\theta|\gamma)\psi(\gamma)}{g(\mathbf{x})} \end{aligned}$$

그러므로 사후 pdf는 다음과 같이 주어진다.

$$k(\theta|\mathbf{x}) = \frac{\int_{-\infty}^{\infty} f(\mathbf{x}|\theta)h(\theta|\gamma)\psi(\gamma)\, d\gamma}{\int_{-\infty}^{\infty}\int_{-\infty}^{\infty} f(\mathbf{x}|\theta)h(\theta|\gamma)\psi(\gamma)\, d\gamma d\theta} \tag{11.4.2}$$

여기서 제곱오차손실을 가정하면 $W(\theta)$의 베이즈 추정값은 다음과 같다.

$$\delta_W(\mathbf{x}) = \frac{\int_{-\infty}^{\infty}\int_{-\infty}^{\infty} W(\theta) f(\mathbf{x}|\theta)h(\theta|\gamma)\psi(\gamma)\, d\gamma d\theta}{\int_{-\infty}^{\infty}\int_{-\infty}^{\infty} f(\mathbf{x}|\theta)h(\theta|\gamma)\psi(\gamma)\, d\gamma d\theta} \tag{11.4.3}$$

11.3절에서 정의한 깁스 샘플러를 상기하라. $W(\theta)$의 베이즈 추정값을 구하는 것을 설명할 것이다. $i = 1, 2, \cdots, m$(m은 지정된 값)에 대해 알고리즘의 i번째 단계는

$$\begin{aligned} \Theta_i|\mathbf{x}, \gamma_{i-1} &\sim g(\theta|\mathbf{x}, \gamma_{i-1}) \\ \Gamma_i|\mathbf{x}, \theta_i &\sim g(\gamma|\mathbf{x}, \theta_i) \end{aligned}$$

$i \to \infty$일 때 11.3절에 의해 다음과 같은 결과를 얻을 수 있다.

$$\begin{aligned} \Theta_i &\xrightarrow{D} k(\theta|\mathbf{x}) \\ \Gamma_i &\xrightarrow{D} g(\gamma|\mathbf{x}) \end{aligned}$$

한편 산술평균은

$$\frac{1}{m}\sum_{i=1}^{m} W(\Theta_i) \xrightarrow{P} E[W(\Theta)|\mathbf{x}] = \delta_W(\mathbf{x}),\ m \to \infty \tag{11.4.4}$$

실제로 깁스 샘플러로 $W(\theta)$의 베이즈 추정값을 얻기 위해 (θ_1, γ_1), (θ_2, γ_2), $\cdots$ 값의 순차적인 열을 몬테카를로로 생성한다. 그런 다음 큰 값 m과 $n^* > m$를 선택하고, $W(\theta)$의 추정값은 다음과 같은 평균이다.

$$\frac{1}{n^* - m}\sum_{i=m+1}^{n^*} W(\theta_i) \tag{11.4.5}$$

몬테카를로 생성이므로 **마르코프 연쇄 몬테카를로**(Markov chain Monte Carlo) 절차를 **MCMC**라고 한다. 다음 두 예제를 살펴보자.

예제 11.4.1 예제 11.1.3에서 $\theta_0 = 0$인 정규분포의 공액족을 고려하자. 여기서는 다음 모형을 사용한다.

$$\begin{aligned} \overline{X}|\Theta &\sim N\left(\theta, \frac{\sigma^2}{n}\right),\ \sigma^2\text{은 알려져 있다.} \\ \Theta|\tau^2 &\sim N(0, \tau^2) \\ \frac{1}{\tau^2} &\sim \Gamma(a, b),\ a\text{와 } b\text{는 알려져 있다.} \end{aligned} \tag{11.4.6}$$

계층적 베이즈 모형에 대한 깁스 샘플러를 만들기 위해 조건부 pdf $g(\theta|\overline{x}, \tau^2)$과 $g(\tau^2|\overline{x}, \theta)$가 필요하다. 첫 번째에 대해 다음을 얻는다.

$$g(\theta|\overline{x}, \tau^2) \propto f(\overline{x}|\theta)h(\theta|\tau^2)\psi(\tau^{-2})$$

정규화 상수를 무시하기로 한다면 $f(\overline{x}|\theta)h(\theta|\tau^2)$만 고려하면 된다. 하지만 이것은 예제 11.1.3에서 얻은 두 정규분포의 산출물이다. 이 결과를 바탕으로 $g(\theta|\overline{x}, \tau^2)$은 $N(\{\tau^2/[(\sigma^2/n) + \tau^2]\}\overline{x}, (\tau^2\sigma^2)/[\sigma^2 + n\tau^2])$의 pdf를 갖는다. 두 번째 pdf에 대해 비슷하게 정규화 상수를 무시하면 다음 결과를 얻을 수 있다.

$$\begin{aligned} g\left(\frac{1}{\tau^2}|\overline{x}, \theta\right) &\propto f(\overline{x}|\theta)g(\theta|\tau^2)\psi(1/\tau^2) \\ &\propto \frac{1}{\tau}\exp\left\{-\frac{1}{2}\frac{\theta^2}{\tau^2}\right\}\left(\frac{1}{\tau^2}\right)^{a-1}\exp\left\{-\frac{1}{\tau^2}\frac{1}{b}\right\} \\ &\propto \left(\frac{1}{\tau^2}\right)^{a+(1/2)-1}\exp\left\{-\frac{1}{\tau^2}\left[\frac{\theta^2}{2}+\frac{1}{b}\right]\right\} \end{aligned} \tag{11.4.7}$$

이것은 $\Gamma\{a + (1/2), [(\theta^2/2) + (1/b)]^{-1}\}$ 분포의 pdf이다. $i = 1, 2, \cdots, m$일 때 이 모형에 대

한 깁스 샘플러는 다음과 같다.

$$\begin{aligned}\Theta_i|\overline{x}, \tau_{i-1}^2 &\sim N\left(\frac{\tau_{i-1}^2}{(\sigma^2/n)+\tau_{i-1}^2}\overline{x}, \frac{\tau_{i-1}^2\sigma^2}{\sigma^2+n\tau_{i-1}^2}\right) \\ \frac{1}{\tau_i^2}|\overline{x}, \Theta_i &\sim \Gamma\left(a+\frac{1}{2}, \left(\frac{\theta_i^2}{2}+\frac{1}{b}\right)^{-1}\right)\end{aligned} \tag{11.4.8}$$

매우 큰 값 m과 $n^* > m$에 대해 연쇄값 $((\Theta_m, \tau_m), (\Theta_{m+1}, \tau_{m+1}), \cdots, (Q_{n^*}, \tau_{n^*}))$를 선택하면 (제곱오차손실 가정하에) θ의 베이즈 추정값은 다음과 같다.

$$\widehat{\theta} = \frac{1}{n^* - m}\sum_{i=m+1}^{n^*}\Theta_i \tag{11.4.9}$$

다음과 같은 두 번째 추정값은 $\overline{x}$와 τ_{i-1}이 주어졌을 때 Θ의 조건부 분포에 의해 만들어진다.

$$\widehat{\theta}^* = \frac{1}{n^* - m}\sum_{i=m+1}^{n^*}\frac{\tau_i^2}{\tau_i^2+(\sigma^2/n)}\overline{x} \tag{11.4.10}$$

예제 11.4.2 Lehmann과 Casella(1998, 257쪽)에 소개된 계층적 베이즈 모형은 다음과 같다.

$$\begin{aligned}X|\lambda &\sim \text{Poisson}(\lambda) \\ \Lambda|b &\sim \Gamma(1, b) \\ B &\sim g(b) = \tau^{-1}b^{-2}\exp\{-1/b\tau\}, \quad b>0, \tau>0\end{aligned}$$

깁스 샘플러에 대해 $g(\lambda|x, b)$와 $g(b|x, \lambda)$의 두 조건부 pdf가 필요하다. 결합 pdf는

$$g(x, \lambda, b) = f(x|\lambda)h(\lambda|b)\psi(b) \tag{11.4.11}$$

모형의 pdf 식 (11.4.11)에 기초하여 첫 번째 조건부 pdf에 대해 다음을 얻으며, 이는 $\Gamma(x+1, b/[b+1])$ 분포를 따른다.

$$\begin{aligned}g(\lambda|x, b) &\propto e^{-\lambda}\frac{\lambda^x}{x!}\frac{1}{b}e^{-\lambda/b} \\ &\propto \lambda^{x+1-1}e^{-\lambda[1+(1/b)]}\end{aligned} \tag{11.4.12}$$

두 번째 조건부 pdf에 대해 다음을 얻는다.

$$\begin{aligned}g(b|x, \lambda) &\propto \frac{1}{b}e^{-\lambda/b}\tau^{-1}b^{-2}e^{-1/(b\tau)} \\ &\propto b^{-3}\exp\left\{-\frac{1}{b}\left[\frac{1}{\tau}+\lambda\right]\right\}\end{aligned}$$

위 식에서 야코비안 $db/dy = -y^{-2}$을 가진 변수변환 $y = 1/b$을 만들면 다음 결과를 얻을 수

있다.

$$g(y|x,\lambda) \propto y^3 \exp\left\{-y\left[\frac{1}{\tau}+\lambda\right]\right\} y^{-2}$$
$$\propto y^{2-1}\exp\left\{-y\left[\frac{1+\lambda\tau}{\tau}\right]\right\}$$

이것이 $\Gamma(2,\ \tau/[\lambda\tau+1])$ 분포를 따르는 pdf임을 밝히는 것은 그리 어렵지 않다. 또한 깁스 샘플러는 $i = 1,\ 2,\ \cdots,\ m$(m은 지정된 값)에 대해

$$\begin{aligned} \Lambda_i|x, b_{i-1} &\sim \Gamma\left(x+1, b_{i-1}/[1+b_{i-1}]\right) \\ B_i = Y_i^{-1},\ \text{여기서}\ Y_i|x,\lambda_i &\sim \Gamma\left(2, \tau/[\lambda_i\tau+1]\right) \end{aligned}$$

앞 예제의 수치적 예처럼 $\tau = 0.05$, 관측값 $x = 6$이라고 가정하자. R 함수[1] `hierarch1.s`는 예제의 깁스 샘플러를 계산한다. 여기서 깁스 샘플러가 시작되는 i의 값과 이 값을 넘어서는 연쇄의 길이를 지정해야 한다. $m = 1000$, $n^* = 4000$으로 설정하므로 추정에서 사용된 연쇄의 길이는 3000이다. 베이지안 추정에서 변화하는 τ의 효과를 보라. 실행된 5개 깁스 샘플러의 결과는 다음과 같다.

τ	0.040	0.045	0.050	0.055	0.060
$\hat{\tau}$	6.600	6.490	6.530	6.500	6.440

약간의 변동이 있다. Lehmann과 Casella(1998)에서처럼 이것은 일반적으로 베이지안 추정에서 초모수의 변동 때문에 보통의 베이지안보다 작은 영향을 미친다.

11.4.1 경험적 베이즈

경험적 베이즈 모형은 계층적 베이즈 모형의 처음 두 줄로 구성된다.

$$\begin{aligned} \mathbf{X}|\theta &\sim f(\mathbf{x}|\theta) \\ \Theta|\gamma &\sim h(\theta|\gamma) \end{aligned}$$

계층적 베이즈에서와 같이 모수 γ를 pdf로 모형화하는 대신 경험적 베이즈 방법에서는 다음과 같이 자료를 바탕으로 γ를 추정한다. 다음 식을 상기하라.

$$\begin{aligned} g(\mathbf{x},\theta|\gamma) &= \frac{g(\mathbf{x},\theta,\gamma)}{\psi(\gamma)} \\ &= \frac{f(\mathbf{x}|\theta)h(\theta|\gamma)\psi(\gamma)}{\psi(\gamma)} \\ &= f(\mathbf{x}|\theta)h(\theta|\gamma) \end{aligned}$$

1 저자 서문에 제시된 사이트에서 다운로드할 수 있다.

그리고 우도함수를 고려하자.

$$m(\mathbf{x}|\gamma) = \int_{-\infty}^{\infty} f(\mathbf{x}|\theta)h(\theta|\gamma)\, d\theta \tag{11.4.13}$$

pdf $m(\mathbf{x}|\gamma)$를 사용하여 보통 최대우도 방법으로 $\widehat{\gamma} = \widehat{\gamma}(\mathbf{x})$의 추정값을 얻는다. 모수 θ에 대한 추론에서 경험적 베이즈 과정은 사후 pdf $k(\theta|\mathbf{x}, \widehat{\gamma})$을 사용한다.

다음 예제에서는 경험적 베이즈 과정을 설명한다.

예제 11.4.3 X에 대한 확률표본을 갖는다는 가정을 제외하고 예제 11.4.2와 같다고 하자. 즉 다음 모형을 고려하자.

$$\begin{aligned} X_i|\lambda,\ i = 1, 2, \ldots, n &\overset{\text{iid}}{\sim} \text{Poisson}(\lambda) \\ \Lambda|b &\sim \Gamma(1, b) \end{aligned}$$

$\mathbf{X} = (X_1, X_2, \cdots, X_n)'$이라고 하면

$$g(\mathbf{x}|\lambda) = \frac{\lambda^{n\overline{x}}}{x_1! \cdots x_n!} e^{-n\lambda}$$

여기서 $\overline{x} = n^{-1}\sum_{i=1}^{n} x_i$이다. 따라서 최대화하는 pdf는 다음과 같다.

$$\begin{aligned} m(\mathbf{x}|b) &= \int_0^{\infty} g(\mathbf{x}|\lambda)h(\lambda|b)\, d\lambda \\ &= \int_0^{\infty} \frac{1}{x_1! \cdots x_n!} \lambda^{n\overline{x}+1-1} e^{-n\lambda} \frac{1}{b} e^{-\lambda/b}\, d\lambda \\ &= \frac{\Gamma(n\overline{x}+1)[b/(nb+1)]^{n\overline{x}+1}}{x_1! \cdots x_n! b} \end{aligned}$$

$m(\mathbf{x}|b)$에서 b에 대해 편미분하면

$$\frac{\partial \log m(\mathbf{x}|b)}{\partial b} = -\frac{1}{b} + (n\overline{x}+1)\frac{1}{b(bn+1)}$$

이것을 0으로 놓고 b에 대해 풀면

$$\widehat{b} = \overline{x} \tag{11.4.14}$$

λ에 대한 경험적 베이즈 추정값을 얻기 위해 b 대신 $\widehat{b}$으로 사후 pdf를 계산해야 한다. 사후 pdf는

$$\begin{aligned} k(\lambda|\mathbf{x}, \widehat{b}) &\propto g(\mathbf{x}|\lambda)h(\lambda|\widehat{b}) \\ &\propto \lambda^{n\overline{x}+1-1} e^{-\lambda[n+(1/\widehat{b})]} \end{aligned} \tag{11.4.15}$$

이것은 pdf $\Gamma(n\overline{x} + 1,\ \widehat{b}/[n\widehat{b} + 1])$이다. 그러므로 제곱오차손실하에 경험적 베이즈 추정량은 이 분포의 평균이다. 즉 $\widehat{b} = \overline{x}$이기 때문에

$$\widehat{\lambda} = [n\overline{x} + 1]\frac{\widehat{b}}{n\widehat{b} + 1} = \overline{x} \tag{11.4.16}$$

따라서 사전 분포에 대해 경험적 베이즈 추정값은 최대우도추정값과 같다.

예제 11.4.2에 대해 경험적 베이즈 추정값을 얻기 위해 예제 11.4.3의 해법을 사용할 수 있다. 예제 11.4.2에서 표본 크기는 하나이다. 따라서 λ에 대한 경험적 베이즈 추정값은 x이다. 특히 예제 11.4.2의 끝부분에서 볼 수 있는 수치적 예제에 대한 경험적 베이즈 추정량은 6의 값을 갖는다.

연습문제

11.4.1 다음 베이지안 모형을 생각해보자.

$$\begin{aligned} X_i|\theta &\overset{\text{iid}}{\sim} \Gamma\left(1, \frac{1}{\theta}\right) \\ \Theta|\beta &\sim \Gamma(2, \beta) \end{aligned}$$

단계적으로 수행하여 θ의 경험적 베이즈 추정값을 얻는다.

(a) 다음과 같은 우도함수를 구하라.

$$m(\mathbf{x}|\beta) = \int_0^\infty f(\mathbf{x}|\theta)h(\theta|\beta)\,d\theta$$

(b) 우도 $m(\mathbf{x}|\beta)$에 대한 β의 최대우도추정값 $\widehat{\beta}$을 구하라.

(c) $\mathbf{x}$와 $\widehat{\beta}$이 주어졌을 때 Θ에 대한 사후 분포가 감마분포임을 밝혀라.

(d) 제곱오차손실을 가정하고 경험적 베이즈 추정량을 구하라.

11.4.2 다음과 같은 계층적 베이즈 모형을 생각해보자.

$$\begin{aligned} Y &\sim b(n, p), \quad 0 < p < 1 \\ p|\theta &\sim h(p|\theta) = \theta p^{\theta - 1}, \quad \theta > 0 \\ \theta &\sim \Gamma(1, a), \quad a > 0\text{는 지정되었다.} \end{aligned} \tag{11.4.17}$$

(a) 제곱오차손실을 가정하고 식 (11.4.3)의 p에 대한 베이즈 추정값을 구하라. 우선 θ에 대해 적분하라. 분자와 분모 모두 모수 $y + 1$과 $n - y + 1$인 베타분포의 기댓값임을 밝혀라.

(b) 식 (11.3.2) 부근의 설명을 상기하라. (a)의 베이즈 추정값을 얻기 위해 명확한 몬테카를로 알고리즘을 작성하라.

11.4.3 연습문제 11.4.2의 계층적 베이즈 모형 식 (11.4.17)을 다시 밝혀라.

(a) 조건부 pdf $g(p|y, \theta)$가 모수 $y+\theta$, $n-y+1$인 베타분포임을 밝혀라.

(b) 조건부 pdf $g(\theta|y, p)$가 모수 2, $[(1/a) - \log p]^{-1}$인 감마분포임을 밝혀라.

(c) (a)와 (b)를 이용하고 제곱오차손실을 가정하여 p의 베이즈 추정량을 얻는 깁스 샘플러 알고리즘을 써라.

11.4.4 연습문제 11.4.2의 계층적 베이즈 모형에 대해 $n = 50$, $a = 2$라고 하자. 이제 $\Gamma(1, 2)$에서 무작위로 θ를 추출하여 그것을 θ^*라고 하자. 그런 다음 pdf $\theta^* p^{\theta^*-1}$에서 p를 추출하여 그것을 p^*라고 하자. 마지막으로 $b(n, p^*)$ 분포에서 무작위로 y를 추출한다.

(a) $m = 3000$이라 하고 연습문제 11.4.2의 몬테카를로 알고리즘을 사용하여 θ^*의 추정값을 구하라.

(b) $m = 3000$, $n^* = 6000$이라 하고 연습문제 11.4.3의 깁스 샘플러 알고리즘을 사용하여 θ^*의 추정값을 구하라. 순차적으로 추출한 값을 $p_{3001}, p_{3002}, \cdots, p_{6000}$이라고 하자. 이 값은 사후 pdf $g(p|y)$에서 점근적으로 시뮬레이션된 값임을 상기하라. 이러한 값의 순차적인 열을 이용하여 95% 신용구간을 구하라.

11.4.5 연습문제 11.4.2의 베이지안 모형을 다음과 같이 써라.

$$\begin{aligned} Y &\sim b(n,p), \quad 0 < p < 1 \\ p|\theta &\sim h(p|\theta) = \theta p^{\theta-1}, \quad \theta > 0 \end{aligned}$$

p의 경험적 베이즈 추정량을 구하기 위한 단계인 $g(y|\theta)$의 최대우도추정량에 대한 추정방정식을 수립하라. 가능한 한 간단히 하라.

11.4.6 정규분포의 공액족에 대한 계층적 베이즈 모형의 예제 11.4.1을 생각해보자. 모형은 다음과 같이 나타낼 수 있다.

$$\begin{aligned} \overline{X}|\Theta &\sim N\left(\theta, \frac{\sigma^2}{n}\right), \ \sigma^2\text{은 알려져 있다.} \\ \Theta|\tau^2 &\sim N(0, \tau^2) \end{aligned}$$

θ의 경험적 베이즈 추정량을 구하라.

수학 주석

Mathematical Comments

APPENDIX A

A.1 정규 조건

이 책의 6.4절과 6.5절에서 언급한 정규 조건이 있다. 이 조건에 관한 논의는 Lehmann과 Casella(1998) 6장에서 찾을 수 있다.

X가 pdf $f(x;\, \boldsymbol{\theta})$를 갖는다고 하자. 여기서 $\boldsymbol{\theta} \in \Omega \subset R^p$이다. 이 가정에서 X는 R^k에서 스칼라 확률변수 또는 확률벡터이다. 6.4절에서처럼 $\mathbf{I}(\boldsymbol{\theta}) = [I_{jk}]$를 식 (6.4.4)에 주어진 $p \times p$ 정보 행렬이라 하자. 또한 참인 모수 θ를 θ_0로 정의하자.

가정 A.1.1　6.4절과 6.5절에 대한 추가적인 정규 조건

(R6) $\boldsymbol{\theta}_0 \in \Omega_0$처럼 열린 부분집합 $\Omega_0 \subset \Omega$가 존재하고 모든 $\boldsymbol{\theta} \in \Omega_0$에서 $f(x;\, \boldsymbol{\theta})$의 3차 도함수가 존재한다.

(R7) 다음 방정식이 성립한다(본질적으로 기댓값과 미분을 바꿀 수 있다).

$$E_{\boldsymbol{\theta}}\left[\frac{\partial}{\partial\theta_j}\log f(x\,;\boldsymbol{\theta})\right] = 0, \quad j = 1, \ldots, p\text{에 대해}$$

$$I_{jk}(\boldsymbol{\theta}) = E_{\boldsymbol{\theta}}\left[-\frac{\partial^2}{\partial\theta_j\partial\theta_k}\log f(x\,;\boldsymbol{\theta})\right], \quad j, k = 1, \ldots, p\text{에 대해}$$

(R8) 모든 $\boldsymbol{\theta} \in \Omega_0$에 대해 $\mathbf{I}(\boldsymbol{\theta})$는 양정치행렬이다.

(R9) 다음과 같은 함수 $M_{jkl}(x)$가 존재한다.

$$\left|\frac{\partial^3}{\partial\theta_j\partial\theta_k\theta_l}\log f(x\,;\boldsymbol{\theta})\right| \le M_{jkl}(x),\ \text{모든}\ \ \boldsymbol{\theta} \in \Omega_0\text{에 대해}$$

$$E_{\boldsymbol{\theta}_0}[M_{jkl}] < \infty,\ \text{모든}\ \ j, k, l \in 1, \ldots, p\text{에 대해}$$

A.2 수열

다음은 실수의 수열에 대한 간단한 검토이다. 특히 수열의 liminf와 limsup에 대해 설명한다. 이 내용을 보완하기 위해 저자 서문에 제시된 사이트에서 다운로드가 가능한 수학적 입문서를 제공한다. 다음과 같은 수열의 검토 외에도 무한수열의 간단한 검토와 보충 자료를 무료로 다운로드할 수 있다.

$\{a_n\}$을 실수인 수열이라고 하자. 미적분학에서

$$\text{모든 } \epsilon > 0\text{에 대해 } n \geq N_0 \Rightarrow |a_n - a| < \epsilon\text{인 } N_0\text{이 존재} \tag{A.2.1}$$

일 때에 한하여 $a_n \to a(\lim_{n\to\infty} a_n = a)$이다.

A를 위 식의 위로 유계인 실수의 집합이라고 하자. 즉 모든 $x \in A$에 대해 $x \leq M$인 $M \in R$이 존재한다. a가 A의 모든 상계보다 크면 a는 A의 **상한**(supremum)임을 상기하라. 미적분학에서 위로 유계한 집합의 상한이 존재한다는 것을 알고 있다. 또한 모든 $\epsilon > 0$에 대해 $a - \epsilon < x \leq a$인 $x \in A$가 존재할 때에 한하여 a는 A의 상한이라는 것을 알고 있다. 이와 마찬가지로 A의 **하한**(infimum)을 정의할 수 있다.

미적분학의 세 가지 추가적인 사실이 필요하다. 첫 번째는 샌드위치 정리이다.

정리 A.2.1 [샌드위치 정리]

모든 n에 대해 $c_n \leq a_n \leq b_n$인 수열이 $\{a_n\}$, $\{b_n\}$, $\{c_n\}$이고 $\lim_{n\to\infty} b_n = \lim_{n\to\infty} c_n = a$이면 $\lim_{n\to\infty} a_n = a$이다.

증명: $\epsilon > 0$이 주어졌다고 하자. $\{b_n\}$과 $\{c_n\}$이 수렴하기 때문에 $n \geq N_0$에 대해 $|c_n - a| < \epsilon$와 $|b_n - a| < \epsilon$인 N_0을 선택할 수 있다. $c_n \leq a_n \leq b_n$이므로 다음을 밝히기는 쉽다. 모든 n에 대해

$$|a_n - a| \leq \max\{|c_n - a|, |b_n - a|\}$$

그러므로 $n \geq N_0$이면 $|a_n - a| < \epsilon$이다.

두 번째 사실은 부분수열에 관계된 것이다. 만약 $n_1 \leq n_2 \leq \cdots$가 양의 정수에서 무한집합이면 $\{a_{n_k}\}$는 $\{a_n\}$의 부분수열이다. $n_k \geq k$임을 주목하라.

정리 A.2.2

수열 $\{a_n\}$은 모든 부분수열 $\{a_{n_k}\}$가 a에 수렴할 때에 한하여 a에 수렴한다.

증명: 수열 $\{a_n\}$이 a에 수렴한다고 가정하자. $\{a_{n_k}\}$를 어떤 부분수열이라고 하자. 또한 $\epsilon > 0$이라고 하자. 그러면 $n \geq N_0$에 대해 $|a_n - a| < \epsilon$인 N_0이 존재한다. 부분수열에 대해 N_0보다 큰

부분수열의 첫 번째 지수가 k'이라면 모든 k에 대해 $n_k \geq k$이므로 $|a_{n_k} - a| < \epsilon$은 $n_k \geq n'_k \geq k' \geq N_0$을 의미한다. 따라서 $\{a_{n_k}\}$는 a에 수렴한다. 수열은 자신의 부분수열이기도 하므로 수렴은 직관적이다.

마지막으로 세 번째 정리는 단조수열에 관계된 것이다.

정리 A.2.3

$\{a_n\}$이 실수인 비감소수열이라고 하자. 즉 모든 n에 대해 $a_n \leq a_{n+1}$이다. 또한 $\{a_n\}$이 위로 위계라고 가정하자. 즉 모든 n과 어떤 $M \in R$에 대해 $a_n \leq M$이다. 그러면 $\{a_n\}$의 극한이 존재한다.

증명: a가 $\{a_n\}$의 상한이라고 하자. $\epsilon > 0$이 주어졌다면 $a - \epsilon < a_{N0} \leq a$인 N_0이 존재한다. 수열이 비감소수열이므로 모든 $n \geq N_0$에 대해 $a - \epsilon < a_n \leq a$임을 나타낸다. 그러므로 정의에 의해 $a_n \to a$이다.

$\{a_n\}$을 실수인 수열이라 하고 두 부분수열을 다음과 같이 정의하자.

$$b_n = \sup\{a_n, a_{n+1}, \ldots\}, \quad n = 1, 2, 3 \ldots \tag{A.2.2}$$

$$c_n = \inf\{a_n, a_{n+1}, \ldots\}, \quad n = 1, 2, 3 \ldots \tag{A.2.3}$$

$\{b_n\}$은 비감소수열임이 분명하다. 그러므로 $\{a_n\}$이 아래로 유계이면 b_n의 극한이 존재한다. 이때 수열 $\{a_n\}$에서의 $\{b_n\}$의 극한을 **상극한**(limit supremum)이라 하고 다음과 같이 나타낸다.

$$\overline{\lim_{n\to\infty}}\, a_n = \lim_{n\to\infty} b_n \tag{A.2.4}$$

만약 $\{a_n\}$이 아래로 유계하지 않으면 $\overline{\lim}_{n\to\infty} a_n = -\infty$이다. 또한 $\{a_n\}$이 위로 유계하지 않으면 $\overline{\lim}_{n\to\infty} a_n = \infty$로 정의한다. 그러므로 어떤 수열의 $\overline{\lim}$는 항상 존재한다. 또한 수열 $\{b_n\}$의 정의로부터

$$a_n \leq b_n, \quad n = 1, 2, 3, \ldots. \tag{A.2.5}$$

한편 $\{c_n\}$은 비감소함수이다. 그러므로 $\{a_n\}$이 위로 유계이면 c_n의 극한이 존재한다. 이때 수열 $\{a_n\}$에서의 $\{c_n\}$의 극한을 **하극한**(limit infimum)이라 하고 다음과 같이 나타낸다.

$$\underline{\lim}_{n\to\infty}\, a_n = \lim_{n\to\infty} c_n \tag{A.2.6}$$

만약 $\{a_n\}$이 위로 유계하지 않으면 $\underline{\lim}_{n\to\infty} a_n = \infty$이다. 또한 $\{a_n\}$이 아래로 유계하지 않으면 $\underline{\lim}_{n\to\infty} a_n = -\infty$이다. 그러므로 어떤 수열의 $\underline{\lim}$는 항상 존재한다. 또한 부분수열 $\{c_n\}$과 $\{b_n\}$의 정의로부터

$$c_n \le a_n \le b_n, \quad n = 1, 2, 3, \ldots. \tag{A.2.7}$$

모든 n에 대해 $c_n \le b_n$이므로

$$\underline{\lim}_{n\to\infty} a_n \le \overline{\lim}_{n\to\infty} a_n \tag{A.2.8}$$

예제 A.2.1 두 가지 예를 제시한다. 연습문제에도 또 다른 예가 있다.

1. 모든 $n = 1, 2, \cdots$에 대해 $a_n = -n$이라고 하면 $b_n = \sup\{-n, -n-1, \cdots\} = -n \to -\infty$이고 $c_n = \inf\{-n, -n-1, \cdots\} = -\infty \to -\infty$이다. 따라서 $\underline{\lim}_{n\to\infty} a_n = \overline{\lim}_{n\to\infty} a_n = -\infty$이다.
2. $\{a_n\}$이 다음과 같이 정의되었다고 하자.

$$a_n = \begin{cases} 1 + \frac{1}{n}, & n\text{이 짝수이면} \\ 2 + \frac{1}{n}, & n\text{이 홀수이면} \end{cases}$$

그러면 $\{b_n\}$은 $\{c_n\} \equiv 1$로 수렴할 때 2로 수렴하는 $\{3, 2 + (1/3), 2 + (1/3), 2 + (1/5), 2 + (1/5), \cdots\}$인 수열이다. 따라서 $\underline{\lim}_{n\to\infty} a_n = 1$이고 $\overline{\lim}_{n\to\infty} a_n = 2$이다.

모든 수열의 $\underline{\lim}_{n\to\infty}$와 $\overline{\lim}_{n\to\infty}$가 존재하는 것은 유용하다. 또한 식 (A.2.7)과 (A.2.8)의 샌드 위치 효과는 다음 정리를 이끈다.

정리 A.2.4

$\{a_n\}$이 실수인 수열이라면 $\{a_n\}$의 극한은 $\underline{\lim}_{n\to\infty} a_n = \overline{\lim}_{n\to\infty} a_n$일 때에 한하여 존재한다. 이때 $\lim_{n\to\infty} a_n = \underline{\lim}_{n\to\infty} a_n = \overline{\lim}_{n\to\infty} a_n$이다.

증명: 우선 $\lim_{n\to\infty} a_n = a$라고 하자. 수열 $\{c_n\}$과 $\{b_n\}$은 $\{a_n\}$의 부분수열이기 때문에 정리 A.2.2에 의해 $\{c_n\}$과 $\{b_n\}$도 a에 수렴한다. 반대로 $\underline{\lim}_{n\to\infty} a_n = \overline{\lim}_{n\to\infty} a_n$이면 식 (A.2.7)과 샌드위치 정리 A.2.1에 의해 같은 결과가 나온다.

이러한 정리에 근거하여 통계학과 확률에서 자주 사용하는 두 가지 추론에 관심이 있다. $\{p_n\}$이 확률의 수열이고 $b_n = \sup\{p_n, p_{n+1}, \cdots\}$, $c_n = \inf\{p_n, p_{n+1}, \cdots\}$이라고 하자. 첫 번째 추론에 대해 $\overline{\lim}_{n\to\infty} p_n = 0$임을 보일 수 있다고 가정하면 $0 \le p_n \le b_n$과 샌드위치 정리에 의해 $\lim_{n\to\infty} p_n = 0$이다. 두 번째 추론에 대해 $\underline{\lim}_{n\to\infty} p_n = 1$임을 보일 수 있다고 가정하면 $c_n \le p_n \le 1$과 샌드위치 정리에 의해 $\lim_{n\to\infty} p_n = 1$이다.

정리의 다른 성질과 증명은 연습문제 A.2.2에서 다룰 것이다.

정리 A.2.5

$\{a_n\}$과 $\{d_n\}$이 실수인 수열이라면

$$\overline{\lim_{n\to\infty}}\,(a_n + d_n) \leq \overline{\lim_{n\to\infty}}\, a_n + \overline{\lim_{n\to\infty}}\, d_n \tag{A.2.9}$$

$$\underline{\lim_{n\to\infty}}\, a_n = -\overline{\lim_{n\to\infty}}\,(-a_n) \tag{A.2.10}$$

연습문제

A.1.1 다음 각 수열의 $\underline{\lim}$와 $\overline{\lim}$를 구하라.

(a) $n = 1, 2, \cdots$에 대해 $a_n = (-1)^n(2 - \frac{4}{2^n})$

(b) $n = 1, 2, \cdots$에 대해 $a_n = n^{\cos(\pi n/2)}$

(c) $n = 1, 2, \cdots$에 대해 $a_n = \frac{1}{n} + \cos\frac{\pi n}{2} + (-1)^n$

A.2.2 (A.2.9)와 (A.2.10)을 증명하라.

A.2.3 $\{a_n\}$과 $\{d_n\}$이 실수인 수열이라고 하자. 다음을 밝혀라.

$$\underline{\lim_{n\to\infty}}\,(a_n + d_n) \geq \underline{\lim_{n\to\infty}}\, a_n + \underline{\lim_{n\to\infty}}\, d_n$$

A.2.4 $\{a_n\}$이 실수인 수열이고 $\{a_{n_k}\}$가 $\{a_n\}$의 부분수열이라고 하자. $k \to \infty$일 때 $\{a_{n_k}\}$ $\to a_0$이면 $\underline{\lim}_{n\to\infty}\, a_n \leq a_0 \leq \overline{\lim}_{n\to\infty}\, a_n$임을 밝혀라.

R 입문서

R Primer

APPENDIX

B

R 패키지는 CRAN(https://cran.r-project.org/)에서 다운로드할 수 있다. 이는 무료 소프트웨어이고 윈도우, 맥, 리눅스를 포함한 대부분의 플랫폼용 버전이 있다. CRAN의 지침에 따라 R을 따르면 된다. 설치는 단 몇 분밖에 걸리지 않는다. R의 사용에 대한 더 많은 정보는 CRAN 사이트에서 무료로 다운로드 가능한 설명서를 참고하기 바란다. 여기에는 Venables와 Ripley (2002), Verzani(2014), Crawley(2007)의 책, Kloke와 McKean(2014)의 1장을 포함하여 독자가 참조할 수 있는 많은 참고문헌이 있다.

R이 설치되면 윈도우에서 R 아이콘을 클릭하여 R 세션을 시작한다. R 프롬프트는 >이다. R을 종료하기 위해 `q()`를 입력하면 `Save workspace image? [y/n/c]:`라는 요청이 나타난다. 여기서 `y`를 입력하면 작업 공간이 다음 세션을 위해 저장될 것이다. R은 기본적으로 제공되는 도움말(문서) 시스템이 있다. 예를 들어 `mean` 함수에 대한 도움말을 보려면 `help(mean)`을 입력하고 도움말을 종료하려면 `q`를 입력하면 된다. 이 입문서의 섹션을 살펴보는 동안 R을 함께 사용해볼 것을 추천한다.

B.1 기본

R의 명령은 숫자형 자료, 문자열, 또는 논리 유형에 대해 작동한다. 같은 줄에서 명령을 구분하려면 세미콜론을 사용한다. 또한 기호 #의 오른쪽에 있는 것은 무시된다. 즉 #의 오른쪽에 주석을 사용할 수 있다. 다음은 몇 가지 산술 계산이다.

```
> 8+6 - 7*2
[1] 0
> (150/3) + 7^2 -1 ; sqrt(50) - 50^(1/2)
```

```
[1] 98
[1] 0
> (4/3)*pi*5^3        # 반경이 5인 구의 부피
[1] 523.5988
> 2*pi*5              # 반지름이 5인 구의 원주
[1] 31.41593
```

결과는 할당 함수 <- 또는 동등하게 등부호 =를 사용하여 나중에 계산할 수 있도록 저장 가능하다. 이름은 문자, 숫자 또는 기호를 혼합할 수 있다. 예를 들면

```
> r <- 10 ; Vol <- (4/3)*pi*r^3 ; Vol
[1] 4188.79
> r = 100 ; circum = 2*pi*r ; circum
[1] 628.3185
```

R의 변수는 스칼라, 벡터 또는 행렬을 포함한다. 위의 예에서 변수 `r`과 `Vol`은 스칼라이다. 스칼라는 `c` 함수를 사용하여 벡터로 결합될 수 있다. 또한 벡터에 대한 산술 함수는 구성 요소별로 수행된다. 예를 들어 반지름이 5, 6, ⋯ , 9인 구의 부피를 계산하는 데에는 두 가지 방법이 있다.

```
> r <- c(5,6,7,8,9) ; Vol <- (4/3)*pi*r^3 ; Vol
[1]  523.5988  904.7787 1436.7550 2144.6606 3053.6281
> r <- 5:9 ; Vol <- (4/3)*pi*r^3 ; Vol
[1]  523.5988  904.7787 1436.7550 2144.6606 3053.6281
```

벡터의 구성 요소는 대괄호를 사용하여 참조된다. 예를 들어 벡터 `vec`의 다섯 번째 구성 요소는 `vec[5]`이다. `rbind`(행 결합)와 `cbind`(열 결합)의 명령어를 사용하여 벡터에서 행렬을 형성할 수 있다. 이해를 돕기 위해 다음과 같이 **A**와 **B**를 행렬로 표현하자.

$$\mathbf{A} = \begin{bmatrix} 1 & 4 \\ 3 & 2 \end{bmatrix}, \quad \mathbf{B} = \begin{bmatrix} 1 & 3 & 5 & 7 \\ 2 & 4 & 6 & 8 \end{bmatrix}$$

$\mathbf{AB}$, $\mathbf{A}^{-1}$, $\mathbf{B}'\mathbf{A}$는 다음과 같이 계산된다.

```
> c1 <- c(1,3) ; c2 <- c(4,2); a <- cbind(c1,c2)
> r1 <- c(1,3,5,7); r2 <- c(2,4,6,8); b <- rbind(r1,r2)
> a%*%b; solve(a) ; t(b)%*%a

     [,1] [,2] [,3] [,4]
[1,]    9   19   29   39
[2,]    7   17   27   37
```

```
    [,1] [,2]
c1 -0.2  0.40
c2  0.3 -0.1
     c1 c2
[1,]  7  8
[2,] 15 20
[3,] 23 32
[4,] 31 44
```

대괄호는 행렬의 요소를 참조하는 데에도 사용된다. amat를 4 × 4 행렬이라고 하면 (2, 3) 요소는 amat[2,3]이고 오른쪽 위 모서리의 2 × 2 부분행렬은 amat[1:2,3:4]이다. 이 마지막 항목은 행렬의 부분집합을 구하는 예이다. R에서는 부분 설정이 쉽다. 예를 들어 다음 명령은 벡터 x에 대해 음수, 양수 및 0의 요소를 얻는다.

```
> x = c(-2,0,3,4,-7,-8,11,0);  xn = x[x<0]; xn

[1] -2 -7 -8

> xp = x[x>0]; xp

[1]  3  4 11

> x0 = x[x==0]; x0

[1] 0 0
```

길이가 같은 R 벡터 x와 y의 경우, y 대 x의 그림은 plot(y ~ x)의 명령어로 구한다. R 코드의 다음 부분은 0.1의 단위로 0에서 8까지의 반지름에 대해 구의 부피와 원주 대 반지름의 그림 2.1.1과 같은 그림을 구할 수 있다. 첫 번째 그림은 간단한 그림이고, 두 번째 그림은 축의 이름과 제목을 추가한다. 세 번째 그림은 관계의 곡선을 그리고, 네 번째 그림은 원의 원주와 반지름 사이 관계를 보여준다.

```
par(mfrow=c(2,2))         # 이는 2x2 페이지의 그림을 설정한다
r <- seq(0,8,.1);  Vol <- (4/3)*pi*r^3 ; plot(Vol ~ r)       # 그림 1
title("Simple Plot")
plot(Vol ~ r,xlab="Radius",ylab="Volume")                    # 그림 2
title("Volume vs Radius")
plot(Vol ~ r,pch=" ",xlab="Radius",ylab="Volume")
lines(Vol ~ r)                                               # 그림 3
title("Curve")
circum <- 2*pi*r
plot(circum ~ r,pch=" ",xlab="Radius",ylab="Circumference")
lines(circum ~ r); title("Circumference vs Radius")          # 그림 4
```

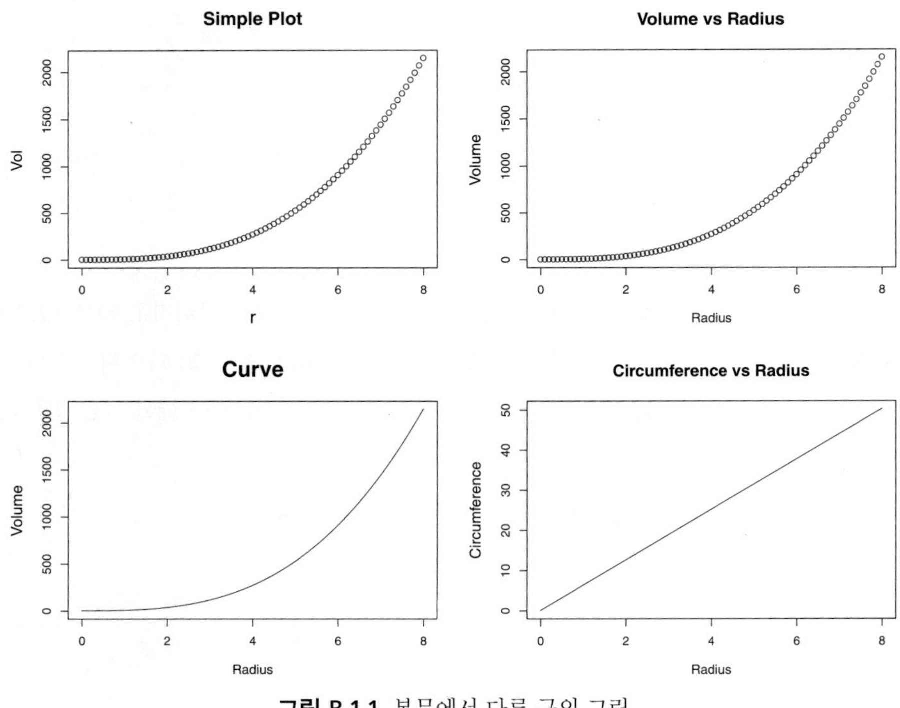

그림 B.1.1 본문에서 다룬 구의 그림

B.2 확률분포

많은 분포에 대해 R에는 확률을 구하고, 분위수를 계산하고, 확률 변량을 생성하는 함수가 있다. 다음은 두 가지 일반적인 예이다. $N(\mu, \sigma^2)$ 분포를 가진 확률변수를 X라고 하자. R에서 mu와 sig는 각각 X의 평균과 표준편차를 나타내며 R 명령어와 의미는 다음과 같다.

pnorm(x,mu,sig)	$P(X \leq x)$
qnorm(p,mu,sig)	$P(X \leq q) = p$
dnorm(x,mu,sig)	$f(x)$, 여기서 f는 X의 pdf이다.
rnorm(n,mu,sig)	X의 분포에서 생성된 n개의 변량

수치적인 예로 남성의 키가 평균 70인치, 표준편차 4인치인 정규분포를 따른다고 가정하자.

```
> 1-pnorm(72,70,4)        # 남성의 키가 6피트를 초과할 확률
[1] 0.3085375
> qnorm(.90,70,4)         # 키에서 상위 10번째 백분위수
[1] 75.12621
> dnorm(72,70,4)          # 72에서 밀도의 값
```

```
[1] 0.08801633

> rnorm(6,70,4)             # X에 대해 크기가 6일 표본

[1] 72.12486 75.25811 71.26661 63.36465 74.19436 69.71513
```

다음 그림은 100개의 변량을 생성하고 샘플의 히스토그램을 그린 뒤 히스토그램에 X의 밀도 그림을 겹쳐서 그린다. 히스토그램에서 pr=T라는 인수에 주의하라. 히스토그램의 영역이 1의 되도록 조정된다.

```
> x = rnorm(100,70,4);  x=sort(x)
> hist(x,pr=T,main="Histogram of Sample")
> y = dnorm(x,70,4)
> lines(y~x)
```

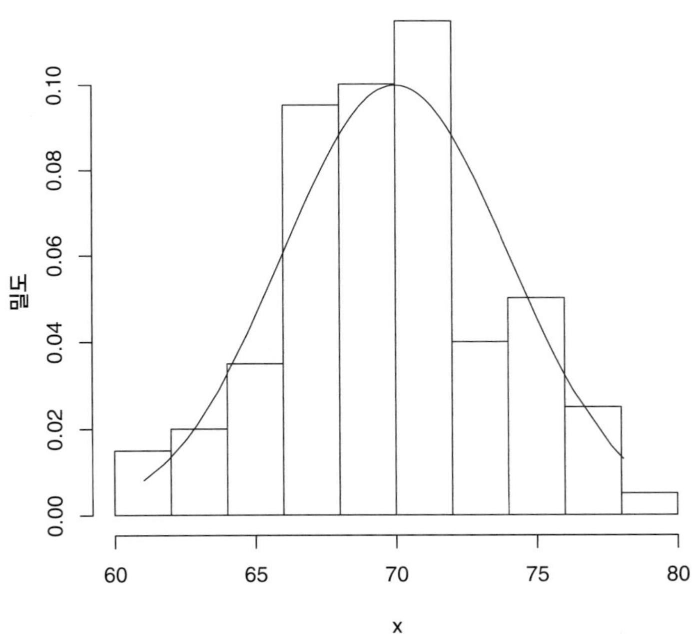

그림 B.2.1 $N(70, 4^2)$ 분포에서 추출된 확률표본의 히스토그램에 해당 정규분포의 pdf가 겹쳐진 그림

이산확률변수의 경우 pdf는 확률질량함수(pmf)이다. X가 시행 횟수가 100이고 성공 확률이 0.6인 이항확률변수라고 가정하자.

```
> pbinom(55,100,.6)         # 최대 55개의 성공이 나올 확률

[1] 0.1789016

> dbinom(55,100,.6)         # 정확히 55개의 성공이 나올 확률

[1] 0.04781118
```

잘 알려진 다른 분포도 R에 탑재되어 있다. 예를 들어 자유도가 30인 카이제곱 확률변수가 평균에서 표준편차의 2배만큼 초과할 확률을 계산할 수 있고, 이를 감마분포의 확률로 확인할 수 있다.

```
> mu=30; sig=sqrt(2*mu); 1-pchisq(mu+2*sig,30)
[1] 0.03471794
> 1-pgamma(mu+2*sig,15,1/2)
[1] 0.03471794
```

sample 명령어는 벡터에서 확률표본을 구한다. 복원추출(replace=T)이나 비복원추출(replace=F)을 할 수 있다. 다음은 1부터 20까지의 정수에서 추출된 크기 12인 표본이다.

```
> vec = 1:20
> sample(vec,12,replace=T)
 [1] 14 20  7 17  6  6 11 11  9  1 10 14
> sample(vec,12,replace=F)
 [1] 12  1 14  5  4 11  3 17 16 19 20 15
```

B.3 R 함수

R 함수의 구문은 R의 구문과 동일하다. 이를 통해 특정 작업을 위한 R 함수를 모아둔 패키지를 쉽게 개발할 수 있다. R 함수를 도식화하면 다음과 같다.

```
name-function <- function(arguments){
         ...  body of function  ...
}
```

예제 B.3.1 시간이 지남에 따라 측정이 수행되는 과정을 생각해보자. $n = 1, 2, \cdots$에 대해 각 시점 n에서 측정값 x_n이 관찰되지만 시점 n에서 측정값의 표본평균 $\overline{x}_n = (1/n)\sum_{i=1}^{n} x_i$만이 기록되고, 점 $(n, \overline{x}_n)$이 표본평균의 실행 그림에 추가된다. 이것이 어떻게 가능한가? 표본평균에 대한 간단한 업데이트 공식은 쉽게 유도된다. 이는 다음과 같이 주어진다.

$$\overline{x}_{n+1} = \frac{n}{n+1}\overline{x}_n + \frac{1}{n+1}x_{n+1} \quad \text{(식 B.3.1)}$$

따라서 수열 $x_1, \cdots, x_{n+1}$의 표본평균은 시점 n에서의 표본평균과 $(n + 1)$번째 측정값의 선형결합으로 표현될 수 있다. 다음 R 함수는 이러한 업데이트 공식을 코딩한다.

```
mnupdate <- function(n,xbarn,xnp1){
# 입력: n은 표본 크기이다; xbarn은 크기가 n인 표본의 평균이다;
# xnp1은 (n + 1)번째 (신규) 관측값이다.
# 출력: 크기가 (n + 1)인 표본의 평균
       mnupdate <- (n/(n+1))*xbarn + xnp1/(n+1)
       return(mnupdate)
}
```

이 함수를 실행하기 위해 먼저 R에서 불러들인다. 만약 함수가 현재 디렉터리의 `mnupdate.R` 파일에 있으면 불러들이는 명령어는 `source("mnupdate.R")`이다. 이 명령어는 현재 R 세션에 복사하여 붙여넣을 수도 있다. 다음은 이를 실행하는 것이다.

```
> source("mnupdate.R")
> x = c(3,5,12,4); n=4; xbarn = mean(x);
> x; xbarn            #이전 표본과 그에 상응한 평균

[1]  3  5 12  4

[1] 6

> xp1 = 30          # 새로운 관측값
> mnupdate(n,xbarn,xp1)      # 업데이트된 표본의 평균

[1] 10.8
```

B.4 반복문

본문에 있는 결과를 R 프로그램으로 계산하기 위해 반복문을 사용하기도 한다. 일반적으로 다음과 같은 형식의 간단한 for 반복문이다.

```
for(i in 1:n){
    ... 종종 i의 함수로 나타나는 R 코드...
    #   n번 반복되는 반복문에서 i는 i=1, i=2, ..., i=n 값을 통해 실행한다.
}
```

예를 들어 다음 코드는 1부터 n까지의 정수에 대해 제곱, 큐브, 제곱근, 세제곱근의 표를 생성한다.

```
#   n을 어떤 값으로 설정
tab <- c()               # 표를 초기화
for(i in 1:n){
     tab <- rbind(tab,c(i,i^2,i^3,i^(1/2),i^(1/3)))
}
tab
```

B.5 입력과 출력

앞에 인용된 참고문헌을 포함하여 R에 대한 많은 교재는 R의 입력 및 출력(I/O)에 대한 정보를 담고 있다. 여기서는 이 책의 R 사용에서 유용한 몇 가지 방법만 다룬다. 출력을 위해 두 가지 명령어에 대해 설명한다. 첫 번째는 배열(행렬)을 텍스트 파일에 작성하는 것이다. 먼저 `amat`가 p개의 열을 가진 행렬이라고 가정하자. 그런 다음 `write(t(amat),ncol=p,file="amatrix.dat")` 명령어는 행렬 `amat`를 현재 디렉터리에서 `amatrix.dat`라는 텍스트 파일에 작성한다. 다른 디렉터리로 파일을 보내기 위해서는 파일 앞에 'Path'를 `file="Path/amatrix.dat"`와 같이 지정하기만 하면 된다. 두 번째 방법은 'rda' 파일이라고 불리는 R개체 파일에 변수를 작성하는 것이다. 변수에는 스칼라, 벡터, 행렬, 문자열이 포함될 수 있다. 예를 들어 다음 코드는 정보 문자열과 함께 `avar`과 `bscale`의 스칼라, `amat`의 행렬을 rda 파일에 작성한다.

```
info <- "This file contains the variable ....."
save(avar,bscale,amat,info,file="try.rda")
```

`load("try.rda")` 명령어는 현재 세션에 이러한 변수(이름과 값)를 불러온다. 본문에서 논의된 대부분의 자료 세트는 rda 파일에 있다.

입력을 위해 이미 `c`와 `load` 함수에 대해 논의했다. 하지만 `c` 함수는 지루하고, 훨씬 더 쉬운 방법은 `scan` 함수를 사용하는 것이다. 예를 들면 다음 코드는 벡터 (1, 2, 3)을 `x`에 할당한다.

```
x <- scan()
1   2
  3
```

값 사이의 구분자는 공백이고 자료 후의 비어 있는 줄은 x값이 마지막이라는 신호이다. 이렇게 하면 자료를 R에 복사하여 붙여넣을 수 있음을 주목하라. `read.table` 함수를 사용하여 행렬도 유사하게 스캔할 수 있다. 예를 들어 다음 명령어는 'c1'과 'c2'의 열 이름과 함께 위의 행렬 **A**를 입력한다.

```
a <- read.table(header = TRUE, text = "
       c1 c2
       1   4
       3   2
       ")
```

복사 및 붙여넣기도 이 명령어와 함께 쉽게 사용할 수 있다는 것을 주목하라. 만약 행렬 **A**가 열 이름 없이 `amat.dat` 파일에 있으면 다음과 같이 읽을 수 있다.

```
a <- matrix(scan("amat.dat"),ncol=2,byrow=T)
```

B.6 패키지

R 패키지는 지정된 작업을 위해 설계된 R 함수의 모음이다. 예를 들어 10장에서는 순위 기반 로버스트 및 비모수 절차를 계산하는 Rfit와 npsm 패키지를 다루었다. CRAN 사이트에는 사용할 수 있는 수천 개의 무료 패키지가 있다. hmcpkg 패키지에는 이 책에서 설명한 모든 R 함수와 R 자료가 들어 있다. 이 패키지는 저자 서문에 언급된 사이트에서 다운로드할 수 있다.

컴퓨터에 패키지가 설치되면 R 세션에서 패키지를 사용하기 위해 다음과 같이 library 명령어를 사용하라. 다음 코드는 예제 4.2.4에서 다룬 야구 자료의 처음 3줄을 출력한 것이다. attach 명령어는 height 변수에 대해 보여주는 것처럼 자료의 변수에 접근할 수 있게 해준다.

```
library(hmcpkg)
head(bb,3)
hand height weight hitind hitpitind average
1    1      74     218    1         0   3.330
2    0      75     185    1         1   0.286
3    1      77     219    2         0   3.040
attach(bb);  head(height,4)     # 변수 height에 접근
[1] 74 75 77 73
```

예제 1.3.3에서는 n명의 집단에서 적어도 2명의 생일이 같을 확률을 도출했다. 패키지에 포함된 bday라는 R 함수는 이 확률을 계산한다. 다음 코드는 크기가 10인 집단에 대해 이 확률을 계산한다.

```
library(hmcpkg)
bday(10)
[1] 0.1169482
```

APPENDIX

자주 사용되는 분포

Common Distributions

여기서는 흔히 사용되는 분포를 제공한다. 이는 각 분포에 대해 pmf 또는 pdf가 본문에서 정의되는 표현, pmf 또는 pdf에 대한 식, 평균과 분산, mgf이다. 첫 번째 목록은 흔히 사용되는 이산형 분포를 포함하고, 두 번째 목록은 흔히 사용되는 연속형 분포를 포함한다.

	자주 사용되는 이산형 분포
베르누이(Bernoulli) $0 < p < 1$	(3.1.1) $p(x) = p^x(1-p)^{1-x}, \quad x = 0, 1$ $\mu = p, \quad \sigma^2 = p(1-p)$ $m(t) = [(1-p) + pe^t], \quad -\infty < t < \infty$
이항(binomial) $0 < p < 1$ $n = 1, 2, \ldots$	(3.1.2) $p(x) = \binom{n}{x} p^x(1-p)^{n-x}, \quad x = 0, 1, 2, \ldots, n$ $\mu = np, \quad \sigma^2 = np(1-p)$ $m(t) = [(1-p) + pe^t]^n, \quad -\infty < t < \infty$
기하(geometric) $0 < p < 1$	(3.1.4) $p(x) = p(1-p)^x, \quad x = 0, 1, 2, \ldots$ $\mu = \frac{q}{p}, \quad \sigma^2 = \frac{1-p}{p^2}$ $m(t) = p[1 - (1-p)e^t]^{-1}, \quad t < -\log(1-p)$
초기하(hypergeometric)(N, D, n) $n = 1, 2, \ldots, \min\{N, D\}$	(3.1.7) $p(x) = \frac{\binom{N-D}{n-x}\binom{D}{x}}{\binom{N}{n}}, \quad x = 0, 1, 2, \ldots, n$ $\mu = n\frac{D}{N}, \quad \sigma^2 = n\frac{D}{N}\frac{N-D}{N}\frac{N-n}{N-1}$ 위의 pmf는 크기 n인 표본에서 비복원으로 x개의 D를 구하는 확률이다.

	자주 사용되는 이산형 분포
음이항(negative binomial) $0 < p < 1$ $r = 1, 2, \ldots$	(3.1.3) $p(x) = \binom{x+r-1}{r-1} p^r (1-p)^x, \quad x = 0, 1, 2, \ldots$ $\mu = \frac{rq}{p}, \quad \sigma^2 = \frac{r(1-p)}{p^2}$ $m(t) = p^r[1 - (1-p)e^t]^{-r}, \quad t < -\log(1-p)$
푸아송(Poisson) $m > 0$	(3.2.1) $p(x) = e^{-m}\frac{m^x}{x!}, \quad x = 0, 1, 2, \ldots$ $\mu = m, \quad \sigma^2 = m$ $m(t) = \exp\{m(e^t - 1)\}, \quad -\infty < t < \infty$
베타(beta) $\alpha > 0$ $\beta > 0$	(3.3.9) $f(x) = \frac{\Gamma(\alpha+\beta)}{\Gamma(\alpha)\Gamma(\beta)} x^{\alpha-1}(1-x)^{\beta-1}, \quad 0 < x < 1$ $\mu = \frac{\alpha}{\alpha+\beta}, \quad \sigma^2 = \frac{\alpha\beta}{(\alpha+\beta+1)(\alpha+\beta)^2}$ $m(t) = 1 + \sum_{i=1}^{\infty}\left(\prod_{j=0}^{k-1}\frac{\alpha+j}{\alpha+\beta+j}\right)\frac{t^i}{i!}, \quad -\infty < t < \infty$
코시(Cauchy)	(1.9.2) $f(x) = \frac{1}{\pi}\frac{1}{x^2+1}, \quad -\infty < x < \infty$ 평균과 분산이 모두 존재하지 않는다. mgf가 존재하지 않는다.
카이제곱(chi-squared), $\chi^2(r)$ $r > 0$	(3.3.7) $f(x) = \frac{1}{\Gamma(r/2)2^{r/2}} x^{(r/2)-1} e^{-x/2}, \quad x > 0$ $\mu = r, \quad \sigma^2 = 2r$ $m(t) = (1-2t)^{-r/2}, \quad t < \frac{1}{2}$ $\chi^2(r) \Leftrightarrow \Gamma(r/2, 2)$ r은 자유도이다.
지수(exponential) $\lambda > 0$	(3.3.6) $f(x) = \lambda e^{-\lambda x}, \quad x > 0$ $\mu = \frac{1}{\lambda}, \quad \sigma^2 = \frac{1}{\lambda^2}$ $m(t) = [1 - (t/\lambda)]^{-1}, \quad t < \lambda$ 지수$(\lambda) \Leftrightarrow \Gamma(1, 1/\lambda)$
F, $F(r_1, r_2)$ $r_1 > 0$ $r_2 > 0$	(3.6.6) $f(x) = \frac{\Gamma[(r_1+r_2)/2](r_1/r_2)^{r_1/2}}{\Gamma(r_1/2)\Gamma(r_2/2)} \frac{(x)^{r_1/2-1}}{(1+r_1x/r_2)^{(r_1+r_2)/2}}, \quad x > 0$ $r_2 > 2$이면 $\mu = \frac{r_2}{r_2-2}$. $r > 4$이면 $\sigma^2 = 2\left(\frac{r_2}{r_2-2}\right)^2 \frac{r_1+r_2-2}{r_1(r_2-4)}$ mgf가 존재하지 않는다. r_1은 분자의 자유도이다. r_2는 분모의 자유도이다.

자주 사용되는 이산형 분포	
감마(gamma), $\Gamma(\alpha, \beta)$ $\alpha > 0$ $\beta > 0$	(3.3.2) $f(x) = \frac{1}{\Gamma(\alpha)\beta^\alpha} x^{\alpha-1} e^{-x/\beta}, \quad x > 0$ $\mu = \alpha\beta, \quad \sigma^2 = \alpha\beta^2$ $m(t) = (1-\beta t)^{-\alpha}, \quad t < \frac{1}{\beta}$
라플라스(Laplace) $-\infty < \theta < \infty$	(2.2.4) $f(x) = \frac{1}{2} e^{-\lvert x-\theta \rvert}, \quad -\infty < x < \infty$ $\mu = \theta, \quad \sigma^2 = 2$ $m(t) = e^{t\theta} \frac{1}{1-t^2}, \quad -1 < t < 1$
로지스틱(logistic) $-\infty < \theta < \infty$	(6.1.8) $f(x) = \frac{\exp\{-(x-\theta)\}}{(1+\exp\{-(x-\theta)\})^2}, \quad -\infty < x < \infty$ $\mu = \theta, \quad \sigma^2 = \frac{\pi^2}{3}$ $m(t) = e^{t\theta}\Gamma(1-t)\Gamma(1+t), \quad -1 < t < 1$
정규(normal), $N(\mu, \sigma^2)$ $-\infty < \mu < \infty$ $\sigma > 0$	(3.4.6) $f(x) = \frac{1}{\sqrt{2\pi}\sigma} \exp\left\{-\frac{1}{2}\left(\frac{x-\mu}{\sigma}\right)^2\right\}, \quad -\infty < x < \infty$ $\mu = \mu, \quad \sigma^2 = \sigma^2$ $m(t) = \exp\{\mu t + (1/2)\sigma^2 t^2\}, \quad -\infty < t < \infty$
t, $t(r)$ $r > 0$	(3.6.2) $f(x) = \frac{\Gamma[(r+1)/2]}{\sqrt{\pi r}\Gamma(r/2)} \frac{1}{(1+x^2/r)^{(r+1)/2}}, \quad -\infty < x < \infty$ $r > 1$이면 $\mu = 0$. $r > 2$이면 $\sigma^2 = \frac{r}{r-2}$ mgf가 존재하지 않는다. r은 자유도이다.
균등(uniform) $-\infty < a < b < \infty$	(1.7.4) $f(x) = \frac{1}{b-a}, \quad a < x < b$ $\mu = \frac{a+b}{2}, \quad \sigma^2 = \frac{(b-a)^2}{12}$ $m(t) = \frac{e^{bt}-e^{at}}{(b-a)t}, \quad -\infty < t < \infty$

APPENDIX D

분포표

Tables of Distributions

컴퓨팅 시대 이전에는 특정 분포에 대한 확률표가 확률과 통계 교과서의 일부였지만 이러한 것들은 더 이상 필요하지 않다. 대부분의 통계 컴퓨팅 패키지는 확률과 분위수를 계산하는 데 사용하기 쉬운 호출을 제공한다. 이 책 전반에 걸쳐 논의한 바와 같이 R 언어에 대해 이것은 분명한 사실이다. 또한 휴대용 계산기도 이러한 기능을 가지고 있다. 이 부록은 다음 분포표를 제공한다.

표 I 카이제곱분포의 선택된 분위수

표 II 표준정규분포의 누적분포함수

표 III t-분포의 선택된 분위수

표 IV F-분포의 선택된 분위수

표 I
카이제곱분포

다음 표는 카이제곱분포의 선택된 분위수이다. 즉 선택된 자유도 r에 대해 다음과 같은 x 값이다.

$$P(X \leq x) = \int_0^x \frac{1}{\Gamma(r/2)2^{r/2}} w^{r/2-1} e^{-w/2}\, dw$$

R 함수 `chistable.s`는 이 분포표를 생성한다.

	$P(X \leq x)$							
r	0.010	0.025	0.050	0.100	0.900	0.950	0.975	0.990
1	0.000	0.001	0.004	0.016	2.706	3.841	5.024	6.635
2	0.020	0.051	0.103	0.211	4.605	5.991	7.378	9.210
3	0.115	0.216	0.352	0.584	6.251	7.815	9.348	11.345
4	0.297	0.484	0.711	1.064	7.779	9.488	11.143	13.277
5	0.554	0.831	1.145	1.610	9.236	11.070	12.833	15.086
6	0.872	1.237	1.635	2.204	10.645	12.592	14.449	16.812
7	1.239	1.690	2.167	2.833	12.017	14.067	16.013	18.475
8	1.646	2.180	2.733	3.490	13.362	15.507	17.535	20.090
9	2.088	2.700	3.325	4.168	14.684	16.919	19.023	21.666
10	2.558	3.247	3.940	4.865	15.987	18.307	20.483	23.209
11	3.053	3.816	4.575	5.578	17.275	19.675	21.920	24.725
12	3.571	4.404	5.226	6.304	18.549	21.026	23.337	26.217
13	4.107	5.009	5.892	7.042	19.812	22.362	24.736	27.688
14	4.660	5.629	6.571	7.790	21.064	23.685	26.119	29.141
15	5.229	6.262	7.261	8.547	22.307	24.996	27.488	30.578
16	5.812	6.908	7.962	9.312	23.542	26.296	28.845	32.000
17	6.408	7.564	8.672	10.085	24.769	27.587	30.191	33.409
18	7.015	8.231	9.390	10.865	25.989	28.869	31.526	34.805
19	7.633	8.907	10.117	11.651	27.204	30.144	32.852	36.191
20	8.260	9.591	10.851	12.443	28.412	31.410	34.170	37.566
21	8.897	10.283	11.591	13.240	29.615	32.671	35.479	38.932
22	9.542	10.982	12.338	14.041	30.813	33.924	36.781	40.289
23	10.196	11.689	13.091	14.848	32.007	35.172	38.076	41.638
24	10.856	12.401	13.848	15.659	33.196	36.415	39.364	42.980
25	11.524	13.120	14.611	16.473	34.382	37.652	40.646	44.314
26	12.198	13.844	15.379	17.292	35.563	38.885	41.923	45.642
27	12.879	14.573	16.151	18.114	36.741	40.113	43.195	46.963
28	13.565	15.308	16.928	18.939	37.916	41.337	44.461	48.278
29	14.256	16.047	17.708	19.768	39.087	42.557	45.722	49.588
30	14.953	16.791	18.493	20.599	40.256	43.773	46.979	50.892

표 II
정규분포

다음 표는 표준정규분포표이다. 확률은 다음과 같다.

$$P(Z \leq z) = \Phi(z) = \int_{-\infty}^{z} \frac{1}{\sqrt{2\pi}} e^{-w^2/2}\,dw$$

표에는 $z \geq 0$에 대한 확률만 있다. $z < 0$에 대한 확률을 구하려면 $\Phi(-z) = 1 - \Phi(z)$를 이용하라. 표의 아랫부분에 표준정규분포의 몇 가지 유용한 백분위수가 나타나 있다. R 함수 `normaltable.s`는 이 분포표를 생성한다.

z	0.00	0.01	0.02	0.03	0.04	0.05	0.06	0.07	0.08	0.09
0.0	.5000	.5040	.5080	.5120	.5160	.5199	.5239	.5279	.5319	.5359
0.1	.5398	.5438	.5478	.5517	.5557	.5596	.5636	.5675	.5714	.5753
0.2	.5793	.5832	.5871	.5910	.5948	.5987	.6026	.6064	.6103	.6141
0.3	.6179	.6217	.6255	.6293	.6331	.6368	.6406	.6443	.6480	.6517
0.4	.6554	.6591	.6628	.6664	.6700	.6736	.6772	.6808	.6844	.6879
0.5	.6915	.6950	.6985	.7019	.7054	.7088	.7123	.7157	.7190	.7224
0.6	.7257	.7291	.7324	.7357	.7389	.7422	.7454	.7486	.7517	.7549
0.7	.7580	.7611	.7642	.7673	.7704	.7734	.7764	.7794	.7823	.7852
0.8	.7881	.7910	.7939	.7967	.7995	.8023	.8051	.8078	.8106	.8133
0.9	.8159	.8186	.8212	.8238	.8264	.8289	.8315	.8340	.8365	.8389
1.0	.8413	.8438	.8461	.8485	.8508	.8531	.8554	.8577	.8599	.8621
1.1	.8643	.8665	.8686	.8708	.8729	.8749	.8770	.8790	.8810	.8830
1.2	.8849	.8869	.8888	.8907	.8925	.8944	.8962	.8980	.8997	.9015
1.3	.9032	.9049	.9066	.9082	.9099	.9115	.9131	.9147	.9162	.9177
1.4	.9192	.9207	.9222	.9236	.9251	.9265	.9279	.9292	.9306	.9319
1.5	.9332	.9345	.9357	.9370	.9382	.9394	.9406	.9418	.9429	.9441
1.6	.9452	.9463	.9474	.9484	.9495	.9505	.9515	.9525	.9535	.9545
1.7	.9554	.9564	.9573	.9582	.9591	.9599	.9608	.9616	.9625	.9633
1.8	.9641	.9649	.9656	.9664	.9671	.9678	.9686	.9693	.9699	.9706
1.9	.9713	.9719	.9726	.9732	.9738	.9744	.9750	.9756	.9761	.9767
2.0	.9772	.9778	.9783	.9788	.9793	.9798	.9803	.9808	.9812	.9817
2.1	.9821	.9826	.9830	.9834	.9838	.9842	.9846	.9850	.9854	.9857
2.2	.9861	.9864	.9868	.9871	.9875	.9878	.9881	.9884	.9887	.9890
2.3	.9893	.9896	.9898	.9901	.9904	.9906	.9909	.9911	.9913	.9916
2.4	.9918	.9920	.9922	.9925	.9927	.9929	.9931	.9932	.9934	.9936
2.5	.9938	.9940	.9941	.9943	.9945	.9946	.9948	.9949	.9951	.9952
2.6	.9953	.9955	.9956	.9957	.9959	.9960	.9961	.9962	.9963	.9964
2.7	.9965	.9966	.9967	.9968	.9969	.9970	.9971	.9972	.9973	.9974
2.8	.9974	.9975	.9976	.9977	.9977	.9978	.9979	.9979	.9980	.9981
2.9	.9981	.9982	.9982	.9983	.9984	.9984	.9985	.9985	.9986	.9986
3.0	.9987	.9987	.9987	.9988	.9988	.9989	.9989	.9989	.9990	.9990
3.1	.9990	.9991	.9991	.9991	.9992	.9992	.9992	.9992	.9993	.9993
3.2	.9993	.9993	.9994	.9994	.9994	.9994	.9994	.9995	.9995	.9995
3.3	.9995	.9995	.9995	.9996	.9996	.9996	.9996	.9996	.9996	.9997
3.4	.9997	.9997	.9997	.9997	.9997	.9997	.9997	.9997	.9997	.9998
3.5	.9998	.9998	.9998	.9998	.9998	.9998	.9998	.9998	.9998	.9998

α	0.400	0.300	0.200	0.100	0.050	0.025	0.020	0.010	0.005	0.001
z_α	0.253	0.524	0.842	1.282	1.645	1.960	2.054	2.326	2.576	3.090
$z_{\alpha/2}$	0.842	1.036	1.282	1.645	1.960	2.241	2.326	2.576	2.807	3.291

표 III
t-분포

다음 표는 t-분포의 선택된 분위수이다. 즉 선택된 자유도 r에 대한 t 값은 다음과 같다.

$$P(T \leq t) = \int_{-\infty}^{t} \frac{\Gamma[(r+1)/2]}{\sqrt{\pi r}\Gamma(r/2)(1+w^2/r)^{(r+1)/2}} dw$$

마지막 행은 표준정규분포의 분위수이다.

	$P(T \leq t)$					
r	0.900	0.950	0.975	0.990	0.995	0.999
1	3.078	6.314	12.706	31.821	63.657	318.309
2	1.886	2.920	4.303	6.965	9.925	22.327
3	1.638	2.353	3.182	4.541	5.841	10.215
4	1.533	2.132	2.776	3.747	4.604	7.173
5	1.476	2.015	2.571	3.365	4.032	5.893
6	1.440	1.943	2.447	3.143	3.707	5.208
7	1.415	1.895	2.365	2.998	3.499	4.785
8	1.397	1.860	2.306	2.896	3.355	4.501
9	1.383	1.833	2.262	2.821	3.250	4.297
10	1.372	1.812	2.228	2.764	3.169	4.144
11	1.363	1.796	2.201	2.718	3.106	4.025
12	1.356	1.782	2.179	2.681	3.055	3.930
13	1.350	1.771	2.160	2.650	3.012	3.852
14	1.345	1.761	2.145	2.624	2.977	3.787
15	1.341	1.753	2.131	2.602	2.947	3.733
16	1.337	1.746	2.120	2.583	2.921	3.686
17	1.333	1.740	2.110	2.567	2.898	3.646
18	1.330	1.734	2.101	2.552	2.878	3.610
19	1.328	1.729	2.093	2.539	2.861	3.579
20	1.325	1.725	2.086	2.528	2.845	3.552
21	1.323	1.721	2.080	2.518	2.831	3.527
22	1.321	1.717	2.074	2.508	2.819	3.505
23	1.319	1.714	2.069	2.500	2.807	3.485
24	1.318	1.711	2.064	2.492	2.797	3.467
25	1.316	1.708	2.060	2.485	2.787	3.450
26	1.315	1.706	2.056	2.479	2.779	3.435
27	1.314	1.703	2.052	2.473	2.771	3.421
28	1.313	1.701	2.048	2.467	2.763	3.408
29	1.311	1.699	2.045	2.462	2.756	3.396
30	1.310	1.697	2.042	2.457	2.750	3.385
∞	1.282	1.645	1.960	2.326	2.576	3.090

표 IV
F-분포 상위(0.05 기각점)

다음 표는 F-분포의 0.95 분위수와 0.99 분위수이다. 즉 $\alpha = 0.05, 0.01$에 대해 다음과 같이 되도록 하는 $F_\alpha(r_1, r_2)$ 값을 제시한다.

$$\alpha = P(X \ge F_\alpha(r_1, r_2)) = \int_{F_\alpha(r_1,r_2)}^{\infty} \frac{\Gamma[(r_1+r_2)/2](r_1/r_2)^{r_1/2} w^{r_1/2-1}}{\Gamma(r_1/2)\Gamma(r_2/2)(1+r_1 w/r_2)^{(r_1+r_2)/2}}\, dw$$

여기서 r_1과 r_2는 각각 분자와 분모의 자유도이다. R 함수 `fp1.r`은 이 분포표를 생성한다.

$F_{0.05}(r_1, r_2)$									
	r_1								
r_2	1	2	3	4	5	6	7	8	9
1	161.45	199.50	215.71	224.58	230.16	233.99	236.77	238.88	240.54
2	18.51	19.00	19.16	19.25	19.30	19.33	19.35	19.37	19.38
3	10.13	9.55	9.28	9.12	9.01	8.94	8.89	8.85	8.81
4	7.71	6.94	6.59	6.39	6.26	6.16	6.09	6.04	6.00
5	6.61	5.79	5.41	5.19	5.05	4.95	4.88	4.82	4.77
6	5.99	5.14	4.76	4.53	4.39	4.28	4.21	4.15	4.10
7	5.59	4.74	4.35	4.12	3.97	3.87	3.79	3.73	3.68
8	5.32	4.46	4.07	3.84	3.69	3.58	3.50	3.44	3.39
9	5.12	4.26	3.86	3.63	3.48	3.37	3.29	3.23	3.18
10	4.96	4.10	3.71	3.48	3.33	3.22	3.14	3.07	3.02
11	4.84	3.98	3.59	3.36	3.20	3.09	3.01	2.95	2.90
12	4.75	3.89	3.49	3.26	3.11	3.00	2.91	2.85	2.80
13	4.67	3.81	3.41	3.18	3.03	2.92	2.83	2.77	2.71
14	4.60	3.74	3.34	3.11	2.96	2.85	2.76	2.70	2.65
15	4.54	3.68	3.29	3.06	2.90	2.79	2.71	2.64	2.59
16	4.49	3.63	3.24	3.01	2.85	2.74	2.66	2.59	2.54
17	4.45	3.59	3.20	2.96	2.81	2.70	2.61	2.55	2.49
18	4.41	3.55	3.16	2.93	2.77	2.66	2.58	2.51	2.46
19	4.38	3.52	3.13	2.90	2.74	2.63	2.54	2.48	2.42
20	4.35	3.49	3.10	2.87	2.71	2.60	2.51	2.45	2.39
21	4.32	3.47	3.07	2.84	2.68	2.57	2.49	2.42	2.37
22	4.30	3.44	3.05	2.82	2.66	2.55	2.46	2.40	2.34
23	4.28	3.42	3.03	2.80	2.64	2.53	2.44	2.37	2.32
24	4.26	3.40	3.01	2.78	2.62	2.51	2.42	2.36	2.30
25	4.24	3.39	2.99	2.76	2.60	2.49	2.40	2.34	2.28
26	4.23	3.37	2.98	2.74	2.59	2.47	2.39	2.32	2.27
27	4.21	3.35	2.96	2.73	2.57	2.46	2.37	2.31	2.25
28	4.20	3.34	2.95	2.71	2.56	2.45	2.36	2.29	2.24
29	4.18	3.33	2.93	2.70	2.55	2.43	2.35	2.28	2.22
30	4.17	3.32	2.92	2.69	2.53	2.42	2.33	2.27	2.21
40	4.08	3.23	2.84	2.61	2.45	2.34	2.25	2.18	2.12
60	4.00	3.15	2.76	2.53	2.37	2.25	2.17	2.10	2.04
120	3.92	3.07	2.68	2.45	2.29	2.18	2.09	2.02	1.96
∞	3.84	3.00	2.60	2.37	2.21	2.10	2.01	1.94	1.88

표 IV
F-분포(상위 0.05 기각점)(계속)

R 함수 `fp2.r`에 의해 생성되었다.

$F_{0.05}(r_1, r_2)$									
	r_1								
r_2	10	15	20	25	30	40	60	120	∞
1	241.88	245.95	248.01	249.26	250.10	251.14	252.20	253.25	254.31
2	19.40	19.43	19.45	19.46	19.46	19.47	19.48	19.49	19.50
3	8.79	8.70	8.66	8.63	8.62	8.59	8.57	8.55	8.53
4	5.96	5.86	5.80	5.77	5.75	5.72	5.69	5.66	5.63
5	4.74	4.62	4.56	4.52	4.50	4.46	4.43	4.40	4.36
6	4.06	3.94	3.87	3.83	3.81	3.77	3.74	3.70	3.67
7	3.64	3.51	3.44	3.40	3.38	3.34	3.30	3.27	3.23
8	3.35	3.22	3.15	3.11	3.08	3.04	3.01	2.97	2.93
9	3.14	3.01	2.94	2.89	2.86	2.83	2.79	2.75	2.71
10	2.98	2.85	2.77	2.73	2.70	2.66	2.62	2.58	2.54
11	2.85	2.72	2.65	2.60	2.57	2.53	2.49	2.45	2.40
12	2.75	2.62	2.54	2.50	2.47	2.43	2.38	2.34	2.30
13	2.67	2.53	2.46	2.41	2.38	2.34	2.30	2.25	2.21
14	2.60	2.46	2.39	2.34	2.31	2.27	2.22	2.18	2.13
15	2.54	2.40	2.33	2.28	2.25	2.20	2.16	2.11	2.07
16	2.49	2.35	2.28	2.23	2.19	2.15	2.11	2.06	2.01
17	2.45	2.31	2.23	2.18	2.15	2.10	2.06	2.01	1.96
18	2.41	2.27	2.19	2.14	2.11	2.06	2.02	1.97	1.92
19	2.38	2.23	2.16	2.11	2.07	2.03	1.98	1.93	1.88
20	2.35	2.20	2.12	2.07	2.04	1.99	1.95	1.90	1.84
21	2.32	2.18	2.10	2.05	2.01	1.96	1.92	1.87	1.81
22	2.30	2.15	2.07	2.02	1.98	1.94	1.89	1.84	1.78
23	2.27	2.13	2.05	2.00	1.96	1.91	1.86	1.81	1.76
24	2.25	2.11	2.03	1.97	1.94	1.89	1.84	1.79	1.73
25	2.24	2.09	2.01	1.96	1.92	1.87	1.82	1.77	1.71
26	2.22	2.07	1.99	1.94	1.90	1.85	1.80	1.75	1.69
27	2.20	2.06	1.97	1.92	1.88	1.84	1.79	1.73	1.67
28	2.19	2.04	1.96	1.91	1.87	1.82	1.77	1.71	1.65
29	2.18	2.03	1.94	1.89	1.85	1.81	1.75	1.70	1.64
30	2.16	2.01	1.93	1.88	1.84	1.79	1.74	1.68	1.62
40	2.08	1.92	1.84	1.78	1.74	1.69	1.64	1.58	1.51
60	1.99	1.84	1.75	1.69	1.65	1.59	1.53	1.47	1.39
120	1.91	1.75	1.66	1.60	1.55	1.50	1.43	1.35	1.25
∞	1.83	1.67	1.57	1.51	1.46	1.39	1.32	1.22	1.00

표 IV
F-분포(상위 0.01 기각점)

R 함수 `fp3.r`에 의해 생성되었다.

$F_{0.01}(r_1, r_2)$									
	r_1								
r_2	1	2	3	4	5	6	7	8	9
1	4052.2	4999.5	5403.4	5624.6	5763.7	5859.0	5928.4	5981.1	6022.5
2	98.50	99.00	99.17	99.25	99.30	99.33	99.36	99.37	99.39
3	34.12	30.82	29.46	28.71	28.24	27.91	27.67	27.49	27.35
4	21.20	18.00	16.69	15.98	15.52	15.21	14.98	14.80	14.66
5	16.26	13.27	12.06	11.39	10.97	10.67	10.46	10.29	10.16
6	13.75	10.92	9.78	9.15	8.75	8.47	8.26	8.10	7.98
7	12.25	9.55	8.45	7.85	7.46	7.19	6.99	6.84	6.72
8	11.26	8.65	7.59	7.01	6.63	6.37	6.18	6.03	5.91
9	10.56	8.02	6.99	6.42	6.06	5.80	5.61	5.47	5.35
10	10.04	7.56	6.55	5.99	5.64	5.39	5.20	5.06	4.94
11	9.65	7.21	6.22	5.67	5.32	5.07	4.89	4.74	4.63
12	9.33	6.93	5.95	5.41	5.06	4.82	4.64	4.50	4.39
13	9.07	6.70	5.74	5.21	4.86	4.62	4.44	4.30	4.19
14	8.86	6.51	5.56	5.04	4.69	4.46	4.28	4.14	4.03
15	8.68	6.36	5.42	4.89	4.56	4.32	4.14	4.00	3.89
16	8.53	6.23	5.29	4.77	4.44	4.20	4.03	3.89	3.78
17	8.40	6.11	5.18	4.67	4.34	4.10	3.93	3.79	3.68
18	8.29	6.01	5.09	4.58	4.25	4.01	3.84	3.71	3.60
19	8.18	5.93	5.01	4.50	4.17	3.94	3.77	3.63	3.52
20	8.10	5.85	4.94	4.43	4.10	3.87	3.70	3.56	3.46
21	8.02	5.78	4.87	4.37	4.04	3.81	3.64	3.51	3.40
22	7.95	5.72	4.82	4.31	3.99	3.76	3.59	3.45	3.35
23	7.88	5.66	4.76	4.26	3.94	3.71	3.54	3.41	3.30
24	7.82	5.61	4.72	4.22	3.90	3.67	3.50	3.36	3.26
25	7.77	5.57	4.68	4.18	3.85	3.63	3.46	3.32	3.22
26	7.72	5.53	4.64	4.14	3.82	3.59	3.42	3.29	3.18
27	7.68	5.49	4.60	4.11	3.78	3.56	3.39	3.26	3.15
28	7.64	5.45	4.57	4.07	3.75	3.53	3.36	3.23	3.12
29	7.60	5.42	4.54	4.04	3.73	3.50	3.33	3.20	3.09
30	7.56	5.39	4.51	4.02	3.70	3.47	3.30	3.17	3.07
40	7.31	5.18	4.31	3.83	3.51	3.29	3.12	2.99	2.89
60	7.08	4.98	4.13	3.65	3.34	3.12	2.95	2.82	2.72
120	6.85	4.79	3.95	3.48	3.17	2.96	2.79	2.66	2.56
∞	6.63	4.61	3.78	3.32	3.02	2.80	2.64	2.51	2.41

표 IV
F-분포(상위 0.01 기각점)(계속)

R 함수 `fp4.r`에 의해 생성되었다.

$F_{0.01}(r_1, r_2)$									
	r_1								
r_2	10	15	20	25	30	40	60	120	∞
1	6055.9	6157.3	6208.7	6239.8	6260.7	6286.8	6313.0	6339.4	6365.9
2	99.40	99.43	99.45	99.46	99.47	99.47	99.48	99.49	99.50
3	27.23	26.87	26.69	26.58	26.50	26.41	26.32	26.22	26.13
4	14.55	14.20	14.02	13.91	13.84	13.75	13.65	13.56	13.46
5	10.05	9.72	9.55	9.45	9.38	9.29	9.20	9.11	9.02
6	7.87	7.56	7.40	7.30	7.23	7.14	7.06	6.97	6.88
7	6.62	6.31	6.16	6.06	5.99	5.91	5.82	5.74	5.65
8	5.81	5.52	5.36	5.26	5.20	5.12	5.03	4.95	4.86
9	5.26	4.96	4.81	4.71	4.65	4.57	4.48	4.40	4.31
10	4.85	4.56	4.41	4.31	4.25	4.17	4.08	4.00	3.91
11	4.54	4.25	4.10	4.01	3.94	3.86	3.78	3.69	3.60
12	4.30	4.01	3.86	3.76	3.70	3.62	3.54	3.45	3.36
13	4.10	3.82	3.66	3.57	3.51	3.43	3.34	3.25	3.17
14	3.94	3.66	3.51	3.41	3.35	3.27	3.18	3.09	3.00
15	3.80	3.52	3.37	3.28	3.21	3.13	3.05	2.96	2.87
16	3.69	3.41	3.26	3.16	3.10	3.02	2.93	2.84	2.75
17	3.59	3.31	3.16	3.07	3.00	2.92	2.83	2.75	2.65
18	3.51	3.23	3.08	2.98	2.92	2.84	2.75	2.66	2.57
19	3.43	3.15	3.00	2.91	2.84	2.76	2.67	2.58	2.49
20	3.37	3.09	2.94	2.84	2.78	2.69	2.61	2.52	2.42
21	3.31	3.03	2.88	2.79	2.72	2.64	2.55	2.46	2.36
22	3.26	2.98	2.83	2.73	2.67	2.58	2.50	2.40	2.31
23	3.21	2.93	2.78	2.69	2.62	2.54	2.45	2.35	2.26
24	3.17	2.89	2.74	2.64	2.58	2.49	2.40	2.31	2.21
25	3.13	2.85	2.70	2.60	2.54	2.45	2.36	2.27	2.17
26	3.09	2.81	2.66	2.57	2.50	2.42	2.33	2.23	2.13
27	3.06	2.78	2.63	2.54	2.47	2.38	2.29	2.20	2.10
28	3.03	2.75	2.60	2.51	2.44	2.35	2.26	2.17	2.06
29	3.00	2.73	2.57	2.48	2.41	2.33	2.23	2.14	2.03
30	2.98	2.70	2.55	2.45	2.39	2.30	2.21	2.11	2.01
40	2.80	2.52	2.37	2.27	2.20	2.11	2.02	1.92	1.80
60	2.63	2.35	2.20	2.10	2.03	1.94	1.84	1.73	1.60
120	2.47	2.19	2.03	1.93	1.86	1.76	1.66	1.53	1.38
∞	2.32	2.04	1.88	1.77	1.70	1.59	1.47	1.32	1.00

참고문헌

References

Abebe, A., Crimin, K., McKean, J. W., Haas, J. V., and Vidmar, T. J. (2001), Rankbased procedures for linear models: applications to pharmaceutical science data, *Drug Information Journal*, **35**, 947–971.

Afifi, A. A. and Azen, S. P. (1972), *Statistical Analysis. A Computer Oriented Approach*, New York: Academic Press.

Arnold, S. F. (1981), *The Theory of Linear Models and Multivariate Analysis*, New York: John Wiley and Sons.

Azzalini, A. A. (1985), A class of distributions which includes the normal ones, *Scandinavian Journal of Statistics*, **12**, 171–178.

Box, G. E. P. and Muller, M. (1958), A note on the generation of random normal variates, *Annals of Mathematical Statistics*, **29**, 610–611.

Breiman, L. (1968), *Probability*, Reading, MA: Addison-Wesley.

Buck, R. C. (1965), *Advanced Calculus*, New York: McGraw-Hill.

Canty, A. and Ripley, B. (2017), boot: Bootstrap R (S-Plus) Functions. R package version 1.3-19.

Carmer, S. G. and Swanson, M. R. (1973), An evaluation of ten multiple comparison procedures by Monte Carlo methods,o *Journal of the American Statistical Association* 68, 66–74.

Casella, G. and George, E. I. (1992), Explaining the Gibbs sampler, *American Statistician*, 46, 167–174.

Chang, W. H., McKean, J. W., Naranjo, J. D., and Sheather, S. J. (1999), High breakdown rank-based regression, *Journal of the American Statistical Association*, **94**, 205–219.

Chung, K. L. (1974), *A Course in Probability Theory*, New York: Academic Press.

Conover, W. J. and Iman, R. L. (1981), Rank transform as a bridge between parametric and nonparametric statistics, *American Statistician*, **35**, 124–133.

Cramjer, H. (1946), *Mathematical Methods of Statistics*, Princeton: Princeton Univerity Press.

Crawley, M. J. (2007), *The R Book*, Chichester, West Sussex, John Wiley & Sons, Ltd.

Curtiss, J. H. (1942), A note on the theory of moment generating functions, *Annals of Mathematical Statistics*, 13, 430.

D'Agostino, R. B. and Stephens, M. A. (1986), *Goodness-of-Fit Techniques*, New York: Marcel Dekker.

Davison, A. C. and Hinkley, D. V. (1997), *Bootstrap Methods and TheirApplications*, Cambridge, UK: Cambridge University Press.

Devore, J. L. (2012), *Probability & Statistics, 8th* Ed., Boston: Brooks/Cole.

Draper, N. R. and Smith, H. (1966), *Applied Regression Analysis*, New York: John Wiley & Sons.

DuBois, C., Ed. (1960), *Lowie's Selected Papers in Anthropology*, Berkeley: University of California Press.

Dunnett, C. W. (1980), *Journal of the American Statistical Association*, 50, 1096–1121.

Efron, B. (1979), Bootstrap methods: Another look at the jackknife, *Annals of Statistics*, **7**, 1–26.

Efron B. and Tibshirani, R. J. (1993), *An Introduction to the Bootstrap*, New York: Chapman and Hall.

Graybill, F. A. (1969), *Introduction to Matrices with Applications in Statistics*, Belmont, CA: Wadsworth.

Graybill, F. A. (1976), *Theory and Application of the Linear Model*, North Scituate, MA: Duxbury.

Hald, A. (1952), *Statistical Theory with Engineering Applications*, New York: John Wiley & Sons.

Haldane, J. B. S. (1948), The precision of observed values of small frequencies, *Biometrika*, **35**, 297–303.

Hampel, F. R. (1974), The influence curve and its role in robust estimation, *Journal of the American Statistical Association*, **69**, 383–393.

Hardy, G. H. (1992), *ACourse in Pure Mathematics*, Cambridge, UK: Cambridge University Press.

Hettmansperger, T. P. (1984), *Statistical Inference Based on Ranks*, New York: John Wiley & Sons.

Hettmansperger, T. P. and McKean, J. W. (2011), *Robust Nonparametric Statistical Methods*, 2nd Ed., Boca Raton, FL: CRC Press.

Hewitt, E. and Stromberg, K. (1965), *Real and Abstract Analysis*, New York: Springer-Verlag.

Hodges, J. L., Jr., and Lehmann, E. L. (1961), Comparison of the normal scores and Wilcoxon tests, In: *Proceedings of the Fourth Berkeley Symposium on Mathematical Statistics and Probability*, **1**, 307–317, Berkeley: University of California Press.

Hodges, J. L., Jr., and Lehmann, E. L. (1963), Estimates of location based on rank tests, *Annals of Mathematical Statistics*, **34**, 598–611.

Hogg, R. V. and Craig, A. T. (1958), On the decomposition of certain chi-square variables, *Annals of Mathematical Statistics*, **29**, 608.

Hogg, R. V., Fisher, D. M., and Randles, R. H. (1975), A two-sample adaptive distribution-free test, *Journal of the American Statistical Association*, **70**, 656–661.

Hollander, M. and Wolfe, D. A. (1999), *Nonparametric Statistical Methods*, 2nd Ed., New York: John Wiley & Sons.

Hsu, J. C. (1996), *Multiple Comparisons*, London: Chapman Hall.

Huber, P. J. (1981), *Robust Statistics*, New York: John Wiley & Sons.

Ihaka, R. and Gentleman, R. (1996), R: A language for data analysis and graphics, *Journal of Computational and Graphical Statistics*, **5**, 229–314.

Jeffreys, H. (1961), *The Theory of Probability*, Oxford: Oxford University Press.

Johnson, R. A. and Wichern, D. W. (2008), *Applied Multivariate Statistical Analysis*, 6th Ed., Boston: Pearson.

Kendall, M. and Stuart, A. (1979), *The Advanced Theoryof Statistics*, Vol. 2, New York: Macmillan.

Kendall, M. G. (1962), *Rank Correlation Methods*, 3rd Ed., London: Griffin.

Kennedy, W. J. and Gentle, J. E. (1980), *Statistical Computing*, New York: Marcel Dekker.

Kitchens, L. J. (1997), *Exploring Statistics: A Modern Introduction to Data Analysis and Inference*, *2nd* Ed., Wadsworth.

Kloke, J. D. and McKean, J. W. (2011), Rfit: R algorithms for rank-based fitting, Submitted.

Lehmann, E. L. (1983), *Theory of Point Estimation*, New York: JohnWiley & Sons.

Lehmann, E. L. (1986), *Testing Statistical Hypotheses*, 2nd Ed., London: Chapman & Hall.

Lehmann, E. L. (1999), *Elements of Large Sample Theory*, New York: Springer-Verlag.

Lehmann, E. L. and Casella, G. (1998), *Theory of Point Estimation*, 2nd Ed., New York: Springer-Verlag.

Lehmann, E. L. and Scheffje, H. (1950), Completeness, similar regions, and unbiased estimation, *Sankhya*, **10**, 305–340.

Marsaglia, G. and Bray, T. A. (1964), A convenient method for generating normal variables, *SIAM Review*, **6**, 260–264.

McKean, J. W. (2004), Robust analyses of linear models, *Statistical Science*, **19**, 562–570.

McKean, J. W. and Vidmar, T. J. (1994), A comparison of two rank-based methods for the analysis of linear models, *American Statistician*, **48**, 220–229.

McKean, J. W., Vidmar, T. J. and Sievers, G. (1989), A Robust Two-Stage Multiple Comparison Procedure with Application to a Random Drug Screen, *Biometrics 45*, 1281-1297.

McLachlan, G. J. and Krishnan, T. (1997), *The EM Algorithm and Extensions*, New York: John Wiley & Sons.

Minitab (1991), MINITAB Reference Manual, Valley Forge, PA: Minitab, Inc.

Mosteller, F. and Tukey, J. W. (1977), *Data Reduction and Regression*, Reading, MA: Addison-Wesley.

Naranjo, J. D. and McKean, J. W. (1997), Rank regression with estimated scores, *Statistics and Probability Letters*, **33**, 209–216.

Nelson, W. (1982), *Applied Lifetime Data Analysis*, New York: John Wiley & Sons.

Neter, J., Kutner, M. H., Nachtsheim, C. J., and Wasserman, W. (1996), *Applied Linear Statistical Models*, 4th Ed., Chicago: Irwin.

Parzen, E. (1962), *Stochastic Processes*, San Francisco: Holden-Day.

Randles, R. H. and Wolfe, D. A. (1979), *Introduction to the Theory of Nonparametric Statistics*, New York: John Wiley and Sons.

Rao, C. R. (1973), *Linear Statistical Inferenceand Its Applications*, 2nd Ed., New York: John Wiley & Sons.

Rasmussen, S. (1992), *An Introduction to Statistics with Data Analysis*, Belmont, CA: Brroks/ Cole.

Robert, C. P. and Casella, G. (1999), *Monte Carlo Statistical Methods*, New York: Springer-Verlag.

Rousseeuw, P. J. and Leroy, A. M. (1987), *Robust Regression and Outlier Detection*, New York: John Wiley & Sons.

Scheffje, H. (1959), *The Analysis of Variance*, New York: John Wiley & Sons.

Seber, G. A. F. (1984), *Multivariate Observations*, New York: John Wiley & Sons.

Serfling, R. J. (1980), *Approximation Theorems of Mathematical Statistics*, New York: John Wiley & Sons.

Sheather, S. J. and Jones M. C. (1991), A reliable data-based bandwidth selection method for kernel density estimation, *Journal of the Royal Statistical Society Series B*, **53**, 683–690.

Silverman, B. W. (1986), *Density Estimation*, London: Chapman and Hall.

Shirley, E. A. C. (1981), A distribution-free method for analysis of covariance based on rank data, *Applied Statistics*, **30**, 158–162.

S-PLUS (2000), *S-PLUS 6.0 Guide to Statistics*, Vol. 2, Seattle: Data Analysis Division, MathSoft.

Stapleton, J. H. (2009), *Linear Statistical Models, 2nd ed.*, New York: John Wiley & Sons.

Stigler, S.M. (1977), Do robust estimators work with real data? *Annals of Statistics*, **5**, 1055–1078.

Terpstra, J. T. and McKean, J. W. (2005), Rank-based analyses of linear models using R, *Journal of Statistical Software*, **14**, http://www.jstatsoft.org/.

Tucker, H. G. (1967), *A Graduate Course in Probability*, New York: Academic Press.

Tukey, J. W. (1977), *Exploratory Data Analysis*, Reading, MA: Addison-Wesley.

Venables, W. N. and Ripley, B. D. (2002), *Modern Applied Statistics with S*, 4th Ed., New York: Springer-Verlag.

Verzani, J. (2014), *Usng R for Introductory Statistics, 2nd Ed.*, Bocs Raton, FL: Chapman-Hall.

Willerman, L., Schultz, R., Rutledge, J. N., and Bigler, E. (1991), In vivo brain size and intelligence," *Intelligence*, **15**, 223–228.

APPENDIX F

연습문제 해답

Answers to Exercises

연습문제 중 선별하여 해답을 실었다.

1장

1.2.1 (a) $\{1, 2, 3, 5, 7\}$, $\{3, 5\}$

(b) $\{x : 0 \leq x < 4\}$, $\{x : 2 < x \leq 3\}$

(c) $\{(x, y) : 0 < x < 1, 2 \leq y < 3\}$

1.2.2 (a) $\{x : 2/3 \leq x < 2\}$

1.2.3 $C_1 \cap C_2 = \{blam, bmal\}$

1.2.4 (c) $(\cup A_n)^c = \cap A_n^C$; $(\cap A_n)^c = \cup A_n^C$

1.2.6 (a) $\{x : 0 < x < 3\}$

(b) $\{(x, y) : 0 < x^2 + y^2 < 4\}$

1.2.7 (a) $\{x : x = 2\}$ (b) ϕ

(c) $\{(x, y) : x = 0, y = 0\}$

1.2.8 (a) $\frac{819}{1024}$ (b) 1

1.2.9 $\frac{13}{27}$, 0, 1

1.2.10 $\frac{8}{3}, 0, \frac{\pi}{2}$

1.2.11 (a) $\frac{1}{4}$ (b) 0 (c) $\frac{21}{64}$

1.2.12 (a) $\frac{1}{6}$ (b) 0

1.2.14 7

1.3.2 $\frac{1}{4}, \frac{1}{13}, \frac{1}{52}, \frac{4}{13}$

1.3.3 $\frac{21}{32}, \frac{15}{16}, \frac{5}{8}, \frac{31}{32}$

1.3.4 0.4

1.3.5 $1 - e^{-5}$, e^{-5}, 0

1.3.6 $\frac{3}{2}$

1.3.10 (a) $\binom{6}{4}/\binom{16}{4}$ (b) $\binom{10}{4}/\binom{16}{4}$

1.3.11 $1 - \binom{990}{5}/\binom{1000}{5}$

1.3.13 (b) $1 - \binom{10}{3}/\binom{20}{3}$

1.3.15 (a) $1 - \binom{48}{5}/\binom{50}{5}$

1.3.16 $n = 23$

1.3.19 $13 \cdot 12\binom{4}{3}\binom{4}{2}/\binom{52}{5}$

1.3.22 (a) $0 \leq \sum_{i=1}^{3} p_i \leq 1$ (b) 아니다.

1.4.3 $\frac{9}{47}$

1.4.4 $2\frac{13}{52}\frac{12}{51}\frac{26}{50}\frac{25}{49}$

1.4.6 $\frac{155}{323}$

1.4.8 (a) 0.03 (b) 0.2

1.4.9 $\frac{10}{21}$

1.4.10 $\frac{5}{17}$, $\frac{12}{17}$

1.4.12 (c) 0.6

1.4.14 (a) 0.1458

1.4.15 $4(0.7)^3(0.3)$

1.4.16 0.75

1.4.18 (a) $\frac{6}{11}$

1.4.20 $\frac{1}{7}$

1.4.21 (a) $1 - \left(\frac{5}{6}\right)^6$ (b) $1 - e^{-1}$

1.4.23 $\frac{27}{35}$

1.4.25 $\frac{7}{12}$

1.4.27 (a) $\sum_{x=1}^{20} 4/[20(25-(x-1))]$

(b) `x=1:20;sum(4/((25-x+1)*20))`

(c) `ex1427.R`을 다운로드하라.

1.4.28 $\frac{4\cdot5\cdot3\cdot4\cdot2}{9\cdot8\cdot7\cdot6\cdot5}$

1.4.29 $\frac{13}{4}$

1.4.30 $\frac{2}{3}$

1.4.31 $0.518, 0.491$

1.4.32 아니다.

1.5.1 $\frac{1}{3}$, $\frac{1}{10}$, $\frac{7}{30}$, $\frac{1}{3}$

1.5.2 (a) 3 (b) $\frac{1}{84}$

1.5.3 $\frac{1}{2}$, $\frac{1}{2}$, $\frac{1}{2}$

1.5.5 (a) $\frac{\binom{13}{x}\binom{39}{5-x}}{\binom{52}{5}}, x=0,1,2,3,4,5$

(b) $\left[\binom{39}{5}+\binom{13}{1}\binom{39}{4}\right]/\binom{52}{5}$

1.5.7 $\frac{2}{3}$

1.5.8 그림을 그리기 위해 `ex158.R`을 다운로드하라.

(a) $\frac{1}{4}$ (b) 0 (c) $\frac{1}{4}$ (d) 0

1.6.2 (a) $p_X(x) = \frac{1}{8}, x = 1,2,\ldots,8$

(b) $\frac{5}{8}$

1.6.3 (a) $\left(\frac{5}{6}\right)^{x-1}\frac{1}{6}\ x=1,2,3,\ldots$

(c) $\frac{6}{11}$

1.6.4 $\frac{6}{36}, x=0; \frac{12-2x}{36}, x=1,2,3,4,5$

1.6.5 `dex165.R`을 다운로드하라.

1.6.7 $\frac{1}{4}, y=5,8,11,14$

1.6.8 $\left(\frac{2}{3}\right)\left(\frac{1}{3}\right)^{\sqrt[3]{y-1}}, y=1,2,9,28,\ldots$

1.7.1 $F(x) = \frac{\sqrt{x}}{5}, 0\le x<25;$

$f(x) = \frac{1}{10\sqrt{x}}, 0<x<25$

1.7.3 $\frac{3}{4}$; $\frac{1}{2}$; $\frac{1}{4}$

1.7.5 $e^{-1}-e^{-4}$

1.7.6 (a) $\frac{1}{8}$, 1 (b) $\frac{3}{8}$, $\frac{21}{32}$

1.7.8 (a) 4 (b) 2 (c) 3

1.7.9 (b) $\sqrt[3]{1/2}$ (c) 0

1.7.10 $\sqrt[3]{0.3}$

1.7.12 (a) $1-(1-x)^3, 0\le x<1$

(b) $1-\frac{1}{x}, 1\le x<\infty$

1.7.13 $4xe^{-2x}$, $0<x<\infty$; 최빈값은 $\frac{1}{2}$

1.7.14 e^{-2}

1.7.17 $\frac{2}{3}$

1.7.19 $\frac{3\sqrt{2}}{2}$

1.7.20 (b) $f_y(y) = 1/(1+5y)^{1.2}$

(c) `dlife <- function(y){1/(1+5y)^(1.2)}`

1.7.21 (a) $f(x) = (5/3)e^{-x}/[1+(2/3)e^{-x}]^{(7/2)}$

(b) `f=function(x){(1+(2/3)exp(-x))^(-5/2)}`

1.7.22 $\frac{1}{8}$, $0<y<8$

1.7.24 $\frac{1}{\pi(1+y^2)}, -\infty<y<\infty$

1.7.25 cdf $1-e^{-y/3}$, $0\le y<\infty$

1.7.26 pdf $\frac{1}{4\sqrt{y}}$, $0 \le y < 1$, $\frac{1}{8\sqrt{y}}$, $1\le y<9$

1.8.3 $\frac{5}{3}$, 10.6, 15.6

1.8.4 $\frac{5}{2}$, $\frac{15}{2}$, $\frac{7}{2}$

1.8.5 $\frac{\log 50.5 - \log 10.5}{40}$

1.8.6 (a) $\frac{8}{3}$ (b) $\frac{1}{6}$, $\frac{1}{2}$

1.8.7 $\frac{1}{6}$

1.8.8 11.00달러

1.8.9 (a) $\frac{3}{2}$ (b) pdf는 $\frac{3}{y^4}$, $1<y<\infty$

(c) $\frac{3}{2}$

1.8.10 $\frac{7}{3}$

1.8.12 (a) 2 (c) 2

1.8.13 $P[G=-p_0]=\frac{1}{3}$, $P[G=1-p_0]$

$=\frac{2}{3}\frac{1}{2}, \ldots,$

$P[G=50-p_0] = \frac{2}{3}\frac{1}{2}(0.0045)$

1.8.14 G의 범위: $\{2-p_0, 5-p_0, 8-p_0\}$

확률: $\frac{3}{10}$, $\frac{6}{10}$, $\frac{1}{10}$

1.9.1 (a) $1.5, 0.75$ (b) $0.5, 0.05$

(c) 2, 존재하지 않는다.

1.9.2 $\frac{2}{3-e^t}$, $t < \log 3$; $\frac{1}{2}$; $\frac{3}{4}$

1.9.12 $10; 0; 2; -30$

1.9.14 (a) $-\frac{2\sqrt{2}}{5}$ (b) 0 (c) $\frac{2\sqrt{2}}{5}$

1.9.16 $\frac{1}{p}$; $\frac{4}{3}$; 2; 8; 40

1.9.18 $\frac{37}{18}$; $\frac{467}{324}$

1.9.19 $E(X^r) = \frac{(r+3)!}{2\cdot 3}$

1.9.20 홀수 적률은 0, $E(X^{2n}) = (2n)!$

1.9.24 $\frac{8}{7}$; $\frac{88}{147}$

1.9.27 $(1-\beta t)^{-1}, \beta, \beta^2$

1.10.3 0.75

1.10.4 $P(|X| \geq 4) = 0.0183$

2장

2.1.1 $\frac{135}{256}$; 0; $\frac{1}{2}$; $\frac{1}{2}$

2.1.2 $\frac{1}{3}$

2.1.7 $ze^{-z}, 0 < z < \infty$

2.1.8 $\frac{1}{2}\log\frac{2}{z}, 0 < z < 2$

2.1.9 $\frac{\binom{50}{x}\binom{50}{y}}{\binom{100}{15}}$, x와 y는 $x + y = 15$인 음이 아닌 정수이다.

2.1.11 $12x^3(1-x^2), 0 < x < 1; 6y^5, 0 < y < 1$

2.1.14 $\frac{4}{3}$; 2; $\frac{4}{3}$; 2; $\frac{16}{9}$; yes; $\frac{86}{9}$

2.1.15 $\frac{e^{t_1+t_2}}{(2-e^{t_1})(2-e^{t_2})}, t_i < \log 2$

2.1.16 $\frac{2}{(1-t_y)(2-t_x-t_y)}, t_x, t_y < 1$; 아니다.

2.2.2

1	3	5	9	15	25
$\frac{1}{81}$	$\frac{6}{81}$	$\frac{10}{81}$	$\frac{9}{81}$	$\frac{30}{81}$	$\frac{25}{81}$

2.2.3 $3e^{-3u-v}, 0 < u < \infty, 0 < v < \infty$

2.2.4 $\frac{1}{2}(uv^3), 0 < u < 1, 0 < v < 2$

2.2.6 (a) $y_1 e^{-y_1}, 0 < y_1 < \infty$
(b) $(1-t_1)^{-2}, t_1 < 1$

2.3.1 $\frac{3x+4}{3x+3}$; $\frac{(3x^2+6x+2)}{9(x+1)^2}$

2.3.2 (a) 3,3 (b) $\frac{9x^2}{y}$ $0 < x < y < 1$ 그 외에 0 (c) $\frac{296}{729}$
(d) $\frac{37-162log2+192log3}{1728}$

2.3.3 (a) $\frac{4}{5}y$, $\frac{2}{75}y^2$ (b) pdf는 $4\left(\frac{5}{4}\right)^9 z^8$, $0 < z < \frac{4}{5}$ (c) $E(X) = E(Z) = \frac{8}{25}$, $Var(X) = \frac{7}{50} > Var(Z) = \frac{896}{6875}$

2.3.8 $\frac{1}{2} - \frac{x}{e^{2x}-1}, 0 < x < \infty$

2.3.9 (a) $\binom{13}{x_1}\binom{13}{x_2}\binom{26}{5-x_1-x_2}/\binom{52}{5}$, x_1, x_2 음이 아닌 정수, $x_1 + x_2 \leq 5$
(c) $\binom{13}{x_2}\binom{26}{5-x_1-x_2}/\binom{39}{5-x_1}$, $x_2 \leq 5 - x_1$

2.3.11 (a) $\frac{1}{x_1}, 0 < x_2 < x_1 < 1$
(b) $1 - \log 2$

2.3.12 (b) e^{-1}

2.4.4 $\frac{7}{48}$

2.4.5 $\frac{7}{8}$

2.4.6 2; 2

2.4.8 $\frac{3(1-y^4)}{4(1-y^3)}$, $0 < y < 1$

2.4.9 $\frac{1}{2}$

2.4.12 $\frac{4}{9}$

2.4.13 4; 4

2.5.1 (a) 1 (b) -1 (c) 0

2.5.2 (a) $\frac{7}{\sqrt{804}}$

2.5.8 1, 2, 1, 2, 1

2.5.9 $\frac{11}{14}$

2.6.1 (g) $\frac{2+3y+3z}{3+6y+6z}$

2.6.2 (a) $\frac{1}{6}$; 0
(b) $(1-t_1)^{-1}(1-t_2)^{-1}(1-t_3)^{-1}$; 그렇다.

2.6.3 pdf는 $6\left(1-\frac{y}{2}\right)^{11}$, $0 < y < 2$

2.6.4 pmf는 $\frac{y^3-(y-1)^3}{6^3}$

2.6.6 $\sigma_1(\rho_{12} - \rho_{13}\rho_{23})/\sigma_2(1-\rho_{23}^2)$;
$\sigma_1(\rho_{13} - \rho_{12}\rho_{23})/\sigma_3(1-\rho_{23}^2)$

2.6.9 (a) $\frac{2}{3}$

2.7.1 결합 pdf $y_2 y_3^2 e^{-y_3}, 0 < y_1 < 1$, $0 < y_2 < 1, 0 < y_3 < \infty$

2.7.2 $\frac{1}{4\sqrt{y}}, 0 < y < 4$

2.7.3 $\frac{1}{4\sqrt{y}}, 0 < y < 1; \frac{1}{8\sqrt{y}}, 1 \leq y < 9$

2.7.7 $24y_2y_3^2y_4^3, 0 < y_i < 1$

2.7.8 (a) $\frac{1}{9}$; $\frac{4}{9}$; $\frac{4}{9}$ (b) $\left(\frac{1}{3} + \frac{2}{3}e^t\right)^6$

2.8.2 $\frac{8}{3}$; $\frac{2}{9}$

2.8.3 2

2.8.5 5; 1

2.8.7 −3; 16.02

2.8.8 $\frac{\sigma_1}{\sqrt{\sigma_1^2+\sigma_2^2}}$

2.8.10 0.722

2.8.12 22.5; 65.25

2.8.13 $\frac{\mu_2\sigma_1}{\sqrt{\sigma_1^2\sigma_2^2+\mu_1^2\sigma_2^2+\mu_2^2\sigma_1^2}}$

2.8.15 0.735

3장

3.1.1 $\frac{56}{81}$

3.1.4 `1-pbinom(34,40,3/4)=0.0433`

3.1.5 $P(X \geq 20) = 0.0139$

3.1.6 2

3.1.11 $\frac{1}{2}$

3.1.13 $\frac{80}{81}$

3.1.15 $\left(\frac{1}{3}\right)\left(\frac{2}{3}\right)^{x-4}, x = 4, 5, \ldots$

3.1.16 $\frac{5}{108}$

3.1.18 (a) 음이항, 모수 r과 T/N

3.1.19 (b) 코드:
```
ps=c(.3,.2,.2,.2,.1)
coll=c()
for(i in 1:10000)
{coll<-c(coll,multitrial(ps))}
table(coll)/10000
```

3.1.20 (a) −2.40달러

3.1.22 $\frac{1}{5}$

3.1.23 $\frac{3}{32}$

3.1.25 (a) $\frac{11}{6}$ (b) $\frac{x_1}{2}$ (c) $\frac{11}{6}$

3.1.26 $\frac{25}{4}$

3.1.30 (a) 0.0853 (b) 0.2637
(c) 0.0861, 0.2639

3.2.1 0.1353

3.2.4 $e^{-2}\frac{2^x}{x!}, x = 0, 1, 2, \ldots$

3.2.5 0.75; 0.95

3.2.11 약 4.6

3.2.13 9

3.2.14 3

3.2.16 (a) $e^{-2}\exp\{(1 + e^{t_1})e^{t_2}\}$

3.3.1 (a) 0.04 (b) 0.9587

3.3.2 1.24; 14.45

3.3.3 (b) 0.1355

3.3.4 x^2 (2)

3.3.6 pdf는 $6e^{-6y}, 0 < y < \infty$

3.3.7 2; 0.8753

3.3.14 (a) 0.5421 (b) 0.005

3.3.15 $\frac{7}{8}$

3.3.16 지수(1) 분포

3.3.18 $\frac{\alpha}{\alpha+\beta}$; $\frac{\alpha\beta}{(\alpha+\beta+1)(\alpha+\beta)^2}$

3.3.19 (a) 60 (b) 168 (c) 90

3.3.20 $\frac{20}{243}$

3.3.24 (a) $(1 - 6t)^{-6}, t < \frac{1}{6}$
(b) $\Gamma(\alpha = 6, \beta = 6)$

3.4.2 0.067; 0.685

3.4.3 1.645

3.4.4 50; 100

3.4.8 0.5083

3.4.10 0.3413

3.4.11 (a) $\sqrt{\frac{2}{\pi}}$; $\frac{\pi-2}{\pi}$

3.4.12 0.9184

3.4.13 0.5856

3.4.14 0.461

3.4.15 $N(0, 4)$

3.4.16 0.4332

3.4.17 0; 3

3.4.22 $N(0, 2)$

3.4.25 (a) 0.04550 (b) 0.1649

3.4.28 평균은 $\sqrt{2/\pi}(\alpha/\sqrt{1+\alpha^2})$

3.4.29 0.7602

3.4.30 0.0228

3.4.31 0.8413

3.4.33 $\chi^2(2)$

3.5.1 (a) 0.5747 (b) 0.7264

3.5.2 (a) 0.2638 (b) 0.4401 (c) 0.3612 (d) 0.1423

3.5.7 $\frac{3}{5}$

3.5.8 (39.62, 43.58)

3.5.17 0.0833

3.6.1 0.05

3.6.2 1.761

3.6.5 (d) 0.0734 (e) 0.0546

3.6.6 1.732; 0.1817

3.6.10 $\frac{1}{4.74}$; 3.33

3.6.13 (a) $f(y) = e^y[1+(1/s)e^y]^{-(s+1)}$

3.7.1 $\beta < 1$이면 $E(X) = (1-\beta)^{-\alpha}$

3.7.2 `dloggamma.R`을 다운로드하라.

4장

4.1.1 (b) 101.15 (c) 55.5; $\theta \log 2$ (d) 70.11

4.1.2 (b) 201, 293.9, 17.14, 11.72 (c) 0.269 (d) 0.207

4.1.3 10

4.1.10 (e) 0.65; 0.95

4.1.11 (e) 0.92; 0.97

4.2.1 (79.21, 83.19), 90%

4.2.2 (51.82, 150.48)

4.2.4 (6.46, 24.69)

4.2.5 (0.143, 0.365)

4.2.6 44

4.2.7 (3.466, 5.934)

4.2.8 144

4.2.9 (a) 1.31σ (b) 1.49σ

4.2.10 $k = 1.529$

4.2.13
```
ind=rep(0,numb);
for(i in 1:numb){if
(ci[i,1]*c[i,2]<0){ind[i]=1}}
```

4.2.14 $\left(\frac{5\overline{x}}{24}, \frac{5\overline{x}}{16}\right)$

4.2.16 1692

4.2.17 (3.671, 4.329)

4.2.18 (b) (3.625, 29.101)

4.2.21 (−3.029, 1.4288)

4.2.26 87

4.3.1 (c) (0.1637, 0.3642)

4.3.3 (0.4972, 0.6967)

4.3.4 (c) (0.197, 1.05)

4.4.2 (a) 0.00697 (b) 0.0244 (c) 0.0625

4.4.5 $1-\left(1-e^{-2}\right)^5$

4.4.6 (a) $\frac{1}{8}$

4.4.10 와이블

4.4.11 $\frac{5}{16}$

4.4.12 pdf는 $(2z_1)\,(4z_2^3)$

4.4.13 $\frac{1}{9}$

4.4.17 (a) $\frac{4!}{1!1!0!}y_2^2\left(y_4^2-y_2^2\right)(2y_2)(2y_4)$, $0<y_2<y_4<1$

(b) $12y_2^3y_4^{-6}\left(y_4^2-y_2^2\right)$, $0<y_2<y_4$

(c) $\frac{24y_4}{35}$

4.4.18 $\frac{1}{4}$

4.4.19 $3\left(v^2+u^2\right)$, $0<u<v<1$

4.4.24 28

4.4.25 (a) $\frac{7}{8}$ (b) $\frac{81}{128}$ (c) $\frac{256}{625}$

4.4.26 0.9609375

4.4.27 7

4.4.28 (a) 1.13σ (b) 0.92σ

4.4.30 (40, 124), 88%.

4.4.32 (180, 190)과 (195, 210)

4.5.3 $1-\left(\frac{5}{6}\right)^{\theta}+\theta\left(\frac{5}{6}\right)^{\theta}\log\left(\frac{5}{6}\right)$; 0.05233117

4.5.4 0.9218731

4.5.8 $n = 19$ 또는 20

4.5.9 $\gamma\left(\frac{1}{2}\right) = 0.062; \gamma\left(\frac{1}{12}\right) = 0.920$

4.5.10 $n \approx 30; c \approx 19$

4.5.12 (a) 0.051 (b) 0.256; 0.547; 0.780

4.5.13 0.078; 0.268

4.5.14 (1) 0.11514 (2) 0.0633

4.6.5 (b) $t = -3.0442$, p 값 $= 0.0033$

4.6.6 (b) $t = 2.034$, p 값 $= 0.06065$

4.7.1 p 값 $= 0.0184$

4.7.2 $0.6035 > 0.005$; 기각하지 않는다.

4.7.4 $b < 9.46$ 또는 $b > 30.54$

4.7.5 $0.6952 > 0.01$; 기각하지 않는다.

4.7.6 $6.40 < 9.49$; H_0을 기각하지 않는다.

4.7.7 $\chi^2 = 49.731, p$ 값 $= 1.573e - 09$

4.7.8 $k = 2$

4.8.5 $F^{-1}(u) = \log[u/(1-u)]$

4.8.7 $0 < u < (1/2)$에 대해
$F^{-1}(u) = \log[2u]$
$(1/2) < u < 1$에 대해
$F^{-1}(u) = \log[2(1-u)]$

4.8.8 $F^{-1}(u) = \log[-\log(1-u)]$

4.8.18 (a) $F^{-1}(u) = u^1/^\beta$
(b) 예를 들면 균등 pdf에 지배된다.

4.9.4 (a) $\beta \log 2$

4.9.8 $s_x = 20.41; s_y = 18.59$를 사용하라.

4.9.10 (a) $\overline{y} - \overline{x} = 9.67$;
20개의 가능한 순열
(c) P_n^n/n^n

4.9.11 $\mu_0; n^{-1}\sum_{i=1}^{n}(x_i - \overline{x})^2$

4.10.1 8

4.10.4 (a) 베타$(n - j + 1, j)$
(b) 베타$(n - j + i - 1, j - i + 2)$

4.10.5 $\frac{10!}{1!3!4!}v_1 v_2^3(1 - v_1 - v_2)^4$,
$0 < v_2, v_1 + v_2 < 1$

5장

5.1.9 아니다. $Y_n - \frac{1}{n}$

5.2.1 μ에서 퇴화

5.2.2 감마$(\alpha = 1, \beta = 1)$

5.2.3 감마$(\alpha = 1, \beta = 1)$

5.2.4 감마$(\alpha = 3, \beta = 1)$

5.2.7 β에서 퇴화

5.2.9 0.842;
`pchisq(120, 98)`
`- pchisq(80, 98) = 0.843`

5.2.10 함수 `cdistplt4`를 다운로드하라.

5.2.11 (a) `1 - pbinom(39,50,0.9)`
`= 0.9906` (b) 0.986

5.2.14 $\mu_2 + \frac{\sigma_2}{\sigma_1}(x - \mu_1)$에서 퇴화

5.2.15 (b) $N(0, 1)$

5.2.17 (b) $N(0, 1)$

5.2.20 $\frac{1}{3}$

5.3.2 0.903

5.3.3 0.493

5.3.4 0.794

5.3.5 0.48

5.3.7 0.056

5.3.9 0.042

6장

6.1.1 (a) $\widehat{\theta} = \overline{X}/4$ (c) 5.03

6.1.2 (a) $-n/\log(\prod_{i=1}^{n} X_i)$
(b)$Y_1 = \min\{X_1, \ldots, X_n\}$

6.1.4 (a) $Y_n = \max\{X_1, \ldots, X_n\}$
(b) $(2n + 1)/(2n)$

(c) $\sqrt{1/2}Y_n$

6.1.5 (a) $X = \theta U^{1/2}$, U는 균등(0, 1)

(b) 7.7, 5.4

6.1.6 $1 - \exp\{-2/\overline{X}\}$

6.1.7 $\widehat{p} = \frac{53}{125}$,

$\sum_{x=3}^{5} \binom{5}{x} \widehat{p}^x (1-\widehat{p})^{5-x}$., 0.3597

6.1.8 (b) -0.534

6.1.9 $\overline{x}^2 e^{-\overline{x}}/2.$, 0.2699

6.1.10 $\max\left\{\frac{1}{2}, \overline{X}\right\}$

6.2.7 (a) $\frac{4}{\theta^2}$

(c) $\sqrt{n}(\widehat{\theta} - \theta) \xrightarrow{D} N(0, \theta^2/4)$

(d) 5.03 ± 0.99

6.2.8 (a) $\frac{1}{2\theta^2}$

6.2.13 (b) $\widehat{\theta} = 3.547$

(c) (2.39, 4.92), 그렇다.

6.2.14 (a) $F(x) = 1 - [\theta^3/(x+\theta)^3]$

(b) `g=function(n,t){u=runif(n)`
`t*((1-u)^(-1/3)-1)}`

6.3.1 (b) 검정 통계량 = 17.28, 기각

6.3.2 $\gamma(\theta) = P[\chi^2(2n) < (\theta_0/\theta)c_1]$
$+P[\chi^2(2n) > (\theta_0/\theta)c_2]$

6.3.8 $2\sum_{i=1}^{n} Y_i < \chi^2_{1-\alpha/2}(2n)$ 또는
$2\sum_{i=1}^{n} Y_i > \chi^2_{\alpha/2}(2n)$이면 기각

6.3.16 (a) $\left(\frac{1}{3\overline{x}}\right)^{n\overline{x}} \left(\frac{2}{3(1-\overline{x})}\right)^{n-n\overline{x}}$

6.3.17 (a) $\chi^2_W = \{\sqrt{nI(\overline{X})}(\overline{X} - \theta_0)\}^2$

(b) `waldpois.R`을 다운로드하라.

(c) $\chi^2_W = 6.90$, p 값 $= 0.0086$

6.3.18 $\left(\frac{\overline{x}/\alpha}{\beta_0}\right)^{n\alpha}$
$\times \exp\left\{-\sum_{i=1}^{n} x_i \left(\frac{1}{\beta_0} - \frac{\alpha}{\overline{x}}\right)\right\}$

6.4.1 (a) 0.300, 0.225, 0.350, 0.125

(b) p_2에 대한 CI:(0.167, 0.283)

6.4.2 (a) $\overline{x}, \overline{y}$,
$\frac{1}{n+m}\left[\sum_{i=1}^{n}(x_i - \overline{x})^2 + \sum_{i=1}^{m}(y_i - \overline{y})^2\right]$

(b) $\frac{n\overline{x}+m\overline{y}}{n+m}$,
$\left[\sum_{i=1}^{n}(x_i - \widehat{\theta}_1)^2 + \sum_{i=1}^{m}(y_i - \widehat{\theta}_1)^2\right] (n+m)^{-1}$

6.4.3 $\widehat{\theta}_1 = \min\{X_i\}$, $\frac{1}{n}\sum_{i=1}^{n}(X_i - \widehat{\theta}_1)$

6.4.4 $\widehat{\theta}_1 = \min\{X_i\}$,
$n/\log\left[\prod_{i=1}^{n} X_i/\widehat{\theta}_1^n\right]$

6.4.5 $(Y_1 + Y_n)/2$, $(Y_n - Y_1)/2$; 아니다.

6.4.6 (a) $\overline{X} + 1.282\sqrt{\frac{n-1}{n}}S$

(b) $\Phi\left(\frac{c - \overline{X}}{\sqrt{(n-1)/n}S}\right)$

6.4.7 (a) mle는 0.7263, $\widehat{p} = 0.76$
부트스트랩 신뢰구간: (0.629, 0.828)
$\widehat{p}$에 기반한 신뢰구간: (0.642, 0.878)

6.4.8 (a) mle는 64.83, $x_{(45)} = 64.6$

6.4.9 $\frac{y_1}{n_1} \le \frac{y_2}{n_2}$이면 $\widehat{p}_1 = \frac{y_1}{n_1}$,
$\widehat{p}_2 = \frac{y_2}{n_2}$; 그 외에 $\widehat{p}_1 = \widehat{p}_2 = \frac{y_1+y_2}{n_1+n_2}$

6.5.1 t $= -8.64$, p 값 $= 0.0001$

6.5.2 (81.30004, 81.30156)

6.5.3 (b) $(-0.0249, 0.1749)$

6.5.6 (b) $c\frac{\sum_{i=1}^{n} X_i^2}{\sum_{i=1}^{m} Y_i^2}$

6.5.7 $F = \frac{\overline{X}}{\overline{Y}}$

6.5.8 (b) $F = \overline{x}/\overline{y} = 0.3389$, 기각

6.5.9 $c\frac{[\max\{-X_1, X_{n_1}\}]^{n_1}[\max\{-Y_1, Y_{n_2}\}]^{n_2}}{[\max\{-X_1, -Y_1, X_{n_1}, Y_{n_2}\}]^{n_1+n_2}}$,
$\chi^2(2)$

6.6.8 저자 서문에 언급된 사이트에서 구할 수 있는 R 함수 `mixnormal`은 이러한 결과를 도출한다(첫 번째 행은 초기 추정값이고 두 번째 행은 500번 반복한 후의 추정값이다).

μ_1	μ_2	σ_1	σ_2	π
105.00	130.00	15.00	25.00	0.600
98.76	133.96	9.88	21.50	0.704

7장

7.1.4 $\frac{1}{3}, \frac{2}{3}$

7.1.5 $\delta_1(y)$

7.1.6 $b = 0$, 존재하지 않는다.

7.1.7 존재하지 않는다.

7.2.8 $\Pi_{i=1}^{n} X_i$

7.2.9 (a) $\frac{n!\theta^{-r}}{(n-r)!} e^{-\frac{1}{\theta}\left[\sum_{i=1}^{r} y_i + (n-r)y_r\right]}$
(b) $r^{-1}\left[\sum_{i=1}^{r} y_i + (n-r)y_r\right]$

7.3.2 $\frac{2520}{\theta^9} y_5^4 (y_9 - y_5)^3$,
$0 < y_5 < y_9 < \theta$; $\frac{280 y_5^4 (y_9 - y_5)^3}{y_9^8}$;
$\frac{10}{9} y_9$; $\frac{1}{11}\theta^2$; $\frac{1}{99}\theta^2$

7.3.3 $f_{Y_1,Y_2}(y_1, y_2; \theta) = \frac{16}{\theta^4}(y_1 - y_2) y_2 e^{-\frac{2y_1}{\theta}}$,
$0 < y_2 < y_1 < \infty$, 그 외에 0; $\frac{y_1^3}{3\theta^2}$

7.3.5 $n^{-1} \sum_{i=1}^{n} X_i^2$; $n^{-1} \sum_{i=1}^{n} X_i$;
$(n+1) Y_n / n$

7.3.6 $6\overline{X}$

7.4.2 $u(X) = X$

7.4.3 Y

7.4.5 $Y_1 - \frac{1}{n}$

7.4.7 (a) 그렇다. (b) 그렇다.

7.4.8 (a) $E(u(X)) = 0$

7.4.9 (a) $\frac{n}{\Sigma_{i=1}^{n} \log x_1}$ (b) $\Pi_{i=1}^{n} x_i$

7.5.1 $\sum_{i=1}^{n} X_i$, $\frac{Y_1}{n}$; 그렇다.

7.5.4 $\overline{x}/\alpha$

7.5.9 $\overline{x}$

7.5.11 (b) Y_1/n (c) θ (d) Y_1/n

7.6.1 $\overline{X}^2 - \frac{1}{n}$

7.6.2 $Y^2 - \frac{Y}{n}$

7.6.3 (a) 0.8413 (b) 0.7702 (c) 부트스트랩 표준오차 0.0584

7.6.4 (a) 49.4 (b) 부트스트랩 표준오차: 4.405

7.6.6 (a) $\left(\frac{n-1}{n}\right)^{Y}\left(1 + \frac{Y}{n-1}\right)$
(b) $\left(\frac{n-1}{n}\right)^{n\overline{X}}\left(1 + \frac{n\overline{X}}{n-1}\right)$
(c) $N\left(\theta, \frac{\theta}{n}\right)$

7.6.9 $1 - e^{-2/\overline{X}}$; $1 - \left(1 - \frac{2/\overline{X}}{n}\right)^{n-1}$

7.6.10 (b) $\overline{X}$ (c) $\overline{X}$ (d) $1/\overline{X}$

7.7.3 그렇다.

7.7.5 (a) $\frac{\Gamma[(n-1)/2]}{\Gamma[n/2]}\sqrt{\frac{n-1}{2}}S$
(b) `bootse6.R`을 다운로드하라.
10.1837; 부트스트랩 표준오차:
1.156828

7.7.6 (b) $\frac{nY_1 - Y_n}{n-1}$; $\frac{nY_n - Y_1}{n-1}$

7.7.7 (a) $K = (\Gamma((n-1)/2)/\Gamma(n/2)) \times\sqrt{((n-1)/2)}$
mvue $= \Phi^{-1}(p) K S + \overline{x}$
(c) 59.727; 부트스트랩 표준오차
3.291479

7.7.9 (a) $\frac{1}{n-1}\sum_{h=1}^{n}(X_{ih} - \overline{X}_i) \times (X_{jh} - \overline{X}_j)$
(b) $\sum_{i=1}^{n} a_i \overline{X}_i$

7.7.10 $\left(\sum_{i=1}^{n} x_i, \sum_{i=1}^{n} \frac{1}{x_i}\right)$

7.8.3 $Y_1, ; \sum_{i=1}^{n}(Y_i - Y_1)/n$

7.9.13 (a) $\Gamma(3n, 1/\theta)$, 아니다.
(c) $(3n-1)/Y$
(e) 베타$(3, 3n-3)$

8장

8.1.4 $\sum_{i=1}^{20} x_i^2 \geq 28.4$; 그렇다.; 그렇다.

8.1.5 $\prod_{i=1}^{n}(1 - x_i) \leq c$

8.1.6 $\sum_{i=1}^{25} x_i^2 + 2\sum_{i=1}^{25} x_i \geq c$

8.1.7 약 16; 53.3

8.1.8 $\prod_{i=1}^{n}\left[x_i (1 - x_i)^2\right] \geq c.$

8.1.9 약 255; 72

8.1.10 0.08; 0.875

8.2.1 $(1-\theta)^8 (1 + 8\theta + 36\theta^2)$

8.2.2 $1 - \frac{80}{81(\theta-1)^4}$, $2 < \theta$

8.2.3 $1 - \Phi\left(1 - \frac{4}{3}\theta\right)$

8.2.4 약 39; 5.3

8.2.7 $\bar{x} \geq 51.709$이면 H_0 기각

8.2.8 약 54; $\bar{x} \leq 14.876$이면 H_0 기각

8.2.10 $\Gamma(n, \theta)$;

$\sum_{i=1}^{n} x_i \geq c$이면 H_0 기각

8.2.12 (b)$\frac{6}{32}$ (c) $\frac{1}{32}$

(d) $y = 0$이면 기각

$y = 1$이면 $\frac{1}{5}$ 확률로 기각

8.3.1 (b) $t = -2.2854$, $p = 0.02393$

(c) $(-0.5396 - 0.0388)$

8.3.5 (d) $n = 90$

8.3.6 78; 0.7608

8.3.10 H_1하에 $(\theta_4/\theta_3)F$는

$F(n-1, m-1)$ 분포를 갖는다.

8.3.12 $|y_3 - \theta_0| \geq c$이면 H_0 기각

8.3.14 (a) $\prod_{i=1}^{n} x_i \geq c$

8.3.17 (b) $F = 1.34$; $p = 0.088$

8.4.1 $1.85n - 7.94$; $1.85n + 10.30$

8.4.2 $0.91n - 1.37$; $0.91n + 1.89$

8.4.4 0.051, 3.76, −3.76

8.5.5 $2x - y \leq c \Rightarrow (x, y) \in$ 2nd

8.5.7 $2w_1^2 + 8w_2^2 \geq c \Rightarrow (w_1, w_2) \in \text{II}$

9장

9.2.3 5.32

9.2.6 (b) $F = 1.1433$, $p = 0.3451$

9.2.7 $7.875 > 4.26$; H_0 기각

9.2.8 $10.224 > 4.26$; H_0 기각

9.3.2 $2r + 4\theta$

9.3.3 (a) $5m/3$ (b) 0.6174; 0.9421

(c) 7

9.4.1 없다. B − C에 대해 (−0.199, 10.252)

9.4.2 유의한 차이가 없다.

9.4.3 (a) α/k를 사용한 식 (4.2.14) 형태의

신뢰구간

9.4.4 (a)(−0.103, 0.0214)

(b) $\chi^2 = 24.4309$, $p = 0.00367$,

(−0.103, 0.021)

9.5.6 5.74; 17.58

9.5.8 4.79; 22.82; 30.73

9.5.10 (a) $7.624 > 4.46$, H_A 기각

(b) $15.538 > 3.84$, H_B 기각

9.5.11 6; 1; −1; 0; 3; −2; 0; −1; 1; 0;

−2; 1; −1; 2; 1; −2; 0; −2; 1; 1

9.6.1 $N(\alpha^*, \sigma^2(n^{-1} + \bar{x}^2/\sum(x_i - \bar{x})^2))$

9.6.2 (a) $6.478+4.483x$; (d) (−0.026, 8.992)

9.6.3 (a) $-983.8868 + 0.5041x$

9.6.8 PI: (3.27, 3.70)

9.6.10 $\widehat{\beta} = n^{-1}\sum_i Y_i/x_i$;

$\widehat{\gamma} = n^{-1}\sum_i[(Y_i/x_i) - n^{-1}\sum_j(Y_j/x_j)]^2$

9.6.14 $\widehat{y} = 1.83 + 1.5x$

9.7.2 채택

9.7.6 하한: $\tanh\left[\frac{1}{2}\log\frac{1+r}{1-r} - \frac{z_{\alpha/2}}{\sqrt{n-3}}\right]$

9.7.7 (a) 0.710, (0.555, 0.818)

(b) Pitchers: 0.536, (0.187, 0.764)

9.8.2 3; $\boldsymbol{\mu}'\mathbf{A}\boldsymbol{\mu}$; $\mu_1 = \mu_2 = \mu_3 = 0$

9.8.3 (b) $\mathbf{A}^2 = \mathbf{A}; \text{tr}(\mathbf{A}) = 2$;

$\boldsymbol{\mu}'\mathbf{A}\boldsymbol{\mu}/8 = 6$

9.8.4 (a) $\sum\sigma_i^2/n^2$

9.8.5 (a) $[1 + (n-1)\rho](\sigma^2/n)$

9.9.1 의존

9.9.3 $k; m; -k; -m$

9.9.4 $\sum_{i=1}^{n} a_{ij} = 0$

10장

10.2.3 (a) 0.1148; (b) 0.7836

10.2.4 (a) 425; (380, 500)

(b) 591.18; (508.96, 673.41)

10.2.9 (a) $P(Z > z_\alpha - (\sigma/\sqrt{n})\theta)$,

여기서 $E(Z) = 0$, $Var(Z) = 1$

(c) 중심극한정리를 사용하라.

(d) $\left[\frac{(z_\alpha - z_{\gamma^*})\sigma}{\theta^*}\right]^2$

10.4.2 $1 - \Phi[z_\alpha - \sqrt{\lambda_1\lambda_2}(\delta/\sigma)]$

10.4.3 MWW 검정에 대한 신뢰구간:

(0.0483, 00571)

10.4.4 시뮬레이션 결과: $n_1 = n_2 = 39$의 표본 크기는 0.8025의 검정력을 얻는다.

10.3.4 (a) $T^+ = 174$, p 값 $= 0.0083$

(b) $t = 3.0442$, p 값 $= 0.0067$

10.5.3 $\frac{n(n-1)}{n+1}$

10.5.14 (a) $W_S^* = 9; W_{XS}^* = 6$ (b) 1.2

(c) 9.5

10.7.1 (b) (0.156, 0.695)

10.8.3 $\widehat{y}_{\text{LS}} = 205.9 + 0.015x$;

$\widehat{y}_W = 211.0 + 0.010x$

10.8.4 (a) $\widehat{y}_{\text{LS}} = 265.7 - 0.765(x - 1900)$;

$\widehat{y}_W = 246.9 - 0.436(x - 1900)$

(b) $\widehat{y}_{\text{LS}} = 3501.0 - 38.35(x - 1900)$;

$\widehat{y}_W = 3297.0 - 35.52(x - 1900)$

10.8.9 $r_{qc} = 16/17 = 0.941$ (0 포함)

10.8.10 $r_N = 0.835$; $z = 3.734$

10.9.4 $t < y$와 $t > y$인 경우로 나누어 생각한다.

10.9.5 (c) $y^2 - \sigma^2$

10.9.7 (a)$n^{-1}\sum_{i=1}^n (Y_i - \overline{Y})^2$

(c) $y^2 - \sigma^2$

10.9.9 $0; [4f^2(\theta)]^{-1}$

10.9.14 $\widehat{y}_{\text{LS}} = 3.14 + .028x$;

$\widehat{y}_W = 0.214 + .020x$

11장

11.1.1 0.45; 0.55

11.1.3 $[y\tau^2 + \mu\sigma^2/n]/(\tau^2 + \sigma^2/n)$

11.1.4 $\beta(y + \alpha)/(n\beta + 1)$

11.1.6 $\frac{y_1+\alpha_1}{n+\alpha_1+\alpha_2+\alpha_3}; \frac{y_2+\alpha_2}{n+\alpha_1+\alpha_2+\alpha_3}$

11.1.8 (a) $\left(\theta - \frac{10+30\theta}{45}\right)^2 +$

$\left(\frac{1}{45}\right)^2 30\theta(1-\theta)$

11.1.9 $\sqrt[6]{2}, y_4 < 1; \sqrt[6]{2}y_4, 1 \le y_4$

11.2.1 (a) $\frac{\theta_2^2}{[\theta_2^2+(x_1-\theta_1)^2][\theta_2^2+(x_2-\theta_1)^2]}$

11.2.3 (a) 76.84; (b) (76.25, 77.43)

11.2.5 (a) $I(\theta) = \theta^{-2}$ (d) $\chi^2(2n)$

11.2.8 (a) $\text{beta}(n\overline{x} + 1, n + 1 - n\overline{x})$

11.3.1 (a) U_1과 U_2를 iid 균등 (0, 1)이라고 하자.

1. $Y = -\log(1 - U_1)$을 추출하라.

2. $X = Y - \log(1 - U_2)$를 추출하라.

11.3.3 (b) $F_X^{-1}(u) = -\log(1 - \sqrt{u})$,

$0 < u < 1$

11.3.7 (b) $f(x|y)$는 $b(n, y)$ pmf;

$f(y|x)$는 베타$(x + \alpha, n - x + \beta)$ pdf

11.4.1 (b) $\widehat{\beta} = \frac{1}{2\overline{x}}$; (d) $\widehat{\theta} = \frac{1}{\overline{x}}$

11.4.2 (a) $\delta(y) =$

$$\frac{\int_0^1 \left[\frac{a}{1-a\log p}\right]^2 p^y(1-p)^{n-y}\,dp}{\int_0^1 \left[\frac{a}{1-a\log p}\right]^2 p^{y-1}(1-p)^{n-y}\,dp}$$

찾아보기

ㅅ

ㅇ

ㅎ

A

B

C

D

E

F

G

H

I

J

K

L

M

N

O

P

Q

R

V

W

X

Y

기타